中国栽桑养蚕专著系列

NATIONAL EXAMINATION
AND APPROVAL OF
SILKWORM AND MULBERRY
VARIETIES IN CHINA

# 中国蚕桑品种
# 国家审定

江苏科技大学
中国农业科学院蚕业研究所
主编

上海科学技术出版社

**图书在版编目（CIP）数据**

中国蚕桑品种国家审定 / 江苏科技大学，中国农业
科学院蚕业研究所主编. -- 上海 : 上海科学技术出版社，
2022.7
（中国栽桑养蚕专著系列）
ISBN 978-7-5478-5709-0

Ⅰ．①中… Ⅱ．①江… ②中… Ⅲ．①蚕桑生产—品
种鉴定—中国 Ⅳ．①S88

中国版本图书馆CIP数据核字(2022)第103435号

--------------------------------------------------------------------

**中国蚕桑品种国家审定**

江苏科技大学
中国农业科学院蚕业研究所　　主编

上海世纪出版(集团)有限公司
上海 科 学 技 术 出 版 社　出版、发行
（上海市闵行区号景路 159 弄 A 座 9F - 10F）
邮政编码 201101　　www.sstp.cn
上海中华商务联合印刷有限公司印刷
开本 889×1194　1/16　印张 29　插页 12
字数：800 千字
2022 年 7 月第 1 版　2022 年 7 月第 1 次印刷
ISBN 978 - 7 - 5478 - 5709 - 0/S·234
定价：200.00 元

--------------------------------------------------------------------

本书如有缺页、错装或坏损等严重质量问题，请向工厂联系调换

# 内容提要

　　本书主要收录整理自1980年农业部批准成立全国桑蚕品种审定委员会、设立全国蚕桑品种鉴定试验网点，至2020年的40余年里，我国蚕桑品种审定制度、审定机构、审定标准和鉴定方法发展演变的历程，特别是蚕桑品种历年鉴定试验成绩的数据与品种评价史料；收集了蚕桑品种国家鉴定试验方法和审定标准方面的研究论文，以及蚕桑品种国家鉴定和审定活动的图片资料，以期为广大蚕桑科技工作者，尤其是蚕桑育种专业人员和品种鉴定工作者提供史料和参考。

　　全书分为五章：第一章审定制度与审定机构，介绍了蚕桑品种国家审定制度的建立、审定机构和审定标准及其变化历程；第二章试验组织与方法，介绍了蚕桑品种国家鉴定试验的组织和试验方法，列出了历年鉴定试验承担单位和主要人员，以及试验点的变动情况；第三章蚕品种试验成绩与审定结果，收录了1981—1989年、1990—2002年和2010—2018年三个阶段蚕品种鉴定试验成绩、试验结果报告（试验总结）和审定结果；第四章桑树品种国家鉴定成绩与审定结果，收录了第一批（1983—1988年）和第二批（1990—1994年）桑品种鉴定试验成绩和审定结果，以及生产上大面积使用桑品种的认定情况；第五章蚕桑品种国家审定标准与鉴定技术研究，收录了18篇蚕桑品种国家审定标准、鉴定技术研究和鉴定结果分析方面的论文。

# 编委会

## 名誉主编

李奕仁

## 执行主编

沈兴家　陈　涛

## 副主编

曾　波　唐顺明　张美蓉

## 编写人员
（按姓氏汉语拼音排序）

| | | | | | | | |
|---|---|---|---|---|---|---|---|
| 艾均文 | 闭立辉 | 陈　涛 | 陈登松 | 杜　鑫 | 段兆祥 | 付中华 | 顾用群 |
| 何行健 | 黄德辉 | 黄俊明 | 黄康东 | 黄兴美 | 黄永津 | 侯启瑞 | 李桂芳 |
| 李伦乾 | 李宋堂 | 李奕仁 | 刘太荣 | 罗永森 | 卢景辉 | 马小琴 | 磨长寅 |
| 邱茂慈 | 石　凉 | 沈建华 | 沈兴家 | 施炳坤 | 宋　怡 | 宋江超 | 唐顺明 |
| 杨慧君 | 姚晓慧 | 韦博尤 | 韦柳利 | 韦师妮 | 吴　凡 | 吴朝吉 | 吴建梅 |
| 王　欣 | 王梅仙 | 王永强 | 肖金树 | 肖文福 | 薛　宏 | 曾　波 | 张凤林 |
| 张桂玲 | 张美蓉 | 张银文 | 张友洪 | 赵巧玲 | 钟苏苑 | 朱　娟 | 朱立炎 |

# 序

栽桑、养蚕、缫丝、织绸，是我国古代劳动人民的伟大发明；桑蚕茧丝绸产业，是孕育中华文明的历史功勋产业。后来，这一技艺通过陆地与海上丝绸之路才慢慢传播到世界各地，我国的蚕茧与生丝产量长期独步天下。直到 1909 年，我国的蚕茧与生丝产量被日本超越，且这种状况一直延续了近 70 年。1970 年我国桑蚕茧产量恢复性增长到 12.15 万吨，超过了日本的 11.17 万吨；1977 年我国桑蚕丝产量达到 1.8 万吨，超过了日本的 1.6 万吨。从此，我国的茧、丝产量重新跃居世界首位，重新返回到"老大"的位置。

1978 年党的十一届三中全会做出了实行改革开放的重大决策。1979 年召开全国蚕茧生产会议，王震副总理到会作了重要讲话。从 1979 年起，我国蚕茧产量开始直线爬升。到了 1980 年，全国的桑园面积达到 43.3 万公顷（650 万亩），桑蚕茧产量 24.98 万吨、生丝产量 23 475 吨，稳超历史、稳超日本。此后，又迎来十五连增，茧丝产量占世界总产量的比例从 40%～50%逐步提高到 70%～80%。

可以说我国的桑蚕茧丝绸产业到 1980 年才开启了新的一页。对于茧丝绸行业来说，这一年还有一件值得称道的大事。1980 年 3 月底，农业部经济作物局、科技局会同外贸部中国纺织品进出口总公司、纺织工业部生产司、全国供销合作总社畜产茶茧局，在镇江中国农业科学院蚕业研究所组织召开了全国蚕品种审定工作会议。会后农业部发布了《桑蚕品种国家审定条例》，组织成立了全国桑蚕品种审定委员会，建立鉴定试验网点，开展蚕品种国家鉴定和审定工作。随后，蚕茧主产省份也相继开展了蚕品种的鉴定和审定工作。从此，我国的蚕品种鉴定和审定走上了制度化、规范化的道路，形成了国家和省级两级审定制度，对我国蚕品种选育和蚕桑产业发展起到了极大的促进作用，影响深远。

从 1980 年到 2021 年，蚕桑品种国家鉴定和审定走过了 42 个春秋。在此期间，由于 2000 年颁布《种子法》未涵盖蚕桑品种，在缺少上位法支持的情况下，蚕桑品种审定停摆了几年。直到 2005 年《畜牧法》颁布后，农业部才依据其中的第三十四条之规定于 2006 年发布《蚕种管理办法》，重申"新选育的蚕品种在推广应用前应当通过国家级或者省级审定"。

1980—2002 年，鉴定试验网点完成了 13 批次 81 对桑蚕新品种、2 批次 32 个桑树新品种的鉴定试验任务，审定通过蚕品种 46 对，认定蚕品种 5 对；审定通过桑品种 30 个。审定通过的蚕桑品种在生产上大面积推广应用，如以菁松×皓月、浙蕾×春晓、春·蕾×镇·珠、苏·菊×明·虎、871×872、两广二号、芙蓉×湘晖和秋丰×白玉等为代表的优良蚕品种,以及以育 71-1、湘 7920、嘉陵 16 号、农桑 12 号和陕桑 305 等为代表的优良桑品种,为我国蚕桑品种的进步和更新换代提供了品种支撑,为蚕桑产业的稳定发展发挥了重要作用。

2010 年恢复国家级蚕品种审定,到 2019 年底,鉴定试验网点完成了 5 批次 30 对蚕品种的鉴定试验,其中 14 对蚕品种通过审定,包括抗血液型脓病品种华康 2 号、华康 3 号等,以及雄蚕品种鲁菁 1 号等,为新时代蚕桑产业的发展提供了一批新的品种。

40 年的时间,说长不长,说短也不短。蚕桑品种国家审定的 40 年,从一个侧面反映了改革开放以来国家对具体行业发展管理在法制建设、科技创新领域的重视。

40 年来,全国十几个蚕茧主产省份,几十个科研、教育、种场、丝厂与质检单位,近百位委员、专家、学者及难以计数的参与蚕桑品种鉴定试验、检测工作的科技人员,通力协作,为蚕桑品种国家审定制度的建立、巩固、完善,为桑蚕茧丝绸行业的稳健发展,付出了自己的不懈努力。

种质资源是动植物生命延续的保证,实用品种是农作物优质丰产的核心。生产上大面积推广应用的蚕桑品种具有公共产品的属性,优良的蚕桑品种是茧丝绸行业良性发展的基础。

中华人民共和国成立后,国家高度重视蚕品种选育工作。1955 年召开首次全国蚕桑选种与良种繁育会议,制定了家蚕选种工作方案和品种保育、选育和鉴定等工作细则。而 1980 年建立的蚕桑品种国家审定制度,依据国内外现有的技术水平、养蚕农户与丝绸企业的主要反映及国内、国际两个市场客户的诉求,适时地制订或修订审定标准及其鉴定评价试验工作细则,起到了给育种单位指路把关、给用种单位保驾护航的作用;同时,由其组织的鉴定评价试验网络,又给了各育种单位同场竞技的平台,利于交流协作和促进育种技术进步。

花费时间与精力编辑本书,旨在保存资料、记录足迹,以资参考。

是以为序。

李奕仁

2021 年 9 月 28 日于镇江四摆渡

# 前　言

　　蚕丝业起源于我国,已经有 5 700 多年的历史,在我国经济、社会和民族文化发展史上具有重要的地位,对世界经济社会发展和文化交融产生了积极而深远的影响。

　　自古以来,我国历朝历代统治者都十分重视发展蚕丝业,蚕丝业也成为强国富民的首要产业。随着 1760 年前后第一次工业革命的兴起,蒸汽机车应用于棉纺和缫丝工业,欧洲成为世界蚕丝业技术中心,到 1840 年前后达到顶峰。1845 年始发于法国的家蚕微粒子病第一次大流行,使欧洲养蚕业陷于绝境。1868 年日本实施明治维新,实行全面西化和现代化运动,使其很快跻身世界经济、军事强国之列,蚕业科技和蚕丝业得到快速发展,1909 年生丝出口超过我国,成为世界蚕业科技的新高地。从 20 世纪初开始,我国大批有识之士留学日本,学习其先进的蚕业科技用于发展我国的蚕丝业,到 1931 年我国蚕茧产量达到 22 万吨。第二次世界大战期间,日本发动侵华战争,给我国人民带来深重的灾难,掠夺我国的蚕桑品种资源、破坏蚕业生产,对我国蚕丝业造成了灾难性后果,我国蚕业跌至低谷。

　　中华人民共和国成立后,党和政府高度重视蚕业科技发展和蚕桑生产恢复,1951 年成立华东蚕业研究所(现中国农业科学院蚕业研究所),1955 年在镇江召开首次全国蚕桑选种与良种繁育会议,制定了《全国家蚕选种工作方案》和《品种保育、选育和鉴定等工作细则》,指导桑蚕(家蚕)品种选育,对恢复和发展我国蚕桑生产起到了重要的作用。到 1970 年,我国桑蚕茧产量恢复到 12.15 万吨,超过日本;1977 年我国生丝产量达到 1.8 万吨,超过日本,重新跃居世界第一,成为世界蚕丝生产第一大国。但是 1970 年代我国桑蚕茧质量仍比不上日本,鲜毛茧出丝率日本约为 17%,我国只有 11%,其中最重要的原因是我国的蚕品种水平不如日本。为加快优良品种的选育和推广,农业部经济作物局与科技局于 1980 年在中国农业科学院蚕业研究所召开了"全国桑蚕品种审定工作会议",发布《桑蚕品种国家审定条例》,启动了桑蚕品种国家鉴定和审定,此后各省(自治区、直辖市)相继开展桑蚕品种的鉴定和审定。1982 年农牧渔业部发布《全国桑树品种审定条例》,开展桑树品种国家审定工作。从此,我国桑、蚕品种审定形成国家和省级两级审定制度,走上了制度化、规范化的道路。

　　伴随改革开放的步伐,我国蚕桑品种国家鉴定和审定走过了 40 多个春秋,先后有近百位审定委员会委员和专家学者参与蚕桑品种国家审定制度、审定机构和鉴定试验网点的建立、完善和品种审定工作,

46 家科研、教学和企事业单位的数百名科技人员参与承担蚕鉴定试验任务，大家通力协作，为蚕桑品种国家审定事业付出了不懈的努力，取得了重大的成绩。到 2020 年共鉴定了 19 批 121 对桑蚕品种、2 批 32 个桑树品种，审（认）定通过优良桑蚕品种 65 对、桑树 30 个（含生产品种的审定和认定）。审定通过品种在生产上大面积推广应用，对我国蚕桑品种的进步和产业发展起到了极大的促进作用，意义重大，影响深远。

编写《中国蚕桑品种国家审定》旨在保存资料、记录足迹，以资参考。40 余年积累的鉴定、审定数据资料非常庞大，为了压缩篇幅，本书主要收集各参试蚕品种每年多个鉴定点的平均数和两年平均数、桑品种多年多点鉴定的平均数，而对参试品种在各鉴定点的鉴定数据则未予收录。

本书资料翔实、内容丰富，是一份珍贵的蚕桑品种国家鉴定审定史料。全书分为五章：第一章审定制度与机构，介绍了蚕桑品种国家审定制度的建立、审定机构和审定标准及其变化历程；第二章试验组织与方法，介绍了蚕桑品种国家鉴定试验的组织和试验方法，列出了历年鉴定试验承担单位和主要人员；第三章蚕品种国家鉴定与审定结果，收录了 1981—1989 年、1990—2002 年、2010—2018 年三个阶段蚕品种鉴定试验成绩、试验结果报告（试验总结）和审定结果；第四章桑树品种国家鉴定成绩与审定结果，收录了第一批（1983—1988 年）和第二批（1990—1994 年）桑品种鉴定试验成绩和审定结果，以及生产上大面积使用桑品种的认定情况；第五章蚕桑品种审定标准与鉴定技术研究，收录了 18 篇国家蚕桑品种审定标准、鉴定技术研究和鉴定结果分析方面的论文。

在本书成稿之时，特别怀念农业部农业局原局长程宜萍先生、种植业管理司经作一处原处长刘桥先生，中国农业科学院蚕业研究所蚕品种鉴定组的程荷棣老师、缪梅如老师；怀念其他已故的各位老领导、老专家和技术人员。衷心感谢各个阶段农业部（种植业管理司、种业司及有关处）、纺织工业部、全国供销总社、全国（国家）农作物品种审定委员会、国家畜禽遗传资源委员会、全国农业技术推广服务中心、全国畜牧总站和各有关省（自治区、直辖市）蚕桑行业主管部门、丝绸公司，试验主持单位、承担单位的相关专家和技术人员，为国家蚕桑品种鉴定审定所做的不懈努力和重要贡献。特别要感谢种植业管理司、种业司和有关处的领导，马淑萍、杨礼胜、封槐松、李建伟、张国平等，全国农作物品种审定委员会办公室郭恒敏主任、李莉女士，全国农业技术推广服务中心品管处廖琴、孙世贤、邹奎、马志强、谷铁城、张毅、邱军、曾波，国家畜禽遗传资源委员会办公室刘长春、于福清、薛明和韩旭等领导，对蚕品种试验和审定工作的指导。

进入21世纪，我国蚕业科技站在了世界的制高点。2003年向仲怀院士和夏庆友首席科学家带领的科研团队在国际上率先公布家蚕基因组框架图，为我国蚕业科学发展赢得了先机、奠定了基因组基础，从此家蚕研究进入后基因组时代。2013年向仲怀院士团队公布了桑树（川桑）基因组测序结果，为桑树基因功能研究，抗病、抗逆分子机制阐明和品种改良，以及家蚕与桑树基因的互作研究奠定了基因组基础，对蚕桑产业的创新变革以及现代桑树学的建立具有重要作用。

如今，蚕品种国家审定迎来了新的发展机遇，2019年蚕品种审定纳入国家畜禽遗传资源委员会管理，归正本源。2020年我国全面实现小康，美丽乡村建设正在如火如荼地展开。"绿水青山就是金山银山"和"发展经济、生态优先"的理念深入人心，蚕桑产业在助农致富上迈出了新步伐，在转型升级上开启了新征程，正朝着省力化、机械化方向发展，配合饲料工厂化养蚕正逐步扩大，智能化养蚕已经取得成效。新蚕桑业对蚕品种提出了新要求，蚕品种的鉴定技术和审定标准要紧跟科技发展、适应产业需要。让我们继续共同努力，扎实做好蚕品种国家鉴定与审定，为蚕丝业发展做出新的、更大的贡献。

编著者

2021 年 10 月

# 目 录

## 第一章 · 审定制度和审定机构

# 第二章·试验组织与方法

# 第三章 · 蚕品种试验成绩与审定结果

—— 109 ——

# 第五章 · 蚕桑品种国家审定标准与鉴定技术研究

—————— 377 ——————

中国蚕桑品种
国家审定

# 全国桑蚕品种审定委员会与鉴定试验活动剪影

1980 年 3 月 24-29 日全国桑蚕品种审定工作会议代表合影
农业部在镇江中国农业科学院蚕业研究所召开全国桑蚕品种审定工作会议

1986 年 12 月武汉全国蚕品种鉴定工作会议代表合影

1987 年 3 月广西南宁全国蚕品种鉴定工作会议代表合影

1988 年 12 月在山东省烟台市召开全国桑蚕品种鉴定工作会议代表合影

1989年12月在福州市福建省蚕桑研究所召开全国桑蚕品种鉴定工作会议

1990年12月第二届全国果、茶、蚕桑品种审定专业委员会会议代表合影（孙世贤提供）

1992 年 12 月 5 日在镇江市中国农业科学院蚕业研究所召开全国桑蚕品种鉴定工作会议

1995 年 10 月在镇江市召开全国农作物品种审定委员会蚕桑专业委员会会议代表合影

1997 年 4 月全国农作物品种审定委员会蚕桑专委员会部分成员在镇江市中国农业科学院蚕业
研究所召开会议，研究蚕桑品种国家鉴定与审定工作（左起：刘桥、李奕仁）

2010 年 12 月 25 日农业部种植业司的新老同事庆贺程宜萍局长百岁生日
（前排左起桂萱、高麟一、程宜萍、王甘杭；后排左起王芝棠、刘桥、李奕仁、黄继仁、郑静睦、封槐松）

2016 年 5 月国家蚕品种试验组织单位全国农业技术推广中心品种试验处张毅处长
等到海安农村试验点考察（左起：曾波、周成伟、陈涛、张毅）

2017年9月国家农作物品种审定委员会蚕专委会部分委员到陕西省平利县国家蚕品种农村
试验点考察（左起：合作社负责人、李伦乾、张京国、陈涛、鲁成、沈兴家、苏超、邱茂慈）

2017年9月国家农作物品种审定委员会蚕专委会部分委员到陕西省平利县
国家蚕品种农村试验点考察（左起：沈兴家、陈涛、鲁成）

**2019 年 12 月 5 日在镇江召开国家畜禽遗传资源委员会蚕专业委员会初审会议**
（东侧：陈涛、薛明、沈兴家、刘长春、陶伟国、张毅、鲁成、董占鹏；南侧：潘志新、周成伟；
西侧：黄德辉、王永强、李林山、朱有敏、艾均文、房德文、姚晓慧）

**2020 年 10 月蚕专委会部分委员到国家蚕品种试验海安农村试验点考察**
（左起：黄志强、黄俊明、陈怀锅、陈涛、试验户、沈兴家、张健、周成伟）

# 国家审定通过部分蚕品种

浙蕾、春晓（王永强提供）

菁松 × 皓月 （赵巧玲、钱荷英提供）

春·蕾 × 镇·珠

芙蓉 × 湘晖 （艾均文提供）

秋丰 × 白玉 （赵巧玲提供）

两广二号 （闭立辉提供）

丝雨二号 （赵巧玲提供）

桂蚕 2 号（闭立辉提供）

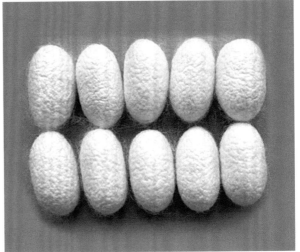

华康 2 号（秋丰 N × 白玉 N）（钱荷英提供）

华康 2 号（秋丰 N × 白玉 N）（钱荷英提供）

川优 1 号（川山 × 蜀水）（蒋佳提供）

鲁菁 1 号（鲁菁 × 华阳）

粤蚕 8 号

锦绣 1 号（锦·绣 × 潇·湘）（艾均文提供）

柞蚕品种：辽双 1 号

# 国家审定通过部分桑品种

育71-1（刘利提供）

陕桑305

农桑12号（吕志强提供）

农桑12号（吕志强提供）

# 第一章

# 审定制度和审定机构

　　本章介绍了我国桑蚕和桑树品种国家审定制度建立的时代背景和过程;《桑蚕品种国家审定条例》《全国桑树品种审定条例》《全国农作物品种审定条例》的制定;全国桑蚕品种审定委员会、全国(国家)农作物品种审定委员会蚕桑专业委员会、国家畜禽遗传资源蚕专业委员会的组成人员和历次审定会议情况;桑蚕、桑树品种国家审定标准及其调整完善的历程。

# 第一节
# 审定制度

中华人民共和国成立后,党和政府高度重视蚕桑生产的恢复和发展。1955 年在镇江召开首次全国蚕桑选种与良种繁育会议,制定了《全国家蚕选种工作方案》和《品种保育、选育和鉴定等工作细则》,对指导桑蚕(家蚕)品种选育起到了很好的推动和促进作用。其后,中国农业科学院蚕业研究所、各省蚕业科研机构和有关高校,通过引进选拔和培育,育成了一大批较优良的桑蚕新品种,在生产上推广应用,对恢复和发展我国蚕桑生产起到了重要的作用。1970 年我国桑蚕茧产量恢复到 12.15 万吨,超过日本;1977 年我国生丝产量达到 1.8 万吨,超过日本,重新跃居世界第一,成为世界蚕丝生产第一大国。1979 年桑蚕茧产量达到 21.335 万吨,比 1949 年(3.1 万吨)增长近 6 倍。

但是,20 世纪 70 年代我国桑蚕茧质量与世界先进水平相比还有很大差距,茧丝长度、茧层率、上茧率、解舒率都比不上日本。鲜毛茧出丝率日本约为 17%,我国只有 11%,比日本约低三分之一。其原因是多方面的,与养蚕、上蔟设备条件和管理技术,评茧标准和方法,蚕茧收烘、贮运、缫丝设备和工艺等都有关系。而当时我国的桑蚕品种水平不如日本,是其中一个重要原因。

为了加速优良品种的选育和推广,增加桑蚕茧产量和品质,提高出丝率,提高蚕桑产业的经济效益,农业部经济作物局与科技局邀请有关单位代表于 1980 年 3 月 24—29 日在江苏省镇江市中国农业科学院蚕业研究所召开了"全国桑蚕品种审定工作会议"。会议研究制定了《桑蚕品种国家审定条例》(试行草案)和《桑蚕品种国家审定工作细则》(草案),成立了全国桑蚕品种审定委员会;建立了鉴定试验网点,由中国农业科学院蚕业研究所主持开展桑蚕品种国家鉴定和审定工作,落实了 1980 年桑蚕品种鉴定计划。1980 年 5 月 4 日农业部以(80)农业(经)字第 9 号文件发布《桑蚕品种国家审定条例》(试行草案)。此后,各省(区)相继开展桑蚕品种的鉴定和审定。

1982 年 10 月 18 日农牧渔业部"关于印发《全国桑树品种审定条例》(试行草案)的通知"[(82)(农)字第 94 号],决定从 1982 年起开展全国桑树品种审定工作。从此,我国桑树、桑蚕品种鉴定审定走上了制度化、规范化的道路,形成了国家和省级两级审定制度。

# 一、桑蚕品种国家审定条例

## （一）农业部关于印发《桑蚕品种国家审定条例》的通知

各省、自治区、直辖市农（林）业厅（局）、蚕研所，浙江、四川、江苏省蚕种公司，中国农业科学院，中国农业科学院蚕业研究所，纺织工业部生产司，全国供销合作总社畜产茶茧局，中国纺织品进出口总公司，上海商品检验局，浙江农业大学，西南、华南、安徽、沈阳农学院，苏州蚕桑专科学校，苏州丝绸工学院，浙江省丝绸公司，浙江、四川、江苏、广东省纺织工业局，山东周村丝厂：

中华人民共和国成立以来，我国在桑蚕优良品种的选育和推广方面取得了不少成绩，对恢复和发展我国蚕桑生产起到了重要的作用。蚕茧产量 1979 年为 426.7 万担（213350 吨），比 1949 年 62 万担（31000 吨）增长近 6 倍，从 1970 年起超过日本，跃居世界第一。但蚕茧质量与世界先进水平相比还有很大差距，茧丝长度、茧层率、上茧率、解舒率都赶不上日本，鲜毛茧出丝率日本大约为百分之十七，我国只有百分之十一，比日本约低三分之一。

造成我国蚕茧出丝率低的原因是多方面的，养蚕、上蔟设备条件和管理技术，评茧标准和方法，蚕茧收烘、贮运、缫丝工艺等都有关系。但蚕品种不如日本是个重要原因。良种是丰产优质的先天性基础，因此今后必须加速优良品种的选育和推广，增加产量，提高出丝率，这是当前的紧迫任务。

针对以上情况，我部经济作物局与科技局邀请有关单位代表于 1980 年 3 月下旬在镇江中国农业科学院蚕业研究所召开了"全国桑蚕品种审定工作会议"，研究制定了《桑蚕品种国家审定条例》（试行草案）和《桑蚕品种国家审定工作细则》（草案），成立了全国桑蚕品种审定委员会，落实了 1980 年桑蚕品种鉴定计划。由中国农业科学院蚕业研究所，四川、浙江、广东、山东、湖北、安徽、陕西省蚕研所共同承担全国桑蚕品种鉴定任务。现将《条例》等印发给你们，请研究试行。望在试行中及时把修改意见报告我部。

附件　1.《桑蚕品种国家审定条例》（试行草案）
　　　　2.《桑蚕品种国家审定工作细则》（草案）
　　　　3. 全国桑蚕品种审定委员会委员名单

中华人民共和国农业部
1980 年 5 月 4 日

## （二）《桑蚕品种国家审定条例》（试行草案）

根据《全国农作物品种审定条例》（试行草案）的精神，制定本办法。

**第一条　桑蚕品种审定工作的目的与分工**

实行桑蚕品种审定，目的在于加强对桑蚕品种的管理，加快优良品种的培育与推广，实现良种布局区域化，不断提高蚕茧的产量和质量。

桑蚕品种审定分全国与省（区）两级进行。

**第二条　实施桑蚕品种审定工作的组织机构**

（1）全国桑蚕品种审定工作，由全国桑蚕品种审定委员会负责。委员会由农业部经济作物局、科技局主持，邀请外贸部、纺织工业部、全国供销合作总社有关局以及商品检验局、中国农业科学院蚕业研究所及重点产茧省蚕业、蚕种和丝绸等主管部门与科研教学单位等代表组成，设正、副主任和委员若干人。

（2）委员会委托中国农业科学院蚕业研究所负责办理全国桑蚕品种审定的计划安排、技术交流和资料汇总等具体组织工作。

（3）委员会选定若干有地区代表性的蚕业研究所（或蚕种场）、缫丝试样厂作为鉴定单位，组成全国桑蚕品种鉴定网，直接承担桑蚕品种的饲养鉴定任务和丝质鉴定任务。鉴定单位依照委员会制定的桑蚕品种鉴定工作细则进行鉴定，负责提出鉴定报告。

（4）产茧重点省（区）以及其他有条件的省（区）可参照《桑蚕品种国家审定条例》（试行草案）的精神，成立省（区）桑蚕品种审定组织，负责本省（区）桑蚕品种的审定工作。

· 第三条　桑蚕品种审定委员会的工作内容、任务与权限

（1）制定桑蚕品种鉴定工作细则。

（2）审定新育成和引进后经后试养表现成绩优良的桑蚕品种。经审定合格的品种，发给"新品种证书"，并根据其性状与适应性提出推广意见，如在投入生产时发现主要经济性状不符合审定标准，可随时进行重新审定或终止推广。

经省（区）审定组织审定合格的品种，应报全国审定委员会备案。审定合格的品种，投产后，成绩良好、推广数量较大、对提高蚕茧产量、质量作出贡献者，由省（区）或全国桑蚕品种审定委员会报请同级科技成果主管部门，给育成单位和个人以奖励。

（3）根据蚕茧生产情况和丝绸内外销要求的变化，对桑蚕品种资源、选育、鉴定、繁育和推广工作，提出指导性意见。

（4）全国桑蚕品种审定委员会对省（区）桑蚕品种审定组织负有业务指导、复审和仲裁权。

（5）除各省（区）现行推广品种外，未经审定的品种、审定不合格的品种以及经全国桑蚕品种审定委员会复审、仲裁认为不宜使用的品种，一律不许推广。

· 第四条　审定程序

（1）凡是新育成或新引进的桑蚕品种要求参加审定者，首先由选育或引进单位填写《桑蚕品种审定申请书》和《申请审定桑蚕品种说明书》（格式附后）。于上年 12 月底前报桑蚕品种审定委员会研究是否参加鉴定及安排制种。

（2）由鉴定单位按工作细则进行共同鉴定，提出鉴定报告。报告日期：春用蚕品种于 7 月 15 日前，夏秋用蚕品种于 12 月底前提出。

（3）由审定委员会委托机构召集各鉴定单位，汇总整理鉴定成绩，提出综合分析报告。

（4）召集桑蚕品种审定委员会会议，进行审议。

· 第五条　报审品种条件

（1）报审品种必须要在性状稳定后，有选育单位 2 次以上相同蚕期实验室杂交种鉴定成绩和一期以上农村鉴定成绩（农村试养可与实验室鉴定同时进行），性状稳定，成绩表现确实优良，主要经济指标优于对照种。

（2）报审单位须提供一定数量的原种。

（3）各省（区）桑蚕品种选育单位育成或引进的品种，在参加本省（区）鉴定的同时，也可申请参加全国鉴定。

· 第六条　品种审定内容

（1）原种饲养审察：只在中国农业科学院蚕业研究所进行，主要项目为形态特征、化性、眠性、孵化率、发育整齐度、龄期经过、幼虫生命率、死笼率、全茧量、茧层量、茧层率、克蚁收茧量与制种量、一蛾产卵量、良卵量等。

（2）杂交种鉴定：春用蚕品种在春期鉴定 1～2 次；夏秋用蚕品种尽可能安排在报审单位提出的品种适用蚕期（早秋期或中秋期）鉴定；由于夏秋期各年气候变化大，需连续鉴定 2 年。

（3）交杂种鉴定项目（标准）

① 实用孵化率；

② 对 4 龄起蚕虫蛹率；

③ 龄期经过；

④ 万头收茧量；

⑤ 担桑产茧量；

⑥ 鲜毛茧出丝率；

⑦ 茧丝长；

⑧ 解舒率：春用、中秋用蚕品种应不低于 75％；早秋用蚕品种应不低于 70％；

⑨ 净度：春用蚕品种应不低于 94 分，夏秋用蚕品种应不低于 92 分；

⑩ 纤度：2.3～3.0 D；

⑪ 生丝纤度偏差：不大于 1.1 D；

⑫ 概评：发育齐一性、茧色、茧匀正度等。

（4）对照品种分第一对照种与第二对照种。第一对照种由审定委员会指定。第二对照种为各鉴定单位所在省（区）的主要现行品种。供鉴定用的品种与第一对照种的一代杂交种，由中国农业科学院蚕业研究所统一制造。

（5）品种审定原则：以与对照品种的成绩比较为主要依据，凡主要经济性状优于对照种，其中解舒率、净度、纤度与生丝纤度偏差符合规定标准者，方可发给"新品种证书"。

· 第七条 新品种定名与装盒标准

（1）新育成品种由育成单位命名，并报全国桑蚕品种审定委员会备案、登记；新引进的品种由引入单位在引进后的 1 个月内报全国桑蚕品种审定委员会登记，统一命名。命名原则：简单明了，杂交组合要标出杂交双亲的种名。

（2）品种一经定名，国内互相引用时，不得随意改名。

（3）凡与原来品种性状基本相似，属于提纯复壮范围的，一般不予重新定名。

（4）供试品种包括对照品种的交杂种的收蚁量或装盒标准必须统一，有利于产量指标的鉴定评比。

· 第八条 经费

（1）全国桑蚕品种审定委员会的日常活动费用、鉴定单位试验费和仪器设备购置费由农业部列支。

（2）省（区）桑蚕品种审定工作所需的经费由省（区）自行安排解决。

· 第九条 附则

《桑蚕品种国家审定条例》（试行草案）自农业部批准之日起正式生效。在试行过程中，如需修改补充，可由主持单位召集全国桑蚕品种审定工作会议讨论修正。

### （三）报审品种条件与审定标准

1987 年 5 月 20 日，农牧渔业部农业局"关于印发《全国桑·蚕品种审定委员会第七次会议纪要》的通知"［(1987) 农（农经一）字第 48 号］指出：全国桑·蚕品种审定委员会于 1987 年 3 月 26—31 日在广西南宁举行了第七次会议，会议通过了调整后的全国桑·蚕品种审定委员会的组织分工，审议了 1986 年度全国桑蚕品种鉴定工作报告，安排了 1987 年度蚕、桑品种鉴定工作计划，确定了第二批桑品种鉴定方案，研究了全国蚕品种鉴定的验收与申报成果的有关问题，并根据实际情况对蚕品种鉴定中的申报条件与申报程序、审定标准等做了必要的补充和整理。

**关于桑蚕品种国家审定、报审品种条件与审定标准的暂行规定**

本暂行规定,系根据原农业部颁《桑蚕品种国家审定工作条例》(试行草案)、《桑蚕品种国家审定工作细则》(草案)[(1980)农业(经)字第 9 号]和全国桑蚕品种审定委员会历次会议所做的修改补充条文统一整理形成。自 1987 年起,受理新品种参鉴申请与审议鉴定成绩结果,均按本暂行规定的要求执行。

1. 关于报审品种条件

(1) 报审品种必须要在性状稳定之后,有选育单位 2 次以上相同蚕期实验室杂交鉴定成绩和一期以上农村鉴定成绩(农村试养可与实验室鉴定同时进行),性状稳定,成绩表现确实优良,主要经济指标优于对照种并基本符合审定标准者,方可申请参加全国鉴定。

农村鉴定应不少于 5 户 10 张蚕种的试养数量。

报审品种需先参加省级鉴定、试养。由省(自治区、直辖市)级蚕品种审定、鉴定机构(无审、鉴定机构的省份由蚕茧生产主管部门)签署推荐意见。

(2) 报审品种需按规定格式填报"桑蚕品种审定申请书"一式二份,"申请审定桑蚕品种说明书"一式 60 份,于每年年底前寄送全国桑·蚕品种审定委员会(江苏镇江,中国农业科学院蚕业研究所内)研究预审。

申报材料中有关新选育品种的亲本材料,新选配组合的对交品种,均应以正式定名(无正式定名者以最初育成、引进单位所定名称)填告,并说明其育成单位。申报材料必须对制种性能有明确的表述。

多元杂交种申报参鉴时,原则上要求在申报材料中提供所有杂交形式一期的鉴定成绩;限于条件或其他原因不能全部提供者,至少应提供三元种正反交 2 个形式、四元种正反交 4 个形式的鉴定成绩。确定参加鉴定后,具体提供哪一种形式的正反交,由申请单位自行确定。

(3) 报审品种须预先准备一定数量的蚕种,具体数量为:春用品种,由报审单位负责在春期催青前直接给鉴定网点各单位安全寄送一代杂交种蚕种(每品种 28 蛾框制种正反交各一张),并给中国农业科学院蚕业研究所全国蚕品种鉴定组加寄 28 蛾原种各 1 张;夏秋用品种,由报审单位提供原种 28 蛾框制各 1 张,寄给中国农业科学院蚕业研究所全国蚕品种鉴定组统一繁育分发。

(4) 在一般情况下,一个育种单位一期只能申报 1 对品种参加鉴定;对育种力量较强的单位,可视鉴定网点的容量适当放宽。

(5) 由于全国鉴定现行规定的第一对照品种在生产上的推广数量已日趋减少,并为此加列了若干参考指标,申报材料中有关对照品种的规定可以相应放宽,即可以用全国鉴定统一的对照种,或各省(区)的当家品种,或全国审定合格的品种作为对照。

2. 关于审定标准

部颁审定条例规定,品种审定原则上以与对照品种的成绩比较为主要依据,凡主要经济性状优于对照种,其中解舒率、净度、纤度符合规定标准者,方可发给新品种证书。

"六五"期间,我国实用蚕品种布局发生显著变化,1980 年时确定的全国鉴定第一对照品种华合×东肥、东 34×苏 12 发种比例年趋减少,全国审定合格新品种的推广数量正在不断扩大但尚未形成绝对优势,省(区)间品种多样化的现象相对突出,丝绸工业与丝绸出口、内销的发展给原料茧质和品种提出了新的要求,为此对审定标准做如下改动。

(1) 为保持资料的连续性与数据的可比性,即便于垂直比较,在新的对照品种尚未确定之前,"七五"期间仍沿用现行的对照品种,即在实施全国鉴定试验时,春期仍以华合×东肥、夏秋期间仍以东 34×苏 12 作为第一对照种;为便于水平比较,在受理申请、审议结果时,辅之以茧层率、出丝率与茧丝长等下述参考指标加以综合衡量。

春期：茧层率 24.5％以上，出丝率 19％以上，茧丝长 1 350 米以上，解舒丝长超过对照。

早秋期：茧层率 21％以上，出丝率 15.5％以上，茧丝长 1 000 米以上，解舒丝长超过对照。

无论是春用品种或夏秋用品种，4 龄起蚕虫蛹统一生命率、万头产茧量、担桑产茧量应不低于对照品种的 98％。

（2）考虑到现行生丝检验以偏差定等和满足丝绸行业技术改造的需要，提请育种单位注意缩小蚕品种茧丝纤度的粒内开差与粒间开差，审议结果时加列茧丝纤度综合均方差作为参考指标，其标准定为：春期少于 0.65 D，早秋期少于 0.50 D。

（3）解舒率、净度、茧丝纤度 3 项审定标准，除春用品种的解舒率一项需做适当修改外，其余维持原规定。净度：春用品种应不低于 93 分，夏秋用品种应不低于 92 分；茧丝纤度：春用品种为 2.7～3.1 D，夏秋用品种为 2.3～2.7 D；解舒率：春用品种原则上应达到 75％以上，遇不良气候解舒率偏低时，可依不低于对照品种的 95％为标准加以衡量；夏秋用品种应不低于 70％。

（4）增加特殊蚕品种的审定业务，鼓励育种单位与丝绸行业等部门加强联系，根据市场需要与市场预测，共同讨论确定育种目标，组织一定力量从事具有实用新价值的各种特殊品种的选育，其鉴定办法与审定标准按实际情况另订。

全国桑·蚕品种审定委员会

1987 年 3 月 31 日

## 二、桑树品种审定条例

### （一）农牧渔业部关于印发《全国桑树品种审定条例》的通知

1982 年 10 月 18 日农牧渔业部"关于印发《全国桑树品种审定条例》（试行草案）的通知"［(82)农(农)字第 94 号］，全文如下。

各产茧省（自治区、直辖市）农（林）业厅（局）、四川省蚕丝公司，广东、山东省丝绸公司、黑龙江省供销社、内蒙古自治区轻工业厅、中国农业科学院蚕业研究所：

为了加强桑树品种的管理，加速桑树优良品种的培育与推广，实现良种布局区域化，不断提高蚕茧的产量和质量，现决定从今年起正式开展全国桑树品种审定工作。为了减少组织机构，加强统一领导，现将原"桑蚕品种审定委员会"改名为"全国桑·蚕品种审定委员会"负责管理桑树和蚕品种的审定工作。关于委员会成员可做适当调整。由于我国桑树品种资源丰富、分布区域辽阔、各地生态环境不一、栽培技术不同，因此全国分设 9 个鉴定点。经与有关省商定，由中国农业科学院蚕业研究所、四川省三台县蚕桑站、浙江省蚕桑研究所、江苏省海安县蚕种场、广东省蚕业研究所、山东省滕县桑苗圃、湖北省黄冈农校、陕西省蚕业研究所、吉林省蚕业研究所等单位共同承担全国桑树品种鉴定任务。现将《全国桑树品种审定条例》（试行草案）、《桑树品种鉴定工作细则》（试行草案）印发给你们，请研究试行。请在试行中及时把问题和修改意见函告全国桑·蚕品种审定委员会。

附件　1.《全国桑树品种审定条例》（试行草案）

2.《桑树品种鉴定工作细则》（试行草案）

中华人民共和国农牧渔业部

1982 年 10 月 18 日

### (二)《全国桑树品种审定条例》(试行草案)

桑树是蚕业的重要生产资料,各地都保存有多种多样的桑树品种资源,也选育出一批新品种。一个优良的桑品种,对增加桑叶产量、增产蚕茧、提高茧丝品质和蚕种质量,都起着重要作用。为了正确地评价桑树品种的优劣和推广价值,必须对选育和引进的桑树品种以及现有生产用主要品种进行区域鉴定。通过评比,选出高产、优质、抗逆性强的桑树优良品种,尽快地投入大面积生产,为早日实现桑树良种化做出贡献。

根据《全国农作物品种审定试行条例》的精神,制定本条例。

- 第一条 组织机构

1. 全国桑品种审定工作,由全国桑·蚕品种审定委员会统一领导。委员会委托中国农业科学院蚕业研究所负责办理全国桑品种审定的计划安排、技术交流和资料汇总等具体组织工作。各省(区)桑品种审定小组负责本省(区)桑品种审定工作。

2. 委员会选定有地区代表性的科研、教育、场圃作为鉴定单位,承担桑品种的区域性审定任务,组成全国桑品种鉴定网,鉴定单位依照委员会制定的工作细则进行鉴定,并负责提出鉴定报告。

- 第二条 工作任务和职权

1. 制定桑品种鉴定工作细则。

2. 审定参加鉴定的桑品种在生产上的经济价值、确定其适应地区以及相应的栽培技术。

3. 对省(区)的桑、蚕品种审定小组,负有业务指导之义务。省(区)的桑、蚕品种审定小组有向全国审定委员会报告本地区鉴定情况之职责。

4. 定期召集各鉴定单位交流经验,检查执行情况。

5. 对审定批准的桑品种,正式命名登记,发给"桑树优良品种证",上报成果,给予奖励。

- 第三条 审定程序

1. 凡申请进行品种审定者,须填写"桑品种审定申请书""桑品种说明书"(见后),并附"桑品种选育报告",准备一定数量接穗条、一代杂交种苗木,于每年11月底前由各省(区)审定小组审定后报送全国桑·蚕品种审定委员会。

2. 审定委员会收到品种审定申请书后,研究决定取舍。对纳入鉴定计划的品种,及时安排区域鉴定地点。

3. 鉴定单位必须按照工作细则进行鉴定,每个点除每年提出试验报告外,3~5年必须拿出综合报告,做出结论性意见,并进行审议。

4. 在鉴定期间,委员会组织有关人员实地检查鉴定工作,及时提出指导意见。

- 第四条 报审品种条件

1. 报审品种应具备两年以上试验成绩或农村调查成绩(指成林桑)。

2. 对桑品种的审定项目主要有高产、优质、抗性强三方面,若其中某一项成绩特别显著者,也可报审参加鉴定。

3. 各鉴定点对照种的选定,见工作细则。

- 第五条 经费

1. 全国桑品种审定经费由农牧渔业部列支。

2. 各省(区)桑品种审定所需经费由省(区)自行安排解决。

- 第六条 附则

本条例自农牧渔业部批准之日起正式生效。在试行过程中,如需修改补充,由全国桑·蚕品种审定委员会负责修正。

# 三、全国农作物品种审定条例

1989年桑蚕、桑树品种审定并入全国农作物品种审定委员会,第二届全国农作物品种审定委员会设立桑蚕品种审定专业委员会。

1989年12月26日农业部发布第10号部长令,全文如下。

根据《中华人民共和国种子管理条例》和第一届全国农作物品种审定委员会《农作物品种审定条例》的有关规定制定的《全国农作物品种审定委员会章程》(试行)和《全国农作物品种审定办法》(试行),已经农业部部长常务会议通过,现颁布试行。

农业部部长:何康

## (一)《全国农作物品种审定委员会章程》(试行)

- 第一章 目的和性质

第一条 为了积极审定、推广农作物新品种,加强品种管理,实现品种布局区域化,促进农业生产的发展,根据《中华人民共和国种子管理条例》成立全国农作物品种审定委员会(以下简称全国品审会)。

第二条 全国品审会是在农业部领导下,主管农作物品种审定的权力机构。

- 第二章 任务

第三条 贯彻《中华人民共和国种子管理条例》和实施《全国农作物品种审定办法》。

第四条 组织领导全国农作物品种区域试验和生产试验,并制定《全国农作物品种区域试验和生产试验管理办法》(试行)。

第五条 负责审定适合于跨省(自治区、直辖市)推广的国家级新品种。

第六条 指导、协调省级品种审定委员会的工作。

- 第三章 组织机构

第七条 全国品审会由农业部和省(自治区、直辖市)的农业行政部门、种子部门、科研单位、教学单位的专业技术人员及国务院有关部委、省级品审会的代表和国家区域试验、生产试验的主持人组成。

全国品审会设主任委员、副主任委员、秘书长和办公室主任。

第八条 全国品审会下设水稻、麦类、玉米、高粱、谷子、薯类、大豆、油料、蔬菜、糖料、茶叶、果树、烟草、棉麻、蚕桑等专业委员会,分别负责各作物品种区域试验、生产试验和审定品种。

各专业委员会设主任委员、副主任委员、顾问和秘书。

第九条 全国品审会设立常务委员会。常委会由下列人员组成:全国品审会的正副主任委员、秘书长、办公室主任、各专业委员会的正副主任委员及有关省(自治区、直辖市)农作物品种审定委员会的代表。常委会负责制定有关规章制度、听取和审核各专业委员会的工作汇报计划等。常委会根据工作需要,不定期召开会议。

第十条 全国品审会办公室负责全国品审会的日常工作。

- 第四章 委员

第十一条 全国品审会委员由全国品审会办公室提出方案,各有关单位推荐,农业部任命。

第十二条　全国品审会委员及任职人员的条件：

1. 全国品审会委员须是从事品种管理、育种、区域试验、生产试验、审定、繁育推广等工作，并具有中级以上职务的人员。

2. 年满 60 岁的委员人数不得超过委员总数的 20%（不含顾问）。

3. 全国品审会正副主任委员、秘书长、办公室主任及各专业委员会正副主任委员、秘书，须由在职人员担任。

第十三条　全国品审会每届五年，委员可以连任。

第十四条　委员对本会工作有监督、检查、批评和建议的权利，同时也有宣传贯彻执行本会章程和及时反映所在地区有关品审工作的进展情况、问题的义务。

第十五条　委员连续两次无故不参加本会活动者，由全国品审会报农业部批准除名。

· **第五章　奖励和惩罚**

第十六条　凡在国家农作物品种区域试验、生产试验和审定工作中成绩显著的委员，由全国品审会给予奖励，并推荐申报科技进步奖。

第十七条　凡是经过全国品审会审定通过的品种，育成者在申报各级奖励时，审定合格证书可以代替专家鉴定证书。

第十八条　全国品审会委员在品种审定时违法乱纪、弄虚作假的，由全国品审会对其进行批评教育，情节严重的，建议有关部门进行处理。

· **第六章　经费**

第十九条　全国品审会的经费列入农业部财务专项费用。

· **第七章　附则**

第二十条　本章程自农业部批准颁布之日起生效。

全国农作物品种审定委员会<br>1989 年 12 月 16 日

### （二）《全国农作物品种审定办法》(试行)

· **第一章　目的**

第一条　为了及时审定、推广农作物品种（以下简称"品种"），促进农业生产，特制定本办法。

· **第二章　申报条件**

第二条　凡具备下列条件之一的品种，可向全国品审会申报审定。

1. 参加全国农作物品种区域试验和生产试验，在多数试点连续两年表现优异，并经过一个省级农作物品种审定委员会审定通过的品种。

2. 经两个省级品种审定委员会审定通过的品种。

· **第三章　申报材料**

第三条　按申报审定申请书各项要求认真填写，并附以下材料。

1. 每年区域试验和生产试验年终总结报告（原件复印件）。

2. 指定专业单位的抗病（虫）鉴定报告（原件复印件）。

3. 指定专业单位的品质分析报告（原件复印件）。

4. 品种特征标准图谱，如株、根、叶、花、隐、果实（铃、荚、块茎、块根、粒）照片。

5. 栽培技术及繁（制）种技术要点。

6. 省级农作物品种审定委员会审定通过的品种合格证书复印件。

· 第四章 申报程序

第四条 凡申报审定的品种，申报者必须按以下程序办理，未按规定程序办理手续者，不予受理。

1. 育（引）种者提出申请并签章。

2. 育种者所在单位审核签章。

3. 主持区域试验、生产试验单位推荐并签章。

4. 育种者所在省或品种最适宜种植的省级品种审定委员会签署意见。

· 第五章 申报时间

第五条 每年 3 月 31 日为申报审定品种的截止时间（以邮戳为准）。

· 第六章 品种审定

第六条 全国品审会办公室对各单位申报的材料进行审核、整理后提交各专业委员会审定。

第七条 各专业委员会召开会议对申报的品种进行认真讨论后，用无记名投票的方法审定，凡票数超过法定委员总数的半数以上的品种，通过审定。并整理好品种评语，提交全国品审会正副主任办公会议审核后，统一编号命名，登记，签发审定合格证书（凡审定通过的品种名称前面加"国"的第一个拼音字母"G"和"审"的第一个拼音字母"S"，即加"GS"以示为国家审定通过的品种，如 GS 中棉 12 号），由农业部颁布。

第八条 对审定有争议的品种，需经实地考察后，提交下次专业委员会复审，如果审定未通过，不再进行第二次复审。

第九条 审定通过的品种，由育种者提供一定数量的原种交给种子部门，加速繁殖推广。

第十条 凡是未经审定或审定不合格的品种，不得繁殖，不得经营、推广，不得宣传，不得报奖，更不得以成果转让的名义高价出售。违者，全国品审会建议有关部门按《中华人民共和国种子管理条例》进行惩处。

· 第七章 审定标准

第十一条 审定标准由各专业委员会实施（见附件1）。

· 第八章 附则

第十二条 凡申请审定的每个品种，需交纳一定的审定费。

第十三条 本办法自农业部批准颁布之日起生效。

全国农作物品种审定委员会

1989 年 12 月 26 日

**（三）桑蚕品种国家审定制度的恢复**

2001 年 6 月 21—23 日第三届全国农作物品种审定委员会在北京召开蚕桑专业委员会会议。从 2002 年起，因蚕、桑不属于农业部确定的主要农作物，蚕、桑品种国家审定停止。

2010 年 12 月 8 日国家农作物品种审定委员会发文"关于成立国家蚕品种审定专业委员会的通知"[国品审（2010）3 号]，决定成立国家蚕品种审定专业委员会，全文如下。

各省、自治区、直辖市农业（农牧、农林、农垦）厅（局、委），新疆生产建设兵团农业局，中国农业科学院蚕业研究所、西南大学、湖南省蚕桑科学研究所、湖北省农业科学院经济作物研究所、辽宁省农业科学院蚕业科学研究所，中国丝绸工业总公司、山东省广通蚕种集团有限公司：

根据《蚕种管理办法》（农业部第 68 号令）第十一条的有关规定，经过委员候选人的推荐和遴选，国家农作物品种审定委员会决定成立国家蚕品种审定专业委员会,负责国家级蚕品种审定工作。国家蚕品种审定专业委员会由专业委员会主任、副主任和委员共17人组成,负责已完成品种试验蚕品种的初审工作,对蚕品种的资源保护和利用、选育、鉴定、繁育、推广和产业发展进行指导。国家蚕品种审定专业委员会办公室设在全国农业技术推广服务中心,负责本专业委员会的日常工作。

现将国家蚕品种审定专业委员会组成人员名单印发你们,请各单位积极支持国家蚕品种审定专业委员会的工作,并请各位委员认真履行职责,共同做好蚕品种审定工作,为我国蚕桑产业发展做出贡献。

附件:国家蚕品种审定专业委员会组成人员名单(见本章第二节)

国家农作物品种审定委员会

2010年12月8日

## 四、桑蚕品种审定归口国家畜禽遗传资源委员会

从2010年成立国家蚕品种审定专业委员会至2018年期间,2015年初审了一批蚕品种,其中丝雨二号、桂蚕2号、粤蚕6号3对蚕品种经国家农作物品种审定委员会审定通过,2015年9月2日农业部发布第2296号公告。2016—2018年虽然蚕品种试验正常进行,但审定工作因管理归口未落实,未能正常进行。

2019年2月13日农业农村部办公厅发布"关于调整国家畜禽遗传资源委员会组成人员与增补蚕专业委员会的通知"(农办种〔2019〕3号),决定在国家畜禽遗传资源委员会下增补蚕专业委员会,至此蚕品种审定正式归口国家畜禽遗传资源委员会。

2019年10月31日国家畜禽遗传资源委员会发布关于进一步规范国家级蚕品种审定工作的通知(农办种〔2019〕19号),全文如下。

各省、自治区、直辖市农业农村(农牧)厅(局、委),重庆市商务委员会,新疆生产建设兵团畜牧兽医局,全国畜牧总站、全国农业技术推广服务中心:

为进一步规范蚕品种审定工作,推进蚕桑业持续健康发展,根据《中华人民共和国畜牧法》《蚕种管理办法》(农业部令第68号)有关规定,国家畜禽遗传资源委员会决定开展国家级蚕品种审定工作。现就有关事项通知如下。

(一)国家畜禽遗传资源委员会(以下简称委员会)负责国家级蚕品种的审定。国家畜禽遗传资源委员会办公室(以下简称办公室)设在全国畜牧总站,负责国家级蚕品种审定的组织工作。蚕专业委员会承担国家级蚕品种的初审工作。全国农业技术推广服务中心负责蚕品种试验的组织实施工作,协助开展蚕品种审定。

(二)申请审定的蚕品种,应当经过试验且具备下列条件,并符合《蚕品种审定标准》(见附件1)。

1. 主要特征一致、特性明显,遗传性稳定;

2. 与其他品种有明显区别;

3. 具有适当的名称(见附件2)。

(三)申请国家级蚕品种审定的单位或个人,需向委员会提出申请,并将以下材料报送办公室。

1. 国家级蚕品种审定申请表(见附件3);

2. 育种技术工作报告;

3. 相关单位出具的检测报告；

4. 国家级蚕种试验总结报告；

5. 新品种特征描述和图片资料，以及必要的实物。

委员会自收到申请材料之日起 15 个工作日内作出是否受理的决定，并书面通知申请人。

（四）委员会受理申请后，组织蚕专业委员会进行初审，初审专家不少于蚕专业委员会总人数的三分之二。初审采用会议讨论和无记名投票表决方式，三分之二以上参会专家同意为初审通过。

（五）初审通过后，由办公室组织在中国农业信息网公示，公示期不少于 30 日。公示期满后，办公室将初审意见、公示结果提交委员会审核。审核同意的，通过审定，由委员会颁发证书并报农业农村部公告。

（六）未通过审定的，办公室在 30 个工作日内书面通知申请人。申请人有异议的，应当在接到通知后30 个工作日内申请复审。委员会在 6 个月内作出复审决定，并通知申请人。

（七）申请人隐瞒有关情况或者提供虚假材料的，不予受理，且 3 年内不得再次申请审定；已通过审定的，收回并注销证书，申请人 5 年内不得再次申请审定。

附件：1.《蚕品种审定指南》（见本章第三节）

      2.《国家级蚕品种命名规则》（见本章第三节）

      3.《国家级蚕品种审定申请表》（见本章第三节）

国家畜禽遗传资源委员会

2019 年 10 月 31 日

# 第二节
# 审定机构与审定会议

我国的桑蚕品种实行国家和省级两级审定制度。省级蚕桑行政管理部门设立省级蚕桑品种审定机构，负责省（自治区、直辖市）蚕桑品种的鉴定和审定工作；农业农村部设立国家级农作物或畜禽遗传资源审定机构，负责国家级、跨省（区）使用蚕桑品种的审定。现行国家蚕品种审定机构见图1.1。

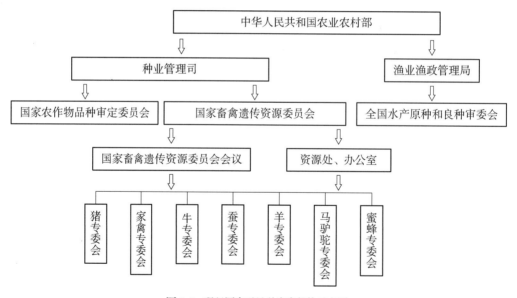

**图 1.1　现行国家蚕品种审定机构示意图**

# 一、审定机构概况

## （一）1980 年成立全国桑蚕品种审定委员会

1980 年 3 月 24—29 日农业部在镇江中国农业科学院蚕业研究所召开了国家桑蚕品种审定工作会议，会后成立"全国桑蚕品种审定委员会"，负责国家级桑蚕品种的审定。委员会由 23 人组成，农业部农业局局长程宜萍任主任。审定委员会办公室挂靠在中国农业科学院蚕业研究所。中国农业科学院蚕业研究所主持鉴定试验和审定委员会的日常工作。

鉴定试验网点在主持单位的组织下召开鉴定工作会议,经过对每对参试桑蚕品种 2 年同期实验室鉴定试验成绩、桑树品种 5 年鉴定试验成绩的汇总分析,讨论形成《鉴定结果报告》,提交给审定委员会审定。

审定委员会根据审定标准进行审议,形成审定意见。报农业部批准,以农业部公告形式发布,审定通过品种颁发审定证书(早期无审定证书)。

### (二) 1989 年蚕桑品种审定并入全国农作物品种审定委员会

1989 年全国桑蚕品种审定委员会并入全国农作物品种审定委员会,第二届全国农作物品种审定委员会设立桑蚕品种审定专业委员会。

蚕、桑品种鉴定试验由全国农技推广服务中心良繁处组织,中国农业科学院蚕业研究所主持鉴定试验(区域试验)。这是蚕、桑品种审定机构的第一次大变动。

当时第一批桑品种已经完成鉴定(1983—1988 年)和审定(1989 年),第二批桑品种鉴定正在进行(1990—1994 年),试验方法不变,1995 年 12 月鉴定试验网点形成《全国第二批桑品种区域性鉴定工作总结》。

桑蚕品种鉴定试验,1989—1996 年每个品种在同一季节(春、秋)鉴定 2 年;1997—1998 年因没有新品种申报、经费困难而暂停;1999—2002 年每个品种鉴定 1 次(验证试验)。鉴定试验网点完成鉴定试验后,形成《桑蚕品种国家审定鉴定结果报告》。

《全国第二批桑品种区域性鉴定工作总结》和《桑蚕品种国家审定鉴定结果报告》通过全国农作物品种审定委员会办公室——全国农技推广服务中心良繁处提交给全国农作物品种审定委员会。根据全国农作物品审办的安排,由蚕桑专业委员会进行初审,初审结果报全国农作物品种审定委员会。全国农作物品种审定委员会召开审定会议,对包括桑树、桑蚕在内的农作物品种进行审定。审定结果以农业部公告形式发布。

### (三) 2010 年成立国家农作物品种审定委员会蚕品种专业委员会

2003—2010 年,因为桑、蚕不属于农业部指定的主要农作物,国家鉴定试验和审定工作暂时停止。2002 年 12 月 17 日成立的第一届、2007 年 8 月 28 日成立的第二届国家农作物品种审定委员会,均没有蚕桑专业委员会。

2010 年 12 月经农业部批准,国家农作物品种审定委员会发文成立国家蚕品种审定专业委员会,恢复国家蚕品种试验和审定工作,但是桑品种鉴定审定仍未恢复。全国农技推广服务中心品种试验处负责试验管理,中国农业科学院蚕业研究所主持品种试验。这是蚕桑品种国家审定机构的第二次大变动。

自 2010 年恢复桑蚕品种鉴定试验后,2015 年进行了第一次审定。审定程序与 1989 年以来的一致,由专委会初审,然后由国家农作物品审会审定,农业部以部长令形式发布。

2016—2018 年,蚕品种审定管理归口未落实,未能进行审定。

### (四) 2019 年成立国家畜禽遗传资源委员会蚕专业委员会

2019 年 2 月 13 日农业农村部办公厅发文《关于调整国家畜禽遗传资源委员会组成人员和增补蚕专业委员会的通知》,明确蚕品种审定纳入国家畜禽遗传资源委员会管理,设立蚕专业委员会。这是桑蚕品种国家审定机构第三次大的变动。

2019 年 12 月专委会进行了一次初审,2020 年 9 月国家畜禽遗传资源委员会召开审定会议,对各专委会初审通过的畜禽品种和配套系进行了审定,其中包括 11 对桑蚕品种。

# 二、第一届全国桑蚕品种审定委员会委员

## (一) 全国桑蚕品种审定工作会议

1980 年 3 月 24—29 日农业部经济作物局与科技局邀请有关单位代表在镇江中国农业科学院蚕业研究所召开"全国桑蚕品种审定工作会议"(第一届第一次会议)。农业部程宜萍、竺士俊、王芝斐、于明,中国纺织品进出口总公司董仲英,全国供销合作总社乔公望、殷敏觉、庄溪华,纺织工业部童毓素,中国农业科学院蚕业研究所高一陵、刘明远、戴亚民、胡鸿均、吴玉澄、李奕仁,各有关省(自治区、直辖市)蚕桑行业主管部门领导和高校、科研院所专家,计 49 人参加会议(表 1.1)。

表 1.1　全国桑蚕品种审定工作会议参会代表名单
（1980.03.24—29　镇江）

| 参加单位 | 与会人员姓名 |
| --- | --- |
| 农业部 | 程宜萍　竺士俊　王芝斐　于　明 |
| 中国纺织品进出口总公司 | 董仲英 |
| 全国供销合作总社 | 乔公望　殷敏觉　庄溪华 |
| 纺织工业部 | 童毓素 |
| 中国农业科学院蚕业研究所 | 高一陵　刘明远　戴亚民　胡鸿均　吴玉澄　李奕仁 |
| 四川省 | 熊季光　周晦若　苏湛勳　李泽民 |
| 江苏省 | 朱竹雯　胡元恺　蒋玉瑞　尹维彦　沈冠芳 |
| 浙江省 | 陆星垣　钱旭庭　袁之平　夏建国 |
| 广东省 | 陈翰英 |
| 山东省 | 王　才　刘敬全 |
| 安徽省 | 段佑云　葛景贤 |
| 陕西省 | 承经宇 |
| 湖北省 | 魏　群 |
| 湖南省 | 靳永年 |
| 广西壮族自治区 | 姚福广 |
| 福建省 | 兰其总 |
| 河南省 | 陆锡芳 |
| 河北省 | 李玉芹　董延智 |
| 辽宁省 | 王景田　崔之怀 |
| 吉林省 | 刘桂兰 |
| 新疆维吾尔自治区 | 晏国美 |
| 云南省 | 吴方格 |
| 贵州省 | 黄浩康 |
| 江西省 | 舒惠国 |
| 上海商品检验局 | 王锡云 |

会议研究讨论了《桑蚕品种国家审定条例》(试行草案)和《桑蚕品种国家审定工作细则》(草案)、全国桑蚕品种审定委员会组成人员,落实了 1980 年桑蚕品种鉴定计划。由中国农业科学院蚕业研究所牵头,组织四川、浙江、广东、山东、湖北、安徽、陕西省蚕业研究所共同承担全国桑蚕品种鉴定试验任务。

1980年5月4日农业部发文[(80)农业(经)字第9号]成立全国桑蚕品种审定委员会,委员会由23人组成,主任委员由程宜萍担任(表1.2)。

表1.2 全国桑蚕品种审定委员会委员名单
(1980年5月4日)

| 单位/省(区) | 姓名 |
| --- | --- |
| 农业部经济作物局 | 程宜萍 竺士俊 |
| 农业部科技局 | 于明 |
| 纺织工业部生产司 | 侯忠澍 |
| 中国纺织品进出口总公司 | 董仲英 蒋云芳 |
| 全国供销合作总社畜产茶茧局 | 乔公望 殷敏觉 |
| 中国农业科学院蚕业研究所 | 高一陵 戴亚民 胡鸿均 李奕仁 |
| 四川省 | 熊季光 蒋同庆 苏湛勋 周晦若 |
| 江苏省 | 朱竹雯 |
| 浙江省 | 陆星垣 |
| 广东省 | 唐维六 |
| 山东省 | 王才 |
| 安徽省 | 段佑云 |
| 陕西省 | 承经宇 |
| 上海商品检验局 | 王锡云 |

主任委员:程宜萍
副主任委员:于明 侯忠澍 高一陵 陆星垣

## (二)第一届第二次会议

1980年12月12—15日全国桑蚕品种审定委员会在杭州召开第二次会议,参加会议人员见表1.3,会议审议并确定了如下事项。

1. 根据全国桑蚕品种国家审定鉴定单位碰头会议提出的《1980年全国桑蚕品种鉴定工作报告》,审议确定:参加1980年全国鉴定的7对蚕品种中,"122×222"丝质不合格项目较多,"751×辐36"体质较差,这两对品种不再继续参加1981年的鉴定;"春试三号×春试四号""春试一号×春试二号""东731×武七苏""新9×7532""539B×7532"5对品种,继续参加1981年的鉴定,综合两年鉴定结果再做最后审议。

2. 根据《桑蚕品种国家审定条例》(试行草案)的有关规定,受理了3个单位的5对新品种参加1981年全国鉴定的申请。经审议,同意下列品种参加1981年全国鉴定。

浙江省农科院蚕桑研究所选育的"春5×春6"(春用品种)、"新杭×科16"(夏秋用品种);广东省蚕种繁殖试验场选育的"东13×7532"(夏秋用品种)。

表1.3 全国桑蚕品种审定委员会第二次会议参会代表名单
(1980.12.12—15 杭州)

| 参加单位 | 与会人员姓名 |
| --- | --- |
| 农业部 | 程宜萍 荣励坚 竺士俊 王芝斐 |
| 纺织工业部 | 侯忠澍 |
| 中国纺织品进出口总公司 | 蒋云芳 |
| 全国供销合作总社 | 殷敏觉 |
| 中国农业科学院蚕业研究所 | 高一陵 戴亚民 胡鸿均 李奕仁 张民义 吴玉澄 缪梅如 程荷棣 何斯美 俞月娥 徐孟奎 叶夏裕 吴佩兰 |
| 四川省 | 蒋同庆 李泽民 赵熙应 杨惠君 何义侠 |

| 参加单位 | 与会人员姓名 | | | | | | | | |
|---|---|---|---|---|---|---|---|---|---|
| 浙江省 | 陆星垣 | 钱旭庭 | 章作凡 | 孙以荃 | 袁之平 | 管绍智 | 陈　钟 | 吕汉甫 | 陈和瑞 |
| | 夏建国 | 许心仁 | 俞碧华 | 李　倩 | 倪洪同 | | | | |
| 上海商品检验局 | 王锡云 | | | | | | | | |
| 江苏省 | 朱竹雯 | 胡元恺 | 蒋玉瑞 | 戴淑云 | 沈冠芳 | | | | |
| 广东省 | 何永棠 | 陈秉基 | 陆天锡 | 戴琼煜 | 范广达 | | | | |
| 山东省 | 吴凤宏 | 赵璧荣 | 刘敬全 | | | | | | |
| 安徽省 | 段佑云 | 徐　农 | 许　鸿 | 吴　健 | 陶德源 | | | | |
| 陕西省 | 承经字 | 宣蔚芳 | | | | | | | |
| 湖北省 | 黄荣辉 | | | | | | | | |
| 广西壮族自治区 | 姚福广 | | | | | | | | |
| 福建省 | 闵婉贞 | | | | | | | | |
| 吉林省 | 刘桂兰 | | | | | | | | |
| 工作人员 | 敖永余 | 王万安 | 范玲妹 | | | | | | |

3. 通过一年的实践，对《桑蚕品种国家审定条例》（试行草案），提出了如下修改意见。

（1）参加鉴定的每对品种农村试养数量应不少于 40 张蚕种。

（2）报审品种需先参加省级鉴定，并经省级审定组织或主管部门签署意见、推荐，方可申请参加全国鉴定。

（3）一个育种单位，一个年度，一个蚕期，原则上只能申请一对品种参加鉴定。

（4）关于解舒率、纤度、净度、生丝纤度偏差 4 个丝质项目的审定标准，作如下修订。

① 春用蚕品种的净度标准，由原定的 94 分改为应不低于 93 分；

② 生丝纤度偏差改为参考项目，缫丝工艺、缫丝数量不做硬性规定；

③ 解舒率、纤度维持原定标准不动。

会议认为，茧丝纤度是关系到生丝条分与条分偏差的关键之一，在很长一段时期内 20/22 规格的生丝将仍然是我国出口生丝的主要品种；一个蚕品种实缫的平均茧丝纤度应该控制在 3.0 D 以内，这个问题必须引起各育种单位的高度重视。

（5）关于丝质鉴定单位的确定。为了统一鉴定目光，使试缫成绩更接近于实缫成绩，会议商定今后全国鉴定品种的丝质鉴定任务将逐步改由各鉴定单位所在地区的缫丝试样厂或技术水平较高的缫丝厂承担。所需经费由丝绸工业部门安排解决。具体事宜将由委员会的委托机构——中国农业科学院蚕业研究所与纺织工业部生产司联系落实。

（6）关于参加鉴定品种的蚕种供应问题，改为春、秋两季的鉴定蚕种均由育种单位提供。

4. 会议还确定，在 1981 年内对目前生产上使用的蚕品种进行一次注册登记，提出免审或补审的办法，以便切实加强实用蚕品种的管理。

### （三）第一届第三次会议

1982 年 3 月 7—11 日，第一届全国桑蚕品种审定委员会第三次会议在镇江召开。参加会议的代表 77 名，其中审定委员会委员 19 名，中央和各省农业（林）厅（局）代表 19 名，鉴定单位代表 15 名，育种单位代表 11 名，桑品种方面特邀代表 6 名（表 1.4）。这次会议刚好是在国务院批准成立中国丝绸公司之后召开，代表们心情特别高兴。全体代表热烈祝贺中国丝绸公司的成立；并深信公司的成立将对选育推广优良桑蚕品种，提高蚕茧质量起很大的推动、促进作用。

中国丝绸公司副总经理侯忠澍同志参加了大会，报告了中国丝绸公司成立的经过，介绍了当前蚕丝生产贸易的形势与任务,重申了中央关于"大力发展蚕丝生产,立足国内,争取多出口"的方针,对桑蚕品种改良工作如何适应丝绸工业发展提出了希望。

会议首先听取了委托单位对 1980—1981 年全国桑蚕品种鉴定工作情况的汇报。审定委员会就两年全国鉴定的 5 对桑蚕新品种的饲养和丝质鉴定成绩进行了审议,同意去年年底鉴定单位碰头会议对 5 对桑蚕新品种所作的综合评价。认为中国农业科学院蚕业研究所育成的春用新品种"春蕾×明珠"(即春试 1 号×春试 2 号)、"菁松×皓月"(即春试 3 号×春试 4 号),早秋蚕用新品种"秋芳×明辉"(即东 731×武七苏),以及广西蚕业指导所育成的早秋蚕用新品种"群芳×朝霞"(即 539B×7532),其经济性状符合国家审定标准,可供全国试养推广。广东省农业科学院蚕业研究所和广西蚕业指导所共同育成的"新菁×朝霞"(即新九×7532),除解舒率、净度略低,其余项目合乎国家审定标准,可供两广地区试养、推广(审定结果的报告和桑蚕新品种性状资料,由农业部报批后转发各省)。对 1981 年参鉴的浙江省农业科学院蚕桑所选育的春蚕用品种"春 5×春 6"、夏秋蚕用品种"新杭×科 16"和广东省石牌蚕种繁殖场选育的"东 13×7532",决定在 1982 年继续进行鉴定。会议还受理了 1 对今年新申请鉴定,由河南蚕业试验场培育的桑蚕品种"豫 5×豫 4"。

会议还讨论研究了现行蚕品种分批重新审定的问题。根据 1981 年 5 月农业部经济作物局(81)农业(经一)字第 21 号文《关于进行现行桑蚕品种注册登记工作的通知》,全国 15 个主要蚕桑省统计:①目前在生产上使用的桑蚕品种(杂交型式)共 36 对,其中春用及春秋兼用的为 19 对,夏秋用的 17 对;②在 36 对品种中有 24 对品种限于省(区)内使用,其中春用及春秋兼用的为 13 对,夏秋用的 11 对;③跨省(区)使用的有 12 对,其中春用及春秋兼用的为 6 对,夏秋用的也为 6 对。会议认为有必要对现行生产上使用的蚕品种分期分批进行重新审定,这样有利于掌握品种性能,建立蚕品种档案,加强蚕品种的国家管理,推动各地推广优良蚕品种,压缩或取消性状有退化的蚕品种,也可以促使育种机关或良繁部门关心蚕品种的复壮、更新工作。决定今年先鉴定两对春蚕用品种 731×732、753×754;两对夏秋用品种苏 3·秋 3×苏 4 和浙农 1 号×苏 12。

会上鉴定单位代表讨论了《桑蚕品种国家审定细则》,安排落实了 1982 年鉴定工作任务。计春蚕用品种 4 对,"春 5×春 6""豫 5×豫 4""731×732""753×754";夏秋蚕用品种 4 对,"新杭×科 16""东 13×7532""苏 3·秋 3×苏 4""浙农 1 号×苏 12"。其对照品种,按《条例》规定,第一对照种今年仍分别为"华合×东肥"和"东 34×苏 12";第二对照种为各鉴定单位所在省(区)的主要现行品种。

关于交杂种鉴定的审定标准,为了适应生丝质量检验新标准要求,会议着重讨论了纤度和纤度偏差项目的修改。

(1)纤度:春用蚕品种 2.5~3.0 D,夏秋用品种 2.2~2.7 D,避免尴尬纤度。

(2)茧丝纤度偏差:春用蚕品种的综合均方差在 0.65 D 以下,夏秋用蚕品种的综合均方差在 0.5 D 以下。目前该项指标暂定为参考项目,今后积极创造丝质鉴定的条件后改为正式审定项目。关于净度审查标准仍按杭州会议决定,即春用种 93 分、秋用种 92 分。

会议还重申了《条例》有关新品种由育成单位命名,报全国桑蚕品种审定委员会备案、登记。新引进品种由引入单位在引进后一个月内报全国审定委员会登记,统一命名。育成品种命名应简单明了,中系品种两个字中应有一个冠以"草"字部首,以理解为华系;日系品种两个字中一个应有"日"字偏旁,以理解为日系。引进品种原则上以引进年份统一编号。品种一经定名,国内互相引用时不得随意改名。

会议中还就农牧渔业部提出建立全国桑品种鉴定问题进行了研究。经桑品种方面特邀代表专题讨论,认为我国桑树品种资源丰富,各地近年也选育出一些桑树良种,有必要分区域加以科学鉴定,以加速桑树的良种化。审定委员会讨论了《开展全国桑品种鉴定工作的初步设想》和《全国桑树品种审定方案》，建议农业部将桑蚕品种委员会扩大为桑、蚕品种审定委员会，统一领导全国桑、蚕品种鉴定工作，拨给必要的试验经费。在方案中初步拟定的七大省区八个点，要建立桑品种对比试验地，希望各有关省（区）予以大力支持。今年先做好建点和良种苗木等准备工作，以便逐步正式开展我国桑树良种的区域化鉴定工作。

会上15个主要省（区）的农业（林）厅（局）代表也进行了分组交流。农业部经济作物局荣励坚同志总结了1981年蚕桑生产情况，提出了1982年蚕茧生产任务。要求各省加强领导，抓好生产责任制的落实，在提高蚕茧产量的同时，要把提高蚕茧质量放到主要位置。

代表们还听取了浙江丝绸工学院陈钟同志有关《缫丝工业对蚕品种的要求》的报告；四川省丝绸研究所吴纪枢同志有关《推广竹草制方格蔟试点》的介绍，以及四川北碚场杨希哲同志有关《赴日蚕种实习考察》的介绍，对桑蚕品种育种工作都有很大的参考价值。

这次会议虽然时间较短，但收获很大。特别是中国丝绸公司成立以后，农、工、商、贸代表聚集一堂，共同讨论加速我国桑蚕品种良种化问题，把提高我国蚕茧质量作为共同奋斗的目标，群策群力，提出了不少有益的建议。大家表示要同心同德，齐心协力，为发展我国的蚕丝事业作出更大的贡献。

**表1.4  全国桑·蚕品种审定委员会第三次会议参会代表名单**
（1982.03.7—11  江苏镇江）

| 参加单位 | 与会人员姓名 | | | | | |
|---|---|---|---|---|---|---|
| 农业部 | 程宜萍 | 荣励坚 | 王芝斐 | 刘 桥 | 孙小平 | |
| 中国丝绸公司 | 侯忠澍 | 董仲英 | 杨永元 | | | |
| 中国农业科学院蚕业研究所 | 高一陵 | 戴亚民 | 李奕仁 | 缪梅如 | 程荷棣 | 施炳坤 | 孙晓霞 |
| | 吴玉澄 | 宋翠娥 | 何斯美 | 易文仲 | 张民义 | |
| 四川省 | 苏湛勛 | 蒋同庆 | 周晦若 | 程心涛 | 徐继汉 | 杨惠君 | 徐德祖 |
| 浙江省 | 陆星垣 | 陈 钟 | 袁之平 | 孙以荃 | 郎彩琴 | 周占梅 | 许心仁 |
| | 陆亚帼 | | | | | |
| 江苏省 | 朱竹雯 | 胡元恺 | 陈瑞玢 | 尹维彦 | 何 毅 | |
| 广东省 | 唐维六 | 陈翰英 | 钟国洪 | 苏大道 | 陆天锡 | 陈 辉 |
| 山东省 | 孙铁山 | 赵璧荣 | 高一帆 | 向 阳 | | |
| 陕西省 | 承经宇 | 王新华 | 宣蔚芳 | 张俊芝 | 李荣宗 | |
| 安徽省 | 金至华 | 徐 农 | 汪 恒 | | | |
| 湖北省 | 凌韵秋 | 叶芊芊 | 石美羽 | | | |
| 广西壮族自治区 | 陈熙荣 | 姚福广 | | | | |
| 湖南省 | 靳永年 | | | | | |
| 云南省 | 吕荣惠 | | | | | |
| 河南省 | 解大经 | 陶婉良 | | | | |
| 河北省 | 王育仁 | | | | | |
| 新疆维吾尔自治区 | 郭洪瑛 | | | | | |
| 山西省 | 邢学敏 | | | | | |
| 工作人员 | 蒋玉瑞 | 张怀媛 | 冯萼英 | 陈永根 | 许建宁 | 陈石林 | 周志洪 |

### （四）第一届第四次会议

1982年12月15—17日，第一届全国桑蚕品种审定委员会在南京召开第四次会议。出席本次会议的审定委员会委员29人，另有鉴定网点和本委员会委托机构的代表、申报参加1983年度桑、蚕品种全国鉴定的育种单位代表等37人列席了会议（表1.5）。

**表1.5　第一届全国桑·蚕品种审定委员会委员第四次会议与会代表名单**

（1982.12.15—17　南京）

| 单　　位 | 姓　　名 |
|---|---|
| 农牧渔业部 | 宿镇坤　顾荣春　丁志培 |
| 中国丝绸公司 | 董仲英 |
| 中国农业科学院蚕业研究所 | 高一陵　胡鸿均　李奕仁　顾宝琳　潘传铭 |
| 四川省 | 蒋同庆　熊季光　李泽民　徐继汉 |
| 浙江省 | 钱旭庭　袁之平　陈　钟　周占梅 |
| 江苏省 | 朱竹雯　胡元恺　戴淑云　李根祥 |
| 广东省 | 陈翰英　苏大道 |
| 山东省 | 高一帆　戴洪洋　赵壁荣 |
| 安徽省 | 段佑云 |
| 陕西省 | 承经宇　李荣宗 |
| 上海商品检验局 | 王锡云 |

会前，1982年10月18日农牧渔业部在"印发《桑树品种国家审定条例》（试行草案）的通知"[（82）农（农）字第94号]中决定，从1982年起正式开展全国桑树品种审定工作；为了减少组织机构，加强统一领导，将原"桑蚕品种审定委员会"改名为"全国桑·蚕品种审定委员会"负责管理桑树和蚕品种的审定工作，关于委员会成员可做适当调整。嗣后，农牧渔业部农业局在《关于召开全国桑·蚕品种审定委员会第四次会议的通知》[（82）农（农经一）字第55号]中，提出了委员会成员调整的原则意见与新增桑品种审定委员会的具体人选，经与有关部门、省（区）、单位协商，确定全国桑·蚕品种审定委员会由40名委员组成。

程宜萍同志因年老体弱，要求辞去委员与主任委员职务。农牧渔业部已同意程宜萍同志的这一要求，鉴于程宜萍同志对本委员会工作的贡献与经验，会议建议农牧渔业部同意由本会聘请程宜萍同志为顾问。

会议推选农牧渔业部农业局副局长宿镇坤同志为全国桑·蚕品种审定委员会主任委员。

会议审议并确定了如下事项。

1. 根据全国桑蚕品种国家审定鉴定单位第四次工作会议提交的《1982年全国桑蚕品种鉴定工作报告》，审议确定了如下事项。

（1）浙江省农业科学院蚕桑研究所育成的春用蚕品种"浙蕾×春晓"（春5×春6），经连续两年鉴定，经济性状符合国家审定标准，可供全国试养、推广，会议通过了以委员会名义向农牧渔业部提交的《桑蚕新品种国家审定结果报告（第2号）》。

（2）浙江省农业科学院蚕桑研究所选育的夏秋用蚕品种"新杭×科16"，已经连续鉴定两年，第一年供鉴发种质量差，影响鉴定成绩，第二年鉴定各项性状表现明显转好，两年平均出丝率显著超过对照，但虫蛹率与解舒率两项尚稍低于审定标准，为慎重起见，由本委员会的委托机构征求选育单位意见，如同意可于1983年度再安排一次鉴定，根据后两次的鉴定成绩并作结论；广东省蚕种繁殖试验场选育的夏秋用蚕品种"东43×7532"，1981年已鉴定过一期，1982年因试验蚕种提供出了问题，缺少正交成绩，有必要在1983年补鉴一期。

（3）河南省云阳蚕业试验站选有的春用蚕品种"豫5×豫4"，蚕期表现尚可，但解舒差、净度低，这两项成绩与审定标准差距较大，1983年度不再继续鉴定。

（4）为了更准确地了解、比较品种性状，现行生产用种分批重新审定的2对春用蚕品种"731×732""753×754"和2对夏秋用蚕品种"浙农1号×苏12""苏3·秋3×苏4"，均列入1983年度计划，再鉴定一年。

2. 受理了4个单位提出的4对蚕品种和10个单位提出的18个桑品种参加1983年度全国鉴定的申请，同意下列单位选育的下列品种参加全国鉴定。

（1）桑蚕品种：山东省蚕业研究所选育的"757×东春2"和新疆维吾尔自治区和田蚕桑科学研究所选育的"华新×晖玉"（均为春用蚕品种），安排在1983年度参鉴；湖南省蚕桑科学研究所选育的"芙蓉×湘晖"和中国农业科学院蚕业研究所选育的"苏3·秋3×532"两对夏秋用蚕品种，因鉴定网点1983年度的鉴定任务已经饱和，安排到1984年度进行鉴定。

（2）桑树品种

① 参鉴品种：广东省农业科学院蚕业研究所选出的"伦教40号"和育成的"塘十×伦109号"，华南农学院育成的"试11号"，浙江省农业科学院蚕桑研究所选出的"湖197号""红伦桑"，浙江省绍兴地区农业学校选出的"湖87号"，浙江省诸暨县璜山区农技站选出的"璜桑14号"，四川省农业科学院蚕桑研究所选出的"南1号"和育成的"6031"，四川省农业厅经作处选出的"乐山花桑"，陕西省农业科学院蚕桑研究所选出的"707"，新疆维吾尔自治区和田蚕桑科学研究所选出的"和田白桑"，中国农业科学院蚕业研究所选出的"7307""洞庭1号"和育成的"育2号""育151号""辐1号"；国外引进种"新一之濑"。

对黄化型萎缩病抗性较强的"湖7号"和"湖199号"两个品种安排在病区参加鉴定；对照品种依鉴定点所代表区域而异，分别为"湖32号"（荷叶白类型）、广东桑、早青桑、小官桑、黄桑、梨叶大桑、滕桑等7个品种。

② 区域性鉴定安排意见：上列26个参鉴桑品种，安排在全国7大区9个鉴定点进行鉴定，1983年度各鉴定点开始品种苗木繁殖、试验地平整、田间设计、土壤测定和栽植等项工作（各鉴定点参鉴品种计划见附件2）；由于通知下达较迟，长江中游、黄河流域和东北地区尚未申报品种，受权委托机构与上述省（区）联系、酌情安排。

3. 原则上同意蚕品种鉴定单位第四次工作会议对《桑蚕品种国家审定工作细则》的修改意见和桑品种鉴定单位工作会议对《桑树品种国家审定条例》及《细则》（试行草案）的修改意见，鉴于丝质鉴定中出丝率等成绩的测算办法变动较大，桑品种鉴定工作刚开始，可按修改意见试行。

会议还就改进审定委员会和鉴定网点的工作，加强品种管理、促进优良品种的选育与推广等问题展开了讨论，提出了许多合理化建议，并已就下列几项作出了决议。

（1）《审定条例》规定每年召开一次审定委员会会议，鉴于委员兼职较多又比较分散，同时蚕品种的鉴定一般需要2年时间才可进行审议作出结论，桑品种的鉴定所需时间更长，审定委员会会议大体上可以改变为隔年举行一次。委员会休会期间由主任委员、副主任委员处理有关问题，必要时可召集在京委员和中国农业科学院蚕业研究所的委员共同商定。

（2）现行蚕品种的审定标准包括对照种的选定，在如何兼顾优质、好养、高产和保证必要的繁育系数的问题上，尚有不完善之处；品种育成鉴定合格后，在投产使用过程中往往存在着退化现象，如何保持品种的优良性状的问题，也有待设法解决。这两个问题关系到育种目标与繁育制度，比较复杂，决定由本委员会的主持单位与委托机构组织必要力量进行调查研究，提出具体方案，到下次全体会议上再作专题讨论。

（3）审定委员会的委员应该加强与所在省（区）鉴定单位的联系，和委员会的委托机构一起对鉴定网点的工作加强检查、督促、指导；鉴定单位应主动、及时告知鉴定计划的具体安排与有关日期。

鉴定单位的鉴定设备、条件的配备和技术、方法的统一，是客观、科学、准确地鉴定品种的前提。前几年，委员会的主持单位农牧渔业部及纺织工业部为此拨了一定数量的款项，使饲养鉴定单位的条件有了改善，但是烘茧问题和丝质鉴定所需的一些仪器设备尚未解决，请农牧渔业部、纺织工业部、中国丝绸公司研究解决。

附件　1. 全国桑·蚕品种审定委员会委员名单（表1.6）

　　　 2. 各鉴定点参鉴桑树品种计划安排表（见本书第三章）

表 1.6　全国桑·蚕品种审定委员会委员名单

（1982 年 12 月）

| 单位/省(区) | 姓　名 |
|---|---|
| 农牧渔业部 | 宿镇坤　顾荣春　丁志培 |
| 中国丝绸公司 | 侯忠澍　董仲英　一人待定 |
| 中国农业科学院蚕业研究所 | 高一陵　戴亚民　胡鸿均　李奕仁　顾宝琳　潘传铭 |
| 四川省 | 蒋同庆　熊季光　李泽民　周晦若　徐继汉 |
| 浙江省 | 陆星垣　钱旭庭　袁之平　陈钟　周占梅 |
| 江苏省 | 朱竹雯　胡元恺　戴淑云　席德衡　李根祥 |
| 广东省 | 唐维六　何永棠　陈秉基　陈翰英　苏大道 |
| 山东省 | 高一帆　戴洪洋　赵壁荣 |
| 安徽省 | 段佑云　葛景贤 |
| 陕西省 | 承经宇　李荣宗 |
| 上海商品检验局 | 王锡云 |
| 主 任 委 员 | 宿镇坤 |
| 副主任委员 | 侯忠澍　高一陵　陆星垣 |
| 顾　　问 | 程宜萍 |

### (五) 第一届第五次会议

1985 年 3 月 21—24 日,全国桑·蚕品种审定委员会第五次会议在江苏镇江中国农业科学院蚕业研究所召开。出席本次会议的委员 20 人,委员代表 6 人,承担全国桑·蚕品种鉴定任务的桑、蚕、丝共 25 个鉴定单位的代表,申报参加 1985 年度全国桑蚕品种鉴定的 9 对新蚕品种选育单位的代表列席了会议(表 1.7)。

表 1.7　第一届全国桑·蚕品种审定委员会第五次会议

（1985.03.21—24　镇江）

| 参加单位 | 与会人员姓名 |
|---|---|
| 农牧渔业部 | 丁志培　刘桥 |
| 中国丝绸公司 | 蒋云芳　仲鑫泉 |
| 中国农业科学院蚕业研究所 | 高一陵　李奕仁　潘传铭　顾宝琳　施炳坤　夏明焖　缪梅如　程荷棣　吴朝吉<br>刘世安 |
| 四川省 | 蒋同庆　李泽民　徐继汉　苏云芳　杨惠君　刘世泉 |
| 浙江省 | 周占梅　袁之平　吴鹤龄　冯家新　孙以荃　陈和瑞　管绍智　吴海英　邵汝莉 |
| 江苏省 | 李根祥　胡元恺　席德衡　蒋平波　谢世怀　尹维彦　王静江　冯曙伦　何毅<br>戴平 |
| 广东省 | 陈秉基　陈翰英　马奔　陆天锡　王穗虹　陈超明 |
| 山东省 | 高一帆　赵壁荣　沈孝行　朱润之　孙敏　许乐春 |
| 安徽省 | 段佑云　徐农　汪恒　潘冬娥　李圣　吴正三 |
| 陕西省 | 承经宇　宣蔚芳　刘永奎　高碎琴 |
| 湖北省 | 叶芊芊　魏群　胡自成 |
| 吉林省 | 李玉春 |
| 上海商品检验局 | 王锡云 |

会议审议并通过了如下事项:

1. 根据全国桑·蚕品种国家审定、鉴定单位第五、六次工作会议提交的《全国桑蚕品种鉴定工作报告》,对 1982—1984 年已经连续两年鉴定的 4 对新蚕品种进行了审议。认为浙江省农业科学院蚕桑研究所育成的夏秋用新蚕品种"新杭×科明"(新杭×科 16),主要经济性状符合国家审定标准,可供全国各地在夏秋季节中气候条件较好的蚕期试养推广,并通过了"桑蚕新品种国家审定结果报告(第三号)",呈报农牧渔业部批转。

2. 根据本委员会第三次会议(1982年3月,镇江)关于现行蚕品种分批重新审定的决议,全国桑蚕品种鉴定网点于1982、1983年对现行生产用春蚕品种"731×732"(苏5×苏6)、"753×754"(杭7×杭8)和夏秋蚕品种"苏3·秋3×苏4""浙农1号×苏12"等4对品种进行了两年的实验室共同鉴定。会议同意鉴定网点对上述4对品种所作的综合概评,决定将4对品种的鉴定成绩与综合概评通报蚕茧主产省份的茧、丝生产主管部门、蚕业科研教学单位。

3. 会议受理了9个单位提出的9对新蚕品种参加全国鉴定的申请,同意下列单位选育的蚕品种参加全国鉴定。

(1)春用蚕品种:四川省农业科学院蚕桑研究所选育的"731·753×川26·春42";安徽农学院蚕桑系选育的"花茂×锦春"(这对品种申报时缺农村试养鉴定成绩,不完全符合报审条件,鉴于其系斑纹双限性品种,蚕种场要求比较迫切;加上1985年度参鉴春用蚕品种数少,鉴定网点可以安排,同意参加全国鉴定,但要求选育单位在今、明两年安排好农村鉴定,并将鉴定成绩寄送本委员会,供审议时汇总参考)。

(2)夏秋用蚕品种:广东省农业科学院蚕业研究所选育的"研菁×日桂";江苏省无锡西漳蚕种场选育的"75新×7532";浙江省农业科学院蚕桑研究所选育的"科7×康2"。以上3对品种安排在1985年参加鉴定。

江苏省浒关蚕种场选育的"957×7532";湖北省农业科学院蚕业研究所选育的"九西28×7532"。以上两对品种安排在1986年参加鉴定。

苏州蚕桑专科学校选育的"丰花×永乐";安徽省农业科学院蚕桑研究所选育的"薪安×晶辉"(新九三×7412)。以上两对品种安排在1987年参加鉴定。

4. 会议就几年来在审定工作中出现的新问题,对审定条例(试行草案)的有关条文提出了修改和补充意见,决定由本委员会的委托机构整理后交下次会议继续讨论。

其中,关于桑蚕品种审定标准中的解舒率与茧丝纤度两个项目,暂做如下规定:解舒率与茧丝纤度,原则上维持原定标准,如遇特殊气候时可以参照对照品种的成绩综合审议。

会议建议本委员会的主持单位会同用种、用茧单位通过适当的方式(或设课题研究,或组织力量在调研的基础上召开学术讨论会等),就桑蚕品种的审定标准问题进行一次认真的研究,制订出一套符合茧、丝生产要求,有科学依据的、合理的审查标准。

5. 会议期间,桑品种鉴定网点对《桑品种国家审定工作细则》(试行草案)又做了认真的讨论修改,各鉴定点可按修改稿实施鉴定工作;《桑蚕品种国家审定工作细则》已根据实践经验做过数次修改,除鉴定网点按细则要求实施鉴定外,可印发各地有关部门、单位参考。

本次会议还就有关今后桑、蚕品种选育方向与目标的问题,开展了初步讨论。鉴于蚕、桑种在整个蚕丝业中的重要性,会议认为有关这个问题的讨论应该继续深入。

自建立桑、蚕品种国家审定制度以来,承担全国桑、蚕品种桑、蚕、丝鉴定任务的绝大多数鉴定单位,能够从全局观念和整个行业的需要出发,为保证鉴定工作的顺利进行,克服困难,想方设法安排落实鉴定工作所需的人员、设备等;具体从事桑、蚕、丝鉴定工作的科技人员和其他工作人员,按《审定工作细则》的要求,在力所能及的范围内精益求精,努力完成鉴定任务,体现出了责任感和献身精神。会议认为,品种审定是良种选育推广中的重要一环,鉴定工作是新品种选育科学实验研究的有机组成部分,对品种审定工作做出显著成绩的单位和个人应给予精神鼓励和物质奖励;所有参加鉴定工作的有关人员,他们的工作态度、技术水平、钻研精神,应当作为考绩、评定职称等的主要依据。

会议建议中央有关部门与地方茧、丝生产主管部门,承担鉴定任务的鉴定单位相互配合,适当增拨鉴定经费,添置或进一步改善鉴定网点的设备条件与工作条件,扩大鉴定容量,加快鉴定速度,使桑、蚕品种审定工作不断朝着科学化、标准化的方向坚持下去,推动整个蚕丝行业的健康发展。

### (六)第一届第六次会议

1986 年 4 月 1—5 日,第一届全国桑·蚕品种审定委员会在湖南长沙举行了第六次会议。出席会议的委员 20 人,委员代表 9 人,委员会委托机构——中国农业科学院蚕业研究所从事全国鉴定的人员,浙江、江苏、湖北、安徽、陕西、湖南等省级蚕品种鉴定工作具体负责人,申报 1986 年鉴定的 3 对新蚕品种选育单位的代表列席了会议(表 1.8)。

**表 1.8　全国桑·蚕品种审定委员会第六次会议参会代表名单**

(1986.04.1—5　长沙)

| 参加单位 | 与会人员姓名 |
|---|---|
| 农牧渔业部 | 高麟溢　刘 桥 |
| 中国丝绸公司 | 侯忠澍　张明亮 |
| 中国蚕学会 | 高一陵 |
| 中国农业科学院蚕业研究所 | 胡鸿均　李奕仁　潘传铭　顾宝琳　缪梅如　程荷棣　徐孟奎　章佩祯 |
| 四川省 | 蒋同庆　李泽民　徐继汉　吴纪枢　秦 雯　彭阳碧 |
| 浙江省 | 钱旭庭　冯家新　陈 钟　孙以荃 |
| 江苏省 | 朱竹雯　曹璇芝　胡元恺　李根祥　奚觉民 |
| 上海商品检验局 | 王锡云 |
| 广东省 | 何永棠　陆天锡　马 奔 |
| 山东省 | 高一帆　沈孝行　周培德 |
| 陕西省 | 承经宇　杨丽青 |
| 安徽省 | 徐静斐　金至华　杨 峻 |
| 湖北省 | 凌韵秋 |
| 广西壮族自治区 | 姚福广 |
| 湖南省 | 靳永年　刘长远　田志新　张卫珍 |
| 上海《当代农业》 | 高毅敏 |

会议听取了全国桑·蚕品种鉴定网点提出的 1985 年度全国桑·蚕品种鉴定工作报告,四川、浙江、江苏、广东、山东、安徽、湖北、陕西、湖南、广西等 10 个省(区)交流了"六五"期间蚕丝生产、省级蚕桑品种审定和鉴定工作情况与"七五"期间的计划设想。

会议审议通过了如下事项:

1. 根据全国蚕品种鉴定第七次工作会议提交的《蚕品种国家审定鉴定结果报告(第四号)》,对 1984 年至 1985 年已经连续两年鉴定的 2 对新蚕品种进行了审议。认为湖南省蚕桑科学研究所育成的夏秋用新蚕品种"芙蓉×湘晖",主要经济性状符合国家审定标准,可供全国各地在夏秋蚕期试养推广,并通过了《桑蚕新品种国家审定结果报告(第四号)》,呈报农牧渔业部批准。

2. 会议受理了 2 个单位的 3 对新蚕品种参加全国鉴定的申请,同意安排参加全国鉴定。

(1)春用蚕品种:中国农业科学院蚕业研究所选育的"苏花×春晖"。

(2)夏秋用蚕品种:广西壮族自治区蚕业指导所选育的"3 新×5091";中国农业科学院蚕业研究所选育的"秋丰×白玉"。

为了减少年度交叉,便于审定委员会与鉴定网点做到受理一批、鉴定一批、审议一批,决定对蚕品种的年度鉴定计划做如下调整。1986 年完成春用 2 对、夏秋用 3 对品种的续鉴任务,提交鉴定结果报告,暂不安排新的品种参鉴;第五次会议受理的 4 对夏秋用品种和本次会议受理的 3 对品种,从 1987 年起安排鉴定试验。

3. 会议认为桑品种鉴定这项基础工作必须坚持下去,今后两三年的主要任务是善始善终地完成第一批 32 个品种的鉴定计划,提交鉴定结果报告;同时,要积极创造条件,着手第二批鉴定计划的申报准备工作。

4. 会议根据全国鉴定、审定 6 年来的实践经验与今后蚕种生产、蚕丝生产的发展趋势,对部颁《桑蚕品种国家审定条例》(试行草案)中的某些条文做了如下修改补充。

(1) 关于多元杂交蚕品种的鉴定办法:申请参加全国鉴定时,至少应有一期分列各种形式的鉴定成绩(三元杂交种为正反交 4 个形式,四元杂交种为正反交 8 个形式),供审定委员会受理时参考;确定参加鉴定后,具体提供哪一种形式的正反交,由申请单位自行确定。

(2) 增加特殊蚕品种的审定业务:鼓励育种单位与丝绸行业等部门加强联系,根据市场需要和市场预测,共同讨论确定育种目标,组织一定力量从事具有实用新价值的各种特殊品种的选育,其鉴定办法与审定标准按实际情况另订。

(3) 关于普通蚕品种的审定标准:

① 净度:暂按原定春用品种 93 分以上、夏秋用品种 92 分以上的标准审定,待国家生丝检验标准修订后再作讨论。

② 解舒率:仍依第五次会议议定的办法,即原则上维持原定春用品种 75% 以上、夏秋用品种 70% 以上的审定标准,如遇特殊气候时可以参照对照品种的成绩综合审议。

③ 茧丝纤度:春用品种的审定标准由原来的 2.7～3.0 D,改定为 2.7～3.1 D,夏秋用品种仍照原定标准,待做一些调查后再作讨论。

5. 鉴于委员会中部分委员离退休、部分委员调动工作、部分委员年届高龄的实际情况,会议期间就委员调整的问题进行了讨论,提出了初步方案,拟与有关方面磋商后报农牧渔业部审批。为了便于委员会处理日常性的审定业务工作,会议建议农牧渔业部和有关部门协商,设立全国桑·蚕品种审定委员会办公室。

6. 为了广泛、有效地利用全国桑·蚕品种鉴定、审定的技术资料,设法加强全国鉴定、省(区)鉴定之间的交流联系,积极促进新品种的选育选拔与审定合格新品种的繁育推广,充分发挥新品种在提高茧丝绸质量、产量与整个行业经济效益上的作用,会议决定内部出版发行全国桑·蚕品种审定委员会《桑·蚕品种国家审定工作年报》,具体编辑业务由办公室负责办理。

会议认为,全国桑·蚕品种鉴定网点从事鉴定工作的科技人员,多年来做了大量的工作,分别在不同专业岗位上做出了贡献;建议有关部门、单位应该给予必要的表彰和奖励,并以其在全国鉴定工作中的业绩、水平作为技术职务聘任的主要依据。

我国自 1980 年实行蚕品种国家审定制度、1982 年实行桑品种国家审定制度以来,经过 6 年的努力,桑、蚕品种的鉴定和审定工作已基本上走上正轨,蚕品种的鉴定、审定工作已经收到可观的实际成效。会议希望全国桑、蚕品种鉴定网点的各个单位、产茧主要省(区)的桑、蚕品种的审定机构与有关部门都能继续认真总结"六五"期间的经验,制订出"七五"期间桑、蚕品种鉴定、审定工作的总体规划设想,并从人员、设备、经费等方面安排落实好 1986 年度的鉴定计划。

### (七) 第一届第七次会议

鉴于委员会中部分委员离退休、调动工作和年届高龄的实际情况,第一届第六次会议(1986.04,长沙)

就委员调整问题进行了讨论,提出了初步方案供农牧渔业部参考,至第七次会议前委员调整工作已告完成。

1987年5月20日农牧渔业部农业局发布"关于印发《全国桑、蚕品种审定委员会第七次会议纪要》的通知"[(1987)农(农经一)字第48号],确定了调整后的全国桑·蚕品种审定委员会组成。鉴于该《通知》发布时个别单位未确定推荐人选,1987年8月11日农收渔业部农业局发布"关于调整全国桑、蚕品种审定委员会委员的补充通知"[(1987)农(农经一)字第91号],补充苏州丝绸工学院周本立、浙江省农业科学院蚕业研究所汪定芳为新任委员。

调整后的全国桑·蚕品种审定委员会由39名委员组成,其中继任委员14名,新任委员25名,程宜萍同志继任顾问(表1.9)。

**表1.9 全国桑·蚕品种审定委员会委员名单**

(1987年8月)

| 省(区)与部门 | 继任委员 | 新任委员 |
|---|---|---|
| 农牧渔业部农业局 | 程宜萍(顾问) | 高麟溢　刘　桥 |
| 纺织工业部丝绸管理局 | 侯忠澍 | |
| 经贸部中国丝绸进出口总公司 | 蒋云芳 | |
| 中国农业科学院蚕业研究所 | 李奕仁　潘传铭　顾宝琳 | 吕鸿声　吴玉澄　施炳坤 |
| 四川省丝绸公司 | 徐继汉 | 敖明军 |
| 四川省农业科学院蚕业研究所 | | 彭阳碧 |
| 四川省丝绸工业研究所 | | 吴纪枢 |
| 西南农业大学 | | 向仲怀 |
| 重庆市农牧渔业局 | | 曾祥云 |
| 浙江省农业厅 | 钱旭庭 | 汪定芳 |
| 浙江省丝绸工学院 | 陈　钟 | |
| 浙江省丝绸联合公司 | | 王象礼 |
| 浙江农业大学 | | 冯家新 |
| 江苏省丝绸总公司 | 朱竹文　李根祥 | 孙肇钰　王维正 |
| 苏州丝绸工学院 | | 周本立 |
| 广东省农业科学院蚕业研究所 | 苏大道 | 陆天赐 |
| 广东省丝绸公司 | | 毛坚祖 |
| 华南农业大学 | | 马　奔 |
| 山东省丝绸公司 | 高一帆 | |
| 山东省农业科学院蚕业研究所 | | 沈孝行 |
| 山东省淄博制丝厂 | | 周培德 |
| 安徽省农牧渔业厅 | | 娄良乐 |
| 安徽农学院 | | 徐静斐 |
| 陕西省蚕桑研究所 | 承经字 | |
| 陕西省农牧厅 | | 杨丽青 |
| 湖北省农牧厅 | | 凌韵秋 |
| 广西壮族自治区蚕业指导所 | | 姚福广 |
| 上海进出口商品检验局 | 王锡云 | |

顾　　　问:程宜萍　　　　　　　　　　　秘书长:李奕仁
主 任 委 员:高麟溢　　　　　　　　　　副秘书长:潘传铭
副主任委员:侯忠澍　吕鸿声　朱竹雯

1987年3月26—31日,全国桑蚕品种审定委员会在广西南宁举行了第七次会议。出席本次会议的委员27人,委员代表2人,委员会委托机构——中国农业科学院蚕业研究所从事全国鉴定的人员,申报参加1987年度全国蚕品种鉴定的选育单位代表及广西壮族自治区农牧渔业厅、蚕业指导所、丝绸公司、土产公司和广西农学院的有关同志列席了会议(表1.10)。

表 1.10　第一届全国桑·蚕品种审定委员会第七次会议与会代表名单

(1987.03.25—31　南宁)

| 单　位 | 人　员 |
|---|---|
| 农牧渔业部 | 顺荣春　丁志培　刘　桥* |
| 纺织工业部 | 侯忠澍* |
| 中国农业科学院蚕业研究所 | 李奕仁*　潘传铭*　顾宝琳*　吴玉澄*　施炳坤*　宋翠娥　缪梅如　程荷棣　沈兴家 |
| 四川省 | 向仲怀*　教明军*　曾祥云*　彭阳碧* |
| 浙江省 | 钱旭庭*　冯家新*　汪定芳* |
| 江苏省 | 朱竹雯*　孙肇钰*　李根祥*　万　满 |
| 广东省 | 毛铿祖*　苏大道*　马　奔*　陆天锡* |
| 山东省 | 高一帆* |
| 安徽省 | 娄良乐* |
| 陕西省 | 承经字*　杨丽青* |
| 广西壮族自治区 | 于志善　陈熙荣　沈昌平　姚福广*　钱惠田　胡乐山　陈亚然　陈福李　胡孝纯 |

注：加 * 者为审定委员会委员。

会议开始时，先就委员会的组织分工问题进行了讨论，一致推举高麟溢同志为主任委员，侯中澍、吕鸿声、朱竹雯同志为副主任委员，李奕仁同志为秘书长，潘传铭同志为副秘书长，委员会的日常工作与鉴定网点的组织协调事宜由秘书长、副秘书长组织有关人员负责办理。

随后会议就有关问题进行了逐项讨论，审议通过了如下事项。

**1. 新品种的审定结果**

根据全国蚕品种鉴定第八次工作会议提交的《蚕品种国家审定结果报告（第五号）》，对 1985 年至 1986 年已经连续两年鉴定的 5 对新蚕品种进行了审议。认为广东省农业科学院所选育的"研菁×日桂"、浙江省农业科学院蚕桑研究所选育的"蓝天×白云"（科 7×康 2）这两对夏秋用新蚕品种，主要经济性状符合国家审定标准，可供全国各地在夏秋蚕期试养推广，并通过了《桑蚕新品种国家审定结果报告（第五号）》，呈报农牧渔业部批准。

**2. 1987—1988 年度蚕品种鉴定计划的安排**

会议受理了三个单位提出的 4 对新品种参加全国鉴定的申请，同意中国农业科学院蚕业研究所选育的"中新 1 号×日新 1 号"和河南省云阳蚕业试验场选育的"华豫×春云"两对春用蚕品种参加全国鉴定；同意并安排四川省现行春用新蚕品种"绫 3·4×锦 5·6"参加全国鉴定，申请手续容后补报；同意第五次会议受理苏州蚕桑专科学校选育的夏秋用新品种"丰花×永乐"推迟到 1989 年参加全国鉴定。

鉴此，1987 年全国蚕品种鉴定计划任务安排为：春用品种 4 对，即中国农业科学院蚕业研究所的"苏花×春晖""中新 1 号×日新 1 号"，河南省的"华豫×春云"，四川省的"绫 3·4×锦 5·6"；夏秋用品种 5 对，即湖北省的"黄鹤×朝霞"，安徽省的"薪安×晶辉"，江苏省的"957×朝霞"，广西壮族自治区的"3 新×5091"，中国农业科学院蚕业研究所的"秋丰×白玉"。

**3. 桑品种第一批鉴定情况和第二批鉴定方案**

（1）桑品种第一批鉴定情况：本批桑品种审定工作已开展 3 年，参鉴品种 25 个，对照品种 7 个（全国对照品种 1 个，地方对照品种 6 个），共 32 个品种，设珠江流域（广东蚕研所）、长江流域（四川阆中蚕种场、浙江蚕研所、江苏海安蚕种场、中国农业科学院蚕业研究所、湖北黄冈农校）、黄河流域（陕西蚕研所、山东滕县桑树良种繁育场）和东北地区（吉林蚕研所）4 个区域、9 个鉴定点，计 78 个种次。

1986 年鉴定网点对首批参鉴品种的幼林期产叶量、叶质、抗性等进行了全面调查和鉴定，其初步结果：亩产叶量超过对照品种的有育 2 号、育 151 号、育 237 号、湖桑 7 号、湖桑 87 号、伦教 40 号、塘 10×伦 109、试 11 号、吉湖 4 号、选秋 1 号、吉籽、吉鲁等 13 个品种；经春、秋两个蚕期的生物鉴定，两季叶质均优于对照品种的有洞庭 1 号、临黑选、滕桑 3 个品种；未发生萎缩病和细菌病的有湖桑 7 号、湖桑 197 号、湖桑 199 号、红沧桑、临黑选、梨叶大桑、黄桑、吉湖 4 号、和田白桑等 9 个品种。从 1987 年起进入成林期鉴定阶段，计划经两年鉴定后，作出分品种综合评价。

（2）第二批桑品种鉴定的申报条件和鉴定指标

① 本批受理的品种为各地新选育的品种，已在生产上广泛栽培的品种一律不参加鉴定。

② 申报品种必须有 3 年的品比试验资料或农村鉴定材料，并有较完整的农艺性状记载。

③ 桑品种鉴定，以亩产片叶量、担桑茧层量、抗逆性为评定品种优劣的主要指标。

（3）第二批桑品种鉴定的具体方案

① 鉴定网点设置：全国分三大区（珠江流域、长江流域、黄河流域），在广东、浙江、江苏、四川、山东、陕西等省共设 6～8 个鉴定点。

② 参鉴品种数量：全国参鉴品种 8～12 个，各鉴定点参鉴品种不超过 8 个，每鉴定点土地约 2.5 亩，各点参鉴品种总和控制在 50 个种次左右。

③ 每大区域鉴定点的参鉴品种基本要求一致，便于统计分析。

④ 各地申报桑品种程序同第一批，从 1987 年起开始受理申请（通知另发）。在 1988 年 11 月份召开第一批桑品种年度工作会议时，邀请有关审定委员参加，进行第二批申报品种的参鉴审议。

⑤ 为保证按期开展第二批桑品种鉴定工作，凡申报的品种均需预先准备好接穗，每品种 360 根，以备供应各鉴定点繁苗之用。

**4.《桑蚕品种国家审定条例》（试行草案）的修改**

审定委员会的历次会议（含本次会议），根据全国审定的实践经验和蚕种、蚕茧、蚕丝生产的实际状况与生产趋势，对 1980 年部颁《桑蚕品种国家审定条例》（试行草案）中的某些条文，先后做了若干修改补充。为便于各省有关方面了解掌握，本次会议决定对其中的参鉴品种条件与申报程序、参考指标与审定指标两大问题做系统整理，重新印发。

**5. 关于全国蚕品种鉴定的验收报成果问题**

由中国农业科学院蚕业研究所牵头，四川、浙江、江苏、广东、山东、安徽、陕西、湖北 8 个省（区）的蚕研所（安徽为农学院蚕桑系）和试样厂（或缫丝厂、丝绸厂）共 16 个单位组成的全国桑蚕品种鉴定试验网点，自 1980 年设置并开展鉴定试验以来，已先后完成了 24 对桑蚕品种的鉴定试验任务，根据鉴定成绩和综合概评审定合格的 10 对新品种多数已在生产上推广使用，累计经济效益达 1 亿元以上，鉴定试验的科学性、准确性和数据资料的完整性、可比性达到国际通用水平；网点布局、试验设计、鉴定办法、管理制度等已基本符合原农业部下达课题任务的总体要求，对我国桑蚕优良品种的培育与推广开始发挥积极的促进作用。

会议同意中国农业科学院蚕业研究所全国蚕品种鉴定组代表鉴定网点整理成文的"全国桑蚕品种鉴定试验阶段总结"，并决定另行起草专题报告，建议农牧渔业部在今年的适当时候，对桑蚕品种全国鉴定试验工作组织验收或技术鉴定，以便鉴定网点申报科技成果，使桑蚕品种的鉴定、审定工作得到及时巩固与继续发展。

此外，本次会议还就鉴定试验需要增拨经费的问题和把桑蚕品种的鉴定试验项目延伸到生丝检验阶段的问题进行了讨论，拟另行起草专题报告给农牧渔业部、纺织工业部、对外经济贸易部等有关部门研究解决，或会商确定。

### （八）第一届第八次会议

1989 年 4 月 3—6 日，全国桑·蚕品种审定委员会在四川省重庆市举行第八次会议。出席本次会议的委员 23 人，委员代表 2 人，委员会委托机构——中国农业科学院蚕业研究所从事全国鉴定的人员，申报参加 1989 年度国家鉴定蚕品种的选育单位代表以及重庆市农牧渔业局、重庆蚕丝绸集团公司有关同志列席了会议（表 1.11）。会议审议并通过了如下事项。

表 1.11 第一届全国桑·蚕品种审定委员会第八次会议与会代表名单

（1989.04.3—6 四川省重庆市）

| 单 位 | 人 员 |
| --- | --- |
| 农牧渔业部 | 高麟溢* 刘 桥* 张国平* |
| 中国农业科学院蚕业研究所 | 李奕仁* 吴玉澄* 施炳坤* 吴朝吉 沈兴家 |
| 四川省 | 向仲怀* 敖明军* 徐继汉* 吴纪枢* 彭阳碧* |
| 浙江省 | 冯家新* 钱旭庭* |
| 江苏省 | 孙肇钰* 王维正* 李根祥* 何 毅 叶振宙 |
| 广东省 | 马 奔* 陆天赐* |
| 山东省 | 沈孝行* 崔元仁* |
| 安徽省 | 徐静斐* 娄良乐* 张 虹 |
| 陕西省 | 承经宇* |
| 湖北省 | 凌韵秋* |
| 广西壮族自治区 | 姚福广* |
| 湖南省 | 靳永年 |
| 重庆市 | 曾祥云* 谢赐福 王瑞恩 李国良 蒋化成 张明阶 郑昌明 胡国洪 王湘君 君泽佑 陈智勇 许 毅 |

**1. 关于新品种的审定结果**

（1）关于桑树品种的审定结果：根据全国桑品种鉴定试验网点提交的《第一批全国桑品种鉴定总结报告》，对 1984—1988 年经过连续 5 年鉴定的 25 个桑树品种进行了审议。认为下列 11 个桑树品种主要经济性状符合国家审定标准，可供下述区域试栽、推广。

中国农业科学院蚕业研究所选育的"育 151 号""育 237 号"2 个早生桑品种，可供长江流域试栽、推广；中国农业科学院蚕业研究所选育的"育 2 号""7307"、浙江省诸暨璜山农技站选出的"璜桑 14 号"3 个中晚生桑品种，可供长江流域试栽、推广；山东省蚕业研究所选出的"选 792"，可供黄河流域试栽、推广；广东省农业科学院蚕业研究所选育的"伦教 40 号""塘 10×伦 109 号"和华南农业大学育成的"试 11 号"3 个桑品种，可供珠江流域试栽、推广；吉林省蚕业科学研究所育成的"古湖 4 号"和黑龙江省蚕业研究所选出的"选秋 1 号"2 个桑品种，可供东北地区试栽、推广。

此外，从日本引进的晚中熟桑品种"新一之濑"，经鉴定网点栽培调查，其经济性状比较优良，推荐在长江流域、黄河流域试栽、推广。

会议通过了《桑树品种国家审定结果报告（第一号）》，呈报农业部批准。

（2）关于桑蚕品种的审定结果：根据全国蚕品种鉴定第十次工作会议提交的《桑蚕品种国家审定鉴定结果报告（第六号）》，对 1987—1988 年已经连续两年鉴定的 8 对桑蚕新品种进行了审议。认为中国农业科学院蚕业研究所选育的"苏花×春晖"和"秋丰×白玉"、湖北省农业科学院蚕业研究所选育的"黄鹤×朝霞"3 对品种，主要经济性状符合国家审定标准，可供全国各地在春蚕期和夏秋蚕期试养推广，并通过了《桑蚕品种国家审定结果报告（第六号）》，呈报农业部批准。

同意鉴定网点对四川省蚕业制种公司提供的现行春用蚕品种"锦5·6×绫3·4"所做的综合概评,决定将鉴定结果报告印发各地,供作参考。

(3)审定合格桑、蚕品种的性状资料以及参鉴品种的综合概评与鉴定成绩:将以《桑蚕品种国家审定工作年报》的形式公告发表。

**2. 关于1989—1990年度蚕品种鉴定计划与第二批全国桑树品种鉴定计划的安排**

(1)关于蚕品种鉴定计划的安排:会议受理了三个单位提出的3对新蚕品种参加全国鉴定的申请。同意苏州蚕桑专科学校选育的夏秋用蚕品种"浒花×秋星"参加全国鉴定。

鉴于鉴定网点的容量,为便于省(区)间引种比较,决定安排下述6对现行蚕品种参加全国鉴定:四川省的"781×782·734"与"781×7532"、湖北省的"春·蕾×镇·珠"、安徽省的"华·苏×肥·苏"、陕西省的"陕蚕二号"(苏5·122×苏6·226)、江苏省的"丰一×54A"。上述6对品种供鉴蚕种(包括夏秋品种的原种和春用品种原种与普通种),由上述省(区)的蚕种公司或蚕茧生产主管部门提供。

1989—1990年度全国蚕品种鉴定计划任务安排为:春用品种4对,即"781×782·734""春·蕾×镇·珠""华·苏×肥·苏"和"陕蚕二号";夏秋用品种3对,即"浒花×秋星""781×7532"和"丰一×54A"。

(2)关于桑品种鉴定计划的安排:详见附件。

**3. 关于蚕品种鉴定试验网点的增设、更动**

重庆市于1983年划为计划单列市。该市1988年产茧54万担,是一个重要的蚕区,且具有一定的气候、生态特点,因此决定在重庆市增设一个鉴定点。饲养鉴定单位设在铜梁县蚕种场(铜梁县安居镇),丝质鉴定单位由市农牧渔业局与市经贸局联系会商确定,鉴定试验经费由有关部门解决,可能情况下由审定委员会给予一定补助。

安徽省饲养鉴定任务原由安徽农学院蚕桑系担任,最近该系提出继续承担有困难。为此,商请安徽省农牧渔业厅与省内有关单位联系研究解决。

**4. 关于鉴定试验与审定经费问题**

自1980年以来,全国蚕、桑品种鉴定试验经费与审定委员会的活动经费,除丝质鉴定费用外,均由农业部农业司拨款。近年来由于试验用工工资增加、材料物价上涨,开支大幅度增大,拿10年前核定的事业费年度拨款入不敷出,鉴定单位与审定委员会本身都感到难以为继。然而蚕、桑品种的审定则是蚕桑丝绸行业的一项基础工作,必须设法继续进行,持之以恒。因此,建议采取由农业部与地方适当分担,拨交给审定委员会统收统支的办法加以解决。具体数额、渠道、使用方案等建议,将另文呈报。

同时决定以本次审定工作起,向蚕、桑品种育成单位适当收取申报费、鉴定费与合格品种的评审费。

本次的收费标准:申报费100元、鉴定费400元、合格品种评审费500元(蚕品种以对计、桑品种以个计)。

本次的收费范围:①申报参加1989—1990年度全国鉴定的蚕品种;②申报参加第二批全国鉴定的桑品种;③1987—1988年度参加全国鉴定审定合格的蚕品种;④参加第一批全国鉴定审定合格的桑品种。

**5. 关于委员递增补的问题**

中国丝绸进出口总公司已确定委员人选为夏炎林副总经理,经本次会议讨论推举夏炎林同志为本委员会的副主任委员;山东省丝绸公司委员高一帆出国定居,建议由该公司接茧处崔元仁同志替补;中国农业科学院蚕业研究所委员兼本会副秘书长潘传铭同志年届70岁,建议由该所副研究员施炳坤同志替代。

**6. 关于加强蚕种出口管理的意见**

目前蚕种出口有开始放开、逐步增加的趋势。为了加强出口管理,保证蚕种质量,会议认为出口蚕种原则上应是全国鉴定审定合格的品种,其他品种出口应事先提交品种资料与出口对象国的有关资料,由本委员会组成有关专家提出咨询意见。同时,建议农业部组织开展可行性研究,拟订出口条例,加强宏观调控与具体监管管理。

**7. 关于完善蚕桑品种审定工作的问题**

为了改进和完善蚕桑品种审定工作,加强种苗管理,推动育种进步与蚕桑生产与丝绸行业的发展,会议就品种审定条例、标准、区域性鉴定试验,特殊品种审定,新品种繁育制种性能调查等问题进行了讨论,决定由几个地区的委员组成小组先研究提出草案。

审定条例:浙江省委员小组,钱旭庭委员牵头。审定标准:江苏省委员小组,孙肇钰委员牵头。区域试验:陕西省、四川省、广东省委员小组,承经宇委员牵头。特殊品种审定业务:蚕研所委员小组,吴玉澄委员牵头。繁育制种性能调查:蚕研所委员小组,李奕仁委员牵头。五个方面的草案,于今年6月底前寄给审定委员会,由秘书长组织征询意见。

附件:第二批全国桑树品种鉴定计划(见第三章)。

# 三、第二届全国农作物品种审定委员会蚕桑专业委员会

## (一) 蚕桑品种审定并入全国农作物品种审定委员会

1989年8月4日农业部发布"关于召开第二届全国农作物品种审定委员会会议的补充通知"[1989农(农)函字第65号],全文如下。

各省(自治区、直辖市)农业厅(局)、品审会、种子部门、农科院、农业院校及各委员:

我部于去年8月15日(1988)农函字第90号文《关于召开第二届全国农作物品种审定委员会全体会议的通知》,根据品审会试行组织办法要求,各省(自治区、直辖市)及有关单位已将委员人选推荐报部,经过多次协商调整,确定由陈耀邦、王连铮等同志组成第二届全国农作物品种审定委员会(委员名单附后)。我部拟分批召开成立大会。现将会议有关事项通知如下:

1. 会议内容

(1) 颁发第二届全国农作物品种审定委员会委员任命证书。

(2) 讨论修改种子管理条例中第三章第十二条、第十三条的细则,即有关农作物品种审定部分和全国农作物品种审定委员会章程。

(3) 讨论审定品种标准。

(4) 审定品种。

2. 会议时间和地点

第二届品审会下设14个专业委员会,拟分批分期召开会议,各专业委员会召开会议时间和地点如下:

(1) 水稻、麦类、蔬菜专业委员会定于8月20日至8月23日在甘肃省兰州市召开会议,会期4天。8月19日报到,当天在机场、火车站有人接站。

(2) 玉米、高粱谷子、薯类专业委员会拟定在福建省厦门市"中国厦门种子公司"(地址:厦门市湖滨北路西段)召开会议,会期3天,会议具体时间另行通知。

(3) 棉麻、油料、大豆、糖料专业委员会拟定于9月24日在江苏省苏州市召开会议,会期4天。23日报到,当天有车接站。

(4) 果树、烟草、茶叶、蚕桑专业委员会会议时间和地点另行通知。

3. 会议人员

(1) 水稻、麦类、蔬菜专业委员会委员参加兰州会议。

(2) 玉米、高粱谷子、薯类专业委员会委员参加厦门会议。

(3) 棉麻、油料、大豆、糖料专业委员会委员参加苏州会议。

另外,茶叶、蚕桑、烟草、果树专业委员会一位主任委员和秘书参加厦门会议。

附件:全国农作物品种审定委员会委员名单(蚕桑专业委员部分,表1.12)

中华人民共和国农业部

1989 年 8 月 4 日

**表 1.12 第二届全国农作物品种审定委员会蚕桑专业委员会名单**

(1989 年 12 月)

| 姓名 | 性别 | 年龄 | 工作单位 | 职务 | 技术职称 | 品审会职务 |
|---|---|---|---|---|---|---|
| 朱竹雯 | 女 | 66 | 江苏省丝绸总公司 | 顾问 | | 专委会主任 |
| 刘 桥 | 男 | 45 | 农业部农业司 | 副处长 | 农艺师 | 专委会副主任 |
| 侯忠澍 | 男 | | 纺工部 | | | 专委会副主任 |
| 夏炎林 | 男 | | 中国丝绸进出口总公司 | 副总经理 | | 专委会副主任 |
| 吕鸿声 | 男 | 64 | 中国农业科学院蚕业研究所 | 副所长 | 研究员 | 专委会副主任 |
| 李奕仁 | 男 | 44 | 中国农业科学院蚕业研究所 | 主任 | 副研究员 | 专委会秘书 |
| 顺宝琳 | 女 | 57 | 中国农业科学院蚕业研究所 | | 研究员 | |
| 吴玉澄 | 男 | 55 | 中国农业科学院蚕业研究所 | | 研究员 | |
| 施炳坤 | 男 | 56 | 中国农业科学院蚕业研究所 | | 副研究员 | 专委会副秘书 |
| 徐继汉 | 男 | 55 | 四川省丝绸公司 | | 高农 | |
| 敖明军 | 男 | 48 | 四川省蚕业制种公司 | 经理 | | |
| 向仲怀 | 男 | 52 | 西南农业大学 | | 教授 | |
| 彭阳碧 | 女 | | 四川省农业科学院蚕业研究所 | 副所长 | 助研 | |
| 吴纪枢 | 男 | | 四川省丝绸工业研究所 | 主任 | 高工 | |
| 曾祥云 | 男 | 62 | 重庆市农牧渔业局 | | 高农 | |
| 钱旭庭 | 女 | 58 | 浙江省农业厅经作局 | 原局长 | 高农 | |
| 陈 钟 | 男 | 63 | 浙江丝绸工学院 | 前任院长 | 教授 | |
| 王象礼 | 男 | 47 | 浙江省丝绸联合公司 | 副总经理 | | |
| 冯家新 | 男 | 58 | 浙江农业大学 | 原系主任 | 副教授 | |
| 汪定芳 | 男 | 60 | 浙江农业科学院蚕桑研究所 | | 副研究员 | |
| 李根祥 | 男 | 63 | 江苏省丝绸总公司 | | 高农 | |
| 孙肇钰 | 男 | | 江苏省丝绸总公司 | 总农艺师 | 高农 | |
| 王维正 | 男 | 37 | 江苏省丝绸总公司 | 总经理 | | |
| 周本立 | 男 | 52 | 苏州丝绸工学院 | 教务长 | 教授 | |
| 苏大道 | 男 | 62 | 广东农业科学院蚕业研究所 | | 副研究员 | |
| 陆天锡 | 男 | 56 | 广东农业科学院蚕业研究所 | 室主任 | 副研究员 | |
| 马 奔 | 男 | 57 | 华南农业大学 | 系副主任 | 副教授 | |
| 毛铿祖 | 男 | 53 | 广东省丝绸公司 | 部主任 | 高农 | |
| 崔元仁 | 男 | 47 | 山东省丝绸公司 | 副处长 | | |
| 沈孝行 | 男 | 56 | 山东省蚕业研究所 | 科研主任 | 副研究员 | |
| 周培德 | 男 | 50 | 山东省淄博制丝厂会 | 厂长 | 高工 | |
| 徐静斐 | 女 | 60 | 安徽农学院 | 前系主任 | 教授 | |
| 娄良乐 | 女 | 65 | 安徽省合肥桑蚕原种场 | | 高农 | |
| 承经宇 | 男 | 57 | 陕西省蚕桑研究所 | 所长 | 副研究员 | |
| 杨丽青 | 女 | 53 | 陕西农牧厅园艺蚕桑站 | 副站长 | 高农 | |
| 凌韵秋 | 女 | 55 | 湖北省农牧厅 | | 高农 | |
| 姚福广 | 男 | 62 | 广西蚕业指导所 | | 研究员 | |
| 王锡云 | 女 | 60 | 上海进出口商品检验局 | | 工程师 | |

### (二) 第二届第一次会议

1990 年 12 月 8—10 日第二届全国品种审定委员会在福建省漳州市召开了桑蚕、茶树、果树品种专业委员会会议。出席桑蚕专业委员会会议的委员 23 人,超过本专业委员会法定委员人数的一半,委员代表 1 人,特邀代表 3 人,合计 27 人(表 1.13)。

**表 1.13　全国农作物品种审定委员会蚕桑专业委员会二届一次会议与会代表名单**

（1990.12.8—10　福建漳州）

| 姓名 | 单位 | 职务、职称 | 备注 |
|------|------|-----------|------|
| 侯忠澍 | 纺织工业部技术委员会 | 副主任 | 副主任委员 |
| 刘 桥 | 农业部农业司 | 副处长 | 副主任委员 |
| 李奕仁 | 中国农业科学院蚕业研究所 | 室主任 | 委员 |
| 施炳坤 | 中国农业科学院企业研究所 | 副研究员 | 委员 |
| 吴玉澄 | 中国农业科学院蚕业研究所 | 室主任 | 委员 |
| 王象礼 | 浙江省丝绸联合公司 | 副经理 | 委员 |
| 钱旭庭 | 浙江省农业厅 | 高农 | 委员 |
| 汪定芳 | 浙江省农业科学院蚕业研究所 | 副研究员 | 委员 |
| 承经宇 | 陕西省蚕桑研究所 | 所长 | 委员 |
| 周培德 | 山东淄博制丝厂 | 厂长 | 委员 |
| 沈孝行 | 山东省蚕业研究所 | 副研究员 | 委员 |
| 孙肇钰 | 江苏省丝绸总公司 | 高农 | 委员 |
| 李根祥 | 江苏省丝绸总公司 | 副总农艺师 | 委员 |
| 王维正 | 江苏省丝绸总公司 | 副经理 | 委员 |
| 毛铿祖 | 广东省丝绸公司 | 总农艺师 | 委员 |
| 马 奔 | 华南农业大学蚕桑系 | 副教授 | 委员 |
| 陆天赐 | 广东省农业科学院蚕业研究所 | 副研究员 | 委员 |
| 姚福广 | 广西蚕业指导所 | 研究员 | 委员 |
| 徐厚镕 | 安徽农学院蚕桑系 | 副教授 | 委员 |
| 徐继汉 | 四川省丝绸公司 | 高农 | 委员 |
| 敖明军 | 四川省蚕种公司 | 副经理 | 委员 |
| 彭阳碧 | 四川省农业科学院蚕桑所 | 副所长 | 委员 |

第二届全国农作物品种审定委员会会议于 1989 年 8 月 20—23 日(兰州)、1989 年 9 月 24—27 日(苏州)分专业委员会召开会议。

兰州会议有水稻、麦类、蔬菜 3 个专业委员会参加;苏州会议有玉米、高粱谷子、薯类、棉麻、油料、大豆、糖料 7 个专业委员会参加。农业部副部长陈耀邦,农业司司长王甘杭,副司长罗文聘、张世贤分别主持了会议。全国种子总站站长陶汝汉,副站长李梅森、郭恒敏参加了会议。

会议议题:颁发由农业部部长何康签名的各专业委员会委员任命证书;讨论修改种子管理条例中第三章第十二条、第十三条的细则,即有关农作物品种审定部分和全国农作物品种审定委员会章。

会后,1989 年 12 月 26 日中华人民共和国农业部发布第 10 号部长令,颁布《全国农作物品种审定委员会章程》(试行)。

《章程》规定,审定标准由各专业委员会实施,《全国农作物品种审定标准》(试行)作为《章程》的附件,同时颁布。其中包含 11 类作物的审定标准:①水稻,②麦类,③玉米,④高粱谷子,⑤薯类,⑥大豆,⑦油料作物,⑧棉花,⑨蔬菜,⑩糖料作物,⑪桑树、桑蚕。

会议期间,委员们认真学习了农业部于 1989 年底颁布的《全国农作物品种审定委员会章程(试行)》

与《全国农作物品种审定办法》(试行)。根据《章程》与《办法》,结合蚕、桑品种审定的历史与特点,进行讨论、审议。会议通过了如下事项。

**1. 关于新品种的审(认)定结果**

(1)蚕品种:会议对1989年至1990年已经连续两年鉴定的7对蚕品种进行了审议。认为由中国农业科学院蚕业研究所选育,湖北省审定通过的春用蚕品种"春·蕾×镇·珠"和苏州蚕桑专科学校选育的夏秋用新蚕品种"浒花×秋星",主要经济性状符合国家审定标准,待农业部颁布后,可在全国各地春期和夏秋蚕期试养推广(详见附件1)。

(2)桑品种:依照全国品审会"关于申报全国审定品种有关事项的通知"精神,对申报审定的2个桑品种进行了审议,认为广东省顺德县农科所申报的杂交桑"沙2×伦109",已经广东省农作物品种审定委员会审定合格,并业已在广东、广西、湖北、四川等省(区)推广应用,主要经济性状符合国家审定标准及认定条件,同意予以认定,呈报农业部颁布。

其他参鉴、申报的蚕、桑品种,均作缓审处理。

**2. 关于蚕桑品种鉴定办法与部颁《审定办法》的衔接及柞蚕品种的审定**

(1)蚕品种:继续依照部颁《桑蚕品种国家审定条例》(试行草案)[(80)农业(经)字第9号](根据有关义件规定,该审定条例改为审定实施细则,不另行下文)实施,即申报全国审定的蚕品种必须参加全国蚕品种鉴定试验网点的鉴定试验,根据鉴定结果报告进行审定。

(2)桑品种:可以按照《全国农作物品种审定办法》(试行)申报、审定;目前已在进行的第二批桑树品种国家区域试验,按照原定方案、方法继续进行。

(3)柞蚕品种:柞蚕茧丝绸为我国的特产,产量约占世界总产量的90%。为了促进柞蚕品种的改良进步,决定将柞蚕品种列入全国审定的业务内容,按《全国农作物品种审定办法》(试行)申报、审定。具体审定标准及工作细则等,由辽宁省农牧厅及有关省(区)单位协助本专业委员会提出方案,经审议后报批实施。

无论是桑蚕品种、柞蚕品种,还是桑树品种的试验,审定工作都要设置合理试验网点,通过国家试验与省(自治区、直辖市)试验网点的交叉途径,逐步过渡到区域性试验,并以在区域性试验中的表现作为国家级品种审定的主要依据。

1991—1992年,争取先把国家桑蚕品种的区域性试验网点建立起来,为此建议在现有全国鉴定网点的基础上,在下列省(自治区、直辖市)设国家区域试验网点。各省的国家区域性试验网点数如下:四川3~4个、重庆1个、云南1个、贵州1个;浙江2~3个、江苏2~3个、安徽1~2个、湖北1个、江西1个;山东2个、陕西2个、河南1个、山西1个、河北1个;广东2个、广西1个、湖南1个,以形成西南地区、长江流域、黄河流域和珠江流域4个国家区域试验网。

**3. 关于认定品种的问题**

根据全国农作物品种审定委员会《关于申报全国审定品种有关事项的通知》[(1990)农(品审)字第2号]中关于认定品种问题的条款精神,决定争取在1991—1992年期间进行并完成桑树、桑蚕、柞蚕品种的认定工作。

认定品种的范围:1980—1990年(即80年代使用)的优良品种。80年代使用、具有与当地当时对照品种两年以上品种比较鉴定试验的数据资料,综合经济性状表现优良,并且现还继续使用的品种,具备以下条件之一者,可以申报认定。

(1)经过一个省级品审会审(认)定通过,跨省推广面积占该品种推广总面积10%者。

(2)两个以上省推广,有两个省推广面积各占推广总面积10%者。

（3）在一个省（区）内推广面积达到适宜蚕期饲养量的 30% 以上者。

推广数量：当年桑树品种 5 000 亩（333.3 hm²）以上，桑蚕品种 1 万张以上，柞蚕品种产茧 5 000 担（250 吨）以上。

**4. 关于开展特殊品种审定业务的问题**

为推动品种选育、增加技术储备、开发桑蚕茧丝绸等新产品，鼓励育种单位与生产应用单位联系协作，引进发掘新的种质资源，采用新的育种技术方法，育成具有明显特征的特殊用途桑树、桑蚕、柞蚕新品种，决定新开特殊品种审定业务。

申报条件：①性状已经稳定，具有明显特征与特殊用途；②已有应用实例，具备经济效益，可以在生产上推广应用。

鉴定办法：由育成单位报请审定委员会同意，委托包括中国农业科学院蚕业研究所全国品种鉴定组在内 3 个以上专业或应用单位共同调查鉴定，申报前邀请 3 名以上审定委员会委员赴现场进行实地考察，实物测试。委托鉴定经费由申报单位自理。

审定标准：视育成品种及其用途另定。

**5. 关于桑蚕品种审定标准的修改补充问题与更换对照品种的问题**

（1）审定标准的修改补充：由于国家标准局已经颁布，行业已经实施《桑蚕茧（干茧）分级和检验方法》的国家标准，规定以解舒丝长作为干茧分级的主要项目，所以确定对桑蚕品种审定标准中的解舒率指标作如下必要的修改补充。

春用蚕品种：解舒率 75% 以上或解舒丝长 1 000 米以上。

夏秋用蚕品种：解舒率 70% 以上或解舒丝长 700 米以上。

（2）对照品种的更换：20 世纪 80 年代全国鉴定统一使用"华合×东肥"与"东 34×苏 12"作为第一代对照。近年，这三对品种在生产上已很少采用。根据各省现行品种的应用情况，决定从 1990 年起对全国鉴定的第一对照种进行更换。春期：菁松×皓月；早秋期：苏 3 · 秋 3×苏 4。

**6. 关于《桑蚕品种国家审定工作细则》中两个问题的改动**

国家鉴定试验网点 1990 年度工作会议，就《桑蚕品种国家审定工作细则》与《桑蚕茧（干茧）分级和检验方法》国家标准的衔接问题和正反交分开饲养合并缫丝以简化鉴定试验的问题，提出了两条合理化建议。经讨论同意所提建议，并据此对《桑蚕品种国家审定工作细则》有关部分做相应改动。

（1）为使品种鉴定成绩符合缫丝工业的实际，《桑蚕品种国家审定工作细则》中的"丝质鉴定项目及计算方法"。具体方案：茧质分类标准与一粒缫试验，解舒调查，缫丝调查的工艺、条件、方法，按照桑蚕丝检验方法执行；各项调查供试茧数量与重复区数因受样茧数量的限制，仍照《审定工作细则》执行，即切剖调查 100 粒，从一粒缫调查用茧 100 粒，解舒调查 400 粒一区重复三区，缫丝调查或者洁净、清洁检验用茧 250 克。

丝质检验方法向国家标准靠拢后，对鉴定试验成绩的影响，待 1991—1992 年度鉴定成绩汇总时再做分析。

（2）中国农业科学院蚕业研究所、四川省蚕业研究所等所作的正反交分开缫丝与合并缫丝的对比试验表明，两者的成绩基本一致，没有显著差异；大面积生产上一直实行正反交混合收烘、缫丝，因此减少试验设区，实行正反交合并缫丝鉴定的方案是可行的。这样做更符合茧丝生产实际，同时又能在必要时适当增加鉴定网点的容量，以加快新品种鉴定投产的进程。具体方案：正反交各养 4 区，每区 400 头，鲜茧茧质调查结束后，正反交等量（或等粒数）合并烘干，送样缫丝。

但是申报参加全国鉴定的品种,申报材料中则应具有正反交分开缫丝调查的成绩。

**7. 编印《1986—1990 年蚕桑品种国家审定工作年报》和《80 年代家蚕新品种介绍及繁殖方法》**

作为历史资料与技术资料,审定委员会业已于 1987 年编印出版了《1980—1985 年蚕桑品种国家审定工作年报》,为确保完整性与连贯性,决定立即着手编印《1986—1990 年蚕桑品种国家审定工作年报》,同时为便于各地引进推广新蚕品种,决定以审定委员会的名义,编印出版《80 年代家蚕新品种介绍及繁殖方法》。具体编辑、印刷、出版事宜由专业委员会秘书长负责组织。

**8. 关于 1991—1992 年度全国蚕品种鉴定试验的计划安排**

会议受理了广东省丝绸公司蚕种繁殖试验所选育的"东 43×7532·湘晖"和广东、广西、湖南三省(区)蚕研所协作选育的"芙·新×日·湘"两对夏秋蚕品种的参鉴申请,同意安排参加 1991—1992 年度的全国鉴定试验。

由于本次会议较以往提前举行,一些单位来不及申报,1991—1992 年度其他品种参鉴申请的受理授权专业委员会秘书长组织中国农业科学院蚕业研究所鉴定组成员研究提出意见,并征得主任委员同意后,向委员通报,并将鉴定计划任务下达给鉴定试验网点。

附件 1. 桑蚕新品种简介(见本书第三章)

2. 桑树品种简介(见本书第三章)

### (三) 第二届第二次会议

**1. 关于召开第二届全国品审会桑蚕专业委员会二次会议的通知**

1993 年 2 月 10 日全国农作物品种审定委员会发布"关于召开全国农作物品种审定委员会桑、蚕专业委员会二届二次会议的通知"[(1993)农(品审)字第 1 号],全文如下。

桑、蚕专业委员会各位委员:

全国农作物品种审定委员会定于今年 3 月上旬在江苏省南京市召开蚕桑专业委员会二届二次会议。现将有关事项通知如下:

1. 会议内容

1.1 审议第 8 批全国蚕品种鉴定结果:5·4×24·46、C27×限 8 等两对春用蚕品种和芙·新×日·湘、东 43×7532·湘晖、芳华×星宝等 3 对夏秋用蚕品种,讨论并审议特殊用途——耐氟蚕品种"华峰×雪松"的鉴定结果。

1.2 听取全国第二批桑树品种 1991、1992 年度的鉴定成绩报告。

1.3 审定新品种(以上参加试验鉴定的品种育种者,请按审定办法申报,表速填好后,并附有关材料报全国农作物品种审定委员会办公室待审核后提交审定会审定)。

1.4 审议受理各单位共十余份参加 1993—1994 年度全国鉴定的蚕品种的申报材料,确定本年度的蚕品种鉴定试验任务。

1.5 讨论桑树、桑蚕、柞蚕品种的认定问题。

2. 会议时间和地点

时间:3 月 6 日报到,7—9 日正式开会。

地点:南京市中山东路 307 号钟山宾馆(省政府招待所)。

3 月 5 日前,请与中国农业科学院蚕业研究所蚕品种鉴定组李奕仁同志联系。3 月 5 日后与江苏省丝绸总公司蚕桑学会办公室联系。请随带 1991 年的全国蚕品种鉴定成绩等有关材料,准时到会。

各委员请提前将抵达南京和返回本单位的航班和车次电告江苏省丝绸总公司蚕桑学会办公室,以便安排接站和订购返程车、船、机票。

全国农作物品种审定委员会

1993 年 2 月 10 日

抄送：中国丝绸进出口总公司、中国丝绸工业总公司、江苏省丝绸总公司、中国农业科学院蚕业研究所、江苏省农作物品种审定委员会

**2. 第二届二次会议纪要**

全国农作物品种审定委员会桑蚕专业委员会于 1993 年 3 月 7—8 日在南京召开了二届二次会议。出席会议的委员 22 人，超过法定委员人数的一半；委员代表 2 人，特邀代表 4 人，合计 28 人（表 1.14）。会议根据《全国农作物品种审定委员会章程》和《全国农作物品种审定办法》以及二届一次会议纪要精神，结合本专业的特点进行了认真的讨论、审议，通过如下事项。

1. 关于新品种的审（认）定结果

1.1 蚕品种

会议对 1991 至 1992 年已由全国蚕品种鉴定试验网点连续鉴定两年的 5 对蚕品种进行了审议。认为由江苏省蚕种公司和江苏省海安县蚕种场共同选育的春用蚕品种"5·4×24·46"，广东省农业科学院蚕业研究所、广西壮族自治区蚕业指导所、湖南省蚕桑科学研究所共同选育的夏秋用蚕品种"芙·新×日·湘"，其主要经济性状符合国家审定标准，审定通过。待全国品审会审核、农业部颁布后可在长江、黄河流域蚕区及南方蚕区相应蚕期试养推广。

夏秋用品种"东 43×7532·湘晖"和"芳华×星宝"作缓审处理，同意扩大试养，补充必要的材料后，再行审定。春用品种"C27×限 8"为不同意通过。

1.2 关于耐氟春用品种"华峰×雪松"，鉴定申报程序符合二届一次会议纪要精神，但丝质成绩缺乏系统检验，作缓审处理，同意扩大试养，补充必要的材料后再行审定。

2. 关于品种认定

根据全国品审会《关于申报全国审定品种有关事项的通知》[1990 农（品审）字第 2 号]的精神和二届一次会议确定的申报条件，将于 1993 年受理并完成桑树、桑蚕、柞蚕品种的认定工作。

3. 关于 1993—1994 年度参鉴蚕品种和鉴定试验计划的安排

在形式审查后，经过充分的讨论，会议决定受理 10 对蚕品种参加 1993—1994 年度全国蚕品种鉴定试验网点的鉴定。其中，春用品种 4 对，即"皖 5×皖 6""学 613×春日""苏·镇×春·光""春蕾×锡昉"，以"菁松×皓月"为对照品种，仍安排在原鉴定试验网点鉴定。

考虑到申报品种的适宜蚕期不同和完成国家"八五"科技攻关的需要，本批夏秋用品种分早秋、中秋两期鉴定。在原网点的基础上，山东、江苏、浙江、湖南、广西等省（区）各增设一个鉴定点。早秋期参鉴品种为："317×318""C497×322""限 1×限 2"，以"苏 3·秋 3×苏 4"为对照品种，由浙江、广东、广西、湖南蚕桑（业）研究所、中国农业科学院蚕业研究所、重庆市铜梁县蚕种场承担；中秋期参鉴品种为："9·7×10·14""86A·86B×54A""川蚕 13 号"，设两个对照品种，即"菁松×皓月"和"苏 3·秋 3×苏 4"，由四川、陕西、湖北、山东、浙江湖州蚕桑（业）研究所、安徽农业大学蚕桑系承担。丝质鉴定由原网点的有关单位承担，原来没有鉴定点的省（区）丝质鉴定单位待商定后再告知各有关单位。鉴定用蚕种仍按以前办法执行，即春用品种由育种单位提供，每饲养点正交、反交各一张（盒）；夏秋用品种由育种单位提供原种中系、日系各 28 蛾框制种 1 张，给中国农业科学院蚕业研究所统一制造提供给各饲养点。

茧色荧光春用品种"荧光×春玉"作为特殊品种，由育种单位联系三家以上单位，经本专业委员会同意后进行鉴定，经费自理。

4. 关于网点鉴定经费问题

品种鉴定是审定的基础,是推广优质高效种子的前提。多数鉴定点都得到了当地有关部门的支持,但也有少部分鉴定点已有两三年甚至五年没有得到鉴定经费,有的已要求停止鉴定。为此,呼请经贸部、纺织工业部、农业部会同各省(区)有关部门尽早给予解决;同时,由于网点的扩大,希望能及时得到资助,以促进茧丝绸行业的发展。

附件:桑蚕新品种简介(见本书第三章)

表1.14　第二届全国农作物品种审定委员会蚕桑专业委员会二次审定会代表名单

(1993.03.7—8　南京)

| 省(区)/单位 | 姓　名 |
|---|---|
| 农牧渔业部 | 刘　桥* |
| 农牧渔业部品审办 | 郭恒敏　李　莉 |
| 纺织工业部 | 侯忠澍* |
| 中国农业科学院蚕业研究所 | 李奕仁*　顾宝琳*　夏明炯 |
| 江苏省 | 朱竹雯*　孙肇钰*　李根祥* |
| 四川省 | 敖明军*　向仲怀*　彭阳碧* |
| 浙江省 | 钱旭庭*　王象礼*　冯家新*　吴玉澄*　汪定芳* |
| 广东省 | 毛铿祖*　马　奔*　陆天锡*　苏大道* |
| 山东省 | 崔元仁*　沈孝行* |
| 安徽省 | 徐静斐* |
| 陕西省 | 承经宇*　杨丽青* |
| 广西壮族自治区 | 顾家栋* |
| 湖北省 | 凌韵秋* |

注:加 * 者为正式委员。

## (四) 第二届第三次会议

### 1. 关于召开全国农作物品种审定委员会桑蚕专业委员会二届三次会议的通知

全国农作物品种审定委员会,1994年2月4日发布"关于召开全国农作物品种审定委员会蚕桑专业委员会品种审定会的通知"[(1994)农(品审)字第4号],全文如下。

蚕桑专业委员会委员:

第二届全国品审会蚕桑专业委员会拟于3月17日—22日在广东省召开审定会,对申报认定的蚕桑品种进行清理、认定,现将有关事项通知如下。

1. 会议内容

1.1　审定品种:今年申报认定的品种有14个:陕蚕二号、陕蚕三号、六号(柞蚕)、华豫×春云、新蚕二号、华苏×肥苏、A四元、75新×7532、957×7532、晋蚕一号、苏5×苏6、7707、华明桑、沣桑24×苗33等。请各位委员对这些申报的品种做好审定准备。

1.2　组织委员考察广州、深圳的丝绸及制品对蚕育种及品种的要求、内外销市场情况。

1.3　讨论修改全国品审会《章程》《办法》《标准》。

1.4　总结五年来品种试验审定工作。

2. 会议时间与地点

2.1　时间:1994年3月17日报到,18—20日审定品种,21—22日至深圳考察。

2.2　地点:广州市东风东路东方丝绸大厦。

2.3 联系人及电话：广东省丝绸（集团）公司蚕茧分公司：黄星光、白碧障。电话：(020)3354370、3337448-2722。

2.4 请参加会议的委员在当地公安机关办好去深圳的"特区边防证"，并请各委员不要带助手及亲属，有特殊情况和身体不好不能到会者，需事先请假并委托其他委员代投票。

3. 材料

请各委员将全国品审会《章程》《办法》及《标准》修改稿携带到会上交流。

全国农作物品种审定委员会

1994 年 2 月 4 日

抄送：广东省丝绸公司、广东省农作物品种审定委员会

**2. 第二届全国农作物品种审定委员会蚕桑专业委员会三次会议纪要**

第二届全国农作物品种审定委员会蚕桑专业委员会于 1994 年 3 月 18—21 日在广州举行了第三次会议。到会委员 25 人，委员代表 1 人，全国农作物品种审定委员会办公室、农业部科技司成果处派员与会指导、了解专业委员会审议情况（表 1.15）。

**表 1.15 第二届全国农作物品种审定委员会蚕桑专业委员会三次审定会代表名单**

（1994.03.18—20 广州）

| 省（区）/单位 | 姓 名 |
|---|---|
| 农牧渔业部 | 刘 桥* 方向东 寇建平 |
| 农牧渔业部品审办 | 郭恒敏 李 莉 |
| 纺织工业部 | 侯忠澍* |
| 中国农业科学院蚕业研究所 | 李奕仁* 施炳坤* |
| 江苏省 | 孙肇钰* 周本立* |
| 四川省 | 敖明军* 彭阳碧* 徐继汉* |
| 浙江省 | 钱旭庭* 王象礼* 冯家新* 吴玉澄* |
| 广东省 | 毛铿祖* 马 奔* 陆天锡* 苏大道* |
| 山东省 | 崔元仁* 沈孝行* 周培德* |
| 安徽省 | 徐静斐* |
| 陕西省 | 承经宇* 杨丽青* |
| 广西壮族自治区 | 顾家栋* |
| 湖北省 | 凌韵秋* |
| 上海市 | 王锡云 |

注：加 * 者为正式委员。

会议期间，专业委员会副主任刘桥、侯忠澍分别介绍了全国蚕茧生产、丝绸工贸的情况与发展趋势；全国品审会办公室主任郭恒敏、农业部科技司成果处副处长方向东分别就品种的认定、品种审定与科技成果鉴定关系等问题作了说明；广东省丝绸集团公司副总经理余炳球到会讲话。

本次会议听取了 1993 年度全国蚕品种鉴定试验情况的汇报；对二届二次会议决定缓审的品种和 1993 年申报认定的品种进行了审定、认定；对全国品审会《全国农作物品种审定委员会章程》和《全国农作物品种审定办法》（讨论修改稿）和《蚕桑品种的审定标准》进行了讨论、修改；对前几年品种试验审定工作和今后蚕桑品种区域试验、审定认定工作需要解决和完善的问题进行了回顾、审议；会议还组织委员考察了中国丝绸总公司在深圳开设的丝绸服装加工厂，了解丝绸内外销市场情况。

会议审定、确定了如下事项。

1. 关于品种审定、认定

1.1 会议对二届二次会议决定缓审的春用耐氟多丝量蚕品种"华峰×雪松"，根据补充的材料进行

了复审。认为由中国农业科学院蚕业研究所育成的多丝量蚕品种"华峰×雪松"具有明显的耐氟特点,且主要经济性状符合国家审定标准,审定通过。

1.2  会议对 1993 年各地根据全国农作物品种审定委员会(1993)农(品审)字第 4 号"全国品审会蚕桑专业委员会关于桑树、家蚕、柞蚕品种申报认定的通知"规定,申报认定的 15 个家蚕品种、3 个桑树品种、1 个柞蚕品种进行审议。审议结果:

① 陕西省申报的"陕蚕二号""陕蚕三号"、江苏省申报的"苏 5×苏 6""75 新×7532"4 对家蚕品种,安徽省申报的"华明桑""7707"2 个桑树品种,同意予以认定。

② 安徽省申报的"华苏×肥苏"、山西省申报的"晋蚕一号"两对家蚕品种,湖南省申报的"澧桑 24×苗 33"1 个桑树品种,因主要缺少外省应用的正式证明,同意作缓审处理。

江苏省申报的"957×7532""A 四元"、新疆维吾尔自治区申报的"新蚕二号"、河南省申报的"华豫×春云"4 对家蚕品种和河南省申报的柞蚕品种"六号",或因推广数量不足,或因已不再在生产上使用,或因 90 年代才经省级审定投产等原因,未予通过认定。

2. 关于全国品审会《章程》《办法》和桑、蚕品种审定《标准》的讨论修改

会议组织委员学习领会农业部颁发的《全国农作物品种审定委员会章程》和《全国农作物品种审定办法》(讨论修改稿),并结合本专业区域试验、审定工作的实际,提出了一些修改意见。

2.1  基本同意《章程》《办法》(讨论修改稿)的主要条款。由于我国幅员辽阔,农作物品种种类繁多,建议增加"各专业委员会可以根据本《章程》《办法》的共性规定,就某些带有个性的问题提交补充规定或实施细则,经品审会核准生效"。

2.2  会议对二届二次会议拟定的《桑、蚕品种审定标准》进行了复议。经过认真讨论,对《蚕品种的审定标准》做了适当改动。改动、整理后的《蚕品种审定标准》,见附件。

3. 其他问题

3.1  关于品种认定,本次会议已认定了一批品种,在审议过程中多数委员认为在执行(1993)农(品审)字第 4 号文确定的《桑树、家蚕、柞蚕品种认定标准》的同时,根据蚕桑生产的实际情况,对以一省为主、推广数量多、生产上发挥作用大的品种,其跨省使用的数量比例可以考虑规定为占所跨省同期推广数量的 10% 以上者,也可予以认定。

各地可根据以上规定,将目前仍在使用、符合认定标准的品种,整理材料,按(1993)农(品审)字第 4 号通知要求申报。申报时请特别注意提供:①1993 年在本省及外省的推广数量、比例;②必须具有外省生产部门开具的正式应用证明。

3.2  会议认为蚕品种全国鉴定试验网,自 1980 年设立以来比较鉴定了近 50 对蚕品种杂交组合,为品种审定提供了基础依据,对品种选育与品种更新起到了积极的推动作用。我国是世界上最大的蚕丝生产国与供应国,委员们希望国家有关部门针对鉴定试验网现存的经费困难等具体问题设法予以解决,以便坚持与完善蚕品种的全国鉴定或区域鉴定。

3.3  会议希望抓紧编辑印发《1986—1990 年蚕桑品种审定工作年报》以作为历史记录和技术资料供各方面参考。

附件:桑树、桑蚕品种审定标准(见第一章)

## (五) 第二届第四次会议

### 1. 关于召开全国品审会蚕桑专业委员会品种审定会议的通知

全国农作物品种审定委员会蚕桑专业委员会 1995 年 9 月 18 日发布"关于召开全国品审会蚕桑专业

委员会品种审定会议的通知"[(95)桑蚕(审)字第 4 号],全文如下。

各有关单位、各位委员：

为了加强蚕、桑品种的管理,及时审定、推广优良新品种,经全国农作物品种审定委员会桑蚕专业委员会研究决定,于 1995 年 10 月 10 日在中国农业科学院蚕业研究所(江苏省镇江市)召开品种审定会议,现将有关事项通知如下。

1. 会议内容

1.1 审定各育成单位申报的 15 个(对)蚕、桑新品种。

1.2 总结六年来本届专业委员会的审定工作、讨论蚕桑品种审定工作今后的发展方向等。

2. 会议时间与地点

2.1 时间：1995 年 10 月 9 日报到,10—12 日开会。

2.2 地点：江苏镇江中国农业科学院蚕业研究所。

2.3 联系人：李奕仁、施炳坤、沈兴家。电话：0511-5624340,0511-5626721 转 241、238。邮编：212018;电报挂号：镇江 5874。

3. 参加会议人员

桑蚕专业委员会全体委员。

请各位委员随带有关材料和食宿费用准时出席会议。对于已离、退休的委员,请原单位给予支持;因事、身体状况等不能参加会议的委员务必请假,并请委托其他委员代投票。

出席会议的委员请将到达镇江的时间、班次和需要订购的机、车票日期、班次等提前告诉联系人。

全国农作物品种审定委员会蚕桑专业委员会

1995 年 9 月 18 日

**2. 第二届全国品审会蚕桑专委会第四次会议纪要**

1995 年 10 月 9—12 日第二届全国农作物品种审定委员会蚕桑专业委员会在江苏镇江中国农业科学院蚕业研究所举行了第四次会议。本次会议到会委员 26 人,因事请假委托其他委员投票的 7 人,到会人数及表决票数符合规定要求。会议由专业委员会主任朱竹雯同志主持,副主任侯忠澍同志介绍了今年全国丝绸工贸方面的行情。全国农作物品种审定委员会办公室李莉同志与会协助了解专业委员会的审议情况。

本次会议听取了李奕仁同志关于专业委员会三次会议后的日常工作、1993—1994 年度桑蚕品种国家审定鉴定工作会议和 1995—1996 年度蚕品种国家审定鉴定试验任务安排等事项的汇报说明,吴朝吉、沈兴家同志分别代表区试网点向专业委员会汇报了"全国第二批桑品种区域性鉴定(1990—1994 年)工作总结""蚕品种国家审定鉴定结果报告(第九号)"。会议对二届二次会议决定缓审的品种、三次会议后申报认定的品种和第二批参鉴桑品种、第九批参鉴蚕品种进行了审议;对今后蚕桑品种区试审定需要解决、完善的问题进行了讨论。

会议审定、确定了如下事项。

1. 关于品种审定、认定

1.1 会议对二届二次会议决定缓审的珠江流域夏秋用蚕品种"东 43×7532·湘晖",根据补充的材料进行了复审。认为由广东省丝绸集团蚕种繁殖试验所育成的夏秋用蚕品种"东 43×7532·湘晖",主要经济性状符合国家审定标准,且 1991 年经省级审定合格已在省内使用,并跨省推广到华南数省,同意审定通过。

1.2 会议对广西蚕业指导所、广东蚕业研究所联合育成、申报的珠江流域夏秋用蚕品种"两广二号"(932·芙蓉×7532·湘晖)有关资料进行了审议,该品种主要经济性状符合国家审定标准,且已分别于

1992年和1994年通过广西、广东两省（区）省级鉴定，成为两省（区）的当家品种，同意予以认定。

1.3 会议对第二批桑品种经5个省（区）6个鉴定点的5年栽培、性状调查，两年四期养蚕饲料鉴定资料数据进行审议。认为由四川省北碚蚕种场育成的晚生中熟桑品种"北桑一号"、四川省三台蚕种场育成的中生中熟桑品种"实钻11－6"、湖南省蚕桑科学研究所育成的早生中熟桑品种"湘7920"、浙江省农业科学院蚕桑研究所育成的晚生中熟桑品种"薪一圆"、中国农业科学院蚕业研究所育成的中生中熟桑品种"育71－1"、安徽省农业科学院蚕桑研究所育成的"红星五号"，主要经济性状符合国家标准，同意审定通过。

四川省南充市丝绸公司、蓬安县蚕桑局选育的中生中熟桑品种"塔桑"已在四川省大面积推广，但由于缺申报材料，并需补充提供跨省应用证明和密植栽培产量对比调查报告，决定予以缓审。

1.4 会议对申请参加1993—1994年度即第九批全国蚕品种鉴定试验的春用、早秋用、中秋用蚕品种，根据全国区试网点提交的鉴定结果报告和其他有关资料进行了审议。

中国农业科学院蚕业研究所育成的春用蚕品种"苏·镇×春·光"、早秋用蚕品种"317×318"、中秋用蚕品种"871×872"，安徽农业大学轻工学院蚕桑系和安徽农业科学院蚕桑研究所联合育成的春用蚕品种"皖5×皖6"，江苏省无锡县西漳蚕种场育成的春用蚕品种"春蕾×锡昉"，江苏省镇江蚕种场育成的早秋用蚕品种"C497×322"，江苏省浒关蚕种场育成的中秋用蚕品种"苏·菊×明·虎"（7·9×10·14），山东农业大学林学院育成的中秋用蚕品种"86A·86B×54A"，四川省农业科学院蚕桑研究所育成的中秋用蚕品种"L8081·L8191×L4朝92·L4白8"，主要经济性状符合国家审定标准，同意审定通过。

1.5 由山东省蚕业研究所选育的荧光判性春用蚕品种"荧光×春玉"经二届二次会议作为特用蚕品种组织联合鉴定。本次会议在对联合鉴定成绩结果进行分析后认为该品种茧丝长长、茧丝纤度细及其他主要经济性状基本达到实用品种水平，但因缺乏茧色荧光判性的专家现场测试报告，决定予以缓审，同时建议山东省组织该品种的应用试验。

以上通过本专业委员会审定、认定的桑品种和蚕品种的简要说明、审定意见等已申报全国农作物品种审定委员会审核，通过后将由农业部颁布公告。

2. 关于今后坚持、完善蚕桑品种审定工作的意见

到会委员同意本专业委员会和中国农业科学院蚕业研究所于1995年3月8日向农业部农业司、中国丝绸进出口总公司、中国丝绸工业总公司提交的"关于蚕桑品种国家审定区域试验问题的紧急报告"的内容及报告中提出的三条具体建议。

（1）三部司设法筹措15万元作为蚕桑品种鉴定、审定的年度最低限度的专项经费。

（2）三部司联合发文商请承担任务的省（自治区、直辖市）主管部门和单位配合支持。

（3）对现有网点设置等做必要的调整。

同时建议继续研究按北方、南方、华东和西南4个区域进行蚕桑品种鉴定试验的可行性方案与具体实施办法。

表1.16 第二届全国农作物品种审定委员会蚕桑专业委员会四次会议代表名单
（1995.10.9—12 江苏镇江）

| 省（区）/单位 | 姓　名 |
| --- | --- |
| 纺织工业部 | 侯忠澍* |
| 农业部全国农技推广中心 | 李　莉 |
| 中国农业科学院蚕业研究所 | 李奕仁*　庄大桓*　顾宝琳*　朱宗才*　施炳坤*<br>吴朝吉　沈兴家　唐顺明　李桂芳 |
| 江苏省 | 朱竹雯*　孙肇钰*　李根祥*　周本立* |

（续 表）

| 省（区）/单位 | 姓 名 |
|---|---|
| 浙江省 | 吴玉澄* 冯家新* 王象礼* |
| 山东省 | 沈孝行* 周培德* 崔元仁* |
| 广东省 | 毛铿祖* 陆天锡* 马 奔* |
| 湖北省 | 凌韵秋* |
| 安徽省 | 徐静斐* 娄良乐* |
| 四川省 | 向仲怀* 彭阳碧* 徐继汉* |
| 广西壮族自治区 | 姚福广* |
| 陕西省 | 承经宇* 杨丽青* |

注：加 * 者为正式委员。

### （六）第二届第七次会议

第二届全国农作物品种审定委员会召开第七次会议（蚕桑专委会第五次会议），会议审定通过 44 个农作物品种。其中，桑蚕品种 6 对：皖 5×皖 6、两广二号、86A·86B×54A、苏·菊×明·虎、C497×322、苏·镇×春·光、限 1×限 2、871×872、L8081·L8191×L4 朝 92·白 82、东 43×7532·湘晖、317×318、春蕾×锡昉；桑树品种 6 个：实钻 11-6、红星五号、湘 7920、薪一圆、育 71-1、北桑 1 号。

1996 年 6 月 26 日农业部发布第 53 号公告：全国农作物品种审定委员会第二届第七次会议审（认）定通过的特三矮 2 号、豫麦 18 号、四早 6 号、广遵 4 号、皖 5×皖 6 等 44 个农作物品种，已经我部审核通过，现予颁布。

## 四、第三届全国农作物品种审定委员会

### （一）第三届第一次会议

1997 年 1 月 31 日第三届全国农作物品种审定委员会在北京成立，本届品审会由 120 名委员和 181 名审定专家组成，白志健副部长任主任委员。第三届全国品审会设水稻、麦类、玉米、杂粮、薯类、大豆、油料、棉麻、蔬菜、糖料、蚕桑、烟草、茶树、果树、花卉、热带作物 16 个专业委员会，各专业委员会均设立了专家库。

蚕桑专业委员会和审定专家由下列人员组成。

主任：李奕仁

副主任：王丕承

委员：曾华明，李幼华，谭炳安，杜建一，巨海林

蚕桑品种审定专家：郑昌明，张玉正，沈昌平，段庆武，潘一乐，李世玉，潘杰，李玉修，朱建华，张明亮，刘桥，张国平

会议讨论修改了《全国农作物品种审定委员会章程》《全国农作物品种审定办法》，制定了《全国农作物品种审定标准》。

本次会议未审定蚕、桑品种。

### （二）第三届第二次会议

1998 年 5 月 10—12 日，第三届全国农作物品种审定委员会蚕桑专业委员会第二次会议在成都四川省蚕业管理总站召开，参加会议的专业委员会委员 5 人、审定专家 5 人，参会人数符合规定要求。

会议由专委会主任李奕仁同志主持，农业部农业司经作一处马淑萍副处长与会了解专业委员会审议情况，四川省丝绸公司戴朝先副总经理到会并介绍了四川省蚕桑生产情况。会议组织学习了《全国农作物品种审定委员会章程》和白志健副部长讲话等文件精神，委员和专家听取了"蚕品种国家审定鉴定结果报告（第十号）"的有关说明和其他申报审定桑树、桑蚕品种的情况介绍，进行了认真审议。专委会根据《全国农作物品种审定办法》《桑树、桑蚕、柞蚕品种审定补充规定》和《全国农作物品种审定标准》，对本次申报的 7 对桑蚕品种杂交组合、6 个桑树品种、1 个桑树品种杂交组合，用无记名投票方式进行表决；对缓审的品种，讨论提出了安排验证试验、现场考察、测试、补充有关材料等具体要求。表决与讨论结果如下。

**1. 桑树品种**

广东省农业科学院蚕业研究所育成的桑树三倍体杂交组合"粤桑 2 号"（19×11），西南农业大学育成的人工三倍体桑树品种"嘉陵 16 号"，河北省农林科学院特产蚕桑研究所选育的桑树品种"黄鲁选"，山东省蚕业研究所育成的桑树品种"7946"。以上 4 个桑树品种的主要经济性状符合审定标准，通过初审。

**2. 桑蚕品种**

浙江省农业科学院蚕桑研究所育成的春用蚕品种"学 613×春日"、夏秋用蚕品种"夏 7×夏 6"，江苏省无锡市西漳蚕种场育成的春用蚕品种"花·蕾×锡·晨"（917·919×928·922），中国农业科学院蚕业研究所育成的夏秋用蚕品种"绿·萍×晴·光""秋·西×夏 D"，广东省农业科学院蚕业研究所育成"花丰×8B·5A"。以上 6 对桑蚕品种的主要经济性状符合审定标准，通过初审。

广东省农业科学院蚕业研究所育成的"21·伦×65·苏"因缺少外省应用证明，决定予以缓审，同时决定按《桑树、桑蚕、柞蚕品种审定补充规定》，于 1998 年在中国农业科学院蚕业研究所、广西蚕业指导所和广东省蚕种繁殖试验所 3 个单位进行验证试验。

**3. 有关建议**

会议期间，与会委员、专家就完善品种审定办法等提出下述几点意见与建议。

（1）宜根据茧丝绸行业发展、市场预测和现有蚕区养蚕生产条件与生产技术发展趋势，提出中长期育种目标，供科研单位参考。

（2）鉴于目前桑树、桑蚕品种命名比较混乱的实际状况，有必要拟订统一的命名规则。

（3）为便于专业委员会了解实况，也便于积累品种档案资料，凡报审的桑树、桑蚕品种均应由中国农业科学院蚕业研究所负责验证试验或栽植观察。

对于上述几个问题，会议决定由相关委员、专家、单位在征求意见的基础上提出方案，提交下次会议讨论。

以上初审通过的 4 个桑树品种、6 对桑蚕品种，经第三届全国农作物品种审定委员会审议，通过审定。1998 年 7 月 30 日农业部发布第 86 号公告：第三届全国农作物品种审定委员会审定通过的中优早 5 号、豫粳 6 号等 91 个农作物品种，已经我部审核通过，现予颁布。

### （三）第三届第三次会议

**1. 审定会议通知**

全国农作物品种审定委员会 1999 年 5 月 12 日发布"关于召开水稻、麦类、玉米、蔬菜、糖料、棉麻、蚕桑品种审定会议的通知"(国品审会〔1999〕1号),全文如下。

各有关审定委员、专家:

根据《全国农作物品种审定委员会章程》和《全国农作物品种审定办法》的有关规定,经研究,定于1999年5月25—30日在北京召开品种审定会议,现将有关事项通知如下。

1. 会议时间

(1) 水稻、麦类、玉米、蔬菜专业委员会:5月25日报到,26—27日开会,会期2天。

(2) 糖料、棉麻、蚕桑专业委员会:5月28日报到,29—30日开会,会期2天。

2. 会议内容

(1) 水稻审定会议:审定水稻品种。

(2) 麦类审定会议:审定麦类品种。

(3) 玉米审定会议:审定玉米品种;讨论国家东南区和特用玉米的试验、推广问题;制定1999年品种考察计划。

(4) 蔬菜审定会议:审定蔬菜品种,讨论研究未开展国家审定试验类蔬菜作物性状鉴定的委托事宜。

(5) 糖料审定会议:审定甜菜、甘蔗品种。

(6) 棉花审定会议:审定棉花品种;制定1999年棉花品种考察计划。

(7) 蚕桑品种审定会议:审定桑蚕、桑树品种。

3. 会议地点

北京市东直门外左家庄12号(香河园路路口)国防科工委技术协作中心。

4. 参加人员

有关审定委员、专家,具体名单附后。

5. 其他事项

(1) 参加人员的交通费,请所在单位按规定标准予以报销。会议期间食宿由全国农作物品种审定委员会统一安排。

(2) 会议不安排接、送站,请各位参加人员自行到会。

(3) 因故不能到会者,请接到通知后立即向全国农业技术推广服务中心良种区试繁育处请假。

(4) 需预定返程车(机)票者,请于报到日的2天前将时间、车(班)次告诉联系人。

(5) 会议联系人及联系电话:全国农业技术推广服务中心良种区试繁育处孙世贤:010-64194510、010-9419-4512;国防科工委技术协助中心招待所服务台:011-66358546

附件:参加会议代表名单(表1.17)

全国农作物品种审定委员会<br>1999年5月12日

表1.17 参加会议代表名单

| 专业 | 姓名 | 单位 | 姓名 | 单位 |
|---|---|---|---|---|
| 水稻 | 黄发松 | 中国水稻所 | 汪新国 | 安徽省种子管理站 |
| | 龙 斌 | 四川省种子管理站 | 胡前毅 | 湖南省种子管理站 |
| | 曾汉章 | 福建省种子管理站 | 李和标 | 江苏省农科院粮作所 |
| | 余佶元 | 江西省农科院水稻所 | 卢开阳 | 湖北省种子管理站 |
| | 华泽田 | 辽宁省农科院稻作所 | 袁龙江 | 中国农科院作物所 |
| | 覃惜荫 | 广西农科院水稻中心 | 蔡惠娇 | 广东省种子管理站 |
| | 张首都 | 全国农业技术推广服务中心 | | |

（续　表）

| 专业 | 姓名 | 单　位 | 姓名 | 单　位 |
|---|---|---|---|---|
| 麦类 | 陈英胜 | 山东省种子管理站 | 梅　子 | 江苏省种子管理站 |
| | 何中虎 | 中国农科院作物所 | 刘　璐 | 甘肃省种子管理站 |
| | 王　辉 | 西北农业大学干旱研究中心 | 肖志敏 | 黑龙江农科院作物所 |
| | 郭北海 | 河北农科院粮油作物所 | 敬甫松 | 四川绵阳农科所 |
| | 范荣喜 | 安徽省种子管理站 | 马志强 | 全国农业技术推广服务中心 |
| 玉米 | 冯维芳 | 山西省种子管理站 | 张世煌 | 中国农科院作物所 |
| | 吴绍宇 | 北京市种子管理站 | 裴淑华 | 辽宁省种子管理局 |
| | 李登海 | 山东省莱州市农科院 | 李龙凤 | 山东省种子管理局 |
| | 张进生 | 河南省种子管理站 | 陈学军 | 吉林省种子管理站 |
| | 黄　钢 | 四川省农科院作物所 | 周进宝 | 河北省种子管理站 |
| | 成贵明 | 江苏省种子管理站 | 刘玉恒 | 安徽省种子管理站 |
| | 孙世贤 | 全国农业技术推广服务中心 | | |
| 蔬菜 | 方智远 | 中国农科院蔬菜花卉所 | 郑宗鹤 | 上海市农业技术推广中心 |
| | 陈清华 | 广东省农科院蔬菜所 | 杨铭华 | 北京市农业局 |
| | 哈玉洁 | 天津市农科院黄瓜所 | 徐小君 | 浙江省农业厅农作物管理局 |
| | 陶承光 | 辽宁省农业厅 | 余文贵 | 江苏省农科院蔬菜所 |
| | 刘君璞 | 中国农科院郑州果树所 | 周光华 | 山东省种子管理站 |
| | 姜学品 | 辽宁省大连市农科所 | | |
| 糖料 | 杨炎生 | 中国农科院 | 陈如凯 | 福建农业大学甘蔗所 |
| | 陈连江 | 中国农科院甜菜所 | 焦树年 | 内蒙古农业多种经营站 |
| | 杨吉祥 | 吉林省园艺特产管理局 | 何　红 | 广西甘蔗所 |
| | 伍洪波 | 广东省农业厅经作处 | 林家禄 | 福建省农业厅经作处 |
| | 符菊芬 | 云南省农科院甘蔗所 | 李恩普 | 农业部种植业管理司 |
| 棉麻 | 喻树迅 | 中国农科院棉花研究所 | 藏巩固 | 中国农科院麻类作物研究所 |
| | 何金龙 | 江苏省种子管理站 | 王云和 | 新疆生产建设兵团农业局 |
| | 曲辉英 | 山东省种子管理站 | 于建俊 | 中国纺织总会 |
| | 杨付新 | 中国农科院棉花研究所 | 袁仲康 | 新疆区种子站 |
| | 马淑萍 | 农业部种植业管理司 | | |
| 蚕桑 | 李奕仁 | 中国农业科学院蚕业研究所 | 王丕承 | 浙江省农业厅经作局 |
| | 曾华明 | 四川省蚕种管理总站 | 李幼华 | 中国丝绸总公司行管办 |
| | 谭炳安 | 华南农业大学蚕桑系 | 杜建一 | 辽宁省农牧厅果蚕站 |
| | 巨海林 | 陕西农牧厅园艺蚕桑站 | | |

## 2. 审定蚕桑品种目录

表 1.18　全国农作物品种审定委员会蚕桑专业委员会 1999 年审定品种目录

| 序号 | 品种名称 | 申请单位 | 备注 |
|---|---|---|---|
| 1 | 洞·庭×碧·波 | 湖南省蚕桑科学研究所 | 桑蚕 |
| 2 | 云·山×东·海 | 广东省农业科学院蚕业研究所 | 桑蚕 |
| 3 | 川 7637 | 四川省农业科学院蚕业研究所 | 桑树 |
| 4 | 模桑 | 四川省邛崃市茧丝绸公司 | 桑树 |

### 3. 会议报到名录

表 1.19  1999 年全国农作物品种审定会议报到名录（蚕桑专委会）

| 姓　名 | 工作单位 | 职务、职称 | 通信地址 | 备注 |
|---|---|---|---|---|
| 李奕仁 | 中国农业科学院蚕业研究所 | 副所长、研究员 | 江苏省镇江市四摆渡 | 专委会主任 |
| 王丕承 | 浙江省农业厅经作局 | 局长、研究员 | 杭州市华家池 63 号 | 专委会副主任 |
| 曾华明 | 四川省蚕种管理总站 | 站长 | 成都市永丰路 12 号 | 专委会委员 |
| 谭炳安 | 华南农业大学蚕桑系 | 处长 | 广州市天河五山 | 专委会委员 |
| 杜建一 | 辽宁省农牧厅果蚕站 | 处长 | 沈阳市皇姑区长江北街 39 号 | 专委会委员 |
| 巨海林 | 陕西农牧厅园艺蚕桑站 | 科长 | 西安市习武园 11 号 | 专委会委员 |
| 陈生斗 | 种植业管理司 | 副司长 | 北京市朝阳区农展馆南里 11 号 | |
| 陶汝汉 | 全国农技推广服务中心 | 副主任 | 北京市朝阳区麦子店街 20 号 | 品审会副主任 |
| 廖　琴 | 全国农技推广服务中心 | 处长 | 北京市朝阳区麦子店街 20 号 | 品审办副主任 |
| 马志强 | 全国农技推广服务中心 | 副处长 | 北京市朝阳区麦子店街 20 号 | |
| 孙世贤 | 全国农技推广服务中心 | 高级农艺师 | 北京市朝阳区麦子店街 20 号 | |
| 邹　奎 | 全国农技推广服务中心 | | 北京市朝阳区麦子店街 20 号 | |

### （四）第三届第四次会议

2000 年 4 月第三届全国农作物品种审定委员会第四次会议在北京召开，参加蚕桑专业委员会会议的专委会成员 6 人（1 人缺席）：李奕仁、王丕承、曾华明、谭炳安、杜建一和巨海林。会议对下列桑树、桑蚕品种进行了审定（表 1.20）。审定结果：2 个桑树品种和 9 对桑蚕品种全部通过审定。

表 1.20  全国农作物品种审定委员会蚕桑专业委员会 2000 年审定品种目录

| 序号 | 种类 | 品种名称 | 申请单位 | 备注 |
|---|---|---|---|---|
| 1 | 桑树 | 农桑 12 号 | 浙江省农业科学院蚕桑研究所 | |
| 2 | 桑树 | 农桑 14 号 | 浙江省农业科学院蚕桑研究所 | |
| 3 | 桑蚕 | 951×952 | 中国农业科学院蚕业研究所 | |
| 4 | 桑蚕 | 873×874 | 中国农业科学院蚕业研究所 | |
| 5 | 桑蚕 | 华峰$_{GW}$×雪・A | 中国农业科学院蚕业研究所 | |
| 6 | 桑蚕 | 群丰×富春 | 中国农业科学院蚕业研究所 | |
| 7 | 桑蚕 | 洞・庭×碧・波 | 湖南省蚕桑科学研究所 | 1999 年缓审 |
| 8 | 桑蚕 | 云・山×东・海 | 广东省农业科学院蚕业研究所 | 1999 年缓审 |
| 9 | 桑蚕 | 芙・10×7・11 | 广西壮族自治区蚕业指导所 | |
| 10 | 桑蚕 | 953×954 | 中国农业科学院蚕业研究所 | |
| 11 | 桑蚕 | 荧光×春玉 | 山东省蚕业研究所 | |

### （五）第三届第五次会议

#### 1. 关于召开小麦等作物品种初审会议的通知

2001 年 6 月 15 日全国农作物品种审定委员会发布"关于召开小麦等作物品种初审会议的通知"（国品审〔2001〕4 号），全文如下。

各有关专业委员会委员、专家：

经研究决定，于 2001 年 6 月下旬至 7 月上旬召开小麦、玉米、薯类、蚕桑、棉麻、蔬菜及热带作物品种初审会议，现将有关事宜通知如下。

1. 会议时间

(1) 对申报国家级审定并已完成品种试验的小麦、玉米、棉麻、薯类、蔬菜、蚕桑及热带作物品种进行初审。

(2) 起草、修改小麦、玉米、棉花、马铃薯品种审定标准。

(3) 制定 2001 年国家审定农作物品种考察计划。

2. 参加人员

请指定的第三届全国农作物品种审定委员会有关专业委员会委员、专家(具体人员名单详见附件)参加相应作物品种初审会议。

3. 会议时间、地点及其他事宜

3.1　小麦、薯类、蚕桑、棉麻、蔬菜品种初审会

(1) 会议地点：北京市东直门外左家庄 12 号,总装工程设计总院招待所(原国防科工委技术协作中心)。

(2) 会议时间：

① 小麦品种初审会于 6 月 21 日报到,22—24 日开会。

② 薯类、蚕桑品种初审会于 6 月 21 日报到,22—23 日开会。

③ 棉麻、蔬菜初审会于 6 月 24 日报到,25—26 日开会。

(3) 有关事宜：请参加会议人员自行到会。

(4) 联系人：全国农业技术推广服务中心良繁处　邹奎,电话：010 - 64194510。

3.2　玉米品种初审会(略)

3.3　热带作物品种初审会(略)

全国农作物品种审定委员会

2001 年 6 月 15 日

## 附件(一)

表 1.21　小麦等作物品种初审会议参加人员名单(蚕桑专业委员会部分)

| 专业委员会 | 姓名 | 工作单位 |
|---|---|---|
| 蚕桑 | 李奕仁 | 中国农业科学院蚕业研究所 |
| | 王丕承 | 浙江省农业厅经作局 |
| | 曾华明 | 四川省蚕种管理总站 |
| | 谭炳安 | 华南农业大学蚕桑系 |
| | 杜建一 | 辽宁省农牧厅果蚕站 |
| | 巨海林 | 陕西省农牧厅园艺蚕桑站 |

## 附件(二)　初审桑、蚕品种目录

表 1.22　全国农作物品种审定委员会蚕桑专业委员会初审桑、蚕品种

| 序号 | 种类 | 品种名称 | 申请单位 | 备注 |
|---|---|---|---|---|
| 1 | 桑树 | 蚕专 4 号 | 苏州大学、吴江市蚕桑站、吴县蚕桑站 | |
| 2 | 桑树 | 陕桑 305 | 陕西省蚕桑丝绸研究所 | 1999 年陕西省审定 |
| 3 | 桑蚕 | 吴花×浒星 | 苏州大学 | |
| 4 | 桑蚕 | 317×854BP | 中国农业科学院蚕业研究所 | |
| 5 | 柞蚕 | 辽双 1 号 | 辽宁省蚕业研究所 | 2000 年辽宁省审定 |

### (六) 国家农作物品种区试先进单位和先进个人表彰决定

2001年3月8日全国农作物品种审定委员会发布"关于表彰'九五'期间国家级农作物品种区域试验先进单位、先进个人的决定"(国品审会〔2001〕2号)。全文如下。

全国农作物品种审定委员会各专业委员会、各省(自治区、直辖市)农作物品种审定委员会、国家级农作物品种区域试验承担单位:

为了贯彻落实温家宝总理的重要批示,加快全国农作物新品种试验、审定和推广步伐,促进种植业结构战略性调整的实施,根据《全国农作物品种审定委员会章程》和《农作物品种审定办法》的有关规定,全国农作物品审会决定,对"九五"期间在国家级农作物品种区域试验、预备试验、生产试验、抗病鉴定、品质分析以及试验管理等方面表现突出的中国水稻所等99个先进单位、杨仕华等203个先进个人予以表彰,以弘扬他们脚踏实地的工作态度、求真务实的工作作风、无私奉献的服务精神,希望全国从事农作物品种区域试验工作的单位和个人,以他们为榜样,按照《种子法》的要求,坚持公正、公平、科学、求实的原则,把努力提高农民收入、促进农业持续发展、满足城乡市场需求放在一切工作的首位,发扬奉献和服务精神,继续埋头苦干、扎实工作、开拓进取,按照国家种植业结构调整的要求和西部大发展战略的总体部署,努力完成所承担的各项任务,把全国农作物品种区域试验提高到一个新的水平,迎接加入WTO的挑战,开创全国农作物品种试验、审定、推广的新局面。

附件(一):"九五"期间全国农作物品种区域试验先进单位名单(表1.23)

附件(二):"九五"期间全国农作物品种区域试验先进个人名单(表1.24)

全国农作物品种审定委员会

2001年3月8日

**表1.23 "九五"期间全国农作物品种区域试验先进单位名单(99个)**

| | |
|---|---|
| 中国水稻所 | 江苏省连云港东辛农场农科所 |
| 广东省广州市农科所 | 安徽省宿县地区农科所 |
| 广西壮族自治区农科院水稻所 | 陕西省泾阳庞家良种繁殖农场 |
| …… | …… |
| 湖北省建始县农业种子站 | 中国农业科学院蚕业研究所 |
| 四川省种子站 | 中国农业科学院茶叶研究所 |
| 四川省安岳县种子公司 | |

**表1.24 "九五"期间全国农作物品种区域试验先进个人名单(203人)**

| | |
|---|---|
| 中国水稻所 | 杨仕华 |
| 广东省高州市良种繁育场 | 吴 辉 |
| 广东省广州市农科所 | 张文胜 |
| …… | …… |
| 内蒙古农业科学院甜菜所 | 张惠忠 |
| 中国农业科学院茶叶研究所 | 杨素娟 |
| 广东省农业科学院茶叶研究所 | 李家贤 |

### (七) 第三届全国品审会蚕桑专业委员会工作总结

本届蚕桑专业委员会自1997年2月成立以来,在全国农作物品种审定委员会的领导下,积极开展蚕、桑品种的审定、新品种区试和现行品种通比等方面的工作。

1. 审定标准的制、修订

根据蚕桑品种选育的现实水平、行业发展方向修订了《桑树、桑蚕、柞蚕品种审定标准》；同时根据《全国农作物品种审定办法》，结合专业特点制订了《桑树、桑蚕、柞蚕品种审定补充规定》和《蚕品种国家审定验证试验组织管理办法》。

2. 品种审定

蚕桑专业委员会按照全国农作物品审会的要求，积极开展品种审定工作。本届共审（认）定的桑树、桑蚕品种3次（批）。

2.1　1998年5月10—12日在成都召开专业委员会第二次会议期间，审定桑蚕品种7对、桑树品种7个。其中，桑树品种粤桑2号、嘉陵16号、黄鲁选和7946，主要经济性状符合审定标准，通过审定；学613×春日、夏7×夏6、花·蕾×锡·晨，绿·萍×晴·光、秋·西×夏D、花丰×8B·5A，主要经济性状符合审定标准，通过审定；21·伦×65·苏，因缺少外省应用证明，予以缓审。

2.2　1999年5月29—30日在北京召开糖料、棉麻、蚕桑品种审定会议，对申报的桑树、桑蚕品种进行了审议，审定通过桑树品种1个（川7637）。

2.3　2000年三届四次会议，申报审定桑树品种2个：农桑12号、农桑14号；桑蚕品种9对：华瑞×春明（951×952）、钟秋×金玲（873×874）、华峰$_{GW}$×雪·A、群丰×富春、洞·庭×碧·波（1999年缓审）、云·山×东·海（1999年缓审）、芙·桂×朝·凤（芙·10×7·11）、夏蕾×明秋（953×954）、荧光×春玉（复审）。全部通过审定。

3. 桑蚕新品种验证试验和现行生产用桑蚕品种的通比试验

3.1　桑蚕新品种验证试验

根据《桑树、桑蚕、柞蚕品种审定补充规定》《蚕品种国家审定验证试验组织管理办法》的规定，在全国农技推广服务中心的管理下，由中国农业科学院蚕业研究所牵头，组织开展了桑蚕新品种的验证试验（区试），区试网点于1999年、2000年对申报国家审定但未经过省级审定通过或未经过全国区试的品种进行实验室共同鉴定，其中春用品种、夏秋用品种各6对，分别形成年度验证试验结果报告（第十一号、第十二号）。

3.2　现行生产用桑蚕品种的通比试验

1999—2000年结合全国蚕种质量抽查，组织有关单位对全国现行生产用桑蚕品种原种繁育性能、一代杂交种性状进行了调查和实验室通比鉴定，其中调查的原种54个、杂交种（组合）28对，并对调查结果进行了分析，向农业部有关司（局、处）提交了"现行春用品种通比鉴定情况报告"，为部、省行业管理部门的决策提供依据。

中国农业科学院蚕业研究所蚕品种鉴定组<br>2001年3月7日

# 五、第二届国家农作物品审会蚕品种审定专委会

## （一）恢复成立蚕品种审定专业委员会

2001年全国农作物品种审定委员会蚕桑专业委员会完成最后一批蚕品种审定；2002年国家蚕品种鉴定试验网点完成最后一批蚕品种验证试验，但是品审会还未来得及审定。2002—2010年品审会停止了

蚕桑品种鉴定和审定。在中断 8 年后,2010 年 12 月 8 日国家农作物品种审定委员会发布"关于成立国家蚕品种审定专业委员会的通知"(国品审〔2010〕3 号文),恢复国家桑蚕品种试验和审定工作,全文如下。

各省、自治区、直辖市农业(农牧、农林、农垦)厅(局、委),新疆生产建设兵团农业局,中国农业科学院蚕业研究所、西南大学、湖南省蚕桑科学研究所、湖北省农业科学院经济作物研究所、辽宁省农业科学院蚕业科学研究所、中国丝绸工业总公司、山东省广通蚕种集团有限公司:

根据《蚕种管理办法》(农业部第 68 号令)第十一条的有关规定,经过委员候选人的推荐和遴选,国家农作物品种审定委员会决定成立国家蚕品种审定专业委员会,负责国家级蚕品种审定工作。国家蚕品种审定专业委员会由专业委员会主任、副主任和委员共 17 人组成,负责已完成品种试验蚕品种的初审工作,对蚕品种的资源保护和利用、选育、鉴定、繁育、推广和产业发展进行指导。国家蚕品种审定专业委员会办公室设在全国农业技术推广服务中心,负责本专业委员会的日常工作。

现将国家蚕品种审定专业委员会组成人员名单印发给你们,请各单位积极支持国家蚕品种审定专业委员会的工作,请各位委员认真履行职责,共同做好蚕品种审定工作,为我国蚕桑产业发展做出贡献。

附件:国家蚕品种审定专业委员会组成人员名单(表 1.25)

国家农作物品种审定委员会

2010 年 12 月 8 日

**表 1.25　国家蚕品种审定专业委员会组成人员名单**

(2010 年 12 月)

| 职务 | 姓名 | 单位 | 职称 |
|---|---|---|---|
| 主任 | 沈兴家 | 中国农业科学院蚕业研究所 | 研究员 |
| 副主任 | 鲁成 | 西南大学 | 教授 |
| 委员 | 封槐松 | 农业部种植业管理司 | 调研员 |
| | 朱洪顺 | 四川省蚕业管理总站 | 高级农艺师 |
| | 艾均文 | 湖南省蚕桑科学研究所 | 研究员 |
| | 房德文 | 山东省广通蚕种集团有限公司 | 高级农艺师 |
| | 谷铁城 | 全国农业技术推广服务中心 | 推广研究员 |
| | 胡兴明 | 湖北省农业科学院经济作物研究所 | 研究员 |
| | 李林山 | 广东省蚕业技术推广中心 | 高级农艺师 |
| | 廖梦虎 | 中国丝绸工业总公司 | 教授级高级工程师 |
| | 潘志新 | 广西壮族自治区蚕业技术推广总站 | 研究员 |
| | 蒲国俊 | 云南省农业厅种植业处 | 副调研员 |
| | 王淑芬 | 黑龙江省农委蚕蜂总站 | 研究员 |
| | 许明芬 | 江苏省蚕种管理所 | 高级农艺师 |
| | 张虹 | 安徽省农委蚕桑服务站 | 研究员 |
| | 周金钱 | 浙江省蚕种公司 | 高级农艺师 |
| | 朱有敏 | 辽宁省蚕业科学研究所 | 研究员 |

注:2002 年之前为"全国农作物品种审定委员会";2002 年后为"国家农作物品种审定委员会",第一届 2002 年 12 月 17 日成立,第二届 2007 年 8 月 28 日成立,第三届 2012 年 10 月 19 日成立。

## (二) 第三届第六次会议

2015 年 5 月 18 日国家农作物品种审定委员会办公室发布通知(国品审办〔2015〕135 号),决定召开第三届国家品审会第六次审定会议,对马铃薯、桑蚕品种进行初审。

会议内容:对已完成国家级主要农作物品种试验程序的马铃薯、蚕品种进行初审(表 1.26)。

会议时间:6 月 1 日报到,2—3 日开会。

会议地点：北京市永安宾馆（地址：朝阳区农展馆北路甲 5 号，电话：010 - 65011188）。

参加人员：国家农作物品种审定委马铃薯、蚕专业委员会委员。

表 1. 26　申报审定蚕品种目录

| 序号 | 品种名称 | 亲本组合 | 组别 | 试验年份 | 蚕期 |
|------|----------|----------|------|----------|------|
| 1 | 丝雨二号 | 0223·CB391×JN891·898W | A | 2011—2012 | 春 |
|  |  |  | A | 2010—2011 | 秋 |
| 2 | 川蚕 23 号 | 春蕾 827·丰一 827×湘晖·54 | A | 2011—2012 | 春 |
|  |  |  | A | 2010—2011 | 秋 |
| 3 | 桂蚕 2 号 | 932·8810×7532·8711 | B | 2010—2011 | 秋 |
| 4 | 粤蚕 6 号 | 丰 9·春 5×湘 A·研 7 | B | 2011—2012 | 秋 |

### （三）第三届第六次主任委员会会议

2015 年 8 月 18 日国家农作物品种审定委员会办公室发布"关于召开第三届国家品审会第六次主任委员会会议的通知"（国品审办〔2015〕138 号），定于 2015 年 8 月 21 日在北京农业部机关大楼召开第三届国家品审会第六次主任委员会会议。

参会人员：第三届国家品审会主任、副主任，办公室主任，各专委会主任。

会议内容：对第六次审定会议初审通过的品种、拟退出品种的初审意见、公示结果，以及初审未通过异议品种进行审核。

审议结果：富两优 236、佳禾 18、GK102、垦豆 43、中薯 20 号、丝雨二号等 145 个稻、玉米、棉花、大豆、马铃薯、蚕品种通过审定。其中，蚕品种 3 对：丝雨二号、桂蚕 2 号和粤蚕 6 号。

审定通过 145 个新品种，由农业部于 2015 年 9 月 6 日第 2296 号公告发布。

# 六、国家畜禽遗传资源委员会蚕专业委员会

### （一）国家畜禽遗传资源委员会设立蚕专业委员会

2019 年 2 月 13 日农业农村部办公厅发布"农业农村部办公厅关于调整国家畜禽遗传资源委员会组成人员与增补蚕专业委员会的通知"（农办种〔2019〕3 号），将桑蚕品种国家审定纳入国家畜禽遗传资源委员会管理，成立蚕专业委员会。专业委员会由 11 人组成。全文如下。

各省、自治区、直辖市农业农村（农牧）、畜牧兽医厅（局、委、办），新疆生产建设兵团农业局，黑龙江省农垦总局：

经党中央国务院批准，在本次机构改革中我部组建了种业管理司，承担农作物和畜禽种业管理职能。根据我部"三定"职责分工，以及《国家畜禽遗传资源委员会职责及组成人员产生办法（2019 年修订）》有关规定，对第三届国家畜禽遗传资源委员会组成人员进行调整，增补蚕专业委员会及组成人员，其他专业委员会组成人员不变。现将调整后的第三届国家畜禽遗传资源委员会、蚕专业委员会组成人员名单通知如下。

一、第三届国家畜禽遗传资源委员会

主　任：黄路生，中国科学院院士、江西农业大学党委书记

副主任：杨振海，全国畜牧总站站长

吴晓玲,农业农村部种业管理司副司长

王俊勋,农业农村部畜牧兽医局副局长

时建忠,全国畜牧总站党委书记、副站长

吴常信,中国科学院院士、中国农业大学教授

委　员：潘玉春,上海交通大学教授

陈瑶生,中山大学教授

杨　宁,中国农业大学教授

邹剑敏,中国农业科学院家禽研究所研究员

张胜利,中国农业大学教授

李俊雅,中国农业科学院北京畜牧兽医研究所研究员

李发弟,兰州大学教授

田可川,新疆维吾尔自治区畜牧科学院研究员

芒　来,内蒙古农业大学教授

姚新奎,新疆农业大学教授

石　巍,中国农业科学院蜜蜂研究所研究员

薛运波,吉林省养蜂科学研究所研究员

朱满兴,江苏省畜牧总站推广研究员

魏海军,中国农业科学院特产研究所研究员

沈兴家,中国农业科学院蚕业研究所研究员

鲁　成,西南大学教授

马志强,农业农村部种业管理司品种创新处处长

邹　奎,农业农村部种业管理司畜禽种业处处长

刘长春,全国畜牧总站畜禽资源处处长

办公室主任(兼)：时建忠

办公室副主任：马志强、邹　奎、刘长春

二、第三届国家畜禽遗传资源委员会蚕专业委员会

组　长：沈兴家,中国农业科学院蚕业研究所研究员

副组长：鲁成,西南大学教授

委　员：艾均文,湖南省蚕桑科学研究所研究员

董占鹏,云南省蚕蜂科学研究所研究员

房德文,山东省广通蚕种集团有限公司推广研究员

王永强,浙江省农业科学院蚕桑研究所研究员

黄德辉,安徽省蚕桑科学研究所研究员

李林山,广东省蚕业技术推广中心推广研究员

潘志新,广西壮族自治区蚕业技术推广总站研究员

周成伟,江苏省蚕种所推广研究员

朱有敏,辽宁省蚕业科学研究所研究员

中华人民共和国农业农村部办公厅

2019 年 2 月 13 日

### (二) 蚕专业委员会第一次会议

2019 年 12 月 5 日国家畜禽遗传资源委员会办公室在江苏省镇江市组织召开了国家蚕品种初审会议。农业农村部种业管理司品种创新处陶伟国副处长,国家畜禽遗传资源委办公室副主任刘长春处长、薛明主任科员,全国农业技术推广服务中心品种管理处张毅处长,蚕专业委员会组长沈兴家、副组长鲁成,蚕专业委员会委员潘志新、李林山、朱有敏、周成伟、王永强、董占鹏、艾均文、黄德辉和房德文,国家蚕品种试验主持单位——农业农村部蚕桑产业产品质量监督检验测试中心(镇江)副主任陈涛、秘书姚晓慧等参加会议。2013 年以来完成国家蚕品种试验的 16 对蚕品种(杂交组合)申报这次初审。

会上,刘长春处长提出了畜禽品种审定的要求和注意事项,沈兴家组长和鲁成副组长主持品种初审。委员们认真查阅、分析了试验主持单位提交的《2013—2018 年完成试验程序蚕品种成绩汇总表》《第二批国家蚕品种试验总结(2013—2015 年)》《第三批国家蚕品种试验总结(2015—2016 年)》《第四批国家蚕品种试验总结(2017—2018 年)》等材料,对照《蚕品种审定指南》(农办种〔2019〕19 号)规定的审定指标,对 16 对蚕品种进行了认真审议,采用无记名投票方式表决,并实行回避制度。按照赞成票达到参会委员人数 2/3 为初审通过的要求,初审结果如下。

11 对品种通过初审:苏秀×春丰、苏荣×锡玉、鲁菁×华阳、粤蚕 8 号、华康 2 号、芳·绣×白·春、锦·绣×潇·湘、锦·苑×绫·州、华康 3 号、川山×蜀水、韶·辉×旭·东。

2 对品种缓审:广食 1 号(庆丰×正广)、云蚕 11 号。

3 对品种未通过审定:润众×润晶、渝蚕 1 号、云夏 3×云夏 4。

初审结果及蚕品种资料报送国家畜禽遗传资源委,由国家畜禽遗传资源委员会专门会议进行审定。

### (三) 国家畜禽遗传资源委员会专门会议

2020 年 9 月 21 日国家畜禽遗传资源委员会办公室发布"关于召开国家畜禽遗传资源委员会专门会议的通知"(畜资委办〔2020〕6 号),9 月 28—30 日在飞天大厦(地址:北京市东城区东二环广渠门外南街 5 号)召开第三届国家畜禽遗传资源委员会第四次工作会议。

参加人员:第三届国家畜禽遗传资源委员会全体委员,农业农村部种业司有关负责人,国家畜禽遗传资源委员会办公室人员(表 1.27)。

主要内容:①对新发现的畜禽遗传资源和新培育的畜禽品种(配套系)进行鉴定、审定;②讨论修订《国家畜禽遗传资源品种名录》。

申请审定品种:畜禽新品种(配套系)14 个、资源 5 个;蚕新品种 11 个(表 1.28)。

**表 1.27　第三届国家畜禽遗传资源委员会第三次会议委员名单**

| 姓名 | 职务/职称 | 性别 | 单　　位 | 国家畜禽遗传资源委员会职务 |
|---|---|---|---|---|
| 黄路生 | 院　士 | 男 | 江西农业大学 | 委员会主任 |
| 王宗礼 | 站　长 | 男 | 全国畜牧总站 | 委员会副主任 |
| 孙好勤 | 副司长 | 男 | 农业农村部种业管理司 | 委员会副主任 |
| 王俊勋 | 副局长 | 男 | 农业农村部畜牧兽医局 | 委员会副主任 |
| 时建忠 | 副站长 | 男 | 全国畜牧总站 | 委员会副主任、办公室主任 |
| 吴常信 | 院　士 | 男 | 中国农业大学 | 委员会副主任 |
| 潘玉春 | 教　授 | 男 | 浙江大学 | 委员会委员、猪专委会组长 |
| 陈瑶生 | 教　授 | 男 | 中山大学 | 委员会委员、猪专委会副组长 |
| 杨　宁 | 教　授 | 男 | 中国农业大学 | 委员会委员、家禽专委会组长 |

| 姓名 | 职务/职称 | 性别 | 单　　位 | 国家畜禽遗传资源委员会职务 |
| --- | --- | --- | --- | --- |
| 邹剑敏 | 研究员 | 男 | 中国农业科学院家禽研究所 | 委员会委员、家禽专委会副组长 |
| 张胜利 | 教授 | 男 | 中国农业大学 | 委员会委员、牛专委会组长 |
| 李俊雅 | 研究员 | 男 | 中国农业科学院北京畜牧研究所 | 委员会委员、牛专委会副组长 |
| 李发弟 | 教授 | 男 | 兰州大学 | 委员会委员、羊专委会组长 |
| 田可川 | 研究员 | 男 | 新疆畜牧科学院畜牧研究所 | 委员会委员、羊专委会副组长 |
| 芒　来 | 教授 | 男 | 内蒙古农业大学 | 委员会委员、马驴驼专委会组长 |
| 姚新奎 | 教授 | 男 | 新疆农业大学 | 委员会委员、马驴驼专委会副组长 |
| 石　巍 | 研究员 | 女 | 中国农业科学院蜜蜂研究所 | 委员会委员、蜜蜂专委会组长 |
| 薛运波 | 研究员 | 男 | 吉林省养蜂科学研究所 | 委员会委员、蜜蜂专委会副组长 |
| 沈兴家 | 研究员 | 男 | 中国农业科学院蚕业研究所 | 委员会委员、蚕专委会组长 |
| 鲁　成 | 教授 | 男 | 西南大学 | 委员会委员、蚕专委会副组长 |
| 朱满兴 | 推广研究员 | 男 | 江苏省畜牧总站 | 委员会委员、其他畜禽专委会组长 |
| 魏海军 | 研究员 | 男 | 中国农业科学院特产研究所 | 委员会委员、其他畜禽专委会副组长 |
| 储玉军 | 处长 | 男 | 农业农村部种业管理司品种创新处 | 委员会委员、办公室副主任 |
| 邹　奎 | 处长 | 男 | 农业农村部种业管理司畜禽种业处 | 委员会委员、办公室副主任 |
| 于福清 | 处长 | 男 | 全国畜牧总站畜禽资源处 | 委员会委员、办公室副主任 |

表1.28　拟审(鉴)定的畜禽新品种配套系和遗传资源名单(蚕)

| 序号 | 名　　称 | 类型 | 申请单位 |
| --- | --- | --- | --- |
| 1 | 华康2号 | A＋B组夏秋 | 中国农业科学院蚕业研究所等 |
| 2 | 华康3号 | A组春秋兼 | 中国农业科学院蚕业研究所等 |
| 3 | 粤蚕8号 | B组夏秋 | 广东省农业科学院蚕业研究所 |
| 4 | 川优1号(川山×蜀水) | A组秋 | 四川省南充蚕种场 |
| 5 | 川蚕27号(芳·绣×白·春) | A组春秋兼 | 四川省农业科学院蚕业研究所 |
| 6 | 锦苑3号(锦·苑×绫·州) | A＋B组夏秋 | 四川省阆中蚕种场 |
| 7 | 鲁菁1号(鲁菁×华阳) | A组春 | 山东广通蚕种有限公司 |
| 8 | 苏玉1号(苏荣×锡玉) | A组春 | 江苏省无锡市西漳蚕种场 |
| 9 | 锦绣1号(锦·绣×潇·湘) | A组秋 | 湖南省蚕桑科学研究所等 |
| 10 | 锦绣2号(韶·辉×旭·东) | B组夏秋 | 湖南省蚕桑科学研究所等 |
| 11 | 苏秀春丰(苏秀×春丰) | A组春秋兼 | 苏州大学 |

审定结果：湘沙猪等25个畜禽、蚕新品种及配套系审定通过；玉树牦牛等5个畜禽遗传资源，鉴定通过。2020年12月31日农业农村部公告第381号公布。

# 第三节
# 审定标准

## 一、桑蚕品种国家审定标准及其修订

### (一) 1980 年版《桑蚕品种国家审定条例》的审定指标

品种审定原则：以与对照品种的成绩比较为主要依据，主要经济性状优于对照品种，其中解舒率、净度、纤度与生丝纤度偏差应符合规定标准。

解舒率：春用和中秋用品种应不低于 75%、早秋用品种应不低于 70%。

净度：春用品种不低于 94 分、夏秋用品种不低于 93 分。

纤度：2.3~3.0D。

生丝纤度偏差：不大于 1.1D。

### (二) 1987 年修订后的《桑蚕品种国家审定标准》

经过 6 年的实践，1987 年对《桑蚕品种国家审定标准》做了修改，在《桑蚕品种国家审定条例》规定的基础上增加了参考指标：春用品种茧层率 24.5% 以上、鲜毛茧出丝率 19% 以上、茧丝长 1 350 米以上，解舒丝长超过对照品种；夏秋用品种茧层率 21% 以上、鲜毛茧出丝率 15.5% 以上、茧丝长 1 000 米以上，解舒丝长超过对照品种。无论是春用品种还是夏秋用品种，4 龄起蚕虫蛹率、万头蚕收茧量、5 龄 50 千克桑产茧量应不低于对照品种的 98%。

1989 年又将春用品种的解舒率指标改为：原则上应达到 75% 以上，如遇不良气候解舒率偏低时可依不低于对照品种的 95% 为标准加以衡量。

### (三) 1989 年版《全国农作物品种审定标准(试行)》

1989 年 12 月 26 日农业部颁布《全国农作物品种审定标准(试行)》，包括桑树、桑蚕品种审定标准。相关内容摘录如下。

11.2 桑蚕品种审定标准

11.2.1　主要标准

11.2.1.1　净度：春用品种不低于93分，夏秋用品种不低于92分。

11.2.1.2　茧丝纤度：春用品种为2.7～3.1D，夏秋用品种为2.3～2.7D。

11.2.1.3　解舒率：春用品种原则上应达到75％以上，如遇不良气候解舒率偏低时可依不低于对照品种的95％为标准加以衡量；夏秋用品种应不低于70％。

11.2.2　辅助标准

11.2.2.1　春期：茧层率24.5％以上，出丝率19％以上，茧丝长1350米以上，解舒丝长超过对照。

11.2.2.2　早秋期：茧层率21％以上，出丝率15.5％以上，茧丝长1000米以上，解舒丝长超过对照；无论是春用品种或夏秋品种，4龄起蚕虫蛹统一生命率、万头产茧量、担桑产茧量应不低于对照品种的98％，茧丝纤度综合均方差：春期少于0.65D，早秋期少于0.50D。

11.2.3　对照品种

11.2.3.1　春期：华合×东肥。

11.2.3.2　夏秋期：东34×苏12。

### （四）1994年修订的《桑蚕品种国家审定标准》

第二届全国农作物品种审定委员会蚕桑专业委员会第三次会议于1994年3月17—20日在广州召开，会议复议并通过了二届二次会议（1993.03.7—8南京）拟定的《桑蚕品种国家审定标准》（表1.29）。

表1.29　桑蚕品种国家审定标准

| 标准 | 项目 | 春用品种 | 夏秋用品种 |
| --- | --- | --- | --- |
| 主要标准 | 净度 | 不低于93分，珠江流域蚕区春秋用品种不低于92分 | 不低于92分，珠江流域蚕区夏秋用品种不低于90分 |
| | 茧丝纤度 | 2.7～3.1D(3.0～3.4 dtex) | 2.3～2.7D(2.5～3.0 dtex) |
| | 解舒 | 解舒率75％以上或解舒丝长1000米以上 | 解舒率70％以上或解舒丝长700米以上 |
| 辅助标准 | 茧层率 | 24.5％以上 | 21％以上 |
| | 出丝率 | 19％以上 | 15.5％以上 |
| | 茧丝长 | 1350米以上 | 1000米以上 |
| | 虫蛹率 | 不低于对照品种的98％ | 不低于对照品种的98％ |
| | 万头收茧量 | 不低于对照品种的98％ | 不低于对照品种的98％ |
| | 50千克桑产茧量 | 不低于对照品种的98％ | 不低于对照品种的98％ |
| | 茧丝纤度综合均方差 | 小于0.65D(0.72 dtex) | 小于0.50D(0.56 dtex) |

审定原则：以与对照品种的成绩比较为主要依据，主要经济性状优于对照品种，其中解舒率、净度、茧丝纤度应符合规定标准。

### （五）《桑树、桑蚕、柞蚕品种审定补充规定》

1. 申报条件

凡具备下列条件之一的蚕、桑品种，可向全国农作物品种审定委员会申报审定。

1.1　主要遗传性状稳定，有选育单位2次以上相同蚕期实验室鉴定成绩、一期以上跨省（区）多点实验室共同鉴定成绩和一期以上农村试养（种）成绩，主要经济性状优于对照、符合审定标准的品种。

多点实验室共同鉴定，可由区域协作组织或由省级主管部门组织或由选育单位自行组织进行，点数应不少于4个单位。

1.2 1996 年前经 1 个以上省级农作物品种审定委员会审（认）定通过,已经跨省推广使用的品种。

1.3 主要遗传性状稳定,由选育单位 2 次以上相同蚕期实验室鉴定成绩,表现出明显特征或具有特殊用途,经专业委员会认可的 3 个以上单位进行性状鉴定,已有应用实例证明可在生产上推广应用的特用品种。

**2. 申报材料**

申报材料应按《全国农作物品种审定办法》的要求报送,其中:

2.1 符合申报条件 1.1 的品种,其跨省（区）多点实验室共同鉴定成绩,应由协作组织主持单位主管部门或省级主管部门（含省级品审会）签署意见并盖章;农村试（种）养成绩,应有试养单位证明并经县级主管部门签署意见并加盖公章。

2.2 符合申报条件 1.2 的品种,需由跨省推广使用省（区）省级主管部门出具的应用证明。

2.3 申报条件 1.3 的品种,需具有专业委员会认可单位出具的性状鉴定报告和用户证明。

**3. 申报程序**

向全国农作物品种审定委员会办公室报送材料。专业委员会接到品审办提交的材料后,依据申报条件作不同处理。

3.1 申报条件 1.1 的品种,将由专业委员会安排验证试验,提交验证报告。

3.2 申报条件 1.2 的品种,专业委员会将视需要和可能,组织委员、专家进行实地考察、了解,提交考察报告。

3.3 申报条件 1.3 的品种,申报单位应邀请 3 位国家（全国）审定委员（专家）连同相关专家赴现场进行实物测试,提交测试报告。

**4. 试验管理**

全国农业技术推广服务中心负责组织管理验证试验,制定试验管理办法。

### （六）2014 年版《桑蚕品种国家审定标准》

2010 年恢复蚕品种试验后,全国农业技术推广服务中心和蚕专业委员会再次组织对蚕品种审定标准进行了修订,2014 年 8 月国家农作物品种审定委员会发布《关于印发主要农作物品种审定标准的通知》（国品审〔2014〕2 号）,其中包含"桑蚕品种审定标准"（表 1.30）。

2014 年版《桑蚕品种国家审定标准》与以往有很大的不同,一是增加了生产鉴定指标;二是实验室试验增加了 4 龄起蚕虫蛹率指标,对新品种的强健性提出更高的要求。

表 1.30 2014 年版《桑蚕品种国家审定标准》

| 类别 | 序号 | 鉴定项目 | 春期品种 | 秋期品种 |
|------|------|----------|----------|----------|
| 实验室鉴定 | 1 | 4 龄起蚕虫蛹率 | ≥对照品种 | ≥对照品种 |
| | 2 | 万蚕产量 | ≥对照品种 | ≥对照品种 |
| | 3 | 净度 | 华南蚕区≥92.0 分,其他蚕区≥94.0 分 | 华南蚕区≥91.0 分,其他蚕区≥93.0 分 |
| | 4 | 解舒率 | 华南蚕区≥70.0%,其他蚕区≥75%;或高于对照品种 | 华南蚕区≥65.0%,其他蚕区≥70%;或高于对照品种 |
| | 5 | 鲜毛茧出丝率 | ≥对照品种 | ≥对照品种 |
| | 6 | 茧层率 | 华南蚕区22.5%,其他蚕区≥24.0%;或≥对照品种 | ≥21.0%,或≥对照品种 |
| | 7 | 茧丝长 | 华南蚕区≥1000 米,其他蚕区≥1300 米;或>对照品种 | 华南蚕区≥900 米,其他蚕区≥1 000 米;或>对照品种 |
| 生产鉴定 | 8 | 盒种产茧量 | ≥对照品种 | ≥对照品种 |
| | 9 | 健蛹率 | ≥对照品种 | ≥对照品种 |

### （七）2019 年版《桑蚕品种国家审定标准》

2019 年 10 月 31 日"农业农村部办公厅关于进一步规范国家级蚕品种审定工作的通知"（农办种〔2019〕19 号），发布了《蚕品种审定指南》《国家级蚕品种命名规则》。

**附件 1　蚕品种审定指南**

1　范围

本指南规定了蚕品种审定的术语与定义、内容与依据、审定指标和评判规则等。

本标准适用于桑蚕、柞蚕品种审定。

2　术语和定义

2.1　实验（室）鉴定

在实验（室）条件下，对试验蚕品种的性状进行调查或检验。

2.2　生产鉴定

在生产条件下，对试验蚕品种的性状、蚕茧产量和质量进行调查或检验。

2.3　华南蚕区

海南省、广东省、广西壮族自治区、福建省和湖南省南部、江西省南部等蚕茧生产区域。

2.4　春用蚕品种

适宜于春季气候及相似条件饲养的桑蚕品种。

2.5　夏秋用蚕品种

适宜于夏秋季气候条件饲养的桑蚕品种。

2.6　二化一放

二化性柞蚕品种一年放养 1 次。

2.7　二化二放

二化性柞蚕品种一年放养 2 次。

3　审定内容与依据

3.1　审定内容

蚕品种的遗传稳定性、特征特性、饲养性能、强健性、蚕茧产量、茧丝质量以及繁育性能等。

3.2　审定依据

蚕品种实验室鉴定结果、生产鉴定结果。

4　审定指标

4.1　桑蚕品种

4.1.1　实验室鉴定指标

4.1.1.1　春期品种

4 龄起蚕虫蛹率≥对照品种。

万蚕产茧量≥对照品种。

净度：华南蚕区≥92.0 分，其他蚕区≥94.0 分。

解舒率：华南蚕区≥70.0%，其他蚕区≥75.0%；或高于对照品种。

鲜毛茧出丝率≥对照品种。

茧层率：华南蚕区≥22.5%，其他蚕区≥24.0%；或≥对照品种。

茧丝长:华南蚕区≥1000米,其他蚕区≥1300米;或>对照品种。

4.1.1.2　秋期品种

4龄起蚕虫蛹率≥对照品种。

万蚕产茧量≥对照品种。

净度:华南蚕区≥91.0分,其他蚕区≥93.0分。

解舒率:华南蚕区≥65.0%,其他蚕区≥70%;或>对照品种。

鲜毛茧出丝率≥对照品种。

茧层率≥21.0%,或≥对照品种。

茧丝长:华南蚕区≥900米,其他蚕区≥1000米;或>对照品种。

若4龄起蚕虫蛹率比对照品种高3.0个百分点,或鲜毛茧出丝率比对照品种提高1.0个以上百分点,或万蚕产茧量提高10%以上,则允许4龄起蚕虫蛹率以外的一项指标不低于上述规定指标的90%。

4.1.2　生产鉴定指标

参照NY/T 1732—2009《桑蚕品种生产鉴定方法》,每盒杂交种(25000粒±500粒良卵)产茧量、健蛹率指标优于对照品种。

4.2　柞蚕品种

4.2.1　实验鉴定指标

柞蚕品种实验鉴定指标应有5项以上(含5项)指标达到规定要求,其中实用孵化率和虫蛹统一生命率为强制性指标;或1~2项主要经济性状指标高于规定指标20%以上。

4.2.1.1　一化性品种

一化地区用种:实用孵化率>85.0%,虫蛹统一生命率>85.0%,单蛾产良卵数≥190.0粒,千粒茧重≥6.5千克,茧层率≥9.0%,鲜茧出丝率≥6.0%,收蚁结茧率、千克卵收茧量均不低于对照品种。

二化地区用种:实用孵化率>85.0%,虫蛹统一生命率>85.0%,单蛾产良卵数≥200.0粒,千粒茧重≥7.5千克,茧层率≥10.0%,鲜茧出丝率≥6.0%,收蚁结茧率、千克卵收茧量均不低于对照品种。

4.2.1.2　二化性品种

二化二放用种(秋季):实用孵化率>90.0%,虫蛹统一生命率>92.0%,单蛾产良卵数≥200.0粒,千粒茧重≥8.0千克,茧层率≥10.0%,鲜茧出丝率≥6.0%,收蚁结茧率、千克卵收茧量均不低于对照品种。

二化一放用种:实用孵化率>80.0%,虫蛹统一生命率>85.0%,单蛾产良卵数≥240.0粒,千粒茧重≥8.5千克,茧层率≥9.0%,鲜茧出丝率≥6.0%,收蚁结茧率、千克卵收茧量均不低于对照品种。

4.2.2　生产鉴定指标

实用孵化率、虫蛹统一生命率、千克卵收茧量3项指标中,至少有2项优于当地生产用主推品种。

5　其他

5.1　根据蚕产业、育种、种业发展变化等实际情况,国家畜禽遗传资源委员会可适时对本指南进行修订。

5.2　本指南由国家畜禽遗传资源委员会负责解释。

5.3　本指南自公布之日起实施。

### 附件2 国家级蚕品种命名规则

第一条 为了规范国家级蚕品种的命名,维护申请人合法权益,制定本规则。

第二条 新培育的国家级蚕品种的命名,适用本规则。

第三条 国家畜禽遗传资源委员会负责国家级蚕品种命名的管理工作。

第四条 申请人依据本规则可提出国家级蚕品种的名称。一个蚕品种只能使用一个名称。

第五条 命名应使用汉字,或者汉字加字母、数字及其组合。数字应使用阿拉伯数字,字母应使用拉丁字母。

第六条 有下列情形之一的,不得用于新品种命名。

(1)违反国家法律法规、社会公德或者带有歧视性的。

(2)同政府间国际组织或者其他国际国内知名组织及标识名称相同或者近似的。

(3)容易引起对国家级蚕品种的特征特性等误解的。

(4)使用已有蚕品种名称或者已注册商标名称命名的。

(5)名称含有比较级、最高级词语或者类似修饰性词语,夸大宣传的。

(6)国家级蚕品种使用县级以上(含县级)行政区划的地名或者公众知晓的山川、河流、湖泊等名称的,以及使用申请人名称的。地名简称和培育单位简称除外。

第七条 国家级蚕品种的中文名称的英译名,品种名称和体型外貌特征描述部分用英文表述,其余部分用汉语拼音拼写。

第八条 本规则由国家畜禽遗传资源委员会负责解释。

第九条 本规则自公布之日起施行。

## 二、桑树品种国家审定标准

### (一)农牧渔业部关于印发《全国桑树品种审定条例》(试行草案)的通知

1982年10月18日农牧渔业部"关于印发《全国桑树品种审定条例》(试行草案)的通知"[(82)农(农)字第94号],开启桑树品种国家审定。全文如下。

各产茧省(自治区、直辖市)农(林)业厅(局)、四川省蚕丝公司,广东省丝绸公司、山东省丝绸公司、黑龙江省供销社、内蒙古自治区轻工业厅、中国农业科学院蚕业研究所:

为了加强桑树品种的管理,加速桑树优良品种的培育与推广,实现良种布局区域化,不断提高蚕茧的产量和质量,现决定从今年起正式开展全国桑树品种审定工作。为了减少组织机构,加强统一领导,现将原"桑蚕品种审定委员会"改名为"全国桑·蚕品种审定委员会",负责管理桑树和蚕品种的审定工作。关于委员会成员可做适当调整。由于我国桑树品种资源丰富,分布区域辽阔,各地生态环境不一,栽培技术不同,因此全国分设9个鉴定点。经与有关省商定,由中国农业科学院蚕业研究所、四川省三台县蚕桑站、浙江省蚕业研究所、江苏省海安县蚕种场、广东省蚕业研究所、山东省滕县桑苗圃、湖北省黄冈农校、陕西省蚕业研究所、吉林省蚕业研究所等单位共同承担全国桑树品种鉴定任务。现将《全国桑树品种审定条例》(试行草案)、《桑树品种鉴定工作细则》(试行草案)印发给你们,请研究试行。请在试行中及时把问题和修改意见函告全国桑·蚕品种审定委员会。

附件　1.《全国桑树品种审定条例》(试行草案)
　　　2.《桑树品种鉴定工作细则》(试行草案)

中华人民共和国农牧渔业部
1982 年 10 月 18 日

**(二) 桑树品种审定标准**

1989 年 12 月 26 日农业部颁布《全国农作物品种审定标准(试行)》,其中包括桑树品种审定标准。内容如下。

对桑树品种的审定项目,主要是高产、优质、抗性强三方面,如果其中一项达到标准,另两项与对照相仿,为审定通过的品种。

1. 产叶量:产叶量鉴定要求从栽植第三年开始进行调查,连续三年的平均每年亩产叶量高于对照种(全国指定的区域性对照种,下同),经生物统计达显著水平或产叶量超过对照种 5% 及以上。

2. 叶质:经两年养蚕饲料鉴定,其万头茧层量和 5 龄每 100 千克叶产茧量均超过对照种 5%(春、秋各两季平均数)。

3. 抗性:因地区性主要病害不同。

3.1　长江、黄河流域鉴定区主要是对黄化型萎缩病和黑枯型细菌病的抵抗力,要求黄化型萎缩病发病率比对照种低 30% 以上(百分率指数比较,下同),黑枯型细菌病其枝条实际发病率在 5% 以下。

3.2　珠江流域鉴定区,主要是对青枯病的抵抗力,要求比对照种低 30% 以上。

3.3　东北鉴定区,主要是指冻害和黑枯型细菌病的抵抗力,其枝条冻害率低于 25% 或与对照种相仿(±4%);黑枯型细菌病要求其发病率低于对照种 20% 以上。

# 三、蚕桑品种认定条件

**(一) 全国农作物品种审定委员会"关于申报全国审定品种有关事项的通知"**

1990 年 2 月 1 日全国农作物品种审定委员会发文"关于申报全国审定品种有关事项的通知"〔(1990)农(品审)字第 2 号〕,提出生产上使用农作物品种的认定,全文如下。

各省、自治区、直辖市品审会、农科院(所)、农业院(校):

全国农作物品种审定委员会于 1989 年换届,第二届全国品种会已正式成立,并审定了一批品种。为了搞好国家级品种审定工作,使品种审定正常化,现将申报全国品审会审定品种的有关事项通知如下。

1. 关于受理申请审定的品种问题

《全国农作物品种审定办法》(以下简称《办法》)已由农业部正式颁布试行,今后凡申报审定的品种,一律按该《办法》办理。请各省(自治区、直辖市)抓紧时间整理材料申报。

2. 关于认定品种问题

由于其他原因,我会多年未曾受理申请审定品种,因此 1990 年拟清理积压的品种。凡未参加国家区域试验和生产试验的品种,只要具备以下条件之一者,可以申报认定。

(1) 经过一个省级品审会审(认)定通过,而所跨省(自治区、直辖市)推广面积占该品种推广总面积 10% 者。

（2）两个以上省（自治区、直辖市）推广，有两个省推广面积各占推广总面积10%者。

以上两项，品种推广总面积以1986年全国种子总站统计面积为准。各作物品种面积（最低要求）如下：100万亩（6.67万hm²）：稻、麦、玉米等作物品种；50万亩（3.33万hm²）：棉花、大豆、花生、油菜、甘薯等作物品种；30万亩（2万hm²）：马铃薯、谷子、高粱等作物品种；20万亩（1.33万hm²）：糖料、黄红麻、芝麻等作物品种；0.5万亩（333.3hm²）：蔬菜及其他作物品种。

3. 关于申报审（认）定品种材料的问题

凡申报审（认）定的品种材料，要求真实、准确。申请书要认真填写（钢、毛笔），字迹工整清楚，16开纸张大小一致，装订成册。每个品种材料打印40份。

4. 关于审定费问题

凡申请审定的品种，需交纳审定咨询费，每个品种交纳300元。

5. 关于申报时间问题

申报审（认）定截止时间已近，较紧迫。为了将申报材料整理好，今年临时将申报审（认）定截止时间改为4月30日，以后按《办法》办理。请各单位抓紧时间申报。

全国农作物品种审定委员会

1990年2月1日

### （二）全国农作物品种审定委员会"关于桑树、家蚕、柞蚕品种申报认定的通知"

各省（自治区、直辖市）农（林、牧）业厅（局）院（校），江苏、广东、山东省丝绸公司，内蒙古自治区轻工业厅：

全国品审会桑蚕专业委员会于1995年3月7—8日在南京举行了二届二次会议，会上对桑树、家蚕、柞蚕品种的认定问题做了进一步研究，并根据有关条例规定和本委员会二届一次会议纪要精神，将有关事项通知如下。

1. 桑树、家蚕、柞蚕品种认定的标准

80年代以来至今还在生产上使用、具有与当地对照品种两年以上的比较试验数据，综合经济性状优良的桑树、家蚕、柞蚕品种，并具备下列标准之一者，可予认定。

（1）两个以上省（自治区、直辖市）审（认）定通过。

（2）通过一个省（自治区、直辖市）品审会审（认）定。跨省（自治区、直辖市）使用，且所跨省（自治区、直辖市）的面积占该品种总面积的10%以上。

（3）虽未通过省级审定，但在两个以上省（自治区、直辖市）推广，其中有两个省（自治区、直辖市）的使用面积分别占该品种使用面积的50%和10%以上。例：某桑树品种在江苏、安徽、浙江、山东等省共种植5 500亩（366.7hm²），其中江苏省推广3 300亩（220hm²）、占推广总面积的60%，浙江省推广550亩（36.7hm²）、占推广总面积的10%。

以上各条不能低于：桑树品种5 000亩（333.3hm²），家蚕品种10 000张，柞蚕品种产茧5 000担（250吨）。

2. 申报材料

（1）申报书（见附件）一式42份（其中至少一份原件）。

（2）品种育成报告和鉴定成绩（5份）。

（3）申报品种的面积（张、担）（5份，必须是地区以上生产管理部门的证明）。

（4）彩色照片（5份）。

（5）省级农作物品种审定委员会审定通过的品种合格证书复印件（5份）。

（6）认定费 300 元(寄农业部全国品审办)。

3. 申报程序

凡申报认定的品种,申报者必须按以下程序办理。

（1）育种者提出申请,填写申报书。申报者所在单位需审核盖章。

（2）申报书的区试主持单位意见一栏,由主持单位签章。

（3）省级农作物品种审定委员会意见栏由申报单位所在省(自治区、直辖市)农作物品种审定委员会签署同意上报的意见并盖章。

（4）其他栏目均由育种者和所在单位认真填写。

4. 申报截止日期:1993 年 10 月 30 日

以上材料寄农业部全国农作物品种审定委员会办公室(北京农展馆南里 11 号,邮编 100026),同时寄一份给中国农业科学院蚕业研究所(江苏镇江四摆渡,邮编 212018)。

附件:农作物品种审定申请书(样本)

全国农作物品种审定委员会

1993 年 4 月 22 日

### （三）桑蚕专委会"关于申报桑树、桑蚕、柞蚕品种审(认)定的通知"

1993 年 9 月 20 日全国桑蚕品种审定专业委员会"关于申报桑树、桑蚕、柞蚕品种审(认)定的通知"[(93)桑蚕(审)字第 5 号],全文如下。

各省(自治区、直辖市)农(林)业厅(局),四川、江苏、广东、山东省丝绸公司,黑龙江省纺织工业公司,内蒙古自治区轻工业厅:

全国农作物品种审定委员会桑蚕专业委员会二届一次会议(1990.12,福建漳州)和二届二次会议(1993.3,江苏南京),均对桑树、桑蚕、柞蚕品种认定问题进行了研究,作出有关规定。其内容已载入由全国农作物品种审定委员会转发的两份纪要。

**二届一次会议纪要【1991.05.08,农业(品审)字第 3 号】之(三)关于品种认定问题:**

根据全国农作物品种审定委员会"关于申报全国审定品种有关事项的通知"[(1990 农(品审)字第 2 号]中关于认定品种问题的条款精神,决定争取在 1991—1992 年期间进行并完成桑树、桑蚕、柞蚕品种的认定工作。

认定品种范围:1980—1990 年即 80 年代使用的优良品种。

80 年代使用,具有与当地当时对照品种两年以上品种比较鉴定试验的数据资料,综合经济性状表现优良并且现在还继续使用的品种,具备以下条件之一者可以申报认定。

（1）经过一个省级品审会审(认)定通过,而所跨省推广面积占该品种推广总面积 10%者。

（2）两个以上省推广,有两个省推广面积各占推广总面积 10%者。

（3）在一个省内推广面积达到适宜蚕期饲养量的 30%以上者。

推广数量:当年桑树品种 5 000 亩以上,桑蚕品种 10 000 张以上,柞蚕品种产茧 5 000 担以上。

**二届二次会议纪要【1993.04.24.(1993)农(品审)字第 5 号】之(二)关于品种认定:**

根据全国品审会《关于申报全国审定品种有关事项的通知》[1990 农(品审)字第 2 号]的精神和二届一次会议确定的申报条件,将于 1993 年受理并完成桑树、桑蚕、柞蚕品种的认定工作(通知另发)。

凡符合上述条件,而又未经过全国品审会审定通过的桑树、桑蚕、柞蚕品种,各地可组织申报认定,经审议通过"认定"为国家级品种。

申报手续：填写"农作物品种审定申报书"（附后）一式六份，其中至少一份为原件，其余可为复印件，五份寄全国品审会办公室，同时汇款300元，一份寄本专业委员会。

截止日期：1993年10月底（因为年底前专业委员会将开会进行审议）

全国农作物品种审定委员会办公室：邮政编码100026，北京农展馆南里11号

全国农作物品种审定委员会桑蚕专业委员会：邮政编码212018，江苏省镇江市中国农业科学院蚕业研究所内

附：农作物品种审定申请书（略）

全国品审会桑蚕专业委员会

1993年9月20日

# 第二章

# 试验组织与方法

　　本章介绍了蚕品种国家鉴定试验的布局、组织和试验方法,以及历年鉴定试验承担单位和主要人员;桑品种国家鉴定试验的布局、试验方法和历年鉴定试验承担单位和主要人员。其中,蚕品种鉴定分为3个阶段:1980—1989年受全国桑蚕品种审定委员会直接领导,鉴定试验由中国农业科学院蚕业研究所(简称中蚕所)主持,只设实验室鉴定;1990—2002年受全国农作物品种审定委员会直接领导,试验由全国农业技术推广服务中心(简称全国农技中心)组织,中蚕所主持,只设实验室鉴定;2010—2020年受国家农作物品种审定委员会(2010—2018年)、国家畜禽遗传资源委员会(2019—　　)直接领导,试验由全国农技中心组织,中蚕所主持,设实验室鉴定和生产鉴定。桑品种鉴定分2批:1983—1988年第一批;1989—1994年第二批。之后,虽然国家桑品种鉴定停止,但仍有审定和认定。

# 第一节
# 蚕品种试验组织与布局

## 一、1980—1989 年蚕品种鉴定试验

### (一) 试验组织与网点布局

1980 年 3 月下旬农业部经济作物局与科技局邀请有关单位代表在镇江中国农业科学院蚕业研究所召开了全国桑蚕品种审定工作会议。会后,农业部以(80)农业(经)字第 9 号文发布了《桑蚕品种国家审定条例》(试行草案)和《桑蚕品种国家审定工作细则》(草案),成立了全国桑蚕品种审定委员会,组织开展国家级桑蚕品种鉴定审定工作。

中国农业科学院蚕业研究所作为全国桑蚕品种审定委员会的挂靠单位,负责办理审定委员会的日常工作,主持全国桑蚕品种鉴定试验,承担饲养试验任务,负责鉴定试验成绩的汇总分析。

根据当时全国主产省(区)蚕茧生产规模,1980 年全国桑蚕品种审定工作会议决定在江苏、四川、浙江、广东、山东、湖北、安徽、陕西 8 个省建立桑蚕品种国家鉴定试验点,组成试验网。试验任务承担单位如下。

#### 1. 饲养鉴定试验承担单位

中国农业科学院蚕业研究所、四川省农业科学院蚕业研究所、浙江省农业科学院蚕桑研究所、广东省农业科学院蚕业研究所、山东省蚕业研究所、湖北省农业科学院蚕业研究所、安徽农学院蚕桑系、陕西省蚕桑研究所(表 2.1)。

表 2.1　1980—1989 年全国蚕品种饲养鉴定承担单位与人员名单

| 单位名称 | 年　份 | | | | | | | | | | |
|---|---|---|---|---|---|---|---|---|---|---|---|
| | 1980 | 1981 | 1982 | 1983 | 1984 | 1985 | 1986 | 1987 | 1988 | 1989 | 1990 |
| 中国农业科学院蚕业研究所 | 李奕仁<br>缪梅如<br>程荷棣 | 李奕仁<br>缪梅如<br>程荷棣 | 李奕仁<br>缪梅如<br>程荷棣 | 缪梅如<br>程荷棣 | 缪梅如<br>程荷棣 | 李奕仁<br>缪梅如<br>程荷棣 | 李奕仁<br>缪梅如<br>程荷棣<br>李桂芳<br>沈兴家 | 李奕仁<br>缪梅如<br>程荷棣<br>李桂芳<br>沈兴家 | 李奕仁<br>程荷棣<br>缪梅如<br>李桂芳<br>徐礼环 | 李奕仁<br>沈兴家<br>程荷棣<br>李桂芳<br>徐礼环 | 李奕仁<br>沈兴家<br>程荷棣<br>李桂芳<br>徐礼环 |

（续表）

| 单位名称 | 年份 | | | | | | | | | | |
|---|---|---|---|---|---|---|---|---|---|---|---|
| | 1980 | 1981 | 1982 | 1983 | 1984 | 1985 | 1986 | 1987 | 1988 | 1989 | 1990 |
| 浙江省农业科学院蚕桑研究所 | 许心仁 陈和瑞 | 许心仁 陈和瑞 | 许心仁 陈和瑞 | 许心仁 陈和瑞 | 许心仁 陈和瑞 | 许心仁 陈和瑞 | 陈和瑞 许心仁 阮冠华 | 陈和瑞 阮冠华 | 陈和瑞 阮冠华 | 陈和瑞 阮冠华 | 陈和瑞 阮冠华 |
| 四川省农业科学院蚕桑研究所 | 杨惠君 | 杨惠君 | 杨惠君 | 杨惠君 | 杨惠君 | 杨惠君 | 王应和 杨惠君 | 王应和 | 王应和 | 杨惠君 王应和 | 杨惠君 王应和 |
| 安徽农学院蚕桑系 | 徐农 | 徐农 | 徐农 | 徐农 | 徐农 | 徐农 | 徐农 陈仕才 | 徐农 陈仕才 | 徐农 陈仕才 | — | — |
| 陕西省蚕桑研究所 | 宣蔚芳 | 宣蔚芳 | 宣蔚芳 | 宣蔚芳 | 宣蔚芳 | 宣蔚芳 | 宣蔚芳 | 宣蔚芳 | 刘重盈 宣蔚芳 | 刘重盈 | 刘重盈 |
| 湖北省农业科学院蚕业研究所 | 黄荣辉 | 魏群 | 叶芊芊 | 叶芊芊 | 叶芊芊 | 叶芊芊 | 叶芊芊 魏群 | 秦喜秀 魏群 | 秦喜秀 魏群 | 秦喜秀 魏群 | 秦喜秀 叶芊芊 |
| 广东省农业科学院蚕业研究所 | 陆天锡 | 陆天锡 | 陆天锡 | 陆天锡 | 陆天锡 | 陆天锡 | 陆天锡 关佩卿 | 陆天锡 关佩卿 | 陆天锡 | 陆天锡 陈智毅 | 陆天锡 吴福泉 陈智毅 |
| 山东省蚕业研究所 | 向阳 | 向阳 | 向阳 | 向阳 | 孙敏 | 屠蓉珍 | 屠蓉珍 段兆祥 | 屠蓉珍 段兆祥 | 屠蓉珍 段兆祥 | 屠蓉珍 段兆祥 | 屠蓉珍 段兆祥 |
| 重庆市铜梁县蚕种场 | | | | | | | | | | 陈智勇 陈俊杰 | 陈智勇 陈俊杰 |

## 2. 丝质检验承担单位

江苏省桑蚕茧试样厂、杭州缫丝厂、南充缫丝厂、安徽丝绸厂、陕西省宝鸡县丝绸厂、湖北省黄冈地区缫丝厂、广东省顺德丝厂、山东淄博制丝厂（表2.2）。

**表2.2 1980—1989年全国蚕品种鉴定丝质检验承担单位与人员名单**

| 单位 | 年份 | | | | | | | | | | |
|---|---|---|---|---|---|---|---|---|---|---|---|
| | 1980 | 1981 | 1982 | 1983 | 1984 | 1985 | 1986 | 1987 | 1988 | 1989 | 1990 |
| 中国农业科学院蚕业研究所 | 俞月娥 | | | | | | | | | | |
| 江苏省桑蚕茧试样厂 | | 尹维彦 | 冯邦俊 | 尹维彦 | 尹维彦 | 尹维彦 李福明 | 尹维颜 | 黄金林 | 马小琴 陶谋洁 | 马小琴 陶谋洁 | 马小琴 陶谋洁 |
| 杭州缫丝厂 | | 陆亚帼 | 陆亚帼 | 陆亚帼 | 陆亚帼 | 吴海英 | 吴海英 | 吴海英 | 吴海英 | 吴海英 | 吴海英 |
| 南充缫丝厂/省南充第三丝绸厂/南泰丝绸集团有限公司 | 何义侠 | 何义侠 | 苏云芳 | 苏云芳 | 苏云芳 | 苏云芳 | 苏云芳 陈功俭 | 苏云芳 陈功俭 | 陈功俭 | 陈功俭 | 陈功俭 |
| 安徽丝绸厂 | | 汪恒 | 徐仁杰 | 徐仁杰 | 汪恒 | 汪恒 | 汪恒 徐仁杰 | 汪恒 徐仁杰 | | | — |
| 安徽省金寨县缫丝厂 | | | | | | | | | 张春琴 杨永杰 | | |
| 陕西省宝鸡县丝绸厂/宝鸡华裕丝绸实业有限公司 | | 高岁琴 | 高岁琴 | 高岁琴 | 高岁琴 | 高岁琴 | 高岁琴 | 高岁琴 | 高岁琴 | 高岁琴 | 高岁琴 |
| 湖北省黄冈地区缫丝厂 | | 石美羽 | 石美羽 | 石美羽 | 石美羽 | | 石美羽 刘杏涛 | 石美羽 刘杏涛 | 石美羽 刘杏涛 曹纲题 | 刘杏涛 曹纲题 | 刘杏涛 曹纲题 |
| 广东省顺德丝厂 | 蔡素文 | 蔡素文 | 陈超明 | 陈超明 | 陈超明 | 陈超明 | 陈超明 温少薇 梁穗容 | 温少薇 梁穗容 黄秀琪 | 温少薇 梁穗容 黄秀琪 | 温少薇 梁穗容 黄秀琪 | 温少薇 梁穗容 黄秀琪 |
| 山东淄博制丝厂 重庆丝纺厂 | | 周培德 | 周培德 | 周培德 | 周培德 | 傅杏芬 | 傅杏芳 | 王福其 | 张华英 | 张华英 范淑芳 | 王福其 范淑芳 |

试验承担单位,按照《桑蚕品种国家审定工作细则》(草案)开展鉴定试验,试验主持单位每年组织一次桑蚕品种鉴定工作会议,对一年的试验工作进行总结交流,核对分析试验汇总成绩,形成《年度试验总结》和《桑蚕品种的试验结果报告》(每批鉴定 2 年),提交给审定委员会,为桑蚕新品种国家审定提供科学依据。

### (二) 试验网点调整

#### 1. 安徽省试验点的调整

安徽丝绸厂因体制改革等原因,1988 年开始不再承担丝质检验任务。经饲养鉴定单位安徽农业大学蚕桑系提议,试验主持单位同意安徽点的丝质检验任务由金寨县缫丝厂承担。

安徽农业大学因承担试验任务人员退休或工作调整,1989 年起暂停承担试验任务。

#### 2. 重庆市试验点的增设

四川省产茧量位居全国第一,由鉴定试验主持单位提议,经审定委员会部分专家考察,决定从 1989 年起在重庆市增设一个鉴定点,由铜梁县蚕种场承担饲养鉴定任务,重庆丝纺厂承担丝质检验任务。

### (三) 农业部科技进步奖

项目名称:全国桑蚕品种鉴定试验及其结果应用

获奖等级:农业部科学技术进步三等奖

获奖时间:1988 年 9 月 1 日;工作起止时间:1980 年 3 月—1987 年 11 月

完成单位:中国农业科学院蚕业研究所、杭州缫丝厂、江苏省蚕茧式样检验所、湖北省农业科学院蚕业研究所、湖北省黄冈地区丝绸厂、山东省蚕业研究所、山东省淄博制丝厂、广东省国营顺德丝厂、浙江省农业科学院蚕桑研究所、安徽农学院蚕桑系

主要人员:李奕仁、缪梅如、程荷棣、戴亚民、胡鸿均、陈和瑞、汪　恒、徐　农、宣蔚芳、杨惠君、高岁琴、苏云芳、陆天锡、许心仁、吴海英

# 二、1989—2002 年蚕品种鉴定试验

### (一) 试验组织单位变更

按照农业部的要求,1989 年底蚕桑品种审定归口全国农作物品种审定委员会,第二届全国农作物品种审定委员会设立桑蚕品种审定专业委员会。

桑蚕品种鉴定试验(农作物品种称区域试验)由全国农技推广服务中心良繁处组织,中国农业科学院蚕业研究所主持鉴定试验。

### (二) 1989—1996 年试验承担单位及其调整

#### 1. 安徽鉴定点的恢复

1991 年安徽农业大学蚕桑系恢复承担国家桑蚕品种鉴定试验任务,其样茧丝质检验仍由金寨县缫丝厂承担,1993—1996 年丝质检验由绩溪缫丝厂承担。

#### 2. 1993 年增设 4 个鉴定点

"八五"期间,中国农业科学院蚕业研究所主持国家科技攻关项目,组织全国有关蚕桑科研院所和高

校联合攻关,培育了一批优良蚕品种。为配合国家科技攻关项目实施和完成,经试验主持单位建议,蚕桑专业委员会同意,1993年增设湖南省蚕桑科学研究所、广西壮族自治区蚕业指导所、浙江省湖州蚕桑研究所、江苏海安蚕种场4个饲养鉴定点,其样茧丝质检验分别由湖南省津市市缫丝厂、广西壮族自治区钦州丝长、浙江省第三缫丝试样厂和江苏省桑蚕茧试样厂(江苏省蚕茧检验所)承担。

### 3. 1999—2002年试验网点收缩性调整

因中央各部委机构改革,国家桑蚕品种鉴定试验经费渠道受到影响,试验经费困难。为此,蚕桑专业委员会决定缩减试验网点规模,将2年同期鉴定试验改为1年1期的验证试验,并制定了《蚕品种国家审定验证试验组织管理办法》,试验方法与以往实验室鉴定相同。

为确保新品种的水平,规定了申报国家鉴定桑蚕品种的条件:主要遗传性状稳定一致,有选育单位二次以上相同季节实验室鉴定成绩、一期以上跨省(区)多点(不少于4个单位)实验室共同鉴定成绩和一期以上农村试养成绩,主要经济性状优于对照品种、符合审定标准。

春期鉴定试验承担单位:由中国农业科学院蚕业研究所、四川省蚕业研究所、山东省蚕业研究所、湖州蚕业研究所承担饲养鉴定任务;南泰丝绸集团公司承担四川省蚕研所样茧的检验,江苏省蚕茧检验所承担其他3个饲养鉴定单位样茧的检验(表2.3、表2.4)。

**表2.3  1980—1989年全国蚕品种饲养鉴定承担单位与人员名单**

| 单位 | 年 份 | | | | | | | | | | |
|---|---|---|---|---|---|---|---|---|---|---|---|
| | 1990 | 1991 | 1992 | 1993 | 1994 | 1995 | 1996 | 1999 | 2000 | 2001 | 2002 |
| 中国农业科学院蚕业研究所 | 李奕仁 沈兴家 程荷棣 李桂芳 徐礼环 | 李奕仁 沈兴家 李桂芳 程荷棣 徐礼环 | 李奕仁 沈兴家 李桂芳 程荷棣 徐礼环 | 李奕仁 沈兴家 李桂芳 缪梅如 徐礼环 | 李奕仁 沈兴家 李桂芳 缪梅如 | 李奕仁 沈兴家 李桂芳 唐顺明 | 李奕仁 沈兴家 李桂芳 唐顺明 | 李奕仁 沈兴家 唐顺明 李桂芳 | 李奕仁 沈兴家 唐顺明 李桂芳 | 李奕仁 沈兴家 唐顺明 李桂芳 | 李奕仁 沈兴家 唐顺明 李桂芳 |
| 浙江省农业科学院蚕桑研究所 | 陈和瑞 阮冠华 | 陈和瑞 阮冠华 | 陈和瑞 阮冠华 | 陈和瑞 王永强 | 陈和瑞 王永强 | 陈和瑞 王永强 李肖舟 | 王永强 李肖舟 | | | | |
| 四川省农业科学院蚕桑研究所 | 杨惠君 王应和 | 王应和 杨惠君 | 王应和 杨惠君 | 张友洪 肖金树 | 张友洪 肖金树 | 张友洪 肖金树 | 张友洪 肖金树 | 肖金树 张友洪 | 肖金树 张友洪 周安莲 | 肖金树 张友洪 | 张友洪 肖金树 |
| 安徽农业大学蚕桑系<br>陕西省蚕桑研究所<br>湖北省农业科学院蚕业研究所 | 刘重盈 秦喜秀 叶芊芊 | 陈仕才 刘重盈 秦喜秀 叶芊芊 | 陈仕才 刘重盈 秦喜秀 郝瑜 | 陈仕才 刘重盈 秦喜秀 郝瑜 | 陈仕才 刘重盈 秦喜秀 郝瑜 | 陈仕才 刘重盈 秦喜秀 郝瑜 | 陈仕才 刘重盈 秦喜秀 郝瑜 | 陈仕才 | 陈仕才 | 陈仕才 | 陈仕才 |
| 广东省农业科学院蚕业研究所 | 陆天锡 吴福泉 陈智毅 | 陆天锡 陈智毅 | 陆天锡 陈智毅 | 陈智毅 | 陈智毅 | 李宝瑜 | 李宝瑜 | | | | |
| 山东省蚕业研究所 | 屠蓉珍 段兆祥 | 段兆祥 李道义 | 段兆祥 李道义 | 段兆祥 于振诚 | 段兆祥 于振诚 | 段兆祥 于振诚 | 段兆祥 于振诚 | 石瑞常 顾寅钰 张凤林 李化秀 | 石瑞常 顾寅钰 张凤林 李化秀 | 张凤林 王安皆 顾寅钰 石瑞常 | 张凤林 王安皆 顾寅钰 石瑞常 |
| 重庆市铜梁县蚕种场 | 陈智勇 陈俊杰 | 陈智勇 陈俊杰 | 陈智勇 陈俊杰 | 陈智勇 陈晓兰 | 陈智勇 陈晓兰 | 陈智勇 陈晓兰 | 陈智勇 王西川 | | | | |
| 湖南省蚕桑科学研究所 | | | | 郭定国 | 郭定国 | 郭定国 向生刚 | 郭定国 向生刚 | | | | |
| 广西壮族自治区蚕业指导所 | | 顾家栋 | | 顾家栋 | 顾家栋 闭立辉 | 顾家栋 闭立辉 | 顾家栋 闭立辉 | 顾家栋 闭立辉 罗坚 沈建华 | 顾家栋 闭立辉 罗坚 沈建华 | 顾家栋 闭立辉 罗坚 沈建华 | 顾家栋 闭立辉 罗坚 沈建华 |
| 浙江省湖州蚕桑研究所<br>江苏海安蚕种场 | | | | 张士英 姚耀涛 谢世怀 顾用群 | 张士英 姚耀涛 谢世怀 顾用群 | 王卫星 姚耀涛 谢世怀 顾用群 | 王卫星 姚耀涛 谢世怀 顾用群 | | | | |

注:1997—1998年因没有新品种申报,鉴定试验暂停。

表 2.4  1990—2002 年全国蚕品种鉴定丝质检验承担单位与人员名单

| 单位 | 年 份 | | | | | | | | | | |
|---|---|---|---|---|---|---|---|---|---|---|---|
| | 1990 | 1991 | 1992 | 1993 | 1994 | 1995 | 1996 | 1999 | 2000 | 2001 | 2002 |
| 农业部蚕桑产业产品质量监督检验测试中心(镇江) | | | | | | | | 陈涛 | 陈涛 | | |
| 江苏省桑蚕茧试样厂/江苏省蚕茧检验所 | 马小琴<br>陶谋洁 | 马小琴<br>陶谋洁 | 马小琴<br>陶谋洁 | 马小琴 | 马小琴 | 马小琴 | 马小琴 | 马小琴 | 马小琴 | 马小琴 | 马小琴 |
| 杭州缫丝厂 | 吴海英 | 吴海英 | 吴海英 | 吴海英 | 吴海英 | | | | | | |
| 南泰丝绸集团有限公司 | 陈功俭 | 陈功俭 | 陈功俭 | 方世芬 | 方世芬 | 方世芬 | 方世芬 | 龙建华 | 龙建华 | 龙建华 | 龙建华 |
| 安徽省金寨县缫丝厂<br>绩溪缫丝厂 | | 张春琴 | 张春琴 | 胡眺 | 胡眺 | 胡眺 | 胡眺 | | | | |
| 宝鸡华裕丝绸实业有限公司 | 高岁琴 | 高岁琴 | 高岁琴 | 高岁琴 | 高岁琴 | 高岁琴 | 高岁琴 | | | | |
| 湖北省黄冈地区缫丝厂 | 刘杏涛<br>曹纲题 | 曹纲题<br>刘杏涛 | 雷元利 | 雷元利<br>石美羽 | 石美羽 | 石美羽 | 刘杏涛<br>石美羽 | | | | |
| 广东省顺德丝厂 | 温少薇<br>梁穗容<br>黄秀琪 | 黄秀琪<br>梁穗容 | 黄秀琪 | 黄秀琪 | 李艳娇 | 李艳娇 | 李艳娇 | | | | |
| 山东淄博制丝厂<br>重庆丝纺厂 | 王福其<br>范淑芳 | 王福其<br>刘永碧<br>范淑芳 | 王福其<br>刘永碧<br>范淑芳 | 王福其<br>范淑芳 | 王福其<br>范溆芳<br>刘永碧 | 王福其<br>刘永碧 | 赵长林<br>余小民<br>赵运林 | | | | |
| 津市市缫丝厂<br>钦州丝厂 | | | | 李凤英 | 李凤英 | 李凤英 | 李凤英 | 胡天厚<br>陈爱云<br>曹家福<br>黄廷梅 | 胡天厚<br>陈爱云<br>曹家福<br>黄廷梅 | 胡天厚<br>陈爱云<br>曹家福<br>黄廷梅 | 胡天厚<br>陈爱云<br>曹家福<br>黄廷梅 |
| 浙江省第三缫丝试样厂 | | | | | | | | | | | 未详 |

早秋期鉴定试验承担单位：由中国农业科学院蚕业研究所、安徽农业大学蚕桑系、广西蚕业指导所承担饲养鉴定任务；江苏省蚕茧检验所承担中国农业科学院蚕业研究所和安徽农业大学样茧的检验，钦州丝厂承担广西蚕业指导所样茧的检验。

其他试验点暂停试验任务。

# 三、2010—2020 年蚕品种鉴定试验

## (一) 试验组织与网点布局

### 1. 试验组织

2010 年 12 月经农业部批准,国家农作物品种审定委员会发文成立国家蚕品种审定专业委员会,恢复中断 8 年的国家蚕品种试验和审定工作。全国农技推广服务中心品种试验处负责试验管理,中国农业科学院蚕业研究所主持品种试验。

2010 年开始,国家蚕品种鉴定设实验室鉴定和生产鉴定。

### 2. 网点布局

(1) 实验室鉴定:全国设 A 组和 B 组 2 个区组,共 11 个实验室鉴定点。

A 组由 7 个鉴定点组成：中国农业科学院蚕业研究所、西北农林科技大学蚕桑丝绸研究所、四川省农业科学院蚕业研究所、安徽省农业科学院蚕桑研究所、江苏省海安蚕种场、浙江省农业科学院蚕桑研究所、山东省蚕业研究所，承担春用和中晚秋用品种的鉴定。

B 组由 7 个鉴定点组成：中国农业科学院蚕业研究所、四川省农业科学院蚕业研究所、安徽省农业科学院蚕桑研究所、广东省农业科学院蚕业与农产品加工研究所、广西壮族自治区蚕业技术推广总站、湖南省蚕桑科学研究所、湖北省农业科学院经济作物研究所，承担夏用和早秋用品种的鉴定(表 2.5)。

丝质检验由农业农村部蚕桑产业产品质量监督检验测试中心(镇江)和四川省农业科学院蚕业研究所承担。

(2) 生产鉴定：全国设 A 组和 B 组 2 个区组，共 8 个农村鉴定点。

A 组由 4 个鉴定点组成：江苏省海安县蚕桑站、安徽省霍山县茧丝绸产业化办公室、四川省金堂县龙腾茧丝绸实业有限公司和陕西省平利县蚕桑技术中心，承担春用和中晚秋用品种的生产鉴定任务。

B 组由 4 个鉴定点组成：广东省茂名市蚕业技术推广中心、广西宜州市蚕种站、湖北省蚕业研究所农村基点和湖南省信达茧丝绸有限公司，承担夏用和早秋用品种的生产鉴定任务。

**(二) 试验网点调整**

1. 2013 年增设 2 个生产鉴定点

根据蚕桑产业情况和品种试验需要，经试验组织单位同意，在云南和广西各增设 1 个生产试验点，由云南楚雄州茶桑站、广西壮族自治区横县蚕业指导站具体负责。

2. 2017 年四川生产鉴定点调整

四川省高县立华蚕茧有限公司承担了 2010—2016 年国家蚕品种试验的生产鉴定任务，为品种试验做出了贡献。根据历年鉴定试验成绩、饲养条件，经审定专家考察和组织单位同意，2017 年起四川生产试验任务由涪城天虹丝绸有限责任公司承担。

表 2.5 2010—2020年承担国家蚕品种试验的单位和主要人员名单

| 单位 | 2010 | 2011 | 2012 | 2013 | 2014 | 2015 | 2016 | 2017 | 2018 | 2019 | 2020 | 备注 |
|---|---|---|---|---|---|---|---|---|---|---|---|---|
| 全国农业技术推广服务中心 | 曾波 | 曾波 | 曾波 | 曾波 | 曾波 | 曾波 | 曾波 | 曾波 | 曾波 | 曾波 | 曾波 | 试验组织 |
|  | 陈涛 | 陈涛 | 陈涛 | 陈涛 | 陈涛 | 陈涛 | 陈涛 | 陈涛 | 陈涛 | 陈涛 | 陈涛 |  |
| 中国农业科学院蚕业研究所/农业部蚕桑产品质量检验检测中心(镇江)(试验主持) | 侯启瑞 | 侯启瑞 | 侯启瑞 | 侯启瑞 | 侯启瑞 | 侯启瑞 | 侯启瑞 | 侯启瑞 | 张美蓉 | 张美蓉 | 张美蓉 | 试验主持 丝质检验 |
|  | 宋江超 | 宋江超 | 宋江超 | 宋江超 | 宋江超 | 宋江超 | 宋江超 | 宋江超 | 宋江超 | 宋江超 | 宋江超 |  |
| 安徽省农业科学院蚕桑研究所 | 黄德辉 | 黄德辉 | 黄德辉 | 黄德辉 | 黄德辉 | 黄德辉 | 黄德辉 | 黄德辉 | 黄德辉 | 黄德辉 | 黄德辉 | 实验室 |
|  | 石凉 | 石凉 | 石凉 | 石凉 | 石凉 | 石凉 | 石凉 | 石凉 | 石凉 | 石凉 | 石凉 |  |
|  | 秦凤 | 秦凤 | 秦凤 | 秦凤 | 秦凤 | 秦凤 | 秦凤 | 秦凤 | 秦凤 | 秦凤 | 秦凤 |  |
| 四川农业科学院蚕桑研究所 | 肖金树 | 肖金树 | 肖金树 | 肖金树 | 肖金树 | 肖金树 | 肖金树 | 肖金树 | 肖金树 | 肖金树 | 肖金树 | 实验室 丝质检验 |
|  | 肖文福 | 肖文福 | 肖文福 | 肖文福 | 肖文福 | 肖文福 | 肖文福 | 肖文福 | 肖文福 | 肖文福 | 肖文福 |  |
|  | 吴建梅 | 吴建梅 | 吴建梅 | 吴建梅 | 吴建梅 | 吴建梅 | 吴建梅 | 吴建梅 | 吴建梅 | 吴建梅 | 吴建梅 |  |
|  | 卿圣环 | 卿圣环 | 卿圣环 | 卿圣环 | 卿圣环 | 卿圣环 | 邹邦兴 | 邹邦兴 | 邹邦兴 | 邹邦兴 | 邹邦兴 |  |
| 浙江省农业科学院蚕桑研究所 | 王永强 | 王永强 | 王永强 | 王永强 | 王永强 | 王永强 | 王永强 | 王永强 | 王永强 | 王永强 | 王永强 | 实验室 |
|  |  |  | 杜鑫 | 杜鑫 | 杜鑫 | 杜鑫 | 杜鑫 | 杜鑫 | 杜鑫 | 杜鑫 | 杜鑫 |  |
|  | 姚陆松 | 姚陆松 | 姚陆松 | 姚陆松 | 姚陆松 | 姚陆松 | 姚陆松 | 姚陆松 | 姚陆松 | 姚陆松 | 姚陆松 |  |
| 山东省蚕业研究所 | 张凤林 | 张凤林 | 张凤林 | 张凤林 | 张凤林 | 张凤林 | 张凤林 | 张凤林 | 张凤林 | 张凤林 | 张凤林 | 实验室 |
|  | 王安皆 | 王安皆 | 王安皆 | 王安皆 | 王安皆 | 王安皆 | 王安皆 | 王安皆 | 王安皆 | 王安皆 | 王安皆 |  |
| 西北农林科技大学蚕桑丝绸研究所 | 周丽霞 | 周丽霞 | 周丽霞 | 周丽霞 | 周丽霞 | 周丽霞 | 周丽霞 | 周丽霞 | 周丽霞 | 周丽霞 | 周丽霞 | 实验室 |
|  | 白兑明 | 宋新华 | 宋新华 | 付中华 | 付中华 | 付中华 | 付中华 | 付中华 | 付中华 | 付中华 | 付中华 |  |
|  | 王小红 | 王小红 | 王小红 | 王洁 | 王洁 | 王洁 | 王洁 | 王洁 | 王洁 | 王洁 | 王洁 |  |
| 江苏省海安县蚕种场 | 孙慧斌 | 孙慧斌 | 孙慧斌 | 孙慧斌 | 孙慧斌 | 孙慧斌 | 孙慧斌 | 孙慧斌 | 孙慧斌 | 孙慧斌 | 孙慧斌 | 实验室 |
|  | 顾用群 | 顾用群 | 顾用群 | 顾用群 | 顾用群 | 顾用群 | 顾用群 | 顾用群 | 顾用群 | 胡兑彬 | 胡兑彬 |  |
|  | 褚晓冬 | 褚晓冬 | 褚晓冬 | 褚晓冬 | 褚晓冬 | 褚晓冬 | 褚晓冬 | 褚晓冬 | 褚晓冬 | 曹爱珠 | 曹爱珠 |  |
| 湖南省蚕桑科学研究所 | 艾均文 | 艾均文 | 艾均文 | 艾均文 | 艾均文 | 艾均文 | 艾均文 | 艾均文 | 艾均文 | 艾均文 | 艾均文 | 实验室 |
|  | 薛宏 | 薛宏 | 薛宏 | 薛宏 | 薛宏 | 薛宏 | 薛宏 |  |  |  |  |  |
|  | 何行健 | 何行健 | 何行健 | 何行健 | 何行健 | 何行健 | 何行健 | 何行健 | 何行健 | 何行健 | 何行健 |  |
|  |  |  |  |  |  |  |  | 贾超华 | 贾超华 | 贾超华 | 贾超华 |  |
| 湖北省农业科学院经济作物研究所 | 陈登松 | 陈登松 | 陈登松 | 陈登松 | 陈登松 | 陈登松 | 陈登松 | 吴凡 | 吴凡 | 吴凡 | 吴凡 | 实验室 |
|  | 吴凡 | 吴凡 | 吴凡 | 吴凡 | 吴凡 | 吴凡 | 吴凡 | 纪全胜 | 纪全胜 | 纪全胜 | 纪全胜 |  |
|  | 李德臣 | 李德臣 | 李德臣 | 李德臣 | 李德臣 | 李德臣 | 李德臣 | 贺真 | 贺真 | 贺真 | 贺真 |  |
| 广东省蚕业技术推广中心 | 钟苏苑 | 钟苏苑 | 钟苏苑 | 钟苏苑 | 钟苏苑 | 钟苏苑 | 钟苏苑 | 钟苏苑 | 钟苏苑 | 钟苏苑 | 钟苏苑 | 实验室 |
|  | 张桂玲 | 张桂玲 | 张桂玲 | 张桂玲 | 张桂玲 | 张桂玲 | 张桂玲 | 张桂玲 | 张桂玲 | 张桂玲 | 张桂玲 |  |
|  | 闭立辉 | 闭立辉 | 闭立辉 | 闭立辉 | 闭立辉 | 王先燕 | 王先燕 | 王先燕 | 王先燕 | 王先燕 | 王先燕 |  |
| 广西蚕业技术推广总站 | 黄文功 | 黄文功 | 黄文功 | 黄文功 | 黄文功 | 黄文功 | 黄文功 | 黄文功 | 黄文功 | 黄文功 | 黄文功 | 实验室 |
|  | 韦博尤 | 韦博尤 | 韦博尤 | 韦博尤 | 韦博尤 | 韦博尤 | 韦博尤 | 韦博尤 | 韦博尤 | 韦博尤 | 韦博尤 |  |
|  | 黄玲莉 | 黄玲莉 | 黄玲莉 | 黄玲莉 | 黄玲莉 | 黄玲莉 | 黄玲莉 | 黄玲莉 | 黄玲莉 | 黄玲莉 | 黄玲莉 |  |

（续表）

| 单位 | 2010 | 2011 | 2012 | 2013 | 2014 | 2015 | 2016 | 2017 | 2018 | 2019 | 2020 | 备注 |
|---|---|---|---|---|---|---|---|---|---|---|---|---|
| 江苏省海安市蚕桑技术推广站 | 姜德义 陆秀祥 戎世芳 | 姜德义 陆秀祥 戎世芳 | 姜德义 陆秀祥 戎世芳 | 黄俊明 陆秀祥 戎世芳 | 黄俊明 戎世芳 王军 | 黄俊明 戎世芳 王军 | 黄俊明 戎世芳 王军 | 黄俊明 戎世芳 王军 | 黄俊明 戎世芳 王军 | 黄俊明 戎世芳 王军 | 黄俊明 戎世芳 王军 | 生产 |
| 安徽省霍山农业产业发展中心 | 刘太荣 程先明 | 刘太荣 程先明 | 刘太荣 程先明 | 刘太荣 程先明 | 刘太荣 程先明 | 刘太荣 程先明 | 刘太荣 程先明 | 刘太荣 程先明 | 刘太荣 程先明 | 刘太荣 俞宗斌 | 刘太荣 俞宗斌 | 生产 |
| 四川省高县立华蚕茧有限责任公司 | 黄兴美 | 黄兴美 | 黄兴美 | 黄兴美 | 黄兴美 | 黄兴美 | 黄兴美 | | | | | 生产 |
| 洛城天虹丝绸有限公司 | | | | | | | | 杨慧君 杨建林 贾艳芳 | 杨慧君 杨建林 贾艳芳 | 杨慧君 杨建林 贾艳芳 | 杨慧君 杨建林 贾艳芳 | 生产 |
| 陕西省平利县农业技术推广站 | 邱茂慈 李伦乾 朱立炎 | 邱茂慈 李伦乾 朱立炎 | 邱茂慈 李伦乾 朱立炎 | 邱茂慈 李伦乾 王正刚 | 邱茂慈 李伦乾 王正刚 | 邱茂慈 李伦乾 马迪娟 | 邱茂慈 李伦乾 马迪娟 | 邱茂慈 李伦乾 马迪娟 | 李伦乾 王正刚 马迪娟 | 朱立炎 马迪娟 | 朱立炎 马迪娟 | 生产 |
| 云南楚雄州蚕桑站 | | | | 张银文 傅荣 刘江洪 | 张银文 刘江洪 王保荣 | 张银文 尹丽芳 李宋堂 | 李宋堂 尹丽芳 | 张银文 傅荣 刘江洪 | 张银文 尹丽芳 王保荣 | 刘江洪 李宋堂 尹丽芳 | 李宋堂 王保荣 王娜 | 生产 |
| 湖北省农业科学院经济作物研究所（农村基点） | 陈登松 吴凡 邵世祖 | 陈登松 吴凡 邵世祖 | 陈登松 吴凡 邵世祖 | 陈登松 吴凡 邵世祖 | 陈登松 吴凡 邵世祖 | 吴凡 李德臣 邵世祖 | 吴凡 李德臣 邵世祖 | 吴凡 李德臣 邵世祖 | 吴凡 李德臣 邵世祖 | 吴凡 纪全胜 邵世祖 | 纪全胜 邵世祖 | |
| 湖南省信达茧丝绸有限公司（湖南省省蚕科学研究所基点） | 艾均文 李云 王泽团 | 艾均文 李云 王泽团 | 艾均文 李云 王泽团 | 艾均文 李云 王泽团 | 艾均文 李云 王泽团 | 艾均文 李云 王泽团 | 艾均文 李云 李泽团 | 艾均文 胡卫东 谢秋香 罗永森 | 艾均文 胡卫东 谢秋香 罗永森 | 艾均文 胡卫东 谢秋香 罗永森 | 艾均文 胡卫东 谢秋香 罗永森 | 生产 |
| 广东省茂名市蚕业技术推广中心 | 宋怡 叶学林 卢景辉 | 宋怡 叶学林 卢景辉 | 宋怡 叶学林 卢景辉 | 宋怡 叶学林 韦廷包 | 宋怡 仰勇 | 罗永森 仰勇 | 罗永森 仰勇 | 罗永森 仰勇 | 罗永森 仰勇 | 罗永森 仰勇 | 仰勇 | 生产 |
| 广西宜州市蚕种站 | | | | 韦廷包 磨长黄 | 韦师妮 磨长黄 | 韦师妮 磨长黄 | 韦师妮 磨长黄 | 韦柳利 磨长黄 | 韦柳利 磨长黄 | 韦柳利 磨长黄 | 黄康东 | 生产 |
| 广西横县蚕业指导站 | 卢景辉 | 卢景辉 | 卢景辉 | 黄永津 | 黄永津 | 黄永津 | 黄永津 | 黄永津 | 黄永津 | 黄永津 | 黄永津 | 生产 |

# 第二节
# 桑蚕品种试验方法

## 一、1980—2002 年桑蚕品种实验室鉴定方法

1980 年 4 月农业部颁布《桑蚕品种国家审定工作细则》,实际上就是国家蚕品种审定的鉴定工作细则,1984 年 10 月全国桑蚕品种第六次鉴定工作会议对其进行了第一次修订。以后 10 多年没有大的变化,到 1999 年因鉴定经费不足,鉴定试验由 2 年改为 1 年 1 期的验证试验。1984 年修订版《桑蚕品种国家审定工作细则》,全文如下。

**1 蚕种催青**

**1.1 蚕种供应办法**

参鉴品种由育种单位负责安全寄送各饲养鉴定点。为保证蚁量,便于卵质调查,寄种数量规定每品种 28 蛾框制种正反交各 2 张。春用品种一律为春制春种,夏秋用品种为冷藏浸酸种。对照品种由全国鉴定的业务主持单位统一制造或委托专场制造分发。

**1.2 催青注意要点**

(1)春用蚕品种:采用高温催青,催青前蚕卵初自冷库取出,不宜立即接触高温,应在 12.8~15.6 ℃的中间温度保护 1~2 天,使起点胚子达丙₂ 时才加温催青。

(2)夏秋用蚕品种:采用室内自然温度保护,催青中应注意防止 29.4 ℃以上的高温侵袭。反转前以 24~26.7 ℃、反转后以 26.7~29.4 ℃为宜,避免昼夜温度激变。

催青后期注意补湿感光,收蚁前务必保持 8 小时以上的绝对黑暗,然后感光收蚁,促使孵化齐一。

**1.3 收蚁前的抑制**

为了力求做到各参鉴品种与对照品种同天收蚁,催青中应注意胚子发育调节。如遇收蚁前确需抑制者,一般应采用转青卵抑制的办法(10.0~15.6 ℃),尽可能避免采用蚁蚕冷藏的办法。

**1.4 调查记载项目**

**1.4.1 蚕卵性状:**调查记载蚕卵形态、卵色及整齐度,死卵、不受精卵、再出卵情况。产卵整齐度、叠卵多少、附着力强弱、卵壳色等一般用概评叙述。

1.4.2　实用孵化率(对受精卵而言)

(1)调查方法：收蚁前夕,扫除苗蚁,收蚁次日上午 10 时烘卵,用红墨水点数孵化蚕卵数(即收蚁当日与次日的孵化卵数)。每一品种正反交框制种各调查 10 娥,散卵种随机取样各调查 1 000 粒,算出实用孵化率。

(2)计算方法

$$实用孵化率(\%) = \frac{二日孵化卵粒数}{调查总卵粒数} \times 100\%(取小数点以下 2 位)$$

(3)孵化整齐度：以齐、尚齐、不齐区别记载。苗蚁以少、较多、多区别记载。

**2　稚蚕饲育**

**2.1　供鉴蚕头数**

每一杂交方式正反交收蚁时各混收蚁量 2 克,饲育到 3 龄止桑后到 4 龄饲食一足天内数取 5 区蚕,春用蚕品种每区 500 头、夏秋用蚕品种每区 550 头,作为 4 龄起蚕基本蚕头数。数蚕分区时务必点数准确。如发现有迟起蚕、封口蚕、半蜕皮蚕等不良蚕,可以拿预备蚕调换,但 4 龄饲食一足天后不得再行调换。为防意外事故发生,每一杂交方式应各饲养一区预备蚕。预备区的饲育处理与鉴定区相同,但不必进行性状调查,也不列入总计平均。

**2.2　饲育注意要点**

(1)收蚁前按饲育计划表填写好品种名及饲育代号。收蚁当时,务必与饲育区片核对,防止混淆。

(2)收蚁时刻,春期上午 9～10 时、夏秋期以上午 8～9 时为宜。收蚁时,应待各形式全部称量结束后,尽可能在同一时间撒呼出桑,以减少人为误差。

(3)各区之间鹅毛、蚕筷、蚕座纸等用具切勿混用。

(4)饲育形式与给桑回数：原则上无论春期还是夏秋期均应采用稚蚕防干育,每日给桑 3～4 回,务必做到良桑饱食,不受饥饿。

(5)饲育温、湿度

春用蚕品种：1～2 龄 26.7±1.0 ℃,相对湿度 85%～90%;3 龄 24.4～25.6 ℃,相对湿度 80%左右。

夏秋用蚕品种：以自然温、湿度为宜,但当室温低于 26.7 ℃或高于 32.2 ℃时,应设法加温或降温。

(6)除沙次数：1 龄眠除 1 次,2～3 龄起除、中除、眠除各 1 次。

(7)饲育时,必须注意各杂交方式、各区之间营养与其他环境条件的一致性,做到各鉴定种和对照种同等待遇。蚕匾每日上下、前后、左右移位一次,务使各区感温均等。各龄蚕座密度,品种和区间也要尽量相同,不能稀密不匀或给桑厚薄不等。

**2.3　调查记载项目**

2.3.1　蚁蚕习性：观察孵化快慢、齐一程度,蚁蚕有否逆出、活泼程度、有无趋密或逸散性等。

2.3.2　克蚁头数：按育成单位申请报告的头数填写,必要时进行调查。调查方法,收蚁当时随机取样,每一杂交方式正反交各取 3 个样本。每个样本均称准 0.1 克,随即杀生,妥为保存,待收蚁终了后点数头数,平均计算。

2.3.3　稚蚕习性和发育观察：行动活泼与迟缓,对光线、密度等的趋性,眠起快慢与整齐度,食桑快慢与习性,发育快慢与整齐度,蚕体大小、粗细与整齐度。

2.3.4　健康情况调查：观察记载有否死蚁等发生,迟眠蚕和小蚕发生头数等。

2.3.5　饲育温、湿度：每回给桑时观察记载,按每日平均温、湿度总计平均计算出各龄饲育温、湿度。

2.3.6 龄期经过：记载各龄饲食、止桑、眠中时间，计算出各龄经过。

## 3 壮蚕饲育

### 3.1 技术处理要点

（1）饲育形式：普通育，每日给桑 4 回。

（2）给桑形式：4 龄采用粗切叶或片叶，5 龄采用片叶，便于用桑量调查。

（3）饲育温、湿度：按蚕期有所不同。

春用蚕品种：温度以 24 ℃为中心（23.3～24.4 ℃），相对湿度 70％左右。应防止 21 ℃低温饲育，以免经过延长，影响茧质和体质。随时注意通风换气。

夏秋用蚕品种：以自然温度为宜，但当室内温度高于 32.2 ℃时应设法降温。

（4）每日除沙一次，经常保持蚕座清洁与干燥。严格防止蝇蛆为害。

（5）防止蚕儿乱爬、区片遗失及其他一切可能产生品种混淆的现象发生。

### 3.2 调查记载项目

3.2.1 形态调查：均在 5 龄盛食期调查。

体色：如青白、米红、青白带赤等。熟蚕体色于上蔟当时调查，种类如白、白带赤、米红等。

斑纹：如普斑、素蚕等。皮斑限性品种在 5 龄期各区抽检 20 头校对雌雄是否与皮斑相符合。

体态：如有瘤、正常、油蚕。注意有无畸形蚕发生，如有应注明其头数、形状、发育生长能力及前途。种类如嵌合体，斑纹异常，形态、器官异常等。

体形：如细长、普通、短粗等。

3.2.2 习性观察

行动：随机观察其行动与静止状态，以及对环境变动的反应等。

食桑：给桑以后，观其摄食缓急、食桑状态、食量大小等。

眠起：记载眠起快慢、齐一程度（齐一、欠齐、不齐等）、有否半蜕皮蚕和封口蚕等现象，并记载其发生头数。

老熟：记载老熟快慢、齐一程度，熟蚕行动迟缓或活泼等。

发育：是否齐一，蚕体有无大小、粗细等。

眠性：有无三眠、五眠蚕发生，并统计发生头数。

### 3.3 生命力调查

饲育过程中应防止遗失蚕的发生，随时记载病毙减蚕头数与偶因淘汰头数。

4～5 龄病毙减蚕头数：包括病毒病、细菌病蚕，以及呈空头、起缩症状的病蚕、封口蚕、不蜕皮或半蜕皮蚕、脱肛蚕、4～5 龄弱小蚕。

蔟中病毙减蚕头数：包括病死蚕、不结茧蚕、裸蛹，以及吐少量丝但不成茧形的烂死茧蚕。

结茧蚕数：指已呈茧形，茧腔内蚕体不易透视之蚕头数，其中同宫茧应按蚕头数计列。

偶因淘汰蚕数：包括蝇蛆寄生、真菌寄生、虫鼠为害、农药中毒、人为创伤、三眠蚕和五眠蚕等非因发病而纯属偶因淘汰的头数。其中，蝇蛆寄生、虫鼠为害、农药中毒、人为创伤蚕头数可按实用预备蚕调换。

4～5 龄迟眠、迟熟蚕不淘汰。发现有三眠蚕及五眠蚕者，按实分别记载。

### 3.4 5 龄用桑量调查

从 5 龄饲食起进行，片叶育，品种之间采用看蚕给桑法，品种内各小区间采用定量给桑法。给桑量标准以每次给桑后至下次给桑时吃净或稍留一点残叶为原则，要特别注意饲食初期和老熟前的适当减量，以免残桑过多。用桑量按克计算。

3.5 抵抗力鉴定

有条件的地区,特别对夏秋用蚕品种可以进行抵抗力鉴定。主要鉴定各品种对高温多湿、不良叶质或对各种病的抵抗力,并根据发病头数计算出发病百分率。高温多湿、添毒浓度及其方法参考如下。

(1)温度:90℉(32.2℃)左右,相对湿度90%左右。

(2)添毒办法:NPV或CPV的多角体经口接种,一般用$10^4 \sim 10^7$/mL蚁蚕添食;FV用病毒汁稀释液涂叶。蚁蚕添食具体标准掌握应做预备试验,但各鉴定点所用病原和鉴定方法最好统一。

**4 蚕茧调查**

每一杂交方式正反交各5区蚕,均应分别上蔟、采茧、茧质调查,成绩也应分区计算。

4.1 上蔟与蔟中保护的注意要点

(1)蔟具一律用折蔟。

(2)上蔟密度以每小区(春期500头,夏秋期550头)分上2只塑料折蔟为宜。

(3)蔟中温、湿度:春期以24℃±1℃为宜,低于21℃时必须加温。夏秋期以26.7℃左右为宜,高于29.4℃时应设法降低温度,相对湿度保持75%左右。注意通风排湿,防止强风侵入和温、湿度的剧变。

(4)蔟中光线明暗要匀,营茧过程中避免震动及其他强烈刺激。

4.2 采茧、收茧、茧质调查时间与方法

(1)采茧:春用品种在终熟后第7天进行,夏秋用品种以终熟后第6天为准,采茧时应拣除蔟中病毙蚕。

(2)收茧与采茧同时进行:先将蚕茧按普通茧、屑茧、同宫茧分类点数粒数,分别称准各类茧的重量,三类茧的合计重量则为该区的总收茧量。与此同时,调查斤茧粒数(指普通茧)。收茧调查时,发现蛆孔茧、鼠害茧,可按实拿预备区茧调换。

(3)茧质调查,在收茧调查次日进行。

4.3 调查记载项目

4.3.1 蔟中病毙减蚕头数:包括病死蚕、不结茧蚕、裸蛹、吐少量丝但不成茧形的烂死茧蚕。

4.3.2 普通茧重量百分率:计算方法如下。其中,屑茧包括穿头茧、印烂茧、薄皮茧、绵茧、畸形茧等。

$$普通茧重量(\%) = \frac{普通茧重量(克)}{总收茧量(克)} \times 100\% \quad (取小数点以下2位)$$

$$总收茧量(克) = 普通茧量 + 同宫茧量 + 屑茧重量$$

4.3.3 茧形、茧色、缩皱:于收茧调查同时进行。

茧形:须注明种类(如椭圆、束腰、浅束、榧子形等)与整齐情况(整齐、不齐)。

茧色:须注明种类(如白色、米色、竹色等)与洁净状态(驳杂、洁净、欠洁净、滞浊等)。

缩皱:须注明种类(如粗、中、细)与匀否(如区间差异大、同区很均匀等)。

4.3.4 茧质调查:每区随机取样60粒普通光茧,雌雄各取25粒。

全茧量:应包括鲜茧构成的所有部分,即茧壳、蜕皮、蚕蛹等,先分别称雌茧与雄茧各25粒的重量,求得雌茧与雄茧的全茧量而后计算雌雄平均全茧量(取小数点以下2位)。

茧层量。茧层是指有缫丝实用价值的茧壳部分(即不包括茧衣,蜕皮等在内),调查方法同全茧量(取小数点以下3位)。

茧层率:雌雄平均茧层率为雌雄平均茧层量占雌雄平均全茧量的百分比。均取小数点以下2位。计

算公式:

$$雌茧茧层率(\%)=\frac{雌茧平均茧层量}{雌茧平均全茧量}\times100\%$$

$$雄茧茧层率(\%)=\frac{雄茧平均茧层量}{雄茧平均全茧量}\times100\%$$

$$雌雄平均茧层率(\%)=\frac{雌雄平均茧层量}{雌雄茧平均全茧量}\times100\%$$

4.3.5　死笼率:于茧质调查时进行。

（1）调查方法:

屑茧死笼头数:切剖全部屑茧,观察调查死蛹数。

同宫茧死笼头数:切剖全部同宫茧,调查死蛹数。

普通茧死笼头数:逐粒轻摇每颗茧子,如有类似死笼茧的半化蛹、死蛹及死蚕等,就应切开调查,并分别记载类型(如死蛹、死蚕、半化蛹、毛脚蚕等)。与品种健康性无关的硬化、蝇蛆、刀伤、出血蛹不应作为死笼头数计列。

（2）计算方法:

死笼总头数＝屑茧死笼头数＋同宫茧死笼头数＋普通茧死笼头数(取小数点以下2位)

$$死笼百分率(\%)=\frac{死笼总头数}{结茧头数}\times100\%$$

4.3.6　4龄起蚕结茧率与虫蛹率,综合蚕期与蛹期成绩算出(均取小数点以下2位)。

$$4龄起蚕结茧率(\%)=\frac{结茧蚕数}{实际饲育头数}\times100\%$$

实际饲育头数＝结茧蚕数＋4～5龄病毙蚕数＋蔟中病毙蚕数

虫蛹率(%)＝4龄起蚕结茧率×(1－死笼率)

4龄起蚕头数＝结茧蚕数＋4～5龄及蔟中病毙头数＋蚕期偶因淘汰头数＋遗失蚕数

送检普通鲜毛茧粒茧重量＝普通鲜毛茧总重量÷普通毛茧总粒数

## 5　鲜茧烘干

### 5.1　装袋送烘

茧质调查完毕,核对收茧茧质调查无误后,即将所有普通茧按正交5区、反交5区分别合并装入1.3米² 小红网袋成纱布袋,称准鲜茧净重及数准总粒数,求出普通鲜毛茧粒重,袋内外置挂标签,标明杂交方式(正反交蚕品种名)、净重粒数,送茧灶或茧站烘干。同宫茧、屑茧、削口茧不要装袋送烘。

称量装袋送烘时间,春期上蔟终了后9足天,夏秋期上蔟终了后7足天。

### 5.2　鲜茧的烘干

由饲养单位自行烘干或配合附近收烘茧站代烘后送丝质鉴定单位。

烘茧方法要求用二次烘干法,头冲温度104～96℃,二冲温度99～70℃,烘茧温度可根据灶型灵活掌握,达到理论烘率要求。

$$理论烘率＝茧层率\times95\%＋[(1－茧层率)\times26.25\%]$$

烘茧后必须称准干茧净重、皮重,记录烘茧时间,烘茧过程中的最高温度和最低温度,并计算烘折。

5.3 交送缫丝试样时间与要求

5.3.1 送样时间：烘茧后 1 周内将干样茧送交丝质鉴定单位生产科或试样组,丝质鉴定单位必须在收到干样茧后 1 个月内试缫完毕。

5.3.2 样茧数量正反交各不得少于 1800 粒。

5.3.3 送样时需将茧质调查成绩表(三)、丝质鉴定表(四)中的烘茧部分填好后随样茧送丝质鉴定单位。

6. 丝质鉴定项目及计算方法

各品种正反交分别计算。

6.1 剥选茧

通过剥选分清毛茧总重量(克)、上车茧重量(克)、下茧重量(克)、茧衣重量(克),算出上车茧率(取小数点以下 2 位)。

$$上车茧率(\%) = \frac{上车茧量}{毛茧量} \times 100\%$$

$$余亏率(\%) = \frac{剥选毛茧总茧量}{送检干毛茧净重} \times 100\%$$

选茧时要按下列标准选出下脚茧,即不能缫丝的茧。

(1) 柴印茧

光板：板面较大无缩皱

钉头：钉头深入茧层 1/3 及以上者或程度较浅而钉头在两点及以上者。

深柴印：横柴印、黄柴印、多面柴印,深度很严重的直柴印或柴印茧带有薄头畸形。

(2) 黄斑茧

尿黄：尿黄渗入内层,渗入处茧层发软或浮松。

靠黄：茧层染着黄块或黑块渗入内层。

硬块黄：从外层硬到内层,呈僵块状。

老黄：黄斑面积较大,颜色较深。

(3) 印头茧：两头印出、腰部印出,或单头印出较严重。

(4) 烂茧：病蚕蛹的污汁,渗达外层。

(5) 深色茧：深米黄、红僵、深红斑等严重有色茧。

(6) 薄皮茧：茧层很薄,不到正常茧的三分之一。

(7) 软绵茧：茧层松浮,手触绵软。

(8) 重畸形茧：茧形极不正常的和严重尖头茧等。

(9) 重油茧：蛹油或油污沾染茧层面积很大。

(10) 双宫茧：茧型大,茧层特厚,缩皱异常茧内有两粒及以上的蚕蛹。

(11) 穿头茧：茧层有孔者。

6.2 茧质调查：包括茧幅、一粒缫试验、解舒及缫丝调查。

6.2.1 茧幅：切剖调查。

按 400 粒平均粒重,抽取 100 粒作为调查样茧,通过调查分别得出平均茧幅、整齐度、干茧茧层率。

$$平均茧幅(毫米/粒) = \frac{各粒茧幅的总和(毫米)}{总粒数(粒)}$$

$$茧幅整齐度(\%) = \frac{连续三档茧幅最多粒数的总和}{样茧粒数} \times 100$$

$$平均干茧粒重(克 / 粒) = \frac{上车茧量(克)}{上车茧粒数(粒)}$$

（取小数点以下 3 位）

$$干茧茧层率(\%) = \frac{干茧茧层公量(克)}{干茧全茧量(克)} \times 100$$

### 6.2.2　一粒缫试验

（1）取样：按各品种的平均粒重量称取样茧 100 粒；茧型分大、中、小，按比例取摇 30 粒，重量上下不超过 1％，共取 3 份，其中 2 份作备用茧。

（2）设备：水浴锅、检尺器、扭力天平、多功能电子计算器。

（3）方法

① 水浴温度：70～80 ℃。

② 检尺器速：匀速 100 转/分。

③ 每粒茧断头数以 2 次为限，3 次作废并以同茧型补试。

④ 摇取中发现内印茧、病蛹等一律作废，以同型茧补试。

⑤ 寻绪尽量减少绪丝损失，称量一律用扭力天平。

⑥ 蛹衣必须逐粒称量，蛹衣量超过该品种的解舒粒茧蛹衣量（春茧 12 毫克、夏秋茧 10 毫克），这粒茧作废，以同型茧补试。

⑦ 另回取舍：若一粒缫蛹衣比解舒蛹衣重，不足 50 回的尾数纤度不计算，50 回及以上的折算到 100 回计算；若一粒缫蛹衣比解舒蛹衣轻，不足 100 回的尾数纤度不计。

根据下列公式算出茧丝纤度综合均方差：

茧丝纤度综合均方差(d) $\delta s = \sqrt{\sigma^2 粒内 + \delta^2 粒间}$ 　（取小数点以下 3 位）

$$\delta s = \sqrt{\frac{\sum_{i=1}^{n} \sum_{j=1}^{m} (xij - x)^2}{N}}$$

式中：$n =$ 总绞数；$xi =$ 每百回茧丝纤度(D)；$xj =$ 每粒茧的茧丝平均纤度(D)；$m =$ 粒数。

### 6.2.3　解舒调查

通过解舒调查算出茧丝长、解舒率、解舒丝长、粒茧丝量、茧丝纤度、鲜茧出丝率等项目，以及长吐率、蛹衣量两个参考项目。解舒调查的供试茧每个品种取上车茧 400 粒 3 区，若总茧量不足时，可改做 2 区。

（1）解舒调查条件和原则：可按下列 5 项进行。

a. 解舒调查取样：400 粒解舒样茧按斤粒数及重量计算平均粒重，要求达到同粒等量原则。各区重量与标准重量比较，其误差值小于或等于感量。

b. 统一工艺条件原则：即"四定一除"。

① 定试样车：立缫单车。

② 定速：春茧 50 米/分，早秋茧 40 米/分。

③ 定绪数和定粒：春秋茧一律为 10 绪，定粒为 8 粒。

④ 定缫丝汤温：41～45 ℃。

⑤ 除蛹程度：蛹衣起皱、将破未破。

c. 确定供试茧原则：400 粒解舒煮熟茧中发现双宫、穿头、重畸形、印烂薄皮等下脚茧，应扣除供试茧，中途发现下脚茧及缫剩茧一律不扣供试茧。

d. 解舒调查起止原则：新茧 8 粒生绪，绝对保证定粒。逐步并绪后，尽量添厚茧，直至最后一绪。不能保持 8 粒时，停车落丝。

e. 记准落绪茧原则：

① 开车前盘 5 转（最多不超过 8 转）落下的茧子不作落绪茧，分绪开起，落下的茧子作落绪茧。

② 试缫途中发生蓬糙茧作落绪茧，添上就发现的糙头茧不作落绪茧。

③ 茧子添上后，茧丝已通过磁眼就落下的茧子作落绪茧（茧粒转动过）；凡空添不作落绪茧。

④ 落绪茧扣除标准：已经记录的落绪茧，经索绪后，索破及索不起头的应从落绪茧中扣除。

f. 明确试样误差原则：因工作及操作误差，该区成绩一律不算，但其各项成绩以正常区的平均值代入；因技术误差，则根据下列标准取舍：每区之间解舒率相差 5％以内、茧丝纤度相差 0.05 D 以内、解舒缫折相差 2％以内。

（2）计算公式

茧丝长（米）＝生丝总长（米）×定粒÷供试茧粒数　　　（取整数）

$$解舒率（\%）＝\frac{供试茧粒数}{供试茧粒数＋落绪茧总数}×100$$

$$或\quad 解舒率（\%）＝\frac{解舒丝长（米）}{茧丝长（米）}×100\quad （保留 2 位小数）$$

解舒丝长（米）＝茧丝长（米）×解舒率（％）　　　（取整数）

茧丝量（克）＝解舒丝公量（克）＋供试茧粒数　　　（保留 3 位小数）

$$茧丝纤度（dtex）＝\frac{解舒丝公量（克）×10\,000}{生丝总长（米）×定粒数}\quad （保留 3 位小数）$$

解舒丝公量（克）＝解舒丝干量（克）×1.11　　　（保留 2 位小数）

$$长吐量（毫克）＝\frac{长吐公量（克）}{供试茧粒数（粒）}×100$$

鲜毛茧出丝率（％）＝普通鲜毛茧出丝率（％）×普通茧重量百分率（％）

$$普通鲜毛茧出丝率（\%）＝\frac{解舒粒茧丝公量}{普通鲜毛茧粒茧重量}×上车茧率（\%）$$

粒茧蛹衣量（毫克）＝百粒蛹衣公量（毫克）÷100　　　（取整数）

$$干毛茧出丝率（\%）＝\frac{粒茧丝量（克）}{平均干茧粒重（克）}×上车茧率×100\%\quad （保留 2 位小数）$$

6.2.4　缫丝调查

通过缫丝调查，检验净度、清洁两个项目。每个品种进行茧质调查后余下的上车茧作为缫丝调查用茧。

（1）缫丝调查条件：春茧 7 粒定粒，早秋茧 8 粒定粒 10 绪缫丝。其他工艺条件与解舒调查相同。缫至最后一绪不能维持定粒要求为止。落下的丝作以下检验。

每个品种正、反交各干摇检验黑板 20 片，按生丝检验新标准检验净度、清洁成绩。并将样丝拼丝成条。

（2）计算方法：按以下公式计算，保留 2 位小数。

$$洁净(分)＝每片净度分数总和÷检验片数$$

清洁(分)：根据检验片数按生丝检验标准计算

## 7. 鉴定成绩报告格式与数字修约

### 7.1 数字修约

按下列规定修约：取整数者，算到小数点以下 1 位，4 舍 6 入 5 单双(5 前为单则进 1,5 前为双则不进,0 按双数处理)。取小数点以下 1 位者，算到小数点以下 2 位，4 舍 6 入 5 单双。取小数点以下 2 位者，算到小数点以下 3 位，4 舍 6 入 5 单双。取小数点以下 3 位者，算到小数点以下 4 位，4 舍 6 入 5 单双。

### 7.2 总计平均

实际调查记载所得的数据，按 5 区或试样数实数相加算出正交与反交算术平均数，然后将正交成绩与反交成绩合计算出品种成绩。

各种百分率计算，先按实数算出每个饲育区每年长工样的有关百分率，然后将 5 区或试样数的同一百分率相加算出正交与反交的算术平均数，最后将正交成绩与反交成绩合计平均算出品种成绩。(实用孵化率、4 龄起蚕结茧率、死笼率、虫蛹率、茧层率、普通茧重量百分率、上车茧率、解舒率、鲜毛茧出丝率等均照此法计算)。

### 7.3 综合经济性状的成绩计算方法

$$万头收茧量(千克)＝\frac{总收茧量(克)}{实际饲育头数(头)}×10 \qquad (保留 2 位小数)$$

$$万头茧层量(千克)＝万头收茧量(千克)×茧层率(\%) \qquad (保留 3 位小数)$$

$$万头产丝量＝万头收茧量(千克)×鲜毛茧出丝率(\%) \qquad (保留 3 位小数)$$

$$5 龄 50 千克桑产茧量(千克)＝\frac{总收茧量(克)}{5 龄给桑量(克)}×50 \qquad (保留 3 位小数)$$

5 龄 50 千克桑产丝量(千克)＝5 龄 50 千克桑产茧量×鲜毛茧出丝率(%) (取小数点以下 3 位)

### 7.4 桑蚕品种国家鉴定成绩报告表的填报要求

(1) 表格填报内容

表(一)：供鉴蚕种与鉴定条件；表(二)：饲养鉴定成绩；表(三)：茧质调查成绩；表(四)：丝质鉴定成绩；表(五-1)、表(五-2)：综合分析成绩。其中，表(一)、(二)、(三)、(五-1)、(五-2)由饲养鉴定单位填报，表(四)由丝质鉴定单位填报。

(2) 鉴定成绩寄送日期：春期 7 月 31 日前，秋期 11 月 10 日前。

(3) 鉴定成绩报送单位

### 7.5 鉴定成绩报送

(1) 表(一)～表(五)均寄送给全国桑蚕品种国家审定委员会的委托机构——中国农业科学院蚕业研究所 1 份。

(2) 表(四)除报审定委员会委托机构外，应同时寄送给丝质鉴定单位所在省(区)的饲养鉴定单位与中国丝绸总公司各一份。

附件表(一)～表(五)(表 2.6～表 2.11)。

附件

**表 2.6　桑蚕品种国家审定鉴定成绩报告表（一）**
——供鉴蚕种及鉴定条件

| 品种名称（杂交形式） | 催青日期 | 催青方法 | 收蚁前抑制（日） | 饲育形式 | | 蔟具 | 催青 | | 1～2龄 | | 3龄 | | 4龄 | | 5龄 | | 蔟中 | | | 用桑情况 |
| | | | | 稚蚕 | 壮蚕 | | 温度（℃） | 相对湿度（%） | 温度（℃） | 相对湿度（%） | 温度（℃） | 相对湿度（%） | 温度（℃） | 相对湿度（%） | 温度（℃） | 相对湿度（%） | 温度（℃） | 相对湿度（%） | 通风情况 | |
| | | | | | | | | | | | | | | | | | | | | |
| | | | | | | | | | | | | | | | | | | | | |

鉴定蚕期　　年　　期　　　　　　制表人（签名）　　　　　　　鉴定单位（盖章）　　年　月　日报

**表 2.7　桑蚕品种国家审定鉴定成绩报告表（二）**
——饲养鉴定成绩

| 品种名称（杂交形式） | 收蚁日期 | 龄期经过（日：时） | | 实用孵化率（%） | 每克蚁蚕头数（条） | 饲育蚁量（克） | 4龄起蚕数（条） | 病蜱减蚕头数（条） | | 结茧蚕数（条） | 实际饲育蚕数（条） | 4龄起蚕结茧率（%） | 偶因淘汰蚕数（条） | 遗失蚕数（条） | 5龄用桑量（克） | 壮蚕斑纹 | 饲育概评 |
| | | 5龄 | 全龄 | | | | | 4～5龄 | 蔟中 | | | | | | | | |
| | | | | | | | | | | | | | | | | | |
| | | | | | | | | | | | | | | | | | |

鉴定蚕期　年　期　　　　制表人（签名）　　　　鉴定单位（盖章）　　年　月　日报

## 表 2.8　桑蚕品种国家鉴定成绩报告表（三）

—— 茧质调查成绩 ——

| 品种名称（杂交形式） | 送检普通鲜毛茧 | | | | | | | | 普通茧百分率（%） | 死笼茧头数（条） | 死笼率（%） | 虫蛹率（%） | 千克茧颗数（粒） | 全茧量（克） | 茧层量（克） | 茧层率（%） | 茧色 | 茧形 | 茧形匀整度 | 送检普通鲜毛茧 | | |
|---|---|---|---|---|---|---|---|---|---|---|---|---|---|---|---|---|---|---|---|---|---|---|
| | 普通茧 | | 同宫茧 | | 屑茧 | | 总收茧量 | | | | | | | | | | | | | 净重（克） | 粒数（粒） | 平均粒重（克） |
| | 重量（克） | 粒数（粒） | 重量（克） | 粒数（粒） | 重量（克） | 粒数（粒） | 重量（克） | 粒数（粒） | | | | | | | | | | | | | | |
| | | | | | | | | | | | | | | | | | | | | | | |

鉴定蚕期　　　年　　期

制表人（签名）　　　　　　　　鉴定单位（盖章）　　　　年　月　日报

## 表 2.9　桑蚕品种国家鉴定成绩报告表（四）

—— 丝质鉴定成绩 ——

水质条件＿＿＿＿＿　送样验收＿＿＿＿＿

缫丝机型号＿＿＿＿＿

煮茧机型号＿＿＿＿＿

| 品种名称（杂交形式） | 送检普通鲜毛茧 | | | | 送检干毛茧 | | | | 解舒率（%） | 茧丝长（米） | 茧丝量（克） | 茧丝纤度（dtex） | 茧丝纤度综合均方差（dtex） | 烘茧时间 | | 烘茧温度（℃） | | | | 丝质检验 | | 鲜毛茧出丝率（%） | 干毛茧出丝率（%） | 毛茧重量（克） | 上车茧重量（克） | 下车茧重量（克） | 茧衣重量（克） | 剥选 | | | |
|---|---|---|---|---|---|---|---|---|---|---|---|---|---|---|---|---|---|---|---|---|---|---|---|---|---|---|---|---|---|---|---|
| | 净重（克） | 干茧茧层率（%） | 平均粒重（克） | 茧幅（毫米） | 干茧粒重（克） | 净重（克） | 茧幅整齐度（%） | 烘折（千克） | | | | | | 头冲（时） | 二冲（时） | 头冲 | | 二冲 | | 洁净（分） | 清洁（分） | | | | | | | 上车茧率（%） | 长吐量（克） | 蛹衣量（克） | 余亏率（%） |
| | | | | | | | | | | | | | | | | 最低 | 最高 | 最低 | 最高 | | | | | | | | | | | | |
| | | | | | | | | | | | | | | | | | | | | | | | | | | | | | | | |

鉴定蚕期　　　年　　期

制表人（签名）　　　　　　　　鉴定单位（盖章）　　　　年　月　日报

表 2.10　桑蚕品种国家鉴定成绩报告表（五-1）

*——综合分析成绩*

| 品种名称（杂交形式） | 饲养成绩 | | | | | | | | | | 茧丝质成绩 | | | | | | | | |
|---|---|---|---|---|---|---|---|---|---|---|---|---|---|---|---|---|---|---|---|
| | 实用孵化率（%） | 龄期经过（日:时） | | 4龄起蚕生命率 | | | 茧质 | | | 普通茧重量百分率（%） | 上车茧率（%） | 鲜毛茧出丝率（%） | 茧丝长（米） | 解舒丝长（米） | 解舒率（%） | 茧丝量（克） | 茧丝纤度（D） | 茧丝纤度综合均方差（D） | 净度（分） |
| | | 5龄 | 全龄 | 结茧率（%） | 死笼率（%） | 虫蛹率（%） | 全茧量（克） | 茧层量（克） | 茧层率（%） | | | | | | | | | | |
| | | | | | | | | | | | | | | | | | | | |
| | | | | | | | | | | | | | | | | | | | |
| | | | | | | | | | | | | | | | | | | | |

鉴定蚕期　　　　　制表人（签名）　　　　　鉴定单位（盖章）　　　　　年　月　日报

表 2.11　桑蚕品种国家鉴定成绩报告表（五-2）

*——综合分析成绩*

| 品种名称（杂交形式） | 万头收茧量 | | 万头茧层量 | | 万头产丝量 | | 5龄50千克桑产茧量 | | 5龄50千克桑产丝量 | | 鉴定工作和鉴定环境中需要特别说明的问题 | 综合分析概评意见 |
|---|---|---|---|---|---|---|---|---|---|---|---|---|
| | 实数（千克） | 指数（%） | 实数（千克） | 指数（%） | 实数（千克） | 指数（%） | 实数（千克） | 指数（%） | 实数（千克） | 指数（%） | | |
| | | | | | | | | | | | | |
| | | | | | | | | | | | | |
| | | | | | | | | | | | | |

鉴定蚕期　　　　　制表人（签名）　　　　　鉴定单位（盖章）　　　　　年　月　日报

# 二、2010—2020 年蚕品种试验方案

1980—2002 年国家桑蚕品种鉴定只设实验室鉴定，不进行生产鉴定。2010 年恢复国家桑蚕品种审定后，增加了生产试验。每年由国家蚕品种试验组织单位——全国农业技术推广服务中心品种管理处发布试验方案，各试验承担单位按照试验方案开展试验。

试验分成 A 组和 B 组，A 组承担适宜长江、黄河流域蚕区饲养的蚕品种的鉴定，分春、秋两季进行；B 组承担适宜珠江流域等南方蚕区饲养的蚕品种的鉴定，在秋季进行。

2011—2020 年期间实验室鉴定试验方案基本上没有变化，与 2002 年以前的方案相比，减少了 5 龄 50 千克桑叶产茧量和产丝量调查的内容。

2011—2015 年，生产试验参照 NY/T 1732—2009《桑蚕品种生产鉴定方法》进行，如"2011 年国家桑蚕品种试验实验室鉴定实施方案"对生产试验做了如下主要规定。

（1）每季每对品种饲养正、反交各 8 盒，共 16 盒。每个鉴定点每对品种饲养正、反交各 2 盒，共 4 盒。每个鉴定点不少于 4 个重复，参试品种与对照品种等量饲养。

（2）A 组春、秋季参试品种各 4 对。安排 8 户农户，其中 4 户饲养 4 对品种的正交各 0.5 张，即每户共 2 张；另 4 户饲养其反交各 0.5 张，即每户共 2 张。B 组参试品种 3 对，安排 4 户农户每户同时饲养正、反交各 0.5 张，即每户共 3 张；或安排 8 户农户，其中 4 户饲养 3 对品种的正交各 0.5 张（即每户共 1.5 张），另 4 户饲养其反交各 0.5 张（即每户共 1.5 张）。

（3）饲养调查内容主要有实用孵化率、总收茧量、普通茧质量百分率、千克茧颗数、盒种收茧量。

（4）缫丝样茧从普通茧中抽取，每一鉴定点每对品种抽取正、反交鲜蚕茧各 6.0 千克，合计 12.0 千克，送指定的丝质检验单位检验。丝质检验项目包括上车茧率、普通茧鲜毛茧出丝率、茧丝长、解舒丝长、解舒率、茧丝纤度、茧丝纤度综合均方差、粒茧丝量、清洁、洁净。

这一方案在实施过程中遇到了较大困难，每个鉴定户饲养全部参鉴品种，品种多、蚕室条件受限，试验一致性差；调查项目多、操作复杂，因此从 2016 年起进行了改进。全国农业技术推广服务中心发布的"2016 年国家桑蚕品种试验实施方案"（农技种函〔2016〕147 号），全文如下。

## （一）实验室鉴定

### 1. 试验目的

根据《蚕种管理办法》和参照《主要农作物品种审定办法》的有关规定，鉴定、评价新选育蚕品种（组合，下同）在我国不同蚕区的丰产性、稳产性、适应性、抗逆性、茧丝质及其他重要特征特性，为国家蚕品种审定和推广提供科学、客观的依据。

### 2. 参试品种与对照品种

参试新品种 4 对（次，含重复），蚕种由品种选育单位安全、及时送达试验承担单位；对照品种 3 对，蚕种由试验主持单位中国农业科学院蚕业研究所组织供种（见附表 2）。供种单位每季每对品种提供正、反交各 7 张（每张 28 蛾圈）、母蛾检验无微粒子孢子的蚕种，即每个鉴定点饲养 2 张。

参加 A 组春季试验的蚕种在感温期邮寄至试验主持单位，由主持单位统一调节胚子至丙$_{1+}$，然后标密码编号冷藏（2.5℃），根据鉴定点要求及时出库并邮寄蚕种。参加 A 组秋季和 B 组试验的蚕种，由育种

单位(供种单位)根据鉴定点要求出库并邮寄蚕种。

未按方案要求按时提交合格参试蚕种的,取消品种参试资格。

### 3. 实验室鉴定试验要求

#### 3.1 鉴定点数量和布局

实验室鉴定设 2 个鉴定区组,即 A 组和 B 组,共 14 个实验室鉴定点(次),见表 2.12。

表 2.12 国家蚕品种试验分组与承担单位

| 组别 | 蚕期 | 承担单位 | 组别 | 蚕期 | 承担单位 |
|---|---|---|---|---|---|
| A 组 | 春、秋 | 中国农业科学院蚕业研究所<br>安徽省农业科学院蚕桑研究所<br>四川省农业科学院蚕桑研究所<br>江苏省海安县蚕种场<br>浙江省农业科学院蚕桑研究所<br>山东省蚕业研究所<br>西北农林科技大学蚕桑丝绸研究所 | B 组 | 秋 | 中国农业科学院蚕业研究所<br>安徽省农业科学院蚕桑研究所<br>四川省农业科学院蚕桑研究所<br>湖南省蚕桑科学研究所<br>湖北省农业科学院经济作物研究所<br>广东省蚕业技术推广中心<br>广西壮族自治区蚕业技术推广总站 |

#### 3.2 鉴定时期

A 组春用品种在鉴定点所在地的春蚕期鉴定,春秋兼用品种在春蚕期和秋蚕期分别鉴定;B 组在鉴定点所在地的秋蚕期鉴定。

### 4. 试验方法

#### 4.1 蚕种催青

##### 4.1.1 春季试验

采用高温催青,催青前蚕卵刚自冷库取出,不宜立即接触高温,应在 13～15 ℃的中间温度保护 1～2 天,使起点胚胎达丙$_2$时才加温催青。丙$_2$～戊$_2$胚胎,催青温度 22 ℃、相对湿度 75%,室内自然感光;戊$_3$～己$_4$胚胎,催青温度 25～26 ℃、相对湿度 80%,感光 18 小时;转青期进行黑暗保护,温度 25～26 ℃、相对湿度 80%;收蚁当日早晨 5 时左右开始感光。

##### 4.1.2 夏秋季试验

采用平温催青,温度 25 ℃±0.5 ℃,相对湿度 70%～80%。黑暗保护方法同春用品种。

##### 4.1.3 收蚁前的抑制

为了力求做到各参鉴品种与对照品种同天收蚁,催青中应注意胚子发育的调节。如遇收蚁前确需抑制者,应采用转青卵抑制的办法,尽可能避免采用蚁蚕冷藏的办法。转青卵冷藏温度 10～15 ℃,时间不得超过 3 日。

##### 4.1.4 调查记载项目

###### 4.1.4.1 蚕卵性状

调查记载蚕卵形态、卵色及整齐度,死卵、不受精卵、再出卵情况,产卵整齐度、叠卵多少、附着力强弱、卵壳色等,一般用概评叙述。

###### 4.1.4.2 实用孵化率

收蚁后,次日上午 10 时左右将蚕卵烘死,每一品种正、反交各调查 7 蛾(一列),用红墨水点数孵化蚕卵数(即收蚁当日与次日的孵化卵数)和未孵化蚕卵数。

按下式计算出实用孵化率:

$$实用孵化率 = \frac{二日孵化卵数(粒)}{调查总卵数(粒)} \times 100\%$$ （保留 2 位小数）

4.1.4.3　孵化整齐度

以齐、尚齐、不齐区别记载。苗蚁以少、较多、多区别记载。

4.2　稚蚕饲育

4.2.1　供鉴蚕头数

每对品种正、反交分别收蚁 1.5 克,饲育到 3 龄止桑后到 4 龄饷食一足天内数取 5 区蚕,每区 400 头,作为 4 龄起蚕基本蚕头数。多余的蚕作为预备蚕饲养保留到试验区 4 龄一足天。数蚕分区时务必点数准确,如发现有迟起蚕、封口蚕、半蜕皮蚕等不良蚕,可以拿预备蚕调换,但 4 龄饷食一足天后不得再行调换。

4.2.2　饲育技术要点

4.2.2.1　收蚁前按饲育计划表填写好品种代号。收蚁当时,务必与饲育区片核对,防止混淆。

4.2.2.2　收蚁时刻:春期以上午 8～10 时,夏、秋期以上午 7～9 时为宜。收蚁时,应待各品种全部称量结束后,同一时间撒呼出桑,以减少人为误差。

4.2.2.3　各区之间鹅毛、蚕筷、蚕座纸等用具切勿混用。

4.2.2.4　饲育方式与给桑回数:无论春期还是夏秋期均应采用稚蚕防干育,每日给桑三回,做到良桑饱食。

4.2.2.5　饲育温、湿度

春用蚕品种:1～2 龄温度 27℃±0.5℃,相对湿度 85% 左右;3 龄温度 26℃±0.5℃,相对湿度 80% 左右。

夏秋用蚕品种:以室内自然温、湿度为宜,但当室温高于 32℃时,应设法降温。

4.2.2.6　除沙次数:1 龄眠除 1 次。2 龄、3 龄起除、眠除各 1 次。

4.2.2.7　饲育时,必须注意各交杂方式,各区之间营养与其他环境条件的一致性,做到各参试种和对照种同等待遇。蚕匾位置每日上下前后左右调换 1 次,使各区感温均匀。各龄蚕座密度,品种和区间也要尽量相同,不能稀密不匀或给桑厚薄不等。

4.2.3　调查记载项目

4.2.3.1　蚁蚕习性:观察孵化快慢、齐一程度,蚁蚕有否逆出,活泼程度、有无趋密或逸散性等。

4.2.3.2　克蚁头数:收蚁当时每一个品种正反交各取 3 个样本,每个样本均称准 0.100 克,随即杀生,妥为保存,待收蚁终了后点数头数,计算平均值。

4.2.3.3　稚蚕习性和发育观察:行动活泼与迟缓,对光线、密度等的趋性,眠起快慢与整齐度,食桑快慢与习性,发育快慢与整齐度,蚕体大小粗细与整齐度。

4.2.3.4　健康情况调查:观察记载有否死蚁等发生,迟眠蚕和落小蚕发生头数等。

4.2.3.5　饲育温、湿度:每回给桑时观察记载,按每日平均温、湿度总计平均计算出各龄饲育温、湿度。

4.2.3.6　龄期经过:记载各龄饷食、止桑、眠中时间,计算出各龄经过。

4.3　壮蚕饲育

4.3.1　技术处理要点

4.3.1.1　饲育方式:普通育,每日给桑 3 回。

4.3.1.2　给桑方式:4 龄采用粗切叶或片叶,5 龄采用片叶,便于用桑量调查。

4.3.1.3　饲育温、湿度:春用蚕品种饲育温度 24.5℃±0.5℃,相对湿度 70% 左右。应防止 21℃以下的低温饲育,以免经过延长、影响体质,并注意通风换气。夏秋用蚕品种以自然温度为宜,但当室内温度高于 32℃时,应设法降温。

4.3.1.4　每日除沙 1 次,保持蚕座清洁与干燥,防止蝇蛆为害。

4.3.1.5　防止蚕儿乱爬、区片遗失及其他一切可能产生品种混淆的现象发生。

### 4.3.2　调查记载项目

#### 4.3.2.1　形态调查

在 5 龄盛食期调查。体色:如青白、米红、青白带赤等。熟蚕体色于上蔟当时调查,种类如白、白带赤、米红等。斑纹:如普斑、素蚕等,皮斑限性品种在 5 龄期各区抽检 20 头校对雌雄是否与皮斑相符合。体态:如有瘤、正常、油蚕,注意有无畸形蚕发生,并注明其头数、形状、发育生长能力。种类,如嵌合体、斑纹异常、形态和器官异常等。体形:如细长、普通、短粗等。

#### 4.3.2.2　习性观察

行动:随机观察其行动与静止状态,对环境变动的反应等。食桑:给桑后,观其摄食缓急、食桑状态、食量大小等。眠起:记载眠起快慢。齐一程度:如齐一、欠齐、不齐等,有否半蜕皮蚕和封口蚕等现象,记载其发生头数;老熟快慢齐一程度,熟蚕行动迟缓或活泼等。发育:是否齐一,蚕体有否大小粗细。眠性:有无三眠、五眠蚕发生,统计发生头数。

#### 4.3.2.3　生命力调查

饲育过程中应尽量减少遗失蚕的发生,随时记载病毙蚕与偶因淘汰蚕头数。

病毙蚕数:4～5 龄病毙减蚕,包括病毒病、细菌病蚕及呈空头、起缩症状的病蚕、封口蚕、不蜕皮或半蜕皮蚕、脱肛蚕、弱小蚕。蔟中病毙减蚕,包括病死蚕、不结茧蚕、裸蛹,以及吐少量丝但不成茧形的烂死茧蚕。

结茧蚕数:指已呈茧形,茧腔内蚕体不易透视之蚕头数,其中同宫茧应按蚕头数计算。

偶因淘汰蚕数:包括蝇蛆寄生、真菌寄生、虫鼠为害、农药中毒、人为创伤等非因发病而纯属偶因淘汰的头数,不作生命力计算。4～5 龄迟眠、迟熟蚕不淘汰。

发现有三眠蚕及五眠蚕者,按实分别记载。

### 4.4　蚕茧调查

每一个品种正、反交各 5 区蚕,应分别上蔟、采茧、茧质调查,分区计算成绩。

#### 4.4.1　上蔟与蔟中保护

4.4.1.1　蔟具一律用折蔟,上蔟密度为每小区 2 只塑料折蔟。

4.4.1.2　蔟中温、湿度:春期以 24℃±1℃为宜,低于 21℃时应加温;夏秋期以 26℃±1℃为宜,高于 29℃时应设法降低温度。相对湿度保持 75% 左右,注意通风排湿,防止强风直吹和温、湿度剧变。

4.4.1.3　蔟中光线明暗要匀,营茧过程中避免震动及其他强烈刺激。

#### 4.4.2　采茧与收茧量调查

4.4.2.1　采茧:春用品种在终熟后第 7 天、夏秋用品种在终熟后第 6 天进行。采茧时应拣除蔟中病毙蚕并记载数量。

4.4.2.2　收茧与采茧同时进行。先将蚕茧按普通茧、屑茧、同宫茧分类点数粒数,分别称准各类茧的重量,三类茧的合计重量则为该区的总收茧量。屑茧包括穿头茧、印烂茧、薄皮茧、绵茧、畸形茧等。与此同时,调查普通茧千克茧粒数。

收茧调查时,发现蛆孔茧、鼠害茧另外放置,但按普通茧计数。

#### 4.4.2.3　调查记载项目

(1)蔟中病毙减蚕头数:包括病死蚕、不结茧蚕、裸蛹、吐少量丝但不成茧形的烂死茧蚕。

（2）普通茧重量百分率：按下式计算。

$$普通茧重量百分率（\%）=\frac{普通茧重量（克）}{总收茧量（克）}\times100\%\quad（保留2位小数）$$

（3）茧形、茧色、缩皱：与收茧调查同时进行。

茧形：应注明种类与整齐情况，分别以椭圆、束腰、浅束、榧子形等和整齐、不齐表示。

茧色：须注明种类与洁净状态，分别用白色、米色、竹色等和驳杂、洁净、欠洁净、滞浊等表示。

缩皱：须注明种类与均匀与否，分别用粗、中、细和均匀或不匀等表示。

（4）茧质调查：在收茧调查次日进行。每区随机取样约60粒普通光茧，切剖雌雄各25粒。

全茧量：应包括鲜茧构成的所有部分，即茧壳、蜕皮、蚕蛹等，先分别称雌茧与雄茧各25粒的重量，求得雌茧与雄茧的全茧量而后计算雌雄平均全茧量，保留2位小数。

茧层量：茧层是指有缫丝实用价值的茧壳部分（即不包括茧衣、蜕皮等）。调查方法同全茧量，保留3位小数。

茧层率：雌雄平均茧层率为雌雄平均茧层量占雌雄平均全茧量的百分比。

$$雌雄平均茧层率（\%）=\frac{雌雄平均茧层量（克）}{雌雄平均全茧量（克）}\times100\%\quad（保留2位小数）$$

（5）死笼率：在茧质调查时进行，调查方法及计算公式如下。

屑茧死笼头数：切剖全部屑茧，观察调查死蛹数。

同宫茧死笼头数：切剖全部同宫茧，调查死蛹数。

普通茧死笼头数：逐粒轻摇每颗茧子，如有类似死笼茧的半化蛹、死蛹及死蚕等，应切开调查，并分别记载类型（如死蛹、死蚕、半化蛹、毛脚蚕等）。与品种健康性无关的硬化、蝇蛆、刀伤、出血蛹不应作为死笼头数计列。

$$死笼总头数＝屑茧死笼头数＋同宫茧死笼头数＋普通茧死笼头数$$

$$死笼率（\%）=\frac{死笼总头数}{结茧头数}\times100\%\quad（保留2位小数）$$

（6）4龄起蚕结茧率与虫蛹率：综合蚕期与蛹期成绩，按以下公式计算出4龄起蚕结茧率与虫蛹率，保留2位小数。

$$4龄起蚕结茧率（\%）=\frac{结茧蚕数}{结茧蚕数＋4\sim5龄病毙蚕数＋蔟中病毙蚕数}\times100\%$$

$$虫蛹率（\%）＝4龄起蚕结茧率\times（1－死笼率）$$

### 4.5　鲜茧烘干

#### 4.5.1　装袋送烘

茧质调查完毕后将同一品种的正交5区、反交5区普通茧分别合并、混匀，每个品种准确数取正交1000粒、反交1000粒，合并装入纱布袋中，称准鲜茧净重，求出普通鲜毛茧粒重。称量装袋送烘时间，春期为上蔟终了后9～10天，夏秋期为上蔟终了后8～9天。

#### 4.5.2　鲜茧的烘干

由饲养单位自行烘干或配合附近收烘茧站代烘后送丝质鉴定单位。

烘茧方法要求用二次烘干法，头冲温度104～96℃，二冲温度99～70℃，烘茧温度可根据灶型灵活掌握,达到理论烘率要求。

$$理论烘率＝(0.6875×茧层率＋0.2625)×100\%$$

烘茧后必须称准干茧净重、皮重,记录烘茧时间,烘茧过程中的最高温度和最低温度,并计算烘折。烘茧后1周内将干样茧等量分成2份,送交指定的2个丝质鉴定单位。袋内外置挂标签,标明品种编号、净重、粒数。

4.5.3 交送缫丝试样时间与要求

4.5.3.1 送样时间:烘茧后1周内将干样茧送交丝质鉴定单位(农业部蚕桑产业产品质量监督检验测试中心、中国干茧公证检验南充实验室,每品种两丝质鉴定单位各1份),丝质鉴定单位必须在收到干样茧后1个月内试缫完毕。

4.5.3.2 送样时需将丝质鉴定表四中的烘茧部分填好,并将鲜茧重和总粒数告知丝质鉴定单位。

4.6 丝质鉴定项目及计算方法

4.6.1 剥选茧 通过剥选分清毛茧总重量(克)、上车茧重量(克)、下茧重量(克)、茧衣重量(克)、算出上车茧率,可取小数点以下2位。

$$上车茧率(\%)＝\frac{上车茧重量(克)}{毛茧重量(克)}×100\% \quad (保留2位小数)$$

选茧时要按下列标准选出下脚茧。下脚茧,即不能缫丝的茧。

4.6.1.1 柴印茧 光板:板面较大,无缩皱。钉头:钉头深入茧层1/3及以上者或程度较浅而钉头在两点及以上者。深柴印:横柴印、黄柴印、多面柴印,深度很严重的直柴印或柴印茧带有薄头畸形。

4.6.1.2 黄斑茧 尿黄:尿黄渗入内层,渗入处茧层发软或浮松。靠黄:茧层染着黄块或黑块渗入内层。硬块黄:从外层硬到内层,呈僵块状。老黄:黄斑面积较大,颜色较深。

4.6.1.3 印头茧:两头印出、腰部印出,或单头印出较严重。

4.6.1.4 烂茧:病蚕蛹的污汁,渗达外层。

4.6.1.5 深色茧:深米黄、红僵、深红斑等严重有色茧。

4.6.1.6 薄皮茧:茧层很薄,不到正常茧的三分之一。

4.6.1.7 软绵茧:茧层松浮,手触绵软。

4.6.1.8 重畸形茧:茧形极不正常的和严重尖头茧等。

4.6.1.9 重油茧:蛹油或油污沾染茧层面积很大。

4.6.1.10 双宫茧:茧形大、茧层特厚、缩皱异常茧,内有两粒以上的蚕蛹。

4.6.1.11 穿头茧:茧层有孔者。

4.6.2 茧质调查 包括茧幅、一粒缫试验、解舒及缫丝调查。

4.6.2.1 茧幅调查:按400粒平均粒重,抽取100粒作为调查样茧,通过调查分别得出平均茧幅、茧幅整齐度、平均干茧粒重、干茧茧层率。

$$平均茧幅(毫米／粒)＝\frac{各粒茧幅的总和(毫米)}{总粒数(粒)} \quad (保留1位小数)$$

$$茧幅整齐度(\%)＝\frac{连续三档茧幅最多粒数的总和(粒)}{样茧粒数(粒)}×100\% \quad (保留2位小数)$$

$$平均干茧粒重(克／粒)＝\frac{上车茧重(克)}{上车茧粒数(粒)} \quad (保留3位小数)$$

$$干茧茧层率(\%) = \frac{干茧茧层公量(克)}{干茧全茧量(克)} \times 100\% \quad (保留 2 位小数)$$

#### 4.6.2.2　一粒缫试验

（1）取样：按各品种的平均粒重量称取样茧 100 粒；茧形分大、中、小，按比例取摇粒，重量上下不超过 1%，共取 3 份，其中 2 份作备用茧。

（2）设备：水浴锅、检尺器、扭力天平、多功能电子计算器。

（3）方法

① 水浴温度：70~80 ℃。

② 检尺器速：匀速 100 转/分左右。

③ 每粒茧断头数以 2 次为限，3 次作废以同茧形补试。

④ 摇取中发现内印茧、病蛹等一律作废，以同形茧补试。

⑤ 寻绪尽量减少绪丝损失，称量一律用扭力天平。

⑥ 蛹衣必须逐粒称量，蛹衣量超过该品种的解舒粒茧蛹衣量，春茧 12 毫克、夏秋茧 10 毫克，这粒茧作废，以同形茧补试。

⑦ 另回取舍：一粒缫蛹衣比解舒蛹衣重，不足 50 回的尾数纤度不计算，50 回及以上的折算到 100 回计算；若比解舒蛹衣轻，不足 100 回的尾数纤度不计。

根据下列公式算出茧丝纤度综合均方差，保留 3 位小数。

茧丝纤度综合均方差(d) $\delta s = \sqrt{\sigma^2 粒内 + \delta^2 粒间}$

$$\delta s = \sqrt{\frac{\sum\limits_{i=1}^{n}\sum\limits_{j=1}^{m}(xij - x)^2}{N}}$$

式中：$n$ ＝总绞数；$xi$ ＝每百回茧丝纤度；$xj$ ＝每粒茧的茧丝平均纤度；$m$ ＝粒数。

#### 4.6.2.3　解舒调查

通过解舒调查算出茧丝长、解舒率、解舒丝长、粒茧丝量、茧丝纤度、鲜茧出丝率等项目，以及长吐率、蛹衣量两个参考项目。解舒调查的供试茧每个品种取上车茧 400 粒 3 区，若总茧量不足时可改为 2 区。

（1）解舒调查条件和原则：可按下列 5 项进行。

a. 解舒调查取样：400 粒解舒样茧按千克粒数及重量计算平均粒重，要求达到同粒等量原则，各区重量与标准重量比较，其误差值小于或等于感量。

b. 统一工艺条件原则：四定一除。

① 定试样车：立缫单车。

② 定速：春茧 50 米/分，早秋茧 40 米/分。

③ 定绪数和定粒：春秋茧一律为 10 绪，定粒为 8 粒。

④ 定缫丝汤温：41~45 ℃。

⑤ 除蛹程度：蛹衣起皱、将破未破时。

c. 确定供试茧原则：400 粒解舒煮熟茧中发现双宫、穿头、重畸形、印烂、薄皮等下脚茧，应扣除供试茧，中途发现下脚茧及缫剩茧一律不扣供试茧。

d. 解舒调查起止原则：新茧 8 粒生绪，绝对保证定粒。逐步并绪后，尽量添厚茧，直至最后一绪，不能保持 8 粒时停车落丝。

e. 记准落绪茧原则：

① 开车前盘 5 转（最多不超过 8 转）落下的茧子不作落绪茧，分绪开起，落下的茧子作落绪茧。

② 试缫途中发生蓬糙茧作落绪茧，添上就发现的糙头茧不作落绪茧。

③ 茧子添上后，茧丝已通过磁眼就落下的茧子作落绪茧（茧粒转动过）；凡空添不作落绪茧。

④ 落绪茧扣除标准：已经记录的落绪茧，经索绪后，索破及索不起头的，应从落绪茧中扣除。

f. 明确试样误差原则：因工作及操作误差，该区成绩一律不算，但其各项成绩以正常区的平均值代入。因技术误差，则根据下列标准取舍：每区之间解舒率相差 5% 以内、茧丝纤度相差 0.05 D 以内、解舒缫折相差 2% 以内。

（2）计算公式：

$$茧丝长（米）＝生丝总长（米）×定粒÷供试茧粒数 \quad （取整数）$$

$$解舒率（\%）＝\frac{供试茧粒数（粒）}{供试茧粒数＋落绪茧总数（粒）}×100\% \quad （保留 2 位小数）$$

$$或者 \quad 解舒率（\%）＝\frac{解舒丝长（米）}{茧丝长（米）}×100\% \quad （保留 2 位小数）$$

$$解舒丝长（米）－茧丝长（米）×解舒率（\%） \quad （取整数）$$

$$茧丝量（克）＝解舒丝公量（克）÷供试茧粒数 \quad （保留 3 位小数）$$

$$茧丝纤度（dtex）＝\frac{解舒丝公量（克）×100\,000}{生丝总长（米）×定粒数} \quad （保留 3 位小数）$$

$$解舒丝公量（克）＝解舒丝干量（克）×1.11 \quad （保留 2 位小数）$$

$$长吐量（毫克）＝\frac{长吐公量（克）}{供试茧粒数（粒）}×100 \quad （保留 2 位小数）$$

$$鲜毛茧出丝率（\%）＝\frac{解舒丝公量（克）}{普通鲜毛茧粒茧重量（克）}×上车茧率×\frac{普通茧重量（克）}{总收茧量（克）}×100\%$$

$$粒茧蛹衣量（毫克）＝百粒蛹衣公量（毫克）÷100 \quad （取整数）$$

$$干毛茧出丝率（\%）＝\frac{粒茧丝量（克）}{平均干茧粒茧重（克）}×上车茧率×100\% \quad （保留 2 位小数）$$

4.6.2.4　缫丝调查　通过缫丝调查，检验净度、清洁两个项目。每个品种进行茧质调查后余下的上车茧，作为缫丝调查用茧。

（1）缫丝调查条件：春茧 7 粒定粒，早秋茧 8 粒定粒 10 绪缫丝。其他工艺条件与解舒调查相同。缫至最后一绪不能维持定粒要求为止。落下的丝作以下检验。每个品种正反交各干摇检验黑板 20 片，按生丝检验新标准检验净度、清洁成绩。并将样丝拼丝成条。

（2）计算方法：

$$洁净（分）＝每片净度分数总和÷检验片数 \quad （保留 2 位小数）$$

$$清洁（分）：根据检验片数按生丝检验标准计算 \quad （保留 2 位小数）$$

**5. 鉴定成绩报告格式与数字修约**

5.1　数字修约

本鉴定试验中，各项成绩数据按下列规定修约。

取整数者，算到小数点以下 1 位，4 舍 6 入 5 单双（5 前为单则进 1，5 前为双则不进，0 按双数处理）。

取小数点以下 1 位者，算到小数点以下 2 位，4 舍 6 入 5 单双。

取小数点以下 2 位者,算到小数点以下 3 位,4 舍 6 入 5 单双。

取小数点以下 3 位者,算到小数点以下 4 位,4 舍 6 入 5 单双。

5.2　总计平均

实际调查记载所得的数据,按 5 区或试样数实数相加算出正交与反交算术平均数,然后将正交成绩与反交成绩合计算出品种成绩。

各种百分率计算,先按实数算出每个饲育区的有关百分率,然后将 5 区或试样数的同一百分率相加算出正交与反交的算术平均数,最后将正交成绩与反交成绩合计平均算出品种成绩。(实用孵化率、4 龄起蚕结茧率、死笼率、虫蛹率、茧层率、普通茧重量百分率、上车茧率、解舒率、鲜毛茧出丝率等均照此法计算)。

5.3　综合经济性状的成绩计算方法

5.3.1　万头收茧量(千克)$=\dfrac{总收茧量(克)}{实际饲育头数(粒)}\times 10$　(保留 2 位小数)

5.3.2　万头茧层量(千克)=万头收茧量(千克)×茧层率(%)　(保留 3 位小数)

5.3.3　万头产丝量=万头收茧量(千克)×鲜毛茧出丝率(%)　(保留 3 位小数)

5.4　实验室鉴定成绩表填报要求

5.4.1　鉴定成绩表填报内容

表一:供鉴蚕种与鉴定条件;表二:饲养鉴定成绩;表三:茧质调查成绩;表四:丝质鉴定成绩;表五:综合分析成绩。其中,表一、表二、表三、表五由饲养鉴定单位填报,表四由丝质鉴定单位填报。

5.4.2　鉴定成绩表寄送日期

春期 7 月 31 日前,秋期 11 月 10 日前。

5.4.3　鉴定成绩表报送单位

各承担单位将鉴定成绩表和报告寄送给主持单位汇总,主持单位汇总核对后报全国农业技术推广服务中心。

**6. 试验承担单位和参试品种**

国家桑蚕品种试验实验室鉴定承担单位见附表 1,试验参试品种见附表 2。

**7. 其他事项**

7.1　试验管理

为确保试验正常开展,参试单位有关人员未经允许不得前往各试验点参观试验,不得向试验点查询品种表现和索取试验结果,违者将依据有关规定处理。

7.2　试验异常情况报告

试验期间如果发生影响鉴定结果的意外事件,须 7 天内电告、15 天内函告全国农业技术推广服务中心品种区试处、试验主持单位和试验点所在地省级蚕品种试验主管机构。同时,必须如实记录事件经过和对鉴定试验结果的影响程度,并将相关图文资料(包括发生原因和鉴定点照片)存档,以便核实、确认。

7.3　试验主持单位及联系人

试验主持单位:中国农业科学院蚕业研究所

联系人:陈涛、侯启瑞

地址:江苏省镇江市四摆渡;邮编:212018

附表 1　国家桑蚕品种试验实验室鉴定承担单位(略)

附表 2　国家桑蚕品种试验实验室鉴定参试品种(略)

#### (二) 生产试验

**1. 试验目的**

根据《蚕种管理办法》和参照《主要农作物品种审定办法》的有关规定,鉴定、评价新选育蚕品种(组合,下同)在我国不同蚕区的丰产性、稳产性、适应性、抗逆性、茧丝质及其他重要特征特性,为国家蚕品种审定和推广提供科学、客观的依据。

**2. 参试品种与对照品种**

参试新品种4对(次,含重复),对照品种3对(见附表2)。参试新品种的蚕种由品种选育单位提供,对照由试验主持单位中国农业科学院蚕业研究所组织供种。每盒(张)蚕种的良卵粒数应一致(25 000粒/张),母蛾检验合格。

参加A组春季试验的蚕种在感温期邮寄至试验主持单位,由主持单位统一调节胚子至丙$_{1+}$,然后密码编号冷藏(2.5℃),根据鉴定点要求及时出库并邮寄蚕种。参加A组秋季和B组试验的蚕种,由育种单位(供种单位)根据鉴定点要求出库并邮寄蚕种。

未按方案要求按时提交合格参试蚕种的,取消品种参试资格。

**3. 生产鉴定试验要求**

3.1 鉴定点数量和布局

每个鉴定点每对品种饲养正、反交各5盒/张,共10盒/张。每个鉴定点不少于5个重复(5户,每户2盒/张),参试品种与对照品种等量饲养。

各鉴定点选择的鉴定农户应具代表性,能代表区域内大多数蚕农的饲养条件和技术水平。同一鉴定点饲养条件和技术处理应基本一致。

3.2 鉴定时期

春季鉴定在鉴定点春蚕期(4—6月)进行,秋季鉴定在鉴定点秋蚕期(8—10月)进行。

3.3 鉴定户

选择工作认真、责任心强、生产水平中等,具初中及以上文化水平,房屋设施和劳动力较充足的农户作为鉴定户,同一鉴定点鉴定户的分布应相对集中。

以每盒(张)蚕种25 000粒良卵计算,5龄最大蚕座面积应不少于30米$^2$,上蔟面积不少于50米$^2$。应具备相配套的消毒设备、养蚕和上蔟用具。蚕室应具有加温和通风设备,通风良好。

3.4 鉴定试验记录

每个鉴定户应有专人负责数据记录。记录应按鉴定附表认真、逐项记载,做到客观、真实、准确、完整和及时。

**4. 生产鉴定试验方法**

4.1 催青、收蚁和小蚕共育

催青、收蚁和小蚕共育按当地常规方法进行。

调查孵化整齐度,以齐(95%以上)、尚齐(95%～90%)、不齐(90%以下)区别记载。苗蚁以少、较多、多区别记载。

4.2 幼虫饲养

幼虫饲养按当地常规方法进行。

健康情况调查:观察记载有否死蚁、迟眠蚕和弱小蚕等发生,并以概述的方式表述。

4.3 蚕茧调查

### 4.3.1　上蔟与蔟中管理

各参试品种和对照品种所用的蔟具和上蔟环境应相同,正、反交分开上蔟,密度适中。温度以24.0℃±1.0℃为宜,春季温度低于21.0℃时应加温。蔟室光线明暗均匀,保持通风良好,避免震动、强风直吹、强光直照和温度剧变。

### 4.3.2　采茧与收茧量调查

春季在终蔟后第7天、夏秋季在终蔟后第6天采茧。蚕茧按普通茧、双宫茧、次下茧(穿头茧、印烂茧、薄皮茧、绵茧、畸形茧)分类。茧层结实的蛆孔茧、鼠害茧按普通茧计数,但另外放置。分正反交调查普通茧重量和总收茧量,计算普通茧重量百分率。

### 4.3.3　抽样

样茧从普通茧中抽取,抽样前先按照每对品种的饲养户数计算需要从每个鉴定户抽取的样茧数量。每一鉴定点每对品种抽取鲜茧2.0千克,正、反交蚕茧等量(各1千克),调查千克茧粒数,然后全部切剖,调查健蛹率。

### 4.3.4　调查项目与方法

**4.3.4.1　盒(张)种收茧量**　按下列公式计算,保留2位小数。

$$每盒(张)蚕种收茧量(千克)=\frac{总收茧量(千克)}{饲养蚕种数量(盒/张)}$$

**4.3.4.2　普通茧质量百分率**　按下列公式计算,保留2位小数。

$$普通茧质量百分率(\%)=普通茧质量(千克)\div 总收茧量(千克)\times 100\%$$

**4.3.4.3　千克茧粒数**　从普通茧中随机抽取1000克,称准质量,点数蚕茧粒数。

**4.3.4.4　健蛹率**　切剖4.3.4.3调查用的普通茧,按下列公式计算,保留2位小数。

$$健蛹率(\%)=健康蛹颗数\div 总蛹颗数\times 100\%$$

## 5. 生产鉴定成绩报告与综合评价

### 5.1　数字修约

取整数者,算到小数点以下1位,4舍6入5单双(5前为单则进1,5前为双则不进,0按双数处理)。取小数点以下1位者,算到小数点以下2位,4舍6入5单双。依次类推。

### 5.2　数据报送和汇总

鉴定结束后,鉴定点负责人应及时将鉴定成绩、检验数据送交鉴定试验主持单位。鉴定试验主持单位汇总各鉴定点的鉴定结果和饲养表现。采用算术平均和方差分析方法,统计分析各品种的鉴定结果。

当鉴定过程中出现异常情况,如桑叶农药或废气严重污染导致蚕中毒,或生产上大范围蚕病暴发等,鉴定组织单位应组织有关专家对鉴定数据进行评估,提出数据的取舍处理建议。

### 5.3　品种评价

根据各参试品种的饲养鉴定表现,通过与对照品种的比较和统计分析,依据试验评价标准对各品种做出综合评价。评价内容应包括参试品种体质强弱、饲养难易、产量高低,及其符合标准规定指标的程度,适宜饲养地区和季节等。

### 5.4　生产鉴定试验成绩报告表填报要求

### 5.4.1　表格填报内容

国家桑蚕品种试验生产鉴定成绩报告表。

#### 5.4.2 鉴定成绩寄送日期

春期 7 月 31 日前，秋期 11 月 10 日前。

#### 5.4.3 鉴定成绩报送单位

各生产鉴定点将鉴定成绩寄送给试验主持单位汇总，主持单位汇总核对后报送全国农业技术推广服务中心。

### 6. 生产鉴定承担单位和参试品种

国家桑蚕品种试验生产鉴定承担单位见附表 1，参试品种和对照品种见附表 2。

### 7. 其他事项

#### 7.1 鉴定试验管理

为确保鉴定试验工作正常开展，鉴定试验实行封闭管理，参试品种选育单位的相关人员未经允许不得前往各鉴定点参观，不得向鉴定点查询品种表现和索取试验结果，违者将依据有关规定处理。

#### 7.2 试验异常情况报告

试验期间如果发生影响鉴定结果的意外事件，须 7 天内电告、15 天内函告全国农业技术推广服务中心品种区试处、试验主持单位和试验点所在地省级蚕品种试验主管机构。同时，必须如实记录事件经过和对鉴定试验结果的影响程度，并将相关图文资料（包括发生原因和鉴定点照片）存档，以便核实、确认。

#### 7.3 试验主持单位及联系人

试验主持单位：中国农业科学院蚕业研究所

联系人：陈涛、侯启瑞

地址：江苏省镇江市四摆渡；邮编：212018

附表 1　国家桑蚕品种试验生产鉴定承担单位（略）

附表 2　国家桑蚕品种试验生产鉴定参试品种（略）

# 第三节
# 桑品种鉴定试验布局与方法

## 一、试验组织

1982 年 10 月 18 日农牧渔业部发布《全国桑树品种审定条例》(试行草案),决定从 1983 年起开展国家桑品种鉴定审定工作,统一纳入"全国桑蚕品种审定委员会"管理,审定委员增补多名桑品种专家为委员,更名为"全国桑·蚕品种审定委员会"。鉴定试验由审定委员会挂靠单位——中国农业科学院蚕业研究所主持,桑品种鉴定组负责鉴定计划安排、技术交流和资料汇总等工作。

### (一)第一批桑品种试验布局

我国桑树品种资源丰富、分布区域广、各地生态环境不一、栽培技术不同、品种性状和适应性各异。为此,根据地理环境、栽培特点和品种特性,分设长江流域、黄河流域、珠江流域、东北地区四大区域,并以长江流域为重点,共设 9 个鉴定点,参鉴品种 25 个(不包括对照种),见表 2.13。

表 2.13 第一批全国桑品种鉴定试验承担单位和人员名单

| 单位 | 1983 年 | 1984 年 | 1985 年 | 1986 年 | 1987 年 | 1988 年 |
|---|---|---|---|---|---|---|
| 中国农业科学院蚕业研究所 | 潘传铭<br>施炳坤<br>夏明炯<br>吴朝吉<br>刘世安 | 潘传铭<br>施炳坤<br>夏明炯<br>吴朝吉<br>刘世安 | 潘传铭<br>施炳坤<br>夏明炯<br>吴朝吉<br>赵志萍<br>袁月琴 | 潘传铭<br>施炳坤<br>夏明炯<br>吴朝吉<br>赵志萍<br>袁月琴 | 潘传铭<br>施炳坤<br>夏明炯<br>吴朝吉<br>赵志萍<br>袁月琴 | 潘传铭<br>施炳坤<br>夏明炯<br>吴朝吉<br>赵志萍<br>袁月琴 |
| 浙江省农业科学院蚕桑研究所 | 计东风 | 计东风 | 汪定芳 | 汪定芳<br>李秀艳 | 汪定芳<br>李秀艳 | 汪定芳<br>李秀艳 |
| 四川省阆中蚕种场 | 刘世泉 | 刘世泉 | 刘世泉<br>邢学清 | 刘世泉<br>饶志强 | 刘世泉<br>饶志强 | 刘世泉<br>饶志强<br>罗凯 |
| 湖北省黄冈地区农校 | 胡自成 | 胡自成 | 胡自成 | 胡自成<br>黄永坚 | 胡自成<br>黄永坚 | 胡自成 |
| 江苏省海安蚕种场 | 谢世怀 | 谢世怀 | 谢世怀<br>叶斌 | 叶斌<br>谢世怀 | 叶斌<br>谢世怀 | 谢世怀<br>叶斌 |

（续　表）

| 单位 | 1983 年 | 1984 年 | 1985 年 | 1986 年 | 1987 年 | 1988 年 |
|---|---|---|---|---|---|---|
| 山东省滕州市桑树良种繁育场 | 宋润之 | 刘金侠<br>宋润之 | 宋润之<br>刘金侠 | 刘金侠<br>宋润之 | 刘金侠<br>宋润之 | 刘金侠<br>宋润之 |
| 陕西省蚕桑蚕研所 | 刘永奎 | 刘永奎 | 刘永奎 | 刘永奎 | 刘永奎 | 刘永奎 |
| 广东省农业科学院蚕业研究所 | 阮成英 | 阮成英 | 王穗虹 | 王穗虹<br>郭展雄 | 王穗虹<br>郭展雄 | |
| 吉林省蚕业科学研究所 | 李玉春 | 李玉春 | 靖玉琴<br>苑晓东 | 辛玉玲<br>苑晓东 | 辛玉玲<br>苑晓东 | 辛玉玲<br>苑晓东 |

**1. 长江流域试验区**

在江苏、湖北、四川和浙江 4 个省设 5 个鉴定点：浙江省农业科学院蚕桑研究所、江苏省海安蚕种场、湖北省黄冈农业学校、四川省阆中蚕种场和中国农业科学院蚕业研究所。

参鉴桑品种：育 151 号、育 237 号、育 2 号、湖桑 7 号、湖桑 87 号、湖桑 197 号、湖桑 199 号、红沧桑、璜桑 14 号、洞庭 1 号、辐 1 号、7307、707、吉湖 4 号、和田白桑、伦教 40 号、新一之濑，以及湖北省当地对照种黄桑，共 18 个。

**2. 黄河流域试验区**

在山东、陕西两省设 2 个鉴定点：山东省滕县桑树良种繁育场和陕西省农业科学院蚕桑研究所。

参鉴品种：选 792、临黑选、707、7307、湖桑 87 号、和田白桑、新一之濑，以及山东、陕西两省的当地对照种梨叶大桑和滕桑，共 9 个。

**3. 珠江流域试验区**

鉴定点设在广东省农业科学院蚕业研究所。

参鉴品种：伦教 40 湖号、塘 10×伦 109、试 11 号、丰驰桑、育 2 号，共 5 个。

**4. 东北地区**

鉴定点设在吉林省蚕业研究所。

参鉴品种：吉湖 4 号、吉籽 1 号、吉鲁桑、选秋 1 号，共 4 个。

### （二）第二批桑品种试验布局

根据参鉴品种的地区适应性，试验主持单位确定在长江和黄河中下游地区 5 个省设置 6 个鉴定点：浙江省农业科学院蚕桑研究所、江苏省海安蚕种场、中国农业科学院蚕业研究所、四川省阆中蚕种场、山东省滕县桑树良种繁育场、陕西省蚕桑研究所。

参鉴品种及选育单位见表 2.14，各鉴定点栽植相同品种，均以湖桑 32 号为对照种。试验承担单位和人员见表 2.15。

表 2.14　参鉴品种及选育单位

| 品种名称 | 选 育 单 位 |
|---|---|
| 塔桑 | 四川省南充市丝绸公司、蓬安县蚕桑局 |
| 北桑 1 号 | 四川省北碚蚕种场 |
| 实钻 11 - 6 | 四川省三台蚕种场 |
| 湘 7920 | 湖南省蚕桑所 |
| 薪一圆 | 浙江省农业科学院蚕桑所 |
| 育 71 - 1 | 中国农业科学院蚕业研究所 |
| 红星五号 | 安徽省农业科学院蚕桑所 |

表 2.15　第二批全国桑品种鉴定试验承担单位和人员名单

| 单位 | 1989 年 | 1990 年 | 1991 年 | 1992 年 | 1993 年 | 1994 年 |
|---|---|---|---|---|---|---|
| 中国农业科学院蚕业研究所 | 施炳坤<br>夏明炯<br>吴朝吉<br>袁月琴 | 施炳坤<br>夏明炯<br>吴朝吉<br>袁月琴 | 施炳坤<br>夏明炯<br>吴朝吉<br>袁月琴 | 施炳坤<br>夏明炯<br>吴朝吉<br>曹忱<br>袁月琴 | 施炳坤<br>夏明炯<br>吴朝吉<br>曹忱<br>袁月琴 | 施炳坤<br>夏明炯<br>吴朝吉<br>曹忱<br>袁月琴 |
| 浙江省农业科学院蚕桑研究所 | 计东风 | 骆承军 | 骆承军<br>杨今后<br>杨新华 | 骆承军<br>杨今后<br>杨新华 | 骆承军<br>杨今后<br>杨新华 | 骆承军<br>杨新华 |
| 四川省阆中蚕种场 | 刘世泉<br>饶志强 | 刘世泉<br>饶志强<br>田美华 | 刘世泉<br>饶志强<br>田美华 | 刘世泉<br>饶志强<br>田美华 | 刘世泉<br>饶志强<br>田美华 | 刘世泉<br>饶志强<br>田美华 |
| 江苏省海安蚕种场 | 谢世怀 | 谢世怀 | 谢世怀 | 谢世怀<br>顾用群 | 谢世怀 | 谢世怀<br>顾用群 |
| 山东滕县桑树良种场 | 宋润之 | 宋润之<br>孔震 | 宋润之<br>孔震 | 张广文<br>孔震 | 张广文<br>孔震 | 张广文 |
| 陕西省蚕桑研究所 | 刘永奎 | 刘永奎 | 苏超 | 苏超 | 苏超 | 苏超 |

# 二、试验方法

1982 年农业部发布《桑树品种鉴定工作细则》(试行草案),全文如下。

## (一) 田间试验要求

1. 为了提高试验正确性,必须在统一条件下进行,在选择土地时要注意有地区代表性,要求土壤一致、前作相同、地势平坦、能灌能排。对土壤要进行分析,测定 pH,氮、磷、钾及有机质的含量。

2. 提供试验的土地,事先必须进行深翻平整,深开栽植沟,施足基肥,各试验区所施基肥数量、质量一致,栽植的苗木大小应相同。

3. 鉴定点在接受审定委员会安排的统一鉴定品种的同时,可从当地生产情况出发,选择本地主要栽培品种作为对照种参与评比。

## (二) 试验田设计方案

1. 栽植面积:鉴定点每期供试品种以 6～10 个为宜,栽植面积为 3～5 亩(0.2～0.33 公顷),每小区约为 1 分(67 米²)地左右,每品种栽植 4 分(270 米²)地左右。

2. 田间排列:供试品种采用随机排列法栽植,排列时应注意使各重复区内的同一品种分布在试验大区内的各处,避免靠近或排列在同一直线上,以提高试验的准确性。试验田四周应设保护行(图 2.1)。

3. 栽植株数:每小区栽植 50～60 株,并进行 4 次重复,每品种计栽 200～240 株。珠江流域鉴定点的每小区栽植 400～500 株,4 次重复共栽 1 600～2 000 株。同时,各品种需准备 3%～5% 的预备株以便补缺。

4. 栽植密度:根据各地区不同,鉴定点栽植密度为每亩(667 米²)栽 600～800 株,珠江流域可栽 5 000 株左右。

5. 养成形式:一般采用低干或低中干养成。主干为 20～25 厘米,收获养成高度为 65 厘米左右。珠江流域鉴定点按当地习惯养成。

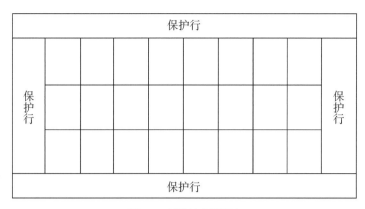

**图 2.1 试验地布局设计**

6. 肥培管理：栽植时每亩（667 米²）施堆厩肥 80～100 担（4 000～5 000 千克），栽种后，根据当地施肥习性，可施用人粪尿、塘泥、化肥、绿肥等有机和无机肥料，但折合纯氮量，每亩（667 米²）需达：第一年 20 千克，第二年 25 千克，第三年 35 千克，以后每年应在 35 千克以上。

### （三）调查内容

1. 生物学性状调查

在生长期间，调查品种发芽期、开叶期、成熟期、止芯期、硬化期和落叶期等。发芽率：春季在稚蚕期对各品种选择有代表性的 5 株树，从中各选 2 根条、计 10 根条，分别调查总芽数、发芽数计算其发芽率。

芽类比率：即调查其生长芽和止芯芽的比率，在壮蚕期结合产叶量调查，每品种抽样 5 株调查其生长芽和止芯芽数，并求得这两种芽各占发芽数的百分率。

条数、条长：选有代表性的 5 株，调查其发条数（条长在 50 厘米以下者不计），求得总条数及平均发条数，并量其总条长推算平均株条长和每根条长。

2. 产叶量调查

春季：在春蚕 5 龄盛食期一次采叶称重调查，但在调查前，在同一试验区内各品种选一个代表行调查条、梢、叶、榶的重量，计算各部分所占百分比，由此推算片叶所占重量。此数作经济性状的参考。春季产量应以芽叶量计数。

夏、秋季：各地根据养蚕次数和时间来调查叶量。调查方法：夏蚕疏芽，采去枝部的脚叶 5 片。早秋采叶占条长的 1/2，中秋采着叶条长的 1/2，晚秋条梢部留 5～6 片，其余全部采完。各次产叶量累加作为夏秋季的产叶量。

在产叶量调查时，每小区分别称重记载，以便生物学统计测定其各品种的差异显著性，作为分析各品种产叶量的依据。

3. 叶质鉴定

（1）生物鉴定：即进行采叶养蚕试验。栽植后第三年开始春季和中秋养蚕，以全面鉴定其春、秋的叶质。

① 桑品种叶质鉴定，可分早生桑和中晚生桑的比较试验；供试蚕品种应分区域性，以生产上现行的春、秋用种为材料。

② 早生桑品种比较鉴定，1～3 龄分别用供试桑品种，对照种用早生桑区域性的现行早生桑，4～5 龄统一用荷叶白或当地现行的中生桑。中晚生桑比较鉴定，1～3 龄用统一的荷叶白或区域的现行桑品种，4～5 龄分别用供试桑品种。

③ 每一桑品种为一大区，每大区收蚁 1.2 克（重复 4 小区）。早生桑比较鉴定，1～3 龄各小区域饲养

0.3 克,分别桑品种给桑,4～5 龄每小区饲养 400 头,用统一桑品种给桑。中晚生桑比较鉴定,1～3 龄用统一品种饲养,4 龄开始每小区饲养 400 头,分别用供试桑品种给桑。

④ 各桑品种采叶:叶位、叶色、成熟度力求一致,采叶时间、贮藏时间均须相同,做到分别采摘、贮藏、给桑。防止混杂差错,当日用叶当日结清,不用陈叶。

⑤ 饲养方法同普通丝茧育。需行制种考察的,其饲养方法同种茧育。其消毒防病均须一致。

⑥ 调查项目:全龄经过、全龄用桑量、4 龄起蚕结茧率、死笼率、产茧率、全茧量、茧层量、茧层率等。

⑦ 丝质检验:应将各桑品种饲养的全区鲜茧装入纱布袋内,挂上标签,写明单位、期别、桑品种名、鲜茧重量,送交烘茧和缫丝试验单位,检验上茧率、产丝量、丝长、解舒丝长、解舒率、鲜茧出丝率、纤度等。

(2)叶质分析:供分析的桑叶取样方法。

① 早生品种:

春季:在 3 龄期,各小区选一代表株,在该株条长 1/2 以上,采止芯芽的第二叶位(自芽基部向上数)一片叶,4 区共采鲜叶重(剪去叶柄,下同)50 克,及时烘干供分析之用(下同)。

秋季:在中秋蚕的 3 龄期,各小区选一代表株,采该株条梢部第 3～4 叶位两片叶,4 小区混合称重 50 克。

② 中晚生品种:

春季:在 5 龄盛食期,各小区选一代表株,采该株条长 1/2 以上的止芯芽 10 个,除去叶柄及青梗,4 区混合称重 50 克。

秋季:在中秋蚕 5 龄盛食期,各小区选一代表株,从该株上选一中等条,采第 6～10 叶位 5 片叶,4 区混合称重 50 克。

上述所采的品种叶编号烘干(不超过 80 ℃),用塑料袋包装好,及时送交有关单位测定桑叶中蛋白质、粗脂肪、碳水化合物、粗纤维、灰分等。有条件的点,可进行有关氨基酸测定,提供生物鉴定参考。

4. 抗逆性调查

(1)抗病性:全株性病害如萎缩病、青枯病、紫纹羽病、根腐病等,依病害发生的时间,观察调查病害危害程度,以株为单位计算其发病率。枝条病害,如细菌病、青枯病、芽枯病等,以枝条数为单位计算发病率。叶部病害,可以按发病率高低,划分等级加以计算评定(表 2.16)。

表 2.16 桑树品种抗病性调查表

| 病情级别 | 发病程度 | 抗性强弱 |
| --- | --- | --- |
| 一级 | 5%以下 | 强 |
| 二级 | 6%～30% | 中 |
| 三级 | 31%～60% | 弱 |
| 四级 | 60%以上 | 易染 |

(2)抗旱性:在发生旱象时,调查各品种的生长势、枝条长、顶芽停止生长期、叶片萎调程度、硬化迟早、黄落叶程度,以评定其抗旱程度,可用强、中、弱、易旱 4 个等级表示。

(3)抗寒性:在冬季落叶后到来春发芽前,对桑树的势、枝条、枝干及全株进行冻害调查,计算其冻害百分率、抗寒的程度评定,仍以上述 4 个等级划分。

(4)其他:抗虫性、抗风性、抗涝性、抗盐碱性等各鉴定点可根据具体情况进行调查评定,仍以上述 4 个等级划分。

## (四) 资料整理

桑品种鉴定的试验期间,每年所调查的数据资料,要加以认真分析整理。去伪存真,实事求是地写出

试验工作年报,报全国桑・蚕品种审定委员会。其内容应注意下列有关方面:

(1) 各桑品种的产量、叶质、抗性等在当地所表现的成绩。本试验鉴定的宗旨,是在具有一定高产水平的基础上,应特别重视桑叶质量的试验研究,从而评选出高产、优质、抗性强的优良品种,为当地生产服务。

(2) 对某些品种所具有的特有性状,如叶质优、抗某种病害特强、耐旱、抗寒、耐盐碱、抗风、发条特多宜条桑收获、早生早熟硬化迟等,要注意认真调查鉴定,把这些特有的优良性状着重地整理出来,以便进一步从中选出具有某些特有性状的良种,因地制宜地加以推广。

(3) 资料整理中,根据观察调查和数据记载,分别阐述各品种在当地的优缺点,提出初步看法。随着鉴定时间的增长,最后需写出结论性的意见。

(4) 真实反映试验中存在的问题,分析产生问题的原因,提出改进意见及其预期效果。

附件:鉴定试验调查表格(表 2.17~表 2.23)。

表 2.17　基本情况调查表

| 试验地名 | |
|---|---|
| 总面积 | |
| 土地类型 | |
| 平整程度 | |
| 前作名称 | |
| 地下水位 | |
| 排灌条件 | |
| 小区长宽 | |
| 整地时间和程度 | |
| 植沟深宽度 | |
| 基肥种类和数量 | |
| 栽植株行距 | |
| 苗木等级 | |
| 栽植时间和深度 | |
| 成活 | |

填表单位:　　　　　　调查人:　　　　　　调查日期:　　年　　月　　日

表 2.18　肥培管理情况调查

| 耕耘时间和次数 | | |
|---|---|---|
| 施肥时间及数量 | 冬肥 | |
| | 春肥 | |
| | 夏秋肥 | |
| | 绿肥 | |
| 夏伐时间 | | |
| 疏芽时间 | | |
| 病虫害情况 | | |
| 自然灾害情况 | | |
| 其他 | | |

填表单位:　　　　　　调查人:　　　　　　调查日期:　　年　　月　　日

**表 2.19 生物学性状调查**

| 项目\品种 | 膨芽期（月/日） | 脱苞期（月/日） | 燕口期（月/日） | 开叶期（月/日） | | | | | 发芽率（%） | 芽类比例(%) | | 单芽着叶数 | | 盛花期（月/日） | 桑叶成熟期（月/日） | 桑椹成熟期（月/日） | 硬化率（%） | 止芯率（%） |
|---|---|---|---|---|---|---|---|---|---|---|---|---|---|---|---|---|---|---|
| | | | | 一叶 | 二叶 | 三叶 | 四叶 | 五叶 | | 生长芽 | 止芯芽 | 生长芽 | 止芯芽 | | | | | |
| | | | | | | | | | | | | | | | | | | |
| | | | | | | | | | | | | | | | | | | |
| | | | | | | | | | | | | | | | | | | |

填表单位：　　　　　　　调查日期：　　　　　年　月　日

调查人：

**表 2.20 抗逆性调查**

| 项目\品种 | 抗病 | | | | | | 抗虫 | | | | 抗自然灾害 | | | |
|---|---|---|---|---|---|---|---|---|---|---|---|---|---|---|
| | 萎缩病 | 细菌病 | 赤锈病 | 青枯病 | 芽枯病 | 其他 | 桑天牛 | 桑蛀虫 | 红蜘蛛 | 其他 | 耐寒性 | 耐旱性 | 耐盐碱 | 其他 |
| | | | | | | | | | | | | | | |
| | | | | | | | | | | | | | | |
| | | | | | | | | | | | | | | |

填表单位：　　　　　　　调查日期：　　　　　年　月　日

调查人：

表 2.21　产叶量调查

| 项目＼品种 | 春季 | | | | | | | | | | | | | | 秋季 | | | | | | | 全年 | |
|---|---|---|---|---|---|---|---|---|---|---|---|---|---|---|---|---|---|---|---|---|---|---|---|
| | 单株条数(根) | 单株条长(米) | 平均枝条长(米) | 叶条梢枝比率 叶片 | 叶条梢枝比率 枝条 | 叶条梢枝比率 新梢 | 叶条梢枝比率 桑椹 | 米条长产叶(克) | 千克叶片数(片) | 小区产叶量(千克)① | ② | ③ | ④ | 平均 | 小区产叶量(千克)① | ② | ③ | ④ | 平均 | 米条长产叶(克) | 千克叶片数(片) | 总产叶量(斤) | 亩产叶量(斤) |
| | | | | | | | | | | | | | | | | | | | | | | | |
| | | | | | | | | | | | | | | | | | | | | | | | |

填表单位：　　　　　　调查人：　　　　　　调查日期：　　年　　月　　日

表 2.22　养蚕成绩调查

| 项目＼品种 | 饲养头数(头) | 五龄经过(日/时) | 全龄经过(日/时) | 眠起整齐度 | 四龄起蚕结茧率(%) | 实际收茧量(千克) | 万头收茧量(千克) | 全茧量(克) | 茧层量(克) | 茧层率(%) | 上茧率(%) | 双宫茧率(%) | 死笼率(%) | 斤茧颗数(粒) | 斤茧用桑量(千克) | 备注 |
|---|---|---|---|---|---|---|---|---|---|---|---|---|---|---|---|---|
| | | | | | | | | | | | | | | | | |
| | | | | | | | | | | | | | | | | |

填表单位：　　　　　　调查人：　　　　　　调查日期：　　年　　月　　日

表 2.23　缫丝成绩及制种成绩调查

| 季节 | 丝质成绩 | | | | | | | | 制种成绩 | | | | | | | 备注 |
|---|---|---|---|---|---|---|---|---|---|---|---|---|---|---|---|---|
| | 供试茧数(粒) | 茧丝长(米) | 解舒丝长(米) | 茧丝量(克) | 出丝率(%) | 净度(分) | 纤度(D) | 匀度(分) | 发蛾率(%) | 供试蛾数(蛾) | 单蛾产卵数(粒) | 良卵率(%) | 不受精卵率(%) | 死卵率(%) | 良卵率(%) | |
| 春 | | | | | | | | | | | | | | | | |
| 秋 | | | | | | | | | | | | | | | | |

填表单位：　　　　　　调查人：　　　　　　调查日期：　　年　　月　　日

# 第三章

# 蚕品种试验成绩与审定结果

　　本章收录了蚕品种鉴定(试验)成绩、鉴定结果报告(试验总结)和审定结果,主要是各参试蚕品种每年多个鉴定点的平均数和两年平均数,而对参试品种在各鉴定点的鉴定数据则未予收录。分 3 节,第一节1981—1989 年鉴定成绩与审定结果,包含农业部通知(或公告)、审定结果报告和审定通过新品种简介,以及部分年份的鉴定结果报告;第二节1990—2002 年试验成绩与审定结果,包含农业部公告、审定通过蚕品种简介、验证试验报告;第三节 2010—2018 年试验成绩与审定结果,包含农业部公告、试验总结。另外,对国家审(认)定通过蚕品种进行了统计。

# 第一节
# 1981—1989 年鉴定成绩与审定结果

## 一、关于印发《桑蚕新品种国家审定结果报告(第一号)》的通知

1982 年 6 月 12 日农牧渔业部发文"关于印发《桑蚕新品种国家审定结果报告(第一号)》的通知"[(82)农(农)字第 9 号],全文如下。

各省、自治区、直辖市农(林)业厅(局),山东省丝绸总公司,广东省丝绸公司,黑龙江省供销社,内蒙古轻工局:

同意全国桑蚕品种审定委员会第三次会议对 5 对新品种的审议意见。现将《桑蚕新品种国家审定结果报告(第一号)》印发给你们。中国农业科学院蚕业研究所选育的春用蚕品种"春蕾×明珠"(春试一号×春试二号)、"菁松×皓月"(春试三号×春试四号)和早秋用蚕品种"秋芳×明辉"(东 731×武七苏)以及广西蚕业指导所选育的早秋用蚕品种"群芳×朝霞"(539B×7532)4 对品种经济性状符合国家审定标准,可供全国试养、推广。广东省农业科学院蚕业研究所与广西蚕业指导所共同选育的"新菁×朝霞"(新九×7532)除解舒率、净度略低,其余项目合乎国家审定标准,可供两广地区试养、推广。

附件:桑蚕新品种国家审定结果报告(第一号)

中华人民共和国农牧渔业部

1982 年 6 月 12 日

抄送:中国丝绸公司,中国农业科学院,中国农业科学院蚕业研究所,浙江、四川、江苏省蚕种公司,各省蚕业研究所,上海商品检验局,浙江农业大学,西南、华南、安徽、沈阳、山东、广西农学院,苏州蚕桑专科学校,浙江、苏州丝绸工学院,浙江省丝绸公司,四川、江苏纺织工业局,杭州缫丝厂,合肥丝绸厂,无锡第四缫丝厂,湖北黄冈丝厂,陕西宝鸡县丝绸厂,广东顺德丝厂,四川南充第四缫丝厂。

### (一)桑蚕新品种国家审定结果报告(第一号)

自 1980 年成立全国桑蚕品种审定委员会以来,我们组织全国 8 个省的饲养鉴定单位与 8 个省

的丝质鉴定单位,对中国农业科学院蚕业研究所育成的春蕾×明珠(春试一号×春试二号)、菁松×皓月(春试三号×春试四号)2对春用蚕品种、秋芳×明辉(东731×武七苏)1对早秋用蚕品种,以及广西蚕业指导所选育的群芳×朝霞(539B×7532)和广东省农业科学院蚕业研究所与广西蚕业指导所共同选育的新菁×朝霞(新九×7532)2对早秋用蚕品种,进行了两年的实验室共同鉴定。其对照品种是采用目前全国使用范围较广、推广数量较多的华合×东肥(春用蚕品种)和东34×苏12(早秋用蚕品种)。

1982年3月7日到11日本会举行第三次会议,依据(80)农业(经)字第9号文印发的《桑蚕品种国家审定条例》(试行草案),对两年来的饲养鉴定与丝质鉴定成绩进行了审议,其结果如下。

**1. 分品种的综合概评**

(1) 春蕾×明珠:5龄经过稍短,体质强健,孵化、眠起、上蔟均齐一,茧层率、出丝率分别超过对照2%和1%(实数),万头茧层量比对照高5%(指数),解舒丝长比对照长110米,茧丝纤度、解舒、净度均合乎审定标准。全茧量稍轻,万头产茧量比对照低3.3%(指数),同宫茧稍多。

(2) 菁松×皓月:孵化、眠起、上蔟齐一,蚕体粗壮,茧型大而匀正,茧层率、出丝率分别比对照提高1.7%和1%(实数),解舒丝长比对照长约100米,茧丝纤度、解舒、净度均合乎审定标准。万头产茧量与对照相仿,万头茧层量、产丝量分别比对照高7%、4%(指数)。5龄经过稍长,虫蛹率稍低于对照。

(3) 秋芳×明辉:全茧量大,茧层率与出丝率分别比对照增加1%左右(实数),解舒好,茧丝纤度、净度合乎审定标准。万头产茧量比对照提高4%,万头茧层量与产丝量比对照提高10%以上。5龄经过较长,眠起上蔟稍慢,虫蛹率比对照稍低,茧丝长与对照相仿。

(4) 群芳×朝霞:5龄经过与对照相仿,茧层率、出丝率分别比对照提高2%和1.5%(实数),茧丝长110米,解舒和净度合乎审定标准。万头茧层量、万头产丝量都比对照提高7%(指数),茧丝纤度偏细、低于审定标准0.025 D,全茧量较轻,万头产茧量比对照低3.3%。

(5) 新菁×朝霞:5龄经过与对照相仿,体质强、好养,虫蛹率比对照高,茧层率、出丝率分别比对照高2%和1.3%,茧丝长比对照长84米。茧丝纤度符合审定标准,万头茧层量,万头产丝量分别比对照提高11%、8%(指数),解舒低于审定标准1.1%(实数),净度低于标准0.78分,全茧量较轻。

**2. 审议意见**

(1) 春蕾×明珠、菁松×皓月、秋芳×明辉、群芳×朝霞4对品种经济性状符合国家审定标准,可供全国试养、推广。

(2) 新菁×朝霞除解舒率、净度略低,其余项目合乎国家审定标准,可供两广地区试养、推广。

附件:桑蚕新品种性状资料

全国桑蚕品种审定委员会<br>1982年3月11日

## (二)桑蚕新品种性状资料

**1. 春蕾、明珠及其杂交种**

**春蕾**(春试一号):二化性,中中固定种。中国农业科学院蚕业研究所育成的二化性白茧品种。蚁蚕体色呈黑色,有趋光性及趋密性。壮蚕体色青白,体形粗壮,素蚕。5龄经过8~9天,全龄经过25~26天。各龄眠起较快、尚齐,食桑旺盛,饲育容易。老熟快而齐,多营上层茧。抗湿性较弱,饲育过程中忌嫩叶、湿叶,尤其5龄需控制给桑量,蔟中注意通风。茧色白,茧形短椭圆或球形,缩皱中偏细。卵色为绿色或青灰色,每蛾产卵 450～500 粒。

本品种与明珠交配宜迟 2 天出库催青。蚕种浸酸标准:冷藏浸酸,液温 47.8 ℃(118 ℉),盐酸比重 1.092,浸酸时间 6 分;即时浸酸,液温 46.1 ℃(115 ℉),盐酸比重 1.075,浸酸时间 5 分。

**明珠**(春试二号):二化性,日日固定种。中国农业科学院蚕业研究所育成的二化性白茧品种。蚁蚕体色呈黑褐色,壮蚕体色青带淡赤色,体形细长。5 龄经过 9 天左右,全龄经过 25～26 天。蚕儿发育、眠起尚齐一,起蚕行动活泼,喜向四周逸散,食桑慢,有踏叶现象。大眠起蚕尾部有褐色液分泌。饷食后体色转青较迟,老熟不涌,熟蚕不活泼,有伏在叶下习性。茧色白,茧形浅束腰、匀正、缩皱中等。卵色为藤鼠色,每蛾产卵 400～450 粒。

本品种与春蕾交配宜提早 2 天出库催青。蚕种浸酸标准:冷藏浸酸:液温 47.8 ℃(118 ℉),盐酸比重 1.092,浸酸时间 6 分 15 秒。即时浸酸:液温 46.1 ℃(115 ℉),盐酸比重 1.075,浸酸时间 5 分 30 秒。春蕾、明珠原种性状成绩见表 3.1。

**表 3.1　春蕾、明珠原种性状表(1981 年春期)**

| 品种名 | 化性 | 系统 | 催青 | | 饲育经过 | | | 蚕期调查 | | | | |
|---|---|---|---|---|---|---|---|---|---|---|---|---|
| | | | 日数 | 积温(℃) | 5 龄(日:时) | 全龄(日:时) | 温度(℃) | 蚁蚕体色 | 克蚁头数 | 壮蚕体色 | 斑纹 | 虫蛹率(%) | 死笼率(%) |
| 春蕾 | 二化 | 中中固定种 | 10 | 129 | 8:19 | 25:7 | 24.4 | 黑色 | 2 290 | 青白 | 素蚕 | 95.46 | 2.64 |
| 明珠 | 二化 | 日日固定种 | 11 | 138 | 9:0 | 25:7 | 24.4 | 黑褐色 | 2 165 | 青带淡赤 | 形蚕 | 90.30 | 8.04 |

| 品种名 | 茧质调查 | | | | | | 丝质调查 | | | | | 盛上蔟至盛发蛾日 | | 卵期调查 | |
|---|---|---|---|---|---|---|---|---|---|---|---|---|---|---|---|
| | 茧色 | 茧形 | 缩皱 | 全茧量(克) | 茧层量(克) | 茧层率(%) | 茧丝长(米) | 解舒率(%) | 解舒丝长(米) | 净度(分) | 纤度(D) | 日数 | 温度(℃) | 卵色 | 蛾产卵数(粒) | 克卵粒数(粒) |
| 春蕾 | 白 | 短椭球形 | 中偏细 | 1.739 | 0.453 | 26.05 | 1406 | 68.21 | 959 | 95.15 | — | 18 | 25 | 绿色青灰 | 450～500 | 1700 |
| 明珠 | 白 | 浅束 | 中 | 1.507 | 0.388 | 25.75 | 1169 | 82.94 | 965 | 95.81 | — | 19 | 25 | 藤鼠 | 400～450 | 1800 |

**春蕾×明珠**(春试一号×春试二号):二化性,中日一代杂交二化性白茧春用品种。壮蚕体色青带淡赤色,形蚕。5 龄经过 7～8 天,全龄经过 24～25 天。孵化、眠起均较齐,食桑活泼,上蔟涌而齐,多营上层茧。茧色白,茧形椭圆,缩皱中等。体质强健,饲育容易,且茧层率、生丝率均高,丝质优良。成绩见表 3.2。

**2. 菁松、皓月及其杂交种**

**菁松**(春试三号):二化性,中中固定种。中国农业科学院蚕业研究所育成的二化性白茧品种。蚁蚕体色呈褐色,有趋密性。壮蚕体色青白,体形粗壮均匀,素蚕。5 龄经过 8～9 天,全龄经过 25～28 天。蚕儿眠性快,食桑旺盛,饲育容易,老熟快而齐,多营上层茧。抗湿性较弱,饲育过程中忌嫩叶、湿叶,尤其 5 龄需控制给桑量,蔟中注意通风。茧色白,茧形短椭圆,缩皱中偏细。卵色为绿色混有青色,每蛾产卵 500 粒左右。

本品种与皓月交配宜迟 2 天出库值青。蚕种浸酸标准:冷藏浸酸,液温 47.8 ℃,盐酸比重 1.092,浸酸时间 6 分;即时浸酸,液温 46.1 ℃,盐酸比重 1.075,浸酸时间 5 分 30 秒。

**皓月**(春试四号):二化性,日日固定种。中国农业科学院蚕业研究所育成的二化性白茧品种。蚁蚕体色呈暗褐色,逸散性强。壮蚕体色米红色,体型小而结实,形蚕。5 龄经过 8～9 天,全龄经过 25～26

**表 3.2 蚕品种和国家审定鉴定成绩汇总表（一）**

（1980—1981 年两年春期）

饲养成绩

| 品种名（杂交形式） | | 实用孵化率（%） | 龄期经过 | | 4龄起蚕生命率 | | | 茧质 | | | 普通茧重量百分率（%） | 茧丝质成绩 | |
|---|---|---|---|---|---|---|---|---|---|---|---|---|---|
| | | | 5龄（日:时） | 全龄（日:时） | 结茧率（%） | 死笼率（%） | 虫蛹率（%） | 全茧量（克） | 茧层量（克） | 茧层率（%） | | 上车茧率（%） | 鲜毛茧出丝率（%） |
| 春蕾×明珠 | 正交 | | 7:21 | 24:20 | 99.18 | 1.54 | 97.65 | 2.11 | 0.544 | 25.77 | 94.66 | 96.51 | |
| | 反交 | | 7:23 | 25:01 | 99.04 | 1.70 | 97.35 | 2.13 | 0.549 | 25.73 | 94.74 | 96.79 | |
| | 平均 | 97.95 | 7:22 | 24:22 | 99.11 | 1.62 | 97.50 | 2.12 | 0.547 | 25.75 | 94.70 | 96.65 | 20.47 |
| 菁松×皓月 | 正交 | | 8:00 | 24:22 | 98.77 | 2.08 | 96.71 | 2.20 | 0.551 | 25.22 | 95.75 | 96.90 | |
| | 反交 | | 8:01 | 25:01 | 98.33 | 2.51 | 95.84 | 2.19 | 0.558 | 25.12 | 95.06 | 96.15 | |
| | 平均 | 98.03 | 8:00 | 24:23 | 98.55 | 2.30 | 96.27 | 2.19 | 0.556 | 25.32 | 95.41 | 96.62 | 20.45 |
| 华合×东肥 | 正交 | | 7:18 | 25:00 | 98.55 | 0.99 | 97.56 | 2.19 | 0.522 | 23.78 | 97.80 | | |
| | 反交 | | 7:18 | 25:00 | 98.26 | 1.29 | 97.00 | 2.34 | 0.525 | 23.16 | 97.52 | | |
| | 平均 | 95.09 | 7:18 | 25:00 | 98.40 | 1.14 | 97.28 | 2.26 | 0.523 | 23.62 | 97.66 | 96.65 | 19.32 |

茧丝质成绩

| 品种名（杂交形式） | | 茧丝长（米） | 茧丝量（克） | 解舒率（%） | 解舒丝长（米） | 纤度（D） | 净度（分） | 茧丝纤度偏差（D） | 万头收茧量 | | 万头茧层量 | | 万头产丝量 | |
|---|---|---|---|---|---|---|---|---|---|---|---|---|---|---|
| | | | | | | | | | 实数（千克） | 指数（%） | 实数（千克） | 指数（%） | 实数（千克） | 指数（%） |
| 春蕾×明珠 | 正交 | 1425 | 0.455 | 80.21 | 1140 | 2.882 | | | 21.21 | | 5.463 | | | |
| | 反交 | 1423 | 0.456 | 78.94 | 1122 | 2.894 | | | 21.28 | | 5.474 | | | |
| | 平均 | 1424 | 0.455 | 79.58 | 1131 | 2.888 | 94.48 | 0.736 | 21.24 | 96.98 | 5.468 | 105.19 | 4.274 | 101.21 |
| 菁松×皓月 | 正交 | 1418 | 0.465 | 78.91 | 1112 | 2.947 | | | 21.94 | | 5.511 | | | |
| | 反交 | 1430 | 0.466 | 78.70 | 1126 | 2.933 | | | 22.07 | | 5.606 | | | |
| | 平均 | 1427 | 0.465 | 78.80 | 1119 | 2.940 | 94.44 | 0.844 | 22.00 | 100.14 | 5.575 | 107.25 | 4.414 | 104.52 |
| 华合×东肥 | 正交 | 1245 | 0.437 | 82.06 | 1031 | 3.162 | | | 21.77 | | 5.176 | | | |
| | 反交 | 1250 | 0.437 | 81.17 | 1014 | 3.162 | | | 22.18 | | 5.219 | | | |
| | 平均 | 1247 | 0.437 | 81.61 | 1022 | 3.162 | 94.92 | 0.885 | 21.97 | 100 | 5.198 | 100 | 4.223 | 100 |

天。大眠起蚕尾部有时有少量褐色液分泌,饷食后体色转青慢。对饲料要求较高,用桑宜适熟偏嫩。老熟齐一,熟蚕多静伏在桑叶下面。茧色白,茧形浅束腰,小而匀正,缩皱中偏细。卵色为紫褐色,每蛾产卵450粒左右。本品种与菁松交配宜早2天出库催青。蚕种浸酸标准:冷藏浸酸:液温47.8℃,盐酸比重1.092,浸酸时间6分15秒。即时浸酸,液温46.1℃,盐酸比重1.075,浸酸时间6分。菁松、皓月原种性状表见表3.3。

**表3.3　菁松、皓月原种性状表**

| 品种名 | 化性 | 系统 | 催青 | | 饲育经过 | | | 蚕期调查 | | | | | |
| --- | --- | --- | --- | --- | --- | --- | --- | --- | --- | --- | --- | --- | --- |
| | | | 日数 | 积温（℃） | 5龄（日:时） | 全龄（日:时） | 温度（℃） | 蚁蚕体色 | 克蚁头数 | 壮蚕体色 | 斑纹 | 虫蛹率（%） | 死笼率（%） |
| 菁松 | 二化 | 中中固定种 | 10 | 129 | 8:13 | 25:01 | 24.4 | 褐色 | 2077 | 青色 | 紫蚕 | 98.78 | 1.07 |
| 皓月 | 二化 | 日日固定种 | 10 | 129 | 8:09 | 25:05 | 24.4 | 暗褐色 | 2178 | 米红色 | 形蚕 | 91.70 | 5.89 |

| 品种名 | 茧质调查 | | | | | | 丝质调查 | | | | 盛上蔟至盛发蛾日 | | 卵期调查 | | |
| --- | --- | --- | --- | --- | --- | --- | --- | --- | --- | --- | --- | --- | --- | --- | --- |
| | 茧色 | 茧形 | 缩皱 | 全茧量（克） | 茧层量（克） | 茧层率（%） | 茧丝长（米） | 解舒率（%） | 解舒丝长（米） | 净度（分） | 日数 | 温度（℃） | 卵色 | 蛾产卵数（粒） | 克卵粒数（粒） |
| 菁松 | 白 | 短椭圆 | 中偏细 | 1.67 | 0.430 | 25.75 | 1384 | 69.03 | 834 | 96.04 | 17～18 | 23～24 | 绿色混有青色 | 500 | 1600 |
| 皓月 | 白 | 浅束 | 中偏细 | 1.64 | 0.426 | 25.97 | 1199 | 73.78 | 881 | 95.89 | 19～20 | 22～24 | 紫褐色 | 450 | 1700 |

**菁松×皓月**(春试三号×春试四号):二化性,中日一代杂交二化性白茧的春用品种。壮蚕体色淡米红带青色,形蚕。5龄经过8天左右,全龄经过24～25天。体质强健,饲育容易。各龄食桑旺盛,行动活泼,不踏叶。趋密性强,易密集成堆。老熟齐一,结上层茧。茧色白,茧形长椭圆,大而匀整,缩皱中等。具有茧丝长、解舒优、纤度细、丝质优的特点。成绩见表3.3。

**3. 秋芳、明辉及其杂交种**

**秋芳**(东731):二化性,中中固定种。中国农业科学院蚕业研究所育成的二化性白茧品种。蚁蚕体色呈黑褐色,趋光性较强。壮蚕体色青白,素蚕。5龄经过6～7天,全龄经过20～21天。体质强健,饲育容易。孵化、眠起、上蔟较齐一。蚕儿活泼,食桑较快。盛上蔟在下午2时左右。茧色白,茧形短椭圆或球形。驼背蛹比一般品种稍多,秋季制种影响交尾。卵色有灰、绿两种,卵壳白或淡绿。本品种与明辉交配宜迟1天出库催青。

蚕种浸酸标准:冷藏浸酸,液温47.8℃,盐酸比重1.092,浸酸时间5分30秒;即时浸酸,液温46.1℃,盐酸比重1.075,浸酸时间5分钟。

**明辉**(武七苏):二化性,日日固定种。中国农业科学院蚕业研究所育成的二化性白茧品种。蚁蚕体色呈暗褐色,逸散性较强。壮蚕体色青白,普通斑,眼状斑纹尤为明显。5龄经过7天左右,全龄经过21～22天。体质强健,各龄眠起尚齐一,但眠性较慢。秋季叶质偏老时易发生小蚕和五眠蚕。蚕儿食桑缓慢,食桑量少。熟蚕集中在早晨5时左右,营茧时趋光性较强。茧色白,茧形长椭微束腰,有两头薄茧。卵色灰紫色,卵壳白色。本品种与秋芳交配宜提早1天出库催青。

蚕种浸酸标准:冷藏浸酸,液温47.8℃,盐酸比重1.092,浸酸时间6分;即时浸酸,液温46.1℃,盐酸比重1.075,浸酸时间5分30秒。

秋芳、明辉原种性状见表3.4。

表 3.4　秋芳、明辉原种性状表

(1979 年春期)

| 品种名 | 化性 | 系统 | 催青 | | 饲育经过 | | | 蚕期调查 | | | | | |
|---|---|---|---|---|---|---|---|---|---|---|---|---|---|
| | | | 日数 | 积温（℃） | 5龄（日:时） | 全龄（日:时） | 温度（℃） | 蚁蚕体色 | 克蚁头数 | 壮蚕体色 | 斑纹 | 虫蛹率（%） | 死笼率（%） |
| 秋芳 | 二化 | 中中固定种 | 9~10 | 129 | 6:20 | 21:07 | 26.7 | 黑褐色 | 2 206~2 300 | 青白 | 素蚕 | 98.17 | 0.63 |
| 明辉 | 二化 | 日日固定种 | 9~16 | 129 | 7:16 | 23:16 | 26.7 | 晴褐色 | 2 100~2 200 | 青白 | 普斑 | 94.16 | 2.50 |

| 品种名 | 茧质调查 | | | | | | 丝质调查 | | | | 盛上蔟至盛发蛾日 | | 卵期调查 | | |
|---|---|---|---|---|---|---|---|---|---|---|---|---|---|---|---|
| | 茧色 | 茧形 | 缩皱 | 全茧量（克） | 茧层量（克） | 茧层率（%） | 茧丝长（米） | 解舒率（%） | 解舒丝长（米） | 净度（分） | 日数 | 温度（℃） | 卵色 | 蛾产卵数（粒） | 克卵粒数（粒） |
| 秋芳 | 白 | 短椭球形 | 中等 | 1.69 | 0.384 | 22.68 | 1 081 | 80.71 | 874 | 92.46 | 16~17 | 25 | 灰绿色 | 500 | 1700 |
| 明辉 | 白 | 长稍微束 | 中等偏细 | 1.55 | 0.341 | 22.04 | 872 | 70.32 | 615 | 94.36 | 17 | 25 | 灰紫 | 450~500 | 1700 |

**秋芳×明辉**（东 731×武七苏）：二化性，中日一代杂交二化性的早秋用品种。壮蚕体色青白，普通斑。5 龄经过 6~7 天，全龄经过 20~21 天。体质强健，眠起较齐一。饲育容易，壮蚕食桑活泼。茧色白，茧形长椭圆、匀整。全茧量较高。茧丝长欠长，但解舒丝长仍比对照种长 100 米。茧丝纤度适中。成绩见表 3.5。

**4. 群芳、朝霞及其杂交种**

**群芳**（539B）：二化性，中中固定种。广西壮族自治区蚕业指导所育成的二化性白茧品种。蚁蚕体色呈黑褐色，趋密性较强，蚁蚕不活泼，抗湿性一般。壮蚕体色青白，素蚕。5 龄经过 6 天左右，全龄经过 20 天。体质强健，适应高温饲养。孵化、眠起、上蔟较齐一。熟蚕有向上爬的特性。蛹期接触过高温度有少量再出卵。发蛾齐一。趋光性强，交配性能好。茧色白，茧形短椭圆。卵色为赤褐色，每蛾产卵 410~430 粒。本品种与朝霞交配宜迟 2 天出库催青。

蚕种浸酸标准：冷藏浸酸，液温 47.8℃，盐酸比重 1.092，浸酸时间 5 分~5 分 30 秒；即时浸酸，液温 46.1℃，盐酸比重 1.075，浸酸时间 5 分。

**朝霞**（7532）：二化性，日日固定种。广西壮族自治区蚕业指导所育成的二化性白茧品种。蚁蚕体色呈褐色，喜爬动，逸散性强。壮蚕体色灰白，体形细长，素蚕，细看仍有淡色半月斑纹。5 龄经过 7 天左右，全龄经过 21 天。体质强健，眠起、上蔟较齐一。眠性较慢。蚕儿行动活泼，稚蚕食桑缓慢，壮蚕食桑较快。抗高温多湿性能尚好。蛹期较长，蛹皮嫩薄，不宜过早鉴蛹。茧色白，茧形浅束腰、尚匀正。卵色为黑褐色，每蛾产卵 380~410 粒。本品种与群芳交配宜提早 2 天出库催青。

蚕种浸酸标准：冷藏浸酸，液温 47.8℃，盐酸比重 1.092，浸酸时间 5 分 30 秒；即时浸酸，液温 46.1℃，盐酸比重 1.075，浸酸时间 5 分。

群芳、朝霞原种性状见表 3.6。

**群芳×朝霞**（539B×7532）：二化性，中日一代杂交二化性白茧早秋用品种。壮蚕体色青白，素蚕。5 龄经过 6~7 天，全龄经过 20~21 天。体质强健，眠起齐一。在夏秋高温季节表现耐粗食、好养、发育经过快，熟蚕较活泼，喜爬动。茧色白，茧形椭圆、匀正。茧层较厚，丝量多，丝质优，出丝率较高。成绩见表 3.5。

**表 3.5 蚕品种国家审定鉴定成绩汇总表(二)**

(1980—1981 年两年早秋期)

| 品种名(杂交形式) | | 饲养成绩 | | | | | | | | | | 茧丝质成绩 | |
|---|---|---|---|---|---|---|---|---|---|---|---|---|---|
| | | 实用孵化率(%) | 龄期经过 | | 4 龄起蚕生命率 | | | 茧质 | | | 普通茧重量百分率(%) | 上车茧率(%) | 鲜毛茧出丝率(%) |
| | | | 5 龄(日:时) | 全龄(日:时) | 结茧率(%) | 死笼率(%) | 虫蛹率(%) | 全茧量(克) | 茧层量(克) | 茧层率(%) | | | |
| 秋芳 | 正交 | 96.38 | 6:14 | 21:19 | 90.61 | 8.19 | 85.04 | 1.70 | 0.353 | 20.77 | 95.43 | 93.64 | |
| × | 反交 | 94.81 | 6:13 | 20:15 | 91.94 | 6.11 | 87.13 | 1.69 | 0.351 | 20.73 | 95.06 | 94.41 | |
| 明辉 | 平均 | 95.58 | 6:13 | 20:17 | 91.28 | 7.15 | 86.08 | 1.69 | 0.352 | 20.75 | 95.25 | 94.02 | 15.23 |
| 新菁 | 正交 | 95.29 | 6:02 | 20:01 | 94.79 | 6.52 | 89.12 | 1.59 | 0.338 | 21.25 | 92.87 | 93.06 | |
| × | 反交 | 91.71 | 6:03 | 20:05 | 95.88 | 3.53 | 92.61 | 1.56 | 0.336 | 21.51 | 93.79 | 94.50 | |
| 朝霞 | 平均 | 93.50 | 6:03 | 20:03 | 95.33 | 5.02 | 90.98 | 1.57 | 0.337 | 21.38 | 93.33 | 93.78 | 15.55 |
| 群芳 | 正交 | 93.59 | 6:03 | 20:05 | 92.17 | 7.01 | 86.51 | 1.60 | 0.339 | 21.51 | 94.59 | 92.70 | |
| × | 反交 | 87.57 | 6:04 | 20:04 | 92.14 | 6.91 | 86.31 | 1.55 | 0.336 | 21.63 | 94.99 | 93.36 | |
| 朝霞 | 平均 | 90.53 | 6:03 | 20:05 | 92.15 | 6.96 | 86.41 | 1.57 | 0.337 | 21.57 | 94.79 | 93.03 | 15.73 |
| 东 43 | 正交 | 96.68 | 6:02 | 20:07 | 92.83 | 4.29 | 89.05 | 1.65 | 0.319 | 19.32 | 95.53 | 94.23 | |
| × | 反交 | 96.81 | 6:02 | 20:03 | 90.72 | 6.29 | 85.83 | 1.64 | 0.317 | 19.35 | 95.98 | 94.31 | |
| 苏 12 | 平均 | 96.74 | 6:02 | 20:05 | 91.77 | 5.29 | 87.44 | 1.64 | 0.318 | 19.33 | 95.75 | 94.27 | 14.25 |

| 品种名(杂交形式) | | 茧丝质成绩 | | | | | | | | | | | | |
|---|---|---|---|---|---|---|---|---|---|---|---|---|---|---|
| | | 茧丝长(米) | 茧丝量(克) | 解舒率(%) | 解舒丝长(米) | 纤度(D) | 净度(分) | 茧丝纤度偏差(D) | 万头收茧量 | | 万头茧层量 | | 万头产丝量 | |
| | | | | | | | | | 实数(千克) | 指数(%) | 实数(千克) | 指数(%) | 实数(千克) | 指数(%) |
| 秋芳 | 正交 | 967 | | 77.71 | 754 | 2.585 | | | 15.46 | | 3.194 | | | |
| × | 反交 | 953 | | 79.98 | 763 | 2.628 | | | 15.57 | | 3.252 | | | |
| 明辉 | 平均 | 960 | 0.277 | 78.84 | 759 | 2.606 | 93.21 | 0.664 | 15.51 | 104.09 | 3.224 | 111.48 | 2.322 | 111.74 |
| 新菁 | 正交 | 1023 | | 67.71 | 696 | 2.330 | | | 15.17 | | 3.231 | | | |
| × | 反交 | 1033 | | 70.10 | 726 | 2.290 | | | 14.91 | | 3.213 | | | |
| 朝霞 | 平均 | 1028 | 0.263 | 68.90 | 711 | 2.300 | 91.22 | 0.545 | 15.04 | 100.94 | 3.222 | 111.41 | 2.243 | 107.94 |
| 群芳 | 正交 | 1051 | | 70.34 | 743 | 2.288 | | | 14.52 | | 3.143 | | | |
| × | 反交 | 1053 | | 72.66 | 771 | 2.262 | | | 14.27 | | 3.090 | | | |
| 朝霞 | 平均 | 1053 | 0.266 | 71.50 | 757 | 2.275 | 93.99 | 0.498 | 14.10 | 96.64 | 3.116 | 107.74 | 2.220 | 106.83 |
| 东 34 | 正交 | 951 | | 70.44 | 675 | 2.330 | | | 15.18 | | 2.941 | | | |
| × | 反交 | 934 | | 70.80 | 662 | 2.355 | | | 14.64 | | 2.843 | | | |
| 苏 12 | 平均 | 944 | 0.247 | 70.62 | 668 | 2.342 | 93.72 | 0.643 | 14.90 | 100 | 2.892 | 100 | 2.078 | 100 |

表 3.6 群芳、朝霞原种性状表

| 品种名 | 化性 | 系统 | 催青 | | 饲育经过 | | | 蚕期调查 | | | | | |
|---|---|---|---|---|---|---|---|---|---|---|---|---|---|
| | | | 日数 | 温度(℃) | 5龄(日:时) | 全龄(日:时) | 温度(℃) | 蚁蚕体色 | 壮蚕体色 | 克蚁头数 | 斑纹 | 虫蛹率(%) | 死笼率(%) |
| 群芳 | 二化 | 中中固定种 | 10 | 25.5 | 6:08 | 23:08 | 25.7 | 黑褐 | 青白 | 2 300~2 400 | 素蚕 | 96.20 | 2.3 |
| 朝霞 | 二化 | 日日固定种 | 10 | 25.5 | 7:02 | 24:03 | 25.7 | 黑褐 | 灰 | 2 400 | 暗斑 | 96.64 | 1.45 |

| 品种名 | 茧质调查 | | | | | | 丝质调查 | | | | | 盛上蔟至盛发蛾日 | | 卵期调查 | |
|---|---|---|---|---|---|---|---|---|---|---|---|---|---|---|---|
| | 茧色 | 茧形 | 缩皱 | 全茧量(克) | 茧层量(克) | 茧层率(%) | 茧丝长(米) | 解舒率(%) | 解舒丝长(米) | 净度(分) | 纤度(D) | 日数 | 温度(℃) | 卵色 | 蛾产卵数(粒) |
| 群芳 | 白 | 椭圆 | 中等偏粗 | 1.430 | 0.32 | 22.30 | 905 | 77.64 | 703.09 | 92.20 | 2.3 | 14 | 25.8 | 赤褐 | 410~430 |
| 朝霞 | 白 | 浅束腰 | 中偏细 | 1.355 | 0.29 | 21.40 | 971 | 67.57 | 656.2 | 94.16 | 2.0 | 15 | 25.7 | 黑褐 | 380~410 |

**5. 新菁、朝霞及其杂交种**

**新菁**(新九)：二化性,中中固定种。广东省农业科学院蚕业研究所育成的二化性白茧品种。蚁蚕体色呈黑褐色。壮蚕体色青白,体形粗大,素蚕。5 龄经过 6 天左右,全龄经过 23 天左右。孵化、眠起、老熟齐。食桑快,必须给充分成熟良桑。熟蚕上蔟后,行动迟缓,故上蔟要注意均匀疏放。茧色白,茧形椭圆。茧绵少,缩皱粗。卵色灰黑色,每蛾产卵 380~430 粒。本品种与朝霞交配宜迟 3 天出库催青。

蚕种浸酸标准：冷藏浸酸,液温 47.8℃,盐酸比重 1.092,浸酸时间 5 分;即时浸酸,液温 46.1℃,盐酸比重 1.075,浸酸时间 5 分。

新菁、朝霞原种性状见表 3.7。

表 3.7 新菁、朝霞原种性状表

| 品种名 | 化性 | 系统 | 催青 | | 饲育经过 | | | 蚕期调查 | | | | | |
|---|---|---|---|---|---|---|---|---|---|---|---|---|---|---|
| | | | 日数 | 温度(℃) | 5龄(日:时) | 全龄(日:时) | 温度(℃) | 蚁蚕体色 | 壮蚕体色 | 克蚁头数 | 斑纹 | 虫蛹率(%) | 死笼率(%) |
| 新菁 | 二化 | 中中固定种 | 11 | 25.2 | 6:05 | 23:05 | 25.7 | 黑褐 | 青灰 | 2 200~2 350 | 素蚕 | 97.74 | 1.32 |
| 朝霞 | 二化 | 日日固定种 | 11 | 25.2 | 7:02 | 24:03 | 25.7 | 黑褐 | 灰 | 2 400 | 暗斑 | 96.64 | 1.45 |

| 品种名 | 茧质调查 | | | | | | 丝质调查 | | | | | 自盛上蔟至盛发蛾日 | | 卵期调查 | |
|---|---|---|---|---|---|---|---|---|---|---|---|---|---|---|---|
| | 茧色 | 茧形 | 缩皱 | 全茧量(克) | 茧层量(克) | 茧层率(%) | 茧丝长(米) | 解舒率(%) | 解舒丝长(米) | 净度(分) | 纤度(D) | 日数 | 温度(℃) | 卵色 | 蛾产卵数(粒) |
| 新菁 | 白 | 椭圆 | 中偏粗 | 1.46 | 0.298 | 20.79 | 369 | 74.77 | 650 | 89.33 | 2.20 | 14 | 25.7 | 灰黑 | 380~430 |
| 朝霞 | 白 | 浅束腰 | 中偏细 | 1.36 | 0.290 | 21.40 | 971 | 67.57 | 656 | 94.16 | 2.00 | 15 | 25.7 | 黑褐 | 380~410 |

**新菁×朝霞**(新九×7532)：二化性,中日一代杂交二化性白茧,供第二、六造用品种。蚁蚕体色呈黑褐色。壮蚕体色青白,素蚕。眠起齐,发育快,龄期短,食桑活泼,老熟齐一,饲育容易。上蔟均匀疏放。茧色白,茧形浅束腰,茧绵少,缩皱中等。体质强健,抗高温性能强,茧层率、出丝率高。但抗湿性较弱,饲

养时务必注意通风换气。

# 二、关于印发《桑蚕新品种国家审定结果报告(第二号)》的通知

1983 年 1 月 20 日农牧渔业部发文"关于印发《桑蚕新品种国家审定结果报告(第二号)》的通知"[(83)农(农)字第 5 号],全文如下。

各省、自治区、直辖市农(林)业厅(局)、四川省蚕丝公司、广东、山东省丝绸公司、黑龙江省纺织工业公司、内蒙古自治区轻工局:

同意全国桑·蚕品种审定委员会第四次会议对浙江省农业科学院蚕桑研究所选育的春用蚕品种浙蕾×春晓(春 5×春 6)的审议意见。现将《桑蚕新品种国家审定结果报告(第二号)》印发给你们。浙蕾×春晓(春 5×春 6)经济性状符合国家审定标准,可供全国试养、推广。

附件:桑蚕新品种国家审定结果报告(第二号)

中华人民共和国农牧渔业部
1983 年 1 月 20 日

抄送:中国丝绸公司,中国农业科学院,中国农业科学院蚕业研究所,浙江、四川、江苏省蚕种公司,各省蚕桑(业)研究所,上海商品检验局,浙江农业大学,西南、华南、安徽、沈阳、山东、广西农学院,苏州蚕桑专科学校,浙江、苏州丝绸工学院,浙江省丝绸公司,江苏省纺织工业局,杭州缫丝厂,合肥丝绸厂,江苏省桑蚕茧试样厂,湖北黄冈丝厂,陕西宝鸡县丝绸厂,广东顺德丝厂,四川南充第四缫丝厂,山东淄博制丝厂。

## (一) 桑蚕新品种国家审定结果报告(第二号)

1981 年和 1982 年,全国桑蚕品种鉴定网点,以现行蚕品种华合×东肥为对照,对浙江省农业科学院蚕桑研究所育成的春用蚕品种浙蕾×春晓(春 5×春 6)进行了两年的实验室共同鉴定。

1982 年 12 月 15 日到 17 日,本会举行第四次会议,依据部颁《桑蚕品种国家审定条例》(试行草案),对两年来的饲养鉴定与丝质鉴定成绩进行了审议。

会议同意鉴定单位对这对品种的综合评价,认为这对品种孵化、眠起、上蔟均较齐一,蚕体粗壮,茧型大,全茧量重;茧层率高,解舒丝长长,解舒率、净度、茧丝纤度均合乎审定标准;50 千克桑产茧量与对照种相仿,万头产茧量、万头茧层量、万头产丝量分别比对照种提高 2%、8%、3%;5 龄经过稍长,虫质及好养程度稍不及对照种,双宫茧较多,普通茧重量百分率稍低。

审议意见:浙蕾×春晓经济性状符合国家审定标准,可供全国试养、推广。

附件:桑蚕新品种性状资料——浙蕾、春晓及其杂交种

全国桑蚕品种审定委员会
1982 年 12 月 17 日

## (二) 桑蚕新品种性状资料

### 浙蕾、春晓及其杂交种

**浙蕾**(春 5):二化性,中中固定种。浙江省农业科学院蚕桑研究所育成的二化性白茧品种。蚁蚕

体色呈黑褐色,比较文静。壮蚕体色青白,体形粗壮,大小匀正,素蚕。5龄经过8~9天,全龄经过25~26天。各龄眠起齐,食桑旺盛,饲育容易。老熟齐,营茧较快,多营上层茧。1龄用桑要求适熟偏嫩,壮蚕忌用嫩叶、湿叶,要求叶质充分成熟。抗湿性能较弱,5龄及蔟中要注意通风排湿。茧色白,茧形椭圆、少数短椭,缩皱中等。卵色绿、灰绿,每蛾产卵500粒左右。本品种与春晓交配宜迟2天出库催青。

蚕种浸酸标准:冷藏浸酸,液,47.8℃,盐酸比重1.094,浸酸时间6分;即时浸酸,液温46.1℃,盐酸比重1.072,浸酸时间5分。

**春晓**(春6):二化性,日日固定种。浙江省农业科学院蚕桑研究所育成的二化性白茧品种。蚁蚕黑褐色,逸散性较强,壮蚕体色青白带赤,体型中等、结实,形蚕。5龄经过8~9天,全龄经过25~26天。各龄眠起尚齐,蚕儿食桑较慢,给桑不宜厚,壮蚕用桑要求充分成熟。老熟尚齐,营茧较快,双宫茧多。上蔟宜稀、匀,蔟中注意通风。茧色白,茧形浅束腰、少数束腰,大小匀正,缩皱中等。卵色灰紫,每蛾产卵500粒左右。本品种与浙蕾交配宜早2天出库催青。

蚕种浸酸标准:冷藏浸酸,液温47.8℃,盐酸比重1.094,浸酸时间6分15秒;即时浸酸,液温46.1℃,盐酸比重1.072,浸酸时间5分30秒。浙蕾、春晓原种性状见表3.8。

表3.8 浙蕾、春晓原种性状表

| 品种名 | 化性 | 系统 | 催青 | | 饲育经过 | | | 蚕期调查 | | | | | |
|---|---|---|---|---|---|---|---|---|---|---|---|---|---|
| | | | 日数 | 积温(℃) | 5龄(日:时) | 全龄(日:时) | 温度(℃) | 蚁蚕体色 | 克蚁头数 | 壮蚕体色 | 斑纹 | 虫蛹率(%) | 死笼率(%) |
| 浙蕾 | 二化 | 中中固定种 | 10 | 127 | 7:15 | 24:12 | 24.4 | 黑褐 | 2300 | 青白 | 素蚕 | 94.11 | 2.65 |
| 春晓 | 二化 | 日日固定种 | 10 | 138 | 8:6 | 25:00 | 24.4 | 黑褐 | 2190 | 青白带赤色 | 形蚕 | 92.31 | 2.53 |

| 品种名 | 茧质调查 | | | | | | 丝质调查 | | | | | | 盛上蔟至盛发蛾日 | | 卵期调查 | | |
|---|---|---|---|---|---|---|---|---|---|---|---|---|---|---|---|---|---|
| | 茧色 | 茧形 | 缩皱 | 全茧量(克) | 茧层量(克) | 茧层率(%) | 茧丝长(米) | 解舒率(%) | 解舒丝长(米) | 净度(分) | 纤度(D) | | 日数 | 温度(℃) | 卵色 | 蛾产卵数(粒) | 克卵粒数(粒) |
| 浙蕾 | 白 | 椭圆 | 中 | 1.82 | 0.470 | 25.82 | 1367 | 64.43 | 864 | 95.29 | 2.471 | | 18 | 24.4 | 绿、灰绿 | 500 | 1700 |
| 春晓 | 白 | 浅束 | 中 | 1.71 | 0.434 | 25.38 | 1287 | 69.92 | 898 | 96.20 | 2.486 | | 19 | 24.4 | 灰紫 | 500 | 1600 |

**浙蕾×春晓**(春5×春6):二化性,中日一代杂交二化性白茧的春用品种。壮蚕体色青白带米色,形蚕。5龄经过8天左右,全龄经过24~25天。孵化、眠起均较齐一,食桑旺盛,不踏叶,老熟齐一,多营上层茧。茧色白,茧形长椭圆、大而匀正,缩皱中等。具有茧型大、茧层重、茧层率高、茧丝长长、解舒好、丝质优的特点。双宫茧较多,捉熟蚕宜适熟偏生,上蔟要均匀疏放。成绩见表3.9。

表 3.9 蚕桑品种国家审定鉴定成绩汇总表(一)

(1981—1982 年两年春期)

| 品种名(杂交形式) | | 杂交形式 | 孵化 | | 龄期经过 | | 饲养成绩 4龄起蚕生命率 | | | 茧质 | | | | 茧丝质成绩 | | |
|---|---|---|---|---|---|---|---|---|---|---|---|---|---|---|---|---|
| | | | 实用孵化率(%) | 蚁蚕头数(条) | 5龄(日:时) | 全龄(日:时) | 结茧率(%) | 死笼率(%) | 虫蛹率(%) | 全茧量(克) | 茧层量(克) | 茧层率(%) | 总收茧量(克) | 普通茧重量百分率(%) | 上车茧率(%) | 鲜毛茧出丝率(%) |
| 浙蕾×春晓 | 1981年 | 正交 | 96.43 | 2301 | 7:22 | 24:02 | 97.90 | 1.15 | 96.79 | 2.12 | 0.534 | 25.18 | 1030 | 94.29 | 95.98 | 19.56 |
| | | 反交 | 95.20 | 2193 | 7:23 | 25:01 | 97.92 | 1.25 | 96.70 | 2.17 | 0.548 | 25.24 | 1050 | 94.06 | 95.81 | 19.48 |
| | | 平均 | 95.81 | 2247 | 7:22 | 24:23 | 97.91 | 1.20 | 96.74 | 2.14 | 0.541 | 25.21 | 1010 | 94.17 | 95.89 | 19.52 |
| | 1982年 | 正交 | 91.87 | 2285 | 7:16 | 24:20 | 99.08 | 1.74 | 97.22 | 2.17 | 0.532 | 24.62 | 1086 | 95.59 | 96.01 | 19.09 |
| | | 反交 | 92.17 | 2127 | 7:18 | 25:01 | 98.77 | 1.23 | 97.54 | 2.23 | 0.543 | 24.33 | 1111 | 94.22 | 95.67 | 19.55 |
| | | 平均 | 92.02 | 2206 | 7:17 | 24:22 | 98.92 | 1.48 | 97.38 | 2.20 | 0.537 | 24.47 | 1099 | 94.90 | 95.84 | 19.32 |
| | 两年平均 | 正交 | 94.15 | 2293 | 7:19 | 24:21 | 98.49 | 1.44 | 97.00 | 2.14 | 0.532 | 24.90 | 1058 | 94.94 | 95.99 | 19.32 |
| | | 反交 | 93.68 | 2160 | 7:20 | 25:01 | 98.34 | 1.21 | 97.12 | 2.20 | 0.545 | 24.78 | 1080 | 94.14 | 95.74 | 19.01 |
| | | 平均 | 93.91 | 2226 | 7:19 | 24:22 | 98.41 | 1.34 | 97.06 | 2.17 | 0.539 | 24.84 | 1069 | 94.53 | 95.86 | 19.16 |
| 华合×东肥 | 1981年 | 正交 | 92.65 | 2322 | 7:19 | 24:23 | 97.63 | 0.75 | 97.00 | 2.10 | 0.500 | 23.79 | 1020 | 98.44 | 96.09 | 19.40 |
| | | 反交 | 92.94 | 2260 | 7:17 | 24:21 | 97.91 | 0.92 | 97.01 | 2.12 | 0.498 | 23.47 | 1039 | 97.92 | 96.94 | 19.37 |
| | | 平均 | 92.79 | 2291 | 7:18 | 24:22 | 97.97 | 0.83 | 97.05 | 2.11 | 0.499 | 23.63 | 1029 | 98.18 | 96.81 | 19.38 |
| | 1982年 | 正交 | 88.58 | 2370 | 7:10 | 21:07 | 99.03 | 0.75 | 98.28 | 2.14 | 0.502 | 23.53 | 1019 | 98.52 | 96.77 | 18.76 |
| | | 反交 | 97.51 | 2307 | 7:10 | 24:08 | 98.88 | 0.49 | 98.33 | 2.14 | 0.495 | 23.16 | 1050 | 98.32 | 96.66 | 18.38 |
| | | 平均 | 93.04 | 2328 | 7:10 | 24:07 | 98.05 | 0.62 | 98.33 | 2.14 | 0.498 | 23.34 | 1049 | 98.42 | 96.71 | 18.57 |
| | 两年平均 | 正交 | 90.61 | 2346 | 7:14 | 24:15 | 98.43 | 0.75 | 97.68 | 2.12 | 0.501 | 23.65 | 1034 | 98.48 | 96.73 | 19.08 |
| | | 反交 | 95.22 | 2283 | 7:13 | 24:14 | 98.39 | 0.70 | 97.70 | 2.13 | 0.496 | 23.31 | 1044 | 98.12 | 96.80 | 18.87 |
| | | 平均 | 92.91 | 2314 | 7:14 | 21:14 | 98.41 | 0.72 | 97.69 | 2.12 | 0.498 | 23.48 | 1039 | 98.30 | 96.76 | 18.97 |

（续　表）

| 品种名<br>(杂交形式) | | | 茧丝质成绩 | | | | | | | 万头收茧量 | | 万头茧层量 | | 万头产丝量 | |
|---|---|---|---|---|---|---|---|---|---|---|---|---|---|---|---|
| | | | 茧丝长<br>(米) | 茧丝量<br>(克) | 解舒率<br>(%) | 解舒丝长<br>(米) | 纤度<br>(D) | 净度<br>(分) | 茧丝纤度<br>偏差<br>(D) | 实数<br>(千克) | 指数<br>(%) | 实数<br>(千克) | 指数<br>(%) | 实数<br>(千克) | 指数<br>(%) |
| 浙蕾×春晓 | 1981年 | 正交 | 1363 | 0.438 | 80.91 | 1094 | 2.893 | 95.31 | 0.618 | 20.87 | | 5.252 | | 4.164 | |
| | | 反交 | 1416 | 0.442 | 78.51 | 1101 | 2.813 | 95.70 | 0.547 | 21.26 | | 5.369 | | 4.221 | — |
| | | 平均 | 1389 | 0.440 | 79.70 | 1097 | 2.853 | 95.50 | 0.582 | 21.06 | | 5.310 | | 4.192 | |
| | 1982年 | 正交 | 1405 | 0.437 | 69.04 | 966 | 2.829 | 93.50 | 0.541 | 21.77 | | 5.359 | | 4.154 | |
| | | 反交 | 1427 | 0.445 | 72.34 | 1029 | 2.827 | 95.33 | 0.506 | 22.41 | — | 5.451 | — | 4.153 | — |
| | | 平均 | 1416 | 0.441 | 70.69 | 997 | 2.828 | 94.41 | 0.523 | 22.09 | | 5.405 | | 4.153 | |
| | 两年平均 | 正交 | 1384 | 0.437 | 74.97 | 1030 | 2.861 | 94.40 | 0.579 | 21.32 | | 5.305 | | 4.159 | |
| | | 反交 | 1421 | 0.443 | 75.42 | 1065 | 2.820 | 95.51 | 0.526 | 21.83 | 102.32 | 5.410 | 108.24 | 4.187 | 103.34 |
| | | 平均 | 1402 | 0.439 | 75.19 | 1047 | 2.840 | 94.95 | 0.552 | 21.57 | | 5.357 | | 4.173 | |
| 华合×东肥 | 1981年 | 正交 | 1205 | 0.415 | 79.79 | 959 | 3.098 | 95.36 | 0.660 | 20.68 | | 4.923 | | 4.077 | |
| | | 反交 | 1202 | 0.420 | 80.21 | 963 | 3.152 | 95.74 | 0.632 | 21.11 | — | 4.919 | — | 4.180 | — |
| | | 平均 | 1203 | 0.417 | 80.00 | 961 | 3.125 | 95.55 | 0.646 | 20.90 | | 4.936 | | 4.128 | |
| | 1982年 | 正交 | 1202 | 0.107 | 71.32 | 855 | 3.071 | 93.90 | 0.702 | 21.26 | | 5.004 | | 3.993 | |
| | | 反交 | 1211 | 0.400 | 70.50 | 851 | 3.043 | 94.60 | 0.576 | 21.27 | — | 4.923 | — | 3.903 | — |
| | | 平均 | 1206 | 0.403 | 70.91 | 853 | 3.057 | 94.25 | 0.639 | 21.26 | | 4.963 | | 3.948 | |
| | 两年平均 | 正交 | 1203 | 0.411 | 75.55 | 907 | 3.084 | 94.63 | 0.681 | 20.97 | | 4.963 | | 4.035 | |
| | | 反交 | 1206 | 0.410 | 75.35 | 907 | 3.097 | 95.17 | 0.604 | 21.19 | 100 | 4.936 | 100 | 4.041 | 100 |
| | | 平均 | 1204 | 0.410 | 75.45 | 907 | 3.091 | 94.90 | 0.642 | 21.08 | | 4.949 | | 4.038 | |

# 三、关于印发《桑蚕新品种国家审定结果报告(第三号)》的通知

1985 年 6 月 15 日农牧渔业部发文"关于印发《桑蚕新品种国家审定结果报告(第三号)》的通知"[(1985)农(农)字第 29 号],全文如下。

各省、自治区、直辖市农牧渔(林)业厅(局)、江苏、四川、广东、山东省丝绸公司、黑龙江省纺织工业公司、内蒙古自治区轻工厅：

同意全国桑、蚕品种审定委员会第五次会议对浙江省农业科学院蚕桑研究所育成的夏秋用蚕品种新杭×科明(新杭×科 16)的审议意见。现将《桑蚕新品种国家审定结果报告(第三号)》印发给你们。新杭×科明这对品种的主要经济性状符合国家审定标准,可供全国在夏秋季节中气候条件较好的蚕期试养、推广。

附件：全国桑·蚕品种审定委员会《桑蚕新品种国家审定结果报告(第三号)》

中华人民共和国农牧渔业部

1985 年 6 月 15 日

抄送：中国丝绸公司,中国农业科学院,中国农业科学院蚕业研究所,各省蚕桑(业)研究所、江苏、浙江、四川省蚕种公司,浙江、华南农业大学,西南、安徽、沈阳、山东、广西农学院,苏州蚕桑专科学校,浙江、苏州丝绸工学院,浙江省丝绸公司,上海进出口商品检验局,浙江省杭州缫丝厂,四川省南充地区缫丝厂,江苏省桑蚕茧试样厂,广东省顺德丝厂,山东省淄博制丝厂,湖北省黄冈地区缫丝厂,安缫丝绸厂,陕西省宝鸡县丝绸厂。

## (一) 桑蚕新品种国家审定结果报告(第三号)

全国桑蚕品种鉴定网点于 1982—1983 年,以现行蚕品种东 34×苏 12 为对照,对浙江省农业科学院蚕桑研究所育成的夏秋用蚕品种新杭×科明(新杭×科 16)进行了两年的实验室共同鉴定。

1985 年 3 月 21 日至 24 日,本委员会举行第五次会议,按部颁《桑蚕品种国家审定条例》(试行草案),对两年来的饲养鉴定与丝质鉴定成绩进行了审议。

会议同意鉴定网点对这对品种所作的综合评价,认为这对品种孵化、各龄眠起、上蔟均较齐一;5 龄经过、50 千克桑产茧量与对照种相仿;由于茧层率、出丝率高,万头茧层量、万头产丝量、担(50 千克)桑产丝量分别比对照种提高 9.91%、11.22%、11.16%;茧丝长比对照种长 100 米,解舒率、净度、茧丝纤度均符合审定标准;但体质欠强,虫蛹率稍低于对照种。

审议意见：新杭×科明主要经济性状符合国家审定标准,可供全国各地在夏秋季节中气候条件较好的蚕期试养、推广。

附件：桑蚕新品种性状资料

全国桑蚕品种审定委员会

1985 年 2 月 24 日

## (二) 桑蚕新品种性状资料

### 新杭、科明及其杂交种

**新杭：**二化性,中中固定种。浙江省农业科学院蚕桑研究所育成的二化性白茧品种。

蚁蚕体色呈黄褐色,活泼,孵化齐一,饲育温度宜稍偏高。壮蚕体色青白,素蚕,但有一对淡橘黄色半

月纹,体型中粗。5 龄经过 6 天半左右,全龄经过 21～22 天半,蛰中经过 16 天左右。各龄眠起齐一,蚕儿食桑快,不踏叶,饲养容易。老熟齐涌,营茧快,多营上层茧。各龄饲育用叶要求新鲜,4～5 龄用桑要充分成熟,避免湿叶及过嫩叶。蔟中及种茧保护防止高温,并注意通风排湿。茧色白,茧形椭圆、型中,大小匀正,个别小茧,缩皱中等。卵色灰绿、灰紫色两种,产附较好,春制种平均每蛾产良卵 500 粒左右,克卵1750 粒左右。本品种与科明对交宜迟 3 天出库催青。

蚕种浸酸标准:冷藏浸酸,盐酸液,47.8 ℃,比重 1.092,浸渍时间 5.5 分;即时浸酸,盐酸液温46.1℃,比重 1.072,浸渍时间 4.5～5 分。

**科明**(科 16):二化性,日日杂交固定种。浙江省农业科学院蚕桑研究所育成的二化性白茧品种。蚁蚕体色黑褐,有扩散性,应偏迟感光偏早收蚁,饲育温度宜稍偏高,1～2 龄有少数迟眠蚕,发育稍慢。壮蚕体色糙米色及部分淡粉红色,普斑,体型中等。5 龄经过 7 天左右,全龄经过 24 天,蛰中经过 18 天。各龄眠、起尚齐,壮蚕食桑较慢,应适当薄饲并要求叶质新鲜成熟,促使充分饱食增加产卵数和提高良卵率。老熟齐一,营茧较快,蔟中切忌闷热,注意通风排湿以免增加不结茧蚕。茧色白,浅束腰,茧型较大,有个别尖头茧,缩皱中等。卵色灰紫色,春制每蛾良卵 450 粒左右,秋制每蛾良卵 400 粒左右。出蛾快,蛾尿较多,鳞毛易脱落,宜适当稀放。发蛾时应提早感光,使蛾体成熟,充分排尿。产卵快,制种时应配备足够劳动力。本品种与新杭对交宜提早 3 天出库催青。

蚕种浸酸标准:冷藏浸酸,盐酸液温 47.8℃,比重 1.092,浸渍时间 5 分半～6 分钟;即时浸酸,盐酸液温 46.1℃,比重 1.072,浸渍时间 5 分半钟。

新杭、科明原种性状见表 3.10。

表 3.10　新杭、科明原种性状表
(1982 年春期)

| 品种名 | 化性 | 系统 | 催青 | | 饲育经过 | | | 蚕期调查 | | | | | |
|---|---|---|---|---|---|---|---|---|---|---|---|---|---|
| | | | 日数 | 积温(℃) | 5 龄(日:时) | 全龄(日:时) | 温度(℃) | 蚁蚕体色 | 克蚁头数 | 壮蚕体色 | 斑纹 | 虫蛹率(%) | 死笼率(%) |
| 新杭 | 二化 | 中中固定种 | 10 | 124 | 6:14 | 22:10 | 25.6 | 黑褐 | 2 350 | 青白粉红色 | 素蚕 | 95.59 | 0.97 |
| 科明 | 二化 | 日日固定种 | 11 | 138 | 7:09 | 23:20 | 25.6 | 黑褐 | 2 250 | 糙米色部分淡粉红色 | 形蚕 | 96.73 | 1.82 |

| 品种名 | 茧质调查 | | | | | | 丝质调查 | | | | | 盛上蔟至盛发蛾日 | | 卵期调查 | | |
|---|---|---|---|---|---|---|---|---|---|---|---|---|---|---|---|---|
| | 茧色 | 茧形 | 缩皱 | 全茧量(克) | 茧层量(克) | 茧层率(%) | 茧丝长(米) | 解舒率(%) | 解舒丝长(米) | 净度(分) | 纤度(D) | 日数 | 温度(℃) | 卵色 | 蛾产卵数(粒) | 克卵粒数(粒) |
| 新杭 | 白 | 椭圆 | 中 | 1.93 | 0.442 | 22.90 | 1 248 | 76.75 | 950 | 96.5 | 2.718 | 16 | 24.4 | 灰绿及灰紫色 | 538 | 1 750 |
| 科明 | 白 | 浅束腰 | 中 | 1.90 | 0.389 | 20.70 | 1 003 | 84.08 | 843 | 94.9 | 3.028 | 18 | 25.6 | 灰紫色 | 467 | 1 650 |

**新杭×科明**(新杭×科 16):本品种为中日一代杂交二化性白茧的夏秋用蚕品种。蚁蚕黑褐色,壮蚕体色青白,形蚕,体型较大,5 龄经过 6 天左右,全龄经过 21 天左右。蚁蚕孵化齐一,有逸散性,实用孵化率 95% 以上,各龄发育齐、快,眠起齐一。壮蚕食桑旺盛,不踏叶,桑叶利用率高。熟蚕齐涌,营茧快,多结上层茧。茧色洁白,茧形椭圆,大小匀正。茧层较厚,缩皱中等,解舒好,净度优良,出丝率较高。由于本品种蚕体较大,眠性快,丝量较多,因此要严格消毒防病,选用良桑精心饲养。壮蚕食桑旺盛,应给足桑叶,充分饱食。壮蚕及蔟中要防止高温和闷热,使茧、丝质优的性状得到充分发挥。成绩见表 3.11。

## 表3.11 桑蚕品种国家审定鉴定成绩汇总表
### （1982—1983年两年早秋期）

**饲养成绩 · 茧质 · 茧丝质成绩**

| 品种名（杂交形式） | | 实用孵化率(%) | 龄期经过 5龄(日:时) | 龄期经过 全龄(日:时) | 4龄起蚕生命率 结茧率(%) | 4龄起蚕生命率 死笼率(%) | 4龄起蚕生命率 虫蛹率(%) | 茧质 全茧量(克) | 茧质 茧层量(克) | 茧质 茧层率(%) | 总收茧量(克) | 普通茧重量百分率(%) | 上车茧率(%) | 鲜毛茧出丝率(%) | 茧丝长(米) | 解舒丝长(米) | 解舒率(%) | 茧丝量(克) | 纤度(D) | 净度(分) |
|---|---|---|---|---|---|---|---|---|---|---|---|---|---|---|---|---|---|---|---|---|
| 新杭×科明 | 正交 | 96.99 | 6:06 | 21:00 | 87.87 | 8.14 | 83.09 | 1.62 | 0.336 | 20.66 | 764 | 95.78 | 95.58 | 15.44 | 1.000 | 701 | 70.72 | 0.272 | 2.451 | 94.64 |
| | 反交 | 93.16 | 6:06 | 20:21 | 89.76 | 6.56 | 85.44 | 1.61 | 0.336 | 20.82 | 780 | 95.92 | 95.94 | 15.84 | 1.007 | 712 | 70.91 | 0.277 | 2.448 | 95.24 |
| | 平均 | 95.08 | 6:06 | 20:22 | 88.81 | 7.35 | 84.26 | 1.62 | 0.336 | 20.74 | 772 | 95.85 | 95.76 | 15.64 | 1.004 | 706 | 70.82 | 0.274 | 2.450 | 94.94 |
| 东34×苏12 | 正交 | 97.85 | 6:06 | 20:23 | 92.43 | 4.97 | 89.19 | 1.56 | 0.302 | 19.36 | 779 | 96.51 | 95.65 | 14.29 | 902 | 672 | 73.67 | 0.240 | 2.386 | 94.52 |
| | 反交 | 96.20 | 6:06 | 20:21 | 89.20 | 6.76 | 84.82 | 1.53 | 0.297 | 19.41 | 730 | 96.40 | 95.08 | 14.28 | 893 | 646 | 72.41 | 0.230 | 2.378 | 94.58 |
| | 平均 | 97.02 | 6:07 | 20:22 | 90.82 | 5.86 | 87.00 | 1.54 | 0.300 | 19.38 | 754 | 96.46 | 95.36 | 14.28 | 901 | 659 | 73.04 | 0.235 | 2.382 | 94.55 |

| 品种名（杂交形式） | | 万头收茧量 实数(千克) | 万头收茧量 指数(%) | 万头茧层量 实数(千克) | 万头茧层量 指数(%) | 万头产丝量 实数(千克) | 万头产丝量 指数(%) | 5龄给予桑50千克茧量 实数(千克) | 5龄给予桑50千克茧量 指数(%) | 5龄50千克桑产丝量 实数(千克) | 5龄50千克桑产丝量 指数(%) | 解舒率(%) | 纤度(D) | 净度(分) |
|---|---|---|---|---|---|---|---|---|---|---|---|---|---|---|
| 新杭×科明 | 正交 | 14.35 | | 2.988 | | 2.263 | | 3.188 | | 0.495 | | | | |
| | 反交 | 14.58 | | 3.048 | | 2.338 | | 3.284 | | 0.521 | | | | |
| | 平均 | 14.46 | 102.41 | 3.018 | 109.91 | 2.300 | 111.22 | 3.236 | 101.35 | 0.508 | 111.16 | 70.82 | 2.450 | 94.94 |
| 东34×苏12 | 正交 | 14.54 | | 2.820 | | 2.147 | | 3.304 | | 0.472 | | | | |
| | 反交 | 13.70 | | 2.673 | | 1.989 | | 3.028 | | 0.442 | | | | |
| | 平均 | 14.12 | 100 | 2.746 | 100 | 2.068 | 100 | 3.193 | 100 | 0.457 | 100 | 73.04 | 2.382 | 94.55 |
| 规定标准 | | | | | | | | | | | | ≥70.00 | 2.3~2.7 | ≥92.00 |

注：以上为1982—1983年两年的平均值。

# 四、关于印发《桑蚕新品种国家审定结果报告(第四号)》的通知

1986 年 6 月 2 日农牧渔业部发布"关于印发《桑蚕新品种国家审定结果报告(第四号)》的通知"〔(1986)农(农)字第 20 号〕,全文如下。

各省、自治区、直辖市农牧渔(林)业厅(局)、四川、江苏、广东、山东省丝绸公司、黑龙江省纺织工业公司、内蒙古自治区轻工厅:

同意全国桑·蚕品种审定委员会第六次会议对湖南省蚕桑科学研究所育成的夏秋用蚕品种芙蓉×湘晖的审议意见。现将《桑蚕新品种国家审定结果报告(第四号)》印发给你们。芙蓉×湘晖主要经济性状符合国家审定标准,可供全国在夏秋蚕期试养、推广。

附件:全国桑·蚕品种审定委员会《桑蚕新品种国家审定结果报告(第四号)》

中华人民共和国农牧渔业部

1986 年 6 月 2 日

抄送:全国农作物品种审定委员会、中国丝绸公司、中国农业科学院、中国农业科学院蚕业研究所、各省蚕桑(业)研究所、四川、浙江、江苏省蚕种公司、浙江、华南、西南、沈阳、山东农业大学、安徽、广西农学院、苏州蚕桑专科学校、浙江、苏州丝绸工学院、浙江、湖南省丝绸公司、上海进出口商品检验局、全国桑蚕品种饲养鉴定点、丝质鉴定厂

## (一) 桑蚕新品种国家审定结果报告(第四号)

全国桑蚕品种鉴定网点于 1984—1985 年,以现行蚕品种东 34×苏 12 为对照,对湖南省蚕桑科学研究所育成的夏秋用蚕品种芙蓉×湘晖进行了两年的实验室共同鉴定。

1986 年 4 月 1—5 日,本委员会举行第六次会议。按部颁《桑蚕品种国家审定条例》(试行草案),对两年来的饲养鉴定与丝质鉴定成绩进行了审议。

会议同意鉴定网点对这对品种所作的综合评价。认为这对品种孵化、各龄眠起、上蔟齐一,体质强健、好养、抗逆性较强,茧层率为 23.32%、出丝率高达 17.38%,比对照品种分别提高 4%、3%(实数),茧丝长超过 1000 米,解舒率接近 80%,且地区间、年度间变动幅度小,解舒丝长比对照品种长 170 米,净度优。茧丝纤度符合审定标准,茧丝纤度综合均方差小于对照,是近年鉴定中茧丝质全面优良的一对早秋用蚕品种。5 龄经过比对照品种约长半天,全茧量稍小,故 50 千克桑产茧量比对照低 5%～6%,万头产茧量稍低于对照;但因茧层率、出丝率高,50 千克桑产丝量、万头茧层量、万头产丝量均比对照品种提高 10% 以上。此外,纯种饲养观察发现,制种性能尚好,但湘晖的产卵黏着性弱,芙蓉的茧形尚欠匀整并有部分球形茧。

审议意见:芙蓉×湘晖主要经济性状符合国家审定标准,可供全国各地在夏秋蚕期试养、推广。

附件:桑蚕新品种性状资料

全国桑·蚕品种审定委员会

1986 年 4 月 6 日

### （二）桑蚕新品种性状资料

**芙蓉、湘晖及其杂交种性状**

**芙蓉**：二化性，中中固定种。湖南省蚕桑科学研究所育成的二化白茧品种。蚁蚕体色呈黑褐色，趋光性较强。壮蚕体色青白，素蚕。5 龄经过 6～7 天，全龄经过 21～22 天。体质强健，饲养容易。孵化、眠起、上蔟较齐一。蚕儿活泼，食桑较快。熟蚕营茧趋光性较强。

茧色白，茧形短椭圆，有个别尖头和球形。蛹皮嫩薄，不宜过早鉴蛹。发蛾齐涌，交配和产卵性能尚好。卵色有灰绿及青灰两种，卵壳淡黄或灰白。

本品种与湘晖交配宜推迟 3 天出库催青。蚕种浸酸标准：冷藏浸酸，液温 47.8 ℃，盐酸比重 1.093，浸酸时间 5 分 30 秒；即时浸酸，液温 46.1 ℃，盐酸比重 1.073，浸酸时间 5 分。

**湘晖**：二化性，日日固定种。湖南省蚕桑科学研究所育成的二化性白茧品种。蚁蚕体色呈浅黑褐色。壮蚕体色有灰白及微赤两种；体形细长，素蚕，但细看仍有淡色半月斑。5 龄经过 7～8 天，全龄经过 22天。体质强健，眠起、上蔟尚齐一，一至三眠眠性慢，四眠眠性较快。蚁蚕和各龄蚕逸散性强，特别是起蚕行动活泼，喜向四周逸散，食桑缓慢。茧色白，茧形浅束腰，较匀正，但有少量薄头茧。蛹期经过较长，发蛾欠集中，但交配和产卵性能尚好。卵色为灰紫色，卵壳白色。

本品种与英蓉交配宜提早 3 天出库出青。蚕种浸酸标准：冷藏浸酸，液温，47.8 ℃，盐酸比重 1.093，浸酸时间 6 分；即时浸酸，液温 46.1 ℃，盐酸比重 1.073，浸酸时间 5 分。

芙蓉、湘晖原种性状见表 3.12。

**表 3.12　芙蓉、湘晖原种性状表**

| 品种名 | 化性 | 系统 | 催青 | | 饲育经过 | | | 蚕期调查 | | | | | |
|---|---|---|---|---|---|---|---|---|---|---|---|---|---|
| | | | 日数 | 温度（℃） | 5龄（日:时） | 全龄（日:时） | 温度（℃） | 蚁蚕体色 | 克蚁头数 | 壮蚕体色 | 斑纹 | 虫蛹率（%） | 死笼率（%） |
| 芙蓉 | 二化 | 中中固定种 | 11 | 24.3 | 6:19 | 21:01 | 26.6 | 黑褐 | 青白 | 2 350 | 素蚕 | 94.95 | 3.52 |
| 湘晖 | 二化 | 日日固定种 | 11 | 24.3 | 7:19 | 22:03 | 26.6 | 浅黑褐 | 灰白及微赤 | 2 400 | 暗斑 | 97.84 | 1.75 |

| 品种名 | 茧质调查 | | | | | | 丝质调查 | | | | | 盛上蔟至盛发蛾 | | 卵期调查 | | |
|---|---|---|---|---|---|---|---|---|---|---|---|---|---|---|---|---|
| | 茧色 | 茧形 | 缩皱 | 全茧量（克） | 茧层量（克） | 茧层率（%） | 茧丝长（米） | 解舒率（%） | 解舒丝长（米） | 净度（分） | 纤度（D） | 日数 | 温度（℃） | 卵色 | 蛾产卵数（粒） | 克卵粒数（粒） |
| 芙蓉 | 白 | 短椭圆 | 中等 | 1.70 | 0.429 | 25.24 | 1191.5 | 81.97 | 977 | 94.25 | 2.30 | 16 | 25 | 灰绿及青灰 | 450～500 | 1 610 |
| 湘晖 | 白 | 浅束腰 | 中等 | 1.66 | 0.372 | 22.41 | 995.0 | 88.90 | 885 | 95.16 | 2.57 | 18 | 25 | 灰灰紫 | 450～500 | 1 808 |

**芙蓉×湘晖**：本品种为中日一代杂交二化性白茧的早秋用品种。壮蚕体色青白，素蚕。5 龄经过 6～7 天，全龄经过 20～21 天。体质强健，饲养容易，孵化、各龄眠起、上蔟齐一。壮蚕食桑活泼，不踏叶。茧色白，茧形长椭圆、匀正。茧层较厚、茧丝长长、解舒优、出丝率较高，是一对茧丝质全面优良的早秋用蚕品种。成绩见表 3.13。

表3.13 桑蚕品种国家审定鉴定成绩汇总表

(1984—1985 年两年早秋期平均)

**饲养成绩 / 茧丝质成绩**

| 品种名（杂交形式） | | 实用孵化率(%) | 龄期经过 5龄(日:时) | 龄期经过 全龄(日:时) | 4龄起蚕生命率 结茧率(%) | 死笼率(%) | 虫蛹率(%) | 茧质 全茧量(克) | 茧层量(克) | 茧层率(%) | 总收茧量(克) | 普通茧重量百分率(%) | 实际饲育头数(条) | 5龄给桑量(克) | 上车茧率(%) | 鲜毛茧出丝率(%) | 茧丝长(米) | 解舒丝长(米) | 解舒率(%) | 茧丝量(克) | 纤度(D) | 茧丝纤度综合均方差(D) | 净度(分) |
|---|---|---|---|---|---|---|---|---|---|---|---|---|---|---|---|---|---|---|---|---|---|---|---|
| 芙蓉×湘晖 | 正交 | 96 | 6:11 | 20:10 | 97.50 | 2.65 | 94.90 | 1.54 | 0.358 | 23.12 | 826 | 96.66 | 541 | 11901 | 96.03 | 17.20 | 1092 | 880 | 80.59 | 0.292 | 2.408 | 0.487 | 94.08 |
| | 反交 | 95 | 6:16 | 20:16 | 97.08 | 2.84 | 94.35 | 1.51 | 0.354 | 23.52 | 792 | 96.47 | 542 | 11706 | 95.94 | 17.56 | 1120 | 886 | 79.14 | 0.285 | 2.283 | 0.436 | 94.60 |
| | 平均 | 96 | 6:14 | 20:13 | 97.29 | 2.74 | 94.62 | 1.52 | 0.356 | 23.32 | 809 | 96.56 | 541 | 11804 | 95.98 | 17.38 | 1106 | 883 | 79.86 | 0.288 | 2.346 | 0.462 | 94.34 |
| 东34×苏12 | 正交 | 97 | 6:04 | 20:17 | 96.96 | 2.50 | 94.56 | 1.55 | 0.301 | 19.38 | 818 | 95.56 | 540 | 11206 | 95.86 | 14.50 | 928 | 714 | 77.23 | 0.246 | 2.396 | 0.562 | 94.44 |
| | 反交 | 96 | 6:04 | 20:19 | 96.46 | 1.84 | 94.73 | 1.54 | 0.300 | 19.53 | 806 | 96.15 | 538 | 11300 | 95.62 | 14.58 | 908 | 712 | 78.60 | 0.246 | 2.436 | 0.521 | 93.70 |
| | 平均 | 96 | 6:04 | 20:18 | 96.71 | 2.17 | 94.64 | 1.54 | 0.300 | 19.46 | 812 | 95.85 | 539 | 11266 | 95.74 | 14.54 | 918 | 713 | 77.92 | 0.246 | 2.416 | 0.542 | 94.07 |

| 品种名（杂交形式） | | 万头收茧量 实数(千克) | 指数(%) | 万头茧层量 实数(千克) | 指数(%) | 万头产丝量 实数(千克) | 指数(%) | 5龄50千克桑产茧量 实数(千克) | 指数(%) | 5龄50千克桑产丝量 实数(千克) | 指数(%) | 解舒率(%) 规定标准≥70.00 | 纤度(D) 规定标准2.3~2.7 | 净度(分) 规定标准≥92.00 |
|---|---|---|---|---|---|---|---|---|---|---|---|---|---|---|
| 芙蓉×湘晖 | 正交 | 15.28 | | 3.532 | | 2.624 | | 3.304 | | 0.567 | | | | |
| | 反交 | 14.60 | | 3.429 | | 2.559 | | 3.224 | | 0.566 | | | | |
| | 平均 | 14.94 | 99.27 | 3.480 | 119.02 | 2.592 | 118.52 | 3.264 | 94.61 | 0.566 | 112.52 | 79.86 | 2.346 | 94.34 |
| 东34×苏12 | 正交 | 15.15 | | 2.935 | | 2.196 | | 3.489 | | 0.506 | | | | |
| | 反交 | 14.95 | | 2.914 | | 2.178 | | 3.411 | | 0.500 | | | | |
| | 平均 | 15.05 | 100 | 2.924 | 100 | 2.187 | 100 | 3.450 | 100 | 0.503 | 100 | 77.92 | 2.416 | 94.07 |

## 五、品审会关于印发《现行生产用桑蚕品种重新审定的鉴定成绩与综合概评》的函

1985 年 3 月 24 日全国桑·蚕品种审定委员会"关于印发《现行生产用桑蚕品种重新审定的鉴定成绩与综合概评》的函"[(85)桑蚕(审)字第 03 号],全文如下。

各产茧省、自治区、直辖市农牧渔(林)业厅(局)、丝绸公司、蚕业(桑)研究所、有关农业院校:

根据本委员会第三次会议(1982.3 镇江)关于现行蚕品种分批重新审定的决议,全国桑蚕品种鉴定网点于 1982、1983 年对现行春用蚕品种 731×732(苏 5×苏 6)、753×754(杭 7×杭 8)和夏秋用蚕品种苏 3·秋 3×苏 4、浙农 1 号×苏 12 等 4 对品种,进行了两年的实验室共同鉴定。本委员会第五次会议同意鉴定网点对上述 4 对蚕种所作的综合评价。现将上述重新审定品种的鉴定成绩与综合概评印发给你们,供参考。

附件 1　1982—1983 年现行生产用蚕品种重新审定分品种综合概评

附件 2　1982—1983 年现行生产用蚕品种重新鉴定成绩汇总

全国桑·蚕品种审定委员会

1985 年 3 月 24 日

### 附件 1　1982—1983 年现行生产用蚕品种重新审定分品种综合概评

(一) 春用品种的综合概评

731×732(苏 5×苏 6):孵化、眠起、上蔟均较齐一,体质强健,好养;茧层率、出丝率比对照增加 1.82%、0.87%(实数),茧丝纤度、净度符合审定标准;万头茧层量、万头产丝量比对照高 5.97%、2.97%(指数);50 千克桑产丝量与对照相仿;万头产茧量及 50 千克桑产茧量比对照低 1.66%、5.38%,解舒率比审定标准低 5.52%。

753×754(杭 7×杭 8):孵化、眠起、上蔟均较齐一,体质强健,好养;茧层率、出丝率比对照增加 0.83%、0.73%(实数);茧丝纤度、净度符合审定标准;万头茧层量、万头产丝量、50 千克桑产丝量比对照高 2.12%、2.46%、1.72%(指数);万头产茧量、50 千克桑产茧量比对照低 1.37%、2.39%,解舒率比审定标准低 8.48%(实数)。

(二) 早秋用品种的综合概评

浙农一号×苏 12:孵化、眠起、上蔟均齐一;万头产茧量、万头茧层量、50 千克桑产茧量、50 千克桑产丝量分别比对照高 3.04%、5.90%、1.10%、1.31%(指数);茧层率、出丝率、万头产丝量与对照相仿;茧丝纤度、净度符合审定标准;缺点是体质欠强,虫蛹率比对照低 2.03%(实数),解舒率低 2.44%(实数)。

苏 3·秋 3×苏 4:孵化、眠起、上蔟均齐一;茧层率比对照增加 1.2%(实数),万头茧层量、万头产丝量、50 千克桑产丝量比对照高 6.15%、1.60%、1.53%;出丝率、万头产茧量与对照相仿;茧丝纤度、净度符合审定标准;缺点是体质欠强、虫蛹率比对照低 4.25%(实数),解舒率比审定标准低 0.75%(实数)。

### 附件 2　1982—1983 年现行生产用蚕品种重新鉴定成绩汇总

表 3.14、表 3.15 中所列数字均系 1982 年、1983 年两年鉴定成绩的平均值;解舒率、纤度、净度 3 个丝质项目的规定标准栏内,上行数字为春用蚕品种的审定标准,下行数字为夏秋用蚕品种的审定标准。

表 3.14 1982—1983 年现行生产用蚕品种重新审定鉴定成绩汇总表(1)

| 蚕期 | 品种名(杂交形式) | | 实用孵化率(%) | 龄期经过 | | 4龄起蚕生命率 | | | 茧质 | | | 总收茧量(克) | 普通茧重量百分率(%) | 上车茧率(%) | 鲜毛茧出丝率(%) | 茧丝长(米) | 解舒丝长(米) | 解舒率(%) | 茧丝量(克) | 纤度(D) | 净度(分) |
|---|---|---|---|---|---|---|---|---|---|---|---|---|---|---|---|---|---|---|---|---|---|
| | | | | 5龄(日:时) | 全龄(日:时) | 结茧率(%) | 死笼率(%) | 虫蛹率(%) | 全茧量(克) | 茧层量(克) | 茧层率(%) | | | | | | | | | | |
| 春期 | 731×732 | 正交 | 96.42 | 7:20 | 25:04 | 99.06 | 0.96 | 98.14 | 2.06 | 0.524 | 25.46 | 1024 | 96.07 | 96.40 | 19.62 | 1374 | 948 | 69.30 | 0.434 | 2.848 | 94.54 |
| | | 反交 | 95.56 | 7:21 | 25:04 | 98.98 | 0.97 | 97.96 | 2.07 | 0.520 | 25.14 | 1031 | 95.16 | 96.20 | 10.09 | 1387 | 960 | 69.62 | 0.428 | 2.797 | 94.10 |
| | | 平均 | 95.99 | 7:20 | 25:04 | 99.02 | 0.96 | 98.04 | 2.06 | 0.522 | 25.30 | 1028 | 95.62 | 96.31 | 19.35 | 1381 | 954 | 69.48 | 0.431 | 2.820 | 94.56 |
| | 753×754 | 正交 | 96.50 | 7:12 | 24:10 | 98.67 | 1.19 | 97.50 | 2.10 | 0.510 | 24.31 | 1032 | 97.40 | 96.70 | 19.20 | 1347 | 902 | 67.28 | 0.420 | 2.827 | 95.38 |
| | | 反交 | 95.80 | 7:12 | 24:16 | 98.50 | 1.22 | 97.32 | 2.10 | 0.508 | 24.31 | 1030 | 97.26 | 96.70 | 19.20 | 1365 | 894 | 65.76 | 0.423 | 2.800 | 93.97 |
| | | 平均 | 96.15 | 7:12 | 24:13 | 98.58 | 1.20 | 97.34 | 2.10 | 0.510 | 24.31 | 1031 | 97.34 | 96.73 | 19.21 | 1356 | 898 | 66.52 | 0.422 | 2.814 | 94.67 |
| | 华合×东肥 | 正交 | 92.42 | 7:12 | 24:18 | 98.88 | 0.70 | 98.16 | 2.13 | 0.502 | 23.61 | 1047 | 98.15 | 95.76 | 18.64 | 1208 | 849 | 70.50 | 0.410 | 3.060 | 94.00 |
| | | 反交 | 91.32 | 7:12 | 24:21 | 98.22 | 0.70 | 97.54 | 2.13 | 0.496 | 23.31 | 1038 | 97.99 | 95.60 | 18.30 | 1202 | 851 | 70.76 | 0.402 | 3.051 | 94.47 |
| | | 平均 | 91.87 | 7:12 | 24:20 | 98.55 | 0.70 | 97.80 | 2.13 | 0.499 | 23.48 | 1042 | 98.07 | 95.68 | 18.48 | 1205 | 850 | 70.63 | 0.406 | 3.061 | 94.24 |
| | 浙农1号×苏12 | 正交 | 95.84 | 6:08 | 21:00 | 92.44 | 8.64 | 85.81 | 1.56 | 0.317 | 20.02 | 828 | 93.06 | 94.43 | 14.42 | 948 | 634 | 67.06 | 0.250 | 2.385 | 94.33 |
| | | 反交 | 94.79 | 6:08 | 21:02 | 89.70 | 8.28 | 84.13 | 1.60 | 0.318 | 19.76 | 760 | 93.20 | 94.49 | 14.02 | 964 | 657 | 68.06 | 0.248 | 2.325 | 95.02 |
| | | 平均 | 95.82 | 6:08 | 21:01 | 91.07 | 8.46 | 84.97 | 1.58 | 0.318 | 19.89 | 794 | 93.48 | 94.46 | 14.20 | 956 | 646 | 67.56 | 0.249 | 2.355 | 94.68 |
| 夏秋期 | 苏3·秋3×苏4 | 正交 | 90.45 | 6:10 | 21:4 | 88.22 | 6.86 | 83.78 | 1.63 | 0.334 | 20.46 | 780 | 94.80 | 94.58 | 14.62 | 1000 | 687 | 68.30 | 0.262 | 2.376 | 94.27 |
| | | 反交 | 89.15 | 6:12 | 21:4 | 86.79 | 9.68 | 81.72 | 1.59 | 0.325 | 20.70 | 733 | 94.96 | 93.60 | 14.72 | 994 | 700 | 70.20 | 0.258 | 2.346 | 94.15 |
| | | 平均 | 89.80 | 6:11 | 21:4 | 87.50 | 8.27 | 82.75 | 1.61 | 0.331 | 20.58 | 756 | 94.88 | 94.09 | 14.67 | 997 | 693 | 69.25 | 0.260 | 2.361 | 94.21 |
| | 东34×苏12 | 正交 | 97.85 | 6:09 | 20:23 | 92.43 | 4.97 | 89.19 | 1.56 | 0.302 | 19.36 | 779 | 96.51 | 95.65 | 14.29 | 909 | 672 | 73.67 | 0.240 | 2.386 | 94.52 |
| | | 反交 | 96.20 | 6:06 | 20:21 | 98.20 | 6.76 | 84.82 | 1.58 | 0.280 | 19.41 | 730 | 96.40 | 95.08 | 14.28 | 893 | 646 | 72.41 | 0.236 | 2.378 | 94.58 |
| | | 平均 | 97.02 | 6:07 | 20:22 | 90.82 | 5.86 | 87.00 | 1.54 | 0.300 | 19.38 | 754 | 96.46 | 95.36 | 14.28 | 890 | 659 | 73.04 | 0.237 | 2.382 | 94.55 |

饲养成绩 · 茧丝质成绩

表3.15 1982—1983年现行生产用蚕品种重新审定鉴定成绩汇总表(2)

| 蚕期 | 品种名（杂交形式） | 杂交形式 | 万头收茧量 实数(千克) | 万头收茧量 指数(%) | 万头茧层量 实数(千克) | 万头茧层量 指数(%) | 万头产丝量 实数(千克) | 万头产丝量 指数(%) | 5龄50千克桑产茧量 实数(千克) | 5龄50千克桑产茧量 指数(%) | 5龄50千克桑产丝量 实数(千克) | 5龄50千克桑产丝量 指数(%) | 解舒率(%) 规定标准≥75.00 ≥70.00 | 纤度(D) 规定标准 2.5~3.0 2.3~2.7 | 净度(分) 规定标准≥93.00 ≥92.00 |
|---|---|---|---|---|---|---|---|---|---|---|---|---|---|---|---|
| 春期 | 731×732 | 正交 | 20.72 | | 5.276 | | 4.064 | | 3.289 | | 0.646 | | | | |
| | | 反交 | 20.84 | | 5.232 | | 3.973 | | 3.286 | | 0.626 | | | | |
| | | 平均 | 20.78 | 98.34 | 5.254 | 105.97 | 4.018 | 102.97 | 3.288 | 94.62 | 0.636 | 99.38 | 69.48 | 2.822 | 93.35 |
| | 753×754 | 正交 | 20.86 | | 5.068 | | 4.004 | | 3.384 | | 0.650 | | | | |
| | | 反交 | 20.82 | | 5.058 | | 3.992 | | 3.400 | | 0.652 | | | | |
| | | 平均 | 20.84 | 98.63 | 5.063 | 102.12 | 3.998 | 102.46 | 3.392 | 97.61 | 0.651 | 101.72 | 66.52 | 2.814 | 94.67 |
| | 华合×东肥 | 正交 | 21.15 | | 4.990 | | 3.934 | | 3.462 | | 0.643 | | | | |
| | | 反交 | 21.11 | | 4.927 | | 3.870 | | 3.488 | | 0.638 | | | | |
| | | 平均 | 21.13 | 100 | 4.958 | 100 | 3.902 | 100 | 3.475 | 100 | 0.640 | 100 | 70.63 | 3.060 | 94.24 |
| 夏秋期 | 浙农1号×苏12 | 正交 | 14.78 | | 2.962 | | 2.113 | | 3.290 | | 0.480 | | | | |
| | | 反交 | 14.32 | | 2.852 | | 2.035 | | 3.166 | | 0.446 | | | | |
| | | 平均 | 14.55 | 103.04 | 2.908 | 105.90 | 2.074 | 100.29 | 3.228 | 101.10 | 0.463 | 101.31 | 67.56 | 2.355 | 94.68 |
| | 苏3·秋3×苏4 | 正交 | 14.48 | | 2.976 | | 2.132 | | 3.230 | | 0.472 | | | | |
| | | 反交 | 13.73 | | 2.854 | | 2.070 | | 3.080 | | 0.457 | | | | |
| | | 平均 | 14.10 | 99.86 | 2.915 | 106.15 | 2.101 | 101.60 | 3.155 | 98.81 | 0.464 | 101.53 | 69.25 | 2.361 | 94.21 |
| | 东34×苏12 | 正交 | 14.54 | | 2.820 | | 2.147 | | 3.304 | | 0.472 | | | | |
| | | 反交 | 13.70 | | 2.673 | | 1.989 | | 3.082 | | 0.442 | | | | |
| | | 平均 | 14.12 | 100 | 2.746 | 100 | 2.068 | 100 | 3.193 | 100 | 0.457 | 100 | 73.04 | 2.382 | 94.55 |

# 六、关于印发《桑蚕新品种国家审定结果报告(第五号)》的通知

1987 年 6 月 30 日农牧渔业部办公厅发布"关于印发《桑蚕新品种国家审定结果报告(第五号)》的通知",全文如下。

各省(自治区、直辖市)农牧渔(林)业厅(局)、四川、江苏、广东、山东省丝绸公司、黑龙江省纺织公司、内蒙古自治区轻工厅：

同意全国桑·蚕品种审定委员会第七次会议对广东省农业科学院蚕业研究所育成的研菁×日桂和浙江省农业科学院蚕桑研究所育成的蓝天×白云(科 7×康 2)两对夏秋用蚕品种的审议意见。现将《桑蚕新品种国家审定结果报告(第五号)》印发给你们。研菁×日桂和蓝天×白云这两对品种的主要经济性状符合国家审定标准,可供全国在夏秋蚕期试养、推广。

附件：全国桑·蚕品种审定委员会《桑蚕新品种国家审定结果报告(第五号)》

中华人民共和国农牧渔业部办公厅

1987 年 6 月 30 日印发

抄送：全国农作物品种审定委员会,中国农业科学院,纺织部丝绸管理局,经贸部中国丝绸进出口总公司,中国农业科学院蚕业研究所,各省蚕桑(业)研究所,四川、浙江、华南、西南、沈阳、山东农业大学,安徽、广西农学院,苏州蚕桑专科学校,浙江、苏州丝绸工学

## (一) 桑蚕新品种国家审定结果报告(第五号)

全国桑蚕品种鉴定网点于 1985 年至 1986 年,以现行蚕品种东 34×苏 12 为对照,对广东省农业科学院蚕业研究所育成的研菁×日桂和浙江省农业科学院蚕桑研究所育成的蓝天×白云(科 7×康 2)两对夏秋用蚕品种进行了两年的实验室共同鉴定。

1987 年 3 月 26—31 日,本委员会举行第七次会议。按部颁《桑蚕品种国家审定条例》(试行草案),对两年来的饲养鉴定与丝质鉴定成绩进行了审议。

会议同意鉴定网点对这两对品种所作的综合评价。认为：研菁×日桂这对品种孵化、各龄眠起、上蔟均齐一。5 龄经过、全龄经过与对照相仿。对叶质与不良环境适应较广、好养。全茧量与对照相仿。茧层率(24.11%)、出丝率(17.38%)均居参鉴品种首位；万头茧层量、万头产丝量、50 千克桑产丝量分别比对照提高 20.70%、20.26%、14.11%；茧丝长 1175 米,比对照长 275 米；解舒丝长 826 米,比对照长 118 米；解舒率与净度地区间、年度间开差不大,平均达 70.52% 与 94.59 分；茧丝纤度 2.318D,均符合审定标准。由于全茧量略低、食桑量略多,万头产茧量与 50 千克桑产茧量两项分别比对照低 1.62%、6.74%。此外,在叶质较好的条件下,较易发生三眠蚕；纯种饲养观察表明,如 5 龄给予潮叶,研菁较易发生细菌病。

蓝天×白云这对品种孵化、各龄眠起、上蔟较齐一,龄期经过与对照相仿。茧型较大且匀正。茧层率(23.11%)与出丝率(16.65%)均超过对照；万头产茧量、万头茧层量、万头产丝量、50 千克桑产丝量分别比对照提高 4.67%、22.80%、22.68%、14.94%；茧丝长 1120 米,比对照长 220 米；解舒丝长 794 米,比对照长 86 米；解舒率第一年为 72.78%,第二年为 69.67%,平均为 71.22%,但地区间开差稍大；净度

93.83 分,茧丝纤度 2.455 D。三项丝质成绩均符合审定标准。茧丝纤度综合均方差达 0.627 D,稍偏大。对叶质要求较高。体质欠强,结茧率与虫蛹率比对照低 2% 左右(实数)。食桑量略多,故 50 千克桑产茧量也比对照约低 2%。此外,少数点发现 5 龄与 5 龄后期有少量小蚕、5 眠蚕及血液型脓病发生。纯种饲养观察表明,用叶偏老时,白云 1~2 龄期会发生一定数量的小蚕。

审议意见:研菁×日桂、蓝天×白云两对品种,主要经济性状符合国家审定标准,可供全国各地在夏、秋蚕期试养和推广。

附件:桑蚕新品种性状资料

全国桑·蚕品种审定委员会
1987 年 3 月 31 日

### (二) 桑蚕新品种性状资料

#### 1. 研菁、日桂及其杂交种性状

**研菁**:二化性,中中固定种。广东省农业科学院蚕业研究所育成的二化性白茧品种。蚁蚕孵化齐一。各龄眠起齐,技术处理容易,食桑旺盛,生命力强。壮蚕体色为姬蚕。5 龄期用桑要适熟,防止喂湿叶和多湿环境。注意通风排湿,5 龄经过 7~7.5 天,全龄经过 24~25 天,老熟齐一,茧型较大。上蔟要匀、偏稀。本品种与日桂交配宜推迟 3 天出库催青。

蚕种浸酸标准:冷藏浸酸,盐酸液温 47.8 ℃,比重 1.092,浸酸时间 5 分 30 秒;即时浸酸,盐酸液温 45.6 ℃,比重 1.075,浸酸时间 5 分钟。

**日桂**:二化性,日日固定种。广东省农业科学院蚕业研究所育成的二化性白茧品种。蚁蚕孵化齐,小蚕期温度要求 25.6 ℃左右,低于 23.9 ℃时眠起稍不齐。大蚕期要求 24.4 ℃左右。各龄用桑要求适熟,嫩叶会造成后期死蛹增加。壮蚕体色较暗,斑纹为姬蚕,间有少量形蚕。老熟齐一,上蔟后爬动少,营茧快,茧型大,宜适当稀上。本品种与研菁交配宜提早 3 天出库催青。

蚕种浸酸标准:冷藏浸酸,盐酸液温 47.8 ℃,比重 1.092,浸酸时间 5.5~6 分;即时浸酸,盐酸液温 46.1 ℃,比重 1.075,浸酸时间 5 分。

**研菁×日桂**:本品种为中日一代杂交二化性白茧夏秋用蚕品种。采用渐进法催青,温度最高不宜超过 26.7 ℃,并注意保湿。蚁蚕有扩散性,宜偏迟感光,偏早收蚁。

小蚕期饲育适温为 25.6~26.7 ℃,眠起齐,发育快,宜及时扩座。据大蚕期饲育适温为 24.4 ℃左右,应注意蚕室通风换气,防止蚕座闷热。遇阴雨天温度偏低时要加温排湿,少给湿叶,多食隔夜桑,否则会出现 5 龄期拖长,尾熟蚕发生脓病的现象。用桑要求适熟,忌嫩叶。5 龄减食期前务必充分饱食,但减食期要适当控制给桑量,以利于提高 50 千克桑产值。茧层厚、丝量多,蔟中要做好通风排湿工作,以免发生霉口茧。本品种对农药较为敏感,用叶要注意安全。

#### 2. 蓝天、白云及其杂交种

**蓝天**(科 7):二化性,中中固定种。浙江省农业科学院蚕桑研究所育成的二化性白茧品种。蚁蚕黑褐色、文静、孵化齐,以秋制种孵化为好。饲育温、湿度宜稍偏高。小蚕有趋密性和趋光性,要及时扩座,匀座。壮蚕体色青白,素蚕,蚕体粗壮。5 龄经过 7 天,全龄经过 22 天 14 小时,蔟中经过 15 天 12 小时。各龄眠起齐一,蚕食桑快,不踏叶,饲育容易。老熟齐涌,营茧快、多营上层茧,易做同宫茧。各龄饲育用叶要求新鲜,4~5 龄用桑要充分成熟,盛食期给足叶量,避免湿叶及过嫩叶。上蔟要适熟偏生,上稀、上匀,蔟中和种茧保护防止高温,注意通风排湿。茧色白,茧形椭圆,有少量球形茧,茧型较大,缩皱中粗。蛹体较大,蛹体腹面翅下有两个对称的焦黄色斑块。卵色灰带紫色。春制种平均每蛾良卵数 500 粒左

右,克卵 1640 粒左右;秋制种平均每蛾良卵数 470 粒左右。发蛾集中,蛾子活泼,交配性能较好,产卵较快,产附良好。本品种与白云交配,宜推迟 1～2 天分两批出库催青,前后两批蚁量以各占 50% 为宜。

蚕种浸酸标准:冷藏浸酸,盐酸液温 47.8 ℃,比重 1.092,浸酸时间 5 分 30 秒;即时浸酸,盐酸液温 46.1 ℃,比重 1.072,浸酸时间 5 分。

**白云**(康 2):二化性,日日杂交固定种。浙江省农业科学院蚕桑研究所育成的二化性白茧品种。蚁蚕黑褐色,孵化齐,蚁蚕活泼,有扩散性,趋光性强,应偏迟感光偏早收蚁,小蚕及时匀座。饲育温度宜稍偏高。各龄眠起齐一。用桑过老时,稚蚕期易发生小蚕,壮蚕期有少量五眠蚕发生。收蚁及 1 龄用桑宜适熟偏嫩,大蚕用桑要求充分成熟、新鲜,避免老叶,促使蚕发育齐一。壮蚕青白,后部米黄,花蚕,体型中等,行动较活泼。5 龄经过 7 天左右,全龄经过 22 天左右,蛰中经过 17 天。老熟尚齐,多营上层茧,双宫茧少。如遇蔟中闷热多湿,则易发生不结茧蚕和穿头茧,要求上蔟密度适中。加强蔟室通风换气,切忌闷湿。茧色白,浅束腰,少数束腰。茧型中等、匀正,缩皱中细。越年卵灰紫色,春制种平均每蛾良卵数 530 粒左右,克卵 1770 粒左右;秋制种平均每蛾良卵数 500 粒左右。发蛾较慢,发蛾时应提早感光,使蛾体成熟。产卵快,交配时间不要超过 5 小时,拆对后及时投蛾产卵。本品种与蓝天对交宜提早 2 天一批出库催青。

蚕种浸酸标准:冷藏浸酸,盐酸液温 47.8 ℃,比重 1.092,浸渍时间 6 分;即是浸酸,盐酸液温 46.1 ℃,比重 1.072,浸渍时间 5 分 30 秒。

**蓝天×白云**(科 7×康 2):本品种为中日一代杂交二化性白茧的夏秋用蚕品种。蚁蚕黑褐色,每克蚁蚕头数正交 2200 头左右,反交 2390 头左右。蚁蚕正交文静,反交有扩散性。孵化齐一,实用孵化率 96% 左右。壮蚕体色青白带米黄,花蚕,体型中粗、匀正。5 龄经过 6 天左右,全龄经过 20～21 天。1 龄眠性较长,眠起齐快。壮蚕食桑旺盛,不踏叶,桑叶利用率高,熟蚕齐涌,营茧快,多营上层茧。茧色白,茧形椭圆微束腰、匀正,缩皱中等。茧质优良,茧层率高,双宫茧少,解舒较好,净度优良,出丝率高。

由于本品种眠性快、茧层率高、丝量多,因此要严格消毒防病,选用适熟新鲜良桑饲养,切忌过老叶。壮蚕食桑旺盛,应给足桑叶,充分饱食,蔟中防止高温闷热,加强通风排湿,使茧丝质优良性状得到充分发挥。

附表 1:研菁、日桂原种性状表(表 3.16)

附表 2:蓝天、白云原种性状表(表 3.17)

附表 3:桑蚕品种国家审定鉴定成绩汇总表(表 3.18)

### 表 3.16　研菁、日桂原种性状表
(1986 年春期)

| 品种名 | 化性 | 系统 | 催青 | | 饲育 | | | 蚕期调查 | | | | | |
| | | | 日数 | 温度(℃) | 5龄(日:时) | 全龄(日:时) | 温度(℃) | 蚁蚕体色 | 克蚁头数 | 壮蚕体色 | 斑纹 | 虫蛹率(%) | 死笼率(%) |
| 研菁 | 二化 | 中中固定种 | 11 | — | 8:04 | 25:05 | 26 | 黑褐 | — | 灰白 | 姬 | 95.74 | 1.97 |
| 日桂 | 二化 | 日日固定种 | 13 | — | 7:11 | 25:03 | 26 | 黑褐 | — | 青白 | 暗斑 | 95.60 | 3.69 |

| 品种名 | 茧质调查 | | | | | | 丝质调查 | | | | | 盛上蔟至盛发蛾日 | | 卵期调查 | | |
| | 茧色 | 茧形 | 缩皱 | 全茧量(克) | 茧层量(克) | 茧层率(%) | 茧丝长(米) | 解舒率(%) | 解舒丝长(米) | 净度(分) | 纤度(D) | 日数 | 温度(℃) | 卵色 | 蛾产卵数(粒) | 克卵粒数(粒) |
| 研菁 | 白 | 椭圆 | 中 | 1.31 | 0.346 | 26.52 | 934 | 73.86 | 690 | 90.5 | 2.438 | 15 | 25～26.7 | — | — | — |
| 日桂 | 白 | 浅束腰 | 中 | 1.42 | 0.326 | 23.25 | 854 | 76.88 | 656 | 92.5 | 2.421 | 16 | 25～26.7 | — | — | — |

**表 3.17　蓝天、白云原种性状表**
（1985—1986 年两年春期平均成绩）

| 品种名 | 化性 | 系统 | 催青 | | 饲育经过 | | | 蚕期调查 | | | | | |
|---|---|---|---|---|---|---|---|---|---|---|---|---|---|
| | | | 日数 | 积温（℃） | 5龄（日:时） | 全龄（日:时） | 温度（℃） | 蚁蚕体色 | 克蚁头数 | 壮蚕体色 | 斑纹 | 虫蛹率（%） | 死笼率（%） |
| 蓝天 | 二化 | 中中固定种 | 10.5 | 131 | 7:00 | 22:14 | 25.6 | 黑褐 | 2 250 | 青白 | 素蚕 | 96.92 | 1.89 |
| 白云 | 二化 | 日日固定种 | 11 | 138 | 6:23 | 22:4 | 25.6 | 黑褐 | 2 300 | 青白尾带米黄 | 花蚕 | 97.16 | 1.18 |

| 品种名 | 茧质调查 | | | | | | 丝质调查 | | | | | | 盛上蔟至盛发蛾日 | | 卵期调查 | | |
|---|---|---|---|---|---|---|---|---|---|---|---|---|---|---|---|---|---|
| | 茧色 | 茧形 | 缩皱 | 全茧量（克） | 茧层量（克） | 茧层率（%） | 茧丝长（米） | 解舒率（%） | 解舒丝长（米） | 净度（分） | 纤度（D） | | 日数 | 温度（℃） | 卵色 | 蛾产卵数（粒） | 克卵粒数（粒） |
| 蓝天 | 白 | 椭圆 | 中粗 | 1.73 | 0.400 | 23.12 | 992 | 676 | 54.13 | 94.75 | 2.331 | | 15.5 | 23.3 | 灰带紫 | 530 | 1 640 |
| 白云 | 白 | 浅束 | 中粗 | 1.65 | 0.370 | 22.42 | 1 234 | 694 | 69.34 | 92.34 | 2.647 | | 17 | 23.3 | 灰紫 | 540 | 1 770 |

### （三）蚕品种国家审定鉴定结果报告（第五号）

全国桑蚕品种鉴定网点于 1985—1986 年，以现行春用品种华合×东肥，现行夏秋用品种东 34×苏 12 为对照，对安徽农学院蚕桑系育成的双限性品种花茂×锦春、四川省农业科学院蚕桑研究所育成的四元杂交种蜀 31×川 62（753·731×川 26·春 42）2 对春用蚕品种和广东省农业科学院蚕业研究所育成的研菁×日桂、浙江省农业科学院蚕桑研究所育成的科 7×康 2、江苏省无锡西漳蚕种场选育的单限性品种 75 新×朝霞（75 新×7532）3 对夏秋用蚕品种，进行了两年的实验室共同鉴定。

1986 年 11 月 25 日至 30 日，全国桑蚕品种审定委员会的委托机构——中国农业科学院蚕业研究所召集四川、浙江、江苏、广东、山东、安徽、湖北、陕西等 8 个省的饲养鉴定与丝质鉴定共 16 个单位举行桑蚕品种国家审定第八次鉴定会议。对上述 5 对品种两年来的饲养鉴定与丝质鉴定成绩进行了汇总、分析，综合概评如下。

**花茂×锦春：**孵化尚齐，各龄眠起、上蔟较齐一，全龄经过、5 龄经过与对照相仿，强健好养。限性皮斑清晰，与雌雄性别相符。食桑量、全茧量、50 千克桑产茧量与对照相仿。茧层率（24.16%）与万头茧层量均比对照提高 5.20%（指数）；茧丝长 1356 米，比对照长 175 米。净度 93.74 分，茧丝纤度 2.768 D，符合审定标准；茧丝纤度综合均方差较小，为 0.643 D。解舒率第一年为 61.85%、第二年为 62.77%，平均为 62.31%，比对照的 71.74% 低 9.43%（实数），低于审定标准；但解舒丝长达 842 米，与对照相仿。双宫茧稍多，普通茧质量百分率稍低，加上解舒较差，出丝率两年平均为 17.42%，低于对照（17.80%）；万头产丝量与 50 千克桑产丝量比对照低 2%～3%。

此外，纯种饲养观察表明，花茂的死笼率偏高。

**蜀 31×川 62：**孵化、各龄眠起、上蔟均较齐一。龄期经过、生命力与对照相仿。蚕体粗壮，强健好养。全茧量较大，茧层率（24.95%）、出丝率（18.48%）均超过对照。万头产茧量、万头茧层量、万头产丝量分别比对照提高 1.94%、10.93%、5.50%。茧丝长 1346 米，比对照长 165 米。净度第一年为 94.02 分、第二年为 92.69 分，平均为 93.35 分，符合审定标准。茧丝纤度 2.886 D，符合审定标准。茧丝纤度综合均方差达 0.748 D 略偏大。解舒率第一年为 58.98%、第二年为 62.23%，平均为 60.61%，比对照的 71.74% 低 11.13%（实数），低于审定标准；解舒丝长 822 米，比对照短 22 米。食桑量稍多，50 千克桑产茧量比对照低 2.6%，50 千克桑产丝量与对照相仿。茧幅整齐度略低于对照。

**表 3.18　桑品种国家审定鉴定成绩汇总表**

（1985—1986 年两年早秋期平均）

饲养成绩

| 品种名(杂交形式) | | 实用孵化率(%) | 龄期经过 | | 4龄起蚕生命率 | | | 茧质 | | | 总收茧量(克) | 普通茧重量百分率(%) | 饲育头数(%) | 5龄给桑量(克) | 上车茧率(%) | 鲜出毛丝率(%) | 茧丝质量成绩 | | | |
|---|---|---|---|---|---|---|---|---|---|---|---|---|---|---|---|---|---|---|---|---|
| | | | 5龄(日:时) | 全龄(日:时) | 结茧率(%) | 死笼率(%) | 虫蛹率(%) | 全茧量(克) | 茧层量(克) | 茧层率(%) | | | | | | | 茧丝长(米) | 解舒丝长(米) | 解舒率(%) | 茧丝量(克) |
| 研菁×日桂 | 正交 | 97 | 6:07 | 20:12 | 94.77 | 3.68 | 91.37 | 1.52 | 0.363 | 23.90 | 790 | 94.69 | 540 | 12507 | 95.27 | 17.50 | 1176 | 827 | 70.57 | 0.301 |
| | 反交 | 94 | 6:08 | 20:14 | 94.94 | 3.78 | 91.44 | 1.52 | 0.369 | 24.32 | 782 | 93.54 | 540 | 12485 | 94.80 | 17.27 | 1174 | 824 | 70.47 | 0.302 |
| | 平均 | 96 | 6:07 | 20:13 | 94.85 | 3.82 | 91.40 | 1.52 | 0.366 | 24.11 | 786 | 94.12 | 540 | 12496 | 95.03 | 17.38 | 1175 | 826 | 70.52 | 0.302 |
| 蓝天×白云 | 正交 | 96 | 6:09 | 20:16 | 95.31 | 3.59 | 92.02 | 1.66 | 0.382 | 23.05 | 863 | 96.40 | 539 | 12728 | 94.39 | 16.69 | 1117 | 791 | 71.12 | 0.309 |
| | 反交 | 95 | 6:08 | 20:16 | 92.60 | 5.27 | 88.25 | 1.61 | 0.371 | 23.17 | 807 | 94.93 | 539 | 12604 | 94.42 | 16.61 | 1122 | 797 | 71.28 | 0.299 |
| | 平均 | 96 | 6:08 | 20:16 | 93.95 | 4.43 | 90.13 | 1.64 | 0.377 | 23.11 | 835 | 95.67 | 539 | 12666 | 94.41 | 16.65 | 1120 | 794 | 71.20 | 0.304 |
| 东34×苏12 | 正交 | 96 | 6:04 | 20:10 | 96.86 | 3.23 | 93.78 | 1.54 | 0.301 | 19.64 | 814 | 95.64 | 539 | 11926 | 95.52 | 14.18 | 908 | 713 | 78.63 | 0.243 |
| | 反交 | 96 | 6:04 | 20:12 | 95.96 | 2.46 | 93.66 | 1.51 | 0.296 | 19.70 | 786 | 95.87 | 536 | 11954 | 94.80 | 14.27 | 892 | 703 | 78.97 | 0.239 |
| | 平均 | 96 | 6:04 | 20:11 | 96.41 | 2.84 | 93.72 | 1.52 | 0.298 | 19.67 | 800 | 95.75 | 538 | 11940 | 95.16 | 14.23 | 900 | 708 | 78.80 | 0.241 |

| 品种名(杂交形式) | | 纤度(D) | 茧丝纤度综合均方差(D) | 净度(分) | 万头收茧量 | | 万头茧层量 | | 万头产丝量 | | 5龄50千克桑产茧量 | | 5龄50千克桑产丝量 | | 茧丝质量成绩 | | |
|---|---|---|---|---|---|---|---|---|---|---|---|---|---|---|---|---|---|
| | | | | | 实数(千克) | 指数(%) | 实数(千克) | 指数(%) | 实数(千克) | 指数(%) | 实数(千克) | 指数(%) | 实数(千克) | 指数(%) | 解舒率(%)规定标准≥70.00 | 纤度(D)规定标准2.3~2.7 | 净度(分)规定标准≥92.00 |
| 研菁×日桂 | 正交 | 2.316 | 0.562 | 94.75 | 14.62 | | 3.494 | | 2.562 | | 3.172 | | 0.556 | | | | |
| | 反交 | 2.320 | 0.541 | 94.42 | 14.48 | | 3.526 | | 2.508 | | 3.141 | | 0.545 | | | | |
| | 平均 | 2.318 | 0.551 | 94.59 | 14.55 | 98.38 | 3.510 | 120.70 | 2.535 | 120.26 | 3.156 | 93.26 | 0.550 | 114.11 | 70.52 | 2.318 | 94.59 |
| 蓝天×白云 | 正交 | 2.502 | 0.640 | 93.46 | 16.00 | | 3.687 | | 2.675 | | 3.408 | | 0.571 | | | | |
| | 反交 | 2.409 | 0.615 | 94.20 | 14.96 | | 3.456 | | 2.497 | | 3.213 | | 0.537 | | | | |
| | 平均 | 2.455 | 0.627 | 93.83 | 15.48 | 104.67 | 3.571 | 122.80 | 2.586 | 122.68 | 3.311 | 97.84 | 0.554 | 114.94 | 71.20 | 2.455 | 93.83 |
| 东34×苏12 | 正交 | 2.407 | 0.581 | 94.20 | 15.02 | | 2.949 | | 2.136 | | 3.444 | | 0.490 | | | | |
| | 反交 | 2.423 | 0.561 | 93.39 | 14.56 | | 2.866 | | 2.080 | | 3.324 | | 0.475 | | | | |
| | 平均 | 2.415 | 0.571 | 93.79 | 14.79 | 100 | 2.908 | 100 | 2.108 | 100 | 3.384 | 100 | 0.482 | 100 | 78.80 | 2.415 | 93.79 |

此外,较原种易饲养。

**研菁×日桂:** 孵化、各龄眠起、上蔟均齐一。5 龄经过、全龄经过与对照相仿。对叶质与不良环境适应较广,好养。全茧量与对照相仿,茧层率 24.11%、出丝率 17.38%,均占参鉴品种首位。万头茧层量、万头产丝量、50 千克桑产丝量分别比对照提高 20.70%、20.26%、14.11%。茧丝长 1 175 米,比对照长 118 米。解舒率与净度地区间、年度间开差不大,平均达 70.52% 与 94.59 分;茧丝纤度 2.318 D,均符合审定标准。由于结茧率略低,食桑量略多,万头茧产量与 50 千克桑产茧量两项分别比对照低 1.62%、6.74%。

此外,在叶质较好的条件下,较易发生三眠蚕;纯种饲养观察表明,如 5 龄给予潮叶,研菁较易发生细菌病。

**科 7×康 2:** 孵化、各龄眠起、上蔟较齐一,龄期经过与对照相仿。茧型较大且匀正,茧层率(23.11%)与出丝率(16.65%)均超过对照。万头产茧量、万头茧层量、万头产丝量、50 千克桑产丝量分别比对照提高 4.67%、22.80%、22.68%、14.94%。茧丝长 1 120 米,比对照长 220 米;解舒丝长 794 米,比对照长 86 米。解舒率第一年为 72.78%、第二年为 69.67%,平均为 71.22%,但地区间开差稍大;净度 93.83 分,茧丝纤度 2.455 D。三项丝质成绩均符合审定标准。茧丝纤度综合均方差达 0.627 D,稍偏大。对叶质要求较高,体质欠强,结茧率与虫蛹率比对照低 2%左右(实数)。食桑量略多,故 50 千克桑产茧量也比对照约低 2%。

此外,少数点发现 5 龄与 5 龄后期有少量小蚕、5 眠蚕及血液型脓病发生;纯种饲养观察表明,用叶偏老时,康 2 的 1~2 龄期会发生一定数量的小蚕。

**75 新×朝霞:** 孵化、各龄眠起、上蔟均齐一,5 龄经过比对照约长半天。体质强健,食桑旺盛,好养。正交(75 新×朝霞)限性皮斑清晰,与雌雄性别相符。茧型大、全茧重、茧层率(22.48%)与出丝率(15.80%)均超过对照。除 50 千克桑产茧量与对照相仿外,万头产茧量、万头茧层量、万头产丝量、50 千克桑产丝量分别比对照提高 8.99%、24.48%、20.92%、11.41%。茧丝长 1 086 米、解舒丝长 868 米,分别比对照长 186 米、160 米。解舒率高,两年平均达 80.18%,超过对照;茧丝纤度 2.517 D。这两项丝质成绩符合审定标准。净度地区间开差较大,第一年为 90.78 分、第二年为 89.86 分,两年平均为 90.32 分,低于审定标准;双宫茧特多,普通茧质量百分率比对照低 4%以上。

此外,据江苏省反映在批量繁育中发现易发生生种。

鉴定成绩见附表。

附表 1. 1985—1986 年两年春期桑蚕品种国家审定鉴定成绩汇总表(一、二)(表 3.19、表 3.20)

附表 2. 1985—1986 年两年早秋期桑蚕品种国家审定鉴定成绩汇总表(一、二)(表 3.21、表 3.22)

附表 3. 早秋期多年多地品种鉴定解舒率成绩的方差分析(表 3.23、表 3.24)

附表 4. 早秋期多年多地品种鉴定净度成绩的方差分析(表 3.25、表 3.26)

全国蚕品种鉴定第八次工作会议

1986 年 11 月 30 日武汉

附表1

表3.19 桑蚕品种和国家审定定鉴定成绩成绩汇报表（一）

(1985—1986年春期)

| 品种名(杂交文形式) | | 实用孵化率(%) | 龄期经过 | | 4龄起蚕生命率 | | | 茧质 | | | 总收茧量(克) | 普通茧质量百分率(%) | 实际饲育头数(条) | 5龄给桑量(克) | 上车茧率(%) | 鲜毛茧出丝率(%) | 茧丝长(米) | 解舒丝长(米) | 解舒率(%) |
|---|---|---|---|---|---|---|---|---|---|---|---|---|---|---|---|---|---|---|---|
| | | | 5龄(日:时) | 全龄(日:时) | 结茧率(%) | 死笼率(%) | 虫蛹率(%) | 全茧量(克) | 茧层量(克) | 茧层率(%) | | | | | | | | | |
| 花茂×锦春 1985 | 正交 | 92 | 7:22 | 24:08 | 98.62 | 1.27 | 97.39 | 2.08 | 0.500 | 24.04 | 1016 | 95.14 | 494 | 15312 | 95.25 | 17.48 | 1261 | 778 | 61.01 |
| | 反交 | 93 | 7:19 | 24:05 | 98.34 | 1.18 | 97.23 | 2.09 | 0.506 | 24.22 | 1019 | 95.07 | 496 | 15306 | 95.26 | 17.96 | 1341 | 822 | 62.69 |
| | 平均 | 93 | 7:21 | 24:06 | 98.48 | 1.22 | 97.31 | 2.08 | 0.503 | 24.13 | 1018 | 95.11 | 495 | 15309 | 95.26 | 17.72 | 1301 | 800 | 61.85 |
| 1986 | 正交 | 93 | 7:20 | 24:19 | 98.20 | 2.16 | 96.08 | 2.17 | 0.525 | 24.22 | 1051 | 94.05 | 492 | 15477 | 94.34 | 17.32 | 1401 | 878 | 62.80 |
| | 反交 | 95 | 7:18 | 24:16 | 97.80 | 2.15 | 95.74 | 2.19 | 0.529 | 24.19 | 1057 | 93.14 | 489 | 15302 | 93.30 | 16.91 | 1418 | 891 | 62.74 |
| | 平均 | 94 | 7:19 | 24:18 | 98.00 | 2.16 | 95.91 | 2.18 | 0.527 | 24.20 | 1054 | 93.59 | 490 | 15390 | 93.82 | 17.12 | 1410 | 885 | 62.77 |
| 两年平均 | 正交 | 92 | 7:21 | 24:14 | 98.41 | 1.72 | 96.74 | 2.12 | 0.512 | 24.13 | 1034 | 94.60 | 493 | 15394 | 94.80 | 17.40 | 1331 | 828 | 61.91 |
| | 反交 | 94 | 7:18 | 24:10 | 98.07 | 1.66 | 96.48 | 2.14 | 0.518 | 24.21 | 1038 | 94.11 | 492 | 15304 | 94.28 | 17.44 | 1380 | 856 | 62.72 |
| | **平均** | **93** | **7:20** | **24:12** | **98.24** | **1.69** | **96.61** | **2.13** | **0.515** | **24.16** | **1036** | **94.35** | **492** | **15349** | **94.54** | **17.42** | **1356** | **842** | **62.31** |
| 蜀31×川62 1985 | 正交 | 95 | 7:20 | 24:04 | 98.31 | 1.06 | 97.27 | 2.12 | 0.524 | 24.66 | 1032 | 96.81 | 490 | 15873 | 95.23 | 18.33 | 1315 | 799 | 59.90 |
| | 反交 | 95 | 7:20 | 24:04 | 98.12 | 1.34 | 96.81 | 2.15 | 0.536 | 24.85 | 1058 | 96.89 | 496 | 16240 | 95.46 | 18.12 | 1306 | 769 | 58.06 |
| | 平均 | 95 | 7:20 | 24:04 | 98.22 | 1.20 | 97.04 | 2.14 | 0.530 | 24.76 | 1045 | 96.85 | 493 | 16056 | 95.34 | 18.22 | 1311 | 784 | 58.98 |
| 1986 | 正交 | 96 | 7:21 | 24:19 | 98.49 | 1.31 | 97.27 | 2.16 | 0.539 | 24.97 | 1058 | 96.94 | 491 | 15846 | 95.88 | 18.79 | 1376 | 873 | 63.40 |
| | 反交 | 92 | 7:21 | 24:22 | 98.58 | 1.27 | 97.33 | 2.20 | 0.555 | 25.29 | 1083 | 97.16 | 491 | 15865 | 95.41 | 18.49 | 1387 | 848 | 61.07 |
| | 平均 | 94 | 7:21 | 24:21 | 98.54 | 1.29 | 97.27 | 2.18 | 0.547 | 25.14 | 1071 | 97.05 | 491 | 15856 | 95.65 | 18.64 | 1381 | 860 | 62.23 |
| 两年平均 | 正交 | 96 | 7:20 | 24:12 | 98.40 | 1.18 | 97.24 | 2.14 | 0.532 | 24.82 | 1045 | 96.88 | 491 | 15860 | 95.56 | 18.56 | 1346 | 836 | 61.65 |
| | 反交 | 94 | 7:20 | 24:13 | 98.35 | 1.31 | 97.07 | 2.18 | 0.545 | 25.07 | 1071 | 97.02 | 493 | 16052 | 95.44 | 18.31 | 1346 | 808 | 59.56 |
| | **平均** | **95** | **7:20** | **24:12** | **98.38** | **1.24** | **97.16** | **2.16** | **0.538** | **24.95** | **1058** | **96.95** | **492** | **15956** | **95.5** | **18.43** | **1346** | **822** | **60.61** |
| 华合×东肥 1985 | 正交 | 97 | 7:17 | 24:04 | 98.86 | 0.59 | 98.27 | 2.14 | 0.488 | 22.82 | 1056 | 8.19 | 494 | 15236 | 96.35 | 17.94 | 1176 | 857 | 72.96 |
| | 反交 | 97 | 7:16 | 24:04 | 98.88 | 0.69 | 98.19 | 2.13 | 0.480 | 22.52 | 1049 | 97.55 | 494 | 15230 | 96.17 | 17.56 | 1183 | 870 | 73.87 |
| | 平均 | 97 | 7:16 | 24:04 | 98.87 | 0.64 | 98.23 | 2.14 | 0.484 | 22.67 | 1053 | 97.87 | 494 | 15233 | 96.26 | 17.75 | 1179 | 864 | 73.42 |
| 1986 | 正交 | 96 | 7:19 | 24:23 | 97.61 | 0.87 | 96.85 | 2.11 | 0.491 | 23.38 | 1010 | 97.80 | 489 | 15246 | 95.51 | 17.88 | 1171 | 814 | 69.94 |
| | 反交 | 96 | 7:16 | 25:03 | 97.99 | 0.80 | 97.19 | 2.12 | 0.487 | 23.08 | 1030 | 98.00 | 490 | 15196 | 95.64 | 17.80 | 1195 | 833 | 70.22 |
| | 平均 | 96 | 7:18 | 25:01 | 97.80 | 0.84 | 97.02 | 2.12 | 0.489 | 23.23 | 1020 | 97.90 | 490 | 15221 | 95.57 | 17.84 | 1183 | 824 | 70.08 |
| 两年平均 | 正交 | 96 | 7:18 | 24:14 | 98.23 | 0.73 | 97.56 | 2.12 | 0.489 | 23.10 | 1033 | 98.00 | 492 | 15241 | 95.93 | 17.91 | 1174 | 836 | 71.45 |
| | 反交 | 96 | 7:16 | 24:15 | 98.44 | 0.75 | 97.69 | 2.13 | 0.484 | 22.80 | 1040 | 97.77 | 492 | 15213 | 95.91 | 17.68 | 1189 | 852 | 72.04 |
| | **平均** | **96** | **7:17** | **24:14** | **98.34** | **0.74** | **97.62** | **2.13** | **0.486** | **22.95** | **1036** | **97.88** | **492** | **15227** | **95.92** | **17.8** | **1181** | **844** | **71.74** |

饲养成绩 | 茧丝质成绩

表3.20 桑蚕品种国家审定鉴定成绩汇报表(二)

(1985—1986年春期)

| 品种名(杂交形式) | 杂交形式 | 蚕丝质成绩 | | | | 万头收茧量 | | 万头茧层量 | | 万头产丝量 | | 5龄50千克桑产茧量 | | 5龄50千克桑产丝量 | |
|---|---|---|---|---|---|---|---|---|---|---|---|---|---|---|---|
| | | 茧丝量(克) | 纤度(D) | 茧丝纤度综合均方差(D) | 净度(分) | 实数(千克) | 指数(%) | 实数(千克) | 指数(%) | 实数(千克) | 指数(%) | 实数(千克) | 指数(%) | 实数(千克) | 指数(%) |
| 花茂×锦春 1985 | 正交 | 0.402 | 2.902 | 0.717 | 94.10 | 20.58 | | 4.952 | | 3.599 | | 3.349 | | 0.583 | |
| | 反交 | 0.410 | 2.820 | 0.711 | 93.49 | 20.50 | | 4.970 | | 3.679 | | 3.367 | | 0.602 | |
| | 平均 | 0.406 | 2.861 | 0.714 | 93.80 | 20.54 | | 4.961 | | 3.639 | | 3.358 | | 0.592 | |
| 1986 | 正交 | 0.417 | 2.690 | 0.551 | 93.24 | 21.36 | | 5.174 | | 3.685 | | 3.409 | | 0.586 | |
| | 反交 | 0.419 | 2.662 | 0.594 | 94.12 | 21.63 | | 5.225 | | 3.647 | | 3.462 | | 0.582 | |
| | 平均 | 0.418 | 2.676 | 0.572 | 93.68 | 21.49 | | 5.200 | | 3.666 | | 3.436 | | 0.584 | |
| 两年平均 | 正交 | 0.410 | 2.796 | 0.634 | 93.67 | 20.97 | | 5.063 | | 3.642 | | 3.379 | | 0.584 | |
| | 反交 | 0.414 | 2.741 | 0.652 | 93.81 | 21.06 | | 5.098 | | 3.663 | | 3.414 | | 0.592 | |
| | 平均 | **0.412** | **2.768** | **0.643** | **93.74** | **21.02** | 99.72 | **5.081** | 105.20 | **3.652** | 97.54 | **3.396** | 99.07 | **0.588** | 96.71 |
| 蜀31×川62 1985 | 正交 | 0.422 | 2.896 | 0.769 | 94.06 | 21.06 | | 5.193 | | 3.848 | | 3.282 | | 0.598 | |
| | 反交 | 0.422 | 2.920 | 0.750 | 93.97 | 21.32 | | 5.298 | | 3.854 | | 3.285 | | 0.591 | |
| | 平均 | 0.422 | 2.908 | 0.759 | 94.02 | 21.19 | | 5.246 | | 3.851 | | 3.283 | | 0.594 | |
| 1986 | 正交 | 0.434 | 2.846 | 0.761 | 93.04 | 21.54 | | 5.376 | | 4.037 | | 3.352 | | 0.626 | |
| | 反交 | 0.444 | 2.880 | 0.715 | 92.33 | 22.05 | | 5.566 | | 4.063 | | 3.431 | | 0.631 | |
| | 平均 | 0.439 | 2.863 | 0.738 | 92.69 | 21.80 | | 5.471 | | 4.050 | | 3.392 | | 0.628 | |
| 两年平均 | 正交 | 0.423 | 2.871 | 0.765 | 93.55 | 21.30 | | 5.284 | | 3.942 | | 3.317 | | 0.612 | |
| | 反交 | 0.431 | 2.900 | 0.732 | 93.15 | 21.68 | | 5.432 | | 3.958 | | 3.358 | | 0.611 | |
| | 平均 | **0.427** | **2.886** | **0.748** | **93.35** | **21.49** | 101.94 | **5.358** | 110.93 | **3.950** | 105.50 | **3.338** | 97.37 | **0.612** | 100.66 |
| 华合×东肥 1985 | 正交 | 0.406 | 3.089 | 0.754 | 95.06 | 21.38 | | 4.881 | | 3.835 | | 3.510 | | 0.629 | |
| | 反交 | 0.398 | 3.015 | 0.678 | 94.81 | 21.26 | | 4.788 | | 3.728 | | 3.478 | | 0.608 | |
| | 平均 | 0.402 | 3.052 | 0.716 | 94.93 | 21.32 | | 4.834 | | 3.782 | | 3.491 | | 0.618 | |
| 1986 | 正交 | 0.405 | 3.119 | 0.685 | 93.30 | 20.63 | | 4.817 | | 3.680 | | 3.324 | | 0.591 | |
| | 反交 | 0.405 | 3.060 | 0.595 | 93.36 | 21.02 | | 4.833 | | 3.731 | | 3.402 | | 0.602 | |
| | 平均 | 0.405 | 3.090 | 0.640 | 93.33 | 20.83 | | 4.825 | | 3.705 | | 3.363 | | 0.596 | |
| 两年平均 | 正交 | 0.406 | 3.104 | 0.720 | 94.18 | 21.01 | | 4.849 | | 3.758 | | 3.417 | | 0.610 | |
| | 反交 | 0.402 | 3.038 | 0.636 | 93.77 | 21.14 | | 4.811 | | 3.730 | | 3.440 | | 0.605 | |
| | 平均 | **0.403** | **3.071** | **0.678** | **93.98** | **21.08** | 100 | **4.830** | 100 | **3.744** | 100 | **3.428** | 100 | **0.608** | 100 |

附表 2

表 3.21 桑蚕品种国家审定鉴定成绩汇报表（一）
（1985—1986 年早秋期）

| 品种名（杂交形式） | | 实用孵化率(%) | 龄期经过 | | 4龄起蚕生命率 | | | 茧质 | | | 总收茧量(克) | 普通茧质量百分率(%) | 实际饲育头数(条) | 5龄给桑量(克) | 上车茧率(%) | 鲜毛茧出丝率(%) | 茧丝长(米) | 解舒丝长(米) | 解舒率(%) |
| | | | 5龄(日:时) | 全龄(日:时) | 结茧率(%) | 死笼率(%) | 虫蛹率(%) | 全茧量(克) | 茧层量(克) | 茧层率(%) | | | | | | | | | |
|---|---|---|---|---|---|---|---|---|---|---|---|---|---|---|---|---|---|---|---|
| 科7×康2 | 1985 正交 | 96 | 6:07 | 20:08 | 94.94 | 4.58 | 90.82 | 1.65 | 0.378 | 22.92 | 854 | 95.51 | 537 | 12551 | 93.62 | 16.34 | 1105 | 821 | 73.69 |
| | 1985 反交 | 94 | 6:07 | 20:07 | 91.59 | 5.78 | 87.16 | 1.62 | 0.374 | 23.18 | 798 | 93.50 | 536 | 12403 | 93.59 | 16.18 | 1116 | 804 | 71.78 |
| | 1985 平均 | 95 | 6:07 | 20:08 | 93.26 | 5.18 | 88.99 | 1.64 | 0.376 | 23.05 | 826 | 94.51 | 536 | 12477 | 93.61 | 16.26 | 1111 | 812 | 72.78 |
| | 1986 正交 | 96 | 6:12 | 21:00 | 95.68 | 2.61 | 93.22 | 1.67 | 0.387 | 23.18 | 873 | 97.29 | 542 | 12905 | 95.16 | 17.05 | 1129 | 762 | 68.55 |
| | 1986 反交 | 96 | 6:10 | 21:00 | 93.62 | 4.76 | 89.34 | 1.60 | 0.369 | 23.17 | 816 | 96.37 | 542 | 12806 | 95.26 | 17.05 | 1129 | 790 | 70.79 |
| | 1986 平均 | 96 | 6:11 | 21:00 | 94.65 | 3.68 | 91.28 | 4.64 | 0.378 | 23.18 | 844 | 96.83 | 542 | 12856 | 95.21 | 17.05 | 1129 | 776 | 69.67 |
| | 两年平均 正交 | 96 | 6:09 | 20:16 | 95.31 | 3.59 | 92.02 | 1.66 | 0.382 | 23.05 | 863 | 96.40 | 539 | 12728 | 94.39 | 16.69 | 1117 | 791 | 71.12 |
| | 两年平均 反交 | 95 | 6:08 | 20:16 | 92.60 | 5.27 | 88.25 | 1.61 | 0.371 | 23.17 | 807 | 94.93 | 539 | 12604 | 94.42 | 16.61 | 1122 | 797 | 71.28 |
| | **两年平均 平均** | **96** | **6:8** | **20:16** | **93.95** | **4.43** | **90.13** | **1.64** | **0.377** | **23.11** | **835** | **95.67** | **539** | **12666** | **94.41** | **16.65** | **1120** | **794** | **71.22** |
| 75新×朝霞 | 1985 正交 | 96 | 6:10 | 20:17 | 93.95 | 2.95 | 91.45 | 1.67 | 0.372 | 22.39 | 859 | 90.03 | 539 | 12934 | 95.24 | 15.06 | 1072 | 832 | 77.53 |
| | 1985 反交 | 96 | 6:09 | 20:16 | 95.35 | 2.40 | 93.24 | 1.67 | 0.373 | 22.41 | 866 | 89.92 | 540 | 12885 | 96.23 | 15.52 | 1112 | 897 | 80.51 |
| | 1985 平均 | 96 | 6:10 | 20:16 | 94.65 | 2.68 | 92.34 | 1.67 | 0.372 | 22.40 | 862 | 89.98 | 540 | 12910 | 95.74 | 15.29 | 1092 | 864 | 79.02 |
| | 1986 正交 | 98 | 6:19 | 21:05 | 98.00 | 1.98 | 96.07 | 1.68 | 0.379 | 22.59 | 898 | 93.94 | 543 | 12932 | 96.40 | 16.39 | 1074 | 861 | 80.84 |
| | 1986 反交 | 97 | 6:18 | 21:04 | 97.51 | 2.51 | 95.07 | 1.62 | 0.364 | 22.54 | 868 | 92.34 | 544 | 12953 | 96.18 | 16.25 | 1087 | 882 | 81.83 |
| | 1986 平均 | 98 | 6:18 | 21:04 | 97.76 | 2.24 | 95.57 | 1.65 | 0.372 | 22.56 | 883 | 93.14 | 544 | 12942 | 96.29 | 16.32 | 1080 | 872 | 81.34 |
| | 两年平均 正交 | 97 | 6:15 | 20:23 | 95.97 | 2.46 | 93.76 | 1.67 | 0.375 | 22.49 | 878 | 91.98 | 541 | 12933 | 95.82 | 15.72 | 1073 | 846 | 79.18 |
| | 两年平均 反交 | 96 | 6:13 | 20:22 | 96.43 | 2.45 | 94.15 | 1.65 | 0.368 | 22.47 | 867 | 91.13 | 542 | 12919 | 96.20 | 15.88 | 1099 | 889 | 81.17 |
| | **两年平均 平均** | **96** | **6:14** | **20:22** | **96.20** | **2.46** | **93.95** | **1.66** | **0.372** | **22.48** | **872** | **91.56** | **542** | **12926** | **96.01** | **15.80** | **1086** | **868** | **80.18** |

（续表）

| 品种名（杂交形式） | | | 实用孵化率（%） | 龄期经过 5龄（日：时） | 龄期经过 全龄（日：时） | 4龄起蚕生命率 结茧率（%） | 4龄起蚕生命率 死笼率（%） | 4龄起蚕生命率 虫蛹率（%） | 茧质 全茧量（克） | 茧质 茧层量（克） | 茧质 茧层率（%） | 总收茧量（克） | 普通茧质量百分率（%） | 实际饲育头数（条） | 5龄给桑量（克） | 上车茧率（%） | 鲜毛茧出丝率（%） | 茧丝长（米） | 解舒丝长（米） | 解舒率（%） |
|---|---|---|---|---|---|---|---|---|---|---|---|---|---|---|---|---|---|---|---|---|
| 研菁×日桂 | 1985 | 正交 | 97 | 6:03 | 20:08 | 93.52 | 4.81 | 89.51 | 1.53 | 0.363 | 23.83 | 781 | 93.71 | 539 | 12446 | 94.74 | 17.07 | 1183 | 851 | 71.78 |
| | | 反交 | 94 | 6:06 | 20:11 | 94.64 | 4.04 | 91.03 | 1.51 | 0.365 | 24.23 | 774 | 92.42 | 538 | 12340 | 94.48 | 16.79 | 1178 | 864 | 73.32 |
| | | 平均 | 96 | 6:04 | 20:10 | 94.08 | 4.42 | 90.27 | 1.52 | 0.364 | 24.03 | 778 | 93.06 | 538 | 12393 | 94.61 | 16.93 | 1181 | 858 | 72.55 |
| | 1986 | 正交 | 97 | 6:11 | 20:17 | 96.03 | 2.92 | 93.24 | 1.51 | 0.363 | 23.98 | 800 | 95.68 | 542 | 12568 | 95.81 | 17.94 | 1169 | 803 | 69.36 |
| | | 反交 | 94 | 6:11 | 20:18 | 95.24 | 3.53 | 91.85 | 1.53 | 0.373 | 24.42 | 790 | 94.67 | 541 | 12630 | 95.12 | 17.75 | 1171 | 784 | 67.63 |
| | | 平均 | 96 | 6:11 | 20:18 | 95.63 | 3.22 | 92.54 | 1.52 | 0.368 | 24.20 | 795 | 95.18 | 542 | 12599 | 95.46 | 17.84 | 1170 | 794 | 68.50 |
| | 两年平均 | 正交 | 97 | 6:07 | 20:12 | 94.77 | 3.86 | 91.37 | 1.52 | 0.363 | 23.90 | 790 | 94.69 | 540 | 12507 | 95.27 | 17.50 | 1176 | 827 | 70.57 |
| | | 反交 | 94 | 6:08 | 20:14 | 94.94 | 3.78 | 91.44 | 1.52 | 0.369 | 24.32 | 782 | 93.54 | 540 | 12485 | 94.80 | 17.27 | 1174 | 824 | 70.47 |
| | | 平均 | 96 | 6:07 | 20:13 | 94.85 | 3.82 | 91.40 | 1.52 | 0.366 | 24.11 | 786 | 94.12 | 540 | 12496 | 95.03 | 17.38 | 1175 | 826 | 70.52 |
| 东34×苏12 | 1985 | 正交 | 96 | 6:01 | 20:03 | 96.35 | 3.46 | 93.05 | 1.54 | 0.298 | 19.41 | 811 | 94.16 | 539 | 11742 | 95.64 | 13.80 | 910 | 706 | 77.54 |
| | | 反交 | 97 | 6:02 | 20:08 | 95.10 | 2.38 | 92.94 | 1.51 | 0.296 | 19.62 | 777 | 95.33 | 536 | 11788 | 95.53 | 14.15 | 886 | 704 | 79.38 |
| | | 平均 | 96 | 6:02 | 20:06 | 95.72 | 2.92 | 93.00 | 1.52 | 0.297 | 19.52 | 794 | 94.74 | 538 | 11765 | 95.58 | 13.98 | 898 | 705 | 78.46 |
| | 1986 | 正交 | 96 | 6:07 | 20:18 | 97.37 | 3.00 | 94.50 | 1.53 | 0.304 | 19.87 | 817 | 97.11 | 539 | 12111 | 95.40 | 14.56 | 906 | 721 | 79.72 |
| | | 反交 | 96 | 6:07 | 20:17 | 96.83 | 2.54 | 94.39 | 1.50 | 0.296 | 19.78 | 795 | 96.41 | 536 | 12121 | 94.07 | 14.39 | 898 | 703 | 78.56 |
| | | 平均 | 96 | 6:07 | 20:17 | 97.10 | 2.77 | 94.44 | 1.52 | 0.300 | 19.82 | 806 | 96.76 | 538 | 12116 | 94.74 | 14.48 | 902 | 712 | 79.14 |
| | 两年平均 | 正交 | 96 | 6:04 | 20:10 | 96.86 | 3.23 | 93.78 | 1.54 | 0.301 | 19.64 | 814 | 95.64 | 539 | 11926 | 95.52 | 14.18 | 908 | 713 | 78.63 |
| | | 反交 | 96 | 6:04 | 20:12 | 95.96 | 2.46 | 93.66 | 1.51 | 0.296 | 19.70 | 786 | 95.87 | 536 | 11954 | 94.80 | 14.27 | 892 | 703 | 78.97 |
| | | 平均 | 96 | 6:04 | 20:11 | 96.41 | 2.84 | 93.72 | 1.52 | 0.298 | 19.67 | 800 | 95.75 | 538 | 11940 | 95.16 | 14.23 | 900 | 708 | 78.80 |

饲养成绩 · 茧丝质成绩

表 3.22 桑蚕品种国家审定鉴定成绩汇报表（二）

（1985—1986 年早秋期）

| 品种名（杂交形式） | | 茧丝质成绩 | | | | 万头收茧量 | | 万头茧层量 | | 万头产丝量 | | 5 龄 50 千克桑产茧量 | | 5 龄 50 千克桑产丝量 | |
|---|---|---|---|---|---|---|---|---|---|---|---|---|---|---|---|
| | | 茧丝量（克） | 纤度（D） | 茧丝纤度综合均方差（D） | 净度（分） | 实数（千克） | 指数（%） | 实数（千克） | 指数（%） | 实数（千克） | 指数（%） | 实数（千克） | 指数（%） | 实数（千克） | 指数（%） |
| 科7×康2 | 1985 正交 | 0.307 | 2.501 | 0.668 | 93.05 | 15.91 | | 3.643 | | 2.592 | | 3.413 | | 0.557 | |
| | 1985 反交 | 0.298 | 2.404 | 0.669 | 94.12 | 14.86 | | 3.426 | | 2.412 | | 3.222 | | 0.524 | |
| | 1985 平均 | 0.302 | 2.452 | 0.668 | 93.58 | 15.38 | | 3.534 | | 2.502 | | 3.318 | | 0.541 | |
| | 1986 正交 | 0.312 | 2.504 | 0.613 | 93.88 | 16.09 | | 3.731 | | 2.758 | | 3.403 | | 0.585 | |
| | 1986 反交 | 0.301 | 2.414 | 0.561 | 94.28 | 15.06 | | 3.486 | | 2.583 | | 3.205 | | 0.551 | |
| | 1986 平均 | 0.306 | 2.459 | 0.587 | 94.08 | 15.58 | | 3.608 | | 2.670 | | 3.304 | | 0.568 | |
| | 两年平均 正交 | 0.309 | 2.502 | 0.640 | 93.46 | 16.00 | | 3.687 | | 2.675 | | 3.408 | | 0.571 | |
| | 两年平均 反交 | 0.299 | 2.409 | 0.615 | 94.20 | 14.96 | | 3.456 | | 2.497 | | 3.213 | | 0.537 | |
| | 两年平均 平均 | 0.304 | 2.455 | 0.627 | 93.83 | 15.48 | 104.67 | 3.571 | 122.80 | 2.586 | 122.68 | 3.311 | 97.84 | 0.554 | 114.94 |
| 75新×朝霞 | 1985 正交 | 0.299 | 2.515 | 0.594 | 91.61 | 15.91 | | 3.545 | | 2.385 | | 3.338 | | 0.501 | |
| | 1985 反交 | 0.303 | 2.452 | 0.537 | 89.96 | 16.06 | | 3.589 | | 2.486 | | 3.370 | | 0.522 | |
| | 1985 平均 | 0.301 | 2.483 | 0.566 | 90.78 | 15.98 | | 3.567 | | 2.436 | | 3.354 | | 0.512 | |
| | 1986 正交 | 0.307 | 2.600 | 0.569 | 90.24 | 16.57 | | 3.748 | | 2.726 | | 3.500 | | 0.577 | |
| | 1986 反交 | 0.300 | 2.502 | 0.563 | 89.47 | 15.94 | | 3.600 | | 2.597 | | 3.364 | | 0.549 | |
| | 1986 平均 | 0.304 | 2.551 | 0.566 | 89.86 | 16.26 | | 3.674 | | 2.662 | | 3.432 | | 0.563 | |
| | 两年平均 正交 | 0.303 | 2.557 | 0.581 | 90.92 | 16.24 | | 3.646 | | 2.555 | | 3.419 | | 0.539 | |
| | 两年平均 反交 | 0.301 | 2.477 | 0.550 | 89.71 | 16.00 | | 3.594 | | 2.542 | | 3.367 | | 0.535 | |
| | 两年平均 平均 | 0.302 | 2.517 | 0.566 | 90.32 | 16.12 | 108.99 | 3.620 | 124.48 | 2.549 | 120.92 | 3.393 | 100.27 | 0.537 | 111.41 |

（续 表）

| 品种名（杂交形式） | | 茧丝质成绩 | | | | 万头收茧量 | | 万头茧层量 | | 万头产丝量 | | 5龄50千克桑产茧量 | | 5龄50千克桑产丝量 | |
|---|---|---|---|---|---|---|---|---|---|---|---|---|---|---|---|
| | | 茧丝量（克） | 纤度（D） | 茧丝纤度综合均方差（D） | 净度（分） | 实数（千克） | 指数（%） | 实数（千克） | 指数（%） | 实数（千克） | 指数（%） | 实数（千克） | 指数（%） | 实数（千克） | 指数（%） |
| 研青×日桂 | 1985 正交 | 0.300 | 2.288 | 0.571 | 94.61 | 14.48 | | 3.445 | | 2.466 | | 3.149 | | 0.535 | |
| | 反交 | 0.297 | 2.266 | 0.527 | 94.28 | 14.35 | | 3.479 | | 2.406 | | 3.139 | | 0.527 | |
| | 平均 | 0.298 | 2.277 | 0.549 | 94.44 | 14.42 | | 3.462 | | 2.436 | | 3.144 | | 0.531 | |
| | 1986 正交 | 0.303 | 2.345 | 0.553 | 94.90 | 14.75 | | 3.544 | | 2.658 | | 3.195 | | 0.577 | |
| | 反交 | 0.308 | 2.374 | 0.556 | 94.57 | 14.62 | | 3.573 | | 2.611 | | 3.143 | | 0.563 | |
| | 平均 | 0.306 | 2.360 | 0.554 | 94.74 | 14.68 | | 3.558 | | 2.634 | | 3.169 | | 0.570 | |
| | 两年平均 正交 | 0.301 | 2.316 | 0.562 | 94.75 | 14.62 | | 3.494 | | 2.562 | | 3.172 | | 0.556 | |
| | 反交 | 0.302 | 2.320 | 0.541 | 94.42 | 14.48 | | 3.526 | | 2.508 | | 3.141 | | 0.545 | |
| | 平均 | 0.302 | 2.318 | 0.551 | 94.59 | 14.55 | 98.38 | 3.510 | 120.7 | 2.535 | 120.26 | 3.156 | 93.26 | 0.550 | 114.11 |
| 东34×苏12 | 1985 正交 | 0.240 | 2.376 | 0.568 | 94.64 | 15.03 | | 2.912 | | 2.070 | | 3.499 | | 0.482 | |
| | 反交 | 0.238 | 2.422 | 0.548 | 93.16 | 14.49 | | 2.829 | | 2.039 | | 3.347 | | 0.472 | |
| | 平均 | 0.239 | 2.399 | 0.558 | 93.90 | 14.76 | | 2.871 | | 2.054 | | 3.423 | | 0.477 | |
| | 1986 正交 | 0.246 | 2.439 | 0.595 | 93.76 | 15.00 | | 2.986 | | 2.203 | | 3.389 | | 0.498 | |
| | 反交 | 0.241 | 2.424 | 0.574 | 93.62 | 14.64 | | 2.904 | | 2.122 | | 3.301 | | 0.478 | |
| | 平均 | 0.244 | 2.432 | 0.584 | 93.69 | 14.82 | | 2.945 | | 2.162 | | 3.345 | | 0.488 | |
| | 两年平均 正交 | 0.243 | 2.407 | 0.581 | 94.20 | 15.02 | | 2.949 | | 2.136 | | 3.444 | | 0.490 | |
| | 反交 | 0.239 | 2.423 | 0.561 | 93.39 | 14.56 | | 2.866 | | 2.080 | | 3.324 | | 0.475 | |
| | 平均 | 0.241 | 2.415 | 0.571 | 93.79 | 14.79 | 100 | 2.908 | 100 | 2.108 | 100 | 3.384 | 100 | 0.482 | 100 |

附表 3

**表 3.23 早秋期多年多地品种鉴定解舒率成绩的方差分析**

各鉴定点实测分年度分品种正反交平均解舒率(%)

| 参鉴品种 | 年份 | 四川 | 湖北 | 浙江 | 安徽 | 广东 | 陕西 | 江苏 | $\overline{Y}_v$ |
|---|---|---|---|---|---|---|---|---|---|
| 75 新×朝霞 | 1985 | 85.92 | 82.68 | 74.90 | 65.65 | 84.78 | 83.37 | 75.85 | |
|  | 1986 | 81.34 | 84.42 | 63.48 | 80.47 | 91.96 | 81.82 | 85.86 | 80.18 |
| 东 34×苏 12 | 1985 | 83.44 | 76.20 | 75.56 | 76.30 | 86.18 | 72.58 | 78.94 | |
|  | 1986 | 77.90 | 85.04 | 59.10 | 74.44 | 85.12 | 87.01 | 85.34 | 78.80 |
| 科 7×康 2 | 1985 | 87.16 | 70.77 | 70.37 | 69.46 | 84.04 | 76.47 | 50.90 | |
|  | 1986 | 73.03 | 70.09 | 40.08 | 74.88 | 86.02 | 71.35 | 64.26 | 71.22 |
| 研菁×日桂 | 1985 | 79.32 | 74.96 | 66.20 | 68.05 | 81.38 | 76.71 | 61.13 | |
|  | 1986 | 71.08 | 66.79 | 45.84 | 76.12 | 83.74 | 70.83 | 65.08 | 70.52 |
| $\overline{Y}_U$ | | 79.90 | 76.37 | 62.95 | 73.17 | 85.40 | 77.52 | 70.92 | $\overline{Y}=75.18$ |

解舒率成绩的方差分析

| 变异来源 | df | SS | MS | F |
|---|---|---|---|---|
| 年内地内区组间 | 14 | 53.70 | 3.836 | |
| 年份(W)间 | 1 | 5.10 | 5.100 | 1.384 |
| 地点(U)间 | 6 | 2151.00 | 358.500 | 97.339 |
| 品种 U×W 间 | 6 | 295.01 | 132.502 | 35.977 |
| 品种(V)间 | 3 | 944.15 | 314.817 | 85.478 |
| V×W | 3 | 94.73 | 31.577 | 8.574 |
| V×U | 18 | 496.75 | 27.597 | 7.493 |
| V×U×W | 18 | 269.17 | 14.954 | 4.060 |
| 试验误差 | 42 | 151.70 | 3.683 | |
| 总变异 | 111 | 4964.61 | | |

**表 3.24 参鉴品种解舒率成绩的主要统计数**

| 参鉴品种 | 平均解舒率 $(\overline{Y})$ | 优质性 平均值(Q) | 优质性 主效 | V×U互作 互作方差 | V×U互作 变异系数 | 稳定性(适应性) 相对适应地区(鉴定点) | V×W互作 互作方差 | V×W互作 变异系数 |
|---|---|---|---|---|---|---|---|---|
| 75 新×朝霞 | 80.18 | 63.93 | 3.39 | 3.397 | 2.88 | 苏、鄂 | 2.492 | 2.47 |
| 东 34×苏 12 | 78.80 | 62.09 | 2.35 | 5.152 | 3.61 | 苏 | 0.595 | 1.23 |
| 科 7×康 2 | 71.22 | 57.95 | −2.59 | 8.248 | 4.96 | 川、粤、皖 | 1.018 | 1.74 |
| 研菁×日桂 | 70.52 | 57.38 | −3.16 | 1.523 | 2.15 | 皖、粤 | 1.601 | 2.34 |

附表 4

**表 3.25　早秋期多年多地品种鉴定净度成绩的方差分析**

| 参鉴品种 | 年份 | 各鉴定点实测分年度分品种正反交平均净度（分） | | | | | | | | 净度成绩的方差分析 | | | | |
| --- | --- | --- | --- | --- | --- | --- | --- | --- | --- | --- | --- | --- | --- | --- |
| | | 四川 | 湖北 | 浙江 | 安徽 | 广东 | 陕西 | 江苏 | $\bar{Y}_V$ | 变异来源 | df | SS | MS | F |
| 研菁×日桂 | 1985 | 95.31 | 92.25 | 93.82 | 95.75 | 93.62 | 95.75 | 94.63 | | 年内地内区组间 | 14 | 28.25 | 2.010 | |
| | 1986 | 97.32 | 92.25 | 90.56 | 98.40 | 91.50 | 96.63 | 96.50 | 94.59 | 年份(W)间 | 1 | 2.23 | 2.230 | 0.955 |
| 科7×康2 | 1985 | 96.68 | 90.50 | 93.94 | 93.75 | 89.12 | 96.00 | 95.12 | | 地点(U)间 | 6 | 844.54 | 140.757 | 60.307 |
| | 1986 | 98.44 | 91.50 | 91.38 | 95.10 | 89.25 | 96.88 | 96.00 | 93.83 | 品 U×W 间 | 6 | 160.97 | 26.828 | 11.494 |
| 东34×苏12 | 1985 | 94.84 | 91.12 | 93.25 | 94.62 | 93.50 | 95.38 | 94.58 | | 品种(V)间 | 3 | 359.60 | 119.867 | 51.357 |
| | 1986 | 97.68 | 92.12 | 89.69 | 95.60 | 89.50 | 96.63 | 94.62 | 93.79 | V×W | 3 | 10.71 | 3.570 | 1.530 |
| 75新×朝霞 | 1985 | 92.50 | 91.50 | 91.50 | 89.62 | 83.88 | 93.62 | 92.88 | | V×U | 18 | 171.89 | 9.549 | 4.091 |
| | 1986 | 96.25 | 91.00 | 84.44 | 88.80 | 82.12 | 94.13 | 92.25 | 90.32 | V×U×W | 18 | 35.87 | 1.993 | 0.854 |
| $\bar{Y}_U$ | | 96.13 | 91.53 | 91.07 | 93.96 | 89.06 | 95.63 | 94.37 | $\bar{Y}=93.13$ | 试验误差 | 42 | 98.04 | 2.334 | |
| | | | | | | | | | | 总变异 | 111 | 1712.10 | | |

**表 3.26　参鉴品种净度成绩的主要统计数**

| 参鉴品种 | 平均净度(Y) | 优质性 | | V×U互作 | | 稳定性（适应性） | | |
| --- | --- | --- | --- | --- | --- | --- | --- | --- |
| | | 平均值(Q) | 主效 | 互作方差 | 变异系数 | 相对适应地区（鉴定点） | V×W互作 | |
| | | | | | | | 互作方差 | 变异系数 |
| 75新×朝霞 | 94.59 | 76.88 | 1.61 | 1.514 | 1.97 | 皖\粤 | 0.057 | 2.72 |
| 东34×苏12 | 93.83 | 76.04 | 0.79 | 0.606 | 0.80 | 川 | 0.034 | 2.11 |
| 科7×康2 | 83.79 | 75.86 | 0.61 | 0.272 | 0.36 | 各鉴定点间无显著差异 | -0.090 | 0 |
| 研菁×日桂 | 90.32 | 72.22 | -3.03 | 2.834 | 3.92 | 鄂 | 0.282 | 6.25 |

# 七、桑蚕新品种国家审定结果报告(第六号)

## (一) 农业部办公厅通知

1989 年 6 月 2 日农业部办公厅发布"关于印发《桑蚕新品种国家审定结果报告(第六号)》与《桑树品种国家审定结果报告(第一号)》的通知"[(1989)农(农)函字第 30 号]。

各省(自治区、直辖市)农(牧、牧渔)业(林业)厅(局)、四川、江苏、广东、山东省丝绸公司、内蒙古自治区轻工厅：

同意全国桑·蚕品种审定委员会第八次会议对中国农科院蚕业研究所育成的苏花×春晖、秋丰×白玉和湖北省农科院蚕业研究所选育的黄鹤×朝霞 3 对新蚕品种的审议意见。苏花×春晖、秋丰×白玉、黄鹤×朝霞主要经济性状符合国家审定标准，可供全国各地试养、推广。

同意对中国农业科学院蚕业研究所选育的育 151 号、育 237 号、育 2 号、7307，浙江省诸暨县璜山农技站选出的璜桑 14 号、山东省蚕业研究所选出的选 792、广东省蚕业研究所选育的伦教 40 号、塘 10×伦 109、华南农业大学蚕桑系选育的试 11 号、吉林省蚕业研究所育成的吉湖 4 号、黑龙江省蚕业研究所选出的选秋 1 号等桑品种的审议意见。上述 11 个桑品种的主要经济性状符合国家审定标准，可分别供长江流域、黄河流域、珠江流域、东北地区试栽、推广。从日本引进的新一之濑桑品种，经鉴定网点调查，经济性状优良，可在长江、黄河流域各省(区)试栽，推广。

现将全国桑·蚕品种审定委员会《桑蚕新品种国家审定结果报告(第六号)》与《桑树品种国家审定结果报告(第一号)》印发给各地，请研究执行。

附件：一、全国桑·蚕品种审定委员会《桑蚕新品种国家审定结果报告(第六号)》
二、全国桑·蚕品种审定委员会《桑树品种国家审定结果报告(第一号)》

中华人民共和国农业部
1989 年 6 月 2 日

## (二) 桑蚕新品种国家审定结果报告(第六号)

全国桑蚕品种鉴定网点于 1987—1988 年，以现行春用蚕品种华合×东肥和现行夏秋用蚕品种东 34×苏 12 为对照，对中国农业科学院蚕业研究所育成的中新 1 号×日新 1 号(双限性品种)和苏花×春晖、四川省蚕业制种公司选育的锦 5·6×绫 3·4(四元杂交种)3 对春用蚕品种，湖北省蚕业研究所选育的黄鹤×朝霞、安徽省农业科学院蚕桑研究所选育的薪安×晶辉、江苏省浒关蚕种场选育的 957×朝霞、中国农业科学院蚕业研究所选育的秋丰×白玉(秋丰为限性品种)、广西壮族自治区蚕业指导所选育的三新×5091 等 5 对夏秋用蚕品种，进行了两年的实验室共同鉴定。

1989 年 4 月 3—6 日，本委员会在重庆市举行第八次会议。按部颁《桑蚕品种国家审定条例》(试行草案)，对全国桑蚕品种鉴定试验网点提交的饲养鉴定、丝质鉴定成绩与鉴定结果报告，进行了审议。

会议同意鉴定试验网点对上述 8 对品种所作的综合评价。认为在 8 对品种中，以苏花×春晖、黄鹤×朝霞、秋丰×白玉 3 对品种的经济性状较为优良。

**1. 分品种综合概评**

(1) 苏花×春晖

春用二元杂交种。供鉴蚕种不良卵稍多，使孵化率受到影响；眠起、上蔟较齐一，强健好养；茧型较大且匀,蛹体小,茧层厚,茧层率高。

茧丝质优良,茧层率 25.90％,鲜毛茧出丝率 19.58％,茧丝长 1 425 米,均显著超过对照;解舒率 76.58％,净度 94.56 分,符合审定标准;茧丝纤度综合均方差小,为 0.577 D;茧丝纤度第一年 2.627 D;第二年 2.724 D,两年平均 2.676 D,稍偏细。

综合经济性状良好,万头产茧量与对照相仿,万头茧层量、万头产丝量与 50 千克桑产丝量分别比对照提高 15.36％、13.46％与 7.89％,但 50 千克桑产茧量略低,为对照的 95.63％。

纯种少量饲养观察表明,原蚕较好养,但单蛾产卵数偏少,不良卵稍多。

(2) 黄鹤×朝霞

夏秋用二元杂交种。孵化、眠起、上蔟齐一,强健好养,茧型中等、匀正。茧丝质全面优良,茧层率 22.20％,鲜毛茧出丝率 15.89％,茧丝长 1082 米,均显著超过对照;茧丝纤度 2.443 D,净度 9438 分,解舒率 72.92％,均符合审定标准;茧丝纤度综合均方差较小,为 0.512 D。

综合经济性状优良,50 千克桑产茧量与对照相仿,万头产茧量、万头茧层量、万头产丝量与 50 千克桑产丝量分别经对照提高 6.46％、21.10％、22.18％与 13.24％。

纯种少量试养繁育情况表明,原蚕容易饲养,单蛾产卵多、产附好。

(3) 秋丰×白玉

夏秋用皮斑单限性二元杂交种。孵化、眠起、上蔟较齐一,好养。茧型较大且匀。

茧丝质性状良好,茧层率 21.51％、鲜毛生出丝率 14.48％、茧丝长 1046 米,均超过对照;茧丝纤度 2.563 D、净度 93.15 分、解舒率 71.72％,均符合审定标准;茧丝纤度综合均方差稍大,为 0.566 D。

综合经济性状优良,万头产茧量、万头茧层量、万头产丝量与 50 千克桑产丝量分别比对照提高 12.73％、24.54％、18.12％与 8.40％,50 千克桑产茧量也略高于对照。

纯种少量试养繁育情况表明,秋丰体质偏弱,交配时易散对,产卵量中等。

2. 审议意见

(1) 苏花×春晖、黄鹤×朝霞、秋丰×白玉 3 对品种主要经济性状符合国家审定标准,可供全国试养、推广。

(2) 锦 5·6×绫 3·4 作为现行生产用桑蚕品种重新审定,由本会印发鉴定成绩与综合概评,供各地参考。

附件:桑蚕品种国家审定鉴定成绩汇总表

全国桑·蚕品种审定委员会

1989 年 4 月 6 日

附件

表 3.27 桑蚕品种国家审定鉴定成绩汇总表(一)

(1987—1988 两年春期、早秋期)

| 品种名(杂交形式) | | 饲养成绩 | | | | | | | | | | | | | 茧丝质成绩 | | | | | |
|---|---|---|---|---|---|---|---|---|---|---|---|---|---|---|---|---|---|---|---|---|
| | | 实用孵化率(%) | 龄期经过 | | 4龄起蚕生命率 | | | 茧质 | | | 总收茧量(克) | 普通茧质量百分率(%) | 实际饲育数(条) | 5龄给桑量(克) | 上车茧率(%) | 鲜出丝率(%) | 茧丝长(米) | 解舒丝长(米) | 解舒率(%) | 茧丝量(克) |
| | | | 5龄(日:时) | 全龄(日:时) | 结茧率(%) | 死笼率(%) | 虫蛹率(%) | 全茧量(克) | 茧层量(克) | 茧层率(%) | | | | | | | | | | |
| 春用蚕品种 | 苏花×春晖 正交 | 93.77 | 7:22 | 24:20 | 97.80 | 1.62 | 96.24 | 1.96 | 0.505 | 25.86 | 960 | 96.46 | 493 | 15014 | 95.50 | 19.59 | 1390 | 1081 | 77.77 | 0.416 |
| | 反交 | 93.94 | 7:22 | 24:22 | 98.05 | 1.31 | 96.79 | 2.02 | 0.524 | 25.94 | 998 | 96.12 | 493 | 15314 | 95.90 | 19.58 | 1460 | 1102 | 75.36 | 0.432 |
| | 平均 | 93.85 | 7:22 | 24:21 | 97.92 | 1.46 | 96.52 | 1.98 | 0.514 | 25.90 | 979 | 96.29 | 493 | 15164 | 95.23 | 19.58 | 1425 | 1092 | 76.58 | 0.424 |
| | 华合×东肥 正交 | 94.46 | 7:12 | 24:12 | 98.25 | 0.76 | 97.51 | 1.97 | 0.446 | 22.70 | 968 | 97.86 | 494 | 14437 | 95.33 | 17.38 | 1094 | 857 | 77.62 | 0.365 |
| | 反交 | 96.43 | 7:12 | 20:16 | 98.30 | 0.62 | 97.43 | 2.00 | 0.456 | 22.56 | 976 | 97.88 | 493 | 14546 | 95.42 | 17.42 | 1131 | 874 | 77.03 | 0.373 |
| | 平均 | 95.44 | 7:12 | 24:14 | 98.28 | 0.69 | 97.47 | 1.98 | 0.448 | 22.63 | 972 | 97.87 | 494 | 14492 | 95.48 | 17.40 | 1112 | 866 | 77.72 | 0.369 |
| 夏秋用蚕品种 | 黄鹤×朝霞 正交 | 97.44 | 6:06 | 20:19 | 96.51 | 1.80 | 94.81 | 1.67 | 0.372 | 22.24 | 875 | 95.62 | 536 | 12748 | 95.40 | 16.00 | 1690 | 804 | 71.56 | 0.290 |
| | 反交 | 95.56 | 6:04 | 20:18 | 96.22 | 2.53 | 93.87 | 1.66 | 0.365 | 22.16 | 851 | 94.92 | 534 | 12815 | 95.45 | 15.77 | 1074 | 777 | 72.20 | 0.290 |
| | 平均 | 96.50 | 6:05 | 20:18 | 96.38 | 2.16 | 94.34 | 1.66 | 0.368 | 22.20 | 863 | 95.27 | 535 | 12782 | 95.42 | 15.09 | 1082 | 790 | 72.92 | 0.294 |
| | 秋丰×白玉 正交 | 95.96 | 6:08 | 20:22 | 94.98 | 4.73 | 90.63 | 1.78 | 0.382 | 21.50 | 914 | 93.37 | 535 | 12800 | 93.64 | 14.48 | 1038 | 741 | 71.10 | 0.300 |
| | 反交 | 97.22 | 6:06 | 20:22 | 95.92 | 4.12 | 92.05 | 1.77 | 0.379 | 21.44 | 911 | 93.66 | 534 | 12470 | 94.92 | 14.48 | 1053 | 762 | 72.27 | 0.294 |
| | 平均 | 96.59 | 6:07 | 20:22 | 95.45 | 4.43 | 91.34 | 1.77 | 0.380 | 21.51 | 912 | 93.52 | 534 | 12918 | 94.28 | 14.48 | 1046 | 752 | 71.72 | 0.297 |
| | 东34×苏12 正交 | 97.21 | 6:00 | 20:14 | 96.72 | 3.12 | 93.69 | 1.54 | 0.300 | 19.46 | 812 | 96.71 | 536 | 11640 | 95.60 | 13.91 | 871 | 662 | 75.52 | 0.238 |
| | 反交 | 97.29 | 5:21 | 20:13 | 97.04 | 3.91 | 93.44 | 1.56 | 0.303 | 19.50 | 804 | 95.88 | 530 | 11936 | 94.72 | 13.70 | 866 | 656 | 75.68 | 0.238 |
| | 平均 | 97.25 | 5:23 | 20:13 | 96.88 | 3.51 | 93.56 | 1.55 | 0.301 | 19.48 | 808 | 96.30 | 533 | 11788 | 95.16 | 13.80 | 860 | 659 | 75.75 | 0.238 |

**表3.28 桑蚕品种国家审定鉴定成绩汇总表(二)**

(1987—1988 两年春期、早秋期)

| 品种名(杂交形式) | 形式 | 纤度(D) | 茧丝纤度综合均方差(D) | 净度(分) | 万头收茧量 实数(千克) | 万头收茧量 指数(%) | 万头茧层量 实数(千克) | 万头茧层量 指数(%) | 万头产丝量 实数(千克) | 万头产丝量 指数(%) | 5龄50千克桑产茧量 实数(千克) | 指数(%) | 5龄50千克桑产丝量 实数(千克) | 指数(%) | 三个丝质项目的鉴定成绩 解舒率(%) 标准 春75%、秋70% | 纤度(D) 2.7~3.1、2.3~2.7 | 净度(分) 春93分 秋92分 |
|---|---|---|---|---|---|---|---|---|---|---|---|---|---|---|---|---|---|
| 春用蚕品种 苏花×春晖 | 正交 | 2.688 | 0.595 | 95.66 | 19.46 | | 5.032 | | 3.822 | | 3.200 | | 0.630 | | | | |
| | 反交 | 2.663 | 0.558 | 94.74 | 20.26 | | 5.255 | | 3.968 | | 3.272 | | 0.642 | | | | |
| | 平均 | 2.676 | 0.577 | 94.90 | 19.86 | 100.71 | 5.144 | 113.46 | 3.895 | 113.46 | 3.240 | 107.9 | 0.636 | 107.90 | 76.58 | 2.676 | 94.90 |
| 华合×东肥 | 正交 | 2.997 | 0.674 | 94.66 | 19.61 | | 4.447 | | 3.408 | | 3.388 | | 0.588 | | | | |
| | 反交 | 2.966 | 0.603 | 94.34 | 19.84 | | 4.471 | | 3.458 | | 3.387 | | 0.590 | | | | |
| | 平均 | 2.981 | 0.638 | 94.50 | 19.72 | 100 | 4.459 | 100 | 3.433 | 100 | 3.388 | 100 | 0.589 | 100 | 77.32 | 2.981 | 94.50 |
| 夏秋用蚕品种 黄鹤×朝霞 | 正交 | 2.458 | 0.526 | 94.36 | 16.32 | | 3.629 | | 2.608 | | 3.468 | | 0.552 | | | | |
| | 反交 | 2.429 | 0.498 | 94.40 | 15.96 | | 3.536 | | 2.514 | | 3.354 | | 0.526 | | | | |
| | 平均 | 2.443 | 0.512 | 94.38 | 16.14 | 106.46 | 3.582 | 121.10 | 2.561 | 122.13 | 3.411 | 133.24 | 0.539 | 113.24 | 72.92 | 2.443 | 94.30 |
| 秋丰×白玉 | 正交 | 2.608 | 0.588 | 95.04 | 17.11 | | 3.692 | | 2.478 | | 3.574 | | 0.518 | | | | |
| | 反交 | 2.518 | 0.543 | 95.22 | 17.08 | | 3.676 | | 2.476 | | 3.554 | | 0.515 | | | | |
| | 平均 | 2.536 | 0.566 | 95.13 | 17.09 | 112.73 | 3.684 | 124.54 | 2.477 | 110.12 | 3.564 | 108.40 | 0.516 | 108.40 | 71.72 | 2.563 | 95.13 |
| 东34×苏12 | 正交 | 2.449 | 0.586 | 93.60 | 15.17 | | 2.954 | | 2.114 | | 3.522 | | 0.488 | | | | |
| | 反交 | 2.470 | 0.516 | 94.08 | 15.16 | | 2.961 | | 2.080 | | 3.400 | | 0.464 | | | | |
| | 平均 | 2.460 | 0.551 | 93.84 | 15.16 | 100 | 2.958 | 100 | 2.097 | 100 | 3.461 | 100 | 0.476 | 100 | 75.75 | 2.460 | 93.80 |

### (三) 蚕品种国家审定鉴定结果报告(第六号)

全国桑蚕品种鉴定网点于 1987—1988 年,以现行春用蚕品种华合×东肥和现行夏秋用蚕品种东34×苏 12 为对照,对中国农业科学院蚕业研究所育成的中新 1 号×日新 1 号(双限性品种)和苏花×春晖、四川省蚕业制种公司选育的锦 5.6×绫 3.4(四元杂交种)3 对春用蚕品种,湖北省农业科学院蚕业研究所选育的黄鹤×朝霞、安徽省农业科学院蚕桑研究所选育的薪安×晶辉、江苏省浒关蚕种场选育的957×朝霞、中国农业科学院蚕业研究所选育的秋丰×白玉(秋丰为限性品种)、广西壮族自治区蚕业指导选育的三新×5091 等 5 对夏秋用蚕品种,进行了两年的实验室共同鉴定。

1988 年 12 月 11—15 日,全国桑蚕品种审定委员会的委托机构——中国农业科学院蚕业研究所召集四川、浙江、江苏、广东、山东、安徽、湖北、陕西等 8 个省的饲养鉴定与丝质鉴定计 16 个单位举行了桑蚕品种国家审定第十次鉴定工作会议,对上述 8 对蚕品种两年来的饲养鉴定与丝质鉴定成绩进行了汇总分析,综合概评如下。

1. 中新 1 号×日新 1 号

春用皮斑双限性二元杂交种;限性斑纹清晰;孵化、眠起、上蔟较齐一,强健好养但死笼稍多;茧型较大且匀正,茧层厚,茧层率高。

茧丝质多数性状优良,茧层率 25.78%,鲜毛茧出丝率 19.33%,茧丝长 1 400 米,均显著超过对照;茧丝纤度 2.852 D,净度 94.87 分,符合审定标准;茧丝纤度综合均方差小,为 0.578 D;解舒率第一年63.08%、第二年 69.81%,两年平均为 66.44%,低于审定标准,但解舒丝长超过对照。

综合经济性状优良,万头产茧量、万头茧层量、万头产丝量与 50 千克桑产丝量分别比对照提高5.63%、20.30%、17.39%与 9.17%。

纯种少量饲养观察表明,原蚕较易饲养,制种性能较好。

2. 苏花×春晖

见前面审定结果报告。

3. 锦 5·6×绫 3·4

春用四元杂交种;孵化、眠起、上蔟较齐一,但虫蛹率偏低,为对照的 96.22%,茧型大但匀正度稍差。

茧丝质成绩地区之间开差较大,平均茧层率 24.36%,鲜毛茧出丝率 17.80%,茧丝长 1 258 米,均超过对照;茧丝纤度 3.010 D,净度 94.17 分,符合审定标准;解舒率第一年 70.48%、第二年 75.66%,两年平均为 78.08%,略低于审定标准,但解舒丝长超过对照;茧丝纤度综合均方差较大,为 0.725 D。

综合经济性状良好,50 千克桑产丝量与对照相仿,万头产茧量、万头茧层量、万头产丝量分别比对照提高 5.58%、13.75%、8.13%。

纯种少量饲养观察表明,杂交原种容易饲养,制种性能良好。

4. 黄鹤×朝霞

见前面审定结果报告。

5. 薪安×晶辉

夏秋用二元杂交种。孵化、眠起、上蔟尚齐一,好养。结茧率偏低,死笼率较高,致虫蛹率相应下降,只及对照的 92.97%。全茧较重,茧型较大,但双宫茧偏多、普通茧质量百分率偏低。

茧丝质成绩一般,茧层率 21.63%,鲜毛茧出丝率 14.28%,茧丝长 1 021 米,均超过对照。茧丝纤度2.611D,净度 93.37 分,符合审定标准。解舒第一年 61.18%、第二年 71.92%,两年平均 66.55%,低于审定标准。茧丝纤度综合均方差稍大,为 0.556 D。

综合经济性状良好,50 千克桑产茧量,50 千克桑产丝量与对照相仿;万头产茧量、万头茧层量与万头产丝量分别比对照提高 9.48%、21.23% 与 18.11%。

纯种少量饲养繁育情况表明,原蚕容易饲养,交配性能良好,产卵多,不良卵少,但晶辉蔟中不结茧蚕及半化蛹较多。

### 6. 957×朝霞

夏秋用二元杂交种,孵化、眠起、上蔟齐一,强健好养;茧型较大且匀正。

茧丝质多数性状良好,茧层率 22.32%,鲜毛茧出丝率 15.22%,茧丝长 1 131 米,均显著超过对照;茧丝纤度 2.339 D,净度 93.28 分,符合审定标准;解舒率第一年 60.65%、第二年 74.88%,两年平均 67.76%,低于审定标准;茧丝纤度综合均方差稍大,为 0.571 D。

综合经济性状优良,万头产茧量、万头茧层量、万头产丝量与 50 千克桑产丝量分别比对照提高 11.02%、27.11%、21.89% 与 11.55%,50 千克桑产茧量也略高于对照。

纯种少量饲养繁育情况表明,原蚕容易饲养,交配性能好。产卵量多,不良卵少。

### 7. 秋丰×白玉

见前面审定结果报告。

### 8. 三新×5091

夏秋用二元杂交种。孵化、眠起尚齐,但蚕期中有小蚕发生。体质较差,虫蛹率较低,只及对照的 93.23%。茧型较小,蛹体轻,茧层厚,茧层率高。

茧丝质性状优良,茧层率 23.84%。鲜毛茧出丝率 16.88%,茧丝长 1 068 米,均显著超过对照;茧丝纤度 2.530 D,净度 94.24 分,解舒率 70.92%,均符合审定标准;茧丝纤度综合均方差两年平均为 0.559 D。

综合经济性状不均衡,万头产茧量与 50 千克桑产茧量较低,只及对照的 96.83% 与 89.97%;万头茧层量、万头产丝量与 50 千克桑产丝量分别比对照提高 18.50%、19.17% 与 10.71%。

纯种少量饲养繁育情况表明,三新比较难养,对叶质要求较高,抗氟性能较差;5091 产卵量偏少,不受精卵稍多。

鉴定成绩见附表。

附表 1  1987—1988 年度桑蚕品种国家审定鉴定各参鉴品种两年主要项目平均成绩与审定标准、参考指标对照表(春期)(表 3.29)

附表 2  1987—1988 年度桑蚕品种国家审定鉴定各参鉴品种两年主要项目平均成绩与审定标准、参考指标对照表(早秋期)(表 3.30)

附表 3  1987—1988 两年春期桑蚕品种国家审定鉴定成绩汇总表(一、二、三、四)(表 3.31~表 3.34)

附表 4  1987—1988 两年早秋期桑蚕品种国家审定鉴定成绩汇总表(一、二、三、四、五-1、五-2)(表 3.35~表 3.40)

全国桑品种鉴定第十次工作会议
1988 年 12 月 15 日烟台

附表 1

表 3.29　桑蚕品种国家审定鉴定

1987—1988年各参鉴品种两年主要项目成绩与审定标准参考指标对照表（春期）

| | | | 虫蛹率（%） | 万头收茧量（千克） | 5龄50千克桑产茧量（千克） | 茧层率（%） | 鲜出毛丝茧率（%） | 茧丝长（米） | 解舒丝长（米） | 解舒率（%） | 茧丝纤度（D） | 茧丝纤度综合均方差（D） | 净度（分） |
|---|---|---|---|---|---|---|---|---|---|---|---|---|---|
| 标准 | 审定标准及参考指标 | 对照种 | 不低于对照品种的98% | 不低于对照品种的98% | 不低于对照品种的98% | 24.50以上 | 19以上 | 1350以上 | 超过对照品种 | 75以上或不低于对照品种的95% | 2.7～3.1D | 0.65D以下 | 不低于93分 |
| | 对照种 | 实数 | 97.47 | 19.72 | 3.388 | 22.63 | 17.45 | 1112 | 866 | 77.32 | 2.981 | 0.638 | 94.50 |
| | | 指数 | 100 | 100 | 100 | 100 | 100 | 100 | 100 | 100 | | | 100 |
| 参鉴品种 | 中新1×日新1 | 实数 | 95.33 | 20.83 | 3.323 | 25.78 | 19.33 | 1400 | 932 | 66.44 | 2.852 | 0.578 | 94.87 |
| | | 指数 | 97.80 | 105.63 | 98.08 | 113.92 | 110.77 | 125.90 | 107.62 | 85.93 | | | 100.39 |
| | 苏花×春辉 | 实数 | 96.52 | 19.86 | 3.240 | 25.90 | 19.58 | 1425 | 1092 | 76.58 | 2.676 | 0.577 | 94.56 |
| | | 指数 | 99.03 | 100.71 | 95.63 | 114.45 | 112.21 | 128.15 | 126.10 | 99.04 | | | 100.06 |
| | 锦5·6×绫3·4 | 实数 | 93.79 | 20.82 | 3.306 | 24.36 | 17.80 | 1258 | 932 | 73.08 | 3.010 | 0.725 | 94.17 |
| | | 指数 | 96.22 | 105.58 | 97.58 | 107.64 | 102.01 | 113.13 | 107.62 | 94.52 | | | 99.65 |

附表2

## 表3.30 桑蚕品种国家审定鉴定

### 1987—1988年各参鉴品种两年主要项目成分与审定标准参考指标对照表（早秋期）

| 品种 | 成绩表现 | 虫蛹率（%） | 万头收茧量（千克） | 5龄50千克桑产茧量（千克） | 茧层率（%） | 鲜出毛丝茧率（%） | 茧丝长（米） | 解舒丝长（米） | 解舒率（%） | 茧丝纤度（D） | 茧丝纤度综合均方差（D） | 净度（分） |
|---|---|---|---|---|---|---|---|---|---|---|---|---|
| 审定标准及参考指标 | | 不低于对照品种的98% | 不低于对照品种的98% | 不低于对照品种的98% | 21以上 | 15.5以上 | 1000以上 | 超过对照品种 | 75以上 | 2.3~2.7D | 0.50D以下 | 不低于92分 |
| 标准 对照种 | 实数 | 93.56 | 15.16 | 3.461 | 19.48 | 13.80 | 868 | 659 | 75.75 | 2.460 | 0.551 | 93.84 |
| | 指数 | 100 | 100 | 100 | 100 | 100 | 100 | 100 | 100 | | | 100 |
| 黄鹤×朝霞 | 实数 | 94.34 | 16.14 | 3.411 | 22.20 | 15.89 | 1082 | 790 | 72.92 | 2.443 | 0.512 | 94.38 |
| | 指数 | 100.83 | 106.46 | 98.56 | 113.96 | 115.14 | 124.65 | 119.88 | 96.26 | | | 100.58 |
| 薪安×晶辉 | 实数 | 86.98 | 16.59 | 3.430 | 21.63 | 14.28 | 1021 | 682 | 66.55 | 2.611 | 0.556 | 93.37 |
| | 指数 | 92.97 | 109.43 | 99.10 | 111.04 | 103.48 | 117.63 | 103.49 | 87.85 | | | 99.50 |
| 参鉴品种 957×朝霞 | 实数 | 94.72 | 16.83 | 3.522 | 22.32 | 15.22 | 1131 | 770 | 67.76 | 2.399 | 0.571 | 93.28 |
| | 指数 | 101.24 | 111.02 | 101.76 | 114.58 | 110.29 | 130.30 | 116.84 | 89.45 | | | 99.40 |
| 秋丰×白玉 | 实数 | 91.34 | 17.09 | 3.564 | 21.51 | 14.48 | 1046 | 752 | 71.72 | 2.563 | 0.566 | 95.13 |
| | 指数 | 97.63 | 112.73 | 102.98 | 110.42 | 104.93 | 120.51 | 114.11 | 94.68 | | | 101.37 |
| 三新×5091 | 实数 | 87.23 | 14.68 | 3.107 | 23.84 | 16.88 | 1068 | 760 | 70.92 | 2.530 | 0.559 | 94.24 |
| | 指数 | 93.23 | 96.83 | 89.77 | 122.38 | 122.32 | 123.04 | 115.33 | 93.62 | | | 100.43 |

附表 3

**表 3.31　桑蚕品种国家审定鉴定成绩汇总表（一）**

（1987—1988 年春期）

| 品种名（杂交形式） | | 实用孵化率(%) | 龄期经过 5龄(日:时) | 龄期经过 全龄(日:时) | 4龄起蚕生命率 结茧率(%) | 死笼率(%) | 虫蛹率(%) | 茧质 全茧量(克) | 茧层量(克) | 茧层率(%) | 总收茧量(克) | 普通茧质量百分率(%) | 实际饲育头数(条) | 5龄给桑量(克) | 上车茧率(%) | 鲜毛茧出丝率(%) | 茧丝长(米) | 解舒丝长(米) | 解舒率(%) |
|---|---|---|---|---|---|---|---|---|---|---|---|---|---|---|---|---|---|---|---|
| 中新1号×日新1号 | 1987 正交 | 94.60 | 7:15 | 24:22 | 97.44 | 2.59 | 94.92 | 2.07 | 0.532 | 25.72 | 1 005 | 95.06 | 492 | 15 493 | 96.01 | 19.09 | 1 380 | 885 | 64.11 |
| | 1987 反交 | 94.57 | 7:18 | 25:00 | 97.30 | 2.50 | 94.86 | 2.10 | 0.541 | 25.72 | 1 022 | 94.85 | 494 | 15 701 | 95.30 | 18.47 | 1 371 | 856 | 62.05 |
| | 1987 平均 | 94.58 | 7:17 | 24:23 | 97.37 | 2.54 | 94.89 | 2.09 | 0.536 | 25.72 | 1 014 | 94.96 | 493 | 15 597 | 95.65 | 18.78 | 1 375 | 870 | 63.08 |
| | 1988 正交 | 95.87 | 7:21 | 24:16 | 97.98 | 2.29 | 95.75 | 2.10 | 0.546 | 25.97 | 1 030 | 95.99 | 491 | 15 359 | 95.79 | 19.88 | 1 415 | 980 | 69.36 |
| | 1988 反交 | 94.01 | 7:21 | 24:15 | 97.82 | 2.10 | 95.77 | 2.12 | 0.544 | 25.73 | 1 041 | 96.05 | 494 | 15 387 | 96.10 | 19.90 | 1 436 | 1 010 | 70.26 |
| | 1988 平均 | 94.94 | 7:21 | 24:16 | 97.90 | 2.19 | 95.76 | 2.11 | 0.545 | 25.85 | 1 036 | 96.02 | 492 | 15 373 | 96.04 | 19.89 | 1 425 | 995 | 69.81 |
| | 两年平均 正交 | 95.24 | 7:18 | 24:19 | 97.71 | 2.44 | 95.34 | 2.08 | 0.539 | 25.84 | 1 018 | 95.52 | 492 | 15 426 | 96.00 | 19.48 | 1 398 | 932 | 66.74 |
| | 两年平均 反交 | 94.29 | 7:20 | 24:20 | 97.56 | 2.30 | 95.32 | 2.11 | 0.542 | 25.72 | 1 032 | 95.45 | 494 | 15 544 | 95.70 | 19.18 | 1 403 | 933 | 66.15 |
| | 两年平均 平均 | **94.76** | **7:19** | **24:20** | **97.64** | **2.37** | **95.33** | **2.10** | **0.540** | **25.78** | **1 025** | **95.49** | **493** | **15 485** | **95.85** | **19.33** | **1 400** | **932** | **66.44** |
| 苏花×春晖 | 1987 正交 | 93.62 | 7:19 | 25:04 | 97.02 | 1.92 | 95.22 | 1.92 | 0.499 | 25.94 | 938 | 96.08 | 492 | 15 009 | 95.11 | 19.33 | 1 391 | 1 050 | 75.16 |
| | 1987 反交 | 93.10 | 7:18 | 25:02 | 97.51 | 1.68 | 95.91 | 2.00 | 0.522 | 26.09 | 984 | 95.50 | 493 | 15 290 | 96.08 | 19.28 | 1 455 | 1 073 | 73.32 |
| | 1987 平均 | 93.36 | 7:18 | 25:03 | 97.26 | 1.80 | 95.56 | 1.96 | 0.510 | 26.01 | 961 | 95.56 | 492 | 15 149 | 95.59 | 19.30 | 1 423 | 1 062 | 74.24 |
| | 1988 正交 | 93.92 | 8:00 | 24:13 | 98.57 | 1.32 | 97.27 | 1.99 | 0.511 | 25.77 | 982 | 96.83 | 494 | 15 018 | 95.90 | 19.85 | 1 388 | 1 112 | 80.38 |
| | 1988 反交 | 94.77 | 8:01 | 24:18 | 98.59 | 0.94 | 97.67 | 2.05 | 0.527 | 25.79 | 1 013 | 97.19 | 493 | 15 339 | 95.84 | 19.88 | 1 465 | 1 132 | 77.43 |
| | 1988 平均 | 94.34 | 8:01 | 24:15 | 98.58 | 1.13 | 97.47 | 2.02 | 0.519 | 25.78 | 998 | 97.01 | 493 | 15 179 | 95.87 | 19.86 | 1 427 | 1 122 | 78.91 |
| | 两年平均 正交 | 93.77 | 7:22 | 24:20 | 97.80 | 1.62 | 96.24 | 1.96 | 0.505 | 25.86 | 960 | 96.46 | 493 | 15 014 | 95.50 | 19.59 | 1 390 | 1 081 | 77.77 |
| | 两年平均 反交 | 93.94 | 7:22 | 24:22 | 98.05 | 1.31 | 96.79 | 2.02 | 0.524 | 25.94 | 998 | 96.12 | 493 | 15 314 | 95.96 | 19.58 | 1 460 | 1 102 | 75.38 |
| | 两年平均 平均 | **93.85** | **7:22** | **24:21** | **97.92** | **1.46** | **96.52** | **1.98** | **0.510** | **25.90** | **979** | **96.29** | **493** | **15 164** | **95.73** | **19.58** | **1 425** | **1 092** | **76.58** |

表3.32 桑蚕品种国家审定鉴定成绩汇报表(二)

(1987—1988年春期)

| 品种名(杂交形式) | | | 茧丝质成绩 | | | | 万头收茧量 | | 万头茧层量 | | 万头产丝量 | | 5龄50千克桑产茧量 | | 5龄50千克桑产丝量 | |
|---|---|---|---|---|---|---|---|---|---|---|---|---|---|---|---|---|
| | | | 茧丝量(克) | 纤度(D) | 茧丝纤度综合均方差(D) | 净度(分) | 实数(千克) | 指数(%) | 实数(千克) | 指数(%) | 实数(千克) | 指数(%) | 实数(千克) | 指数(%) | 实数(千克) | 指数(%) |
| 中新1号×日新1号 | 1987 | 正交 | 0.434 | 2.826 | 0.548 | 93.75 | 20.48 | | 5.263 | | 3.910 | | 3.268 | | 0.624 | |
| | | 反交 | 0.429 | 2.805 | 0.547 | 94.15 | 20.74 | | 5.334 | | 3.835 | | 3.268 | | 0.605 | |
| | | 平均 | 0.431 | 2.816 | 0.547 | 93.94 | 20.61 | 106.68 | 5.298 | 121.88 | 3.872 | 116.73 | 3.268 | 98.32 | 0.614 | 107.91 |
| | 1988 | 正交 | 0.457 | 2.907 | 0.630 | 96.00 | 21.01 | | 5.445 | | 4.176 | | 3.366 | | 0.669 | |
| | | 反交 | 0.458 | 2.871 | 0.589 | 95.57 | 21.11 | | 5.416 | | 4.202 | | 3.391 | | 0.675 | |
| | | 平均 | 0.458 | 2.889 | 0.610 | 95.79 | 21.06 | 104.67 | 5.430 | 118.77 | 4.189 | 118.07 | 3.378 | 97.86 | 0.672 | 110.34 |
| | 两年平均 | 正交 | 0.446 | 2.866 | 0.589 | 94.88 | 20.74 | | 5.354 | | 4.043 | | 3.317 | | 0.646 | |
| | | 反交 | 0.444 | 2.838 | 0.568 | 94.86 | 20.92 | | 5.375 | | 4.018 | | 3.330 | | 0.640 | |
| | | 平均 | **0.445** | **2.852** | **0.578** | **94.87** | **20.83** | **105.63** | **5.364** | **120.30** | **4.030** | **117.39** | **3.323** | **98.08** | **0.643** | **109.17** |
| 苏花×春晖 | 1987 | 正交 | 0.408 | 2.628 | 0.560 | 93.98 | 19.06 | | 4.946 | | 3.703 | | 3.143 | | 0.609 | |
| | | 反交 | 0.426 | 2.626 | 0.517 | 93.40 | 19.97 | | 5.211 | | 3.855 | | 3.232 | | 0.624 | |
| | | 平均 | 0.417 | 2.627 | 0.539 | 93.69 | 19.52 | 101.04 | 5.078 | 116.82 | 3.779 | 113.93 | 3.187 | 95.91 | 0.616 | 108.26 |
| | 1988 | 正交 | 0.424 | 2.749 | 0.630 | 96.14 | 19.87 | | 5.118 | | 3.942 | | 3.274 | | 0.650 | |
| | | 反交 | 0.439 | 2.700 | 0.599 | 96.07 | 20.56 | | 5.299 | | 4.082 | | 3.312 | | 0.659 | |
| | | 平均 | 0.432 | 2.724 | 0.615 | 96.10 | 20.21 | 100.45 | 5.208 | 113.91 | 4.012 | 113.08 | 3.293 | 95.39 | 0.654 | 107.39 |
| | 两年平均 | 正交 | 0.416 | 2.688 | 0.595 | 95.06 | 19.46 | | 5.032 | | 3.822 | | 3.208 | | 0.630 | |
| | | 反交 | 0.432 | 2.663 | 0.558 | 94.74 | 20.26 | | 5.255 | | 3.968 | | 3.272 | | 0.642 | |
| | | 平均 | **0.424** | **2.676** | **0.577** | **94.90** | **19.86** | **100.71** | **5.144** | **115.36** | **3.895** | **113.46** | **3.240** | **95.63** | **0.636** | **107.98** |

表 3.33　桑蚕品种国家审定鉴定成绩汇总表(三)

(1987—1988 年春期)

| 品种名(杂交形式) | | | 实用孵化率(%) | 龄期经过 5龄(日:时) | 龄期经过 全龄(日:时) | 4龄起蚕生命率 结茧率(%) | 4龄起蚕生命率 死笼率(%) | 4龄起蚕生命率 虫蛹率(%) | 茧质 全茧量(克) | 茧质 茧层量(克) | 茧质 茧层率(%) | 总收茧量(克) | 普通茧质量百分率(%) | 实际饲育头数(条) | 5龄给桑量(克) | 上车茧率(%) | 鲜毛茧出丝率(%) | 茧丝长(米) | 解舒丝长(米) | 解舒率(%) |
|---|---|---|---|---|---|---|---|---|---|---|---|---|---|---|---|---|---|---|---|---|
| 锦5·6×缫3·4 | 1987 | 正交 | 92.91 | 7:17 | 25:02 | 94.37 | 2.33 | 92.24 | 2.08 | 0.500 | 24.04 | 976 | 95.50 | 489 | 15 213 | 94.19 | 17.22 | 1 210 | 867 | 70.36 |
| | | 反交 | 95.03 | 7:17 | 25:02 | 93.13 | 1.90 | 91.36 | 2.13 | 0.509 | 23.90 | 997 | 95.10 | 492 | 15 412 | 94.42 | 17.22 | 1 235 | 886 | 70.60 |
| | | 平均 | 93.97 | 7:17 | 25:02 | 93.75 | 2.12 | 91.80 | 2.10 | 0.504 | 23.97 | 987 | 95.30 | 490 | 15 313 | 94.30 | 17.22 | 1 222 | 876 | 70.48 |
| | 1988 | 正交 | 95.71 | 8:03 | 24:21 | 97.90 | 1.18 | 96.75 | 2.18 | 0.538 | 24.75 | 1 070 | 96.82 | 495 | 15 766 | 94.91 | 18.56 | 1 295 | 984 | 75.58 |
| | | 反交 | 96.30 | 8:04 | 24:22 | 96.19 | 1.54 | 94.81 | 2.19 | 0.542 | 24.73 | 1 053 | 96.46 | 492 | 15 768 | 94.44 | 18.22 | 1 295 | 989 | 75.75 |
| | | 平均 | 96.01 | 8:04 | 24:22 | 97.04 | 1.36 | 95.78 | 2.18 | 0.540 | 24.74 | 1 062 | 96.64 | 494 | 15 767 | 94.67 | 18.39 | 1 295 | 986 | 75.66 |
| | 两年平均 | 正交 | 94.31 | 7:22 | 25:00 | 96.14 | 1.76 | 94.50 | 2.13 | 0.519 | 24.40 | 1 023 | 96.16 | 492 | 15 490 | 94.55 | 17.89 | 1 252 | 926 | 72.97 |
| | | 反交 | 95.66 | 7:22 | 25:00 | 94.66 | 1.72 | 93.08 | 2.16 | 0.526 | 24.32 | 1 025 | 95.78 | 492 | 15 590 | 94.43 | 17.72 | 1 265 | 938 | 73.18 |
| | | 平均 | **94.99** | **7:22** | **25:00** | **95.40** | **1.74** | **93.79** | **2.14** | **0.522** | **24.36** | **1 024** | **95.97** | **492** | **15 540** | **94.49** | **17.80** | **1 258** | **932** | **73.08** |
| 华合×东肥 | 1987 | 正交 | 95.20 | 7:11 | 24:21 | 98.30 | 0.73 | 97.59 | 1.92 | 0.433 | 22.54 | 949 | 97.75 | 492 | 14 452 | 95.70 | 17.14 | 1 063 | 809 | 75.48 |
| | | 反交 | 96.61 | 7:10 | 25:00 | 97.76 | 0.82 | 96.99 | 1.95 | 0.438 | 22.49 | 953 | 97.37 | 494 | 14 561 | 95.33 | 17.19 | 1 102 | 821 | 74.32 |
| | | 平均 | 95.90 | 7:11 | 24:23 | 98.03 | 0.78 | 97.29 | 1.94 | 0.436 | 22.52 | 951 | 97.56 | 493 | 14 506 | 95.52 | 17.16 | 1 082 | 815 | 74.90 |
| | 1988 | 正交 | 93.71 | 7:12 | 24:04 | 98.20 | 0.78 | 97.43 | 2.02 | 0.460 | 22.86 | 986 | 97.98 | 495 | 14 422 | 94.96 | 17.61 | 1 126 | 905 | 79.75 |
| | | 反交 | 96.26 | 7:14 | 24:07 | 98.85 | 0.42 | 97.87 | 2.05 | 0.463 | 22.62 | 998 | 98.40 | 492 | 14 532 | 95.50 | 17.64 | 1 160 | 928 | 79.74 |
| | | 平均 | 94.98 | 7:13 | 24:05 | 98.52 | 0.60 | 97.65 | 2.03 | 0.462 | 22.74 | 992 | 98.19 | 493 | 14 477 | 95.23 | 17.63 | 1 143 | 917 | 79.74 |
| | 两年平均 | 正交 | 94.46 | 7:12 | 24:12 | 98.25 | 0.76 | 97.51 | 1.97 | 0.446 | 22.70 | 968 | 97.86 | 494 | 14 437 | 95.33 | 17.38 | 1 094 | 857 | 77.62 |
| | | 反交 | 96.43 | 7:12 | 24:16 | 98.30 | 0.62 | 97.43 | 2.00 | 0.456 | 22.56 | 976 | 97.88 | 493 | 14 546 | 95.42 | 17.42 | 1 131 | 874 | 77.03 |
| | | 平均 | **95.44** | **7:12** | **24:14** | **98.28** | **0.69** | **97.47** | **1.98** | **0.448** | **22.63** | **972** | **97.87** | **494** | **14 492** | **95.38** | **17.45** | **1 112** | **866** | **77.32** |

表3.34 桑蚕品种国家审定鉴定成绩汇总表（四）
（1987—1988年春期）

| 品种名（杂交形式） | | | 茧丝质成绩 | | | | 万头收茧量 | | 万头茧层量 | | 万头产丝量 | | 5龄50千克桑产茧量 | | 5龄50千克桑产丝量 | |
| | | | 茧丝量（克） | 纤度（D） | 茧丝纤度综合均方差（D） | 净度（分） | 实数（千克） | 指数（%） | 实数（千克） | 指数（%） | 实数（千克） | 指数（%） | 实数（千克） | 指数（%） | 实数（千克） | 指数（%） |
|---|---|---|---|---|---|---|---|---|---|---|---|---|---|---|---|---|
| 锦5·6 × 绫3·4 | 1987 | 正交 | 0.398 | 2.956 | 0.767 | 92.88 | 19.98 | | 4.798 | | 3.460 | | 3.217 | | 0.557 | |
| | | 反交 | 0.408 | 2.966 | 0.690 | 93.21 | 20.26 | | 4.850 | | 3.480 | | 3.243 | | 0.560 | |
| | | 平均 | 0.403 | 2.961 | 0.728 | 93.04 | 20.12 | 104.24 | 4.824 | 110.97 | 3.470 | 104.73 | 3.230 | 97.17 | 0.558 | 98.24 |
| | 1988 | 正交 | 0.440 | 3.057 | 0.750 | 96.04 | 21.67 | | 5.343 | | 3.984 | | 3.416 | | 0.630 | |
| | | 反交 | 0.440 | 3.063 | 0.693 | 96.28 | 21.37 | | 5.298 | | 3.922 | | 3.350 | | 0.616 | |
| | | 平均 | 0.440 | 3.060 | 0.722 | 96.16 | 21.52 | 106.96 | 5.320 | 116.36 | 3.953 | 111.41 | 3.383 | 98.00 | 0.623 | 102.30 |
| | 两年平均 | 正交 | 0.419 | 3.006 | 0.758 | 94.46 | 20.82 | | 5.070 | | 3.722 | | 3.316 | | 0.594 | |
| | | 反交 | 0.424 | 3.014 | 0.692 | 94.74 | 20.81 | | 5.074 | | 3.701 | | 3.296 | | 0.588 | |
| | | 平均 | 0.422 | 3.010 | 0.725 | 94.60 | 20.82 | 105.58 | 5.072 | 113.75 | 3.712 | 108.13 | 3.306 | 97.58 | 0.591 | 100.34 |
| 华合 × 东肥 | 1987 | 正交 | 0.353 | 2.982 | 0.640 | 93.50 | 19.30 | | 4.346 | | 3.308 | | 3.336 | | 0.570 | |
| | | 反交 | 0.361 | 2.945 | 0.619 | 93.15 | 19.35 | | 4.347 | | 3.326 | | 3.311 | | 0.568 | |
| | | 平均 | 0.357 | 2.963 | 0.630 | 93.32 | 19.32 | 100 | 4.346 | 100 | 3.317 | 100 | 3.324 | 100 | 0.569 | 100 |
| | 1988 | 正交 | 0.377 | 3.012 | 0.708 | 95.82 | 19.92 | | 4.548 | | 3.507 | | 3.441 | | 0.606 | |
| | | 反交 | 0.385 | 2.986 | 0.587 | 95.54 | 20.33 | | 4.595 | | 3.590 | | 3.463 | | 0.612 | |
| | | 平均 | 0.381 | 2.999 | 0.648 | 95.68 | 20.12 | 100 | 4.572 | 100 | 3.548 | 100 | 3.452 | 100 | 0.609 | 100 |
| | 两年平均 | 正交 | 0.365 | 2.997 | 0.674 | 94.66 | 19.61 | | 4.447 | | 3.408 | | 3.388 | | 0.588 | |
| | | 反交 | 0.373 | 2.966 | 0.603 | 94.34 | 19.84 | | 4.471 | | 3.458 | | 3.387 | | 0.590 | |
| | | 平均 | 0.369 | 2.981 | 0.638 | 94.50 | 19.72 | 100 | 4.459 | 100 | 3.433 | 100 | 3.388 | 100 | 0.589 | 100 |

附表 4

**表 3.35　蚕桑品种国家审定鉴定成绩汇总表（一）**

（1987—1988 年早秋期）

| 品种名（杂交形式） | 杂交形式 | 饲养成绩 | | | | | | | | | | | | | | 茧丝质成绩 | | | |
|---|---|---|---|---|---|---|---|---|---|---|---|---|---|---|---|---|---|---|---|
| | | 实用孵化率（%） | 龄期经过 | | 4龄起蚕生命率 | | | 茧质 | | | 总收茧量（克） | 普通茧质量百分率（%） | 实际饲育头数（条） | 5龄给桑量（克） | 上车茧率（%） | 鲜毛茧出丝率（%） | 茧丝长（米） | 解舒丝长（米） | 解舒率（%） |
| | | | 5龄（日:时） | 全龄（日:时） | 结茧率（%） | 死笼率（%） | 虫蛹率（%） | 全茧量（克） | 茧层量（克） | 茧层率（%） | | | | | | | | | |
| 黄鹤×朝霞 | 1987 正交 | 97.14 | 6:04 | 20:20 | 95.67 | 1.88 | 94.01 | 1.69 | 0.368 | 21.78 | 870 | 94.37 | 530 | 12 557 | 94.85 | 15.02 | 1 061 | 704 | 65.35 |
| | 反交 | 94.72 | 6:03 | 20:20 | 95.67 | 2.38 | 93.40 | 1.67 | 0.362 | 21.76 | 842 | 93.46 | 528 | 12 374 | 95.68 | 15.06 | 1 050 | 709 | 67.41 |
| | 平均 | 95.93 | 6:04 | 20:20 | 95.67 | 2.13 | 93.70 | 1.68 | 0.365 | 21.77 | 856 | 93.91 | 529 | 12 466 | 95.26 | 15.04 | 1 056 | 707 | 66.88 |
| | 1988 正交 | 97.73 | 6:09 | 20:18 | 97.40 | 1.73 | 95.61 | 1.65 | 0.375 | 22.71 | 880 | 96.88 | 542 | 12 939 | 95.94 | 16.99 | 1 119 | 904 | 80.78 |
| | 反交 | 96.40 | 6:05 | 20:15 | 96.78 | 2.68 | 94.34 | 1.64 | 0.369 | 22.56 | 860 | 96.39 | 539 | 13 256 | 95.22 | 16.48 | 1 099 | 845 | 77.14 |
| | 平均 | 97.06 | 6:07 | 20:16 | 97.09 | 2.20 | 94.97 | 1.64 | 0.372 | 22.63 | 870 | 96.64 | 540 | 13 098 | 95.58 | 16.74 | 1 109 | 874 | 78.96 |
| | 两年平均 正交 | 97.44 | 6:06 | 20:19 | 96.54 | 1.80 | 94.81 | 1.67 | 0.372 | 22.24 | 875 | 95.62 | 536 | 12 748 | 95.40 | 16.00 | 1 090 | 804 | 73.56 |
| | 反交 | 95.56 | 6:04 | 20:18 | 96.22 | 2.53 | 93.87 | 1.66 | 0.365 | 22.16 | 851 | 94.92 | 534 | 12 815 | 95.45 | 15.77 | 1 074 | 777 | 72.28 |
| | **平均** | **96.50** | **6:05** | **20:18** | **96.38** | **2.16** | **94.34** | **1.66** | **0.368** | **22.20** | **863** | **95.27** | **535** | **12 782** | **95.42** | **15.89** | **1 082** | **790** | **72.92** |
| 新安×晶辉 | 1987 正交 | 94.93 | 6:07 | 21:03 | 94.61 | 5.52 | 89.38 | 1.82 | 0.381 | 21.03 | 900 | 90.72 | 521 | 12 640 | 94.35 | 13.64 | 996 | 619 | 61.74 |
| | 反交 | 93.03 | 6:06 | 21:02 | 95.00 | 7.10 | 88.27 | 1.75 | 0.375 | 21.47 | 884 | 89.06 | 527 | 12 763 | 94.85 | 13.70 | 1 005 | 613 | 60.62 |
| | 平均 | 93.98 | 6:06 | 21:02 | 94.80 | 6.31 | 88.82 | 1.78 | 0.378 | 21.25 | 892 | 89.89 | 524 | 12 702 | 94.60 | 13.67 | 1 001 | 616 | 61.18 |
| | 1988 正交 | 94.16 | 6:14 | 20:23 | 92.88 | 7.04 | 87.08 | 1.74 | 0.379 | 21.89 | 877 | 92.23 | 537 | 13 080 | 93.18 | 14.60 | 1 033 | 732 | 71.07 |
| | 反交 | 95.70 | 6:09 | 20:20 | 92.42 | 9.76 | 83.18 | 1.73 | 0.382 | 22.12 | 852 | 91.50 | 535 | 13 235 | 94.62 | 15.19 | 1 052 | 763 | 72.76 |
| | 平均 | 94.93 | 6:12 | 20:21 | 92.65 | 8.40 | 85.13 | 1.73 | 0.380 | 22.00 | 865 | 91.86 | 536 | 13 158 | 93.90 | 14.90 | 1 042 | 748 | 71.92 |
| | 两年平均 正交 | 94.54 | 6:10 | 21:01 | 93.74 | 6.28 | 88.23 | 1.78 | 0.380 | 21.46 | 888 | 91.48 | 529 | 12 860 | 93.76 | 14.12 | 1 014 | 676 | 66.40 |
| | 反交 | 94.36 | 6:08 | 20:23 | 93.71 | 8.43 | 85.72 | 1.74 | 0.378 | 21.80 | 868 | 90.28 | 531 | 12 999 | 94.74 | 14.44 | 1 028 | 688 | 66.69 |
| | **平均** | **94.45** | **6:09** | **21:00** | **93.72** | **7.36** | **86.98** | **1.76** | **0.379** | **21.63** | **878** | **90.88** | **530** | **12 930** | **94.25** | **14.28** | **1 021** | **682** | **66.55** |

表 3.36 桑蚕品种国家审定鉴定成绩汇总表(二)(1987—1988 年早秋期)

| 品种名(杂交形式) | | 茧丝质量成绩 | | | | 万头收茧量 | | 万头茧层量 | | 万头产丝量 | | 5龄50千克桑产茧量 | | 5龄50千克桑产丝量 | |
| --- | --- | --- | --- | --- | --- | --- | --- | --- | --- | --- | --- | --- | --- | --- | --- |
| | | 茧丝量(克) | 纤度(D) | 茧丝纤度综合均方差(D) | 净度(分) | 实数(千克) | 指数(%) | 实数(千克) | 指数(%) | 实数(千克) | 指数(%) | 实数(千克) | 指数(%) | 实数(千克) | 指数(%) |
| 黄鹤×朝霞 | 1987 正交 | 0.290 | 2.459 | 0.546 | 93.89 | 16.42 | | 3.571 | | 2.455 | | 3.510 | | 0.524 | |
| | 反交 | 0.283 | 2.420 | 0.519 | 93.95 | 15.95 | | 3.466 | | 2.388 | | 3.423 | | 0.509 | |
| | 平均 | 0.286 | 2.144 | 0.532 | 93.92 | 16.18 | 104.72 | 3.518 | 118.09 | 2.421 | 114.85 | 3.466 | 97.80 | 0.516 | 107.22 |
| | 1988 正交 | 0.305 | 2.456 | 0.507 | 94.84 | 16.22 | | 3.687 | | 2.760 | | 3.425 | | 0.581 | |
| | 反交 | 0.298 | 2.429 | 0.476 | 94.86 | 15.96 | | 3.606 | | 2.640 | | 3.286 | | 0.543 | |
| | 平均 | 0.302 | 2.442 | 0.491 | 94.85 | 16.09 | 108.06 | 3.646 | 124.18 | 2.700 | 129.43 | 3.356 | 99.35 | 0.562 | 118.82 |
| | 两年平均 正交 | 0.298 | 2.458 | 0.526 | 94.36 | 16.32 | | 3.629 | | 2.608 | | 3.468 | | 0.552 | |
| | 反交 | 0.290 | 2.429 | 0.498 | 94.40 | 15.96 | | 3.536 | | 2.514 | | 3.354 | | 0.526 | |
| | 平均 | **0.294** | **2.443** | **0.512** | **94.38** | **16.14** | **106.46** | **3.582** | **121.10** | **2.561** | **122.13** | **3.411** | **98.55** | **0.539** | **113.24** |
| 薪安×晶辉 | 1987 正交 | 0.293 | 2.646 | 0.553 | 92.95 | 17.31 | | 3.628 | | 2.335 | | 3.586 | | 0.482 | |
| | 反交 | 0.289 | 2.586 | 0.553 | 92.70 | 16.77 | | 3.594 | | 2.281 | | 3.487 | | 0.471 | |
| | 平均 | 0.291 | 2.616 | 0.553 | 92.83 | 17.04 | 110.29 | 3.611 | 121.22 | 2.308 | 109.49 | 3.536 | 99.27 | 0.476 | 99.37 |
| | 1988 正交 | 0.300 | 2.614 | 0.566 | 94.04 | 16.33 | | 3.586 | | 2.418 | | 3.386 | | 0.500 | |
| | 反交 | 0.303 | 2.597 | 0.552 | 93.73 | 15.94 | | 3.537 | | 2.454 | | 3.260 | | 0.499 | |
| | 平均 | 0.302 | 2.605 | 0.559 | 93.91 | 16.14 | 108.39 | 3.562 | 121.32 | 2.436 | 116.78 | 3.323 | 98.37 | 0.500 | 105.71 |
| | 两年平均 正交 | 0.296 | 2.630 | 0.560 | 93.50 | 16.82 | | 3.607 | | 2.376 | | 3.486 | | 0.491 | |
| | 反交 | 0.296 | 2.592 | 0.552 | 93.24 | 16.36 | | 3.566 | | 2.368 | | 3.374 | | 0.485 | |
| | 平均 | **0.296** | **2.611** | **0.556** | **93.37** | **16.59** | **109.43** | **3.586** | **121.23** | **2.372** | **113.11** | **3.430** | **99.10** | **0.488** | **102.52** |

表 3.37 桑蚕品种和国家审定鉴定成绩汇总表(三)
(1987—1988 年早秋期)

| 品种名(杂交形式) | | 饲养成绩 | | | | | | | | | | | | | | | 茧丝质成绩 | | |
|---|---|---|---|---|---|---|---|---|---|---|---|---|---|---|---|---|---|---|---|
| | | 实用孵化率(%) | 龄期经过 | | 4龄起蚕生命率 | | | 茧质 | | | 总收茧量(克) | 普通茧质量百分率(%) | 实际饲育苗头数(条) | 5龄给桑量(克) | 上车茧率(%) | 鲜毛茧出丝率(%) | 茧丝长(米) | 解舒丝长(米) | 解舒率(%) |
| | | | 5龄(日:时) | 全龄(日:时) | 结茧率(%) | 死笼率(%) | 虫蛹率(%) | 全茧量(克) | 茧层量(克) | 茧层率(%) | | | | | | | | | |
| 957×朝霞 | 1987 正交 | 96.48 | 6:07 | 21:05 | 95.85 | 2.85 | 93.14 | 1.77 | 0.389 | 22.03 | 905 | 95.91 | 530 | 12717 | 96.26 | 14.62 | 1095 | 660 | 59.65 |
| | 1987 反交 | 94.63 | 6:08 | 21:04 | 96.53 | 2.13 | 94.34 | 1.73 | 0.378 | 21.96 | 898 | 95.03 | 535 | 12801 | 96.02 | 14.76 | 1138 | 705 | 61.65 |
| | 1987 平均 | 95.55 | 6:08 | 21:04 | 96.19 | 2.49 | 93.74 | 1.75 | 0.384 | 21.99 | 902 | 95.40 | 532 | 12759 | 96.14 | 14.69 | 1117 | 682 | 60.65 |
| | 1988 正交 | 97.84 | 6:16 | 21:01 | 97.38 | 1.72 | 95.76 | 1.72 | 0.386 | 22.52 | 904 | 95.52 | 537 | 12780 | 93.60 | 15.48 | 1115 | 830 | 74.56 |
| | 1988 反交 | 97.10 | 6:11 | 20:20 | 97.35 | 2.00 | 95.64 | 1.70 | 0.388 | 22.76 | 894 | 96.44 | 539 | 13186 | 94.90 | 15.90 | 1176 | 884 | 75.20 |
| | 1988 平均 | 97.47 | 6:14 | 20:22 | 97.36 | 1.86 | 95.70 | 1.71 | 0.387 | 22.64 | 899 | 95.98 | 538 | 12983 | 94.27 | 15.69 | 1146 | 857 | 74.88 |
| | 两年平均 正交 | 97.16 | 6:12 | 21:03 | 96.62 | 2.28 | 94.45 | 1.74 | 0.388 | 22.27 | 904 | 95.72 | 534 | 12748 | 94.95 | 15.05 | 1105 | 745 | 67.10 |
| | 两年平均 反交 | 95.86 | 6:10 | 21:00 | 96.94 | 2.06 | 94.99 | 1.72 | 0.383 | 22.36 | 896 | 95.74 | 537 | 12994 | 95.46 | 15.33 | 1157 | 794 | 68.42 |
| | 两年平均 平均 | **96.51** | **6:11** | **21:01** | **96.78** | **2.17** | **94.72** | **1.73** | **0.386** | **22.32** | **900** | **95.73** | **535** | **12871** | **95.20** | **15.19** | **1131** | **770** | **67.76** |
| 秋丰×白玉 | 1987 正交 | 93.86 | 6:07 | 21:05 | 94.87 | 3.91 | 91.24 | 1.79 | 0.382 | 21.39 | 907 | 93.19 | 531 | 12718 | 93.91 | 11.10 | 1037 | 685 | 65.63 |
| | 1987 反交 | 97.04 | 6:07 | 21:03 | 95.31 | 3.72 | 91.76 | 1.78 | 0.381 | 21.42 | 906 | 93.30 | 530 | 12562 | 94.95 | 14.35 | 1064 | 725 | 68.03 |
| | 1987 平均 | 95.45 | 6:07 | 21:04 | 95.10 | 3.82 | 91.50 | 1.78 | 0.381 | 21.40 | 906 | 93.11 | 530 | 12640 | 94.93 | 14.23 | 1051 | 705 | 66.83 |
| | 1988 正交 | 98.05 | 6:08 | 20:15 | 95.08 | 5.55 | 90.02 | 1.76 | 0.382 | 21.77 | 922 | 93.55 | 539 | 13062 | 93.38 | 14.86 | 1039 | 797 | 76.93 |
| | 1988 反交 | 97.41 | 6:06 | 20:16 | 96.52 | 4.52 | 92.34 | 1.76 | 0.377 | 21.46 | 916 | 94.28 | 538 | 13332 | 94.88 | 14.62 | 1042 | 798 | 76.51 |
| | 1988 平均 | 97.73 | 6:07 | 20:15 | 95.80 | 5.04 | 91.18 | 1.76 | 0.379 | 21.62 | 919 | 93.92 | 538 | 13192 | 94.13 | 14.74 | 1041 | 798 | 76.62 |
| | 两年平均 正交 | 95.96 | 6:08 | 20:22 | 94.98 | 4.73 | 90.63 | 1.78 | 0.382 | 21.58 | 914 | 93.37 | 535 | 12890 | 93.60 | 14.18 | 1038 | 741 | 71.18 |
| | 两年平均 反交 | 97.22 | 6:06 | 20:22 | 95.92 | 4.12 | 92.05 | 1.77 | 0.379 | 21.44 | 911 | 93.66 | 534 | 12947 | 94.92 | 14.18 | 1053 | 762 | 72.27 |
| | 两年平均 平均 | **96.59** | **6:07** | **20:22** | **95.45** | **4.43** | **91.34** | **1.77** | **0.380** | **21.51** | **912** | **93.52** | **534** | **12918** | **94.28** | **14.48** | **1046** | **752** | **71.72** |

**表3.38 桑蚕品种国家审定鉴定成绩汇总表(四)**
**(1987—1988年早秋期)**

| 品种名(杂交形式) | | 茧丝质成绩 | | | | 万头收茧量 | | 万头茧层量 | | 万头产丝量 | | 5龄50千克桑产茧量 | | 5龄50千克桑产丝量 | |
|---|---|---|---|---|---|---|---|---|---|---|---|---|---|---|---|
| | | 茧丝量(克) | 纤度(D) | 茧丝纤度综合均方差(D) | 净度(分) | 实数(千克) | 指数(%) | 实数(千克) | 指数(%) | 实数(千克) | 指数(%) | 实数(千克) | 指数(%) | 实数(千克) | 指数(%) |
| 957×朝霞 | 1987 正交 | 0.291 | 2.393 | 0.617 | 93.14 | 17.09 | | 3.759 | | 2.486 | | 3.584 | | 0.515 | |
| | 反交 | 0.288 | 2.283 | 0.543 | 92.52 | 16.81 | | 3.693 | | 2.471 | | 3.530 | | 0.515 | |
| | 平均 | 0.289 | 2.338 | 0.580 | 92.83 | 16.95 | 109.71 | 3.726 | 125.08 | 2.478 | 117.55 | 3.557 | 100.37 | 0.515 | 107.52 |
| | 1988 正交 | 0.298 | 2.396 | 0.583 | 93.90 | 16.84 | | 3.801 | | 2.618 | | 3.560 | | 0.550 | |
| | 反交 | 0.298 | 2.284 | 0.541 | 93.54 | 16.59 | | 3.786 | | 2.651 | | 3.415 | | 0.544 | |
| | 平均 | 0.298 | 2.340 | 0.562 | 93.72 | 16.72 | 112.29 | 3.793 | 129.19 | 2.634 | 126.27 | 3.488 | 103.26 | 0.547 | 115.64 |
| | 两年平均 正交 | 0.294 | 2.394 | 0.600 | 93.52 | 16.96 | | 3.801 | | 2.552 | | 3.572 | | 0.532 | |
| | 反交 | 0.293 | 2.284 | 0.542 | 93.03 | 16.70 | | 3.740 | | 2.561 | | 3.472 | | 0.530 | |
| | **平均** | **0.294** | **2.339** | **0.571** | **93.28** | **16.83** | **111.02** | **3.760** | **127.11** | **2.556** | **121.89** | **3.522** | **101.76** | **0.531** | **111.55** |
| 秋丰×白玉 | 1987 正交 | 0.295 | 2.569 | 0.572 | 95.14 | 17.12 | | 3.655 | | 2.406 | | 3.591 | | 0.503 | |
| | 反交 | 0.295 | 2.492 | 0.514 | 94.86 | 17.11 | | 3.662 | | 2.450 | | 3.629 | | 0.517 | |
| | 平均 | 0.295 | 2.531 | 0.543 | 95.00 | 17.11 | 110.74 | 3.658 | 122.79 | 2.428 | 115.18 | 3.610 | 101.86 | 0.510 | 106.47 |
| | 1988 正交 | 0.306 | 2.646 | 0.605 | 94.95 | 17.10 | | 3.730 | | 2.549 | | 3.556 | | 0.532 | |
| | 反交 | 0.294 | 2.543 | 0.572 | 95.59 | 17.04 | | 3.691 | | 2.502 | | 3.478 | | 0.513 | |
| | 平均 | 0.300 | 2.594 | 0.589 | 95.27 | 17.07 | 114.64 | 3.710 | 126.36 | 2.526 | 121.09 | 3.517 | 104.11 | 0.522 | 110.36 |
| | 两年平均 正交 | 0.300 | 2.608 | 0.588 | 95.04 | 17.11 | | 3.692 | | 2.478 | | 3.574 | | 0.518 | |
| | 反交 | 0.294 | 2.518 | 0.543 | 95.22 | 17.08 | | 3.676 | | 2.476 | | 3.554 | | 0.515 | |
| | **平均** | **0.297** | **2.563** | **0.556** | **95.13** | **17.09** | **112.73** | **3.684** | **124.54** | **2.477** | **118.12** | **3.564** | **102.98** | **0.515** | **108.40** |

**表 3.39　桑蚕品种国家审定鉴定成绩汇总表(五-1)**

(1987—1988 年早秋期)

| 品种名(杂交形式) | | | 饲养成绩 | | | | | | | | | | | | | | 茧丝质成绩 | | | | |
| --- | --- | --- | --- | --- | --- | --- | --- | --- | --- | --- | --- | --- | --- | --- | --- | --- | --- | --- | --- | --- | --- |
| | | | 实用孵化率(%) | 龄期经过 | | 4龄起蚕生命率 | | | 茧质 | | | 总收茧量(兑) | 普通茧质量百分率(%) | 实际饲育头数(条) | 5龄给桑量(兑) | 上车茧率(%) | 鲜毛茧出丝率(%) | 茧丝长(米) | 解舒丝长(米) | 解舒率(%) |
| | | | | 5龄(日:时) | 全龄(日:时) | 结茧率(%) | 死笼率(%) | 虫蛹率(%) | 全茧量(兑) | 茧层量(兑) | 茧层率(%) | | | | | | | | | |
| 三薪×5091 | 1987 | 正交 | 93.25 | 6:16 | 21:16 | 85.70 | 5.03 | 82.62 | 1.64 | 0.387 | 23.60 | 737 | 95.80 | 524 | 12244 | 95.54 | 16.26 | 1000 | 623 | 61.98 |
| | | 反交 | 91.51 | 6:15 | 21:15 | 91.34 | 4.31 | 87.66 | 1.63 | 0.383 | 23.51 | 791 | 96.05 | 528 | 12627 | 96.09 | 16.48 | 1009 | 688 | 68.20 |
| | | 平均 | 92.28 | 6:16 | 21:15 | 88.52 | 4.67 | 85.14 | 1.63 | 0.385 | 23.55 | 764 | 95.93 | 526 | 12436 | 95.81 | 16.37 | 1005 | 655 | 65.09 |
| | 1988 | 正交 | 97.12 | 6:15 | 20:23 | 94.19 | 5.45 | 89.02 | 1.54 | 0.370 | 24.02 | 794 | 96.65 | 521 | 12370 | 93.84 | 17.31 | 1140 | 874 | 77.04 |
| | | 反交 | 96.63 | 6:14 | 21:00 | 91.49 | 2.88 | 89.01 | 1.54 | 0.375 | 24.26 | 766 | 96.76 | 536 | 12717 | 95.57 | 17.49 | 1122 | 854 | 76.45 |
| | | 平均 | 96.88 | 6:14 | 21:00 | 92.84 | 4.17 | 89.32 | 1.54 | 0.373 | 24.14 | 780 | 96.70 | 528 | 12544 | 94.70 | 17.40 | 1131 | 864 | 76.76 |
| | 两年平均 | 正交 | 95.18 | 6:16 | 21:08 | 89.94 | 5.24 | 86.12 | 1.59 | 0.378 | 23.81 | 766 | 96.22 | 522 | 12307 | 94.69 | 16.78 | 1070 | 748 | 69.51 |
| | | 反交 | 94.07 | 6:14 | 21:08 | 91.42 | 3.60 | 88.30 | 1.58 | 0.379 | 23.88 | 778 | 96.40 | 532 | 12672 | 95.83 | 16.98 | 1066 | 771 | 72.32 |
| | | **平均** | **94.63** | **6:15** | **21:08** | **90.68** | **4.42** | **87.23** | **1.58** | **0.379** | **23.84** | **772** | **96.31** | **527** | **12490** | **95.26** | **16.88** | **1068** | **760** | **70.92** |
| 东34×苏12 | 1987 | 正交 | 96.62 | 6:01 | 20:21 | 96.07 | 1.49 | 94.50 | 1.57 | 0.301 | 19.19 | 810 | 96.41 | 529 | 11543 | 96.52 | 13.73 | 872 | 642 | 72.93 |
| | | 反交 | 97.83 | 6:00 | 20:20 | 97.41 | 1.96 | 95.59 | 1.59 | 0.308 | 19.40 | 818 | 95.81 | 526 | 11693 | 95.59 | 13.61 | 879 | 653 | 74.12 |
| | | 平均 | 97.22 | 6:01 | 20:21 | 96.74 | 1.72 | 95.05 | 1.58 | 0.304 | 19.29 | 814 | 96.11 | 527 | 11618 | 96.05 | 13.67 | 875 | 648 | 73.52 |
| | 1988 | 正交 | 97.80 | 6:00 | 20:06 | 97.36 | 4.75 | 92.88 | 1.51 | 0.298 | 19.73 | 814 | 97.01 | 542 | 11736 | 94.68 | 14.09 | 870 | 683 | 78.70 |
| | | 反交 | 96.75 | 5:18 | 20:04 | 96.67 | 5.86 | 91.29 | 1.52 | 0.298 | 19.60 | 790 | 95.95 | 535 | 12179 | 93.86 | 13.78 | 854 | 659 | 77.23 |
| | | 平均 | 97.27 | 5:21 | 20:05 | 97.02 | 5.30 | 92.08 | 1.52 | 0.298 | 19.67 | 802 | 96.48 | 538 | 11958 | 94.27 | 13.94 | 862 | 671 | 77.96 |
| | 两年平均 | 正交 | 97.21 | 6:00 | 20:14 | 96.72 | 3.12 | 93.69 | 1.54 | 0.300 | 19.46 | 812 | 96.71 | 536 | 11640 | 95.60 | 13.91 | 871 | 662 | 75.82 |
| | | 反交 | 97.29 | 5:21 | 20:13 | 97.04 | 3.91 | 93.44 | 1.56 | 0.303 | 19.50 | 804 | 95.88 | 530 | 11936 | 94.72 | 13.70 | 866 | 656 | 75.68 |
| | | **平均** | **97.25** | **5:23** | **20:13** | **96.88** | **3.51** | **93.56** | **1.55** | **0.301** | **19.48** | **808** | **96.30** | **533** | **11788** | **95.16** | **13.80** | **868** | **659** | **75.75** |

表 3.40 桑蚕品种国家审定鉴定成绩汇总表(五-2)

(1987—1988 年早秋期)

| 品种名(杂交形式) | | 茧丝量(克) | 纤度(D) | 茧丝纤度综合均方差(D) | 净度(分) | 万头收茧量 实数(千克) | 万头收茧量 指数(%) | 万头茧层量 实数(千克) | 万头茧层量 指数(%) | 万头产丝量 实数(千克) | 万头产丝量 指数(%) | 5龄50千克桑产茧量 实数(千克) | 5龄50千克桑产茧量 指数(%) | 5龄50千克桑产丝量 实数(千克) | 5龄50千克桑产丝量 指数(%) |
|---|---|---|---|---|---|---|---|---|---|---|---|---|---|---|---|
| 三薪×5091 | 1987 正交 | 0.295 | 2.664 | 0.639 | 93.60 | 14.15 | | 3.336 | | 2.338 | | 3.017 | | 0.494 | |
| | 1987 反交 | 0.300 | 2.678 | 0.601 | 93.57 | 15.01 | | 3.535 | | 2.493 | | 3.149 | | 0.519 | |
| | 1987 平均 | 0.298 | 2.671 | 0.620 | 93.59 | 14.58 | 94.37 | 3.436 | 115.34 | 2.416 | 114.61 | 3.083 | 86.99 | 0.506 | 105.64 |
| | 1988 正交 | 0.304 | 2.402 | 0.517 | 94.78 | 15.30 | | 3.684 | | 2.655 | | 3.226 | | 0.561 | |
| | 1988 反交 | 0.297 | 2.378 | 0.480 | 94.97 | 14.27 | | 3.476 | | 2.510 | | 3.036 | | 0.534 | |
| | 1988 平均 | 0.300 | 2.390 | 0.498 | 94.88 | 14.78 | 99.26 | 3.580 | 121.93 | 2.583 | 123.83 | 3.131 | 92.69 | 0.548 | 115.86 |
| | 两年平均 正交 | 0.300 | 2.533 | 0.578 | 94.19 | 14.72 | | 3.510 | | 2.496 | | 3.122 | | 0.528 | |
| | 两年平均 反交 | 0.299 | 2.528 | 0.540 | 94.28 | 14.64 | | 3.506 | | 2.502 | | 3.092 | | 0.526 | |
| | 两年平均 平均 | **0.299** | **2.530** | **0.559** | **94.24** | **14.68** | **96.83** | **3.508** | **118.19** | **2.499** | **119.17** | **3.107** | **89.77** | **0.527** | **110.71** |
| 东34×苏12 | 1987 正交 | 0.238 | 2.452 | 0.597 | 93.64 | 15.33 | | 2.940 | | 2.104 | | 3.554 | | 0.483 | |
| | 1987 反交 | 0.242 | 2.483 | 0.510 | 93.93 | 15.57 | | 3.018 | | 2.111 | | 3.534 | | 0.475 | |
| | 1987 平均 | 0.240 | 2.468 | 0.553 | 93.79 | 15.45 | 100 | 2.979 | 100 | 2.108 | 100 | 3.544 | 100 | 0.479 | 100 |
| | 1988 正交 | 0.237 | 2.446 | 0.574 | 93.55 | 15.01 | | 2.969 | | 2.123 | | 3.490 | | 0.492 | |
| | 1988 反交 | 0.234 | 2.458 | 0.523 | 94.24 | 14.76 | | 2.904 | | 2.050 | | 3.266 | | 0.453 | |
| | 1988 平均 | 0.235 | 2.452 | 0.519 | 93.90 | 14.89 | 100 | 2.936 | 100 | 2.086 | 100 | 3.378 | 100 | 0.473 | 100 |
| | 两年平均 正交 | 0.238 | 2.449 | 0.586 | 93.60 | 15.17 | | 2.954 | | 2.114 | | 3.522 | | 0.488 | |
| | 两年平均 反交 | 0.238 | 2.470 | 0.516 | 94.08 | 15.16 | | 2.961 | | 2.080 | | 3.400 | | 0.464 | |
| | 两年平均 平均 | **0.238** | **2.460** | **0.551** | **93.84** | **15.16** | **100** | **2.958** | **100** | **2.097** | **100** | **3.461** | **100** | **0.476** | **100** |

# 八、农业部公告(第六号)与审定结果报告(第七号)

## (一)农业部公告(第六号)

全国农作物品种审定委员会第二届二次会议审(认)定通过的博优 64、冀麦 5418、冀棉 11 号、甜研 302 等 96 个农作物品种,已经部审核通过,现予颁布。

中华人民共和国农业部

1991 年 5 月 13 日

说明:全国农作物品种审定委员会审定通过的品种命名登记号说明如下。

① G 为"国"的第一个拼音字母,以示国家级品种。

② S 为"审"的第一个拼音字母,以示审定通过的品种。

③ 01、02……为全国品审会各专业委员会顺序号。

④ 001、002……为品种顺序号。

⑤ 年代为审定通过的时间。

如 GS01001—1990 年为水稻品种博优 64 的命名登记号。

全国农作物品种审定委员会

1991 年 5 月

1. 审(认)定通过蚕品种简介

(编者注:本次通过审定的蚕品种编号 GS11001~GS11002,桑品种编号 GS11003)。

1.1　GS11001 - 1990 春·蕾×镇·珠

亲本来源于(春·蕾)×(镇·珠),春用四元杂交种。孵化、眠起、上蔟齐一,体质强健好养。茧型较大,匀正度好,产量高。茧丝质性状优良,茧层率 24.95%,鲜毛茧出丝率 19.25%。茧丝长 1 377 米,解舒丝长 1 024 米,均超过对照品种;茧丝纤度 2.727 D,净度 95.46 分,符合审定标准;解舒率 74.61%,接近审定标准;茧丝纤度综合均方差较小,为 0.649 D。综合经济性状优良,万头产茧量、万头茧层量、万头产丝量和 5 龄 50 千克桑产茧量与产丝量,均超过对照品种。纯种少量饲养观察,春蕾、镇珠原蚕比较容易饲养,交配性能良好,蛾产卵数中等。由中国农业科学院蚕业研究所选育,湖北省审定。经全国蚕品种鉴定试验网点在 1989 年、1990 年连续鉴定,主要经济性状符合国家审定标准,同意审定通过,可供全国各地在春期试养推广。

1.2　GS11002 - 1990 浒花×秋星

亲本来源于浒花×秋星,夏秋用品种。孵化、眠起、上蔟齐一,小蚕期发育较快,体质强健好养。茧型中等匀正,产量较高;茧丝质性状优良,茧层率 21.9%,鲜毛茧出丝率 14.94%;茧丝长 1 005 米,解舒丝长 714 米,解舒率 70.76%,茧丝纤度 2.566 D,净度 96.06 分,均符合审定标准。茧丝纤度综合均方差 0.592 D,略偏大。综合经济性状优良,万头产茧量、万头产丝量和 5 龄 50 千克桑产茧量与产丝量,均超过对照品种,分别比对照品种提高 10.14%、19.53%、15.87%、7.67%、13.89%(指数)。纯种少量饲养观察,浒花、秋星原种较易饲养,交配、制种性能良好。由苏州蚕桑专科学校选育,江苏省审定。经全国蚕品种鉴定试验网点在 1989 年、1990 年连续鉴定,主要经济性状符合国家审定标准,同意审定通过,可供全国各地在夏秋蚕期试养推广。

## （二）蚕品种国家审定鉴定结果报告（第七号）

根据全国桑・蚕品种审定委员会的安排，全国蚕品种鉴定网点于1989年和1990年对湖北省生产用品种春・蕾×镇・珠、四川省生产用品种781×782・734、安徽省生产用品种华・苏×肥・苏、陕西省生产用品种苏5・122×苏6・226等4对春用蚕品种和苏州蚕桑专科学校选育的浒花×秋星、四川省生产用品种781×朝霞、江苏省生产用品种丰一×54A等3对夏秋用蚕品种进行了为期两年的实验室共同鉴定。1989年春期以华合×东肥对照品种，早秋期以东34×苏12为对照品种；1990年春期以青松×皓月为对照品种，早秋期以苏3・秋3×苏4为对照品种。

1990年11月27日—12月1日，全国桑・蚕品种审定委员会的委托机构——中国农业科学院蚕业研究所召集四川、浙江、江苏、山东、陕西、湖北、广东、重庆七省一市的饲养鉴定单位与丝质鉴定单位，在福州市福建省蚕桑研究所举行了“桑蚕品种国家审定1990年度鉴定工作会议”，对上述7对蚕品种两年来的鉴定成绩进行了汇总分析，分品种综合概评如下。

1. 春用蚕品种

1.1　春・蕾×镇・珠

春用四元杂交种。该品种孵化、眠起、上蔟齐一；体质强健，好养。茧型较大，匀正度好。产量高。

茧丝质性状优良。茧层率24.95%，鲜毛茧出丝率19.25%，茧丝长1 377米，解舒丝长1 024米，均超过对照品种。茧丝纤度2.727 D，净度95.46分，符合审定标准。解舒率74.61%，接近审定标准。茧丝纤度综合均方差较小，为0.649 D。

综合经济性状优良。万头产茧量、万头茧层量、万头产丝量、5龄50千克桑产茧量和产丝量均超过对照品种。

纯种少量饲养观察表明，春・蕾、镇・珠原蚕比较容易饲养，交配性能好，蛾产卵数中等。

1.2　华・苏×肥・苏

春用四元杂交种。该品种孵化、眠起、上蔟较齐；体质较强健，好养；茧型中等，较匀正。

茧丝质性状一般。茧层率24.28%，鲜毛茧出丝率18.54%，茧丝长1 214米，解舒丝长896米。茧丝纤度2.833 D，净度95.97分，符合审定标准。解舒率73.66%，略低于审定标准。茧丝纤度综合均方差0.696 D，略偏大。

综合经济性状一般。万头茧层量、万头产丝量、5龄50千克桑产茧量与对照品种相仿。万头产茧量、5龄50千克桑产丝量略低于对照品种。

纯种少量饲养观察表明，华・苏原蚕在氟污染环境条件下生命率较低；肥・苏容易饲养。交配、制种性能良好。

1.3　781×782・734

春用三元杂交种。该品种孵化、眠起、上蔟较齐，虫蛹率略低于对照品种；茧型中等，较匀正。

茧丝质性状一般。茧层率23.87%，鲜毛茧出丝率17.97%，茧丝长1 178米，解舒丝长820米。茧丝纤度2.996 D，净度95.06分，符合审定标准。解舒率69.50%，低于审定标准。茧丝纤度综合均方差0.719 D，偏大。

综合经济性状良好。万头产茧量、万头茧层量、万头产丝量略高于对照品种。5龄50千克桑产茧量和产丝量与对照品种相仿。

纯种少量饲养观察表明，在氟污染环境条件下781、782・734原蚕生命率偏低，交配性能良好，蛾产卵数中等。

1.4 苏 5 • 122×苏 6 • 226

春用四元杂交种。该品种孵化、眠起、上蔟较齐;体质较强健,好养;茧型中等,较匀正。

茧丝质性状一般。茧层率 24.84%,鲜毛茧出丝率 18.71%,茧丝长 1 226 米,解舒丝长 906 米。茧丝纤度 2.914 D,净度 95.22 分,符合审定标准。解舒率 73.78%,略低于审定标准。茧丝纤度综合均方差 0.694 D,略偏大。

综合经济性状一般。万头茧层量、万头产丝量、5 龄 50 千克桑产丝量略高于对照品种。万头产茧量、5 龄 50 千克桑产茧量略低于对照品种。

纯种少量饲养观察表明,在氟污染环境条件下,苏 5 • 122、苏 6 • 226 原蚕生命率偏低。交配、制种性能良好。

**2. 夏秋用蚕品种**

2.1 浒花×秋星

夏秋用二元杂交种。该品种孵化、眠起、上蔟齐一;小蚕期发育较快,体质强健,好养;茧型中等,匀正。

茧丝质性状优良。茧层率 21.90%,鲜毛茧出丝率 14.94%,茧丝长 1 005 米,解舒丝长 714 米。解舒率 70.76%,茧丝纤度 2.566 D,净度 96.06 分,均符合审定标准。茧丝纤度综合均方差 0.592 D,略偏大。

综合经济性状优良。万头产茧量、万头茧层量、万头产丝量、5 龄 50 千克桑产茧量和产丝量,均超过对照品种,分别比对照品种提高 10.14%、19.53%、16.87%、7.69%、13.89%(指数)。

纯种少量饲养观察表明,浒花、秋星原蚕较易饲养,交配、制种性能良好。

2.2 781×朝霞

夏秋用二元杂交种。该品种孵化、眠起、上蔟齐一;体质较强健,好养;茧型中等,匀正。

茧丝质多数性状良好。茧层率 22.49%,鲜毛茧出丝率 15.62%,茧丝长 1 094 米,解舒丝长 682 米,净度 95.00 分,茧丝纤度 2.381 D,符合审定标准。解舒率 62.10%,低于审定标准。茧丝纤度综合均方差 0.552 D,略偏大。

综合经济性状良好。万头产茧量、万头茧层量、万头产丝量、5 龄 50 千克桑产茧量和产丝量,均超过对照品种,分别比对照品种提高 10.57%、23.66%、26.01%、3.59%、12.73%(指数)。

纯种少量饲养观察表明,781、朝霞原蚕较易饲养,交配、制种性能良好。

2.3 丰一×54A

夏秋用二元杂交种。该品种孵化、眠起、上蔟齐一;好养,但虫蛹率偏低;茧型较大,匀正度好。

茧丝质性状良好。茧层率 22.76%,鲜毛茧出丝率 15.96%,茧丝长 1 206 米,解舒丝长 852 米,均显著超过对照品种。解舒率 70.30%,净度 95.17 分,符合审定标准。茧丝纤度 2.167 D,略偏细。茧丝纤度综合均方差小,为 0.451 D。

综合经济性状良好。万头产茧量、万头茧层量、万头产丝量、5 龄 50 千克桑产丝量均超过对照品种。5 龄 50 千克桑产茧量略低于对照品种。

纯种少量饲养观察表明,丰一、54A 原蚕较易饲养;制种性能正交良好,反交稍差。

附件 1 1989—1990 年桑蚕品种国家审定鉴定各参鉴品种主要性状成绩与审定标准参考指示对照表(春、早秋)(表 3.41~表 3.42)

附件 2 1989—1990 年各参鉴品种国家审定鉴定成绩综合报告表(春、早秋)(表 3.43~表 3.52)

桑蚕品种国家审定第十一次鉴定工作会议

1990 年 11 月 30 日福州

附件1

## 表3.41 桑蚕品种国家审定鉴定

1989—1990年各参鉴品种主要性状成绩与审定标准参考指标对照表（春期）

| 标准及品种 | 性状 | 虫蛹率（%） | 万收茧头量（千克） | 5龄50千克桑产茧量（千克） | 茧层率（%） | 鲜出毛丝茧率（%） | 茧丝长（米） | 解舒丝长（米） | 解舒率（%） | 茧丝纤度（D） | 茧丝纤度综合均方差（D） | 净度（分） |
|---|---|---|---|---|---|---|---|---|---|---|---|---|
| 审定标准及参考指标 | | 不低于对照品种的98% | 不低于对照品种的98% | 不低于对照品种98% | 24.50以上 | 19以上 | 1350以上 | 超过对照品种 | 75以上或不低于对照品种的95% | 2.7~3.1 | 0.65以下 | 不低于93 |
| 对照种表现 华合×东肥(ck1) | 实数 | 97.78 | 19.23 | 3.162 | 22.21 | 18.11 | 1096 | 884 | 80.65 | 2.972 | 0.592 | 96.86 |
| 菁松×皓月(ck2) | 实数 | 94.36 | 18.36 | 3.099 | 25.14 | 18.24 | 1271 | 1025 | 80.61 | 2.726 | 0.642 | 95.03 |
| *两对照平均 | 实数 | 96.07 | 18.80 | 3.130 | 23.68 | 18.18 | 1184 | 954 | 80.63 | 2.849 | 0.617 | 95.94 |
| | 指数 | 100 | 100 | 100 | 100 | 100 | 100 | 100 | 100 | | | 100 |
| 参鉴品种 春·蕾×镇·珠 | 实数 | 95.46 | 19.55 | 3.176 | 24.95 | 19.25 | 1377 | 1024 | 74.61 | 2.727 | 0.649 | 95.46 |
| | 指数 | 99.37 | 103.99 | 101.47 | 105.36 | 105.89 | 116.30 | 107.34 | 92.53 | | | 99.50 |
| 华·苏×肥·苏 | 实数 | 94.76 | 18.44 | 3.038 | 24.28 | 18.54 | 1214 | 896 | 73.66 | 2.833 | 0.696 | 95.97 |
| | 指数 | 98.64 | 98.09 | 97.06 | 102.53 | 101.98 | 102.53 | 93.92 | 91.36 | | | 100.03 |
| 781×782·734 | 实数 | 92.60 | 19.10 | 3.125 | 23.87 | 17.97 | 1178 | 820 | 69.50 | 2.996 | 0.719 | 95.06 |
| | 指数 | 96.39 | 101.60 | 99.84 | 100.8 | 98.84 | 99.49 | 85.95 | 86.20 | | | 99.08 |
| 苏5·122×苏6·226 | 实数 | 95.00 | 18.44 | 3.042 | 24.84 | 18.71 | 1226 | 906 | 73.78 | 2.914 | 0.694 | 95.22 |
| | 指数 | 98.89 | 98.09 | 97.19 | 104.90 | 102.92 | 103.55 | 94.97 | 91.50 | | | 99.25 |

注：1989年春期对照品种华合×东肥，1990年改为菁松×皓月，以2个对照品种的平均值作为对照品种的成绩。

**表 3.42　桑蚕品种国家审定鉴定**

1989—1990 年各年参鉴品种主要性状成绩与审定标准参考指标对照表（早秋期）

| 对照种及品种 / 标准及品种 | 成绩表现 | 性状 | 虫蛹率（%） | 万头收茧量（千克） | 5龄50千克桑产茧量（千克） | 茧层率（%） | 鲜毛茧出丝率（%） | 茧丝长（米） | 解舒丝长（米） | 解舒率（%） | 茧丝纤度（D） | 茧丝纤度综合均方差（D） | 净度（分） |
|---|---|---|---|---|---|---|---|---|---|---|---|---|---|
| | 审定标准及参考指标 | | 不低于对照品种的98% | 不低于对照品种的98% | 不低于对照品种的98% | 21以上 | 15.5以上 | 1 000以上 | 超过对照品种 | 70以上 | 2.7~3.1 | 0.65以下 | 不低于93 |
| 对照种表现 | 东34×苏12(ck3) | 实数 | 89.87 | 14.03 | 3.034 | 18.98 | 13.58 | 840 | 619 | 72.73 | 2.318 | 0.506 | 95.62 |
| | 苏3·秋3×苏4(ck4) | 实数 | 89.77 | 13.97 | 3.152 | 21.27 | 14.72 | 946 | 685 | 72.16 | 2.391 | 0.443 | 96.71 |
| | *两对照平均 | 实数 | 89.32 | 14.80 | 3.093 | 20.12 | 14.15 | 893 | 652 | 72.24 | 2.354 | 0.475 | 96.16 |
| | | 指数 | 100 | 100 | 100 | 100 | 100 | 100 | 100 | 100 | | | 100 |
| 参鉴品种 | 浙花×秋星 | 实数 | 88.13 | 15.42 | 3.331 | 21.90 | 14.94 | 1 005 | 714 | 70.76 | 2.566 | 0.592 | 96.06 |
| | | 指数 | 98.12 | 110.14 | 107.69 | 108.85 | 105.58 | 112.54 | 109.51 | 97.95 | | | 99.90 |
| | 781×朝霞 | 实数 | 87.10 | 15.48 | 3.204 | 22.49 | 15.62 | 1 094 | 682 | 62.10 | 2.382 | 0.552 | 95.00 |
| | | 指数 | 96.97 | 110.57 | 103.59 | 111.78 | 110.39 | 122.51 | 104.60 | 85.96 | | | 98.79 |
| | 丰一×54A | 实数 | 83.45 | 14.42 | 3.031 | 22.76 | 15.96 | 1 206 | 852 | 70.30 | 2.167 | 0.451 | 95.17 |
| | | 指数 | 92.91 | 103.00 | 98.00 | 113.12 | 112.79 | 135.05 | 130.67 | 97.31 | | | 98.97 |

注：1989 年秋期对照品种东 34×苏 12，1990 年改为苏 3·秋 3×苏 4，以 2 个对照品种的平均值作为对照品种的成绩。

附件2

## 表3.43 桑蚕品种国家审定定鉴成绩汇报表（一）

（1989—1990年春期、秋期平均）

| 品种名（杂交形式） | | 饲养成绩 | | | | | | | | | | | | | | | 茧丝质成绩 | | | |
| --- | --- | --- | --- | --- | --- | --- | --- | --- | --- | --- | --- | --- | --- | --- | --- | --- | --- | --- | --- | --- |
| | | 实用孵化率(%) | 龄期经过 | | 4龄起蚕生命率 | | | 茧质 | | | 总收茧量(克) | 普通茧质量百分率(%) | 实际饲育头数(条) | 5龄给桑量(克) | 上车茧率(%) | 鲜毛茧出丝率(%) | 茧丝长(米) | 解舒丝长(米) | 解舒率(%) | 茧丝量(克) |
| | | | 5龄(日:时) | 全龄(日:时) | 结茧率(%) | 死笼率(%) | 虫蛹率(%) | 全茧量(克) | 茧层量(克) | 茧层率(%) | | | | | | | | | | |
| **春期** | | | | | | | | | | | | | | | | | | | | |
| 春·蕾×镇·珠 | 正交 | 97.30 | 8:01 | 25:23 | 97.72 | 2.14 | 95.78 | 1.99 | 0.490 | 24.75 | 948 | 95.57 | 492 | 15152 | 95.50 | 18.98 | 1350 | 999 | 74.23 | 0.408 |
| | 反交 | 98.20 | 7:23 | 25:20 | 97.21 | 2.14 | 95.14 | 2.04 | 0.512 | 25.15 | 969 | 95.60 | 498 | 15448 | 95.92 | 19.52 | 1404 | 1049 | 74.99 | 0.426 |
| | 平均 | 97.95 | 8:00 | 25:21 | 97.16 | 2.14 | 95.46 | 2.01 | 0.501 | 24.95 | 959 | 95.50 | 490 | 15300 | 95.71 | 19.25 | 1377 | 1024 | 74.61 | 0.417 |
| 对照品种 | ck1 | 97.02 | 7:05 | 24:20 | 98.69 | 0.94 | 97.28 | 1.97 | 0.439 | 22.21 | 944 | 97.38 | 492 | 15228 | 95.54 | 18.11 | 1096 | 884 | 80.65 | 0.362 |
| | ck2 | 98.40 | 8:04 | 26:07 | 97.15 | 3.33 | 94.36 | 1.88 | 0.472 | 25.14 | 900 | 96.22 | 490 | 14685 | 95.79 | 18.24 | 1271 | 1025 | 80.61 | 0.384 |
| | 平均 | 97.71 | 7:16 | 25:14 | 97.92 | 2.14 | 96.07 | 1.92 | 0.456 | 23.68 | 922 | 96.80 | 491 | 14956 | 95.16 | 18.18 | 1184 | 954 | 80.63 | 0.373 |
| **秋期** | | | | | | | | | | | | | | | | | | | | |
| 浙花×秋星 | 正交 | 96.14 | 6:11 | 21:16 | 94.14 | 7.40 | 87.28 | 1.64 | 0.358 | 21.80 | 821 | 93.49 | 534 | 12722 | 90.40 | 14.87 | 986 | 697 | 70.08 | 0.284 |
| | 反交 | 94.04 | 6:13 | 21:18 | 94.92 | 6.36 | 88.98 | 1.65 | 0.361 | 21.92 | 836 | 92.50 | 536 | 12632 | 92.02 | 15.02 | 1024 | 730 | 71.45 | 0.288 |
| | 平均 | 96.09 | 6:12 | 21:17 | 94.53 | 6.88 | 88.13 | 1.64 | 0.360 | 21.90 | 830 | 93.00 | 535 | 12677 | 91.21 | 14.94 | 1005 | 714 | 70.76 | 0.286 |
| 对照品种 | ck3 | 96.80 | 6:04 | 21:11 | 94.52 | 5.02 | 89.87 | 1.49 | 0.282 | 18.98 | 748 | 97.82 | 533 | 12522 | 94.20 | 13.58 | 840 | 610 | 72.32 | 0.220 |
| | ck4 | 96.69 | 6:16 | 22:07 | 93.05 | 3.82 | 89.77 | 1.53 | 0.327 | 21.27 | 734 | 94.97 | 528 | 11912 | 90.99 | 14.72 | 946 | 685 | 72.16 | 0.254 |
| | 平均 | 96.75 | 6:10 | 21:21 | 93.78 | 4.42 | 89.82 | 1.51 | 0.304 | 20.12 | 741 | 96.32 | 530 | 12217 | 92.60 | 14.15 | 893 | 652 | 72.24 | 0.237 |

表3.44 桑蚕品种国家审定鉴定成绩汇总表(二)

(1989—1990年春期、早秋期平均)

| 品种名(杂交形式) | | 纤度(D) | 茧丝纤度综合均方差(D) | 净度(分) | 万头收茧量 | | 万头茧层量 | | 万头产丝量 | | 5龄50千克桑产茧量 | | 5龄50千克桑产丝量 | | 三个丝质项目的鉴定成绩 | | |
| | | | | | 实数(千克) | 指数(%) | 实数(千克) | 指数(%) | 实数(千克) | 指数(%) | 实数(千克) | 指数(%) | 实数(千克) | 指数(%) | 解舒率(%) 标准 春75 秋70 | 纤度(D) 2.7~3.1 2.3~2.7 | 净度(分) 春93 秋92 |
| **春期** | | | | | | | | | | | | | | | | | |
| 春·蕾×镇·珠 | 正交 | 2.724 | 0.650 | 95.35 | 19.26 | | 4.773 | | 3.652 | | 3.158 | | 0.622 | | | | |
| | 反交 | 2.730 | 0.648 | 95.58 | 19.84 | | 4.982 | | 3.864 | | 3.194 | | 0.636 | | | | |
| | 平均 | 2.727 | 0.649 | 95.46 | 19.55 | 103.94 | 4.878 | 109.62 | 3.758 | 110.82 | 3.176 | 101.47 | 0.629 | 108.82 | 74.61 | 2.727 | 95.46 |
| 对照品种 | ck1 | 2.972 | 0.592 | 96.86 | 19.23 | | 4.274 | | 3.441 | | 3.162 | | 0.592 | | | | |
| | ck2 | 2.726 | 0.642 | 95.03 | 18.36 | | 4.626 | | 3.341 | | 3.099 | | 0.565 | | | | |
| | 平均 | 2.849 | 0.617 | 95.94 | 18.80 | 100 | 4.450 | 100 | 3.391 | 100 | 3.130 | 100 | 0.578 | 100 | 80.63 | 2.849 | 95.94 |
| **秋期** | | | | | | | | | | | | | | | | | |
| 浙花×秋星 | 正交 | 2.601 | 0.590 | 96.08 | 15.22 | | 3.332 | | 2.288 | | 3.288 | | 0.482 | | | | |
| | 反交 | 2.532 | 0.595 | 96.04 | 15.62 | | 3.426 | | 2.368 | | 3.374 | | 0.501 | | | | |
| | 平均 | 2.566 | 0.592 | 96.06 | 15.42 | 110.14 | 3.379 | 119.53 | 2.328 | 106.87 | 3.331 | 107.68 | 0.492 | 113.89 | 70.76 | 2.566 | 96.06 |
| 对照品种 | ck3 | 2.318 | 0.506 | 95.62 | 14.03 | | 2.659 | | 1.908 | | 3.034 | | 0.398 | | | | |
| | ck4 | 2.391 | 0.443 | 96.71 | 13.97 | | 2.995 | | 2.075 | | 3.152 | | 0.465 | | | | |
| | 平均 | 2.351 | 0.475 | 96.16 | 14.00 | 100 | 2.827 | 100 | 1.992 | 100 | 3.093 | 100 | 0.432 | 100 | 72.24 | 2.354 | 96.16 |

**表 3.45　桑蚕品种国家审定定鉴定成绩汇总表（三）**

**(1989—1990 年春期)**

| 品种名（杂交形式） | | | 饲养成绩 | | | | | | | | | | | | | 茧丝质成绩 | | | | |
|---|---|---|---|---|---|---|---|---|---|---|---|---|---|---|---|---|---|---|---|---|
| | | | 实用孵化率(%) | 龄期经过 5龄(日:时) | 龄期经过 全龄(日:时) | 4龄起蚕生命率 结茧率(%) | 死笼率(%) | 虫蛹率(%) | 茧质 全茧量(克) | 茧层量(克) | 茧层率(%) | 总收茧量(克) | 普通茧质量百分率(%) | 实际饲育蚕头数(条) | 5龄给桑量(克) | 上车茧率(%) | 鲜毛茧出丝率(%) | 茧丝长(米) | 解舒丝长(米) | 解舒率(%) |
| 781×782·734 | 1989 | 正交 | 96.50 | 7:16 | 25:08 | 95.16 | 4.92 | 91.15 | 2.02 | 0.473 | 23.44 | 960 | 96.54 | 493 | 15446 | 95.85 | 18.05 | 1150 | 715 | 61.72 |
| | | 反交 | 97.58 | 7:18 | 25:07 | 93.28 | 2.92 | 91.41 | 2.09 | 0.488 | 23.40 | 946 | 95.81 | 493 | 16011 | 95.36 | 17.76 | 1181 | 780 | 65.70 |
| | | 平均 | 97.04 | 7:17 | 25:08 | 94.22 | 3.92 | 91.28 | 2.06 | 0.480 | 23.42 | 953 | 96.18 | 493 | 15728 | 95.60 | 17.90 | 1166 | 748 | 63.71 |
| | 1990 | 正交 | 98.42 | 8:05 | 26:08 | 95.93 | 2.63 | 93.46 | 1.95 | 0.475 | 24.43 | 913 | 97.60 | 490 | 14684 | 95.01 | 18.18 | 1186 | 880 | 74.87 |
| | | 反交 | 98.70 | 8:06 | 26:11 | 96.45 | 2.19 | 94.37 | 1.97 | 0.476 | 24.19 | 927 | 97.52 | 487 | 14754 | 94.96 | 17.89 | 1196 | 902 | 75.70 |
| | | 平均 | 98.56 | 8:05 | 26:10 | 96.19 | 2.41 | 93.92 | 1.96 | 0.476 | 24.31 | 920 | 97.56 | 488 | 14719 | 94.99 | 18.04 | 1191 | 891 | 75.29 |
| | 两年平均 | 正交 | 97.46 | 7:23 | 25:20 | 95.54 | 3.78 | 92.31 | 1.98 | 0.474 | 23.94 | 936 | 97.07 | 492 | 15065 | 95.43 | 18.12 | 1168 | 798 | 68.30 |
| | | 反交 | 98.14 | 8:00 | 25:21 | 94.86 | 2.56 | 92.89 | 2.03 | 0.482 | 23.80 | 936 | 96.66 | 490 | 15382 | 95.16 | 17.82 | 1188 | 841 | 70.70 |
| | | **平均** | **97.80** | **7:23** | **25:20** | **95.20** | **3.17** | **92.60** | **2.01** | **0.478** | **23.87** | **936** | **96.87** | **491** | **15224** | **95.30** | **17.97** | **1178** | **820** | **69.50** |
| 苏5·122×苏6·226 | 1989 | 正交 | 98.06 | 7:18 | 25:10 | 97.91 | 1.08 | 96.88 | 1.90 | 0.465 | 24.50 | 912 | 95.69 | 491 | 15324 | 96.03 | 19.31 | 1215 | 846 | 69.56 |
| | | 反交 | 97.24 | 7:18 | 25:08 | 97.28 | 2.32 | 95.42 | 1.91 | 0.463 | 24.32 | 915 | 93.97 | 490 | 15721 | 95.11 | 18.66 | 1226 | 884 | 71.63 |
| | | 平均 | 97.55 | 7:18 | 25:19 | 97.60 | 1.70 | 96.15 | 1.90 | 0.464 | 24.41 | 914 | 94.83 | 490 | 15522 | 95.57 | 18.48 | 1220 | 865 | 70.59 |
| | 1990 | 正交 | 98.98 | 8:10 | 26:12 | 95.77 | 2.79 | 93.60 | 1.91 | 0.481 | 25.27 | 890 | 96.21 | 489 | 14715 | 94.70 | 18.31 | 1212 | 934 | 77.18 |
| | | 反交 | 96.29 | 8:10 | 26:15 | 96.21 | 2.22 | 94.11 | 1.92 | 0.484 | 25.28 | 903 | 94.81 | 489 | 14721 | 95.21 | 18.57 | 1251 | 957 | 76.76 |
| | | 平均 | 97.64 | 8:10 | 26:14 | 95.99 | 2.51 | 93.86 | 1.92 | 0.483 | 25.27 | 897 | 95.51 | 489 | 14718 | 94.95 | 18.44 | 1231 | 946 | 76.97 |
| | 两年平均 | 正交 | 98.52 | 8:02 | 25:23 | 96.84 | 1.94 | 95.24 | 1.90 | 0.473 | 24.88 | 901 | 95.95 | 490 | 15020 | 95.36 | 18.81 | 1214 | 890 | 73.37 |
| | | 反交 | 96.76 | 8:02 | 26:00 | 96.74 | 2.27 | 94.76 | 1.92 | 0.474 | 24.80 | 909 | 94.39 | 489 | 15221 | 95.16 | 18.62 | 1238 | 921 | 74.20 |
| | | **平均** | **97.64** | **8:02** | **25:23** | **96.79** | **2.10** | **95.00** | **1.91** | **0.474** | **24.84** | **905** | **95.17** | **490** | **45120** | **95.26** | **18.71** | **1226** | **906** | **73.78** |

表 3.46 桑蚕品种国家审定鉴定成绩汇总表（四）

(1989—1990 年春期)

| 品种名（杂交形式） | 杂交形式 | 茧丝质成绩 茧丝量(克) | 纤度(D) | 茧丝纤度综合均方差(D) | 净度(分) | 万头收茧量 实数(千克) | 指数(%) | 万头茧层量 实数(千克) | 指数(%) | 万头产丝量 实数(千克) | 指数(%) | 5龄50千克桑产茧量 实数(千克) | 指数(%) | 5龄50千克桑产丝量 实数(千克) | 指数(%) |
|---|---|---|---|---|---|---|---|---|---|---|---|---|---|---|---|
| 781×782·734 1989 | 正交 | 0.392 | 3.068 | 0.736 | 96.25 | 19.47 | | 4.564 | | 3.498 | | 3.156 | | 0.606 | |
| | 反交 | 0.403 | 3.070 | 0.648 | 95.53 | 19.21 | | 4.501 | | 3.594 | | 3.016 | | 0.582 | |
| | 平均 | 0.398 | 3.069 | 0.692 | 95.89 | 19.34 | | 4.533 | | 3.546 | | 3.086 | | 0.594 | |
| 1990 | 正交 | 0.386 | 2.934 | 0.743 | 94.36 | 18.67 | | 4.559 | | 3.388 | | 3.145 | | 0.574 | |
| | 反交 | 0.386 | 2.913 | 0.749 | 94.07 | 19.06 | | 4.610 | | 3.402 | | 3.182 | | 0.571 | |
| | 平均 | 0.386 | 2.924 | 0.746 | 94.22 | 18.86 | | 4.584 | | 3.395 | | 3.164 | | 0.572 | |
| 两年平均 | 正交 | 0.389 | 3.001 | 0.740 | 95.31 | 19.07 | | 4.562 | | 3.443 | | 3.151 | | 0.589 | |
| | 反交 | 0.394 | 2.992 | 0.698 | 94.80 | 19.14 | | 4.556 | | 3.498 | | 3.099 | | 0.576 | |
| | 平均 | **0.392** | **2.996** | **0.719** | **95.06** | **19.10** | 101.60 | **4.559** | 102.45 | **3.471** | 102.36 | **3.125** | 99.84 | **0.583** | 100.87 |
| 苏5·122×苏6·226 1989 | 正交 | 0.393 | 2.916 | 0.720 | 96.75 | 18.52 | | 4.537 | | 3.640 | | 3.035 | | 0.620 | |
| | 反交 | 0.395 | 2.893 | 0.707 | 95.69 | 18.64 | | 4.540 | | 3.528 | | 2.990 | | 0.590 | |
| | 平均 | 0.394 | 2.904 | 0.714 | 96.22 | 18.58 | | 4.538 | | 3.584 | | 3.012 | | 0.605 | |
| 1990 | 正交 | 0.389 | 2.934 | 0.691 | 94.36 | 18.16 | | 4.590 | | 3.321 | | 3.048 | | 0.558 | |
| | 反交 | 0.395 | 2.913 | 0.656 | 94.07 | 18.44 | | 4.659 | | 3.420 | | 3.093 | | 0.572 | |
| | 平均 | 0.392 | 2.924 | 0.674 | 94.22 | 18.30 | | 4.625 | | 3.371 | | 3.070 | | 0.565 | |
| 两年平均 | 正交 | 0.391 | 2.925 | 0.706 | 95.56 | 18.34 | | 4.564 | | 3.481 | | 3.042 | | 0.589 | |
| | 反交 | 0.395 | 2.903 | 0.682 | 94.88 | 18.54 | | 4.600 | | 3.474 | | 3.042 | | 0.581 | |
| | 平均 | **0.393** | **2.914** | **0.694** | **95.22** | **18.44** | 98.09 | **4.582** | 100.09 | **3.478** | 102.57 | **3.042** | 97.19 | **0.585** | 101.21 |

表 3.47　桑蚕品种国家审定鉴定成绩汇总表（五）

（1989—1990 年春期）

| 品种名（杂交形式） | | 饲养成绩 | | | | | | | | | | | | | 茧丝质成绩 | | | | |
|---|---|---|---|---|---|---|---|---|---|---|---|---|---|---|---|---|---|---|---|
| | | 实用孵化率（%） | 齢期经过 5齢（日:时） | 齢期经过 全齢（日:时） | 4齢起蚕生命率 结茧率（%） | 4齢起蚕生命率 死笼率（%） | 4齢起蚕生命率 虫蛹率（%） | 茧质 全茧量（克） | 茧质 茧层量（克） | 茧质 茧层率（%） | 总收茧量（克） | 普通茧质量百分率（%） | 实际饲育头数（条） | 5齢给桑量（克） | 上车茧率（%） | 鲜毛茧出丝率（%） | 茧丝长（米） | 解舒丝长（米） | 解舒率（%） |
| 华合×东肥 1989 | 正交 | 97.28 | 7:04 | 24:21 | 98.67 | 1.08 | 97.63 | 1.93 | 0.431 | 22.16 | 929 | 97.49 | 490 | 15110 | 95.21 | 18.43 | 1079 | 885 | 81.94 |
| | 反交 | 96.76 | 7:06 | 24:20 | 98.71 | 0.81 | 97.93 | 2.02 | 0.447 | 22.26 | 960 | 97.26 | 494 | 15346 | 95.88 | 17.79 | 1112 | 884 | 79.36 |
| | 平均 | 97.02 | 7:05 | 24:20 | 98.69 | 0.94 | 97.28 | 1.97 | 0.439 | 22.21 | 944 | 97.38 | 492 | 15228 | 95.54 | 18.11 | 1096 | 884 | 80.65 |
| 菁松×皓月 1990 | 正交 | 98.05 | 8:05 | 26:07 | 97.87 | 2.51 | 95.44 | 1.89 | 0.473 | 25.06 | 899 | 96.29 | 489 | 14643 | 95.09 | 18.13 | 1271 | 1025 | 81.00 |
| | 反交 | 98.75 | 8:03 | 26:07 | 97.13 | 4.14 | 93.29 | 1.87 | 0.471 | 25.23 | 900 | 96.14 | 491 | 14728 | 94.49 | 18.34 | 1272 | 1025 | 80.23 |
| | 平均 | 98.40 | 8:04 | 26:07 | 97.15 | 3.33 | 94.36 | 1.88 | 0.472 | 25.14 | 900 | 96.22 | 490 | 14685 | 94.79 | 18.24 | 1271 | 1025 | 80.61 |
| 两对照品种平均 | | 97.71 | 7:17 | 25:14 | 97.92 | 2.14 | 96.07 | 1.92 | 0.456 | 23.68 | 922 | 96.80 | 491 | 14956 | 95.16 | 18.18 | 1184 | 954 | 80.63 |

表 3.48　桑蚕品种国家审定鉴定成绩汇总表（六）

（1989—1990 年春期）

| 品种名（杂交形式） | | 茧丝质成绩 | | | | 万头收茧量 | | 万头茧层量 | | 万头产丝量 | | 5齢50千克桑产茧量 | | 5齢50千克桑产丝量 | |
|---|---|---|---|---|---|---|---|---|---|---|---|---|---|---|---|
| | | 茧丝量（克） | 纤度（D） | 茧丝纤度综合均方差（D） | 净度（分） | 实数（千克） | 指数（%） | 实数（千克） | 指数（%） | 实数（千克） | 指数（%） | 实数（千克） | 指数（%） | 实数（千克） | 指数（%） |
| 华合×东肥 1989 | 正交 | 0.358 | 2.983 | 0.676 | 96.71 | 18.98 | | 4.236 | | 3.446 | | 3.131 | | 0.597 | |
| | 反交 | 0.365 | 2.960 | 0.507 | 96.75 | 19.48 | | 4.312 | | 3.436 | | 3.194 | | 0.588 | |
| | 平均 | 0.362 | 2.972 | 0.592 | 96.86 | 19.23 | | 4.274 | | 3.441 | | 3.162 | | 0.592 | |
| 菁松×皓月 1990 | 正交 | 0.383 | 2.722 | 0.648 | 95.34 | 18.39 | | 4.628 | | 3.325 | | 3.113 | | 0.564 | |
| | 反交 | 0.386 | 2.731 | 0.637 | 94.71 | 18.32 | | 4.625 | | 3.357 | | 3.084 | | 0.566 | |
| | 平均 | 0.384 | 2.726 | 0.642 | 95.03 | 18.35 | | 4.626 | | 3.341 | | 3.099 | | 0.565 | |
| 两对照品种平均 | | 0.373 | 2.849 | 0.617 | 95.94 | 18.80 | 100 | 4.450 | 100 | 3.391 | 100 | 3.130 | 100 | 0.578 | 100 |

表 3.49　桑蚕品种国家审定鉴定成绩汇总表（一）

（1989—1990 年秋期）

| 品种名（杂交形式） | | 实用孵化率(%) | 龄期经过 | | 4龄起蚕生命率 | | | 茧质 | | | 总收茧量(兑) | 普通茧质量百分率(%) | 实际饲育头数(条) | 5龄给桑量(兑) | 上车茧率(%) | 鲜毛茧出丝率(%) | 茧丝长(米) | 解舒丝长(米) | 解舒率(%) |
|---|---|---|---|---|---|---|---|---|---|---|---|---|---|---|---|---|---|---|---|
| | | | 5龄(日:时) | 全龄(日:时) | 结茧率(%) | 死笼率(%) | 虫蛹率(%) | 全茧量(兑) | 茧层量(兑) | 茧层率(%) | | | | | | | | | |
| | | | | | | | | | | | | | | | | | 茧丝质成绩 | | |
| 浙花×秋星 | 1989 正交 | 96.63 | 6:13 | 21:18 | 93.31 | 9.02 | 85.48 | 1.66 | 0.356 | 21.68 | 821 | 93.74 | 532 | 13238 | 91.05 | 14.69 | 976 | 674 | 68.34 |
| | 反交 | 93.01 | 6:13 | 21:19 | 94.55 | 7.00 | 87.47 | 1.67 | 0.358 | 21.57 | 838 | 93.49 | 532 | 13221 | 91.98 | 14.82 | 1015 | 702 | 69.70 |
| | 平均 | 94.82 | 6:13 | 21:18 | 94.23 | 8.01 | 86.72 | 1.66 | 0.357 | 21.62 | 830 | 93.62 | 532 | 13230 | 91.52 | 14.75 | 996 | 688 | 69.02 |
| | 1990 正交 | 95.66 | 6:09 | 21:14 | 94.36 | 5.78 | 89.07 | 1.63 | 0.361 | 22.08 | 820 | 93.24 | 537 | 12205 | 89.74 | 15.05 | 995 | 719 | 71.82 |
| | 反交 | 95.06 | 6:13 | 21:18 | 95.29 | 5.72 | 89.49 | 1.63 | 0.364 | 22.28 | 837 | 91.50 | 539 | 12044 | 92.06 | 15.22 | 1032 | 759 | 73.20 |
| | 平均 | 95.36 | 6:11 | 21:16 | 94.83 | 5.75 | 89.53 | 1.63 | 0.362 | 22.18 | 829 | 92.37 | 538 | 12124 | 90.90 | 15.14 | 1014 | 739 | 72.51 |
| | 两年平均 正交 | 96.14 | 6:11 | 21:16 | 94.14 | 7.40 | 87.28 | 1.64 | 0.358 | 21.88 | 821 | 93.49 | 534 | 12722 | 90.40 | 14.87 | 986 | 697 | 70.08 |
| | 反交 | 94.04 | 6:13 | 21:18 | 94.92 | 6.36 | 88.98 | 1.65 | 0.361 | 21.92 | 838 | 92.50 | 536 | 12632 | 92.02 | 15.02 | 1024 | 730 | 71.45 |
| | 平均 | **95.09** | **6:12** | **21:17** | **94.53** | **6.88** | **88.13** | **1.64** | **0.36** | **21.90** | **830** | **93.00** | **535** | **12677** | **91.21** | **14.94** | **1005** | **714** | **70.76** |
| 781×朝霞 | 1989 正交 | 94.92 | 6:16 | 22:00 | 93.78 | 12.00 | 82.17 | 1.75 | 0.386 | 22.07 | 858 | 95.02 | 530 | 13848 | 93.66 | 14.91 | 1041 | 638 | 61.16 |
| | 反交 | 96.50 | 6:16 | 22:00 | 93.74 | 7.24 | 86.99 | 1.73 | 0.389 | 22.52 | 856 | 93.98 | 533 | 14052 | 92.45 | 15.66 | 1128 | 706 | 62.33 |
| | 平均 | 95.71 | 6:16 | 22:00 | 93.76 | 9.62 | 84.58 | 1.74 | 0.388 | 22.30 | 857 | 94.50 | 532 | 13950 | 93.05 | 15.28 | 1084 | 672 | 61.74 |
| | 1990 正交 | 96.26 | 6:17 | 22:00 | 94.35 | 5.00 | 89.72 | 1.60 | 0.363 | 22.55 | 800 | 96.33 | 534 | 12298 | 92.18 | 16.03 | 1086 | 699 | 64.20 |
| | 反交 | 96.33 | 6:19 | 22:02 | 94.00 | 4.92 | 89.51 | 1.59 | 0.364 | 22.80 | 794 | 95.12 | 536 | 12322 | 92.08 | 15.88 | 1123 | 685 | 60.70 |
| | 平均 | 96.30 | 6:18 | 22:01 | 94.18 | 4.96 | 89.62 | 1.60 | 0.364 | 22.68 | 797 | 95.72 | 535 | 12310 | 92.13 | 15.96 | 1104 | 692 | 62.45 |
| | 两年平均 正交 | 95.59 | 6:16 | 22:00 | 94.06 | 8.50 | 85.94 | 1.68 | 0.374 | 22.31 | 829 | 95.68 | 532 | 13073 | 92.92 | 15.47 | 1064 | 668 | 62.68 |
| | 反交 | 96.42 | 6:18 | 22:01 | 93.87 | 6.08 | 88.25 | 1.66 | 0.377 | 22.66 | 825 | 94.55 | 534 | 13187 | 92.26 | 15.77 | 1125 | 696 | 61.52 |
| | 平均 | **96.01** | **6:17** | **22:01** | **93.96** | **7.29** | **87.10** | **1.67** | **0.376** | **22.49** | **827** | **95.11** | **533** | **13130** | **92.59** | **15.62** | **1094** | **682** | **62.10** |

饲养成绩

表3.50 桑蚕品种国家审定鉴定成绩汇总表（二）

(1989—1990 年秋期)

| 品种名（杂交形式） | | 茧丝质成绩 | | | | 万头收茧量 | | 万头茧层量 | | 万头产丝量 | | 5龄50千克桑产茧量 | | 5龄50千克桑产丝量 | |
|---|---|---|---|---|---|---|---|---|---|---|---|---|---|---|---|
| | | 茧丝量（克） | 纤度（D） | 茧丝纤度综合均方差（D） | 净度（分） | 实数（千克） | 指数（%） | 实数（千克） | 指数（%） | 实数（千克） | 指数（%） | 实数（千克） | 指数（%） | 实数（千克） | 指数（%） |
| 浙花×秋星 | 1989 正交 | 0.284 | 2.597 | 0.596 | 95.62 | 15.39 | | 3.318 | | 2.272 | | 3.174 | | 0.444 | |
| | 1989 反交 | 0.290 | 2.579 | 0.568 | 94.95 | 15.75 | | 3.394 | | 2.346 | | 3.239 | | 0.461 | |
| | 1989 平均 | 0.287 | 2.588 | 0.582 | 95.28 | 15.57 | | 3.356 | | 2.309 | | 3.206 | | 0.453 | |
| | 1990 正交 | 0.284 | 2.605 | 0.584 | 96.54 | 15.06 | | 3.346 | | 2.303 | | 3.402 | | 0.519 | |
| | 1990 反交 | 0.286 | 2.485 | 0.622 | 97.12 | 15.48 | | 3.458 | | 2.391 | | 3.508 | | 0.541 | |
| | 1990 平均 | 0.285 | 2.545 | 0.603 | 96.83 | 15.27 | | 3.402 | | 2.347 | | 3.455 | | 0.530 | |
| | 两年平均 正交 | 0.284 | 2.601 | 0.598 | 96.08 | 15.22 | | 3.332 | | 2.288 | | 3.288 | | 0.482 | |
| | 两年平均 反交 | 0.288 | 2.532 | 0.595 | 96.04 | 15.62 | | 3.426 | | 2.368 | | 3.374 | | 0.501 | |
| | 两年平均 平均 | **0.286** | **2.566** | **0.592** | **96.06** | **15.42** | 110.14 | **3.379** | 119.53 | **2.328** | 116.87 | **3.331** | 107.69 | **0.492** | 113.89 |
| 781×朝霞 | 1989 正交 | 0.298 | 2.542 | 0.608 | 94.45 | 16.18 | | 3.568 | | 2.438 | | 3.158 | | 0.448 | |
| | 1989 反交 | 0.306 | 2.411 | 0.521 | 95.23 | 16.06 | | 3.614 | | 2.528 | | 3.107 | | 0.460 | |
| | 1989 平均 | 0.302 | 2.476 | 0.564 | 94.84 | 16.12 | | 3.591 | | 2.483 | | 3.132 | | 0.454 | |
| | 1990 正交 | 0.280 | 2.322 | 0.566 | 95.29 | 14.99 | | 3.434 | | 2.404 | | 3.283 | | 0.525 | |
| | 1990 反交 | 0.283 | 2.250 | 0.511 | 95.02 | 14.70 | | 3.365 | | 2.32 | | 3.269 | | 0.514 | |
| | 1990 平均 | 0.282 | 2.286 | 0.539 | 95.16 | 14.84 | | 3.399 | | 2.362 | | 3.276 | | 0.520 | |
| | 两年平均 正交 | 0.289 | 2.432 | 0.587 | 94.87 | 15.58 | | 3.501 | | 2.421 | | 3.221 | | 0.486 | |
| | 两年平均 反交 | 0.295 | 2.330 | 0.516 | 95.12 | 15.38 | | 3.490 | | 2.424 | | 3.188 | | 0.487 | |
| | 两年平均 平均 | **0.292** | **2.381** | **0.552** | **95.00** | **15.48** | 110.57 | **3.496** | 123.66 | **2.422** | 126.01 | **3.204** | 103.59 | **0.487** | 112.73 |

表 3.51　桑蚕品种国家审定鉴定成绩汇总表(三)

(1989—1990 年秋期)

| 品种名(杂交形式) | | 饲养成绩 | | | | | | | | | | | | | | 茧丝质成绩 | | | |
|---|---|---|---|---|---|---|---|---|---|---|---|---|---|---|---|---|---|---|---|
| | | 实用孵化率(%) | 龄期经过 5龄(日:时) | 龄期经过 全龄(日:时) | 4龄起蚕生命率 结茧率(%) | 4龄起蚕生命率 死笼率(%) | 4龄起蚕生命率 虫蛹率(%) | 茧质 全茧量(兑) | 茧质 茧层量(兑) | 茧质 茧层率(%) | 总收茧量(兑) | 普通茧质量百分率(%) | 实际饲育头数(条) | 5龄给桑量(兑) | 上车茧率(%) | 鲜毛茧出丝率(%) | 茧丝长(米) | 解舒丝长(米) | 解舒率(%) |
| 丰一×54A 1989 | 正交 | 98.79 | 6:15 | 21:22 | 85.46 | 11.46 | 76.96 | 1.66 | 0.378 | 22.74 | 752 | 95.35 | 532 | 13 888 | 91.50 | 15.68 | 1 202 | 818 | 67.84 |
| | 反交 | 97.62 | 6:16 | 22:00 | 91.12 | 7.78 | 84.31 | 1.65 | 0.366 | 22.86 | 791 | 97.59 | 528 | 13 618 | 92.79 | 16.09 | 1 253 | 894 | 71.14 |
| | 平均 | 98.20 | 6:16 | 21:23 | 88.29 | 9.62 | 80.62 | 1.66 | 0.372 | 22.80 | 772 | 95.55 | 530 | 13 753 | 92.14 | 15.88 | 1 228 | 856 | 69.49 |
| 1990 | 正交 | 96.91 | 6:12 | 21:19 | 90.68 | 5.79 | 86.05 | 1.60 | 0.366 | 22.77 | 767 | 96.43 | 523 | 12 240 | 90.47 | 15.99 | 1 171 | 850 | 71.73 |
| | 反交 | 97.11 | 6:15 | 22:00 | 92.49 | 6.77 | 86.51 | 1.58 | 0.359 | 22.68 | 770 | 94.35 | 532 | 12 084 | 91.86 | 16.08 | 1 197 | 846 | 70.50 |
| | 平均 | 97.01 | 6:14 | 21:22 | 91.59 | 6.28 | 86.28 | 1.59 | 0.362 | 22.73 | 769 | 95.39 | 528 | 12 162 | 91.17 | 16.04 | 1 184 | 848 | 71.12 |
| 两年平均 | 正交 | 97.85 | 6:14 | 21:20 | 88.07 | 8.62 | 81.50 | 1.63 | 0.372 | 22.76 | 760 | 95.89 | 528 | 13 064 | 90.98 | 15.84 | 1 186 | 834 | 69.78 |
| | 反交 | 97.36 | 6:16 | 22:00 | 91.80 | 7.28 | 85.41 | 1.62 | 0.362 | 22.77 | 780 | 95.05 | 530 | 12 851 | 92.33 | 16.08 | 1 225 | 870 | 70.82 |
| | 平均 | **97.60** | **6:15** | **21:22** | **89.94** | **7.95** | **83.45** | **1.62** | **0.367** | **22.76** | **770** | **95.47** | **529** | **12 958** | **91.66** | **15.96** | **1 206** | **852** | **70.32** |
| 东34×苏12 1989 | 正交 | 96.84 | 6:04 | 21:11 | 94.16 | 6.18 | 88.49 | 1.50 | 0.281 | 18.72 | 744 | 97.70 | 532 | 12 612 | 94.45 | 13.40 | 846 | 619 | 72.99 |
| | 反交 | 96.77 | 6:05 | 21:11 | 94.89 | 3.85 | 91.24 | 1.48 | 0.284 | 19.25 | 752 | 97.94 | 534 | 12 629 | 93.96 | 13.76 | 833 | 600 | 71.64 |
| | 平均 | 96.80 | 6:04 | 21:11 | 94.52 | 5.02 | 89.87 | 1.49 | 0.282 | 18.98 | 748 | 97.82 | 533 | 12 522 | 94.20 | 13.58 | 840 | 610 | 72.32 |
| 苏3·秋3×苏4 1990 | 正交 | 96.68 | 6:16 | 22:06 | 92.85 | 4.21 | 89.00 | 1.55 | 0.328 | 21.04 | 754 | 95.38 | 528 | 11 910 | 90.12 | 14.70 | 943 | 695 | 73.45 |
| | 反交 | 96.70 | 6:16 | 22:08 | 93.24 | 3.44 | 90.53 | 1.51 | 0.326 | 21.50 | 714 | 94.47 | 528 | 11 914 | 91.86 | 14.73 | 949 | 674 | 70.87 |
| | 平均 | 96.69 | 6:16 | 22:07 | 93.05 | 3.82 | 89.77 | 1.53 | 0.327 | 21.27 | 734 | 94.97 | 528 | 11 912 | 90.99 | 14.72 | 946 | 685 | 72.16 |
| 两对照品种平均 | | **96.75** | **6:10** | **21:21** | **93.78** | **4.42** | **89.82** | **1.51** | **0.304** | **20.12** | **741** | **96.32** | **530** | **12 217** | **92.60** | **14.15** | **893** | **652** | **72.24** |

表 3.52　桑蚕品种国家审定鉴定成绩汇总表(四)
(1989—1990 年秋期)

| 品种名(杂交形式) | | 茧丝质成绩 | | | | 万头收茧量 | | 万头茧层量 | | 万头产量 | | 5 龄 50 千克桑产茧量 | | 5 龄 50 千克桑产丝量 | |
|---|---|---|---|---|---|---|---|---|---|---|---|---|---|---|---|
| | | 茧丝量(克) | 纤度(D) | 茧丝纤度综合均方差(D) | 净度(分) | 实数(千克) | 指数(%) | 实数(千克) | 指数(%) | 实数(千克) | 指数(%) | 实数(千克) | 指数(%) | 实数(千克) | 指数(%) |
| 丰一×54A | 1989 正交 | 0.298 | 2.182 | 0.463 | 95.00 | 14.09 | | 3.156 | | 2.158 | | 2.763 | | 0.398 | |
| | 1989 反交 | 0.300 | 2.170 | 0.456 | 95.45 | 14.97 | | 3.424 | | 2.401 | | 2.962 | | 0.449 | |
| | 1989 平均 | 0.299 | 2.176 | 0.460 | 95.22 | 14.53 | | 3.290 | | 2.280 | | 2.862 | | 0.424 | |
| | 1990 正交 | 0.285 | 2.173 | 0.464 | 95.25 | 14.35 | | 3.290 | | 2.336 | | 3.164 | | 0.516 | |
| | 1990 反交 | 0.286 | 2.141 | 0.440 | 95.00 | 14.24 | | 3.252 | | 2.290 | | 3.233 | | 0.524 | |
| | 1990 平均 | 0.286 | 2.157 | 0.443 | 95.13 | 14.30 | | 3.271 | | 2.313 | | 3.198 | | 0.520 | |
| | 两年平均 正交 | 0.296 | 2.178 | 0.454 | 95.12 | 14.22 | | 3.228 | | 2.247 | | 2.964 | | 0.457 | |
| | 两年平均 反交 | 0.288 | 2.156 | 0.448 | 95.22 | 14.61 | | 3.338 | | 2.346 | | 3.098 | | 0.486 | |
| | 两年平均 平均 | 0.292 | 2.167 | 0.451 | 95.17 | 14.42 | 103.00 | 3.281 | 116.06 | 2.296 | 115.26 | 3.031 | 98.00 | 0.472 | 109.26 |
| 东 34×苏 12 | 1989 正交 | 0.221 | 2.294 | 0.539 | 95.53 | 13.96 | | 2.609 | | 1.876 | | 3.019 | | 0.392 | |
| | 1989 反交 | 0.220 | 2.341 | 0.473 | 95.72 | 14.10 | | 2.709 | | 1.941 | | 3.050 | | 0.405 | |
| | 1989 平均 | 0.220 | 2.318 | 0.506 | 95.62 | 14.03 | | 2.659 | | 1.908 | | 3.034 | | 0.398 | |
| 苏 3·秋 3×苏 4 | 1990 正交 | 0.256 | 2.424 | 0.475 | 96.82 | 14.17 | | 3.003 | | 2.107 | | 3.198 | | 0.472 | |
| | 1990 反交 | 0.251 | 2.357 | 0.410 | 96.60 | 13.77 | | 2.986 | | 2.043 | | 3.106 | | 0.458 | |
| | 1990 平均 | 0.254 | 2.391 | 0.443 | 96.71 | 13.97 | | 2.995 | | 2.075 | | 3.152 | | 0.465 | |
| 两对照品种平均 | | 0.237 | 2.354 | 0.475 | 96.16 | 14.00 | 100 | 2.827 | 100 | 1.992 | 100 | 3.093 | 100 | 0.432 | 100 |

# 九、农业部公告第二十三号

全国农作物品种审定委员会第二届五次会议审(认)定通过的京花 101、豫麦 21、圳宝、融安金柑等 56 个农作物品种,已经我部审核通过,现予颁布。

中华人民共和国农业部

1994 年 5 月 17 日

### (一) 审(认)定通过蚕品种简介

(编者注:本次审定通过蚕品种 GS11001～GS11007;桑品种 GS11008～GS11009,见第四章)。

GS11001 - 1993 5·4×24·46

亲本来源于{757×[(CS×新 9)×757]}×{793×[(CS×新 9)×757]}。该品种为春用四元杂交种,卵为草绿间有灰绿色。卵壳淡黄,良卵率高。蚁蚕黑褐,小蚕发生少。眠起齐一,稚蚕有趋光性,食桑快,壮蚕青白、素斑、体粗壮,上蔟齐涌。茧形短椭圆,茧色白,缩皱中等。蚕蛾大,交尾性能良好,产卵快。全国蚕品种鉴定网 1991—1992 年实验室鉴定结果为,茧层率 24.83%,鲜毛茧出丝率 18.14%,茧丝长 1 378 米,解舒率 71.04%,解舒丝长 992 米,净度 94.32 分,茧丝纤度 2.817 D。

饲育技术要点:

(1) 催青积温要偏高,叶质偏嫩。

(2) 壮蚕忌用嫩叶、水叶。

(3) 蔟中空气要流通。

(4) 化蛹时间略长。

由江苏省蚕种公司、江苏省海安县蚕种场选育。

品审会委员们认真审核申报材料,材料齐全,数据可靠。该蚕种经全国蚕品种鉴定试验网点 1991—1992 年鉴定,综合经济性状优良,万头收茧量 21.20 千克,5 龄 50 千克桑产茧量 3.138 千克。繁育试验表明,该蚕种原蚕好养,交配性能良好,蛾产卵数 500～550 粒,经过充分讨论,主要经济指标符合国家审定标准,审定通过。可在全国各地春期饲养推广。

GS11002 - 1993 (芙·新)×(日·湘)

亲本来源于(芙蓉×三新)×(日桂×湘晖)。该蚕品种为四元杂交种,孵化、眠起、上蔟齐一,体质强健,茧型中等、匀整。在全国蚕品种鉴定试验网点 1991—1992 年实验室鉴定结果为:茧层率 23.49%,鲜毛茧出丝率 17.16%,茧丝长 1 034 米,解舒丝长 792 米。解舒率 73.54%,净度 95.28 分,茧丝纤度 2.44 D。

饲育技术要点:

(1) 饲养上给予良桑饱食。

(2) 及时扩座匀座。

(3) 上蔟时宜疏放匀放。

(4) 注意蔟中排湿,防黄斑茧、霉口茧发生。

由广东省蚕业研究所、广西蚕业指导所、湖南省蚕桑研究所选育。品审会委员们审核了申报材料,材料齐全,数据可靠。该蚕种经全国蚕品种鉴定试验网点 1991—1992 年鉴定,综合经济性状良好,万头收茧量 15.08 千克,五龄给予 50 千克桑产茧量 3.18 千克,少量繁育试验表明,该品种原蚕好养,交配性能良好,蛾产卵数 400~450 粒,符合审定标准,同意审定通过。可在长江流域早秋蚕期与南方蚕区饲养推广。

### GS11003 - 1993  陕蚕 2 号

亲本来源于 122×苏 5×226×苏 6。该蚕品种是由 1978 年应用引进品种(苏 5×苏 6 与高配合力组合 122×226)组配的四元杂交种。体质强,产茧量高,丝质好。1981 年陕西省家蚕品种审定委员会实验室鉴定统计结果:陕蚕 2 号净度平均为 91.65 分;茧丝纤度 2.967 D;解舒率 83%;解舒丝长 995.3 米;茧层率 25.44%。新疆维吾尔自治区 1991—1992 年繁育推广该品种 31 241 张,占总发种量的 27.31%。山西省阳城县 1987—1993 年共繁育制种 8.8 万张,推广饲育 8.8 万张。山西省沁水县 1993 年发种量达 12 000 张,占全县发种量的 50%。甘肃省陇南地区 1990—1993 年繁育 13 400 张,试养推广 10 750 张。陕西省 1990 年春发种 55 000 张,占春季发种量的 33.58%;夏秋蚕 61 300 张,占全省夏秋蚕的 37.13%。

饲育技术要点:

(1) 催青前要注意调整好起点胚子,蚕种转青后做好黑暗保护,务必使胚子发育齐一。

(2) 稚蚕期对叶质要求严格,以适熟偏嫩为宜。

(3) 及时扩座匀座,适时止桑。

(4) 5 龄第 3~7 天注意良桑饱食。

(5) 加强饲育管理,分批上蔟。

由陕西省蚕桑研究所选育,1981 年陕西省审定。品审会认为该品种为好养、高产、茧丝质较优的四元杂交种,繁殖系数较高。自 1981 年省级审定以来已在陕西累计推广 100 多万张,近年推广面已达 30% 以上。1981—1992 年在新疆维吾尔自治区累计推广 30 多万张,占总发种量的 27%。经委员会认真审核申报材料,材料齐全,数据可靠。符合认定标准,同意认定。适于在西北地区养殖。

### GS11004 - 1994  陕蚕 3 号

亲本来源于(122×795)×(226×796)。该蚕品种为中系单限性四元杂交种。其特点是蚕体大,5 龄食桑量大,茧型大,张产茧和 50 千克桑产茧量高,产值高,繁育系数高。1981—1984 年全国鉴定陕西点的实验室鉴定结果:陕蚕 3 号净度平均 96 分;茧丝纤度 3.00 D;解舒率 75.4%;解舒丝长 871.8 米;茧层率 25.28%。新疆维吾尔自治区 1947—1992 年繁育准广陕蚕 3 号 216 000 张,占总发种量的 10% 以上。甘肃省陇南地区 1990 年开始累计共繁育陕蚕 3 号 22 000 张,试养推广 7 940 张。陕西省 1990 年发种量 8.4 万张,占全省发种量的 25.5%。

饲育技术要点:

(1) 越年种要注意起点胚子的调整,出库后在库外保护 1~2 天,再升温催青,并做好催青后期的黑暗保护,使胚子发育整齐。

(2) 稚蚕用桑以适熟偏嫩为宜。

(3) 5 龄 3~7 天要特别注意良桑饱食。

(4) 本品种在蚕儿熟时喂桑量仍然较大,不宜突然减少给桑量。

由陕西省蚕桑研究所选育,1987 年陕西省审定。品审会认为该品种为丰产型、高丝量,中系单限性的四元杂交种,繁育系数较高。1987 年省级审定通过以来,已在陕西省系计推广 30 万张,近年推广面已达 25% 以上。新疆维吾尔自治区 1987—1992 年累计推广 21 万余张,占该区同期发种量的 10% 以上,并在甘肃陇南地区推广使用。各委员认真审核了申报材料,材料齐全,数据可靠。符合认定标准,同意认定。

适于在西北地区养殖。

### GS11005 - 1994　75 新 × 7352

亲本来源于(755×东 34)×新 9。该蚕品种为二元一代杂交种,体质强健,壮蚕蚕体结实,正交蚕为普斑,雄蚕为白蚕,反交全部白蚕。一龄叶质偏老时,易发生小蚕,上蔟过密双宫茧较多,抗病、耐高温、抗氟。1980—1993 年江苏省累计推广蚕种 25.23 万张,占推广面积的 55%;江西省 1987—1992 年累计推广 58 204 张,其中 1992 年推广 44 204 张,占全年蚕种供应量的 10%,占夏秋期发种量的 12.3%。

饲育技术要点:

(1) 催青温度参照苏 3·秋 3×苏 4,正交偏低。

(2) 收蚁要早。

(3) 1~2 龄饲育温度以 27.8 ℃为宜。稚蚕用叶要适熟偏嫩。

(4) 做好匀扩座工作,注意充分饱食。

(5) 注意适时加眠网。

(6) 蔟中注意干燥,上蔟要稀。

由江苏省无锡县西漳蚕种场选育。品审会认为该品种是皮斑单限性早秋用强健性蚕品种,具有耐高温特性,好养,茧层率较高(达 22%),为江苏省早秋期当家品种。1980—1993 年累计推广 300 余万张,占该省推广面积的 55%;1992 年在江西省推广 4.4 万张,占该省全年发种量的 10%。各委员认真审核了申报材料,材料齐全,数据可靠。符合认定标准,同意认定。适于在华东地区养殖。

### GS11006 - 1994　华峰 × 雪松

亲本来源于中系为华峰,日系为雪松。该蚕品种为一对春用皮斑单限性的二元杂交种。孵化、眠起、上蔟较齐。小蚕有趋密性,趋光性。大蚕有背光性,食桑旺盛,5 龄蚕体粗壮偏长,斑纹较深,茧型大、偏长,茧层厚。容易饲养,耐氟性强,产茧量高。为春用多丝量的耐氟新品种。

饲育技术要点:

(1) 做好消毒防病工作,减少细菌病和脓病发生。

(2) 催青积温要偏高。

(3) 蔟中要通风排湿,提高茧质和解舒率。

由中国农业科学院蚕业研究所选育。品审会认为该品种是春用皮斑单限性二元杂交种,委员们对选育报告、耐氟性能测试报告和浙江等省氟污染蚕区试养鉴定证明进行认真审核,认为该品种好养、高产、茧丝质优,且具有明显的耐氟特性,是国内首次育成的春用多丝量耐氟蚕品种。具耐氟能力:小蚕期在 40 毫克/千克以上,大蚕期在 70 毫克/千克左右,比现行春用多丝量蚕品种提高一倍。应用该品种对发展氟污染蚕区的蚕茧生产具有积极的推动作用,符合审定标准,同意审定通过,适宜在江、浙等蚕区春期或中晚秋蚕期试养推广。

### GS11007 - 1994　苏 5 × 苏 6

亲本来源于 20 世纪 70 年代从引入我国的蚕品种中组合筛选而来。该蚕品种为好养优质多丝量二元一代杂交种,茧层率高达 25%以上,茧形匀整,茧丝长 1 200 米以上,净度 95 分,纤度适中,鲜茧出丝率实验室成绩达 20%,50 克鲜茧干壳量 10 克以上。从 1981—1993 年在江苏省累计推广 2 500 万张,1993 年占春期发种量的 95%以上。上海市金山县 1993 年秋蚕期饲养量 27 240 张,张产茧量 36.10 千克。该品种占金山县秋蚕期各品种总量的 93%以上。

由江苏省农林厅蚕桑处、中国农业科学院蚕业研究所、江苏省蚕种公司选育。品审会各委员认真审核了申报材料,材料齐全,数据可靠。该品种好养、高产,茧层率超过 25%,经济性状优良,是江苏省春蚕期与中晚秋蚕期的当家品种,1978 年投产至 1993 年已在江苏省累计推广 2 500 万张,其中 1992 年推广 337 万张,占同期发种量的 90％以上。已成为上海市的当家蚕品种,经济效益明显。符合认定标准,同意认定。适于在华东地区饲养。

### (二) 蚕品种国家审定鉴定结果报告(第八号)

根据全国桑·蚕品种审定委员会确定的蚕品种鉴定试验任务,全国蚕品种鉴定试验网点 18 家单位于 1991—1992 年对 5 对蚕品种进行了为期两年的实验室共同鉴定。

其中,春用品种 2 对,即江苏省蚕种公司和海安蚕种场共同选育的 5·4×24·46、江苏省镇江蚕种场选育的 C27×限 8,以青松×皓月为对照品种。夏秋用品种 3 对,即广东省蚕业研究所、广西壮族自治区蚕业指导所、湖南省蚕桑研究所共同选育的芙·新×日·湘,广东省丝绸公司蚕种繁殖试验所选育的东43×7532·湘晖,浙江省蚕桑研究所选育的芳华×星宝,以苏 3·秋 3×苏 4 为对照品种。

1992 年 12 月 3—6 日全国桑·蚕品种审定委员会的委托机构——中国农业科学院蚕业研究所召集全国桑·蚕品种鉴定试验网点各单位,在镇江举行了 1992 年度鉴定工作会议。会议在核对、交流、汇总、分析 1992 年度鉴定成绩的基础上,对各参鉴品种 1991—1992 两年的鉴定成绩进行了汇总、讨论和分析;分品种综合概评如下。

**1. 春用蚕品种**

**1.1 5·4×24·46**

春用四元杂交种。孵化、眠起、上蔟齐一;体质强健,好养;蚕体粗社,茧型大、匀整度好,产茧量高。

茧丝质性状良好。茧层率 24.83％,符合审定标准;鲜毛茧出丝率 18.14％,低于审定标准,但超过对照品种;茧丝长 1376 米,超过对照品种,符合审定标准;解舒率 71.04％,低于对照品种;解舒丝长 992 米(第 1 年 957 米、第 2 年 1017 米),超过对照品种,接近审定标准;净度 94.32 分,茧丝纤度 2.817D,符合审定标准;茧丝纤度综合均方差 0.658D,优于对照品种,接近审定标准。

综合经济性状优良。万头收茧量、万头茧层量、万头产丝量、5 龄 50 千克桑产茧量与产丝量均超过对照品种,分别比对照品种提高指数 6.11％、5.77％、4.92％、4.35％、5.66％。

原种少量饲养试验表明,5·4、24·46 原蚕体质强健,好养,交配性能良好,产附整齐,蛾产卵数 500～550 粒,不良卵少。

**1.2 C27×限 8**

春用斑纹双限性二元杂交种。孵化、眠起、上蔟齐一;体质强健、好养;蚕体粗壮。茧型大、匀整度较好,产茧量高。

茧丝质性状一般。茧层率 23.96％、鲜毛茧出丝率 17.25％,低于审定标准;茧丝长 284 米、解舒丝长 936 米、解舒率 71.62％,低于审定标准;净度 4.44 分、茧丝纤度 2.954 D,符合审定标准;茧丝纤度综合均方差 0.682 D,优于对照品种,接近审定标准。

综合经济性状优良。万头收茧量、万头茧层量、万头产丝量、5 龄 50 千克桑产茧量与产丝量均超过对照品种,分别比对照品种提高指数 6.76％、2.85％、0.66％、6.29％、2.40％。

原种少量饲养试繁表明,C27、限 8 原蚕体质强健,较易饲养。交配性能良好,产附整齐,蛾产卵数 500 粒左右,不良卵少,但 C27×限 8 有少数再出卵发生。

**2. 夏秋用蚕品种**

**2.1 芙·新×日·湘**

夏秋用四元杂交种。孵化、眠起、上蔟齐一;体质强健、好养;茧型中等、匀整,产茧量与对照品种相仿。

茧丝质性状优良。茧层率 23.49%、鲜毛茧出丝率 17.16%、茧丝长 1084 米、解舒丝长 792 米,均明显超过对照品种,符合审定标准;解舒率 73.54%、净度 95.28 分,超过对照品种,符合审定标准;茧丝纤度 2.446 D,符合审定标准;茧丝纤度综合均方差 0.582 D,略偏大。

综合经济性状优良。万头收茧量与对照品种相仿;5 龄 50 千克桑产茧量超过对照品种;万头茧层量、万头产丝量、5 龄 50 千克桑产丝量明显超过对照品种,分别比对照品种提高指数 9.44%、14.18%、16.45%。

原种少量饲养试繁表明,芙·新有较多的三眠蚕发生,用叶不宜过嫩。日·湘原蚕体质强健,较易饲养。交配性能良好,日·湘产卵整齐,芙·新稍差。蛾产卵数芙·新 400 粒左右,日·湘 400~450 粒。

2.2    东 43×7532·湘晖

夏秋用三元杂交种。孵化、眠起、上蔟齐一;体质强健、好养;蚕匀正度稍差。茧型较小,产茧量偏低。

茧丝质性状优良。茧层率 22.30%、鲜毛茧出丝率 15.81%,超过对照品种,符合审定标准;茧丝长 992 米,超过对照品种,接近审定标准;解舒率 72.57%、解舒丝长 715 米,超过对照品种,符合审定标准;净度 95.63 分、茧丝纤度 2.337 D,符合审定标准;茧丝纤度综合均方差 0.528 D,接近审定标准。

综合经济性状一般。万头收茧量、万头茧层量、万头产丝量低于对照品种;5 龄 50 千克桑产茧量符合审定标准;5 龄 50 千克桑产丝量比对照品种,提高指数 3.68%。

原种少量饲养试验表明,东 43、7532·湘晖原蚕体质强健,好养。茧型较小。交配性能良好,产附整齐。蛾产卵数,东 43 为 350~400 粒、7532·湘晖 450~500 粒。

2.3    芳华×星宝

夏秋用二元杂交种。孵化、眠起、上蔟齐一;体质强健,好养;发育较快,5 龄经过较短;产茧量与对照品种相仿,但双宫茧稍多。

茧丝质性状良好。茧层率 22.37%,超过对照品种,符合审定标准;鲜毛茧出丝率 15.37%,超过对照品种,接近审定标准;茧丝长 1 131 米,明显超过对照品种(提高指数 15.37%),符合审定标准;解舒率 65.89%,偏低,但解舒丝长 740 米,超过对照品种,符合审定标准;净度 96.15 分,符合审定标准;茧丝纤度 2.178 D,偏细;茧丝纤度综合均方差 0.520 D,同对照品种,接近审定标准。

综合经济性状优良。万头收茧量略高于对照品种;万头茧层量、万头产丝量、5 龄 50 千克桑产茧量与产丝量均超过对照品种,分别比对照品种提高指数 5.28%、2.95%、5.53%、5.23%。

原种少量饲养试繁表明,芳华、星宝原蚕体质较强健,好养。交配性能良好。芳华产附整齐,蛾产卵数 400~450 粒;星宝产附较差,蛾产卵数 350~400 粒。

附件 1. 1991—1992 年各参鉴品种主要性状成绩与审定标准对照表(春期)(表 3.53)

附件 2. 1991—1992 年桑蚕品种国家审定鉴定成绩综合报告表(春期)(表 3.54、表 3.55)

附件 3. 1991—1992 年各参鉴品种主要性状成绩与审定标准对照表(早秋期)(表 3.56)

附件 4. 1991—1992 年桑蚕品种国家审定鉴定成绩综合报告表(早秋期)(表 3.57、表 3.58)

桑蚕品种国家审定鉴定工作会议

1992 年 12 月 5 日镇江

附件 1

表 3.53　1991—1992 年各参鉴品种主要性状成绩与审定标准对照表（春期）

| 成绩表现 | 性状 | | 虫蛹率 (%) | 万头收茧量 (千克) | 5龄50千克 桑产茧量 (千克) | 茧层率 (%) | 鲜毛茧 出丝率 (%) | 茧丝长 (米) | 解舒丝长 (米) | 解舒率 (%) | 茧丝纤度 (D) | 茧丝纤度 综合均方差 (D) | 净度 (分) |
|---|---|---|---|---|---|---|---|---|---|---|---|---|---|
| 标准 | 审定标准 | | 不低于对 照品种的 98% | 不低于对 照品种的 98% | 不低于对 照品种的 98% | 24.5 以上 | 19 以上 | 1350 以上 | 1000 以上 | 75 以上 | 2.7~3.1 | 0.65 以下 | 不低于 93 |
| 参鉴 品种 | 菁松×皓月 (对照品种) | 实数 | 95.75 | 19.98 | 3.242 | 24.81 | 17.88 | 1334 | 988 | 73.35 | 2.804 | 0.690 | 95.35 |
| | | 指数 | 100 | 100 | 100 | 100 | 100 | 100 | 100 | 100 | | | 100 |
| | 5·4 × 24·46 | 实数 | 96.85 | 21.20 | 3.283 | 24.83 | 18.14 | 1378 | 992 | 71.04 | 2.817 | 0.668 | 94.32 |
| | | 指数 | 101.16 | 106.11 | 104.35 | 100.08 | 101.45 | 103.30 | 100.40 | 96.85 | | | 98.92 |
| | C27×限 8 | 实数 | 96.38 | 21.33 | 3.446 | 23.96 | 17.25 | 1288 | 936 | 71.62 | 2.954 | 0.682 | 94.44 |
| | | 指数 | 100.66 | 106.76 | 106.29 | 96.57 | 96.48 | 96.55 | 94.74 | 97.64 | | | 99.05 |

附件 2

表 3.54　1991—1992 年桑蚕品种国家审定鉴定成绩综合报告表（春期）（一）

| 品种名（杂交形式） | | | 实用孵化率（%） | 克蚁数（头） | 5龄（日:时） | 全龄（日:时） | 结茧率（%） | 死笼率（%） | 虫蛹率（%） | 全茧量（克） | 茧层量（克） | 茧层率（%） | 总收茧量（克） | 普通茧重量百分率（%） | 饲育头数（头） | 5龄给桑量（克） | 上车茧率（%） | 鲜毛茧出丝率（%） | 茧丝长（米） |
|---|---|---|---|---|---|---|---|---|---|---|---|---|---|---|---|---|---|---|---|
| 5·4×24·46 | 1991 | 正交 | 96.68 | 2289 | 8:05 | 25:14 | 97.75 | 1.74 | 96.07 | 2.13 | 0.532 | 24.89 | 814 | 97.17 | 389 | 12312 | | | |
| | | 反交 | 97.08 | 2310 | 8:06 | 25:15 | 97.69 | 1.79 | 95.98 | 2.10 | 0.516 | 24.52 | 796 | 96.75 | 391 | 12255 | | | |
| | | 平均 | 96.88 | 2300 | 8:06 | 25:14 | 97.72 | 1.76 | 96.03 | 2.12 | 0.524 | 24.70 | 805 | 96.96 | 390 | 12283 | 94.24 | 17.90 | 1340 |
| | 1992 | 正交 | 96.40 | 2299 | 7:16 | 24:02 | 98.98 | 1.17 | 97.82 | 2.16 | 0.531 | 24.58 | 853 | 95.71 | 396 | 12571 | | | |
| | | 反交 | 95.63 | 2291 | 7:16 | 24:02 | 98.70 | 1.14 | 97.58 | 2.20 | 0.556 | 25.35 | 857 | 95.90 | 394 | 12516 | | | |
| | | 平均 | 96.01 | 2295 | 7:16 | 24:02 | 98.84 | 1.16 | 97.70 | 2.18 | 0.544 | 24.96 | 855 | 95.80 | 395 | 12543 | 94.62 | 18.38 | 1415 |
| | 平均 | 正交 | 96.54 | 2294 | 7:23 | 24:20 | 98.36 | 1.46 | 96.94 | 2.14 | 0.532 | 24.74 | 834 | 96.44 | 392 | 12442 | | | |
| | | 反交 | 96.36 | 2300 | 7:23 | 24:20 | 98.20 | 1.46 | 96.78 | 2.15 | 0.536 | 24.93 | 826 | 96.32 | 393 | 12385 | | | |
| | | 平均 | 96.45 | 2297 | 7:23 | 24:20 | 98.28 | 1.46 | 96.86 | 2.15 | 0.534 | 24.83 | 830 | 96.38 | 393 | 12413 | 94.43 | 18.14 | 1378 |
| C27×限8 | 1991 | 正交 | 98.14 | 2264 | 7:21 | 25:05 | 97.41 | 2.19 | 95.28 | 2.16 | 0.503 | 23.31 | 812 | 95.22 | 396 | 12094 | | | |
| | | 反交 | 98.26 | 2352 | 7:22 | 25:07 | 97.39 | 2.41 | 95.10 | 2.19 | 0.522 | 23.86 | 817 | 95.44 | 393 | 12134 | | | |
| | | 平均 | 98.20 | 2308 | 7:22 | 25:06 | 97.40 | 2.30 | 95.19 | 2.17 | 0.513 | 23.59 | 815 | 95.33 | 395 | 12114 | 93.60 | 16.82 | 1222 |
| | 1992 | 正交 | 96.99 | 2311 | 7:12 | 23:21 | 98.83 | 1.56 | 97.31 | 2.23 | 0.537 | 24.18 | 863 | 92.65 | 394 | 12523 | | | |
| | | 反交 | 97.12 | 2372 | 7:13 | 24:00 | 99.12 | 1.40 | 97.81 | 2.20 | 0.537 | 24.48 | 859 | 93.66 | 394 | 12442 | | | |
| | | 平均 | 97.06 | 2341 | 7:13 | 23:23 | 98.98 | 1.48 | 97.56 | 2.21 | 0.537 | 24.33 | 861 | 93.16 | 394 | 12482 | 92.65 | 17.67 | 1355 |
| | 平均 | 正交 | 97.56 | 2288 | 7:17 | 24:13 | 98.12 | 1.88 | 96.30 | 2.20 | 0.520 | 23.74 | 838 | 93.94 | 395 | 12308 | | | |
| | | 反交 | 97.69 | 2362 | 7:17 | 24:15 | 98.26 | 1.90 | 96.46 | 2.19 | 0.530 | 24.17 | 838 | 94.55 | 394 | 12288 | | | |
| | | 平均 | 97.63 | 2325 | 7:17 | 24:14 | 98.19 | 1.89 | 96.38 | 2.19 | 0.525 | 23.96 | 838 | 94.24 | 394 | 12295 | 93.12 | 17.25 | 1288 |
| 菁松×皓月 | 1991 | 正交 | 97.49 | 2303 | 8:02 | 25:13 | 97.34 | 2.67 | 94.84 | 2.00 | 0.494 | 24.58 | 732 | 94.15 | 381 | 11830 | | | |
| | | 反交 | 98.10 | 2236 | 8:02 | 25:14 | 96.94 | 2.63 | 94.41 | 2.03 | 0.503 | 24.59 | 747 | 93.90 | 385 | 11963 | | | |
| | | 平均 | 97.80 | 2270 | 8:02 | 25:14 | 97.14 | 2.65 | 94.62 | 2.02 | 0.498 | 24.59 | 740 | 94.02 | 383 | 11896 | 94.82 | 17.55 | 1294 |
| | 1992 | 正交 | 98.64 | 2306 | 7:11 | 23:19 | 98.71 | 1.68 | 97.11 | 2.08 | 0.521 | 25.05 | 826 | 93.72 | 400 | 12333 | | | |
| | | 反交 | 95.00 | 2268 | 7:12 | 23:21 | 98.40 | 1.80 | 96.66 | 2.06 | 0.516 | 25.02 | 814 | 93.53 | 395 | 12419 | | | |
| | | 平均 | 96.82 | 2287 | 7:12 | 23:20 | 98.55 | 1.74 | 96.88 | 2.07 | 0.518 | 25.03 | 820 | 93.62 | 397 | 12376 | 94.26 | 18.22 | 1373 |
| | 平均 | 正交 | 98.06 | 2304 | 7:18 | 24:16 | 98.02 | 2.18 | 95.97 | 2.04 | 0.507 | 24.82 | 779 | 93.93 | 388 | 12082 | | | |
| | | 反交 | 96.55 | 2252 | 7:18 | 24:18 | 97.67 | 2.12 | 95.53 | 2.04 | 0.509 | 24.80 | 781 | 93.71 | 391 | 12191 | | | |
| | | 平均 | 97.31 | 2278 | 7:18 | 24:17 | 97.85 | 2.20 | 95.75 | 2.04 | 0.508 | 24.81 | 780 | 91.82 | 390 | 12136 | 94.54 | 17.88 | 1334 |

表3.55 1991—1992年桑蚕品种国家审定鉴定成绩综合报告表(春期)(二)

| 品种名(杂交形式) | 年 | 正/反交 | 解舒丝长(米) | 解舒率(%) | 茧丝量(克) | 纤度(D) | 茧丝纤度综合均方差(D) | 净度(分) | 万头收茧量 实数(千克) | 万头收茧量 指数(%) | 万头茧层量 实数(千克) | 万头茧层量 指数(%) | 万头产丝量 实数(千克) | 万头产丝量 指数(%) | 5龄50千克桑产茧量 指数(%) | 5龄50千克桑产茧量 实数(千克) | 5龄50千克桑产丝量 指数(%) | 5龄50千克桑产丝量 实数(千克) |
|---|---|---|---|---|---|---|---|---|---|---|---|---|---|---|---|---|---|---|
| 5·4×24·46 | 1991 | 正交 | | | | | | | 20.97 | | 5.229 | | | | 3.333 | | | |
| | | 反交 | | | | | | | 20.45 | | 5.021 | | | | 3.273 | | | |
| | | 平均 | 967 | 70.56 | 0.416 | 2.792 | 0.655 | 94.14 | 20.71 | 107.14 | 5.125 | 107.22 | 3.712 | 104.24 | 3.303 | 105.73 | 0.594 | 107.41 |
| | 1992 | 正交 | | | | | | | 21.58 | | 5.292 | | | | 3.451 | | | |
| | | 反交 | | | | | | | 21.78 | | 5.505 | | | | 3.474 | | | |
| | | 平均 | 1017 | 71.53 | 0.440 | 2.842 | 0.680 | 94.50 | 21.68 | 105.04 | 5.399 | 104.47 | 3.963 | 105.54 | 3.463 | 103.67 | 0.638 | 104.08 |
| | 平均 | 正交 | | | | | | | 21.28 | | 5.260 | | | | 3.392 | | | |
| | | 反交 | | | | | | | 21.12 | | 5.263 | | | | 3.374 | | | |
| | | 平均 | 992 | 71.04 | 0.428 | 2.817 | 0.668 | 94.32 | 21.20 | 106.11 | 5.262 | 105.77 | 3.838 | 104.92 | 3.383 | 104.15 | 0.616 | 105.66 |
| C27×限8 | 1991 | 正交 | | | | | | | 20.62 | | 4.826 | | | | 3.391 | | | |
| | | 反交 | | | | | | | 20.93 | | 5.000 | | | | 3.392 | | | |
| | | 平均 | 888 | 71.01 | 0.405 | 2.958 | 0.672 | 94.51 | 20.77 | 107.45 | 4.913 | 102.78 | 3.500 | 98.29 | 3.392 | 108.08 | 0.572 | 103.44 |
| | 1992 | 正交 | | | | | | | 21.93 | | 5.295 | | | | 3.500 | | | |
| | | 反交 | | | | | | | 21.84 | | 5.347 | | | | 3.498 | | | |
| | | 平均 | 983 | 72.24 | 0.438 | 2.949 | 0.691 | 94.36 | 21.88 | 106.01 | 5.321 | 102.96 | 3.864 | 102.90 | 3.499 | 104.14 | 0.621 | 101.31 |
| | 平均 | 正交 | | | | | | | 21.28 | | 5.060 | | | | 3.446 | | | |
| | | 反交 | | | | | | | 21.38 | | 5.174 | | | | 3.445 | | | |
| | | 平均 | 936 | 71.62 | 0.422 | 2.954 | 0.682 | 94.44 | 21.33 | 106.76 | 5.117 | 102.85 | 3.682 | 100.66 | 3.446 | 106.89 | 0.597 | 102.40 |
| 菁松×皓月 | 1991 | 正交 | | | | | | | 19.16 | | 4.726 | | | | 3.105 | | | |
| | | 反交 | | | | | | | 19.50 | | 4.836 | | | | 3.143 | | | |
| | | 平均 | 987 | 74.86 | 0.399 | 2.772 | 0.645 | 95.76 | 19.33 | 100 | 4.781 | 100 | 3.561 | 100 | 3.124 | 100 | 0.553 | 100 |
| | 1992 | 正交 | | | | | | | 20.66 | | 5.185 | | | | 3.398 | | | |
| | | 反交 | | | | | | | 20.62 | | 5.152 | | | | 3.321 | | | |
| | | 平均 | 989 | 71.84 | 0.432 | 2.836 | 0.716 | 94.94 | 20.64 | 100 | 5.168 | 100 | 3.755 | 100 | 3.360 | 100 | 0.613 | 100 |
| | 平均 | 正交 | | | | | | | 19.91 | | 4.956 | | | | 3.252 | | | |
| | | 反交 | | | | | | | 20.06 | | 4.994 | | | | 3.232 | | | |
| | | 平均 | 988 | 73.35 | 0.416 | 2.804 | 0.690 | 95.35 | 19.98 | 100 | 4.975 | 100 | 3.658 | 100 | 3.242 | 100 | 0.583 | 100 |

附件 3

表 3.56 1991—1992 年各参鉴品种主要性状成绩与审定标准对照表（早秋期）

| 标准及品种 | 成绩表现 | 性状 | 虫蛹率（%） | 万头收茧量（千克） | 5龄50千克桑产茧量（千克） | 茧层率（%） | 鲜毛茧出丝率（%） | 茧丝长（米） | 解舒丝长（米） | 解舒率（%） | 茧丝纤度（D） | 茧丝纤度综合均方差（D） | 净度（分） |
|---|---|---|---|---|---|---|---|---|---|---|---|---|---|
| 标准 | 审定标准 | | 不低于对照品种的98% | 不低于对照品种的98% | 不低于对照品种的98% | 20以上 | 15.5以上 | 1000以上 | 700以上 | 70以上 | 2.3~2.7 | 0.50以下 | 不低于92 |
| 标准 | 苏3·秋3×苏4（对照品种） | 实数 | 92.50 | 15.10 | 3.074 | 21.40 | 14.87 | 980 | 698 | 71.77 | 2.452 | 0.520 | 94.92 |
| | | 指数 | 100 | 100 | 100 | 100 | 100 | 100 | 100 | 100 | | | 100 |
| 参鉴品种 | 美·新×日·湘 | 实数 | 95.45 | 15.08 | 3.138 | 23.49 | 17.16 | 1084 | 792 | 73.54 | 2.446 | 0.582 | 95.28 |
| | | 指数 | 103.19 | 99.87 | 102.08 | 109.77 | 115.40 | 110.61 | 113.47 | 102.47 | | | 100.38 |
| | 东43×7·湘 | 实数 | 95.24 | 14.10 | 3.014 | 22.30 | 15.81 | 992 | 716 | 72.57 | 2.337 | 0.528 | 95.63 |
| | | 指数 | 102.96 | 93.38 | 98.05 | 104.21 | 106.32 | 101.22 | 102.58 | 101.11 | | | 100.75 |
| | 芳华×星宝 | 实数 | 96.09 | 15.22 | 3.247 | 22.77 | 15.37 | 1131 | 740 | 65.89 | 2.178 | 0.520 | 96.15 |
| | | 指数 | 103.88 | 100.79 | 105.63 | 104.53 | 103.36 | 115.41 | 106.02 | 91.81 | | | 101.30 |

附件4

表3.57　1991—1992年桑品种国家审定鉴定成绩综合报告表(早秋期)(一)

| 品种名(杂交形式) | | 实用孵化率(%) | 克蚁数(头) | 龄期经过 | | 4龄起蚕生命率 | | | 茧质 | | | 总收茧量(克) | 普通茧重量百分率(%) | 饲育头数(头) | 5龄给桑量(克) | 上车茧率(%) | 鲜毛茧出丝率(%) | 茧丝长(米) |
|---|---|---|---|---|---|---|---|---|---|---|---|---|---|---|---|---|---|---|
| | | | | 5龄(日:时) | 全龄(日:时) | 结茧率(%) | 死笼率(%) | 虫蛹率(%) | 全茧量(克) | 茧层量(克) | 茧层率(%) | | | | | | | |
| 美·新×日·湘 | 1991 正交 | 97.20 | 2410 | 6:13 | 21:18 | 96.79 | 2.33 | 94.56 | 1.59 | 0.375 | 23.58 | 604 | 96.76 | 392 | 9934 | | | |
| | 反交 | 96.25 | 2296 | 6:13 | 21:19 | 96.54 | 2.52 | 94.11 | 1.54 | 0.358 | 23.24 | 587 | 96.73 | 397 | 9832 | 93.87 | 17.02 | 1120 |
| | 平均 | 96.72 | 2353 | 6:13 | 21:19 | 96.66 | 2.42 | 94.34 | 1.57 | 0.366 | 23.41 | 596 | 96.75 | 394 | 9883 | | | |
| | 1992 正交 | 97.42 | 2400 | 6:17 | 22:00 | 98.21 | 1.64 | 96.62 | 1.55 | 0.362 | 23.32 | 610 | 96.29 | 400 | 10540 | | | |
| | 反交 | 97.47 | 2330 | 6:17 | 22:00 | 98.04 | 1.54 | 96.51 | 1.51 | 0.360 | 23.82 | 592 | 96.23 | 398 | 10587 | 93.45 | 17.30 | 1047 |
| | 平均 | 97.45 | 2365 | 6:17 | 22:00 | 98.12 | 1.59 | 96.56 | 1.53 | 0.361 | 23.57 | 601 | 96.26 | 399 | 10564 | | | |
| | 平均 正交 | 97.31 | 2405 | 6:15 | 21:21 | 97.50 | 1.98 | 95.59 | 1.57 | 0.368 | 23.45 | 607 | 96.52 | 396 | 10237 | | | |
| | 反交 | 96.86 | 2313 | 6:15 | 21:22 | 97.29 | 2.03 | 95.31 | 1.53 | 0.359 | 23.53 | 590 | 96.48 | 398 | 10209 | 93.66 | 17.16 | 1084 |
| | 平均 | 97.08 | 2359 | 6:15 | 21:22 | 97.39 | 2.00 | 95.45 | 1.55 | 0.364 | 23.49 | 598 | 96.50 | 397 | 10223 | | | |
| 东43×7·湘 | 1991 正交 | 95.65 | 2371 | 6:07 | 21:12 | 95.98 | 2.55 | 93.57 | 1.48 | 0.336 | 22.72 | 552 | 92.98 | 390 | 9589 | | | |
| | 反交 | 97.57 | 2393 | 6:09 | 21:15 | 96.39 | 3.00 | 93.54 | 1.49 | 0.338 | 22.64 | 565 | 93.03 | 390 | 9584 | 93.19 | 15.78 | 1021 |
| | 平均 | 96.60 | 2382 | 6:08 | 21:13 | 96.18 | 2.77 | 93.56 | 1.48 | 0.337 | 22.68 | 558 | 93.00 | 390 | 9587 | | | |
| | 1992 正交 | 97.27 | 2385 | 6:13 | 21:20 | 97.66 | 1.43 | 96.41 | 1.41 | 0.308 | 21.83 | 550 | 95.78 | 395 | 10169 | | | |
| | 反交 | 97.81 | 2394 | 6:13 | 21:20 | 98.46 | 1.05 | 97.45 | 1.43 | 0.313 | 22.02 | 559 | 96.04 | 399 | 10282 | 93.89 | 15.84 | 962 |
| | 平均 | 97.54 | 2389 | 6:13 | 21:20 | 98.06 | 1.24 | 96.93 | 1.42 | 0.310 | 21.92 | 554 | 95.91 | 397 | 10226 | | | |
| | 平均 正交 | 96.46 | 2378 | 6:10 | 21:16 | 96.82 | 1.99 | 94.99 | 1.44 | 0.322 | 22.28 | 551 | 94.38 | 392 | 9879 | | | |
| | 反交 | 97.69 | 2394 | 6:11 | 21:18 | 97.42 | 2.02 | 95.50 | 1.46 | 0.325 | 22.33 | 562 | 94.54 | 395 | 9933 | 93.50 | 15.81 | 992 |
| | 平均 | 97.08 | 2386 | 6:11 | 21:17 | 97.12 | 2.00 | 95.24 | 1.45 | 0.323 | 22.30 | 556 | 94.46 | 394 | 9906 | | | |

（续　表）

| 品种名（杂交形式） | | | 实用孵化率（%） | 克蚁数（头） | 龄期经过 | | 4龄起蚕生命率 | | | 茧质 | | | 总收茧量（克） | 普通茧重量百分率（%） | 饲育头数（头） | 5龄给桑量（克） | 上车茧率（%） | 鲜毛茧出丝率（%） | 茧丝长（米） |
|---|---|---|---|---|---|---|---|---|---|---|---|---|---|---|---|---|---|---|---|
| | | | | | 5龄（日:时） | 全龄（日:时） | 结茧率（%） | 死笼率（%） | 虫蛹率（%） | 全茧量（克） | 茧层量（克） | 茧层率（%） | | | | | | | |
| 芳华×星宝 | 1991 | 正交 | 97.86 | 2304 | 6:00 | 21:04 | 96.78 | 2.18 | 94.62 | 1.61 | 0.361 | 22.38 | 615 | 91.29 | 395 | 9611 | | | |
| | | 反交 | 96.83 | 2331 | 6:02 | 21:06 | 97.12 | 1.85 | 95.20 | 1.58 | 0.360 | 22.74 | 601 | 93.58 | 393 | 9622 | | | |
| | | 平均 | 97.35 | 2371 | 6:01 | 21:05 | 96.88 | 2.02 | 94.91 | 1.60 | 0.360 | 22.56 | 608 | 92.44 | 394 | 9616 | 93.29 | 15.51 | 1156 |
| | 1992 | 正交 | 97.16 | 2308 | 6:09 | 21:14 | 98.23 | 1.25 | 96.97 | 1.54 | 0.339 | 22.06 | 608 | 91.76 | 400 | 10336 | | | |
| | | 反交 | 97.33 | 2407 | 6:09 | 21:14 | 98.52 | 0.97 | 97.57 | 1.51 | 0.336 | 22.29 | 598 | 92.70 | 400 | 10289 | | | |
| | | 平均 | 97.25 | 2357 | 6:09 | 21:14 | 98.38 | 1.11 | 97.27 | 1.52 | 0.338 | 22.17 | 603 | 92.23 | 400 | 10312 | 91.87 | 15.23 | 1106 |
| | 平均 | 正交 | 97.52 | 2306 | 6:05 | 21:09 | 97.48 | 1.72 | 95.79 | 1.58 | 0.350 | 22.22 | 612 | 91.52 | 398 | 9974 | | | |
| | | 反交 | 97.08 | 2369 | 6:06 | 21:10 | 97.77 | 1.41 | 96.39 | 1.54 | 0.348 | 22.52 | 600 | 93.14 | 396 | 9955 | | | |
| | | 平均 | 97.30 | 2338 | 6:05 | 21:10 | 97.63 | 1.56 | 96.09 | 1.56 | 0.349 | 22.37 | 606 | 92.33 | 397 | 9964 | 92.58 | 15.37 | 1131 |
| 苏3·秋3×苏4 | 1991 | 正交 | 96.65 | 2343 | 6:11 | 21:16 | 95.35 | 3.56 | 92.05 | 1.62 | 0.345 | 21.36 | 600 | 94.19 | 392 | 9967 | | | |
| | | 反交 | 94.61 | 2493 | 6:09 | 21:16 | 95.39 | 3.53 | 92.11 | 1.56 | 0.333 | 21.34 | 586 | 95.11 | 393 | 9977 | | | |
| | | 平均 | 95.63 | 2418 | 6:10 | 21:16 | 95.37 | 3.55 | 92.08 | 1.59 | 0.339 | 21.35 | 593 | 94.65 | 393 | 9972 | 90.72 | 14.90 | 1000 |
| | 1992 | 正交 | 97.27 | 2323 | 6:21 | 22:17 | 95.12 | 2.42 | 93.05 | 1.60 | 0.342 | 21.32 | 599 | 96.00 | 392 | 10640 | | | |
| | | 反交 | 95.94 | 2468 | 6:18 | 22:14 | 95.33 | 3.06 | 92.76 | 1.55 | 0.335 | 21.60 | 594 | 95.23 | 397 | 10660 | | | |
| | | 平均 | 96.61 | 2395 | 6:20 | 22:15 | 95.22 | 2.74 | 92.92 | 1.58 | 0.339 | 21.46 | 597 | 95.61 | 394 | 10652 | 91.78 | 14.84 | 959 |
| | 平均 | 正交 | 96.96 | 2333 | 6:16 | 22:05 | 95.24 | 2.99 | 92.55 | 1.61 | 0.344 | 21.34 | 602 | 95.10 | 392 | 10304 | | | |
| | | 反交 | 95.28 | 2480 | 6:14 | 22:03 | 95.36 | 3.30 | 92.44 | 1.56 | 0.334 | 21.47 | 590 | 95.17 | 395 | 10318 | | | |
| | | 平均 | 96.12 | 2406 | 6:15 | 22:04 | 95.30 | 3.14 | 92.50 | 1.58 | 0.339 | 21.40 | 595 | 95.13 | 394 | 10312 | 91.25 | 14.87 | 980 |

表3.58　1991—1992年桑蚕品种国家审定鉴定成绩综合报告表（早秋期）（二）

| 品种名（杂交形式） | 年份 | 杂交形式 | 解舒丝长（米） | 解舒率（%） | 茧丝量（克） | 纤度（D） | 茧丝纤度综合均方差(D) | 净度（分） | 万头收茧量 实数（千克） | 万头收茧量 指数（%） | 万头茧层量 实数（千克） | 万头茧层量 指数（%） | 万头产丝量 实数（千克） | 万头产丝量 指数（%） | 5龄50千克桑产茧量 实数（千克） | 5龄50千克桑产茧量 指数（%） | 5龄50千克桑产丝量 实数（千克） | 5龄50千克桑产丝量 指数（%） |
|---|---|---|---|---|---|---|---|---|---|---|---|---|---|---|---|---|---|---|
| 芙·新（日×湘） | 1991 | 正交 | | | | | | | 15.36 | | 3.623 | | | | 3.405 | | | |
| | | 反交 | | | | | | | 14.77 | | 3.438 | | | | 3.354 | | | |
| | | 平均 | 798 | 71.33 | 0.294 | 2.354 | 0.553 | 95.39 | 15.06 | 100.07 | 3.530 | 109.73 | 2.567 | 114.09 | 3.380 | 101.32 | 0.576 | 115.20 |
| | 1992 | 正交 | | | | | | | 15.27 | | 3.561 | | | | 2.942 | | | |
| | | 反交 | | | | | | | 14.94 | | 3.562 | | | | 2.851 | | | |
| | | 平均 | 786 | 75.75 | 0.291 | 2.537 | 0.611 | 95.16 | 15.10 | 99.67 | 3.561 | 109.17 | 2.618 | 114.22 | 2.896 | 102.95 | 0.500 | 118.20 |
| | 平均 | 正交 | | | | | | | 15.31 | | 3.592 | | | | 3.174 | | | |
| | | 反交 | | | | | | | 14.86 | | 3.500 | | | | 3.102 | | | |
| | | 平均 | 792 | 73.54 | 0.292 | 2.446 | 0.582 | 95.28 | 15.08 | 99.87 | 3.546 | 104.44 | 2.593 | 114.18 | 3.138 | 102.08 | 0.538 | 116.45 |
| 东43（7·湘） | 1991 | 正交 | | | | | | | 14.09 | | 3.207 | | | | 3.231 | | | |
| | | 反交 | | | | | | | 14.38 | | 3.258 | | | | 3.310 | | | |
| | | 平均 | 706 | 69.34 | 0.268 | 2.347 | 0.530 | 95.84 | 14.24 | 94.62 | 3.232 | 100.47 | 2.249 | 99.96 | 3.270 | 98.02 | 0.518 | 103.60 |
| | 1992 | 正交 | | | | | | | 13.91 | | 3.038 | | | | 2.752 | | | |
| | | 反交 | | | | | | | 14.01 | | 3.087 | | | | 2.764 | | | |
| | | 平均 | 725 | 75.80 | 0.248 | 2.327 | 0.526 | 95.42 | 13.96 | 92.15 | 3.063 | 93.90 | 2.212 | 96.51 | 2.758 | 98.04 | 0.440 | 104.02 |
| | 平均 | 正交 | | | | | | | 14.00 | | 3.122 | | | | 2.992 | | | |
| | | 反交 | | | | | | | 14.19 | | 3.172 | | | | 3.037 | | | |
| | | 平均 | 716 | 72.57 | 0.258 | 2.337 | 0.528 | 95.63 | 14.10 | 93.38 | 3.147 | 97.13 | 2.230 | 98.19 | 3.014 | 98.05 | 0.479 | 103.68 |

（续 表）

| 品种名(杂交形式) | 杂交形式 |  | 解舒丝长(米) | 解舒率(%) | 茧丝量(克) | 纤度(D) | 茧丝纤度综合均方差(D) | 净度(分) | 万头收茧量 实数(千克) | 万头收茧量 指数(%) | 万头茧层量 实数(千克) | 万头茧层量 指数(%) | 万头产丝量 实数(千克) | 万头产丝量 指数(%) | 5龄50千克茧产茧量 实数(千克) | 5龄50千克茧产茧量 指数(%) | 5龄50千克茧产丝量 指数(%) | 5龄50千克茧产丝量 实数(千克) |
|---|---|---|---|---|---|---|---|---|---|---|---|---|---|---|---|---|---|---|
| 芳华×星宝 | 1991 | 正交 |  |  |  |  |  |  | 15.47 |  | 3.489 |  |  |  | 3.554 |  |  |  |
|  |  | 反交 |  |  |  |  |  |  | 15.25 |  | 3.465 |  |  |  | 3.497 |  |  |  |
|  |  | 平均 | 726 | 62.71 | 0.282 | 2.177 | 0.505 | 96.33 | 15.36 | 102.06 | 3.477 | 108.08 | 2.405 | 106.89 | 3.525 | 105.67 | 110.40 | 0.552 |
|  | 1992 | 正交 |  |  |  |  |  |  | 15.20 |  | 3.350 |  |  |  | 2.985 |  |  |  |
|  |  | 反交 |  |  |  |  |  |  | 14.97 |  | 3.340 |  |  |  | 2.952 |  |  |  |
|  |  | 平均 | 753 | 69.08 | 0.273 | 2.178 | 0.536 | 95.97 | 15.08 | 99.54 | 3.345 | 102.54 | 2.292 | 100 | 2.969 | 105.55 | 106.15 | 0.449 |
|  | 平均 | 正交 |  |  |  |  |  |  | 15.33 |  | 3.420 |  |  |  | 3.270 |  |  |  |
|  |  | 反交 |  |  |  |  |  |  | 15.11 |  | 3.403 |  |  |  | 3.224 |  |  |  |
|  |  | 平均 | 740 | 65.89 | 0.278 | 2.178 | 0.520 | 96.15 | 15.22 | 100.79 | 3.411 | 105.28 | 2.338 | 102.95 | 3.247 | 105.63 | 108.23 | 0.500 |
| 苏 3·秋 3×苏 4 | 1991 | 正交 |  |  |  |  |  |  | 15.23 |  | 3.256 |  |  |  | 3.375 |  |  |  |
|  |  | 反交 |  |  |  |  |  |  | 14.88 |  | 3.181 |  |  |  | 3.296 |  |  |  |
|  |  | 平均 | 715 | 71.79 | 0.273 | 2.451 | 0.485 | 95.66 | 15.05 | 100 | 3.218 | 100 | 2.250 | 100 | 3.336 | 100 | 100 | 0.500 |
|  | 1992 | 正交 |  |  |  |  |  |  | 15.35 |  | 3.283 |  |  |  | 2.830 |  |  |  |
|  |  | 反交 |  |  |  |  |  |  | 14.94 |  | 3.242 |  |  |  | 2.796 |  |  |  |
|  |  | 平均 | 682 | 71.75 | 0.264 | 2.452 | 0.554 | 94.19 | 15.15 | 100 | 3.262 | 100 | 2.292 | 100 | 2.813 | 100 | 100 | 0.423 |
|  | 平均 | 正交 |  |  |  |  |  |  | 15.29 |  | 3.270 |  |  |  | 3.102 |  |  |  |
|  |  | 反交 |  |  |  |  |  |  | 14.91 |  | 3.211 |  |  |  | 3.046 |  |  |  |
|  |  | 平均 | 698 | 71.77 | 0.268 | 2.452 | 0.520 | 94.92 | 15.10 | 100 | 3.240 | 100 | 2.271 | 100 | 3.074 | 100 | 100 | 0.462 |

# 十、农业部公告第五十三号

全国农作物品种审定委员会第二届七次会议审(认)定通过的特三矮 2 号、豫麦 18 号、四早 6 号、广遵 4 号、皖 5×皖 6 等 44 个农作物品种,已经我部审核通过,现予颁布。

中华人民共和国农业部

1996 年 6 月 26 日

## (一) 审(认)定通过蚕品种简介

(编者注:本次审定通过蚕品种编号 GS11001 - 1995～GS11012 - 1995;桑品种编号 GS11013 - 1995～GS11018 - 1995,见第四章)

### GS11001 - 1995 皖 5×皖 6

亲本来源于皖 5:合成、795;皖 6:明珠、832。该品种为春用二元双系杂交品种。杂交种体色玉白,素斑,体型粗壮,体质强健,行动活泼,食桑旺盛,眠起齐一,上蔟涌,茧型大而匀正,双宫茧率低。茧椭圆形,缩皱中偏细。

1993—1994 年国家蚕品种鉴定试验结果为茧丝纤度 3.04 d,解舒率 80.29%,净度 95 分,茧层率 24.94%,茧丝长 1 298 米。

饲育技术要点:

(1) 蚕眠性快,各龄要及时扩座加眠网。

(2) 稚蚕正交有趋光性,须及时匀座和调匾。

(3) 稚蚕期与各龄饲食用桑应适当偏嫩,忌用凋萎叶和老叶。

(4) 壮蚕期需充分饱食,以发挥高丝量品种特性。

(5) 上蔟齐,要及时做好蔟室蔟具准备。

由安徽农业大学轻工业学院蚕桑系、安徽省农业科学院蚕桑研究所选育。品审会认为该品种为春用二元杂交品种。孵化、眠起、上蔟齐一,体质强健,好养。茧型匀整,茧丝质性状良好。经审核,其经济性状符合国家审定标准,审定通过。适宜于长江、黄河流域蚕区春期试养、推广。

### GS11002 - 1995 两广二号

亲本来源于(932·芙蓉)×(7532·湘晖)。该品种为四元杂交品种。正反交全部为白蚕,体质强健。壮蚕蚕体结实,稚蚕用叶切忌偏老。

本品种有抗高温、抗病和对叶质较好的适应性。1990—1994 年累计推广蚕种 338 万张,其中广西 200 万张,占全省发种量的 86.5%;广东 114.8 万张,占全省发种量的 60.2%;四川、海南、福建等省发种 23.8 万张。

饲育技术要点:

(1) 催青和稚蚕温度宜偏高,壮蚕和蛹期温度宜偏低。

(2) 收蚁要早,稚蚕用叶宜偏嫩。

(3) 做好匀座扩座工作,壮蚕应充分饱食。

(4) 蔟中干燥,上蔟要稀。

由广西蚕业指导所、广东蚕业研究所选育,广西壮族自治区 1992 年审定,广东省 1994 年审定。品审会认为该品种为珠江流域蚕区夏秋用四元杂交品种。体质强健,好养,主要经济性状均达到或超过了广西现有品种桂夏二号。1990—1994 年累计推广 338 万张,其中广西 200 万张,广东 114 万张,分别占该省(区)发种量的 86.5% 和 60.2%,并在四川、海南、福建等省推广应用。经审核,符合认定条件,认定通过。适于广西、广东及海南、福建试养。

### GS11003 - 1995 86A·86B×54A

亲本来源于 57A、57B、442、465。该品种为夏秋用三元杂交品种。孵化齐,一日孵化率高,蚕体质强健,抗氟化物性能强。食桑快,容易饲养。熟蚕齐一,茧型大而匀正,茧色白。正交越年卵灰绿色,卵壳淡黄,其反交灰紫色。

饲育技术要点:

(1) 做好补催青工作。

(2) 蚁蚕及各龄食用叶适熟偏嫩。

(3) 大蚕期遇到高温闷热天气,加强通风换气。

(4) 老熟齐,要掌握适熟蚕上蔟。

由山东农业大学选育。品审会认为该品种为中秋用三元杂交品种。孵化、眠起、上蔟齐一,体质强健,好养。经审核,其茧丝质性状优良,符合国家审定标准,审定通过。适宜在北方等蚕区夏秋期试养推广。

### GS11004 - 1995 苏·菊×明·虎(7·9×10·14)

亲本来源于 829、827、7910、8214。该蚕种为中秋用四元杂交品种。二化,四眠,普斑。孵化、眠起、上蔟齐一,体质较强健,茧型中等、匀正。茧丝质性状优良,茧层率 23.25%,茧丝长 1196 米。

饲育技术要点:

(1) 饲育中做好防病卫生工作。

(2) 要求叶质成熟,充分饲食。

(3) 壮蚕期加强通风换气。

(4) 上蔟齐涌,宜及早做好蔟具、劳力等的准备。

由江苏省浒关蚕种场选育。品审会认为该品种为中秋用四元杂交品种。孵化、眠起、上蔟齐一,体质较强健、好养。经审核,其主要经济性状符合国家审定标准,审定通过。适宜在长江流域蚕区中秋期试养、推广。

### GS11005 - 1995 C497×322

亲本来源于中限 C97、832、苏 4 白、75N。该品种为斑纹双限性夏秋用二元杂交品种。克蚁头数 2450 头,孵化齐,发育快,经过短,蚕体大。食桑旺,眠起齐,体质强,上蔟齐涌,饲养容易。可利用斑纹分辨雌雄,宜于雌雄分养集制高品位生丝。茧丝质性状优良。1994 年参加全国蚕品种鉴定试验网试验结果为:净度 93.76 分,茧丝纤度 2.223 D,解舒率 63.61%。

饲育技术要点:

(1) 注意超前扩座和良桑饱食。

(2) 防止桑叶过嫩,不能喂湿叶。

(3) 加强蔟中通风换气。

由江苏省镇江蚕种场选育。品审会认为该品种为夏秋用二元杂交品种。孵化、眠起、上蔟齐一。体质较强健,好养。经审核,茧质优良,主要经济性状符合国家审定标准,审定通过。适宜在长江流域蚕区夏秋期试养推广。

### GS11006 - 1995 苏·镇×春·光

亲本来源于 213、628、春蕾、明珠。该品种为春用四元杂交品种。孵化、眠起齐一,蚁蚕、稚蚕期具趋光性和逸散性,壮蚕期蚕有趋密性,易密集成堆。各龄食桑活泼,体质强健,饲养容易。壮蚕体色青白、普斑,老熟齐涌,喜结上层茧,茧型大,茧层厚。1994 年参加全国蚕品种鉴定试验网试验结果为:净度 95 分,茧丝纤度 2.728 D,解舒率 69.89%。

饲育技术要点:

(1) 及时扩座、加网,以防饿眠。

(2) 注意匀座,调匾。稚蚕期避免 29℃以上高温。

(3) 壮蚕期避免吃湿叶和发黏叶,防细菌病的发生。

(4) 上蔟不宜过密,减少同宫茧发生。

由中国农业科学院蚕业研究所选育。品审会认为该品种为春用四元杂交品种。孵化眠起、上蔟齐一,体质强健。茧型较大,产量高,茧层厚,丝质性状良好。经审核,其主要经济性状符合国家审定标准,审定通过。适宜在长江、黄河流域蚕区春期试养、推广。

### GS11007 - 1995 限 1×限 2

亲本来源于限 1:(限 539×芙蓉)×丰一;限 2:限 7532×湘晖。该品种为夏秋蚕斑纹双限性品种,具有雌雄斑纹显限性,在大蚕期可利用蚕体斑纹的有无准确鉴别雌雄的特征和蚕体强健。蚁蚕孵化和各龄眠起齐一,正交蚁小蚕趋光密集性较强,反交蚁小蚕逸散性较强,大蚕盛食期食桑均旺盛,食量较大,老熟齐一,营茧较快,大多结中上层茧。1994 年参加全国蚕品种鉴定试验网结果为:净度 94.06 分,茧丝纤度 2.234 D,解舒率 68.64%。

饲育技术要点:

(1) 收蚁当天感光不宜过早,应适当提早收蚁。

(2) 小蚕趋光密集性较强,给桑前要匀座和扩座。

(3) 大蚕盛食期要充分饱食良桑。

由湖南省蚕桑研究所选育,湖南省 1992 年审定。品审会认为该品种为夏秋用二元杂交品种。孵化、眠起、上蔟齐一,体质强健、好养,茧丝质性状优良,各项经济性状均超过对照品种。经审核,符合国家审定标准,审定通过。适宜在长江流域蚕区夏秋期试养、推广。

### GS11008 - 1995 871×872

亲本来源于中国品系 871 为母本,日本品系 872 为父本。该品种为二元杂交品种正交卵色为灰绿色,反交卵色灰紫色。孵化、眠起、老熟齐一。食桑旺盛,蚕体粗大,青白色,普斑。茧型大而匀正,茧色洁白。制种性能良好。中系具有皮斑限性特点,制种时可简化雌雄鉴别手续,提高劳动效率。1994 年参加全国蚕品种鉴定试验网试验结果为:净度 94.26 分,茧丝纤度 2.548 0,解舒率 77.4%。

饲育技术要点:

(1) 做好催青保种工作。

(2) 收蚁及各龄饷食用叶新鲜适熟偏嫩。

(3) 5 龄食桑快,食桑量较多,张种用桑量片叶要 550~570 千克。

(4) 及时做好上蔟准备工作,茧型大,上蔟不宜过密,蔟中不能闷湿。蔟中目的温度 23~24℃为宜,开始上蔟时温度宜偏高,有利于提高结茧率。

由中国农业科学院蚕业研究所选育。品审会认为该品种为中秋用二元杂交品种。孵化、眠起齐一,体质强健、好养。茧型大、产量高,茧丝质性状优良。经审核,符合国家审定标准,审定通过。适宜在长江流域蚕区试养、推广。

### GS11009 - 1995 L8081·L8191×14 朝 92·白 82(川蚕 13 号)

亲本来源于 L8081,L8191,14 朝 92·白 82。该品种为二化四眠双限性四元杂交中秋用品种,具有孵化、眠起、上蔟齐一;体质强健,好饲养;茧型匀正、产量高,茧丝质良好等优点。1993—1994 年全国蚕品种鉴定成绩为:茧层率为 23.57%,茧丝长 1 087 米,解舒率 71.5%,茧丝纤度 2.7520,净度 94.46 分。

饲育技术要点:

(1)催青前要注意起点胚子的调整,蚕种转青后要做好黑暗保护,使胚子发育整齐。

(2)收蚁适早,1~2 龄饲育温度以 27.2~27.8 ℃为宜。

(3)4~5 龄发育较快,要注意良桑饱食。

(4)蔟中要注意通风干燥,以利用提高解舒率。

由四川省农科院蚕桑研究所选育,四川省 1995 年审定。品审会认为该品种为中秋用四元杂交品种。孵化、眠起、上蔟较齐,体质强健。经审核,主要经济性状符合国家审定标准,审定通过。适宜在长江流域蚕区中秋期试养推广。

### GS11010 - 1995 东 43×7532 · 湘晖

该蚕种为夏蚕三元杂交品种。具有孵化齐一、眠起齐一,体质强健好养、抗逆性强等特点,且对氟化物污染具有一定抗性。茧形长椭圆,茧层量 0.36~0.38 克,茧层率 23%以上,茧丝净度 93 分。1994 年已在海南、福建、广西等省(区)推广饲养。

饲育技术要点:

(1)收蚁和各龄食用桑宜适熟偏嫩,全龄忌用老桑。

(2)遇高温多湿天气,眠起不齐应做好分批处理。

(3)熟蚕营茧快,上蔟应匀放、疏放,以免双宫茧增多。

由广东省丝绸集团蚕种繁殖试验所选育,广东省 1993 年审定。品审会认为该蚕种为夏秋用三元杂交品种。孵化眠起齐一,体质强健、好养。1991—1992 年参加全国鉴定,各项主要经济性状达到或超过了对照品种苏 3 · 秋 3×苏 4,目前已成为广东省夏秋季的主要品种之一,并在广西等地推广。经审核,符合国家审定标准,审定通过。适宜于华南地区夏秋季试养。

### GS11011 - 1995 317×318

亲本来源于 317、318。该品种为夏秋用二元杂交品种。孵化、眠起齐一,壮蚕蚕体粗壮、普斑,食桑活泼,体质强健,饲养容易,老熟齐涌,茧型较大且匀正,各项指标都超过对照。中系原蚕为斑纹限性,可提高雌雄鉴别效率。适宜于长江、黄河流域夏早秋期饲养。

饲育技术要点:

(1)用叶要成熟、新鲜。

(2)上蔟不宜过密。

由中国农业科学院蚕业研究所选育。品审会认为该品种为夏秋用二元杂交品种。孵化、眠起、上蔟齐一,体质强健、好养,茧型较大,茧丝质性状优良,各项主要经济性状均超过对照品种苏 3 · 秋 3×苏 4。经审核,符合国家审定标准,审定通过。适宜于长江、黄河流域蚕区夏、早秋期试养、推广。

### GS11012 - 1995 春蕾×锡昉

亲本来源于春蕾、782、湘晖。该蚕种为春用二元杂交品种,二化、四眠。克卵粒数 1 750 粒,蚁蚕黑褐色,壮蚕体色青白,有普斑、素蚕两种斑纹。孵化、眠起、上蔟齐,体质强健,好养,茧型大而匀正,茧丝质性状良好,茧层率 24.52%,茧丝长 1 380 米。

饲育技术要点:

(1)蚁蚕活泼,感光宜偏迟。

(2)壮蚕食桑快,要给足桑叶。

（3）上蔟头数要均匀,加强蔟中通风换气。

由江苏省无锡县西漳蚕种场选育。品审会认为该品种为春用二元杂交品种。孵化、眠起、上蔟齐一,体质较强健好养,茧型大、产量高,茧丝质性状较优,各项主要经济性状较均衡。经审核,符合国家审定标准,审定通过。适宜于长江、黄河流域蚕区春期试养、推广。

### （二）蚕品种国家审定鉴定结果报告（第九号）

根据全国农作物品种审定委员会桑蚕专业委员会二届二次会议（1993.3,南京）确定的任务,由中国农业科学院蚕业研究所主持,全国24家单位共同承担并完成了1993—1994年度的蚕品种鉴定试验任务。

第九批共安排11对蚕品种参加鉴定。其中,春用品种4对,即中国农业科学院蚕业研究所选育的苏·镇×春·光、浙江省农业科学院蚕桑研究所选育的学613×春日、江苏省无锡县西漳蚕种场选育的春蕾×锡昉、安徽农业大学选育的皖5×皖6,以菁松×皓月为对照品种。

早秋用品种3对,即湖南省蚕桑科学研究所选育的限1×限2、中国农业科学院蚕业研究所选育的317×318、江苏省镇江蚕种场选育的C497×322,以苏3·秋3×苏4为对照品种。

中秋用品种4对,即中国农业科学院蚕业研究所选育的871×872、山东农业大学选育的86A·86B×54A、四川省农业科学院蚕桑研究所选育的川蚕13号（L8081·L8191×14朝92·L4白82）、江苏浒关蚕种场选育的7·9×10·14,以苏3·秋3×苏4和菁松×皓月为对照品种,取其算术平均数作为对照品种成绩。

承担鉴定试验任务如下:

江苏省蚕茧检验所承担了8个期次的丝质鉴定任务;中国农业科学院蚕业研究所、杭州缫丝试样厂分别承担了6个期次的饲养鉴定和丝质鉴定任务;四川省农业科学院蚕桑研究所、南泰丝绸集团公司、浙江省农业科学院蚕桑研究所、安徽农业大学蚕桑系、绩溪缫丝厂、陕西省蚕桑研究所、宝鸡华裕丝绸实业有限公司、湖北省农业科学院蚕业研究所、黄冈地区丝绸厂、山东省蚕业研究所、淄博制丝厂、重庆市铜梁县蚕种场、重庆丝纺厂分别承担了4个期次的饲养鉴定和丝质鉴定任务;广东省农业科学院蚕业研究所、顺德丝厂、广西蚕业指导所、钦州丝厂、湖南省蚕桑研究所、津市市缫丝厂、浙江省湖州蚕桑研究所、江苏省海安县蚕种场分别承担了2个期次的饲养鉴定和丝质鉴定任务。

春期:各鉴定点的情况都基本正常,但是1993年包括对照品种菁松×皓月在内各品种的解舒率都偏低（70%以下）,在8个鉴定点中有5个解舒率成绩明显的偏低（镇江、浙江、湖北、山东、重庆）。1994年的解舒率成绩比1993年有所提高。学613×春日1994年参鉴的品系与1993年不同。

早秋期:1993年广东点由于氟污染和农药中毒,成绩未列入总平均内;镇江点1993年和1994年解舒率过低（30%左右）,其丝质成绩未列入总平均内。

中秋期:1993年871×872缺海安点的成绩;1994年86A·86B×54A缺陕西点的成绩（发生微粒子）;1994年湖北点的饲养区数和头数少,样茧不足,成绩未列入总平均内。

1994年12月召开的鉴定工作会议,对1993年、1994年的鉴定成绩和两年平均成绩进行了交流、核对、汇总和分析。在此基础上对各参鉴品种作了如下客观公正的评价。

#### 1. 春用品种

##### 1.1 苏·镇×春·光

春用四元杂交种。孵化、眠起、上蔟齐一;体质强健,好养;茧型大,匀正度好;产量高于对照品种。

茧丝质性状良好。茧层率25.24%,茧丝长1402米,明显超过对照品种,符合审定标准;鲜毛茧出丝率18.70%,超过对照品种,接近审定标准;解舒丝长908米,解舒率64.52%,低于对照品种,低于审定标准;净度94.96分,茧丝纤度2.812D,符合审定标准;茧丝纤度综合均方差小,为0.632D,符合审定标准。

综合经济性状优良。万头收茧量、万头茧层量、万头产丝量、5 龄 50 千克桑产茧量与产丝量均超过对照品种,分别比对照品种提高指数 4.62%、6.95%、6.59%、8.20%、4.81%。

原蚕少量饲养和一代杂交种试繁表明,苏·镇、春·光体质强健,容易饲养;蛾子交配性能良好,产附整齐;蛾产卵数分别为 500 粒和 450 粒左右。

### 1.2 学 613×春日

春用二元杂交种。孵化、眠起、上蔟齐一;体质强健,好养;茧型大,匀正度好;产量高于对照品种。

茧丝质性状良好。茧层率 24.27%,略高于对照品种,接近审定标准;鲜毛茧出丝率 18.64%,略高于对照品种,接近审定标准;茧丝长 1 320 米、解舒丝长 934 米,低于对照品种,低于审定标准;解舒率 70.42%,与对照品种相仿,低于审定标准;净度 95.30 分,茧丝纤度 3.044 D,符合审定标准;茧丝纤度综合均方差 0.786 D,偏大。

综合经济性状优良。万头收茧量、万头茧层量、万头产丝量、5 龄 50 千克桑产茧量与产丝量均超过对照品种,分别比对照品种提高指数 7.61%、5.64%、9.03%、7.44%、8.93%。

原蚕少量饲养和一代杂交种试繁表明,学 613、春日体质强健,容易饲养;蛾子交配性能良好,产附整齐;蛾产卵数均为 500~550 粒。

由于学 63×春日 1994 年的参鉴品系(春日)与 1993 年不同,两年的成绩表现也有很大的差别,严格的说是两对不同的品种。因此,建议 1995 年继续以 1994 年所用的品系参加全国鉴定,取 1994 年、1995 年两年的平均成绩为该品种的成绩。

### 1.3 春蕾×锡昉

春用二元杂交种。孵化、眠起、上蔟齐一;体质强健,好养;茧型大,匀正度好;产量高于对照品种。

茧丝质性状良好。茧层率 24.52%,与对照品种相仿,符合审定标准;鲜毛茧出丝率 18.60%,略高于对照品种,接近审定标准;茧丝长 1 380 米,符合审定标准;解舒丝长 928 米,解舒率 67.03%,低于对照品种,低于审定标准;净度 95.24 分,茧丝纤度 2.848 D,符合审定标准;茧丝纤度综合均方差 0.686 D,接近审定标准。

综合经济性状优良。万头收茧量、万头茧层量、万头产丝量、5 龄 50 千克桑产茧量与产丝量,均超过对照品种,分别比对照品种提高指数 4.92%、4.13%、6.00%、4.05%、5.33%。

原蚕少量饲养和一代杂交种试繁表明,春蕾、锡昉体质强健,容易饲养;蛾子交配性能良好,产附整齐;蛾产卵数分别为 450~500 粒和 400~500 粒。

### 1.4 皖 5×皖 6

春用二元杂交种,素蚕。孵化、眠起、上蔟齐一;体质强健,好养;茧型大,匀正度好;产量与对照品种相仿。

茧丝质性状良好。茧层率 25.13%,鲜毛茧出丝率 19.27%,明显超过对照品种,符合审定标准;茧丝长 1 337 米,接近审定标准;解舒丝长 912 米,解舒率 67.92%,低于对照品种,低于审定标准;净度 95.94 分,茧丝纤度 2.834 D,符合审定标准;茧丝纤度综合均方差 0.706 D,略偏大。

综合经济性状良好。万头收茧量、5 龄 50 千克桑产茧量与对照品种相仿;万头茧层量、万头产丝量、5 龄 50 千克桑产丝量,超过对照品种,分别比对照品种提高指数 1.49%、4.62%、6.53%。

原蚕少量饲养和一代杂交种试繁表明,皖 5、皖 6 体质强健,容易饲养;蛾子交配性能良好,产附整齐;蛾产卵数分别为 500 粒和 450 粒左右。

### 2. 早秋用品种

### 2.1 限 1×限 2

夏秋用斑纹双限性二元杂交种。孵化、眠起,上蔟齐一;体质强健,好养;虫蛹率比对照提高指数

9.22%；茧型中等、匀正，产量明显超过对照品种。

茧丝质性状优良。茧层率22.66%，符合审定标准；鲜毛茧出丝率14.68%，超过对照品种，低于审定标准；茧丝长1 076米，解舒丝长740米（解舒率69.26%），符合审定标准；净度93.94分，茧丝纤度2.305 D，符合审定标准；茧丝纤度综合均方差0.672 D，偏大。

综合经济性状优良。万头收茧量、万头茧层量、万头产丝量、5龄50千克桑产茧量与产丝量，均超过对照品种，分别比对照品种提高指数9.58%、13.39%、17.90%、9.18%、17.10%。

原蚕少量饲养和一代杂交种试繁表明，限1、限2体质强健，容易饲养；蛾子交配性能良好，中系产附整齐，日系产附稍差；蛾产卵数分别为450粒和400粒左右。

### 2.2　317×318

夏秋用斑纹单限性二元杂交种。孵化、眠起，上蔟齐一；体质强健，好养；虫蛹率比对照提高指数4.81%；茧型中等、尚匀正，产量高于对照品种。

茧丝质性状良好。茧层率21.96%，符合审定标准；鲜毛茧出丝率14.55%，超过对照品种，低于审定标准；茧丝长1 030米，解舒丝长713米（解舒率69.20%），符合审定标准；净度94.12分，茧丝纤度2.350 D，符合审定标准；茧丝纤度综合均方差0.552 D，接近审定标准。

综合经济性状良好。万头收茧量、万头茧层量、万头产丝量、5龄50千克桑产茧量与产丝量，均超过对照品种，分别比对照品种提高指数3.38%、3.94%、6.22%、0.95%、3.63%。

原蚕少量饲养和一代杂交种试繁表明，317、318体质强健，容易饲养；蛾子交配性良好，产附整齐，蛾产卵数均为450粒左右。

### 2.3　C497×322

夏秋用斑纹双限性二元杂交种。孵化、眠起，上蔟齐一；体质强健，好养；虫蛹率比对照提高指数0.71%；茧型中等、尚匀正，产量略高于对照品种。

茧丝质性状良好。茧层率23.50%，明显超过对照品种，符合审定标准；鲜毛茧出丝率14.74%，超过对照品种，低于审定标准；茧丝长1 070米，解舒丝长700米（解舒率65.61%）符合审定标准；净度93.42分，茧丝纤度2.322 D，符合审定标准；茧丝纤度综合均方差0.580 D，略偏大。

综合经济性状良好。万头收茧量、万头茧层量、万头产丝量、5龄50千克桑产茧量与产丝量，均超过对照品种，分别比对照品种提高指数2.02%、7.29%、1.17%、6.74%。

原蚕少量饲养和一代杂交种试繁表明，C497、322体质强健，容易饲养；蛾子交配性能良好，产卵整齐，蛾产卵数多，分别为500粒和450粒左右。

### 3. 中秋用品种

### 3.1　871×872

中秋用二元杂交种。孵化、眠起、上蔟齐一；体质强健，好养；虫蛹率比对照提高指数2.16%；茧型大、匀正，产量明显高于对照品种。

茧丝质性状优良。茧层率23.63%、鲜毛茧出丝率16.63%、茧丝长1 259米、解舒丝长920米，分别比两个对照品种的平均数提高指数4.28%、3.39%、16.57%、13.58%；解舒率72.88%，净度94.81分，茧丝纤度2.480 D，茧丝纤度综合均方差小，为0.480 D。

综合经济性状优良。万头收茧量、万头茧层量、万头产丝量、5龄50千克桑产茧量与产丝量均超过对照品种，分别比两个对照品种的平均数提高指数13.06%、17.91%、17.69%、4.14%、19.46%。

原蚕少量饲养和一代杂交种试繁表明，871、872体质强健，容易饲养；蛾子交配性能良好，产附整齐，蛾产卵数均为450粒左右。

### 3.2 86A·86B×54A

中秋用三元杂交种。孵化、眠起、上蔟齐一;体质强健,好养;虫蛹率比对照提高指数 2.12%;茧型大、匀正,产量明显高于对照品种。

茧丝质性状优良。茧层率 23.33%、鲜毛茧出丝率 16.42%、茧丝长 1278 米、解舒丝长 900 米,分别比两个对照品种的平均数提高指数 2.96%、2.62%、18.33%、11.11%;解舒率 70.52%,净度 94.99 分,茧丝纤度 2.396 D,茧丝纤度综合均方差小,为 0.453 D。

综合经济性状优良。万头收茧量,万头茧层量、万头产丝量、5 龄 50 千克桑产茧量与产丝量均超过对照品种,分别比两个对照品种的平均数提高指数 11.02%、14.34%、13.55%、7.37%、10.46%。

原蚕少量饲养和一代杂交种试繁表明,86A·86B、54A 体质强健,容易饲养;蛾子变配性能良好,产附整齐,蛾产卵数分别为 450 粒和 400 粒左右。

### 3.3 L8081·L8191×L4 朝 92·L4 白 82(川蚕 13 号)

中秋用斑纹双限性四元杂交种。孵化、上蔟齐一,眠起较齐,1~3 龄发育较慢,4~5 龄发育较快;体质较强健,好养;虫蛹率略高于两个对照品种的平均数;茧型中等、尚匀整,产量略高于两个对照品种的平均数。

茧丝质性状良好。茧层率 23.57%、鲜毛茧出丝率 16.78%,分别比两个对照品种的平均数提高指数 4.02%、4.88%;茧丝长 1087 米,略高于两个对照品种的平均数;解舒丝长 786 米,解舒率 71.90%;净度 94.46 分,茧丝纤度 2.752 D;茧丝纤度综合均方差为 0.734 D,偏大。

综合经济性状良好。万头收茧量、万头茧层量、万头产丝量、5 龄 50 千克桑产茧量与产丝量均超过对照品种,分别比两个对照品种的平均数提高指数 4.84%、9.17%、10.36%、3.82%、9.41%。

原蚕少量饲养和一代杂交种试繁表明,川蚕 13 中、川蚕 13 日,体质强健,容易饲养;蛾子交配性能良好,产附整齐,蛾产卵数均为 500 粒左右。

### 3.4 7·9×10·14(审定后定名:苏·菊×明·虎)

中秋用四元杂交种。孵化、眠起、上蔟齐一;体质较强健,好养;虫蛹率为两个对照品种的平均数的 98.77%;茧型中等、尚匀整,产量高于两个对照品种的平均数。

茧丝质性状优良。茧层率 23.25%、鲜毛茧出丝率 16.62%、茧丝长 1198 米、解舒丝长 887 米,分别比两个对照品种的平均数提高指数 2.60%、3.88%、10.93%、9.51%;解舒率 74.02%,净度 94.58 分,茧丝纤度 2.556 D,茧丝纤度综合均方差为 0.604 D。

综合经济性状优良。万头收茧量、万头茧层量、万头产丝量、5 龄 50 千克桑产茧量与产丝量均超过对照品种,分别比两个对照品种的平均数提高指数 8.60%、11.16%、13.31%、7.04%、11.72%。

原蚕少量饲养和一代杂交种试繁表明,7·9、10·14 体质强健,容易饲养:蛾子交配性能良好,产附整齐,蛾产卵数均为 400~450 粒。

附件 1. 1993—1994 年各参鉴品种主要性状成绩与审定标准对照表(春期)(表 3.59)

附件 2. 1993—1994 年桑蚕品种国家审定鉴定汇总表(春期)(表 3.60~表 3.62)

附件 3. 1993—1994 年各参鉴品种主要性状成绩与审定标准对照表(早秋期)(表 3.63)

附件 4. 1993—1994 年桑蚕品种国家审定鉴定汇总表(早秋期)(表 3.64、表 3.65)

附件 5. 1993—1994 年各参鉴品种主要性状成绩与审定标准对照表(中秋期)(表 3.66)

附件 6. 1993—1994 年桑蚕品种国家审定鉴定汇总表(中秋期)(表 3.67、表 3.68)

桑蚕品种国家审定鉴定工作会议

1995 年 1 月 1 日

附件 1

表 3.59 1993—1994 年各参鉴品种主要性状成绩与审定标准对照表（春期）

| 标准及品种 | | 成绩表现 | 虫蛹率（%） | 万头收茧量（千克） | 5 龄 50 千克桑产茧量（千克） | 茧层率（%） | 鲜毛茧出丝率（%） | 茧丝长（米） | 解舒丝长（米） | 解舒率（%） | 茧丝纤度（D） | 茧丝纤度综合均方差（D） | 净度（分） |
|---|---|---|---|---|---|---|---|---|---|---|---|---|---|
| 标准 | | 审定标准 | 不低于对照品种的 98% | 不低于对照品种的 98% | 不低于对照品种的 98% | 24.5 以上 | 19 以上 | 1 350 以上 | 1 000 以上 | 75 以上 | 2.7～3.1 | 0.65 以下 | 不低于 93 |
| | 菁松×皓月（对照品种） | 实数 | 96.40 | 20.11 | 3.159 | 24.69 | 18.36 | 1 364 | 974 | 70.98 | 2.773 | 0.654 | 95.41 |
| | | 指数 | 100 | 100 | 100 | 100 | 100 | 100 | 100 | 100 | | | 100 |
| 参鉴品种 | 苏·镇×春·光 | 实数 | 96.60 | 21.04 | 3.260 | 25.24 | 18.70 | 1 402 | 908 | 64.52 | 2.812 | 0.632 | 94.96 |
| | | 指数 | 100.21 | 104.62 | 103.20 | 102.23 | 101.85 | 102.79 | 93.22 | 90.90 | / | / | 99.58 |
| | 学 613×春日 | 实数 | 97.46 | 21.64 | 3.394 | 24.27 | 18.64 | 1 320 | 934 | 70.42 | 3.044 | 0.786 | 95.30 |
| | | 指数 | 101.10 | 107.61 | 107.44 | 98.30 | 101.53 | 96.77 | 95.89 | 99.21 | / | / | 99.88 |
| | 春蕾×锡防 | 实数 | 96.07 | 21.08 | 3.287 | 24.52 | 18.60 | 1 380 | 928 | 67.03 | 2.848 | 0.686 | 95.24 |
| | | 指数 | 99.66 | 104.82 | 104.05 | 99.31 | 101.31 | 101.17 | 95.28 | 94.44 | / | / | 99.82 |
| | 皖 5×皖 6 | 实数 | 96.70 | 20.06 | 3.147 | 25.13 | 19.27 | 13.7 | 912 | 67.92 | 2.834 | 0.706 | 95.94 |
| | | 指数 | 100.31 | 99.75 | 99.62 | 101.78 | 104.96 | 98.02 | 93.63 | 95.69 | / | / | 100.56 |

附件 2

表 3.60 1993—1994 年桑品种国家审定鉴定汇总表(春期)(一)

| 品种名(杂交形式) | | 实用孵化率(%) | 龄期经过 5龄(日:时) | 龄期经过 全龄(日:时) | 4龄起蚕生命率 结茧率(%) | 4龄起蚕生命率 死笼率(%) | 4龄起蚕生命率 虫蛹率(%) | 全茧量(克) | 茧质 茧层量(克) | 茧质 茧层率(%) | 普通茧重量百分率(%) | 上车茧率(%) | 鲜毛茧出丝率(%) | 茧丝长(米) |
|---|---|---|---|---|---|---|---|---|---|---|---|---|---|---|
| 苏·镇春·光 | 1993 正交 | 96.46 | 7:21 | 24:20 | 98.58 | 1.92 | 96.68 | 2.16 | 0.544 | 25.10 | 95.56 | | | |
| | 反交 | 95.99 | 7:23 | 24:22 | 98.25 | 1.42 | 96.87 | 2.18 | 0.547 | 25.07 | 95.72 | | | |
| | 平均 | 96.23 | 7:22 | 24:21 | 98.41 | 1.67 | 96.77 | 2.17 | 0.545 | 25.08 | 95.64 | 94.56 | 18.90 | 1386 |
| | 1994 正交 | 97.76 | 7:10 | 24:17 | 98.57 | 2.09 | 96.50 | 2.05 | 0.522 | 25.46 | 94.73 | | | |
| | 反交 | 97.52 | 7:10 | 24:17 | 98.40 | 2.07 | 96.36 | 2.07 | 0.524 | 25.35 | 94.53 | | | |
| | 平均 | 97.64 | 7:10 | 24:17 | 98.49 | 2.08 | 96.44 | 2.06 | 0.523 | 25.40 | 94.63 | 93.35 | 18.49 | 1417 |
| | 两年平均 正交 | 97.11 | 7:16 | 24:18 | 98.58 | 2.00 | 96.59 | 2.10 | 0.533 | 25.28 | 95.14 | | | |
| | 反交 | 96.76 | 7:16 | 24:20 | 98.32 | 1.75 | 96.62 | 2.12 | 0.536 | 25.21 | 95.12 | | | |
| | 平均 | 96.94 | 7:16 | 24:19 | 98.45 | 1.88 | 96.60 | 2.11 | 0.534 | 25.24 | 95.13 | 93.96 | 18.70 | 1402 |
| 学613×春日 | 1993 正交 | 96.78 | 7:16 | 24:18 | 99.07 | 1.44 | 97.64 | 2.30 | 0.549 | 23.94 | 95.92 | | | |
| | 反交 | 96.68 | 7:14 | 24:20 | 99.31 | 1.37 | 97.94 | 2.26 | 0.532 | 23.50 | 94.90 | | | |
| | 平均 | 96.73 | 7:15 | 24:19 | 99.19 | 1.40 | 97.79 | 2.28 | 0.540 | 23.72 | 95.41 | 95.16 | 18.25 | 1273 |
| | 1994 正交 | 94.62 | 7:11 | 24:16 | 98.90 | 1.98 | 96.94 | 2.03 | 0.504 | 24.82 | 96.14 | | | |
| | 反交 | 95.81 | 7:10 | 24:16 | 98.83 | 1.55 | 97.32 | 2.03 | 0.504 | 24.82 | 94.89 | | | |
| | 平均 | 95.22 | 7:10 | 24:16 | 98.87 | 1.76 | 97.13 | 2.03 | 0.504 | 24.82 | 95.51 | 94.59 | 19.02 | 1367 |
| | 两年平均 正交 | 95.70 | 7:14 | 24:18 | 98.98 | 1.71 | 97.29 | 2.16 | 0.526 | 24.38 | 95.03 | | | |
| | 反交 | 96.24 | 7:12 | 24:18 | 99.07 | 1.45 | 97.63 | 2.14 | 0.518 | 24.16 | 94.90 | | | |
| | 平均 | 95.98 | 7:13 | 24:18 | 99.03 | 1.58 | 97.46 | 2.15 | 0.522 | 24.27 | 95.46 | 94.88 | 18.64 | 1320 |
| 春蕾×锡昉 | 1993 正交 | 98.21 | 7:20 | 24:20 | 98.38 | 2.71 | 95.73 | 2.22 | 0.542 | 24.43 | 95.22 | | | |
| | 反交 | 97.72 | 7:21 | 24:20 | 97.34 | 1.67 | 95.74 | 2.20 | 0.544 | 24.71 | 94.74 | | | |
| | 平均 | 97.96 | 7:21 | 24:20 | 97.86 | 2.19 | 95.74 | 2.21 | 0.543 | 24.57 | 94.98 | 93.90 | 18.76 | 1385 |
| | 1994 正交 | 98.34 | 7:09 | 24:16 | 98.07 | 2.13 | 96.20 | 2.07 | 0.505 | 24.49 | 95.57 | | | |
| | 反交 | 98.39 | 7:08 | 24:16 | 98.18 | 1.63 | 96.60 | 2.06 | 0.504 | 24.44 | 95.46 | | | |
| | 平均 | 98.36 | 7:09 | 24:16 | 98.12 | 1.88 | 96.40 | 2.06 | 0.505 | 24.47 | 95.52 | 96.64 | 18.44 | 1376 |
| | 两年平均 正交 | 98.28 | 7:14 | 24:18 | 98.22 | 2.42 | 95.96 | 2.14 | 0.524 | 24.46 | 95.40 | | | |
| | 反交 | 98.05 | 7:14 | 24:18 | 97.76 | 1.65 | 96.17 | 2.13 | 0.524 | 24.58 | 95.10 | | | |
| | 平均 | 98.16 | 7:14 | 24:18 | 97.99 | 2.04 | 96.07 | 2.14 | 0.524 | 24.52 | 95.25 | 94.27 | 18.60 | 1380 |

表3.61 1993—1994年桑蚕品种国家审定鉴定汇总表(春期)(二)

| 品种名(杂交形式) | | | 解舒丝长(米) | 解舒率(%) | 纤度(D) | 茧丝纤度综合均方差(D) | 净度(分) | 万头收茧量(千克) | 万头茧层量(千克) | 万头产丝量(千克) | 5龄50千克桑产茧量(千克) | 5龄50千克桑产丝量(千克) |
|---|---|---|---|---|---|---|---|---|---|---|---|---|
| 苏·镇×春·光 | 1993 | 正交 | | | | | | 21.70 | 5.438 | | 3.261 | |
| | | 反交 | | | | | | 21.73 | 5.440 | | 3.282 | |
| | | 平均 | 825 | 59.14 | 2.896 | 0.676 | 94.92 | 21.71 | 5.439 | 4.108 | 3.271 | 0.617 |
| | 1994 | 正交 | | | | | | 20.38 | 5.189 | | 3.233 | |
| | | 反交 | | | | | | 20.36 | 5.162 | | 3.263 | |
| | | 平均 | 99 | 69.89 | 2.728 | 0.587 | 95.00 | 20.37 | 5.175 | 3.781 | 3.248 | 0.604 |
| | 两年平均 | 正交 | | | | | | 21.04 | 5.314 | | 3.247 | |
| | | 反交 | | | | | | 21.04 | 5.301 | | 3.272 | |
| | | 平均 | 908 | 64.52 | 2.812 | 0.632 | 94.96 | 21.04 | 5.307 | 3.944 | 3.260 | 0.610 |
| 学613×春日 | 1993 | 正交 | | | | | | 23.09 | 5.531 | | 3.554 | |
| | | 反交 | | | | | | 23.02 | 5.394 | | 3.482 | |
| | | 平均 | 845 | 65.93 | 3.190 | 0.872 | 95.34 | 23.05 | 5.462 | 4.202 | 3.518 | 0.643 |
| | 1994 | 正交 | | | | | | 20.42 | 5.070 | | 3.289 | |
| | | 反交 | | | | | | 20.04 | 4.975 | | 3.250 | |
| | | 平均 | 1 023 | 74.92 | 2.897 | 0.700 | 95.27 | 20.23 | 5.022 | 3.866 | 3.269 | 0.624 |
| | 两年平均 | 正交 | | | | | | 21.76 | 5.300 | | 3.422 | |
| | | 反交 | | | | | | 21.53 | 5.184 | | 3.366 | |
| | | 平均 | 934 | 70.42 | 3.044 | 0.786 | 95.30 | 21.64 | 5.242 | 4.034 | 3.394 | 0.634 |
| 春蕾×锡防 | 1993 | 正交 | | | | | | 22.05 | 5.391 | | 3.374 | |
| | | 反交 | | | | | | 21.39 | 5.282 | | 3.204 | |
| | | 平均 | 872 | 62.60 | 2.943 | 0.732 | 94.90 | 21.73 | 5.337 | 4.074 | 3.289 | 0.618 |
| | 1994 | 正交 | | | | | | 20.47 | 5.008 | | 3.308 | |
| | | 反交 | | | | | | 20.42 | 4.985 | | 3.262 | |
| | | 平均 | 984 | 71.46 | 2.753 | 0.640 | 95.59 | 20.44 | 4.997 | 3.769 | 3.285 | 0.608 |
| | 两年平均 | 正交 | | | | | | 21.26 | 5.200 | | 3.341 | |
| | | 反交 | | | | | | 20.91 | 5.134 | | 3.233 | |
| | | 平均 | 928 | 67.03 | 2.848 | 0.686 | 95.24 | 21.08 | 5.167 | 3.922 | 3.287 | 0.613 |

表3.62　1993—1994年桑蚕品种国家审定鉴定汇总表（春期）（三）

| 品种名（杂交形式） | | 杂交形式 | 实用孵化率(%) | 5龄(日:时) | 全龄(日:时) | 结茧率(%) | 死笼率(%) | 虫蛹率(%) | 全茧量(克) | 茧层量(克) | 茧层率(%) | 普通茧重百分率(%) | 上车茧率(%) |
|---|---|---|---|---|---|---|---|---|---|---|---|---|---|
| 皖5×皖6 | 1993 | 正交 | 92.37 | 7:20 | 24:20 | 98.22 | 2.22 | 96.02 | 2.08 | 0.517 | 24.89 | 96.74 | |
| | | 反交 | 93.37 | 7:21 | 24:22 | 98.03 | 1.53 | 96.53 | 2.08 | 0.522 | 25.09 | 96.69 | |
| | | 平均 | 92.87 | 7:21 | 24:21 | 98.12 | 1.88 | 96.28 | 2.08 | 0.519 | 24.99 | 96.71 | 95.25 |
| | 1994 | 正交 | 96.02 | 7:13 | 24:19 | 98.77 | 1.33 | 97.45 | 1.95 | 0.489 | 25.12 | 97.71 | |
| | | 反交 | 94.05 | 7:12 | 24:18 | 98.31 | 1.64 | 96.80 | 2.00 | 0.508 | 25.42 | 96.98 | |
| | | 平均 | 95.03 | 7:13 | 24:18 | 98.54 | 1.49 | 97.13 | 1.98 | 0.499 | 25.27 | 97.35 | 95.34 |
| | 两年平均 | 正交 | 94.20 | 7:16 | 24:20 | 98.49 | 1.78 | 96.74 | 2.02 | 0.503 | 25.00 | 97.22 | |
| | | 反交 | 93.71 | 7:17 | 24:20 | 98.17 | 1.58 | 96.66 | 2.04 | 0.515 | 25.26 | 96.84 | |
| | | 平均 | 93.95 | 7:17 | 24:20 | 98.31 | 1.68 | 96.70 | 2.03 | 0.509 | 25.13 | 97.03 | 95.30 |
| 菁松×皓月 | 1993 | 正交 | 97.96 | 7:22 | 24:20 | 98.58 | 2.54 | 95.98 | 2.06 | 0.504 | 24.41 | 94.84 | |
| | | 反交 | 98.24 | 7:23 | 25:01 | 98.70 | 2.68 | 96.18 | 2.06 | 0.506 | 24.57 | 95.09 | |
| | | 平均 | 98.10 | 7:23 | 24:23 | 98.64 | 2.61 | 96.08 | 2.06 | 0.505 | 24.49 | 94.96 | 93.02 |
| | 1994 | 正交 | 98.38 | 7:11 | 24:18 | 99.02 | 2.13 | 96.90 | 1.98 | 0.496 | 24.98 | 95.38 | |
| | | 反交 | 98.26 | 7:11 | 24:18 | 98.67 | 2.14 | 96.54 | 1.97 | 0.489 | 24.80 | 94.10 | |
| | | 平均 | 98.32 | 7:11 | 24:18 | 98.84 | 2.14 | 96.72 | 1.98 | 0.492 | 24.89 | 94.74 | 94.01 |
| | 两年平均 | 正交 | 98.17 | 7:16 | 24:19 | 98.80 | 2.34 | 96.44 | 2.02 | 0.500 | 24.70 | 95.11 | |
| | | 反交 | 98.25 | 7:17 | 24:22 | 98.68 | 2.41 | 96.36 | 2.02 | 0.498 | 24.68 | 94.60 | |
| | | 平均 | 98.21 | 7:17 | 24:20 | 98.74 | 2.38 | 96.40 | 2.02 | 0.499 | 24.69 | 94.85 | 93.56 |

（续 表）

| 品种名(杂交形式) | | 解蛹出丝率(%) | 茧丝长(米) | 解舒丝长(米) | 解舒率(%) | 茧丝纤度(D) | 纤度综合均差(D) | 净度(分) | 万头收茧量(千克) | 万头茧层量(千克) | 万头产丝量(千克) | 5龄50千克桑产茧量(千克) | 5龄50千克桑产丝量(千克) |
|---|---|---|---|---|---|---|---|---|---|---|---|---|---|
| 皖5×皖6 | 1993 正交 | | | | | | | | 20.55 | 5.111 | | 3.129 | |
| | 1993 反交 | | | | | | | | 20.58 | 5.161 | | 3.154 | |
| | 1993 平均 | 19.08 | 1342 | 874 | 64.81 | 2.889 | 0.772 | 96.09 | 20.56 | 5.137 | 3.923 | 3.142 | 0.603 |
| | 1994 正交 | | | | | | | | 19.39 | 4.870 | | 3.144 | |
| | 1994 反交 | | | | | | | | 19.70 | 5.002 | | 3.162 | |
| | 1994 平均 | 19.46 | 1332 | 949 | 71.04 | 2.779 | 0.639 | 95.79 | 19.55 | 4.936 | 3.819 | 3.153 | 0.616 |
| | 两年平均 正交 | | | | | | | | 19.97 | 4.990 | | 3.136 | |
| | 两年平均 反交 | | | | | | | | 20.14 | 5.082 | | 3.158 | |
| | 两年平均 平均 | 19.27 | 1337 | 912 | 67.92 | 2.834 | 0.706 | 95.94 | 20.06 | 5.036 | 3.871 | 3.147 | 0.610 |
| 菁松×皓月 | 1993 正交 | | | | | | | | 20.56 | 5.022 | | 3.184 | |
| | 1993 反交 | | | | | | | | 20.48 | 5.027 | | 3.165 | |
| | 1993 平均 | 18.29 | 1369 | 966 | 69.97 | 2.826 | 0.707 | 95.83 | 20.54 | 5.024 | 3.752 | 3.174 | 0.581 |
| | 1994 正交 | | | | | | | | 19.72 | 4.927 | | 3.174 | |
| | 1994 反交 | | | | | | | | 19.66 | 4.874 | | 3.115 | |
| | 1994 平均 | 18.44 | 1358 | 982 | 72.00 | 2.720 | 0.600 | 94.99 | 19.69 | 4.900 | 3.647 | 3.144 | 0.584 |
| | 两年平均 正交 | | | | | | | | 20.14 | 4.974 | | 3.179 | |
| | 两年平均 反交 | | | | | | | | 20.06 | 4.956 | | 3.140 | |
| | 两年平均 平均 | 18.36 | 1364 | 974 | 70.98 | 2.773 | 0.654 | 95.41 | 20.11 | 4.962 | 3.700 | 3.159 | 0.582 |

附件 3

表 3.63 1993—1994 年各参鉴品种主要性状成绩与审定标准对照表（早秋期）

| 标准及品种 | | 性状 | 虫蛹率（%） | 万头收茧量（千克） | 5龄50千克桑产茧量（千克） | 茧层率（%） | 鲜毛茧出丝率（%） | 茧丝长（米） | 解舒丝长（米） | 解舒率（%） | 茧丝纤度（D） | 茧丝纤度综合均方差（D） | 净度（分） |
|---|---|---|---|---|---|---|---|---|---|---|---|---|---|
| | 审定标准 | | 不低于对照品种的98% | 不低于对照品种的98% | 不低于对照品种的98% | 21以上 | 15.5以上 | 1000以上 | 700以上 | 70以上 | 2.3~2.7 | 0.50以下 | 不低于92 |
| 标准 | 苏3·秋3×苏4 | 实数 | 81.31 | 13.89 | 2.745 | 21.80 | 13.92 | 930 | 638 | 68.80 | 2.430 | 0.586 | 93.92 |
| | | 指数 | 100 | 100 | 100 | 100 | 100 | 100 | 100 | 100 | | | 100 |
| 参鉴品种 | 限1×限2 | 实数 | 88.81 | 15.22 | 2.997 | 22.66 | 14.68 | 1076 | 740 | 69.26 | 2.305 | 0.672 | 93.94 |
| | | 指数 | 109.22 | 109.58 | 109.18 | 103.94 | 105.46 | 115.70 | 115.99 | 100.67 | | | 100.02 |
| | 317×318 | 实数 | 85.22 | 14.36 | 2.771 | 21.96 | 14.55 | 1031 | 713 | 69.20 | 2.350 | 0.552 | 94.12 |
| | | 指数 | 104.81 | 103.38 | 100.95 | 100.73 | 104.53 | 110.86 | 111.76 | 100.58 | | | 100.21 |
| | G497×322 | 实数 | 81.89 | 14.17 | 2.777 | 23.50 | 14.74 | 1070 | 700 | 65.61 | 2.322 | 0.580 | 93.42 |
| | | 指数 | 100.71 | 102.02 | 101.17 | 107.80 | 105.89 | 115.05 | 109.72 | 95.36 | | | 99.47 |

附件 4

表 3.64　1993—1994 年桑蚕品种国家审定鉴定成绩综合报告表（早秋期）

| 品种名<br>（杂交形式） | | 实用<br>孵化率<br>（%） | 5 龄经过<br>（日：时） | 全龄经过<br>（日：时） | 结茧率<br>（%） | 死笼率<br>（%） | 虫蛹率<br>（%） | 全茧量<br>（克） | 茧层量<br>（克） | 茧层率<br>（%） | 普通茧重<br>百分率<br>（%） | 上车茧率<br>（%） |
|---|---|---|---|---|---|---|---|---|---|---|---|---|
| 限 1<br>×<br>限 2 | 1993 | | | | | | | | | | | |
| | 正交 | 97.15 | 7:00 | 21:21 | 94.83 | 7.11 | 88.58 | 1.66 | 0.384 | 23.18 | 92.90 | |
| | 反交 | 97.30 | 7:03 | 22:02 | 94.06 | 7.65 | 87.66 | 1.68 | 0.390 | 23.10 | 90.28 | |
| | 平均 | 97.23 | 7:01 | 22:00 | 94.44 | 7.38 | 88.12 | 1.67 | 0.387 | 23.14 | 91.59 | 92.34 |
| | 1994 | | | | | | | | | | | |
| | 正交 | 96.66 | 6:16 | 21:23 | 95.22 | 5.06 | 90.48 | 1.66 | 0.370 | 22.33 | 92.07 | |
| | 反交 | 93.69 | 6:16 | 21:23 | 94.20 | 6.32 | 88.52 | 1.68 | 0.371 | 22.02 | 92.79 | |
| | 平均 | 95.18 | 6:16 | 21:23 | 94.71 | 5.69 | 89.49 | 1.67 | 0.370 | 22.18 | 92.42 | 88.67 |
| | 两年<br>平均 | | | | | | | | | | | |
| | 正交 | 96.90 | 6:20 | 21:22 | 95.02 | 6.08 | 89.53 | 1.66 | 0.377 | 22.76 | 92.48 | |
| | 反交 | 95.50 | 6:21 | 22:01 | 94.13 | 6.98 | 88.09 | 1.68 | 0.380 | 22.56 | 91.54 | |
| | 平均 | 96.20 | 6:21 | 22:00 | 94.58 | 6.53 | 88.81 | 1.67 | 0.378 | 22.66 | 92.01 | 90.50 |
| 317<br>×<br>318 | 1993 | | | | | | | | | | | |
| | 正交 | 97.89 | 6:23 | 21:20 | 87.86 | 8.78 | 87.33 | 1.66 | 0.372 | 22.39 | 88.19 | |
| | 反交 | 97.27 | 7:01 | 22:01 | 93.76 | 8.38 | 81.13 | 1.66 | 0.375 | 22.65 | 92.04 | |
| | 平均 | 97.58 | 7:00 | 21:22 | 90.81 | 8.58 | 84.23 | 1.66 | 0.374 | 22.53 | 90.11 | 90.01 |
| | 1994 | | | | | | | | | | | |
| | 正交 | 96.80 | 6:15 | 21:22 | 94.19 | 8.06 | 86.94 | 1.57 | 0.336 | 21.20 | 93.57 | |
| | 反交 | 94.76 | 6:17 | 21:22 | 93.93 | 9.36 | 85.49 | 1.58 | 0.343 | 21.56 | 93.52 | |
| | 平均 | 95.78 | 6:16 | 21:23 | 94.07 | 8.71 | 86.21 | 1.58 | 0.340 | 21.38 | 93.54 | 87.33 |
| | 两年<br>平均 | | | | | | | | | | | |
| | 正交 | 97.34 | 6:19 | 21:21 | 91.02 | 8.42 | 87.14 | 1.62 | 0.354 | 21.80 | 90.88 | |
| | 反交 | 96.02 | 6:21 | 22:00 | 93.84 | 8.87 | 83.31 | 1.62 | 0.359 | 22.10 | 92.78 | |
| | 平均 | 96.68 | 6:20 | 21:23 | 92.43 | 8.64 | 85.22 | 1.62 | 0.357 | 21.96 | 91.83 | 88.67 |

（续　表）

| 品种名(杂交形式) | | | 鲜茧出丝率(%) | 茧丝长(米) | 解舒丝长(米) | 解舒率(%) | 茧丝纤度(D) | 纤度综合均差(D) | 净度(分) | 万头收茧量(千克) | 万头茧层量(千克) | 万头产丝量(千克) | 5龄50千克桑产茧量(千克) | 5龄50千克桑产丝量(千克) |
|---|---|---|---|---|---|---|---|---|---|---|---|---|---|---|
| 限1×限2 | 1993 | 正交 | | | | | | | | 15.20 | 3.521 | | | |
| | | 反交 | | | | | | | | 15.28 | 3.536 | | | |
| | | 平均 | 14.62 | 1048 | 726 | 69.88 | 2.376 | 0.722 | 93.82 | 15.24 | 3.530 | 2.269 | 2.922 | 0.434 |
| | 1994 | 正交 | | | | | | | | 15.24 | 3.412 | | 3.066 | |
| | | 反交 | | | | | | | | 15.15 | 3.351 | | 3.078 | |
| | | 平均 | 14.73 | 1103 | 755 | 68.64 | 2.234 | 0.623 | 94.06 | 15.20 | 3.383 | 2.132 | 3.072 | 0.470 |
| | 两年平均 | 正交 | | | | | | | | 15.22 | 3.466 | | | |
| | | 反交 | | | | | | | | 15.22 | 3.444 | | | |
| | | 平均 | 14.68 | 1076 | 740 | 69.26 | 2.305 | 0.672 | 93.94 | 15.22 | 3.456 | 2.200 | 2.977 | 0.452 |
| 317×318 | 1993 | 正交 | | | | | | | | 14.04 | 3.617 | | | |
| | | 反交 | | | | | | | | 14.84 | 3.378 | | | |
| | | 平均 | 15.24 | 1050 | 740 | 71.22 | 2.488 | 0.573 | 94.47 | 14.45 | 3.378 | 2.113 | 2.796 | 0.490 |
| | 1994 | 正交 | | | | | | | | 14.26 | 3.043 | | 2.746 | |
| | | 反交 | | | | | | | | 14.27 | 3.094 | | 2.746 | |
| | | 平均 | 13.86 | 1012 | 686 | 68.19 | 2.213 | 0.530 | 93.78 | 14.26 | 3.067 | 1.852 | 2.746 | 0.392 |
| | 两年平均 | 正交 | | | | | | | | 14.15 | 3.105 | | | |
| | | 反交 | | | | | | | | 14.56 | 3.236 | | | |
| | | 平均 | 14.55 | 1031 | 713 | 69.20 | 2.350 | 0.552 | 94.12 | 14.36 | 3.168 | 1.982 | 2.771 | 0.400 |

表 3.65　1993—1994 年桑蚕品种国家审定定鉴成绩综合报告表（早秋期）

| 品种名（杂交形式） | | 实用孵化率（%） | 5龄经过（日：时） | 全龄经过（日：时） | 结茧率（%） | 死笼率（%） | 虫蛹率（%） | 全茧量（克） | 茧层量（克） | 茧层率（%） | 普通茧重百分率（%） | 上车茧率（%） |
|---|---|---|---|---|---|---|---|---|---|---|---|---|
| C497×322 | 1993 | 正交 | 94.19 | 7:00 | 22:02 | 93.22 | 13.52 | 81.63 | 1.62 | 0.379 | 23.40 | 88.27 | |
| | | 反交 | 95.86 | 7:01 | 22:02 | 90.29 | 13.31 | 79.77 | 1.58 | 0.375 | 23.75 | 89.53 | |
| | | 平均 | 95.03 | 7:00 | 22:02 | 91.76 | 13.41 | 80.70 | 1.60 | 0.378 | 23.57 | 88.90 | 87.20 |
| | 1994 | 正交 | 98.93 | 6:15 | 21:22 | 92.98 | 11.24 | 83.50 | 1.62 | 0.379 | 23.26 | 91.30 | |
| | | 反交 | 96.27 | 6:16 | 21:22 | 91.35 | 11.12 | 82.66 | 1.60 | 0.380 | 23.60 | 92.81 | |
| | | 平均 | 97.60 | 6:16 | 21:22 | 92.16 | 11.18 | 83.08 | 1.61 | 0.380 | 23.43 | 92.06 | 88.20 |
| | 两年平均 | 正交 | 96.56 | 6:19 | 22:00 | 93.10 | 12.38 | 82.56 | 1.62 | 0.379 | 23.33 | 89.78 | |
| | | 反交 | 96.06 | 6:20 | 22:00 | 90.82 | 12.22 | 81.22 | 1.59 | 0.378 | 23.68 | 91.17 | |
| | | 平均 | 96.31 | 6:20 | 22:00 | 91.96 | 12.30 | 81.89 | 1.60 | 0.379 | 23.50 | 90.48 | 87.70 |
| 苏3·秋3×苏4 | 1993 | 正交 | 98.01 | 7:00 | 22:01 | 89.70 | 11.26 | 81.79 | 1.64 | 0.361 | 22.12 | 93.30 | |
| | | 反交 | 96.22 | 7:02 | 22:02 | 88.73 | 14.78 | 78.59 | 1.59 | 0.349 | 21.87 | 86.80 | |
| | | 平均 | 97.11 | 7:01 | 22:02 | 89.21 | 13.02 | 80.18 | 1.62 | 0.355 | 22.00 | 90.04 | 88.54 |
| | 1994 | 正交 | 96.86 | 6:14 | 21:20 | 92.67 | 11.36 | 83.04 | 1.61 | 0.350 | 21.66 | 92.22 | |
| | | 反交 | 96.47 | 6:15 | 21:21 | 91.18 | 11.50 | 81.64 | 1.58 | 0.340 | 21.54 | 91.49 | |
| | | 平均 | 96.67 | 6:15 | 21:20 | 91.92 | 11.43 | 82.44 | 1.59 | 0.345 | 21.59 | 91.85 | 86.57 |
| | 两年平均 | 正交 | 97.44 | 6:19 | 21:22 | 91.18 | 11.31 | 82.41 | 1.62 | 0.356 | 21.89 | 92.76 | |
| | | 反交 | 96.34 | 6:20 | 22:00 | 89.96 | 13.14 | 80.12 | 1.58 | 0.344 | 21.70 | 89.14 | |
| | | 平均 | 96.89 | 6:20 | 21:23 | 90.56 | 12.22 | 81.31 | 1.60 | 0.350 | 21.80 | 90.95 | 87.56 |

（续　表）

| 品种名（杂交形式） | | 鲜茧出丝率（%） | 茧丝长（米） | 解舒丝长（米） | 解舒率（%） | 茧丝纤度（D） | 纤度综合均差(D) | 净度（分） | 万头收茧量（千克） | 万头茧层量（千克） | 万头产丝量（千克） | 5龄50千克桑产茧量（千克） | 5龄50千克桑产丝量（千克） |
|---|---|---|---|---|---|---|---|---|---|---|---|---|---|
| C497×322 | 1993 正交 | | | | | | | | 14.56 | 3.413 | | | |
| | 1993 反交 | | | | | | | | 13.76 | 3.297 | | | |
| | 1993 平均 | 14.78 | 1 030 | 692 | 67.61 | 2.422 | 0.584 | 93.09 | 14.12 | 3.352 | 2.045 | 2.740 | 0.398 |
| | 1994 正交 | | | | | | | | 14.46 | 3.388 | | 2.876 | |
| | 1994 反交 | | | | | | | | 13.99 | 3.298 | | 2.754 | |
| | 1994 平均 | 14.70 | 1 111 | 707 | 63.61 | 2.223 | 0.576 | 93.76 | 14.22 | 3.342 | 1.959 | 2.814 | 0.427 |
| | 两年平均 正交 | | | | | | | | 14.50 | 3.400 | | | |
| | 两年平均 反交 | | | | | | | | 13.88 | 3.298 | | | |
| | 两年平均 平均 | 14.74 | 1 070 | 700 | 65.61 | 2.322 | 0.580 | 93.42 | 14.17 | 3.349 | 2.002 | 2.777 | 0.412 |
| 苏3·秋3×苏4 | 1993 正交 | | | | | | | | 14.56 | 3.234 | | | |
| | 1993 反交 | | | | | | | | 13.64 | 3.012 | | | |
| | 1993 平均 | 14.38 | 948 | 660 | 69.94 | 2.448 | 0.630 | 94.56 | 14.10 | 3.123 | 2.016 | 2.754 | 0.393 |
| | 1994 正交 | | | | | | | | 13.84 | 3.020 | | 2.771 | |
| | 1994 反交 | | | | | | | | 13.52 | 2.924 | | 2.700 | |
| | 1994 平均 | 13.47 | 912 | 615 | 67.65 | 2.412 | 0.541 | 93.28 | 13.68 | 2.972 | 1.717 | 2.736 | 0.379 |
| | 两年平均 正交 | | | | | | | | 14.20 | 3.121 | | | |
| | 两年平均 反交 | | | | | | | | 13.58 | 2.968 | | | |
| | 两年平均 平均 | 13.92 | 930 | 638 | 68.80 | 2.430 | 0.586 | 93.92 | 13.89 | 3.048 | 1.866 | 2.745 | 0.386 |

附件 5

表 3.66 1993—1994 年各参鉴品种主要性状成绩与审定标准对照表（中秋期）

| 标准及品种 | 成绩表现 | 性状 | 虫蛹率(%) | 万头收茧量(千克) | 5龄50千克桑产茧量(千克) | 茧层率(%) | 鲜毛茧出丝率(%) | 茧丝长(米) | 解舒丝长(米) | 解舒率(%) | 茧丝纤度(D) | 茧丝纤度综合均方差(D) | 净度(分) |
|---|---|---|---|---|---|---|---|---|---|---|---|---|
| 标准 | 审定标准 | 两对照*平均 | 不低于对照品种的98% | 不低于对照品种的98% | 不低于对照品种的98% | 24.5以上 | 19以上 | 1350以上 | 1000以上 | 75以上 | 2.7~3.1 | 0.65以下 | 不低于93 |
| | | 实数 | 90.42 | 15.70 | 2.984 | 22.66 | 16.00 | 1080 | 810 | 75.19 | 2.526 | 0.556 | 95.04 |
| | | 指数 | 100 | 100 | 100 | 100 | 100 | 100 | 100 | 100 | | | 100 |
| 参鉴品种 | 871×872 | 实数 | 92.37 | 17.75 | 3.414 | 23.63 | 16.63 | 1259 | 920 | 72.88 | 2.480 | 0.480 | 94.81 |
| | | 指数 | 102.16 | 113.06 | 114.41 | 104.28 | 103.39 | 116.57 | 113.58 | 96.93 | | | 99.76 |
| | 86A・86B×54A | 实数 | 92.34 | 17.43 | 3.204 | 23.33 | 16.42 | 1278 | 908 | 70.52 | 2.396 | 0.453 | 94.99 |
| | | 指数 | 102.12 | 111.02 | 107.37 | 102.96 | 102.62 | 118.33 | 111.11 | 93.79 | | | 99.95 |
| | 川蚕13 | 实数 | 91.10 | 16.46 | 3.098 | 23.57 | 16.70 | 1087 | 786 | 71.90 | 2.752 | 0.734 | 94.46 |
| | | 指数 | 100.75 | 104.84 | 103.82 | 104.02 | 104.88 | 100.65 | 97.04 | 95.62 | | | 99.39 |
| | 7・9×14・10 | 实数 | 89.31 | 17.05 | 3.194 | 23.25 | 16.62 | 1198 | 887 | 74.02 | 2.556 | 0.604 | 94.58 |
| | | 指数 | 98.77 | 108.60 | 107.04 | 102.60 | 103.88 | 110.93 | 109.51 | 98.44 | | | 99.52 |

注：中秋品种为首次鉴定，以春季对照品种菁松×皓月和秋季对照品种苏 3・秋 3×苏 4 两个对照品种的算术平均数作为衡量依据。

附件6

表 3.67 1993—1994 年桑蚕品种国家审定鉴定成绩综合报告表（中秋期）

| 品种名（杂交形式） | | | 实用孵化率（%） | 5 龄经过（日:时） | 全龄经过（日:时） | 结茧率（%） | 死笼率（%） | 虫蛹率（%） | 全茧量（克） | 茧层量（克） | 茧层率（%） | 普通茧百分率（%） | 上车茧率（%） |
|---|---|---|---|---|---|---|---|---|---|---|---|---|---|
| 871×872 | 1993 | 正交 | 97.38 | 7:10 | 24:01 | 94.95 | 2.72 | 92.37 | 1.89 | 0.440 | 23.21 | 94.68 | 93.64 |
| | | 反交 | 97.36 | 7:11 | 24:01 | 95.33 | 2.65 | 92.84 | 1.87 | 0.425 | 22.72 | 93.94 | |
| | | 平均 | 97.37 | 7:11 | 24:01 | 95.14 | 2.69 | 92.61 | 1.88 | 0.432 | 22.96 | 94.31 | |
| | 1994 | 正交 | 98.40 | 7:09 | 23:14 | 94.28 | 2.41 | 91.92 | 1.88 | 0.455 | 24.18 | 95.04 | 93.42 |
| | | 反交 | 97.54 | 7:09 | 23:15 | 94.89 | 3.68 | 92.34 | 1.85 | 0.451 | 24.41 | 95.15 | |
| | | 平均 | 97.97 | 7:09 | 23:14 | 94.59 | 2.55 | 92.13 | 1.87 | 0.453 | 24.30 | 95.10 | |
| | 两年平均 | 正交 | 97.89 | 7:10 | 23:19 | 94.62 | 2.56 | 92.14 | 1.88 | 0.448 | 23.69 | 94.86 | 93.53 |
| | | 反交 | 97.45 | 7:10 | 23:20 | 95.11 | 2.66 | 92.59 | 1.86 | 0.438 | 23.57 | 94.54 | |
| | | 平均 | 97.67 | 7:10 | 23:19 | 94.86 | 2.62 | 92.37 | 1.87 | 0.443 | 23.63 | 94.70 | |
| 86A·86B×54A | 1993 | 正交 | 98.81 | 7:08 | 23:23 | 95.51 | 4.45 | 91.22 | 1.81 | 0.417 | 23.12 | 91.70 | 93.34 |
| | | 反交 | 98.62 | 7:01 | 23:22 | 94.53 | 5.15 | 89.64 | 1.78 | 0.412 | 23.15 | 91.36 | |
| | | 平均 | 98.72 | 7:07 | 23:22 | 95.02 | 4.80 | 90.43 | 1.80 | 0.414 | 23.14 | 91.53 | |
| | 1994 | 正交 | 98.91 | 7:10 | 23:11 | 95.58 | 2.08 | 93.61 | 1.84 | 0.431 | 23.46 | 94.41 | 93.80 |
| | | 反交 | 98.92 | 7:12 | 23:12 | 95.62 | 2.60 | 94.86 | 1.85 | 0.436 | 23.57 | 92.59 | |
| | | 平均 | 98.91 | 7:11 | 23:12 | 95.60 | 2.34 | 94.24 | 1.85 | 0.434 | 23.52 | 93.50 | |
| | 两年平均 | 正交 | 98.86 | 7:09 | 23:17 | 95.54 | 3.26 | 92.42 | 1.83 | 0.424 | 23.29 | 93.06 | 93.57 |
| | | 反交 | 98.77 | 7:09 | 23:17 | 95.08 | 3.88 | 92.25 | 1.81 | 0.424 | 23.36 | 91.98 | |
| | | 平均 | 98.82 | 7:09 | 23:17 | 95.31 | 3.57 | 92.34 | 1.82 | 0.424 | 23.33 | 92.52 | |
| 川蚕 13 号 | 1993 | 正交 | 98.34 | 7:07 | 24:01 | 93.89 | 3.73 | 91.64 | 1.78 | 0.421 | 23.62 | 95.29 | 92.80 |
| | | 反交 | 98.07 | 7:07 | 24:03 | 94.26 | 3.46 | 92.29 | 1.75 | 0.416 | 23.72 | 94.65 | |
| | | 平均 | 98.20 | 7:07 | 24:02 | 94.02 | 3.59 | 91.97 | 1.77 | 0.419 | 23.68 | 94.97 | |
| | 1994 | 正交 | 97.81 | 7:09 | 23:17 | 93.35 | 4.26 | 89.33 | 1.80 | 0.421 | 23.39 | 94.83 | 91.88 |
| | | 反交 | 98.26 | 7:10 | 23:18 | 93.52 | 2.56 | 91.11 | 1.75 | 0.413 | 23.52 | 94.38 | |
| | | 平均 | 98.04 | 7:10 | 23:18 | 93.44 | 3.41 | 90.22 | 1.77 | 0.416 | 23.46 | 94.61 | |
| | 两年平均 | 正交 | 98.08 | 7:00 | 23:21 | 91.62 | 4.00 | 90.48 | 1.79 | 0.421 | 23.50 | 95.06 | 92.34 |
| | | 反交 | 98.16 | 7:08 | 23:22 | 93.89 | 3.01 | 91.70 | 1.75 | 0.413 | 23.62 | 94.52 | |
| | | 平均 | 98.12 | 7:08 | 23:22 | 93.73 | 3.50 | 91.10 | 1.77 | 0.417 | 23.57 | 94.79 | |

（续 表）

| 品种名（杂交形式） | | 鲜茧出丝率（%） | 茧丝长（米） | 解舒丝长（米） | 解舒率（%） | 茧丝纤度（D） | 纤度综合均差（D） | 净度（分） | 万头收茧量（千克） | 万头茧层量（千克） | 万头产丝量（千克） | 5龄50千克桑产茧量（千克） | 5龄50千克桑产丝量（千克） |
|---|---|---|---|---|---|---|---|---|---|---|---|---|---|
| 871×872 | 1993 正交反交平均 | 15.84 | 1254 | 862 | 68.3 | 2.413 | 0.506 | 95.36 | 17.77 17.78 17.77 | 4.125 4.038 4.081 | 2.813 | 3.375 3.309 3.343 | 0.530 |
| | 1994 正交反交平均 | 17.42 | 1264 | 978 | 77.43 | 2.548 | 0.453 | 94.26 | 17.75 17.72 17.73 | 4.288 4.323 4.306 | 3.096 | 3.463 3.508 3.485 | 0.612 |
| | 两年平均 正交反交平均 | 16.63 | 1259 | 920 | 72.88 | 2.480 | 0.480 | 94.81 | 17.76 17.75 17.75 | 4.206 4.180 4.193 | 2.954 | 3.419 3.408 3.414 | 0.571 |
| 86A·86B×54A | 1993 正交反交平均 | 16.07 | 1225 | 852 | 69.82 | 2.425 | 0.460 | 94.85 | 17.10 16.64 16.88 | 3.961 3.856 3.909 | 2.706 | 3.145 3.069 3.108 | 0.499 |
| | 1994 正交反交平均 | 16.76 | 1332 | 948 | 71.22 | 2.366 | 0.446 | 95.03 | 17.89 18.08 17.99 | 4.200 4.249 4.224 | 2.994 | 3.247 3.355 3.301 | 0.556 |
| | 两年平均 正交反交平均 | 16.42 | 1278 | 900 | 70.52 | 2.396 | 0.453 | 94.99 | 17.50 17.36 17.43 | 4.080 4.052 4.066 | 2.850 | 3.196 3.212 3.204 | 0.528 |
| 川蚕13号 | 1993 正交反交平均 | 16.58 | 1052 | 706 | 66.49 | 2.823 | 0.835 | 94.24 | 16.62 16.31 16.47 | 3.930 3.870 3.902 | 2.742 | 2.979 2.926 2.953 | 0.492 |
| | 1994 正交反交平均 | 16.99 | 1122 | 865 | 77.30 | 2.681 | 0.632 | 94.68 | 16.82 16.09 16.45 | 3.940 3.785 3.863 | 2.799 | 3.318 3.168 3.243 | 0.553 |
| | 两年平均 正交反交平均 | 16.78 | 1087 | 786 | 71.90 | 2.752 | 0.734 | 94.46 | 16.72 16.20 16.46 | 3.935 3.828 3.882 | 2.770 | 3.148 3.047 3.098 | 0.523 |

表3.68 1993—1994年桑蚕品种国家审定鉴定成绩综合报告表(中秋用)

| 品种名(杂交形式) | | 实用孵化率(%) | 5龄经过(日:时) | 全龄经过(日:时) | 结茧率(%) | 死笼率(%) | 虫蛹率(%) | 全茧量(克) | 茧层量(克) | 茧层率(%) | 普通茧重百分率(%) | 上车茧率(%) |
|---|---|---|---|---|---|---|---|---|---|---|---|---|
| 9·7×10·14 | 1993 正交 | 97.62 | 7:11 | 24:02 | 94.95 | 5.23 | 89.97 | 1.83 | 0.416 | 22.73 | 93.95 | |
| | 反交 | 97.70 | 7:11 | 24:02 | 95.13 | 4.76 | 90.60 | 1.83 | 0.419 | 22.68 | 94.50 | 93.62 |
| | 平均 | 97.67 | 7:11 | 24:02 | 95.03 | 4.99 | 90.29 | 1.83 | 0.418 | 22.80 | 94.23 | |
| | 1994 正交 | 98.44 | 7:07 | 23:21 | 92.72 | 5.83 | 88.00 | 1.81 | 0.432 | 23.75 | 93.19 | |
| | 反交 | 97.81 | 7:09 | 23:16 | 93.16 | 5.04 | 88.66 | 1.85 | 0.435 | 23.64 | 93.23 | 93.22 |
| | 平均 | 98.13 | 7:08 | 23:18 | 92.94 | 5.44 | 88.33 | 1.83 | 0.434 | 23.69 | 93.21 | |
| | 两年平均 正交 | 98.03 | 7:09 | 24:00 | 93.84 | 5.53 | 88.98 | 1.82 | 0.424 | 23.24 | 93.57 | |
| | 反交 | 97.76 | 7:10 | 23:21 | 94.14 | 4.90 | 89.63 | 1.84 | 0.427 | 23.26 | 93.86 | 93.42 |
| | 平均 | 97.90 | 7:10 | 23:22 | 93.99 | 5.22 | 89.31 | 1.83 | 0.426 | 23.25 | 93.72 | |
| 苏3·秋3×苏4 | 1993 正交 | 98.00 | 7:06 | 23:20 | 96.28 | 2.18 | 94.05 | 1.66 | 0.352 | 21.13 | 94.86 | |
| | 反交 | 95.87 | 7:06 | 23:21 | 95.14 | 2.41 | 92.84 | 1.67 | 0.356 | 21.26 | 95.77 | 93.44 |
| | 平均 | 96.94 | 7:06 | 23:21 | 95.71 | 2.37 | 93.44 | 1.67 | 0.354 | 21.20 | 95.31 | |
| | 1994 正交 | 98.69 | 7:02 | 23:08 | 95.06 | 2.53 | 92.67 | 1.68 | 0.370 | 22.00 | 93.72 | |
| | 反交 | 98.30 | 7:03 | 23:08 | 95.48 | 2.90 | 92.71 | 1.65 | 0.364 | 22.11 | 93.46 | 91.43 |
| | 平均 | 98.50 | 7:03 | 23:08 | 95.26 | 2.71 | 92.69 | 1.67 | 0.367 | 22.06 | 93.58 | |
| | 两年平均 正交 | 98.34 | 7:04 | 23:14 | 95.67 | 2.36 | 93.36 | 1.67 | 0.361 | 21.56 | 94.29 | |
| | 反交 | 97.08 | 7:04 | 23:14 | 95.31 | 2.65 | 92.78 | 1.66 | 0.360 | 21.68 | 94.62 | 92.44 |
| | 平均 | 97.21 | 7:04 | 23:14 | 95.49 | 2.58 | 93.07 | 1.67 | 0.360 | 21.62 | 94.45 | |
| 菁松×皓月 | 1993 正交 | 97.00 | 7:17 | 24:06 | 93.78 | 3.90 | 89.84 | 1.68 | 0.386 | 23.00 | 94.12 | |
| | 反交 | 95.87 | 7:20 | 24:15 | 94.55 | 3.79 | 90.98 | 1.79 | 0.412 | 23.15 | 91.02 | 92.96 |
| | 平均 | 96.94 | 7:18 | 24:10 | 94.13 | 3.85 | 90.41 | 1.73 | 0.400 | 23.07 | 92.74 | |
| | 1994 正交 | 98.93 | 7:18 | 24:11 | 89.49 | 4.34 | 85.87 | 1.74 | 0.420 | 24.25 | 93.51 | |
| | 反交 | 98.32 | 7:19 | 24:12 | 89.74 | 7.27 | 84.42 | 1.70 | 0.416 | 23.43 | 94.02 | 93.55 |
| | 平均 | 98.62 | 7:18 | 24:12 | 89.61 | 5.81 | 85.14 | 1.72 | 0.418 | 24.34 | 93.76 | |
| | 两年平均 正交 | 97.96 | 7:18 | 24:08 | 91.60 | 4.12 | 87.86 | 1.71 | 0.403 | 23.62 | 93.82 | |
| | 反交 | 97.10 | 7:19 | 24:14 | 92.14 | 5.53 | 87.70 | 1.74 | 0.414 | 23.79 | 92.52 | 93.16 |
| | 平均 | 97.78 | 7:18 | 24:11 | 91.87 | 4.83 | 87.78 | 1.72 | 0.409 | 23.70 | 93.25 | |

（续 表）

| 品种名(杂交形式) | 年份 | 正反交 | 鲜茧出丝率(%) | 茧丝长(米) | 解舒丝长(米) | 解舒率(%) | 茧丝纤度(D) | 纤度综合均差(D) | 净度(分) | 万头收茧量(千克) | 万头茧层量(千克) | 万头产丝量(千克) | 5龄50千克产茧量(千克) | 5龄50千克桑产丝量(千克) |
|---|---|---|---|---|---|---|---|---|---|---|---|---|---|---|
| 9·7×10·14 | 1993 | 正交 | | | | | | | | 17.23 | 3.923 | | 3.130 | |
| | | 反交 | | | | | | | | 17.31 | 3.968 | | 3.141 | |
| | | 平均 | 16.28 | 1172 | 816 | 69.54 | 2.544 | 0.641 | 94.27 | 17.27 | 3.945 | 2.813 | 3.136 | 0.512 |
| | 1994 | 正交 | | | | | | | | 16.62 | 3.968 | | 3.167 | |
| | | 反交 | | | | | | | | 17.05 | 4.022 | | 3.339 | |
| | | 平均 | 16.96 | 1225 | 958 | 78.51 | 2.569 | 0.566 | 94.78 | 16.84 | 3.996 | 2.875 | 3.253 | 0.557 |
| | 两年平均 | 正交 | | | | | | | | 16.92 | 3.946 | | 3.148 | |
| | | 反交 | | | | | | | | 17.18 | 3.995 | | 3.240 | |
| | | 平均 | 16.62 | 1198 | 887 | 74.02 | 2.556 | 0.604 | 94.58 | 17.05 | 3.970 | 2.844 | 3.194 | 0.534 |
| 苏3·秋3×苏4 | 1993 | 正交 | | | | | | | | 16.03 | 3.392 | | 2.918 | |
| | | 反交 | | | | | | | | 15.94 | 3.391 | | 2.980 | |
| | | 平均 | 15.24 | 1000 | 746 | 74.60 | 2.534 | 0.533 | 95.00 | 15.98 | 3.392 | 2.432 | 2.949 | 0.450 |
| | 1994 | 正交 | | | | | | | | 16.16 | 3.556 | | 3.334 | |
| | | 反交 | | | | | | | | 15.73 | 3.469 | | 3.115 | |
| | | 平均 | 15.06 | 959 | 724 | 75.90 | 2.713 | 0.549 | 95.01 | 15.95 | 3.513 | 2.397 | 3.225 | 0.489 |
| | 两年平均 | 正交 | | | | | | | | 16.10 | 3.474 | | 3.126 | |
| | | 反交 | | | | | | | | 15.83 | 3.430 | | 3.048 | |
| | | 平均 | 15.15 | 980 | 735 | 75.25 | 2.624 | 0.541 | 95.00 | 15.96 | 3.452 | 2.414 | 3.087 | 0.470 |
| 菁松×皓月 | 1993 | 正交 | | | | | | | | 15.46 | 3.553 | | 2.849 | |
| | | 反交 | | | | | | | | 16.43 | 3.884 | | 2.992 | |
| | | 平均 | 16.10 | 1172 | 821 | 70.01 | 2.400 | 0.556 | 95.18 | 15.94 | 3.678 | 2.574 | 2.920 | 0.470 |
| | 1994 | 正交 | | | | | | | | 15.01 | 3.649 | | 2.829 | |
| | | 反交 | | | | | | | | 14.87 | 3.636 | | 2.850 | |
| | | 平均 | 17.57 | 1186 | 952 | 80.25 | 2.455 | 0.587 | 95.00 | 14.94 | 3.643 | 2.636 | 2.839 | 0.502 |
| | 两年平均 | 正交 | | | | | | | | 15.24 | 3.601 | | 2.839 | |
| | | 反交 | | | | | | | | 15.65 | 3.720 | | 2.921 | |
| | | 平均 | 16.84 | 1179 | 886 | 75.13 | 2.428 | 0.572 | 95.09 | 15.44 | 3.660 | 2.605 | 2.880 | 0.486 |

# 十一、农业部公告(第八十六号)

第三届全国农作物品种审定委员会第二次会议审定通过的中优早 5 号、豫粳 6 号等 91 个农作物品种,已经我部审核通过,现予颁布。

中华人民共和国农业部

1998 年 7 月 30 日

## (一) 审定通过桑蚕品种简介

(编者注:本次审定通过蚕品种编号国审蚕 980001~国审蚕 980006;桑品种编号国审蚕 980007~国审蚕 980010,见第四章。)

### 国审蚕 980001:学 613×春日

该品种为春用二元杂交种,由浙江省农业科学院蚕桑研究所选育。品种米源,学 613:G8405、浙蕾乙;春日:832、科 2。原种学 613 为素蚕,春日为限性斑纹,雌蚕为普斑,雄蚕为素斑;杂交种正交有普斑和素斑两种斑纹,反交为素蚕。克蚁头数正交 2 300 头,反交 2 250 头。孵化、眠起、上蔟齐一;蚕体粗壮,体质强健,好养;茧型大且匀正。1994—1995 年参加全国蚕品种鉴定试验网试验结果为:全龄经过 24 天 14 时,虫蛹率 97.02%,全茧量 2.10 克,茧层率 26.68%,鲜毛茧出丝率 18.40%,茧丝长 1 340 米,解舒率 73.47%,解舒丝长 989 米,净度 95.46 分,茧丝纤度 2.909 D,茧丝纤度综合均方差 0.712 D,万头茧层量达 5.154 千克,比对照提高 4.69%。

饲育技术要点:①催青按现行二化性蚕品种催青标准实施,催青经过 11 天;②正交学 613×春日,小蚕趋光、趋密性强,每次给桑前应及时扩座匀座;③小蚕期用桑宜适熟偏嫩,大蚕期食桑旺盛应注意充分饱食,熟蚕齐涌营茧快应及时上蔟。

审定意见:该品种为春用二元杂交种,孵化、眠起、上蔟齐一,体质强健好养,茧型大且匀正。经审核,其茧丝质性状与综合经济性状优良,符合国家品种审定标准,审定通过。适宜于长江、黄河流域蚕区春期饲养推广。

### 国审蚕 980002:花·蕾×锡·晨(原名:917·919×928·922)

该品种为春用四元杂交种,由江苏省锡山市西漳蚕种场选育。品种来源,花:春蕾;蕾:春蕾、菁松;锡:锡昉、782;晨:锡昉。二化,四眠,普斑。孵化、眠起、上蔟齐一;体质强健、好养;茧型大,较匀正,1995—1996 年参加全国蚕品种鉴定试验网试验结果:全龄经过 24 天 10 时,虫蛹率 95.52%,全茧量 2.10 克,茧层率 24.72%,鲜毛茧出丝率 17.87%,茧丝长 1 392 米,解舒率 71.20%,解舒丝长 990 米,净度 94.04 分,茧丝纤度 2.767 D,茧丝纤度综合均方差 0.638 D,万头茧层量达 5.195 千克,比对照提高 6.98%。

饲育技术要点:①杂交种催青保护积温宜比苏 5×苏 6 提高 6℃;②蚁蚕活泼,宜事先做好收蚁准备,收蚁时感光不要过早;③小蚕饲育温度要求较高,1~2 龄宜调控在 27.2~27.8℃,用桑新鲜、适熟、偏嫩,并及时做好匀座扩座工作;④大蚕食叶快、狠,要给足桑叶;⑤蚕体大,熟蚕排尿多,注意上蔟均匀,蔟中通风换气。

审定意见:该品种为春用四元杂交种。孵化、眠起、上蔟齐一,体质强健好养,茧型大、较匀正。经审核,其茧丝质性状良好,综合经济性状优良,符合国家品种审定标准,审定通过。适宜于长江、黄河流域蚕区春期饲养推广。

### 国审蚕980003:绿·萍×晴·光

该品种为夏秋用四元杂交种,由中国农业科学院蚕业研究所选育。品种来源,绿:T7;萍:781;晴:T6;光:T8。二化、四眠,普斑。克蚁头数2 300头左右。孵化、眠起、上蔟齐一;体质较强健,好养;茧型较大。实验室与农村试养表现具较强的耐氟、耐高温性能。1995—1996年参加全国蚕品种鉴定试验网试验结果:全龄经过22天4时,虫蛹率87.04%,全茧量1.70克,茧层率23.21%,鲜毛茧出丝率15.49%,茧丝长1 115米,解舒率64.18%,解舒丝长716米,茧丝纤度2.416 D,净度94.75分,茧丝纤度综合均方差0.572 D;万头茧层量达3.737千克,比对照提高12.90%。

饲育技术要点:①蚁蚕有逸散性,应及时收蚁;②眠性快,应早加眠网;③饲育温度宜偏高、偏干燥,忌低温多湿,防止诱发僵病;④食桑活泼,食桑量较大,应及时给桑,大蚕宜补给桑;⑤老熟齐涌,宜及早备蔟,适时上蔟。

审定意见:该品种为夏秋用四元杂交种,孵化、眠起、上蔟齐一,体质较强健好养,茧型较大。经审核,其茧丝质性状良好,综合经济性状优良,符合国家品种审定标准,审定通过。适宜于长江流域蚕区夏秋期饲养推广。

### 国审蚕980004:秋·西×夏D

该品种为皮肤斑纹双限性夏秋用三元杂交种,由中国农业科学院蚕业研究所选育。品种来源,秋:秋丰;西:C31,芙蓉;夏D:J31,湘晖。二化、四眠。雌蚕为普斑,雄蚕为素蚕。孵化、眠起、上蔟齐一;体质强健好养,茧型较大。1995—1996年参加全国蚕品种鉴定试验网试验结果:全龄经过21天18时,虫蛹率88.23%,全茧量1.62克,茧层率22.86%,鲜毛茧出丝率15.24%,茧丝长1 061米,解舒率68.58%,解舒丝长727米,净度95.45分,茧丝纤度2.451 D;茧丝纤度综合均方差0.544 D;万头茧层量达3.495千克,比对照提高5.59%。

饲育技术要点:①眠性快、发育齐,要及时做好扩座和加眠网工作;②小蚕期和各龄起蚕用桑宜适熟偏嫩,盛食期要注意良桑饱食;③老熟齐涌,要捉熟上蔟,密度要适中,否则易增加双宫茧。

审定意见:该品种为皮肤斑纹双限性夏秋用三元杂交种。孵化、眠起、上蔟齐一,体质强健好养,茧型较大。经审核,其茧丝质性状优良,综合经济性状良好,符合国家品种审定标准,审定通过。适宜于长江流域蚕区夏秋期饲养推广。

### 国审蚕980005:夏7×夏6

该品种为夏秋用二元杂交种,由浙江省农业科学院蚕桑研究所选育。品种来源,夏7:秋丰、芳山;夏6:白玉、白云。二化、四眠,普斑。孵化、眠起、上蔟齐一;体质强健,好养。1995—1996年参加全国蚕品种鉴定试验网试验结果:全龄经过21天16时,虫蛹率85.13%,全茧量1.70克,茧层率21.80%,鲜毛茧出丝率14.68%,茧丝长1 070米,解舒率68.80%,解舒丝长737米,净度95.58分,茧丝纤度2.428 D,茧丝纤度综合均方差0.528 D;万头茧层量达3.371千克,比对照提高1.84%。

饲育技术要点:①正交夏7×夏6的1~2龄有较强趋密性,每次给桑宜做好扩座、匀座工作;②秋期1~2龄用桑宜适熟偏嫩,用桑过老易影响蚕体匀整度。

审定意见:该品种为夏秋用二元杂交种,孵化、眠起、上蔟齐一,体质强健好养。经审核,其茧丝质性状与综合经济性状良好,符合国家品种审定标准,审定通过。适宜于长江流域蚕区夏秋期饲养推广。

### 国审蚕980006:花·丰×8B·5A

该品种为夏秋用四元杂交种,由广东省农业科学院蚕业研究所选育。品种来源,花:苏花;丰:丰一;

8B：782、明珠732；5A：54A。二化，四眠，普斑。孵化、眠起、上蔟齐一；体质强健，好养。1995—1996年参加全国蚕品种鉴定试验网试验结果：全龄经过21天19时，虫蛹率88.48%，全茧量1.66克，茧层率22.88%，鲜毛茧出丝率14.66%，茧丝长1075米，解舒率62.14%，解舒丝长673米，净度94.78分，茧丝纤度2.392D，茧丝纤度综合均方差0.496D；万头茧层量达3.59千克，比对照提高8.61%。

饲育技术要点：①收蚁感光不宜过早，宜适当提早收蚁；②5龄期遇高温多湿要注意加强通风排湿；③蔟中做好通风排湿工作，提高解舒率。

审定意见：该品种为夏秋用四元杂交种，二化，四眠，普斑。孵化、眠起、上蔟齐一，体质强健好养。经审核，其茧丝质性状一般，但综合经济性状优良，符合国家品种审定标准，审定通过。适宜于珠江流域蚕区春、秋期饲养推广。

### （二）蚕品种国家审定鉴定结果报告（第十号）

根据全国农作物品审办文件《关于组织蚕桑品种鉴定试验的通知》（1995年第2号）的精神和申报鉴定品种的成绩及鉴定试验网点的容量，由中国农业科学院蚕业研究所牵头确定1995—1996年蚕品种鉴定试验计划并组织实施，同时报全国农作物品审办备案。随后于1995年10月向专业委员会第四次会议做了汇报，获得认可。经过鉴定试验网点23家单位两年的共同努力，顺利完成了第十批蚕品种的鉴定试验任务。

#### 1. 参鉴蚕品种

第十批共安排了9对蚕品种参加鉴定。其中春用品种3对，即江苏省锡山市西漳蚕种场选育的917·919×928·922、陕西省蚕桑丝绸研究所选育的797·129×241·798、安徽省蚕桑研究所与中国农业科学院蚕业研究所共同选育的九·华×春·早，另有一对第九批接转的春用品种学613×春日。以菁松×皓月为对照品种。

早秋用品种5对，即中国农业科学院蚕业研究所选育的绿·萍×晴·光、秋·西×夏D，浙江省农业科学院蚕桑研究所选育的夏7×夏6，广东省农业科学院蚕业研究所选育的花·丰×8B·5A，湖北省农业科学院蚕业研究所选育的821×854B，以苏3·秋3×苏4为对照品种。

#### 2. 鉴定试验任务和承担单位

由中国农业科学院蚕业研究所牵头组织，网点23家单位共同承担。其中，中国农业科学院蚕业研究所承担了春、秋两期的饲养鉴定任务，并繁、制早秋鉴定用蚕；四川省农业科学院蚕桑研究所、浙江省农业科学院蚕桑研究所、山东省蚕业研究所、陕西省蚕桑丝绸研究所、安徽农业大学蚕桑系、江苏省海安县蚕种场承担了春期的饲养鉴定任务；广东省农业科学院蚕业研究所、湖北省农业科学院蚕业研究所、湖南省蚕桑科学研究所、广西壮族自治区蚕业指导所、浙江省湖州蚕桑研究所、重庆市铜梁县蚕种场承担了早秋期的饲养鉴定任务。江苏省蚕茧检验所承担了每年3个期次的丝质鉴定任务；南泰丝绸集团公司、浙江省农业科学院缫丝厂（非网点成员）、淄博制丝厂、宝鸡华裕丝绸实业有限公司、绩溪县缫丝厂、国营顺德丝厂、黄冈地区丝绸厂、津市市缫丝厂、钦州丝厂、重庆市茧丝绸集团丝茧试样中心分别承担了每年1期的丝质鉴定任务。

#### 3. 鉴定工作与鉴定环境需要说明的情况

##### 3.1 春期

第九批接转续鉴的学613×春日，取1994、1995两年平均数，对照品种也取同期平均数。九·华×春·早由于育成单位未寄鉴定用蚕种，所以1996年无成绩，按1995年的成绩评价。

陕西省蚕桑丝绸研究所1996年缺797·129×798·241的成绩（因微粒子病），所以评价该品种时菁松×皓月(对照种)也相应去掉该所的成绩。

1995年海安县蚕种场、中国农业科学院蚕业研究所的茧质成绩正常,但丝质成绩特别是解舒率、解舒丝长明显低于正常年份,所以该两点的解舒率、解舒丝长不计入总平均内。

1996年浙江省农业科学院蚕桑研究所全茧量特小,对照种仅1.52克,所以其成绩全部不计入总平均内。

### 3.2 早秋期

正常。

### 4. 鉴定结果与综合评价

#### 4.1 春用品种

##### 4.1.1 鉴定结果

见附件1~2。

##### 4.1.2 综合评价

###### 4.1.2.1 学613×春日

该品种为春用二元杂交种。孵化、眠起、上蔟齐一;体质强健、好养,茧型大且匀整,产量高于对照品种。

茧丝质性状优良。茧层率24.68%,符合审定标准;鲜毛茧出丝率18.40%,茧丝长1 340米,解舒率73.47%,解舒丝长989米,与对照品种相仿,接近审定标准;净度95.46分,茧丝纤度2.909 D,符合审定标准;茧丝纤度综合均方差0.712 D,偏大。

综合经济性状优良。万头收茧量、万头茧层量、万头产丝量、5龄50千克桑产茧量与产丝量都超过对照品种,分别提高指数5.08%、4.69%、5.95%、5.10%、5.84%。

原蚕饲养审察表明,学613、春日体质强健,容易饲养;蛾子交配性能良好,产附整齐,一蛾产卵均为500~550粒。

###### 4.1.2.2 917·919×928·922

该品种为春用四元杂交种。孵化、眠起、上蔟齐一;体质强健、好养,茧型大较匀正,产量高于对照品种。

茧丝质性状良好。茧层率24.72%,茧丝长1 392米,超过对照品种,符合审定标准;鲜毛茧出丝率17.87%,解舒率71.20%,解舒丝长990米,略低于对照品种,接近审定标准;净度94.04分,茧丝纤度2.767 D,茧丝纤度综合均方差0.638 D,符合审定标准。

综合经济性状优良。万头收茧量、万头茧层量、万头产丝量、5龄50千克桑产茧量与产丝量都超过对照品种,分别提高指数6.86%、6.98%、5.03%、5.28%、3.90%。

###### 4.1.2.3 797·129×798·241

该品种为春用四元杂交种。孵化、眠起、上蔟齐一;体质稍弱,虫蛹率为对照的96.47%;茧型较匀正,产量与对照品种相仿。

茧丝质性状一般。茧层率24.37%、鲜毛茧出丝率17.05%、茧丝长1 282、解舒丝长886米,解舒率70.98%,均低于对照品种,低于审定标准;净度93.65分,符合审定标准;茧丝纤度3.017 D,茧丝纤度综合均方差0.702 D,稍偏大。

综合经济性状一般。万头收茧量、万头茧层量略高于对照品种,万头产丝量、5龄50千克桑产茧量与产丝量均低于对照品种,指数为95.48%、95.37%、93.85%。

4.1.2.4　九·华×春·早(鉴定一年)

该品种为春用四元杂交种。孵化、眠起、上蔟齐一;体质较强健、好养,茧型大且匀正,产量高于对照品种。

茧丝质性状一般。茧层率 24.39%,鲜毛茧出丝率 16.79%,茧丝长 1 214 米,解舒率 66.17%,解舒丝长 866 米,低于对照品种,低于审定标准;茧丝纤度 3.015 D,净度 95.73 分,符合审定标准;茧丝纤度综合均方差 0.769 D,偏大。

综合经济性状一般。万头收茧量、万头茧层量、5 龄 50 千克桑产茧量均高于对照品种,分别比对照品种提高指数 5.57%、4.55%、5.40%;万头产丝量、5 龄 50 千克桑产丝量略低于对照品种,指数分别为 97.98%、98.79%。

4.2　夏秋用品种

4.2.1　鉴定结果

见附件 3～4。

4.2.2　综合评价

4.2.2.1　绿·萍×晴·光

该品种为夏秋用四元杂交种。孵化、眠起、上蔟齐一;体质较强健、好养,茧型较大,产量高于对照品种;经过稍长。

茧丝质性状良好。茧层率 23.21%,超过对照品种,符合审定标准;鲜毛茧出丝率 15.49%,超过对照品种,符合审定标准;茧丝长 1 115 米,解舒丝长 716 米,超过对照品种,符合审定标准;茧丝纤度 2.416 D,净度 94.75 分,符合审定标准。解舒率 64.18%,超过对照品种,低于审定标准;茧丝纤度综合均方差 0.572 D,略偏大。

综合经济性状优良。万头收茧量、万头茧层量、万头产丝量、5 龄 50 千克桑产茧量与产丝量均超过对照品种,分别比对照品种提高指数 4.77%、12.90%、15.74%、2.12%、12.53%。

4.2.2.2　秋·西×夏 D

该品种为皮斑双限性夏秋用三元杂交种。孵化、眠起、上蔟齐一;体质强健、好养,茧型较大,产量与对照品种相仿。

茧丝质性状优良。茧层率 22.86%,超过对照品种,符合审定标准;鲜毛茧出丝率 15.24%,超过对照品种,接近审定标准;茧丝长 1 061 米,解舒丝长 727 米,超过对照品种,符合审定标准;解舒率 68.58%,接近审定标准;茧丝纤度 2.451 D,净度 95.45 分,符合审定标准。茧丝纤度综合均方差 0.544 D,稍偏大。

综合经济性状良好。万头收茧量、5 龄 50 千克桑产茧量与对照品种相仿;万头茧层量、万头产丝量、5 龄 50 千克桑产丝量分别比对照品种提高指数 5.59%、7.27%、7.33%。

4.2.2.3　夏 7×夏 6

该品种为夏秋用二元杂交种。孵化、眠起、上蔟齐一;体质强健、好养,虫蛹率和产量与对照品种相仿。

茧丝质性状良好。茧层率 21.80%,超过对照品种,符合审定标准;鲜毛茧出丝率 14.68%,超过对照品种,低于审定标准;茧丝长 1 070 米,解舒丝长 737 米,超过对照品种,符合审定标准;解舒率 68.80%,接近审定标准;茧丝纤度 2.428 D,净度 95.58 分,符合审定标准。茧丝纤度综合均方差 0.528 D,稍偏大。

综合经济性状良好。万头收茧量、5 龄 50 千克桑产茧量与对照品种相仿;万头茧层量、万头产丝量、5 龄 50 千克桑产丝量分别比对照品种提高指数 1.84%、6.16%、4.26%。

### 4.2.2.4 花·丰×8B·5A

该品种为夏秋用四元杂交种。孵化、眠起、上蔟齐一;体质强健、好养,产量略高于对照品种。

茧丝质性状一般。茧层率 22.88%,超过对照品种,符合审定标准;鲜毛茧出丝率 14.66%,超过对照品种,低于审定标准;茧丝长 1075 米,茧丝纤度 2.392 D,净度 94.78 分,茧丝纤度综合均方差 0.496 D,符合审定标准。解舒丝长 673 米,解舒率 62.14%,超过对照品种,低于审定标准。

综合经济性状优良。万头收茧量、万头茧层量、万头产丝量、5 龄 50 千克桑产茧量与产丝量分别比对照品种提高指数 2.68%、8.61%、6.94%、0.99%、4.02%。

### 4.2.2.5 821×854B

该品种为皮斑双限性夏秋用二元杂交种。孵化、眠起、上蔟尚齐,正交龄期经过稍长,体质较强健。

茧丝质性状一般。茧层率 23.16%,超过对照品种,符合审定标准;鲜毛茧出丝率 14.55%,超过对照品种,低于审定标准;茧丝长 1052 米,超过对照品种,符合审定标准;茧丝纤度 2.438 D,净度 94.11 分,符合审定标准;解舒丝长 618 米,略高于对照品种,解舒率 58.66%,略低于对照品种,低于审定标准;茧丝纤度综合均方差 0.532 D,稍偏大。

综合经济性状一般。万头茧层量、万头产丝量分别比对照品种提高指数 6.83%、2.45%;5 龄 50 千克桑产丝量与对照品种相仿;万头收茧量为对照品种的 98.95%,符合审定标准;但 5 龄 50 千克桑产茧量低于审定标准。

附件 1. 1995—1996 年桑蚕品种国家审定鉴定成绩综合报告表(春期)(表 3.69)

附件 2. 1995—1996 年各参鉴蚕品种主要性状成绩与审定标准对照表(春期)(表 3.70)

附件 3. 1995—1996 年蚕品种国家审定鉴定成绩综合报告表(早秋期)(表 3.71)

附件 4. 1995—1996 年各参鉴蚕品种主要性状成绩与审定标准对照表(早秋期)(表 3.72)

附件 1

**表 3.69　1995—1996 年各年参鉴品种主要性状成绩与审定标准对照表（春制）**

| 标准及品种 \ 性状 | 成绩表现 | 虫蛹率（%） | 万头收茧量（千克） | 5 龄 50 千克桑产茧量（千克） | 茧层率（%） | 鲜毛茧出丝率（%） | 茧丝长（米） | 解舒丝长（米） | 解舒率（%） | 茧丝纤度（D） | 茧丝纤度综合均方差（D） | 净度（分） |
|---|---|---|---|---|---|---|---|---|---|---|---|---|
| 审定标准 | | 不低于对照品种的 98% | 不低于对照品种的 98% | 不低于对照品种 98% | 24.5 以上 | 19 以上 | 1350 以上 | 1000 以上 | 75 或对照种的 95% | 2.7～3.1 | 0.65 以下 | 不低于 93 |
| ①菁松×皓月 | 实数 | 96.25 | 19.89 | 3.174 | 24.77 | 18.25 | 1340 | 985 | 72.80 | 2.756 | 0.644 | 95.29 |
| | 指数 | 100.00 | 100.00 | 100.00 | 100.00 | 100.00 | 100.00 | 100.00 | 100.00 | | | 100.00 |
| ①学 613×春日 | 实数 | 97.02 | 20.90 | 3.336 | 24.68 | 18.40 | 1340 | 989 | 73.47 | 2.909 | 0.712 | 95.46 |
| | 指数 | 100.80 | 105.08 | 105.10 | 99.64 | 100.82 | 100.00 | 100.41 | 100.92 | | | 100.18 |
| ②菁松×皓月 | 实数 | 95.55 | 19.68 | 3.180 | 24.68 | 18.16 | 1326 | 997 | 74.63 | 2.790 | 0.695 | 94.84 |
| | 指数 | 100.00 | 100.00 | 100.00 | 100.00 | 100.00 | 100.00 | 100.00 | 100.00 | | | 100.00 |
| ②917·919×92B·922 | 实数 | 95.52 | 21.03 | 3.348 | 24.72 | 17.87 | 1392 | 990 | 71.20 | 2.767 | 0.638 | 94.04 |
| | 指数 | 99.97 | 106.86 | 105.28 | 100.16 | 98.40 | 104.98 | 99.30 | 95.40 | | | 99.16 |
| ③菁松×皓月 | 实数 | 95.81 | 19.60 | 3.156 | 24.61 | 18.14 | 1323 | 1000 | 75.08 | 2.784 | 0.701 | 94.39 |
| | 指数 | 100.00 | 100.00 | 100.00 | 100.00 | 100.00 | 100.00 | 100.00 | 100.00 | | | 100.00 |
| ③797·129×798·241 | 实数 | 92.21 | 19.93 | 3.010 | 24.37 | 17.05 | 1228 | 886 | 70.98 | 3.017 | 0.702 | 93.65 |
| | 指数 | 96.24 | 101.68 | 95.37 | 99.02 | 93.99 | 92.82 | 88.60 | 94.54 | | | 99.22 |
| ④菁松×皓月 | 实数 | 95.78 | 20.09 | 3.205 | 24.64 | 18.07 | 1323 | 988 | 73.60 | 2.792 | 0.687 | 95.59 |
| | 指数 | 100.00 | 100.00 | 100.00 | 100.00 | 100.00 | 100.00 | 100.00 | 100.00 | | | 100.00 |
| ④九·华×春·早 | 实数 | 95.49 | 21.21 | 3.378 | 24.30 | 16.79 | 1214 | 866 | 66.17 | 3.015 | 0.769 | 95.73 |
| | 指数 | 99.70 | 105.57 | 105.40 | 98.99 | 92.92 | 91.76 | 87.65 | 89.90 | | | 100.15 |

注：①为 1994、1995 年两年平均成绩；②为 1995、1996 两年平均成绩；③为 1995、1996 两年平均成绩，其中 1996 年不包括陕西点的成绩；④为 1995 年一年的成绩。

附件2

**表3.70 1995—1996年桑蚕品种国家审定鉴定成绩报告表(春期)**
**——综合分析成绩**

| 品种名(杂交形式) | | 孵化 实用孵化率(%) | 龄期经过 5龄(日:时) | 全龄(日:时) | 4龄起蚕生命率 结茧率(%) | 死笼率(%) | 虫蛹率(%) | 茧质 全茧量(克) | 茧层量(克) | 茧层率(%) | 普通茧百粒重量分率(%) | 上车茧率(%) | 鲜毛茧出丝率(%) | 茧丝长(米) |
|---|---|---|---|---|---|---|---|---|---|---|---|---|---|---|
| 学613 × 春日 | 1994 | 95.22 | 7:11 | 24:16 | 98.87 | 1.76 | 97.13 | 2.03 | 0.504 | 24.82 | 95.51 | 94.59 | 19.02 | 1367 |
| | 1995 | 97.50 | 7:12 | 24:13 | 98.67 | 1.80 | 96.90 | 2.17 | 0.532 | 24.54 | 96.42 | 92.89 | 17.79 | 1314 |
| | 平均 | 96.36 | 7:12 | 24:14 | 98.77 | 1.78 | 97.02 | 2.10 | 0.518 | 24.68 | 95.92 | 93.74 | 18.40 | 1340 |
| 菁松 × 皓月 | 1994 | 98.32 | 7:11 | 24:18 | 98.84 | 2.14 | 96.72 | 1.98 | 0.492 | 24.89 | 94.74 | 94.01 | 18.44 | 1358 |
| | 1995 | 97.25 | 7:20 | 25:00 | 97.49 | 1.74 | 95.78 | 2.06 | 0.507 | 24.64 | 95.10 | 94.00 | 18.07 | 1323 |
| | 平均 | 97.78 | 7:16 | 24:21 | 98.16 | 1.94 | 96.25 | 2.02 | 0.500 | 24.17 | 94.92 | 94.00 | 18.25 | 1340 |
| 917·919 × 928·922 | 1995 | 97.78 | 7:11 | 24:07 | 98.01 | 1.80 | 96.26 | 2.21 | 0.545 | 24.69 | 96.64 | 93.25 | 17.83 | 1393 |
| | 1996 | 98.02 | 7:18 | 24:12 | 97.33 | 2.70 | 94.78 | 2.09 | 0.516 | 24.74 | 95.46 | 93.56 | 17.91 | 1390 |
| | 平均 | 97.90 | 7:14 | 24:10 | 97.67 | 2.25 | 95.52 | 2.10 | 0.520 | 24.72 | 96.05 | 93.40 | 17.87 | 1392 |
| 菁松 × 皓月 | 1995 | 97.25 | 7:20 | 25:00 | 97.49 | 1.74 | 95.78 | 2.06 | 0.507 | 24.64 | 95.10 | 94.00 | 18.07 | 1323 |
| | 1996 | 97.60 | 7:22 | 24:16 | 97.80 | 2.53 | 95.32 | 1.98 | 0.490 | 24.73 | 94.69 | 93.52 | 18.25 | 1329 |
| | 平均 | 97.42 | 7:21 | 24:20 | 97.64 | 2.14 | 95.55 | 2.02 | 0.498 | 24.68 | 94.90 | 93.76 | 18.16 | 1326 |
| 797·129 × 798·241 | 1995 | 96.71 | 7:14 | 25:00 | 95.71 | 2.55 | 93.27 | 2.17 | 0.525 | 24.24 | 94.50 | 92.11 | 16.92 | 1212 |
| | 1996 | 97.35 | 8:04 | 24:22 | 94.51 | 3.66 | 91.15 | 2.09 | 0.510 | 24.50 | 93.23 | 95.00 | 17.18 | 1245 |
| | 平均 | 97.03 | 7:21 | 24:23 | 95.11 | 3.10 | 92.21 | 2.13 | 0.518 | 24.37 | 93.86 | 93.56 | 17.05 | 1228 |
| 菁松 × 皓月 | 1995 | 97.25 | 7:20 | 25:00 | 97.49 | 1.74 | 95.78 | 2.06 | 0.507 | 24.64 | 95.10 | 94.00 | 18.07 | 1323 |
| | 1996 | 97.60 | 8:04 | 24:18 | 98.13 | 2.82 | 95.37 | 1.96 | 0.482 | 24.58 | 94.72 | 93.69 | 18.21 | 1322 |
| | 平均 | 97.42 | 8:00 | 24:21 | 97.81 | 2.28 | 95.58 | 2.01 | 0.494 | 24.61 | 94.91 | 92.84 | 18.14 | 1323 |

（续 表）

| 品种名（杂交形式） | | 解舒丝长（米） | 解舒率（%） | 茧丝量（克） | 纤度（D） | 茧丝纤度综合均方差（D） | 净度（分） | 万头收茧量 | | 万头茧层量 | | 万头产丝量 | | 5龄50千克桑产茧量 | | 5龄50千克桑产丝量 | |
|---|---|---|---|---|---|---|---|---|---|---|---|---|---|---|---|---|---|
| | | | | | | | | 实数（千克） | 指数（%） | 实数（千克） | 指数（%） | 实数（千克） | 指数（%） | 实数（千克） | 指数（%） | 实数（千克） | 指数（%） |
| 芊613×春日 | 1994 | 1 023 | 74.92 | / | 2.897 | 0.700 | 95.27 | 20.23 | | 5.022 | | 3.866 | | 3.269 | | 0.624 | |
| | 1995 | 955 | 72.02 | | 2.921 | 0.724 | 95.64 | 21.58 | | 5.285 | | 3.832 | | 3.404 | | 0.607 | |
| | 平均 | 989 | 73.47 | | 2.909 | 0.712 | 95.46 | 20.90 | 105.08 | 5.154 | 104.69 | 3.849 | 105.95 | 3.336 | 105.10 | 0.616 | 105.84 |
| 菁松×皓月 | 1994 | 982 | 72.00 | / | 2.720 | 0.600 | 94.99 | 19.69 | | 4.906 | | 3.647 | | 3.144 | | 0.584 | |
| | 1995 | 988 | 73.60 | | 2.792 | 0.687 | 95.59 | 20.09 | | 4.946 | | 3.619 | | 3.205 | | 0.580 | |
| | 平均 | 985 | 72.80 | | 2.756 | 0.644 | 95.29 | 19.89 | 100 | 4.923 | 100 | 3.633 | 100 | 3.174 | 100 | 0.582 | 100 |
| 917·919×928·922 | 1995 | 994 | 71.59 | / | 2.778 | 0.647 | 95.20 | 21.80 | | 5.317 | | 3.872 | | 3.455 | | 0.616 | |
| | 1996 | 986 | 70.82 | | 2.751 | 0.630 | 93.88 | 20.26 | | 5.013 | | 3.646 | | 3.240 | | 0.609 | |
| | 平均 | 990 | 71.20 | | 2.761 | 0.638 | 94.04 | 21.03 | 106.80 | 5.195 | 106.98 | 3.759 | 105.03 | 3.348 | 105.28 | 0.612 | 103.90 |
| 菁松×皓月 | 1995 | 988 | 73.60 | / | 2.792 | 0.687 | 95.59 | 20.09 | | 4.946 | | 3.619 | | 3.205 | | 0.580 | |
| | 1996 | 1 006 | 75.66 | | 2.787 | 0.703 | 94.08 | 19.28 | | 4.766 | | 3.539 | | 3.155 | | 0.598 | |
| | 平均 | 997 | 74.63 | | 2.790 | 0.695 | 94.84 | 19.68 | 100 | 4.856 | 100 | 3.579 | 100 | 3.180 | 100 | 0.589 | 100 |
| 797·129×798·241 | 1995 | 894 | 71.59 | / | 3.062 | 0.710 | 94.39 | 20.69 | | 5.021 | | 3.488 | | 3.257 | | 0.552 | |
| | 1996 | 877 | 70.36 | | 2.972 | 0.693 | 92.91 | 19.17 | | 4.697 | | 3.307 | | 2.933 | | 0.549 | |
| | 平均 | 886 | 70.98 | | 3.017 | 0.702 | 93.65 | 19.93 | 101.68 | 4.859 | 100.79 | 3.398 | 95.48 | 3.010 | 95.37 | 0.550 | 93.85 |
| 菁松×皓月 | 1995 | 988 | 73.60 | / | 2.792 | 0.687 | 95.59 | 20.09 | | 4.946 | | 3.619 | | 3.205 | | 0.580 | |
| | 1996 | 1 013 | 76.57 | | 2.777 | 0.715 | 93.19 | 19.11 | | 4.696 | | 3.499 | | 3.106 | | 0.592 | |
| | 平均 | 1 000 | 75.08 | | 2.784 | 0.701 | 94.39 | 19.60 | 100 | 4.821 | 100 | 3.559 | 100 | 3.156 | 100 | 0.586 | 100 |

表 3.71 1995—1996 年各参鉴蚕品种主要性状成绩与审定标准对照表（早秋期）

| 标准及品种 | 性状 | | 虫蛹率(%) | 万头收茧量(千克) | 5龄50千克桑产茧量(千克) | 茧层率(%) | 鲜毛茧出丝率(%) | 茧丝长(米) | 解舒丝长(米) | 解舒率(%) | 茧丝纤度(D) | 茧丝纤度综合均方差(D) | 净度(分) |
|---|---|---|---|---|---|---|---|---|---|---|---|---|---|
| 审定标准 | | | 不低于对照品种98% | 不低于对照品种的98% | 不低于对照品种的98% | 21以上 | 15.5以上 | 1000以上 | 700以上 | 75以上 | 2.3~2.7 | 0.50以下 | 不低于92 |
| 苏3·秋3×苏4 | 实数 | | 85.37 | 15.30 | 3.022 | 21.56 | 14.09 | 984 | 599 | 60.71 | 2.469 | 0.511 | 93.38 |
| | 指数 | | 100.00 | 100.00 | 100.00 | 100.00 | 100.00 | 100.00 | 100.00 | 100.00 | | | 100.00 |
| 绿·萍×晴·光 | 实数 | | 87.04 | 16.03 | 3.086 | 23.21 | 15.49 | 1115 | 716 | 64.18 | 2.416 | 0.572 | 94.75 |
| | 指数 | | 101.96 | 104.77 | 102.12 | 107.65 | 109.94 | 113.31 | 119.53 | 105.12 | | | 101.47 |
| 秋·西×夏D | 实数 | | 88.24 | 15.26 | 3.006 | 22.86 | 15.24 | 1061 | 727 | 68.58 | 2.451 | 0.544 | 95.45 |
| | 指数 | | 103.36 | 99.74 | 99.47 | 106.03 | 108.16 | 107.83 | 121.37 | 112.96 | | | 102.22 |
| 夏7×夏6 | 实数 | | 85.13 | 15.44 | 2.997 | 21.80 | 14.68 | 1070 | 737 | 68.80 | 2.428 | 0.528 | 95.58 |
| | 指数 | | 99.72 | 100.92 | 99.17 | 101.11 | 104.19 | 108.74 | 123.04 | 113.33 | | | 102.36 |
| 花·丰×8B·5A | 实数 | | 88.48 | 15.71 | 3.052 | 22.88 | 14.66 | 1075 | 673 | 62.14 | 2.392 | 0.496 | 94.78 |
| | 指数 | | 103.64 | 102.68 | 100.99 | 106.12 | 104.05 | 109.25 | 112.35 | 102.36 | | | 101.50 |
| 821×854B | 实数 | | 85.96 | 15.14 | 2.926 | 23.16 | 14.55 | 1052 | 618 | 58.66 | 2.438 | 0.532 | 94.11 |
| | 指数 | | 100.69 | 98.95 | 96.82 | 107.42 | 103.26 | 106.91 | 103.17 | 96.62 | | | 100.78 |

附件 4

表 3.72　1995—1996 年桑蚕品种国家审定鉴定成绩报告表(早秋期)

——综合分析成绩

| 品种名(杂交形式) | | 孵化 实用孵化率(%) | 龄期经过 5龄(日:时) | 全龄(日:时) | 4龄起蚕生命率 结茧率(%) | 死笼率(%) | 虫蛹率(%) | 茧质 全茧量(克) | 茧层量(克) | 茧层率(%) | 普通茧重量百分率(%) | 上车茧率(%) | 鲜毛茧出丝率(%) | 茧丝长(米) |
|---|---|---|---|---|---|---|---|---|---|---|---|---|---|---|
| 绿·萍 × 晴·光 | 1995 | 97.76 | 6:23 | 22:07 | 93.32 | 7.39 | 86.86 | 1.63 | 0.376 | 23.10 | 96.76 | 89.57 | 15.24 | 1117 |
| | 1996 | 95.46 | 6:21 | 22:00 | 96.41 | 9.66 | 87.24 | 1.76 | 0.411 | 23.32 | 95.92 | 91.15 | 15.74 | 1113 |
| | 平均 | 96.61 | 6:22 | 22:04 | 94.86 | 8.52 | 87.04 | 1.70 | 0.394 | 23.21 | 96.34 | 90.36 | 15.49 | 1115 |
| 花·丰 × 8B·5A | 1995 | 96.33 | 6:17 | 21:20 | 93.76 | 7.61 | 87.28 | 1.57 | 0.361 | 22.95 | 94.21 | 86.79 | 14.31 | 1099 |
| | 1996 | 95.66 | 6:17 | 21:17 | 97.02 | 7.86 | 89.67 | 1.74 | 0.397 | 22.81 | 95.05 | 93.56 | 15.02 | 1051 |
| | 平均 | 96.00 | 6:17 | 21:19 | 95.39 | 7.74 | 88.48 | 1.66 | 0.379 | 22.88 | 94.88 | 90.18 | 14.66 | 1075 |
| 821 × 854B | 1995 | 97.74 | 7:00 | 22:15 | 92.60 | 8.69 | 84.96 | 1.57 | 0.360 | 22.95 | 93.38 | 88.20 | 14.63 | 1093 |
| | 1996 | 96.34 | 6:15 | 21:23 | 96.12 | 9.55 | 86.96 | 1.69 | 0.395 | 23.37 | 93.57 | 90.59 | 14.47 | 1011 |
| | 平均 | 97.04 | 6:20 | 22:07 | 94.36 | 9.12 | 85.96 | 1.63 | 0.378 | 23.16 | 93.48 | 89.40 | 14.55 | 1052 |
| 夏7 × 夏6 | 1995 | 96.78 | 6:11 | 21:18 | 89.70 | 9.10 | 82.16 | 1.61 | 0.348 | 21.64 | 95.30 | 87.85 | 14.35 | 1068 |
| | 1996 | 95.12 | 6:13 | 21:13 | 96.41 | 8.87 | 88.10 | 1.79 | 0.394 | 21.96 | 94.05 | 91.19 | 15.01 | 1072 |
| | 平均 | 95.95 | 6:12 | 21:16 | 93.06 | 8.98 | 85.13 | 1.70 | 0.371 | 21.80 | 94.68 | 89.52 | 14.68 | 1070 |
| 秋·西 × 夏D | 1995 | 95.32 | 6:12 | 21:17 | 93.92 | 6.55 | 88.07 | 1.54 | 0.349 | 22.82 | 94.45 | 88.84 | 14.91 | 1074 |
| | 1996 | 95.76 | 6:16 | 21:18 | 95.54 | 7.56 | 88.40 | 1.70 | 0.389 | 22.91 | 93.87 | 93.25 | 15.58 | 1047 |
| | 平均 | 95.54 | 6:14 | 21:18 | 94.73 | 7.06 | 88.24 | 1.62 | 0.369 | 22.86 | 94.16 | 91.04 | 15.24 | 1061 |
| 苏3·秋3 × 苏4 | 1995 | 96.89 | 6:14 | 21:16 | 93.57 | 10.97 | 83.72 | 1.56 | 0.337 | 21.58 | 95.79 | 87.44 | 13.82 | 988 |
| | 1996 | 92.22 | 6:12 | 21:11 | 95.64 | 9.41 | 87.02 | 1.74 | 0.375 | 21.54 | 95.58 | 91.64 | 14.36 | 980 |
| | 平均 | 94.56 | 6:13 | 21:14 | 94.60 | 10.19 | 85.37 | 1.65 | 0.356 | 21.56 | 95.68 | 89.54 | 14.09 | 984 |

（续 表）

| 品种名（杂交形式） | | 解舒丝长（米） | 解舒率（%） | 茧丝量（克） | 纤度（D） | 茧丝纤度综合均方差（D） | 净度（分） | 万头收茧量 实数（千克） | 万头收茧量 指数（%） | 万头茧层量 实数（千克） | 万头茧层量 指数（%） | 万头产丝量 实数（千克） | 万头产丝量 指数（%） | 5龄50千克桑产茧量 实数（千克） | 5龄50千克桑产茧量 指数（%） | 五龄50千克桑产丝量 实数（千克） | 五龄50千克桑产丝量 指数（%） |
|---|---|---|---|---|---|---|---|---|---|---|---|---|---|---|---|---|---|
| 绿·萍×晴·光 | 1995 | 747 | 66.97 | 0.298 | 2.393 | 0.527 | 94.93 | 15.09 | | 3.520 | | 2.322 | | 3.148 | | 0.475 | |
| | 1996 | 684 | 61.39 | 0.313 | 2.534 | 0.618 | 94.57 | 16.97 | | 3.954 | | 2.678 | | 3.023 | | 0.478 | |
| | 平均 | 716 | 64.18 | 0.306 | 2.416 | 0.572 | 94.75 | 16.03 | 104.77 | 3.737 | 112.90 | 2.500 | 115.74 | 3.086 | 102.12 | 0.476 | 112.53 |
| 花·丰×8B·5A | 1995 | 696 | 62.97 | 0.274 | 2.254 | 0.391 | 94.34 | 14.59 | | 3.356 | | 2.087 | | 3.023 | | 0.419 | |
| | 1996 | 649 | 61.30 | 0.294 | 2.529 | 0.601 | 95.23 | 16.83 | | 3.834 | | 2.532 | | 3.081 | | 0.462 | |
| | 平均 | 673 | 62.14 | 0.284 | 2.392 | 0.496 | 94.78 | 15.71 | 102.68 | 3.595 | 108.61 | 2.310 | 106.94 | 3.052 | 100.99 | 0.440 | 104.02 |
| 821×854B | 1995 | 673 | 61.74 | 0.282 | 2.319 | 0.424 | 93.77 | 14.19 | | 3.313 | | 2.098 | | 2.921 | | 0.421 | |
| | 1996 | 562 | 55.57 | 0.287 | 2.557 | 0.641 | 94.45 | 16.09 | | 3.758 | | 2.328 | | 2.931 | | 0.423 | |
| | 平均 | 618 | 58.66 | 0.285 | 2.438 | 0.532 | 94.11 | 15.14 | 98.95 | 3.536 | 106.83 | 2.213 | 102.45 | 2.926 | 96.82 | 0.422 | 99.76 |
| 夏7×夏6 | 1995 | 730 | 68.36 | 0.270 | 2.264 | 0.456 | 95.63 | 13.98 | | 3.042 | | 2.046 | | 2.964 | | 0.421 | |
| | 1996 | 743 | 69.23 | 0.309 | 2.592 | 0.600 | 95.54 | 16.89 | | 3.700 | | 2.540 | | 3.030 | | 0.461 | |
| | 平均 | 737 | 68.80 | 0.290 | 2.428 | 0.528 | 95.58 | 15.44 | 100.92 | 3.371 | 101.84 | 2.293 | 106.16 | 2.997 | 99.17 | 0.441 | 104.26 |
| 秋·西×夏D | 1995 | 733 | 68.35 | 0.279 | 2.329 | 0.446 | 95.61 | 14.42 | | 3.298 | | 2.146 | | 3.092 | | 0.452 | |
| | 1996 | 721 | 68.80 | 0.299 | 2.572 | 0.641 | 95.29 | 16.11 | | 3.692 | | 2.488 | | 2.920 | | 0.457 | |
| | 平均 | 727 | 68.58 | 0.289 | 2.451 | 0.544 | 95.45 | 15.26 | 99.74 | 3.495 | 105.59 | 2.317 | 107.27 | 3.006 | 99.47 | 0.454 | 107.33 |
| 苏3·秋3×苏4 | 1995 | 594 | 60.39 | 0.258 | 2.341 | 0.464 | 93.85 | 14.18 | | 3.090 | | 1.957 | | 3.031 | | 0.414 | |
| | 1996 | 603 | 61.03 | 0.281 | 2.598 | 0.558 | 92.91 | 16.43 | | 3.529 | | 2.633 | | 3.013 | | 0.433 | |
| | 平均 | 599 | 60.71 | 0.269 | 2.469 | 0.511 | 93.38 | 15.30 | 100 | 3.310 | 100 | 2.160 | 100 | 3.022 | 100 | 0.423 | 100 |

说明：1997年和1998年因国鉴定试验经费困难，加上没有新的参试品种，鉴定试验暂停。因此，没有试验成绩。但是桑蚕品种审定正常进行。1999年开始实施桑蚕品种验证试验，每对品种只鉴定1期。

# 第二节
# 蚕品种国家审定验证试验与审定结果

## 一、农业部公告第 136 号

  川丰 2 号、川麦 107、通单 24、豫棉 15 号等 100 个农作物品种已经第三届全国农作物品种审定委员会第四次会议审定通过,现予公告。

中华人民共和国农业部

2000 年 11 月 10 日

### (一)审定通过桑蚕品种简介

  (编者注:本次审定通过 2 个桑树品种编号为国审蚕桑 20000001～20000002,见第四章;9 对桑蚕品种杂交组合编号为国审蚕桑 20000003～20000011。)

  **1. 华瑞×春明**

  品种审定编号:国审蚕桑 20000003

  选育单位:中国农业科学院蚕业研究所

  品种来源:123,R;628,92

  特征特性:属中×中、日×日杂交固定种,二化性四眠蚕。正交卵色灰绿色,卵壳淡黄色;反交卵色紫褐色,卵壳白色。催青经过 11 天,5 龄经过 7 日 12 时,全龄经过 24～25 天。孵化齐一,蚁蚕体色黑褐色,1～2 龄有趋光性,眠起齐一,壮蚕体色青白,高产好养,茧型大。茧层率 26.81%,鲜毛茧出丝率 19.55%,茧丝长 1419 米,解舒率 70.03%,解舒丝长 991 米,茧丝纤度 2.948D,茧丝纤度综合均方差 0.711D,净度 93.72 分。

  产量表现:1999 年国家区试(验证试验)万头收茧量 29.63 千克,万头茧层量 5.533 千克,万头产丝量 4.043 千克,5 龄 50 千克桑产茧量 2.456 千克、产丝量 0.480 千克,分别比对照品种提高 11.45%、19.69%、21.53%、9.11%、19.11%。

  饲养技术要点:①按二化性标准催青;②稚蚕期有趋光性和趋密性,注意匀座扩座;③稚蚕期用桑要适熟偏嫩,壮蚕期适熟偏老,避免湿叶、黏叶、防止细菌病发生;④冷藏浸酸盐酸比重 1.094,液温 47.7 ℃,

时间 6 分至 6 分 30 秒。

全国品审会审定意见：经审核，该品种符合国家品种审定标准，予以审定通过。适宜长江流域春期和黄河流域春、秋蚕期试养推广。稚蚕期有趋光性和趋密性，应注意及时匀座、扩座，给桑应避免湿叶、黏叶，以防止细菌病发生。

2. 钟秋×金铃

品种审定编号：国审蚕桑 2000004

选育单位：中国农业科学院蚕业研究所

品种来源：C21，57C；872，明珠

特征特性：属中×中、日×日杂交固定种，二化性四眠蚕。体质强健，孵化、眠起、上蔟齐一，增产潜力大，丝质优。茧层率 25.86%、鲜毛茧出丝率 19.75%、茧丝长 1 378 米、解舒率 83.89%、解舒丝长 1 154 米，茧丝纤度 3.032 D，茧丝限度综合均方差 0.678 D，净度 94.48 分。

产量表现：1999 年国家区试（验证试验）万头收茧量 21.05 千克、万头茧层量 5.449 千克、万头产丝量 4.159 千克、5 龄 50 千克桑产茧量 2.550 千克、产丝量 0.503 千克，分别比对照品种提高 13.72%、17.87%、25.42%、13.28%、24.81%。

饲养技术要点：①彻底消毒，杜绝病源；②做好催青工作，使蚕种孵化齐一；③保持一定的温湿度，稚蚕期温度 25～27.8℃、相对湿度 85%～90%，壮蚕期温度 24～25℃、相对湿度 75%；④收蚁叶和各龄桑叶适熟偏嫩，良桑饱食；⑤蔟中温度 24～25.9℃，注意通风换气。

全国品审会审定意见：经审核，该品种符合国家品种审定标准，予以审定通过。适宜长江流域春期和黄河流域春秋蚕期试养推广。收蚁用桑与各龄用桑宜适熟偏嫩，做到良桑饱食。

3. 华峰GW×雪·A

品种审定编号：国审蚕桑 2000005

选育单位：中国农业科学院蚕业研究所

品种来源：华峰 G，华峰 w；雪松，54A

特征特性：属中×（日×日）型三元杂交种，二化性四眠蚕。正交卵色灰绿色，卵壳淡黄色；反交卵色紫褐色，卵壳白色。孵化、眠起、上蔟齐一，耐氟性强，1～3 龄蚕用含氟 60 毫克/千克、4～5 龄用 120 毫克/千克的桑叶饲养能正常生长发育。茧型大而匀正，张种产量 45 千克以上。茧层率 25.20%，鲜毛茧出丝率 19.34%，茧丝长 1 419 米，解舒丝长 1 020 米，解舒率 71.98%，茧丝纤度 2.759 D，茧丝纤度综合均方差 0.532 D，净度 94.43 分。

产量表现：1999 年国家区试（验证试验）万头收茧量 20.64 千克，万头茧层量 5.200 千克，万头产丝量 3.996 千克，5 龄 50 千克桑产茧量 2.519 千克、产丝量 0.487 千克，分别比对照品种提高 11.51%、12.48%、20.51%、11.91%、20.84%。

饲养技术要点：①蚕期前彻底清洗消毒，蚕期中注意消毒防病；②做好催青工作，转青卵发放的要注意补催青；③最适温度 1～3 龄 27.5～25℃，4～5 龄 25～24℃；④饲养过程中要避免湿叶和变质叶，保持蚕座干燥；⑤适熟上蔟，控制密度，保持蔟室通风良好。

全国品审会审定意见：经审核，该品种符合国家品种审定标准，予以审定通过。该品种具备较强的耐氟性能，适宜在长江、黄河流域春期和中晚秋期试养推广。饲养过程中要避免湿叶和变质叶，并保持蚕座干燥。

4. 群丰×富·春

品种审定编号：国审蚕桑 2000006

选育单位：中国农业科学院蚕业研究所

品种来源：群丰为"C 苏 A/秋丰"中中杂交固定种，富为引进品种，春为"限三 A×春晖"日日杂交固定种。

特征特性：属中×日·日型三元杂交种、二化、四眠，普斑，壮蚕体型粗壮，茧形长椭。中系为双系原种，普斑限性，A 系灰色卵，B 系淡绿色卵。日系为互交原种，普斑，卵紫褐色。丰产性、耐氟性较好。茧层 24.85％，鲜毛茧出丝率 18.67％，茧丝长 1 386 米，解舒丝长 1 018 米，解舒率 73.51％，净度 95.02 分，茧丝纤度 2.915 D，茧丝纤度综合均方差 0.653 D。

产量表现：1999 年国家区试（验证试验）万头收茧量 21.45 千克，万头茧层量 5.314 千克，万头产丝量 4.004 千克，5 龄 50 千克桑产茧量 2.586 千克、产丝量 0.482 千克，分别比对照品种提高 15.88％、14.95％、20.75％、14.88％、19.06％。

饲养技术要点：①春期做好补催青工作，及时摊种，保持黑暗和 26.7～27.8 ℃的温度，干湿差 1～2 ℃；②养蚕前及养蚕期间做好消毒防病工作，壮蚕期重用石灰，保持蚕座干燥，做好分批提青、饲养工作；③稚蚕期选用适熟叶，不吃湿叶、变质叶，少吃露水叶，壮蚕期充分饱食，以提高张产和茧质；④上蔟不能过密，蔟中通风排湿，秋期空气及桑叶农药污染，杜绝微量农药中毒和不茧蚕的发生。

全国品审会审定意见：经审核，该品种符合国家品种审定标准，予以审定通过。适宜在长江流域春期，黄河流域春、秋期试养推广。饲养过程中应注意预防桑叶与空气中的农药污染，蔟中注意通风排湿，以防农药中毒蚕和不结茧蚕的发生。

5. 洞·庭×碧·波

品种审定编号：国审蚕桑 2000007

选育单位：湖南省蚕桑科学研究所

品种来源：限 1，秋丰；限 2，854B

省级审定情况：1999 年湖南省农作物品种审定委员会审定

特征特性：为含多化血统的二化四眠夏秋用斑纹双限性四元杂交种，花蚕为雌蚕、白蚕为雄蚕。洞·庭、碧·波催青经过相同，洞·庭的全龄经过和蛰中经过比碧·波分别短 1 天。洞·庭×碧·波催青经过 11 天，全龄经过 23 天。体质强健，发育齐快，饲养容易，蚕大茧大，产量高，茧丝质优。茧层率 22.63％，鲜毛茧出丝率 15.99％，茧丝长 1178 米，解舒丝长 784 米，解舒率 66.88％，茧丝纤度 2.462 D，净度 92.20 分，茧丝纤度综合均方差 0.498 D。

产量表现：1999 年国家区试（验证试验）万头收茧量 17.50 千克、万头茧层量 3.964 千克，万头产丝量 2.797 千克，分别比对照品种提高 2.40％、8.28％、3.53％；5 龄 50 千克桑产茧量、产丝量略低于对照品种。

饲养技术要点：①由于蚁蚕和小蚕趋光性和逸散性较强，收蚁感光不宜早，宜适当提早收蚁；②每次给桑前注意做好匀座和扩座工作；③壮蚕食桑快，要注意良桑饱食；④雄蚕老熟快、营茧快，要及时拾上蔟，雌蚕熟性较慢，拾熟应当偏迟。

全国品审会审定意见：经审核，该品种符合国家桑蚕品种审定标准，予以审定通过。适宜在长江流域夏秋期和珠江流域春秋期试养推广。蚁蚕与稚蚕期趋光性与逸散性较强，雄蚕老熟较快，雌蚕老熟较慢，宜适时拾熟上蔟。

6. 云·山×东·海

品种审定编号：国审蚕桑 2000008

选育单位：广东省农业科学院蚕业研究所

品种来源：苏花，871；8B，日

特征特性：属中·中×日·日型夏秋用四元杂交种，二化、四眠。正交种卵色灰褐，反交种卵色紫褐，卵壳白色,蚁蚕黑褐色。克蚁头数 2 000～2 100 头,眠起齐一。壮蚕体色青灰白,正反交均为形蚕,茧形长椭圆,间有微束腰,茧色白、缩皱较粗,茧层结实。茧层率 22.51%,鲜毛茧出丝率 16.30%,茧丝长 1 239 米,解舒丝长 806 米,解舒率 64.71%,茧丝纤度 2.422 D,净度 92.83 分,茧丝纤度综合均方差 2.422 D。

产量表现:1999 年国家区试(验证试验)万头收茧量 17.87 千克,万头茧层量 4.029 千克,万头产丝量 2.907 千克,5 龄 50 千克桑产茧量 3.603 千克、产丝量 0.587 千克,分别比对照品种提高 4.56%、10.52%、7.63%、1.38%、4.26%。

饲养技术要点:①收蚁感光不宜过早,宜适当提早收蚁;②5 龄蚕气大,遇高温多湿要注意加强通风排湿;③做好蔟中通风排湿工作,防止霉口茧的发生,以提高解舒率。

全国品审会审定意见:经审核,该品种符合国家品种审定标准,予以审定通过。适宜在珠江流域春秋期和长江流域夏、早秋期试养推广。五龄期与蔟中应做好通风排湿工作。

### 7. 芙·桂×朝·凤

品种审定编号:国审蚕桑 2000009

选育单位:广西壮族自治区蚕业指导所

品种来源:芙乙,8810;7532,11

特征特性:属中·中×日·日四元杂交种,二化性、四眠蚕。正交卵色灰绿色,克卵粒数 1 700 粒;反交卵色灰褐色,克卵粒数 1 800 粒。孵化、眠起、上蔟均齐一。食桑旺,发育整齐。蚕体青白,形、素两种蚕共显。茧型较大、匀正。茧色白,缩皱中等。繁育性能好。茧层率 22.22%,鲜毛茧出丝率 16.85%,茧丝长 1 155 米,解舒丝长 788 米,均超过对照品种;解舒率 67.95%,净度 91.77 分,茧丝纤度 2.727 D,茧丝纤度综合均方差 0.535 D。

产量表现:1999 年国家区试(验证试验)万头收茧量 18.70 千克,万头茧层量 4.157 千克,万头产丝量 3.014 7 千克,5 龄 50 千克桑产茧量 3.702 千克、产丝量 0.627 千克,分别比对照品种提高 9.42%、13.55%、16.59%、4.16% 和 11.37%。

饲养技术要点:①做好高温感光催青,见点后黑暗保护,促使孵化齐一;②加强养蚕前、中、后的消毒防病工作,杜绝病原,减少蚕病发生;③收蚁饷食必须选择新鲜适熟桑叶,4～5 龄蚕座宜稀,盛食期要良桑饱食,遇高温多湿要加强通风换气;④适熟上蔟,防止过密,注意通风排湿。

全国品审会审定意见:经审核,该品种符合国家品种审定标准,予以审定通过。适宜在珠江流域春秋期试养和长江流域夏、早秋期试养推广。壮蚕盛食期要良桑饱食,遇高温多湿要加强通风换气。

### 8. 夏蕾×明秋

品种审定编号:国审蚕桑 20000010

选育单位:中国农业科学院蚕业研究所

品种来源:953 由(秋芳·丰一)F₂×853 固定而成,954 由明晖×(54A/46)F₃ 固定而成。

特征特性:属中·中×中、日×日·日杂交固定种,二化、四眠蚕。体质强健,孵化、眠起、上蔟齐一,好养,抗氟抗高温。茧型大,产量高,丝质优。茧层率 22.67%,鲜毛茧出丝率 16.86%,茧丝长 1 178 米,解舒丝长 812 米,解舒率 69.09%,茧丝纤度 2.667 D,净度 91.27 分,茧丝纤度综合均方差 0.530 D。

产量表现:1999 年国家区试(验证试验)万头收茧量 17.55 千克、万头茧层量 3.977 千克,万头产丝量 2.944 千克,5 龄 50 千克桑产丝量 0.589 千克,分别比对照品种提高 2.69%、8.63%、9.00%、4.62%;5 龄 50 千克桑产茧量 3.521 千克,接近对照品种。

饲养技术要点:①做好催青工作,使蚕种孵化齐一;②做好各阶段消毒防病工作,加强技术管理,杜绝病源;③保持目的温湿度,稚蚕期温度 25～27.8℃,相对湿度 85%～90%,壮蚕期温度 24～25℃、相对湿度 75％；④收蚁时和各龄桑叶新鲜、适熟、偏嫩、良桑饱食；⑤加强通风、排湿工作，防止高温闷热；⑥及早做好上蔟准备工作，上蔟不宜过密，蔟中温度 23.3～24.4 ℃。

全国品审会审定意见：经审核，该品种符合国家品种审定标准，予以审定通过。适宜在长江流域夏、早秋期试养推广。用桑宜适熟偏嫩，否则易产生小蚕；上蔟不宜过密，并应做好通风排湿工作。

9. 荧光×春玉

品种审定编号：国审蚕桑 2000011

选育单位：山东省蚕业研究所

品种来源：荧光是由苏 17 白荧光（母本）、苏 17 黄荧光（父本）定向交配选育而成；春玉系湘晖、756 后代分离选择而来。

特征特性：属荧光茧色判性品种，二化性四眠蚕。克蚁头数 2 300 头左右，蚁体黑褐、壮蚕体色青白。蚕体粗壮、匀正，眠性快，容易饲养。熟蚕快齐，多营上层茧，茧色白。茧层率 25.47％、鲜毛茧出丝率 18.77％、茧丝长 1 512 米。解舒丝长 1 095 米、解舒率 72.55％，茧丝纤度 2.487 D、净度 96.65 分。用 3 650 Å 紫外分析仪，在暗视野下照射中、日系原种种茧和一代杂交种的鲜茧、干茧，雄茧呈黄荧光色，雌茧呈白荧光或淡紫荧光色，判性准确率达 95％～100％。利用该品种的茧色荧光鉴别雌雄比现行蛹期肉眼鉴别提高工效 13.53 倍。

产量表现：1993—1994 年蚕桑专业委员会指定单位实验室鉴定，万头收茧量 19.97 千克、万头茧层量 5.103 千克、万头产丝量 3.727 千克；对照品种菁松×皓月万头收茧量 20.08 千克、万头茧层量 5.102 千克、万头产丝量 3.913 千克。农村大面积中试，春季张产 44.42 千克、秋季 35.5 千克，菁松×皓月春季和秋季分别为 41.27 千克和 32.96 千克。

饲养技术要点：①该品种眠起快、食桑旺，应注意提早扩座，5 龄期及时增加给桑量，保证良桑饱食，充分发挥其茧层率高的特性；②茧型大，方格蔟孔不宜过小，以减少柴印茧的发生；③丝胶易溶解，烘茧宜适当偏老，煮茧宜适当偏轻，有利于提高解舒和出丝率。

全国品审会审定意见：经审核，该品种符合国家品种审定标准，予以审定通过。适宜在长江流域春期和黄河流域春秋蚕期试养推广。丝胶易溶解，烘茧宜适当偏老，煮茧宜适当偏轻，以有利于提高解舒和出丝率。

## （二）蚕品种国家审定验证试验结果报告（第十一号）

根据三届全国品审会蚕桑专业委员会二次会议的决定和申报审定蚕品种情况，1999 年共安排了春期 4 对蚕品种和秋期 4 对蚕品种参加验证。

1. 参鉴蚕品种

（1）春用蚕品种：中国农业科学院蚕业研究所选育的二元杂交种 951×952、873×874，三元杂交种华锋GW×雪·A、群丰×富·春；以菁松×皓月为对照种。

（2）夏秋用蚕品种：广东省蚕业研究所选育的四元杂交种云·山×东·海，湖南省蚕业研究所选育的四元杂交种洞·庭×碧·波，广西蚕业指导所选育的四元杂交种芙·10×7·11，中国农业科学院蚕业研究所选育的二元杂交种 953×954；以 9·芙×7·湘为对照种。

2. 鉴定工作和鉴定环境中需要说明的问题

（1）鉴定试验方法

按《蚕品种国家审定验证试验组织管理办法》的要求进行，方法与 1995—1996 年鉴定试验方法相同。

（2）试验承担单位

春期：由中国农业科学院蚕业研究所、四川省蚕业研究所、山东省蚕业研究所、湖州蚕业研究所承担饲养鉴定任务;南泰丝绸集团公司承担四川省蚕业研究所样茧的检验,江苏省蚕茧检验所承担其他饲养鉴定单位样茧的检验。

早秋期：由中国农业科学院蚕业研究所、安徽农业大学蚕桑系、广西蚕业指导所承担饲养鉴定任务;江苏省蚕茧检验所承担中国农业科学院蚕业研究所和安徽农业大学样茧的检验,钦州丝厂承担广西蚕业指导所样茧的检验。

（3）鉴定环境

山东省蚕业研究所春蚕期因桑叶微量农药积累而导致蚕食桑后中毒,致使各项成绩下降,不能真正体现各品种的正常性状和特点,故山东蚕业研究所验证试验的成绩未列入汇总,只供参考。

早秋期中国农业科学院蚕业研究所、安徽农业大学饲养鉴定期间,因上蔟后第二天天气高温闷热,致使蔟中死笼偏高,丝质成绩相应偏低。

3. 分品种评价

（1）春用蚕品种

**951×952(华瑞×春明)**

春用二元杂交种,孵化、眠起、上蔟齐一;体质强健好养,蚕体粗壮;茧型大且匀正,产量较高。

茧丝质性状良好。茧层率26.81%,鲜毛茧出丝率19.55%,茧丝长1419米,符合审定标准;解舒丝长991米,与审定标准相仿,解舒率70.03%,超过对照品种;净度93.72分,茧丝纤度2.948D,符合审定标准;茧丝纤度综合均方差0.711D,稍偏大。

综合经济性状优良。万头收茧量、万头茧层量、万头产丝量5龄50千克桑产茧量、5龄50千克桑产丝量明显超过对照品种,分别比对照品种提高11.45%、19.69%、21.53%、9.11%、19.11%。

**873×874**

春用二元杂交种,孵化、眠起、上蔟齐一;体质强健好养,蚕体粗壮;茧型大且匀正,产量较高。

茧丝质性状优良。茧层率25.86%,鲜毛茧出丝率19.75%,茧丝长1378米,符合审定标准;解舒丝长1154米,解舒率83.89%,净度94.48分,均超过对照,符合审定标准;茧丝纤度3.032D,符合审定标准;茧丝纤度综合均方差0.678D,稍偏大。

综合经济性状优良。万头收茧量、万头茧层量、万头产丝量、5龄50千克桑产茧量、5龄50千克桑产丝量明显超过对照品种,分别比对照品种提高13.72%、17.87%、25.42%、13.28%、24.81%。

**群丰×富·春**

春用三元杂交种,孵化、眠起、上蔟齐一;体质强健好养,蚕体粗壮;茧型大且匀正,产量较高。

茧丝质性状优良。茧层24.85%,鲜毛茧出丝率18.67%,超过对照品种;茧丝长1386米,解舒丝长1018米,超过对照品种,符合审定标准;斛舒率73.51%,超过对照品种;茧丝纤度2.915D,净度95.02分,符合审定标准;茧丝纤度综合均方差0.653D,符合审定标准。

综合经济性状优良。万头收茧量、万头茧层量、万头产丝量、5龄50千克桑产茧量、5龄50千克桑产丝量明显超过对照品种,分别比对照品种提高15.88%、14.95%、20.75%、14.88%、19.06%。

**华锋GW×雪·A**

春用三元杂交种。孵化、眠起、上蔟齐一;体质强健好养,蚕体粗壮,茧型大且匀正,产量较高。

茧丝质性状优良。茧层率25.20%,鲜毛茧出丝率19.34%,茧丝长1419米,解舒丝长1020米,均超过对照,符合审定标准;解舒率71.98%,超过对照品种;茧丝纤度2.759D,茧丝纤度综合均方差0.532D,净度94.43分,均优于对照,符合审定标准。

综合经济性状优良。万头收茧量、万头茧层量、万头产丝量、5龄50千克桑产茧量、5龄50千克桑产丝量明显超过对照品种,分别比对照品种提高 11.51%、12.48%、20.51%、11.91%、20.84%。

(2)早秋用蚕品种

**洞·庭×碧·波**

早秋用四元杂交种。孵化、眠起、上蔟齐一;体质强健,蚕体粗壮;茧型大且匀正,产量中等。

茧丝质性状良好。茧层率 22.63%,鲜毛茧出丝率 15.99%,茧丝长 1 178 米,解舒丝长 784 米,均超过对照,符合审定标准;解舒率 66.88%,略低于审定标准和对照品种;茧丝纤度 2.462 D,净度 92.20 分,匀超过对照,符合审定标准;茧丝纤度综合均方差 0.498 D,符合审定标准。

综合经济性状良好。万头收茧量、万头茧层量、万头产丝量超过对照品种,分别比对照提高 2.40%、8.28%、3.53%;5 龄 50 千克桑产茧量、5 龄 50 千克桑产丝量略低于对照品种,分别比对照品种低1.49%、1.07%。

**云·山×东·海**

早秋用四元杂交种。孵化、眠起、上蔟齐一;体质强健,蚕体粗壮;茧型大且匀正,产量高。

茧丝质性状良好,茧层率 22.51%,鲜毛茧出丝率 16.30%,茧丝长 1 239 米,解舒丝长 806 米,均超过对照,符合审定标准;解舒率 64.71%,低于审定标准和对照品种;茧丝纤度 2.422 D,净度 92.83 分,符合审定标准;茧丝纤度综合均方差 2.422 D,符合审定标准。

综合经济性状优良。万头收茧量、万头茧层量、万头产丝量、5 龄 50 千克桑产茧量、5 龄 50 千克桑产丝量均超过对照品种,分别比对照品种提高 4.56%、10.52%、7.63%、1.38%、4.26%。

**芙·10×7·11**

早秋用四元杂交种,孵化、眠起、上蔟齐一;体质强健,蚕体粗壮;茧型大且匀正,产量高。

茧丝质性状良好。茧层率 22.22%,鲜毛茧出丝率 16.85%,茧丝长 1 155 米,解舒丝长 788 米,均超过对照品种,符合审定标准;解舒率 67.95%,略低于审定标准和对照品种;净度 91.77 分,稍低于审定标准;茧丝开度 2.727 D,茧丝纤度综合均方差 0.535 D,稍偏大。

综合经济性状优良。万头收茧量、万头茧层量、万头产丝量、5 龄 50 千克桑产茧量、5 龄 50 千克桑产丝量均超过对照品种,分别比对照品种提高 9.42%、13.55%、16.59%、4.16%、11.37%。

**953×954**

早秋用二元杂交种。孵化、眠起、上蔟齐一;体质强健,蚕体粗壮;茧型大且匀正,产量中等。

茧丝质性状良好。茧层率 22.67%,鲜毛茧出丝率 16.86%,茧丝长 1 178 米,解舒丝长 812 米,超过对照品种,符合审定标准;解舒率 69.09%,接近审定标准;茧丝纤度 2.667 D,符合审定标准;净度 91.27 分,稍低于审定标准;茧丝纤度综合均方差 0.530 D,稍偏大。

综合经济性状优良。万头收茧量、万头茧层量、万头产丝量、5 龄 50 千克桑产丝量均超过对照品种,分别比对照品种提高 2.69%、8.63%、9.00%、4.62%;5 龄 50 千克桑产茧量与对照品种相仿。

4. 鉴定成绩(见附件 1~4)。

附件 1. 1999 年度蚕品种验证试验主要性状成绩与审定标准对照表(春期)(表 3.73)

附件 2. 1999 年春期桑蚕品种国家审定验证试验(区试)成绩报告表(表 3.74、表 3.75)

附件 3. 1999 年度蚕品种验证试验主要性状成绩与审定标准对照表(秋期)(表 3.76)

附件 4. 1999 年秋期桑蚕品种国家审定验证试验(区试)成绩报告表(表 3.77、表 3.78)

中国农业科学院蚕业研究所

1999 年 12 月

附件 1

表 3.73 1999 年度蚕品种验证试验主要性状成绩与审定标准对照表(春期)

| 标准及品种 | 成绩 | 性状 | 虫蛹率(%) | 万头收茧量(千克) | 5 龄 50 千克桑产茧量(千克) | 茧层率(%) | 鲜毛茧出丝率(%) | 茧丝长(米) | 解舒丝长(米) | 解舒率(%) | 茧丝纤度(D) | 茧丝纤度综合均方差(D) | 净度(分) |
|---|---|---|---|---|---|---|---|---|---|---|---|---|---|
| 标准 | 审定标准 | | 不低于对照品种的98% | 不低于对照品种的98% | 不低于对照品种的98% | 24.5以上 | 19以上 | 1350以上 | 1000以上 | 75以上 | 2.7~3.1 | 0.65以下 | 不低于93 |
| | 菁松×皓月(对照) | 实数 | 91.77 | 18.51 | 2.251 | 24.75 | 17.96 | 1266 | 858 | 67.94 | 2.864 | 0.697 | 93.30 |
| | | 指数 | 100 | 100 | 100 | 100 | 100 | 100 | 100 | 100 | | | 100 |
| 参鉴品种 | 华峰<sub>CW</sub>×雪·A | 实数 | 96.05 | 20.64 | 2.519 | 25.20 | 19.34 | 1419 | 1020 | 71.98 | 2.759 | 0.532 | 94.43 |
| | | 指数 | 104.66 | 111.51 | 111.91 | 101.82 | 107.68 | 112.09 | 118.88 | 105.95 | | | 101.21 |
| | 951×952 | 实数 | 94.94 | 20.63 | 2.456 | 26.81 | 19.55 | 1419 | 991 | 70.03 | 2.948 | 0.711 | 93.72 |
| | | 指数 | 103.45 | 111.45 | 109.11 | 108.32 | 108.85 | 112.09 | 115.50 | 103.08 | | | 100.45 |
| | 873×874 | 实数 | 97.26 | 21.05 | 2.550 | 25.86 | 19.75 | 1378 | 1154 | 83.89 | 3.032 | 0.678 | 94.48 |
| | | 指数 | 105.98 | 113.72 | 113.28 | 104.48 | 109.97 | 108.85 | 134.50 | 123.48 | | | 101.26 |
| | 群丰×富·春 | 实数 | 96.22 | 21.45 | 2.586 | 24.85 | 18.67 | 1386 | 1018 | 73.51 | 2.915 | 0.653 | 95.02 |
| | | 指数 | 104.85 | 115.88 | 114.88 | 100.40 | 103.95 | 109.48 | 118.65 | 108.20 | | | 101.84 |

注:951×952审定后定名华端×春明,873×874审定后定名钟秋×金铃。

附件 2

表 3.74 1999 年春期桑蚕品种国家审定验证试验(区试)成绩报告表—1

综合分析成绩

| 品种名称(杂交形式) | 杂交形式 | 实用孵化率(%) | 龄期经过(日:时) | | 4龄起蚕生命率 | | | 茧质 | | | 普通茧重量百分率(%) | 上车茧率(%) | 鲜毛茧出丝率(%) | 茧丝长(米) | 解舒丝长(米) | 解舒率(%) | 茧丝量(克) |
|---|---|---|---|---|---|---|---|---|---|---|---|---|---|---|---|---|---|
| | | | 5龄 | 全龄 | 结茧率(%) | 死笼率(%) | 虫蛹率(%) | 全茧量(克) | 茧层量(克) | 茧层率(%) | | | | | | | |
| 951×952 | 正交 | 97.07 | 9:04 | 26:08 | 97.85 | 3.21 | 94.75 | 2.05 | 0.546 | 26.75 | 96.36 | | | 1419 | | | |
| | 反交 | 97.58 | 9:10 | 26:14 | 97.29 | 2.22 | 95.14 | 2.15 | 0.577 | 26.87 | 95.25 | | | | | | |
| | 平均 | 97.32 | 9:07 | 26:11 | 97.57 | 2.71 | 94.94 | 2.10 | 0.562 | 26.81 | 95.81 | 93.25 | 19.55 | 1419 | 991 | 70.23 | 0.466 |
| 873×874 | 正交 | 98.75 | 8:13 | 25:18 | 98.78 | 1.37 | 97.44 | 2.16 | 0.555 | 25.73 | 96.75 | | | | | | |
| | 反交 | 98.41 | 8:16 | 25:20 | 98.31 | 1.24 | 97.08 | 2.10 | 0.546 | 25.98 | 95.34 | | | | | | |
| | 平均 | 98.58 | 8:15 | 25:19 | 98.54 | 1.30 | 97.26 | 2.13 | 0.551 | 25.86 | 96.04 | 95.51 | 19.75 | 1378 | 1154 | 83.89 | 0.465 |
| 群丰×富·春 | 正交 | 99.11 | 8:15 | 25:19 | 97.94 | 1.77 | 96.20 | 2.15 | 0.541 | 25.10 | 97.43 | | | | | | |
| | 反交 | 98.00 | 9:04 | 26:08 | 98.23 | 2.01 | 96.24 | 2.23 | 0.549 | 24.59 | 96.28 | | | | | | |
| | 平均 | 98.56 | 8:21 | 26:02 | 98.09 | 1.89 | 96.22 | 2.19 | 0.545 | 24.85 | 96.86 | 95.01 | 18.67 | 1386 | 1018 | 73.51 | 0.449 |
| 华峰GW×雪·A | 正交 | 98.37 | 8:20 | 26:00 | 98.18 | 1.82 | 96.41 | 2.07 | 0.522 | 25.14 | 98.67 | | | | | | |
| | 反交 | 98.88 | 8:12 | 26:00 | 96.99 | 1.53 | 95.69 | 2.14 | 0.540 | 25.26 | 98.16 | | | | | | |
| | 平均 | 98.63 | 8:16 | 26:00 | 97.59 | 1.68 | 96.05 | 2.11 | 0.531 | 25.20 | 98.42 | 95.79 | 19.34 | 1419 | 1020 | 71.98 | 0.435 |
| 菁松×皓月 | 正交 | 98.93 | 9:06 | 26:08 | 95.36 | 2.88 | 92.64 | 2.03 | 0.502 | 24.73 | 95.99 | | | | | | |
| | 反交 | 98.73 | 9:06 | 26:08 | 93.86 | 2.84 | 90.90 | 1.97 | 0.488 | 24.77 | 95.39 | | | | | | |
| | 平均 | 98.83 | 9:06 | 26:08 | 94.61 | 2.86 | 91.77 | 2.00 | 0.495 | 24.75 | 95.69 | 92.41 | 17.96 | 1266 | 858 | 67.94 | 0.403 |

蚕丝质成绩

表 3.75 1999 年春期桑蚕品种国家审定验证试验（区试）成绩报告表—2

综合分析成绩

| 品种名称<br>（杂交形式） | | 茧丝质成绩 | | 万头收茧量 | | 万头茧层量 | | 万头产丝量 | | 5龄50千克桑产茧量 | | 5龄50千克桑产丝量 | |
| | | 纤度<br>（D） | 茧丝纤度<br>综合均方差<br>（D） | 净度<br>（分） | 实数<br>（千克） | 指数<br>（%） | 实数<br>（千克） | 指数<br>（%） | 实数<br>（千克） | 指数<br>（%） | 实数<br>（千克） | 指数<br>（%） | 实数<br>（千克） | 指数<br>（%） |
| 951<br>×<br>952 | 正交 | | | | 20.29 | | 5.430 | | | | 2.417 | | | |
| | 反交 | | | | 20.97 | | 5.636 | | | | 2.497 | | | |
| | 平均 | 2.948 | 0.711 | 93.72 | 20.63 | 111.45 | 5.533 | 119.69 | 4.030 | 121.53 | 2.456 | 109.11 | 0.480 | 119.11 |
| 873<br>×<br>874 | 正交 | | | | 21.27 | | 5.478 | | | | 2.590 | | | |
| | 反交 | | | | 20.82 | | 5.419 | | | | 2.511 | | | |
| | 平均 | 3.032 | 0.678 | 94.48 | 21.05 | 113.72 | 5.449 | 117.87 | 4.159 | 125.42 | 2.550 | 113.28 | 0.503 | 124.81 |
| 群丰<br>×<br>富·春 | 正交 | | | | 21.08 | | 5.295 | | | | 2.563 | | | |
| | 反交 | | | | 21.82 | | 5.333 | | | | 2.610 | | | |
| | 平均 | 2.915 | 0.653 | 95.02 | 21.45 | 115.88 | 5.314 | 114.95 | 4.004 | 120.75 | 2.586 | 114.88 | 0.482 | 119.60 |
| 华峰GW<br>×<br>雪·A | 正交 | | | | 20.60 | | 5.177 | | | | 2.484 | | | |
| | 反交 | | | | 20.68 | | 5.223 | | | | 2.554 | | | |
| | 平均 | 2.759 | 0.532 | 94.43 | 20.64 | 111.51 | 5.200 | 112.48 | 3.996 | 120.51 | 2.519 | 111.91 | 0.487 | 120.84 |
| 菁松<br>×<br>皓月 | 正交 | | | | 18.92 | | 4.683 | | | | 2.277 | | | |
| | 反交 | | | | 18.09 | | 4.564 | | | | 2.225 | | | |
| | 平均 | 2.864 | 0.699 | 93.30 | 18.51 | 100 | 4.623 | 100 | 3.316 | 100 | 2.251 | 100 | 0.403 | 100 |

附件 3

表 3.76 1999 年度蚕品种验证试验主要性状成绩与审定标准对照表（秋期）

| 标准及品种 | 成绩 | 性状 | 虫蛹率（%） | 万头收茧量（千克） | 5龄50千克桑产茧量（千克） | 茧层率（%） | 鲜毛茧出丝率（%） | 茧丝长（米） | 解舒丝长（米） | 解舒率（%） | 茧丝纤度（D） | 茧丝纤度综合均方差（D） | 净度（分） |
|---|---|---|---|---|---|---|---|---|---|---|---|---|---|
| 标准 | 审定标准 | | 不低于对照品种的98% | 不低于对照品种的98% | 不低于对照品种的98% | 21以上 | 15.5以上 | 1000以上 | 700以上 | 70以上 | 2.3~2.7 | 0.500以下 | 不低于92 |
| 参鉴品种 | 9·芙×7·湘（对照） | 实数 | 93.57 | 17.09 | 3.554 | 21.42 | 15.80 | 1072 | 747 | 69.60 | 2.594 | 0.482 | 91.67 |
| | | 指数 | 100 | 100 | 100 | 100 | 100 | 100 | 100 | 100 | | | 100 |
| | 洞·庭×碧·波 | 实数 | 90.46 | 17.50 | 3.501 | 22.63 | 15.99 | 1178 | 784 | 66.88 | 2.462 | 0.498 | 92.20 |
| | | 指数 | 96.68 | 102.40 | 98.51 | 105.65 | 100.63 | 109.89 | 104.95 | 96.09 | | | 100.58 |
| | 云·山×东·海 | 实数 | 91.07 | 17.87 | 3.603 | 22.52 | 16.30 | 1239 | 806 | 64.71 | 2.422 | 0.522 | 92.83 |
| | | 指数 | 97.33 | 104.56 | 101.38 | 105.14 | 103.16 | 115.58 | 107.90 | 92.97 | | | 101.27 |
| | 芙·10×11·7 | 实数 | 92.31 | 18.70 | 3.702 | 22.22 | 16.85 | 1155 | 788 | 67.95 | 2.727 | 0.535 | 91.77 |
| | | 指数 | 98.65 | 109.42 | 104.16 | 103.73 | 106.64 | 107.74 | 105.49 | 97.63 | | | 100.11 |
| | 953×954 | 实数 | 90.58 | 17.55 | 3.521 | 22.67 | 16.86 | 1178 | 812 | 69.09 | 2.667 | 0.530 | 91.27 |
| | | 指数 | 96.80 | 102.69 | 99.07 | 105.84 | 106.71 | 109.89 | 108.70 | 99.27 | | | 99.56 |

注：芙·10×11·7 审定后定名芙·桂×朗·凤。

附件4

**表3.77　1999年秋期桑蚕品种国家审定验证试验(区试)成绩报告表—1**

综合分析成绩

| 品种名称(杂交形式) | | 实用孵化率(%) | 龄期经过(日:时) | | 4龄起蚕生命率 | | | 茧质 | | | 普通茧重量百分率(%) | 上车茧率(%) | 鲜毛茧出丝率(%) | 茧丝长(米) | 解舒丝长(米) | 解舒率(%) | 茧丝量(克) |
|---|---|---|---|---|---|---|---|---|---|---|---|---|---|---|---|---|---|
| | | | 5龄 | 全龄 | 结茧率(%) | 死笼率(%) | 虫蛹率(%) | 全茧量(克) | 茧层量(克) | 茧层率(%) | | | | | | | |
| | | | | | | | | | | | | 饲养成绩 | | 茧丝质成绩 | | | |
| 洞·庭×碧·波 | 正交 | 96.06 | 6:22 | 22:03 | 95.03 | 4.85 | 90.68 | 1.86 | 0.422 | 22.64 | 95.23 | | | | | | |
| | 反交 | 96.41 | 6:22 | 22:04 | 95.01 | 5.07 | 90.24 | 1.86 | 0.420 | 22.62 | 92.50 | | | | | | |
| | 平均 | 96.74 | 6:22 | 22:03 | 95.02 | 4.96 | 90.46 | 1.86 | 0.421 | 22.63 | 93.87 | 94.86 | 15.99 | 1178 | 784 | 66.88 | 0.3209 |
| 云·山×东·海 | 正交 | 98.84 | 6:16 | 21:22 | 95.24 | 4.80 | 90.69 | 1.90 | 0.429 | 22.61 | 94.40 | | | | | | |
| | 反交 | 98.29 | 6:19 | 21:23 | 95.33 | 4.12 | 91.45 | 1.86 | 0.416 | 22.42 | 93.21 | | | | | | |
| | 平均 | 98.57 | 6:17 | 21:22 | 95.28 | 4.46 | 91.07 | 1.88 | 0.422 | 22.52 | 93.80 | 95.23 | 16.30 | 1239 | 806 | 64.71 | 0.3308 |
| 美·10×11·7 | 正交 | 97.70 | 6:21 | 22:02 | 96.41 | 4.28 | 92.32 | 1.94 | 0.433 | 22.27 | 95.40 | | | | | | |
| | 反交 | 97.53 | 6:21 | 22:03 | 96.82 | 4.69 | 92.29 | 1.98 | 0.439 | 22.17 | 94.61 | | | | | | |
| | 平均 | 97.6 | 6:21 | 22:02 | 96.62 | 4.48 | 92.31 | 1.96 | 0.436 | 22.22 | 95.00 | 95.67 | 16.85 | 1156 | 788 | 67.95 | 0.3481 |
| 953×954 | 正交 | 98.19 | 6:10 | 21:23 | 94.78 | 4.20 | 91.06 | 1.91 | 0.430 | 2257 | 92.10 | | | | | | |
| | 反交 | 97.14 | 6:14 | 22:00 | 94.57 | 4.84 | 90.09 | 1.88 | 0.428 | 22.76 | 91.24 | | | | | | |
| | 平均 | 97.66 | 6:12 | 22:00 | 94.68 | 4.52 | 90.58 | 1.90 | 0.429 | 22.67 | 91.67 | 94.90 | 16.86 | 1178 | 813 | 69.09 | 0.3453 |
| 9·美×7·湘 | 正交 | 97.97 | 6:15 | 21:20 | 97.65 | 3.56 | 94.19 | 1.77 | 0.380 | 21.49 | 93.87 | | | | | | |
| | 反交 | 97.81 | 6:19 | 22:00 | 96.85 | 4.09 | 92.94 | 1.77 | 0.377 | 21.35 | 92.79 | | | | | | |
| | 平均 | 97.89 | 6:17 | 21:22 | 97.25 | 3.82 | 93.56 | 1.77 | 0.379 | 21.42 | 93.19 | 95.33 | 15.80 | 1072 | 747 | 69.60 | 0.3005 |

表3.78 1999年秋期桑蚕品种国家审定验证试验(区试)成绩报告表—2

综合分析成绩

| 品种名称(杂交形式) | 杂交形式 | 茧丝质成绩 纤度(D) | 茧丝质成绩 茧丝纤度综合均方差(D) | 茧丝质成绩 净度(分) | 万头收茧量 实数(千克) | 万头收茧量 指数(%) | 万头茧层量 实数(千克) | 万头茧层量 指数(%) | 万头产丝量 实数(千克) | 万头产丝量 指数(%) | 5龄50千克桑产茧量 实数(千克) | 5龄50千克桑产茧量 指数(%) | 5龄50千克桑产丝量 实数(千克) | 5龄50千克桑产丝量 指数(%) |
|---|---|---|---|---|---|---|---|---|---|---|---|---|---|---|
| 洞·庭 × 碧·波 | 正交 | | | | 17.63 | | 3.995 | | | | 3.527 | | | |
| | 反交 | | | | 17.36 | | 3.933 | | | | 3.475 | | | |
| | 平均 | 2.462 | 0.498 | 92.20 | 17.50 | 102.40 | 3.964 | 108.28 | 2.797 | 103.55 | 3.501 | 98.51 | 0.557 | 98.93 |
| 云·山 × 东·海 | 正交 | | | | 17.99 | | 4.071 | | | | 3.607 | | | |
| | 反交 | | | | 17.75 | | 3.987 | | | | 3.599 | | | |
| | 平均 | 2.422 | 0.522 | 92.83 | 17.87 | 104.56 | 4.029 | 110.05 | 2.907 | 107.63 | 3.603 | 101.38 | 0.587 | 104.26 |
| 芙·10 × 11·7 | 正交 | | | | 18.62 | | 4.148 | | | | 3.686 | | | |
| | 反交 | | | | 18.79 | | 4.165 | | | | 3.717 | | | |
| | 平均 | 2.727 | 0.535 | 91.77 | 18.70 | 109.42 | 4.157 | 113.55 | 3.149 | 116.59 | 3.702 | 104.16 | 0.627 | 111.37 |
| 953 × 954 | 正交 | | | | 17.62 | | 3.973 | | | | 3.541 | | | |
| | 反交 | | | | 17.49 | | 3.981 | | | | 3.501 | | | |
| | 平均 | 2.667 | 0.530 | 91.27 | 17.55 | 102.69 | 3.977 | 108.63 | 2.944 | 109.00 | 3.521 | 99.07 | 0.589 | 104.62 |
| 9·芙 × 7·湘 | 正交 | | | | 17.13 | | 3.681 | | | | 3.572 | | | |
| | 反交 | | | | 17.04 | | 3.640 | | | | 3.535 | | | |
| | 平均 | 2.594 | 0.482 | 91.67 | 17.09 | 100 | 3.661 | 100 | 2.701 | 100 | 3.554 | 100 | 0.563 | 100 |

# 二、农业部公告第 171 号

两优培九、渝麦 7 号、铁单 16 号、冀 668 等 138 个农作物品种业经第三届全国农作物品种审定委员会第五次会议审定通过，现予公告。

中华人民共和国农业部

2001 年 8 月 29 日

### （一）审定通过桑蚕、柞蚕品种简介

（编者注：本次审定通过桑品种编号国审蚕桑 2001001～2001002，见第四章；蚕品种编号国审蚕桑 2001003～2001004；柞蚕品种编号国审蚕桑 2001005。）

**1. 吴花×浒星（8907×8712）**

品种审定编号：国审蚕桑 2001003

选育单位：苏州大学

品种来源：（8635×8421）×（7532×8418）

特征特性：秋用二元杂交种，二化性四眠蚕。孵化、眠起、上蔟齐一；体质较强健，蚕体粗壮，茧型较大且匀正，产量较高。2000 年国家区试茧层率 22.16%，鲜毛茧出丝率 18.10%，茧丝长 1 079 米，解舒丝长 891 米，解舒率 82.29%，净度 91.70 分，茧丝纤度 2.728 D，茧丝纤度综合均方差 0.519 D。

产量表现：万头收茧量、万头茧层量、万头产丝量、5 龄 50 千克桑产茧量、5 龄 50 千克桑产丝量均超过对照品种，分别比对照品种菁松×皓月提高 6.08%、10.37%、18.57%、0.57%、12.73%。

饲养技术要点：①产卵后收种时间要一致，24 ℃保护，避免 20 ℃以下低温和 30 ℃以上高温，尽可能缩短从蚕种出库到浸酸在自然温度中的时间；②稚蚕趋光性、逸散性较强，注意室内光线均匀，及时调匾匀座以防食桑不匀造成发育不齐；③稚蚕用桑适熟偏嫩，壮蚕期要充分饱食，避免湿叶、污叶和发霉变质叶。

全国品审会审定意见：经审核，该品种符合国家审定标准，通过审定。适宜于长江流域蚕区夏秋季饲养。

**2. 华秋×明昭（317×854BP）**

品种审定编号：国审蚕桑 2001004

选育单位：中国农业科学院蚕业研究所

品种来源：317×（854B×416）

特征特性：秋用二元杂交种，二化性四眠蚕。孵化齐一，眠起、上蔟较齐；体质较强健，蚕体粗壮，茧型较匀正，产量中等。2000 年国家区试茧层率 22.45%，鲜毛茧出丝率 16.76%，茧丝长 1 136 米，解舒丝长 896 米，解舒率 78.89%，净度 91.10 分，茧丝纤度 2.520 D，茧丝纤度综合均方差 0.524 D。

产量表现：万头茧层量、万头产丝量超过对照品种，分别比对照品种提高 5.01%、9.55%；万头收茧量与对照品种相仿，5 龄 50 千克桑产茧量、5 龄 50 千克桑产丝量低于对照品种菁松×皓月。

饲养技术要点：①彻底消毒，杜绝病原；②做好催青保种工作，促使蚕种孵化齐一；③保持每个阶段目的温、湿度；④收蚁及各龄饲食叶适熟偏嫩；⑤蔟中注意通风换气。

全国品审会审定意见：经审核，该品种符合国家审定标准，通过审定。适宜于长江流域蚕区夏秋季饲养。

**3. 辽双 1 号（柞蚕品种）**

品种审定编号：国审蚕桑 2001005

选育单位：辽宁省蚕业研究所

品种来源：404、405、951、954

省级审定情况：2000年12月通过辽宁省农作物品种审定

特征特性：属于青蚕系统，二化、中早熟。壮蚕为鹦鹉绿色，气门线为菜花黄色；茧淡绿色，茧型较大，茧层较厚，蛹呈黑褐色；雌蛾体色为丁香棕色，雄蛾为淡咖啡色，卵色深栗色。全龄经过春蚕52日9时，秋蚕46日15时，均比对照青6号短1日。食性强，对饲料要求不严，把握力强，春蚕抗低温能力强，自然遗失率低；兼抗浓病(NPV)和空胴病，对柞蚕浓病抗病力是青6号的6.84倍，对空胴病的抵抗力比青6号提高19.7个百分点；茧形较整齐，茧层松紧适中，透气、透水性好，易煮漂，好缫丝，解舒率73.3%，比青6号高5个百分点，茧丝长1035米，单位茧量产生丝量比青6号高18.94%、回收率高4.96个百分点，生丝滑爽具光泽、手感柔软。

产量表现：1997—2000年农村大面积生产示范，秋蚕平均比青6号增产27.71%。

饲养技术要点：常规饲养技术即可。

全国品审会审定意见：经审核，该品种符合国家审定标准，予以通过审定。适宜于辽宁等二化性柞蚕饲养区饲养。

### (二) 蚕品种国家审定验证试验结果报告(第十二号)

根据申报蚕品种情况，经蚕品种国家区试工作会议讨论，并请示区试主管部门——农业部全国农技推广服务中心良繁处同意，本年度春期和秋期分别安排了2对春用和2对夏秋用蚕品种参加验证试验。试验由中国农业科学院蚕业研究所主持，全国蚕品种区试网点承担。

1. **参试蚕品种**

(1) 春期：2对春用蚕品种参试，即四川省农业科学院蚕桑研究所选育的781·881×782·882、山东省蚕业研究所选育的9601×92，以菁松×皓月为对照种。

(2) 秋期：2对夏秋用蚕品种参试，即苏州大学蚕桑学院选育的吴花×浒星、中国农业科学院蚕业研究所选育的317×854BP，以9·芙×7·湘为对照种。

2. **试验方法**

按《蚕品种国家审定验证试验组织管理办法》的要求进行，方法与1999年验证试验相同。

3. **试验任务承担单位**

(1) 春期：饲养试验任务由中国农业科学院蚕业研究所、四川省农业科学院蚕桑研究所、山东省蚕业研究所、浙江省湖州蚕桑研究所承担；四川省南泰丝绸集团公司承担四川省农业科学院蚕桑研究所样茧，江苏省蚕茧检验所承担其他三家饲养鉴定单位样茧的丝质检验任务。

(2) 早秋期：饲养试验任务由中国农业科学院蚕业研究所、四川省农业科学院蚕桑研究所、安徽农业大学蚕桑系、广西蚕业指导所承担；江苏省蚕茧检验所承担中国农业科学院蚕业研究所和安徽农业大学蚕桑系样茧，南泰丝绸集团公司承担四川省农业科学院蚕桑研究所样茧，钦州丝厂承担广西蚕业指导所样茧的丝质检验任务。

4. **试验工作和环境中需要说明的问题**

(1) 春期：中国农业科学院蚕业研究所桑叶含氟量较高，全龄平均38.69毫克/千克，781·881×782·882的5龄期蚕体大小不齐，5龄、全龄经过分别比对照品种延长2.5天、5天左右，但是其他品种发育正常，故该点成绩仍计入总平均。

(2) 秋期：广西蚕业指导所全龄遇高温闷热天气，蚕室内平均气温高达31℃以上，参试品种虫蛹率偏低，其他成绩基本正常，故成绩仍计入总平均。

四川省蚕桑研究所 5 龄第四天桑叶被污水污染,造成大批蚕发病,致使各项成绩下降,不能真正体现各品种的性状和特点,故其成绩不计入总平均,只供参考。

### 5. 分品种评价

**781·881×782·882**

春用四元杂交种,孵化齐一,眠起、上蔟较齐;体质较强健,蚕体粗壮,茧型大且匀正,产量较高。

茧丝质性状一般。茧层率 24.38%,茧丝长 1200 米,低于对照品种,低于审定标准;解舒丝长 942 米,低于对照品种,但解舒率 78.47%,超过对照品种,符合审定标准;鲜毛茧出丝率 19.06%,茧丝纤度 3.036 D,茧丝纤度综合均方差 0.615 D,符合审定标准;净度 91.88 分,与对照品种相仿,但低于审定标准。

综合经济性状良好。万头收茧量比对照品种提高 2.40%;万头茧层量、万头产丝量与对照品种相仿;5 龄 50 千克桑产茧量略低于对照品种,5 龄 50 千克桑产丝量比对照品种低 13.91%。

**9601×92**

春用二元杂交种,孵化、眠起、上蔟齐一;体质较强健好养,蚕体粗壮,茧型大且匀正,产量高。

茧丝质性状良好。茧层率 25.16%,超过对照品种,符合审定标准;茧丝长 1279 米,超过对照品种,但低于审定标准;鲜毛茧出丝率 19.06%,符合审定标准;解舒丝长 960 米,低于审定标准,但解舒率 74.98%,接近审定标准;茧丝纤度 2.997 D,茧丝纤度综合均方差 0.637 D,符合审定标准;净度 92.19 分,略超过对照品种,但低于审定标准。

综合经济性状优良。万头收茧量、万头茧层量、万头产丝量、5 龄 50 千克桑产茧量、5 龄 50 千克桑产丝量均超过对照品种,分别比对照提高 6.01%、4.50%、1.97%、3.29%、4.44%。

**吴花×浒星**

秋用二元杂交种,孵化、眠起、上蔟齐一;体质较强健,蚕体粗壮,茧型较大且匀正,产量较高。

茧丝质性状良好。茧层率 22.16%,鲜毛茧出丝率 18.10%,茧丝长 1079 米,解舒丝长 891 米,解舒率 82.29%,均超过对照品种,符合审定标准;净度 91.70 分,略高于对照品种,接近审定标准;茧丝纤度 2.728 D,符合审定标准;茧丝纤度综合均方差 0.519 D,稍偏大。

综合经济性状优良。万头收茧量、万头茧层量、万头产丝量、5 龄 50 千克桑产茧量、5 龄 50 千克桑产丝量均超过对照品种,分别比对照提高 6.08%、10.37%、18.57%、0.57%、12.73%。

**317×854BP**

秋用二元杂交种,孵化齐一,眠起、上蔟较齐;体质较强健,蚕体粗壮,茧型较匀正,产量中等。

茧丝质性状良好。茧层率 22.45%,鲜毛茧出丝率 16.76%,茧丝长 1136 米,解舒丝长 896 米,均超过对照品种,符合审定标准;解舒率 78.89%,与对照品种相仿,符合审定标准;净度 91.10 分,略高于对照品种,但低于审定标准;茧丝纤度 2.520 D,符合审定标准;茧丝纤度综合均方差 0.524 D,稍偏大。

综合经济性状良好。万头茧层量、万头产丝量超过对照品种,分别比对照品种提高 5.01%、9.55%;万头收茧量与对照品种相仿,5 龄 50 千克桑产茧量、5 龄 50 千克桑产丝量低于对照品种。

### 6. 试验成绩

见附件 1～附件 4。

附件 1. 2000 年各参试蚕品种主要经济性状成绩与审定标准对照表(春期)(表 3.79)

附件 2. 2000 年春期桑蚕品种国家审定验证试验(区试)成绩报告表(表 3.80、表 3.81)

附件 3. 2000 年各参试蚕品种主要经济性状成绩与审定标准对照表(秋期)(表 3.82)

附件 4. 2000 年秋期桑蚕品种国家审定验证试验(区试)成绩报告表(表 3.83、表 3.84)

蚕品种国家区试网点

2001 年 5 月 9 日

附件 1

表 3.79　2000 年各参试蚕品种主要经济性状成绩与审定标准对照表（春期）

| 标准及品种 | 性状 | 虫蛹率(%) | 万头收茧量(千克) | 5龄50千克桑产茧量(千克) | 茧层率(%) | 鲜毛茧出丝率(%) | 茧丝长(米) | 解舒丝长(米) | 解舒率(%) | 茧丝纤度(D) | 纤度综合均方差(D) | 净度(分) |
|---|---|---|---|---|---|---|---|---|---|---|---|---|
| 审定标准 | | 不低于对照品种的98% | 不低于对照品种的98% | 不低于对照品种的98% | 25以上 | 19以上 | 1350以上 | 1000以上 | 75 | 2.7~3.1 | 0.650以下 | 不低于93 |
| 菁松×皓月（对照） | 实数 | 96.26 | 19.12 | 3.162 | 25.11 | 19.41 | 1256 | 955 | 75.88 | 2.918 | 0.661 | 91.86 |
| | 指数 | 100 | 100 | 100 | 100 | 100 | 100 | 100 | 100 | | | 100 |
| 781·881×782·882 | 实数 | 96.26 | 19.58 | 3.109 | 24.38 | 19.06 | 1200 | 942 | 78.47 | 3.036 | 0.615 | 91.88 |
| | 指数 | 100 | 102.4 | 98.32 | 97.09 | 98.20 | 95.54 | 98.64 | 103.41 | | | 100.02 |
| 9601×92 | 实数 | 95.86 | 20.27 | 3.266 | 25.16 | 19.18 | 1279 | 960 | 74.98 | 2.997 | 0.637 | 92.19 |
| | 指数 | 99.58 | 106.01 | 103.29 | 100.20 | 98.82 | 101.83 | 100.52 | 98.81 | | | 100.36 |

附件 2

表 3.80　2000 年春期桑蚕品种审定验证试验（区试）成绩报告表一1

综合分析成绩

饲养成绩

| 品种名(杂交形式) | | 实用孵化率(%) | 龄期经过(日:时) 5龄 | 龄期经过(日:时) 全龄 | 4龄起蚕生命率(%) 结茧率 | 死笼率 | 虫蛹率(%) | 全茧量(克) | 茧层量(克) | 茧层率(%) | 总收茧量(克) | 普通茧重量百分率(%) | 实际饲育头数(条) |
|---|---|---|---|---|---|---|---|---|---|---|---|---|---|
| 781·881×782·882 | 正交 | 98.69 | 8:14 | 25:20 | 97.99 | 1.41 | 96.62 | 2.00 | 0.486 | 24.38 | 830 | 97.82 | 425 |
| | 反交 | 98.89 | 8:11 | 25:18 | 97.16 | 1.34 | 95.89 | 2.01 | 0.489 | 24.37 | 812 | 98.29 | 416 |
| | 平均 | 98.79 | 8:12 | 25:19 | 97.58 | 1.37 | 96.26 | 2.00 | 0.487 | 24.38 | 821 | 98.06 | 420 |
| 9601×92 | 正交 | 97.26 | 8:00 | 24:12 | 98.16 | 2.63 | 95.58 | 2.03 | 0.508 | 25.13 | 837 | 96.51 | 427 |
| | 反交 | 97.57 | 7:20 | 24:07 | 98.38 | 2.29 | 96.13 | 2.12 | 0.524 | 25.22 | 867 | 97.34 | 423 |
| | 平均 | 97.42 | 7:22 | 24:10 | 98.27 | 2.46 | 95.86 | 2.06 | 0.516 | 25.16 | 851 | 96.96 | 425 |
| 菁松×皓月 | 正交 | 97.98 | 8:02 | 24:11 | 98.15 | 1.20 | 96.95 | 1.95 | 0.488 | 25.10 | 824 | 97.35 | 439 |
| | 反交 | 97.91 | 8:02 | 24:09 | 97.08 | 1.56 | 95.56 | 1.97 | 0.492 | 25.12 | 820 | 96.59 | 426 |
| | 平均 | 97.94 | 8:02 | 24:10 | 97.61 | 1.38 | 96.26 | 1.96 | 0.490 | 25.11 | 822 | 96.97 | 433 |

茧丝质成绩

| 品种名(杂交形式) | | 5龄给桑量(克) | 上车茧率(%) | 鲜毛茧出丝率(%) | 茧丝长(米) | 解舒丝长(米) | 解舒率(%) | 茧丝量(克) |
|---|---|---|---|---|---|---|---|---|
| 781·881×782·882 | 正交 | 13755 | 95.78 | 19.06 | 1200 | 942 | 78.47 | 0.405 |
| | 反交 | 13573 | | | | | | |
| | 平均 | 13664 | | | | | | |
| 9601×92 | 正交 | 13383 | 94.08 | 19.18 | 1279 | 960 | 74.98 | 0.426 |
| | 反交 | 13393 | | | | | | |
| | 平均 | 13388 | | | | | | |
| 菁松×皓月 | 正交 | 13179 | 94.98 | 19.41 | 1256 | 955 | 75.88 | 0.407 |
| | 反交 | 13269 | | | | | | |
| | 平均 | 13224 | | | | | | |

**表 3.81　2000 年春期桑蚕品种国家审定鉴证试验（区试）成绩报告表—2**

综合分析成绩

| 品种名称（杂交形式） | | 茧丝质成绩 | | | 万头收茧量 | | 万头茧层量 | | 万头产丝量 | | 5 龄 50 千克桑产茧量 | | 5 龄 50 千克桑产丝量 | |
| --- | --- | --- | --- | --- | --- | --- | --- | --- | --- | --- | --- | --- | --- | --- |
| | | 纤度（D） | 茧丝纤度综合均方差（D） | 净度（分） | 实数（千克） | 指数（%） | 实数（千克） | 指数（%） | 实数（千克） | 指数（%） | 实数（千克） | 指数（%） | 实数（千克） | 指数（%） |
| 781·881 × 782·882 | 正交 | | | | 19.59 | | 4.768 | | | | 2.509 | | | |
| | 反交 | | | | 19.58 | | 4.765 | | | | 5.463 | | | |
| | 平均 | 3.036 | 0.615 | 91.88 | 19.58 | 102.40 | 4.766 | 99.67 | 3.734 | 100.81 | 3.109 | 98.32 | 0.594 | 86.09 |
| 9601×92 | 正交 | | | | 19.79 | | 4.870 | | | | 2.214 | | | |
| | 反交 | | | | 20.74 | | 5.125 | | | | 2.306 | | | |
| | 平均 | 2.997 | 0.637 | 92.19 | 20.27 | 106.01 | 4.997 | 104.50 | 3.777 | 101.97 | 3.266 | 103.29 | 0.705 | 104.44 |
| 菁松 × 皓月 | 正交 | | | | 18.85 | | 4.718 | | | | — | | | |
| | 反交 | | | | 19.38 | | 4.845 | | | | — | | | |
| | 平均 | 2.918 | 0.661 | 91.86 | 19.12 | 100 | 4.782 | 100 | 3.704 | 100 | 3.162 | 100 | 0.675 | 100 |

**附件 3**

**表 3.82　2000 年各参试蚕品种主要经济性状成绩与审定标准对照表（秋期）**

| 标准及品种 ＼ 性状 | | 虫蛹率（%） | 万头收茧量（千克） | 5 龄 50 千克桑产茧量（千克） | 茧层率（%） | 鲜毛茧出丝率（%） | 茧丝长（米） | 解舒丝长（米） | 解舒率（%） | 茧丝纤度（D） | 纤度综合均方差（D） | 净度（分） |
| --- | --- | --- | --- | --- | --- | --- | --- | --- | --- | --- | --- | --- |
| 审定标准 | | 不低于对照品种的 98% | 不低于对照品种的 98% | 不低于对照品种的 98% | 21 以上 | 16 以上 | 1000 以上 | 700 以上 | 70 | 2.3~2.7 | 0.500 以下 | 不低于 92 |
| 9·美 × 7·湘 | 实数 | 97.80 | 15.27 | 3.335 | 21.30 | 16.24 | 983 | 809 | 78.90 | 2.402 | 0.501 | 90.67 |
| | 指数 | 100 | 100 | 100 | 100 | 100 | 100 | 100 | 100 | | | 100 |
| 吴·花 × 浙·星 | 实数 | 86.33 | 16.20 | 3.360 | 22.16 | 18.10 | 1019 | 891 | 82.29 | 2.728 | 0.519 | 91.70 |
| | 指数 | 88.27 | 106.08 | 100.57 | 104.04 | 111.45 | 109.77 | 110.14 | 104.3 | | | 101.14 |
| 317 × 854BP | 实数 | 83.03 | 15.25 | 3.202 | 21.45 | 16.76 | 1136 | 896 | 78.89 | 2.520 | 0.524 | 91.10 |
| | 指数 | 84.90 | 99.87 | 96.23 | 100.70 | 103.20 | 115.56 | 110.75 | 99.99 | | | 100.47 |

注：8907×8712 审定后定名吴·花×浙·星，317×854BP 审定后定名华秋×明昭。

附件4

**表3.83 2000年秋期桑蚕品种国家审定验证试验（区试）成绩报告表—1**

综合分析成绩

| 品种名称（杂交形式） | | 实用孵化率(%) | 龄期经过(日:时) 5龄 | 龄期经过(日:时) 全龄 | 结茧率(%) | 死笼率(%) | 虫蛹率(%) | 全茧量(克) | 茧层量(克) | 茧层率(%) | 总收茧量(克) | 普通茧重量百分率(%) | 实际饲育头数(条) | 5龄给桑量(克) | 上车茧率(%) | 鲜毛茧出丝率(%) | 茧丝长(米) | 解舒丝长(米) | 解舒率(%) | 茧丝量(克) |
|---|---|---|---|---|---|---|---|---|---|---|---|---|---|---|---|---|---|---|---|---|
| 吴·花×浙·星 | 正交 | 96.12 | 6:13 | 20:23 | 87.71 | 8.41 | 81.75 | 1.73 | 0.382 | 22.03 | 628 | 94.16 | 406 | 9751 | | | | | | |
| | 反交 | 97.03 | 6:14 | 20:23 | 95.93 | 5.45 | 90.91 | 1.76 | 0.393 | 22.30 | 671 | 95.05 | 395 | 9568 | | | | | | |
| | 平均 | 96.57 | 6:14 | 20:23 | 91.82 | 6.93 | 86.33 | 1.75 | 0.388 | 22.16 | 650 | 94.61 | 401 | 9659 | 94.23 | 18.10 | 1079 | 891 | 82.29 | 0.306 |
| 317×854BP | 正交 | 97.76 | 6:13 | 20:23 | 87.29 | 4.89 | 83.95 | 1.74 | 0.392 | 22.50 | 607 | 96.48 | 395 | 9529 | | | | | | |
| | 反交 | 98.71 | 6:14 | 20:23 | 86.90 | 7.27 | 82.11 | 1.72 | 0.386 | 22.38 | 615 | 95.81 | 407 | 9507 | | | | | | |
| | 平均 | 98.17 | 6:14 | 20:23 | 87.10 | 6.08 | 83.03 | 1.73 | 0.389 | 22.45 | 611 | 96.15 | 401 | 9518 | 93.12 | 16.76 | 1136 | 896 | 78.89 | 0.297 |
| 9·美×7·湘 | 正交 | 97.92 | 6:01 | 20:10 | 98.93 | 1.12 | 97.82 | 1.52 | 0.328 | 21.48 | 617 | 96.82 | 408 | 9246 | | | | | | |
| | 反交 | 97.66 | 6:03 | 20:12 | 99.06 | 1.31 | 97.77 | 1.54 | 0.325 | 21.13 | 617 | 97.05 | 405 | 9231 | | | | | | |
| | 平均 | 97.79 | 6:02 | 21:11 | 99.00 | 1.21 | 97.80 | 1.53 | 0.327 | 21.30 | 617 | 96.94 | 406 | 9239 | 95.79 | 16.24 | 983 | 809 | 78.90 | 0.245 |

**表3.84 2000年秋期国家审定验证试验（区试）成绩报告表—2**

综合分析成绩

| 品种名称（杂交形式） | | 纤度(D) | 茧丝纤度综合均方差(D) | 净度(分) | 万头收茧量 实数(千克) | 万头收茧量 指数(%) | 万头茧层量 实数(千克) | 万头茧层量 指数(%) | 万头产丝量 实数(千克) | 万头产丝量 指数(%) | 5龄50千克桑产茧量 实数(千克) | 5龄50千克桑产茧量 指数(%) | 5龄50千克桑产丝量 实数(千克) | 5龄50千克桑产丝量 指数(%) |
|---|---|---|---|---|---|---|---|---|---|---|---|---|---|---|
| 吴·花×浙·星 | 正交 | | | | 15.41 | 102.19 | 3.395 | 104.65 | | | 3.220 | 96.17 | | |
| | 反交 | | | | 16.99 | 109.97 | 3.795 | 116.09 | | | 3.500 | 104.90 | | |
| | 平均 | 2.728 | 0.519 | 91.70 | 16.20 | 106.08 | 3.596 | 110.37 | 2.943 | 118.57 | 3.360 | 100.57 | 0.611 | 112.73 |
| 317×854BP | 正交 | | | | 15.42 | 102.25 | 3.467 | 106.87 | | | 3.187 | 95.60 | | |
| | 反交 | | | | 15.07 | 97.54 | 3.400 | 104.01 | | | 3.218 | 96.87 | | |
| | 平均 | 2.520 | 0.524 | 91.10 | 15.25 | 99.90 | 3.425 | 105.01 | 2.719 | 109.55 | 3.202 | 96.23 | 0.537 | 99.08 |
| 9·美×7·湘 | 正交 | | | | 15.08 | 100 | 3.244 | 100 | | | 3.332 | 100 | | |
| | 反交 | | | | 15.45 | 100 | 3.269 | 100 | | | 3.338 | 100 | | |
| | 平均 | 2.402 | 0.501 | 90.67 | 15.27 | 100 | 3.257 | 100 | 2.482 | 100 | 3.335 | 100 | 0.542 | 100 |

说明：2001年末收到新品种参试申请，原定试验网点对蚕茧主产省（区）8对复秋用蚕品种进行比较试验：75新×7532，781×7532，夏芳×秋白，苏3·秋4·东43×7·湘，黄鹤×朝霞，9·美×7·湘，但因经费未落实，未进行鉴定。

# 三、蚕品种国家审定区域试验结果报告(第十三号)

根据申报蚕品种情况,经请示区试主管部门——农业部全国农技推广服务中心良繁处同意,2002 年度春期和秋期分别安排了 2 对春用和 2 对夏秋用蚕品种参加国家审定验证(区域)试验。试验由中国农业科学院蚕业研究所主持,全国蚕品种区试网点承担。

## (一) 试蚕品种

春期:2 对春用蚕品种参试,即中国农业科学院蚕业研究所选育的华源×东升、江苏苏豪国际集团股份有限公司选育的协 2 号,以菁松×皓月为对照品种。

秋期:2 对夏秋用蚕品种参试,即中国农业科学院蚕业研究所选育的 1053×1054、广东省丝绸集团蚕种繁殖试验所选育的金·丰×玉·龙,以 9·芙×7·湘为对照品种。

## (二) 试验方法

按《蚕品种国家审定验证试验组织管理办法》的要求进行,同 1999 年、2000 年验证试验。

## (三) 试验任务承担单位

春期:饲养试验任务由中国农业科学院蚕业研究所、四川省农业科学院蚕桑研究所、山东省蚕业研究所、浙江省湖州蚕桑研究所承担;四川省南泰丝绸集团公司承担四川省农业科学院蚕桑研究所样茧、浙江省第三缫丝试样厂承担浙江省湖州蚕桑研究所样茧、江苏省蚕茧检验所承担其他两家饲养鉴定单位样茧的丝质检验任务。

早秋期:饲养试验任务由中国农业科学院蚕业研究所、四川省农业科学院蚕桑研究所、安徽农业大学蚕桑系、广西蚕业指导所承担;江苏省蚕茧检验所承担中国农业科学院蚕业研究所和安徽农业大学蚕桑系样茧、南泰丝绸集团公司承担四川省农业科学院蚕桑研究所样茧、钦州丝厂承担广西蚕业指导所样茧的丝质检验任务。

## (四) 试验工作和环境中需要说明的问题

春期:山东省蚕业研究所因桑树受晚霜冻害,收蚁日期比往年推迟 15 日左右,转青卵冷藏抑制 2 日。中国农业科学院蚕业研究所、四川省农业科学院蚕桑研究所、湖州蚕桑研究所幼虫期遭遇连续低温阴雨天气,蚕儿吃水叶,桑叶日照不足,但各品种发育正常,成绩仍计入总平均。

秋期:四川省农业科学院蚕桑研究所 5 龄期遇连续高温,桑叶质量较差。

## (五) 分品种评价

### 1. 华源×东升

春用二元杂交种,孵化齐一,眠起、上蔟较齐;体质较强健,蚕体粗壮,茧型较大,产量较高。

茧丝质性状良好。茧层率 22.98%,茧丝长 1296 米,低于对照品种,低于审定标准;解舒率 78.52%,解舒丝长 1017 米,超过对照品种,符合审定标准;鲜毛茧出丝率 17.79%,低于对照品种,低于审定标准;

茧丝纤度 2.783 D,茧丝纤度综合均方差 0.583 D,符合审定标准;净度 94.57 分,超过对照品种,符合审定标准。

综合经济性状良好。万头收茧量、万头茧层量、5 龄 50 千克桑产茧量分别比对照品种提高 5.67%、1.96%、6.40%;万头产丝量、5 龄 50 千克桑产丝量低于对照品种。

2. 协 2 号

春用四元杂交种,孵化、眠起、上蔟较齐;蚕体粗壮,茧型大,产量高,但虫蛹率只及对照的 97.44%,低于审定标准。

茧丝质性状良好。茧层率 24.41%,但低于审定标准;茧丝长 1348 米,超过对照品种,接近审定标准;鲜毛茧出丝率 19.06%,符合审定标准;解舒率 74.23%,低于审定标准,但解舒丝长 1004 米,符合审定标准;茧丝纤度 2.925 D,茧丝纤度综合均方差 0.604 D,符合审定标准;净度 94.81 分,超过对照品种,符合审定标准。

综合经济性状优良。万头收茧量、万头茧层量、万头产丝量、5 龄 50 千克桑产茧量、5 龄 50 千克桑产丝量均超过对照品种,分别比对照提高 7.04%、10.05%、6.94%、5.46%、2.93%。

3. 1053×1054

夏秋用二元杂交种,孵化、眠起、上蔟较齐一;耐氟性能测试表明,该品种 4 龄起蚕用 120 毫克/千克氟化钠溶液浸渍后的桑叶添食 48 小时,能正常生长。体质强健,蚕体粗壮,茧形较大,产量较高。

茧丝质性状良好。茧层率 23.02%,鲜毛茧出丝率 16.84%,茧丝长 1084 米,解舒丝长 787 米,解舒率 72.23%,茧丝纤度 2.552 D,茧丝纤度综合均方差 0.478 D,净度 93.78 分,符合审定标准。

综合经济性状优良。万头收茧量、万头茧层量、万头产丝量、5 龄 50 千克桑产茧量和产丝量均超过对照品种,分别比对照提高 11.03%、10.98%、12.40%、8.80%、20.04%。

4. 金·丰×玉·龙

夏秋用四元杂交种,孵化齐一,眠起、上蔟较齐;体质较强健,蚕体粗壮,茧形较匀正,产量中等。

茧丝质性状良好。茧层率 23.48%,鲜毛茧出丝率 16.60%,符合审定标准;茧丝长 995 米,解舒丝长 682 米,解舒率 68.31%,低于对照品种,低于审定标准;净度 94.55 分,超过对照品种,符合审定标准;茧丝纤度 2.701 D,茧丝纤度综合均方差 0.459 D,符合审定标准。

综合经济性状良好。万头茧层量、万头收茧量和万头产丝量超过对照品种,分别比对照品种提高 4.50%、6.14% 和 4.50%;5 龄 50 千克桑产茧量为对照品种的 98.27%,符合审定标准,5 龄 50 千克桑产丝量超过对照品种。

### (六)试验成绩

见附件 1~附件 4。

蚕品种国家区试网点<br>2002 年 12 月 29 日

附件 1

表 3.85 2002 年各参鉴蚕品种主要经济性状成绩与审定标准对照表（春期）

| 标准及品种 | 性状 | 虫蛹率（%） | 万头收茧量（千克） | 5龄50千克桑产茧量（千克） | 茧层率（%） | 茧丝长（米） | 解舒丝长（米） | 解舒率（%） | 鲜毛茧出丝率（%） | 茧丝纤度（D） | 纤度综合均方差（D） | 净度（分） |
|---|---|---|---|---|---|---|---|---|---|---|---|---|
| 审定标准 | | 不低于对照品种的98% | 不低于对照品种的98% | 不低于照品种的98% | 25以上 | 1350以上 | 1000以上 | 75或对照品种的95% | 19以上 | 2.7～3.1 | 0.65以下 | 不低于93 |
| 菁松×皓月 | 实数 | 91.74 | 19.04 | 2.969 | 23.79 | 1280 | 976 | 76.51 | 19.36 | 2.774 | 0.600 | 93.56 |
| | 指数 | 100 | 100 | 100 | | | | 100 | | | | |
| 华源×东升 | 实数 | 90.51 | 20.12 | 3.159 | 22.98 | 1296 | 1017 | 78.52 | 17.79 | 2.783 | 0.583 | 94.57 |
| | 指数 | 98.66 | 105.67 | 106.40 | | | | 102.44 | | | | |
| 协2号 | 实数 | 89.39 | 20.38 | 3.131 | 24.41 | 1348 | 1004 | 74.23 | 19.06 | 2.925 | 0.604 | 94.81 |
| | 指数 | 97.44 | 107.04 | 105.46 | | | | 97.02 | | | | |

附件 2

表 3.86 桑蚕品种国家审定验证（区试）成绩报告表（2002 年春期）

| 品种名（杂交形式） | | 实用孵化率（%） | 龄期经过（日:时） | | 4龄起蚕生命率（%） | | | 总收茧量（克） | 普通茧重量百分率（%） | 实际饲育头数（条） | 5龄给桑量（克） | 茧质 | | | 上车茧率（%） | 鲜毛茧出丝率（%） | 茧丝长（米） | 解舒丝长（米） | 解舒率（%） | 茧丝量（克） |
|---|---|---|---|---|---|---|---|---|---|---|---|---|---|---|---|---|---|---|---|---|
| | | | 5龄 | 全龄 | 结茧率（%） | 死笼率（%） | 虫蛹率（%） | | | | | 全茧量（克） | 茧层量（克） | 茧层率（%） | | | | | | |
| 华源×东升 | 正交 | 96.23 | 8:13 | 25:18 | 95.68 | 3.28 | 92.72 | 843 | 94.50 | 421 | 14435 | 2.08 | 0.485 | 23.33 | | | | | | |
| | 反交 | 97.74 | 8:17 | 26:04 | 93.91 | 6.84 | 88.29 | 856 | 94.87 | 417 | 14705 | 2.14 | 0.483 | 22.63 | | | | | | |
| | 平均 | 96.99 | 8:15 | 25:23 | 94.80 | 5.06 | 90.51 | 850 | 94.68 | 419 | 14570 | 2.11 | 0.484 | 22.98 | 94.07 | 17.79 | 1296 | 1017 | 78.52 | 0.411 |
| 协2号 | 正交 | 98.40 | 8:07 | 25:07 | 95.50 | 3.96 | 91.86 | 852 | 96.83 | 414 | 14465 | 2.14 | 0.523 | 24.44 | | | | | | |
| | 反交 | 9879 | 8:07 | 25:07 | 92.50 | 6.54 | 86.92 | 842 | 96.44 | 413 | 15029 | 2.18 | 0.532 | 24.38 | | | | | | |
| | 平均 | 98.59 | 8:07 | 25:07 | 94.00 | 5.24 | 89.39 | 847 | 96.64 | 413 | 14747 | 2.16 | 0.527 | 24.41 | 94.99 | 19.06 | 1348 | 1004 | 74.23 | 0.452 |
| 菁松×皓月 | 正交 | 97.54 | 8:14 | 25:18 | 94.99 | 3.50 | 91.92 | 782 | 95.77 | 409 | 14243 | 2.01 | 0.476 | 23.60 | | | | | | |
| | 反交 | 98.30 | 8:12 | 25:17 | 95.27 | 423 | 91.56 | 793 | 95.86 | 413 | 14328 | 1.97 | 0.472 | 23.98 | | | | | | |
| | 平均 | 97.92 | 8:13 | 25:18 | 95.13 | 3.87 | 91.74 | 788 | 95.82 | 411 | 14285 | 1.99 | 0.474 | 23.79 | 95.52 | 19.36 | 1280 | 976 | 76.51 | 0.399 |

（饲养成绩 / 茧丝质成绩）

**表 3.87 桑蚕品种国家审定验证试验（区试）成绩报告表（2002 年春期）**

| 杂交形式 | | 茧丝质成绩 纤度(D) | 茧丝纤度综合均方差(D) | 净度(分) | 万头收茧量 实数(千克) | 万头收茧量 指数(%) | 万头茧层量 实数(千克) | 万头茧层量 指数(%) | 万头产丝量 实数(千克) | 万头产丝量 指数(%) | 5龄50千克桑产茧量 实数(千克) | 5龄50千克桑产茧量 指数(%) | 5龄50千克桑产丝量 实数(千克) | 5龄50千克桑产丝量 指数(%) |
|---|---|---|---|---|---|---|---|---|---|---|---|---|---|---|
| 华源×东升 | 正交 | | | | 19.93 | | 4.641 | | 3.546 | | 3.148 | | 0.565 | |
| | 反交 | | | | 20.31 | | 4.586 | | 3.619 | | 3.170 | | 0.564 | |
| | 平均 | 2.783 | 0.583 | 94.57 | 20.12 | 105.67 | 4.613 | 102.03 | 3.583 | 97.07 | 3.159 | 106.40 | 0.564 | 97.07 |
| 协2号 | 正交 | | | | 20.53 | | 5.010 | | 3.912 | | 3.189 | | 0.609 | |
| | 反交 | | | | 20.23 | | 4.940 | | 3.983 | | 3.073 | | 0.588 | |
| | 平均 | 2.925 | 0.604 | 94.81 | 20.38 | 107.04 | 4.975 | 110.04 | 3.947 | 106.94 | 3.131 | 105.46 | 0.598 | 102.93 |
| 菁松×皓月 | 正交 | | | | 18.98 | | 4.473 | | 3.681 | | 2.944 | | 0.576 | |
| | 反交 | | | | 19.09 | | 4.568 | | 3.701 | | 2.995 | | 0.587 | |
| | 平均 | 2.774 | 0.600 | 93.56 | 19.04 | 100 | 4.521 | 100 | 3.691 | 100 | 2.969 | 100 | 0.581 | 100 |

## 附件 3

**表 3.88 2002 年各参鉴蚕品种主要性状成绩与审定标准对照表（早秋期）**

| 标准及品种 | 性状 | 虫蛹率(%) | 万头收茧量(千克) | 5龄50千克桑产茧量(千克) | 茧层率(%) | 鲜毛茧出丝率(%) | 茧丝长(米) | 解舒丝长(米) | 解舒率(%) | 茧丝纤度(D) | 纤度综合均方差(D) | 净度(分) |
|---|---|---|---|---|---|---|---|---|---|---|---|---|
| 审定标准 | | 不低于对照品种的98% | 不低于照品种的98% | 不低于照品种的98% | 21以上 | 16以上 | 1000以上 | 700以上 | 70或对照品种的95% | 2.3~2.7 | 0.50以上 | 不低于92 |
| 9·芙×7·湘 | 实数 | 95.00 | 14.24 | 2.862 | 23.13 | 16.61 | 981 | 733 | 74.00 | 2.492 | 0.405 | 95.08 |
| | 指数 | 100 | 100 | 100 | | | | | 100 | | | |
| 金丰×玉龙 | 实数 | 92.06 | 14.90 | 2.834 | 23.48 | 16.60 | 995 | 682 | 68.31 | 2.701 | 0.459 | 94.55 |
| | 指数 | 96.91 | 104.63 | 99.02 | | | | | 92.31 | | | |
| 1053×1054 | 实数 | 95.88 | 15.82 | 3.125 | 23.02 | 16.84 | 1084 | 787 | 72.23 | 2.552 | 0.478 | 93.78 |
| | 指数 | 100.93 | 111.1 | 109.19 | | | | | 97.91 | | | |

附件 4

第三章 · 蚕品种试验成绩与审定结果

## 表 3.89 桑蚕品种国家审定验证(区试)成绩报告表
### (2002 年春期)

| 品种名 (杂交形式) | | 实用孵化率 (%) | 龄期经过 (日:时) | | 4龄起蚕生命率 | | | 茧质 | | | 总收茧量 (克) | 普通茧重量百分率 (%) | 实际饲育头数 (条) | 5龄给桑量 (克) | 上车茧率 (%) | 鲜毛茧出丝率 (%) | 茧丝长 (米) | 解舒丝长 (米) | 解舒率 (%) | 茧丝量 (克) |
|---|---|---|---|---|---|---|---|---|---|---|---|---|---|---|---|---|---|---|---|---|
| | | | 5龄 | 全龄 | 结茧率 (%) | 死笼率 (%) | 虫蛹率 (%) | 全茧量 (克) | 茧层量 (克) | 茧层率 (%) | | | | | | | | | | |
| 金丰 × 玉龙 | 正交 | 98.70 | 7:07 | 22:04 | 96.88 | 3.02 | 9 396 | 1.55 | 0.365 | 23.50 | 547 | 91.30 | 364 | 9 834 | | | | | | |
| | 反交 | 98.70 | 7:03 | 22:02 | 94.05 | 4.17 | 90.22 | 1.55 | 0.362 | 23.44 | 541 | 90.59 | 366 | 9 843 | | | | | | |
| | 平均 | 98.70 | 7:05 | 22:03 | 95.47 | 3.60 | 92.06 | 1.55 | 0.364 | 23.48 | 544 | 90.95 | 365 | 9 838 | 96.30 | 16.60 | 995 | 682 | 68.31 | 0.29 |
| 1053 × 1054 | 正交 | 98.01 | 6:21 | 22:05 | 96.77 | 3.20 | 93.70 | 1.67 | 0.382 | 22.82 | 606 | 90.91 | 380 | 9 402 | | | | | | |
| | 反交 | 97.94 | 6:16 | 21:18 | 96.99 | 4.22 | 92.91 | 1.64 | 0.384 | 23.39 | 536 | 90.55 | 359 | 9 415 | | | | | | |
| | 平均 | 97.99 | 6:19 | 21:23 | 96.85 | 3.61 | 95.88 | 1.66 | 0.381 | 23.02 | 588 | 91.02 | 373 | 9 408 | 95.60 | 16.84 | 1 084 | 787 | 72.23 | 0.31 |
| 9·芙 × 7·湘 | 正交 | 97.70 | 6:17 | 21:22 | 95.63 | 2.21 | 93.73 | 1.49 | 0.340 | 22.98 | 497 | 92.25 | 354 | 7 382 | | | | | | |
| | 反交 | 97.75 | 6:17 | 21:22 | 97.99 | 1.71 | 96.33 | 1.50 | 0.349 | 23.27 | 477 | 90.62 | 331 | 6 231 | | | | | | |
| | 平均 | 97.83 | 6:17 | 21:22 | 96.81 | 1.96 | 95.00 | 1.49 | 0.345 | 23.13 | 487 | 91.44 | 342 | 6 806 | 96.80 | 16.61 | 981 | 733 | 7 400 | 0.27 |

## 表 3.90 桑蚕品种国家审定验证试验(区试)成绩报告表
### (2002 年秋期)

| 杂交形式 | | 茧丝质成绩 | | | 万头收茧量 | | 万头茧层量 | | 万头产丝量 | | 5龄50千克桑产茧量 | | 5龄50千克桑产丝量 | |
|---|---|---|---|---|---|---|---|---|---|---|---|---|---|---|
| | | 纤度 (D) | 茧丝纤度综合均方差 (D) | 净度 (分) | 实数 (千克) | 指数 (%) | 实数 (千克) | 指数 (%) | 实数 (千克) | 指数 (%) | 实数 (千克) | 指数 (%) | 实数 (千克) | 指数 (%) |
| 金丰 × 玉龙 | 正交 | | | | 15.04 | | 3.530 | | | | 2.781 | | | |
| | 反交 | | | | 14.76 | | 3.458 | | | | 2.752 | | | |
| | 平均 | 2.701 | 0.459 | 94.55 | 14.90 | 104.63 | 3.495 | 106.26 | 2.493 | 104.70 | 2.834 | 99.02 | 0.463 | 96.46 |
| 1053 × 1054 | 正交 | | | | 15.89 | | 3.626 | | | | 3.286 | | | |
| | 反交 | | | | 15.76 | | 3.688 | | | | 3.009 | | | |
| | 平均 | 2.552 | 0.478 | 93.78 | 15.82 | 111.10 | 3.656 | 111.16 | 2.692 | 113.06 | 3.125 | 109.19 | 0.539 | 112.29 |
| 9·芙 × 7·湘 | 正交 | | | | 14.04 | | 3.221 | | | | 2.671 | | | |
| | 反交 | | | | 14.44 | | 3.354 | | | | 3.055 | | | |
| | 平均 | 1.492 | 0.405 | 95.08 | 14.24 | 100 | 3.289 | 100 | 2.381 | 100 | 2.862 | 100 | 0.480 | 100 |

注：由于农业部调整全国主要农作物种类，蚕、桑品种均未被列入，因此蚕、桑品种国家审定被搁置。2002 年完成验证试验的蚕品种未审定。

248

# 第三节
# 2010—2020 年试验成绩与审定结果

## 一、2010—2012 年试验成绩与审定结果

### （一）农业部公告第 2296 号

富两优 236、佳禾 18、GK102、垦豆 43、中薯 20 号、丝雨二号等 145 个稻、玉米、棉花、大豆、马铃薯、蚕品种业经第三届国家农作物品种审定委员会第六次会议审定通过，现予公告。

中华人民共和国农业部

2015 年 9 月 2 日

**审定通过蚕品种简介**

1. 丝雨二号

**审定编号**：国审蚕 2015001

**申请者**：中国农业科学院蚕业研究所、江苏科技大学、湖州市经济作物技术推广站

**育种者**：中国农业科学院蚕业研究所、江苏科技大学、湖州市经济作物技术推广站

**品种来源**：0223·CB391×JN891·898W

**特征特性**：该品种为中·中×日·日四元杂交种。正交越年卵色有两种，灰绿色和绿色；反交越年卵为紫褐色。孵化齐一，蚁蚕黑褐色。各龄眠起齐一、眠性快。壮蚕体色青白，正反交均为普斑，体型粗壮，食桑旺盛，蚕体发育快，老熟齐涌。

**秋蚕期实验室鉴定**：4 龄起蚕虫蛹率 92.44%，万蚕产茧量 18.38 千克，净度 95.49 分，解舒率 79.26%，鲜毛茧出丝率 18.69%，茧层率 23.18%，茧丝长 1 230 米。

**秋蚕期生产鉴定**：每盒种产茧量 38.67 千克。

**品种主要缺陷、风险等及预防措施**：催青积温较高，冷藏浸酸种需要 11 日催青；如果壮蚕期连续给予湿叶，可能增加死笼茧率。预防措施：①使用冷藏浸酸种时，应比一般品种提早 1 日出库浸酸；②使用电风扇，将桑叶吹干，避免连续给湿叶。

**饲养技术要点**：①催青积温较高,冷藏浸酸种需要11日催青。②蚕食桑较猛,壮蚕期蚕座头数不能过密,使其充分饱食。③保持蔟室环境通风干燥,上蔟不宜过密。

**审定意见**：该品种符合国家蚕品种审定标准,通过审定。适宜黄河流域和长江流域蚕区秋季饲养。

2. 桂蚕2号

**审定编号**：国审蚕2015002

**申请者**：广西壮族自治区蚕业技术推广总站

**育种者**：广西壮族自治区蚕业技术推广总站

**品种来源**：932·8810×7532·8711

**特征特性**：四眠,"中·中×日·日"二化含多化春秋用四元杂交种。正交卵色灰绿或深灰色或白色,蚁蚕黑褐色,孵化齐一,趋光性、趋密性较强;反交卵色紫褐色,卵壳白色,蚁蚕黑褐色,孵化齐一,逸散性强。各龄眠起齐一,食桑旺,体质较强健,抗高温性能较强,抗湿性稍差,对叶质适应性较好。壮蚕体色青白,素斑,食桑旺盛,熟蚕齐一,营茧快,营茧正交比反交稍快,蔟中熟蚕排尿较多。茧形长椭圆,茧色白,缩皱中等。

**秋蚕期实验室鉴定**：4龄起蚕虫蛹率92.43%,万蚕产茧量16.44千克,净度94.99分,解舒率72.67%,鲜毛茧出丝率16.61%,茧层率21.99%,茧丝长1035米。

**秋蚕期生产鉴定**：每张种产茧量34.59千克。

**品种主要缺陷、风险等及预防措施**：若环境控制不适当(如低温催青,大蚕期、蛹期温度过高或长光照等)易产生不越年卵。预防措施：①原原种和杂交原种,要采用两段高温感光催青,以稳定化性;蚕卵戊₃胚子前(即蚕种出库的第1~4天)温度24~25℃,干湿差2~2.5℃,自然光照;蚕卵戊₃胚子起(即蚕种出库的第5~10天),温度27~28℃,干湿差1~1.5℃,感光18小时。②大蚕期、蛹期遇高温多湿,加强降温和通风排湿,缩短晚间开灯操作时间,避免长光照影响。

**饲养技术要点**：①壮蚕期要饱食良桑,特别5龄盛食期蚕座宜稀,食桑要足,大蚕忌湿叶和嫩叶,忌闷湿,遇高温多湿时加强通风换气。②适熟上蔟,密度宜稀,蔟中蚕排尿较多,注意上蔟室通风排湿,遇高温多湿,更需加强通风排湿,保持上蔟环境干爽。

**审定意见**：该品种符合国家蚕品种审定标准,通过审定。适宜华南蚕区秋季饲养。

3. 粤蚕6号

**审定编号**：国审蚕2015003

**申请者**：广东省农业科学院蚕业与农产品加工研究所

**育种者**：广东省农业科学院蚕业与农产品加工研究所

**品种来源**：丰9·春5×湘A·研7

**特征特性**：正交(丰·春×湘·研)卵色淡绿褐色,卵壳淡黄色,反交(湘·研×丰·春)卵色紫褐色,卵壳白色。蚁蚕黑褐色。孵化眠起齐一,壮蚕体色青灰白,体型粗壮,食桑快,正反交均为素斑。熟蚕齐一,营茧快,茧色白,缩皱中等。

**秋蚕期实验室鉴定**：4龄起蚕虫蛹率93.01%,万蚕产茧量16.09千克,净度96.01分,解舒率76.38%,鲜毛茧出丝率16.88%,茧层率21.91%,显著高于对照品种;茧丝长1027米。

**秋蚕期生产鉴定**：每张种产茧量34.71千克,健蛹率93.75%。

**品种主要缺陷、风险等及预防措施**：①老熟齐涌,容易结双宫茧,上蔟时不宜过密。②原种饲养若低温催青、大蚕期及种茧保护期间遇高温环境,容易产生不越年卵,应尽量将温湿度控制在适宜的范围。

**饲养技术要点：**①小蚕饲育温度(28±1)℃,相对湿度 80%～85%;大蚕饲育温度(26±1)℃,相对湿度 75%。②5 龄蚕体较大,蚕座不宜过密,注意通气排湿。门窗加防蝇网,减少蝇蛆危害。③老熟齐涌、营茧快,上蔟时宜稀,避免增加双宫茧;排尿较多,注意通风换气。

**审定意见：**该品种符合国家蚕品种审定标准,通过审定。适宜华南蚕区秋季饲养。

## (二) 2010—2012 年试验总结

### 1 试验概况

#### 1.1 试验目的

根据《蚕种管理办法》和参照《主要农作物品种审定办法》的有关规定,鉴定、评价新选育蚕品种(组合,下同)在我国不同蚕区的丰产性、稳产性、适应性、抗逆性、茧丝质及其他重要特征特性,为国家蚕品种审定和推广提供科学、客观的依据。

#### 1.2 试验组别设置

根据我国蚕桑生态区划及当前生产实际,国家桑蚕品种试验设 2 个鉴定区组,即 A 组和 B 组,每组设 7 个实验室鉴定点和 4 个农村生产鉴定点。A、B 两组共 11 个实验室鉴定点和 8 个农村鉴定点(部分鉴定点同时承担两个组的试验)。A 组由长江流域和黄河流域鉴定点组成,B 组由珠江流域和长江流域鉴定点组成。

茧丝质检定设 2 个鉴定点,即农业部蚕桑产业产品质量监督检验测试中心(镇江)和中国干茧公证检验南充实验室。

#### 1.3 承试单位

每组每季试验均为 7 个实验室鉴定点,4 个农村生产鉴定点,分布在江苏、浙江、山东、安徽、四川、陕西、湖南、湖北、广东和广西 10 个省(区)。承试单位清单见表 3.91。

表 3.91 国家桑蚕品种鉴定试验承试单位

| 组别 | 实验室鉴定承试单位 | 生产鉴定承试单位 |
|---|---|---|
| A 组 | 中国农业科学院蚕业研究所<br>安徽省农业科学院蚕桑研究所<br>四川农业科学院蚕桑研究所<br>江苏省海安县蚕种场<br>浙江省农业科学院蚕桑研究所<br>山东省蚕业研究所<br>西北农林科技大学蚕桑丝绸研究所 | 江苏省海安县蚕桑站<br>安徽省霍山县茧丝绸产业化办公室<br>四川省蚕种管理总站<br>陕西省平利县蚕桑技术中心 |
| B 组 | 中国农业科学院蚕业研究所<br>安徽省农业科学院蚕桑研究所<br>四川农业科学院蚕桑研究所<br>湖南省蚕桑科学研究所<br>湖北省农科院蚕业研究所<br>广东省蚕业技术推广中心<br>广西蚕业技术推广总站 | 湖北省蚕业研究所<br>湖南省信达茧丝绸有限公司<br>广东省茂名市蚕业技术推广中心<br>广西宜州市蚕种站 |

#### 1.4 参试品种

2010—2012 年共有 8 对品种(其中新品种 5 对,对照品种 3 对)参加国家桑蚕品种鉴定试验,每对品种连续试验两年为一届,对照品种由试验主持单位组织提供,试验中途不更换蚕品种来源。试验时间和参试品种见表 3.92。

表 3.92　2010—2012 年国家桑蚕品种试验参试品种

| 年份 | 组别 | 蚕期 | 品种名 | 选育单位 |
|---|---|---|---|---|
| 2010 | A组 | 秋 | 野三元 | 中国农业科学院蚕业研究所 |
| | | | 丝雨二号 | 中国农业科学院蚕业研究所 |
| | | | 川蚕 23 号 | 四川农业科学院蚕桑研究所 |
| | | | 871×872(CK) | 试验主持单位组织提供 |
| | B组 | 秋 | 桂蚕 2 号 | 广西区蚕业技术推广总站 |
| | | | 9·芙×7·湘(CK) | 试验主持单位组织提供 |
| 2011 | A组 | 春 | 野三元 | 中国农业科学院蚕业研究所 |
| | | | 丝雨二号 | 中国农业科学院蚕业研究所 |
| | | | 川蚕 23 号 | 四川农业科学院蚕桑研究所 |
| | | | 菁松×皓月(CK) | 试验主持单位组织提供 |
| | | 秋 | 野三元 | 中国农业科学院蚕业研究所 |
| | | | 丝雨二号 | 中国农业科学院蚕业研究所 |
| | | | 川蚕 23 号 | 四川农业科学院蚕桑研究所 |
| | | | 871×872(CK) | 试验主持单位组织提供 |
| | B组 | 秋 | 桂蚕 2 号 | 广西区蚕业技术推广总站 |
| | | | 粤蚕 6 号 | 广东省农业科学院蚕业与农产品加工研究所 |
| | | | 9·芙×7·湘(CK) | 试验主持单位组织提供 |
| 2012 | A组 | 春 | 野三元 | 中国农业科学院蚕业研究所 |
| | | | 丝雨二号 | 中国农业科学院蚕业研究所 |
| | | | 川蚕 23 号 | 四川农业科学院蚕桑研究所 |
| | | | 菁松×皓月(CK) | 试验主持单位组织提供 |
| | B组 | 秋 | 粤蚕 6 号 | 广东省农业科学院蚕业与农产品加工研究所 |
| | | | 9·芙×7·湘(CK) | 试验主持单位组织提供 |

注：CK 表示该品种为对照品种。

### 1.5　试验设计

各试验点每年均按全国农技中心发布的《关于印发国家桑蚕品种试验实施方案的通知》中的试验方案进行鉴定试验并统计数据。

实验室鉴定每个鉴定点每对品种饲养正、反交各 1.5 克蚁量，饲育到 3 龄止桑后到 4 龄饷食一足天内各数取 5 区蚕（即 5 个重复），每区 400 头。生产鉴定每个鉴定点每对品种饲养正、反交各 2 盒/张，共 4 盒/张。

春用品种在终熟后第 7 天、夏秋用品种在终熟后第 6 天采茧。实验室鉴定样茧量为每对品种 2 000 粒普通鲜毛茧，生产鉴定样茧量为每对品种 12 千克，烘干后分成两份，分别送南充和镇江两个茧丝质鉴定单位鉴定。

### 1.6　统计分析

对各鉴定点试验结果的完整性、可靠性、准确性、可比性以及品种表现情况等进行分析评估，确保汇总质量；用变异系数 CV 表现各鉴定点间试验成绩差异度。应用 SPSS18.0 软件对鉴定指标进行配对样本 T 检验，所用比对分析数据为新品种与对照品种相同时间和地点试验的有效成绩（可能与品种的两年成绩均值不同）。

### 2　试验中需要说明的问题

2.1　2010 年只进行了秋季试验，A组有野三元、丝雨二号和川蚕 23 号 3 对新品种，对照种为 871×872；B组有桂蚕 2 号 1 对新品种，对照种为 9·芙×7·湘。实验室鉴定中，陕西周至鉴定点调查项目与试验方案不符，该鉴定点成绩舍弃；川蚕 23 号蚕种发到江苏海安鉴定点后催青死卵较多，未进行后续试验。生产鉴定中,野三元品种鉴定试验只有 1 个鉴定点成绩有效,其他鉴定点由于时间安排、催青或样茧邮寄的原因未能按照试验方案执行;江苏海安邮寄到南充茧丝质鉴定单位的样茧(包括 3 个新品种和 1 个对照品种)丢失,该鉴定点茧丝质成绩舍弃,各品种茧丝质成绩为 3 个鉴定点成绩均值。

2.2　2011 年进行了春、秋两季试验,A 组有野三元、丝雨二号和川蚕 23 号 3 对新品种,对照种春季为菁松×皓月,秋季为 871×872,A 组所有实验室和生产鉴定点成绩均有效。B 组进行了秋季试验,有桂蚕 2 号和粤蚕 6 号 2 对新品种,对照种为 9·芙×7·湘。粤蚕 6 号在广西宜州鉴定点试验时,正交上蔟前大量死亡,试验成绩无效,该品种成绩为 3 个鉴定点数据均值。

2.3　2012 年 A 组和 B 组的所有鉴定点成绩均有效。

2.4　茧丝质成绩来自镇江和南充 2 个茧丝鉴定单位,其中茧丝纤度综合均方差和万米吊糙数据为南充丝质鉴定成绩。

2.5　在 2010 年、2011 年和 2012 年的试验方案中均未涉及健蛹率指标,试验数据中的健蛹率成绩是2012 年由丝质鉴定单位根据干茧情况统计出,仅供参考。

### 3　结果分析

#### 3.1　实验室鉴定成绩

A 组两年春季鉴定成绩显示,4 对品种中,野三元的万蚕产茧量、鲜毛茧出丝率和茧层率排名第一,4 龄起蚕虫蛹率、净度和解舒率排名第四;丝雨二号的净度最好,茧丝纤度综合均方差最大;川蚕 23 号的四龄起蚕虫蛹率和解舒率最高,万蚕产茧量、鲜毛茧出丝率、茧层率、茧丝长和茧丝纤度综合均方差最小(表3.93)。

表 3.93　A 组春季实验室鉴定主要成绩

| 品种名 | 4 龄起蚕虫蛹率(%) | 万蚕产茧量(千克) | 净度(分) | 解舒率(%) | 鲜毛茧出丝率(%) | 茧层率(%) | 茧丝长(米) | 茧丝纤度综合均方差(D) |
|---|---|---|---|---|---|---|---|---|
| 野三元 | 96.90 | 21.35 | 94.23 | 76.01 | 19.82 | 24.94 | 1 314.4 | 0.569 |
| 丝雨二号 | 97.49 | 20.97 | 96.73 | 81.46 | 19.12 | 23.68 | 1 284.5 | 0.584 |
| 川蚕 23 号 | 98.12 | 19.95 | 94.74 | 82.56 | 17.77 | 22.22 | 1 087.9 | 0.495 |
| 菁松×皓月 | 97.28 | 20.17 | 94.98 | 80.93 | 19.75 | 24.40 | 1 318.8 | 0.544 |

A 组两年秋季鉴定成绩显示,4 对品种中,野三元的万蚕产茧量、鲜毛茧出丝率、茧层率和茧丝长成绩最好,4 龄起蚕虫蛹率、解舒率和茧丝纤度综合均方差最小;丝雨二号净度和解舒率最高;川蚕 23 号 4 龄起蚕虫蛹率最高,万蚕产茧量、鲜毛茧出丝率、茧层率和茧丝长成绩最低(表 3.94)。

表 3.94　A 组秋季实验室鉴定主要成绩

| 品种名 | 4 龄起蚕虫蛹率(%) | 万蚕产茧量(千克) | 净度(分) | 解舒率(%) | 鲜毛茧出丝率(%) | 茧层率(%) | 茧丝长(米) | 茧丝纤度综合均方差(D) |
|---|---|---|---|---|---|---|---|---|
| 野三元 | 89.12 | 18.79 | 94.90 | 69.14 | 18.97 | 24.18 | 1 290.8 | 0.427 |
| 丝雨二号 | 92.44 | 18.38 | 95.49 | 79.26 | 18.69 | 23.18 | 1 229.7 | 0.494 |
| 川蚕 23 号 | 93.70 | 17.27 | 94.60 | 78.92 | 17.70 | 22.14 | 1 100.4 | 0.436 |
| 871×872 | 92.33 | 17.81 | 94.07 | 74.56 | 18.75 | 23.41 | 1 162.7 | 0.501 |

B 组两年鉴定成绩显示,桂蚕 2 号万蚕产茧量、鲜毛茧出丝率、茧层率、茧丝长和茧丝纤度综合均方差比 9·芙×7·湘大,4 龄起蚕虫蛹率、净度和解舒率比 9·芙×7·湘小;粤蚕 6 号 4 龄起蚕虫蛹率、万蚕产茧量、净度、解舒率、鲜毛茧出丝率、茧层率和茧丝长均比 9·芙×7·湘成绩好,茧丝纤度均方差比 9·芙×7·湘小(表 3.95)。

表 3.95　B 组实验室鉴定主要成绩

| 品种名 | 4龄起蚕虫蛹率(%) | 万蚕产茧量(千克) | 净度(分) | 解舒率(%) | 鲜毛茧出丝率(%) | 茧层率(%) | 茧丝长(米) | 茧丝纤度综合均方差(D) |
|---|---|---|---|---|---|---|---|---|
| 桂蚕 2 号 | 92.43 | 16.44 | 94.99 | 72.67 | 16.61 | 21.99 | 1 035.4 | 0.540 |
| 9·芙×7·湘 | 92.95 | 15.68 | 95.23 | 75.68 | 16.35 | 21.56 | 961.2 | 0.506 |
| 粤蚕 6 号 | 93.01 | 16.09 | 96.01 | 76.38 | 16.88 | 21.91 | 1 027.0 | 0.520 |
| 9·芙×7·湘 | 92.83 | 15.26 | 95.56 | 74.01 | 16.59 | 21.70 | 953.2 | 0.552 |

### 3.2　生产鉴定

两年春季鉴定成绩显示,野三元张/盒种产茧量和健蛹率最小,川蚕 23 号健蛹率最高;两年秋季鉴定成绩显示,野三元张/盒种产茧量最多,川蚕 23 号张/盒种产茧量最少,桂蚕 2 号和粤蚕 6 号张/盒种产茧量比 9·芙×7·湘多,粤蚕 6 号健蛹率比 9·芙×7·湘高(表 3.96)。健蛹率指标仅在 2012 年由茧丝质鉴定单位调查,数据不完整,仅供参考。

表 3.96　生产鉴定主要成绩

| 季节 | 品种名 | 张/盒种产茧量(千克) | 健蛹率(%) | 季节 | 品种名 | 张/盒种产茧量(千克) | 健蛹率(%) |
|---|---|---|---|---|---|---|---|
| 春季 | 野三元 | 34.82 | 79.56 | 秋季 | 野三元 | 40.29 | / |
| | 丝雨二号 | 36.54 | 85.50 | | 丝雨二号 | 38.67 | / |
| | 川蚕 23 号 | 35.68 | 89.52 | | 川蚕 23 号 | 34.34 | / |
| | 菁松×皓月 | 36.80 | 87.94 | | 871×872 | 36.36 | / |
| | | | | | 桂蚕 2 号 | 34.59 | / |
| | | | | | 9·芙×7·湘 | 32.84 | / |
| | | | | | 粤蚕 6 号 | 34.71 | 93.75 |
| | | | | | 9·芙×7·湘 | 32.85 | 93.63 |

## 4　品种评价

### 4.1　野三元

春期实验室鉴定指标:4 龄起蚕虫蛹率 96.92%,接近对照品种成绩;万蚕产茧量 21.35 千克,显著高于对照品种成绩;净度 94.23 分,达到审定标准;解舒率 76.01%,显著小于对照品种成绩;鲜毛茧出丝率 19.82%,与对照品种成绩相当;茧层率 24.94%,达到并显著高于对照品种成绩;茧丝长 1 314.45 米,接近对照品种成绩;茧丝纤度综合均方差 0.632 dtex,大于对照品种成绩但不显著(表 3.97)。

表 3.97　野三元春期实验室指标

| 品种性状 | 成绩 | | 与对照比较 | | |
|---|---|---|---|---|---|
| | 新品种 | 对照 | 标准差 | 标准误 | Sig.(双侧) |
| 4 龄起蚕虫蛹率 | 96.92% | 97.28% | 1.875 | 0.300 | 0.235 |
| 万蚕产茧量 | 21.35 千克 | 20.17 千克 | 0.930 | 0.149 | 0 |
| 净度 | 94.23 分 | 94.98 分 | 2.923 | 0.468 | 0.119 |
| 解舒率 | 76.01% | 80.93% | 4.215 | 0.675 | 0 |
| 鲜毛茧出丝率 | 19.82% | 19.75% | 0.948 | 0.152 | 0.617 |
| 茧层率 | 24.94% | 24.40% | 0.443 | 0.071 | 0 |
| 茧丝长 | 1 314.45 米 | 1 318.82 米 | 42.045 | 6.732 | 0.520 |
| 茧丝纤度综合均方差 | 0.632 dtex | 0.604 dtex | 0.086 | 0.024 | 0.315 |

注:$P \leq 0.05$ 为差异显著,$P \leq 0.01$ 为差异极显著。下表同。

秋期实验室鉴定指标：4龄起蚕虫蛹率89.11%，显著小于对照品种成绩；万蚕产茧量18.79千克，显著高于对照品种成绩；净度94.90分，达到审定标准；解舒率71.24%，显著小于对照品种成绩；鲜毛茧出丝率18.97%，与对照品种成绩相当；茧层率24.18%，达到审定标准并显著高于对照品种成绩；茧丝长1290.79米，达到审定标准并显著长于对照品种成绩；茧丝纤度综合均方差0.481 dtex，达到审定标准并显著小于对照品种成绩（表3.98）。

表3.98　野三元秋期实验室指标

| 品种性状 | 成绩 | | 与对照比较 | | |
|---|---|---|---|---|---|
| | 新品种 | 对照 | 标准差 | 标准误 | Sig.（双侧） |
| 4龄起蚕虫蛹率 | 89.11% | 92.33% | 6.819 | 1.092 | 0.005 |
| 万蚕产茧量 | 18.79千克 | 17.81千克 | 0.897 | 0.144 | 0 |
| 净度 | 94.90分 | 94.07分 | 2.695 | 0.432 | 0.063 |
| 解舒率 | 71.24% | 74.56% | 4.825 | 0.773 | 0 |
| 鲜毛茧出丝率 | 18.97% | 18.75% | 0.880 | 0.141 | 0.133 |
| 茧层率 | 24.18% | 23.41% | 0.525 | 0.084 | 0 |
| 茧丝长 | 1290.79米 | 1162.66米 | 60.500 | 9.688 | 0 |
| 茧丝纤度综合均方差 | 0.481 dtex | 0.556 dtex | 0.075 | 0.022 | 0.010 |

春期生产鉴定指标：张种产茧量34.82千克，接近对照品种成绩；净度93.45分，接近对照品种成绩；解舒率63.58%，显著小于对照品种成绩（表3.99）。

表3.99　野三元春期生产指标

| 品种性状 | 成绩 | | 与对照比较 | | |
|---|---|---|---|---|---|
| | 新品种 | 对照 | 标准差 | 标准误 | Sig.（双侧） |
| 张/盒种产茧量 | 34.82千克 | 36.80千克 | 6.346 | 1.295 | 0.139 |
| 健蛹率 | / | / | / | / | / |
| 净度 | 93.45分 | 93.77分 | 3.597 | 0.734 | 0.675 |
| 解舒率 | 63.58% | 72.08% | 5.180 | 1.130 | 0 |

秋期生产鉴定指标：张种产茧量38.19千克，高于对照品种成绩但不显著；净度95.62分，大于对照品种成绩但不显著；解舒率70.64%，接近对照品种成绩（表3.100）。

表3.100　野三元秋期生产指标

| 品种性状 | 成绩 | | 与对照比较 | | |
|---|---|---|---|---|---|
| | 新品种 | 对照 | 标准差 | 标准误 | Sig.（双侧） |
| 张/盒种产茧量 | 38.19千克 | 36.71千克 | 2.858 | 0.825 | 0.101 |
| 健蛹率 | / | / | / | / | / |
| 净度 | 95.62分 | 95.58分 | 0.356 | 0.103 | 0.653 |
| 解舒率 | 70.87% | 72.64% | 6.504 | 1.878 | 0.366 |

注：野三元只有2011年秋季有效试验成绩。

### 4.2　丝雨二号

春期实验室鉴定指标：4龄起蚕虫蛹率97.48%，高于对照品种成绩但不显著；万蚕产茧量20.97千克，显著高于对照品种成绩；净度96.73分，达到审定标准；解舒率81.46%，大于对照品种成绩但不显著；鲜毛茧出丝率19.12%，显著小于对照品种成绩；茧层率23.68%，显著小于对照品种成绩；茧丝长

1 284.47 米,显著短于对照品种成绩;茧丝纤度综合均方差 0.648 dtex,大于对照品种成绩但不显著(表3.101)。

**表 3.101  丝雨二号春期实验室指标**

| 品种性状 | 成绩 | | 与对照比较 | | |
| --- | --- | --- | --- | --- | --- |
| | 新品种 | 对照 | 标准差 | 标准误 | Sig.(双侧) |
| 4 龄起蚕虫蛹率 | 97.48% | 97.28% | 2.000 | 0.320 | 0.529 |
| 万蚕产茧量 | 20.97 千克 | 20.17 千克 | 0.784 | 0.126 | 0 |
| 净度 | 96.73 分 | 94.98 分 | 2.504 | 0.401 | 0 |
| 解舒率 | 81.46% | 80.93% | 3.043 | 0.487 | 0.284 |
| 鲜毛茧出丝率 | 19.12% | 19.75% | 0.965 | 0.154 | 0 |
| 茧层率 | 23.68% | 24.40% | 0.576 | 0.092 | 0 |
| 茧丝长 | 1 284.47 米 | 1 318.82 米 | 34.474 | 5.520 | 0 |
| 茧丝纤度综合均方差 | 0.648 dtex | 0.604 dtex | 0.116 | 0.032 | 0.239 |

秋期实验室鉴定指标:4 龄起蚕虫蛹率 92.44%,接近对照品种成绩;万蚕产茧量 18.38 千克,显著高于对照品种成绩;净度 95.49 分,达到审定标准;解舒率 79.26%,达到审定标准并显著大于对照品种成绩;鲜毛茧出丝率 18.69%,接近对照品种成绩;茧层率 23.18%,显著小于对照品种成绩;茧丝长 1 229.73 米,达到审定标准并显著长于对照品种成绩;茧丝纤度综合均方差 0.553 dtex,达到审定标准,接近对照品种成绩(表 3.102)。

**表 3.102  丝雨二号秋期实验室指标**

| 品种性状 | 成绩 | | 与对照比较 | | |
| --- | --- | --- | --- | --- | --- |
| | 新品种 | 对照 | 标准差 | 标准误 | Sig.(双侧) |
| 4 龄起蚕虫蛹率 | 92.44% | 92.33% | 1.696 | 0.272 | 0.691 |
| 万蚕产茧量 | 18.38 千克 | 17.81 千克 | 0.721 | 0.115 | 0 |
| 净度 | 95.49 分 | 94.07 分 | 2.968 | 0.475 | 0.005 |
| 解舒率 | 79.26% | 74.56% | 5.251 | 0.841 | 0 |
| 鲜毛茧出丝率 | 18.69% | 18.75% | 1.006 | 0.161 | 0.720 |
| 茧层率 | 23.18% | 23.41% | 0.497 | 0.080 | 0.005 |
| 茧丝长 | 1 229.73 米 | 1 162.66 米 | 69.515 | 11.131 | 0 |
| 茧丝纤度综合均方差 | 0.553 dtex | 0.556 dtex | 0.072 | 0.021 | 0.875 |

春期生产鉴定指标:张种产茧量 36.54 千克,接近对照品种成绩;净度 95.39 分,大于对照品种成绩但不显著;解舒率 69.44%,接近对照品种成绩(表 3.103)。

**表 3.103  丝雨二号春期生产指标**

| 品种性状 | 成绩 | | 与对照比较 | | |
| --- | --- | --- | --- | --- | --- |
| | 新品种 | 对照 | 标准差 | 标准误 | Sig.(双侧) |
| 张/盒种产茧量 | 36.54 千克 | 36.80 千克 | 2.317 | 0.473 | 0.579 |
| 健蛹率 | / | / | / | / | / |
| 净度 | 95.39 分 | 93.77 分 | 4.176 | 0.852 | 0.069 |
| 解舒率 | 69.44% | 71.11% | 4.004 | 0.817 | 0.053 |

秋期生产鉴定指标:张种产茧量 38.67 千克,显著高于对照品种成绩;净度 94.79 分,接近对照品种成绩;解舒率 72.39%,大于对照品种成绩但不显著(表 3.104)。

表 3.104　丝雨二号秋期生产指标

| 品种性状 | 成绩 | | 与对照比较 | | |
| --- | --- | --- | --- | --- | --- |
| | 新品种 | 对照 | 标准差 | 标准误 | Sig.（双侧） |
| 张/盒种产茧量 | 38.67 千克 | 36.36 千克 | 2.751 | 0.562 | 0 |
| 健蛹率 | / | / | / | / | / |
| 净度 | 94.79 分 | 94.89 分 | 3.749 | 0.799 | 0.901 |
| 解舒率 | 72.39% | 68.97% | 8.122 | 1.732 | 0.061 |

### 4.3　川蚕 23 号

春期实验室鉴定指标：4 龄起蚕虫蛹率 98.12%，显著高于对照品种成绩；万蚕产茧量 19.95 千克，显著低于对照品种成绩；净度 94.74 分，达到审定标准；解舒率 82.56%，达到审定标准并显著大于对照品种成绩；鲜毛茧出丝率 17.77%，显著小于对照品种成绩；茧层率 22.22%，显著小于对照品种成绩；茧丝长 1087.93 米，显著短于对照品种成绩；茧丝纤度综合均方差 0.549 dtex，接近对照品种成绩（表 3.105）。

表 3.105　川蚕 23 号春期实验室指标

| 品种性状 | 成绩 | | 与对照比较 | | |
| --- | --- | --- | --- | --- | --- |
| | 新品种 | 对照 | 标准差 | 标准误 | Sig.（双侧） |
| 4 龄起蚕虫蛹率 | 98.12% | 97.28% | 1.867 | 0.299 | 0.008 |
| 万蚕产茧量 | 19.95 千克 | 20.17 千克 | 0.574 | 0.092 | 0.019 |
| 净度 | 94.74 分 | 94.98 分 | 1.918 | 0.307 | 0.445 |
| 解舒率 | 82.56% | 80.93% | 2.903 | 0.465 | 0.001 |
| 鲜毛茧出丝率 | 17.77% | 19.75% | 0.910 | 0.146 | 0 |
| 茧层率 | 22.22% | 24.40% | 0.759 | 0.122 | 0 |
| 茧丝长 | 1087.93 米 | 1318.82 米 | 50.025 | 8.010 | 0 |
| 茧丝纤度综合均方差 | 0.549 dtex | 0.604 dtex | 0.106 | 0.029 | 0.123 |

秋期实验室鉴定指标：4 龄起蚕虫蛹率 93.70%，显著大于对照品种成绩；万蚕产茧量 17.27 千克，显著低于对照品种成绩；净度 94.60 分，达到审定标准；解舒率 78.91%，达到审定标准并显著大于对照品种成绩；鲜毛茧出丝率 17.70%，显著小于对照品种成绩；茧层率 22.14%，显著小于对照品种成绩；茧丝长 1100.41 米，显著短于对照品种成绩；茧丝纤度综合均方差 0.481 dtex，达到审定标准并显著小于对照品种成绩（表 3.106）。

表 3.106　川蚕 23 号秋期实验室指标

| 品种性状 | 成绩 | | 与对照比较 | | |
| --- | --- | --- | --- | --- | --- |
| | 新品种 | 对照 | 标准差 | 标准误 | Sig.（双侧） |
| 4 龄起蚕虫蛹率 | 93.70% | 92.08% | 2.283 | 0.380 | 0 |
| 万蚕产茧量 | 17.27 千克 | 17.90 千克 | 1.044 | 0.174 | 0.001 |
| 净度 | 94.60 分 | 94.13 分 | 2.675 | 0.446 | 0.298 |
| 解舒率 | 78.91% | 73.66% | 5.217 | 0.869 | 0 |
| 鲜毛茧出丝率 | 17.70% | 18.51% | 0.849 | 0.141 | 0 |
| 茧层率 | 22.14% | 23.28% | 0.504 | 0.084 | 0 |
| 茧丝长 | 1100.41 米 | 1163.05 米 | 93.096 | 15.516 | 0 |
| 茧丝纤度综合均方差 | 0.481 dtex | 0.556 dtex | 0.064 | 0.020 | 0.008 |

春期生产鉴定指标：张种产茧量 35.68 千克,接近对照品种成绩;净度 93.51 分,接近对照品种成绩;解舒率 73.23%,大于对照品种成绩但不显著(表 3.107)。

表 3.107　川蚕 23 号春期生产指标

| 品种性状 | 成绩 | | 与对照比较 | | |
| --- | --- | --- | --- | --- | --- |
| | 新品种 | 对照 | 标准差 | 标准误 | Sig.(双侧) |
| 张/盒种产茧量 | 35.68 千克 | 36.80 千克 | 4.988 | 1.018 | 0.284 |
| 健蛹率 | / | / | / | / | / |
| 净度 | 93.51 分 | 93.77 分 | 4.082 | 0.833 | 0.762 |
| 解舒率 | 73.23% | 71.11% | 6.223 | 1.270 | 0.109 |

秋期生产鉴定指标：张种产茧量 34.34 千克,接近对照品种成绩;净度 95.18 分,大于对照品种成绩但不显著;解舒率 76.68%,显著大于对照品种成绩(表 3.108)。

表 3.108　川蚕 23 号秋期生产指标

| 品种性状 | 成绩 | | 与对照比较 | | |
| --- | --- | --- | --- | --- | --- |
| | 新品种 | 对照 | 标准差 | 标准误 | Sig.(双侧) |
| 张/盒种产茧量 | 34.34 千克 | 36.36 千克 | 5.252 | 1.072 | 0.073 |
| 健蛹率 | / | / | / | / | / |
| 净度 | 95.18 分 | 94.89 分 | 3.901 | 0.832 | 0.727 |
| 解舒率 | 76.68% | 68.97% | 9.344 | 1.992 | 0.001 |

## 4.4　桂蚕 2 号

夏早秋期实验室鉴定指标：4 龄起蚕虫蛹率 92.43%,接近对照品种成绩;万蚕产茧量 16.44 千克,显著高于对照品种成绩;净度 94.98 分,达到审定标准;解舒率 72.67%,显著小于对照品种成绩;鲜毛茧出丝率 16.61%,显著大于对照品种成绩;茧层率 21.99%,达到审定标准并显著大于对照品种成绩;茧丝长 1 035.42 米,达到审定标准并显著长于对照品种成绩;茧丝纤度综合均方差 0.589 dtex,大于对照品种成绩但不显著(表 3.109)。

表 3.109　桂蚕 2 号夏早秋期实验室指标

| 品种性状 | 成绩 | | 与对照比较 | | |
| --- | --- | --- | --- | --- | --- |
| | 新品种 | 对照 | 标准差 | 标准误 | Sig.(双侧) |
| 4 龄起蚕虫蛹率 | 92.43% | 92.95% | 5.371 | 0.829 | 0.536 |
| 万蚕产茧量 | 16.44 千克 | 15.68 千克 | 0.718 | 0.111 | 0 |
| 净度 | 94.98 分 | 95.23 分 | 3.080 | 0.475 | 0.605 |
| 解舒率 | 72.67% | 75.68% | 6.075 | 0.937 | 0.003 |
| 鲜毛茧出丝率 | 16.61% | 16.35% | 0.574 | 0.091 | 0.007 |
| 茧层率 | 21.99% | 21.56% | 0.360 | 0.056 | 0 |
| 茧丝长 | 1 035.42 米 | 961.17 米 | 42.636 | 6.579 | 0 |
| 茧丝纤度综合均方差 | 0.589 dtex | 0.562 dtex | 0.106 | 0.030 | 0.426 |

夏早秋期生产鉴定指标：张种产茧量 34.59 千克,显著大于对照品种成绩;净度 95.76 分,接近对照品种成绩;解舒率 70.43%,显著小于对照品种成绩(表 3.110)。

表 3.110　桂蚕 2 号夏早秋期生产指标

| 品种性状 | 成绩 | | 与对照比较 | | |
| --- | --- | --- | --- | --- | --- |
| | 新品种 | 对照 | 标准差 | 标准误 | Sig.（双侧） |
| 张/盒种产茧量 | 34.59 千克 | 32.84 千克 | 1.490 | 0.325 | 0 |
| 健蛹率 | / | / | / | / | / |
| 净度 | 95.76 分 | 96.19 分 | 1.848 | 0.403 | 0.295 |
| 解舒率 | 70.43% | 74.56% | 6.615 | 1.444 | 0.010 |

### 4.5　粤蚕 6 号

夏早秋期实验室鉴定指标：4 龄起蚕虫蛹率 92.97%，大于对照品种成绩但不显著；万蚕产茧量 16.09 千克，显著高于对照品种成绩；净度 96.01 分，达到审定标准；解舒率 76.38%，达到审定标准并显著大于对照品种成绩；鲜毛茧出丝率 16.88%，显著大于照品种成绩；茧层率 21.91%，达到审定标准并显著大于对照品种成绩；茧丝长 1 026.97 米，达到审定标准并显著长于对照品种成绩；茧丝纤度综合均方差 0.578 dtex，接近对照品种成绩但不显著（表 3.111）。

表 3.111　粤蚕 6 号夏早秋期实验室指标

| 品种性状 | 成绩 | | 与对照比较 | | |
| --- | --- | --- | --- | --- | --- |
| | 新品种 | 对照 | 标准差 | 标准误 | Sig.（双侧） |
| 4 龄起蚕虫蛹率 | 92.97% | 92.83% | 2.167 | 0.347 | 0.692 |
| 万蚕产茧量 | 16.09 千克 | 15.26 千克 | 0.499 | 0.077 | 0 |
| 净度 | 96.01 分 | 95.56 分 | 2.618 | 0.404 | 0.271 |
| 解舒率 | 76.38% | 74.01% | 4.904 | 0.757 | 0.003 |
| 鲜毛茧出丝率 | 16.88% | 16.59% | 0.906 | 0.140 | 0.042 |
| 茧层率 | 21.91% | 21.70% | 0.470 | 0.072 | 0.007 |
| 茧丝长 | 1 026.97 米 | 953.16 米 | 37.036 | 5.715 | 0 |
| 茧丝纤度综合均方差 | 0.578 dtex | 0.613 dtex | 0.098 | 0.027 | 0.278 |

夏早秋期生产鉴定指标：张种产茧量 34.71 千克，显著大于对照品种成绩；净度 96.04 分，大于对照品种成绩但不显著；解舒率 69.22%，接近对照品种成绩（表 3.112）。

表 3.112　粤蚕 6 号夏早秋期生产指标

| 品种性状 | 成绩 | | 与对照比较 | | |
| --- | --- | --- | --- | --- | --- |
| | 新品种 | 对照 | 标准差 | 标准误 | Sig.（双侧） |
| 张/盒种产茧量 | 34.71 千克 | 32.71 千克 | 2.091 | 0.456 | 0 |
| 健蛹率 | / | / | / | / | / |
| 净度 | 96.04 分 | 95.73 分 | 2.646 | 0.577 | 0.604 |
| 解舒率 | 69.22% | 70.44% | 4.457 | 0.973 | 0.225 |

## 附件 2010—2012 年试验成绩汇总(表3.113—表3.124)

[注:2010年农业部发文恢复国家蚕品种鉴定和审定,2010年秋季开始实验室鉴定,到2012年完成第一批蚕品种鉴定审定;川蚕23号、野三元2对蚕品种,未申报国家农作物品种审定。]

表3.113 2010—2011年A组秋季实验室试验成绩汇总表(一)

| 品种名称 | 年份 | 杂交形式 | 实用孵化率(%) | 龄期经过 | | 4龄起蚕生命率 | | | 饲养成绩 | | 茧质 | | | | | | |
|---|---|---|---|---|---|---|---|---|---|---|---|---|---|---|---|---|---|
| | | | | 5龄(日:时) | 全龄(日:时) | 结茧率(%) | 死笼率(%) | 虫蛹率(%) | 全茧量(克) | | 茧层量(克) | 茧层率(%) | 总收茧量(克) | 普通茧百分率(%) | 实际饲育头数(头) | | |
| 丝丽二号 | 2010 | 正交 | 98.00 | | | 96.14 | 3.17 | 93.13 | 1.94 | | 0.450 | 23.27 | 2796 | 96.57 | 1542 | | |
| | | 反交 | 96.93 | 7:2 | 22:23 | 95.60 | 3.19 | 92.60 | 1.99 | | 0.460 | 23.14 | 2796 | 96.10 | 1520 | | |
| | | 平均 | 97.34 | | | 95.88 | 3.18 | 92.86 | 1.90 | | 0.440 | 23.21 | 2795 | 96.67 | 1531 | | |
| | 2011 | 正交 | 98.19 | | | 94.62 | 3.13 | 91.96 | 1.95 | | 0.457 | 23.40 | 3771 | 95.55 | 2041 | | |
| | | 反交 | 98.76 | 7:17 | 23:18 | 94.52 | 3.32 | 92.05 | 1.93 | | 0.443 | 22.91 | 3638 | 95.13 | 1970 | | |
| | | 平均 | 98.48 | | | 94.57 | 3.23 | 92.01 | 1.94 | | 0.450 | 23.16 | 3704 | 95.34 | 2006 | | |
| | 平均 | 正交 | 98.10 | | | 95.38 | 3.15 | 92.54 | 1.94 | | 0.454 | 23.34 | 3283 | 96.06 | 1791 | | |
| | | 反交 | 97.85 | | | 95.06 | 3.26 | 92.33 | 1.96 | | 0.451 | 23.03 | 3217 | 95.61 | 1745 | | |
| | | 平均 | 97.91 | | | 95.23 | 3.15 | 92.44 | 1.92 | | 0.445 | 23.18 | 3250 | 96.01 | 1769 | | |
| 川蚕23号 | 2010 | 正交 | 96.75 | | | 96.03 | 3.04 | 93.16 | 1.84 | | 0.408 | 22.24 | 2672 | 96.81 | 1568 | | |
| | | 反交 | 95.30 | 6:20 | 22:17 | 95.88 | 2.65 | 93.38 | 1.83 | | 0.398 | 21.89 | 2586 | 95.35 | 1536 | | |
| | | 平均 | 95.56 | | | 96.02 | 2.93 | 93.27 | 1.77 | | 0.389 | 22.06 | 2634 | 95.70 | 1553 | | |
| | 2011 | 正交 | 97.76 | | | 96.29 | 2.08 | 94.58 | 1.82 | | 0.406 | 22.18 | 3452 | 96.13 | 1974 | | |
| | | 反交 | 98.15 | 7:4 | 23:7 | 95.89 | 2.61 | 93.67 | 1.81 | | 0.404 | 22.27 | 3426 | 95.61 | 1977 | | |
| | | 平均 | 98.10 | | | 96.09 | 2.34 | 94.13 | 1.82 | | 0.405 | 22.23 | 3439 | 95.87 | 1975 | | |
| | 平均 | 正交 | 97.25 | | | 96.16 | 2.56 | 93.87 | 1.83 | | 0.407 | 22.21 | 3062 | 96.47 | 1771 | | |
| | | 反交 | 96.73 | | | 95.89 | 2.63 | 93.52 | 1.82 | | 0.401 | 22.08 | 3006 | 95.48 | 1757 | | |
| | | 平均 | 96.83 | | | 96.06 | 2.59 | 93.70 | 1.80 | | 0.397 | 22.14 | 3037 | 95.79 | 1764 | | |

（续 表）

| 品种名称 | 年份 | 杂交形式 | 实用孵化率(%) | 龄期经过 5龄(日:时) | 龄期经过 全龄(日:时) | 4龄起蚕生命率 结茧率(%) | 4龄起蚕生命率 死笼率(%) | 4龄起蚕生命率 虫蛹率(%) | 全茧量(克) | 茧质 茧层量(克) | 茧质 茧层率(%) | 总收茧量(克) | 普通茧百分率(%) | 实际饲育头数(头) |
|---|---|---|---|---|---|---|---|---|---|---|---|---|---|---|
| 野三元 | 2010 | 正交 | 96.32 | | | 95.69 | 3.48 | 92.30 | 2.03 | 0.482 | 23.80 | 2 907 | 92.39 | 1549 |
| | | 反交 | 96.32 | 7:2 | 23:9 | 94.20 | 3.82 | 90.64 | 2.05 | 0.489 | 23.99 | 2 884 | 91.48 | 1535 |
| | | 平均 | 96.06 | | | 95.15 | 3.62 | 91.47 | 1.97 | 0.470 | 23.89 | 2 896 | 91.73 | 1542 |
| | 2011 | 正交 | 97.99 | | | 93.14 | 8.54 | 85.50 | 1.97 | 0.480 | 24.47 | 3 620 | 90.56 | 1960 |
| | | 反交 | 97.41 | 7:15 | 23:20 | 93.79 | 6.49 | 88.03 | 2.02 | 0.492 | 24.48 | 3 678 | 90.99 | 1940 |
| | | 平均 | 97.70 | | | 93.47 | 7.52 | 86.76 | 1.99 | 0.486 | 24.47 | 3 649 | 90.77 | 1950 |
| | 平均 | 正交 | 97.16 | | | 94.41 | 6.01 | 88.90 | 2.00 | 0.481 | 24.13 | 3 263 | 91.47 | 1754 |
| | | 反交 | 96.87 | | | 93.99 | 5.15 | 89.33 | 2.03 | 0.491 | 24.23 | 3 281 | 91.23 | 1737 |
| | | 平均 | 96.88 | | | 94.31 | 5.57 | 89.12 | 1.98 | 0.478 | 24.18 | 3 273 | 91.25 | 1746 |
| 871×872（对照） | 2010 | 正交 | 97.41 | | | 95.50 | 3.37 | 93.08 | 1.86 | 0.433 | 23.40 | 2 711 | 96.16 | 1568 |
| | | 反交 | 97.36 | 6:19 | 22:17 | 94.82 | 3.53 | 92.26 | 1.85 | 0.433 | 23.49 | 2 654 | 96.29 | 1556 |
| | | 平均 | 97.25 | | | 95.19 | 3.21 | 92.67 | 1.78 | 0.419 | 23.44 | 2 682 | 96.24 | 1562 |
| | 2011 | 正交 | 97.88 | | | 94.76 | 2.96 | 92.30 | 1.92 | 0.448 | 23.35 | 3 609 | 94.91 | 1971 |
| | | 反交 | 98.13 | 7:09 | 23:14 | 94.64 | 3.54 | 91.68 | 1.93 | 0.451 | 23.40 | 3 592 | 94.86 | 1959 |
| | | 平均 | 98.01 | | | 94.70 | 3.25 | 91.99 | 1.93 | 0.450 | 23.38 | 3 601 | 94.89 | 1965 |
| | 平均 | 正交 | 97.65 | | | 95.13 | 3.17 | 92.69 | 1.89 | 0.441 | 23.37 | 3 160 | 95.54 | 1769 |
| | | 反交 | 97.75 | | | 94.73 | 3.54 | 91.97 | 1.89 | 0.442 | 23.45 | 3 123 | 95.58 | 1758 |
| | | 平均 | 97.63 | | | 94.95 | 3.23 | 92.33 | 1.86 | 0.435 | 23.41 | 3 142 | 95.57 | 1764 |

表 3.114　2010—2011 年 A 组秋季实验室试验成绩汇总表（二）

| 品种名称 | 年份 | 缫丝单位 | 上车茧率（%） | 鲜毛茧出丝率（%） | 茧丝长（米） | 解舒丝长（米） | 解舒率（%） | 茧丝量（克） | 纤度（D） | 茧丝纤度综合均方差（D） | 净度（分） | 万米吊糙（次） | 万头收茧量（千克） | 万头茧层量（千克） | 万头产丝量（千克） |
|---|---|---|---|---|---|---|---|---|---|---|---|---|---|---|---|
|  |  |  |  |  |  |  |  | 丝 | 质 | 成 | 绩 |  |  |  |  |
| 丝雨二号 | 2010 | 镇江 | 94.84 | 18.70 | 1248 | 888 | 73.46 | 0.374 | 2.690 |  | 93.58 |  | 18.42 | 4.348 |  |
|  |  | 南充 | 92.21 | 17.93 | 1253 | 965 | 79.09 | 0.371 | 2.654 | 0.495 | 93.52 |  | 18.71 | 4.382 |  |
|  |  | 平均 | 93.85 | 18.32 | 1251 | 927 | 76.28 | 0.373 | 2.672 | 0.495 | 93.55 |  | 18.56 | 4.232 | 3.379 |
|  | 2011 | 镇江 | 95.49 | 19.15 | 1222 | 981 | 82.43 | 0.373 | 2.750 |  | -1.15 | 0.8 | 18.22 | 4.337 |  |
|  |  | 南充 | 89.30 | 18.98 | 1196 | 957 | 82.03 | 0.370 | 2.777 | 0.493 | 97.42 | 0.8 | 18.17 | 4.228 |  |
|  |  | 平均 | 92.39 | 19.06 | 1209 | 969 | 82.23 | 0.372 | 2.764 | 0.493 | 97.42 | 0.8 | 18.20 | 4.282 | 3.482 |
|  | 平均 | 镇江 | 95.17 | 18.92 | 1235 | 935 | 77.95 | 0.374 | 2.720 |  | 93.58 | 0.8 | 18.32 | 4.343 |  |
|  |  | 南充 | 90.75 | 18.46 | 1225 | 961 | 80.56 | 0.371 | 2.716 | 0.494 | 95.47 | 0.8 | 18.44 | 4.305 |  |
|  |  | 平均 | 93.12 | 18.69 | 1230 | 948 | 79.26 | 0.372 | 2.718 | 0.494 | 95.49 | 0.8 | 18.38 | 4.257 | 3.431 |
| 川蚕 23 号 | 2010 | 镇江 | 94.98 | 17.69 | 1193 | 843 | 71.53 | 0.334 | 2.491 |  | 94.06 |  | 17.48 | 3.931 |  |
|  |  | 南充 | 92.73 | 17.35 | 1164 | 899 | 78.33 | 0.327 | 2.501 | 0.432 | 92.57 |  | 17.30 | 3.836 |  |
|  |  | 平均 | 94.13 | 17.52 | 1179 | 871 | 74.93 | 0.330 | 2.496 | 0.432 | 93.31 |  | 17.39 | 3.753 | 3.013 |
|  | 2011 | 镇江 | 95.30 | 17.79 | 1047 | 863 | 83.55 | 0.329 | 2.810 |  | -0.36 | 1.0 | 17.22 | 3.877 |  |
|  |  | 南充 | 89.41 | 17.99 | 1034 | 840 | 82.28 | 0.326 | 2.824 | 0.439 | 95.89 | 1.0 | 17.08 | 3.865 |  |
|  |  | 平均 | 92.36 | 17.89 | 1041 | 851 | 82.92 | 0.328 | 2.817 | 0.439 | 95.89 | 1.0 | 17.15 | 3.871 | 3.088 |
|  | 平均 | 镇江 | 94.98 | 17.74 | 1120 | 853 | 77.54 | 0.331 | 2.650 |  | 94.06 | 1.0 | 17.35 | 3.904 |  |
|  |  | 南充 | 92.73 | 17.67 | 1099 | 869 | 80.30 | 0.327 | 2.662 | 0.436 | 94.23 | 1.0 | 17.19 | 3.850 |  |
|  |  | 平均 | 93.25 | 17.70 | 1110 | 861 | 78.92 | 0.329 | 2.656 | 0.436 | 94.60 | 1.0 | 17.27 | 3.812 | 3.051 |

（续　表）

| 品种名称 | 年份 | 缫丝单位 | 上车茧率（%） | 鲜毛茧出丝率（%） | 茧丝长（米） | 解舒丝长（米） | 解舒率（%） | 茧丝量（克） | 纤度（D） | 茧丝纤度综合均方差（D） | 净度（分） | 万米吊糙（次） | 万头收茧量（千克） | 万头茧层量（千克） | 万头产丝量（千克） |
|---|---|---|---|---|---|---|---|---|---|---|---|---|---|---|---|
| | | | | | | | | | | | | | 丝 质 成 绩 | | |
| 野三元 | 2010 | 镇江 | 93.65 | 18.47 | 1281 | 788 | 63.58 | 0.382 | 2.703 | | 92.92 | | 19.19 | 4.620 | |
| | | 南充 | 92.86 | 18.61 | 1302 | 923 | 73.41 | 0.392 | 2.728 | 0.448 | 95.58 | 1.1 | 19.07 | 4.635 | 3.542 |
| | | 平均 | 93.52 | 18.54 | 1292 | 856 | 68.50 | 0.387 | 2.716 | 0.448 | 94.25 | 1.1 | 19.13 | 4.494 | |
| | 2011 | 镇江 | 93.95 | 18.82 | 1305 | 889 | 70.99 | 0.396 | 2.745 | | 93.14 | | 18.20 | 4.703 | |
| | | 南充 | 88.37 | 19.97 | 1276 | 949 | 76.96 | 0.395 | 2.800 | 0.405 | 97.96 | 1.1 | 18.68 | 4.640 | 3.578 |
| | | 平均 | 91.16 | 19.40 | 1291 | 919 | 73.97 | 0.395 | 2.773 | 0.405 | 95.55 | 1.1 | 18.44 | 4.670 | |
| | 平均 | 镇江 | 93.80 | 18.64 | 1293 | 838 | 67.29 | 0.389 | 2.724 | | 93.03 | | 18.70 | 4.661 | |
| | | 南充 | 90.61 | 19.29 | 1289 | 936 | 75.19 | 0.394 | 2.764 | 0.427 | 96.77 | 1.1 | 18.88 | 4.637 | 3.560 |
| | | 平均 | 92.34 | 18.97 | 1291 | 887 | 71.24 | 0.391 | 2.744 | 0.427 | 94.90 | 1.1 | 18.79 | 4.582 | |
| 871×872 | 2010 | 镇江 | 95.74 | 18.95 | 1172 | 782 | 68.46 | 0.362 | 2.765 | | 92.48 | | 17.60 | 4.171 | |
| | | 南充 | 93.31 | 18.68 | 1188 | 877 | 75.79 | 0.364 | 2.739 | 0.472 | 93.26 | 1.1 | 17.58 | 4.176 | 3.264 |
| | | 平均 | 94.79 | 18.82 | 1180 | 830 | 72.12 | 0.363 | 2.752 | 0.472 | 92.87 | 1.1 | 17.59 | 4.042 | |
| | 2011 | 镇江 | 95.66 | 18.46 | 1153 | 836 | 74.14 | 0.369 | 2.871 | | 92.98 | | 18.03 | 4.272 | |
| | | 南充 | 90.03 | 18.91 | 1139 | 892 | 79.86 | 0.370 | 2.913 | 0.529 | 97.56 | 1.1 | 18.04 | 4.285 | 3.397 |
| | | 平均 | 92.85 | 18.69 | 1146 | 864 | 77.00 | 0.370 | 2.892 | 0.529 | 95.27 | 1.1 | 18.04 | 4.278 | |
| | 平均 | 镇江 | 95.70 | 18.71 | 1162 | 809 | 71.30 | 0.366 | 2.818 | | 92.73 | | 17.82 | 4.221 | |
| | | 南充 | 91.67 | 18.80 | 1163 | 884 | 77.82 | 0.367 | 2.826 | 0.501 | 95.41 | 1.1 | 17.81 | 4.231 | 3.331 |
| | | 平均 | 93.82 | 18.75 | 1163 | 847 | 74.56 | 0.366 | 2.822 | 0.501 | 94.07 | 1.1 | 17.81 | 4.160 | |

表3.115 2010—2011年A组秋季生产试验成绩汇总表

| 品种名称 | 年份 | 杂交形式 | 实用孵化率(%) | 龄期经过(日:时) 5龄 | 龄期经过(日:时) 全龄 | 总收茧量(千克) | 普通茧百分率(%) | 缫丝单位 | 上车茧率(%) | 鲜毛茧出丝率(%) | 解舒丝长(米) | 解舒率(%) | 茧丝量(克) | 纤度(D) | 茧丝纤度综合均方差(D) | 净度(分) | 每盒/张种毛茧收茧量(千克) | 每盒/张种产丝量(千克) |
|---|---|---|---|---|---|---|---|---|---|---|---|---|---|---|---|---|---|---|
| 丝雨二号 | 2010 | 正交 | 96.76 | | | 67.88 | 95.81 | 镇江 | 86.11 | 14.15 | 675 | 64.67 | 0.27 | 2.335 | | 95.06 | 39.10 | |
| | | 反交 | 96.91 | 8:02 | 28:02 | 67.89 | 94.67 | 南充 | 85.77 | 13.84 | 741 | 77.70 | 0.24 | 2.184 | 0.544 | 92.48 | 38.98 | |
| | | 平均 | 96.83 | | | 67.88 | 95.24 | 平均 | 85.76 | 13.88 | 700 | 71.78 | 0.25 | 2.228 | 0.544 | 93.62 | 39.04 | |
| | 2011 | 正交 | 98.60 | | | 75.26 | 97.09 | 镇江 | 85.70 | 14.13 | 692 | 70.46 | 0.27 | 2.460 | | 93.69 | 37.63 | 5.68 |
| | | 反交 | 98.56 | 9:11 | 29:03 | 77.92 | 94.65 | 南充 | 86.33 | 16.06 | 745 | 77.54 | 0.27 | 2.532 | 0.544 | 97.45 | 38.96 | 5.87 |
| | | 平均 | 98.58 | | | 76.59 | 95.87 | 平均 | 88.35 | 15.10 | 719 | 74.00 | 0.27 | 2.496 | 0.544 | 95.57 | 38.29 | 5.78 |
| | 平均 | 正交 | 97.68 | | | 71.57 | 96.45 | 镇江 | 85.90 | 14.14 | 683 | 67.56 | 0.27 | 2.398 | | 94.38 | 38.37 | 5.68 |
| | | 反交 | 97.73 | | | 72.91 | 94.66 | 南充 | 86.05 | 14.95 | 743 | 77.62 | 0.25 | 2.358 | 0.544 | 94.97 | 38.97 | 5.87 |
| | | 平均 | 97.71 | | | 72.24 | 95.56 | 平均 | 87.06 | 14.49 | 709 | 72.89 | 0.26 | 2.362 | 0.544 | 94.60 | 38.67 | 5.78 |
| 川蚕23号 | 2010 | 正交 | 97.10 | | | 57.54 | 95.02 | 镇江 | 85.07 | 13.70 | 726 | 74.08 | 0.250 | 2.274 | | 95.38 | 33.48 | |
| | | 反交 | 96.99 | 7:21 | 27:10 | 61.23 | 94.96 | 南充 | 85.98 | 12.94 | 703 | 78.38 | 0.215 | 2.141 | 0.501 | 92.23 | 35.66 | |
| | | 平均 | 97.05 | | | 59.38 | 94.99 | 平均 | 85.41 | 13.20 | 712 | 76.92 | 0.225 | 2.168 | 0.501 | 93.87 | 34.57 | |
| | 2011 | 正交 | 98.06 | | | 65.23 | 95.97 | 镇江 | 85.84 | 14.24 | 694 | 73.24 | 0.267 | 2.534 | | 94.25 | 32.62 | 4.87 |
| | | 反交 | 97.86 | 9:01 | 28:19 | 71.22 | 93.84 | 南充 | 86.58 | 15.41 | 687 | 80.88 | 0.243 | 2.570 | 0.577 | 98.13 | 35.62 | 5.30 |
| | | 平均 | 97.96 | | | 68.23 | 94.91 | 平均 | 88.36 | 14.82 | 691 | 77.06 | 0.255 | 2.552 | 0.577 | 96.19 | 34.12 | 5.06 |
| | 平均 | 正交 | 97.58 | | | 61.39 | 95.50 | 镇江 | 85.45 | 13.97 | 710 | 73.66 | 0.258 | 2.404 | | 94.81 | 33.05 | 4.87 |
| | | 反交 | 97.42 | | | 66.22 | 94.40 | 南充 | 86.28 | 14.17 | 695 | 79.63 | 0.229 | 2.356 | 0.539 | 95.18 | 35.64 | 5.30 |
| | | 平均 | 97.51 | | | 63.81 | 94.95 | 平均 | 86.89 | 14.01 | 701 | 76.99 | 0.240 | 2.360 | 0.539 | 95.03 | 34.34 | 5.06 |

（续表）

| 品种名称 | 年份 | 杂交形式 | 实用孵化率(%) | 龄期经过(日:时) 5龄 | 龄期经过(日:时) 全龄 | 总收茧量(千克) | 普通茧百分率(%) | 缫丝单位 | 上车茧率(%) | 鲜毛茧出丝率(%) | 解舒丝长(米) | 解舒率(%) | 茧丝量(克) | 纤度(D) | 茧丝纤度综合均方差(D) | 净度(分) | 每盒/张蚕种收茧量(千克) | 每盒/张蚕种产丝量(千克) |
|---|---|---|---|---|---|---|---|---|---|---|---|---|---|---|---|---|---|---|
| 野三元 | 2010 | 正交 | 96.64 | | | 79.15 | 93.04 | 镇江 | 84.59 | 14.58 | 663 | 58.36 | 0.317 | 2.513 | | 95.00 | 44.48 | |
| | | 反交 | 97.35 | | | 76.48 | 92.94 | 南充 | 93.50 | 14.90 | 768 | 67.60 | 0.309 | 2.451 | | 85.50 | 42.41 | |
| | | 平均 | 97.00 | | | 77.82 | 92.99 | 平均 | 92.94 | 15.36 | 689 | 60.46 | 0.310 | 2.451 | | 90.13 | 43.44 | |
| | 2011 | 正交 | 97.68 | | | 76.35 | 95.55 | 镇江 | 84.36 | 13.65 | 663 | 66.63 | 0.278 | 2.524 | | 93.75 | 37.12 | 5.64 |
| | | 反交 | 97.70 | 9:20 | 29:13 | 76.41 | 90.10 | 南充 | 82.56 | 15.71 | 719 | 75.12 | 0.276 | 2.604 | | 97.50 | 37.15 | 5.65 |
| | | 平均 | 97.69 | | | 76.38 | 92.82 | 平均 | 84.98 | 14.68 | 691 | 70.87 | 0.277 | 2.564 | | 95.63 | 37.13 | 5.61 |
| | 平均 | 正交 | 97.16 | | | 77.75 | 94.29 | 镇江 | 84.47 | 14.11 | 663 | 62.49 | 0.298 | 2.518 | | 94.38 | 40.80 | 5.64 |
| | | 反交 | 97.52 | | | 76.44 | 91.52 | 南充 | 88.03 | 15.31 | 743 | 71.36 | 0.293 | 2.528 | | 91.50 | 39.78 | 5.65 |
| | | 平均 | 97.34 | | | 77.10 | 92.90 | 平均 | 88.96 | 15.02 | 690 | 65.67 | 0.294 | 2.508 | | 92.88 | 40.29 | 5.61 |
| 871×872(对照) | 2010 | 正交 | 97.63 | | | 62 | 94.62 | 镇江 | 87.14 | 13.85 | 610 | 61.86 | 0.28 | 2.515 | 0.542 | 94.31 | 35.58 | |
| | | 反交 | 97.73 | 8:03 | 27:15 | 64 | 94.09 | 南充 | 86.28 | 13.32 | 635 | 68.97 | 0.25 | 2.441 | 0.542 | 93.70 | 36.43 | |
| | | 平均 | 97.68 | | | 63 | 94.36 | 平均 | 87.14 | 13.50 | 601 | 63.75 | 0.26 | 2.441 | | 94.10 | 36.01 | |
| | 2011 | 正交 | 98.56 | | | 72 | 96.53 | 镇江 | 86.63 | 14.13 | 669 | 69.81 | 0.28 | 2.623 | 0.590 | 93.50 | 35.90 | 5.20 |
| | | 反交 | 95.22 | 9:14 | 29:1 | 75 | 93.41 | 南充 | 86.03 | 14.71 | 660 | 75.48 | 0.26 | 2.655 | 0.590 | 97.66 | 37.53 | 5.44 |
| | | 平均 | 96.89 | | | 73 | 94.97 | 平均 | 88.14 | 14.42 | 665 | 72.64 | 0.27 | 2.639 | | 95.58 | 36.71 | 5.32 |
| | 平均 | 正交 | 98.10 | | | 67 | 95.58 | 镇江 | 86.88 | 13.99 | 639 | 65.84 | 0.28 | 2.57 | 0.57 | 93.91 | 35.74 | 5.20 |
| | | 反交 | 96.48 | | | 69 | 93.75 | 南充 | 86.16 | 14.01 | 648 | 72.22 | 0.26 | 2.55 | 0.57 | 95.68 | 36.98 | 5.44 |
| | | 平均 | 97.29 | | | 68 | 94.67 | 平均 | 87.64 | 13.96 | 633 | 68.20 | 0.26 | 2.54 | | 94.84 | 36.36 | 5.32 |

表 3.116 2010—2011 年 B 组秋季实验室试验成绩汇总表（一）

| 品种名称 | 年份 | 杂交形式 | 实用孵化率(%) | 龄期经过 5龄(日:时) | 龄期经过 全龄(日:时) | 4龄起蚕生命率 结茧率(%) | 4龄起蚕生命率 死笼率(%) | 4龄起蚕生命率 虫蛹率(%) | 茧质 全茧量(克) | 茧质 茧层量(克) | 茧质 茧层率(%) | 总收茧量(克) | 普通茧百分率(%) | 实际饲育头数(头) |
|---|---|---|---|---|---|---|---|---|---|---|---|---|---|---|
| 桂蚕2号 | 2010 | 正交 | 98.07 | | | 98.05 | 2.59 | 95.68 | 1.70 | 0.374 | 21.95 | 2597 | 96.02 | 1540 |
| | | 反交 | 96.32 | 6:16 | 20:22 | 98.38 | 2.18 | 96.19 | 1.71 | 0.375 | 21.83 | 2586 | 95.96 | 1536 |
| | | 平均 | 97.17 | | | 98.22 | 2.38 | 95.94 | 1.71 | 0.375 | 21.89 | 2591 | 95.99 | 1538 |
| | 2011 | 正交 | 96.64 | | | 95.98 | 5.70 | 90.57 | 1.67 | 0.369 | 22.02 | 3131 | 95.22 | 1947 |
| | | 反交 | 97.37 | 6:18 | 21:20 | 94.24 | 8.17 | 87.29 | 1.67 | 0.371 | 22.15 | 3002 | 94.34 | 1905 |
| | | 平均 | 97.00 | | | 95.11 | 6.94 | 88.93 | 1.67 | 0.370 | 22.09 | 3067 | 94.78 | 1926 |
| | 平均 | 正交 | 97.35 | | | 97.02 | 4.15 | 93.13 | 1.69 | 0.372 | 21.99 | 2864 | 95.62 | 1743 |
| | | 反交 | 96.85 | | | 96.31 | 5.18 | 91.74 | 1.69 | 0.373 | 21.99 | 2794 | 95.15 | 1720 |
| | | 平均 | 97.09 | | | 96.67 | 4.66 | 92.43 | 1.69 | 0.373 | 21.99 | 2829 | 95.39 | 1732 |
| 9·美×7·湘(对照) | 2010 | 正交 | 98.56 | | | 98.27 | 1.95 | 96.32 | 1.65 | 0.353 | 21.36 | 2511 | 94.91 | 1541 |
| | | 反交 | 97.25 | 6:16 | 20:22 | 98.14 | 2.02 | 96.09 | 1.66 | 0.354 | 21.37 | 2489 | 94.73 | 1534 |
| | | 平均 | 97.91 | | | 98.20 | 1.99 | 96.20 | 1.66 | 0.354 | 21.37 | 2500 | 94.82 | 1538 |
| | 2011 | 正交 | 97.58 | | | 95.21 | 7.53 | 87.35 | 1.61 | 0.350 | 21.70 | 2888 | 92.48 | 1929 |
| | | 反交 | 96.74 | 6:14 | 21:18 | 95.41 | 3.68 | 92.04 | 1.59 | 0.347 | 21.79 | 2889 | 93.44 | 1895 |
| | | 平均 | 97.16 | | | 95.31 | 5.61 | 89.69 | 1.60 | 0.349 | 21.75 | 2889 | 92.96 | 1912 |
| | 平均 | 正交 | 98.07 | | | 96.74 | 4.74 | 97.34 | 1.63 | 0.352 | 21.53 | 2700 | 93.71 | 1735 |
| | | 反交 | 97.00 | 6:15 | 21:08 | 96.78 | 2.84 | 94.06 | 1.63 | 0.350 | 21.58 | 2689 | 94.08 | 1714 |
| | | 平均 | 97.53 | | | 97.76 | 3.79 | 92.95 | 1.63 | 0.351 | 21.56 | 2694 | 93.89 | 1725 |

表 3.117 2010—2011 年 B 组秋季实验笔试验成绩汇总表(二)

| 品种名称 | 年份 | 缫丝单位 | 上车茧率(%) | 鲜毛茧出丝率(%) | 茧丝长(米) | 解舒丝长(米) | 解舒率(%) | 丝质成绩 茧丝量(克) | 纤度(D) | 茧丝纤度综合均方差(D) | 净度(分) | 万米吊糙(次) | 万头收茧量(千克) | 万头茧层量(千克) | 万头产丝量(千克) |
|---|---|---|---|---|---|---|---|---|---|---|---|---|---|---|---|
| 桂蚕 2 号 | 2010 | 镇江 | 95.83 | 16.05 | 1048 | 662 | 63.68 | 0.294 | 2.524 | / | 94.38 | / | 16.90 | 3.71 | |
| | | 南充 | 91.03 | 16.32 | 1046 | 809 | 77.81 | 0.294 | 2.513 | 0.522 | 95.31 | / | 16.89 | 3.69 | |
| | | 平均 | 93.68 | 16.19 | 1047 | 736 | 70.75 | 0.294 | 2.518 | 0.516 | 94.84 | / | 16.89 | 3.70 | 2.762 |
| | 2011 | 镇江 | 94.77 | 16.59 | 1038 | 713 | 68.95 | 0.296 | 2.569 | / | 93.64 | / | 16.22 | 3.59 | |
| | | 南充 | 90.16 | 17.46 | 1011 | 810 | 80.25 | 0.295 | 2.621 | 0.559 | 96.61 | 1.1 | 15.75 | 3.50 | |
| | | 平均 | 92.47 | 17.03 | 1024 | 761 | 74.60 | 0.296 | 2.595 | 0.559 | 95.13 | 1.1 | 15.99 | 3.54 | 2.700 |
| | 平均 | 镇江 | 95.30 | 16.32 | 1043 | 688 | 66.32 | 0.295 | 2.546 | / | 94.01 | / | 16.56 | 3.65 | |
| | | 南充 | 90.59 | 16.89 | 1028 | 809 | 79.03 | 0.294 | 2.567 | 0.540 | 95.96 | 1.1 | 16.32 | 3.59 | |
| | | 平均 | 93.08 | 16.61 | 1035 | 748 | 72.67 | 0.295 | 2.557 | 0.540 | 94.99 | 1.1 | 16.44 | 3.62 | 2.731 |
| 9·芙×7·湘(对照) | 2010 | 镇江 | 94.26 | 15.92 | 984 | 710 | 72.28 | 0.289 | 2.637 | / | 92.59 | / | 16.35 | 3.491 | |
| | | 南充 | 90.41 | 15.88 | 939 | 747 | 79.63 | 0.275 | 2.624 | 0.525 | 96.32 | / | 16.22 | 3.474 | |
| | | 平均 | 92.34 | 15.90 | 961 | 729 | 75.95 | 0.282 | 2.630 | 0.525 | 94.46 | / | 16.28 | 3.482 | 2.603 |
| | 2011 | 镇江 | 93.59 | 16.42 | 978 | 717 | 73.38 | 0.280 | 2.572 | / | 93.71 | / | 14.95 | 3.249 | |
| | | 南充 | 88.71 | 17.18 | 944 | 730 | 77.44 | 0.274 | 2.604 | 0.487 | 98.30 | 1.3 | 15.19 | 3.316 | |
| | | 平均 | 91.15 | 16.80 | 961 | 724 | 75.41 | 0.277 | 2.588 | 0.487 | 96.01 | 1.3 | 15.07 | 3.282 | 2.496 |
| | 平均 | 镇江 | 93.92 | 16.17 | 981 | 714 | 72.83 | 0.284 | 2.604 | / | 93.15 | / | 15.65 | 3.370 | |
| | | 南充 | 89.56 | 16.53 | 942 | 738 | 78.54 | 0.275 | 2.614 | 0.506 | 97.31 | 1.2 | 15.71 | 3.395 | |
| | | 平均 | 91.74 | 16.35 | 961 | 726 | 75.68 | 0.280 | 2.609 | 0.506 | 95.23 | / | 15.68 | 3.382 | 2.550 |

表3.118 2010—2011年B组秋季生产试验成绩汇总表

| 品种名称 | 年份 | 杂交形式 | 实用孵化率(%) | 龄期经过(日:时) 5龄 | 龄期经过(日:时) 全龄 | 总收茧量(千克) | 普通茧百分率(%) | 缫丝单位 | 上车茧率(%) | 鲜毛茧出丝率(%) | 解舒丝长(米) | 解舒率(%) | 茧丝量(克) | 纤度(D) | 茧丝纤度综合均方差(D) | 净度(分) | 每盒/张蚕种收茧量(千克) | 每盒/张蚕种产丝量(千克) |
|---|---|---|---|---|---|---|---|---|---|---|---|---|---|---|---|---|---|---|
| 桂蚕2号 | 2010 | 正交 | 97.25 | | | 77.26 | 93.83 | 镇江 | 90.29 | 14.09 | 537 | 57.57 | 0.244 | 2.319 | / | 94.72 | 34.68 | |
| | | 反交 | 96.67 | | | 52.14 | 81.44 | 南充 | 88.68 | 12.76 | 699 | 75.04 | 0.247 | 2.372 | 0.552 | 95.31 | 34.94 | |
| | | 平均 | 97.61 | 6:10 | 22:08 | 67.38 | 94.35 | 平均 | 89.74 | 14.07 | 602 | 66.49 | 0.239 | 2.339 | 0.552 | 96.36 | 34.81 | |
| | 2011 | 正交 | 96.64 | | | 68.54 | 93.70 | 镇江 | 86.65 | 12.86 | 586 | 66.54 | 0.231 | 2.350 | / | 97.19 | 34.24 | 4.75 |
| | | 反交 | 97.03 | | | 69.05 | 95.49 | 南充 | 78.11 | 14.82 | 679 | 80.24 | 0.226 | 2.390 | 0.609 | 97.19 | 34.49 | 4.80 |
| | | 平均 | 96.84 | 6:11 | 22:13 | 68.79 | 94.60 | 平均 | 82.38 | 13.84 | 633 | 73.39 | 0.228 | 2.370 | 0.609 | 95.31 | 34.37 | 4.76 |
| | 平均 | 正交 | 96.94 | | | 72.90 | 93.76 | 镇江 | 88.47 | 13.48 | 561 | 62.06 | 0.238 | 2.334 | / | 95.95 | 34.46 | 4.75 |
| | | 反交 | 96.85 | | | 60.59 | 88.46 | 南充 | 83.39 | 13.79 | 689 | 77.64 | 0.236 | 2.381 | 0.580 | 96.25 | 34.72 | 4.80 |
| | | 平均 | 97.23 | | | 68.08 | 94.48 | 平均 | 86.06 | 13.96 | 617 | 69.94 | 0.234 | 2.355 | 0.582 | 95.84 | 34.59 | 4.76 |
| 9·芙×7·湘(对照) | 2010 | 正交 | 97.40 | | | 49.04 | 92.59 | 镇江 | 89.65 | 13.64 | 596 | 66.28 | 0.240 | 2.384 | / | 95.13 | 32.03 | |
| | | 反交 | 97.02 | | | 31.38 | 83.59 | 四川 | 89.60 | 12.58 | 672 | 79.83 | 0.234 | 2.488 | 0.577 | 95.61 | 34.12 | |
| | | 平均 | 97.21 | 6:08 | 22:03 | 40.21 | 88.09 | 平均 | 89.62 | 13.11 | 634 | 73.06 | 0.237 | 2.436 | 0.577 | 95.37 | 33.07 | |
| | 2011 | 正交 | 96.21 | | | 65.61 | 94.31 | 镇江 | 87.82 | 13.39 | 598 | 68.47 | 0.233 | 2.386 | / | 94.50 | 32.77 | 4.68 |
| | | 反交 | 96.89 | | | 64.95 | 95.07 | 四川 | 74.74 | 15.06 | 671 | 80.38 | 0.225 | 2.416 | 0.630 | 98.75 | 32.45 | 4.64 |
| | | 平均 | 96.55 | 6:10 | 22:12 | 65.28 | 94.69 | 平均 | 81.28 | 14.22 | 634 | 74.42 | 0.229 | 2.401 | 0.630 | 96.63 | 32.61 | 4.64 |
| | 平均 | 正交 | 96.80 | | | 57.32 | 93.46 | | 88.74 | 13.52 | 597 | 67.38 | 0.236 | 2.385 | / | 94.82 | 32.40 | 4.68 |
| | | 反交 | 96.96 | | | 48.16 | 89.33 | | 82.17 | 13.82 | 672 | 80.10 | 0.230 | 2.452 | 0.604 | 97.18 | 33.28 | 4.64 |
| | | 平均 | 96.88 | 6:09 | 22:08 | 52.74 | 91.40 | | 85.45 | 13.67 | 634 | 73.74 | 0.233 | 2.418 | 0.604 | 96.00 | 32.84 | 4.64 |

表3.119 2011—2012年A组春季实验室试验成绩汇总表(一)

| 品种名称 | 年份 | 杂交形式 | 实用孵化率(%) | 龄期经过 5龄(日:时) | 龄期经过 全龄(日:时) | 4龄起蚕生命率 结茧率(%) | 死笼率(%) | 虫蛹率(%) | 全茧量(克) | 茧质 茧层量(克) | 茧层率(%) | 总收茧量(克) | 普通茧百分率(%) | 实际饲育头数(头) |
|---|---|---|---|---|---|---|---|---|---|---|---|---|---|---|
| 丝雨2号 | 2011 | 正交 | 98.41 | | | 98.96 | 1.04 | 97.95 | 2.19 | 0.522 | 23.84 | 4 309 | 95.76 | 2 046 |
| | | 反交 | 98.67 | | | 98.50 | 1.07 | 97.48 | 2.20 | 0.521 | 23.68 | 4 309 | 95.47 | 2 031 |
| | | 平均 | 98.54 | 7:20 | 24:06 | 98.73 | 1.06 | 97.71 | 2.20 | 0.522 | 23.76 | 4 309 | 95.62 | 2 039 |
| | 2012 | 正交 | 98.03 | | | 97.79 | 0.79 | 97.04 | 2.09 | 0.499 | 23.80 | 4 192 | 96.28 | 2 048 |
| | | 反交 | 98.82 | | | 98.33 | 0.89 | 97.49 | 2.14 | 0.502 | 23.38 | 4 225 | 96.53 | 2 021 |
| | | 平均 | 98.42 | 7:15 | 24:10 | 98.06 | 0.84 | 97.26 | 2.12 | 0.500 | 23.59 | 4 208 | 96.41 | 2 035 |
| | 平均 | 正交 | 98.22 | | | 98.38 | 0.92 | 97.49 | 2.14 | 0.510 | 23.82 | 4 250 | 96.02 | 2 047 |
| | | 反交 | 98.74 | | | 98.42 | 0.98 | 97.48 | 2.17 | 0.512 | 23.53 | 4 267 | 96.00 | 2 026 |
| | | 平均 | 98.48 | | | 98.40 | 0.95 | 97.49 | 2.16 | 0.511 | 23.68 | 4 259 | 96.02 | 2 037 |
| 川蚕23号 | 2011 | 正交 | 98.25 | | | 98.90 | 1.24 | 97.72 | 2.08 | 0.463 | 22.25 | 4 021 | 96.64 | 2 023 |
| | | 反交 | 97.44 | | | 98.87 | 1.03 | 97.75 | 2.08 | 0.460 | 22.18 | 3 988 | 96.52 | 2 012 |
| | | 平均 | 97.84 | 7:00 | 23:14 | 98.89 | 1.13 | 97.73 | 2.08 | 0.461 | 22.22 | 4 005 | 96.58 | 2 018 |
| | 2012 | 正交 | 98.57 | | | 99.13 | 0.58 | 98.55 | 2.04 | 0.453 | 22.27 | 4 046 | 95.96 | 2 013 |
| | | 反交 | 98.09 | | | 99.02 | 0.53 | 98.46 | 2.02 | 0.448 | 22.18 | 4 008 | 95.93 | 2 010 |
| | | 平均 | 98.33 | 7:04 | 23:20 | 99.07 | 0.56 | 98.51 | 2.03 | 0.451 | 22.22 | 4 027 | 95.95 | 2 011 |
| | 平均 | 正交 | 98.41 | | | 99.02 | 0.91 | 98.13 | 2.06 | 0.458 | 22.26 | 4 034 | 96.30 | 2 018 |
| | | 反交 | 97.76 | | | 98.95 | 0.78 | 98.10 | 2.05 | 0.454 | 22.18 | 3 998 | 96.23 | 2 011 |
| | | 平均 | 98.09 | | | 98.98 | 0.85 | 98.12 | 2.06 | 0.456 | 22.22 | 4 016 | 96.27 | 2 015 |

（续表）

| 品种名称 | 年份 | 杂交形式 | 实用孵化率（%） | 龄期经过 | | 4龄起蚕生命率 | | | 饲养成绩 | | | | 总收茧量（克） | 普通茧百分率（%） | 实际饲育头数（头） |
|---|---|---|---|---|---|---|---|---|---|---|---|---|---|---|---|
| | | | | 5龄（日:时） | 全龄（日:时） | 结茧率（%） | 死笼率（%） | 虫蛹率（%） | 全茧量（克） | 茧质 茧层量（克） | 茧质 茧层率（%） | | | | |
| 野三元 | 2011 | 正交 | 91.18 | | | 98.75 | 2.43 | 96.81 | 2.12 | 0.534 | 25.20 | 4 087 | 92.15 | 2 025 |
| | | 反交 | 97.15 | 7:20 | 24:6 | 98.88 | 1.67 | 97.16 | 2.21 | 0.559 | 25.25 | 4 246 | 91.22 | 2 004 |
| | | 平均 | 94.16 | | | 98.82 | 2.05 | 96.98 | 2.16 | 0.546 | 25.23 | 4 167 | 91.69 | 2 015 |
| | 2012 | 正交 | 95.15 | | | 98.15 | 1.38 | 96.82 | 2.22 | 0.544 | 24.54 | 4 448 | 90.74 | 2 035 |
| | | 反交 | 97.62 | 7:16 | 24:12 | 97.89 | 1.11 | 96.80 | 2.26 | 0.558 | 24.77 | 4 521 | 91.23 | 2 029 |
| | | 平均 | 96.38 | | | 98.02 | 1.24 | 96.81 | 2.24 | 0.551 | 24.66 | 4 485 | 90.98 | 2 032 |
| | 平均 | 正交 | 93.16 | | | 98.45 | 1.90 | 96.82 | 2.17 | 0.539 | 24.87 | 4 268 | 91.44 | 2 030 |
| | | 反交 | 97.38 | 7:16 | 0:02 | 98.38 | 1.39 | 96.98 | 2.23 | 0.558 | 25.01 | 4 384 | 91.22 | 2 017 |
| | | 平均 | 95.27 | | | 98.42 | 1.65 | 96.90 | 2.20 | 0.549 | 24.94 | 4 326 | 91.34 | 2 024 |
| 菁松×皓月（对照） | 2011 | 正交 | 97.04 | | | 98.46 | 1.78 | 96.69 | 2.10 | 0.513 | 24.35 | 4 059 | 95.49 | 2 015 |
| | | 反交 | 98.02 | 7:16 | 0:03 | 98.84 | 1.36 | 97.48 | 2.08 | 0.515 | 24.79 | 4 063 | 95.45 | 2 019 |
| | | 平均 | 97.53 | | | 98.65 | 1.57 | 97.09 | 2.09 | 0.514 | 24.57 | 4 061 | 95.47 | 2 017 |
| | 2012 | 正交 | 98.46 | | | 98.25 | 0.90 | 96.73 | 2.05 | 0.496 | 24.27 | 4 049 | 95.51 | 2 008 |
| | | 反交 | 98.52 | 7:10 | | 98.91 | 0.73 | 98.20 | 2.02 | 0.489 | 24.21 | 4 070 | 95.57 | 2 015 |
| | | 平均 | 98.49 | | | 98.58 | 0.82 | 97.47 | 2.04 | 0.493 | 24.24 | 4 059 | 95.54 | 2 011 |
| | 平均 | 正交 | 97.75 | | | 98.36 | 1.34 | 96.71 | 2.07 | 0.505 | 24.31 | 4 054 | 95.50 | 2 011 |
| | | 反交 | 98.27 | | | 98.87 | 1.04 | 97.84 | 2.05 | 0.502 | 24.50 | 4 067 | 95.51 | 2 017 |
| | | 平均 | 98.01 | | | 98.62 | 1.20 | 97.28 | 2.07 | 0.504 | 24.40 | 4 060 | 95.51 | 2 014 |

表3.120 2011—2012年A组春季实验室试验成绩汇总表(二)

| 品种名称 | 年份 | 缫丝单位 | 上车茧率(%) | 鲜毛茧出丝率(%) | 茧丝长(米) | 解舒丝长(米) | 解舒率(%) | 丝质成绩 | | | | | 万米吊糙(次) | 万头收茧量(千克) | 万头茧层量(千克) | 万头产丝量(千克) |
|---|---|---|---|---|---|---|---|---|---|---|---|---|---|---|---|---|
| | | | | | | | | 茧丝量(克) | 纤度(D) | 茧丝纤度综合均方差(D) | 净度(分) | | | | | |
| 丝雨二号 | 2011 | 镇江 | 95.23 | 18.88 | 1311 | 1075 | 81.98 | 0.434 | 2.976 | | 94.05 | | 21.12 | 5.034 | |
| | | 南充 | 94.24 | 19.05 | 1269 | 1068 | 84.22 | 0.424 | 3.012 | 0.554 | 98.95 | 1.4 | 21.26 | 5.033 | |
| | | 平均 | 94.74 | 18.96 | 1290 | 1072 | 83.10 | 0.429 | 2.994 | 0.554 | 96.50 | 1.4 | 21.19 | 5.023 | 4.012 |
| | 2012 | 镇江 | 96.86 | 19.37 | 1288 | 1105 | 85.97 | 0.420 | 2.933 | | 95.69 | | 20.54 | 4.889 | |
| | | 南充 | 95.41 | 19.17 | 1267 | 932 | 73.66 | 0.425 | 3.014 | 0.614 | 98.21 | 0.9 | 20.97 | 4.902 | |
| | | 平均 | 96.13 | 19.27 | 1278 | 1018 | 79.82 | 0.422 | 2.973 | 0.614 | 96.95 | 0.9 | 20.75 | 4.896 | 4.007 |
| | 平均 | 镇江 | 96.04 | 19.13 | 1300 | 1090 | 83.98 | 0.427 | 2.954 | | 94.87 | | 20.83 | 4.962 | |
| | | 南充 | 94.82 | 19.11 | 1268 | 1000 | 78.94 | 0.424 | 3.013 | 0.584 | 98.58 | 1.2 | 21.11 | 4.967 | |
| | | 平均 | 95.44 | 19.12 | 1284 | 1045 | 81.46 | 0.426 | 2.984 | 0.584 | 96.73 | 1.2 | 20.97 | 4.960 | 4.010 |
| 川蚕23号 | 2011 | 镇江 | 95.59 | 17.62 | 1098 | 929 | 84.74 | 0.380 | 3.113 | | 95.03 | | 19.91 | 4.430 | |
| | | 南充 | 94.33 | 17.62 | 1048 | 876 | 85.23 | 0.368 | 3.164 | 0.497 | 95.03 | 1.8 | 19.84 | 4.398 | |
| | | 平均 | 94.96 | 17.62 | 1073 | 903 | 84.99 | 0.374 | 3.138 | 0.497 | 95.03 | 1.8 | 19.87 | 4.409 | 3.497 |
| | 2012 | 镇江 | 96.93 | 18.25 | 1111 | 964 | 86.98 | 0.366 | 2.964 | | 93.38 | | 20.11 | 4.479 | |
| | | 南充 | 95.28 | 17.62 | 1099 | 803 | 73.29 | 0.374 | 3.064 | 0.493 | 95.53 | 1.2 | 19.96 | 4.426 | |
| | | 平均 | 96.11 | 17.93 | 1105 | 884 | 80.14 | 0.370 | 3.014 | 0.493 | 94.45 | 1.2 | 20.04 | 4.452 | 3.596 |
| | 平均 | 镇江 | 96.26 | 17.93 | 1105 | 947 | 85.86 | 0.373 | 3.039 | | 93.38 | | 20.01 | 4.454 | |
| | | 南充 | 94.80 | 17.62 | 1074 | 840 | 79.26 | 0.371 | 3.114 | 0.495 | 95.28 | 1.5 | 19.90 | 4.412 | |
| | | 平均 | 95.54 | 17.77 | 1088 | 893 | 82.56 | 0.372 | 3.076 | 0.495 | 94.74 | 1.5 | 19.95 | 4.431 | 3.547 |

（续 表）

| 品种名称 | 年份 | 缫丝单位 | 上车茧率（%） | 鲜毛茧出丝率（%） | 茧丝长（米） | 解舒丝长（米） | 解舒率（%） | 茧丝量（克） | 纤度（D） | 茧丝纤度综合均方差（D） | 净度（分） | 万米吊糙（次） | 万头收茧量（千克） | 万头茧层量（千克） | 万头产丝量（千克） |
|---|---|---|---|---|---|---|---|---|---|---|---|---|---|---|---|
| | | | | | | | | | | 丝 质 成 绩 | | | | | |
| 野三元 | 2011 | 镇江 | 94.81 | 19.87 | 1345 | 1005 | 74.90 | 0.446 | 2.985 | | 93.49 | 1.6 | 20.15 | 5.091 | |
| | | 南充 | 93.60 | 20.02 | 1297 | 1049 | 81.10 | 0.436 | 3.023 | 0.525 | 93.49 | 1.6 | 21.14 | 5.350 | 4.125 |
| | | 平均 | 94.21 | 19.94 | 1321 | 1027 | 78.00 | 0.441 | 3.004 | 0.525 | | | 20.64 | 5.213 | |
| | 2012 | 镇江 | 97.04 | 19.61 | 1292 | 997 | 77.34 | 0.448 | 3.125 | | 96.97 | 1.0 | 21.86 | 5.377 | |
| | | 南充 | 95.28 | 19.76 | 1322 | 933 | 70.71 | 0.459 | 3.127 | 0.613 | 96.97 | 1.0 | 22.24 | 5.518 | 4.355 |
| | | 平均 | 96.16 | 19.68 | 1307 | 965 | 74.02 | 0.454 | 3.126 | 0.613 | | | 22.05 | 5.448 | |
| | 平均 | 镇江 | 95.92 | 19.74 | 1319 | 1001 | 76.12 | 0.447 | 3.055 | | 95.23 | 1.3 | 21.00 | 5.234 | |
| | | 南充 | 94.44 | 19.89 | 1309 | 991 | 75.91 | 0.447 | 3.075 | 0.569 | 95.23 | 1.3 | 21.69 | 5.434 | 4.240 |
| | | 平均 | 95.19 | 19.82 | 1314 | 996 | 76.01 | 0.447 | 3.065 | 0.569 | | | 21.35 | 5.331 | |
| 菁松×皓月（对照） | 2011 | 镇江 | 96.13 | 19.69 | 1341 | 1110 | 82.81 | 0.427 | 2.865 | | 93.43 | 1.2 | 20.16 | 4.910 | |
| | | 南充 | 94.66 | 19.83 | 1304 | 1092 | 83.98 | 0.416 | 2.869 | 0.494 | 95.80 | 1.2 | 20.15 | 4.995 | 3.979 |
| | | 平均 | 95.40 | 19.76 | 1322 | 1101 | 83.39 | 0.422 | 2.867 | 0.494 | 94.62 | | 20.16 | 4.944 | |
| | 2012 | 镇江 | 96.62 | 19.73 | 1305 | 1116 | 85.78 | 0.415 | 2.862 | | 94.96 | 1.2 | 20.18 | 4.896 | |
| | | 南充 | 95.12 | 19.73 | 1325 | 939 | 71.14 | 0.424 | 2.882 | 0.593 | 95.83 | 1.2 | 20.21 | 4.887 | 3.986 |
| | | 平均 | 95.87 | 19.73 | 1315 | 1028 | 78.46 | 0.419 | 2.872 | 0.593 | 95.40 | | 20.19 | 4.891 | |
| | 平均 | 镇江 | 96.38 | 19.71 | 1323 | 1113 | 84.29 | 0.421 | 2.863 | | 94.19 | 1.2 | 20.17 | 4.903 | |
| | | 南充 | 94.89 | 19.78 | 1314 | 1016 | 77.56 | 0.420 | 2.875 | 0.544 | 95.82 | 1.2 | 20.18 | 4.941 | 3.983 |
| | | 平均 | 95.64 | 19.75 | 1319 | 1064 | 80.93 | 0.421 | 2.869 | 0.544 | 94.98 | | 20.17 | 4.918 | |

表 3.121　2011—2012 年 A 组春季生产试验成绩汇总表

| 品种名称 | 年份 | 杂交形式 | 实用孵化率(%) | 龄期经过(日:时) 5龄 | 龄期经过(日:时) 全龄 | 总收茧量(千克) | 普通茧百分率(%) | 健蛹率(%) | 缫丝单位 | 上车茧率(%) | 鲜毛茧出丝率(%) | 解舒丝长(米) | 解舒率(%) | 茧丝量(克) | 纤度(D) | 净度(分) | 每盒/张蚕种收茧量(千克) | 每盒/张蚕种产丝量(千克) |
|---|---|---|---|---|---|---|---|---|---|---|---|---|---|---|---|---|---|---|
| 丝雨二号 | 2011 | 正交 | 97.24 | | | 76.76 | 95.18 | | 镇江 | 85.90 | 15.11 | 769 | 65.70 | 0.323 | 2.463 | 94.50 | 38.40 | 6.02 |
| | | 反交 | 97.29 | | | 66.42 | 95.71 | | 南充 | 89.25 | 16.02 | 860 | 78.23 | 0.306 | 2.502 | 95.94 | 33.22 | 5.24 |
| | | 平均 | 97.27 | 7:19 | 29:17 | 71.59 | 95.44 | | 平均 | 87.57 | 15.57 | 815 | 71.96 | 0.315 | 2.482 | 95.22 | 35.81 | 5.57 |
| | 2012 | 正交 | 97.26 | | | 75.18 | 94.35 | 90.50 | 镇江 | 85.42 | 13.93 | 766 | 67.96 | 0.319 | 2.543 | 94.88 | 37.59 | 5.25 |
| | | 反交 | 96.75 | | | 73.86 | 95.29 | 80.50 | 南充 | 86.30 | 14.86 | 692 | 65.88 | 0.308 | 2.616 | 96.25 | 36.93 | 5.52 |
| | | 平均 | 97.00 | 8:06 | 30:18 | 74.52 | 94.82 | 85.50 | 平均 | 85.86 | 14.39 | 729 | 66.92 | 0.314 | 2.579 | 95.56 | 37.26 | 5.38 |
| | 平均 | 正交 | 97.25 | | | 75.97 | 94.76 | 90.50 | 镇江 | 85.66 | 14.52 | 768 | 66.83 | 0.321 | 2.503 | 94.69 | 38.00 | 5.63 |
| | | 反交 | 97.02 | | | 70.14 | 95.50 | 80.50 | 南充 | 87.78 | 15.44 | 776 | 72.05 | 0.307 | 2.559 | 96.09 | 35.08 | 5.38 |
| | | 平均 | 97.14 | 8:00 | 30:06 | 73.06 | 95.13 | 85.50 | 平均 | 86.72 | 14.98 | 772 | 69.44 | 0.315 | 2.531 | 95.39 | 36.54 | 5.48 |
| 川蚕23号 | 2011 | 正交 | 96.65 | | | 67.47 | 96.55 | | 镇江 | 86.44 | 14.47 | 756 | 74.84 | 0.289 | 2.562 | 93.44 | 33.71 | 5.09 |
| | | 反交 | 95.93 | | | 62.24 | 95.94 | | 南充 | 87.90 | 15.34 | 759 | 81.45 | 0.271 | 2.614 | 92.92 | 31.10 | 4.72 |
| | | 平均 | 96.29 | 8:00 | 29:13 | 64.86 | 96.24 | | 平均 | 87.17 | 14.90 | 758 | 78.15 | 0.280 | 2.588 | 93.18 | 32.40 | 4.83 |
| | 2012 | 正交 | 97.18 | | | 83.71 | 93.99 | 90.25 | 镇江 | 84.35 | 13.12 | 690 | 67.61 | 0.294 | 2.595 | 95.06 | 41.86 | 5.46 |
| | | 反交 | 96.80 | | | 72.15 | 93.37 | 88.79 | 南充 | 83.85 | 13.78 | 656 | 69.00 | 0.286 | 2.699 | 92.63 | 36.08 | 4.97 |
| | | 平均 | 96.99 | 7:23 | 30:7 | 77.93 | 93.68 | 89.52 | 平均 | 84.10 | 13.45 | 673 | 68.31 | 0.290 | 2.647 | 93.84 | 38.97 | 5.22 |
| | 平均 | 正交 | 96.91 | | | 75.59 | 95.27 | 90.25 | 镇江 | 85.40 | 13.79 | 723 | 71.23 | 0.292 | 2.578 | 94.25 | 37.78 | 5.28 |
| | | 反交 | 96.37 | | | 67.20 | 94.65 | 88.79 | 南充 | 85.87 | 14.56 | 707 | 75.23 | 0.278 | 2.656 | 92.77 | 33.59 | 4.85 |
| | | 平均 | 96.64 | | | 71.40 | 94.96 | 89.52 | 平均 | 85.64 | 14.18 | 715 | 73.23 | 0.285 | 2.618 | 93.51 | 35.68 | 5.03 |

（续　表）

| 品种名称 | 年份 | 杂交形式 | 饲养成绩 实用孵化率(%) | 龄期经过(日:时) 5龄 | 龄期经过(日:时) 全龄 | 总收茧量(千克) | 普通茧百分率(%) | 健蛹率(%) | 缫丝单位 | 茧丝质成绩 上车茧率(%) | 鲜毛茧出丝率(%) | 解舒丝长(米) | 解舒率(%) | 茧丝量(克) | 纤度(D) | 净度(分) | 产量 每盒/张蚕种收茧量(千克) | 每盒/张蚕种产丝量(千克) |
|---|---|---|---|---|---|---|---|---|---|---|---|---|---|---|---|---|---|---|
| 野三元 | 2011 | 正交 | 94.63 | | | 61.57 | 94.28 | | 镇江 | 82.52 | 14.09 | 628 | 56.25 | 0.312 | 2.513 | | 30.78 | 4.56 |
| | | 反交 | 96.69 | | | 71.84 | 94.10 | | 南充 | 85.30 | 15.32 | 812 | 74.95 | 0.311 | 2.583 | 90.94 | 35.93 | 5.36 |
| | | 平均 | 95.66 | 7:22 | 29:13 | 66.70 | 94.18 | | 平均 | 83.91 | 14.70 | 720 | 65.60 | 0.312 | 2.548 | 91.78 | 33.36 | 4.90 |
| | 2012 | 正交 | 98.34 | | | 74.16 | 90.51 | 88.00 | 镇江 | 76.56 | 11.91 | 663 | 62.36 | 0.316 | 2.732 | | 37.09 | 4.38 |
| | | 反交 | 98.13 | | | 70.93 | 89.28 | 71.13 | 南充 | 78.43 | 13.56 | 620 | 59.43 | 0.332 | 2.774 | 96.25 | 35.46 | 4.80 |
| | | 平均 | 98.24 | 8:13 | 31:04 | 72.54 | 89.90 | 79.56 | 平均 | 77.49 | 12.73 | 642 | 60.90 | 0.324 | 2.753 | 95.13 | 36.28 | 4.60 |
| | 平均 | 正交 | 96.49 | | | 67.86 | 92.39 | 88.00 | 镇江 | 79.54 | 13.00 | 646 | 59.30 | 0.314 | 2.623 | | 33.94 | 4.47 |
| | | 反交 | 97.41 | | | 71.38 | 91.69 | 71.13 | 南充 | 81.87 | 14.44 | 716 | 67.19 | 0.321 | 2.678 | 93.59 | 35.70 | 5.08 |
| | | 平均 | 96.95 | 8:06 | 30:08 | 69.62 | 92.04 | 79.56 | 平均 | 80.70 | 13.72 | 681 | 63.25 | 0.318 | 2.651 | 93.46 | 34.82 | 4.75 |
| 菁松×皓月(对照) | 2011 | 正交 | 96.74 | | | 75.33 | 95.43 | | 镇江 | 86.39 | 14.84 | 800 | 68.92 | 0.318 | 2.452 | 93.63 | 37.82 | 5.88 |
| | | 反交 | 97.01 | | | 68.61 | 95.40 | | 南充 | 90.38 | 16.01 | 820 | 75.53 | 0.296 | 2.446 | 89.38 | 34.31 | 5.36 |
| | | 平均 | 96.88 | 7:18 | 29:16 | 71.97 | 95.41 | | 平均 | 88.38 | 15.42 | 810 | 72.22 | 0.307 | 2.449 | 91.50 | 36.06 | 5.56 |
| | 2012 | 正交 | 97.36 | | | 75.16 | 93.73 | 91.25 | 镇江 | 86.45 | 14.60 | 793 | 70.41 | 0.317 | 2.523 | 95.19 | 37.58 | 5.49 |
| | | 反交 | 97.41 | | | 75.00 | 94.35 | 84.63 | 南充 | 84.27 | 14.42 | 722 | 69.58 | 0.301 | 2.597 | 96.88 | 37.50 | 5.44 |
| | | 平均 | 97.00 | 8:05 | 30:16 | 75.08 | 94.04 | 87.94 | 平均 | 85.36 | 14.51 | 757 | 69.99 | 0.309 | 2.560 | 96.03 | 37.54 | 5.47 |
| | 平均 | 正交 | 97.05 | | | 75.24 | 94.58 | 91.25 | 镇江 | 86.42 | 14.72 | 796 | 69.66 | 0.317 | 2.488 | 94.41 | 37.70 | 5.69 |
| | | 反交 | 97.21 | | | 71.81 | 94.87 | 84.63 | 南充 | 87.32 | 15.21 | 771 | 72.55 | 0.299 | 2.521 | 93.13 | 35.90 | 5.40 |
| | | 平均 | 96.94 | 8:00 | 30:04 | 73.53 | 94.73 | 87.94 | 平均 | 86.87 | 14.97 | 783 | 71.11 | 0.308 | 2.505 | 93.77 | 36.80 | 5.51 |

表 3.122　2011—2012 年 B 组秋季实验室试验成绩汇总表（一）

| 品种名称 | 年份 | 杂交形式 | 实用孵化率（%） | 龄期经过 5龄（日:时） | 龄期经过 全龄（日:时） | 4龄起蚕生命率 结茧率（%） | 4龄起蚕生命率 死笼率（%） | 4龄起蚕生命率 虫蛹率（%） | 全茧量（克） | 茧质 茧层量（克） | 茧质 茧层率（%） | 总收茧量（克） | 普通茧百分率（%） | 实际饲育头数（头） |
|---|---|---|---|---|---|---|---|---|---|---|---|---|---|---|
| 粤蚕 6 号 | 2011 | 正交 | 96.61 | | | 94.00 | 5.95 | 88.53 | 1.69 | 0.369 | 21.84 | 3 005 | 91.09 | 1906 |
| | | 反交 | 97.16 | | | 94.49 | 4.53 | 91.57 | 1.66 | 0.363 | 21.88 | 3 085 | 90.54 | 1946 |
| | | 平均 | 96.89 | 6:18 | 21:20 | 94.25 | 5.24 | 90.05 | 1.67 | 0.366 | 21.86 | 3 045 | 90.82 | 1926 |
| | 2012 | 正交 | 98.64 | | | 97.92 | 2.02 | 95.91 | 1.70 | 0.377 | 22.05 | 3 258 | 90.81 | 1971 |
| | | 反交 | 98.20 | | | 98.38 | 2.40 | 96.04 | 1.66 | 0.365 | 21.87 | 3 327 | 88.82 | 2051 |
| | | 平均 | 98.35 | 6:06 | 21:40 | 98.15 | 2.21 | 95.98 | 1.68 | 0.371 | 21.96 | 3 292 | 89.82 | 2011 |
| | 平均 | 正交 | 97.63 | | | 95.96 | 3.98 | 92.22 | 1.70 | 0.373 | 21.95 | 3 132 | 90.95 | 1939 |
| | | 反交 | 97.68 | | | 96.43 | 3.46 | 93.81 | 1.66 | 0.364 | 21.87 | 3 206 | 89.68 | 1999 |
| | | 平均 | 97.62 | | | 96.20 | 3.73 | 93.02 | 1.68 | 0.369 | 21.91 | 3 169 | 90.32 | 1969 |
| 9·美×7·湘（对照） | 2011 | 正交 | 97.58 | | | 95.21 | 7.53 | 87.09 | 1.61 | 0.350 | 21.70 | 2 888 | 92.48 | 1929 |
| | | 反交 | 96.74 | | | 95.41 | 3.68 | 91.78 | 1.59 | 0.347 | 21.79 | 2 889 | 93.44 | 1895 |
| | | 平均 | 97.16 | 6:14 | 21:18 | 95.31 | 5.61 | 89.43 | 1.60 | 0.349 | 21.75 | 2 889 | 92.96 | 1912 |
| | 2012 | 正交 | 98.64 | | | 97.95 | 2.12 | 95.76 | 1.61 | 0.349 | 21.66 | 3 310 | 89.72 | 2103 |
| | | 反交 | 98.46 | | | 97.81 | 1.26 | 96.71 | 1.59 | 0.346 | 21.67 | 3 213 | 90.08 | 2079 |
| | | 平均 | 98.55 | 6:03 | 20:23 | 97.88 | 1.69 | 96.23 | 1.60 | 0.348 | 21.66 | 3 261 | 89.90 | 2091 |
| | 平均 | 正交 | 97.58 | | | 95.21 | 7.53 | 91.42 | 1.61 | 0.350 | 21.70 | 2 888 | 92.48 | 1929 |
| | | 反交 | 96.74 | | | 95.41 | 3.68 | 94.24 | 1.59 | 0.347 | 21.79 | 2 889 | 93.44 | 1895 |
| | | 平均 | 97.16 | 6:14 | 21:18 | 95.31 | 5.61 | 92.83 | 1.60 | 0.349 | 21.70 | 2 889 | 92.96 | 1912 |

表 3.123　2011—2012 年 B 组秋季实验室试验成绩汇总表（二）

| 品种名称 | 年份 | 缫丝单位 | 上车茧率(%) | 鲜毛茧出丝率(%) | 茧丝长(米) | 解舒丝长(米) | 解舒率(%) | 茧丝量(克) | 纤度(D) | 茧丝纤度综合均方差(D) | 净度(分) | 万米吊糙(次) | 万头收茧量(千克) | 万头茧层量(千克) | 万头产丝量(千克) |
|---|---|---|---|---|---|---|---|---|---|---|---|---|---|---|---|
| 粤蚕6号 | 2011 | 镇江 | 94.61 | 16.49 | 1051 | 807 | 76.80 | 0.289 | 2.470 | | 92.86 | | 15.73 | 3.439 | |
| | | 南充 | 89.20 | 17.06 | 1038 | 832 | 80.28 | 0.288 | 2.489 | 0.506 | 99.11 | 1.2 | 15.86 | 3.476 | |
| | | 平均 | 91.91 | 16.77 | 1045 | 819 | 78.54 | 0.288 | 2.480 | 0.506 | 95.98 | 1.2 | 15.79 | 3.458 | 2.607 |
| | 2012 | 镇江 | 94.52 | 17.30 | 1021 | 783 | 76.78 | 0.294 | 2.584 | | 94.54 | | 16.58 | 3.664 | |
| | | 南充 | 91.76 | 16.69 | 998 | 714 | 71.67 | 0.297 | 2.670 | 0.535 | 97.54 | 0.8 | 16.18 | 3.547 | |
| | | 平均 | 93.14 | 16.99 | 1009 | 748 | 74.23 | 0.296 | 2.627 | 0.535 | 96.04 | 0.8 | 16.37 | 3.595 | 2.782 |
| | 平均 | 镇江 | 94.57 | 16.89 | 1036 | 795 | 76.79 | 0.291 | 2.527 | | 93.70 | | 16.15 | 3.551 | |
| | | 南充 | 90.48 | 16.87 | 1018 | 773 | 75.98 | 0.292 | 2.579 | 0.520 | 98.32 | 1.0 | 16.02 | 3.512 | |
| | | 平均 | 92.53 | 16.88 | 1027 | 784 | 76.38 | 0.292 | 2.554 | 0.520 | 96.01 | 1.0 | 16.09 | 3.527 | 2.695 |
| 9·芙×7·湘（对照） | 2011 | 镇江 | 93.59 | 16.37 | 978 | 717 | 73.38 | 0.280 | 2.572 | | 93.71 | | 14.95 | 3.249 | |
| | | 南充 | 88.71 | 17.13 | 944 | 730 | 77.44 | 0.274 | 2.604 | 0.492 | 98.30 | 1.3 | 15.19 | 3.316 | |
| | | 平均 | 91.15 | 16.75 | 961 | 724 | 75.41 | 0.277 | 2.588 | 0.492 | 96.01 | 1.3 | 15.07 | 3.282 | 2.496 |
| | 2012 | 镇江 | 94.04 | 16.53 | 948 | 696 | 73.45 | 0.271 | 2.565 | | 94.71 | | 15.56 | 3.381 | |
| | | 南充 | 89.98 | 16.32 | 943 | 677 | 71.76 | 0.280 | 2.660 | 0.612 | 95.50 | 1.0 | 15.34 | 3.328 | |
| | | 平均 | 92.01 | 16.43 | 945 | 686 | 72.60 | 0.276 | 2.613 | 0.612 | 95.11 | 1.0 | 15.44 | 3.353 | 2.560 |
| | 平均 | 镇江 | 93.59 | 16.37 | 978 | 717 | 73.38 | 0.280 | 2.572 | | 93.71 | | 14.95 | 3.249 | |
| | | 南充 | 88.71 | 17.13 | 944 | 730 | 77.44 | 0.274 | 2.604 | 0.552 | 98.30 | 1.3 | 15.19 | 3.316 | |
| | | 平均 | 91.15 | 16.59 | 953 | 724 | 74.01 | 0.277 | 2.588 | 0.552 | 95.56 | 1.3 | 15.26 | 3.282 | 2.496 |

表3.124 2011—2012年 B组秋季生产试验成绩汇总表

| 品种名称 | 年份 | 杂交形式 | 饲养成绩 | | | | | | 缫丝单位 | 蚕丝质成绩 | | | | | | | | 产量 | |
|---|---|---|---|---|---|---|---|---|---|---|---|---|---|---|---|---|---|---|---|
| | | | 实用孵化率(%) | 龄期经过(日:时) 5龄 | 龄期经过(日:时) 全龄 | 总收茧量(千克) | 普通茧百分率(%) | 健蛹率(%) | | 上车茧率(%) | 鲜毛茧出丝率(%) | 解舒丝长(米) | 解舒率(%) | 茧丝量(克) | 纤度(D) | 茧丝纤度综合均方差(D) | 净度(分) | 每盒/张蚕种收茧量(千克) | 每盒/张蚕种产丝量(千克) |
| 粤蚕6号 | 2011 | 正交 | 94.99 | | | 70.94 | 92.66 | | 镇江 | 86.27 | 13.09 | 598 | 66.00 | 0.237 | 2.333 | | 92.75 | 35.47 | 5.21 |
| | | 反交 | 96.48 | 6:07 | 22:05 | 72.31 | 93.59 | | 南充 | 74.17 | 15.58 | 727 | 79.36 | 0.240 | 2.349 | 0.617 | 98.44 | 36.15 | 5.20 |
| | | 平均 | 95.26 | | | 72.24 | 92.93 | | 平均 | 79.22 | 14.64 | 680 | 71.60 | 0.247 | 2.327 | 0.543 | 95.88 | 36.12 | 5.31 |
| | 2012 | 正交 | 97.81 | | | 67.44 | 95.32 | 97.50 | 镇江 | 80.54 | 12.48 | 598 | 68.21 | 0.232 | 2.361 | | 94.19 | 33.66 | 4.21 |
| | | 反交 | 97.73 | 7:02 | 23:00 | 67.46 | 95.29 | 90.00 | 南充 | 84.42 | 12.75 | 572 | 66.68 | 0.239 | 2.486 | 0.690 | 98.13 | 33.64 | 4.29 |
| | | 平均 | 97.77 | | | 67.45 | 95.30 | 93.75 | 平均 | 82.48 | 12.61 | 585 | 67.44 | 0.235 | 2.423 | 0.690 | 96.16 | 33.65 | 4.25 |
| | 平均 | 正交 | 96.40 | | | 69.19 | 93.99 | 97.50 | 镇江 | 83.40 | 12.79 | 598 | 67.11 | 0.234 | 2.347 | | 93.47 | 34.56 | 4.71 |
| | | 反交 | 97.10 | 6:10 | 22:12 | 69.88 | 94.44 | 90.00 | 南充 | 79.29 | 14.17 | 649 | 73.02 | 0.239 | 2.418 | 0.653 | 98.28 | 34.90 | 4.75 |
| | | 平均 | 96.52 | | | 69.85 | 94.12 | 93.75 | 平均 | 80.85 | 13.63 | 632 | 69.52 | 0.241 | 2.375 | 0.617 | 96.02 | 34.71 | 4.78 |
| 9·芙×湘7·湘(对照) | 2011 | 正交 | 96.21 | | | 65.61 | 94.31 | | 镇江 | 87.82 | 13.39 | 598 | 68.47 | 0.233 | 2.386 | | 94.50 | 32.80 | 4.68 |
| | | 反交 | 96.89 | 6:10 | 22:12 | 64.95 | 95.07 | | 四川 | 74.74 | 15.06 | 671 | 80.38 | 0.225 | 2.416 | 0.630 | 98.75 | 32.48 | 4.64 |
| | | 平均 | 96.55 | | | 65.28 | 94.69 | | 平均 | 81.28 | 14.22 | 634 | 74.43 | 0.229 | 2.401 | 0.630 | 96.63 | 32.64 | 4.66 |
| | 2012 | 正交 | 98.12 | | | 65.79 | 95.14 | 97.25 | 镇江 | 83.56 | 13.24 | 571 | 68.48 | 0.229 | 2.408 | | 95.25 | 32.80 | 4.42 |
| | | 反交 | 98.18 | 7:02 | 23:60 | 66.90 | 94.98 | 90.00 | 南充 | 84.74 | 13.29 | 586 | 68.55 | 0.240 | 2.514 | 0.557 | 95.00 | 33.33 | 4.36 |
| | | 平均 | 98.15 | | | 66.35 | 95.06 | 93.63 | 平均 | 84.15 | 13.27 | 578 | 68.52 | 0.234 | 2.461 | 0.557 | 95.13 | 33.07 | 4.38 |
| | 平均 | 正交 | 97.16 | | | 65.70 | 94.72 | 97.25 | 镇江 | 85.69 | 13.32 | 584 | 68.48 | 0.231 | 2.397 | | 94.88 | 32.80 | 4.55 |
| | | 反交 | 97.54 | 6:18 | 22:21 | 65.92 | 95.02 | 90.00 | 南充 | 79.74 | 14.18 | 628 | 74.46 | 0.232 | 2.465 | 0.594 | 96.88 | 32.90 | 4.50 |
| | | 平均 | 97.35 | | | 65.81 | 94.87 | 93.63 | 平均 | 82.72 | 13.75 | 606 | 71.47 | 0.232 | 2.431 | 0.594 | 95.88 | 32.85 | 4.52 |

# 二、2013—2018 年试验成绩与审定结果

## (一) 2013—2015 年试验总结

### 1 试验概况

#### 1.1 试验方法

在相同试验环境条件下,对各地供试蚕品种的强健性、茧质、丝质和综合经济性状进行对比试验。调查的项目、时间、内容及方法均按照每年全国农技中心发布的《国家桑蚕品种试验实验室鉴定实施方案》和《国家桑蚕品种试验生产鉴定实施方案》要求进行。

#### 1.2 试验组别设置

根据我国蚕桑生态区划及当前生产实际,国家桑蚕品种试验设 2 个鉴定区组,即 A 组和 B 组,每组设 7 个实验室鉴定点和 4~5 个生产鉴定点(2013 年为 4 个)。A、B 两组共 11 个实验室鉴定点和 10 个生产鉴定点(部分鉴定点同时承担两个组的试验,2013 年为 8 个生产鉴定点)。A 组由长江流域和黄河流域鉴定点组成,B 组由珠江流域和长江流域鉴定点组成。

茧丝质检定设 2 个鉴定点,即农业部蚕桑产业产品质量监督检验测试中心(镇江)和中国干茧公证检验南充实验室。

#### 1.3 承试单位

鉴定点分布在江苏、浙江、山东、安徽、四川、陕西、云南、湖南、湖北、广东和广西 11 个省(区)。承试单位清单见表 3.125。

表 3.125　国家桑蚕品种鉴定试验承试单位

| 组别 | 实验室鉴定承试单位 | 生产鉴定承试单位 |
|---|---|---|
| A 组 | 中国农业科学院蚕业研究所<br>安徽省农业科学院蚕桑研究所<br>四川省农业科学院蚕桑研究所<br>江苏省海安县蚕种场<br>浙江省农业科学院蚕桑研究所<br>山东省蚕业研究所<br>西北农林科技大学蚕桑丝绸研究所 | 江苏省海安县蚕桑技术推广站<br>安徽省霍山县茧丝绸产业化办公室<br>四川省蚕种管理总站<br>陕西省平利县蚕桑技术中心<br>云南楚雄州茶桑站* |
| B 组 | 中国农业科学院蚕业研究所<br>安徽省农业科学院蚕桑研究所<br>四川农业科学院蚕桑研究所<br>湖南省蚕桑科学研究所<br>湖北省农院蚕业研究所<br>广东省蚕业技术推广中心<br>广西蚕业技术推广总站 | 湖北省蚕业研究所<br>湖南省信达茧丝绸有限公司<br>广东省茂名市蚕业技术推广中心<br>广西宜州市蚕种站<br>广西横县蚕业指导站* |

注: * 为 2014 年新增鉴定点。

#### 1.4 参试品种

2013—2015 年共有 8 对新品种完成国家桑蚕品种鉴定试验,每对品种连续试验两年,A 组对照品种春期为菁松×皓月,秋期为秋丰×白玉,B 组对照品种为 9·芙×7·湘,试验中途未更换品种及提供单

位。参试新品种完成进程见表 3.126。

表 3.126　2013—2015 年国家桑蚕品种试验完成情况

| 品种名 | 类别 | 试验完成年份 | |
|---|---|---|---|
| | | 实验室 | 生产 |
| 润众×润晶 | A 组春用 | 2013—2014 | 2014—2015 |
| 苏秀×春丰 | A 组春秋兼用 | 2013—2014 | 2014—2015 |
| 苏荣×锡玉 | A 组春用 | 2013—2014 | 2014—2015 |
| 鲁菁×华阳 | A 组春用 | 2013—2014 | 2014—2015 |
| 庆丰×正广 | A 组春用 | 2013—2014 | 2014—2015 |
| 渝蚕 1 号 | A 组夏秋用 | 2013—2014 | 2014—2015 |
| 粤蚕 8 号 | B 组夏秋用 | 2013—2014 | 2013—2014 |
| 华康 2 号 | A＋B 组夏秋用 | 2014—2015 | 2014—2015 |

### 1.5　试验设计

实验室鉴定每个鉴定点每对品种饲养正、反交各 1.5 克蚁量,3 龄止桑后到 4 龄饷食一足天内各数取 5 区蚕(即 5 个重复),每区 400 头。生产鉴定每个鉴定点每对品种饲养正、反交各 5 盒/张,共 10 盒/张。

春用品种在终熟后第 7 天、夏秋用品种在终熟后第 6 天采茧。实验室试验样茧量为每对品种 2 000 粒普通鲜毛茧,烘干后分成两份,分别送南充和镇江两个茧丝质检测单位鉴定。生产试验只统计生产情况,不进行茧丝质鉴定。

### 1.6　统计分析

对各鉴定点试验结果的完整性、可靠性、准确性、可比性以及品种表现情况等进行分析评估,确保汇总质量;用变异系数 CV 表现各鉴定点间试验成绩差异度。应用 SPSS18.0 软件对鉴定指标进行配对样本 T 检验,所用比对分析数据为新品种与对照品种相同时间和地点试验的有效成绩。

### 2　试验中需要说明的问题

2.1　实用孵化率由江苏镇江鉴定点调查,其他鉴定点不调查该项指标;茧丝纤度综合均方差和万米吊糙两个指标由四川南充茧丝质鉴定点调查,江苏镇江茧丝质鉴定点不调查。

2.2　2013 年生产试验进行茧丝质鉴定,从 2014 年起,生产试验只统计产量和健蛹率相关数据,不进行茧丝质鉴定。

2.3　个别鉴定点试验期遇不良天气,桑叶质量差,或者遭遇脓病、细菌病、僵病等,造成试验成绩偏低,但考虑到参试品种与对照品种在相同条件下饲养,不良环境更能筛选出优良品种,故除年会商定舍弃的成绩外,其他偏低成绩仍正常进行汇总。

2.4　2013 年特殊情况说明

春蚕期山东烟台鉴定点受高温干旱影响,桑叶质量较差,蚕茧解舒率较低,该鉴定点解舒率成绩舍弃;苏秀×春丰制种时间较晚,与山东烟台鉴定点收蚁时间衔接不上,该品种未在山东烟台鉴定点饲养,该品种实验室成绩为六鉴定点成绩均值;湖南长沙鉴定点寄往四川南充的样茧途中丢失,粤蚕 8 号和 9·芙×7·湘茧丝质成绩为六鉴定点成绩均值,两年均值统计时舍弃了该鉴定点数据;广西宜州簇中发生僵病,试验人员将僵蛹误记为病蛹,健蛹率成绩不实,统计时舍弃。

夏秋蚕期,四川高县鉴定点遭受大面积病虫害,蚕茧产量和茧丝质成绩失真,该鉴定点成绩舍弃;苏秀×春丰制种时间较晚,与陕西平利鉴定点收蚁时间衔接不上,再加上渝蚕 1 号供种量不足,造成陕西平利鉴定点无新品种可养。因此,2013 年 A 组秋季农村生产鉴定只有两个鉴定点成绩有效,报请全国农技中心批准后,2015 年增加一次 A 组秋季生产鉴定。

### 2.5 2014年特殊情况说明

四川南充春季丝质鉴定成绩异常,不计入品种总成绩;云南楚雄鉴定点饲养时间较早,蚕种统一出库时苏荣×锡玉感温还没结束,该品种在云南鉴定点未进行试验;云南鉴定点第一年参加试验鉴定,对养蚕户的选择不够合理,试验成绩与其他鉴定点成绩差异较大,该鉴定点春秋季成绩均不计入品种总成绩;广西南宁鉴定点大蚕期农药中毒,该鉴定点成绩不计入品种总成绩。

### 2.6 2015年特殊情况说明

四川高县点春季苏荣×锡玉农药中毒损失1张种,总收茧量为折算后的收茧量;四川南充点秋季试验期间遇多湿降温天气,蚕化蛹时秋丰×白玉与其他品种处于不同温湿度环境,这对品种在该鉴定点的4龄起蚕生命率成绩舍弃;广西南宁鉴定点蚕期遇到高温多湿天气,蔟中死蚕多,产茧量不足,只够一个茧丝质鉴定点使用,该点成绩未计入品种均值。

## 3 品种审定指标分析

### 3.1 润众×润晶

该品种为长江流域和黄河流域蚕区春用种。生物学性状描述:正交卵色灰绿色,卵壳乳白色;反交卵色灰褐色,卵壳白色。孵化齐一。壮蚕正反交体色均为青白色,普斑。茧形长椭圆,茧色白,全茧量大,茧层率高。

综合两年试验结果,平均4龄起蚕虫蛹率96.46%,比对照菁松×皓月低1.05%,差异极显著;平均万头收茧量22.41千克,比对照增产6.77%,差异极显著;平均鲜毛茧出丝率20.09%,比对照高1.15%,差异极显著;平均净度93.43分;平均解舒率76.86%;平均茧层率25.59%;平均茧丝长1378米;平均每盒/张蚕种收茧量38.47千克,比对照增产2.34%,差异不显著;平均健蛹率92.51%,比对照低1.11%,差异不显著(表3.127)。

**表3.127 润众×润晶审定指标与对照比较**

| 品种名称 | 实验室指标 | | | | | | | 生产指标 | |
|---|---|---|---|---|---|---|---|---|---|
| | 4龄起蚕虫蛹率(%) | 万头收茧量(千克) | 净度(分) | 解舒率(%) | 鲜毛茧出丝率(%) | 茧层率(%) | 茧丝长(米) | 每盒/张蚕种收茧量(千克) | 健蛹率(%) |
| 润众×润晶 | 96.46 | 22.41 | 93.43 | 76.86 | 20.09 | 25.59 | 1 378 | 38.47 | 92.51 |
| 菁松×皓月(CK) | 97.51 | 20.99 | 93.21 | 77.01 | 18.94 | 24.09 | 1 306 | 37.59 | 93.62 |
| ±CK(%) | −1.05 | 6.77 | 0.23 | −0.15 | 1.15 | 1.50 | 5.51 | 2.34 | −1.11 |
| t检验 | −9.437** | 6.653** | 1.031 | −0.151 | 7.512** | 17.825** | 6.654** | 0.902 | −1.083 |

注:* 示 P≤0.05,差异显著;** 示 P≤0.01,差异极显著。下表同。

### 3.2 苏秀×春丰

该品种为长丝长细纤度品种,参加长江流域和黄河流域蚕区春秋兼用种试验。生物学性状描述:正交卵色灰绿色,卵壳玉白色;反交卵色灰紫色,卵壳白色。孵化尚齐。壮蚕正反交体色均为青白色,普斑。茧形长椭圆,茧色白,茧层率高,茧丝长长。

综合两年试验结果,春季试验平均4龄起蚕虫蛹率97.14%,比对照菁松×皓月低0.37%,差异不显著;平均万头收茧量20.46千克,比对照减产2.53%,差异不显著;平均鲜毛茧出丝率19.90%,比对照高0.96%,差异极显著;平均净度93.65分;平均解舒率75.75%;平均茧层率25.97%;平均茧丝长1559米;平均每盒/张蚕种收茧量35.48千克,比对照减产5.61%,差异不显著;平均健蛹率92.82%,比对照低0.80%,差异不显著。秋季试验平均4龄起蚕虫蛹率92.67%,比对照秋丰×白玉低2.18%,差异不显著;

平均万头收茧量17.15千克,比对照减产3.38%,差异不显著;平均鲜毛茧出丝率19.76%,比对照高3.06%,差异极显著;平均净度94.86分;平均解舒率76.96%;平均茧层率25.32%;平均茧丝长1510米;平均每盒/张蚕种收茧量32.15千克,与对照相当;平均健蛹率91.70%,比对照高2.52%,差异显著(表3.128)。

**表3.128 苏秀×春丰审定指标与对照比较**

| 蚕期 | 品种名称 | 实验室指标 | | | | | | | 生产指标 | |
|---|---|---|---|---|---|---|---|---|---|---|
| | | 4龄起蚕虫蛹率(%) | 万头收茧量(千克) | 净度(分) | 解舒率(%) | 鲜毛茧出丝率(%) | 茧层率(%) | 茧丝长(米) | 每盒/张蚕种收茧量(千克) | 健蛹率(%) |
| 春季 | 苏秀×春丰 | 97.14 | 20.46 | 93.65 | 75.75 | 19.90 | 25.97 | 1559 | 35.48 | 92.82 |
| | 菁松×皓月(CK) | 97.51 | 20.99 | 93.21 | 77.01 | 18.94 | 24.09 | 1306 | 37.59 | 93.62 |
| | ±CK(%) | −0.37 | −2.53 | 0.47 | −1.63 | 0.96 | 1.88 | 19.41 | −5.61 | −0.80 |
| | t检验 | −1.256 | −2.988 | 0.271 | −2.611 | 4.784** | 23.005** | 14.665** | −3.208 | −0.883 |
| 秋季 | 苏秀×春丰 | 92.67 | 17.15 | 94.86 | 76.96 | 19.76 | 25.32 | 1510 | 32.15 | 91.70 |
| | 秋丰×白玉(CK) | 94.85 | 17.75 | 95.36 | 77.04 | 16.70 | 21.82 | 1069 | 32.15 | 89.18 |
| | ±CK(%) | −2.18 | −3.38 | −0.52 | −0.08 | 3.06 | 3.50 | 41.29 | 0 | 2.52 |
| | t检验 | −1.509 | −2.094 | −1.050 | −0.157 | 20.759** | 22.945** | 47.262** | −0.006 | 2.290* |

2012年7月,委托农业部蚕桑产业产品质量监督检验测试中心(镇江)对苏秀×春丰的茧丝性状进行检测,结果显示该品种正、反交茧丝长分别为1759米、1640米,茧丝纤度分别为2.300 D、2.219 D。

### 3.3 苏荣×锡玉

该品种为长江流域和黄河流域蚕区春用种。生物学性状描述:正交卵色为灰绿色,卵壳为淡黄色;反交卵色为灰紫色,卵壳为白色。孵化齐一。壮蚕正反交体色均为青白色,素蚕。茧形长椭,茧色白。

综合两年试验结果,平均4龄起蚕虫蛹率96.62%,比对照菁松×皓月低0.89%,差异不显著;平均万头收茧量21.08千克,比对照增产0.43%,差异不显著;平均鲜毛茧出丝率19.46%,比对照高0.52%,差异极显著;平均净度93.19分;平均解舒率75.82%;平均茧层率25.13%;平均茧丝长1396米;平均每盒/张蚕种收茧量37.67千克,比对照增产0.21%,差异不显著;平均健蛹率92.44%,比对照低1.18%,差异不显著(表3.129)。

**表3.129 苏荣×锡玉审定指标与对照比较**

| 品种名称 | 实验室指标 | | | | | | | 生产指标 | |
|---|---|---|---|---|---|---|---|---|---|
| | 4龄起蚕虫蛹率(%) | 万头收茧量(千克) | 净度(分) | 解舒率(%) | 鲜毛茧出丝率(%) | 茧层率(%) | 茧丝长(米) | 每盒/张蚕种收茧量(千克) | 健蛹率(%) |
| 苏荣×锡玉 | 96.62 | 21.08 | 93.19 | 75.82 | 19.46 | 25.13 | 1396 | 37.67 | 92.44 |
| 菁松×皓月(CK) | 97.51 | 20.99 | 93.21 | 77.01 | 18.94 | 24.09 | 1306 | 37.59 | 93.62 |
| ±CK(%) | −0.89 | 0.43 | −0.02 | −1.19 | 0.52 | 1.04 | 6.90 | 0.21 | −1.18 |
| t检验 | −1.698 | 0.329 | −0.047 | −1.212 | 3.218** | 12.952** | 8.527** | 0.111 | −1.097 |

### 3.4 鲁菁×华阳

该品种为春用多丝量雄蚕品种,参加长江流域和黄河流域蚕区春用蚕品种试验。生物学性状描述:雌性催青期致死,仅雄蚕孵化,蚕卵灰绿色,卵壳黄色间有白色,孵化齐一。壮蚕体色青白,普斑。各龄发育及眠起整齐,发育快,食桑旺盛。茧形长椭,茧色白,茧层厚实。

综合两年试验结果,春季试验平均4龄起蚕虫蛹率97.26%,比对照菁松×皓月低0.25%,差异不显著;平均万头收茧量 19.29 千克,比对照减产 8.10%,差异极显著;平均鲜毛茧出丝率 20.23%,比对照高 1.29%,差异极显著;平均净度 93.79 分;平均解舒率 75.94%;平均茧层率 26.71%;平均茧丝长 1299 米;平均每盒/张蚕种收茧量 35.68 千克,比对照减产 5.08%,差异不显著;平均健蛹率 93.09%,比对照低 0.53%,差异不显著(表 3.130)。

表 3.130  鲁菁×华阳审定指标与对照比较

| 品种名称 | 实验室指标 | | | | | | | 生产指标 | |
|---|---|---|---|---|---|---|---|---|---|
| | 4龄起蚕虫蛹率(%) | 万头收茧量(千克) | 净度(分) | 解舒率(%) | 鲜毛茧出丝率(%) | 茧层率(%) | 茧丝长(米) | 每盒/张蚕种收茧量(千克) | 健蛹率(%) |
| 鲁菁×华阳 | 97.26 | 19.29 | 93.79 | 75.94 | 20.23 | 26.71 | 1 299 | 35.68 | 93.09 |
| 菁松×皓月(CK) | 97.51 | 20.99 | 93.21 | 77.01 | 18.94 | 24.09 | 1 306 | 37.59 | 93.62 |
| ±CK(%) | −0.25 | −8.10 | 0.62 | −1.07 | 1.29 | 2.62 | −0.49 | −5.08 | −0.53 |
| t 检验 | −1.183 | −9.827** | 1.493 | −1.697 | 6.833** | 13.733** | −0.779 | −2.010 | −0.621 |

### 3.5  庆丰×正广(广食1号)

该品种为广食性人工饲料育适应性蚕品种,参加长江流域和黄河流域蚕区春用蚕品种试验,按照常规蚕品种试验方法进行试验。生物学性状描述:正交卵色为淡红褐色和绿色,卵壳为淡黄色;反交卵色为黑褐色,卵壳为白色。蚁蚕孵化齐一,中系为限性斑纹,日系为普斑。茧形长椭,茧色白。

综合两年试验结果,春季试验平均 4 龄起蚕虫蛹率 95.88%,比对照菁松×皓月低 1.63%,差异不显著;平均万头收茧量 21.87 千克,比对照增产 4.19%,差异极显著;平均鲜毛茧出丝率 18.58%,比对照低 0.36%,差异极显著;平均净度 94.57 分;平均解舒率 72.69%;平均茧层率 23.93%;平均茧丝长 1313 米;平均每盒/张蚕种收茧量 30.74 千克,比对照减产 18.22%,差异极显著;平均健蛹率 88.17%,比对照低 5.45%,差异极显著(表 3.131)。

表 3.131  庆丰×正广审定指标与对照比较

| 品种名称 | 实验室指标 | | | | | | | 生产指标 | |
|---|---|---|---|---|---|---|---|---|---|
| | 4龄起蚕虫蛹率(%) | 万头收茧量(千克) | 净度(分) | 解舒率(%) | 鲜毛茧出丝率(%) | 茧层率(%) | 茧丝长(米) | 每盒/张蚕种收茧量(千克) | 健蛹率(%) |
| 庆丰×正广 | 95.88 | 21.87 | 94.57 | 72.69 | 18.58 | 23.93 | 1 313 | 30.74 | 88.17 |
| 菁松×皓月(CK) | 97.51 | 20.99 | 93.21 | 77.01 | 18.94 | 24.09 | 1 306 | 37.59 | 93.62 |
| ±CK(%) | −1.63 | 4.19 | 1.46 | −4.32 | −0.36 | −0.16 | 0.57 | −18.22 | −5.45 |
| t 检验 | −1.538 | 3.146** | 0.404 | −2.827* | −2.996** | −1.227 | −0.314 | −4.835** | −3.728** |

2016 年 3 月,委托广西蚕业技术推广总站、安康蚕业研究所、山东省蚕业研究所 3 个单位,对庆丰×正广的人工饲料摄食性进行鉴定。用不含桑叶粉(M0)的人工饲料和含 10% 桑叶粉(M10)的人工饲料饲养家蚕,庆丰×正广的收蚁 36 小时疏毛率、2 龄起蚕率(收蚁 96 小时)、3 龄起蚕率(收蚁 192 小时)等 3 项主要指标以及眠蚕体重、收蚁 96 小时存活率、收蚁 192 小时存活率 3 项辅助指标,均极显著高于对照品种菁松×皓月(表 3.132)。对不含桑叶粉的 M0 人工饲料和其他多种非桑植物有良好的摄食性,表明庆丰×正广属于食性突变的广食性家蚕品种,具有良好的人工饲料摄食性,可作为人工饲料育品种饲养。庆丰×正广的小蚕人工饲料育成绩和全龄人工饲料育成绩,显示该品种具有性状稳定,产茧量高,茧质优良,全龄饲料育龄期经过短等特点。

表 3.132 庆丰×正广的人工饲料摄食性相关指标调查数据

| 调查指标 | M0 人工饲料 | | M10 人工饲料 | |
|---|---|---|---|---|
| | 菁松×皓月 | 庆丰×正广 | 菁松×皓月 | 庆丰×正广 |
| 收蚁 36 小时疏毛率(%) | 0.25 | 79.87 | 76.27 | 95.21 |
| 收蚁 96 小时 2 龄起蚕率(%) | 0 | 62.64 | 53.34 | 88.84 |
| 收蚁 192 小时 3 龄起蚕率(%) | 0 | 67.97 | 47.43 | 87.78 |
| 收蚁 192 小时存活率(%) | 5.29 | 82.52 | 70.15 | 94.46 |
| 1 龄眠蚕体重(毫克) | 0 | 6.54 | 5.64 | 5.87 |
| 2 龄眠蚕体重(毫克) | 0 | 36.12 | 26.07 | 29.59 |

### 3.6 渝蚕 1 号

该品种为长江流域和黄河流域蚕区秋用种。生物学性状描述:正交卵色灰绿,卵壳淡黄色;反交卵色灰紫,卵壳白色。孵化齐一。壮蚕正反交体色均为青白色,普斑。茧形长椭,茧色白。

综合两年试验结果,平均 4 龄起蚕虫蛹率 93.51%,比对照秋丰×白玉低 1.36%,差异不显著;平均万头收茧量 18.88 千克,比对照增产 5.95%,差异极显著;平均鲜毛茧出丝率 16.61%,比对照低 0.15%,差异不显著;平均净度 93.25 分;平均解舒率 75.88%;平均茧层率 22.27%;平均茧丝长 1067 米;平均每盒/张蚕种收茧量 31.16 千克,比对照减产 3.08%,差异不显著;平均健蛹率 87.29%,比对照低 1.89%,差异不显著(表 3.133)。

表 3.133 渝蚕 1 号审定指标与对照比较

| 品种名称 | 实验室指标 | | | | | | | 生产指标 | |
|---|---|---|---|---|---|---|---|---|---|
| | 4 龄起蚕虫蛹率(%) | 万头收茧量(千克) | 净度(分) | 解舒率(%) | 鲜毛茧出丝率(%) | 茧层率(%) | 茧丝长(米) | 每盒/张蚕种收茧量(千克) | 健蛹率(%) |
| 渝蚕 1 号 | 93.51 | 18.88 | 93.25 | 75.88 | 16.61 | 22.27 | 1 067 | 31.16 | 87.29 |
| 秋丰×白玉(CK) | 94.87 | 17.82 | 95.77 | 77.40 | 16.76 | 21.77 | 1 073 | 32.15 | 89.18 |
| ±CK(%) | −1.36 | 5.95 | −2.63 | −1.52 | −0.15 | 0.50 | −0.57 | −3.08 | −1.89 |
| t 检验 | −1.114 | 4.655** | −1.737 | −1.170 | −0.577 | 5.398** | −0.523 | −1.122 | 0.046 |

### 3.7 粤蚕 8 号

该品种为长江流域、珠江流域蚕区夏秋用种。生物学性状描述:正交卵色淡绿褐色,卵壳淡黄色;反交卵色紫褐色,卵壳白色。孵化齐一。壮蚕正反交体色均为青白色,素蚕。茧形长椭,茧色白。

综合两年试验结果,平均 4 龄起蚕虫蛹率 95.38%,比对照 9·芙×7·湘高 0.06%,差异不显著;平均万头收茧量 15.94 千克,比对照增产 1.46%,差异不显著;平均鲜毛茧出丝率 16.20%,比对照高 0.44%,差异显著;平均净度 94.94 分;平均解舒率 75.50%;平均茧层率 21.70%;平均茧丝长 989 米;平均每盒/张蚕种收茧量 32.25 千克,比对照增产 3.00%,差异不显著;平均健蛹率 86.92%,比对照高 6.36%,差异显著(表 3.134)。

表 3.134 粤蚕 8 号审定指标与对照比较

| 品种名称 | 实验室指标 | | | | | | | 生产指标 | |
|---|---|---|---|---|---|---|---|---|---|
| | 4 龄起蚕虫蛹率(%) | 万头收茧量(千克) | 净度(分) | 解舒率(%) | 鲜毛茧出丝率(%) | 茧层率(%) | 茧丝长(米) | 每盒/张蚕种收茧量(千克) | 健蛹率(%) |
| 粤蚕 8 号 | 95.38 | 15.94 | 94.94 | 75.50 | 16.20 | 21.70 | 989 | 32.25 | 86.92 |
| 9·芙×7·湘(CK) | 95.32 | 15.71 | 94.28 | 73.97 | 15.76 | 21.22 | 918 | 31.31 | 80.56 |

（续　表）

| 品种名称 | 实验室指标 | | | | | | | 生产指标 | |
|---|---|---|---|---|---|---|---|---|---|
| | 4龄起蚕虫蛹率（%） | 万头收茧量（千克） | 净度（分） | 解舒率（%） | 鲜毛茧出丝率（%） | 茧层率（%） | 茧丝长（米） | 每盒/张蚕种收茧量（千克） | 健蛹率（%） |
| ±CK（%） | 0.06 | 1.46 | 0.70 | 1.53 | 0.44 | 0.48 | 7.81 | 3.00 | 6.36 |
| t 检验 | 0.139 | 1.231 | 1.099 | 2.060* | 2.698* | 8.382** | 7.479** | 1.796 | 2.646* |

### 3.8　华康2号

该品种为家蚕核型多角体病毒（BmNPV）抗性品种，参加长江流域、黄河流域和珠江流域蚕区夏秋用种试验。生物学性状描述：正交卵色灰绿色，卵壳淡黄色；反交卵色灰紫色，卵壳白色。实用孵化率为98.02%。壮蚕正反交体色均为青白色，素蚕。茧形长椭，茧色白。

综合两年试验结果，在A组秋季试验中，平均4龄起蚕虫蛹率95.86%，比对照秋丰×白玉高0.57%，差异不显著；平均万头收茧量18.59千克，比对照增产3.62%，差异显著；平均鲜毛茧出丝率16.56%，比对照高0.35%，差异显著；平均净度96.25分；平均解舒率78.26%；平均茧层率21.87%；平均茧丝长1 055米；平均每盒/张蚕种收茧量35.48千克，比对照增产10.36%，差异极显著；平均健蛹率92.94%，比对照高3.76%，差异显著。在B组秋季试验中，平均4龄起蚕虫蛹率94.75%，比对照9·芙×7·湘低0.64%，差异不显著；平均万头收茧量17.59千克，比对照增产8.98%，差异极显著；平均鲜毛茧出丝率16.25%，比对照高0.27%，差异不显著；平均净度95.60分；平均解舒率73.94%；平均茧层率21.75%；平均茧丝长1 018米；平均每盒/张蚕种收茧量32.65千克，比对照增产7.26%，差异极显著；平均健蛹率91.71%，比对照低9.58%，差异极显著（表3.135）。

表3.135　华康2号审定指标与对照比较

| 组别 | 品种名称 | 实验室指标 | | | | | | | 生产指标 | |
|---|---|---|---|---|---|---|---|---|---|---|
| | | 4龄起蚕虫蛹率（%） | 万头收茧量（千克） | 净度（分） | 解舒率（%） | 鲜毛茧出丝率（%） | 茧层率（%） | 茧丝长（米） | 每盒/张蚕种收茧量（千克） | 健蛹率（%） |
| A组 | 华康2号 | 95.86 | 18.59 | 96.25 | 78.26 | 16.56 | 21.87 | 1055 | 35.48 | 92.94 |
| | 秋丰×白玉（CK） | 95.29 | 17.94 | 95.77 | 78.09 | 16.21 | 21.66 | 1043 | 32.15 | 89.18 |
| | ±CK（%） | 0.57 | 3.62 | 0.50 | 0.17 | 0.35 | 0.21 | 1.17 | 10.36 | 3.76 |
| | t 检验 | 0.873 | 2.905* | 1.979 | 0.33 | 2.601* | 2.597* | 1.117 | 3.273** | 2.515* |
| B组 | 华康2号 | 94.75 | 17.59 | 95.60 | 73.94 | 16.25 | 21.75 | 1018 | 32.65 | 91.71 |
| | 9·芙×7·湘（CK） | 95.39 | 16.14 | 94.23 | 74.20 | 15.98 | 21.61 | 928 | 30.44 | 82.13 |
| | ±CK（%） | −0.64 | 8.98 | 1.45 | −0.26 | 0.27 | 0.14 | 9.75 | 7.26 | 9.58 |
| | t 检验 | −1.383 | 8.190** | 2.960** | −0.299 | 1.929 | 2.221* | 10.471** | 3.356** | 3.000** |

2015年9月，分别委托中国农业科学院蚕业研究所、苏州大学基础医学与生命科学学院应用生物学系、浙江大学动物科学学院3个试验点对华康2号进行了BmNPV抗性鉴定试验。结果表明，华康2号（正反平均）2龄起蚕对BmNPV的$LC_{50}$为$4.62×10^{11}$个/毫升，其耐病力是秋丰×白玉的1 000倍以上，其正反交均具有很强的抗BmNPV能力，适合在脓病高发的蚕区和蚕季推广使用。

附件　2013—2015年蚕品种试验成绩汇总表（表3.136～表3.149）。

表3.136 2013—2014年A组春季实验室试验成绩汇总表（一）

| 品种名称 | 年份 | 杂交形式 | 实用 孵化率（%） | 龄期经过 5龄（日:时） | 龄期经过 全龄（日:时） | 4龄起蚕生命率 结茧率（%） | 死笼率（%） | 虫蛹率（%） | 全茧量（克） | 茧质 茧层量（克） | 茧层率（%） | 400头总收茧量（克） | 普通茧百分率（%） | 实际饲育头数（头） |
|---|---|---|---|---|---|---|---|---|---|---|---|---|---|---|
| 润众×润晶 | 2013 | 正交 | 99.25 | / | / | 98.32 | 1.72 | 96.18 | 2.28 | 0.579 | 25.41 | 899 | 94.19 | / |
| | | 反交 | 99.51 | / | / | 98.21 | 1.88 | 95.92 | 2.28 | 0.578 | 25.38 | 901 | 95.17 | / |
| | | 平均 | 99.38 | 7:10 | 24:08 | 98.27 | 1.80 | 96.05 | 2.28 | 0.579 | 25.39 | 900 | 94.68 | / |
| | 2014 | 正交 | 99.35 | / | / | 98.60 | 1.51 | 97.13 | 2.29 | 0.589 | 25.84 | 895 | 94.01 | / |
| | | 反交 | 99.38 | / | / | 98.47 | 1.94 | 96.62 | 2.25 | 0.580 | 25.75 | 890 | 94.48 | / |
| | | 平均 | 99.37 | 7:08 | 25:01 | 98.55 | 1.73 | 96.87 | 2.27 | 0.585 | 25.79 | 893 | 94.20 | / |
| | 平均 | 正交 | 99.30 | / | / | 98.46 | 1.62 | 96.66 | 2.28 | 0.584 | 25.62 | 897 | 94.10 | / |
| | | 反交 | 99.45 | / | / | 98.34 | 1.91 | 96.27 | 2.26 | 0.579 | 25.56 | 896 | 94.83 | / |
| | | 平均 | 99.37 | 7:09 | 24:17 | 98.41 | 1.76 | 96.46 | 2.27 | 0.582 | 25.59 | 896 | 94.44 | / |
| 苏秀×春丰 | 2013 | 正交 | 99.67 | / | / | 98.86 | 1.85 | 97.02 | 2.07 | 0.532 | 25.78 | 819 | 98.13 | / |
| | | 反交 | 98.96 | / | / | 98.61 | 1.46 | 97.09 | 2.03 | 0.521 | 25.55 | 810 | 97.97 | / |
| | | 平均 | 99.32 | 7:06 | 24:04 | 98.74 | 1.66 | 97.06 | 2.05 | 0.527 | 25.67 | 814 | 98.05 | / |
| | 2014 | 正交 | 99.56 | / | / | 99.10 | 2.27 | 96.87 | 2.08 | 0.543 | 26.05 | 825 | 98.29 | / |
| | | 反交 | 99.30 | / | / | 98.72 | 1.20 | 97.57 | 2.06 | 0.547 | 26.51 | 821 | 97.80 | / |
| | | 平均 | 99.43 | 7:05 | 24:19 | 98.91 | 1.73 | 97.22 | 2.07 | 0.545 | 26.28 | 823 | 98.05 | / |
| | 平均 | 正交 | 99.62 | / | / | 98.98 | 2.06 | 96.95 | 2.07 | 0.538 | 25.92 | 822 | 98.21 | / |
| | | 反交 | 99.13 | / | / | 98.67 | 1.33 | 97.33 | 2.05 | 0.534 | 26.03 | 816 | 97.89 | / |
| | | 平均 | 99.38 | 7:06 | 24:12 | 98.83 | 1.70 | 97.14 | 2.06 | 0.536 | 25.97 | 819 | 98.05 | / |

（续表）

| 品种名称 | 年份 | 杂交形式 | 饲养成绩 | | | | | | | | | | | |
| --- | --- | --- | --- | --- | --- | --- | --- | --- | --- | --- | --- | --- | --- | --- |
| | | | 实用孵化率（%） | 龄期经过 | | 4龄起蚕生命率 | | | 全茧量（克） | 茧质 | | 400头总收茧量（克） | 普通茧百分率（%） | 实际饲育头数（头） |
| | | | | 5龄（日:时） | 全龄（日:时） | 结茧率（%） | 死笼率（%） | 虫蛹率（%） | | 茧层量（克） | 茧层率（%） | | | |
| 苏荣×锡玉 | 2013 | 正交 | 99.53 | / | / | 98.82 | 1.64 | 97.03 | 2.20 | 0.550 | 25.00 | 878 | 96.08 | / |
| | | 反交 | 97.27 | / | / | 98.21 | 2.43 | 95.62 | 2.15 | 0.553 | 25.03 | 866 | 96.25 | / |
| | | 平均 | 98.40 | 7:08 | 24:05 | 98.52 | 2.04 | 96.33 | 2.17 | 0.551 | 25.02 | 872 | 96.16 | / |
| | 2014 | 正交 | 98.48 | / | / | 98.55 | 1.24 | 97.29 | 2.09 | 0.527 | 25.23 | 823 | 95.72 | / |
| | | 反交 | 97.13 | / | / | 97.96 | 1.50 | 96.51 | 2.04 | 0.519 | 25.24 | 807 | 95.91 | / |
| | | 平均 | 97.80 | 7:06 | 24:21 | 98.26 | 1.37 | 96.90 | 2.07 | 0.482 | 25.24 | 815 | 95.81 | / |
| | 平均 | 正交 | 99.01 | / | / | 98.69 | 1.44 | 97.16 | 2.14 | 0.538 | 25.12 | 850 | 95.90 | / |
| | | 反交 | 97.20 | / | / | 98.09 | 1.97 | 96.07 | 2.10 | 0.536 | 25.14 | 837 | 96.08 | / |
| | | 平均 | 98.10 | 7:07 | 24:13 | 98.39 | 1.71 | 96.62 | 2.12 | 0.517 | 25.13 | 843 | 95.99 | / |
| 鲁菁×华阳 | 2013 | 正交 | | | | | | | | | | | | / |
| | | 反交 | | | | | | | | | | | | / |
| | | 平均 | 59.65 | 7:06 | 24:03 | 98.91 | 1.44 | 97.14 | 1.96 | 0.509 | 26.05 | 770 | 95.84 | / |
| | 2014 | 正交 | | | | | | | | | | | | / |
| | | 反交 | | | | | | | | | | | | / |
| | | 平均 | 46.77 | 7:05 | 24:19 | 98.84 | 1.49 | 97.39 | 1.92 | 0.525 | 27.37 | 774 | 95.60 | / |
| | 平均 | 正交 | | | | | | | | | | | | / |
| | | 反交 | | | | | | | | | | | | / |
| | | 平均 | 53.21 | 7:06 | 24:11 | 98.88 | 1.47 | 97.26 | 1.94 | 0.517 | 26.71 | 772 | 95.72 | / |

（续表）

| 品种名称 | 年份 | 杂交形式 | 实用孵化率（%） | 龄期经过 | | 4龄起蚕生命率 | | | 饲养成绩 | | | | 总收茧量（克） | 普通茧百分率（%） | 实际饲育头数（头） |
|---|---|---|---|---|---|---|---|---|---|---|---|---|---|---|---|
| | | | | 5龄（日:时） | 全龄（日:时） | 结茧率（%） | 死笼率（%） | 虫蛹率（%） | 全茧量（克） | 茧质 | | | | | |
| | | | | | | | | | | 茧层量（克） | 茧层率（%） | | | | |
| 庆丰×正广 | 2013 | 正交 | 99.93 | / | | 98.15 | 1.47 | 96.43 | 2.20 | 0.520 | 23.80 | 877 | 97.60 | / |
| | | 反交 | 99.92 | / | | 95.49 | 2.65 | 93.17 | 2.24 | 0.530 | 23.68 | 867 | 97.19 | / |
| | | 平均 | 99.93 | 7:02 | 24:01 | 96.83 | 2.06 | 94.80 | 2.22 | 0.527 | 23.74 | 872 | 97.40 | / |
| | 2014 | 正交 | 93.75 | / | | 98.67 | 1.61 | 97.10 | 2.19 | 0.530 | 24.19 | 864 | 97.84 | / |
| | | 反交 | 95.41 | / | | 98.37 | 1.57 | 96.81 | 2.26 | 0.550 | 24.02 | 894 | 97.18 | / |
| | | 平均 | 94.58 | 7:04 | 24:18 | 98.51 | 1.59 | 96.95 | 2.23 | 0.538 | 24.11 | 879 | 97.51 | / |
| | 平均 | 正交 | 96.84 | / | | 98.42 | 1.54 | 96.76 | 2.20 | 0.525 | 24.00 | 870 | 97.72 | / |
| | | 反交 | 97.67 | / | | 96.93 | 2.11 | 94.99 | 2.25 | 0.540 | 23.85 | 880 | 97.18 | / |
| | | 平均 | 97.26 | 7:03 | 24:10 | 97.68 | 1.82 | 95.88 | 2.22 | 0.532 | 23.93 | 875 | 97.45 | / |
| 菁松×皓月 | 2013 | 正交 | 99.25 | / | | 98.62 | 1.30 | 97.28 | 2.13 | 0.513 | 24.11 | 841 | 95.89 | / |
| | | 反交 | 99.43 | / | | 98.82 | 1.38 | 97.15 | 2.09 | 0.506 | 24.16 | 831 | 95.89 | / |
| | | 平均 | 99.34 | 7:08 | 24:05 | 98.73 | 1.34 | 97.22 | 2.11 | 0.509 | 24.14 | 836 | 95.89 | / |
| | 2014 | 正交 | 98.57 | / | | 98.75 | 0.97 | 97.82 | 2.16 | 0.510 | 23.60 | 852 | 96.34 | / |
| | | 反交 | 98.89 | / | | 98.83 | 1.08 | 97.79 | 2.12 | 0.519 | 24.48 | 835 | 95.51 | / |
| | | 平均 | 98.73 | 7:06 | 24:21 | 98.79 | 1.02 | 97.80 | 2.14 | 0.515 | 24.04 | 844 | 95.92 | / |
| | 平均 | 正交 | 98.91 | / | | 98.69 | 1.14 | 97.55 | 2.14 | 0.511 | 23.85 | 846 | 96.11 | / |
| | | 反交 | 99.16 | / | | 98.83 | 1.23 | 97.47 | 2.11 | 0.513 | 24.32 | 833 | 95.70 | / |
| | | 平均 | 99.04 | 7:07 | 24:13 | 98.76 | 1.18 | 97.51 | 2.12 | 0.512 | 24.09 | 840 | 95.91 | / |

表 3.137 2013—2014 年 A 组春季实验室试验成绩汇总表（二）

| 品种名称 | 年份 | 缫丝单位 | 上车茧率(%) | 鲜毛茧出丝率(%) | 茧丝长(米) | 解舒丝长(米) | 解舒率(%) | 茧丝量(克) | 纤度(D) | 茧丝纤度综合均方差(D) | 净度(分) | 万米吊糙(次) | 万头收茧量(千克) | 万头茧层量(千克) | 万头产丝量(千克) |
|---|---|---|---|---|---|---|---|---|---|---|---|---|---|---|---|
| 润众×润晶 | 2013 | 镇江 | 96.56 | 20.54 | 1394 | 1047 | 80.09 | 0.463 | 2.989 | / | 93.79 | / | / | / | / |
| | | 南充 | 94.47 | 19.79 | 1359 | 940 | 73.92 | 0.479 | 3.169 | 0.447 | / | 1.1 | 22.48 | 5.70 | 4.525 |
| | | 平均 | 95.52 | 20.17 | 1377 | 994 | 77.00 | 0.471 | 3.079 | 0.447 | 93.79 | 1.1 | 22.48 | 5.70 | 4.525 |
| | 2014 | 镇江 | 95.68 | 20.01 | 1381 | 1058 | 76.73 | 0.474 | 3.084 | / | 93.07 | / | / | / | / |
| | | 南充 | / | / | / | / | / | / | / | / | / | / | / | / | / |
| | | 平均 | 95.68 | 20.01 | 1381 | 1058 | 76.73 | 0.474 | 3.084 | / | 93.07 | / | 22.33 | 5.76 | 4.447 |
| | 平均 | 镇江 | 96.12 | 20.27 | 1388 | 1052 | 78.41 | 0.469 | 3.036 | / | 93.43 | / | / | / | / |
| | | 南充 | 94.47 | 19.79 | 1359 | 940 | 73.92 | 0.479 | 3.169 | 0.447 | / | 1.1 | 22.41 | 5.73 | 4.486 |
| | | 平均 | 95.60 | 20.09 | 1378 | 1026 | 76.86 | 0.473 | 3.082 | 0.447 | 93.43 | 1.1 | 22.41 | 5.73 | 4.486 |
| 苏秀×春丰 | 2013 | 镇江 | 96.49 | 20.02 | 1566 | 1064 | 74.00 | 0.418 | 2.403 | / | 94.44 | / | / | / | / |
| | | 南充 | 94.96 | 19.61 | 1537 | 1013 | 72.78 | 0.426 | 2.488 | 0.460 | 95.15 | 1.0 | 20.37 | 5.23 | 4.043 |
| | | 平均 | 95.73 | 19.81 | 1551 | 1039 | 73.39 | 0.422 | 2.446 | 0.460 | 94.79 | 1.0 | 20.37 | 5.23 | 4.043 |
| | 2014 | 镇江 | 96.45 | 19.99 | 1568 | 1179 | 78.12 | 0.437 | 2.506 | / | 92.51 | / | / | / | / |
| | | 南充 | / | / | / | / | / | / | / | / | / | / | / | / | / |
| | | 平均 | 96.45 | 19.99 | 1568 | 1179 | 78.12 | 0.437 | 2.506 | / | 92.51 | / | 20.55 | 5.41 | 4.114 |
| | 平均 | 镇江 | 96.47 | 20.00 | 1567 | 1122 | 76.06 | 0.428 | 2.455 | / | 93.47 | / | / | / | / |
| | | 南充 | / | / | / | / | / | / | / | / | / | / | / | / | / |
| | | 平均 | 96.09 | 19.90 | 1559 | 1109 | 75.75 | 0.430 | 2.476 | 0.460 | 93.65 | 1.0 | 20.46 | 5.32 | 4.079 |

丝质成绩

（续　表）

| 品种名称 | 年份 | 缫丝单位 | 上车茧率（%） | 鲜毛茧出丝率（%） | 茧丝长（米） | 解舒丝长（米） | 解舒率（%） | 丝质成绩 | | | | | | | |
|---|---|---|---|---|---|---|---|---|---|---|---|---|---|---|---|
| | | | | | | | | 茧丝量（克） | 纤度（D） | 茧丝纤度综合均方差（D） | 净度（分） | 万米吊糙（次） | 万头收茧量（千克） | 万头茧层量（千克） | 万头产丝量（千克） |
| 苏荣×锡玉 | 2013 | 镇江 | 95.90 | 19.75 | 1406 | 1050 | 76.69 | 0.448 | 2.855 | / | 94.31 | / | / | / | / |
| | | 南充 | 93.78 | 19.03 | 1369 | 951 | 70.23 | 0.447 | 2.928 | 0.475 | 91.46 | 1.2 | 21.77 | 5.45 | 4.230 |
| | | 平均 | 94.84 | 19.39 | 1387 | 1000 | 73.46 | 0.447 | 2.891 | 0.475 | 92.89 | 1.2 | 21.77 | 5.45 | 4.230 |
| | 2014 | 镇江 | 96.05 | 19.52 | 1405 | 1112 | 78.17 | 0.433 | 2.770 | / | 93.49 | / | / | / | / |
| | | 南充 | / | / | / | / | / | / | / | / | / | / | / | / | / |
| | | 平均 | 96.05 | 19.52 | 1405 | 1112 | 78.17 | 0.433 | 2.770 | / | 93.49 | / | / | / | / |
| | 平均 | 镇江 | 95.97 | 19.64 | 1406 | 1081 | 77.43 | 0.441 | 2.813 | / | 93.90 | / | / | / | / |
| | | 南充 | 93.78 | 19.03 | 1369 | 951 | 70.23 | 0.447 | 2.928 | 0.475 | 91.46 | 1.2 | 20.38 | 5.14 | 3.978 |
| | | 平均 | 95.44 | 19.46 | 1396 | 1056 | 75.82 | 0.440 | 2.831 | 0.475 | 93.19 | 1.2 | 20.38 | 5.14 | 3.978 |
| 鲁菁×华阳 | 2013 | 镇江 | 96.43 | 20.58 | 1341 | 1022 | 77.98 | 0.414 | 2.774 | / | 94.43 | / | / | / | / |
| | | 南充 | 93.04 | 19.03 | 1259 | 914 | 73.06 | 0.406 | 2.901 | 0.514 | 93.29 | 1.1 | 19.25 | 5.01 | 3.852 |
| | | 平均 | 94.73 | 19.81 | 1300 | 968 | 75.52 | 0.410 | 2.837 | 0.514 | 93.86 | 1.1 | 19.25 | 5.01 | 3.852 |
| | 2014 | 镇江 | 96.41 | 20.66 | 1297 | 1012 | 78.37 | 0.426 | 2.950 | / | 93.72 | / | / | / | / |
| | | 南充 | / | / | / | / | / | / | / | / | / | / | / | / | / |
| | | 平均 | 96.41 | 20.66 | 1297 | 1012 | 78.37 | 0.426 | 2.950 | / | 93.72 | / | / | / | / |
| | 平均 | 镇江 | 96.42 | 20.62 | 1319 | 1017 | 78.17 | 0.420 | 2.862 | / | 94.08 | / | / | / | / |
| | | 南充 | 93.04 | 19.03 | 1259 | 914 | 73.06 | 0.406 | 2.901 | 0.514 | 93.29 | 1.1 | 19.29 | 5.15 | 3.942 |
| | | 平均 | 95.57 | 20.23 | 1299 | 990 | 76.94 | 0.418 | 2.894 | 0.514 | 93.79 | 1.1 | 19.29 | 5.15 | 3.942 |

（续表）

| 品种名称 | 年份 | 缫丝单位 | 上车茧率（%） | 鲜毛茧出丝率（%） | 茧丝长（米） | 解舒丝长（米） | 解舒率（%） | 丝质成绩 茧丝量（克） | 纤度（D） | 茧丝纤度综合均方差（D） | 净度（分） | 万米吊糙（次） | 万头收茧量（千克） | 万头茧层量（千克） | 万头产丝量（千克） |
|---|---|---|---|---|---|---|---|---|---|---|---|---|---|---|---|
| 庆丰×正广 | 2013 | 镇江 | 96.35 | 19.55 | 1344 | 971 | 77.72 | 0.43 | 2.882 | / | / | / | / | / | / |
| | | 南充 | 95.11 | 18.39 | 1314 | 907 | 72.91 | 0.43 | 2.978 | / | / | / | / | / | / |
| | | 平均 | 95.73 | 18.97 | 1329 | 939 | 75.31 | 0.43 | 2.930 | / | / | / | 21.74 | 5.155 | 4.078 |
| | 2014 | 镇江 | 96.07 | 18.19 | 1298 | 895 | 70.07 | 0.42 | 2.955 | / | 94.57 | / | / | / | / |
| | | 南充 | / | / | / | / | / | / | / | / | / | / | / | / | / |
| | | 平均 | 96.07 | 18.19 | 1298 | 895 | 70.07 | 0.42 | 2.955 | / | 94.57 | 1.2 | 22.00 | 5.300 | 3.946 |
| | 平均 | 镇江 | / | / | 1321 | / | 73.89 | 0.43 | / | / | / | / | / | / | / |
| | | 南充 | / | / | 1314 | / | 72.91 | 0.43 | / | / | / | / | / | / | / |
| | | 平均 | 95.90 | 18.58 | 1313 | 917 | 72.69 | 0.43 | 2.942 | / | 94.57 | 1.2 | 21.87 | 5.228 | 4.012 |
| 菁松×皓月 | 2013 | 镇江 | 96.43 | 19.67 | 1325 | 1027 | 78.92 | 0.42 | 2.856 | / | 94.59 | / | / | / | / |
| | | 南充 | 94.07 | 18.70 | 1270 | 904 | 72.70 | 0.42 | 2.980 | 0.499 | 92.01 | 1.4 | / | / | / |
| | | 平均 | 95.25 | 19.18 | 1297 | 966 | 75.81 | 0.42 | 2.918 | 0.499 | 93.30 | 1.4 | 20.90 | 5.05 | 3.984 |
| | 2014 | 镇江 | 95.66 | 18.70 | 1315 | 1040 | 78.21 | 0.42 | 2.860 | / | 93.12 | / | / | / | / |
| | | 南充 | / | / | / | / | / | / | / | / | / | / | / | / | / |
| | | 平均 | 95.66 | 18.70 | 1315 | 1040 | 78.21 | 0.42 | 2.860 | 0.499 | 93.12 | 1.4 | 21.09 | 5.08 | 3.907 |
| | 平均 | 镇江 | 96.04 | 19.19 | 1320 | 1033 | 78.56 | 0.42 | 2.858 | / | 93.85 | / | / | / | / |
| | | 南充 | 94.07 | 18.70 | 1270 | 904 | 72.70 | 0.42 | 2.980 | 0.499 | 92.01 | 1.4 | / | / | / |
| | | 平均 | 95.46 | 18.94 | 1306 | 1003 | 77.01 | 0.42 | 2.889 | 0.499 | 93.21 | 1.4 | 20.99 | 5.06 | 3.946 |

表 3.138　2014—2015 年 A 组春季生产试验成绩汇总表

| 品种名称 | 年份 | 杂交形式 | 孵化整齐度 | | | 龄期经过 | | 普通茧量（千克） | 总收茧量（千克） | 普通茧质量百分率（%） | 每盒/张种收茧量（千克） | 千克茧粒数（粒） | 健蛹率（%） |
|---|---|---|---|---|---|---|---|---|---|---|---|---|---|
| | | | 齐 | 尚齐 | 不齐 | 5 龄（日:时） | 全龄（日:时） | | | | | | |
| 润众×润晶 | 2014 | 正交 | / | / | / | / | / | 181.40 | 196.51 | 90.60 | 39.30 | 561 | 92.90 |
| | | 反交 | / | / | / | / | / | 182.88 | 200.53 | 91.24 | 40.11 | 541 | 92.34 |
| | | 平均 | / | / | / | 7:12 | 31:11 | 182.14 | 198.52 | 90.92 | 39.70 | 551 | 92.62 |
| | 2015 | 正交 | / | / | / | / | / | 175.70 | 185.37 | 94.65 | 37.10 | 547 | 91.78 |
| | | 反交 | / | / | / | / | / | 177.41 | 189.01 | 93.84 | 37.86 | 521 | 93.01 |
| | | 平均 | / | / | / | 8:05 | 31:01 | 176.56 | 187.19 | 94.24 | 37.48 | 534 | 92.40 |
| | 平均 | 正交 | / | / | / | / | / | 178.55 | 190.94 | 92.62 | 38.20 | 554 | 92.34 |
| | | 反交 | / | / | / | / | / | 180.15 | 194.77 | 92.54 | 38.98 | 531 | 92.68 |
| | | 平均 | / | / | / | 7:21 | 31:06 | 179.35 | 192.85 | 92.58 | 38.47 | 543 | 92.51 |
| 苏秀×春丰 | 2014 | 正交 | / | / | / | / | / | 182.62 | 190.05 | 96.10 | 37.70 | 578 | 93.82 |
| | | 反交 | / | / | / | / | / | 189.34 | 196.20 | 96.53 | 38.93 | 577 | 91.76 |
| | | 平均 | / | / | / | 7:06 | 30:16 | 185.98 | 193.13 | 96.32 | 38.32 | 578 | 92.79 |
| | 2015 | 正交 | / | / | / | / | / | 162.50 | 171.21 | 94.75 | 33.94 | 583 | 92.14 |
| | | 反交 | / | / | / | / | / | 152.87 | 158.35 | 96.67 | 31.37 | 586 | 93.56 |
| | | 平均 | / | / | / | 8:06 | 30:19 | 157.69 | 164.78 | 95.71 | 32.65 | 585 | 92.85 |
| | 平均 | 正交 | / | / | / | / | / | 172.56 | 180.63 | 95.43 | 35.82 | 581 | 92.98 |
| | | 反交 | / | / | / | / | / | 171.11 | 177.27 | 96.60 | 35.15 | 582 | 92.66 |
| | | 平均 | / | / | / | 7:18 | 30:18 | 171.83 | 178.95 | 96.01 | 35.48 | 581 | 92.82 |

（续 表）

| 品种名称 | 年份 | 杂交形式 | 孵化整齐度 | | | 龄期经过 | | 普通茧量（千克） | 总收茧量（千克） | 普通茧质量百分率（%） | 每盒/张蚕种收茧量（千克） | 千克茧粒数（粒） | 健蛹率（%） |
|---|---|---|---|---|---|---|---|---|---|---|---|---|---|
| | | | 齐 | 尚齐 | 不齐 | 5龄（日:时） | 全龄（日:时） | | | | | | |
| 苏荣×锡玉 | 2014 | 正交 | / | / | / | / | / | 183.09 | 194.15 | 94.26 | 38.77 | 557 | 91.13 |
| | | 反交 | / | / | / | / | / | 175.84 | 188.08 | 93.48 | 37.56 | 575 | 94.27 |
| | | 平均 | / | / | / | 7:10 | 30:14 | 179.46 | 191.11 | 93.87 | 38.16 | 566 | 92.70 |
| | 2015 | 正交 | / | / | / | / | / | 178.73 | 189.49 | 94.27 | 37.81 | 578 | 91.89 |
| | | 反交 | / | / | / | / | / | 171.01 | 182.72 | 93.48 | 36.52 | 569 | 92.46 |
| | | 平均 | / | / | / | 8:07 | 30:22 | 174.87 | 186.10 | 93.87 | 37.17 | 574 | 92.18 |
| | 平均 | 正交 | / | / | / | / | / | 180.91 | 191.82 | 94.26 | 38.29 | 568 | 91.51 |
| | | 反交 | / | / | / | / | / | 173.42 | 185.40 | 93.48 | 37.04 | 572 | 93.36 |
| | | 平均 | / | / | / | 7:21 | 30:18 | 177.17 | 188.61 | 93.87 | 37.67 | 570 | 92.44 |
| 鲁菁×华阳 | 2014 | 正交 | / | / | / | / | / | | | | | | |
| | | 反交 | / | / | / | / | / | | | | | | |
| | | 平均 | / | / | / | 7:01 | 30:11 | 342.67 | 367.03 | 93.19 | 36.59 | 608 | 94.59 |
| | 2015 | 正交 | / | / | / | / | / | | | | | | |
| | | 反交 | / | / | / | / | / | | | | | | |
| | | 平均 | / | / | / | 8:03 | 30:21 | 167.77 | 174.20 | 96.34 | 34.76 | 593 | 91.60 |
| | 平均 | 正交 | / | / | / | / | / | | | | | | |
| | | 反交 | / | / | / | / | / | | | | | | |
| | | 平均 | / | / | / | 7:14 | 30:16 | 255.22 | 270.61 | 94.77 | 35.68 | 600 | 93.09 |

（续 表）

| 品种名称 | 年份 | 杂交形式 | 孵化整齐度 | | | 龄期经过 | | 普通茧量（千克） | 总收茧量（千克） | 普通茧质量百分率（%） | 每盒/张蚕种收茧量（千克） | 千克茧粒数（粒） | 健蛹率（%） |
|---|---|---|---|---|---|---|---|---|---|---|---|---|---|
| | | | 齐 | 尚齐 | 不齐 | 5龄（日:时） | 全龄（日:时） | | | | | | |
| 庆丰×正广 | 2014 | 正交 | / | / | / | | | 144.95 | 155.73 | 92.33 | 30.92 | 591 | 85.63 |
| | | 反交 | / | / | / | | | 156.94 | 170.80 | 90.57 | 33.93 | 575 | 89.69 |
| | | 平均 | / | / | / | 7:02 | 30:16 | 150.95 | 163.26 | 91.45 | 32.42 | 583 | 87.66 |
| | 2015 | 正交 | / | / | / | | | 140.19 | 150.12 | 93.61 | 29.87 | 582 | 88.17 |
| | | 反交 | / | / | / | 8:08 | 31:07 | 132.00 | 142.01 | 92.26 | 28.10 | 568 | 89.19 |
| | | 平均 | / | / | / | | | 136.10 | 146.07 | 92.93 | 28.98 | 575 | 88.68 |
| | 平均 | 正交 | / | / | / | | | 142.57 | 152.92 | 92.97 | 30.39 | 586 | 86.90 |
| | | 反交 | / | / | / | 7:17 | 31:00 | 144.47 | 156.40 | 91.42 | 31.01 | 572 | 89.44 |
| | | 平均 | / | / | / | | | 143.52 | 154.66 | 92.19 | 30.70 | 579 | 88.17 |
| 菁松×皓月 | 2014 | 正交 | / | / | / | | | 174.14 | 187.78 | 92.68 | 37.44 | 564 | 93.04 |
| | | 反交 | / | / | / | 7:16 | 30:18 | 186.14 | 200.45 | 92.77 | 39.97 | 561 | 91.87 |
| | | 平均 | / | / | / | | | 180.14 | 194.11 | 92.73 | 38.70 | 563 | 92.46 |
| | 2015 | 正交 | / | / | / | | | 177.01 | 191.18 | 92.42 | 38.17 | 578 | 95.94 |
| | | 反交 | / | / | / | 8:08 | 31:02 | 165.93 | 175.17 | 94.80 | 34.81 | 586 | 93.65 |
| | | 平均 | / | / | / | | | 171.47 | 183.18 | 93.61 | 36.49 | 582 | 94.79 |
| | 平均 | 正交 | / | / | / | | | 175.57 | 189.48 | 92.55 | 37.80 | 571 | 94.49 |
| | | 反交 | / | / | / | 8:00 | 30:22 | 176.04 | 187.81 | 93.78 | 37.39 | 574 | 92.76 |
| | | 平均 | / | / | / | | | 175.80 | 188.64 | 93.17 | 37.59 | 572 | 93.62 |

表3.139 2013—2014年A组秋季实验室试验成绩汇总表（一）

| 品种名称 | 年份 | 杂交形式 | 实用孵化率(%) | 龄期经过 5龄(日:时) | 龄期经过 全龄(日:时) | 饲养成绩 4龄起蚕生命率 结茧率(%) | 饲养成绩 4龄起蚕生命率 死笼率(%) | 饲养成绩 4龄起蚕生命率 虫蛹率(%) | 全茧量(克) | 茧质 茧层量(克) | 茧质 茧层率(%) | 400头总收茧量(克) | 普通茧百分率(%) | 实际饲育数(头) |
|---|---|---|---|---|---|---|---|---|---|---|---|---|---|---|
| 渝蚕1号 | 2013 | 正交 | 96.08 | | | 95.58 | 2.85 | 92.93 | 1.94 | 0.431 | 22.15 | 739 | 96.28 | / |
| | | 反交 | 97.02 | | | 95.73 | 2.97 | 92.97 | 1.93 | 0.431 | 22.26 | 736 | 95.00 | / |
| | | 平均 | 96.55 | 7:13 | 23:10 | 95.66 | 2.91 | 92.95 | 1.94 | 0.431 | 22.21 | 738 | 95.64 | / |
| | 2014 | 正交 | 96.05 | | | 96.47 | 3.75 | 94.31 | 2.02 | 0.453 | 22.41 | 775 | 95.74 | / |
| | | 反交 | 95.42 | | | 96.06 | 3.84 | 93.83 | 2.01 | 0.448 | 22.26 | 770 | 94.99 | / |
| | | 平均 | 95.73 | 6:17 | 22:20 | 96.27 | 3.79 | 94.07 | 2.02 | 0.482 | 22.33 | 772 | 95.36 | / |
| | 平均 | 正交 | 96.06 | | | 96.03 | 3.30 | 93.62 | 1.98 | 0.442 | 22.28 | 757 | 96.01 | / |
| | | 反交 | 96.22 | | | 95.89 | 3.40 | 93.40 | 1.97 | 0.439 | 22.26 | 753 | 94.99 | / |
| | | 平均 | 96.14 | 7:03 | 23:03 | 95.96 | 3.35 | 93.51 | 1.98 | 0.457 | 22.27 | 755 | 95.50 | / |
| 苏秀×春丰 | 2013 | 正交 | 99.12 | | | 94.02 | 2.75 | 91.67 | 1.73 | 0.432 | 24.83 | 658 | 97.46 | / |
| | | 反交 | 99.08 | | | 92.71 | 2.96 | 90.21 | 1.78 | 0.454 | 25.52 | 660 | 96.44 | / |
| | | 平均 | 99.10 | 7:12 | 23:05 | 93.36 | 2.85 | 90.94 | 1.76 | 0.443 | 25.18 | 659 | 96.95 | / |
| | 2014 | 正交 | 93.93 | | | 96.80 | 2.33 | 94.70 | 1.84 | 0.463 | 25.17 | 707 | 97.52 | / |
| | | 反交 | 94.71 | | | 95.99 | 2.17 | 94.08 | 1.85 | 0.475 | 25.72 | 711 | 96.99 | / |
| | | 平均 | 94.32 | 6:15 | 22:19 | 96.39 | 2.25 | 94.39 | 1.84 | 0.469 | 25.44 | 709 | 97.26 | / |
| | 平均 | 正交 | 96.53 | | | 95.41 | 2.54 | 93.19 | 1.79 | 0.447 | 25.00 | 683 | 97.49 | / |
| | | 反交 | 96.90 | | | 94.35 | 2.57 | 92.14 | 1.81 | 0.465 | 25.62 | 686 | 96.72 | / |
| | | 平均 | 96.71 | 7:02 | 23:00 | 94.88 | 2.55 | 92.67 | 1.80 | 0.456 | 25.32 | 684 | 97.11 | / |
| 秋丰×白玉（对照） | 2013 | 正交 | 98.96 | | | 97.13 | 2.30 | 94.91 | 1.85 | 0.403 | 21.72 | 718 | 96.60 | / |
| | | 反交 | 98.97 | | | 96.56 | 2.06 | 94.59 | 1.81 | 0.397 | 21.95 | 693 | 97.22 | / |
| | | 平均 | 98.97 | 7:04 | 23:01 | 96.84 | 2.18 | 94.75 | 1.83 | 0.400 | 21.84 | 705 | 96.91 | / |
| | 2014 | 正交 | 99.42 | | | 96.86 | 2.54 | 94.43 | 1.89 | 0.412 | 21.87 | 724 | 96.54 | / |
| | | 反交 | 99.11 | | | 97.11 | 1.65 | 95.53 | 1.85 | 0.399 | 21.54 | 717 | 96.59 | / |
| | | 平均 | 99.27 | 6:15 | 22:17 | 96.99 | 2.10 | 94.98 | 1.87 | 0.406 | 21.71 | 720 | 96.57 | / |
| | 平均 | 正交 | 99.19 | | | 96.99 | 2.42 | 94.67 | 1.87 | 0.408 | 21.79 | 721 | 96.57 | / |
| | | 反交 | 99.04 | | | 96.84 | 1.85 | 95.06 | 1.83 | 0.398 | 21.75 | 705 | 96.90 | / |
| | | 平均 | 99.12 | 6:22 | 22:21 | 96.91 | 2.14 | 94.85 | 1.85 | 0.403 | 21.82 | 713 | 96.74 | / |

表3.140 2013—2014年A组秋季实验室试验成绩汇总表(二)

| 品种名称 | 年份 | 缫丝单位 | 上车茧率(%) | 解毛茧出丝率(%) | 茧丝长(米) | 解舒丝长(米) | 解舒率(%) | 丝质成绩 茧丝量(克) | 纤度(D) | 茧丝纤度综合均方差(D) | 净度(分) | 万米吊糙(次) | 万头收茧量(千克) | 万头茧层量(千克) | 万头产丝量(千克) |
|---|---|---|---|---|---|---|---|---|---|---|---|---|---|---|---|
| 渝蚕1号 | 2013 | 镇江 | 94.40 | 16.98 | 1083 | 855 | 79.04 | 0.34 | 2.846 | / | | | | | |
| | | 南充 | 95.43 | 17.36 | 1079 | 777 | 71.97 | 0.35 | 2.896 | 0.395 | 91.62 | 2.0 | | | |
| | | 平均 | 94.91 | 17.17 | 1081.4 | 816 | 75.50 | 0.35 | 2.871 | 0.395 | 91.62 | 2.0 | 18.45 | 4.11 | 3.154 |
| | 2014 | 镇江 | 93.73 | 16.01 | 1057 | 795 | 75.30 | 0.35 | 2.953 | / | 94.08 | | | | |
| | | 南充 | 94.46 | 16.08 | 1047 | 806 | 77.23 | 0.34 | 2.946 | 0.481 | 95.66 | 1.6 | | | |
| | | 平均 | 94.09 | 16.04 | 1052 | 801 | 76.27 | 0.34 | 2.949 | 0.481 | 94.87 | 1.6 | 19.31 | 4.32 | 3.088 |
| | 平均 | 镇江 | 94.06 | 16.49 | 1070 | 825 | 77.17 | 0.34 | 2.899 | / | 92.85 | | | | |
| | | 南充 | 94.94 | 16.72 | 1063 | 792 | 74.60 | 0.34 | 2.921 | 0.438 | 95.66 | 1.8 | | | |
| | | 平均 | 94.50 | 16.61 | 1067 | 808 | 75.88 | 0.34 | 2.910 | 0.438 | 93.25 | 1.8 | 18.88 | 4.21 | 3.121 |
| 苏秀×春丰 | 2013 | 镇江 | 95.22 | 20.21 | 1521 | 1244 | 81.85 | 0.37 | 2.174 | / | 94.39 | | | | |
| | | 南充 | 96.30 | 19.99 | 1506 | 1135 | 75.34 | 0.37 | 2.227 | 0.330 | 96.01 | 0.9 | | | |
| | | 平均 | 95.76 | 20.10 | 1513 | 1190 | 78.60 | 0.37 | 2.200 | 0.330 | 95.20 | 0.9 | 16.52 | 4.15 | 3.316 |
| | 2014 | 镇江 | 95.84 | 19.42 | 1526 | 1160 | 76.05 | 0.38 | 2.215 | / | 93.97 | | | | |
| | | 南充 | 94.17 | 19.43 | 1487 | 1111 | 74.58 | 0.38 | 2.285 | 0.412 | 95.06 | 1.0 | | | |
| | | 平均 | 95.00 | 19.42 | 1507 | 1135 | 75.32 | 0.38 | 2.250 | 0.412 | 94.52 | 1.0 | 17.79 | 4.51 | 3.441 |
| | 平均 | 镇江 | 95.53 | 19.81 | 1524 | 1202 | 78.95 | 0.37 | 2.194 | / | 94.18 | | | | |
| | | 南充 | 95.24 | 19.71 | 1496 | 1123 | 74.96 | 0.37 | 2.256 | 0.371 | 95.54 | 0.9 | | | |
| | | 平均 | 95.38 | 19.76 | 1510 | 1162 | 76.96 | 0.37 | 2.225 | 0.371 | 94.86 | 0.9 | 17.15 | 4.33 | 3.378 |
| 秋丰×白玉(对照) | 2013 | 镇江 | 95.79 | 17.64 | 1098 | 890 | 81.30 | 0.32 | 2.628 | / | 94.56 | | | | |
| | | 南充 | 96.13 | 17.55 | 1093 | 837 | 76.72 | 0.33 | 2.689 | 0.448 | 96.18 | 1.2 | | | |
| | | 平均 | 95.96 | 17.59 | 1096 | 864 | 79.01 | 0.32 | 2.659 | 0.448 | 95.37 | 1.2 | 17.62 | 3.85 | 3.080 |
| | 2014 | 镇江 | 95.43 | 16.09 | 1061 | 813 | 76.79 | 0.32 | 2.688 | / | 95.09 | | | | |
| | | 南充 | 91.54 | 15.75 | 1038 | 777 | 74.80 | 0.32 | 2.737 | 0.542 | 97.23 | 1.3 | | | |
| | | 平均 | 93.49 | 15.92 | 1050 | 795 | 75.79 | 0.32 | 2.712 | 0.542 | 96.16 | 1.3 | 18.02 | 3.91 | 2.860 |
| | 平均 | 镇江 | 95.61 | 16.86 | 1080 | 851 | 79.04 | 0.32 | 2.658 | / | 94.82 | | | | |
| | | 南充 | 93.84 | 16.65 | 1066 | 807 | 75.76 | 0.32 | 2.713 | 0.495 | 96.71 | 1.3 | | | |
| | | 平均 | 94.72 | 16.76 | 1069 | 829 | 77.04 | 0.32 | 2.686 | 0.495 | 95.77 | 1.3 | 17.82 | 3.88 | 2.970 |

表 3.141 2014—2015 年 A 组秋季生产试验成绩汇总表

| 品种名称 | 年份 | 杂交形式 | 孵化整齐度 | | | 龄期经过 | | 普通茧量（千克） | 总收茧量（千克） | 普通茧质量百分率（%） | 每盒/张蚕种收茧量（千克） | 千克茧粒数（粒） | 健蛹率（%） |
| | | | 齐 | 尚齐 | 不齐 | 5龄（日:时） | 全龄（日:时） | | | | | | |
| 渝蚕1号 | 2014 | 正交 | / | / | / | / | / | 155.51 | 166.02 | 93.39 | 32.50 | 603 | 88.91 |
| | | 反交 | / | / | / | / | / | 158.07 | 170.72 | 92.30 | 33.55 | 607 | 89.96 |
| | | 平均 | / | / | / | 7:11 | 27:04 | 156.79 | 168.37 | 92.84 | 33.03 | 605 | 89.43 |
| | 2015 | 正交 | / | / | / | / | / | 143.50 | 150.43 | 95.42 | 29.89 | 578 | 84.21 |
| | | 反交 | / | / | / | / | / | 135.99 | 144.49 | 94.43 | 28.69 | 586 | 86.07 |
| | | 平均 | / | / | / | 8:03 | 27:01 | 139.74 | 147.46 | 94.92 | 29.29 | 582 | 85.14 |
| | 平均 | 正交 | / | / | / | / | / | 149.50 | 158.23 | 94.40 | 31.20 | 591 | 86.56 |
| | | 反交 | / | / | / | / | / | 147.03 | 157.60 | 93.36 | 31.12 | 597 | 88.01 |
| | | 平均 | / | / | / | 7:19 | 27:03 | 148.27 | 157.91 | 93.88 | 31.16 | 594 | 87.29 |
| 苏秀×春丰 | 2014 | 正交 | / | / | / | / | / | 157.50 | 166.17 | 94.58 | 33.23 | 595 | 91.00 |
| | | 反交 | / | / | / | / | / | 165.23 | 178.70 | 92.49 | 35.49 | 616 | 94.19 |
| | | 平均 | / | / | / | 7:07 | 26:09 | 161.36 | 172.43 | 93.53 | 34.36 | 606 | 92.60 |
| | 2015 | 正交 | / | / | / | / | / | 138.66 | 146.47 | 94.80 | 29.06 | 626 | 89.04 |
| | | 反交 | / | / | / | / | / | 146.54 | 154.08 | 95.48 | 30.76 | 621 | 92.57 |
| | | 平均 | / | / | / | 8:03 | 27:03 | 142.69 | 150.40 | 95.13 | 29.93 | 624 | 90.81 |
| | 平均 | 正交 | / | / | / | / | / | 148.08 | 156.32 | 94.69 | 31.14 | 611 | 90.02 |
| | | 反交 | / | / | / | / | / | 155.88 | 166.39 | 93.99 | 33.12 | 619 | 93.38 |
| | | 平均 | / | / | / | 7:17 | 26:18 | 152.03 | 161.41 | 94.33 | 32.15 | 615 | 91.70 |

（续 表）

| 品种名称 | 年份 | 杂交形式 | 孵化整齐度 | | | 龄期经过 | | 普通茧量（千克） | 总收茧量（千克） | 普通茧质量百分率（%） | 每盒/张蚕种收茧量（千克） | 千克茧粒数（粒） | 健蛹率（%） |
|---|---|---|---|---|---|---|---|---|---|---|---|---|---|
| | | | 齐 | 尚齐 | 不齐 | 5龄（日:时） | 全龄（日:时） | | | | | | |
| 华康2号 | 2014 | 正交 | / | / | / | / | / | 170.46 | 183.77 | 92.44 | 36.41 | 595 | 93.33 |
| | | 反交 | / | / | / | / | / | 172.97 | 183.60 | 94.06 | 36.98 | 559 | 89.70 |
| | | 平均 | / | / | / | 7:06 | 26:10 | 171.72 | 183.68 | 93.25 | 36.69 | 577 | 91.51 |
| | 2015 | 正交 | / | / | / | / | / | 160.09 | 169.81 | 94.35 | 33.83 | 622 | 93.99 |
| | | 反交 | / | / | / | / | / | 164.03 | 174.07 | 94.16 | 34.70 | 623 | 94.74 |
| | | 平均 | / | / | / | 7:19 | 26:10 | 162.06 | 171.94 | 94.26 | 34.26 | 622 | 94.37 |
| | 平均 | 正交 | / | / | / | / | / | 165.27 | 176.79 | 93.40 | 35.12 | 608 | 93.66 |
| | | 反交 | / | / | / | / | / | 168.50 | 178.84 | 94.11 | 35.84 | 591 | 92.22 |
| | | 平均 | / | / | / | 7:12 | 26:10 | 166.89 | 177.81 | 93.75 | 35.48 | 600 | 92.94 |
| 秋丰×白玉（对照） | 2014 | 正交 | / | / | / | / | / | 166.37 | 176.13 | 94.20 | 34.81 | 585 | 87.24 |
| | | 反交 | / | / | / | / | / | 167.71 | 177.42 | 94.07 | 34.98 | 606 | 90.87 |
| | | 平均 | / | / | / | 7:01 | 26:10 | 167.04 | 176.77 | 94.13 | 34.89 | 596 | 89.05 |
| | 2015 | 正交 | / | / | / | / | / | 144.03 | 151.93 | 94.85 | 30.08 | 647 | 90.36 |
| | | 反交 | / | / | / | / | / | 136.07 | 145.23 | 93.91 | 28.74 | 648 | 88.20 |
| | | 平均 | / | / | / | 7:18 | 26:11 | 140.05 | 148.58 | 94.38 | 29.41 | 647 | 89.28 |
| | 平均 | 正交 | / | / | / | / | / | 155.20 | 164.03 | 94.53 | 32.44 | 616 | 88.80 |
| | | 反交 | / | / | / | / | / | 151.89 | 161.32 | 93.99 | 31.86 | 627 | 89.53 |
| | | 平均 | / | / | / | 7:10 | 26:11 | 153.54 | 162.68 | 94.26 | 32.15 | 621 | 89.18 |

表 3.142　2013—2014 年 B 组秋季实验室试验成绩汇总表（一）

| 品种名称 | 年份 | 杂交形式 | 实用孵化率（%） | 龄期经过 | | 饲养成绩 | | | | | | | | | 茧质 | | | 普通茧百分率（%） | 实际饲育数（头） |
| | | | | 5龄（日:时） | 全龄（日:时） | 结茧率（%） | 死笼率（%） | 4龄起蚕生命率（%） | 虫蛹率（%） | 全茧量（克） | 茧层量（克） | 茧层率（%） | 400头总收茧量（克） | | | | | |
|---|---|---|---|---|---|---|---|---|---|---|---|---|---|---|---|---|---|---|---|
| 粤蚕8号 | 2013 | 正交 | 98.52 | 6:23 | 21:23 | 96.50 | 2.73 | | 94.38 | 1.59 | 0.343 | 21.57 | 616 | | | 91.45 | / |
| | | 反交 | 96.25 | | | 96.50 | 1.88 | | 95.03 | 1.58 | 0.339 | 21.48 | 606 | | | 92.36 | / |
| | | 平均 | 97.39 | | | 96.50 | 2.30 | | 94.70 | 1.59 | 0.341 | 21.53 | 612 | | | 91.90 | / |
| | 2014 | 正交 | 98.66 | 6:09 | 21:17 | 97.43 | 1.42 | | 95.99 | 1.75 | 0.380 | 21.77 | 681 | | | 92.76 | / |
| | | 反交 | 97.85 | | | 97.76 | 1.62 | | 96.12 | 1.69 | 0.371 | 22.02 | 656 | | | 92.52 | / |
| | | 平均 | 98.26 | | | 97.60 | 1.52 | | 96.06 | 1.72 | 0.376 | 21.90 | 669 | | | 92.64 | / |
| | 平均 | 正交 | 98.59 | 6:16 | 21:20 | 96.96 | 2.07 | | 95.19 | 1.67 | 0.362 | 21.67 | 649 | | | 92.10 | / |
| | | 反交 | 97.05 | | | 97.13 | 1.75 | | 95.58 | 1.63 | 0.355 | 21.75 | 631 | | | 92.44 | / |
| | | 平均 | 97.82 | | | 97.05 | 1.91 | | 95.38 | 1.65 | 0.358 | 21.70 | 640 | | | 92.27 | / |
| 9·芙×7·湘（对照） | 2013 | 正交 | 98.82 | 6:19 | 21:20 | 96.95 | 2.73 | | 94.62 | 1.55 | 0.325 | 20.92 | 622 | | | 91.98 | / |
| | | 反交 | 97.93 | | | 96.79 | 2.94 | | 94.29 | 1.53 | 0.320 | 20.78 | 586 | | | 94.00 | / |
| | | 平均 | 98.38 | | | 96.87 | 2.84 | | 94.45 | 1.54 | 0.322 | 20.85 | 605 | | | 92.99 | / |
| | 2014 | 正交 | 98.18 | 6:02 | 21:08 | 97.92 | 1.70 | | 96.20 | 1.69 | 0.367 | 21.67 | 657 | | | 93.07 | / |
| | | 反交 | 93.52 | | | 97.71 | 1.50 | | 96.17 | 1.70 | 0.365 | 21.50 | 660 | | | 92.66 | / |
| | | 平均 | 95.85 | | | 97.82 | 1.60 | | 96.19 | 1.69 | 0.366 | 21.59 | 658 | | | 92.86 | / |
| | 平均 | 正交 | 98.50 | 6:11 | 21:14 | 97.44 | 2.21 | | 95.41 | 1.62 | 0.346 | 21.30 | 640 | | | 92.53 | / |
| | | 反交 | 95.73 | | | 97.25 | 2.22 | | 95.23 | 1.61 | 0.343 | 21.14 | 623 | | | 93.33 | / |
| | | 平均 | 97.12 | | | 97.34 | 2.22 | | 95.32 | 1.62 | 0.344 | 21.22 | 632 | | | 92.93 | / |

表 3.143 2013—2014 年 B 组秋季实验室试验成绩汇总表（二）

| 品种名称 | 年份 | 杂交形式 | 缫丝单位 | 上车茧率(%) | 鲜毛茧出丝率(%) | 茧丝长(米) | 解舒丝长(米) | 解舒率(%) | 茧丝量(克) | 纤度(D) | 茧丝纤度综合均方差(D) | 净度(分) | 万米吊糙(次) | 万头收茧量(千克) | 万头茧层量(千克) | 万头产丝量(千克) |
|---|---|---|---|---|---|---|---|---|---|---|---|---|---|---|---|---|
| 粤蚕 8 号 | 2013 | 正交 | 镇江 | 96.21 | 17.55 | 945 | 785 | 82.53 | 0.27 | 2.527 |  | 94.32 |  |  |  |  |
|  |  | 反交 | 南充 | 96.07 | 17.01 | 935 | 723 | 77.54 | 0.28 | 2.663 | 0.522 | 96.17 | 1.4 | 15.30 | 3.29 | 2.619 |
|  |  | 平均 | 平均 | 96.05 | 17.12 | 949 | 776 | 81.71 | 0.28 | 2.613 | 0.522 | 95.10 | 1.4 |  |  |  |
|  | 2014 | 正交 | 镇江 | 93.65 | 15.34 | 1037 | 718 | 68.85 | 0.28 | 2.463 |  | 94.75 |  |  |  |  |
|  |  | 反交 | 南充 | 92.56 | 15.22 | 1022 | 721 | 69.75 | 0.28 | 2.514 | 0.546 | 94.79 | 2.3 | 16.72 | 3.66 | 2.550 |
|  |  | 平均 | 平均 | 93.11 | 15.28 | 1030 | 719 | 69.30 | 0.28 | 2.489 | 0.546 | 94.77 | 2.3 |  |  |  |
|  | 平均 | 正交 | 镇江 | 94.93 | 16.44 | 991 | 752 | 75.69 | 0.28 | 2.495 |  | 94.54 |  |  |  |  |
|  |  | 反交 | 南充 | 94.31 | 16.11 | 979 | 722 | 73.65 | 0.28 | 2.589 | 0.534 | 95.48 | 1.9 | 16.01 | 3.48 | 2.585 |
|  |  | 平均 | 平均 | 94.58 | 16.20 | 989 | 748 | 75.51 | 0.28 | 2.551 | 0.534 | 94.94 | 1.8 |  |  |  |
| 9·美×7·湘（对照） | 2013 | 正交 | 镇江 | 96.16 | 16.92 | 911 | 732 | 79.46 | 0.25 | 2.489 |  | 93.86 |  |  |  |  |
|  |  | 反交 | 南充 | 94.53 | 16.12 | 908 | 709 | 78.30 | 0.27 | 2.621 | 0.625 | 97.00 | 0.9 | 15.15 | 3.20 | 2.504 |
|  |  | 平均 | 平均 | 95.28 | 16.36 | 920 | 747 | 81.00 | 0.26 | 2.564 | 0.625 | 95.35 | 0.9 |  |  |  |
|  | 2014 | 正交 | 镇江 | 94.77 | 15.38 | 931 | 611 | 65.40 | 0.28 | 2.679 |  | 92.67 |  |  |  |  |
|  |  | 反交 | 南充 | 91.84 | 14.94 | 899 | 622 | 68.50 | 0.28 | 2.759 | 0.657 | 93.75 | 1.6 | 16.30 | 3.56 | 2.490 |
|  |  | 平均 | 平均 | 93.30 | 15.16 | 915 | 617 | 66.95 | 0.28 | 2.719 | 0.657 | 93.21 | 1.6 |  |  |  |
|  | 平均 | 正交 | 镇江 | 95.46 | 16.15 | 921 | 672 | 72.43 | 0.27 | 2.584 |  | 93.26 |  |  |  |  |
|  |  | 反交 | 南充 | 93.19 | 15.53 | 903 | 665 | 73.40 | 0.27 | 2.690 | 0.641 | 95.38 | 1.3 | 15.71 | 3.38 | 2.497 |
|  |  | 平均 | 平均 | 94.29 | 15.76 | 918 | 682 | 73.97 | 0.27 | 2.642 | 0.641 | 94.28 | 1.3 |  |  |  |

表 3.144 2013—2014 年 B 组秋季生产试验成绩汇总表

| 品种名称 | 年份 | 杂交形式 | 孵化整齐度 | | | 龄期经过 | | 普通茧量（千克） | 总收茧量（千克） | 普通茧质量百分率（%） | 每盒/张蚕种收茧量（千克） | 千克茧粒数（粒） | 健蛹率（%） |
|---|---|---|---|---|---|---|---|---|---|---|---|---|---|
| | | | 齐 | 尚齐 | 不齐 | 5龄（日:时） | 全龄（日:时） | | | | | | |
| 粤蚕8号 | 2013 | 正交 | / | / | / | / | / | / | 177.25 | 95.30 | 34.82 | / | 92.70 |
| | | 反交 | / | / | / | / | / | / | 167.25 | 93.89 | 32.51 | / | 92.87 |
| | | 平均 | / | / | / | 6:12 | 22:16 | / | 172.25 | 94.59 | 33.66 | / | 92.79 |
| | 2014 | 正交 | / | / | / | / | / | 139.82 | 146.88 | 95.28 | 30.61 | 717 | 76.04 |
| | | 反交 | / | / | / | / | / | 140.54 | 149.72 | 93.63 | 31.07 | 687 | 86.05 |
| | | 平均 | / | / | / | 6:02 | 22:17 | 140.18 | 148.30 | 94.45 | 30.84 | 702 | 81.04 |
| | 平均 | 正交 | / | / | / | / | / | 139.82 | 162.07 | 95.29 | 32.71 | 717 | 84.37 |
| | | 反交 | / | / | / | / | / | 140.54 | 158.49 | 93.76 | 31.79 | 687 | 89.46 |
| | | 平均 | / | / | / | 6:07 | 22:17 | 140.18 | 160.15 | 94.52 | 32.25 | 702 | 86.92 |
| 9·美×7·湘（对照） | 2013 | 正交 | / | / | / | / | / | / | 165 | 93.64 | 32.05 | / | 86.99 |
| | | 反交 | / | / | / | / | / | / | 175 | 94.71 | 34.05 | / | 91.54 |
| | | 平均 | / | / | / | 7:09 | 22:14 | / | 170 | 94.17 | 33.05 | / | 89.27 |
| | 2014 | 正交 | / | / | / | / | / | 131.86 | 142.62 | 91.95 | 30.07 | 729 | 69.34 |
| | | 反交 | / | / | / | / | / | 122.60 | 136.78 | 91.82 | 29.08 | 722 | 74.36 |
| | | 平均 | / | / | / | 6:04 | 22:15 | 127.23 | 139.88 | 91.89 | 29.57 | 725 | 71.85 |
| | 平均 | 正交 | / | / | / | / | / | 131.86 | 153.94 | 92.79 | 31.06 | 729 | 78.16 |
| | | 反交 | / | / | / | / | / | 122.60 | 155.64 | 93.26 | 31.57 | 722 | 82.95 |
| | | 平均 | / | / | / | 6:18 | 22:15 | 127.23 | 154.94 | 93.03 | 31.31 | 725 | 80.56 |

表 3.145　2014—2015 年 A 组秋季实验室试验成绩汇总表（一）

| 品种名称 | 年份 | 杂交形式 | 龄期经过 5龄(日:时) | 龄期经过 全龄(日:时) | 实用孵化率(%) | 4龄起蚕生命率 结茧率(%) | 4龄起蚕生命率 死笼率(%) | 虫蛹率(%) | 全茧量(克) | 茧质 茧层量(克) | 茧质 茧层率(%) | 400头总收茧量(克) | 普通茧百分率(%) | 实际同育数(头) |
|---|---|---|---|---|---|---|---|---|---|---|---|---|---|---|
| 华康2号 | 2014 | 正交 | | | 97.05 | 95.12 | 1.96 | 93.13 | 1.90 | 0.411 | 21.55 | 713 | 93.91 | ／ |
| | | 反交 | 6:13 | 22:17 | 97.39 | 97.07 | 1.55 | 95.43 | 1.90 | 0.414 | 21.83 | 731 | 95.05 | ／ |
| | | 平均 | | | 97.22 | 96.09 | 1.75 | 94.28 | 1.90 | 0.412 | 21.69 | 722 | 94.48 | ／ |
| | 2015 | 正交 | | | 93.34 | 98.94 | 1.37 | 97.51 | 1.94 | 0.426 | 21.92 | 776 | 95.25 | ／ |
| | | 反交 | 6:14 | 22:04 | 93.47 | 98.59 | 1.10 | 97.37 | 1.91 | 0.429 | 22.18 | 754 | 96.01 | ／ |
| | | 平均 | | | 93.41 | 98.76 | 1.23 | 97.44 | 1.92 | 0.428 | 22.05 | 765 | 95.63 | ／ |
| | 平均 | 正交 | | | 95.19 | 97.03 | 1.66 | 95.32 | 1.92 | 0.418 | 21.73 | 745 | 94.58 | ／ |
| | | 反交 | 6:14 | 22:11 | 95.43 | 97.83 | 1.32 | 96.40 | 1.90 | 0.422 | 22.01 | 742 | 95.53 | ／ |
| | | 平均 | | | 95.31 | 97.43 | 1.49 | 95.86 | 1.91 | 0.420 | 21.87 | 744 | 95.06 | ／ |
| 秋丰×白玉（对照） | 2014 | 正交 | | | 99.42 | 96.86 | 2.54 | 94.40 | 1.89 | 0.412 | 21.87 | 724 | 96.54 | ／ |
| | | 反交 | 6:15 | 22:17 | 99.11 | 97.11 | 1.65 | 95.50 | 1.85 | 0.399 | 21.54 | 717 | 96.59 | ／ |
| | | 平均 | | | 99.27 | 96.99 | 2.10 | 94.95 | 1.87 | 0.406 | 21.71 | 720 | 96.57 | ／ |
| | 2015 | 正交 | | | 98.93 | 97.86 | 2.64 | 95.31 | 1.81 | 0.394 | 21.68 | 705 | 95.80 | ／ |
| | | 反交 | 6:14 | 22:06 | 98.40 | 97.90 | 1.94 | 95.95 | 1.84 | 0.397 | 21.53 | 727 | 95.83 | ／ |
| | | 平均 | | | 98.67 | 97.88 | 2.29 | 95.63 | 1.83 | 0.395 | 21.61 | 716 | 95.81 | ／ |
| | 平均 | 正交 | | | 99.18 | 97.36 | 2.59 | 94.85 | 1.85 | 0.403 | 21.78 | 714 | 96.17 | ／ |
| | | 反交 | 6:14 | 22:12 | 98.76 | 97.51 | 1.79 | 95.72 | 1.85 | 0.398 | 21.54 | 722 | 96.21 | ／ |
| | | 平均 | | | 98.97 | 97.43 | 2.19 | 95.29 | 1.85 | 0.401 | 21.66 | 718 | 96.19 | ／ |

表3.146 2014—2015年A组秋季实验室试验成绩汇总表(二)

| 品种名称 | 年份 | 杂交形式 | 缫丝单位 | 上车茧率(%) | 鲜毛茧出丝率(%) | 茧丝长(米) | 解舒丝长(米) | 解舒率(%) | 茧丝量(克) | 纤度(D) | 茧丝纤度综合均方差(D) | 净度(分) | 万米吊糙(次) | 万头收茧量(千克) | 万头茧层量(千克) | 万头产丝量(千克) |
|---|---|---|---|---|---|---|---|---|---|---|---|---|---|---|---|---|
| 华康2号 | 2014 | 正交 | 镇江 | 94.26 | 15.98 | 1024 | 788 | 77.12 | 0.32 | 2.844 | | 95.04 | 1.5 | | | |
| | | 反交 | 南充 | 91.91 | 15.55 | 1008 | 733 | 72.89 | 0.32 | 2.875 | 0.553 | 97.77 | 1.5 | | | |
| | | 平均 | | 93.09 | 15.77 | 1016 | 760 | 75.00 | 0.32 | 2.859 | 0.553 | 96.40 | | 18.05 | 3.92 | 2.844 |
| | 2015 | 正交 | 镇江 | 97.45 | 17.31 | 1077 | 893 | 83.14 | 0.34 | 2.849 | | 96.64 | 0.7 | | | |
| | | 反交 | 南充 | 96.07 | 17.41 | 1110 | 906 | 79.91 | 0.35 | 2.827 | 0.493 | 95.54 | 1.2 | | | |
| | | 平均 | | 96.76 | 17.36 | 1093 | 900 | 81.53 | 0.34 | 2.838 | 0.493 | 96.09 | | 19.12 | 4.22 | 3.313 |
| | 平均 | 正交 | 镇江 | 95.86 | 16.65 | 1051 | 841 | 80.13 | 0.33 | 2.846 | | 95.84 | 1.1 | | | |
| | | 反交 | 南充 | 93.99 | 16.48 | 1059 | 820 | 76.40 | 0.34 | 2.851 | 0.523 | 96.65 | 1.3 | | | |
| | | 平均 | | 94.92 | 16.56 | 1055 | 830 | 78.26 | 0.33 | 2.849 | 0.523 | 96.25 | | 18.59 | 4.07 | 3.078 |
| 秋丰×白玉(对照) | 2014 | 正交 | 镇江 | 95.43 | 16.09 | 1061 | 813 | 76.79 | 0.32 | 2.688 | | 94.82 | 1.3 | | | |
| | | 反交 | 南充 | 91.54 | 15.75 | 1038 | 777 | 74.80 | 0.32 | 2.737 | 0.542 | 96.96 | 1.3 | | | |
| | | 平均 | | 93.49 | 15.92 | 1050 | 795 | 75.79 | 0.32 | 2.712 | 0.542 | 95.89 | | 18.01 | 3.91 | 2.860 |
| | 2015 | 正交 | 镇江 | 97.35 | 16.65 | 1039 | 845 | 81.39 | 0.31 | 2.724 | | 96.00 | 0.7 | | | |
| | | 反交 | 南充 | 94.97 | 16.34 | 1032 | 839 | 79.40 | 0.31 | 2.730 | 0.491 | 95.29 | 1.1 | | | |
| | | 平均 | | 96.16 | 16.50 | 1035 | 842 | 80.39 | 0.31 | 2.727 | 0.491 | 95.64 | | 17.87 | 3.87 | 2.943 |
| | 平均 | 正交 | 镇江 | 96.39 | 16.37 | 1050 | 829 | 79.09 | 0.32 | 2.706 | | 95.41 | 1.0 | | | |
| | | 反交 | 南充 | 93.26 | 16.05 | 1035 | 808 | 77.10 | 0.31 | 2.733 | 0.516 | 96.13 | 1.2 | | | |
| | | 平均 | | 94.82 | 16.21 | 1043 | 818 | 78.09 | 0.32 | 2.720 | 0.516 | 95.77 | | 17.94 | 3.89 | 2.901 |

表 3.147　2014—2015 年 B 组秋季实验室试验成绩汇总表（一）

| 品种名称 | 年份 | 杂交形式 | 实用孵化率（%） | 龄期经过 5龄（日:时） | 龄期经过 全龄（日:时） | 4龄起蚕生命率 结茧率（%） | 4龄起蚕生命率 死笼率（%） | 虫蛹率（%） | 成绩 全茧量（克） | 茧质 茧层量（克） | 茧质 茧层率（%） | 400头总收茧量（克） | 普通茧百分率（%） | 实际饲育头数（头） |
|---|---|---|---|---|---|---|---|---|---|---|---|---|---|---|
| 华康2号 | 2014 | 正交 | 97.05 | | | 96.30 | 2.43 | 93.96 | 1.89 | 0.406 | 21.51 | 709 | 94.16 | ／ |
| | | 反交 | 97.39 | 6:10 | 21:19 | 96.69 | 2.47 | 94.30 | 1.87 | 0.406 | 21.76 | 711 | 95.29 | ／ |
| | | 平均 | 97.22 | | | 96.50 | 2.45 | 94.13 | 1.88 | 0.406 | 21.64 | 710 | 94.72 | ／ |
| | 2015 | 正交 | 93.34 | | | 97.39 | 2.25 | 95.22 | 1.80 | 0.391 | 21.78 | 702 | 95.15 | ／ |
| | | 反交 | 93.47 | 6:13 | 21:12 | 97.22 | 2.65 | 95.54 | 1.78 | 0.391 | 21.96 | 692 | 96.35 | ／ |
| | | 平均 | 93.41 | | | 97.31 | 2.45 | 95.38 | 1.79 | 0.391 | 21.87 | 697 | 95.75 | ／ |
| | 平均 | 正交 | 95.19 | | | 96.85 | 2.34 | 94.59 | 1.84 | 0.398 | 21.65 | 705 | 94.66 | ／ |
| | | 反交 | 95.43 | 6:12 | 21:16 | 96.96 | 2.56 | 94.92 | 1.83 | 0.399 | 21.86 | 702 | 95.82 | ／ |
| | | 平均 | 95.31 | | | 96.90 | 2.45 | 94.75 | 1.83 | 0.399 | 21.75 | 704 | 95.24 | ／ |
| 9·芙×7·湘（对照） | 2014 | 正交 | 98.18 | | | 97.92 | 1.70 | 96.27 | 1.69 | 0.367 | 21.70 | 657 | 93.07 | ／ |
| | | 反交 | 93.52 | 6:02 | 21:08 | 97.71 | 1.50 | 96.24 | 1.70 | 0.365 | 21.53 | 660 | 92.66 | ／ |
| | | 平均 | 95.85 | | | 97.82 | 1.60 | 96.26 | 1.69 | 0.366 | 21.62 | 658 | 92.86 | ／ |
| | 2015 | 正交 | 97.63 | | | 97.69 | 3.30 | 94.52 | 1.65 | 0.354 | 21.58 | 640 | 94.25 | ／ |
| | | 反交 | 96.59 | 6:09 | 21:08 | 96.33 | 1.99 | 94.51 | 1.61 | 0.349 | 21.64 | 626 | 93.69 | ／ |
| | | 平均 | 97.11 | | | 97.01 | 2.64 | 94.52 | 1.63 | 0.352 | 21.61 | 633 | 93.97 | ／ |
| | 平均 | 正交 | 97.90 | | | 97.81 | 2.50 | 95.39 | 1.67 | 0.360 | 21.64 | 648 | 93.66 | ／ |
| | | 反交 | 95.06 | 6:06 | 21:08 | 97.02 | 1.74 | 95.38 | 1.66 | 0.357 | 21.58 | 643 | 93.17 | ／ |
| | | 平均 | 96.48 | | | 97.41 | 2.12 | 95.39 | 1.66 | 0.359 | 21.61 | 646 | 93.42 | ／ |

表 3.148　2014—2015 年 B 组秋季实验室试验成绩汇总表（二）

| 品种名称 | 年份 | 杂交形式 | 缫丝单位 | 上车茧率（%） | 解毛茧出丝率（%） | 茧丝长（米） | 解舒丝长（米） | 解舒率（%） | 茧丝量（克） | 纤度（D） | 茧丝纤度综合均方差（D） | 净度（分） | 万米吊糙（次） | 万头收茧量（千克） | 万头茧层量（千克） | 万头产丝量（千克） |
|---|---|---|---|---|---|---|---|---|---|---|---|---|---|---|---|---|
| 华康2号 | 2014 | 正交 | 镇江 | 93.51 | 15.50 | 1004 | 701 | 69.75 | 0.31 | 2.755 | | 95.29 | 2.2 | | | |
| | | 反交 | 南充 | 92.38 | 15.34 | 992 | 657 | 65.92 | 0.31 | 2.806 | 0.617 | 96.17 | 2.2 | | | |
| | | 平均 | 平均 | 92.95 | 15.42 | 998 | 679 | 67.83 | 0.31 | 2.780 | 0.617 | 95.73 | 2.2 | 17.75 | 3.84 | 2.729 |
| | 2015 | 正交 | 镇江 | 97.72 | 17.15 | 1017 | 836 | 82.08 | 0.31 | 2.745 | | 95.25 | 0.9 | | | |
| | | 反交 | 南充 | 95.45 | 17.01 | 1060 | 836 | 78.03 | 0.32 | 2.716 | 0.553 | 95.71 | 1.8 | | | |
| | | 平均 | 平均 | 96.59 | 17.08 | 1038 | 836 | 80.06 | 0.32 | 2.730 | 0.553 | 95.48 | 1.8 | 17.42 | 3.80 | 2.959 |
| | 平均 | 正交 | 镇江 | 95.62 | 16.32 | 1010 | 769 | 75.91 | 0.31 | 2.750 | | 95.27 | 1.6 | | | |
| | | 反交 | 南充 | 93.91 | 16.17 | 1026 | 747 | 71.98 | 0.31 | 2.761 | 0.585 | 95.94 | 2.0 | | | |
| | | 平均 | 平均 | 94.77 | 16.25 | 1018 | 758 | 73.94 | 0.31 | 2.755 | 0.585 | 95.60 | 2.0 | 17.59 | 3.82 | 2.844 |
| 9·美×7·湘（对照） | 2014 | 正交 | 镇江 | 94.77 | 15.38 | 931 | 611 | 65.40 | 0.28 | 2.679 | | 92.67 | 1.6 | | | |
| | | 反交 | 南充 | 91.84 | 14.94 | 899 | 622 | 68.50 | 0.28 | 2.759 | 0.657 | 93.75 | 1.6 | | | |
| | | 平均 | 平均 | 93.30 | 15.16 | 915 | 617 | 66.95 | 0.28 | 2.719 | 0.657 | 93.21 | 1.6 | 16.46 | 3.56 | 2.490 |
| | 2015 | 正交 | 镇江 | 98.24 | 17.21 | 946 | 807 | 85.16 | 0.28 | 2.691 | | 95.42 | 1.1 | | | |
| | | 反交 | 南充 | 95.30 | 16.37 | 934 | 733 | 77.75 | 0.28 | 2.705 | 0.566 | 95.08 | 1.3 | | | |
| | | 平均 | 平均 | 96.77 | 16.79 | 940 | 770 | 81.46 | 0.28 | 2.698 | 0.566 | 95.25 | 1.3 | 15.82 | 3.41 | 2.649 |
| | 平均 | 正交 | 镇江 | 96.50 | 16.30 | 939 | 709 | 75.28 | 0.28 | 2.685 | | 94.04 | 1.3 | | | |
| | | 反交 | 南充 | 93.57 | 15.65 | 917 | 677 | 73.13 | 0.28 | 2.732 | 0.611 | 94.42 | 1.5 | | | |
| | | 平均 | 平均 | 95.04 | 15.98 | 928 | 693 | 74.20 | 0.28 | 2.709 | 0.611 | 94.23 | 1.5 | 16.14 | 3.48 | 2.569 |

表 3.149　2014—2015 年 B 组秋季生产试验成绩汇总表

| 品种名称 | 年份 | 杂交形式 | 孵化整齐度 | | | 龄期经过 | | 普通茧量（千克） | 总收茧量（千克） | 普通茧质量百分率（%） | 每盒/张垂种收茧量（千克） | 千克茧粒数（粒） | 健蛹率（%） |
| | | | 齐 | 尚齐 | 不齐 | 5龄（日:时） | 全龄（日:时） | | | | | | |
| 华康2号 | 2014 | 正交 | / | / | / | | | 151.90 | 160.14 | 95.36 | 33.79 | 618 | 92.48 |
| | | 反交 | / | / | / | | | 143.24 | 151.36 | 93.97 | 30.93 | 652 | 89.16 |
| | | 平均 | / | / | / | 6:04 | 24:18 | 147.57 | 154.64 | 94.67 | 32.36 | 635 | 90.82 |
| | 2015 | 正交 | / | / | / | | | 161.05 | 166.78 | 96.58 | 33.16 | 641 | 93.08 |
| | | 反交 | / | / | / | | | 156.92 | 164.80 | 95.18 | 32.72 | 619 | 92.10 |
| | | 平均 | / | / | / | 6:02 | 22:13 | 158.98 | 165.79 | 95.88 | 32.94 | 630 | 92.59 |
| | 平均 | 正交 | / | / | / | | | 156.47 | 163.46 | 95.97 | 33.47 | 629 | 92.78 |
| | | 反交 | / | / | / | | | 150.08 | 158.08 | 94.58 | 31.83 | 635 | 90.63 |
| | | 平均 | / | / | / | 6:03 | 24:04 | 153.28 | 160.22 | 95.27 | 32.65 | 632 | 91.71 |
| 9·芙×7·湘（对照） | 2014 | 正交 | / | / | / | | | 131.86 | 142.62 | 91.95 | 30.26 | 729 | 71.52 |
| | | 反交 | / | / | / | | | 122.60 | 136.78 | 91.82 | 29.27 | 722 | 76.54 |
| | | 平均 | / | / | / | 6:04 | 22:15 | 127.23 | 139.88 | 91.89 | 29.76 | 725 | 74.03 |
| | 2015 | 正交 | / | / | / | | | 153.41 | 161.80 | 94.55 | 31.66 | 665 | 91.45 |
| | | 反交 | / | / | / | | | 144.72 | 154.98 | 93.38 | 30.56 | 655 | 89.03 |
| | | 平均 | / | / | / | 6:00 | 22:10 | 149.07 | 158.39 | 93.97 | 31.11 | 660 | 90.24 |
| | 平均 | 正交 | / | / | / | | | 142.64 | 152.21 | 93.25 | 30.96 | 697 | 81.48 |
| | | 反交 | / | / | / | | | 133.66 | 145.88 | 92.60 | 29.91 | 688 | 82.78 |
| | | 平均 | / | / | / | 6:02 | 22:08 | 138.15 | 149.14 | 92.93 | 30.44 | 693 | 82.13 |

## （二）2015—2017 年试验总结

### 1　试验概况

#### 1.1　试验方法

在相同试验环境条件下，对各地供试蚕品种的强健性、茧质、丝质和综合经济性状进行对比试验。调查的项目、时间、内容及方法均按照每年全国农技中心发布的《国家桑蚕品种试验实验室鉴定实施方案》和《国家桑蚕品种试验生产鉴定实施方案》要求进行。

#### 1.2　试验组别设置

根据我国蚕桑生态区划及当前生产实际，国家桑蚕品种试验设 2 个鉴定区组，即 A 组和 B 组，每组设 7 个实验室鉴定点和 5 个生产鉴定点。A、B 两组共 11 个实验室鉴定点和 10 个生产鉴定点（部分鉴定点同时承担两个组的试验）。A 组由长江流域和黄河流域鉴定点组成，B 组由珠江流域和长江流域鉴定点组成。

茧丝质检定设 2 个鉴定点，即农业部蚕桑产业产品质量监督检验测试中心（镇江）和中国干茧公证检验南充实验室。

#### 1.3　承试单位

鉴定点分布在江苏、浙江、山东、安徽、四川、陕西、云南、湖南、湖北、广东和广西 11 个省/自治区。承试单位清单见表 3.150。

表 3.150　国家桑蚕品种鉴定试验承试单位

| 试验设置 | A 组试验鉴定承担单位 | B 组试验鉴定承担单位 |
|---|---|---|
| 实验室鉴定点 | 中国农业科学院蚕业研究所<br>安徽省农业科学院蚕桑研究所<br>四川省农业科学院蚕桑研究所<br>江苏省海安县蚕种场<br>浙江省农业科学院蚕桑研究所<br>山东省蚕业研究所<br>西北农林科技大学蚕桑丝绸研究所 | 中国农业科学院蚕业研究所<br>安徽省农业科学院蚕桑研究所<br>四川省农业科学院蚕桑研究所<br>湖南省蚕桑科学研究所<br>湖北省农业科学院经济作物研究所<br>广东省蚕业技术推广中心<br>广西壮族自治区蚕业技术推广总站 |
| 生产鉴定点 | 江苏省海安县蚕桑技术推广站<br>安徽省霍山县茧丝绸办公室<br>四川省高县立华蚕茧有限公司<br>陕西省平利县蚕桑技术推广中心<br>云南省楚雄州茶桑站 | 湘潭县信达种桑养蚕专业合作社<br>湖北省农业科学院经济作物研究所<br>广东省茂名市蚕业技术推广中心<br>广西壮族自治区宜州市蚕种站<br>广西壮族自治区横县蚕业指导站 |

#### 1.4　参试品种

第 3 批区试共有 3 对新品种完成国家桑蚕品种鉴定试验，每对品种连续试验两年，A 组对照品种春期为菁松×皓月，秋期为秋丰×白玉；B 组对照品种为 9·芙×7·湘，试验中途未更换品种及提供单位。参试新品种完成进程见表 3.151。

#### 1.5　试验设计

实验室鉴定每个鉴定点每对品种饲养正、反交各 1.5 克蚁量，4 龄饷食一足天内各数取 5 区蚕（即 5 个重复），每区 400 头。生产鉴定每个鉴定点每对品种饲养正、反交各 5 盒/张，共 10 盒/张。

表 3.151 第 3 批国家桑蚕品种试验完成情况

| 品种名 | 类别 | 试验时间 | |
|---|---|---|---|
| | | 实验室 | 生产 |
| 芳·绣×白·春 | A 组春、秋兼用 | 2015—2016 | 2016—2017 |
| 锦·绣×潇·湘 | A 组秋用 | 2015—2016 | 2016—2017 |
| 锦·苑×绫·州 | A+B 组夏秋用 | 2015—2016 | 2016—2017 |

春用品种在终熟后第 7 天、夏秋用品种在终熟后第 6 天采茧。实验室试验样茧量为每对品种 2 000 粒普通鲜毛茧，烘干后分成两份，分别送南充和镇江两个茧丝质检测单位鉴定。农村试验只统计生产情况，不进行茧丝质鉴定。

### 1.6 统计分析

对各鉴定点试验结果的完整性、可靠性、准确性、可比性以及品种表现情况等进行分析评估，确保汇总质量；用变异系数 CV 表现各鉴定点间试验成绩差异度。应用 SPSS18.0 软件对鉴定指标进行配对样本 T 检验，所用比对分析数据为新品种与对照品种相同时间和地点试验的有效成绩。

### 2 试验中需要说明的问题

（1）实用孵化率由江苏镇江鉴定点调查，其他鉴定点不调查该项指标；茧丝纤度综合均方差和万米吊糙 2 个指标由四川南充茧丝质鉴定点调查，江苏镇江茧丝质鉴定点不调查。

（2）农村试验只统计产量和健蛹率相关数据，不进行茧丝质鉴定。

（3）个别鉴定点试验期遇不良天气，桑叶质量差，或者遭遇脓病、细菌病、僵病等，造成试验成绩偏低，但考虑到参试品种与对照品种在相同条件下饲养，不良环境更能筛选出优良品种，故除年会商定舍弃的成绩外，其他偏低成绩仍正常进行汇总。

（4）特殊情况说明：2015 年四川南充点秋季试验期间遇多湿降温天气，蚕化蛹时芳·绣×白·春和秋丰×白玉与其他品种处于不同温湿度环境，这两对品种在该鉴定点的 4 龄起蚕生命率成绩舍弃；广西南宁鉴定点蚕期遇到高温多湿天气，簇中死蚕多，产茧量不足，只够一个茧丝质鉴定点使用，该点成绩未计入品种均值。2017 年春季云南楚雄鉴定点受高温干旱影响，云南楚雄秋季气候异常高温，蚕不结茧情况严重，试验数据不能反映品种的真实成绩，当年该鉴定点所有数据均未采用。

### 3 完成连续两年鉴定试验的品种成绩

2015—2017 年参试品种成绩，表 3.155～表 3.163。

### 4 品种审定指标分析

#### 4.1 芳·绣×白·春

该品种为长江流域和黄河流域春秋兼用种。生物学性状描述：正交卵灰绿色，卵壳黄色；反交卵紫褐色，卵壳乳白色。壮蚕体色青白，普斑、素蚕各半，各龄眠起齐一，盛食期食桑中等，全龄发育较快。茧形中等，颗粒匀整，茧色洁白。

综合两年试验结果，春季试验平均 4 龄起蚕虫蛹率 96.67%，比对照菁松×皓月低 1.16%，差异极显著；平均万头收茧量 20.64 千克，比对照增产 3.20%，差异不显著；平均鲜毛茧出丝率 18.17%，比对照低 0.27%，差异不显著；平均净度 93.88 分；平均解舒率 78.30%；平均茧层率 23.80%；平均茧丝长 1 349 米；平均每盒/张蚕种收茧量 34.78 千克，比对照减产 2.69%，差异不显著；平均健蛹率 93.24%，比对照低 1.45%，差异不显著。秋季试验平均 4 龄起蚕虫蛹率 95.08%，比对照秋丰×白玉高 1.40%，差异不显著；平均万头收茧量 18.09 千克，比对照增产 5.11%，差异显著；平均鲜毛茧出丝率 18.71%，比对照高

2.24%,差异极显著;平均净度94.27分;平均解舒率81.58%;平均茧层率23.96%;平均茧丝长1310米;平均每盒/张蚕种收茧量30.94千克,比对照增产1.54%,差异不显著;平均健蛹率83.99%,比对照低2.49%,差异不显著(表3.152)。

表3.152 芳·绣×白·春审定指标与对照比较(2015—2017年)

| 蚕期 | 品种名称 | 实验室指标 | | | | | | | 生产指标 | |
| | | 4龄起蚕虫蛹率(%) | 万头收茧量(千克) | 净度(分) | 解舒率(%) | 鲜毛茧出丝率(%) | 茧层率(%) | 茧丝长(米) | 每盒/张蚕种收茧量(千克) | 健蛹率(%) |
|---|---|---|---|---|---|---|---|---|---|---|
| 春季 | 芳·绣×白·春 | 96.67 | 20.64 | 93.88 | 78.30 | 18.17 | 23.80 | 1349 | 34.78 | 93.24 |
| | 菁松×皓月(CK) | 97.83 | 20.00 | 95.20 | 81.77 | 18.44 | 23.86 | 1312 | 35.74 | 94.69 |
| | ±CK(%) | −1.16 | 3.20 | −1.39 | −3.47 | −0.27 | −0.06 | 2.82 | −2.69 | −1.45 |
| | t检验 | −3.334** | 0.435 | −3.452** | −3.785** | −1.707 | −0.431 | 2.803* | 0.978 | −1.29 |
| 秋季 | 芳·绣×白·春 | 95.08 | 18.09 | 94.27 | 81.58 | 18.71 | 23.96 | 1310 | 30.94 | 83.99 |
| | 秋丰×白玉(CK) | 93.68 | 17.21 | 95.33 | 79.69 | 16.47 | 21.40 | 1011 | 30.47 | 86.48 |
| | ±CK(%) | 1.40 | 5.11 | −1.11 | 1.89 | 2.24 | 2.56 | 29.57 | 1.54 | −2.49 |
| | t检验 | 0.577 | 2.524* | −2.416* | 2.675* | 15.406** | 18.114** | 20.609** | 0.715 | −0.589 |

注:* 示 $P \leqslant 0.05$,差异显著;** 示 $P \leqslant 0.01$,差异极显著。下表同。

### 4.2 锦·绣×潇·湘

该品种为家蚕核型多角体病毒(BmNPV)抗性品种,参加长江流域和黄河流域秋用种试验。生物学性状描述:正交卵灰绿色,卵壳色淡黄色为主;反交卵深褐色,卵壳白色。壮蚕体色青白,普斑、素蚕各半。茧形长椭圆,茧色洁白。

综合两年试验结果,秋季试验平均4龄起蚕虫蛹率97.32%,比对照秋丰×白玉高3.64%,差异不显著;平均万头收茧量17.34千克,比对照增产0.76%,差异不显著;平均鲜毛茧出丝率17.50%,比对照高1.03%,差异极显著;平均净度95.67分;平均解舒率83.38%;平均茧层率22.76%;平均茧丝长1088米;平均每盒/张蚕种收茧量34.14千克,比对照增产12.04%,差异显著;平均健蛹率91.45%,比对照高4.97%,差异不显著(表3.153)。

表3.153 锦·绣×潇·湘审定指标与对照比较(2015—2017年)

| 品种名称 | 实验室指标 | | | | | | | 生产指标 | |
| | 4龄起蚕虫蛹率(%) | 万头收茧量(千克) | 净度(分) | 解舒率(%) | 鲜毛茧出丝率(%) | 茧层率(%) | 茧丝长(米) | 每盒/张蚕种收茧量(千克) | 健蛹率(%) |
|---|---|---|---|---|---|---|---|---|---|
| 锦·绣×潇·湘 | 97.32 | 17.34 | 95.67 | 83.38 | 17.50 | 22.76 | 1088 | 34.14 | 91.45 |
| 秋丰×白玉(CK) | 93.68 | 17.21 | 95.33 | 79.69 | 16.47 | 21.40 | 1011 | 30.47 | 86.48 |
| ±CK(%) | 3.64 | 0.76 | 0.36 | 3.69 | 1.03 | 1.36 | 7.62 | 12.04 | 4.97 |
| t检验 | 1.337 | 0.336 | 1.158 | 4.953** | 7.817** | 12.286** | 8.239** | 3.241* | 2.223 |

2019年5月,委托苏州大学基础医学与生命科学学院应用生物学系对锦·绣×潇·湘进行了BmNPV抗性鉴定试验,采用改良寇氏法计算 $LD_{50}$。结果表明,BmNPV 对锦·绣×潇·湘的 $LD_{50}$ 为 $1.96 \times 10^{10}$ 个/毫升,是对照品种9·芙×7·湘 $LD_{50}$ 值的9703倍,新品种的耐病力显著增强。

### 4.3 锦・苑×绫・州

该品种为长江流域、黄河流域和珠江流域夏秋用种。生物学性状描述：正交卵色灰绿色，卵壳黄色；反交卵色褐色，卵壳白色。壮蚕体色青白，普斑、素蚕各半。茧形长椭圆，茧色洁白。

综合两年试验结果，在 A 组秋季试验中，平均 4 龄起蚕虫蛹率 95.86%，比对照秋丰×白玉高 2.18%，差异不显著；平均万头收茧量 17.75 千克，比对照增产 3.14%，差异显著；平均鲜毛茧出丝率 17.58%，比对照高 1.11%，差异极显著；平均净度 95.07 分；平均解舒率 83.18%；平均茧层率 22.60%；平均茧丝长 1 051 米；平均每盒/张蚕种收茧量 35.04 千克，比对照增产 15.00%，差异显著；平均健蛹率 84.10%，比对照低 2.38%，差异不显著。在 B 组秋季试验中，平均 4 龄起蚕虫蛹率 92.47%，比对照 9・芙×7・湘低 2.40%，差异显著；平均万头收茧量 16.28 千克，比对照增产 6.06%，差异极显著；平均鲜毛茧出丝率 17.06%，比对照高 0.27%，差异不显著；平均净度 94.51 分；平均解舒率 81.13%；平均茧层率 22.41%；平均茧丝长 1 004 米；平均每盒/张蚕种收茧量 31.76 千克，比对照增产 1.37%，差异不显著；平均健蛹率 77.76%，比对照低 2.26%，差异不显著（表 3.154）。

表 3.154　锦・苑×绫・州审定指标与对照比较（2015—2017 年）

| 试验组期 | 品种名称 | 实验室指标 | | | | | | | 生产指标 | |
| --- | --- | --- | --- | --- | --- | --- | --- | --- | --- | --- |
| | | 4 龄起蚕虫蛹率（%） | 万头收茧量（千克） | 净度（分） | 解舒率（%） | 鲜毛茧出丝率（%） | 茧层率（%） | 茧丝长（米） | 每盒/张蚕种收茧量（千克） | 健蛹率（%） |
| A 组 | 锦・苑×绫・州 | 95.86 | 17.75 | 95.07 | 83.18 | 17.58 | 22.60 | 1 051 | 35.04 | 84.10 |
| | 秋丰×白玉(CK) | 93.68 | 17.21 | 95.33 | 79.69 | 16.47 | 21.40 | 1 011 | 30.47 | 86.48 |
| | ±CK(%) | 2.18 | 3.14 | −0.27 | 3.49 | 1.11 | 1.20 | 3.96 | 15.00 | −2.38 |
| | t 检验 | 1.349 | 1.923* | −0.698 | 5.858** | 8.318** | 9.063** | 3.372** | 3.251* | −0.679 |
| B 组 | 锦・苑×绫・州 | 92.47 | 16.28 | 94.51 | 81.13 | 17.06 | 22.41 | 1 004 | 31.76 | 77.76 |
| | 9・芙×7・湘(CK) | 94.87 | 15.35 | 94.96 | 80.79 | 16.79 | 21.60 | 938 | 31.33 | 80.02 |
| | ±CK(%) | −2.40 | 6.06 | −0.47 | 0.34 | 0.27 | 0.81 | 7.05 | 1.37 | −2.26 |
| | t 检验 | −2.549* | 7.075** | −1.09 | 0.454 | 1.29 | 5.566** | 4.403** | 0.447 | −0.726 |

附件　2015—2017 年参试品种成绩汇总表（表 3.155～表 3.163）

表3.155 2015—2016年A组春季实验室试验成绩汇总表（一）

| 品种名称 | 年份 | 杂交形式 | 龄期经过 实用孵化率（%） | 5龄（日:时） | 全龄（日:时） | 饲养成绩 结茧率（%） | 4龄起蚕生命率 死笼率（%） | 虫蛹率（%） | 全茧量（克） | 茧质 茧层量（克） | 茧层率（%） | 400头总收茧量（克） | 普通茧百分率（%） | 实际饲育头数（头） |
|---|---|---|---|---|---|---|---|---|---|---|---|---|---|---|
| 芳·秀×白·春 | 2015 | 正交 | 99.54 | | | 98.11 | 1.22 | 97.19 | 2.11 | 0.500 | 23.70 | 830 | 96.55 | / |
| | | 反交 | 97.86 | 7:10 | 24:0 | 98.06 | 1.20 | 96.88 | 2.14 | 0.510 | 23.60 | 833 | 97.01 | / |
| | | 平均 | 98.70 | | | 98.09 | 1.21 | 97.04 | 2.13 | 0.502 | 23.65 | 832 | 96.78 | / |
| | 2016 | 正交 | 99.17 | | | 98.89 | 1.18 | 97.72 | 2.08 | 0.498 | 23.97 | 820 | 96.59 | / |
| | | 反交 | 98.11 | 7:07 | 24:04 | 96.66 | 1.86 | 94.87 | 2.11 | 0.504 | 23.90 | 811 | 95.59 | / |
| | | 平均 | 98.64 | | | 97.79 | 1.52 | 96.30 | 2.09 | 0.501 | 23.94 | 816 | 96.09 | / |
| | 平均 | 正交 | 99.36 | | | 98.50 | 1.20 | 97.46 | 2.09 | 0.499 | 23.84 | 825 | 96.57 | / |
| | | 反交 | 97.99 | 7:08 | 24:02 | 97.36 | 1.53 | 95.88 | 2.12 | 0.507 | 23.75 | 822 | 96.30 | / |
| | | 平均 | 98.67 | | | 97.94 | 1.36 | 96.67 | 2.11 | 0.502 | 23.79 | 824 | 96.43 | / |
| 菁松×皓月（对照） | 2015 | 正交 | 99.03 | | | 99.01 | 0.77 | 98.26 | 2.20 | 0.520 | 23.64 | 875 | 97.09 | / |
| | | 反交 | 98.96 | 7:08 | 24:02 | 98.90 | 0.82 | 98.10 | 2.19 | 0.526 | 23.97 | 872 | 97.13 | / |
| | | 平均 | 99.00 | | | 98.96 | 0.79 | 98.18 | 2.19 | 0.523 | 23.80 | 873 | 97.11 | / |
| | 2016 | 正交 | 99.20 | | | 98.72 | 1.38 | 97.37 | 2.12 | 0.508 | 23.93 | 835 | 96.56 | / |
| | | 反交 | 98.78 | 7:08 | 24:06 | 98.68 | 1.25 | 97.60 | 2.11 | 0.506 | 23.91 | 842 | 96.63 | / |
| | | 平均 | 98.99 | | | 98.70 | 1.31 | 97.48 | 2.12 | 0.507 | 23.92 | 838 | 96.59 | / |
| | 平均 | 正交 | 99.12 | | | 98.87 | 1.08 | 97.82 | 2.16 | 0.514 | 23.78 | 855 | 96.82 | / |
| | | 反交 | 98.87 | 7:08 | 24:04 | 98.79 | 1.03 | 97.85 | 2.15 | 0.516 | 23.94 | 857 | 96.88 | / |
| | | 平均 | 98.99 | | | 98.83 | 1.05 | 97.83 | 2.16 | 0.515 | 23.86 | 856 | 96.85 | / |

表 3.156　2015—2016 年 A 组春季实验室试验成绩汇总表(二)

| 品种名称 | 年份 | 缫丝单位 | 上车茧率 (%) | 鲜毛茧出丝率 (%) | 茧丝长 (米) | 解舒丝长 (米) | 解舒率 (%) | 茧丝量 (克) | 纤度 (D) | 茧丝纤度综合均方差 (D) | 净度 (分) | 万米吊糙 (次) | 万头收茧量 (千克) | 万头茧层量 (千克) | 万头产丝量 (千克) |
|---|---|---|---|---|---|---|---|---|---|---|---|---|---|---|---|
| 芳·秀×白·春 | 2015 | 镇江 | 97.40 | 17.93 | 1306 | 1005 | 76.89 | 0.395 | 2.721 | | 95.29 | | | | |
| | | 南充 | 96.01 | 18.07 | 1331 | 1039 | 78.00 | 0.405 | 2.737 | 0.528 | 93.43 | 1.8 | | | |
| | | 平均 | 96.71 | 18.00 | 1318 | 1022 | 77.45 | 0.400 | 2.729 | 0.528 | 94.36 | 1.8 | 20.78 | 4.91 | 3.739 |
| | 2016 | 镇江 | 96.63 | 18.52 | 1383 | 1085 | 78.45 | 0.415 | 2.702 | | 94.18 | | | | |
| | | 南充 | 93.96 | 18.15 | 1376 | 1100 | 79.86 | 0.409 | 2.669 | 0.555 | 92.63 | 1.3 | | | |
| | | 平均 | 95.29 | 18.34 | 1380 | 1092 | 79.15 | 0.412 | 2.686 | 0.555 | 93.40 | 1.3 | 20.50 | 4.91 | 3.762 |
| | 平均 | 镇江 | 97.01 | 18.23 | 1345 | 1045 | 77.67 | 0.405 | 2.712 | | 94.73 | | | | |
| | | 南充 | 94.98 | 18.11 | 1354 | 1070 | 78.93 | 0.407 | 2.703 | 0.542 | 93.03 | 1.6 | | | |
| | | 平均 | 96.00 | 18.17 | 1349 | 1057 | 78.30 | 0.406 | 2.707 | 0.542 | 93.88 | 1.5 | 20.64 | 4.91 | 3.751 |
| 菁松×皓月 | 2015 | 镇江 | 97.46 | 18.20 | 1290 | 1068 | 82.73 | 0.419 | 2.923 | | 97.07 | | | | |
| | | 南充 | 96.31 | 18.39 | 1315 | 1050 | 79.90 | 0.426 | 2.910 | 0.506 | 94.14 | 1.7 | | | |
| | | 平均 | 96.89 | 18.30 | 1302 | 1059 | 81.32 | 0.423 | 2.916 | 0.506 | 95.61 | 1.7 | 20.49 | 5.201 | 3.996 |
| | 2016 | 镇江 | 96.80 | 18.85 | 1330 | 1097 | 82.32 | 0.429 | 2.898 | | 95.25 | | | | |
| | | 南充 | 93.99 | 18.32 | 1312 | 1078 | 82.13 | 0.421 | 2.884 | 0.521 | 94.34 | 0.9 | | | |
| | | 平均 | 95.39 | 18.58 | 1321 | 1087 | 82.22 | 0.425 | 2.891 | 0.521 | 94.80 | 0.9 | 19.51 | 5.006 | 3.884 |
| | 平均 | 镇江 | 97.13 | 18.52 | 1310 | 1082 | 82.53 | 0.424 | 2.911 | | 96.16 | | | | |
| | | 南充 | 95.15 | 18.36 | 1314 | 1064 | 81.01 | 0.424 | 2.897 | 0.514 | 94.24 | 1.3 | | | |
| | | 平均 | 96.14 | 18.44 | 1312 | 1073 | 81.77 | 0.424 | 2.904 | 0.514 | 95.20 | 1.3 | 20.00 | 5.103 | 3.940 |

成绩　丝质

表 3.157 2016—2017 年 A 组春季生产试验成绩汇总表

| 品种名称 | 年份 | 杂交形式 | 孵化整齐度 | | | 龄期经过 | | 普通茧量（千克） | 总收茧量（千克） | 普通茧质量百分率（%） | 每盒/张蚕种收茧量（千克） | 千克茧粒数（粒） | 健蛹率（%） |
| | | | 齐 | 尚齐 | 不齐 | 5龄（日:时） | 全龄（日:时） | | | | | | |
| 芳·秀<br>×<br>白·春 | 2016 | 正交 | / | / | / | / | / | 164.49 | 170.62 | 96.47 | 34.20 | 572 | 90.74 |
| | | 反交 | / | / | / | / | / | 148.57 | 153.88 | 96.14 | 30.81 | 568 | 93.77 |
| | | 平均 | / | / | / | 8:05 | 31:20 | 156.53 | 162.25 | 96.30 | 32.50 | 570 | 92.26 |
| | 2017 | 正交 | / | / | / | / | / | 172.19 | 181.10 | 94.95 | 36.22 | 569 | 92.80 |
| | | 反交 | / | / | / | / | / | 180.06 | 189.44 | 95.01 | 37.89 | 544 | 95.64 |
| | | 平均 | / | / | / | / | / | 176.12 | 185.27 | 94.98 | 37.05 | 557 | 94.22 |
| | 平均 | 正交 | / | / | / | / | / | 168.34 | 175.86 | 95.71 | 35.21 | 570 | 91.77 |
| | | 反交 | / | / | / | / | / | 164.31 | 171.66 | 95.57 | 34.35 | 556 | 94.71 |
| | | 平均 | / | / | / | 8:05 | 31:20 | 166.33 | 173.76 | 95.64 | 34.78 | 563 | 93.24 |
| 菁松×皓月<br>（对照） | 2016 | 正交 | / | / | / | / | / | 151.20 | 162.82 | 92.68 | 32.52 | 584 | 93.27 |
| | | 反交 | / | / | / | / | / | 170.21 | 179.03 | 94.94 | 35.78 | 572 | 92.99 |
| | | 平均 | / | / | / | 8:10 | 31:20 | 160.71 | 170.93 | 93.81 | 34.15 | 578 | 93.13 |
| | 2017 | 正交 | / | / | / | 7:18 | 29:6 | 172.04 | 181.75 | 94.41 | 36.35 | 576 | 96.69 |
| | | 反交 | / | / | / | 7:18 | 29:12 | 186.23 | 191.61 | 97.21 | 38.32 | 576 | 95.82 |
| | | 平均 | / | / | / | 7:18 | 29:9 | 179.14 | 186.68 | 95.81 | 37.34 | 576 | 96.26 |
| | 平均 | 正交 | / | / | / | / | / | 161.62 | 172.29 | 93.55 | 34.44 | 580 | 94.98 |
| | | 反交 | / | / | / | / | / | 178.22 | 185.32 | 96.07 | 37.05 | 574 | 94.41 |
| | | 平均 | / | / | / | 8:02 | 30:14 | 169.92 | 178.80 | 94.81 | 35.74 | 577 | 94.69 |

表 3.158 2015—2016 年 A 组秋季实验笔试验成绩汇总表（一）

| 品种名称 | 年份 | 杂交形式 | 实用孵化率(%) | 龄期经过 5龄(日:时) | 龄期经过 全龄(日:时) | 4龄起蚕生命率 结茧率(%) | 4龄起蚕生命率 死笼率(%) | 4龄起蚕生命率 虫蛹率(%) | 茧质 全茧量(克) | 茧质 茧层量(克) | 茧质 茧层率(%) | 400头总收茧量(克) | 普通茧百分率(%) | 实际饲育数(头) |
|---|---|---|---|---|---|---|---|---|---|---|---|---|---|---|
| 芳·秀×白·春 | 2015 | 正交 | 88.01 | | | 96.85 | 2.82 | 94.78 | 1.90 | 0.458 | 24.08 | 745 | 95.64 | / |
| | | 反交 | 88.90 | | | 96.37 | 4.09 | 93.26 | 1.89 | 0.453 | 23.95 | 732 | 95.98 | / |
| | | 平均 | 88.46 | 6:14 | 22:09 | 96.61 | 3.45 | 94.02 | 1.90 | 0.456 | 24.01 | 739 | 95.81 | / |
| | 2016 | 正交 | 95.18 | | | 96.91 | 2.25 | 95.40 | 1.83 | 0.437 | 23.96 | 709 | 96.37 | / |
| | | 反交 | 92.73 | | | 98.05 | 1.85 | 96.87 | 1.81 | 0.432 | 23.84 | 713 | 96.47 | / |
| | | 平均 | 93.96 | 6:23 | 23:03 | 97.47 | 2.05 | 96.14 | 1.82 | 0.435 | 23.90 | 711 | 96.42 | / |
| | 平均 | 正交 | 91.60 | | | 96.88 | 2.53 | 95.09 | 1.86 | 0.448 | 24.02 | 727 | 96.01 | / |
| | | 反交 | 90.82 | | | 97.21 | 2.97 | 95.07 | 1.85 | 0.443 | 23.89 | 723 | 96.23 | / |
| | | 平均 | 91.21 | 6:18 | 22:18 | 97.04 | 2.75 | 95.08 | 1.86 | 0.445 | 23.96 | 725 | 96.12 | / |
| 锦·苑×续·州 | 2015 | 正交 | 97.47 | | | 97.96 | 1.53 | 96.48 | 1.90 | 0.429 | 22.47 | 748 | 93.93 | / |
| | | 反交 | 97.09 | | | 98.14 | 1.76 | 96.48 | 1.88 | 0.431 | 22.92 | 739 | 93.94 | / |
| | | 平均 | 97.28 | 6:15 | 22:09 | 98.05 | 1.64 | 96.48 | 1.89 | 0.430 | 22.70 | 744 | 93.93 | / |
| | 2016 | 正交 | 96.61 | | | 95.96 | 2.90 | 93.53 | 1.73 | 0.391 | 22.57 | 666 | 94.76 | / |
| | | 反交 | 97.40 | | | 98.09 | 1.28 | 96.96 | 1.75 | 0.395 | 22.45 | 688 | 94.49 | / |
| | | 平均 | 97.01 | 6:16 | 22:20 | 97.02 | 2.09 | 95.24 | 1.74 | 0.393 | 22.51 | 677 | 94.63 | / |
| | 平均 | 正交 | 97.04 | | | 96.96 | 2.21 | 95.01 | 1.82 | 0.410 | 22.52 | 707 | 94.35 | / |
| | | 反交 | 97.25 | | | 98.11 | 1.52 | 96.72 | 1.82 | 0.413 | 22.69 | 714 | 94.21 | / |
| | | 平均 | 97.14 | 6:16 | 22:15 | 97.53 | 1.87 | 95.86 | 1.82 | 0.411 | 22.60 | 710 | 94.28 | / |

（续 表）

| 品种名称 | 年份 | 杂交形式 | 龄期经过 实用 孵化率（%） | 龄期经过 5龄（日:时） | 龄期经过 全龄（日:时） | 4龄起蚕生命率 结茧率（%） | 4龄起蚕生命率 死笼率（%） | 虫蛹率（%） | 全茧量（克） | 茧质 茧层量（克） | 茧质 茧层率（%） | 400头总收茧量（克） | 普通茧百分率（%） | 实际饲育数（头） |
|---|---|---|---|---|---|---|---|---|---|---|---|---|---|---|
| 锦·绣×潇·湘 | 2015 | 正交 | 96.32 | | | 98.68 | 1.54 | 97.16 | 1.79 | 0.411 | 22.92 | 706 | 91.23 | / |
| | | 反交 | 90.29 | 6:13 | 22:04 | 99.02 | 1.55 | 97.52 | 1.77 | 0.407 | 23.02 | 701 | 91.54 | / |
| | | 平均 | 93.31 | | | 98.85 | 1.55 | 97.34 | 1.78 | 0.409 | 22.97 | 703 | 91.38 | / |
| | 2016 | 正交 | 94.40 | | | 98.65 | 1.06 | 97.67 | 1.76 | 0.397 | 22.44 | 702 | 92.29 | / |
| | | 反交 | 94.76 | 6:17 | 22:21 | 97.87 | 1.03 | 96.95 | 1.71 | 0.388 | 22.65 | 675 | 92.16 | / |
| | | 平均 | 94.58 | | | 98.26 | 1.05 | 97.31 | 1.73 | 0.392 | 22.55 | 688 | 92.23 | / |
| | 平均 | 正交 | 95.36 | | | 98.66 | 1.30 | 97.41 | 1.78 | 0.404 | 22.68 | 704 | 91.76 | / |
| | | 反交 | 92.53 | | | 98.44 | 1.29 | 97.23 | 1.74 | 0.397 | 22.83 | 688 | 91.85 | / |
| | | 平均 | 93.94 | | | 98.56 | 1.30 | 97.32 | 1.76 | 0.401 | 22.76 | 696 | 91.81 | / |
| 秋丰×白玉 | 2015 | 正交 | 98.93 | | | 97.15 | 5.75 | 92.64 | 1.81 | 0.394 | 21.68 | 705 | 95.80 | / |
| | | 反交 | 98.40 | 6:14 | 22:06 | 97.76 | 1.98 | 96.56 | 1.84 | 0.397 | 21.53 | 727 | 95.83 | / |
| | | 平均 | 98.67 | | | 97.46 | 3.87 | 94.60 | 1.83 | 0.395 | 21.61 | 716 | 95.81 | / |
| | 2016 | 正交 | 98.28 | | | 92.56 | 6.00 | 89.61 | 1.76 | 0.374 | 21.22 | 642 | 95.99 | / |
| | | 反交 | 96.60 | 6:12 | 22:16 | 96.78 | 1.78 | 95.90 | 1.74 | 0.368 | 21.16 | 676 | 96.12 | / |
| | | 平均 | 97.44 | | | 94.66 | 3.89 | 92.76 | 1.75 | 0.371 | 21.20 | 660 | 96.06 | / |
| | 平均 | 正交 | 98.60 | | | 94.86 | 5.87 | 91.13 | 1.79 | 0.384 | 21.45 | 674 | 95.90 | / |
| | | 反交 | 97.50 | | | 97.27 | 1.88 | 96.23 | 1.79 | 0.383 | 21.35 | 701 | 95.97 | / |
| | | 平均 | 98.05 | | | 96.06 | 3.88 | 93.68 | 1.79 | 0.383 | 21.40 | 688 | 95.94 | / |

表 3.159　2015—2016 年 A 组秋季实验室试验成绩汇总表（二）

| 品种名称 | 年份 | 杂交形式 | 缫丝单位 | 上车茧率(%) | 鲜毛茧出丝率(%) | 茧丝长(米) | 解舒丝长(米) | 解舒率(%) | 茧丝量(兑) | 纤度(D) | 茧丝纤度综合均方差(D) | 净度(分) | 万米吊糙(次) | 万头收茧量(千克) | 万头茧层量(千克) | 万头产丝量(千克) |
|---|---|---|---|---|---|---|---|---|---|---|---|---|---|---|---|---|
| 芳·秀×白·春 | 2015 | 正交 | 镇江 | 97.47 | 18.95 | 1329 | 1137 | 85.82 | 0.372 | 2.517 | | 96.00 | 0.7 | | | |
| | | 反交 | 南充 | 95.77 | 18.45 | 1315 | 1071 | 79.69 | 0.366 | 2.506 | 0.489 | 94.36 | 0.9 | 18.39 | 4.42 | 3.434 |
| | | 平均 | | 96.62 | 18.70 | 1322 | 1104 | 82.75 | 0.369 | 2.512 | 0.489 | 95.18 | | | | |
| | 2016 | 正交 | 镇江 | 96.93 | 18.92 | 1310 | 1046 | 79.90 | 0.353 | 2.423 | | 94.71 | 0.5 | | | |
| | | 反交 | 南充 | 94.89 | 18.50 | 1287 | 1040 | 80.90 | 0.351 | 2.456 | 0.462 | 92.01 | 0.8 | 17.78 | 4.25 | 3.319 |
| | | 平均 | | 95.91 | 18.71 | 1299 | 1043 | 80.40 | 0.352 | 2.439 | 0.462 | 93.36 | | | | |
| | 平均 | 正交 | 镇江 | 97.20 | 18.93 | 1320 | 1092 | 82.86 | 0.363 | 2.470 | | 95.36 | 0.6 | | | |
| | | 反交 | 南充 | 95.33 | 18.48 | 1301 | 1055 | 80.29 | 0.359 | 2.481 | 0.475 | 93.19 | 0.8 | 18.09 | 4.34 | 3.376 |
| | | 平均 | | 96.26 | 18.71 | 1310 | 1073 | 81.58 | 0.361 | 2.475 | 0.475 | 94.27 | | | | |
| 锦·苑×绫·州 | 2015 | 正交 | 镇江 | 97.81 | 17.87 | 1050 | 910 | 86.72 | 0.344 | 2.945 | | 96.14 | 1.4 | | | |
| | | 反交 | 南充 | 96.34 | 17.63 | 1050 | 857 | 80.46 | 0.346 | 2.965 | 0.492 | 94.86 | 0.8 | 18.59 | 4.227 | 3.290 |
| | | 平均 | | 97.07 | 17.75 | 1050 | 884 | 83.59 | 0.345 | 2.955 | 0.492 | 95.50 | 1.1 | | | |
| | 2016 | 正交 | 镇江 | 97.16 | 17.60 | 1062 | 891 | 84.11 | 0.317 | 2.675 | | 95.29 | 1.1 | | | |
| | | 反交 | 南充 | 94.93 | 17.22 | 1044 | 850 | 81.44 | 0.312 | 2.684 | 0.477 | 94.00 | 0.5 | 16.91 | 3.813 | 2.941 |
| | | 平均 | | 96.04 | 17.41 | 1053 | 871 | 82.78 | 0.314 | 2.680 | 0.477 | 94.64 | 0.8 | | | |
| | 平均 | 正交 | 镇江 | 97.48 | 17.73 | 1056 | 901 | 85.41 | 0.330 | 2.810 | | 95.71 | 1.2 | | | |
| | | 反交 | 南充 | 95.64 | 17.43 | 1047 | 854 | 80.95 | 0.329 | 2.824 | 0.484 | 94.43 | 0.6 | 17.75 | 4.020 | 3.116 |
| | | 平均 | | 96.56 | 17.58 | 1051 | 877 | 83.18 | 0.330 | 2.817 | 0.484 | 95.07 | 0.9 | | | |

（表中"茧丝长"至"万头产丝量"各列属丝质成绩）

（续 表）

| 品种名称 | 年份 | 缫丝单位 | 上车茧率(%) | 鲜毛茧出丝率(%) | 茧丝长(米) | 解舒丝长(米) | 解舒率(%) | 茧丝量(克) | 纤度(D) | 茧丝纤度综合均方差(D) | 净度(分) | 万米吊糙(次) | 万头收茧量(千克) | 万头茧层量(千克) | 万头产丝量(千克) |
|---|---|---|---|---|---|---|---|---|---|---|---|---|---|---|---|
| 锦·绣×潇·湘 | 2015 | 镇江 | 97.10 | 17.63 | 1099 | 957 | 87.15 | 0.325 | 2.663 | | 96.29 | 1.2 | | | |
| | | 南充 | 95.49 | 17.61 | 1106 | 902 | 79.73 | 0.327 | 2.658 | 0.537 | 95.57 | 0.9 | | | |
| | | 平均 | 96.29 | 17.62 | 1102 | 930 | 83.44 | 0.326 | 2.661 | 0.537 | 95.93 | 1.0 | 17.58 | 4.040 | 3.090 |
| | 2016 | 镇江 | 97.44 | 17.57 | 1068 | 903 | 84.66 | 0.312 | 2.616 | | 95.64 | 0.9 | | | |
| | | 南充 | 95.07 | 17.21 | 1077 | 882 | 81.99 | 0.312 | 2.594 | 0.421 | 95.19 | 0.5 | | | |
| | | 平均 | 96.25 | 17.39 | 1073 | 893 | 83.32 | 0.312 | 2.605 | 0.421 | 95.41 | 0.7 | 17.10 | 3.867 | 2.973 |
| | 平均 | 镇江 | 97.27 | 17.60 | 1084 | 930 | 85.91 | 0.318 | 2.639 | | 95.96 | 1.1 | | | |
| | | 南充 | 95.28 | 17.41 | 1092 | 892 | 80.86 | 0.319 | 2.626 | 0.479 | 95.38 | 0.7 | | | |
| | | 平均 | 96.27 | 17.50 | 1088 | 911 | 83.38 | 0.319 | 2.633 | 0.479 | 95.67 | 0.9 | 17.34 | 3.953 | 3.031 |
| 秋丰×白玉 | 2015 | 镇江 | 97.35 | 16.65 | 1039 | 845 | 81.39 | 0.315 | 2.724 | | 96.00 | 0.7 | | | |
| | | 南充 | 94.97 | 16.34 | 1032 | 839 | 79.40 | 0.313 | 2.730 | 0.491 | 95.29 | 1.1 | | | |
| | | 平均 | 96.16 | 16.50 | 1035 | 842 | 80.39 | 0.314 | 2.727 | 0.491 | 95.64 | | 17.87 | 3.868 | 2.943 |
| | 2016 | 镇江 | 96.84 | 16.59 | 992 | 772 | 77.91 | 0.299 | 2.713 | | 95.36 | 0.5 | | | |
| | | 南充 | 94.47 | 16.29 | 982 | 785 | 80.06 | 0.299 | 2.732 | 0.448 | 94.69 | 0.8 | | | |
| | | 平均 | 95.66 | 16.44 | 987 | 778 | 78.98 | 0.299 | 2.723 | 0.448 | 95.02 | | 16.56 | 3.510 | 2.721 |
| | 平均 | 镇江 | 97.10 | 16.62 | 1016 | 808 | 79.65 | 0.307 | 2.719 | | 95.68 | 0.6 | | | |
| | | 南充 | 94.72 | 16.32 | 1007 | 812 | 79.73 | 0.306 | 2.731 | 0.469 | 94.99 | 0.9 | | | |
| | | 平均 | 95.91 | 16.47 | 1011 | 810 | 79.69 | 0.307 | 2.725 | 0.469 | 95.33 | | 17.21 | 3.689 | 2.832 |

表 3.160　2016—2017 年 A 组秋季生产试验成绩汇总表

| 品种名称 | 年份 | 杂交形式 | 孵化整齐度 | | | 龄期经过 | | 普通茧量（千克） | 总收茧量（千克） | 普通茧质量百分率（%） | 每盒/张蚕种收茧量（千克） | 千克茧粒数（粒） | 健蛹率（%） |
| | | | 齐 | 尚齐 | 不齐 | 5龄（日:时） | 全龄（日:时） | | | | | | |
| 芳·秀×白·春 | 2016 | 正交 | / | / | / | | | 138.05 | 146.47 | 94.44 | 29.05 | 632 | 79.65 |
| | | 反交 | / | / | / | | 27:05 | 134.24 | 145.51 | 92.41 | 28.91 | 640 | 81.81 |
| | | 平均 | / | / | / | 8:01 | | 136.15 | 145.99 | 93.43 | 28.98 | 636 | 80.73 |
| | 2017 | 正交 | / | / | / | 7:14 | 26:3 | 160.06 | 166.73 | 96.02 | 33.14 | 599 | 89.32 |
| | | 反交 | / | / | / | 7:8 | 26:9 | 156.56 | 164.13 | 95.34 | 32.68 | 603 | 85.20 |
| | | 平均 | / | / | / | 7:11 | 26:6 | 158.31 | 165.43 | 95.68 | 32.91 | 601 | 87.26 |
| | 平均 | 正交 | / | / | / | | | 149.06 | 156.60 | 95.23 | 31.09 | 615 | 84.49 |
| | | 反交 | / | / | / | | | 145.40 | 154.82 | 93.87 | 30.79 | 621 | 83.50 |
| | | 平均 | / | / | / | 7:18 | 26:18 | 147.23 | 155.71 | 94.55 | 30.94 | 618 | 83.99 |
| 锦·苑×绫·州 | 2016 | 正交 | / | / | / | | | 156.84 | 172.48 | 90.81 | 34.44 | 629 | 72.17 |
| | | 反交 | / | / | / | | | 157.43 | 174.65 | 90.21 | 34.96 | 629 | 77.73 |
| | | 平均 | / | / | / | 7:16 | 26:18 | 156.68 | 172.92 | 90.60 | 34.57 | 629 | 74.89 |
| | 2017 | 正交 | / | / | / | 7:8 | 25:20 | 170.06 | 181.20 | 93.91 | 36.19 | 625 | 95.36 |
| | | 反交 | / | / | / | 7:8 | 25:16 | 166.96 | 173.98 | 95.96 | 34.83 | 662 | 91.27 |
| | | 平均 | / | / | / | 7:8 | 25:18 | 168.51 | 177.59 | 94.93 | 35.51 | 644 | 93.32 |
| | 平均 | 正交 | / | / | / | | | 163.45 | 176.84 | 92.36 | 35.32 | 627 | 83.77 |
| | | 反交 | / | / | / | | | 162.20 | 174.31 | 93.09 | 34.89 | 646 | 84.50 |
| | | 平均 | / | / | / | 7:12 | 26:06 | 162.59 | 175.25 | 92.76 | 35.04 | 636 | 84.10 |

（续　表）

| 品种名称 | 年份 | 杂交形式 | 孵化整齐度 齐 | 尚齐 | 不齐 | 龄期经过 5龄（日:时） | 全龄（日:时） | 普通茧量（千克） | 总收茧量（千克） | 普通茧质量百分率（%） | 每盒/张蚕种收茧量（千克） | 千克茧粒数（粒） | 健蛹率（%） |
|---|---|---|---|---|---|---|---|---|---|---|---|---|---|
| 锦·绣×潇·湘 | 2016 | 正交 | / | / | / | / | / | 153.85 | 160.89 | 95.52 | 31.92 | 638 | 88.71 |
| | | 反交 | / | / | / | / | / | 149.73 | 163.71 | 91.37 | 32.53 | 655 | 85.15 |
| | | 平均 | / | / | / | / | 27:03 | 151.79 | 162.30 | 93.44 | 32.22 | 647 | 86.93 |
| | 2017 | 正交 | / | / | / | 7:02 | 25:16 | 174.18 | 183.63 | 94.99 | 36.64 | 617 | 95.83 |
| | | 反交 | / | / | / | 7:04 | 25:23 | 172.02 | 178.30 | 96.63 | 35.48 | 628 | 96.10 |
| | | 平均 | / | / | / | 7:03 | 25:20 | 173.10 | 180.96 | 95.81 | 36.06 | 622 | 95.96 |
| | 平均 | 正交 | / | / | / | / | / | 164.01 | 172.26 | 95.25 | 34.28 | 627 | 92.27 |
| | | 反交 | / | / | / | / | / | 160.88 | 171.01 | 94.00 | 34.00 | 642 | 90.62 |
| | | 平均 | / | / | / | 7:12 | 26:12 | 162.45 | 171.63 | 94.63 | 34.14 | 634 | 91.45 |
| 秋丰×白玉 | 2016 | 正交 | / | / | / | 7:10 | 25:23 | 138.31 | 147.44 | 94.17 | 29.29 | 648 | 74.35 |
| | | 反交 | / | / | / | 7:90 | 25:19 | 134.92 | 144.36 | 93.40 | 28.71 | 646 | 80.13 |
| | | 平均 | / | / | / | 7:10 | 25:21 | 136.61 | 145.90 | 93.79 | 29.00 | 647 | 77.24 |
| | 2017 | 正交 | / | / | / | / | / | 154.48 | 160.13 | 96.50 | 31.88 | 623 | 95.46 |
| | | 反交 | / | / | / | / | / | 151.79 | 160.78 | 94.24 | 32.01 | 642 | 95.99 |
| | | 平均 | / | / | / | / | / | 153.13 | 160.45 | 95.37 | 31.95 | 632 | 95.73 |
| | 平均 | 正交 | / | / | / | / | / | 146.39 | 153.78 | 95.34 | 30.59 | 635 | 84.90 |
| | | 反交 | / | / | / | / | / | 143.36 | 152.57 | 93.82 | 30.36 | 644 | 88.06 |
| | | 平均 | / | / | / | 7:15 | 26:06 | 144.87 | 153.18 | 94.58 | 30.47 | 639 | 86.48 |

表3.161 2015—2016年B组秋季实验室试验成绩汇总表(一)

| 品种名称 | 年份 | 杂交形式 | 实用孵化率(%) | 龄期经过 5龄(日:时) | 龄期经过 全龄(日:时) | 成绩 饲养 4龄起蚕生命率 结茧率(%) | 死笼率(%) | 虫蛹率(%) | 全茧量(克) | 茧质 茧层量(克) | 茧层率(%) | 400头总收茧量(克) | 普通茧百分率(%) | 实际饲育数(头) |
|---|---|---|---|---|---|---|---|---|---|---|---|---|---|---|
| 锦·苑×绥·州 | 2015 | 正交 | 97.47 | | | 97.38 | 4.35 | 93.17 | 1.78 | 0.396 | 22.25 | 689 | 94.62 | / |
| | | 反交 | 97.09 | 6:16 | 21:16 | 97.00 | 4.15 | 92.99 | 1.74 | 0.396 | 22.75 | 676 | 93.97 | / |
| | | 平均 | 97.28 | | | 97.19 | 4.25 | 93.08 | 1.76 | 0.396 | 22.50 | 683 | 94.30 | / |
| | 2016 | 正交 | 96.61 | | | 94.35 | 4.97 | 90.04 | 1.66 | 0.369 | 22.16 | 618 | 94.50 | / |
| | | 反交 | 97.40 | 6:18 | 22:05 | 96.59 | 3.04 | 93.69 | 1.66 | 0.373 | 22.50 | 641 | 93.80 | / |
| | | 平均 | 97.01 | | | 95.46 | 4.00 | 91.86 | 1.66 | 0.371 | 22.33 | 629 | 94.15 | / |
| | 平均 | 正交 | 97.04 | | | 95.86 | 4.66 | 91.60 | 1.72 | 0.383 | 22.21 | 653 | 94.56 | / |
| | | 反交 | 97.25 | | | 96.79 | 3.59 | 93.34 | 1.70 | 0.384 | 22.62 | 658 | 93.89 | / |
| | | 平均 | 97.14 | | | 96.32 | 4.13 | 92.47 | 1.71 | 0.384 | 22.41 | 656 | 94.22 | / |
| 9·美×7·湘(对照) | 2015 | 正交 | 97.63 | | | 97.69 | 3.30 | 94.55 | 1.65 | 0.354 | 21.58 | 640 | 94.25 | / |
| | | 反交 | 96.59 | 6:09 | 21:08 | 96.33 | 1.99 | 94.54 | 1.61 | 0.349 | 21.64 | 626 | 93.69 | / |
| | | 平均 | 97.11 | | | 97.01 | 2.64 | 94.55 | 1.63 | 0.352 | 21.61 | 633 | 93.97 | / |
| | 2016 | 正交 | 98.03 | | | 97.35 | 2.18 | 95.29 | 1.55 | 0.334 | 21.54 | 601 | 95.00 | / |
| | | 反交 | 98.24 | 6:12 | 21:22 | 97.44 | 2.46 | 95.12 | 1.52 | 0.330 | 21.62 | 598 | 94.57 | / |
| | | 平均 | 98.14 | | | 97.40 | 2.32 | 95.20 | 1.54 | 0.332 | 21.59 | 599 | 94.79 | / |
| | 平均 | 正交 | 97.83 | | | 97.52 | 2.74 | 94.92 | 1.60 | 0.344 | 21.56 | 621 | 94.62 | / |
| | | 反交 | 97.42 | | | 96.89 | 2.22 | 94.83 | 1.57 | 0.339 | 21.63 | 612 | 94.13 | / |
| | | 平均 | 97.62 | | | 97.20 | 2.48 | 94.87 | 1.58 | 0.342 | 21.60 | 616 | 94.38 | / |

表3.162 2015—2016年B组秋季实验室缫丝试验成绩汇总表（二）

| 品种名称 | 年份 | 缫丝单位 | 上车茧率(%) | 鲜毛茧出丝率(%) | 茧丝长(米) | 解舒丝长(米) | 解舒率(%) | 丝质成绩 茧丝量(克) | 纤度(D) | 茧丝纤度综合均方差(D) | 净度(分) | 万米吊糙(次) | 万头收茧量(千克) | 万头茧层量(千克) | 万头产丝量(千克) |
|---|---|---|---|---|---|---|---|---|---|---|---|---|---|---|---|
| 锦·苑×绫·州 | 2015 | 镇江 | 97.26 | 17.03 | 998 | 853 | 84.00 | 0.309 | 2.777 |  | 94.25 | 2.0 |  |  |  |
|  |  | 南充 | 95.13 | 16.97 | 993 | 789 | 77.21 | 0.315 | 2.851 | 0.513 | 94.64 | 1.8 |  |  |  |
|  |  | 平均 | 96.19 | 17.00 | 996 | 821 | 80.60 | 0.312 | 2.814 | 0.513 | 94.45 | 1.9 | 17.14 | 3.835 | 2.905 |
|  | 2016 | 镇江 | 96.33 | 16.81 | 1013 | 835 | 81.48 | 0.295 | 2.613 |  | 95.10 | 1.1 |  |  |  |
|  |  | 南充 | 95.19 | 17.00 | 1010 | 794 | 78.11 | 0.298 | 2.650 | 0.444 | 93.72 | 0.6 |  |  |  |
|  |  | 平均 | 95.58 | 17.12 | 1014 | 835 | 81.66 | 0.298 | 2.635 | 0.443 | 94.57 | 0.9 | 15.42 | 3.470 | 2.642 |
|  | 平均 | 镇江 | 96.79 | 16.92 | 1006 | 844 | 82.74 | 0.302 | 2.695 |  | 94.68 | 1.6 |  |  |  |
|  |  | 南充 | 95.16 | 16.98 | 1001 | 791 | 77.66 | 0.307 | 2.750 | 0.479 | 94.18 | 1.2 |  |  |  |
|  |  | 平均 | 95.89 | 17.06 | 1004 | 828 | 81.13 | 0.305 | 2.724 | 0.478 | 94.51 | 1.4 | 16.28 | 3.653 | 2.773 |
| 9·芙×7·湘(对照) | 2015 | 镇江 | 98.24 | 17.11 | 946 | 807 | 84.08 | 0.283 | 2.691 |  | 95.33 | 1.6 |  |  |  |
|  |  | 南充 | 95.30 | 16.27 | 934 | 733 | 76.67 | 0.281 | 2.705 | 0.566 | 94.99 | 1.1 |  |  |  |
|  |  | 平均 | 96.77 | 16.69 | 940 | 770 | 80.38 | 0.282 | 2.698 | 0.566 | 95.16 | 1.3 | 15.91 | 3.410 | 2.649 |
|  | 2016 | 镇江 | 97.46 | 16.95 | 943 | 754 | 78.96 | 0.272 | 2.599 |  | 95.02 | 1.0 |  |  |  |
|  |  | 南充 | 94.19 | 16.42 | 929 | 744 | 79.32 | 0.269 | 2.594 | 0.510 | 94.24 | 0.6 |  |  |  |
|  |  | 平均 | 95.48 | 16.88 | 934 | 767 | 81.20 | 0.270 | 2.600 | 0.483 | 94.76 | 0.8 | 14.80 | 3.201 | 2.490 |
|  | 平均 | 镇江 | 97.85 | 17.03 | 944 | 781 | 81.52 | 0.278 | 2.645 |  | 95.17 | 1.3 |  |  |  |
|  |  | 南充 | 94.74 | 16.35 | 932 | 739 | 78.00 | 0.275 | 2.650 | 0.538 | 94.62 | 0.8 |  |  |  |
|  |  | 平均 | 96.13 | 16.79 | 937 | 769 | 80.79 | 0.276 | 2.649 | 0.525 | 94.96 | 1.0 | 15.35 | 3.306 | 2.569 |

表 3.163 2016—2017 年 B 组秋季生产试验成绩汇总表

| 品种名称 | 年份 | 杂交形式 | 孵化整齐度 | | | 龄期经过 | | | 普通茧量（千克） | 总收茧量（千克） | 普通茧质量百分率（%） | 每盒/张蚕种收茧量（千克） | 千克茧粒数（粒） | 健蛹率（%） |
|---|---|---|---|---|---|---|---|---|---|---|---|---|---|---|
| | | | 齐 | 尚齐 | 不齐 | 5龄（日:时） | 全龄（日:时） | | | | | | | |
| 锦·苑×绥·州 | 2016 | 正交 | / | / | / | / | / | 149.11 | 159.78 | 93.22 | 31.62 | 673 | 82.03 |
| | | 反交 | / | / | / | / | / | 147.39 | 159.64 | 91.93 | 31.23 | 660 | 77.39 |
| | | 平均 | / | / | / | 6:07 | 22:09 | 148.25 | 159.71 | 92.58 | 31.42 | 666 | 79.71 |
| | 2017 | 正交 | / | / | / | 7:12 | 22:20 | 159.58 | 168.19 | 94.66 | 33.64 | 648 | 78.02 |
| | | 反交 | / | / | / | 7:15 | 22:17 | 145.06 | 152.84 | 94.91 | 30.57 | 630 | 73.59 |
| | | 平均 | / | / | / | 7:14 | 22:19 | 152.32 | 160.52 | 94.79 | 32.10 | 639 | 75.81 |
| | 平均 | 正交 | / | / | / | / | / | 154.35 | 163.99 | 93.94 | 32.63 | 661 | 80.02 |
| | | 反交 | / | / | / | / | / | 146.23 | 156.24 | 93.42 | 30.90 | 645 | 75.49 |
| | | 平均 | / | / | / | / | / | 150.29 | 160.11 | 93.68 | 31.76 | 653 | 77.76 |
| 9·芙×7·湘（对照） | 2016 | 正交 | / | / | / | / | / | 145.36 | 154.50 | 93.84 | 30.52 | 702 | 85.83 |
| | | 反交 | / | / | / | / | / | 142.12 | 152.40 | 91.43 | 30.42 | 702 | 77.78 |
| | | 平均 | / | / | / | 6:02 | 22:06 | 143.74 | 153.45 | 92.64 | 30.47 | 702 | 81.80 |
| | 2017 | 正交 | / | / | / | 7:5 | 22:10 | 154.04 | 160.29 | 96.02 | 32.06 | 669 | 76.32 |
| | | 反交 | / | / | / | 7:13 | 22:11 | 153.58 | 161.69 | 95.08 | 32.34 | 662 | 80.17 |
| | | 平均 | / | / | / | 7:9 | 22:11 | 153.81 | 160.99 | 95.55 | 32.20 | 665 | 78.25 |
| | 平均 | 正交 | / | / | / | / | / | 149.70 | 157.40 | 94.93 | 31.29 | 685 | 81.07 |
| | | 反交 | / | / | / | / | / | 147.85 | 157.05 | 93.25 | 31.38 | 682 | 78.97 |
| | | 平均 | / | / | / | 6:18 | 22:08 | 148.78 | 157.22 | 94.09 | 31.33 | 684 | 80.02 |

## （三）2017—2018 年试验总结

### 1  试验概况

#### 1.1  试验方法

对参试蚕品种（杂交组合）在我国不同蚕区的强健性、茧质、丝质和综合经济性状进行对比试验。调查的项目、时间、内容及方法均按照全国农业技术推广服务中心每年发布的《国家桑蚕品种试验实验室鉴定实施方案》和《国家桑蚕品种试验生产鉴定实施方案》要求进行。

#### 1.2  试验组别和鉴定点设置

设 2 个鉴定区组，即 A 组和 B 组。A 组由长江流域和黄河流域鉴定点组成，承担该区域春用和中秋用品种的鉴定；B 组由珠江流域和长江流域鉴定点组成，承担该区域夏早秋用品种的鉴定。每组设 7 个实验室鉴定点，5 个农村生产鉴定点。共计 11 个实验室鉴定点（不含点次的重复），10 个农村生产鉴定点。鉴定点设置情况见表 3.164。

表 3.164  国家桑蚕品种鉴定试验承试单位

| 试验设置 | A 组试验鉴定承担单位 | B 组试验鉴定承担单位 |
|---|---|---|
| 实验室鉴定点 | 中国农业科学院蚕业研究所<br>安徽省农业科学院蚕桑研究所<br>四川省农业科学院蚕桑研究所<br>江苏省海安县蚕种场<br>浙江省农业科学院蚕桑研究所<br>山东省蚕业研究所<br>西北农林科技大学蚕桑丝绸研究所 | 中国农业科学院蚕业研究所<br>安徽省农业科学院蚕桑研究所<br>四川省农业科学院蚕桑研究所<br>湖南省蚕桑科学研究所<br>湖北省农业科学院经济作物研究所<br>广东省蚕业技术推广中心<br>广西壮族自治区蚕业技术推广总站 |
| 生产鉴定点 | 江苏省海安县蚕桑技术推广站<br>安徽省霍山县茧丝绸办公室<br>四川省高县立华蚕茧有限公司（2017）/<br>四川涪城天虹丝绸有限责任公司（2018）<br>陕西省平利县蚕桑技术推广中心<br>云南省楚雄州茶桑站 | 湘潭县信达种桑养蚕专业合作社<br>湖北省农业科学院经济作物研究所<br>广东省茂名市蚕业技术推广中心<br>广西壮族自治区宜州市蚕种站<br>广西壮族自治区横县蚕业指导站 |

茧丝质检定设 2 个鉴定点，即农业农村部蚕桑产业产品质量监督检验测试中心（镇江）和中国干茧公证检验南充实验室。

#### 1.3  参试品种

2017—2018 年共完成 5 对新品种的鉴定试验，每对品种连续试验两年，A 组对照品种春期为菁松×皓月，秋期为秋丰×白玉，B 组对照品种为 9·芙×7·湘。参试新品种完成进程见表 3.165。

表 3.165  第 4 批国家桑蚕品种试验完成情况

| 品种名称 | 类别 | 试验年份 | |
|---|---|---|---|
| | | 实验室 | 生产 |
| 云蚕 11 号 | A 组春用 | 2017—2018 | 2017—2018 |
| 华康 3 号 | A 组春秋兼用 | 2017—2018 | 2017—2018 |
| 川山×蜀水 | A 组秋用 | 2017—2018 | 2017—2018 |
| 云夏 3×云夏 4 | B 组夏秋用 | 2017—2018 | 2017—2018 |
| 韶·辉×旭·东 | B 组夏秋用 | 2017—2018 | 2017—2018 |

### 1.4 试验设计

实验室鉴定每个鉴定点每对品种饲养正、反交各 1.5 克蚁量,4 龄饲食后一足天内各数取 5 区蚕(即 5 个重复),每区 400 头。生产鉴定每个鉴定点每对品种饲养正、反交各 5 盒/张,共 10 盒/张。

春用品种在终熟后第 7 天、夏秋用品种在终熟后第 6 天采茧。实验室试验样茧量为每对品种 2 000 粒普通鲜毛茧,烘干后分成两份,分别送南充和镇江两个茧丝质检测单位鉴定。生产试验只统计生产情况,不进行茧丝质鉴定。

### 1.5 统计分析

对各鉴定点试验结果的完整性、可靠性、准确性、可比性以及品种表现情况等进行分析评估,确保汇总质量;用变异系数 CV 表现各鉴定点间试验成绩差异度。应用 SPSS19.0 软件对鉴定指标进行配对样本 $t$ 检验,所用比对分析数据为新品种与对照品种相同时间和地点试验的有效成绩。

### 2 试验中需要说明的问题

(1)实用孵化率由江苏镇江鉴定点调查,其他鉴定点不调查该项指标;茧丝纤度综合均方差由四川南充茧丝质鉴定点调查,江苏镇江茧丝质鉴定点不调查。

(2)个别鉴定点试验期遇不良天气,桑叶质量差,或者遭遇脓病、细菌病、僵病等,造成试验成绩偏低,但考虑到参试品种与对照品种在相同条件下饲养,不良环境更能筛选出优良品种,故除年会商定舍弃的成绩外,其他偏低成绩仍正常进行汇总。

(3)2017 年特殊情况说明:四川高县鉴定点爆发蚕病,川山×蜀水受损严重,成绩不计入汇总,仅供参考。云夏 3×云夏 4 在广西宜州鉴定点不适应当地气候,发生严重蚕病,成绩不计入汇总,仅供参考。云南楚雄秋季气候异常高温,蚕不结茧情况严重,试验数据不能反映品种的真实成绩,该鉴定点没有上报秋季试验数据。

(4)2018 年特殊情况说明:秋季试验中,浙江杭州实验室鉴定点发生农药中毒,未上报试验成绩。云夏 3×云夏 4、韶·辉×旭·东两个品种在广西南宁实验室鉴定点的 4 龄起蚕虫蛹率≤60%,不列入汇总成绩,仅供参考。广西宜州生产鉴定点气候异常,蚕病严重,试验成绩不能反映品种真实性状,不列入汇总成绩,仅供参考。

### 3 品种概评

#### 3.1 云蚕 11 号

该品种为长江流域和黄河流域蚕区春用种。生物学性状描述:正交卵青绿色,卵壳黄色;反交卵灰褐色,卵壳白色。实用孵化率 97.67%,蚁蚕黑褐色,有逸散性。小蚕发育齐整,各龄眠起齐一,壮蚕体色青白,普斑。蚕儿老熟齐涌,营茧速度快。茧形匀整,长椭圆形,茧色洁白。

2017 年实验室鉴定 4 龄起蚕虫蛹率 97.22%,比对照菁松×皓月低 0.89%,差异不显著;万头收茧量 22.28 千克,比对照增产 3.87%,差异不显著;鲜毛茧出丝率 19.49%,比对照高 0.10%,差异不显著;茧层率 24.13%,解舒率 76.49%,净度 93.10 分,茧丝长 1 305 米,茧丝纤度综合均方差 0.608 D。生产鉴定每盒/张蚕种收茧量 38.98 千克,比对照增产 4.39%,差异不显著;健蛹率 95.60%,比对照低 0.66%,差异不显著。

2018 年实验室鉴定 4 龄起蚕虫蛹率 96.42%,比对照菁松×皓月低 1.04%,差异不显著。万头收茧量 20.60 千克,比对照增产 2.64%,差异不显著。鲜毛茧出丝率 19.43%,比对照高 0.19%,差异不显著。茧层率 24.10%,解舒率 75.52%,净度 94.16 分,茧丝长 1 232 米,茧丝纤度综合均方差 0.723 D。生产鉴定每盒/张蚕种收茧量 35.91 千克,比对照减产 6.22%,差异不显著;健蛹率 92.61%,比对照低 1.79%,差异不显著。

综合两年试验结果，平均4龄起蚕虫蛹率96.82％，比对照菁松×皓月低0.95％，两年差异均不显著；平均万头收茧量21.44千克，比对照增产3.28％，两年差异均不显著；平均鲜毛茧出丝率19.46％，比对照高0.15％，两年差异均不显著；平均茧层率24.12％，平均解舒率76.01％，平均净度93.63分，平均茧丝长1269米，平均茧丝纤度综合均方差0.666D。平均每盒/张蚕种收茧量37.45千克，比对照减产0.98％，两年差异均不显著；平均健蛹率94.11％，比对照低1.23％，两年差异均不显著（表3.166）。

3.2  华康3号

该品种为家蚕核型多角体病毒（BmNPV）抗性品种，参加长江流域和黄河流域蚕区春秋兼用种试验。生物学性状描述：正交卵灰绿色，卵壳淡黄色；反交卵灰褐色，卵壳白色。春季实用孵化率98.10％，秋季实用孵化率97.94％。蚁蚕黑褐色，壮蚕体色青白，普斑。各龄发育及眠起整齐，发育快，盛食期食桑旺盛，老熟齐涌。营茧快，茧型大，长椭圆形，颗粒匀整，茧色洁白。

2017年春季试验中，实验室鉴定4龄起蚕虫蛹率96.70％，比对照菁松×皓月低1.41％，差异不显著；万头收茧量22.45千克，比对照增产4.66％，差异不显著；鲜毛茧出丝率17.90％，比对照低1.49％，差异极显著；茧层率22.43％，解舒率78.68％，净度93.94分，茧丝长1336米，茧丝纤度综合均方差0.581D。生产鉴定每盒/张蚕种收茧量39.74千克，比对照增产6.43％，差异不显著；健蛹率98.05％，比对照高1.79％，差异不显著。秋季试验中，实验室鉴定4龄起蚕虫蛹率96.01％，比对照秋丰×白玉高0.29％，差异不显著；万头收茧量19.20千克，比对照增产9.97％，差异极显著；鲜毛茧出丝率17.70％，比对照高1.19％，差异极显著；茧层率22.47％，解舒率80.87％，净度95.12分，茧丝长1239米，茧丝纤度综合均方差0.509D。生产鉴定每盒/张蚕种收茧量37.83千克，比对照增产17.81％，差异显著；健蛹率95.36％，比对照低1.40％，差异不显著。

2018年春季试验中，实验室鉴定4龄起蚕虫蛹率97.11％，比对照菁松×皓月低0.32％，差异不显著；万头收茧量20.93千克，比对照增产4.29％，差异显著；鲜毛茧出丝率18.22％，比对照低1.02％，差异极显著；茧层率22.23％，解舒率78.68％，净度95.43分，茧丝长1289米，茧丝纤度综合均方差0.601D。生产鉴定每盒/张蚕种收茧量38.92千克，比对照增产1.65％，差异不显著；健蛹率98.23％，比对照高3.83％，差异不显著。秋季试验中，实验室鉴定4龄起蚕虫蛹率94.57％，比对照秋丰×白玉低0.15％，差异不显著；万头收茧量18.37千克，比对照增产14.17％，差异极显著；鲜毛茧出丝率17.78％，比对照高1.58％，差异极显著；茧层率22.59％，解舒率78.74％，净度94.82分，茧丝长1192米，茧丝纤度综合均方差0.538D。生产鉴定每盒/张蚕种收茧量33.82千克，比对照增产23.79％，差异显著；健蛹率95.66％，比对照高4.53％，差异显著。

综合两年试验结果，春季试验平均4龄起蚕虫蛹率96.91％，比对照菁松×皓月低0.87％，两年差异均不显著。平均万头收茧量21.69千克，比对照增产4.48％，一年差异不显著，一年差异显著。平均鲜毛茧出丝率18.06％，比对照低1.26％，两年差异均极显著。平均茧层率22.33％，平均解舒率78.68％，平均净度94.69分，平均茧丝长1313米，平均茧丝纤度综合均方差0.591。平均每盒/张蚕种收茧量39.33千克，比对照增产4.01％，两年差异均不显著；平均健蛹率98.14％，比对照高2.81％，两年差异均不显著。秋季试验平均4龄起蚕虫蛹率95.29％，比对照秋丰×白玉高0.07％，两年差异均不显著。平均万头收茧量18.79千克，比对照增产11.98％，两年差异均极显著。平均鲜毛茧出丝率17.74％，比对照高1.39％，两年差异均极显著。平均茧层率22.53％，平均解舒率79.81％，平均净度94.97分，平均茧丝长1216米，平均茧丝纤度综合均方差0.524。平均每盒/张蚕种收茧量35.83千克，比对照增产20.56％，两年差异均显著；平均健蛹率95.51％，比对照高1.57％，一年差异不显著，一年差异显著

（表 3.167）。

2017 年 9 月，分别委托中国农业科学院蚕业研究所、苏州大学基础医学与生命科学学院应用生物学系、浙江大学动物科学学院 3 个试验点对华康 3 号进行了 BmNPV 抗性鉴定试验。结果表明，BmNPV 对华康 3 号的 $LC_{50}$ 为 $5.41 \times 10^{11}$ 个/毫升，是对照品种菁松×皓月 $LC_{50}$ 值的 $3 \times 10^5$ 倍，秋丰×白玉 $LC_{50}$ 值的 $2.4 \times 10^5$ 倍，新品种的耐病力显著增强（试验成绩见支撑材料）。

### 3.3 川山×蜀水

该品种为长江流域和黄河流域蚕区秋用种。生物学性状描述：正交卵青绿色，卵壳黄色；反交卵灰褐色，卵壳白色。秋季实用孵化率 96.88%。蚕卵孵化齐一，蚁蚕黑褐色，有逸散性。小蚕发育齐整，各龄眠起齐一，壮蚕体色青白，普斑。老熟齐涌，营茧速度快，茧形长椭圆，大小匀整，茧色洁白。

2017 年实验室鉴定 4 龄起蚕虫蛹率 94.06%，比对照秋丰×白玉低 1.66%，差异不显著；万头收茧量 18.79 千克，比对照增产 7.56%，差异极显著；鲜毛茧出丝率 18.50%，比对照高 1.99%，差异极显著；茧层率 23.35%，解舒率 80.64%，净度 95.42 分，茧丝长 1261 米，茧丝纤度综合均方差 0.507 D。生产鉴定每盒/张蚕种收茧量 32.94 千克，比对照增产 2.46%，差异不显著；健蛹率 93.41%，比对照低 2.26%，差异不显著。

2018 年实验室鉴定 4 龄起蚕虫蛹率 95.07%，比对照秋丰×白玉高 0.35%，差异不显著。万头收茧量 18.41 千克，比对照增产 14.42%，差异极显著。鲜毛茧出丝率 18.54%，比对照高 2.34%，差异极显著。茧层率 23.31%，解舒率 80.81%，净度 95.11 分，茧丝长 1192 米，茧丝纤度综合均方差 0.529 D。生产鉴定每盒/张蚕种收茧量 32.58 千克，比对照增产 19.25%，差异极显著；健蛹率 91.08%，比对照低 0.05%，差异不显著。

综合两年试验结果，平均 4 龄起蚕虫蛹率 94.57%，比对照秋丰×白玉低 0.66%，两年差异均不显著。平均万头收茧量 18.60 千克，比对照增产 10.88%，两年差异均极显著。平均鲜毛茧出丝率 18.52%，比对照高 2.17%，两年差异均极显著。平均茧层率 23.33%，平均解舒率 80.73%，平均净度 95.27 分，平均茧丝长 1226 米，平均茧丝纤度综合均方差 0.518 D。平均每盒/张蚕种收茧量 32.76 千克，比对照增产 10.17%，一年差异不显著，一年差异极显著；平均健蛹率 92.25%，比对照低 1.16%，两年差异均不显著（表 3.168）。

### 3.4 云夏 3×云夏 4

该品种为珠江流域和长江流域蚕区夏秋用种。正交卵青绿色，卵壳黄色；反交卵灰褐色，卵壳白色。秋季实用孵化率 97.93%。蚕卵孵化齐一，蚁蚕黑褐色，有逸散性，小蚕有趋密性，壮蚕体色青白，姬蚕。茧形长椭圆，大小匀整，茧色洁白。

2017 年实验室鉴定 4 龄起蚕虫蛹率 90.17%，比对照 9·芙×7·湘低 5.18%，差异不显著；万头收茧量 17.07 千克，比对照增产 5.28%，差异不显著；鲜毛茧出丝率 16.72%，比对照高 0.36%，差异不显著；茧层率 22.72%，解舒率 73.38%，净度 93.03 分，茧丝长 1202 米，茧丝纤度综合均方差 0.597 D。生产鉴定每盒/张蚕种收茧量 32.50 kg，比对照减产 0.47%，差异不显著；健蛹率 85.81%，比对照低 3.89%，差异不显著。

2018 年实验室鉴定 4 龄起蚕虫蛹率 91.24%，比对照 9·芙×7·湘低 1.59%，差异不显著；万头收茧量 15.68 千克，比对照增产 9.27%，差异显著；鲜毛茧出丝率 17.35%，比对照高 0.32%，差异不显著；茧层率 23.02%，解舒率 77.02%，净度 91.59 分，茧丝长 1088 米，茧丝纤度综合均方差 0.612 D。生产鉴定每盒/张蚕种收茧量 31.81 千克，比对照减产 3.02%，差异不显著；健蛹率 87.22%，比对照低 6.78%，差异不显著。

综合两年试验结果,平均4龄起蚕虫蛹率90.71%,比对照9·芙×7·湘低3.38%,两年差异均不显著;平均万头收茧量16.38千克,比对照增产7.13%,一年差异不显著,一年差异显著;平均鲜毛茧出丝率17.04%,比对照高0.34%,两年差异均不显著。平均茧层率22.87%,平均解舒率75.20%,平均净度92.31分,平均茧丝长1 145米,平均茧丝纤度综合均方差0.605 D。生产鉴定平均每盒/张蚕种收茧量32.16千克,比对照减产1.29%,两年差异均不显著;平均健蛹率86.52%,比对照低1.45%,两年差异均不显著(表3.169)。

该品种连续2年在广西宜州生产鉴定点的产量严重受损,在广西南宁实验室鉴定点也表现不佳,品种适应性存在问题。

3.5　韶·辉×旭·东

该品种为家蚕核型多角体病毒(BmNPV)抗性品种,参加珠江流域和长江流域蚕区夏秋用种试验。生物学性状描述:正交卵青绿色,卵壳黄色;反交卵灰褐色,卵壳白色;实用孵化率98.58%。壮蚕体色青白,姬蚕。上蔟齐涌。茧形为长椭圆形,茧色洁白。

2017年实验室鉴定4龄起蚕虫蛹率95.14%,比对照9·芙×7·湘低0.20%,差异不显著;万头收茧量16.91千克,比对照增产4.25%,差异极显著;鲜毛茧出丝率16.58%,比对照高0.23%,差异不显著;茧层率21.53%,解舒率74.68%,净度94.84分,茧丝长1 155米,茧丝纤度综合均方差0.479 D。生产鉴定每盒/张蚕种收茧量30.99千克,比对照减产3.76%,差异不显著;健蛹率86.95%,比对照高8.70%,差异不显著。

2018年实验室鉴定4龄起蚕虫蛹率95.20%,比对照9·芙×7·湘高2.37%,差异不显著;万头收茧量15.60千克,比对照增产8.71%,差异极显著;鲜毛茧出丝率17.13%,比对照高0.10%,差异不显著;茧层率22.73%,解舒率80.36%,净度95.37分,茧丝长1 159米,茧丝纤度综合均方差0.424 D。生产鉴定每盒/张蚕种收茧量33.90千克,比对照减产3.35%,差异不显著;健蛹率91.35%,比对照低2.65%,差异不显著。

综合两年试验结果,平均4龄起蚕虫蛹率95.17%,比对照9·芙×7·湘高1.08%,两年差异均不显著;平均万头收茧量16.26千克,比对照增产6.35%,两年差异均极显著;平均鲜毛茧出丝率16.86%,比对照高0.16%,两年差异均不显著。平均茧层率22.13%,平均解舒率77.52%,平均净度95.11分,平均茧丝长1 157米,平均茧丝纤度综合均方差0.452 D。生产鉴定平均每盒/张蚕种收茧量32.45千克,比对照减产0.17%,两年差异均不显著;平均健蛹率89.15%,比对照高3.03%,两年差异均不显著(表3.170)。

2019年5月,委托苏州大学基础医学与生命科学学院应用生物学系对韶·辉×旭·东进行了BmNPV抗性鉴定试验,采用改良寇氏法计算$LD_{50}$。结果表明,BmNPV对韶·辉×旭·东的$LD_{50}$为$1.37×10^9$个/毫升,是对照品种9·芙×7·湘$LD_{50}$值的3 200倍,新品种的耐病力显著增强。

表 3.166 云蚕 11 号审定指标与对照比较

| 年份 | 品种名称 | 实验室指标 | | | | | | | | | 生产指标 | | |
| | | 4 龄起蚕虫蛹率 (%) | 万头收茧量 (千克) | 茧层率 (%) | 解舒率 (%) | 净度 (分) | 鲜毛茧出丝率 (%) | 茧丝长 (米) | 茧丝纤度综合均方差 (D) | 每盒/张蚕种收茧量 (千克) | 健蛹率 (%) |
| 2017 | 云蚕 11 号 | 97.22 | 22.28 | 24.13 | 76.49 | 93.10 | 19.49 | 1305 | 0.608 | 38.98 | 95.60 |
| | 菁松×皓月 (CK) | 98.11 | 21.45 | 24.08 | 77.37 | 94.37 | 19.39 | 1367 | 0.496 | 37.34 | 96.26 |
| | ±CK (%) | −0.89 | 3.87 | 0.05 | −0.88 | −1.35 | 0.10 | −4.54 | 22.58 | 4.39 | −0.66 |
| | t 检验 | −2.425 | 2.341 | 0.151 | −0.770 | −1.750 | −2.056 | −2.202 | 2.931* | 1.745 | −0.624 |
| 2018 | 云蚕 11 号 | 96.42 | 20.60 | 24.10 | 75.52 | 94.16 | 19.43 | 1232 | 0.723 | 35.91 | 92.61 |
| | 菁松×皓月 (CK) | 97.43 | 20.07 | 23.32 | 81.12 | 94.19 | 19.24 | 1318 | 0.484 | 38.29 | 94.40 |
| | ±CK (%) | −1.04 | 2.64 | 0.78 | −5.60 | −0.03 | 0.19 | −6.56 | 43.98 | −6.22 | −1.79 |
| | t 检验 | −1.720 | 1.959 | 3.985** | −3.017* | −0.051 | 0.840 | −5.641** | 13.958** | −1.346 | −1.675 |
| 平均 | 云蚕 11 号 | 96.82 | 21.44 | 24.12 | 76.01 | 93.63 | 19.46 | 1269 | 0.666 | 37.45 | 94.11 |
| | 菁松×皓月 (CK) | 97.77 | 20.76 | 23.70 | 79.25 | 94.28 | 19.32 | 1343 | 0.490 | 37.82 | 95.33 |
| | ±CK (%) | −0.95 | 3.28 | 0.42 | −3.24 | −0.69 | 0.15 | −5.51 | 35.82 | −0.98 | −1.23 |

注：* 示 $P \leqslant 0.05$，差异显著；** 示 $P \leqslant 0.01$，差异极显著。下表同。

表3.167 华康3号审定指标与对照比较

| 年份 | 品种名称 | 4龄起蚕虫蛹率(%) | 万头收茧量(千克) | 茧层率(%) | 解舒率(%) | 净度(分) | 鲜毛茧出丝率(%) | 茧丝长(米) | 茧丝纤度综合均方差(D) | 每盒/张蚕种收茧量(千克) | 健蛹率(%) |
|---|---|---|---|---|---|---|---|---|---|---|---|
| | | | | | | 实验室指标 | | | | 生产指标 | |
| 2017春 | 华康3号 | 96.70 | 22.45 | 22.43 | 78.68 | 93.94 | 17.90 | 1336 | 0.581 | 39.74 | 98.05 |
| | 菁松×皓月(CK) | 98.11 | 21.45 | 24.08 | 77.37 | 94.37 | 19.39 | 1367 | 0.496 | 37.34 | 96.26 |
| | ±CK(%) | −1.41 | 4.66 | −1.65 | 1.31 | −0.46 | −1.49 | −2.27 | 17.14 | 6.43 | 1.79 |
| | t检验 | −1.427 | 2.267 | −5.165** | 1.219 | −1.078 | −5.978** | −2.652* | 4.215** | 2.193 | 1.330 |
| 2017秋 | 华康3号 | 96.01 | 19.20 | 22.47 | 80.87 | 95.12 | 17.70 | 1239 | 0.509 | 37.83 | 95.36 |
| | 秋丰×白玉(CK) | 95.72 | 17.46 | 21.42 | 79.40 | 94.97 | 16.51 | 1058 | 0.414 | 32.11 | 96.76 |
| | ±CK(%) | 0.29 | 9.97 | 1.05 | 1.47 | 0.16 | 1.19 | 17.11 | 22.95 | 17.81 | −1.40 |
| | t检验 | 0.19 | 5.003** | 7.119** | 1.17 | 0.631 | 6.448** | 12.789** | 2.542* | 5.247* | −1.987 |
| 2018春 | 华康3号 | 97.11 | 20.93 | 22.23 | 78.68 | 95.43 | 18.22 | 1289 | 0.601 | 38.92 | 98.23 |
| | 菁松×皓月(CK) | 97.43 | 20.07 | 23.32 | 81.12 | 94.19 | 19.24 | 1318 | 0.484 | 38.29 | 94.40 |
| | ±CK(%) | −0.32 | 4.29 | −1.09 | −2.44 | 1.32 | −1.02 | −2.21 | 24.17 | 1.65 | 3.83 |
| | t检验 | −0.546 | 3.648** | −3.789** | −2.485* | 4.015** | −4.040** | −1.222 | 2.735* | 0.808 | 1.472 |
| 2018秋 | 华康3号 | 94.57 | 18.37 | 22.59 | 78.74 | 94.82 | 17.78 | 1192 | 0.538 | 33.82 | 95.66 |
| | 秋丰×白玉(CK) | 94.72 | 16.09 | 21.07 | 79.02 | 95.42 | 16.20 | 965 | 0.440 | 27.32 | 91.13 |
| | ±CK(%) | −0.15 | 14.17 | 1.52 | −0.28 | −0.63 | 1.58 | 23.62 | 22.27 | 23.79 | 4.53 |
| | t检验 | −0.058 | 5.252** | 11.314* | −0.142 | −2.049 | 6.665** | 20.670** | 1.601 | 4.000* | 2.780* |
| 春季平均 | 华康3号 | 96.91 | 21.69 | 22.33 | 78.68 | 94.69 | 18.06 | 1313 | 0.591 | 39.33 | 98.14 |
| | 菁松×皓月(CK) | 97.77 | 20.76 | 23.70 | 79.25 | 94.28 | 19.32 | 1343 | 0.490 | 37.82 | 95.33 |
| | ±CK(%) | −0.87 | 4.48 | −1.37 | −0.56 | 0.43 | −1.26 | −2.24 | 20.61 | 4.01 | 2.81 |
| 秋季平均 | 华康3号 | 95.29 | 18.79 | 22.53 | 79.81 | 94.97 | 17.74 | 1216 | 0.524 | 35.83 | 95.51 |
| | 秋丰×白玉(CK) | 95.22 | 16.78 | 21.25 | 79.21 | 95.20 | 16.36 | 1011 | 0.427 | 29.72 | 93.95 |
| | ±CK(%) | 0.07 | 11.98 | 1.29 | 0.59 | −0.24 | 1.39 | 20.21 | 22.60 | 20.56 | 1.57 |

表 3.168 川山×蜀水审定指标与对照比较

| 年份 | 品种名称 | 实验室指标 | | | | | | | | 生产指标 | |
| --- | --- | --- | --- | --- | --- | --- | --- | --- | --- | --- | --- |
| | | 4龄起蚕虫蛹率（%） | 万头收茧量（千克） | 茧层率（%） | 解舒率（%） | 净度（分） | 鲜毛茧出丝率（%） | 茧丝长（米） | 茧丝纤度综合均方差（D） | 每盒/张蚕种收茧量（千克） | 健蛹率（%） |
| 2017 | 川山×蜀水 | 94.06 | 18.79 | 23.35 | 80.64 | 95.42 | 18.50 | 1261 | 0.507 | 32.94 | 93.41 |
| | 秋丰×白玉(CK) | 95.72 | 17.46 | 21.42 | 79.40 | 94.97 | 16.51 | 1058 | 0.414 | 32.15 | 95.67 |
| | ±CK（%） | -1.66 | 7.56 | 1.93 | 1.24 | 0.47 | 1.99 | 19.19 | 22.46 | 2.46 | -2.26 |
| | t 检验 | -0.766 | 4.241** | 12.075** | 0.943 | 1.319 | 11.083** | 15.495** | 3.131* | 1.298 | -1.561 |
| 2018 | 川山×蜀水 | 95.07 | 18.41 | 23.31 | 80.81 | 95.11 | 18.54 | 1192 | 0.529 | 32.58 | 91.08 |
| | 秋丰×白玉(CK) | 94.72 | 16.09 | 21.07 | 79.02 | 95.42 | 16.20 | 965 | 0.440 | 27.32 | 91.13 |
| | ±CK（%） | 0.35 | 14.42 | 2.24 | 1.79 | -0.32 | 2.34 | 23.55 | 20.23 | 19.25** | -0.05 |
| | t 检验 | 0.372 | 4.462** | 8.209** | 1.120 | -0.740 | 13.628** | 9.144** | 2.180 | 5.439** | -0.107 |
| 平均 | 川山×蜀水 | 94.57 | 18.60 | 23.33 | 80.73 | 95.27 | 18.52 | 1226 | 0.518 | 32.76 | 92.25 |
| | 秋丰×白玉(CK) | 95.22 | 16.78 | 21.25 | 79.21 | 95.20 | 16.36 | 1011 | 0.427 | 29.74 | 93.40 |
| | ±CK（%） | -0.66 | 10.88 | 2.09 | 1.51 | 0.07 | 2.17 | 21.27 | 21.31 | 10.17 | -1.16 |

表 3.169 云夏 3×云夏 4 审定指标与对照比较

| 年份 | 品种名称 | 实验室指标 | | | | | | | | 生产指标 | |
| --- | --- | --- | --- | --- | --- | --- | --- | --- | --- | --- | --- |
| | | 4龄起蚕虫蛹率（%） | 万头收茧量（千克） | 茧层率（%） | 解舒率（%） | 净度（分） | 鲜毛茧出丝率（%） | 茧丝长（米） | 茧丝纤度综合均方差（D） | 每盒/张蚕种收茧量（千克） | 健蛹率（%） |
| 2017 | 云夏 3×云夏 4 | 90.17 | 17.07 | 22.72 | 73.38 | 93.03 | 16.72 | 1202 | 0.597 | 32.50 | 85.81 |
| | 9·芙×7·湘(CK) | 95.34 | 16.22 | 21.50 | 74.16 | 95.04 | 16.36 | 998 | 0.534 | 32.35 | 81.92 |
| | ±CK（%） | -5.18 | 5.28 | 1.22 | -0.78 | -2.12 | 0.36 | 20.41 | 11.76 | 0.47 | 3.89 |
| | t 检验 | -1.844 | 2.119 | 10.421** | -0.428 | -4.29** | 1.131 | 18.416** | 3.310* | 0.087 | 0.653 |
| 2018 | 云夏 3×云夏 4 | 91.24 | 15.68 | 23.02 | 77.02 | 91.59 | 17.35 | 1088 | 0.612 | 31.81 | 87.22 |
| | 9·芙×7·湘(CK) | 92.83 | 14.35 | 22.26 | 80.25 | 94.50 | 17.03 | 973 | 0.546 | 32.80 | 94.00 |
| | ±CK（%） | -1.59 | 9.27 | 0.76 | -3.23 | -3.08 | 0.32 | 11.82 | 12.09 | -3.02 | -6.78 |
| | t 检验 | -1.218 | 3.212* | 2.867* | -3.154* | -1.779 | 1.375 | 4.325** | 1.810 | -1.238 | -2.806 |
| 平均 | 云夏 3×云夏 4 | 90.71 | 16.38 | 22.87 | 75.20 | 92.31 | 17.04 | 1145 | 0.605 | 32.16 | 86.52 |
| | 9·芙×7·湘(CK) | 94.09 | 15.29 | 21.88 | 77.21 | 94.77 | 16.70 | 986 | 0.540 | 32.58 | 87.96 |
| | ±CK（%） | -3.38 | 7.13 | 0.99 | -2.01 | -2.60 | 0.34 | 16.18 | 11.94 | -1.29 | -1.45 |

表 3.170　韶 · 辉×旭 · 东审定指标与对照比较

| 年份 | 品种名称 | 实验室指标 | | | | | | 生产指标 | | | |
|---|---|---|---|---|---|---|---|---|---|---|---|
| | | 4龄起蚕虫蛹率(%) | 万头收茧量(千克) | 茧层率(%) | 解舒率(%) | 净度(分) | 鲜毛茧出丝率(%) | 茧丝长(米) | 茧丝纤度综合均方差(D) | 每盒/张蚕种收茧量(千克) | 健蛹率(%) |
| 2017 | 韶 · 辉×旭 · 东 | 95.14 | 16.91 | 21.53 | 74.68 | 94.84 | 16.58 | 1155 | 0.479 | 30.99 | 86.95 |
| | 9 · 芙×7 · 湘(CK) | 95.34 | 16.22 | 21.50 | 74.16 | 95.04 | 16.36 | 998 | 0.534 | 32.20 | 78.25 |
| | ±CK(%) | -0.20 | 4.25 | 0.04 | 0.52 | -0.21 | 0.23 | 15.70 | -10.43 | -3.76 | 8.70 |
| | t 检验 | -0.183 | 3.846** | 0.568 | 1.082 | -0.743 | 2.237 | 10.149** | -3.122* | -1.043 | 1.909 |
| 2018 | 韶 · 辉×旭 · 东 | 95.20 | 15.60 | 22.73 | 80.36 | 95.37 | 17.13 | 1159 | 0.424 | 33.90 | 91.35 |
| | 9 · 芙×7 · 湘(CK) | 92.83 | 14.35 | 22.26 | 80.25 | 94.5 | 17.03 | 973 | 0.546 | 32.80 | 94.00 |
| | ±CK(%) | 2.37 | 8.71 | 0.47 | 0.11 | 0.92 | 0.10 | 19.12 | -22.34 | 3.35 | -2.65 |
| | t 检验 | 1.386 | 4.880** | 4.524** | 0.074 | 4.121** | 0.328 | 5.655** | -2.469 | 2.537 | -1.144 |
| 平均 | 韶 · 辉×旭 · 东 | 95.17 | 16.26 | 22.13 | 77.52 | 95.11 | 16.86 | 1157 | 0.452 | 32.45 | 89.15 |
| | 9 · 芙×7 · 湘(CK) | 94.09 | 15.29 | 21.88 | 77.21 | 94.77 | 16.70 | 986 | 0.540 | 32.50 | 86.13 |
| | ±CK(%) | 1.08 | 6.35 | 0.25 | 0.32 | 0.35 | 0.16 | 17.40 | -16.39 | -0.17 | 3.03 |

### （四）2013—2018 年参试品种审定结果

#### 1. 蚕专业委员会初审

2019 年 12 月 5 日国家畜禽遗传资源委员会办公室，在江苏省镇江市组织召开了国家蚕品种初审会议，对 2013 年以来完成国家蚕品种试验的 16 对蚕品种（表 3.171、表 3.172）进行了初审。其中 11 对品种通过初审：苏秀×春丰、苏荣×锡玉、鲁菁×华阳、粤蚕 8 号、华康 2 号、芳·绣×白·春、锦·绣×潇·湘、锦·苑×绫·州、华康 3 号、川山×蜀水、韶·辉×旭·东。其他 5 对品种：润众×润晶、广食 1 号（庆丰×正广）、渝蚕 1 号、云夏 3×云夏 4 和云蚕 11 号，部分指标未达到规定要求，初审未通过。

#### 2. 国家畜禽遗传资源委员会审定

2020 年 9 月 21 日国家畜禽遗传资源委员会办公室发布"关于召开国家畜禽遗传资源委员会专门会议的通知"（畜资委办〔2020〕6 号），对新发现、新育成的畜禽遗传资源进行鉴定和审定。湘沙猪等 25 个畜禽和蚕新品种（11 对）及配套系、玉树牦牛等 5 个畜禽遗传资源，审定、鉴定通过。

表 3.171　申报国家审定桑蚕品种（2013—2018 年）

| 编号 | 品种名称 | 亲本组合 | 选育单位 | 区试组别 |
|---|---|---|---|---|
| 1 | 润众×润晶 | 春蕾 A·苏镇 B×春光 A·H | 镇江市蚕种场有限责任公司 | A 组春用 |
| 2 | 苏秀×春丰 | 601A1·601A2×602A1·602A2 | 苏州大学 | A 组春秋兼用 |
| 3 | 苏荣×锡玉 | 春蕾 A·春蕾 B×锡防 A·068A | 无锡市西漳蚕种场、苏州大学、江苏省蚕种公司 | A 组春用 |
| 4 | 鲁菁×华阳 | 857·菁松×平 76·皓月 | 山东广通蚕种有限公司、浙江省农科院蚕桑研究所 | A 组春用 |
| 5 | 庆丰×正广（广食 1 号） | 泰广·丰广×晓广·辉广 | 山东农业大学 | A 组春用 |
| 6 | 渝蚕 1 号 | 中 4·C106×日 5·皓月 | 西南大学、四川省蚕业管理总站、重庆市蚕科院 | A 组夏秋用 |
| 7 | 粤蚕 8 号 | 越·春 5×航诱 7·研 7 | 广东省农业科学院蚕业与农产品加工研究所 | B 组夏秋用 |
| 8 | 华康 2 号 | 秋丰 N×白玉 N | 中国农业科学院蚕业研究所、江苏科技大学 | A+B 组夏秋用 |
| 9 | 芳·绣×白·春 | 0801·夏芳×0802·秋白 | 四川省农业科学院蚕业研究所、西南大学、四川省蚕业管理总站、苏州大学、四川省苏稽蚕种场、四川省阆中蚕种场 | A 组春秋兼用 |
| 10 | 锦·绣×潇·湘 | 7521N·1501C×7522N·1504A | 湖南省蚕桑科学研究所、苏州大学、常德鼎城区蚕种场 | A 组秋用 |
| 11 | 锦·苑×绫·州 | 锦 7·（317·限 1）×（绫 14·绫 4）·（318·限 2） | 四川省阆中蚕种场 | A+B 组夏秋用 |
| 12 | 云蚕 11 号 | 新河 A·新河 B×新秀 A·新秀 B | 云南省农业科学院蚕桑蜜蜂研究所 | A 组春用 |
| 13 | 华康 3 号 | 菁松 N×皓月 N | 中国农业科学院蚕业研究所、江苏科技大学 | A 组春秋兼用 |
| 14 | 川山×蜀水 | 秋芳×732 | 四川省南充蚕种场、四川省蚕业管理总站 | A 组秋用 |
| 15 | 云夏 3×云夏 4 | S1A·7521 白×2064 白·7522 白 | 云南省农业科学院蚕桑蜜蜂研究所 | B 组夏秋用 |
| 16 | 韶·辉×旭·东 | C9K·云竹 K×秋湘 NK·秋白 BK | 湖南省蚕桑科学研究所、苏州大学、常德鼎城区蚕种场 | B 组夏秋用 |

表3.172 2013—2018年完成实验程序蚕品种成绩汇总表

| 品种名称 | 组别 | 实验室鉴定年份 | 蚕期 | 实验室指标 | | | | | | | | | |
| --- | --- | --- | --- | --- | --- | --- | --- | --- | --- | --- | --- | --- | --- |
| | | | | 4龄起蚕虫蛹率 | | 万蚕产茧量 | | 净度 | | 解舒率 | | 鲜毛茧出丝率 | |
| | | | | 实值(%) | ±CK(%) | 实值(千克) | ±CK(%) | 实值(分) | ±CK(分) | 实值(%) | ±CK(%) | 实值(%) | ±CK(%) |
| 润众×润晶 | A春用 | 2013—2014 | 春 | 96.46 | -1.05 | 22.41 | 6.77 | 93.43 | 0.23 | 76.86 | -0.15 | 20.09 | 1.15 |
| 苏秀×春丰 | A春秋兼用 | 2013—2014 | 春 | 97.14 | -0.37 | 20.46 | -2.53 | 93.65 | 0.47 | 75.75 | -1.63 | 19.90 | 0.96 |
| | | | 秋 | 92.67 | -2.18 | 17.15 | -3.38 | 94.86 | -0.52 | 76.96 | -0.08 | 19.76 | 3.06 |
| 苏荣×锡玉 | A春用 | 2013—2014 | 春 | 96.62 | -0.89 | 21.08 | 0.43 | 93.19 | -0.02 | 75.82 | -1.19 | 19.46 | 0.52 |
| 鲁菁×华阳 | A春用 | 2013—2014 | 春 | 97.26 | -0.25 | 19.29 | -8.10 | 93.79 | 0.62 | 75.94 | -1.07 | 20.23 | 1.29 |
| 庆丰×正广 | A春用 | 2013—2014 | 春 | 95.88 | -1.63 | 21.87 | 4.19 | 94.57 | 1.46 | 72.69 | -4.32 | 18.58 | -0.36 |
| 渝蚕1号 | A秋用 | 2013—2014 | 秋 | 93.51 | -1.36 | 18.88 | 5.95 | 93.25 | -2.63 | 75.88 | -1.52 | 16.61 | -0.15 |
| 粤蚕8号 | B秋用 | 2013—2014 | 秋 | 95.38 | 0.06 | 15.94 | 1.46 | 94.94 | 0.70 | 75.50 | 1.53 | 16.20 | 0.44 |
| 华康2号 | A+B秋用 | 2014—2015 | 秋 | 95.86 | 0.57 | 18.59 | 3.62 | 96.25 | 0.50 | 78.26 | 0.17 | 16.56 | 0.35 |
| | | | 秋 | 94.75 | -0.64 | 17.59 | 8.98 | 95.60 | 1.45 | 73.94 | -0.26 | 16.25 | 0.27 |
| 芳·绣×白·春 | A春秋兼用 | 2015—2016 | 春 | 96.67 | -1.16 | 20.64 | 3.20 | 93.88 | -1.39 | 78.30 | -3.47 | 18.17 | -0.27 |
| | | | 秋 | 95.08 | 1.40 | 18.09 | 5.11 | 94.27 | -1.11 | 81.58 | 1.89 | 18.71 | 2.24 |
| 锦·绣×潇·湘 | A秋用 | 2015—2016 | 秋 | 97.32 | 3.64 | 17.34 | 0.76 | 95.67 | 0.36 | 83.38 | 3.69 | 17.50 | 1.03 |
| 锦·苑×绫·州 | A+B秋用 | 2015—2016 | 秋 | 95.86 | 2.18 | 17.75 | 3.14 | 95.07 | -0.27 | 83.18 | 3.49 | 17.58 | 1.11 |
| | | | 秋 | 92.47 | -2.40 | 16.28 | 6.06 | 94.51 | -0.47 | 81.13 | 0.34 | 17.06 | 0.27 |
| 云蚕11号 | A春用 | 2017—2018 | 春 | 96.82 | -0.95 | 21.44 | 3.28 | 24.12 | 0.42 | 76.01 | -3.24 | 93.63 | -0.69 |
| 华康3号 | A春秋兼用 | 2017—2018 | 春 | 96.91 | -0.87 | 21.69 | 4.48 | 22.33 | -1.37 | 78.68 | -0.56 | 94.69 | 0.43 |
| | | | 秋 | 95.29 | 0.07 | 18.79 | 11.98 | 22.53 | 1.29 | 79.81 | 0.59 | 94.97 | -0.24 |
| 川山×蜀水 | A秋用 | 2017—2018 | 秋 | 94.57 | -0.66 | 18.6 | 10.88 | 23.33 | 2.09 | 80.73 | 1.51 | 95.27 | 0.07 |
| 云夏3×云夏4 | B秋用 | 2017—2018 | 秋 | 90.71 | -3.38 | 16.38 | 7.13 | 22.87 | 0.99 | 75.20 | -2.01 | 92.31 | -2.6 |
| 韶·辉×旭·东 | B秋用 | 2017—2018 | 秋 | 95.17 | 1.08 | 16.26 | 6.35 | 22.13 | 0.25 | 77.52 | 0.32 | 95.11 | 0.35 |

（续 表）

| 品种名称 | 组别 | 生产鉴定年份 | 蚕期 | 实验室指标 茧层率 实值(%) | 实验室指标 茧层率 ±CK(%) | 实验室指标 茧丝长 实值(m) | 实验室指标 茧丝长 ±CK(%) | 生产指标 张/盒种产茧量 实值(kg) | 生产指标 张/盒种产茧量 ±CK(%) | 生产指标 健蛹率 实值(%) | 生产指标 健蛹率 ±CK(%) |
|---|---|---|---|---|---|---|---|---|---|---|---|
| 润众×润晶 | A春用 | 2014—2015 | 春 | 25.59 | 1.50 | 1378 | 5.51 | 38.47 | 2.34 | 92.51 | -1.11 |
| 苏秀×春丰 | A春秋兼用 | 2014—2015 | 春 | 25.97 | 1.88 | 1559 | 19.41 | 35.48 | -5.61 | 92.82 | -0.80 |
|  |  |  | 秋 | 25.32 | 3.50 | 1510 | 41.29 | 32.15 | 0.00 | 91.70 | 2.52 |
| 苏荣×锡玉 | A春用 | 2014—2015 | 春 | 25.13 | 1.04 | 1396 | 6.90 | 37.67 | 0.21 | 92.44 | -1.18 |
| 鲁菁×华阳 | A春用 | 2014—2015 | 春 | 26.71 | 2.62 | 1299 | -0.49 | 35.68 | -5.08 | 93.09 | -0.53 |
| 庆丰×正广 | A春用 | 2014—2015 | 春 | 23.93 | -0.16 | 1313 | 0.57 | 30.74 | -18.22 | 88.17 | -5.45 |
| 渝蚕1号 | A秋用 | 2014—2015 | 秋 | 22.27 | 0.50 | 1067 | -0.57 | 31.16 | -3.08 | 87.29 | -1.89 |
| 粤蚕8号 | B秋用 | 2013—2014 | 秋 | 21.70 | 0.48 | 989 | 7.81 | 32.25 | 3.00 | 86.92 | 6.36 |
| 华康2号 | AB秋用 | 2014—2015 | 秋 | 21.87 | 0.21 | 1055 | 1.17 | 35.48 | 10.36 | 92.94 | 3.76 |
|  |  |  | 秋 | 21.75 | 0.14 | 1018 | 9.75 | 32.65 | 7.26 | 91.71 | 9.58 |
| 芳·绣×白·春 | A春秋兼用 | 2016—2017 | 春 | 23.80 | -0.06 | 1349 | 2.82 | 34.78 | -2.69 | 93.24 | -1.45 |
|  |  |  | 秋 | 23.96 | 2.56 | 1310 | 29.57 | 30.94 | 1.54 | 83.99 | -2.49 |
| 锦·绣×潇·湘 | A秋用 | 2016—2017 | 秋 | 22.76 | 1.36 | 1088 | 7.62 | 34.14 | 12.04 | 91.45 | 4.97 |
| 锦·苑×绫·州 | AB秋用 | 2016—2017 | 秋 | 22.60 | 1.20 | 1051 | 3.96 | 35.04 | 15.00 | 84.10 | -2.38 |
|  |  |  | 秋 | 22.41 | 0.81 | 1004 | 7.05 | 31.76 | 1.37 | 77.76 | -2.26 |
| 云蚕11号 | A春用 | 2017—2018 | 春 | 19.46 | 0.15 | 1269 | -5.51 | 37.45 | -0.98 | 94.11 | -1.23 |
| 华康3号 | A春秋兼用 | 2017—2018 | 春 | 18.06 | -1.26 | 1313 | -2.24 | 39.33 | 4.01 | 98.14 | 2.81 |
|  |  |  | 秋 | 17.74 | 1.39 | 1216 | 20.21 | 35.83 | 20.56 | 95.51 | 1.57 |
| 川山×蜀水 | A秋用 | 2017—2018 | 秋 | 18.52 | 2.17 | 1226 | 21.27 | 32.76 | 10.17 | 92.25 | -1.16 |
| 云夏3×云夏4 | B秋用 | 2017—2018 | 秋 | 17.04 | 0.34 | 1145 | 16.18 | 32.16 | -1.29 | 86.52 | -1.45 |
| 韶·辉×旭·东 | B秋用 | 2017—2018 | 秋 | 16.86 | 0.16 | 1157 | 17.40 | 32.45 | -0.17 | 89.15 | 3.03 |

# 三、2020 年农业农村部公告第 381 号

湘沙猪等 25 个畜禽和蚕新品种及配套系、玉树牦牛等 5 个畜禽遗传资源,业经国家畜禽遗传资源委员会审定、鉴定通过。根据《畜禽新品种配套系审定和畜禽遗传资源鉴定办法》规定,由国家畜禽遗传资源委员会颁发证书。

特此公告。

附件　1. 畜禽和蚕新品种及配套系目录(表 3.173)

　　　　2. 玉树牦牛等 5 个遗传资源目录(略)

中华人民共和国农业农村部

2020 年 12 月 31 日

表 3.173　畜禽和蚕新品种及配套系目录(蚕品种部分)

| 序号 | 证书编号 | 名称 | 类别 | 培育单位 | 参加培育单位 |
|------|----------|------|------|----------|--------------|
| 1 | 农 01 新品种　证字第 30 号 | 湘沙猪 | 配套系 | 湘潭市家畜育种站、湖南省畜牧兽医研究所、伟鸿食品股份有限公司、湖南农业大学 | — |
| ... | …… | …… | | …… | …… |
| 15 | 农 17 新品种　证字第 13 号 | 华康 2 号 | 新品种 | 中国农业科学院蚕业研究所、江苏科技大学 | — |
| 16 | 农 17 新品种　证字第 14 号 | 华康 3 号 | 新品种 | 中国农业科学院蚕业研究所、江苏科技大学 | — |
| 17 | 农 17 新品种　证字第 15 号 | 粤蚕 8 号 | 新品种 | 广东省农业科学院蚕业与农产品加工研究所 | — |
| 18 | 农 17 新品种　证字第 16 号 | 川优 1 号(川山×蜀水) | 新品种 | 四川省南充蚕种场 | 四川省蚕业管理总站 |
| 19 | 农 17 新品种　证字第 17 号 | 川蚕 27 号(芳·绣×白·春) | 新品种 | 四川省农业科学院蚕业研究所、西南大学 | 四川省蚕业管理总站、苏州大学、四川省苏稽蚕种场、四川省阆中蚕种场 |
| 20 | 农 17 新品种　证字第 18 号 | 锦苑 3 号(锦·苑×绫·州) | 新品种 | 四川省阆中蚕种场 | — |
| 21 | 农 17 新品种　证字第 19 号 | 鲁菁 1 号(鲁菁×华阳) | 新品种 | 山东广通蚕种有限公司 | 浙江省农业科学院蚕桑研究所 |
| 22 | 农 17 新品种　证字第 20 号 | 苏玉 1 号(苏荣×锡玉) | 新品种 | 无锡市西漳蚕种场、苏州大学、江苏省蚕种公司 | — |
| 23 | 农 17 新品种　证字第 21 号 | 锦绣 1 号(锦·绣×潇·湘) | 新品种 | 湖南省蚕桑科学研究所、苏州大学 | 常德市鼎城区蚕种场 |
| 24 | 农 17 新品种　证字第 22 号 | 锦绣 2 号(韶·辉×旭·东) | 新品种 | 湖南省蚕桑科学研究所、苏州大学 | 常德市鼎城区蚕种场 |
| 25 | 农 17 新品种　证字第 23 号 | 苏秀春丰(苏秀×春丰) | 新品种 | 苏州大学 | — |

# 第四节
# 国家审（认）定通过蚕品种统计

表 3.174　国家审定通过春用和中秋用蚕品种主要性状成绩

| 品种名称 | 虫蛹率（%） | 全茧量（克） | 茧层率（%） | 万头收茧（千克） | 茧丝长（米） | 解舒丝长（米） | 解舒率（%） | 出丝率（%） | 净度（分） | 鉴定年份 |
|---|---|---|---|---|---|---|---|---|---|---|
| 春蕾×明珠 | 97.50 | 2.12 | 25.75 | 21.24 | 1 424 | 1 131 | 79.58 | 20.47 | 94.48 | 1980—1981 |
| 菁松×皓月 | 96.27 | 2.19 | 25.32 | 22.00 | 1 427 | 1 119 | 78.80 | 20.45 | 94.44 | 1980—1981 |
| 华合×东肥 | 97.28 | 2.26 | 23.62 | 21.97 | 1 247 | 1 022 | 81.61 | 19.32 | 94.92 | 对照 |
| 浙蕾×春晓 | 97.06 | 2.17 | 24.84 | 21.57 | 1 402 | 1 047 | 75.09 | 19.16 | 94.95 | 1981—1982 |
| 华合×东肥 | 97.69 | 2.12 | 23.48 | 21.08 | 1 204 | 907 | 75.45 | 18.97 | 94.90 | 对照 |
| 苏花×春晖 | 96.52 | 1.98 | 25.90 | 19.86 | 1 425 | 1 092 | 76.58 | 19.58 | 94.56 | 1987—1988 |
| 华合×东肥 | 97.47 | 1.98 | 22.63 | 19.72 | 1 112 | 866 | 77.32 | 17.45 | 94.50 | 对照 |
| 春·蕾×镇·珠 | 95.46 | 2.14 | 24.95 | 19.55 | 1 377 | 1 024 | 74.61 | 19.25 | 95.46 | 1989—1990 |
| （对照 1） | 96.07 | 1.92 | 23.68 | 18.80 | 1 184 | 954 | 80.63 | 18.18 | 95.94 | 对照 |
| 5·4×24·46 | 96.85 | 2.15 | 24.83 | 21.20 | 1 378 | 992 | 71.04 | 18.14 | 94.32 | 1991—1992 |
| 菁松×皓月 | 95.75 | 2.04 | 24.81 | 19.98 | 1 334 | 988 | 73.35 | 17.88 | 95.35 | 对照 |
| 苏·镇×春·光 | 96.60 | 2.11 | 25.24 | 21.04 | 1 402 | 908 | 64.52 | 18.70 | 94.96 | 1993—1994 |
| 皖$_5$×皖$_6$ | 96.70 | 2.03 | 25.13 | 20.06 | 1 337 | 912 | 67.92 | 19.27 | 95.94 | 1993—1994 |
| 春蕾×锡方 | 96.07 | 2.14 | 24.52 | 21.08 | 1 380 | 928 | 67.03 | 18.60 | 95.24 | 1993—1994 |
| 菁松×皓月 | 96.40 | 2.02 | 24.69 | 20.11 | 1 364 | 974 | 70.98 | 18.36 | 95.41 | 对照 |
| 871×872 | 92.37 | 1.87 | 23.63 | 17.75 | 1 259 | 920 | 72.88 | 16.63 | 94.81 | 1993—1994 |
| 川蚕 11 号 | 91.10 | 1.77 | 23.57 | 16.46 | 1 087 | 786 | 71.90 | 16.78 | 94.46 | 1993—1994 |
| 苏·菊×明·虎 | 89.31 | 1.83 | 23.25 | 17.05 | 1 198 | 887 | 74.02 | 16.62 | 94.58 | 1993—1994 |
| 86A·86B×54A | 92.34 | 1.82 | 23.33 | 17.43 | 1 278 | 900 | 70.52 | 16.42 | 94.99 | 1993—1994 |
| （对照 2） | 90.42 | 1.70 | 22.66 | 15.70 | 1 080 | 810 | 75.19 | 16.00 | 95.04 | 对照 |
| 学 613×春日 | 97.02 | 2.10 | 24.68 | 20.90 | 1 340 | 989 | 73.47 | 18.40 | 95.46 | 1994—1995 |
| 菁松×皓月 | 96.25 | 2.02 | 24.77 | 19.89 | 1 340 | 985 | 72.80 | 18.25 | 95.29 | 对照 |
| 花·蕾×锡·晨 | 95.52 | 2.10 | 24.72 | 21.03 | 1 394 | 990 | 71.20 | 17.87 | 94.04 | 1995—1996 |
| 菁松×皓月 | 95.55 | 2.02 | 24.68 | 19.68 | 1 326 | 997 | 74.63 | 18.16 | 94.84 | 对照 |
| 华瑞×春明 | 94.94 | 2.10 | 26.81 | 20.63 | 1 419 | 991 | 70.23 | 19.55 | 93.72 | 1999 |
| 群丰×富·春 | 96.22 | 2.19 | 24.85 | 21.45 | 1 386 | 1 018 | 73.51 | 18.67 | 95.02 | 1999 |
| 华峰$_{GW}$×雪·A | 96.05 | 2.11 | 25.20 | 20.64 | 1 419 | 1 020 | 71.98 | 19.34 | 94.43 | 1999 |
| 钟秋×金铃 | 97.26 | 2.13 | 25.86 | 21.05 | 1 378 | 1 154 | 83.89 | 19.75 | 94.48 | 1999 |
| 菁松×皓月 | 91.77 | 2.00 | 24.75 | 18.51 | 1 266 | 858 | 67.94 | 17.96 | 93.30 | 对照 |
| 丝雨二号 | 97.49 | 2.16 | 23.68 | 20.97 | 1 285 | 1 045 | 81.46 | 19.12 | 97.49 | 2011—2012 |
| 菁松×皓月 | 97.28 | 2.07 | 24.40 | 20.17 | 1 319 | 1 065 | 80.93 | 19.75 | 97.28 | 对照 |

（续　表）

| 品种名称 | 虫蛹率（%） | 全茧量（克） | 茧层率（%） | 万头收茧（千克） | 茧丝长（米） | 解舒丝长（米） | 解舒率（%） | 出丝率（%） | 净度（分） | 鉴定年份 |
|---|---|---|---|---|---|---|---|---|---|---|
| 苏秀×春丰 | 97.14 | 2.06 | 25.97 | 20.46 | 1 559 | 1 109 | 75.75 | 19.90 | 93.65 | 2013—2014 |
| 苏荣×锡玉 | 96.62 | 2.12 | 25.13 | 21.08 | 1 396 | 1 056 | 75.82 | 19.46 | 93.19 | 2013—2014 |
| 鲁菁×华阳 | 97.26 | 1.94 | 26.71 | 19.29 | 1 299 | 990 | 75.94 | 20.23 | 93.79 | 2013—2014 |
| 菁松×皓月 | 97.51 | 2.12 | 24.09 | 20.99 | 1 306 | 1 003 | 77.01 | 18.94 | 93.21 | 对照 |
| 芳·绣×白·春 | 96.67 | 2.11 | 23.80 | 20.64 | 1 349 | 1 057 | 78.30 | 18.17 | 93.88 | 2015—2016 |
| 菁松×皓月 | 97.83 | 2.16 | 23.86 | 20.00 | 1 312 | 1 073 | 81.77 | 18.44 | 95.20 | 对照 |
| 华康3号 | 96.91 | 2.19 | 22.33 | 21.69 | 1 313 | 1 022 | 78.68 | 18.06 | 94.69 | 2017—2018 |
| 菁松×皓月 | 97.77 | 2.09 | 23.70 | 20.76 | 1 343 | 1 053 | 79.25 | 19.32 | 94.28 | 对照 |

注：1. 对照1：指华合×东肥和菁松×皓月平均；对照2：指菁松×皓月和苏·秋3×苏4平均。
　　2. 华峰×雪松，经多家单位联合鉴定后，1994年审定通过；陕蚕2号、陕蚕3号、75新×7532、苏5×苏6，1994年通过国家认定；两广2号，1996年认定通过，数据未列入本表。

### 表 3.175　国家审定通过夏秋用蚕品种主要性状成绩

| 品种名称 | 虫蛹率（%） | 全茧量（克） | 茧层率（%） | 万头收茧（千克） | 茧丝长（米） | 解舒丝长（米） | 解舒率（%） | 出丝率（%） | 净度分 | 鉴定年份 |
|---|---|---|---|---|---|---|---|---|---|---|
| 秋芳×明晖 | 86.08 | 1.69 | 20.75 | 15.51 | 960 | 758 | 78.84 | 15.23 | 93.21 | 1980—1981 |
| 群芳×朝霞 | 86.41 | 1.57 | 21.57 | 14.40 | 1 053 | 757 | 71.50 | 15.73 | 93.99 | 1980—1981 |
| 新菁×朝霞 | 90.98 | 1.57 | 21.31 | 15.04 | 1 028 | 711 | 68.90 | 15.55 | 91.22 | 1980—1981 |
| 东34×苏12 | 87.44 | 1.64 | 19.33 | 14.90 | 944 | 668 | 70.62 | 14.25 | 93.72 | 对照 |
| 薪杭×科明 | 84.26 | 1.62 | 20.74 | 14.46 | 1 004 | 706 | 70.82 | 15.64 | 94.94 | 1982—1983 |
| 东34×苏12 | 87.00 | 1.54 | 19.38 | 14.12 | 901 | 659 | 73.04 | 14.28 | 94.55 | 对照 |
| 芙蓉×湘晖 | 94.62 | 1.52 | 23.32 | 14.94 | 1 106 | 883 | 79.83 | 17.38 | 94.34 | 1984—1985 |
| 东34×苏12 | 94.64 | 1.54 | 19.46 | 15.05 | 918 | 713 | 77.92 | 14.54 | 94.07 | 对照 |
| 研菁×日桂 | 91.40 | 1.52 | 24.11 | 14.55 | 1 175 | 826 | 70.52 | 17.38 | 94.59 | 1985—1986 |
| 蓝天×白云 | 90.13 | 1.64 | 23.11 | 15.48 | 1 120 | 794 | 71.22 | 16.65 | 93.83 | 1985—1986 |
| 东34×苏12 | 93.72 | 1.52 | 19.67 | 14.79 | 900 | 708 | 78.80 | 14.23 | 93.79 | 对照 |
| 黄鹤×朝霞 | 94.34 | 1.66 | 22.20 | 16.14 | 1 082 | 790 | 72.92 | 15.89 | 94.38 | 1987—1988 |
| 秋丰×白玉 | 91.34 | 1.77 | 21.51 | 17.09 | 1 046 | 752 | 71.72 | 14.48 | 95.13 | 1987—1988 |
| 东34×苏12 | 93.56 | 1.55 | 19.48 | 15.16 | 868 | 659 | 75.75 | 13.80 | 93.84 | 对照 |
| 浒花×秋星 | 88.13 | 1.64 | 21.90 | 15.34 | 1 005 | 714 | 70.76 | 14.94 | 97.06 | 1989—1990 |
| （对照3）* | 89.82 | 1.51 | 20.12 | 14.00 | 893 | 652 | 72.24 | 14.15 | 96.16 | 对照 |
| 芙·新×日·湘 | 95.45 | 1.55 | 23.49 | 15.08 | 1 084 | 792 | 73.54 | 17.16 | 95.28 | 1991—1992 |
| 东43×7·湘 | 97.12 | 1.45 | 22.30 | 14.10 | 992 | 716 | 72.57 | 15.81 | 95.63 | 1991—1992 |
| 苏·秋3×苏4 | 92.50 | 1.58 | 21.40 | 15.10 | 980 | 698 | 71.77 | 14.87 | 94.92 | 对照 |
| 限1×限2 | 88.81 | 1.67 | 22.66 | 15.22 | 1 076 | 740 | 69.26 | 14.68 | 93.94 | 1993—1994 |
| 317×318 | 85.21 | 1.62 | 21.96 | 14.36 | 1 031 | 713 | 69.20 | 14.55 | 94.12 | 1993—1994 |
| C497×322 | 81.89 | 1.60 | 23.50 | 14.17 | 1 070 | 700 | 65.61 | 14.74 | 93.42 | 1993—1994 |
| 苏·秋3×苏4 | 81.31 | 1.60 | 21.80 | 13.89 | 930 | 638 | 68.80 | 13.92 | 93.92 | 对照 |
| 绿·萍×晴·光 | 87.04 | 1.70 | 23.21 | 16.03 | 1 115 | 716 | 64.18 | 15.49 | 94.75 | 1995—1996 |
| 秋·西×夏D | 88.24 | 1.62 | 22.86 | 15.26 | 1 061 | 727 | 68.58 | 15.24 | 95.45 | 1995—1996 |
| 夏7×夏6 | 85.13 | 1.70 | 21.80 | 15.44 | 1 070 | 737 | 68.80 | 14.68 | 95.58 | 1995—1996 |
| 花·丰×8B·5A | 88.48 | 1.66 | 22.88 | 15.71 | 1 075 | 673 | 62.14 | 14.66 | 94.78 | 1995—1996 |
| 苏·秋3×苏4 | 85.37 | 1.65 | 21.56 | 15.30 | 984 | 599 | 60.71 | 14.09 | 93.38 | 对照 |
| 洞·庭×碧·波 | 90.46 | 1.86 | 22.63 | 17.50 | 1 178 | 784 | 66.88 | 15.99 | 92.20 | 1999 |
| 云·山×东·海 | 91.07 | 1.88 | 22.52 | 17.87 | 1 239 | 806 | 64.71 | 16.30 | 92.83 | 1999 |
| 芙·桂×朝·凤 | 92.31 | 1.96 | 22.22 | 18.70 | 1 156 | 788 | 67.95 | 16.85 | 91.77 | 1999 |
| 夏蕾×明秋 | 90.58 | 1.90 | 22.67 | 17.55 | 1 178 | 813 | 69.09 | 16.86 | 91.27 | 1999 |
| 丝雨二号 | 92.44 | 1.92 | 23.18 | 18.38 | 1 230 | 973 | 79.26 | 18.69 | 95.49 | 2010—2011 |
| 871×872 | 92.33 | 1.86 | 23.41 | 17.81 | 1 163 | 866 | 74.56 | 18.75 | 94.07 | 对照 |

（续　表）

| 品种名称 | 虫蛹率<br>（%） | 全茧量<br>（g） | 茧层率<br>（%） | 万头收茧<br>（千克） | 茧丝长<br>（米） | 解舒丝长<br>（米） | 解舒率<br>（%） | 出丝率<br>（%） | 净度分 | 鉴定年份 |
|---|---|---|---|---|---|---|---|---|---|---|
| 桂蚕 2 号 | 92.43 | 1.69 | 21.99 | 16.44 | 1 035 | 748 | 72.67 | 16.61 | 94.99 | 2010—2011 |
| 9·芙×7·湘 | 92.95 | 1.63 | 21.56 | 15.68 | 961 | 726 | 75.68 | 13.67 | 96.00 | 对照 |
| 粤蚕 6 号 | 93.01 | 1.68 | 21.91 | 16.09 | 1 027 | 784 | 76.38 | 16.88 | 96.01 | 2011—2012 |
| 9·芙×7·湘 | 92.95 | 1.63 | 21.56 | 15.26 | 953 | 724 | 74.01 | 16.59 | 95.56 | 对照 |
| 粤蚕 8 号 | 95.38 | 1.65 | 21.70 | 15.94 | 989 | 748 | 75.51 | 16.01 | 94.94 | 2013—2014 |
| 9·芙×7·湘 | 95.32 | 1.62 | 21.22 | 15.71 | 918 | 682 | 73.97 | 15.76 | 94.28 | 对照 |
| 华康 2 号 | 95.31 | 1.87 | 21.81 | 18.09 | 1 037 | 794 | 76.10 | 16.41 | 95.93 | 2014—2015 |
| 两对照平均 | 95.34 | 1.76 | 21.64 | 17.04 | 985 | 756 | 76.15 | 16.09 | 95.00 | 对照 |
| 芳·绣×白·春 | 95.08 | 1.86 | 23.96 | 18.09 | 1 310 | 1 073 | 81.58 | 18.71 | 94.27 | 2015—2016 |
| 锦·绣×潇·湘 | 97.32 | 1.76 | 22.76 | 17.34 | 1 088 | 911 | 83.38 | 17.50 | 95.67 | 2015—2016 |
| 锦·苑×绫·州 | 95.86 | 1.82 | 22.60 | 17.75 | 1 051 | 877 | 83.18 | 17.58 | 95.07 | 2015—2016 |
| 秋丰×白玉 | 93.68 | 1.79 | 21.40 | 17.21 | 1 011 | 810 | 79.69 | 16.47 | 95.33 | 对照 |
| 华康 3 号 | 95.29 | 1.92 | 22.53 | 18.79 | 1 216 | 970 | 79.81 | 17.74 | 94.97 | 2017—2018 |
| 川山×蜀水 | 94.57 | 1.91 | 23.33 | 18.60 | 1 226 | 990 | 80.73 | 18.52 | 95.27 | 2017—2018 |
| 秋丰×白玉 | 95.22 | 1.72 | 21.25 | 16.78 | 1 011 | 801 | 79.21 | 16.36 | 95.20 | 对照 |
| 韶·辉×旭·东 | 95.17 | 1.58 | 22.13 | 16.26 | 1 157 | 880 | 77.52 | 16.86 | 95.11 | 2017—2018 |
| 9·芙×7·湘 | 94.09 | 1.60 | 21.88 | 15.29 | 986 | 760 | 77.21 | 16.70 | 94.77 | 对照 |

注：1. 对照 3：指东 34×苏 12 和苏 3·秋 3×苏 4 平均。
　　2. 2010 年开始秋季鉴定分为 A 组（长江、黄河流域）、B 组（珠江流域、南方蚕区），对照种分别为秋丰×白玉、9·芙×7·湘；春秋兼用品种，中秋期以 871×872 为对照。
　　3. 华康 2 号为 A、B 组成绩的平均值，两个对照平均指 A、B 组对照秋丰×白玉和 9·芙×7·湘的平均值。

表 3.176　国家认定通过的桑蚕品种

| 品种名称 | 亲本 | 选育单位 | 年份 | 认定编号 |
|---|---|---|---|---|
| 陕蚕 2 号 | 122、苏 5、226、苏 6 | 陕西省蚕桑研究所 | 1994 | GS11003 - 1993 |
| 陕蚕 3 | 122、795、226、796 | 陕西省蚕桑研究所 | 1994 | GS11004 - 1994 |
| 75 新×7532 | 75 新、7532 | 无锡县西漳蚕种场 | 1994 | GS11005 - 1994 |
| 苏 5×苏 6 | 苏 5、苏 6 | 江苏省农林厅蚕桑处、中国农业科学院蚕业研究所、江苏省蚕种公司 | 1994 | GS11007 - 1994 |
| 两广 2 号 | 932、芙蓉、7532、湘晖 | 广西壮族自治区蚕业指导所、广东省农业科学院蚕业研究所 | 1996 | GS11002 - 1995 |

说明：1993 年全国农作物品种审定委员会开展农作物品种认定，至 2002 年先后有 5 对蚕品种通过国家认定。

# 第四章

# 桑树品种国家鉴定
# 成绩与审定结果

　　本章收录了第一批(1983—1988年)和第二批(1990—1994年)桑品种鉴定试验成绩和审定结果,包括参鉴桑品种、鉴定试验计划、鉴定工作总结和审定结果,以及生产上大面积使用桑品种的认定情况。

# 第一节
# 第一批桑树品种鉴定与审定

## 一、参鉴桑树品种

根据农牧渔业部关于"印发《桑树品种国家审定条例》(试行草案)的通知"[(82)农字第 94 号]的要求,全国桑蚕品种审定委员会第四次会议(1982 年 12 月 15—17 日,南京)决定受理 10 个单位选育的 18 个桑品种,从 1983 年起参加全国鉴定。考虑到通知下达较迟,长江中游、黄河流域和东北地区尚未申报,受权委托机构与上述省区联系、酌情安排。实际参加鉴定桑品种 25 个(表 4.1)。

表 4.1　参加第一批全国鉴定的桑树品种及其选育单位

| 选育单位 | 桑树品种名称 |
| --- | --- |
| 广东省农科院蚕业研究所 | 伦教 40 号、塘 10×伦 109 号 |
| 华南农学院 | 试 11 号 |
| 浙江省农科院蚕桑研究所 | 湖 197 号、红沦桑 |
| 浙江省绍兴地区农业学校 | 湖 87 号 |
| 浙江省诸暨县璜山区农技站 | 璜桑 14 号 |
| 四川省农科院蚕桑研究所 | 南 1 号、6031 |
| 陕西省农科院蚕桑研究所 | 707 |
| 新疆维吾尔自治区和田蚕桑科学研究所 | 和田白桑 |
| 中国农业科学院蚕业研究所 | 丰驰桑、7307、洞庭 1 号、育 2 号、育 151 号、育 237 号、辐 1 号、新一之濑 |
| 山东省蚕业研究所 | 临黑选、选 792 |
| 吉林省蚕业科学研究所 | 吉籽 1 号、吉鲁桑、吉湖 4 号 |
| 黑龙江省蚕业研究所 | 选秋 1 号 |
| 合计 | 25 |

参鉴桑品种安排在全国 7 大区 9 个鉴定点进行鉴定,1983 年各鉴定点开始品种苗木繁殖、试验地平整、田间设计、土壤测定和栽植等项工作,各鉴定点参鉴品种计划安排见表 4.2。对照品种依鉴定点所代表区域而异,分别为湖 32 号(荷叶白类型)、广东桑、早青桑、小官桑、黄桑、梨叶大桑、滕桑等 7 个品种。

表 4.2　各鉴定点参鉴桑树品种计划安排表

| 地区 | 鉴定点 | 品种名称 |
|---|---|---|
| 珠江流域 | 广东点 | 试 11 号、塘 10×伦 109、伦 40 号、育 2 号、丰驰桑、<u>广东桑</u> |
| 长江上游 | 四川点 | 湖 7 号、湖 197 号、湖 199 号、辐 1 号、红沦桑、伦教 40 号、新一之濑、<u>湖 32 号</u> |
| 长江中 | 湖北点 | 红沦桑、伦教 40 号、青 2 号、湖 7 号、湖 199 号、新一之濑、<u>湖 32 号</u> |
| 长江下 | 浙江点 | 红沦桑、湖 87 号、湖 197 号、璜桑 14 号、7307、洞庭 1 号、辐 1 号、育 2 号、<u>湖 32 号</u> |
| | 江苏点 | 湖 87 号、璜桑 14 号、育 2 号、7307、辐 1 号、洞庭 1 号、新一之濑、<u>湖 32 号</u> |
| | 中农院蚕研所 | 7307、育 2 号、育 151、洞庭 1 号、辐 1 号、湖 197 号、红沦桑、璜桑 14 号、湖 87 号、707、6031、南一号、和田白桑、新一之濑、<u>湖 32 号</u> |
| 黄河流域 | 山东点 | 选 702、临黑选、707、和田白桑、新一之濑、<u>湖 32 号</u>、<u>梨叶大桑</u> |
| | 陕西点 | 707、选 792、临黑选、7307、湖 87 号、新一之濑、<u>湖 32 号</u>、<u>藤桑</u> |
| 东北地区 | 吉林点 | 吉籽 1 号、吉鲁桑、吉湖 4 号、选秋 1 号、<u>秋雨</u> |

注：品种名带下划线者为对照品种。

# 二、第一批桑树品种鉴定工作总结

全国桑品种鉴定，由全国桑·蚕品种审定委员会统一领导，委托中国农业科学院蚕业研究所负责鉴定计划安排、技术交流和资料汇总等工作。1983 年受理第一批参鉴桑品种，并开展筹备和繁苗工作，在各鉴定点的共同努力下，经过 1984—1988 年 5 年努力完成了本批桑品种鉴定任务。

**1. 基本情况**

由于我国桑树品种资源丰富，分布区域广，各地生态环境不一，栽培技术不同，品种性状和适应性各异。为此，根据地理环境、栽培特点和品种特性，分设长江流域、黄河流域、珠江流域、东北地区四大区域，并以长江流域为重点，共设 9 个鉴定点，参鉴品种 25 个（不包括对照种）。各区域的鉴定点和参鉴品种分列如下。

**1.1　长江流域区**

鉴定点设在浙江省农业科学院蚕桑研究所、江苏省海安蚕种场、湖北省黄冈农业学校、四川省阆中蚕种场和中国农业科学院蚕业研究所。参鉴桑品种是育 151 号、育 237 号、育 2 号、湖桑 7 号、湖桑 87 号、湖桑 197 号、湖桑 199 号、红沦桑、璜桑 14 号、洞庭 1 号、辐 1 号、7307、707、吉湖 4 号、和田白桑、伦教 40 号、新一之濑 17 个，另有湖北省当地对照种黄桑。

**1.2　黄河流域区**

鉴定点设在山东省滕县桑树良种繁育场和陕西省农业科学院蚕桑研究所。参鉴品种是选 792、临黑选、707、7307、湖桑 87 号、和田白桑、新一之濑 6 个，另有山东、陕西两省的当地对照种梨叶大桑和藤桑。

**1.3　珠江流域区**

鉴定点设在广东省农业科学院蚕业研究所。参鉴品种是伦敦 40 湖号、塘 10×伦 109、试 11 号、丰驰桑、育 2 号，共 5 个。

**1.4　东北地区**

鉴定点设在吉林省蚕业研究所。参鉴品种是吉湖 4 号、吉籽 1 号、吉鲁桑、选秋 1 号 4 个。

各鉴定点根据鉴定工作细则，品种栽植统一采用随机排列法，每品种栽植 0.4 亩（267 m²），设 4 次重复。亩（667 m²）栽 600 株、养成低干形式，广东点亩栽 5 000 株、根刈栽培。在鉴定期间，长江流域和黄河流域各鉴定点的田间调查内容和方法基本相同,珠江流域和东北地区根据当地栽培技术进行调查。栽植后第三年开始叶质鉴定,进行养蚕饲料试验,各品种每期饲养 2400 头蚕,设 3 小区,春、秋各进行 2 期,采用统一的蚕品种和饲料技术,并同步进行各品种桑叶主要营养成分粗蛋白质和可溶性糖的化学分析。在鉴定期间,各鉴定点及时进行各项栽培措施和病虫害调查,桑树生长良好,均达到鉴定要求。

**2. 各品种鉴定结果**

参鉴品种经过 1984—1988 年的 5 年鉴定,结果分述如下。

**2.1 长江流城区的参鉴品种**

本区 5 个鉴定点,参鉴品种 17 个,分早生品种和中晚生品种两类。

**2.1.1 早生品种**

参鉴品种是育 151 号、育 237 号,以早青桑为对照种,其鉴定结果见表 4.3、表 4.4。

**育 151 号:** 本品种发芽期比对照种早 3～7 天,发芽率较高,成熟快,是早生早熟品种,宜稚蚕用叶。其单位面积产量,叶量、茧量、茧层量分别比对照种高 15%、16%、18%;万头茧层量、5 龄担桑产茧量与对照相仿,而万头产丝量、5 龄担桑(50 千克桑叶,下同)产丝量分别高于对照种春期 3%、2%;秋期高 8%、8%。桑叶含粗蛋白质,春叶 24.94%、秋叶 24.61%;可溶性糖,春叶 13.56%、秋叶 13.8%。桑黄化型和萎缩型萎缩病的发病率(0.64%、0.95%)低于对照种(2.1%、1.9%),未发现细菌病。适于长江流域栽培。

**育 237 号:** 本品种发芽期比对照种早 4～7 天,发芽率高,成熟快,是早生早熟品种,宜稚蚕用叶。其单位面积产桑叶量、茧量、茧层量分别高于对照种 29%、31%、33%;万头茧层量和 5 龄担桑产茧量比对照略高,万头产丝量和 5 龄担桑产丝量与对照种相比,春期分别低 2%、1%,秋期分别低 1%、高 9%。桑叶含粗蛋白质,春叶 24.52%、秋叶 25.38%;可溶性糖,春叶 13.56%、秋叶 13.32%。桑黄化型和萎缩型萎缩病发病率分别为 0.35%、0.34%,均低于对照种(2.1%、1.9%),未发现细菌病。适于长江流域栽培。

**2.1.2 中晚生品种**

参鉴品种 15 个,以湖桑 32 号为对照品种,经 5 个鉴定点分别鉴定结果见表 4.5、表 4.6。

**湖桑 197 号:** 本品种是晚生中熟品种,单位面积产桑叶量、茧量、茧层量分别低于对照种 8%、5%、5%,饲料试验 4 项成绩(万头茧产量、5 龄担桑产茧量、万头产丝量、5 龄担桑产丝量)与对照种相仿。桑叶含粗蛋白质,春叶 22.60%、秋叶 23.47%;可溶性糖春叶 13.20%、秋叶 13.18%。未发生萎缩病;轻感黑枯型细菌病,发病率为 3.08%(对照种 2.38%)。其成林树的条数、条长不及对照种,应适当密植。适于长江流域栽培。

**红沧桑:** 本品种是中生中熟品种,单位面积产桑叶量、茧量、茧层量与对照种相仿,饲料试验与对照种相比,万头茧层量春季低 6%、秋季高 3%,5 龄担桑产茧量春季相仿、秋季高 8%,万头产丝量和 5 龄担桑产丝量春季分别低 7%、2%,秋期高 4%、8%。桑叶含粗蛋白质,春叶 23.21%、秋叶 24.91%;可溶性糖,春叶 12.28%、秋叶 13.13%。抗黑枯型细菌病稍弱,发病率为 6.19%(对照种 1.78%),未见萎缩病发生。其发芽率、发条数和条长不及对照种,应适当密植,重视细菌病的防治,适于长江流域栽培。

**湖桑 87 号:** 本品种是晚生早熟品种,单位面积产桑叶量、茧量、茧层量分别低于对照种 10%、17%、21%,饲料试验成绩也显著低于对照种。桑叶含粗蛋白质,春叶 21.22%、秋叶 22.34%;可溶性糖,春叶 15.02%、秋叶 13.36%。抗黄化型萎缩病弱,抗细菌病强,秋叶硬化早,易受红蜘蛛和桑蓟马危害,可在长江流域和黄河中、下游地区适量栽培,作为稚蚕用叶。

**璜桑 14 号:** 本品种是晚生中熟品种,单位面积产桑叶量、茧量、茧层量分别低于对照种 5%、3%、

5%，饲料试验 4 项成绩与对照种相比，春季分别低 14%、4%、16%、9%，秋季分别高 4%、11%、4%、9%。桑叶含粗蛋白质，春叶 22.94%、秋叶 21.88%；可溶性糖，春叶 13.64%、秋叶 15.32%。桑黄化型和萎缩型萎缩病的发病率分别为 0.68%、0.3%，低于对照种(1.63%、1.09%)，未发生细菌病。其发条数、条长不及对照种，养蚕成绩不稳定，一般秋叶较好，适于长江流域栽培。

**洞庭 1 号**：本品种是中生中熟品种，单位面积产桑叶量、茧量、茧层量分别低于对照种 14%、6%、7%，饲料试验 4 项成绩与对照种相比，春季分别高 2%、7%、2%、5%，秋季分别高 7%、11%、6%、9%。桑叶含粗蛋白质，春叶 25.09%、秋叶 23.91%；可溶性糖，春叶 11.64%、秋叶 13.11%。轻感黄化型和萎缩型萎缩病，其发病率分别为 0.46%、0.29%，低于对照种(1.09%、1.78%)。由于发芽率低，发条数少，春叶产叶量低，适于长江流域春伐密植栽培。

**育 2 号**：本品种是早生中熟品种，单位面积产桑叶量、茧量分别高于对照种 3%、5%。单位面积产茧层量低于对照种 6%，饲料试验 4 项成绩与对照种相比，春季分别低 10%、7%、11%、12%，秋季比对照种略高。桑叶含粗蛋白质，春叶 20.58%、秋叶 22.94%；可溶性糖，春叶 15.43%、秋叶 14.62%。抗萎缩病和细菌病强，其条多、条长、条直，发芽率高，宜做条桑收获，抗旱性较弱，适于长江流域平原地区栽培。

**辐 1 号**：本品种是中生中熟品种，单位面积产桑叶量、茧量、茧层量分别低于对照种 10%、5%、6%，万头茧层量春季比对照种低 8%、秋季高 7%，5 龄担桑产茧量春季与对照种相仿、秋季高 12%，万头产丝量、5 龄担桑产丝量春季分别比对照种低 8%、1%，秋季分别高于对照种 8%、11%。轻感黄化型和萎缩型萎缩病，其发病率分别为 0.72%、0.19%，与对照种(0.82%、0.55%)相仿，黑枯型细菌病发病率为 8.66%，略高于对照种(1.78%)。其发条数少，枝条粗直，发芽率低，春季产叶量低，适于长江流域春伐密植栽培。

**湖桑 7 号**：本品种是晚生中熟品种，单位面积产桑叶量、茧量、茧层量与对照种相仿，饲料试验 4 项成绩与对照种相比，春季分别低 6%、4%、5%、8%，秋季低 7%、1%、4%、4%。桑叶含粗蛋白质，春叶 20.80%、秋叶 20.62%；可溶性糖，春叶 13.18%、秋叶 14.76%。黑枯型细菌病发病率为 6.63%，比对照种(发病率 3.5%)弱，未见萎缩病发生。栽培过程中，必须及时防治细菌病发生，适于长江流域栽培。

**湖 199 号**：本品种是晚生中熟品种，单位面积产桑叶量、茧量、茧层量与对照种相仿，饲料试验 4 项成绩与对照种相比，春季分别高 0%、9%、6%、7%，秋季低 4%、0%、15%、3%。桑叶含粗蛋白质单位面积春叶 22.48%、秋叶 23.89%；可溶性糖，春叶 14.75%、秋叶 14.20%。黑枯型细菌病发病率为 2.40%，低于对照种(发病率 3.57%)，未发现萎缩病。发条数较少，生长快叶片薄，不耐贮藏，抗旱性弱，适于长江流域平原地区栽培。

**新一之濑**：本品种是晚生中熟品种，单位面积产桑叶量比对照种低 1%，而单位面积产茧量、产茧层量分别高于对照种 10%、9%。饲料试验 4 项成绩与对照种相比，春季分别高 2%、12%、1%、6%，秋季高 10%、9%、11%、12%。桑叶含粗蛋白质，春叶 22.58%、秋叶 23.01%；可溶性糖，春叶 12.82%、秋叶 12.72%。抗萎缩病和细菌病与对照种无明显差别。其枝条较细而长，发芽率较高，宜条桑收获和密植，耐肥，不耐旱，在肥培条件较好地区，易发挥优质丰产特性，抗萎缩病较弱。适于长江流域和黄河中下游地区栽培。

**7307**：本品种是晚生中熟品种，单位面积产桑叶量比对照种低 5%，而单位面积产茧量、茧层量分别高于对照种 3%、1%。饲料试验 4 项成绩与对照种相比，春季分别高 3%、14%、3%、13%，秋季高 4%、5%、5%、4%。桑叶含粗蛋白质，春叶 24.82%、秋叶 24.29%；可溶性糖，春叶 12.78%、秋叶 18.15%。抗黄化型和萎缩型萎缩病与对照种相仿，发病率分别为 0.67%、0.41%(对照种为 1.09%、0.73%)，未见细菌病发生。其节密，发芽偏低(44%～62%)，枝条粗直，发条数和条长均不及对照种。春叶产量较低,适于长江流域密植栽培。

**伦教 40 号**:本品种是早生中熟品种,单位面积产桑叶量、茧量、茧层量分别低于对照种 9%、1%、4%。饲料试验 4 项成绩春季与对照种相仿,秋季高 2%、13%、13%、4%。桑叶含粗蛋白质,春叶 21.89%、秋叶 20.64%;可溶性糖,春叶 14.5%、秋叶 15.12%。抗病性与对照种相同,均无病害发生。其发芽早、桑椹多,可做稚壮蚕用叶,耐旱、耐寒性弱,易生发肥大性菌核病、适于长江以南平原地区栽培。

**707**:本品种是中生中熟品种,单位面积产桑叶量、茧量、茧层量分别低于对照种 7%、2%、2%。饲料试验 4 项成绩中,除春季 5 龄担桑产茧量和产丝量高于对照种 8% 外,其他成绩与对照种相仿。桑叶含粗蛋白质,春叶 24.19%、秋叶 26.76%;可溶性糖,春叶 13.86%、秋叶 10.89%。轻感黄化型萎缩病和黑枯型细菌病,发病率分别为 0.4%、0.22%,而对照种无病害发生。适于长江流域和黄河中下游地区栽培。

**和田白桑**:本品种是中生中熟品种,单位面积产桑叶量、茧量、茧层量分别低于对照种 47%、38%、57%。但叶质优,饲料试验 4 项成绩均显著超过对照种。其枝条细短,叶片小,污叶病严重,抗细菌病比对照种弱。不适长江流域栽培。

**吉湖 4 号**:本品种是中生中熟品种,单位面积产桑叶量、茧量、茧层量分别高于对照种 1%、8%、7%。在饲料试验 4 项成绩中,其秋季万头茧层量和万头产丝量分别比对照种高 5%、7% 外,其他各项成绩与对照种相仿。桑叶含粗蛋白质,春叶 23.56%、秋叶 26.14%;可溶性糖,春叶 15.04%、秋叶 12.88%。轻感黄化型萎缩病,发病率为 0.4%(对照种无病)。其叶型较小,侧枝较多,采叶费工。适于东北地区栽培。

**黄桑**:本品种是湖北省黄冈鉴定点的当地对照种,其产叶量和叶质比统一的对照种差,抗病性与对照种相同,均无发病。

2.2 黄河流域区的参鉴品种

本区 2 个鉴定点,参鉴品种 7 个,以湖桑 32 号为对照种,另有山东、陕西两省的当地对照种梨叶大桑和滕桑,经 2 个鉴定点分别鉴定结果见表 4.7。

**临黑选**:本品种是中生中熟品种,单位面积产桑叶量、茧量、茧层量分别低于对照种 22%、14%、14%。万头茧层量、5 龄担桑产茧量春季分别高于对照种 17%、18%,秋季高 1%、6%;万头产丝量、5 龄担桑产丝量春季分别高于对照种 19%、21%,秋季相仿。桑叶含粗蛋白质,春叶 23.98%、秋叶 24.12%;可溶性糖,春叶 18.76%、秋叶 13.22%。桑萎缩型萎缩病、黑枯型和缩叶型细菌病发病率分别为 0.84%、0.03%、0.3%,均低于对照种(1.88%、1.55%、6.71%),未发生黄化型萎缩病。其发芽率较低,叶型较小,幼林桑产叶量亦低,易发生枯梢,耐旱较弱,综合性状亦不如当地对照种。

**选 792**:本品种是晚生中熟品种,单位面积产桑叶量低于对照种 2%,而单位面积产茧量、茧层量分别高于对照种 5%、3%。饲料试验 4 项成绩与对照种相比,春季分别高 1%、5%、3%、2%,秋季分别高 7%、8%、6%、7%。桑叶含粗蛋白质,春叶 21.66%、秋叶 24.98%;可溶性糖,春叶 15.76%、秋叶 13.82%。桑萎缩型萎缩病、黑枯型和缩叶型细菌病发病率分别为 0.21%、2.89%、9.93%,(对照种分别为 1.88%、1.55%、6.71%),未发生黄化型萎缩病。其发条数、条长与对照种相仿,幼林产叶量高于对照种 6%~31%。适于黄河中、下游地区栽培。

**707**:本品种单位面积产桑叶量、茧量、茧层量分别略高于对照种 1%、3%、3%。饲料试验 4 项成绩与对照种相比,春季分别低 3%、3%、4%、3%,秋季分别高 3%、7%、3%、6%。萎缩型萎缩病、黑枯型和缩叶型细菌病发病率分别为 3.34%、4.19%、10.13%,均高于对照种(1.88%、1.55%、6.71%)。发条数和条长与对照种相仿,幼林桑产叶量高于对照种 15%~23%。适于长江流域和黄河中、下游地区栽培。

**和田白桑**：本品种是中生中熟品种，单位面积产桑叶量、茧量、茧层量分别低于对照种26％、15％、17％。饲料试验4项成绩与对照种相比，春季分别高10％、10％、15％、1％，秋季分别高10％、19％、11％、18％。桑叶含粗蛋白质，春叶22.93％、秋叶23.83％；可溶性糖，春叶14.96％、秋叶16.40％。仅有缩叶型细菌病发生，发病率为1.14％（对照种为0.67％），易感污叶病。发条数多，枝条细直，侧枝丛生，有卧伏枝，叶型小，春季桑椹多，白色、味甜，可做果、叶两用桑。适于西北地区栽培。

**7307**：本品种是晚生中熟品种，单位面积产桑叶量、茧量、茧层量与对照种相仿。饲料试验4项成绩与对照种相比，春季分别高5％、2％、7％、4％，而秋季分别低6％、8％、7％、10％。桑叶含粗蛋白质，春叶22.44％、秋叶29.19％；可溶性糖，春叶13.86％、秋叶12.13％。抗病性比对照种稍弱，萎缩型萎缩病、黑枯型和缩叶型细菌病发病率分别为5.42％、5.25％、15.86％（对照种分别为3.75％、3.09％、12.75％）。春季发芽率稍低，发条数、条长不及对照种，条直、节密，叶型较大。适于黄河中、下游地区密植栽培。

**湖桑87号**：本品种是晚生早熟品种，单位面积产桑叶量、茧量、茧层量与对照种相仿，春季叶质差。饲料试验4项成绩与对照种相比，春季分别低15％、11％、14％、13％，而秋季分别高5％、9％、4％、7％。桑叶含粗蛋白质，春叶19.10％、秋叶26.50％；可溶性糖，春叶16.80％、秋叶11.62％。抗萎缩型萎缩病弱，发病率达30.83％（对照种为3.75％），抗细菌病比对照种强，其黑枯型和缩叶型发病率分别为1.73％、4.37％（对照种分别为3.09％、12.75％）。春叶成熟早，不耐剪伐，易发萎缩病，可养成乔木式适量栽培作为稚蚕用叶。

**新一之濑**：本品种是中生中熟品种，单位面积产桑叶量、茧量、茧层量分别高于对照种5％、15％、13％。饲料试验4项成绩与对照种相比，春季分别高3％、5％、2％、1％，秋季分别高8％、14％、9％、11％。桑叶含粗蛋白质，春叶21.26％、秋叶26.34％；可溶性糖，春叶15.23％、秋叶13.21％。未发生萎缩病，轻感黑枯型、缩叶型细菌病，其发病率分别为0.5％、1.28％（对照种分别为1.55％、6.71％）。发条数较多、较细，长而直，发芽率高，叶型中等，宜作条桑收获。适于黄河中、下游地区栽培。

**梨叶大桑**：本品种是山东省当地对照种，单位面积产桑叶量高于区域对照种3％，而单位面积产茧量、茧层量分别低于对照种6％、11％。饲料试验4项成绩中除秋季5龄担桑产茧量、产丝量与区域对照种相仿外，其余各项均明显差。桑叶含粗蛋白质，春叶21.24％、秋叶26.86％；可溶性糖，春叶16.63％、秋叶13.46％。抗病性与区域对照种相仿。适于黄河中、下游地区栽培。

**滕桑**：本品种是陕西省当地对照种，单位面积产桑叶量、茧量、茧层量高于区域对照种1％、9％、8％。饲料试验4项成绩与区域对照种相比，春季分别高5％、6％、6％、5％，秋季分别高6％、9％、4％、7％。桑叶含粗蛋白质，春叶22.36％、秋叶30.64％；可溶性糖，春叶14.84％、秋叶12.39％。抗病性比区域对照种弱，抗旱、耐寒性中等，条多、条长、条直，发芽率较高，春叶小而薄，秋季采叶易伤腋芽，宜作条桑收获，适于黄河中游以南地区栽培。

### 2.3 珠江流域地区

本区仅有广东鉴定点，参鉴品种5个，以广东桑为对照种，鉴定结果见表4.8。

**伦敦40号**：本品种是早生早熟品种，单位面积产桑叶量、茧量、茧层量分别高于对照种31％、32％、26％，万头茧层量、5龄担桑产茧量与对照种相仿，而万头产丝量、5龄担桑产丝量均低于对照种（春低7％、9％，秋低24％、23％）。桑叶含粗蛋白质，春叶20.1％、秋叶21.06％；可溶性糖，春叶7.9％、秋叶7.01。青枯病发病率为88.93％，与对照种（89.15％）相同；而抗花叶病强于对照种，其发病率为5.02％（对照种21.70％）；轻感细菌病，发病率为1.17％（对照种为0.31％）。其发芽率、叶片大小、枝条长度均超过对照。适于珠江流域栽培。

**塘 10×伦 109：**是一代杂交种，群体性状较一致的群系品种，单位面积产桑叶量、茧量、茧层量分别高于对照种 13％、14％、11％。万头茧层量、5 龄担桑产茧量春季分别高于对照种 7％、2％，而秋季无明显差别；万头产丝量、5 龄担桑产丝量与对照种相比，春季低 11％、13％，秋季低 3％、3％。桑叶含粗蛋白质，春叶 26.00％、秋叶 21.65％；可溶性糖，春叶 6.76％、秋叶 7.53％。抗花叶病和细菌病与对照种无明显差别；抗青枯病稍弱，发病率为 97.5％（对照种 89.15％）。适于珠江流域栽培。

**试 11 号：**本品种是早生早熟品种，单位面积产桑叶量、茧量、茧层量分别高于对照种 16％、13％、12％，饲料试验 4 项成绩春季分别低于对照种 2％、1％、14％、17％，秋季分别低 11％、2％、6％、5％。桑叶含粗蛋白质，春叶 24.17％、秋叶 22.95％；可溶性糖，春叶 5.91％、秋叶 6.82％。抗青枯病比对照种强，发病率为 59.81％（对照种 89.15％）；抗花叶病和细菌病与对照种相仿。其发芽率高，叶形大，萎凋慢，叶片耐贮藏。适于珠江流域和长江中、下游以南地区栽培。

**育 2 号：**本品种是早生中熟品种，单位面积产桑叶量、茧量、茧层量分别低于对照种 3％、7％、5％。饲料试验 4 项成绩春季分别低于对照种 4％、4％、14％、16％，秋季分别低 3％、3％、11％、10％。桑叶含粗蛋白质，春叶 23.89％、秋叶 22.11％；可溶性糖，春叶 6.58％、秋叶 6.33％。抗青枯病和花叶病比对照种强，其发病率为 59.76％、7.9％（对照种 89.15％、21.70％）。抗细菌病与对照种相仿。在珠江三角洲栽培其发芽期比对照种迟 15 天左右，发芽率低，影响第一造用叶。适于珠江流域北部和长江流域栽培。

**丰驰桑：**是一代杂交种，群体性状较一致的群系品种。单位面积产桑叶量、茧量、茧层量分别低于对照种 16％、21％、23％。饲料试验 4 项成绩春季分别低于对照种 8％、6％、16％、18％，秋季分别低 11％、6％、13％、13％。桑叶含粗蛋白质，春叶 23.37％、秋叶 22.81％；可溶性糖，春叶 6.61％、秋叶 6.54％。青枯病、细菌病、花叶病的发病率分别为 92.94％、1.17％、29.71％，均高于对照种（89.15％、0.31％、21.7％）。发芽期比对照种迟 20 多天。不适于珠江流域栽培。

2.4 东北地区

本区设 1 个鉴定点，参鉴品种 4 个，以秋雨为对照种，鉴定结果见表 4.9。

**选秋 1 号：**本品种是中生中熟品种，单位面积产桑叶量、茧量、茧层量分别高于对照种 15％、30％、31％。饲料试验 4 项成绩分别高于对照种 12％、13％、11％、14％。桑叶含粗蛋白质 27.12％，可溶性糖春叶 13.19％。细菌病发病率 19.1％，低于对照种（25％）。枝条冻害率 21.35％，略低对照种（26.27％）。发条数多，枝条细长而直，发芽率较高，宜做条桑收获。幼林桑产叶量高于对照种 27％。适于东北、华北地区栽培。

**吉湖 4 号：**本品种是中生中熟品种，单位面积产桑叶量、茧量、茧层量分别高于对照种 6％、16％、19％。饲料试验 4 项成绩分别高于对照种 12％、10％、7％、8％。桑叶含粗蛋白质 27.78％，可溶性糖春叶 12.69％。细菌病发病率 13.7％，低于对照种（25％）；枝条冻害率 24.39％，与对照种（26.27％）相仿。其发条数多，枝条较细长而直，发芽率较高，宜做条桑收获。适于东北、华北地区栽培。

**吉鲁桑：**本品种是晚生中熟品种，单位面积产桑叶量、茧量、茧层量分别低于对照种 18％、17％、15％。饲料试验 4 项成绩略高对照种 1％～4％。桑叶含粗蛋白质 28.01％，可溶性糖春叶 12.14％。抗细菌病强，抗寒性与对照种相仿，可在东北地区栽培。

**吉籽一号：**是一代杂交种，其群体性状较一致。单位面积产桑叶量、茧量、茧层量分别低于对照种 4％、6％、5％。饲料试验 4 项成绩分别低于对照种 4％、8％、5％、4％。桑叶含粗蛋白质 25.91％，可溶性糖 12.68％。抗细菌病和抗寒性均强于对照种。其发条数多，侧枝多，叶型小，采叶费工，可作条桑收获。可在东北地区适量栽培。

各区域参鉴桑品种叶质化学分析见表 4.10～表 4.13。

### 3. 小结和建议

根据《全国桑品种审定条例》(试行草案)中规定的产叶量(指亩年产叶量)、叶质(指万头茧层量、5 龄担桑茧层量)、抗性(长江流域区和黄河流域区是指萎缩病、细菌病、珠江流域区是指青枯病、东北地区是指冻害和细菌病)三项指标中有一项超过对照种,其余两项与对照种相仿(相差在 5％以下),即为合格品种的要求,提出如下各区域参鉴品种的初步意见。

### 3.1 长江流域的参鉴品种

#### 3.1.1 早生桑

育 151 号、育 237 号两桑品种其亩产叶量超过对照种 15％～29％,叶质与对照种相仿,抗病性稍强于对照种,达到审定指标,建议为合格的早生桑品种。

#### 3.1.2 中晚生品种

**育 2 号:** 产叶量略高于对照种 3％,叶质鉴定的两项项目春季分别低于对照种 10％、7％,秋季相仿,抗病性强,是高抗萎缩病和细菌病品种,是接近审定指标的品种。

**新一之濑:** 叶质优于对照种,其叶质指标两项目与对照种相比,春季分别高 2％、12％,秋季分别高 10％、9％,产叶量和抗病性与对照种无明显差别,是达到审定指标,建议为合格品种。

**璜桑 14 号:** 产叶量低于对照种 5％,春季叶质比对照种差(两指标项目分别低 14％、4％),秋季叶质优于对照种(两指标项目分别高 4％、11％),抗萎缩病强于对照种,是接近审定指标的品种。

**7307:** 产叶量低于对照种 5％,而亩产茧量、茧层量与对照种无差别,叶质优于对照种,其两项项目春季分别高于对照种 3％、14％,秋季高于对照种 4％、5％。抗病性与对照种相仿,是接近审定指标的品种。

吉湖 4 号、707、湖桑 197 号、湖桑 7 号四个品种的各项鉴定成绩的综合分析,虽未达到审定指标,但与对照种无明显差别。

洞庭 1 号、辐 1 号、湖桑 87 号、和田白桑、伦敦 40 号和湖北省的地方对照种黄桑,其鉴定各项成绩的综合分析结果,均比对照种差。

### 3.2 黄河流域参鉴品种

选 792 号、新一之濑两品种其产叶量和抗病性与对照种相仿,是达到审定指标,建议为合格品种。其余的品种均未达到指标。

### 3.3 珠江流域参鉴品种

伦教 40 号、试 11 号和塘 10×伦 109 产叶量明显超过对照种 18％～81％,其叶质和抗病性与对照种相仿,达到审定指标,建议为合格品种。

育 2 号、丰驰桑比对照种差。

### 3.4 东北地区的参鉴品种

选秋 1 号、吉湖 4 号的产叶量和叶质的成绩均优于对照种,抗细菌病略强于对照种,抗寒性与对照种相仿,达到审定指标,建议为合格品种。

吉鲁桑和吉籽 1 号两品种未达到审定标准。

全国桑·蚕品种审定委员会桑鉴定组

1989 年 3 月镇江

表 4.3　长江流域早生桑品种产量和病害调查表

| 品种名 | 产茧量（千克/667米²·年） | | | | | | 发病率（%） | | | |
| | 桑叶 | | 蚕茧 | | 茧层 | | 桑萎缩病 | | 桑细菌病 | |
| | 实数 | 指数 | 实数 | 指数 | 实数 | 指数 | 黄化型 | 萎缩型 | 黑枯 | 缩叶 |
| 育151号 | 1489 | 115 | 81.24 | 116 | 18.22 | 118 | 0.64 | 0.95 | | |
| 育237号 | 1669 | 129 | 91.85 | 131 | 20.57 | 133 | 0.35 | 0.34 | | |
| 早青桑（对照） | 1293 | 100 | 69.92 | 100 | 15.49 | 100 | 2.10 | 1.90 | | |

表 4.4　长江流域早生桑品种叶质鉴定成绩表

| 品种名 | 蚕茧量（千克） | | | | | | | | 产丝量（千克） | | | | | | | |
| | 万头茧层量 | | | | 5龄担桑产茧量 | | | | 万头产丝量 | | | | 5龄担桑产丝量 | | | |
| | 春 | | 秋 | | 春 | | 秋 | | 春 | | 秋 | | 春 | | 秋 | |
| | 实数 | 指数 | 实数 | 指数 | 实数 | 指数 | 实数 | 指数 | 实数 | 指数 | 实数 | 指数 | 实数 | 指数 | 实数 | 指数 |
| 育151 | 5.019 | 103 | 3.591 | 100 | 3.365 | 97 | 3.161 | 103 | 3.826 | 103 | 2.728 | 108 | 0.580 | 102 | 0.502 | 108 |
| 育237 | 4.897 | 101 | 3.788 | 106 | 3.370 | 97 | 3.141 | 102 | 3.642 | 98 | 2.484 | 99 | 0.566 | 99 | 0.504 | 109 |
| 早青桑 | 4.860 | 100 | 3.575 | 100 | 3.349 | 100 | 3.081 | 100 | 3.723 | 100 | 2.520 | 100 | 0.571 | 100 | 0.464 | 100 |

表 4.5 长江流域中、晚生桑品种产量和病害调查表

| 品种名 | 产量(千克/667 米² · 年) | | | | | | 发病率(%) | | | |
| | 桑叶 | | 蚕茧 | | 茧层 | | 桑萎缩病 | | 桑细菌病 | |
| | 实数 | 指数 | 实数 | 指数 | 实数 | 指数 | 黄化型 | 萎缩型 | 黑枯 | 缩叶 |
|---|---|---|---|---|---|---|---|---|---|---|
| 对照 | 1086 | 100 | 96.41 | 100 | 21.72 | 100 | — | 0.00 | 2.30 | — |
| 湖桑197号 | 1742 | 29 | 91.86 | 95 | 20.52 | 95 | — | 3.09 | 3.00 | — |
| 对照 | 1925 | 100 | 96.41 | 100 | 21.67 | 100 | — | — | 1.78 | — |
| 红沧桑 | 1906 | 99 | 98.32 | 102 | 21.49 | 99 | — | — | 6.19 | — |
| 对照 | 1087 | 100 | 95.48 | 100 | 21.30 | 100 | 1.09 | 1.73 | — | — |
| 湖桑87号 | 1709 | 90 | 70.91 | 83 | 16.50 | 79 | 2.61 | 1.33 | — | — |
| 对照 | 1901 | 100 | 92.00 | 100 | 20.16 | 100 | 1.67 | 1.09 | — | — |
| 桑14号 | 1086 | 95 | 89.16 | 97 | 19.16 | 95 | 0.68 | 0.30 | — | — |
| 对照 | 1807 | 100 | 95.19 | 100 | 21.30 | 100 | 1.09 | 1.73 | — | — |
| 渭庭号 | 1621 | 86 | 89.59 | 94 | 19.09 | 93 | 0.46 | 0.29 | — | — |
| 对照 | 1945 | 100 | 95.72 | 100 | 21.13 | 100 | 0.82 | 0.55 | — | — |
| 育2号 | 2005 | 103 | 100.89 | 105 | 20.01 | 94 | 0.003 | 0.17 | — | — |
| 对照 | 1826 | 100 | 92.77 | 100 | 20.70 | 100 | 0.82 | 0.55 | 1.70 | — |
| 甬一号 | 1640 | 90 | 87.07 | 95 | 19.12 | 94 | 0.72 | 0.19 | 3.66 | — |
| 对照 | 1803 | 100 | 90.53 | 100 | 20.28 | 100 | — | — | 3.57 | — |
| 湖桑7号 | 1910 | 101 | 89.37 | 99 | 19.41 | 96 | — | — | 6.63 | — |
| 对照 | 1021 | 100 | 91.15 | 100 | 21.26 | 100 | — | — | 3.57 | — |
| 湖桑199号 | 1715 | 914 | 96.62 | 102 | 20.94 | 98 | — | — | 2.40 | — |
| 对照 | 1797 | 100 | 91.31 | 100 | 20.17 | 100 | — | 0.55 | 1.78 | — |
| 新一之濑 | 1785 | 99 | 100.15 | 110 | 22.29 | 109 | 0.02 | 0.24 | 1.17 | — |
| 对照 | 1007 | 100 | 95.19 | 100 | 21.38 | 100 | 0.63 | 0.73 | — | — |
| 7307 | 1701 | 95 | 98.10 | 103 | 21.63 | 101 | 1.09 | 0.41 | — | — |
| 对照 | 2121 | 100 | 96.12 | 100 | 21.58 | 100 | 0.67 | — | — | — |
| 黄桑 | 1970 | 93 | 88.24 | 92 | 19.42 | 90 | — | — | — | — |
| 对照 | 1883 | 100 | 90.53 | 100 | 20.20 | 100 | — | — | — | — |
| 伦教10号 | 1719 | 91 | 89.93 | 99 | 19.32 | 96 | 0.00 | — | 0.00 | — |
| 对照 | 1699 | 100 | 102.3 | 100 | 23.22 | 100 | — | — | 0.22 | — |
| 707 | 1509 | 93 | 100.54 | 98 | 22.80 | 98 | 0.4 | — | 0.00 | — |
| 对照 | 1699 | 100 | 102.3 | 100 | 23.22 | 100 | — | — | — | — |
| 和田白桑 | 899 | 53 | 62.92 | 62 | 10.04 | 43 | — | — | 1.0 | — |
| 对照 | 1699 | 100 | 102.3 | 100 | 23.22 | 100 | — | — | — | — |
| 吉湖4号 | 1718 | 101 | 110.42 | 108 | 24.80 | 107 | — | — | — | — |

表 4.6　长江流域中、晚生桑品种叶质鉴定成绩表

| 品种名 | 万头茧层量（千克） | | | | 5龄担桑产茧量（千克） | | | | 万头产丝量（千克） | | | | 5龄担桑产丝量（千克） | | | |
| | 春 | | 秋 | | 春 | | 秋 | | 春 | | 秋 | | 春 | | 秋 | |
| | 实数 | 指数 | 实数 | 指数 | 实数 | 指数 | 实数 | 指数 | 实数 | 指数 | 实数 | 指数 | 实数 | 指数 | 实数 | 指数 |
| 对照 | 4.610 | 100 | 3.332 | 100 | 3.161 | 100 | 3.016 | 100 | 3.518 | 100 | 2.444 | 100 | 0.670 | 100 | 0.604 | 100 |
| 湖桑197 | 4.701 | 102 | 3.448 | 104 | 3.294 | 104 | 2.983 | 99 | 3.588 | 102 | 2.342 | 96 | 0.677 | 101 | 0.616 | 102 |
| 对照 | 4.491 | 100 | 3.346 | 100 | 3.061 | 100 | 2.908 | 100 | 3.310 | 100 | 2.374 | 100 | 0.602 | 100 | 0.559 | 100 |
| 红泷桑 | 4.225 | 94 | 3.445 | 103 | 3.051 | 100 | 3.144 | 108 | 3.073 | 93 | 2.473 | 101 | 0.588 | 98 | 0.601 | 108 |
| 对照 | 4.720 | 100 | 3.472 | 100 | 3.071 | 100 | 2.956 | 100 | 3.617 | 100 | 2.598 | 100 | 0.541 | 100 | 0.490 | 100 |
| 湖桑87号 | 4.029 | 85 | 3.295 | 95 | 2.629 | 86 | 2.923 | 99 | 3.095 | 86 | 2.489 | 96 | 0.436 | 81 | 0.480 | 98 |
| 对照 | 4.893 | 100 | 3.536 | 100 | 2.976 | 100 | 2.538 | 100 | 3.688 | 100 | 2.626 | 100 | 0.500 | 100 | 0.424 | 100 |
| 璜桑14号 | 4.220 | 86 | 3.672 | 104 | 2.861 | 96 | 2.819 | 111 | 3.112 | 84 | 2.729 | 104 | 0.456 | 91 | 0.462 | 109 |
| 对照 | 4.72 | 100 | 3.472 | 100 | 3.071 | 100 | 2.956 | 100 | 3.617 | 100 | 2.598 | 100 | 0.541 | 100 | 0.490 | 100 |
| 洞庭1号 | 4.821 | 102 | 3.707 | 107 | 3.297 | 107 | 3.294 | 111 | 3.673 | 102 | 2.745 | 106 | 0.568 | 105 | 0.536 | 109 |
| 对照 | 4.573 | 100 | 3.451 | 100 | 2.994 | 100 | 2.863 | 100 | 3.384 | 100 | 2.566 | 100 | 0.506 | 100 | 0.474 | 100 |
| 育2号 | 4.119 | 90 | 3.457 | 107 | 2.771 | 93 | 2.962 | 103 | 3.020 | 89 | 2.591 | 101 | 0.445 | 88 | 0.489 | 103 |
| 对照 | 4.700 | 100 | 3.444 | 100 | 3.151 | 100 | 2.895 | 100 | 3.534 | 100 | 2.428 | 100 | 0.628 | 100 | 0.553 | 100 |
| 辐1号 | 4.340 | 92 | 3.696 | 107 | 3.156 | 100 | 3.247 | 112 | 3.264 | 92 | 2.622 | 108 | 0.624 | 99 | 0.616 | 111 |
| 对照 | 4.386 | 100 | 3.374 | 100 | 3.075 | 100 | 2.647 | 100 | 2.984 | 100 | 2.194 | 100 | 0.644 | 100 | 0.582 | 100 |
| 湖桑7号 | 4.130 | 94 | 3.133 | 93 | 2.952 | 96 | 2.617 | 99 | 2.821 | 95 | 2.098 | 96 | 0.592 | 92 | 0.560 | 96 |
| 对照 | 4.382 | 100 | 3.364 | 100 | 3.137 | 100 | 3.029 | 100 | 3.380 | 100 | 2.230 | 100 | 0.757 | 100 | 0.682 | 100 |
| 湖桑199 | 4.375 | 100 | 3.245 | 96 | 3.429 | 109 | 3.034 | 100 | 3.577 | 106 | 1.896 | 85 | 0.813 | 107 | 0.662 | 97 |
| 对照 | 4.529 | 100 | 3.468 | 100 | 3.133 | 100 | 2.905 | 100 | 3.256 | 100 | 2.404 | 100 | 0.604 | 100 | 0.546 | 100 |
| 新一之濑 | 4.637 | 102 | 3.832 | 110 | 3.501 | 112 | 3.18 | 109 | 3.304 | 101 | 2.677 | 111 | 0.638 | 106 | 0.611 | 112 |
| 对照 | 4.72 | 100 | 3.472 | 100 | 3.071 | 100 | 2.956 | 100 | 3.617 | 100 | 2.598 | 100 | 0.541 | 100 | 0.490 | 100 |
| 7307 | 4.861 | 103 | 3.606 | 104 | 3.514 | 114 | 3.104 | 105 | 3.739 | 103 | 2.719 | 105 | 0.614 | 113 | 0.511 | 104 |
| 对照 | 4.132 | 100 | 3.388 | 100 | 2.760 | 100 | 2.584 | 100 | 2.685 | 100 | 2.468 | 100 | 0.399 | 100 | 0.423 | 100 |
| 黄桑 | 4.214 | 102 | 3.171 | 94 | 2.964 | 107 | 2.244 | 87 | 2.692 | 100 | 2.233 | 90 | 0.429 | 108 | 0.337 | 80 |
| 对照 | 4.386 | 100 | 3.374 | 100 | 3.075 | 100 | 2.647 | 100 | 2.984 | 100 | 2.194 | 100 | 0.644 | 100 | 0.582 | 100 |
| 伦敦40号 | 4.389 | 100 | 3.458 | 102 | 3.238 | 105 | 2.981 | 113 | 2.893 | 97 | 2.469 | 113 | 0.636 | 99 | 0.608 | 104 |
| 对照 | 4.374 | 100 | 3.344 | 100 | 3.262 | 100 | 3.794 | 100 | 3.476 | 100 | 2.541 | 100 | 0.624 | 100 | 0.624 | 100 |
| 707 | 4.458 | 102 | 3.428 | 103 | 3.535 | 108 | 3.858 | 1015 | 3.551 | 102 | 2.559 | 101 | 0.674 | 108 | 0.644 | 103 |
| 对照 | 4.374 | 100 | 3.344 | 100 | 3.262 | 100 | 3.794 | 100 | 3.476 | 100 | 2.541 | 100 | 0.624 | 100 | 0.624 | 100 |
| 和田白桑 | 4.664 | 107 | 3.648 | 109 | 3.831 | 117 | 4.408 | 116 | 3.714 | 107 | 2.740 | 108 | 0.707 | 113 | 0.712 | 114 |
| 对照 | 4.374 | 100 | 3.344 | 100 | 3.262 | 100 | 3.794 | 100 | 3.476 | 100 | 2.541 | 100 | 0.624 | 100 | 0.624 | 100 |
| 吉湖4号 | 4.078 | 102 | 3.518 | 105 | 3.274 | 100 | 3.789 | 100 | 3.432 | 99 | 2.708 | 107 | 0.582 | 93 | 0.634 | 102 |

表 4.7 黄河流域中、晚生桑种产量和病害调查及叶质鉴定成绩表

| 品种名 | 产量(千克/667米²·年) | | | | | | 发病率(%) | | | 万头茧层量(千克) | | | |
| | 桑叶 | | 蚕茧 | | 茧层 | | 萎缩型萎缩病 | 桑细菌病 | | 春 | | 秋 | |
| | 实数 | 指数 | 实数 | 指数 | 实数 | 指数 | | 黑枯 | 缩叶 | 实数 | 指数 | 实数 | 指数 |
|---|---|---|---|---|---|---|---|---|---|---|---|---|---|
| 对照 | 2088 | 100 | 105.12 | 100 | 23.96 | 100 | 1.88 | 1.55 | 6.71 | 4.001 | 100 | 3.563 | 100 |
| 临黑选 | 1623 | 78 | 90.67 | 86 | 20.68 | 86 | 0.84 | 0.03 | 0.33 | 4.680 | 117 | 3.588 | 101 |
| 对照 | 2088 | 100 | 105.12 | 100 | 23.96 | 100 | 1.88 | 1.55 | 6.71 | 4.001 | 100 | 3.563 | 100 |
| 选792号 | 2050 | 93 | 110.00 | 105 | 24.66 | 103 | 0.21 | 2.89 | 9.93 | 4.068 | 101 | 3.814 | 107 |
| 对照 | 2083 | 100 | 105.12 | 100 | 23.96 | 100 | 1.88 | 1.55 | 6.71 | 4.001 | 100 | 3.563 | 100 |
| 707 | 2109 | 101 | 108.10 | 103 | 24.74 | 103 | 3.34 | 4.19 | 10.13 | 3.881 | 97 | 3.682 | 103 |
| 对照 | 1946 | 100 | 401.20 | 100 | 23.10 | 100 | — | — | 0.67 | 3.857 | 100 | 3.541 | 100 |
| 利田白桑 | 1448 | 74 | 86.10 | 85 | 19.20 | 83 | — | — | 1.14 | 4.224 | 110 | 3.917 | 110 |
| 对照 | 2229 | 100 | 109.04 | 100 | 24.82 | 100 | 3.75 | 3.09 | 12.75 | 4.145 | 100 | 3.584 | 100 |
| 7307 | 2305 | 103 | 107.90 | 99 | 24.61 | 99 | 5.42 | 5.25 | 15.86 | 4.356 | 105 | 3.364 | 94 |
| 对照 | 2229 | 100 | 109.40 | 100 | 24.82 | 100 | 3.75 | 3.09 | 12.75 | 4.145 | 100 | 3.584 | 100 |
| 湖桑87号 | 2280 | 102 | 110.68 | 101 | 24.68 | 99 | 30.83 | 1.73 | 4.37 | 3.527 | 85 | 3.781 | 105 |
| 对照 | 2088 | 100 | 105.12 | 100 | 23.96 | 100 | — | 1.55 | 6.71 | 4.001 | 100 | 3.563 | 100 |
| 新一之濑 | 2195 | 105 | 121.00 | 115 | 27.01 | 113 | — | 0.50 | 1.28 | 4.124 | 103 | 3.848 | 108 |
| 对照 | 1946 | 100 | 101.20 | 100 | 23.10 | 100 | — | — | 0.67 | 3.857 | 100 | 3.541 | 100 |
| 梨叶大桑 | 2008 | 103 | 95.10 | 94 | 20.60 | 89 | — | — | 1.14 | 3.102 | 80 | 3.306 | 93 |
| 对照 | 2229 | 100 | 109.40 | 100 | 24.82 | 100 | 3.75 | 3.09 | 12.75 | 4.145 | 100 | 3.584 | 100 |
| 滕桑 | 2262 | 101 | 118.71 | 109 | 26.87 | 108 | 8.75 | 2.00 | 24.03 | 4.339 | 105 | 3.787 | 106 |

（续　表）

| 品种名 | 5龄担桑产茧量（千克） | | | | 万头产丝量（千克） | | | | 5龄担桑产丝量（千克） | | | |
| --- | --- | --- | --- | --- | --- | --- | --- | --- | --- | --- | --- | --- |
| | 春 | | 秋 | | 春 | | 秋 | | 春 | | 秋 | |
| | 实数 | 指数 | 实数 | 指数 | 实数 | 指数 | 实数 | 指数 | 实数 | 指数 | 实数 | 指数 |
| 对照 | 3.018 | 100 | 2.929 | 100 | 2.992 | 100 | 2.560 | 100 | 0.530 | 100 | 0.466 | 100 |
| 临黑选 | 3.571 | 118 | 3.094 | 106 | 3.562 | 119 | 2.486 | 97 | 0.641 | 121 | 0.474 | 102 |
| 对照 | 3.018 | 100 | 2.929 | 100 | 2.992 | 100 | 2.560 | 100 | 0.530 | 100 | 0.466 | 100 |
| 选792号 | 3.161 | 105 | 3.160 | 108 | 3.076 | 103 | 2.723 | 106 | 0.541 | 102 | 0.500 | 107 |
| 对照 | 3.018 | 100 | 2.929 | 100 | 2.992 | 100 | 2.560 | 100 | 0.530 | 100 | 0.466 | 100 |
| 707 | 2.934 | 97 | 3.123 | 107 | 2.881 | 96 | 2.634 | 103 | 0.514 | 97 | 0.495 | 106 |
| 对照 | 3.048 | 100 | 3.066 | 100 | 2.646 | 100 | 2.408 | 100 | 0.506 | 100 | 0.456 | 100 |
| 和田白桑 | 3.360 | 110 | 3.635 | 119 | 3.042 | 115 | 2.672 | 111 | 0.558 | 110 | 0.539 | 118 |
| 对照 | 2.987 | 100 | 2.791 | 100 | 3.338 | 100 | 2.711 | 100 | 0.554 | 100 | 0.475 | 100 |
| 7307 | 3.039 | 102 | 2.560 | 92 | 3.566 | 107 | 2.513 | 93 | 0.578 | 104 | 0.429 | 90 |
| 对照 | 2.987 | 100 | 2.791 | 100 | 3.338 | 100 | 2.711 | 100 | 0.554 | 100 | 0.475 | 100 |
| 湖桑87号 | 2.650 | 89 | 3.041 | 109 | 2.887 | 86 | 2.883 | 104 | 0.481 | 87 | 0.509 | 107 |
| 对照 | 3.018 | 100 | 2.929 | 100 | 2.992 | 100 | 2.560 | 100 | 0.530 | 100 | 0.466 | 100 |
| 新一之濑 | 3.175 | 105 | 3.328 | 114 | 3.058 | 102 | 2.786 | 109 | 0.536 | 101 | 0.514 | 110 |
| 对照 | 3.048 | 100 | 3.066 | 100 | 2.646 | 100 | 2.408 | 100 | 0.506 | 100 | 0.456 | 100 |
| 梨叶大桑 | 2.447 | 80 | 3.130 | 102 | 2.086 | 79 | 2.336 | 97 | 0.379 | 75 | 0.456 | 102 |
| 对照 | 2.987 | 100 | 2.791 | 100 | 3.338 | 100 | 2.711 | 100 | 0.554 | 100 | 0.466 | 100 |
| 滕桑 | 3.153 | 106 | 3.033 | 109 | 3.526 | 106 | 2.816 | 104 | 0.581 | 105 | 0.509 | 107 |

**表 4.8 珠江流域参鉴品种产量和病害调查及叶质鉴定成绩表**

| 品种名 | 产量(千克/667米²·年) 桑叶 | | 蚕茧 | | 茧层 | | 发病率(%) 花叶病 | 细菌病(黑枯) | 青枯病 | 万头茧层量(千克) 春 | | 秋 | |
|---|---|---|---|---|---|---|---|---|---|---|---|---|---|
| | 实数 | 指数 | 实数 | 指数 | 实数 | 指数 | | | | 实数 | 指数 | 实数 | 指数 |
| 广东桑(对照) | 1 990 | 100 | 139.72 | 100 | 32.11 | 100 | 21.70 | 0.31 | 89.15 | 3.450 | 100 | 4.085 | 100 |
| 伦敦40号 | 2 615 | 131 | 184.33 | 132 | 40.61 | 126 | 5.02 | 1.17 | 88.93 | 3.505 | 102 | 3.86 | 94 |
| 塘10×伦109 | 2 246 | 113 | 158.67 | 114 | 35.59 | 111 | 21.68 | 0.69 | 97.50 | 3.695 | 107 | 3.935 | 96 |
| 试11号 | 2 315 | 116 | 158.24 | 113 | 35.91 | 112 | 18.93 | 3.40 | 59.81 | 3.390 | 98 | 3.65 | 89 |
| 育2号 | 1 933 | 97 | 129.95 | 93 | 30.49 | 95 | 7.90 | 0.61 | 59.76 | 3.325 | 96 | 3.965 | 97 |
| 丰驰桑 | 1 674 | 84 | 109.78 | 79 | 24.68 | 77 | 29.71 | 1.17 | 92.94 | 3.190 | 92 | 3.64 | 89 |

| 品种名 | 5龄担桑产茧量(千克) 春 | | 秋 | | 万头产丝量(千克) 春 | | 秋 | | 5龄担桑产丝量(千克) 春 | | 秋 | |
|---|---|---|---|---|---|---|---|---|---|---|---|---|
| | 实数 | 指数 | 实数 | 指数 | 实数 | 指数 | 实数 | 指数 | 实数 | 指数 | 实数 | 指数 |
| 广东桑(对照) | 3.738 | 100 | 4.268 | 100 | 2.27 | 100 | 2.15 | 100 | 0.560 | 100 | 0.532 | 100 |
| 伦敦40号 | 3.919 | 105 | 4.304 | 101 | 2.12 | 93 | 1.64 | 76 | 0.507 | 113 | 0.412 | 77 |
| 塘10×伦109 | 3.804 | 102 | 4.373 | 102 | 2.03 | 89 | 2.08 | 97 | 0.485 | 110 | 0.515 | 97 |
| 试11号 | 3.686 | 99 | 4.193 | 98 | 1.95 | 86 | 2.02 | 94 | 0.467 | 100 | 0.505 | 95 |
| 育2号 | 3.592 | 96 | 4.156 | 97 | 1.96 | 86 | 1.92 | 89 | 0.469 | 100 | 0.481 | 90 |
| 丰驰桑 | 3.513 | 94 | 4.001 | 94 | 1.90 | 84 | 1.88 | 87 | 0.461 | 100 | 0.465 | 87 |

**表 4.9 东北地区参鉴桑品种产量病害、冻害调查及叶质鉴定成绩表**

| 品种名 | 产量(千克/667米²·年) 桑叶 | | 蚕茧 | | 茧层 | | 发病率(%) 桑细菌病(黑枯型) | 冻害率(%) | 万头茧层量(千克) | | 蚕茧量(千克) 5龄担桑产茧量 | | 产丝量(千克) 万头产丝量 | | 5龄担桑产丝量 | |
|---|---|---|---|---|---|---|---|---|---|---|---|---|---|---|---|---|
| | 实数 | 指数 | 实数 | 指数 | 实数 | 指数 | | | 实数 | 指数 | 实数 | 指数 | 实数 | 指数 | 实数 | 指数 |
| 秋雨(对照) | 371 | 100 | 26.54 | 100 | 6.36 | 100 | 25.00 | 26.27 | 4.54 | 100 | 4.21 | 100 | 4.09 | 100 | 0.823 | 100 |
| 选秋一号 | 429 | 115 | 34.44 | 130 | 8.36 | 131 | 19.10 | 21.35 | 5.09 | 112 | 4.74 | 113 | 4.55 | 111 | 0.940 | 114 |
| 吉湖4号 | 394 | 106 | 30.66 | 116 | 7.56 | 119 | 13.70 | 24.39 | 5.09 | 112 | 4.63 | 110 | 4.37 | 107 | 0.889 | 108 |
| 吉鲁桑 | 305 | 82 | 21.96 | 83 | 5.38 | 85 | 0.68 | 23.02 | 464 | 102 | 4.23 | 100 | 4.24 | 104 | 0.852 | 103 |
| 吉籽一号 | 358 | 96 | 24.88 | 94 | 6.02 | 95 | 12.90 | 19.92 | 4.54 | 100 | 4.21 | 100 | 4.09 | 100 | 0.823 | 100 |

表 4.10  长江流域区参鉴桑品种的叶质化学分析成绩表

| 品种名 | 粗蛋白质(%) | | 可溶性糖(%) | | 品种名 | 粗蛋白质(%) | | 可溶性糖(%) | |
|---|---|---|---|---|---|---|---|---|---|
| | 春 | 秋 | 春 | 秋 | | 春 | 秋 | 春 | 秋 |
| 湖桑32号(对照) | 23.58 | 24.28 | 12.71 | 12.38 | 对照 | 24.51 | 23.72 | 12.09 | 12.62 |
| 湖桑199号 | 22.60 | 23.47 | 13.20 | 13.18 | 洞庭一号 | 25.09 | 23.91 | 11.64 | 13.11 |
| 对照 | 23.51 | 23.66 | 12.09 | 12.81 | 对照 | 24.21 | 23.24 | 11.63 | 12.92 |
| 红沧桑 | 23.21 | 24.91 | 12.28 | 13.13 | 育2号 | 20.08 | 22.94 | 15.43 | 14.62 |
| 对照 | 24.51 | 23.72 | 12.09 | 12.62 | 对照 | 23.77 | 23.09 | 12.34 | 12.81 |
| 湖桑87号 | 21.22 | 22.34 | 15.02 | 13.36 | 辐一号 | 24.03 | 23.84 | 13.51 | 13.72 |
| 对照 | 24.33 | 22.18 | 12.38 | 13.96 | 对照 | 22.42 | 21.48 | 11.67 | 13.61 |
| 璜桑14号 | 22.04 | 21.88 | 13.64 | 15.32 | 湖桑7号 | 20.80 | 20.62 | 13.18 | 14.76 |
| 平青桑(对照) | 25.02 | 25.98 | 12.68 | 13.22 | 育151号 | 24.94 | 24.61 | 13.56 | 13.80 |
| 对照 | 23.56 | 22.32 | 11.53 | 12.81 | 对照 | 25.06 | 26.80 | 11.52 | 9.92 |
| 新一之濑 | 22.58 | 23.01 | 12.82 | 12.72 | 吉湖4号 | 23.56 | 26.14 | 15.04 | 12.88 |
| 对照 | 25.06 | 26.8 | 11.52 | 9.92 | 对照 | 22.42 | 21.48 | 11.67 | 13.61 |
| 707 | 24.19 | 26.76 | 13.86 | 10.89 | 伦敦40号 | 21.89 | 20.64 | 14.5 | 15.12 |
| 对照 | 25.06 | 26.8 | 11.52 | 9.92 | 对照 | 23.30 | 21.78 | 10.24 | 13.82 |
| 和田白桑 | 25.04 | 26.96 | 15.04 | 14.09 | 黄桑 | 19.76 | 22.48 | 11.68 | 13.14 |
| 对照 | 24.51 | 23.72 | 12.09 | 12.62 | 对照 | 23.30 | 23.25 | 11.53 | 12.38 |
| 7307 | 24.82 | 24.29 | 12.78 | 13.15 | 湖199号 | 22.48 | 23.81 | 14.75 | 14.20 |
| 育237号 | 24.52 | 25.38 | 13.56 | 13.32 | | | | | |

表 4.11  黄河流域区参鉴桑品种的叶质化学成绩分析表

| 品种名 | 粗蛋白质(%) | | 可溶性糖(%) | | 品种名 | 粗蛋白质(%) | | 可溶性糖(%) | |
|---|---|---|---|---|---|---|---|---|---|
| | 春 | 秋 | 春 | 秋 | | 春 | 秋 | 春 | 秋 |
| 湖桑32号(对照) | 20.02 | 26.42 | 14.82 | 12.98 | 对照 | 21.68 | 28.02 | 15.93 | 12.90 |
| 临黑选 | 23.98 | 29.12 | 13.76 | 13.22 | 湖桑87号 | 19.10 | 26.50 | 16.80 | 11.62 |
| 对照 | 20.52 | 26.42 | 14.82 | 12.98 | 对照 | 20.02 | 26.42 | 14.82 | 12.98 |
| 选792号 | 21.66 | 24.98 | 15.76 | 13.82 | 新一之濑 | 21.26 | 26.34 | 15.23 | 13.21 |
| 对照 | 20.02 | 26.42 | 14.82 | 12.98 | 对照 | 22.35 | 24.82 | 13.70 | 13.06 |
| 707 | 23.24 | 27.28 | 12.94 | 12.36 | 梨叶大桑 | 21.24 | 26.86 | 16.63 | 13.46 |
| 对照 | 22.35 | 24.82 | 13.70 | 13.06 | 对照 | 21.68 | 28.02 | 15.93 | 12.90 |
| 和田白桑 | 22.93 | 23.83 | 14.96 | 16.40 | 滕桑 | 22.36 | 30.64 | 14.84 | 12.39 |
| 对照 | 21.68 | 28.02 | 15.93 | 12.90 | | | | | |
| 7307 | 22.44 | 29.19 | 13.86 | 12.13 | | | | | |

表 4.12  珠江流域参鉴桑品种叶质分析成绩表

| 品种名 | 粗蛋白质(%) | | 可溶性糖(%) | | 品种名 | 粗蛋白质(%) | | 可溶性糖(%) | |
|---|---|---|---|---|---|---|---|---|---|
| | 春 | 秋 | 春 | 秋 | | 春 | 秋 | 春 | 秋 |
| 广东桑(对照) | 24.67 | 23.56 | 6.87 | 6.86 | 试11号 | 24.17 | 22.95 | 5.91 | 6.82 |
| 伦敦40号 | 25.01 | 21.06 | 7.90 | 7.01 | 育2号 | 23.89 | 22.11 | 6.58 | 6.33 |
| 塘10×伦109 | 26.00 | 21.65 | 6.76 | 7.53 | 丰驰桑 | 23.37 | 22.81 | 6.61 | 6.54 |

表 4.13  东北区参鉴桑品种叶质分析成绩表

| 品种名 | 粗蛋白质(%) | 可溶性糖(%) | 品种名 | 粗蛋白质(%) | 可溶性糖(%) |
|---|---|---|---|---|---|
| 选秋1号 | 27.12 | 13.19 | 吉鲁桑 | 28.01 | 12.14 |
| 吉湖4号 | 27.78 | 12.69 | 秋雨(对照) | 25.87 | 10.03 |
| 吉籽桑1号 | 25.91 | 12.68 | | | |

# 三、第一批桑树品种审定结果

## (一) 农业部关于印发《桑树品种国家审定结果报告(第一号)》的通知

1989 年 6 月 2 日农业部办公厅发布"关于印发《桑蚕新品种国家审定结果报告(第六号)》与《桑树品种国家审定结果报告(第一号)》的通知"[(1989)农(农)函字第 30 号]。

通知指出,同意对中国农业科学院蚕业研究所选育的育 151 号、育 237 号、育 2 号、7307,浙江省诸暨县璜山农技站选出的璜桑 14 号、山东省蚕业研究所选出的选 792、广东省蚕业研究所选育的伦教 40 号、塘 10×伦 109、华南农业大学蚕桑系选育的试 11 号、吉林省蚕业研究所育成的吉湖 4 号、黑龙江省蚕业研究所选出的选秋 1 号等桑品种的审议意见。

上述 11 个桑品种的主要经济性状符合国家审定标准,可分别供长江流域、黄河流域、珠江流域、东北地区试栽、推广。从日本引进的新一之濑桑品种,经鉴定网点调查,经济性状优良,可在长江、黄河流域各省(区)试栽、推广。

## (二) 桑树品种国家审定结果报告(第一号)

全国桑·蚕品种审定委员会于 1983 年受理首批桑树品种区域性鉴定,组织全国 8 个省鉴定单位,划分长江流域、黄河流域、珠江流域和东北 4 个区域,自 1984 年至 1988 年,对中国农业科学院蚕业研究所选育的育 151 号、育 237 号、育 2 号、7307、丰驰桑、辐 1 号、洞庭 1 号、湖桑 7 号、湖桑 199 号,浙江省农业科学院蚕桑研究所选育的红沦桑、湖桑 197 号,浙江省诸暨县璜山农技站选出的璜桑 14 号,浙江省绍兴地区农校选出的湖桑 87 号,山东省蚕业研究所选出的临黑选、选 792,陕西省蚕桑研究所选出的 707,广东省蚕业研究所选育的伦教 40 号、塘 10×伦 109,华南农业大学蚕桑系育成的试 11 号,吉林省蚕业科学研究所育成的吉湖 4 号、吉籽 1 号、吉鲁桑,黑龙江省蚕业研究所选出的选秋 1 号,新疆和田蚕桑科学研究所选出的和田白桑以及从日本引进的品种新一之濑,计 25 个桑树品种进行了鉴定。

1989 年 4 月 2 日至 6 日本委员会举行第八次会议,依据(82)农(农)字第 94 号文印发的《全国桑树品种审定条例》(试行草案),对五年来的鉴定成绩进行了审议,认为育 151 号、育 237 号、育 2 号、7307、璜桑 14 号、选 792、伦教 40 号、塘 10×伦 109、试 11 号、吉湖 4 号、选秋 1 号及新一之濑等 12 个品种经济性状较为优良。

### 1. 分区域分品种综合概评

(1) 长江流域参鉴品种

**育 151 号**

早生早熟品种,宜稚蚕用桑兼全龄用叶。其发芽率较高,发条数多,枝条长,单位面积产桑叶量、茧量、茧层量分别比对照种高 15％、16％、18％,万头茧层量、5 龄担桑产茧量与对照种相仿,而万头产丝量、5 龄担桑产丝量分别高于对照种春期 3％、12％,秋期高 8％、8％,抗桑黄化型和萎缩病强于对照种。

**育 237 号**

早生早熟品种,宜稚蚕用桑兼全龄用叶。其发芽率高,发条数多,枝条长,单位面积产桑叶量、茧量、茧层量分别高于对照种 29％、31％、33％。饲料试验 4 项(万头茧层量、5 龄担桑产苗量、万头产丝量、5 龄担桑产丝量)成绩与对照相仿。抗黄化型和萎缩型萎缩病强于对照种。

**育 2 号**

早生中熟品种、其条多、条长、发芽率高、单位面积产桑叶量、茧量分别高于对照种 3%、5%,单位面积产茧层量低于对照种 6%。饲料试验 4 项成绩与对照种相比,春期分别低于对照种 10%、7%、11%、12%,秋期分别高于对照种 7%、3%、1%、3%。抗萎缩病和细菌病强,抗旱性较弱。

**7307**

晚生中熟品种,其枝条粗直,节密,发条数和条长不及对照种,单位面积产桑叶量低于对照种 5%,而单位面积产茧量、茧层量分别高于对照种 3%、1%。饲料试验 4 项成绩与对照种相比,春季分别高 3%、14%、3%、13%,秋季分别高 4%、5%、5%、1%。抗黄化型和萎缩型萎缩病与对照种相仿。

**璜桑 14 号**

晚生中熟品种,其发条数较多,枝条粗长,单位面积产桑叶量、茧量、茧层量与对照种相仿。饲料试验成绩与对照种相比,春期分别低 14%、4%、16%、9%,秋季分别高 4%、11%、4%、4%。抗黄化型和萎缩型萎缩病强于对照种。

**新一之濑**

晚生中熟品种,其枝条细长而直,发芽率较高,单位面积产桑叶量与对照种相仿,而单位面积产茧量、茧层量分别高于对照种 10%、9%。饲料试验 4 项成绩与对照种相比,春期分别高 2%、12%、1%、6%,秋期分别高 10%、9%、11%、12%。抗萎缩病与对照种相仿,不耐旱。

（2）黄河流域参鉴品种

**选 792**

晚生中熟品种,其发条数较多,枝条细长家发芽率较高,单位面积产桑叶量与对照种相仿,而单位面积产茧量、茧层量分别高于对照种 5%、3%。饲料试验 4 项成绩与对出种相比,春期分别高 1%、5%、3%、2%,秋期分别高 7%、8%、6%、7%。抗病性生与对照种仿。

**新一之濑**

中生中熟品种,其发条数较多,枝条细长,节密,发芽率较高,叶型较小,单位面积产桑叶量、茧量、茧层量分别高于对照种 5%、15%、13%。饲料试验 4 项发绩与对照种相比,春期分别高 3%、5%、2%、1%,秋期分别高 8%、14%、9%、11%。抗病性与对照种相仿。

（3）珠江流域参鉴品种

**伦教 40 号**

早生早熟品种,其发条数较少,枝条长,发芽率高,叶形大,单位面积产桑叶量、茧量、茧层量分别高于对照种 31%、32%、26%。万头茧层量、5 龄担桑产茧量与对照种相仿。抗青枯病与对照种相仿,而抗花叶病强,轻感细菌病。

**试 11 号**

早生早熟品种,其发条数较多,枝条长,发芽率较高,叶形大,单位面积产桑叶量、茧量、茧层量分别高于对照种 16%、13%、12%。饲料试验 4 项成绩与对照相比,春期分别低 2%、1%、14%、17%,秋期分别低 11%、2%、6%、5%。抗青枯病比对照种强,抗花叶病和细菌病与对照种相仿。

**塘 10×伦 109**

一代杂交种,群体性状较一致、单位面积产桑叶量、茧量、茧层量分别高于对照种 13%、14%、11%。万头茧层量、5 龄担桑产茧量,早春期分别高于对照种 7%、2%,秋期无明显差别,万头产丝量、5 龄担桑产丝量与对照种相比,春期低 11%、18%,秋期低 3%、3%。抗花叶病和细菌病与对照种相仿,抗青枯病稍弱。

（4）东北地区参鉴品种

**吉湖 4 号**

中生中熟品种，其发条数多，枝条较细而长，单位面积产桑叶量、茧量、茧层量分别高于对照种 6％、16％、19％。饲料试验 4 项成绩分别高于对照种 12％、10％、7％、8％。抗细菌病强于对照种，抗寒性与对照种相仿。

**选秋 1 号**

中生中熟品种，其发条数多，枝条细长，单位面积产桑叶量、茧量、茧层量分别高于对照种 15％、30％、31％。饲料试验 4 项成绩分别高于对照种 12％、13％、11％、14％。抗细菌病比对照种强，抗寒性与对照种相仿。

2. 审议意见

（1）育 151 号、育 237 号、育 2 号、7307、璜桑 14 号、选 792、伦教 40 号、试 11 号、塘 10×伦 109、吉湖 4 号、选秋 1 号等 11 个品种主要经济性状符合国家审定标准，可供以下地区及气候条件与原产地相似地区试栽、推广。

| | |
|---|---|
| 育 151 号、育 1237 号（早生桑） | 长江流域 |
| 育 2 号、7307、璜桑 14 号 | 长江流域 |
| 选 792 | 黄河流域 |
| 伦教 40 号、试 11 号、塘 10×伦 109 | 珠江流域 |
| 吉湖 4 号、选秋 1 号 | 东北地区 |

（2）新一之濑，经鉴定网点调查，经济性状较优良，推荐在长江、黄河流域各省（区）试栽、推广。

（3）其余参鉴品种的鉴定成绩，综合概评将以《蚕桑品种国家审定工作年报》的形式公布发表，供各地参考。

全国桑·蚕品种审定委员会

1989 年 4 月 6 日

# 第二节
# 第二批桑树品种鉴定与审定

## 一、参鉴桑树品种

1989 年 5 月 25 日，农业部农业局"关于印发《全国桑、蚕品种审定委员会第八次会议纪要》的通知"[（1989）农（农经一）字第 44 号]。

通知指出，全国桑·蚕品种审定委员会于 1989 年 4 月 3—6 日在四川省重庆市举行了第八次会议，审定并通过了第一批全国桑品种鉴定总结报告和 1987—1988 年度桑蚕品种审定结果报告；安排了 1989—1990 年度蚕品种鉴定计划和第二批全国桑树品种鉴定计划；研究了关于蚕品种鉴定网点增设、鉴定试验与审定经费、委员增补、蚕种出口及完善桑蚕品种审定工作等问题。

会议决定参加全国第二批鉴定的桑树品种有以下 7 个：四川省南充市丝绸公司、蓬安县蚕桑局选育的塔桑；四川省北碚蚕种场选育的北桑 1 号；四川省三台蚕种场选育的实钴 11 - 6；湖南省蚕桑科学研究所选育的湘 7920；浙江省农业科学院蚕桑研究所选育薪一圆；中国农业科学院蚕业研究所选育的育 71 - 1；安徽省农业科学院蚕桑研究所选育的红星五号。

## 二、第二批桑树品种鉴定计划

为了加速桑树优良品种的紫育与推广，实现良种布局区坡化，不断提高蚕茧产量和质量，农业部于 1982 年起组织开展了全国桑品种鉴定、审定工作，第一批全国桑品种鉴定于 1988 年结束。近几年来，全国各地陆续选出许多新品种，要求进行全国鉴定，为蚕单生产不断提供有一定适应范围的桑树优良品种，为此，开展第二批桑品种鉴定工作。

1. 鉴定点设置
根据受理参鉴品种的地区性，确定在长江和黄河中、下游地区设置 6 个鉴定点，其单位是：浙江省蚕桑研究所、江苏省海安蚕种场、中国农业科学院蚕业研究所、四川省阆中蚕种场、山东省滕州市桑树良种繁育场、陕西省蚕桑研究所。

2. 参鉴桑品种

各地申请参鉴品种,经审定结果,符合参鉴要求,确定为第二批参鉴品种的选育单位和品种名如下:

四川省三台蚕种场,实钻 11-6;四川省南充地区茧丝绸公司、蓬安县蚕业局,塔桑;四川省北碚蚕种场,北桑 1 号;湖南省蚕桑科学研究所,湘 7920;浙江省蚕桑研究所,新圆一号;安徽蚕桑研究所;红星五号;中国农业科学院蚕业研究所,育 71-1。

3. 鉴定方法

本批采用湖桑 32 号为对照种,各鉴定点的参鉴品种相同,每品种栽植160 株(除保护行株数外),重复 4 小区,随机排列,栽植密度为 600 株/667 米$^2$,并采取统一的养成形式和调查方法。栽植后第三年开始养蚕,进行饲料试验和叶片主要营养的化学分析,连续两年春、秋各二次。

4. 鉴定内容

根据审定条例的规定,主要是亩产叶量、叶质(试验成绩)、抗病性(指桑萎缩型和细菌病),各品种的农艺性状等。

5. 鉴定经费

根据本报鉴定品种数量、面积和鉴定内容,初步预算,平均每年需经费 3.5 万元。

# 三、第二批桑品种鉴定工作总结

根据农牧渔业部(82)农(农)字第 94 号文,按照《全国桑品种审定条例》《桑品种国家鉴定工作细则》和全国桑・蚕品种审定委员会于 1989 年杭州会议的决定,确定 1990 年开始进行全国第二批桑品种区域性鉴定工作。全国桑蚕品种审定委员会桑品种鉴定组于 1995 年 12 月形成工作总结。

## (一) 基本情况

### 1. 鉴定点和参鉴品种

本批全国桑品种鉴定点分布于长江流域的四川省阆中市、浙江省杭州市、江苏省镇江市、海安市,黄河流域的陕西省周至县和山东省滕州市等 5 地,在蚕业区域分布上,有一定的代表性。其承担单位是浙江省农业科学院蚕桑所、江苏省海安蚕种场、四川省阆中蚕种场、陕西省农业科学院蚕桑所、山东省滕州桑树良种繁殖场和中国农业科学院蚕业研究所,各鉴定点栽植同品种,均以湖桑 32 号为对照种(以下简称 ck),参鉴品种及选育单位见表 4.14。

表 4.14　参鉴品种及选育单位

| 品种名称 | 选育单位 |
|---|---|
| 塔桑 | 四川省南充市丝绸公司、蓬安县蚕桑局 |
| 北桑 1 号 | 四川省北碚蚕种场 |
| 实钻 11-6 | 四川省三台蚕种场 |
| 湘 7920 | 湖南省蚕桑所 |
| 薪一圆 | 浙江省农业科学院蚕桑所 |
| 育 71-1 | 中国农业科学院蚕业研究所 |
| 红星五号 | 安徽省农业科学院蚕桑所 |

## 2. 田间栽植形式

根据《工作细则》的要求,每鉴定点约占地 1 300 平方米(2 亩),参鉴品种均采用随机排列,每品种栽植 160 平方米,分 4 小区,栽植株距 66～70 厘米,行距 166～170 厘米,亩(667 平方米)栽约 600 株,栽植后,养成低干树型,各点采取统一的鉴定项目和方法,按常规的肥培管理,进行比较评价。

### (二) 生物学与经济性状调查

试验地按常规的肥培管理,进行主要性状调查,其结果如下。

#### 1. 发芽期和开叶期

各参鉴桑品种间,发芽迟的与发芽早的开差较大,由于地区不同,发芽迟早有一定的差异,从各点调查情况以湘 7920、育 71 - 1 和塔桑较早,一般比 ck 早 5～8 天,其余品种同 ck 相仿(表 4.15)。

表 4.15　各参鉴品种发芽、开叶期调查表

| 品种名 | 浙江杭州 | | 江苏海安 | | 江苏镇江 | |
| --- | --- | --- | --- | --- | --- | --- |
| | 发芽期(日/月) | 开叶期(日/月) | 发芽期(日/月) | 发芽期(日/月) | 开叶期(日/月) | 发芽期(日/月) |
| 湖桑 32 号 | 29/3—3/4 | 8—17/4 | 10—15/4 | 29/3—3/4 | 8—17/4 | 10—15/4 |
| 塔桑 | 22—29/3 | 2—10/4 | 7—14/4 | 22—29/3 | 2—10/4 | 7—14/4 |
| 北桑 1 号 | 26/3—3/4 | 8—17/4 | 11—16/4 | 26/3—3/4 | 8—17/4 | 11—16/4 |
| 实钴 11 - 6 | 24/3—1/4 | 6—15/4 | 10—15/4 | 24/3—1/4 | 6—15/4 | 10—15/4 |
| 湘 7920 | 12—22/3 | 31/3—10/4 | 8—14/4 | 12—22/3 | 31/3—10/4 | 8—14/4 |
| 薪一圆 | 31/3—6/4 | 13—22/4 | 10—15/4 | 31/3—6/4 | 13—22/4 | 10—15/4 |
| 育 71 - 1 | 14—25/3 | 2—10/4 | 7—15/4 | 14—25/3 | 2—10/4 | 7—15/4 |
| 红星五号 | 25/3—1/4 | 6—15/4 | 10—16/4 | 25/3—1/4 | 6—15/4 | 10—16/4 |

| 品种名 | 四川阆中 | | 山东滕州 | | 陕西周至 | |
| --- | --- | --- | --- | --- | --- | --- |
| | 发芽期(日/月) | 开叶期(日/月) | 发芽期(日/月) | 发芽期(日/月) | 开叶期(日/月) | 发芽期(日/月) |
| 湖桑 32 号 | 28/2 | 22/3 | 13—18/4 | 28/2 | 22/3 | 13—18/4 |
| 塔桑 | 24/2 | 17/3 | 5—8/4 | 24/2 | 17/3 | 5—8/4 |
| 北桑 1 号 | 28/2 | 22/3 | 13—18/4 | 28/2 | 22/3 | 13—18/4 |
| 实钴 11 - 6 | 27/2 | 20/3 | 12—17/4 | 27/2 | 20/3 | 12—17/4 |
| 湘 7920 | 25/2 | 17/3 | 7—11/4 | 25/2 | 17/3 | 7—11/4 |
| 薪一圆 | 28/2 | 23/3 | 16—18/4 | 28/2 | 23/3 | 16—18/4 |
| 育 71 - 1 | 27/2 | 21/3 | 7—16/4 | 27/2 | 21/3 | 7—16/4 |
| 红星五号 | 28/2 | 23/3 | 9—13/4 | 28/2 | 23/3 | 9—13/4 |

注: 发芽期,从脱苞至燕口的日期;开叶期,从开 1 叶至 5 叶的日期。

#### 2. 发芽率

参鉴桑品种发芽率均在 66.7%～84.3%,均超过 ck,其中超过对照 10% 以上的有湘 7920、塔桑、薪一圆、实钴 11 - 6 等,分别超过 21.1%、19.5%、3%、11.9%。而育 71 - 1、北桑 1 号和红星五号分别比 ck 高 9.2%、6.3% 和 3.5%(表 4.16)。

表 4.16　发芽生长性状及病害调查表

| 品种名 | 发芽率(%) | 生长芽率(%) | 止芯芽率(%) | 单芽着叶数(片) | | 7—8 月枝条日增长度(厘米) | 细菌病发病率(%) | 萎缩病发病率(%) |
| --- | --- | --- | --- | --- | --- | --- | --- | --- |
| | | | | 生长芽 | 止芯芽 | | | |
| 湖桑 32 号 | 63.2 | 27.3 | 72.8 | 7.7 | 3.4 | 2.1 | 1.4 | 0.4 |
| 塔桑 | 62.7 | 21.7 | 72.3 | 13.4 | 4.5 | 2.1 | 0 | 0.5 |

（续 表）

| 品种名 | 发芽率（%） | 生长芽率（%） | 止芯芽率（%） | 单芽着叶数（片） | | 7—8月枝条日增长度（厘米） | 细菌病发病率（%） | 萎缩病发病率（%） |
|---|---|---|---|---|---|---|---|---|
| | | | | 生长芽 | 止芯芽 | | | |
| 北桑1号 | 69.5 | 24.3 | 75.7 | 8.5 | 4.5 | 2.4 | 0.4 | 0.1 |
| 实钻11-6 | 75.1 | 16.9 | 83.1 | 12.3 | 3.6 | 2.7 | 0.1 | 0.5 |
| 湘7920 | 84.3 | 24.1 | 75.9 | 10.4 | 4.0 | 2.5 | 1.7 | 0.5 |
| 薪一圆 | 76.2 | 19.0 | 71.0 | 11.7 | 3.0 | 2.2 | 0.3 | 1.1 |
| 育71-1 | 72.4 | 18.6 | 81.5 | 10.2 | 3.1 | 2.1 | 2.8 | 0.5 |
| 红星五号 | 66.7 | 20.6 | 79.4 | 10.3 | 3.1 | 2.0 | 3.6 | 1.1 |

### 3. 枝条生长情况

各鉴定点的枝条生长情况调查结果，其发条数均少于 ck，而塔桑的发条力最弱，平均单株条长亦以塔桑最短，湘7920、实钻11-6和 ck 相仿，其余品种略短于 ck（表4.17）。从条、叶、梢、椹占梗叶量的百分率来看，其实用叶片比例，除实钻11-6低于 ck 2.1%外，其他品种均高于 ck 1.22%～6.34%，其中以湘7920、育71-1、薪一圆、塔桑较高，分别高于 ck 3.1%～6.34%（表4.17）。

表4.17　桑品种经济性状调查表

| 品种名 | 平均单株 | | 梗叶量（克） | 芽叶量（克/株） | 条叶梢椹占梗叶量百分比 | | | |
|---|---|---|---|---|---|---|---|---|
| | | | | | 枝条 | | 叶片 | |
| | 条数（根） | 条长（米） | | | 重量（克） | 比例（%） | 重量（克） | 比列（%） |
| 湖桑32号 | 9.7 | 12.8 | 3 580 | | 1 564 | 43.69 | 1 504 | 42.01 |
| 塔桑 | 7.1 | 10.1 | 3 539 | | 1 180 | 33.34. | 1 596 | 45.10 |
| 北桑1号 | 8.8 | 12.2 | 3 093 | 1 745 | 1 268 | 41.00 | 1 337 | 43.23 |
| 实钻11-6 | 8.3 | 12.7 | 3 501 | 1 861 | 1 573 | 44.93 | 1 398 | 39.93 |
| 湘7920 | 8.9 | 12.9 | 4 240 | 2 719 | 1 500 | 35.38 | 2 050 | 48.35 |
| 薪一圆 | 9.2 | 12.2 | 2 936 | 1 669 | 1 267 | 43.15 | 1 325 | 45.13 |
| 育71-1 | 9.1 | 11.9 | 3 296 | 1 924 | 1 363 | 41.35 | 1 503 | 45.60 |
| 红星五号 | 8.7 | 12.0 | 3 427 | 1 930 | 1 452 | 42.37 | 1 497 | 43.68 |

| 品种名 | 春季 | | | | | | 秋季 | | | |
|---|---|---|---|---|---|---|---|---|---|---|
| | 条叶梢椹占梗叶量百分比 | | | | 1千克叶数（片） | 米条长产叶量（克） | 平均单株 | | 米条长产叶量（克） | 1千克叶数（片） |
| | 新梢 | | 桑椹 | | | | 条数（根） | 条长（米） | | |
| | 重量（克） | 比例（%） | 重量（克） | 比例（%） | | | | | | |
| 湖桑32号 | 508 | 14.19 | 4 | 0.11 | 504 | 131 | 11.1 | 17.4 | 124 | 189 |
| 塔桑 | 443 | 12.52 | 320 | 9.04 | 669 | 167 | 7.1 | 10.0 | 150 | 223 |
| 北桑1号 | 370 | 11.96 | 118 | 3.81 | 585 | 129 | 10.3 | 15.1 | 120 | 208 |
| 实钻11-6 | 441 | 12.60 | 89 | 2.54 | 521 | 130 | 9.5 | 16.3 | 128 | 191 |
| 湘7920 | 652 | 15.38 | 38 | 0.89 | 502 | 162 | 9.4 | 16.0 | 146 | 170 |
| 薪一圆 | 344 | 11.72 | / | / | 751 | 131 | 11.3 | 17.3 | 139 | 252 |
| 育71-1 | 402 | 12.20 | 28 | 0.85 | 527 | 145 | 10.3 | 14.2 | 143 | 160 |
| 红星五号 | 429 | 12.52 | 49 | 1.43 | 504 | 131 | 9.8 | 14.6 | 145 | 183 |

注：1992—1994年3年平均产叶量。

### （三）产叶量调查

各参鉴桑品种产叶量，以6个鉴定点（1992—1994年）3年平均667平方米产叶量，其各品种667平方米产叶量 1 645.3～2 293.6 千克,高与低之差每 667 平方米达 648.3 千克。ck 667 平方米产叶量为 1 916.3 千克,故各品种间产叶量差异较大,而以湘 7920、育 71 - 1、实钻 11 - 6 最高,667 平方米产叶量分别达 2 293.6 千克、1 978 千克和 1 925.5 千克,分别超过 ck 26.2%、9.0%、65.0%。红星五号 667 平方米产叶量为 1 818 千克,接近 ck;北桑 1 号、薪一圆、塔桑均低于 ck,667 平方米产叶量分别为 1 744.5 千克、1 743.3 千克和 1 645.1 千克,低于 ck 4.0%、9.5%(表 4.18)。用 t 测验和 LSP 法新复极差测验进行统计分析,结果湘 7920 极显著超过 ck,育 71 - 1 显著超过 ck,实钻 11 - 6 接近超过 ck,红星五号、北桑 1 号、薪一圆和 ck 相仿,塔桑显著低于 ck。

**表 4.18　参鉴桑品种产叶量统计表(千克/667 米²)**

| 品种名 | 浙江杭州 | 江苏海安 | 江苏镇江 | 四川阆中 | 山东滕州 | 陕西周至 | 合计 | 平均 | 指数 |
|---|---|---|---|---|---|---|---|---|---|
| 湖桑 32 号 | 1 822 | 2 225 | 1 678 | 1 584 | 1 710 | 1 879 | 10 898 | 1 816.3 | 100 |
| 塔桑 | 1 878 | 2 073 | 1 473 | 1 696 | 1 373 | 1 379 | 9 872 | 1 645.3 | 90.5 |
| 北桑 1 号 | 1 655 | 2 155 | 1 846 | 1 552 | 1 450 | 1 810 | 10 468 | 1 744.6 | 96.0 |
| 实钻 11 - 6 | 1 982 | 2 259 | 1 860 | 1 809 | 1 756 | 1 887 | 11 553 | 1 925.5 | 106 |
| 湘 7920 | 2 277 | 2 651 | 2 384 | 1 969 | 1 910 | 2 571 | 13 762 | 2 293.6 | 126.2 |
| 薪一圆 | 1 724 | 2 147 | 1 610 | 1 499 | 1 624 | 1 856 | 10 460 | 1 743.3 | 96 |
| 育 71 - 1 | 1 998 | 2 454 | 1 972 | 1 662 | 1 672 | 2 110 | 11 868 | 1 978 | 109 |
| 红星五号 | 1 979 | 2 309 | 1 536 | 1 505 | 1 728 | 1 852 | 10 909 | 1 818 | 100.1 |
| 合计 | 15 315 | 18 273 | 14 359 | 13 276 | 13 223 | 15 344 | 89 790 | / | / |

注:1992—1994 年 3 年平均产叶量。

### (四) 叶质鉴定

各参鉴桑品种以湖桑 32 为对照种(以下简称 ck),进行二年四期(两春、两秋)养蚕饲料鉴定,取得结果如下。

**1. 供试蚕品种及收蚁日期**

春期蚕品种为菁松×皓月,于 4 月下旬至 5 月初收蚁,中秋为苏 3 · 秋 3×苏 4,于 8 月中、下旬收蚁。

**2. 鉴定方法**

(1) 每个参鉴桑品种同时饲养春、秋各二期壮蚕期。

(2) 小蚕 2 克一区定量收蚁,标准技术饲养,3 龄眠中数蚕分区,每区 400 头,每个蚕品种 4 个重复。

(3) 4 龄饷食开始即用各参鉴桑品种的桑叶饲蚕,每日三回育,称量给桑,看蚕定量,根据各区蚕的食欲情况确定,不一刀切。

(4) 各区饲育环境一致,并注意温湿度调节。

(5) 各参鉴桑品种桑叶按量采摘,分采分贮注意保鲜。

(6) 适熟上蔟,一星期后采茧调查。

**3. 鉴定结果**

二年春、秋各两期鉴定综合平均成绩(表 4.19、表 4.20),根据调查结果,4 龄、5 龄发育经过春期红星五号、湘 7920 比 ck 慢 11～12 小时,塔桑与 ck 相仿,育 71 - 1、北桑 1 号、实钻 11 - 6、薪一圆比 ck 快 7～12 小时;秋期各桑品种发育经过均快于 ck,大约比 ck 快 4～9 小时,以北桑 1 号和实钻 11 - 6 饲育经过期短,比 ck 快 9 小时。

虫蛹生命率春期育 71 - 1 高于 ck 1.2%,而湘 7920,红星五号稍低于 ck 0.5%和 2.17%,其他品种间

表 4.19　参鉴桑品种 1992—1993 年叶质鉴定成绩综合

| 项目 品种名 | 4~5龄经过(日:时) 春 | 秋 | 虫蛹率(%) 春 | 秋 | 茧质 春 全茧量(克) | 茧层量(克) | 茧层率(%) | 茧质 秋 全茧量(克) | 茧层量(克) | 茧层率(%) | 春期 万头产茧量 实数(千克) | 指数(%) | 万头茧层量 实数(千克) | 指数(%) | 100千克叶产茧量 实数(千克) | 指数(%) | 苗桑产茧量 实数(千克) | 指数(%) |
|---|---|---|---|---|---|---|---|---|---|---|---|---|---|---|---|---|---|---|
| 湖桑 32 号 | 13:02 | 12:07 | 96.45 | 93.26 | 2.132 | 0.534 | 25.05 | 1.722 | 0.385 | 22.36 | 21.04 | 100 | 5.27 | 100 | 5.44 | 100 | 48.62 | 100 |
| 塔桑 | 13:05 | 12:02 | 96.11 | 90.11 | 1.919 | 0.456 | 23.76 | 1.754 | 0.383 | 21.84 | 19.12 | 90.87 | 4.68 | 88.80 | 5.00 | 91.91 | 43.45 | 89.37 |
| 北桑 1 号 | 12:17 | 11:21 | 96.38 | 93.48 | 2.192 | 0.536 | 24.45 | 1.896 | 0.424 | 22.36 | 21.63 | 102.80 | 5.29 | 100.38 | 5.87 | 107.90 | 50.85 | 104.59 |
| 实钴 11－6 | 12:16 | 11:22 | 96.57 | 92.68 | 2.232 | 0.538 | 24.10 | 1.856 | 0.417 | 22.47 | 22.06 | 104.85 | 5.42 | 102.85 | 5.93 | 109.01 | 53.66 | 110.37 |
| 湘 7920 | 13:14 | 12:06 | 95.93 | 90.90 | 1.920 | 0.459 | 23.91 | 1.718 | 0.385 | 22.29 | 18.85 | 89.59 | 4.48 | 85.01 | 4.85 | 89.15 | 57.51 | 118.33 |
| 薪一圆 | 12:14 | 12:01 | 96.99 | 93.65 | 2.230 | 0.551 | 24.71 | 1.858 | 0.417 | 22.44 | 21.98 | 104.47 | 5.44 | 103.23 | 5.93 | 109.01 | 58.31 | 103.64 |
| 育 71－1 | 12:19 | 12:03 | 97.65 | 95.47 | 2.184 | 0.519 | 23.76 | 1.821 | 0.418 | 22.95 | 21.64 | 102.85 | 5.22 | 99.05 | 5.82 | 106.99 | 55.80 | 114.93 |
| 红星五号 | 13:13 | 12:05 | 94.28 | 91.91 | 2.120 | 0.525 | 24.76 | 1.787 | 0.400 | 22.38 | 20.77 | 98.72 | 5.15 | 97.72 | 5.39 | 99.08 | 44.72 | 91.99 |

| 项目 品种名 | 秋期 万头产茧量 实数(千克) | 指数(%) | 万头茧层量 实数(千克) | 指数(%) | 100千克叶产茧量 实数(千克) | 指数(%) | 苗桑产茧量 实数(千克) | 指数(%) | 平均 万头产茧量 实数(千克) | 指数(%) | 万头茧层量 实数(千克) | 指数(%) | 100千克叶产茧量 实数(千克) | 指数(%) | 全年 苗桑产茧量 实数(千克) | 指数(%) |
|---|---|---|---|---|---|---|---|---|---|---|---|---|---|---|---|---|
| 湖桑 32 号 | 16.54 | 100 | 3.79 | 100 | 5.73 | 100 | 48.51 | 100 | 18.79 | 100 | 4.49 | 100 | 5.59 | 100 | 97.13 | 100 |
| 塔桑 | 16.47 | 99.58 | 3.61 | 97.57 | 5.89 | 102.79 | 41.83 | 86.23 | 17.80 | 94.73 | 4.15 | 92.43 | 5.45 | 97.50 | 84.44 | 86.94 |
| 北桑 1 号 | 16.05 | 109.13 | 4.04 | 109.191 | 6.49 | 113.26 | 53.52 | 110.33 | 19.84 | 105.59 | 4.67 | 104.01 | 6.18 | 110.55 | 104.37 | 107.45 |
| 实钴 11－6 | 17.75 | 107.32 | 3.97 | 107.30 | 6.38 | 111.34 | 59.91 | 123.50 | 19.91 | 105.96 | 4.70 | 104.60 | 6.16 | 110.20 | 113.57 | 116.93 |
| 湘 7920 | 16.37 | 90.97 | 3.64 | 98.38 | 5.72 | 99.3 | 58.22 | 120.02 | 17.61 | 93.72 | 4.06 | 90.42 | 5.29 | 94.63 | 115.72 | 119.14 |
| 薪一圆 | 17.96 | 108.59 | 4.04 | 109.19 | 6.23 | 108.73 | 52.04 | 108.73 | 19.98 | 106.33 | 4.74 | 105.57 | 6.08 | 108.77 | 102.53 | 105.56 |
| 育 71－1 | 17.75 | 107.32 | 4.02 | 108.65 | 6.22 | 108.55 | 57.63 | 118.80 | 19.70 | 104.84 | 4.62 | 102.90 | 6.02 | 107.69 | 113.50 | 116.85 |
| 红星五号 | 17.17 | 103.81 | 3.84 | 103.78 | 5.93 | 103.49 | 53.21 | 109.69 | 18.97 | 100.96 | 14.58 | 100.22 | 5.66 | 101.25 | 97.96 | 100.85 |

表 4.20　参鉴桑品种经济性状调查表

| 品种名 | 叶质(2年四季平均) | | | | | | 亩产叶量 | | 全年亩桑产茧量 | | 细菌病发病率(%) | 萎缩病发病率(%) |
|---|---|---|---|---|---|---|---|---|---|---|---|---|
| | 万头产茧量 | | 万头茧层量 | | 100千克叶产茧量 | | | | | | | |
| | 实数(千克) | 指数(%) | 实数(千克) | 指数(%) | 实数(千克) | 指数(%) | 实数(千克) | 指数(%) | 实数(千克) | 指数(%) | | |
| 湖桑32号 | 18.79 | 100 | 4.49 | 100 | 5.59 | 100 | 1816.3 | 100 | 97.13 | 100 | 1.4 | 0.4 |
| 塔桑 | 17.80 | 94.73 | 4.15 | 92.43 | 5.45 | 97.5 | 1645.3 | 90.5 | 84.44 | 86.94 | 0 | 0.5 |
| 北桑1号 | 19.84 | 105.59 | 4.67 | 104.01 | 6.18 | 110.55 | 1744.6 | 96.0 | 104.37 | 107.45 | 0.4 | 0.1 |
| 实钻11-6 | 19.91 | 105.90 | 4.70 | 104.68 | 6.16 | 110.20 | 1925.5 | 106 | 113.57 | 116.93 | 0.1 | 0.5 |
| 湘7920 | 17.61 | 93.72 | 4.06 | 90.42 | 5.29 | 94.63 | 2293.6 | 126.20 | 115.72 | 119.14 | 1.7 | 0.5 |
| 薪一圆 | 19.98 | 106.33 | 4.74 | 105.57 | 6.08 | 108.77 | 1743.3 | 96.0 | 102.53 | 105.56 | 0.3 | 1.1 |
| 育71-1 | 19.70 | 104.84 | 4.62 | 102.90 | 6.02 | 107.69 | 1978 | 109 | 113.50 | 116.85 | 2.8 | 0.5 |
| 红星五号 | 18.97 | 100.96 | 4.50 | 100.22 | 5.66 | 101.25 | 1818 | 100.1 | 97.96 | 100.85 | 3.6 | 1.1 |

注：表中数据是6个鉴定点的平均值。

差异不大。

根据桑品种叶质鉴定评价方法,从万头收茧量(简称万收茧)、万头茧层量(简称万层)、公担桑产茧量(简称担桑茧)和亩桑产茧量(简称亩产茧)等4方面进行分析如下:

(1) 塔桑

春期:万收茧、万层、担桑茧、亩产茧分别比 ck 低 9.13%、11.2%、8.09%和10.63%。

秋期:担桑茧高于 ck 2.79%,万收茧、万层、亩产茧均低于 ck 0.42%、2.43%、13.77%。

全年平均:万收茧、万层、担桑茧、亩产茧 4 项成绩均低于 ck 5.27%、7.57%、2.5%和3.06%。

(2) 北桑1号

春期:万收茧、万层、担桑茧、亩产茧四项成绩均高于 ck 2.8%、0.38%、7.9%和4.59%。

秋期:万收茧、万层、担桑量、亩产茧四项成绩好于春期均高于 ck 9.13%、9.19%、13.26%和10.33%。

全年平均:万收茧、万层、担桑茧、亩产茧均高于 ck 5.5%、4.01%、10.55%和7.45%。

(3) 实钻11-6

春期:万收茧、万层、担桑茧、亩产茧均高于 ck 4.85%、2.85%、9.01%和10.37%。

秋期:万收茧、万层、担桑茧、亩产茧四项成绩好于春期,分别高于 ck 7.32%、7.3%、11.34%和23.5%。

全年平均:万收茧、万层、担桑茧、亩产茧均分别高于 ck 5.96%、4.69%、10.2%和16.93%。

(4) 湘7920

春期:亩产茧高于 ck 18.33%,其他三项成绩低于 ck,万收茧、万层、担桑茧分别低于 ck 10.41%、14.99%和10.85%。

秋期:万收茧、万层、担桑茧三项成绩好于春期和 ck 差异较小,比 ck 低 0.2%~1.17%,亩产茧高于 ck 20.02%。

全年平均:亩产茧高于 ck 19.14%,万收茧、万层、担桑茧分别低于 ck 6.29%、9.58%和5.37%。

(5) 薪一圆

春期:万收茧、万层、担桑茧、亩产茧均高于 ck 4.47%、3.23%、9.01%和3.64%。

秋期:万收茧、万层、担桑茧、亩产茧分别高于 ck 8.59%、9.19%、8.73%和7.28%。

全年平均：万收茧、万层、担桑茧、亩产茧分别高于 ck 6.33％、5.57％、8.77％和 5.56％。

（6）育 71 - 1

春期：万层稍低于 ck 0.95％外，其他三项成绩均分别高于 ck 2.85％、6.99％和 14.13％。

秋期：万收茧、万层、担桑茧、亩产茧四项成绩均分别高于 ck 7.32％、8.65％、8.55％和 18.8％。

全年平均：万收茧、万层、担桑茧、亩产茧均分别高于 ck 4.84％、2.9％、7.69％和 16.85％。

（7）红星五号

春期：万收茧、万层、担桑茧、亩产茧分别低于 ck 1.28％、2.28％、0.92％和 8.01％。

秋期：万收茧、万层、担桑茧、亩产茧四项成绩优于春期，分别稍高于 ck 3.81％、3.78％、3.49％和 9.69％。

全年平均：万收茧、万层、担桑茧、亩产茧四项成绩分别稍高于 ck 0.96％、0.22％、1.25％和 0.85％。

### （五）抗逆性

抗病性调查，主要对细菌病和萎缩病两大病害进行调查，从本次病调查看，发病情况有时间性和地区性。

细菌病主要在陕西省周至点发生较明显，其他点很少发现或仅个别品种在个别年份有少量发生，如育 71 - 1 只在幼龄期春伐时有少数鉴定点有少量发生。六个鉴定点综合情况，塔桑未发现病害，实钻 11 - 6、薪一圆、北桑 1 号发病率低于 ck，分别为 0.1％、0.3％和 0.4％，ck 发病率为 1.4％，而湘 7920、育 711、红星五号三品种发病率高于 ck，其发病率为 1.7％、2.8％和 3.6％。

萎缩病仅在江苏省海安、镇江两点发生，其他点未发现该病害，ck 发病率为 0.4％，以北桑 1 号发病率低于 ck，其发病率为 0.1％，其他品种发病率均高于 ck，塔桑、实钻 11 - 6、湘 7920、育 711 发病率均为 0.5％，而薪一圆、红星五号发病率最高，其发病率为 1.1％。

### （六）各参鉴品种的综合评价

#### 1. 塔桑

发芽开叶期比 ck 早 5 天左右，是中生中熟品种，发芽率比 ck 高 19.5％，发条数较少，不耐剪伐，枝条木质较松，易脆断。叶较大，秋叶硬化较早，产叶量显著低于 ck，经养蚕叶质饲料鉴定，4～5 龄发育经过与 ck 相仿，虫蛹生命率春期与 ck 相仿，秋期低于 ck 15％，全茧量、茧层量和茧层率稍低于 ck，万收茧、万层、担桑茧、亩产茧春、秋两期均低于 ck，全年平均 4 项鉴定成绩均分别低于 ck 5.27％、7.57％、2.5％和 13.06％。病虫害调查，枝条易受桑天牛危害，叶片易受红蜘蛛、桑蓟马危害，抗细菌病强，萎缩病发病率与 ck 相仿。其综合性状除四川省阆中鉴定点鉴定成绩与 ck 相仿外，其余 5 个鉴定点的鉴定成绩欠佳。适应性不强。

#### 2. 北桑 1 号

发芽开叶期与 ck 相仿，是晚生中熟品种，发芽率稍高于 ck，枝条细长而直，发条数较多，叶片较大，叶色较深，秋叶硬化迟。全年产叶量稍低于 ck 4％，经统计分析和 ck 差异不显著。经养蚕饲料鉴定，4～5 龄发育经过比 ck 快 10 小时左右，虫蛹生命率与 ck 相仿，全茧量、茧层量春期与 ck 相仿，秋期稍高于 ck。茧层率春低于 ck 0.6％，秋与 ck 相仿。万收茧、万层、担桑茧、亩产茧 4 项鉴定成绩春秋均超过 ck，秋期成绩优于春期。全年平均 4 项成绩，分别超过 ck 4.01％、5.59％、10.55％和 7.45％。病虫害调查，病虫害危害较轻，对细菌病和萎缩病抗性较强。

本品种产叶量与 ck 差异不显著，除在浙江杭州点、山东滕州的产叶量较低外，其他点较平衡，由于叶质和抗病性强于 ck,故综合性状较好,适应性较广。

### 3. 实钴 11-6

发芽开叶期比 ck 早 1～2 天,是中生中熟偏迟品种,发芽率比 ck 高 10% 左右,叶片较大,叶色深,叶质柔软,秋叶硬化迟。全年产叶量比 ck 高 6%,经养蚕饲料鉴定,4～5 龄发育经过比 ck 快 10 小时左右,虫蛹生命率与 ck 相仿。全茧量、茧层量春、秋均稍高于 ck,茧层率春稍低于 ck,秋期与 ck 相仿,万收茧、万层、亩产茧春、秋两期均超过 ck,秋期成绩优于春期,全年平均 4 项成绩均分别超过 ck 4.68%、5.95%、10.2% 和 16.93%。病虫害调查,桑蓟马、红蜘蛛危害少,较抗细菌病,萎缩病抗性与 ck 相仿。

本品种产叶量高,叶质优,对叶部病虫害抗性强,综合经济性状优良,适应性较广。

### 4. 湘 7920

发芽开叶期比 ck 早 8 天左右,是早生中熟品种,可作全龄用叶,发芽率比 ck 高 11.9%,生长势旺,发条力较强,枝条长,叶片大,硬化期适中。全年产叶比 ck 高 26.2%,经养蚕饲料鉴定,4～5 龄发育经过与 ck 相仿,虫蛹生命率低于 ck 1.4%,全茧量、茧层量春期略低于 ck、秋期与 ck 相仿,万收茧、万层、担桑茧分别低于 ck 6.28%、9.58%、5.37%,而亩产茧高 ck 19.14%。抗病性与 ck 相仿,耐湿性强,抗旱性稍弱,在北方栽培,由于发芽早,可能遇到晚霜危害。

本品种生长势旺,产叶量很高,抗病性与 ck 相仿,其叶质稍差,但亩产茧量显著高于 ck,是适于长江流域栽培的丰产品种。

### 5. 薪一圆

发芽开叶期与 ck 相仿,是晚生中熟品种,发芽率比 ck 高 13%,发条力和条长与 ck 相仿,叶片较小,硬化期适中。全年产叶量低于 ck 4%,无显著差别。经养蚕饲料鉴定,4～5 龄发育经过时间、茧质与 ck 相仿,万收茧、万层、担桑茧、亩产茧分别高于 ck 6.33%、5.57%、8.77%、5.56%。抗细菌病略强于 ck,而抗萎缩病比 ck 弱,虫害少。适应性较广。

本品种产叶量与 ck 无明显差别,叶质优,对萎缩病抵抗稍弱于 ck,由于叶型较小,秋季采叶费工,但条细长而直,发芽率高,适用条桑收获。是综合经济性状良好的优质品种。

### 6. 育 71-1

发芽开叶期比 ck 早 3～5 天,是中生中熟品种,发条力较强,枝条较长,叶片大而厚,叶色深绿,硬化期适中。全年产叶量高于 ck 8.9% 显著超过 ck。经养蚕饲料鉴定,4～5 龄发育经过春期快 7 小时,秋期相仿,茧质略优 ck,万收茧、万层、担桑茧、亩产茧分别高于 ck 4.84%、2.90%、7.69%、16.85%。对细菌病的抵抗力略低 ck,而抗萎缩病与 ck 相仿,不易受桑蓟马、红蜘蛛危害。适应性广。

本品种产叶量显著超过 ck,叶质较优,抗病性与 ck 相仿,秋季抗虫性较强,其综合性状优于 ck,是适应长江流域和黄河中、下游地区栽培的优良品种。

### 7. 红星五号

发芽开叶期与 ck 相仿,是晚生晚熟品种,发芽率略高 ck 3.5%,发条数略少于 ck,枝条较长,叶片大,秋叶硬化较迟,全年产叶量与 ck 相同。经养蚕饲料鉴定,4～5 龄发育经过春期比 ck 慢 11 小时,秋期相仿,虫蛹率低于 ck 1%～2%,茧质与 ck 相仿,万收茧、万层、担桑茧、亩产茧分别略高 0.96%、0.22%、1.25%、0.85%。抗病性稍弱于 ck。适应性较广。

本品种产叶量和叶质与 ck 无明显差别,但抗病性稍弱于 ck,综合性状较好,是适应长江流域和黄河中、下游地区栽培品种。

全国桑蚕品种审定委员会桑品种鉴定组

1995 年 12 月

# 四、第二批桑树品种审定结果

1996 年 6 月 26 日农业部发布第五十三号公告：全国农作物品种审定委员会第二届七次会议审（认）定通过的特三矮 2 号、豫麦 18 号、四早 6 号、广遵 4 号、皖 5×皖 6 等 44 个农作物品种,已经我部审核通过,现予颁布。

## 审(认)定通过桑树品种简介

1. 实钴 11-6

审定编号：GS1013-1995

亲本来源于桑种子经辐射处理后单株选育而成。该桑树是中生中熟偏迟品种。树型开展,枝条直立,无侧枝。皮色香灰。节距 4 厘米左右。冬芽呈现三角形贴生枝条,上部芽离生略显锥形,成叶卵圆形,叶序为 2/5。叶肉较厚,叶色绿,有光泽,花叶同开,开雌花,花柱短,有茸毛突越。椹小而少,紫黑色,产叶量高,叶质优,秋叶硬化迟,利用率高。亩产茧量高。抗逆性较强,桑蓟马、红蜘蛛危害轻。

栽培技术要点：

(1) 剪伐形式：不论"四边"或小桑园,大行桑栽植皆可进行冬季重修剪或春伐,在肥水条件较好的地方可进行夏伐式剪定;

(2) 采摘：宜分批采叶饲养春蚕,以避免下部叶落黄。

由四川省三台县蚕种场选育,四川省 1989 年审定。品审会认为该桑树是中生中熟品种。经五省(区)6 个鉴定点栽培和性状调查,二年四季养蚕饲料鉴定,其生长势旺,发条数多,枝条长,发芽率高,叶型大,硬化迟,叶质优,亩桑产茧量高,抗病性强,适应性广。在四川各主要蚕区栽培推广已达 5 000 多株,并向陕西、云南、贵州等省区推广。经审核,其综合经济性状优良,符合国家审定标准,审定通过。适宜长江流域和黄河中、下游地区栽培推广。

2. 红星五号

审定编号：GS11014-1995

亲本来源于从自然杂交桑中经单株选拔、系统选育而成。该桑树是晚生晚熟品种。枝条粗长而直,皮灰褐色,节间稍曲,节距 3.5 厘米,冬芽正三角形,淡褐色,有副芽小而少。叶心脏形,偶有裂叶,叶肉厚,叶面光滑有细皱,叶柄粗长;秋叶硬化迟,叶质好。开紫花,椹小而少,紫黑色。发芽率高,产量高,叶质较优,抗寒耐旱性较强,适应性广。

栽培技术要点：

(1) 适当密植,亩栽 300～1 000 株;

(2) 早春适当剪梢,加强肥培管理;

(3) 配置一定比例早生桑。

由湖南省蚕桑研究所选育。品审会认为该桑树是晚生晚熟品种。经五省(区)6 个鉴定点的 5 年栽培、性状调查,两年四季养蚕饲料鉴定,其生长势旺,发条数多,枝条粗长,产叶量高,叶质较优,适应性广,已在安徽省栽培 2 万多亩,山东省也有引进栽培。

经审核,其综合经济性状优良,符合国家审定标准,审定通过。可在长江流域、黄河中、下游地区栽培推广。

### 3. 湘 7920

审定编号：GS11015 - 1995

亲本来源于中桑 5801×澧桑 24 号。该桑树属早生中熟、春秋兼用桑品种。树体高大，枝条粗长而直。侧枝少，皮色紫褐，皮孔粗大突出。叶序 2/5，冬芽长三角形，棕褐色。发芽早、整齐、成熟快，发芽率高。成叶卵圆形，叶色翠绿，叶面平整，光泽强，秋叶硬化较迟。开雌花，椹小而少，紫黑色。产叶量高，亩产茧量高，耐湿强，抗病性中等。

栽培技术要点：

（1）亩栽 400～1 000 株较适当。

（2）秋冬剪梢宜短，留枝宜长。

（3）桑园加强排水，增施有机肥，增强树势，发挥丰产性能。

由湖南省蚕桑研究所选育，湖南省 1988 年审定。品审会认为该品种是早生中熟品种，经五个省（区）6 个鉴定点的 5 年栽培性状调查，两年四季养蚕饲料鉴定，其生长势旺，成林快，发条数多，枝条粗长而直，发芽率高：叶型大，亩桑产茧高，适应性广，抗病中等，已在湖南、四川、贵州等省大面积推广。经审核，其综合经济性状优良，符合国家审定标准，审定通过。适于长江流域栽培推广。

### 4. 薪一圆

审定标号：GS11016 - 1995

亲本来源于用射线辐照新一之湘，育成的全缘叶突变体。该品种为晚生中晚熟品种，树型稍开展，枝条细长而直，节距 3.4 厘米，叶序：5，冬芽三角形，芽背数起，灰白带黄，尖离，副芽大而多，计长心脏形或卵圆形。较平展，深绿色，叶面光滑，光泽较暗，发条力强，开雄花，叶质优。蚕发育快，亩产茧量较高。

栽培技术要点：

（1）栽培密度为 1 000 株/亩左右。

（2）适于条桑收获和条桑育养蚕；适于嫁接和插繁殖。

（3）秋叶采摘注意防止损伤冬芽。

由浙江省农科院蚕桑研究所选育。品审会认为该品种是晚生中熟品种。经五年省（区）6 个鉴定点的 5 年栽培、性状调查，两年四季养蚕饲料鉴定，其生长势旺，发条数多。枝条细长而直，适于条桑收获，叶质优，亩桑产茧量高，抗病性中等，适应性广，已在浙江省栽培推广。经审核，其综合经济性状优良，符合国家审定标准，审定通过。可在长江流域和黄河中、下游地区栽培推广。

### 5. 育 71 - 1

审定标号：GS11017 - 1995

亲本来源于育 54 号×育 2 号。该品种为中生中熟品种。枝条粗长，直立，青灰色。冬芽饱满，呈三角形，黄褐色、副芽少。成叶呈心脏形，叶尖长锐头，叶基浅心形，叶色深绿，叶面光滑，有光泽，叶肉较厚，产叶量高，叶质优良，亩产茧量高。开雌花，椹少。抗旱性较强，不易受桑蓟马、红蜘蛛危害，适应性广。

栽培技术要点：

（1）栽培密度：亩栽 1 000 株为宜。

（2）晚秋期或早春应适当剪梢，促进春叶增加；冬季或春季适当增施肥料。

由中国农业科学院蚕业研究所选育，品审会认为该品种是中生中熟品种，经五个省（区）6 个鉴定点的 5 年栽培、性状调查，两年四季养蚕饲料鉴定。其生长势旺，发条数多，枝条粗长，叶大而厚，叶质优，亩桑产茧量高，抗病性中等。不易受桑蓟马、红蜘蛛危害，适应性广。已在江苏、河南、山东、江西等省推广。经审核,其综合经济性状优良,符合国家审定标准,审定通过。可在长江流域和黄河中、下游地区栽培推广。

## 6. 北桑1号

审定标号：GS11018-1995

亲本来源于从自然杂交桑中经单株选拔系统选育而成,该品种为晚生中熟品种,枝条直立,发条数较多,侧枝少,皮色淡褐色,叶序2/5～3/8。冬芽三角形,深褐色,发芽率59.5%。成叶心脏形,间有卵圆形,叶缘乳头状,叶尖尾状,叶色深绿色,叶质柔软,叶面光滑有光泽。开雌、雄花。椹较大较多。叶质优,蚕发育快,亩桑产茧量高。病虫害危害轻,对桑细菌病和萎缩病抗性较强。适应性广。

栽培技术要点：

(1) 适宜平坝、丘陵、山区成片成园栽植,中干、低干树型,亦可"四边栽桑"中、高干树型。

(2) 适合片叶采收,亦可进行条桑收获。

由四川省北碚蚕种场选育,四川省1986年审定。品审会认为该品种是晚生中熟品种,经五个省(区)6个鉴定点的5年栽培、性状调查,两年四季养蚕饲料鉴定,其发条数多。生长势旺,发芽率高,叶片大,秋叶硬化迟,叶质优,亩桑产茧量高,耐旱、耐剪伐,较抗细菌病、萎缩病,适应性广。在四川省栽培数量已达2 000多万株,并向贵州省推广。经审核,其综合经济性状优良,符合国家审定标准,审定通过。适于长江流域和黄河中、下游地区栽培推广。

# 第三节
# 基于省级审定和栽植面积的桑树品种审定与认定

## 一、桑树品种申报认定的条件

1993 年 9 月 20 日，全国农作物品种审定委员会发布"全国品审会桑蚕专业委员会关于桑树、家蚕和柞蚕品种申报认定的通知"[（1993）农（品审）字第 4 号]。通知规定，桑树、家蚕、柞蚕品种认定的范围：20 世纪 80 年代以来至今还在生产上使用、具有与当地对照品种两年以上的比较试验数据综合经济性状优良，并具备下列标准之一者，可予以认定。

1. 两个以上省（自治区、直辖市）审（认）定通过。

2. 通过一个省（自治区、直辖市）品审会审（认）定。跨省（自治区、直辖市）使用，且所跨省（自治区、直辖市）的面积占该品种总面积的 10％以上。

3. 虽未通过省级审定，但在两个以上省（自治区、直辖市）推广，其中有两个省（自治区、直辖市）的使用面积分别占该品种使用面积的 50％和 10％以上。

4. 推广数量：桑树品种不能低于 5 000 亩（333.3 hm²），家蚕品种不能低于 10 000 张，柞蚕品种产茧不能低于 5 000 担（250 吨）。

## 二、农业部公告第 23 号

全国农作物品种审定委员会第二届五次会议审（认）定通过的京花 101、豫麦 21、圳宝、融安金柑等 56 个农作物品种，已经我部审核通过，现予颁布。

中华人民共和国农业部
1994 年 5 月 17 日

**审(认)定通过桑树品种简介**

1. 7707

审定编号：GS11008－1994

亲本来源于从老桑园中选出优良单株,经培育而成的桑树品种。该桑树品种为中晚生中熟品种。枝态稍开展,枝条略弯曲,皮色紫褐,皮孔圆或长圆,黄褐色。冬芽三角形,黄褐色,紧贴枝条,芽尖钝,副芽两个、明显。叶迹发达,节间5.7厘米。成叶阔心脏形,叶幅22×20厘米,叶肉厚,叶面平展,稍有浅缩皱,叶色翠绿,光泽较差,略粗糙,叶缘全缘,钝锯齿,双叶尖,叶底深心形。开雄花,无花柱,结果少,椹大,成熟时紫黑色,发枝数少,枝条粗长,侧枝少,发芽率高,产叶量高,叶质好。安徽省池州地区引进10 000余亩,安庆市1988年引进3 950亩,宣州市引进2 100亩,山东省临沂地区引进7707、华明桑200万株,栽植2 000余亩。

栽培技术要点：

(1) 树形较开展,枝条粗长。

(2) 丰产栽培以每亩800～1 000株为宜。

(3) 春夏发芽前适当剪梢,促进枝条下部冬芽萌发和新梢发生。

(4) 多施有机肥,N、P、K要配合使用。

(5) 注意通风透气,合理用叶。

由安徽省农业科学院蚕桑研究所选育,1988年安徽省认定。品审会各委员审核了申报材料。材料齐全,数据可靠。该品种产叶量高,叶质优,抗病性与现行大面积栽培品种相仿,在安徽省内区试,亩产叶量比对照高10％以上。养蚕成绩如蚕茧产量、茧丝质量也优于对照,秋叶硬化迟,宜做春壮蚕和夏秋蚕用桑,抗枯萎病稍弱,耐旱、耐寒性较强,适应性较广,符合认定标准,同意认定,可在安徽省池州、安庆、宣州地区和山东省临沂地区推广。

2. 华明桑

审定编号：GS11009－1994

亲本来源于从实生桑中选出优良单株,经株系培育鉴定而成。该桑树品种树形紧凑,枝条直立,皮色灰褐,皮目圆或长圆,灰黄色。冬芽三角形,饱满,褐色,紧贴枝条,芽尖稍离,间或偏斜。副芽两个、明显,节间短。成叶长心脏形,叶肩以上急速瘦削,较原有浅缩,叶色深绿,光泽强,开雄花,无花柱,椹小而少,成熟时紫黑色,产叶量多,叶质好。秋叶硬化迟,宜做春壮蚕夏秋蚕用桑,耐旱,桑蓟马危害轻,对萎缩病抵抗力较强,安徽省池州地区引进华明桑10 000余亩,安庆市引进950亩,宣州市引进2 100亩,山东省临沂地区引进200万株,栽植2 000余亩。

栽培技术要点：

(1) 适宜密植,一般亩栽800～1 000株。

(2) 发芽前适当剪梢,促使枝条下部冬芽萌发和新梢发生。

(3) 多施有机肥和N、P、K配合使用。

(4) 注意桑园通风透光,适时合理采伐,避免用叶过度。

由安徽省农业科学院蚕桑所选育,1988年安徽省认定。品审会委员们认真审核了申报材料,材料齐全,数据可靠。该品种产叶量高,叶质优,在安徽省区试亩叶量比对照高10％以上。养蚕成绩如蚕桑产量、茧丝产量也优于对照,宜做春壮蚕和夏秋蚕用桑,抗桑萎缩病较强,桑蓟马危害轻,耐旱。适应性广,符合认定标准,**同意认定,**可在安徽省池州、安庆、宣州地区和山东省临沂地区推广。

# 三、农业部公告第86号

第三届全国农作物品种审定委员会第二次会议审定通过的中优早5号、豫粳6号等91个农作物品种,已经我部审核通过,现予颁布。

中华人民共和国农业部

1998年7月30日

**审定通过桑品种简介**

1. 嘉陵16号

审定编号:国审蚕980007

该品种为早生中熟桑品种,由西南农业大学蚕桑丝绸学院选育。品种来源,西庆一号(2n=56)×育2号(2n=28)。枝叶生长旺盛,纸条直立而较长,皮色青灰,冬芽小三角形,节距3.6厘米,叶序2/5,大形裂叶,叶肉较厚,叶色深绿。春季发芽早,发芽率高,叶质优,产量高。该品种属三倍体桑,生殖不育,故营养生长特旺。1992年四川省、1997年重庆市审定通过。

栽培技术要点:

(1)适宜丘陵、海拔1000米以下的山区或平坝的密植桑园或间作桑园栽植。

(2)以养成低干或中干为宜,可进行冬季重剪或夏伐收获。

(3)采叶勿过度,新梢应留6~8片嫩叶。

审定意见:该品种为早生中熟桑品种,经四川省和重庆市农作物品种审定委员会审定。该品种发芽早,生长势旺,纸条直立匀整,产叶量高,叶质优,抗旱性及抗桑黑枯型细菌病较强,是人工培育的三倍体新桑品种,已在四川省和重庆市蚕区栽培。经审核,其综合经济性状优良,符合国家品种审定标准,**审定通过**,适宜于西南、西北蚕区和长江流域栽培推广。

2. 黄鲁选

审定编号:国审蚕980008

该品种为中生中熟桑品种,由河北省农林科学院特产蚕桑研究所选育。品种来源,从黄鲁芽变枝条中选出,系统选育而成。树型开展,枝条粗壮而直;皮青黄色,节间距3.5厘米,皮目小而多,冬芽小,三角形,芽尖贴枝条,棕黄色,无副芽;叶长椭圆形,翠绿,叶基心形,叶面有缩皱,光泽强。发芽率高,秋叶硬化迟,抗寒性强。1990年参加北方五省桑树新品种区试共同鉴定。

栽培技术要点:

(1)亩栽1000~1500株。

(2)宜养成中、低干树形,在北方无霜期140天,应实行隔年春夏轮伐。

审定意见:该品种为中生中熟桑品种,经北方五省(山东、辽宁、山西、陕西、河北)区试,其表现为长势旺,发条数多,枝条长,叶型大,叶片厚,产叶量高,叶质优,抗寒性强,已在北方蚕区栽培。经审核,其综合经济性状优良,符合国家品种审定标准,审定通过,适宜于黄河流域栽培推广。

3. 7946

审定编号:国审蚕980009

该品种枝条直而长,皮暗褐色,节间较直,节距4厘米,叶序2/5。冬芽正三角形,赤褐色,贴生于枝条,副芽少。叶卵圆形,深绿色,叶尖短尾状,叶缘乳头,叶基浅心形,叶片较厚,叶面光滑,有光泽。发条数中等,发芽率高,发条力强,生长快,产叶量高,叶质较优。抗寒、抗旱、抗风力强。开雌花,椹少。1990年参加北方五省桑树新品种区试共同鉴定。

审定意见:该品种为中生中熟桑品种,经北方五省(山东、辽宁、山西、陕西、河北)区试,其表现为发芽率高,发条力强,生长快,产叶量高,叶质较优。抗寒、抗旱、抗风力强,已在北方蚕区栽培。经审核,其综合经济性状优良,符合国家品种审定标准,审定通过,适宜于黄河流域栽培推广。

**4. 粤桑 2 号**

审定编号:国审蚕 980010

该品种为早生早熟杂优组合,由广东省农业科学院蚕业研究所选育。品种来源,19 号(2×)×11 号(4×)。用种子繁殖,为三倍体。群体整齐度较好,树型开展,枝条直,发条数和侧枝数均多,皮褐色,副芽少。叶心脏形和卵形,叶色深绿,叶肉厚,叶面有光泽,产量高,叶质优良,抗青枯病较强。1994 年参加中南四省桑树新品种区试共同鉴定。

栽培技术要点:

(1) 以亩栽 4 000～6 000 株为宜。

(2) 宜于土地肥沃、排水良好的条件下栽植。

(3) 冬留大树尾可减少花叶病。

审定意见:该品种为早生早熟桑树杂交组合,1994 年参加中南四省(区)(广东、广西、湖南、湖北)区试共同鉴定,结果表明,该杂交组合具有发芽早,生长整齐,发条数多,叶片多且大,叶色深绿,叶肉厚,单叶较重,产叶量高,叶质优良,抗性好,已在广东、广西、湖南、湖北栽培推广。经审核,其综合经济性状优良,符合国家品种审定标准,**审定通过**。可在珠江流域、长江流域栽培推广。

# 四、农业部公告第 107 号

第三届全国农作物品种审定委员会第三次会议审定通过了辽盐 9 号、川农麦 1 号、东单七号等 84 个农作物品种,已经通过我部审核,现予公告。

中华人民共和国农业部

1999 年 9 月 16 日

## 审定通过桑品种简介

国审桑 990001:川 7637,由四川省农业科学院蚕业研究所选育。品种来源,中桑 5801×6031。植株生长旺盛,春季新梢生长速度快,发条数中上,秋季 3～4 年树龄平均条长 2.25 米,枝条直立,粗细均匀,节间密,树冠紧凑,发芽率达 78%,叶片大而厚,采摘性能良好,耐贮藏。产叶量比对照品种湖桑 32 号高 10% 以上,桑疫病发病率低 5%,秋叶硬化率低 8%,担桑产茧量高 5%;桑叶叶质分析结果:干物质比对照高 0.23%,粗蛋白高 1.05%,19 种氨基酸含量高 2.61%,碳氮比为 1:2.50。1995 年四川省农作物品种审定委员会审定。

栽培技术要点:

(1) 本品种适宜四边及小桑园栽植,栽肥水良好地区,更能发挥高产优势。

(2) 及时中耕除草、排水、防治病虫。

（3）可用作丝种茧育壮蚕用桑。

（4）剪伐形式上适用于冬重修培护，也可夏伐剪定。

审定意见：根据审定标准，同意审定通过。川 7637 是中桑 5801×6031 的一代杂交种子经 Co$^{60}$γ 射线处理后，选出的优良单株培育而成的桑树新品种。四川省内历年区试结果：该品种比对照湖桑 32 号的产叶量高 15%～19%，万头产茧量高 3.28%～19.96%，千克茧用桑量减少 3.2%～16.67%，生产性状良好；并在云南、重庆等地区已推广种植一定面积。适宜长江中上游平地、丘陵、山地试栽推广。

# 五、农业部公告第 136 号

川丰 2 号、川麦 107、通单 24、豫棉 15 号等 100 个农作物品种已经第三届全国农作物品种审定委员会第四次会议审定通过，现予公告。

中华人民共和国农业部
2000 年 11 月 10 日

## 审定通过桑品种简介

（编者注：本次审定通过 2 个桑树品种编号国审蚕桑 20000001～国审蚕桑 20000002；9 对桑蚕品种杂交组合编号国审蚕桑 20000003～国审蚕桑 20000011，见第三章。）

1. 农桑 12 号

审定编号：国审蚕桑 20000001

选育单位：浙江省农业科学院蚕桑研究所。

品种来源：北区 1 号/桐乡青。

特征特性：属鲁桑种，树型直立，树冠紧凑，发条数多，条长而直，平均条长 180 厘米，无侧枝，皮色黄褐，节形稍弯，枝条基部根原体明显突出，节距 5 厘米，叶序 2/5，皮孔 15～18/厘米$^2$，小圆形、椭圆形、黄褐色。冬芽长三角形，紫褐色，芽尖稍离开枝条，副芽大而多。叶心脏形，深绿色，叶尖短尾，时缘乳头齿，叶基浅心形，叶长 23.3 厘米，叶幅 22.7 厘米，叶肉较厚，100 厘米$^2$ 叶重 3 克，叶面平而光滑，光泽较强，叶柄中粗，着叶向上斜伸，开雌雄花，花穗少。中熟型品种，在杭州栽植，发芽期 3 月 19—20 日，开叶期 3 月 23 日—4 月 15 日，发芽率 78.4%，成熟期 4 月 28 日—5 月 4 日。抗桑黑枯型细菌病和黄化型萎缩病强于荷叶白，桑蓟马、红蜘蛛为害轻于荷叶白。

产量表现：1998—1999 年浙江省区试鉴定亩产桑叶 1867 千克，比荷叶白增产 18.73%；万头蚕产茧层量 3.97 千克，比对照提高 8.03%。

栽培技术要点：

（1）种植前要深耕、平整、开沟，施足基肥。

（2）可适当密植，行株距(1.2～1.5)米×(0.5～0.7)米，亩栽 700～1000 株。

（3）种植时宜搭配种植一定比例的早熟品种。

（4）长势旺盛，需要充足的肥水，以充分发挥其优质高产的性能。

（5）春季花期遇多雨天气，应注意防治缩小型菌核病。

（6）发根力强，可扦插。

（7）整枝、剪梢、修拳、剪穗条宜于立春前完成。

全国品审会审定意见：经审核，该品种符合国家品种审定标准，予以审定通过。适宜在水肥条件较好的地区种植。春季花期遇多雨天气，应注意防治缩小性桑椹菌核病。

### 2. 农桑 14 号

审定编号：国审蚕桑 20000002

选育单位：浙江省农业科学院蚕桑研究所。

品种来源：北区 1 号/实生桑 1 号。

特征特性：属鲁桑种，树型直立稍开展，发条数多，枝条粗直而长，平均条长 184 厘米，无侧枝，皮色灰褐，枝条基部根原体明显突出，节距 3.7 厘米，叶序 3/8，皮孔 24～28 个/厘米$^2$，圆形、椭圆形、黄褐色。冬芽正三角形，棕褐色，着生紧贴枝条，副芽大而多。叶心脏形，叶色墨绿，叶尖短尾，叶缘乳头齿，叶基浅心形，叶长 23.5 厘米，叶幅 20.5 厘米，叶肉较厚，100 厘米$^2$ 叶重 3.5 克，叶面光滑稍平，光泽较强，叶柄中粗，长 5.5 厘米，着叶向上斜伸，开雌雄花，花穗少。中熟型品种，在杭州栽植，发芽期 3 月 19—20 日，开叶期 3 月 21 日—4 月 8 日，发芽率 79.6％，成熟期 4 月 25 日—5 月 3 日。抗桑黑枯型细菌病和黄化型萎缩病强于荷叶白，桑蓟马、红蜘蛛为害轻于荷叶白。

产量表现：1998—1999 年浙江省区试鉴定亩产桑叶 1 871 千克，比荷叶白增产 29.78％；万头蚕产茧层量 3.90 千克，比对照提高 6.12％。

栽培技术要点：

（1）种植前要深耕、平整、开沟，施足基肥。

（2）栽植密度以亩栽 800 株左右为宜。

（3）种植时宜搭配种植一定比例的早熟品种。

（4）长势旺盛，需要充足的肥水，以充分发挥其优质高产的性能。

（5）发根力强，可扦插。

（6）整枝、剪梢、修拳、剪穗条宜于立春前完成。

全国品审会审定意见：经审核，该品种符合国家品种审定标准，予以审定通过。适宜在水肥条件较好的地区种植。长势较旺，枝条下部叶叶龄过长容易产生黄落叶，应及时利用。

## 六、农业部公告第 171 号

两优培九、渝麦 7 号、铁单 16 号、冀 668 等 138 个农作物品种业经第三届全国农作物品种审定委员会第五次会议审定通过，现予公告。

中华人民共和国农业部

2001 年 8 月 29 日

**审定通过蚕品种简介**

（注：本次审定通过桑品种 2 个；桑蚕品种 2 对；柞蚕品种 1 个。）

### 1. 蚕专 4 号

审定编号：国审蚕桑 2001001

选育单位：苏州大学、吴江市蚕桑站、吴县市蚕桑站

品种来源：自然杂交实生桑

省级审定情况：未审定

特征特性：树形挺拔，枝条直而粗长，发条数接近湖桑 32 号；皮色青灰，节间短，节间距介于湖桑 32 号和新一之濑之间；桑芽三角形，芽鳞灰白；叶形呈心形，比湖桑 32 号稍小，叶缘乳头锯齿，叶尖双头，叶色深绿有光泽，色似桐乡青，叶肉厚；叶序为 3/8；春季发芽比湖桑 32 号提早 4～5 天，先叶后花，以开雌花为主，花果少，叶质优，对刺吸式昆虫红蜘蛛、桑蓟马、叶蝉等危害的抵抗力明显强于湖桑 32 号，抗旱与抗寒性能与湖桑 32 号相当。

产量表现：1991—1994 年在吴江市区试调查，产叶量比湖桑 32 号提高 15％；丝茧育收茧量、茧层量和种茧育单蛾产卵数比湖桑 32 号提高 10％左右；总糖、粗蛋白、粗脂肪比湖桑 32 号提高 13％～15％，叶丝转化率提高 16％左右。

栽培技术要点：由于树形挺拔、枝条直立，栽植可适当偏密、疏芽时适当多留枝条；蚕蚕期进行摘心，以提高叶质、增加产量，晚秋期适当留叶，增加树体养分，提高翌年春叶产量；加强肥水及其他管理工作。

适宜种植地区：适合于苏南蚕区及其他长江中下游蚕区种植。

**2. 陕桑 305**

审定编号：国审蚕桑 2001002

选育单位：陕西省蚕桑丝绸研究所

品种来源："新一之濑"嫁接苗，经 0.1％～0.4％秋水仙素诱变后处理，单芽分离嫁接获得三倍体植株——陕桑 305。

省级审定情况：1999 年元月通过陕西省农作物品种审定

特征特性：三倍体桑，晚生中熟品种。树形稍开展，枝条粗长而直，皮棕褐色，髓部稍大，偶有畸形叶或无叶枝段；节间直，节间距 3.3 厘米，叶序 2/5 或 3/8，皮孔椭圆形，淡褐色，6～8 个/厘米；冬芽短锥形，淡赤褐色，尖离，副芽小而少；成叶长心形，多浅裂，叶色翠绿，叶尖尖头，叶缘乳头齿，齿尖有小突起，叶底心形，叶长 25.2 厘米，叶幅 23.9 厘米，叶肉稍厚，叶面微糙，有光泽，叶柄粗长，叶片稍下垂；雌花穗长 0.6 厘米，球形、不实、早落；抗桑疫病和抗寒性优于湖桑 32 号，木质较疏松，易伏条。

在陕西省周至栽培，发芽期 4 月 1 日前后，开叶期 4 月中旬，发芽率 79.2％，成熟期 5 月上旬；秋叶硬化 9 月中旬；发条数中等，生长势强；抗寒性较强，适应性广。

产量表现：1998—2000 年北方蚕业科研协作区鉴定，每公顷产叶 29 660 千克，比湖桑 32 号提高 23.84％，属高产品种。丝茧育万头产茧量、100 千克桑产茧量略高于对照湖桑 32 号，叶质与对照相当。

栽培技术要点：栽植不宜过密，每公顷 15 000 株左右；中低干养型，留足支干；春剪梢不超过条长的 1/5，并重施春肥；发条后适时疏芽，使枝条分布均匀，夏秋肥分 2～3 次使施入；每公顷产叶量超过 30 吨得桑园应加大施肥量，注意配合 P、K 肥和有机肥，加强水肥管理和病虫害防治；小蚕用叶应比一般桑品种降低 1～2 个叶位采摘；夏季和早秋采叶宜"间隔采叶"，并适当增加收获次数，做到壮条多采，弱条少采，促使枝条健壮整齐，以减少黄落叶和卧伏枝。

适宜种植地区：长江以北及黄河流域蚕区栽植。

# 第五章

# 蚕桑品种国家审定标准与鉴定技术研究

　　本章主要收录国家级蚕品种鉴定技术与审定标准研究的相关文稿，大部分已经发表在科技期刊（均已注明来源），少数为未正式发表的文稿。按照文稿内容分成3个部分：蚕品种国家审定标准研究、蚕桑品种鉴定技术研究、蚕品种国家鉴定审定结果分析。

# 第一节
# 蚕品种国家审定标准研究

## 2014 年新版《蚕品种审定标准》解读[①]
### ——桑蚕品种审定标准

沈兴家[1]　曾　波[2]　谷铁城[2]

（1. 中国农业科学院蚕业研究所，江苏镇江　212018；

2. 全国农业技术推广服务中心，北京朝阳区　100125）

**摘要**·阐述了蚕品种审定的法律依据，介绍了 2014 年新版《蚕品种审定标准》的结构、桑蚕品种鉴定指标，以及审定的内容、依据和程序等，分析了新标准中桑蚕品种鉴定指标的特点，有助于更好地理解和执行新标准。

2014 年 8 月 28 日国家农作物品种审定委员会以《关于印发主要农作物品种审定标准的通知》[国品审(2014)2 号]的形式发布了《主要农作物品种审定标准》和《蚕品种审定标准》。为了便于大家更好地理解《蚕品种审定标准》，现就该标准制定的法律依据和鉴定指标作一些分析和说明，供同仁参考。

## 1　蚕品种审定的法律依据

2005 年 12 月 29 日颁布的《中华人民共和国畜牧法》第三十四条规定：蚕种的资源保护、新品种选育、生产经营和推广适用本法有关规定，具体管理办法由国务院农业行政主管部门制定。据此，农业部 2006 年 6 月 15 日颁布了《蚕种管理办法》，自 2006 年 7 月 1 日起实施，其中第十一条规定"新选育的蚕品种在推广应用前应当通过国家级或者省级审定"。《中华人民共和国种子法》第十五条规定：主要农作物品种和主要林木品种在推广应用前应当通过国家或省级审定。农业部 2001 年 2 月 26 日发布《主要农作物品种审定办法》，2007 年 11 月 8 日发布修订版。经农业部第 10 次常务会议审议通过，2013 年 12 月 18 日农业部发布新的《主要农作物品种审定办法》，自 2014 年 2 月 1 日起实施。新版《主要农作物品种审定办法》第三条规定：主要农作物是指稻、小麦、玉米、棉花、大豆、油菜、马铃薯，以及各省级人民政府农业行政主管部门确定的其他 1～2 种农作物；第四十四条规定：蚕品种审定参照本办法执行。

---

① 原载《中国蚕业》2015,36(1)：82—84

上述 2 个法律和 2 个办法是制订《蚕品种审定标准》和开展国家级、省级蚕鉴定和审定的主要法律依据(图 1)。

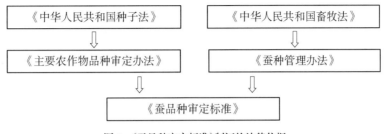

**图 1 《蚕品种审定标准》制订的法律依据**

## 2 《蚕品种审定标准》的结构

新的《蚕品种审定标准》包括桑蚕品种和柞蚕品种审定标准,以减少标准的数量。《蚕品种审定标准》结构上完全按照农业行业标准格式编制,分 6 个部分:①范围;②术语和定义;③审定内容与依据;④审定指标;⑤评判规则;⑥其他。其中,审定指标分为 4.1 桑蚕品种、4.2 柞蚕品种,两者都包括实验(室)鉴定指标和生产鉴定指标。

## 3 桑蚕品种审定指标

### 3.1 实验室鉴定指标

新标准按照桑蚕品种参加鉴定试验的期别,即春期和秋期,分别设立实验室鉴定指标。春期品种和秋期品种各有 7 个鉴定指标,即 4 龄起蚕虫蛹率、万头产茧量、洁净、解舒率、鲜毛茧出丝率、茧层率、茧丝长。其中洁净、解舒率、茧层率、茧丝长 4 个指标,均按照华南蚕区、其他蚕区分别设定不同的指标值。为便于比较,将鉴定指标列于表 1。

**表 1　桑蚕品种实验室鉴定指标**

| 序号 | 鉴定项目 | 春期品种 | 秋期品种 |
|---|---|---|---|
| 1 | 4 龄起蚕虫蛹率 | ≥对照品种 | ≥对照品种 |
| 2 | 万头产茧量 | ≥对照品种 | ≥对照品种 |
| 3 | 洁净 | 华南蚕区≥92.0 分,其他蚕区≥94.0 分 | 华南蚕区≥91.0 分,其他蚕区≥93.0 分 |
| 4 | 解舒率 | 华南蚕区≥70.0%,其他蚕区≥75%;或高于对照品种 | 华南蚕区≥65.0%,其他蚕区≥70%;或高于对照品种 |
| 5 | 鲜毛茧出丝率 | ≥对照品种 | ≥对照品种 |
| 6 | 茧层率 | 华南蚕区≥22.5%,其他蚕区≥24.0%;或≥对照品种 | ≥21.0%,或≥对照品种 |
| 7 | 茧丝长 | 华南蚕区≥1 000 m,其他蚕区≥1 300 m;或>对照品种 | 华南蚕区≥900 m,其他蚕区≥1 000 m;或>对照品种 |

### 3.2 生产鉴定指标

新标准规定,生产鉴定主要调查蚕品种每盒杂交种(25 000 粒±500 粒良卵)产茧量、健蛹率,要求这 2 项指标优于对照品种。

### 3.3 新标准的特点

3.3.1　将参试品种分为春期品种和秋期品种　由于生产上存在"春种秋养""全年饲养夏秋品种"的情况,"春用品种""夏秋用品种"的划分方式不能完全反映生产实际;而"多丝量品种""中丝量品种"等概念比较模糊;因此,新标准并未按原标准那样将桑蚕品种分为春用品种和夏秋用品种,而是按照其参试期别分为春期品种、秋期品种。

桑蚕品种参试期别由品种育成者确定并申报,参加春期试验的品种,以春期品种鉴定指标衡量;参加秋期试验的品种,以秋期品种鉴定指标衡量。

3.3.2　强调桑蚕品种的强健性和丰产性　随着我国经济快速发展和城镇化不断推进,农村劳动力数量呈不断减少的趋势,养蚕劳动力缺少,省力化、机械化养蚕已经成为蚕桑产业的必然趋势,对桑蚕品种的强健性提出了更高要求。因此,与原标准相比,新标准更强调桑蚕品种的强健性和丰产性,要求新品种 4 龄起蚕虫蛹率≥对照品种、万头产茧量≥对照品种,而原标准只要求"不低于对照品种的98%"。

相反,新标准对桑蚕品种的茧层率、茧丝长等指标的要求则有所降低。一般认为桑蚕品种的茧层率与生命力呈负相关,强调了品种的强健性,茧层率性状可能受到一定程度的影响;另一方面,现行桑蚕品种的茧丝长已经达到很高的水平,完全可以满足生产高品位生丝的要求;因此,对桑蚕品种的茧丝长要求不宜过高。

3.3.3　取消了茧丝纤度相关指标和 50 千克桑产茧量指标　茧丝纤度、茧丝纤度综合均方差对生丝品位有很重要的影响,但是从历年参加国家审定的 69 对蚕品种性状分析,只有 4 对品种茧丝纤度略偏细(其中 3 对解舒率不合格),而且在自动缫丝机时代茧丝纤度对生丝品位的影响很小;没有 1 对蚕品种因茧丝纤度综合均方差而被判不合格。因此,新标准取消了对蚕品种茧丝纤度、茧丝纤度综合均方差的要求。

同时,被取消的还有"50 千克桑产茧量"指标,这是因为 5 龄蚕的给桑量很难掌控,受人为因素影响大,调查数据准确性低。另一方面,现行蚕品种之间该指标差别很小。实际上,2010 年国家蚕品种试验(鉴定)恢复后,已经取消了该指标的调查。

3.3.4　首次将生产鉴定指标纳入审定标准　新标准首次将生产鉴定指标纳入审定标准,规定新品种的"盒种产茧量和健蛹率优于对照品种",进一步强调桑蚕品种的强健性和丰产性。另一方面,考虑到农村生产试验条件限制和技术处理困难的实际情况,简化了 NY/T 1732—2009《桑蚕品种生产鉴定方法》建议的调查项目。

## 4　审定内容、依据和程序

### 4.1　审定内容
主要审定蚕品种的遗传稳定性、特征特性、饲养性能、强健性、蚕茧产量、茧丝质量以及繁育性能等。

### 4.2　审定依据
审定委员会主要依据蚕品种参加国家蚕品种试验的实验室鉴定结果和生产鉴定结果。

### 4.3　审定程序
符合审定标准,且经国家农作物品种审定委员会蚕品种审定专业委员会投票表决,赞成票达到法定票数的品种通过初审。特殊类型品种,由专业委员会参照《蚕品种审定标准》进行初审。国家农作物品种审定委员会对通过初审的品种进行审定。国家农作物品种审定委员会认为有重大缺陷的品种不予审定。

# 实用蚕品种主要经济性状的稳定性与审定标准的合理化

李奕仁　缪梅如　程荷棣

（中国农业科学院蚕业研究所）

基于全国蚕品种鉴定的资料数据，通过计算年度间、地区间综合均方差，求得总变异系数，用以表示并比较实用蚕品种 $F_1$ 代主要经济性状的易动度即稳定性。结果表明，在茧质与丝质 9 个单项性状中，总变异系数依下列顺序增大或者说稳定性依下列顺序降低，净度≤茧层率＜茧丝纤度＜茧丝长≈全茧量≈茧层量≈茧丝量＜解舒率＜解舒丝长。综合这一结果与各方面的试验数据，就蚕品种国家审定中净度、茧丝纤度、解舒率审定标准的合理化问题，提出了分析论证意见和建议。

## 1 稳定性测定的材料与方法

### 1.1 引用资料

1980—1985 年全国鉴定第一对照品种华合×东肥、东 34×苏 12 在四川、浙江、江苏、湖北、安徽、陕西、山东、广东 8 个省区鉴定网点的鉴定成绩。

表 1　东 34×苏 12 茧丝纤度的年份、地区间分布与变异系数

| 省份 | 年　份 | | | | | | $\overline{X}_u$ | $\sigma_w$ |
|---|---|---|---|---|---|---|---|---|
| | 1980 | 1981 | 1982 | 1983 | 1984 | 1985 | | |
| 浙江 | 2.270 | 1.892 | 2.460 | 1.960 | 2.264 | 2.404 | 2.208 | 0.212 |
| 四川 | 2.560 | — | 2.506 | 2.388 | 2.564 | 2.247 | 2.453 | 0.121 |
| 江苏 | 2.570 | 2.346 | 2.375 | 2.420 | 2.308 | 2.402 | 2.401 | 0.084 |
| 湖北 | 2.280 | 2.226 | 2.378 | 2.152 | 2.314 | 2.474 | 2.304 | 0.103 |
| 安徽 | 2.630 | 2.302 | 2.344 | 2.550 | 2.394 | 2.275 | 2.416 | 0.131 |
| 陕西 | 2.700 | 2.317 | 2.353 | 2.631 | 2.744 | 2.429 | 2.529 | 0.169 |
| 广东 | 2.210 | 2.271 | 2.349 | 2.470 | 2.436 | 2.560 | 2.383 | 0.119 |
| $\overline{X}_w$ | 2.460 | 2.226 | 2.395 | 2.367 | 2.432 | 2.398 | 2.382 | 0.134 |
| $\sigma_u$ | 0.185 | 0.154 | 0.058 | 0.217 | 0.158 | 0.101 | 0.146 | 0.198 |

注：① 将每个鉴定点的各年成绩即表 1 所列横行数据相加，求取平均值 $\overline{X}_u$ 与地区内即年度间标准差 $\sigma_w$；将同一年份各个鉴定点的成绩即表 1 所列纵列成绩相加，求取平均值 $\overline{X}_w$ 与年度内地区间标准差 $\sigma_u$。
② 各鉴定点地区内即年度间标准差之平均值作为总的年度间标准差 $\sigma_w=(0.212+\cdots+0.119)/7=0.134$；各年度内地区间标准差之平均值作为总的地区间标准差 $\sigma_u=(0.1855+\cdots+0.101)/6=0.146$。

### 1.2 计算方法

以东 34×苏 12 的茧丝纤度为例，说明地区间标准差、年度间标准差、综合均方差及总变异系数的计算方法（如表 1）。然后，按下式计算出年度、地区间综合均方差。

$$综合均方差 \ \sigma_{uw}=\sqrt{\sigma_u^2+\sigma_w^2}=\sqrt{0.146^2+0.134^2}=0.198$$

再按 $CV=(\sigma_u W/\overline{X}_u W)\times100$ 的公式计算出总变异系数。

$$CV(\%)=(0.198/2.382)\times100=8.31$$

由于 CV 是不带单位的纯数，故可用来比较不同性状相对变异的大小即各种性状表现的相对整齐度与稳定性。

## 2 各项性状间易动度与稳定性的比较

表 2 列举了华合×东肥、东 34×苏 12 两对品种 12 项主要经济性状的平均数、地区间标准差、年度间标准差、地区与年度间综合均方差以及由此计算得出的总变异系数。以总变异系数作为易动度或稳定性的评价指标，可以得出如下 3 个倾向性结果。

表 2　华合×东肥、东 34×苏 12 各项性状年度间、地区间总变异系数的比较

| 品种 | 项目 | 茧丝质性状 | | | | | | | | | 其他性状 | | |
| --- | --- | --- | --- | --- | --- | --- | --- | --- | --- | --- | --- | --- | --- |
| | | 净度（分） | 茧层率（%） | 茧丝纤度（D） | 茧丝长（m） | 全茧量（g） | 茧层量（g） | 茧丝量（g） | 解舒率（%） | 解舒丝长（m） | 虫蛹率（%） | 五龄经过（h） | 万头产茧量（kg） |
| 华合×东肥 | 平均数 | 94.44 | 23.42 | 3.110 | 1217 | 2.17 | 0.510 | 0.422 | 74.69 | 914 | 97.80 | 183 | 21.6 |
| | 地区间标准差 | 2.34 | 0.68 | 0.152 | 89.8 | 0.128 | 0.033 | 0.030 | 7.20 | 98.3 | 1.41 | 10.66 | 1.4 |
| | 年度间标准差 | 1.72 | 0.60 | 0.126 | 71.7 | 0.137 | 0.033 | 0.032 | 7.44 | 104.3 | 0.93 | 7.42 | 1.4 |
| | 综合均方差 | 2.90 | 0.91 | 0.197 | 114.9 | 0.187 | 0.047 | 0.040 | 10.35 | 143.3 | 1.69 | 12.99 | 2.0 |
| | 总变异系数 | 3.07 | 3.89 | 6.33 | 9.14 | 8.63 | 9.22 | 9.48 | 13.53 | 15.68 | 1.72 | 7.10 | 9.4 |
| 东34×苏12 | 平均数 | 94.26 | 19.39 | 2.382 | 918 | 1.57 | 0.305 | 0.244 | 73.60 | 679 | 89.80 | 149 | 14.6 |
| | 地区间标准差 | 2.75 | 0.66 | 0.146 | 62.8 | 0.110 | 0.026 | 0.025 | 8.05 | 90.2 | 10.34 | 15.60 | 2.0 |
| | 年度间标准差 | 1.67 | 0.40 | 0.134 | 47.9 | 0.130 | 0.028 | 0.022 | 7.38 | 77.0 | 6.86 | 10.57 | 1.89 |
| | 深合均方差 | 3.22 | 0.77 | 0.198 | 78.8 | 0.170 | 0.038 | 0.033 | 10.92 | 118.6 | 12.41 | 18.84 | 2.7 |
| | 总变异系数 | 3.42 | 3.97 | 8.31 | 8.59 | 10.83 | 12.46 | 13.52 | 14.84 | 17.46 | 13.82 | 12.64 | 18.7 |

（1）蚕期之间相比，各项性状的总变异系数以早秋蚕期为大。特别是虫蛹率、五龄经过、万头产茧量三项性状，春期表现相对稳定，而早秋期则高低波动明显。稳定性差。两相对照。说明这三项性状极易受环境变动而变化；春期总变异系数较小的原因，并不在于性状本身的稳定性好，而在于春期各地各年间饲育环境条件比较一致。

（2）地区间与年度间相比，5 龄经过、虫蛹率、净度 3 个项目地区间标准差显著大于年度间标准差。春期、早秋期的饲养鉴定成绩中五龄经过分别以山东、四川点最长，陕西、浙江省最短；虫蛹率以安徽点最高，浙江点、广东点最低；净度分别以四川点、安徽点最好，湖北点、广东点最差（详见表 3）。鉴定点之间的差异、特点、倾向，推测主要是由于所在地区整个饲育环境条件如温湿度、桑品种与叶质，以及收蚁迟早等开差所造成的，当然与各鉴定点在技术处理上的工作误差也有一定关系。其他性状地区间、年度间标准差基本相仿。

表 3　5 龄经过、虫蛹率、净度三项性状的地区间差异

| 蚕期 | 项目 | 各点历年平均数 | 最高 | 最低 | 极差 |
| --- | --- | --- | --- | --- | --- |
| 春 | 5 龄经过（h） | 183±7.42 | 山东 199±9.85 | 陕西 172±6.47 | 27.00 |
| | 虫蛹率（%） | 97.80±0.93 | 安徽 98.68±0.55 | 浙江 84.67±3.61 | 4.01 |
| | 净度（分） | 94.44±1.72 | 四川 96.27±1.15 | 湖北 92.58±2.07 | 3.60 |
| 秋 | 5 龄经过（h） | 149±10.57 | 四川 179±13.88 | 浙江 129±9.27 | 50.00 |
| | 虫蛹率（%） | 89.80±6.36 | 安徽 95.51±2.66 | 广东 68.20±24.99 | 27.31 |
| | 净度（分） | 94.26±1.67 | 安徽 96.06±1.80 | 广东 90.18±1.712 | 6.78 |

注：±号后的数字为各点年度间标准差。

（3）茧质 3 个项目与丝质 6 个项目比较，总变异系数依下列顺序增大或者说稳定性依下列顺序降低：净度≤茧层率＜茧丝纤度＜茧丝长≈全茧量＝茧层量≈茧丝量＜解舒率＜解舒丝长；而且春蚕期与早秋

蚕期的倾向相当一致,相关系数高达 $r=0.950$,直线回归方程为 $y=0.635+1.106x$。表明不同品种之间茧丝质各项性状的易动度与稳定性,具有共通性。此处借用相关与回归之概念,并不意味着两者之间存在依变量与自变量之类的依赖关系,只是表示春用、秋用品种茧丝质诸项目的稳定程度及其顺序至为相似而已。

何斯美等(1985)曾在同一蚕期对中、日系各 25 个品种 11 项主要性状的遗传变异系数和表型变异系数做过测定。其中茧丝质 7 个性状间依变异系数由小至大的排列顺序为:中系——茧层率<净度<全茧量<茧层量<茧丝长<解舒率<解舒丝长;日系——净度<茧层率<全茧量<茧层量<茧丝长<解舒率<解舒丝长。

一品种多年多地与多品种一年一地、杂交种与原种、春用种与早秋用种的对比数据表明,蚕品种在茧丝质诸性状的稳定性表现方面即变异系数易动度的大小顺序,基本上一致。

### 3 关于净度、茧丝纤度与解舒率审定标准合理化的建议

蚕品种全国鉴定的审定标准,基本上是依参鉴新品种比对照品种的表现来加以审议的。但为了保证原料茧的品质,又对解舒率、茧丝纤度和净度 3 个丝质项目规定了"硬性"指标:春用品种——解舒率 75%以上、茧丝纤度 2.7~3.0 D、净度 93 分以上;夏秋用品种——解舒率 70%以上,茧丝纤度 2.3~2.7 D,净度 92 分以上。近年来的实践发现,上述规定有不尽合理之处,需要做适当修改,总的出发点是必须依据性状的稳定性表现,凡易动度小、稳定性好的性状,标准掌握上宜"严";易动度大、稳定性差的性状,标准掌握上宜"宽",即由"硬性"改为带有一定的"弹性"。

包括本文提供的数据在内,蚕品种主要性状遗传力与稳定性的研究结果表明,解舒率、茧丝纤度、净度 3 个性状在遗传力与稳定性之间并不成对应关系,而是分属 3 种类型:解舒率——遗传力小,稳定性差;茧丝纤度——遗传力大,稳定性也较好;净度——遗传力小,稳定性好。基于各自的特点,结合其他一些试验结果与全国鉴定的实践,就这 3 个项目的审定标准合理化问题,提出一些分析论证意见。

#### 3.1 净度

净度,为生丝分级标准中的主要检验项目。尽管性状本身的遗传力小,但选择效果较好,比较容易改进,一旦选择到净度优良的蛾区,后代就比较稳定,不易受环境影响。因此可以把净度好坏,认作是品种的遗传特性,审定标准掌握上是可以从"严",而且在全国鉴定中因净度较差而被淘汰的频率低于解舒,故可依原定标准审议。

本文表 2 所列数据表明,同一蚕品种净度成绩的好坏还带有地区性。江苏省近年"春种秋养"的实践则发现,同一蚕品种在不同蚕期饲养,净度表现不一,春期净度成绩普遍较优的品种,至秋期饲养会出现高低开差、波动较大的现象。造成这种地区性与季节性差异的原因,尚未明了,一般认为与饲料叶质与蔟中温湿度有关。在未查明原因并找出适当的解决办法之前,净度表现较差的地区与蚕期,更应选用净度表现既优且稳的蚕品种。

#### 3.2 茧丝纤度

茧丝纤度,关系到生丝的定粒缫制,并间接影响到生丝的均匀度。茧丝纤度的粗细,虽属品种特性,但仍会在一定程度上受饲育上蔟条件的影响而变动。浙江农业大学蚕桑系等单位的试验数据表明,华合×东肥壮蚕期食桑量标准区的纤度为 3.095 D、增量 20%为 3.109 D、减量至 70%区为 2.990 D,高低差 0.119 D;不同桑品种之间也有差异,喂饲湖桑 197 的纤度为 3.151 D,食一之濑区为 3.361 D,食团头荷叶白区为 3.057 D,高低差 0.304 D;春期饲养时纤度为 3.002 D,中晚秋期为 2.819 D。绍兴地区农校以杭

7×杭 8 供试,调查蔟中温度对茧丝纤度的影响,具体数据为 17.7 ℃ 区 3.20 D,23.5 ℃ 区 3.12 D,30.10 ℃ 区 2.90 D,高低差 0.30 D,说明茧丝纤度随蔟中温度升高而变细。

农村养蚕条件千差万别,每家每户生产的蚕茧的纤度不可能粗细均一。丝厂方面从实际出发,历来就采取混茧并庄、筛茧分型、新薄配茧等办法,以解决原料茧茧丝纤度粗细不一乃至尴尬的问题。

要求修改茧丝纤度审定标准的呼声主要来自春用品种,增加春用品种泌丝能力即选自春用多丝量品种的努力,往往会连带出现纤度增粗的现象。

考虑到实验室成绩与农村成绩之间的开差,农村生产的原料茧之茧丝纤度本身就呈连续分布的实际状况,以及丝厂在解决纤度问题上的承受能力,我们认为对茧丝纤度的审定标准可做如下修改:茧丝纤度,以春用品种 2.7～3.0 D、夏秋用品种 2.3～2.7 D 为原则,对于综合经济性状全面优良的春用多丝量品种可适当放宽,但最粗不得超过 3.1 D。

### 3.3 解舒率

解舒率与出丝率,与缫丝工业劳动效率即厂丝工本密切相关,同时也间接影响到生丝品位。它与茧丝长的乘积即解舒丝长,对于缫丝工业来说,具有更为实际的意义,是目前国内外蚕茧品质检验即缫丝计价中评级的主要指标。然而,在丝质 3 个项目中,解舒率却是最捉摸不定的一项性状,遗传力小,以气候为主、受多种因素影响,波动大,稳定性差。从全国鉴定 6 年的执行情况来看,原定春用品种 75% 以上,夏秋用品种 70% 以上的审定标准,就夏秋用品种而言,问题不大;但对春用品种的要求,似乎略为偏高。

华合×东肥是各方面公认的解舒率较高较稳的一对春用品种,但在作为全国鉴定第一对照品种的 6 年中,有 4 年的解舒率低于 75%,6 年中最高年为 83.98%,最低年为 69.93%,平均为 74.69%,年度间、地区间总变异系数为 13.53%。以华合×东肥的解舒率为 100,现行品种的指数是 96,审定合格的新品种是 98,审定不合格品种则是 81。可见,解舒好坏在某种程度上可以说是品种特性,但是这种特性又受饲养上蔟条件制约,可塑性相当大。

众所周知,茧层率与解舒率呈显著负相关。华合×东肥的茧层率约为 23.5%,而新育成的春用品种茧层率却高达 25% 左右;又前者的茧丝长约为 1250 米,而后者大多在 1400 米左右。用华合×东肥在不少年份都难以达到的标准,来要求新育成的多丝量品种,显然不尽合理。鉴此,解舒率的审定标准似拟作如下修改为宜:解舒率,以春用品种 75% 以上、夏秋用品种 70% 以上为原则,当对照品种的解舒率亦未达到审定标准时,可依解舒丝长超过对照 5% 左右且解舒率不低于对照品种的 95% 之附加条件综合审议。总之,审定标准要制定得既不是轻而易举,又不是高不可攀、可望而不可即,即要体现出先进性与合理性的统一。

此外,从开拓丝绸新用途、开发丝绸新产品的角度出发,还应该增设特殊蚕品种的审定业务,鼓励育种单位选育具有实用新价值的各种特色品种,这类品种的审定标准,可依实际情况另订。

# 蚕品种国家审定标准及其合理性探讨[①]

沈兴家[1]　李奕仁[1]　唐顺明[1]　沈建华[2]　李桂芳[1]

（1. 中国农业科学院蚕业研究所；2. 浙江省湖州蚕桑研究所）

1955 年召开的首次全国蚕桑选种与良种繁育会议，制定了全国家蚕选种工作方案和品种保育、选育及鉴定等工作细则，对指导蚕品种选育产生了重要的作用。但是直到 20 世纪 70 年代末，我国桑蚕茧鲜毛茧出丝率仍只有 11％左右，而日本达到了 17％。除了蚕茧生产、收烘、贮运、缫丝设备条件及管理等因素外，最直接和最主要的原因是蚕品种。鉴此，农业部在总结经验的基础上，于 1980 年颁发了《桑蚕品种国家审定条例》（以下简称《条例》），组织开展桑蚕品种鉴定审定工作，从此国家蚕品种鉴定审定走上了制度化、规范化的道路，对我国蚕品种选育产生了积极而深远的影响。本文阐述蚕品种国家审定标准的变迁，并以鉴定成绩分析为基础，探讨国家审定标准的合理性，以期为审定标准的修改和育种者提供参考。

## 1 茧丝绸行业对蚕品种的要求

茧丝绸行业对蚕品种的要求是审定标准制定的基础。一个优良蚕品种应该具备优良的工艺性状。国家《桑蚕茧（干茧）分级》标准以解舒丝长为干茧分级的主要项目，洁净为辅助项目，可见解舒丝长和洁净的重要性。而且原料茧的解舒丝长直接关系到缫丝厂的台时产量，从而影响工厂的缫丝成本。茧丝的强力、茧丝纤度均方差与丝质密切相关。因此，解舒丝长长、强力高和茧丝纤度均方差小是提高缫丝工业生产效率和生丝品位的基础，也是茧丝绸行业对蚕品种的基本要求。同时，蚕品种还必须具备良好的农艺性状，包括蚕种繁育性能和饲养难易、丰产性和稳产性以及饲料效率高低等。如果说茧丝质优良是新品种推广的前提，那么蚕品种的繁育系数高和丰产、好养则是新品种推广的基础。国家审定标准应当以此为出发点。蚕品种的审定标准对桑蚕品种的选育起着导向作用，以什么为衡量指标，指标定为多高等，都是标准需要解决的问题。如果标准过低，则可能导致劣质品种进入生产，给行业的发展带来危害；反之，如标准过高，则通过审定的品种太少，甚至造成优良品种被判不合格的情况。品种的鉴定和审定要符合科学、切合生产实际，既要着眼于长远的发展，又要考虑当前的水平，即审定标准应具有科学性、前瞻性和可操作性。随着科技、经济的发展和人们生活水平的提高及思想观念的改变，丝绸市场也在不断发生变化，育种目标应进行调整，审定标准也应及时修改和补充。

## 2 国家审定标准的变迁

1980 年颁布的《条例》规定：解舒率春用和中秋用品种应不低于 75％、早秋用品种应不低于 70％，净度春用品种不低于 94 分、夏秋用品种不低于 93 分，纤度 2.5～3.4 dtex（2.3～3.0 D），生丝纤度偏差不大于 1.22 dtex（1.1 D）。品种审定原则：以与对照品种的成绩比较为主要依据，主要经济性状优于对照品种，其中解舒率、净度、纤度与生丝纤度偏差应符合规定标准。

1987 年对蚕品种审定标准做了修改，增加了参考指标：春用品种茧层率 24.5％以上、出丝率 19％以上、茧丝长 1350 m 以上，解舒丝长超过对照品种；夏秋用品种茧层率 21％以上、出丝率 15.5％以上、茧丝长 1000 m 以上，解舒丝长超过对照品种。无论是春用品种还是夏秋用品种，4 龄起蚕虫蛹率、万头蚕收茧量、5 龄 50 kg 桑产茧量应不低于对照品种的 98％。

---

① 原载《中国蚕业》2002，23（3）：4—6

1989年又将春用品种的解舒率指标改为原则上应达到75%以上,遇不良气候解舒率偏低时可依不低于对照品种的95%为标准加以衡量。现行蚕品种国家审定标准于1994年颁布(表1),与以前的标准相比,现行标准在蚕茧解舒标准方面增加了解舒丝长作为选择项目,这与缫丝工业的实际要求相符。标准还规定对照品种应为上一轮试验表现较优,并审定通过的品种。目前国家鉴定春期和秋期分别以"菁松×皓月""9·芙×7·湘"为对照品种。

表1　桑蚕品种国家审定标准

| 项目 | | 春用品种 | 夏秋用品种 |
|---|---|---|---|
| 主要标准 | 净度 | 不低于93分,珠江流域蚕区春秋用品种不低于92分 | 不低于92分,珠江流域蚕区夏秋用品种不低于90分 |
| | 茧丝纤度 | 2.7~3.1D(3.0~3.4dtex) | 2.3~2.7D(2.5~3.0dtex) |
| | 解舒 | 解舒率75%以上或解舒丝长1000m以上 | 解舒率70%以上或解舒丝长700m以上 |
| 辅助标准 | 茧层率 | 24.5%以上 | 21%以上 |
| | 出丝率 | 19%以上 | 15.5%以上 |
| | 茧丝长 | 1350m以上 | 1000m以上 |
| | 虫蛹率 | 不低于对照品种的98% | 不低于对照品种的98% |
| | 万头收茧量 | 不低于对照品种的98% | 不低于对照品种的98% |
| | 50kg桑产茧量 | 不低于对照品种的98% | 不低于对照品种的98% |
| | 茧丝纤度综合均方差 | 小于0.65D(0.72dtex) | 小于0.50D(0.56dtex) |

## 3 现行审定标准的合理性

### 3.1 审定通过蚕品种的比例及未通过品种不合格原因分析

1980—2001年参加国家鉴定的蚕品种77对,包括联合鉴定的耐氟品种"华峰×雪松"和荧光判性品种"荧光×春玉",各类品种的参鉴数量、合格比例见表2。

表2　参加国家鉴定桑蚕品种审定统计

| 品种类别 | 参鉴品种数量(对) | 合格品种数量(对) | 合格率(%) |
|---|---|---|---|
| 春用品种 | 35 | 17 | 48.57 |
| 春秋兼用品种 | 4 | 4 | 100 |
| 夏秋用品种 | 38 | 25 | 65.79 |
| 合计/平均 | 77 | 46 | 59.74 |

注:春秋兼用/中秋用品种,指参加中秋期鉴定的品种。

从表2可以看出,3类品种的合格率差异较大,春秋兼用/中秋用品种合格率最高;其次是夏秋用品种,合格率为65.79%;春用品种的合格率仅48.57%。实际上中秋鉴定的4对品种有3对主要用于春期,如果把这3对计入春用品种,另一对计入夏秋用品种,则春用品种和夏秋用品种的合格率分别为56.63%和66.67%,趋于接近,但仍有10个百分点的差距。春秋兼用品种的选育是育种方法的一种创新,把春用品种的多丝量特性与夏秋用品种的强健性结合起来,使品种兼具春用和夏秋用品种的部分特性,既适合于春季饲养也适合于条件较好地区秋季饲养。这类品种只鉴定一批4对品种,全部审定通过,主要是因为参加鉴定的品种本身性状优良,其中包括目前正在加速推广的"871×872"和"苏·菊×明·虎"。由于没有相应的对照品种和审定标准,只能以同期"菁松×皓月"和"苏3·秋3×苏4"的平均成绩作为对照品种的成绩,主要依照夏秋用品种的标准进行审定。

对审定未通过蚕品种的成绩分析表明,不合格的主要原因是解舒率低(表3)。在18对不合格春用品种中,有 16 对解舒率低于标准(其中 1 对品种解舒丝长达到 1000 m,但茧丝纤度偏粗),其他 2 对品种解舒率合格但是净度偏低。因此即使按现行标准来判定,这些品种仍然应判为不合格。

**表 3　审定未通过品种不合格原因分布统计**

| 不合格原因 | 春用品种(对) | 不合格原因 | 夏秋品种(对) |
|---|---|---|---|
| 解舒率低于 75% | 16 | 解舒率低于 70% | 10 |
| 解舒丝长<1000 m | 17 | 解舒丝长<700 m | 6 |
| 纤度>3.1 或<2.7 D | 1 | 纤度>2.7 或<2.3 D | 3 |
| 净度低于 93 分 | 4 | 净度低于 92 分 | 2 |
| 合计 | 18 | 合计 | 13 |

注:每 1 对品种有 1 项或几项不合格。

另外,审定通过的春用品种中有 7 对解舒率和解舒丝长都低于审定标准,这样在 35 对参鉴品种中共有 23 对品种解舒率或解舒丝长不合格,占 65.71%,但是这并不意味着标准过高,菁松×皓月、浙蕾×春晓、钟秋×金铃等品种的解舒都超过 75% 的标准要求,而且其他各项经济性状优良。

自 20 世纪 70 年代以来,春用品种选育比较注重茧层率和茧丝长,而我们知道茧层率、茧丝长与解舒率呈负相关关系,因此在提高茧层率和茧丝长的同时,可能解舒率反而下降;而且长江流域蚕区春季阴雨天气较多,5 龄期特别是蔟中遭遇阴雨天气时,解舒率就受到明显的影响,但年份之间有差异,因此取两年多个鉴定点的平均值,并按与对照的百分比衡量可能更科学且合理。在 13 对不合格的夏秋用品种中有 10 对解舒率低于 70%,其中的 4 对解舒丝长达到标准。审定通过的夏秋用品种中,有 11 对解舒率低于标准,其中 10 对解舒丝长符合标准。因此,单从解舒率看,夏秋品种有 22 对不合格,占参鉴品种的 57.89%,但是由于有了解舒丝长作为解舒率的选项,而且解舒丝长指标较低(700 m),相对容易达到,因此不合格品种仅 7 对,占参鉴品种的 18.42%。从气候条件看,春季全国气候差异相对较小,品种的可适用区域广,如菁松×皓月、春·蕾×镇·珠、871×872 等品种在多个省区大面积推广应用,一般每个省区只有 1~2 对主要品种,对新品种的数量要求相对少一些。而夏秋季各地气候差异明显,多样性丰富,同一省区也有不同的气候生态区,往往有多对品种同时推广,呈多元化状态,这种状况要求更多的夏秋用新品种出台,目前夏秋品种审定合格数量多于春用品种的状况基本与此相吻合。

### 3.2　省级审定标准与国家审定标准的比较

浙江省审定标准以 4 龄起蚕虫蛹率、万头茧层量、解舒丝长、净度为主要指标;实用孵化率、发育经过、万头产茧量、5 龄 1 日万头茧层量、鲜毛茧出丝率、茧丝纤度为辅助指标。四川省把 4 龄起蚕健蛹率、万头产茧量、纤度均方差、净度作为主要指标;发育经过、茧丝长、解舒率、茧丝纤度、鲜毛茧出丝率列为辅助指标。国家标准主要指标为净度、茧丝纤度和解舒(解舒率或解舒丝长);辅助指标有茧层率、鲜毛茧出丝率、茧丝长、4 龄起蚕虫蛹率、万头收茧量、50 kg 桑产茧量、茧丝纤度综合均方差 7 项。

上述 3 个标准的共同点是把指标依其重要性分成主要和辅助两类,但对指标的重要性认识有很大的差异。生丝纤度偏差曾是国家标准主要指标之一,而现行标准则列为辅助指标,从丝绸加工和贸易看,要生产高品位生丝和高档丝绸制品,茧丝纤度均方差必须符合一定要求。其次国家标准对品种的强健性没有像省级标准那样作为主要指标,而是作为辅助指标,要求过低。茧丝纤度,无论是从参加鉴定的品种成绩还是从丝绸工业的要求看,都已没有必要作为主要指标,而作为辅助指标比较合适。

从国家审定合格蚕品种的推广情况分析,"八五"及以前育成并鉴定的品种,无论是春用品种还是夏秋用品种,都有半数的品种没有或几乎没有应用,除了品种推广体系因素,品种本身的性状水平是最主要的原因。由于国家审定只有实验室鉴定,不设农村生产鉴定,繁育性能也只作饲养观察,品种的不良性状不易显露与发现;也有些育种者在品种审定通过后改换品系,使品种性状改变,从而影响了品种的推广。

## 4 讨论与展望

蚕品种是茧丝绸行业的基础,鉴定与审定是蚕品种培育过程的重要环节。蚕品种性状的好坏直接关系到原料茧的质量,并进而影响生丝及其织物的品位与档次,从而影响茧丝绸行业的利益与发展。

自动缫丝机的普及、《生丝》标准的修订,省力化养蚕技术的推广,对品种诸多经济性状提出了新的要求;而丝绸市场的高档化和多样化趋势,则希望育出特色蚕品种,实现蚕品种的多元化,如粗纤度、细纤度、专养雄蚕品种及有色茧丝品种等。

因此审定标准应该根据形势的发展及时进行修订、补充。春季全国气候条件比较一致,品种的地区适应性较广;而夏秋季各地气候差异明显,对蚕品种的要求不同,适用区域小,因此蚕品种国家审定应以春用品种为主,夏秋用品种的鉴定审定主要应由各省区进行,或以省区鉴定网点为基础建立区域鉴定网,这样审定通过的品种可以直接在本区域内推广,加速新品种的推广速度。北方蚕业协作区在这方面有许多成功的经验,可以借鉴。

虽然蚕品种不属于农业部规定的国家主要农作物,但是由于蚕品种培育的技术性强,对茧丝绸行业的影响大;况且即使所有企业都是实行贸工农一体化,不可能也没有必要每个企业都自己进行种质资源的保存、品种培育和鉴定,因此蚕品种鉴定和审定工作必须继续进行,但其形式和方法需要研究探讨。

<h1 style="text-align:center">桑蚕品种生产鉴定方法标准的研究①</h1>

沈兴家[1]  周金钱[2]  陶 鸣[3]  肖金树[4]  陈 涛[1]  赵巧玲[1]

(1. 中国农业科学院蚕业研究所,镇江 212018;2. 浙江省蚕种公司,杭州 310020;

3. 江苏省蚕种管理所,无锡 214023;4. 四川省农业科学院蚕业研究所,南充市 637000)

**摘要**·生产鉴定是桑蚕品种鉴定的重要环节,它以实验室鉴定为基础,并与之相互补充。在前期调研的基础上编制了农业行业标准《桑蚕品种生产鉴定方法》,这里简要介绍其主要内容及其确定依据。

桑蚕品种改良是蚕丝业科技进步的核心,其质量的好坏直接关系到千家万户农民的利益和丝绸工业原料茧的质量,并进而影响生丝及其织物的品级与档次。培育桑蚕品种的目的是要到蚕茧生产中应用,而农村的饲养环境条件和消毒防病措施都与实验室存在差距,因此,农村生产鉴定试验是桑蚕品种鉴定的必要环节,有助于对桑蚕品种作出科学客观的评价。以往国家桑蚕品种鉴定未设生产鉴定试验,各省(区、市)桑蚕品种鉴定虽然都设生产鉴定,但是鉴定方法各异,缺少统一的标准。因此,有必要制订行业统一的桑蚕品种生产鉴定标准,在进行桑蚕品种实验室鉴定的同时,开展生产鉴定,确保桑蚕品种质量和蚕茧生产安全。现就农业行业标准《桑蚕品种生产鉴定方法》的内容及其确定依据做简要介绍。

## 1 生产鉴定的要求

### 1.1 鉴定点设置

桑蚕品种生产鉴定要具有科学性和客观性,为此鉴定点的数量应达到一定规模,以满足统计学的要

① 原载《中国蚕业》2009,30(3):79—81

求。同时,需要考虑出现各种偶然事件的可能性,如由于自然灾害和农药中毒等人为因素造成某个鉴定点的数据远离真值等。因此,《桑蚕品种生产鉴定方法》标准规定至少设置 4 个鉴定点。每个鉴定点 4 个鉴定户,2 户养正交种、另 2 户养反交种。

另一方面,由于各地区气候和土壤等条件相差较大,桑园管理和饲养技术水平参差不齐。因此,鉴定点应能代表某一蚕区类型的自然条件和技术管理水平的现状与发展趋势,鉴定户应具备当地中等以上生产技术水平。

### 1.2 鉴定年限和饲养数量

桑蚕品种生产鉴定是在实验室鉴定的基础上进行的,是品种鉴定的继续。同一地区,年度间气候条件可能产生较大的差异,为了减少这种差异对品种的影响,标准规定每对品种在相同季节鉴定 2 年。

饲养数量各省区现行方法有较大的差异。根据目前实际状况,结合品种鉴定成绩统计要求,确定每对品种饲养总数不少于 50 盒(张)蚕种,其中 16 盒(张)进行鉴定调查,其余蚕种饲养情况作为参考。每个鉴定点每对品种饲养调查 4 盒(张)蚕种,每个鉴定户每对品种饲养 1 盒(张)正交或反交蚕种,正交种和反交种饲养数量相等。

### 1.3 对照品种

作为科学试验,桑蚕品种生产鉴定必须设立对照,以便对新品种的生产性能和经济效益等进行比较分析。标准规定对照品种应与同级实验室鉴定一致。由于各地自然条件不同,桑蚕品种的推广也呈现多样性局面,生产鉴定试验的对照品种常常不能与试验点所在区域的主推品种吻合,此时应选择当地的主推品种作为第二对照品种,其成绩作为评价品种地区适应性的参考,以利于新品种审定通过后在该区域的推广。

### 1.4 设备条件

桑蚕品种生产鉴定要求每盒(张)蚕种(按 25 000±500 粒良卵计算),5 龄期蚕座面积应不少于 30 m²,上蔟面积不少于 50 m²。鉴定户应具备相应的消毒设备、养蚕和上蔟用具;蚕室有加温和通风设备,通风良好。

### 1.5 鉴定记录

每个鉴定户应有专人负责数据记录。记录内容包括每日天气、温湿度,收蚁、各龄眠和起日期和时间,上蔟、采茧日期,主要技术处理,蚕体发育情况,实用孵化率、收茧量调查数据。记录应客观、真实、准确、完整和及时。

## 2 生产鉴定的方法

桑蚕品种生产鉴定应尽量做到试验条件一致,减少人为误差。为了确保鉴定条件和方法统一,标准对饲育方式、各阶段的温度湿度、蚕座面积、上蔟与蔟中管理、消毒防病和采茧及收茧量调查等做了明确规定。蚕种催青在 NY/T 1093—2006《桑蚕一代杂交种繁育技术规程》中做了明确的规定,本标准参照执行。

### 2.1 饲养调查

与实验室鉴定相比,农村生产鉴定的设备条件简陋、技术力量薄弱。因此,对于品种性状调查主要应在实验室鉴定时进行,生产鉴定中饲养阶段只调查各参鉴品种的实用孵化率、龄期经过、盒(张)种收茧量和普通茧百分率 4 项。调查按常规方法进行。

2.1.1　实用孵化率　收蚁结束后,当日上午 10 时左右调查未孵化的良卵粒数,根据鉴定组织单位提供的蚕种良卵总数,按照下式计算实用孵化率,保留 2 位小数。

$$实用孵化率(\%) = \frac{良卵总粒数 - 未孵化良卵粒数}{良卵总粒数} \times 100$$

2.1.2　龄期经过　记录收蚁、各龄饷食和止桑日期与时间,盛上蔟日期与时间,计算龄期经过。

2.1.3　盒(张)种收茧量　按下列公式计算,保留2位小数。

$$每盒(张)蚕种收茧量(kg) = \frac{总收茧量(kg)}{饲养蚕种数量(盒)}$$

2.1.4　普通茧质量百分率　按下列公式计算,保留2位小数。

$$普通茧质量百分率(\%) = \frac{普通茧质量(kg)}{总收茧量(kg)} \times 100$$

### 2.2　蚕茧抽样与烘茧

农村丝茧育的目的是生产出优质蚕茧,获得更高的经济效益。而蚕茧质量优劣的评价是通过丝质检验来实现的。先蚕茧按普通茧、双宫茧、下茧(穿头茧、印烂茧、薄皮茧、绵茧、畸形茧)分类称量,从普通茧中抽取丝质检验样茧。

根据GB/T 9111—2006《桑蚕干茧试验方法》的规定,干茧检验需要样茧2份,每份5kg。但是因桑蚕品种生产鉴定已经有多个鉴定点,不需要留备样。本标准规定每个鉴定户每对品种抽取6.0kg鲜茧,每个试验点每对品种抽取正交种鲜茧12.0kg、反交种鲜茧12.0kg。

抽好的样茧应标明品种编号和鉴定点名称,并妥善摊放,及时烘茧。烘茧采用二次烘干法或其他生产上大面积使用的常规方法,烘至适干,称准净重,计算烘折,及时送达指定丝质检验单位。

### 2.3　丝质检验

丝质由指定的丝质检验单位按照GB/T 9176—2006《桑蚕干茧》和GB/T 9111—2006检验,在样茧送达后30日内完成。丝质检验检验项目:上车茧率、鲜毛茧出丝率、茧丝长、解舒丝长、解舒率、茧丝纤度、茧丝纤度综合均方差、粒茧丝量、清洁、洁净。其中鲜毛茧出丝率按下式计算:

$$鲜毛茧出丝率(\%) = 普通茧鲜毛茧出丝率(\%) \times 普通茧质量百分率(\%) \times 100$$

## 3　综合评价

### 3.1　数据汇总分析

鉴定结束后,鉴定点负责人和丝质检验单位应及时将鉴定成绩等检验数据送交鉴定组织单位。鉴定组织单位汇总各鉴定点的鉴定结果、饲养表现和丝质检验成绩。采用算术平均和方差分析方法,统计分析参试品种间、同一品种年度间及鉴定点间的差异。

当鉴定过程中出现异常情况,如桑叶农药或废气严重污染导致蚕中毒,或生产上大范围蚕病爆发,或烘茧缫丝条件明显不符合要求等,应对鉴定数据进行评估,决定取舍。

### 3.2　品种评价

根据各参鉴桑蚕品种的饲养鉴定和丝质检验结果,通过与对照品种的比较和统计分析,依据桑蚕品种审定标准对各品种做出综合评价。评价内容应包括:参鉴品种体质强弱,饲养的难易,产量高低,茧丝质量,及其符合审定标准规定指标的程度,适宜饲养地区和季节等。

特殊用途和特殊性状桑蚕品种的生产鉴定方法另行规定。

## 4 讨论

《桑蚕品种生产鉴定方法》行业标准的颁布实施,将在全国范围内统一桑蚕品种生产鉴定方法,也有利于国家级和省级鉴定网点以及各省级鉴定网点之间的合作与数据共享。

在鉴定成绩数据汇总过程中,如何进行数据统计分析关系到对品种的评价。标准规定采用算术平均和方差分析方法,统计分析参试品种间、同一品种年度间及鉴定点间的差异。但是这一方面在具体执行中还需要继续探讨。在标准的实施过程中肯定还会遇到很多问题,需要不断补充修改,使之更加完善和科学,确保桑蚕种质量安全,加快优良桑蚕新品种的推广,从而促进蚕丝业的健康发展。

桑蚕品种生产鉴定应要以实验室鉴定为基础,与之相互结合补充;鉴定的结果需要由审定标准来衡量,因此需要尽快制定《桑蚕品种实验室鉴定方法》和《桑蚕品种审定》标准。

# 特殊蚕品种培育现状及审定指标探讨[①]

王 欣[1] 沈兴家[2,3]

(1.江苏省蚕种所,江苏无锡 214151;

2.江苏科技大学江苏省蚕桑生物学与生物技术重点实验室,江苏镇江 212018;

3.中国农业科学院蚕业研究所,农业部蚕桑遗传改良重点实验室,江苏镇江 212018)

**摘要**·随着经济和社会的不断发展,蚕丝业对蚕品种的需求趋向多元化,特殊蚕品种应运而生。但是,目前尚未见特殊蚕品种审定的研究报道。概述了目前我国特殊蚕品种培育应用现状,包括抗性蚕品种、雄蚕品种、三眠蚕品种、粗纤度蚕品种、彩色茧蚕品种等;提出了特殊蚕品种的鉴定方法,各类特殊蚕品种的审定指标,供同仁商榷,以期为开展特殊蚕品种的鉴定审定提供借鉴。

优良的蚕品种是支撑蚕丝业发展的基础,蚕品种选育是一个古老而永久的课题。据统计,中华人民共和国成立以来,我国育成推广的蚕品种杂交组合超过 200 对,参加全国鉴定并完成试验的就有近 100 对。从我国近 70 年的蚕业发展历史可以看出,不同时期因科技条件、育种水平和市场需求不同,蚕品种的性状存在很大的差异。随着经济和社会的不断发展,蚕丝业对蚕品种的需求趋向多元化,特殊性状、特殊用途蚕品种(以下简称特殊蚕品种)的选育与推广已经成为产业的迫切需要,并进入产业应用阶段。为了适应产业对特殊蚕品种的需求,加快优良特殊蚕品种的选育和推广,促进蚕桑茧丝绸产业的稳定健康发展,急需制订特殊蚕品种的鉴定方法和审定标准。但是,目前鲜见特殊品种鉴定审定方面的研究报道。为此,我们根据目前我国特殊蚕品种培育和应用实际,提出以下建议,供同仁商榷。

## 1 我国特殊蚕品种培育应用现状

中华人民共和国成立后,国家十分重视蚕丝业的恢复和发展,重视蚕品种的培育工作。1955 年农业部在镇江市召开了首次全国蚕桑选种与良种繁育会议,并制定了全国家蚕选种工作方案和品种保育、选育及鉴定等工作细则。经过几代家蚕育种工作者的努力,我国的蚕品种培育水平不断提高,尤其在夏秋用蚕品种培育方面取得了长足的进步,达到甚至超越国际先进水平。在特殊品种培育方面,也取得了辉

① 原载《中国蚕业》2017,38(3):63—67

煌的成就。

### 1.1 耐氟化物蚕品种

20世纪80年代后期开始,乡镇企业快速发展,带来了环境污染的问题,江浙地区空气氟化物污染较严重,蚕桑产业受到不同程度的影响。为此,我国育种家根据生产需要,采用自然环境胁迫和人工添食NaF相结合的方法,创造性地育成了对氟化物具有高度耐受性的蚕品种秋丰×白玉、华峰×雪松等,解决了氟化物污染蚕区的养蚕安全问题,为氟化物污染蚕区蚕桑生产的稳定做出了极大的贡献。秋丰×白玉至今仍是浙江省的主推蚕品种。

### 1.2 雄蚕品种

1972年苏联科学家STRUNNIKOV利用辐射诱变技术等制作了世界著名的家蚕平衡致死系统。1996年我国引进该系统,经过20年的研究和转育,培育出多对实用化雄蚕品种,并在浙江省淳安县、四川省绵阳市等地推广应用。雄蚕品种表现出强健好养、饲料效率高、出丝率高、缫折低、丝质优的特点,受到蚕农和丝厂的欢迎,但其一代杂交种繁育成本比普通品种高。

### 1.3 抗BmNPV蚕品种

家蚕血液型脓病由核型多角体病毒(BmNPV)感染引起,是蚕业生产的主要病毒病,每年都会给蚕茧生产造成很大的损失。为此,蚕业科技工作者开展了大量的家蚕抗病育种研究,通过多年的努力在抗BmNPV家蚕品种培育上取得突破,育成了华康系列、野三元和桂蚕N2等抗BmNPV蚕品种,通过审定并开始在生产上推广应用,受到广大蚕农的欢迎。与此同时,抗性品种对家蚕BmNPV抗性的分子机制研究也在不断深入,为抗病育种提供了理论指导。

### 1.4 三眠蚕品种

家蚕按照其幼虫期就眠次数,分为三眠蚕、四眠蚕和五眠蚕,生产上用的蚕品种一般为四眠蚕品种。三眠蚕品种一般发育经过短,丝量少,茧丝纤度细,茧丝纤度偏差小,适宜于纺织超薄型织物。我国先后育成853白×543B、芊春×知日、三·龙×汇·源、粤蚕细纤1号等三眠蚕品种,并在生产上中试或批量生产。

### 1.5 粗纤度蚕品种

日本于1991年育成粗纤度蚕品种日509·日510×中509·中510,其茧丝纤度4.75 dtex,解舒丝长790 m。我国的粗纤度蚕品种培育先后列入国家"九五""十五"科技攻关项目,育成了新苗×明日,实验室鉴定茧丝纤度5.217 dtex、解舒丝长870 m;C华×JD,实验室鉴定茧丝纤度4.5 dtex、解舒丝长800 m。粗纤度蚕品种的生丝和织物具有粗犷厚实、抗皱性强、缩水率小的特点,适合制作服装面料,但目前粗纤度蚕品种几乎没有推广应用。

### 1.6 其他特殊蚕品种

天然彩色茧蚕品种的蚕茧具有天然色彩,为人们所喜爱。按其颜色分为黄红茧系和绿茧系2大类。黄红茧系的茧丝颜色来自桑叶中的类胡萝卜素(β-胡萝卜素、新生β-胡萝卜素)和叶黄素类色素(叶黄素、蒲公英黄质、紫黄质、次黄嘌呤黄质),绿茧系的茧丝色素主要来自黄酮类色素。近年来,彩色茧蚕品种已达到实用品种水平,并开始在生产上批量应用。

20世纪90年代,我国育成了首个荧光判性蚕品种荧光×春玉,在荧光灯下,该品种的雌蚕茧为白荧光、雄蚕茧为黄荧光,并于2000年通过全国农作物品种审定委员会审定。进入本世纪后,又育成了1对荧光判性蚕品种荧苏×荧晓,在荧光灯下,该品种的雌蚕茧为紫荧光、雄蚕茧为黄荧光。

此外,还有人工饲料摄食性蚕品种、灰蛾蚕品种、无鳞毛蚕品种等。斑纹限性品种,一般不作为特殊品种。

## 2 特殊蚕品种的鉴定与审定

### 2.1 鉴定方法

目前,国家蚕品种审定标准和各省审定标准存在差异,但考核的主要性状基本相同,包括 4 龄起蚕虫蛹率、万蚕产茧量、洁净、解舒率或解舒丝长、鲜毛茧出丝率、茧层率、茧丝长等。据了解,目前各省(区、市)和国家尚未有系统的特殊蚕品种鉴定方法。

全国农作物品种审定委员会先后审定通过耐氟蚕品种"华峰×雪松"、荧光判性蚕品种"荧光×春玉"。当时全国鉴定并没有特殊品种的鉴定方法,而是采用在常规鉴定的基础上对特殊蚕品种的特殊性状进行验证。2011 年华康 1 号作为抗 BmNVP 特殊蚕品种,通过四川省审定。因此,对于特殊蚕品种,可以在常规鉴定的基础上,增加对特殊性状的鉴定或验证试验。

### 2.2 审定指标

2.2.1 审定指标确定的原则 依特殊蚕品种的类别,分别确定审定指标。由于不同的特殊蚕品种具有不同的特殊性状,其鉴定方法和审定指标也要根据特殊蚕品种的类型分别设置。目前,宜设立抗性蚕品种、雄蚕品种、三眠蚕/细纤度蚕品种、粗纤度蚕品种、彩色茧蚕品种和人工饲料蚕品种等的指标。

2.2.2 审定指标及其确定的依据

(1) 抗性蚕品种。包括对各种蚕病、氟化物、逆境条件(高温、多湿等)具有突出的抗性或耐受性的蚕品种。抗性蚕品种,首先应参加常规鉴定试验,鉴定成绩应达到常规品种的合格指标;第二要对品种的抗性性状进行专门的鉴定,抗性性状应在统计学意义上显著优于常规品种。若干年后,生产上有推广量较大的抗性品种时,抗性鉴定试验应以同类抗性品种为对照,参试品种的抗性应达到或优于对照品种。

(2) 雄蚕品种。雄蚕相对于雌蚕而言,具有饲料效率高、出丝率高、丝质优等特点。但是,雄蚕品种杂交种生产成本高,全茧量较轻。从报道的雄蚕品种分析,作为雄蚕品种其雄蚕率应达到 98％以上,万蚕收茧量应不低于常规对照品种的 85％,其他各项指标均应达到或超过常规品种的合格指标。

(3) 三眠蚕/细纤度蚕品种。三眠蚕/细纤度蚕品种幼虫经过短,食桑少,蚕茧产量低。这类品种应在参加常规品种鉴定试验的同时,调查其眠性的稳定性,要求三眠率≥98％。对三眠蚕品种芊春×知日、三·龙×汇·源、粤蚕细纤 1 号和 853 白×543B 等的实验室鉴定成绩(表 1)分析表明,这些品种的茧丝纤度小于 2.20 dtex;当以常规品种为对照时,全茧量、万蚕收茧量约为对照品种的 86％～91％;当以三眠蚕品种为对照时,全茧量、万蚕收茧量达到对照品种的水平,其他性状指标达到常规品种的合格指标。

表 1 几对三眠蚕品种的实验室鉴定成绩

| 蚕品种 | 鉴定季节 | 幼虫期经过 /d:h | 全茧量 /g | 茧层率 /% | 万蚕收茧量 /kg | 茧丝长 /m | 茧丝纤度 /dtex |
|---|---|---|---|---|---|---|---|
| 芊春×知日 | 春季 | 21:20 | 1.45 | 23.07 | / | 1116 | 2.16 |
| 菁松×皓月/ck | | 24:09 | 2.03 | 24.29 | / | 1275 | 2.98 |
| 三·龙×汇·源 | 夏季 | 19:05 | 1.55 | 21.23 | 15.10 | 1164 | 1.947 |
| 两广二号/ck | | 19:20 | 1.79 | 21.17 | 17.38 | 1020 | 2.53 |
| 粤蚕细纤 1 号 | 夏季 | 19.05 | 1.51 | 20.93 | / | 964 | 1.89 |
| 两广二号/ck | | 20.10 | 1.65 | 20.67 | / | 857 | 2.59 |
| 853 白×543B | 秋季 | 21:11 | 1.44 | 22.91 | 14.23 | 1194 | 1.98 |
| SG×54A/ck | | 21:14 | 1.40 | 22.14 | 14.00 | 1158 | 1.99 |

注:表中数据根据参考文献整理,ck 为对照。

（4）粗纤度蚕品种。粗纤度蚕品种全茧量大，茧丝纤度粗，产量高。当以常规品种为对照时，全茧量和万蚕收茧量等产量指标应超过常规对照品种；茧丝纤度显著超过常规对照品种，达到 4.5 dtex 以上；洁净达到 92.0 分以上，达到缫制 4 A 级生丝的要求（GB/T 1797—2008《生丝》）；解舒丝长达到 800 m 以上。

（5）彩色茧蚕品种。彩色茧蚕品种根据遗传特点可以分为 2 类：一类是利用 $^{60}$Co - γ 射线照射后，将黄血基因 Y 片段色易位到 W 染色体上制成的限性茧色品种，雌蚕（$W^YZ$）黄血黄茧、雄蚕（ZZ）白血白茧。由于雌蚕 W 染色体携带过剩片段，对雌蚕的生命力有不良影响。但是，经过多年的选择培育，从目前培育的蜀·黄×川·白等蚕品种看，这一影响已经很小。另一类是天然彩色茧品种，主要是黄茧品种，通过杂交育种和纯系选择培育而成。从文献报道的数据（表 2）看，以常规品种为对照时，彩色茧品种虫蛹率、解舒率、洁净应该不低于对照品种的 95%；其他性状指标应达到常规品种的指标。

**表 2　几对彩色茧蚕品种的部分性状成绩**

| 蚕品种 | 季节 | 4 龄起蚕虫蛹率（%） | 全茧量（g） | 茧层率（%） | 万蚕收茧量（kg） | 茧丝长（m） | 解舒率（%） | 洁净（分） |
|---|---|---|---|---|---|---|---|---|
| 彩茧 1 号 菁松×皓月/ck | 春季 | 98.73 97.38 | 1.86 1.74 | 21.51 24.16 | 18.50 16.50 | 1 107 1 224 | 92.80 84.00 | 91.00 92.00 |
| 彩茧 1 号 菁松×皓月/ck | 秋季 | 97.22 93.30 | 1.63 1.55 | 20.86 23.22 | 16.90 15.30 | 973 1 079 | 85.10 80.20 | 93.00 94.00 |
| 蜀黄 1 号 菁松×皓月/ck | 春季 | 98.28 91.18 | 2.10 2.06 | 23.45 23.96 | 20.30 19.71 | 883 1 030 | 79.15 77.15 | 91.25 95.47 |
| 蜀黄 1 号 夏芳×秋白/ck | 秋季 | 97.91 93.54 | 1.91 1.95 | 23.31 23.56 | 18.69 19.18 | 1 084 1 282 | 77.45 70.33 | 91.57 92.63 |
| 金丝 1 号 871×872/ck | 3 年春季平均 | 97.99 97.08 | 1.99 2.16 | 21.26 25.21 | 16.35 19.34 | 982[#] 1 047[#] | 68.36[#] 68.49[#] | 94.25[#] 95.00[#] |
| 金丝 1 号 871×872/ck | 3 年秋季平均 | 96.39 94.05 | 1.87 2.09 | 20.96 24.32 | 16.05 18.29 | 963[#] 1 052[#] | 68.35[#] 70.43[#] | 94.25[#] 94.40[#] |

注：表中数据根据参考文献整理。[#] 为农村试验成绩，其他为实验室鉴定成绩。

（6）人工饲料蚕品种。不同的家蚕品种对人工饲料的摄食性存在较大的差异，尤其在日系和中系之间差异明显。我国从 20 世纪 80 年代开始研究家蚕人工饲料，目前在小蚕人工饲料配方、加工工艺、饲养技术等方面已经基本成熟，人工饲料摄食性好的蚕品种选育取得较大的进展，达到了实用化水平。

人工饲料蚕品种，首先应鉴定其对人工饲料的摄食性，采用 10% 桑叶粉含量的人工饲料进行饲养，收蚁 36 h 疏毛率≥95%、2 龄起蚕率≥92%、3 龄起蚕率≥90%。同时，应按照常规品种进行鉴定，达到常规品种的合格指标。

## 3 小结

综上所述，目前耐氟化物蚕品种、抗 BmNPV 蚕品种、三眠蚕/细纤度品种、粗纤度蚕品种、彩色茧蚕品种和人工饲料蚕品种等已经成熟，可以开展相关鉴定。

特殊蚕品种，首先应该遗传性状稳定，且无明显的性状缺陷。这一要求与普通蚕品种一样，也是作为新品种参加鉴定的必要条件。例如耐氟化物蚕品种、抗 BmNPV 蚕品种，一方面其抗性性状应该相对稳定遗传，另一方面在品种保存过程中需要给予适当的选择压力——添毒试验，以保持品种的抗性。

其次，特殊性状明显，且符合市场需要。抗性品种，其抗性应优于常规品种，统计学分析达到显著或极显著水平,其他品种应具有常规品种不具备的特性;同时,其特殊性状应该对蚕桑生产具有某种利用价值,可以提高产业经济效益或生态效益,符合市场的需要。

第三,产量和茧丝性状达到实用化水平。培育特殊蚕品种的目的在于产业应用,因此对特殊蚕品种不仅要进行特殊性状的鉴定,还应进行常规鉴定试验,证明其经济性状达到实用化水平,能为广大蚕农、企业等所接受。

对不同类型的特殊蚕品种,鉴定方法和审定指标的侧重点应有所差别。目前,可以按照"常规品种审定指标+特殊性状鉴定结果"进行审定,逐步建立特殊品种审定标准。

# 对家蚕春用品种培育目标及其审定指标的一点思考[①]

赵巧玲　沈兴家

(中国农业科学院蚕业研究所,江苏镇江　212018)

**摘要**·本文提出了春用蚕品种的培育应兼顾强健、优质、高产和繁育综合经济性状,朝着高品位生丝蚕品种目标方向努力,并建议审定标准也应作相应修订,以引导蚕品种培育。

家蚕品种选育是蚕业科研永恒的主题,蚕品种经济性状水平是蚕业进步的标志。蚕品种的进步主要体现在经济性状的提高,而经济性状水平主要表现为体质强弱、丝量多少与丝质优劣三个方面。从总体上看,随着育种技术的进步,蚕品种这三方面的性状都有明显提高,但由于不同时期的养蚕环境、技术以及市场需求的不同,对这三方面性状的要求也有所差异。春季气候条件比较一致,春用品种的适宜地区也较广,除广东、广西蚕区外的其他蚕区春季均可饲养,黄河流域蚕区和江苏北部蚕区甚至秋季也能饲养春用品种。当前丝绸市场对高品位生丝的需求量供不应求,因此,丝质优产量高的春用多丝量蚕品种颇受青睐,春用蚕品种的育种目标应朝着高品位生丝蚕品种努力。然而,如果片面追求蚕茧产量和丝质,而忽视品种的强健性,即使丝质再优的蚕品种,也会由于体质虚弱无法饲养,不能体现其优良的丝质经济性状,也谈不上推广使用。因此,如何确定春用蚕品种的培育目标是广大育种者需要思考的现实问题。

## 1 体质强健应作为衡量春用蚕品种优劣的重要指标

春天气温适宜,桑叶营养丰富,是最适合养蚕的季节。为了充分利用资源,在春蚕期一般都选择饲养丝量多、丝质优的春用多丝量蚕品种。然而,春用多丝量品种对饲养环境和饲养技术要求都相对较高。

但是,随着国家经济的发展和农村产业结构的调整,蚕茧生产的比较效益有所降低。特别是大量青壮劳动力向城镇转移,农村劳动力结构发生改变,养蚕劳动者文化素质普遍较低、体力弱,养蚕模式也发生了变化,实行粗放型饲养,先进技术措施难以推广实施。适应粗放和省力化饲养的强健性蚕品种已经成为蚕农对蚕品种的第一要求。

另一方面,20世纪80年代以来,部分地区由于工业废气等大量排放,造成空气较严重氟污染,给养蚕生产带来严重威胁。为了稳定蚕桑生产,在浙江等蚕区出现了秋种春养的现象,嘉湖平原蚕区全面推广秋种春养,全省秋种春养的比例基本稳定在75%左右。这种局面的出现,迫切要求我们将春用蚕品种的强健性提到议事日程。

---

① 原载《华东地区第十一次蚕种学术研讨会论文集》

由于受全球气候变暖等因素的影响,春季五龄后期常常遇上高温闷热天气,不仅影响蚕茧产量而且影响到蚕茧质量。春天也正值大田农作物旺盛生长和病虫害多发季节,由于农药大量使用,造成桑叶或空气污染而导致大面积家蚕中毒事件也时有发生。蚕茧生产迫切需要抗病抗逆性强的家蚕品种。

因此,春用品种的育种目标也应进行相应的调整,从片面追求高产优质转变为强健、优质和高产,适当兼顾繁育,以适应当前饲养环境和饲养水平,兼顾农村、丝厂和蚕种场的利益,使育成的新品种能真正地发挥作用。

春秋兼用品种的诞生,是育种工作的一种创新,也是育种工作者已经注意到春用多丝量品种体质强健的重要性。春用品种和秋用品种的界线不再像以前那样明晰。它既有春用多丝量血统,又有强健性血统,因此它们既适合于春季饲养,也适合于条件较好地区秋季饲养,兼具春用和夏秋用品种的部分特性。事实证明春秋兼用品种"871×872"和"苏·菊×明·虎"茧形大已作为春用品种大面积推广,在春季条件下饲养,无论是产量还是丝质都不亚于春用多丝量品种的水平,普遍反映良好,已经成为众多蚕区的当家品种。

蚕品种审定标准具有引导蚕品种选育的作用,因此在育种者调整目标的同时,对审定指标也应及时补充和调整。首先,将体质强健设立为审定标准的主要指标之一。实际上有些省级审定标准中已经有了强健性指标。其次,春用品种分别在春季、中秋季进行鉴定,以充分反映品种在茧丝质和强健方面的特点。第三,因春用品种可在全国大部分蚕区使用,建议鉴定试验最好在全国鉴定网点进行,以加快优良品种的推广速度。

### 2 丝质优良仍然是蚕品种选育的前提目标,洁净与解舒指标是重要指标

蚕茧生产的最终效益需在茧丝绸市场中得以体现,茧丝绸行业对蚕品种的要求是审定标准制定的基础。国家《桑蚕茧(干茧)分级》标准以解舒丝长为干茧分级的主要项目,洁净为辅助项目,可见解舒丝长和洁净的重要性。

通常审定标准采用解舒率或解舒丝长指标,解舒率是遗传力较低的性状,受环境因素影响较大。在实验室鉴定较好的品种,到农村上蔟环境条件差的地方就得不到好的表现,严重影响丝厂效益。方格蔟的使用能大大改善上蔟小气候,提高解舒,但上蔟、采茧操作较烦琐,在没有体现优质优价的蚕区普及率较低。要全面提升原料茧质量,还得从品种着手,能培育出解舒好且稳定的品种。在生产上大面积推广且使用寿命长的品种,其共同的特点是解舒好且稳定,典型的例子是优质春用品种"菁松×皓月",在其前后育成的多对春用品种虽然在产量、丝量、茧层率等性状远高于它,但在解舒性状超越它的品种却寥寥无几。值得注意的是农村是原料茧直接供应地,解舒指标设立不仅要考虑实验室成绩的稳定性,还应强调农村区试的成绩,考虑到其受环境因素影响较大,应以相对指标衡量比较合理。

洁净是生丝分级中决定基本等级的检验项目之一,在丝质性状中优先考虑的指标,应该是硬性指标,也称"杀头指标"。我国蚕品种与日本蚕品种的最基本差距在于洁净性状,提高洁净性状是提升我国茧丝质量的突破口。

### 3 适当降低茧丝纤度缩小生丝纤度偏差有利于提高茧丝质量

茧丝纤度均方差是另一个关系生丝质量的重要指标,在蚕品种选育过程中必须十分注意各种性状指标的均衡提高。茧丝纤度均方差小的蚕品种,均匀度好,有利于缩小最大生丝纤度偏差,提高生丝等级。根据茧丝纤度的分布变化规律,纤度较细的品种,内外层纤度开差小,均匀度好,通过适当降低茧丝纤度,缩小生丝纤度偏差,可以提高茧丝质量。缫制不同规格的生丝,对原料茧的单纤要求不同。"菁松×皓月"纤度适中,开差小,适应于自动缫丝机的机械性能,有利减轻工劳动强度,如缫制 40/44 旦粗规格生丝

效果更佳,而春期饲养茧丝纤度细的夏秋品种由于解舒率高、单纤度细,更比春用品种适合于自动缫 20/22 旦规格高品位生丝。从现行春用品种的茧丝纤度和纤度均方差分析,"菁松×皓月"具有相对较细的茧丝纤度和较小的纤度均方差,具备缫制高品位生丝的基本素质。

### 4 适当控制茧层率有利于增强体质改善解舒

过分追求高产量、高茧层率和高出丝率,易使体质陷入虚弱状态,影响生产稳定。找出茧质和体质的平衡点,是育种工作者努力的方向。蚕品种各项性状的相关性分析表明,茧层率与体质、解舒率、茧丝量等有着负相关的关系,要十分注意它们间的均衡。适当控制茧层率,有利于增强体质、改善解舒。在春用品种审定标准中,规定茧层率达 24.5% 以上,采用的对照品种为"菁松×皓月"。"菁松×皓月"的茧层率水平较高,达 25% 以上,因此,育种者往往以超过对照品种的成绩为目标,导致新品种茧层率水平都较高,但体质、解舒并没有多大提高,甚至下降。

### 5 繁育性能的考察应作为蚕品种鉴定的重要内容

一个优良的蚕品种,要做到强健、优质、高产和易繁,综合性状优良,切实兼顾蚕种场、蚕农和丝厂三方利益,才能顺利推广应用,转化成生产力,产生经济效益。过去,也不乏因繁育性能差而一开始就被判"死刑"的蚕品种事例。因此,繁育性能指标也应作为蚕品种鉴定的重要内容。

以上提及的是现阶段应值得商榷的问题。育种目标应随着市场的需求及时调整,同时审定标准也应及时修订,以公正地评价蚕品种的优劣,客观地反映蚕品种价值。

# 家蚕育种方向与评价标准探讨[①]

黄德辉[1]　李　圣[1]　孙家羿[1]　李庆宝[2]　童晓琪[1]

(1. 安徽省农业科学院蚕桑研究所,安徽合肥　230061;2. 安徽省蚕桑服务站,安徽合肥　230001)

**摘要**·针对我国当前蚕区劳动力结构、蚕茧生产条件、技术水平发生根本性变化和气候环境日趋恶劣的实际情况,提出家蚕育种方向和目标必须面向生产进行变革,家蚕新品种的审定标准和评价体系要作相应调整的设想;以使通过审定的新蚕品种满足蚕茧优质、高产、省力化生产和蚕茧资源多元化利用的要求,提高新蚕品种的科技贡献率。

为了加强国家对蚕、桑品种的管理,促进优良蚕、桑种的培育和推广,不断提高蚕茧产量与质量。国家农业部于 1980 年颁布了《桑蚕品种国家审定条例》(试行草案),设置了全国桑蚕品种审定委员会。"条例"对桑蚕春用及夏秋用蚕品种参加国家审定的程序、方法及标准等进行了规定。与此同时,全国蚕茧生产主产省(区、市)相继成立了桑蚕品种审定委员会,制定各省的审定条例,先后一大批桑树及家蚕品种通过国家或各省的审定或认定,并在生产中发挥作用,取得了巨大的经济效益。

《桑蚕品种国家审定条例》(试行草案)及各省的"条例(办法)"中严格规定了桑蚕品种审定标准及茧层率、万蚕产茧量、担桑产茧量、鲜茧出丝率、茧丝长、解舒丝长、解舒率、虫蛹率、纤度、洁净、产卵性能、概评等 12 项指标,其中担桑产茧量、解舒率、纤度和洁净等 4 项主要指标为必须达到规定的强制性指标。各

---

① 原载《华东·华中地区第十二次蚕种学术研讨会论文集》

育种单位只有严格参照审定标准,确定育种方向和选择目标,达到标准才能审定通过,取得审定合格证书的品种才能在生产中推广应用。因此,现行蚕桑新品种的审定标准对育种工作者有一定的导向和制约作用;同时,随着蚕桑产业链的延伸和蚕桑资源多元化的利用,蚕桑多用途、特用品种的选育显得日趋重要,而现行审定标准对此类品种又缺乏相应的评价依据,必须尽快建立与当前科研生产相适应的蚕桑新品种审定和评价体系。结合我国当前蚕区劳动力结构、蚕茧生产条件、技术水平发生根本性变化和气候环境日趋恶劣的实际情况,我们提出以下调整家蚕育种方向与审定指标的设想,供各位同仁参考。

## 1 家蚕育种方向与审定标准

当前,我国的家蚕育种水平、气候条件、饲养方式、技术水平、养蚕布局、蚕茧收烘及缫丝工艺均发生了不同程度的变化,现行审定标准中的相关指标必须进行以适应当前粗放型、省力化、集约化的蚕茧生产方式,充分考虑当前我国蚕区的生产水平和生产环境,以强健好养为家蚕育种第一目标,切实兼顾蚕种场、蚕农和丝厂的利益,保证茧丝绸产品质量为前提的适度调整,促进产业增效,农民增收和行业的可持续发展。

### 1.1 强健度应作为蚕品种审定的关键指标

随着我国城乡一体化进程的发展和农村产业结构的调整,蚕桑生产的比较效益明显降低,农村优势劳动力向城市转移,养蚕劳动者素质普遍不高,生产条件发生了根本性变化,加之粗放型、省力化养蚕技术的推广使用,按现行审定标准育成的品种,明显存在体质缺陷,不能适应当前的饲养水平和饲养环境,往往因发生蚕病而损失惨重。

为了满足缫丝企业对丝质的要求,安徽省从计划经济时期推广"春种秋养"措施至今,在秋期雨水充沛、叶质好、气温平稳的年份,丰产丰收,皆大欢喜。但近年来,一方面常遇"夹秋旱",持续高温,气候恶劣;另一方面,由于部分地区工业"三废"等大量排放和农作物防治病虫害而大量使用农药,给养蚕环境和桑叶造成污染,加之粗放型饲养,"春种秋养"不可避免有时导致蚕病发生严重,尤其是病毒病的发生,可以说各地是用牺牲蚕农的利益来增加了丝厂的效益。相反,为了抵御工业废气造成的严重氟污染,稳定蚕桑产业的持续发展,我国的杭嘉湖地区则出现"秋种春养",饲养比例一度保持在75%左右,所有这些现象的出现都充分说明强健度是蚕品种能否发挥较好经济效益的关键。

不断提高家蚕品种体质和强健性,选育强健好养,抗病、抗逆性强的家蚕品种,以适应当前的家蚕饲养环境和饲养水平应该是目前我国家蚕育种的首要目标,也是当务之急。所以,我们认为现行的育种方向必须进行调整,不能再一味追求丝长、茧层率指标,必须选育体质强健,抗病、抗逆性能好的品种,强化4龄起蚕虫蛹率指标。只有在确保强健好养的基础上,尽可能地提高家蚕品种的其他经济指标,育成的家蚕品种在生产中才有推广和应用的生命力,才能为蚕业生产的持续稳定发展提供基本的物质基础。相反,如果一味追求蚕茧产量和丝质,而忽视品种的强健性,即使丝质再优,但由于体质虚弱,蚕农无法饲养,其他经济指标也无法实现,该品种在生产上也只能是昙花一现,将迅速失去推广的基础。解决方法之一是对现行品种的体质加强抗性选择,即原育种单位与三级原种繁育单位密切协作,加强母种的体质选择,蛾区选重于个体选;在蛾区选的基础上,个体选应选择个体茧层率中等水平,不宜选茧层率平均水平以上的个体留种,逐步适当降低茧层率以提高体质。

因此,为适应当前粗放型、省力化养蚕,减少蚕病对蚕茧生产造成的损失,宜将强健度(4龄起蚕虫蛹率)作为品种审定的关键指标,与对照种相仿,尤其是秋用品种,以保证蚕作安全,蚕农增产和增效。

### 1.2 适当降低茧层率指标

家蚕的全茧量、茧层量等数量性状与其全龄经过日数成正相关,属多基因遗传,同时受环境影响较大。茧层率的选择,尤其要注意控制全茧量,必须在提高茧层量的基础上,提高茧层率,要防止茧形逐年变小或变大的极端倾向发生,而导致体质下降。另一方面,由于茧层率与强健性在遗传上又是一对负相关性状,过分强调大茧形、高茧层率和高出丝率的结果,必然导致体质下降,品种的抗病抗逆性能也随之减弱,不能适应当前粗放型省力化养蚕的要求,给蚕农饲养带来困难,最终其他经济性状也就无法实现;因此,要适当降低茧层率指标。

### 1.3 茧丝长指标不必苛刻要求

从目前我国蚕茧生产及缫丝工业技术水平的实际出发,茧丝长指标只要不低于现行生产用种即可。刻意强调茧丝长,不仅不利于家蚕品种选育的多元化,尤其是特色品种的选育,而且在生产中实际意义也并不大。我国家蚕春用品种生产鉴定通常用目前推广量最大的菁松×皓月作对照,其茧丝长在 1 400 m以上,虽然有不少春用品种通过审定,但至今还没有 1 对品种的推广量、丝质等综合性状超过菁松×皓月。中、东部地区的夏秋品种如苏三元、秋丰×白玉、薪杭×科明等品种及广东、广西地区的两广 2 号、桂蚕系列等品种,茧形小,茧丝长均在 1 000 m 以下,有的品种在生产中茧丝长甚至在 600～700 m;但由于其体质强健,抗病、抗逆性强,能够适应恶劣的气候环境且解舒好、丝质优,仍深受欢迎,在生产中常用不衰;因此,茧丝长指标不必苛刻要求。

### 1.4 解舒率可作为审定参考指标

解舒率或解舒丝长在国家和地方的审定标准中一直都属于强制性指标,国家《桑蚕茧干茧》分级标准也以解舒丝长为干茧分级的主要项目。从提高丝质和丝厂效益角度出发,无可厚非,但从家蚕遗传学上看,解舒是一个遗传力低的性状,该性状与品种本身的遗传因素比重不大,在后代的表现除了决定于遗传性之外,在相当程度上主要受蔟中营茧环境(温度、湿度和气流)影响,往往因饲养、上蔟环境和技术水平的不同,解舒率有很大差异;从蚕茧生产实际情况来看,鉴于蚕农的饲养技术水平、生产习惯及蚕农对自身利益的考虑,在蚕区普遍存在上蔟室通风不良,上"闷蔟",采"毛脚茧"等。可以说,农村饲养的任何家蚕品种,其蚕茧的解舒率都达不到甚至远远低于该品种通过审定时的标准。

解舒在良好的上蔟环境中,品种间差异不显著,但在不良的环境中,解舒优劣的遗传性充分显现。在生产实际中,通过采用优良蔟具(方格蔟),改善上蔟环境,规范蚕茧收购和流通秩序,实行优质优价,为蚕农提供合理的价格导向,就很容易改变目前蚕茧生产中普遍存在的蚕茧解舒率低的状况。因此,家蚕品种审定只要解舒与对照种相仿即可,而强调品种解舒的稳定性则更重要。另一方面,洁净与解舒性状似乎呈负相关,洁净即小颣,其多分布在茧的内层,解舒好的茧多缫至茧的内层,解舒丝长长,从而使小颣暴露,导致洁净下降;因此,不必片面地对解舒率提出过高要求。

### 1.5 茧丝纤度和洁净设为重要指标

茧丝纤度和洁净是评价生丝质量的重要指标,纤度和洁净与解舒一样,在家蚕品种审定标准中均为必须达到规定的强制性指标。降低茧丝纤度均方差和提高茧丝洁净,缩小生丝纤度偏差,则有利于提高生丝品位和丝绸产品的质量。

在家蚕的各种性状中,茧丝纤度和洁净性状的遗传力大,基本上呈隐性遗传,在后代表现中主要取决于品种本身的遗传性,相对受环境影响不大,在后代饲养中用环境条件很难得到改善。为了提高生丝等级和丝绸产品质量,在家蚕品种选育过程中,必须通过活蛹缫丝等方法淘汰不良个体,强化茧丝纤度和洁净的选择,利用回交等方法加以性状改良,实现纤度均方差小和洁净优。因此,茧丝纤度和洁净作为品种审定的重要指标,有利于引导育种工作者的优质意识,提高生丝品位和丝绸产品质量。

### 1.6 繁育性能应作为品种审定的辅助指标

家蚕品种的推广应用,是以种场、蚕农和丝厂三者利益共赢为基础的;因此,育成的家蚕新品种必须满足强健好养,优质易繁。只有体质强健,才能适应不同地区、不同气候和不同饲养条件,在农村达到易于饲养的目的;纤度适宜,解舒优良,才能缫制高品位生丝,满足市场需求;同时,优良的家蚕品种只有通过种场的繁育,才能在农村得以大面积推广应用,转化为生产力,为了提高种场的经济效益,育成的品种又必须有较高的繁育系数。简易的雌雄鉴别(限性、萤光判性、家蚕性连锁平衡致死系)技术和纯对识别(暗化型灰黑蛾)方法、良好的交配性能、适当的单蛾产卵数和良卵率是繁育性能优劣的体现,也是新品种推广应用的关键之一。

## 2 家蚕品种的合理评价

自 1980 年设立国家桑蚕品种审定委员开展桑蚕品种审定工作 22 年来(1980—2002 年),先后审定通过春用品种 17 对,夏秋用品种 27 对,各省通过审定或认定的春用及夏秋用蚕品种也各有数十对之多。通过国家或各省审定或认定的家蚕品种各有特点,也有不足之处,十全十美的品种是不存在的。有的在生产中使用 20 年以上,至今仍然在生产中发挥作用,如菁松×皓月、春·蕾×镇·珠、秋丰×白玉、两广 2 号(932·芙蓉×7532·湘晖)等;有的在生产中用过一阶段便很快退出生产;也有很多品种因种种原因没有投入生产,但不能说这些品种就不好,很多是机遇及推广方法是否得当。应该说通过审定的品种基本是在一个水平线上,都各有自己独特的优势和利用价值。

从对通过审定的品种亲本系谱调查看,很多品种的亲本来源相差不大。春用品种大多是 20 世纪 60、70 年代从国外引进的华合、东肥、731(苏 5)、732(苏 6)、753(杭 7)、754(杭 8)、781、782 等品种经杂交及定向选育而成。从遗传基因统计看,这些品种的基因型趋于一致,遗传上称之为基因匮乏。从育种上讲,家蚕品种选育到目前为止,经济性状已达极高水平,利用常规的育种技术和素材,很难再有提高和突破。从生物学角度分析,家蚕的各性状间存在着一定的相关性,既有正相关又有负相关,用育种的方法提高某一种经济性状是容易做到的,与之呈正相关的性状也会得到相应提高,如茧丝量与茧丝长;但与之呈负相关的性状则会随之下降,如家蚕的茧层率、茧丝量、茧丝长得到提高,但体质就会下降,茧形大则缩皱会偏粗等。

总之,评价一个品种的优劣,应该结合饲育环境、饲养技术、气候和叶质等条件及品种本身的特色,用综合经济性状去衡量。同时,随着蚕桑资源多元化利用的发展,对家蚕品种的评价也必须从过去唯一的"丝质"性状向其他具体不同特殊用途的经济指标拓展。要改变品种的不足之处,只有去发现新的基因,导入现行品种,改变基因匮乏的现状,育成新一代家蚕品种。

# 第二节
# 蚕桑品种鉴定技术研究

## 蚕品种实验室鉴定方法探讨[①]

沈兴家[1]　马小琴[2]

（1. 中国农业科学院蚕业研究所，镇江　212108；2. 江苏省蚕茧检验所，无锡　214023）

　　蚕品种实验室鉴定是一项复杂细致的工作，是选育工作的继续，对新品种育成推广具有重要的意义。下面就如何做好这项工作谈一点经验和看法。

## 1　试验设计

　　试验设计应根据不同的目的要求进行，例如品种选育过程中进行初交鉴定时，正反交各设 2 区，每区 200～400 头即可；而对于省级和国家级鉴定，则要求有更高的可靠性，重复数和饲育头数也更多，正反交各设 4～5 区，每区 400～500 头。从理论上讲，应由每对品种各一区组成一个重复，重复内和重复间都采用随机排列。但是，蚕品种的实验室鉴定一般在同一间蚕室内进行，当容纳不下时，可采用正交和反交分室饲养，而且可以随时调换位置。如果采用随机排列，则会由于各品种的龄期经过、食桑量大小、上蔟时间等的不同而增加操作困难。因此，幼虫阶段宜采用一对品种一列，每日上下调换和经常的列间对调，使各区感受到相同的积温。

## 2　试验条件

　　首先，蚕品种鉴定是遗传型不同的材料在相同条件下进行的试验，除了品种因素外，其他所有条件都应该尽可能一致。其次，实验室鉴定是为生产上推广应用提供依据的，除了鉴定结果必须正确外，试验的条件要尽可能与生产实际相符（抗病、抗逆和特殊品种的鉴定除外）。如果饲育条件过好，则不易发现以后生产中可能出现的问题；反之，则不能充分发挥品种的优良性状，从而难以作出客观的评价。因此鉴定点的选择要有代表性，包括自然条件、饲料条件（桑品种）。为使鉴定结果更加客观公正，可对参鉴品种统一编制密码。

---

① 原载《江苏蚕业》1998（4）：26—28

## 3 饲育试验

饲育试验的结果反映出蚕品种的丰产性能和抗病抗逆能力,关系到丝质成绩和品种推广。试验前对蚕室、贮桑室、蔟室、蚕具及环境进行彻底清洗消毒;事先应该充分了解每对品种的性状特点。

### 3.1 催青收蚁

鉴定用的蚕种包括对照品种最好由指定单位统一制造和提供,使各品种都有相同的种质基础,以便于同日催青、收蚁;如果鉴定用蚕种由各育种单位分别提供,那么应根据胚胎发育的情况,确定各品种的催青日期,确保同日收蚁。催青过程中不宜用转青卵冷藏,更不能蚁蚕冷藏。否则,体质下降,影响鉴定结果的正确性。各品种收取的蚁量也要一致。如果正反交各养4区,每区400头,那么收蚁量以正反交各1.0~1.2 g为好,过多则浪费,过少则数蚕困难。

### 3.2 幼虫饲养

不同的桑品种叶质不同,饲养结果也不同。所以各品种应喂饲相同品种和质量的桑叶,最好有专用桑园,以保证叶质的一致性。蚕期中要做好消毒防病工作,一旦发生蚕病应及时采取措施。4~5龄实行定头数饲育,数蚕要求在3龄止桑到4龄饷食后1天内完成,动作要轻,不能损伤蚕体。数蚕后应暂时保留多余蚕,以便发现有损伤蚕时调换,调换以4龄饷食1天内为限,随后开始记载病毙蚕头数。饲育人员应固定,以减少误差。给桑量以每次给桑前略有剩余为好,使蚕能充分饱食,切忌品种间给桑不均或过少。如果5龄称量给桑,则应特别注意给桑的适量,防止残桑过多或食桑不足,前者降低担桑产茧量产丝量,后者影响产量和茧丝质。

### 3.3 蔟中管理

蔟匾的排列应偏稀,每个品种都应有相对一致的位置。蔟室应具有良好的通风条件和加温、降温设施,光线要柔和均匀。

要适熟上蔟,防止过熟和过生。过熟不仅浪费丝量,而且易结同宫茧;过生则排尿多、丝量少,影响茧质和解舒。上蔟密度以每个折蔟300头左右为宜,每区400~500头蚕的应分上两个蔟,过密也易结同宫茧并影响蚕茧的色泽和解舒。上蔟时也不能撒防僵粉等药物。

蔟中高温多湿会增加茧层丝胶的胶着力,严重影响解舒,并使生丝的强力和伸长度下降;而温度过低,则营茧太慢,且茧丝纤度变粗,同样会影响丝质。强光直射或光线不匀,会导致茧层厚薄不一,降低解舒。因此,蔟中要避免高温闷热、低温多湿、温度激变等不良环境,以24~25℃,相对湿度65%左右为好。

### 3.4 茧质调查

春期采茧应在终熟后第7日、夏秋期终熟后第6日进行。动作要轻,每区结束后要记载病毙蚕数,并注意蝇蛆病、僵病与其他蚕病的区别。采下的蚕茧按饲育区号及时分类摊平。茧质调查要专人负责,同一项目各品种同时进行,否则影响结果的正确性。如全茧量、茧层率、死笼率等许多项目的成绩会随龄期经过而变化(表1)。当同一品种不同饲育区间成绩开差过大或有疑问时,应进行复查。

表1 蛹龄经过与蛹重指数的关系

| 蛹别 | 蛹龄经过(日) | | | | | |
|---|---|---|---|---|---|---|
| | 1 | 3 | 5 | 7 | 9 | 11 |
| 雌蛹 | 100 | 99 | 99 | 97 | 95 | 90 |
| 雄蛹 | 100 | 98 | 98 | 96 | 93 | 86 |

注:供试品种为中新1号×日新1号,试验日期1987年春。

## 4 丝质检验

丝质好坏是衡量蚕品种优劣的最重要标准。现行桑蚕品种国家审定标准规定的11项(其中一个为选项)指标中,有7项为丝质指标,而且主要标准全为丝质性状。因此,丝质检验对蚕品种的鉴定无疑是十分重要的。

### 4.1 烘茧与丝质的关系

烘茧工艺条件是影响丝质的第二大因素,仅次于蔟中环境。茧灶内温度的高低、通风状况、烘茧时间的长短,将直接关系到解舒性能和茧丝的清洁净度等(表2)。要求在预热和等速阶段温度为110～105℃,而在减速阶段100～90℃,出灶前降到70℃以下。茧灶温度的配制,既要避免高温急烘又要防止低温长烘。

表2 烘茧状况与茧丝质的关系(1995年春,菁松×皓月)

| 烘茧状况 | | 烘率(%) | 上车率(%) | 茧丝长(m) | 解舒丝长(m) | 解舒率(%) | 净度(分) | 清洁(分) | 出丝率(%) |
|---|---|---|---|---|---|---|---|---|---|
| 排湿 | 适干 | 43.5 | 95.01 | 1 268 | 950 | 74.92 | 94.60 | 98.50 | 17.80 |
| | 过嫩 | 52.6 | 89.80 | 1 203 | 635 | 52.78 | 88.35 | 95.50 | 15.36 |
| | 过老 | 40.0 | 88.09 | 1 215 | 481 | 39.59 | 93.00 | 97.00 | 16.19 |
| 不排湿 | | 42.6 | 89.78 | 1 187 | 360 | 20.33 | 90.50 | 97.00 | 14.81 |

丝质鉴定规定在送样后1个月内完成,储茧和还性时间短,所以烘茧以适干稍偏嫩为好。当烘茧过干甚至发黄时,落绪茧明显增多,解舒率下降。一般春用品种适干烘率为43%～45%、夏秋品种为41%～43%。

### 4.2 丝质检验中样茧的分配

国家鉴定要求每个试样蚕茧数不少于1800粒,而国标规定样茧为5kg(2500～3000粒)。因此,蚕品种实验室鉴定中样茧比较紧凑,要合理分配样茧:解舒检验3区,每区400粒(比国标少2区);一粒缫30粒茧,检验茧丝纤度综合均方差;100粒上车茧用于茧幅测量和切剖检验;其余样茧约400粒做试缫,检验洁净、清洁。检验条件和方法应与国标相同。

## 5 数据的汇总与分析

在正确地进行试验之后,如何进行数据汇总和分析,是对品种进行正确评价的关键。

### 5.1 数据取舍

鉴定试验结束后,应及时对数据进行整理,上报负责单位汇总分析。如遇特殊情况,则应加以说明。数据汇总时,要坚持实事求是的原则。首先检查鉴定试验及条件是否正常,如正常则取,否则应考虑取舍。根据经验,异常情况主要有以下几种:

(1)饲养鉴定异常,如大量发病、农药中毒等,则舍去该鉴定点数据;

(2)饲养鉴定正常、丝质鉴定异常,可取饲养成绩舍丝质成绩,或全舍;

(3)某鉴定点参鉴新品种饲养成绩正常,而对照品种不正常,则应全部舍去。

因为许多审定指标是依与对照品种的百分比来衡量的。当对照品种正常,个别参鉴品种异常时,最好全部舍去;如要保留正常品种,只舍去异常品种,则异常品种的总平均应以相应的对照品种成绩做比较。对于鉴定成绩的取舍应通过工作会议进行讨论确定。

### 5.2 数值修约

另外,还有一个数字的修约问题。除了按照规定保留小数的位数外,对末位数字的后一位采用下列原则修约:4 舍 6 入 5 考虑,5 后非零则进 1;5 后皆零视奇偶,5 前为偶则舍去,5 前为奇则进 1。

### 5.3 数据的分析

大部分数据采用算术平均数计算,对重要性状如万头收茧量、万头产丝量、解舒率、解舒丝长、鲜毛茧出丝率、净度等,应进行多年多点方差分析和差异显著性测定,深入考察品种性能,作出科学客观的评价。

# 浅议改进蚕品种国家鉴定方法[①]

沈兴家[1,2]　邹　奎[3]　唐顺明[1,2]　李奕仁[1,2]

(1.中国农业科学院蚕业研究所,镇江　212018;2.江苏科技大学,镇江　212018;

3.农业部全国农业技术推广服务中心,北京　100026)

农业部于 2006 年 6 月 28 日发布了蚕业界期待已久的《蚕种管理办法》,并于 7 月 1 日起实施。《蚕种管理办法》明确规定:新选育的蚕品种在推广应用前应当通过国家级或者省级审定;农业部和蚕茧产区省级人民政府农业(蚕业)行政主管部门分别设立由专业人员组成的蚕品种审定委员会,负责蚕遗传资源的鉴定、评估和蚕品种的审定。因此,恢复蚕品种国家鉴定审定将指日可待。然而,如何组织开展蚕品种的鉴定(区域)试验,怎样才能对新品种做出更科学、客观的评价是值得深入研究探讨的问题。根据蚕品种国家鉴定审定历史情况和多年的经验体会,谈一些看法和设想,与同仁商榷。

## 1 蚕品种审定工作的成绩与存在的问题

### 1.1 审定工作的成绩

基于蚕品种在蚕丝业中的重要作用和地位,农业部和丝绸行业管理部门一向对蚕品种的审定给予高度的重视。1980 年率先开展了国家审定,至 2002 年累计完成 13 批 80 对蚕品种(杂交组合)的鉴定,其中有 77 对完成了审定(有 3 对因 2002 年起蚕品种国家审定停止),同时建立了比较完善的蚕品种鉴定技术体系和组织管理体系。

已审定的 77 对蚕品种中,春用品种 39 对(含 4 对春秋兼用品种),其中 21 对通过审定,通过率 53.85%;夏秋用品种 38 对,其中有 25 对通过审定,通过率 65.79%。

审定通过的新品种为我国蚕品种更新换代奠定了基础,有些品种在生产上得到了较大的推广应用,成为适宜地区的主推品种,产生了极大的经济效益。据 2004 年对全国 12 个蚕茧主产省(区)统计,投产使用的蚕品种共有 43 对,总发种量 1478.38 万张。其中发种量 30 万张以上的有 11 对品种:9·芙×7·湘 332.41 万张、菁松×皓月 232.82 万张、871×872 为 143.08 万张、洞·庭×碧·波 125.57 万张、秋丰×白玉 107.75 万张、春·蕾×镇·珠 82.19 万张、苏·菊×明·虎 75.48 万张、桂蚕一号 60.09 万张、丰一×54A 为 32.03 万张、夏芳×秋白 31.35 万张、黄海×苏春 30.69 万张合计 1253.46 万张(占 84.82%)。这 11 对品种中,有 8 对通过国家审定,3 对通过省级审定。统计结果显示,目前各地使用的蚕品种,除中试品种外,几乎都是通过国家或省级审定的蚕品种。

① 原载《中国蚕业》2006,27(4):71—73

### 1.2 存在的问题

通过对蚕品种推广应用情况的初步调查分析可以发现,与蚕品种育成的数量和速度相比,新品种的推广不仅在数量上有限,而且时间上严重滞后。2001年完成最后一批品种的审定,但在国家审定通过的蚕品种中有11对春用品种(占52.4%)、17对夏秋用品种(占68.0%)没有或几乎没有再得到应用;有6对春用品种(占28.57%)、4对夏秋用品种(占16.00%)曾推广一定数量但很快停用或至今尚未形成规模。造成这种情况的原因是多方面的,但主要有以下3点。

① 蚕品种本身的某些性状不良,这是导致品种不能推广的最根本和致命的原因。在饲养、茧丝质和繁育三个方面,任何一方面的性状缺陷,都会阻碍品种的推广。

② 蚕品种鉴定评价方法与审定过程中存在一些不合理的地方。例如鉴定试验点很多不在蚕区,布局不尽合理、数量偏少;同时国家鉴定只有实验室鉴定,没有农村生产鉴定,不仅影响品种评价的准确性,也影响优良品种的推广速度。另外,不同年份审定标准尺度的把握略有差异,个别品种离标准规定指标尚有差距。

③ 蚕品种推广体系中人为因素的影响,也是造成部分品种没有得到推广的原因之一。每个人对品种数据的掌握程度、优良品种的概念和行业要求的理解存在差异,因此对品种优良与否的判断也会有差别。

## 2 蚕品种国家鉴定方法

### 2.1 制订科学的鉴定方法

2.1.1 实验室鉴定方法:关于蚕品种实验室鉴定方法,1984年修订的《桑蚕品种国家审定鉴定工作细则》已经有很详细的规定,只需要做少量的修改基本上可以采用。笔者也曾对此做过探讨,这里不再赘述。需要指出是实验室鉴定应当包括对原种的饲养调查和杂交种的试繁,优良的繁育性能是品种推广的三大前提之一;气候条件年度间有一定的差异,仅仅1次实验室鉴定不可能完全发现品种的优点或缺陷,因此实行连续2年同期鉴定是十分必要的。

2.1.2 农村生产鉴定的必要性:省级蚕品种鉴定一般都设农村生产鉴定,生产鉴定可以与实验室鉴定同步进行,以缩短品种鉴定年限,加快优良品种的推广。而国家蚕品种鉴定历来都不设农村生产鉴定,这是由于原来的蚕品种国家审定条例规定:参试的蚕品种必须是通过省级审定的品种,并要求有一定数量的农村试养成绩。为了完成国家科技攻关任务,加快品种推广,20世纪90年代以后放宽了对参试品种的条件要求,只要求有1年以上(含1年)的多省区联合鉴定成绩并表现优良,即可申请参加国家鉴定。同时由于农村实行联产承包后分散养蚕,给生产试验的管理带来不便,数据可靠性较差。蚕品种选育的目的是要到生产中应用,而农村的饲养环境条件(温度、湿度控制)和消毒防病都与实验室存在差距,即实验室鉴定表现优良的蚕品种在农村条件下未必一定优良。因此,农村生产试验是品种鉴定的必要环节,有利于对品种作出科学客观的评价。蚕品种农村生产试验可以参照有关省区的方法。如果能够形成全国统一的试验方法那是最理想的,有利于国家和省级鉴定网点的合作。

### 2.2 制订合理的审定标准

审定标准是蚕品种审定的依据,并对蚕品种的选育工作起着导向作用。因此,审定标准应具有科学性、前瞻性和可操作性。以什么为衡量指标、指标应定在什么样的尺度等都是审定标准制定中需要解决的问题。如果标准过低,则审定通过的品种不能在生产上推广,或可能导致劣质品种进入生产,给行业带来危害;反之,则通过审定的品种太少,甚至造成优良品种被判不合格的情况。品种的审定要符合科学、切合生产实际,既要着眼于长远的发展,又要考虑当前的水平,并随着科技的发展、育种目标的调整和丝绸市场变化而及时修改和补充。农业部1980年颁布的《桑蚕品种国家审定条例》首次规定合格品种的标准,而品种审定原则是"以与对照品种的成绩比较为主要依据,主要经济性状优于对照品种,其中解舒率、净度、纤度与生丝纤度偏差应符合规定标准"。1987年修订的标准增加了茧层率、出丝率、茧丝长、解舒丝长、4龄起蚕虫蛹率、万头收茧量、5龄50kg桑产茧量7个参考指标。1989年又对春用品种的解舒率指标进行了修改,增加了该指标的弹性,要求原则上应达到75%以上,遇不良气候解舒率偏低时可依不低于对照品种的95%为标准加以衡量。1994年颁布的审定标准,在解舒指标增加了解舒丝长作为选择项,并规定以上一轮试验表现较优并审定通过的品种为对照品种。这些标准对当时的蚕品种审定和蚕品种选育都起到了很大促进作用。比较国家审定标准与浙江、四川等省区的审定标准,其主要差别在于"主要指标"项和"辅助指标"项的选择上。例如浙江省和四川省都把4龄起蚕虫蛹率作为主要指标之一,强调品种的强健性和蚕农的利益;国家标准中将4龄起蚕虫蛹率作为辅助指标。事实上,蚕品种的强健性不仅关系到饲养的难易和蚕茧产量的高低,同时也与茧丝质量密切相关。体质弱、死笼多,内印茧、烂茧比例高,丝质就会受到影响。因此,有必要把蚕品种的强健性作为主要指标列入国家审定标准。品种解舒率指标因其受环境因素特别是湿度的影响很大,采用与对照品种的相对值为指标更为合理;而茧丝纤度作为辅助指标比较合适。为了避免由于标准本身原因造成的误解或歧义,标准指标值应比鉴定统计结果数据多一位小数。例如,鉴定结果出丝率保留整数(如20%),而标准指标值应有一位小数(春用品种为19.0%以上),以利于作出合格与否的判断。

### 2.3 加强国家和省级鉴定的合作,建立区域鉴定试验网

生物试验受气候环境因素的影响很大,在试验设计中必须有重复,并进行多年、多点试验和方差分析。我国幅员辽阔,各地土壤、水资源和气候等生态条件相差很大,作为蚕饲料的桑树品种及其栽培管理、养蚕技术等也存在明显的差异。而不同的蚕品种对气候生态环境的适应也有明显的差别。因此,蚕品种鉴定试验网点的选择和布局要有代表性。以往的国家鉴定一般为每季6~8个饲养鉴定试验点,分布在江苏、浙江、山东、安徽、四川、重庆、广东、广西和湖南等省(区、市),基本上包含了各种不同的生态区,但是对每个生态区而言,试验点的数量还太少,密度不够。但是如果在每个生态区设立多个试验点,势必要加大品种鉴定的规模,再加上增加农村生产鉴定费用,目前条件下试验经费难以满足要求。

为了解决增加鉴定点与经费不足的矛盾,可以采用以下办法之一解决:

① 春季除两广蚕区外,其他蚕区气候条件比较接近,品种的地区适应性较广;而夏秋季各地气候差异明显,对蚕品种的要求不同,适用区域小。鉴此,国家鉴定应以春用品种为主,夏秋用品种的鉴定主要由各省(区、市)进行。同时,加强国家鉴定与省级鉴定的联系,及时通报相关信息,相互促进,共同发展。

② 联合国家鉴定点与省级鉴定点,在全国建立4个区域鉴定试验网。即华东蚕区——包括江苏、浙江、安徽、江西、福建等;西南蚕区——包括四川、重庆、湖北、云南等;泛珠江/南方蚕区——包括广西、广东、湖南等;北方蚕区——包括山东、河南、陕西、山西、辽宁、新疆等。每个区域依托当地省(区、市)鉴定网设立5~6试验点。根据参试品种的特点,选择参加一个或几个区域的鉴定试验。这样审定通过的品种可以直接在适宜的区域内推广,缩短品种推广前的鉴定、中试年限,加速优良新品种的推广,促进蚕丝业的稳定发展。

### 2.4 丝质检验

丝质检验是蚕品种鉴定的重要环节,检验方法可在《桑蚕品种国家审定鉴定工作细则》的基础上,参照国家有关标准进行修订。目前丝质检验的主要困难是检验单位少,许多丝质检验企业已经转产或关闭,因而不能像以往那样每个饲养鉴定点对应一个丝质检验点。可以在每个区域试验网找一家试验条件较好的单位作为丝质检验点。

目前,邮政快递邮件一般4日以内可到达全国各地,蚕茧样品运输已经不成问题。因此,也可以将丝质检验集中在某家检验条件好质量可靠的单位进行。运输前应将蚕茧样品按规定要求烘干,每个样品装入纱布袋,然后用纸箱包装,以保全茧质。

蚕品种鉴定是蚕丝业的一项基础工作,必须继续进行,但其形式和方法需要深入研究和探讨。特别是在当前养蚕组织形式与技术标准、蚕种繁育供应、蚕茧收购经营等均处于变革过程之中,茧丝加工技术、生丝检验标准也在发生变化,政企与政事关系正在不断理顺的形势下,如何有效地整合与蚕品种审定有关的选育、鉴定、繁育、推广等资源,面临着新的挑战。相信通过有关各方和广大蚕业工作者的共同努力,一定能够把蚕品种国家鉴定工作搞得更好,以加速新品种推广进程,为行业发展做出更大的贡献。

# 原种、杂交原种与各种类型杂交种的同期比较试验[①]

李奕仁　缪梅如　程荷棣

(中国农业科学院蚕业研究所)

**摘要**·以现行春用、夏秋用蚕品种为材料进行的原种、杂交原种和各种类型杂交种的同期的比较试验结果表明:杂交优势率的大小顺序为 $F_1 \approx$ 交原四元种(中·中×日·日)>交杂四元种(中·日×中·日)>$F_2$;杂交原种为母体的蛾产卵数可比单交种提高 $25\%$,且交原四元种的产茧量、茧质成绩与 $F_1$ 无显著差异;交杂四元种对原种的杂交优势率,等于杂交原种对原种和四元对杂交原种杂交优势率的某种乘积;杂交种为母体的蛾产卵数可比杂交原种为母体的提高 $8\%$;同时还发现交杂四元种中部分组合的成绩可以接近 $F_1$ 与交原四元种的水平。

近年来,在蚕种生产与品种布局上出现了二个趋势。一是多元杂交种作为解决多丝量品种原蚕难养、蚕种繁育系数低的技术途径,已经应用于生产并正在发挥实际效益。据 1980 年全国现行桑蚕品种注册登记统计,年发种量在一万张以上的多元杂交种的发种总量达 40 多万张,占全国全年总发种量的 35% 左右。其中多数系三元杂交种,四元杂交种的比例尚不足 3%。二是为了提高原料茧品质与养蚕收益,长江流域一些主要蚕区已经逐步推广春制秋养。由于中晚秋蚕期的饲育环境条件毕竟要比春蚕期稍差,变动也较大,直接饲养春用多丝量品种难免会遭遇一定风险,因此某些蚕区要求选育推广强健性与经济性状介于春用品种和早秋用品种之间的中晚秋用品种。此外,还有一个值得注意的动态,即国外已有部分研究者正在探索杂交四元种 $[(中_1×日_1)×(中_2×日_2)]$ 和 $F_2$ 代实用化的可能性。从上述三个方面出发,利用现行的春用品种与早秋用品种为材料,进行了原种、杂交原种、一代杂交种、交原四元种(中$_1$·中$_2$)×(日$_1$·日$_2$)、交杂四元种(中$_1$·日$_1$×中$_2$·日$_2$)及二代杂交种的同期比较试验,分析各种杂交型式间的数量性状的表现与杂交优势率的变动,并探讨选配中晚秋用四元杂交种的可行性。

## 1 材料与方法

### 1.1 供试蚕品种与各种蚕种制造

选用春用蚕品种 $C_2$(华合)、$N_2$(东肥)与夏秋用蚕品种 $C_1$(芙蓉)、$N_1$(湘晖)作供试蚕品种。前者的 $F_1$ 表现为好养、高产、解舒优、茧形大,但茧层率较低;后者的 $F_1$ 表现为好养、丝质优、茧层率高,但全茧量偏轻,根据品种系谱分析,$N_1$ 即湘晖中含有 $N_2$ 即东肥的血统成分为 $12.5\%$;$C_1$ 即芙蓉是新九与几个多丝量品种的杂交固定种,新九的亲本为中华与 247,计算表明芙蓉中含有中华的血统成分为 $6.25\%$。中华×东肥·671 与华合×东肥·671 均为现行生产春蚕用三元杂交种,由此推测中华与东肥间也有较好

① 原载《蚕业科学》1986,12(3):145—160

的配合力。如将中华与华合视同处理,则可作如下假设分析:$C_1C_2 \times N_1N_2 \to 1C_1N_1 : 1\ C_1N_2 : 1C_2\ N_1 :$ $1C_2\ N_2$,四类个体内含相当于春用品种 $C_2N_2$ 的遗传成分比约为 $9.375\%$ : $53.125\%$ : $56.25\%$ : $100\%$,即夏秋形 : 中间型 : 春用型为 $1 : 2 : 1$;群体而言,稍稍侧重于春用型。估计这样一种结构较能适应中晚秋蚕期的饲育环境条件,如以遇拟春天型时养春用品种,遇拟夏秋天型时养夏秋用品种的收成作为 $100\%$ 计算,则无论是遇到拟春天型气候还是遇到拟夏秋天型气候,大体上均可获得 $75\%$ 以上的收成。

为了便于叙述,本文中对使用频繁的几个学术名词,做如下简化:

$C_1C_2$,$N_1N_2$——"同系统杂交原种",简称为"杂交原种";

$C_1N_1$,$C_2N_2$——"二元杂种 $F_1$"或"异系统杂交原种",简称为"$F_1$";

$C_1N_1$ 或 $C_2N_2$ 的自交种——"二元杂种 $F_2$",简称为 $F_2$;

$(C_1C_2) \times (N_1N_2)$——"同系统杂交原种四元杂交种",简称为"交原四元种";

$(C_1N_1) \times (C_2N_2)$——"异系统杂交原种四元杂交种",简称为"交杂四元种"。

1985 年春期饲养 4 个原种,制备原种、$F_1$ 与杂交原种,即浸供夏期饲养;夏期制备原种、杂交原种、$F_1$、$F_2$、交原四元种($C_1C_2 \times N_1N_2$)、交杂四元种($C_1N_1 \times C_2N_2$)共 32 个交配形式,行即浸后冷藏供中晚秋蚕期实施同期饲养比较。

### 1.2 饲育调查

每个型式稚蚕期混收 0.5 克蚁量,至四龄起蚕分设 2 区,每区点数 30 头,在同一环境下饲养,分别上蔟采茧。

### 1.3 产卵情况调查

夏期制造的蚕种因急需浸酸,且浸酸后蚕卵脱落程度不一,改为中晚秋饲养制种后调查,每个型式点数 10 蛾。

## 2 结果与分析

### 2.1 单项性状比较

饲育阶段各单项性状的实际成绩见表 1。将此按原种、杂交原种、$F_1$、交原四元种、交杂四元种、$F_2$ 归类平均,并以指数进行比较,其倾向与横山(1973)所汇总的 1970—1972 年三年日本全国共同试验综合报告的结果基本一致。以四个原种的平均值作为 MP,计算并比较杂交原种、$F_1$,及各种四元杂交种对原种的杂交优势率(V. R)的结果表明:在各项性状之间,杂交优势率的大小顺序为茧层量>全茧量>虫蛹率>结茧率>五龄经过>全龄经过,其中茧层率除杂交原种外,余者无杂交优势率;在各种杂交型式之间,杂交优势率的大小顺序为 $F_1 \approx$ 交原四元种>交杂四元种>$F_2$,$F_2$ 与杂交原种之间则互有上下(见表 2)。

**表 1　原种、杂交原种与各种杂交种的实际饲育成绩**

| 类型与交杂形式 | | 组合数 | 龄期经过 | | 生命力 | | | 茧质成绩 | | |
| --- | --- | --- | --- | --- | --- | --- | --- | --- | --- | --- |
| | | | 全龄<br>(h) | 五龄<br>(h) | 虫蛹率<br>(%) | 幼生率<br>(%) | 死笼率<br>(%) | 全茧量<br>(g) | 茧层量<br>(g) | 茧层率<br>(%) |
| 原种 | $C_1$ | 1 | 558 | 186 | 86.90 | 91.72 | 5.26 | 1.37 | 0.325 | 23.72 |
| | $N_1$ | 1 | 574 | 184 | 89.90 | 93.72 | 4.05 | 1.35 | 0.276 | 20.44 |
| | 平均 | | 566 | 185 | 88.47 | 92.72 | 4.65 | 1.36 | 0.300 | 22.08 |
| | $C_2$ | 1 | 630 | 202 | 45.28 | 49.00 | 7.60 | 1.29 | 0.254 | 19.69 |
| | $N_2$ | 1 | 622 | 202 | 64.36 | 82.18 | 21.69 | 1.29 | 0.253 | 19.61 |
| | 平均 | | 626 | 202 | 54.82 | 65.59 | 14.64 | 1.29 | 0.254 | 19.65 |
| | 合计平均 | | 596 | 193 | 71.61 | 79.16 | 9.65 | 1.32 | 0.277 | 20.86 |

（续　表）

| 类型与交杂形式 | | 组合数 | 龄期经过 | | 生命力 | | | 茧质成绩 | | |
|---|---|---|---|---|---|---|---|---|---|---|
| | | | 全龄(h) | 五龄(h) | 虫蛹率(%) | 幼生率(%) | 死笼率(%) | 全茧量(g) | 茧层量(g) | 茧层率(%) |
| 杂交原种 | $C_1 \times C_2$ | 2 | 558 | 186 | 87.70 | 91.34 | 3.99 | 1.68 | 0.400 | 23.71 |
| | $N_1 \times N_2$ | 2 | 567 | 192 | 92.91 | 95.57 | 2.78 | 1.56 | 0.333 | 21.42 |
| | 平均 | | 562 | 189 | 90.30 | 93.45 | 3.38 | 1.62 | 0.366 | 22.58 |
| $F_1$ | $C_1 \times N_1$ | 2 | 532 | 170 | 94.80 | 96.10 | 1.34 | 1.90 | 0.414 | 21.86 |
| | $C_2 \times N_2$ | 2 | 566 | 176 | 90.95 | 93.29 | 2.62 | 2.01 | 0.410 | 20.46 |
| | 平均 | 4 | 549 | 173 | 92.87 | 94.74 | 1.98 | 1.95 | 0.412 | 21.16 |
| 交原四元种 | $C_1 C_2 \times N_1 N_2$ | 4 | 549 | 172 | 92.58 | 94.72 | 2.29 | 1.95 | 0.410 | 20.93 |
| | $N_1 N_2 \times C_1 C_2$ | 4 | 557 | 175 | 94.47 | 96.22 | 1.80 | 1.92 | 0.406 | 21.27 |
| | 平均 | | 553 | 173 | 93.53 | 95.47 | 2.04 | 1.93 | 0.408 | 21.10 |
| 交杂四元种 | $C_1 N_1 \times C_2 N_2$ | 4 | 554 | 172 | 87.94 | 91.78 | 4.19 | 1.86 | 0.383 | 20.93 |
| | $C_2 N_2 \times C_1 N_1$ | 4 | 557 | 175 | 91.04 | 93.92 | 2.79 | 1.90 | 0.401 | 21.03 |
| | 平均 | | 555 | 173 | 89.49 | 92.85 | 3.49 | 1.88 | 0.394 | 20.98 |
| $F_2$ | $(C_1 \times N_1)F_2$ | 2 | 534 | 168 | 87.02 | 91.10 | 4.50 | 1.70 | 0.359 | 21.13 |
| | $(C_2 \times N_2)F_2$ | 2 | 570 | 182 | 84.64 | 87.71 | 3.57 | 1.84 | 0.369 | 20.04 |
| | 平均 | | 552 | 175 | 85.83 | 89.40 | 4.03 | 1.77 | 0.364 | 20.58 |

**表 2　各种杂交形式对原种的杂交优势率(%)**

| 杂交形式 | 龄期经过 | | 生命力 | | 茧质成绩 | | |
|---|---|---|---|---|---|---|---|
| | 全龄 | 五龄 | 虫蛹率 | 结茧率 | 全茧量 | 茧层量 | 茧层率 |
| $F_1$ | −8 | −10 | 30 | 20 | 48 | 49 | 1 |
| 交原四元种 | −7 | −10 | 31 | 21 | 46 | 47 | 1 |
| 交杂四元种 | −7 | −10 | 25 | 17 | 42 | 42 | 1 |
| $F_2$ | −7 | −9 | 20 | 13 | 34 | 31 | −1 |
| 杂交原种 | −6 | −2 | 26 | 18 | 23 | 32 | 8 |

## 2.2　综合经济性状的比较

蚕品种鉴定中通常以万头产茧量，万头茧层量作为综合经济性状来加以评价。经单向分组资料（每组样本容量不等）的方差分析表明，表 3 所列的 $F_1$、交原四元种、交杂四元种及 $F_2$ 的万头产茧量平均数之间的变异极显著地大于类型内即样本内随机误差的变异（见表 4）。再以 Duncan 氏新复极差测验法进行 4 个平均数的差异显著性测定，其结果是：$F_1$ 与交原四元种之间差异不显著，而这二者与交杂四元种、$F_2$ 之间均有显著差异（见表 5）。

**表 3　$F_1$、交原四元种、交杂四元种、$F_2$ 的万头产茧量**

| 类型 | | $n_i$ | 万头产茧量($T_{ij}$) | | | | | | | | $T_i$ | $y_i$ |
|---|---|---|---|---|---|---|---|---|---|---|---|---|
| | $F_1$ | 4 | 18.22 | 19.48 | 18.33 | 18.58 | | | | | 75.01 | 18.75 |
| | 交原四元种 | 8 | 17.98 | 19.52 | 19.48 | 17.72 | 18.46 | 18.54 | 18.51 | 18.58 | 148.79 | 18.60 |
| | 交杂四元种 | 8 | 17.24 | 18.06 | 17.45 | 16.42 | 17.88 | 16.86 | 17.85 | 18.28 | 140.04 | 17.50 |
| | $F_2$ | 4 | 15.79 | 15.73 | 14.48 | 16.85 | | | | | 62.85 | 15.71 |
| | 总和 | 24 | | | | | | | | | 426.69 | |
| 参考 | 原种 | 4 | 12.14 | 12.19 | 6.22 | 10.40 | | | | | | 10.24 |
| | 杂交原种 | 4 | 15.11 | 15.83 | 13.91 | 15.82 | | | | | | 15.17 |

表4　表3资料的方差分析

| 变异来源 | df | SS | MS | F | F0.01 |
|---|---|---|---|---|---|
| 杂交类型间 | 3 | 26.86 | 8.95 | 19.25** | 4.94 |
| 误差 | 20 | 9.30 | 0.465 | | |
| 总变异 | 23 | 36.16 | | | |

表5　不同杂交类型万头产茧量的差异显著性测验

| 杂交类型 | 平均万头产茧量(kg) | 差异显著性 | |
|---|---|---|---|
| | | 5% | 1% |
| $F_1$ | 18.75 | a | A |
| 交原四元种 | 18.60 | a | AB |
| 交杂四元种 | 17.50 | b | B |
| $F_2$ | 15.71 | c | C |

对万头茧层量也作了方差分析与 SSR 测验。$F_1$、交原四元种、交杂四元种、$F_2$ 的平均万头茧层量分别为 3.968、3.924、3.674、3.239 kg,因其差异显著性与万头产茧量完全一致,故略去数据表格。

### 2.3　全茧量的整齐度比较

调查测试了 6 个杂交组合雌雄各 100 粒蚕茧的全茧量,其变异系数见表6。全茧量整齐度的总倾向是 $F_1$>交原四元种>交杂四元种>$F_2$。各龄眠起整齐度,除 $C_2N_2$ 即华合×东肥的 $F_2$ 欠齐外,余各杂交形式间无明显差异,故未作专门调查。

表6　各杂交形式之间全茧最大平均值、极差、标准差与变异系数

| 杂交形式 | ♂ | | | | ♀ | | | |
|---|---|---|---|---|---|---|---|---|
| | X | R | S | CV | X | R | S | CV |
| $N_1×C_1$ | 1.65 | 0.50 | 0.10 | 6.06 | 2.02 | 0.47 | 0.09 | 4.46 |
| $N_2×C_2$ | 1.70 | 0.78 | 0.13 | 7.65 | 2.24 | 0.85 | 0.17 | 7.59 |
| $N_2N_1×C_2C_1$ | 1.63 | 0.74 | 0.15 | 9.20 | 2.17 | 0.80 | 0.17 | 7.83 |
| $N_2C_2×C_1N_1$ | 1.67 | 0.88 | 0.16 | 9.58 | 2.12 | 1.15 | 0.21 | 9.91 |
| $(N_1×C_1)F_2$ | 1.47 | 0.80 | 0.13 | 8.84 | 1.83 | 0.85 | 0.18 | 9.84 |
| $(N_2×C_2)F_2$ | 1.59 | 0.77 | 0.16 | 10.06 | 2.01 | 1.05 | 0.21 | 10.45 |

### 2.4　产卵性能的比较

从表7所列的蛾产卵数来看,杂交原种约比原种多产 120 粒,即产卵能力提高了 25%。如果把通过交原虫蛹率的提高指数也考虑在内,克蚁制种量大约可以提高 57%,足见利用杂交原种对提高原种秋

表7　以原种、交原种、杂交种为母体的产卵数比较

| 母体 | 类别 | 交配形式 | 组合数 | 蛾产卵数(粒) | | | 指数(%) | | |
|---|---|---|---|---|---|---|---|---|---|
| | | | | 不受精卵 | 正常卵 | 总卵数 | 平均 | 对原种 | 对杂交原种 |
| 原种 | 自交 | $C_1×C_1$ | 1 | 37 | 454 | 491 | 464 | 100 | |
| | | $N_1×N_1$ | 1 | 82 | 408 | 490 | | | |
| | | $C_2×C_2$ | 1 | 6 | 403 | 409 | | | |
| | | $N_2×N_2$ | 1 | 11 | 446 | 457 | | | |
| | 互交 | $C_1×C_2$ | 2 | 24 | 451 | 476 | | | |
| | | $N_1×N_2$ | 2 | 12 | 451 | 463 | | | |
| | 杂交 | $C_1×N_1$ | 2 | 53 | 437 | 495 | | | |
| | | $C_2×N_2$ | 2 | 15 | 420 | 435 | | | |

（续　表）

| 母体 | 类别 | 交配形式 | 组合数 | 蛾产卵数（粒） | | | 指数（%） | | |
|------|------|----------|--------|--------------|--------|--------|----------|----------|----------|
| | | | | 不受精卵 | 正常卵 | 总卵数 | 平均 | 对原种 | 对杂交原种 |
| 杂交原种 | 交原四元种 | $C_1C_2 \times N_1N_2$ | 4 | 22 | 571 | 593 | 582 | 125 | 100 |
| | | $N_1N_2 \times C_1C_2$ | 4 | 21 | 550 | 571 | | | |
| 杂交种 | 交杂四元种 | $C_1N_1 \times C_2N_2$ | 4 | 51 | 655 | 706 | 627 | 135 | 108 |
| | | $C_2N_2 \times C_1N_1$ | 4 | 23 | 565 | 588 | | | |
| | $F_2$ | $(C_1 \times N_1)F_2$ | 2 | 45 | 610 | 655 | | | |
| | | $(C_2 \times N_2)F_2$ | 2 | 21 | 538 | 559 | | | |

养秋繁克蚁制种量的巨大潜力。这与已有的实践结果是相当一致的。据江苏省 1971—1980 年统计，秋繁浜汗×华九的克蚁制种量为 15.72 张，苏 16×苏 17 为 8.60 张；通过交原秋养秋繁四元杂种新汗×新九，克蚁制种量达到 19.72 张，比前二者的平均数提高了 62%。

### 2.5　丝质成绩的比较

调查测试了 $F_1$、交原四元种、交杂四元种、$F_2$ 的茧丝长、解舒率、解舒丝长和净度等丝质成绩。数据表明：茧丝长、解舒率及解舒丝长的成绩，依 $F_1$＞交原四元种＞交杂四元种＞$F_2$ 的顺序递减；净度一项，四者之间无明显倾向（表 8）。

表 8　$F_1$、$F_2$ 与交原、交杂四元种丝质成绩的比较

| 类型与交杂形式 | | 茧丝长（m） | | 解舒率（%） | | 解舒丝长（m） | | 净度（分） | |
|---------------|---|-----------|------|------------|------|-------------|------|----------|------|
| | | 实数 | 指数 | 实数 | 指数 | 实数 | 指数 | 实数 | 指数 |
| $F_1$ | $C_1 \times C_1$ | 1168 | | 87.01 | | 1017 | | 96.67 | |
| | $C_2 \times N_2$ | 1157 | | 80.87 | | 947 | | 93.33 | |
| | 平均 | 1162 | 100 | 83.94 | 100 | 982 | 100 | 95.00 | 100 |
| 交原四元种 | $C_1C_2 \times N_1N_2$ | 1083 | | 75.96 | | 823 | | 96.67 | |
| | $N_1N_2 \times C_1C_2$ | 1150 | | 80.89 | | 930 | | 96.25 | |
| | 平均 | 1117 | 96 | 78.33 | 93 | 877 | 89 | 96.46 | 102 |
| 交杂四元种 | $C_1N_1 \times C_2N_2$ | 1075 | | 78.78 | | 851 | | 94.58 | |
| | $C_2N_2 \times C_1N_1$ | 1073 | | 74.54 | | 796 | | 93.96 | |
| | 平均 | 1074 | 92 | 76.66 | 91 | 824 | 84 | 94.27 | 99 |
| $F_2$ | $(C_1 \times N_1)F_2$ | 1098 | | 71.73 | | 789 | | 94.58 | |
| | $(C_2 \times N_2)F_2$ | 854 | | 68.28 | | 584 | | 95.42 | |
| | 平均 | 976 | 84 | 70.00 | 83 | 686 | 70 | 95.00 | 100 |

### 2.6　交原四元种杂交优势率的分级表现

交原四元种杂交优势率的分级表现，经分析可作如下表达：交原四元种对原种的杂交优势率等于杂交原种对原种和四元对杂交原种的杂交优势率的某种乘积。可具体表述为交原四元种对原种的杂交优势率等于杂交原种对原种的指数（即杂种优势指数，$V.I = F_1/MP \times 100$，以下为简化起见，均用"指数"二字表示）与交原四元种对杂交原种指数的乘积除以 100 后再减去 100（见表 9）。通常选配交原四元种，需要通过大量的测交比较，才能确定适当的品种，并依据 4 个单交种成绩的平均数来预测四元种的产茧量。本次试验由于侧重于原种、杂交原种、$F_1$、$F_2$ 与交原四元种，交杂四元种的同期饲养比较，所以仅根据春用、早秋用两对二元杂交种的表现及其原种间的血缘关系分析，选用了华合、东肥与芙蓉、湘晖两对现行品种的 4 个原种进行组配。从交原四元种与 $F_1$ 各项性状的比较来看，前者的全茧量比早秋用的品种 $F_1$

略大,茧层率比春用品种的 $F_1$ 略高,其他如虫蛹率与龄期经过也均介于两者之间,万头产茧量、万头茧层量则与 $F_1$ 平均数非常接近,大体上达到了原定的"取长补短"的设计要求。这一结果说明,根据二元杂交种的表现以及血缘关系分析,或许能有助于四元杂交种的选配,即可在某种程度上减少盲目性与工作量。同时还说明,利用春用品种与夏秋用品种来选配适合中晚秋蚕期用的四元杂交种,有其一定的可行性。但本次试验所选配的组合能否作为实用品种,则另当别论。

**表 9　交原四元种杂交优势率的分级表现**

| 项目 | 比较对象 | 龄期经过 | | 生命力 | | 茧质成绩 | | |
|---|---|---|---|---|---|---|---|---|
| | | 全龄 | 五龄 | 虫蛹率 | 结茧率 | 全茧量 | 茧层量 | 茧层率 |
| 杂交优势率 | 杂交原种对原种 | −5.7 | −2.1 | 26.1 | 18.1 | 22.7 | 32.1 | 8.2 |
| | 交原四元种对杂交原种 | −1.6 | −8.5 | 3.6 | 2.2 | 19.1 | 11.5 | −6.6 |
| | 交原四元种对原种 | −7.2 | −10.4 | 30.6 | 20.0 | 46.2 | 47.3 | 1.1 |
| 指数 | 杂交原种对原种 | 94.3 | 97.9 | 126.1 | 118.1 | 122.7 | 132.1 | 108.2 |
| | 交原四元种对杂交原种 | 98.2 | 91.5 | 103.6 | 102.2 | 119.1 | 111.5 | 93.4 |
| | 交原四元种对原种 | 92.8 | 89.6 | 130.6 | 120.6 | 146.2 | 147.3 | 101.1 |

还有一点值得论及,交杂四元种的饲养成绩虽然不及 $F_1$ 与交原四元种,但是比起 $F_2$ 却要高得多。同时就万头产茧量以及万头茧层量二个综合经济指标来看,它与交原四元种之间存在显著差异,但尚未达到极显著差异。总的趋向,与川烟等(1981)、内田等(1982)所报告的结果类似,茧质成绩特别是收茧量指数比前两者的试验成绩还要高些。本期试验,交杂四元种 8 个组合平均万头产茧量相当于 $F_1$ 4 个组合平均数的 93%,而且其中还有 4 个组合的成绩接近或超过了交原四元种及 $F_1$ 中成绩较低的组合区。交杂四元种的各项成绩优优于 $F_2$ 则体现了杂交优势的前提在于双亲间存在着遗传结构上的差异。能否利用这种差异和某些特殊配合力来选配,选育出中$_1$·日$_1$×中$_2$·日$_2$式的可供实用的交杂四元组合,无论在理论上还是在实践上,都是一个值得继续探索的课题。至于交杂四元种在蚕种制造上的有利性,则是毋庸置疑的。因为在通常情况下,以杂交种(中·日)为母体的蛾产卵数,比以杂交原种(中·中或日·日)为母体的还要高出 5%～10%(本试验为 8%),加上生命力提高的因素在内,单位制种量可增加二成左右。

# 蚕种安全检查孵化试验初报[①]

赵巧玲　沈兴家

(中国农业科学院蚕业研究所　江苏镇江　212018)

在市场经济发展的大潮中,蚕种生产经营正在逐步走出计划经济的框框,优质名牌蚕种愈来愈受用户的欢迎,许多用户舍近求远购买优质蚕种。因此,蚕种流通日益频繁,这就必然要面临蚕种运输问题。对较短距离或较大数量的运输,专用空调汽车是最理想的设备;然而,对于远距离或较少数量蚕种的运输,经营者必然要考虑如何在保证蚕种安全的前提下降低运输成本。当前,铁路列车和汽车客运部门纷纷推出豪华空调无烟车(厢),无疑为蚕种运输带来极大的方便,但是人们仍然担心机场和车站的安检机是否会给蚕卵生理带来不良影响,而对这方面的研究尚未见报道。为此,笔者在预备试验的基础上,于

① 原载《中国蚕业》2002,23(4):22—23

2002 年对部分现行蚕品种的原种及杂交种进行了安检孵化试验。

## 1 供试蚕品种

试验所用蚕品种包括苏·镇、春·光、苏 5、苏 6、781、782·734、夏芳、秋白、丰一、54 A、秋丰和白玉 10 个品种的原种,春·蕾×镇·珠、镇×珠×春·蕾、菁松×皓月、皓月×菁松、夏芳×秋白和秋白×夏芳 6 个组合的杂交种,蚕种为 2001 年春或秋制越年种。

## 2 试验方法

### 2.1 试验设计

设置安检 2 次、安检 4 和不安检(对照)3 种处理。杂交种每个组合在同一张蚕种中取样,每种处理 100 粒良卵,分别装入小纸袋;原种采用蛾区半分法,每个品种剪取 8 个卵圈,其中 4 个半分后作为安检 2 次和对照 1,另外 4 个卵圈半分后作为安检 4 次和对照 2,分别粘贴在白纸上。

### 2.2 处理时期和方法

在复式冷藏越年种胚胎发育至丙$_1$~丙$_2$时,在火车站安检机上连续进行"安检"处理,用简化催青温度催青至孵化,调查实用孵化率。

## 3 结果与讨论

### 3.1 结果分析

处理区和对照区的蚕种在培养箱中同时催青,第 1~4 d 以 24 ℃、RH70％~75％保护,第 5~11 d 以 25.5 ℃、RH 75％~80％保护,杂交种连续调查 3 d,取最多 2 d 孵化蚕卵数计算孵化率;原种取盛孵化日及其前孵化的蚕卵数计算孵化率,结果如表 1、表 2 所示。从表 1 和表 2 可以初步看出,处理间孵化率互有高低,差异不明显,而品种和杂交组合间差异较大。分将表内百分数反正弦转换后,进行方差分析,结果见表 3 和表 4。方差分析结果显示,无论是杂交种还是原种,各处理间孵化率差异不显著,但品种或杂交组合间差异达极显著水平。表明在其他条件正常情况下,车站安检对蚕种的孵化率没有显著的影响。

**表 1　杂交种安检后孵化率调查成绩(％)**

| 处理 | 春·蕾×镇·珠 | 镇·珠×春·蕾 | 菁松×皓月 | 皓月×菁松 | 夏芳×秋白 | 秋白×夏芳 |
|---|---|---|---|---|---|---|
| 检 2 次 | 97.80 | 98.40 | 98.00 | 92.60 | 99.40 | 93.80 |
| 检 4 次 | 97.60 | 97.20 | 98.20 | 95.40 | 99.00 | 96.00 |
| 对照 | 98.00 | 97.60 | 99.20 | 95.80 | 99.20 | 94.60 |

**表 2　原种安检后孵化率调查成绩(％)**

| 处理 | 苏·镇 | 春·光 | 苏 5 | 苏 6 | 781 | 782·734 | 夏芳 | 秋白 | 丰一 | 54A | 秋丰 | 白玉 |
|---|---|---|---|---|---|---|---|---|---|---|---|---|
| 检 2 次 | 98.10 | 96.11 | 94.34 | 97.04 | 96.89 | 97.50 | 94.36 | 94.09 | 98.62 | 98.74 | 98.30 | 93.27 |
| 对照 | 98.19 | 95.19 | 92.42 | 96.34 | 95.28 | 95.88 | 93.74 | 94.36 | 98.55 | 98.42 | 98.79 | 94.14 |
| 检 4 次 | 97.47 | 92.72 | 95.03 | 95.80 | 96.94 | 97.75 | 94.41 | 94.53 | 98.09 | 98.44 | 96.23 | 97.40 |
| 对照 | 98.68 | 94.13 | 94.97 | 95.18 | 97.11 | 97.80 | 93.84 | 95.35 | 98.62 | 98.18 | 98.29 | 97.69 |

### 3.2 讨论

蚕种作为一种鲜活种子,其运输条件要求严,运输过程处理不当将导致蚕种孵化不齐,孵化率降低,甚至死亡,因此蚕种运输历来受到重视。在无空调车的年代,要求在夜间和清晨运输,以避开日间高温,运输过程中既要保持空气新鲜又要防止雨淋、日晒,严禁接触有毒物质。20世纪80年代开始,蚕种运输有了专用空调车,解决了运输中的温度条件。但是用专车长距离运输势必加大蚕种的成本,因此利用空调客车、列车托运或携带不失为一种降低成本的可行办法,特别是在客运部门实施无烟车(厢)后,蚕种的运输条件更有了保障。

本试验结果表明,在车站安检机的照射强度下,即使连续照射4次,也不会对蚕卵孵化率产生明显的不良影响。虽然未进行饲养试验,但笔者等从1998—2000年多次携带少量杂交种在火车站、机场等接受至少3次"安检"后,孵化率仍然高达98%以上,饲养中也未发现畸形蚕,张种产茧量达46 kg。因此,我们认为机场、车站和海关等的安检对蚕卵无明显不良影响。

# 蚕品种耐氟性能试验[①]

唐顺明　沈兴家　李奕仁

(中国农科院蚕业研究所　镇江　212018)

近年来,随着乡镇工业的发展,养蚕区受氟化物污染日益加剧,严重影响了蚕业正常生产。针对这一现状,选育耐氟性能较强的蚕品种,使之能在氟化物污染区正常饲育,显得十分迫切。为此,我组选配了4对耐氟品种,在1995、1996年中秋蚕期作了耐氟性能试验。

## 1 材料与方法

1.1 　蚕品种:选配的4对蚕品种及对照品种华峰×雪松,代号分别为1、2、3、4及5。

1.2 　试验及设置:每一处理每对品种正反交各设2区;每区30头蚕,限性品种雌雄各半。

1.3 　添食浓度:试验区用180 ppm NaF溶液浸渍桑叶,晾干后给桑;对照区用蒸馏水浸渍桑叶,晾干后给桑。

1.4 　添食时间:4龄起蚕至4龄止桑;一日三回育。

1.5 　调查就眠率、小时体重增长倍数、眠起率、平均食桑时数4项。通过加权平均得氟敏指数,作为衡量耐氟性能的指标。

$$就眠率 = (4龄眠蚕数/4龄起蚕供试蚕数) \times 100\%$$

$$小时体重增长倍数 = (4龄眠蚕体重/4龄起蚕体重)/平均食桑时数$$

$$眠起率 = (5龄起蚕数/4龄眠蚕数) \times 100\%$$

平均食桑时数 $= \sum fx/n$ 　式中 x 为响食至该就眠时间段中心时间的食桑时数;f 为该时间段的就眠蚕数;n 为小区的眠蚕总数。

1.6 　氟敏指数的计算:试验区的4项成绩分别与相对应的对照4项成绩相除得各自的指数。因氟化物影响,就眠率(x),小时体重增长倍数(y),眠起率(z)的指数低于100,而平均食桑时数(a)的指数高于100;与100差值,乘以相对应的权重(就眠率为0.15,小时体重增长倍数为0.20,眠起率为0.05,平均食

――――――――――

① 原载《江苏蚕业》1998(1):62—63

桑时数为 0.60），相加得该品种的氟敏指数（F）即：$F = 0.15 \times \Delta x + 0.20 \times \Delta y + 0.05 \times \Delta z + 0.60 \times \Delta a$

## 2 结果与讨论

2.1　180 mg/kg 试验区 36 小时后，蚕体明显比对照区小，群体内大小不齐，开差较大，蚕儿食欲减弱，有踏叶现象，行动较为呆滞。

2.2　添食 60 小时后 1、3 两品种出现死蚕，为典型的氟化物中毒症状：体表脆易破，头突出，胸部及尾部的环节上有黑褐色斑点。限性品种死亡蚕中，有 90% 是花蚕即雌蚕，说明雄蚕的耐氟性能比雌蚕强的趋势，有待进一步试验证实。

2.3　1、2、3、4 号品种出现不眠蚕，其特征为：体躯细小，结实发硬，轻捏无弹性之感，呈明显的竹节状，其中 6~7、7~8 环节的节间膜呈黑色，第一对腹足和尾足的底部呈黑色；皮脆，易破裂，体表呈锈色斑状；爬动时左右摆动不平衡。

2.4　就眠率、小时体重增长倍数、眠起 5 对品种处理区比对照区低；平均食桑时数 5 对品种处理区比对照区高。这说明 180 mg/kg 处理对 5 对品种具不同程度上毒害作用（见表 1）。

2.5　单以体重增长倍数来衡量蚕儿在 4 龄期的发育状况往往会出现处理区比对照区高的现象（参考文献 1），不能正确反映氟化物对蚕儿体重增长的影响。本文以小时体重增长倍数来衡量，避免这种情况，较为正确地反映氟化物对蚕儿体重增长的副作用。

表 1　试验成绩表（两期平均）

| 品种编号 | 杂交形式 | 处理 | 就眠率(%)(指数) | 小时体重增长倍数(指数) | 眠起率(%)(指数) | 平均食桑时数(h)(指数) |
|---|---|---|---|---|---|---|
| 1 | 正交 | 180 mg/kg | 89.08(89.08) | 0.049 7(74.18) | 91.66(96.28) | 95.4(122.94) |
| | | 对照 | 100(100) | 0.067 0(100) | 95.20(100) | 77.6(100) |
| | 反交 | 180 mg/kg | 90.00(90.00) | 0.048 8(73.38) | 98.28(98.28) | 95.9(128.38) |
| | | 对照 | 100(100) | 0.066 5(100) | 100(100) | 74.7(100) |
| 2 | 正交 | 180 mg/kg | 100(100) | 0.056 8(84.02) | 100(100) | 87.4(117.16) |
| | | 对照 | 100(100) | 0.067 6(100) | 100(100) | 74.6(100) |
| | 反交 | 180 mg/kg | 98.34(98.34) | 0.051 0(77.76) | 100(100) | 92.6(127.12) |
| | | 对照 | 100(100) | 0.066 5(100) | 100(100) | 72.5(100) |
| 3 | 正交 | 180 mg/kg | 91.67(93.27) | 0.055 0(78.46) | 100(100) | 93.1(126.15) |
| | | 对照 | 98.28(100) | 0.070 1(100) | 100(100) | 73.8(100) |
| | 反交 | 180 mg/kg | 83.33(83.33) | 0.051 7(79.29) | 100(100) | 100.0(124.38) |
| | | 对照 | 100(100) | 0.065 2(100) | 100(100) | 80.1(100) |
| 4 | 正交 | 180 mg/kg | 98.34(98.34) | 0.054 1(80.51) | 100(100) | 79.5(115.22) |
| | | 对照 | 100(100) | 0.067 2(100) | 100(100) | 69.0(100) |
| | 反交 | 180 mg/kg | 98.34(98.34) | 0.057 9(76.79) | 100(100) | 80.8(117.10) |
| | | 对照 | 100(100) | 0.075 4(100) | 100(100) | 69.0(100) |
| 5 | 正交 | 180 mg/kg | 100(100) | 0.062 1(83.24) | 100(100) | 89.6(123.08) |
| | | 对照 | 100(100) | 0.074 6(100) | 100(100) | 72.8(100) |
| | 反交 | 180 mg/kg | 100(100) | 0.062 7(81.85) | 100(101.69) | 89.6(123.25) |
| | | 对照 | 100(100) | 0.076 6(100) | 98.34(100) | 72.7(100) |

注：干物氟化物实测值（0.1 N 高氯酸浸提氟离子选择电极标准测定）：180 mg/kg 的实测值 163.7 mg/kg；对照为 43.33 mg/kg。

2.6　5 对品种的氟敏指数大小依次为：1＞3＞5、2＞4；4 号品种耐氟性能最强，2 号与对照品种华峰×雪松的耐氟性能相当，而 1、3 号耐氟性能弱于对照品种（见表 2）。

表2　5对品种氟敏指数

| 品种编号 | | 就眠率<br>（Δx） | 小时体重增长倍数<br>（Δy） | 眠起率<br>（Δz） | 平均食桑时数<br>（ΔA） | 氟敏指数<br>（F） |
|---|---|---|---|---|---|---|
| 1 | （正） | 10.92 | 25.82 | 3.72 | 22.94 | 20.74 |
| | （反） | 10.00 | 26.62 | 1.72 | 28.38 | 23.94 |
| 2 | （正） | 0 | 15.98 | 0 | 17.16 | 13.49 |
| | （反） | 1.66 | 22.14 | 0 | 27.72 | 21.31 |
| 3 | （正） | 6.73 | 21.54 | 0 | 26.15 | 21.01 |
| | （反） | 16.67 | 20.71 | 0 | 24.38 | 21.27 |
| 4 | （正） | 1.66 | 19.49 | 0 | 15.22 | 13.28 |
| | （反） | 1.66 | 23.21 | 0 | 17.10 | 15.15 |
| 5 | （正） | 0 | 16.76 | 0 | 23.08 | 17.19 |
| | （反） | 0 | 18.15 | 0 | 23.25 | 17.58 |

2.7　以中系作用母本的蚕品种氟敏指数平均为17.14,而以日系作母本的为19.85。在同一杂交组合中,耐氟性能以中系作母本的杂交种较以日系作母本杂交种强的趋势。

# 夏秋蚕品种抗高温鉴定的时期与效果[①]

李奕仁　缪梅如　程荷棣

（中国农业科学院蚕业研究所）

**摘要**·夏秋蚕品种大眠至终熟期间高温31℃（88℉左右）饲育（鉴定）效果,一般长期接触高温对蚕的虫质与茧质的影响是劣性的,接触时间越长,影响也越大;抗高温性能确实是品种的固有性状;大眠至终熟期短期接触高温,对蚕的体质与茧质具有不同程度的良性作用,其中尤以五龄第1、2日高温处理区最为明显。与常温区相比,五龄经过略有缩短、结茧率、虫蛹率稍有提高,全茧量、茧层量有所增加。综合长短期五种高温饲育处理的表现,抗高温鉴定的效果,似以五龄全龄高温饲育为好,能较客观地反映出品种固有的抗高温性能。

我国主要蚕区夏秋蚕期的气温较高,依据年份、月旬及地区的不同,或高温干燥,或高温多湿,夏、秋季低温的年份并不多见,故作为夏秋用蚕品种必须具备抗高温性能。育种者往往根据育种目标、自己的经验及设备条件,采用高温驯化、冲击、选拔、鉴定等高温饲育的办法,来加强或鉴定所育品种的抗高温性能。高温饲育的实施时期及中心温度,则因人因地因时而异。日本的蚕品种指定制度中《关于蚕品种抵抗力调查》的条文规定,鉴定的温湿度条件为:饲育温湿度1～5龄30℃（86℉）、85%,自上蔟起三足日内28℃（82℉）、85%为中心。而育种者为了加快育种进度,往往在三四年时间内的不同蚕期中,既利用夏、秋季的自然高温,也设法在春、晚秋期创造人为的高温条件,进行高温选拔、鉴定。一般多以整个五龄期放在29℃（85℉）以上的温度中饲养。有的育种者,偶尔也采用大眠期或五龄初期进行高温冲击,借以鉴定品种的抗高温性能或加强选拔效果。理由据传是根据家蚕病理学的研究,这一段时期内蚕的抗病力较盛食期为低。

本试验就是为了验证上述最后一种做法的正确性,如果确实如此,抗高温鉴定就可简化。试验结果表明,在大眠至终熟这段时期内,长期接触高温对蚕的虫质与茧质都有不良影响,接触时间越长,影响也越大,而短期接触的影响性质及其大小,则因接触时期而异。其中有的处理区,如五龄第1、2日高温处

---

① 原载《蚕业科学》1983,9(1):23—28

理,还具有提高结茧率,增加全茧量与茧层量的正作用。这一现象,笔者认为可供品种选育、蚕体生态生理及养蚕技术研究参考,特整理如下。

## 1 实验材料与方法

本试验在 1980 年中晚秋蚕期、1981 年中秋蚕期进行。1980 年中、晚秋期供试蚕品种,有五对杂交组合(分别编号为 1、2、3、4、5 号),正反交共十个杂交型式。

各品种均于 9 月 4 日收蚁,1～4 龄一日四回育,实际饲育温湿度为 26.26 ℃ (79.26 ℉)、79.26%,18 日 21 时四龄止桑后数蚕,设置:大眠至终熟高温区、大眠眠中高温区、五龄第 1、2 日高温区、五龄第 3、4 日高温区及五龄全龄高温区。每个型式 1 区,每区 100 头。接触高温期间以 30.6～32.2 ℃ (87～90 ℉)作为目的温度,其余期间放回常温中饲养。饲育方法均为一日 4 回育。各区实感温、湿度见右表。五龄期与蔟中随时记载病毙蚕头数,采茧后全部剖茧调查。1981 年中秋期的试验设区、方法等,与 1980 年中晚秋期同,但其中(1)供试蚕品种增加了 6、7、8 号,去掉了 2 号,共 7 对品种正反交 14 个杂交型式;(2)增设了大眠至终熟常温对照区;(3)每一型式 1 区的蚕头数为 300 头;(4)各处理区的实感温湿度见表 1。

**表 1    各处理区的实感温湿度**

| 高温接触时间 | 1980 年中秋期 | | | | 1981 年中秋期 | | | |
| --- | --- | --- | --- | --- | --- | --- | --- | --- |
| | 高温期间的实感温、湿度 | | 五龄其余时间的实感温、湿度 | | 高温期间的实感温、湿度 | | 五龄其余时间的实感温、湿度 | |
| | 温度(℉) | 相对湿度(%) | 温度(℉) | 相对湿度(%) | 温度(℉) | 相对湿度(%) | 温度(℉) | 相对湿度(%) |
| 大眠至终熟 | 87.47 | 73.72 | 76.00 | 84 | 88 | 77 | | |
| 大眠眠中 | 88.75 | 70.00 | 75.83 | 84 | 89 | 77 | | |
| 五龄 1～2 日 | 87.63 | 72.60 | 76.25 | 84 | 88 | 78 | 76 | 87 |
| 五龄 3～4 日 | 86.50 | 77.00 | | | 88 | 78 | | |
| 五龄全龄期 | 87.62 | 73.14 | | | 88 | 77 | | |
| 常温对照大眠至终熟 | 眠中 77 ℉、80%,蔟中 84.5 ℉、72.7% | | | | 眠中 76 ℉、87%,蔟中 75 ℉、84% | | | |

注:生产中常用华氏表示,可通过公式 ℉ = $\frac{9}{5}$ ℃ + 32 换算成摄氏度。下同。

## 2 实验结果

### 2.1 不同时期高温饲育对生命力的鉴定效果

1980、1981 年二期试验的生命力成绩的调查计算结果见表 2、表 3。

**表 2    高温饲育时期与虫蛹率成绩(1980 年中、晚秋期)**

| 品种编号 | 大眠至终熟 | 大眠 | 五龄第1～2 日 | 五龄第3～4 日 | 五龄全龄 | 5 种处理平均 | 标准差 | 变异系数(%) |
| --- | --- | --- | --- | --- | --- | --- | --- | --- |
| 1 | 93.10 | 97.50 | 97.98 | 97.00 | 97.73(85.70) | 96.06 | 1.85 | 1.93 |
| 2 | 43.50 | 90.50 | 92.93 | 79.98 | 80.11(85.84) | 77.40 | 17.75 | 22.94 |
| 3 | 94.96 | 96.50 | 98.49 | 97.45 | 94.04(96.84) | 96.29 | 1.62 | 1.64 |
| 4 | 96.00 | 97.98 | 99.50 | 95.95 | 95.84(93.30) | 97.05 | 1.46 | 1.50 |
| 5 | 91.38 | 98.85 | 98.97 | 98.98 | 93.32(99.15) | 96.23 | 3.23 | 3.35 |
| 5 品种平均 | 83.79 | 96.20 | 97.57 | 93.88 | 91.91(92.11) | | | |
| 标准差 | 20.21 | 2.92 | 2.38 | 7.02 | 5.81(5.67) | | | |
| 变异系数 | 26.96 | 3.04 | 2.43 | 7.47 | 6.34(6.15) | | | |

注:①表列各品种成绩为正反交平均数。②五龄全龄期高温区栏内的数据为大区(每区 50 头)调查数,(2)内数据为小区(即 10 头)调查数;计算同一品种五个时期的平均数及标准差、变异系数时,采用大区的数据。③因生命力为全样调查,表列标准差为群体标准差。

表3　高温饲育时期与生命力成绩(1981年中秋蚕期)

| 项目 | 品种编号 | 大眠至终熟 | 大眠 | 五龄第1~2日 | 五龄第3~4日 | 五龄全龄 | 大眠至终熟(常温) | 5种高温处理区 平均 | 5种高温处理区 标准差 | 5种高温处理区 变异系数 |
|---|---|---|---|---|---|---|---|---|---|---|
| 四龄起蚕结茧率(%) | 1 | 96.01 | 96.30 | 97.30 | 97.47 | 95.94 | 95.97 | | | |
| | 2 | 98.00 | 98.64 | 99.15 | 97.70 | 99.00 | 98.62 | | | |
| | 3 | 98.49 | 98.98 | 99.30 | 97.30 | 98.99 | 98.15 | | | |
| | 4 | 97.99 | 98.33 | 98.15 | 98.65 | 98.48 | 98.14 | | | |
| | 5 | 92.09 | 95.30 | 96.57 | 97.13 | 97.15 | 97.13 | | | |
| | 6 | 94.40 | 94.89 | 98.82 | 95.88 | 96.98 | 97.31 | | | |
| | 7 | 94.65 | 96.32 | 67.10 | 97.80 | 96.82 | 97.83 | | | |
| | 平均 | 95.95 | 96.96 | 98.05 | 97.42 | 97.62 | 97.59 | | | |
| 四龄起蚕虫蛹率(%) | 1 | 94.52 | 89.89 | 95.95 | 95.62 | 94.57 | 94.13 | 94.11 | 2.18 | 2.32 |
| | 2 | 97.18 | 97.62 | 96.63 | 97.02 | 97.50 | 97.25 | 97.19 | 0.35 | 0.36 |
| | 3 | 98.32 | 97.89 | 96.73 | 95.28 | 98.15 | 94.62 | 97.27 | 1.14 | 1.17 |
| | 4 | 97.16 | 95.66 | 96.64 | 97.64 | 96.80 | 95.78 | 96.78 | 0.66 | 0.68 |
| | 5 | 88.91 | 94.63 | 94.70 | 96.12 | 95.48 | 94.94 | 93.97 | 2.59 | 2.76 |
| | 6 | 92.54 | 92.85 | 97.61 | 94.05 | 96.12 | 95.14 | 94.64 | 1.96 | 2.07 |
| | 7 | 92.70 | 95.16 | 96.09 | 96.50 | 95.99 | 96.00 | 95.29 | 1.36 | 1.43 |
| | 平均 | 94.47 | 94.81 | 96.34 | 96.03 | 96.37 | 95.40 | 95.60 | 0.80 | 0.84 |
| | 标准差 | 3.10 | 2.57 | 0.84 | 1.10 | 1.12 | 0.96 | | | |
| | 变异系数 | 3.28 | 2.71 | 0.87 | 1.14 | 1.16 | 1.01 | | | |

## 2.2　不同时期高温饲育对茧质成绩的影响

1980、1981年二期试验的调查成绩见表4、表5。

表4　不同时期高温饲育的茧质成绩比较(1980年晚秋蚕期)

| 项目 | 品种编号 | 大眠至终熟 | 大眠 | 五龄第1~2日 | 五龄第3~4日 | 五龄全龄 |
|---|---|---|---|---|---|---|
| 全茧量(g) | 1 | 1.660 | 2.000 | 2.000 | 1.840 | 1.855(1.900) |
| | 2 | 1.650 | 2.010 | 2.105 | 1.935 | 1.805(1.890) |
| | 3 | 1.525 | 1.715 | 1.815 | 1.680 | 1.677(1.755) |
| | 4 | 1.625 | 1.735 | 1.800 | 1.735 | 1.670(1.765) |
| | 5 | 1.590 | 1.835 | 1.820 | 1.695 | 1.650(1.690) |
| | 平均 | 1.611 | 1.859 | 1.908 | 1.777 | 1.731(1.800) |
| | 标准差 | 0.056 | 0.141 | 0.137 | 0.108 | 0.092(0.091) |
| | 变异系数 | 3.48 | 7.58 | 7.18 | 6.08 | 5.31(5.05) |
| | 平均茧层率(%) | 20.98 | 21.68 | 21.38 | 21.44 | 21.89(21.16) |
| 茧层量(g) | 1 | 0.337 | 0.430 | 0.422 | 0.377 | 0.392(0.402) |
| | 2 | 0.360 | 0.457 | 0.477 | 0.437 | 0.416(0.422) |
| | 3 | 0.327 | 0.375 | 0.387 | 0.367 | 0.371(0.367) |
| | 4 | 0.370 | 0.395 | 0.405 | 0.397 | 0.387(0.400) |
| | 5 | 0.295 | 0.357 | 0.347 | 0.325 | 0.329(0.312) |
| | 平均 | 0.338 | 0.403 | 0.408 | 0.381 | 0.379(0.381) |
| | 标准差 | 0.029 | 0.041 | 0.048 | 0.041 | 0.032(0.043) |
| | 变异系数(%) | 8.72 | 10.08 | 11.71 | 10.77 | 8.51(11.32) |

注：①表列标准差为样本标准差;②同表2之注①、②。

表5 不同时期高温饲育的茧质成绩比较(1981 年中秋蚕期)

| 项目 | 品种编号 | 大眠至终熟 | 大眠 | 五龄第1~2日 | 五龄第3~4日 | 五龄全龄 | 常温对照区 |
|---|---|---|---|---|---|---|---|
| 全茧量(g) | 1 | 1.565 | 1.590 | 1.690 | 1.730 | 1.610 | 1.680 |
| | 3 | 1.500 | 1.530 | 1.570 | 1.565 | 1.515 | 1.525 |
| | 4 | 1.455 | 1.450 | 1.465 | 1.480 | 1.420 | 1.425 |
| | 6 | 1.485 | 1.510 | 1.550 | 1.525 | 1.505 | 1.505 |
| | 7 | 1.540 | 1.585 | 1.665 | 1.640 | 1.585 | 1.620 |
| | 8 | 1.480 | 1.595 | 1.575 | 1.615 | 1.485 | 1.565 |
| | 5 | 1.535 | 1.555 | 1.625 | 1.580 | 1.530 | 1.525 |
| | 平均 | 1.509 | 1.545 | 1.591 | 1.591 | 1.521 | 1.549 |
| | 标准差 | 0.039 1 | 0.052 7 | 0.076 0 | 0.081 4 | 0.063 1 | 0.082 6 |
| | 变异系数 | 2.59 | 3.41 | 4.77 | 5.12 | 4.15 | 5.33 |
| 7 个品种平均茧层率(%) | | 21.04 | 21.08 | 20.76 | 20.87 | 20.99 | 20.75 |
| 茧层量(g) | 1 | 0.333 0 | 0.334 5 | 0.356 5 | 0.369 5 | 0.339 5 | 0.342 5 |
| | 3 | 0.329 5 | 0.332 5 | 0.336 5 | 0.341 2 | 0.331 0 | 0.330 5 |
| | 4 | 0.322 0 | 0.322 5 | 0.314 0 | 0.319 0 | 0.312 5 | 0.308 5 |
| | 6 | 0.322 0 | 0.324 5 | 0.328 5 | 0.330 0 | 0.332 5 | 0.322 0 |
| | 7 | 0.321 5 | 0.333 5 | 0.344 0 | 0.340 0 | 0.328 0 | 0.334 0 |
| | 8 | 0.307 0 | 0.332 5 | 0.324 0 | 0.324 5 | 0.307 0 | 0.323 5 |
| | 5 | 0.287 0 | 0.300 0 | 0.309 0 | 0.300 0 | 0.285 5 | 0.289 0 |
| | 平均 | 0.317 4 | 0.325 7 | 0.330 3 | 0.332 0 | 0.319 4 | 0.321 4 |
| | 标准差 | 0.015 7 | 0.012 3 | 0.016 7 | 0.021 6 | 0.018 9 | 0.017 8 |
| | 变异系数 | 4.95 | 3.78 | 5.07 | 6.51 | 5.92 | 5.54 |

## 3 讨论分析

综合二年二期的试验结果,可以看出以下几个倾向。

(1)夏秋蚕品种大眠至终熟期间高温饲育也即高温鉴定的效果,依接触时期而异。一般长期接触高温对蚕的虫质与茧质的影响是劣性的,接触时间越长,影响也越大。而短期接触的影响性质及其大小则依接触时期而不同。从茧质成绩来看,五龄第1、2日高温区及五龄第3、4日高温区基本上是良性的,表现为全茧量和茧层量均有所提高,而且在茧质成绩方面的品种间开差也变大了;从生命力来看,1980 年中晚秋期表现为各品种的虫蛹率比全龄接触高温区提高,品种间的开差总的说来也比全龄高温区为小;倾向不一致的是大眠眠中高温区,这种现象有可能是因为供试品种不一、大眠眠中在常温中饲育的处理区眠中的饲育湿度1981 年比1980 年为高、桑叶质量1981 年比1980 年差等因素综合作用引起的。据此,笔者认为夏秋用蚕品种的抗高温鉴定的实施时期,就本次试验设区及各区实感温湿度来说,大眠至终熟高温处理似乎过于严酷,以致虫蛹率显著降低,且品种间的开差显著大;全茧与茧层的绝对量减轻,且品种间的开差缩小,另外三种短期高温饲育处理区,虽然虫蛹率方面倾向不一,但茧质成绩程度不同地有所提高,品种间的开差也有所加大,这些表现均不符合抗高温鉴定的要求。相比之下,仍以五龄全龄高温饲育的鉴定效果为好。

(2)抗高温性能确实是品种的固有性状,3、4、6 号等品种表现为:五种时期高温饲育的平均虫蛹率高且变动幅度小,抗高温性能既高又稳,而2、7 号等品种则表现为平均虫蛹率低且五种时期之间虫蛹率高低的变动幅度大,1、8、5 号等则介于两者之间。同一品种五种时期高温饲育的茧质成绩的开差变动,也存在类似现象。总的印象是,多化血统所占比例较大且又是在广东、广西等高温多湿地区选育的品种,抗高温性能较高、较稳。

（3）大眠至终熟期短期接触高温对蚕的体质与茧质具有不同程度的良性作用，其中尤以五龄第 1、2 日高温处理区最为明显。其表现为五龄经过略有缩短、结茧率虫蛹率稍有提高、全茧量与茧层量增大，综合成绩不仅超过其他高温处理区，而且也优于常温对照区。为了突出说明这个问题，特从众多数字中抽出供试品种平均数另列一表加以比较（见表 6）。1980 年中晚秋期的试验，原是为探索简化高温鉴定而设计的，故未设置大眠至终熟常温对照区，故将同年早秋期常温（天然温度）鉴定成绩作为常温对照区进行比较，为便于看出实际效果，加列同期五龄全龄高温区的成绩。

表 6　五龄第 1～2 日高温接触与全龄常温饲育的成绩比较

| 年别 | 试验处理 | 结茧率（%） | 虫蛹率（%） | 全茧量（g） | 茧层量（g） | 五龄经过（日∶时） |
|---|---|---|---|---|---|---|
| 1980 | 早秋期常温鉴定 B | | 97.90 | 1.778 | 0.391 | |
| | 中晚秋期五龄第 1～2 日高温区 A | 98.48 | 97.57 | 1.908 | 0.403 | |
| | 中晚秋期五龄全龄高温区 C | 96.36 | 91.61 | 10731 | 0.379 | |
| | A/B×100% | | 99.66 | 107.31 | 103.07 | |
| | A/C×100% | 102.20 | 106.50 | 110.22 | 106.33 | |
| 1981 | 中秋期常温对照区 B | 97.59 | 9 600 | 1.549 3 | 0.321 4 | 7∶04 |
| | 中秋期五龄第 1～2 日高温区 A | 98.05 | 96.09 | 1.591 4 | 0.330 3 | 7∶00 |
| | A/B×100% | 100.47 | 100.09 | 102.72 | 102.77 | 97.67 |

注：①表列数据 1980 年为 5 品种平均；1981 年为 7 品种平均；②1980 年早秋气温偏低，饲育温、湿度 1～3 龄为 78.10 ℉、86.3%；4～5 龄为 77.95 ℉、87.9%。

有间（1969）曾做过四龄、五龄蚕高温处理的饲育效果的试验，认为四龄、五龄晌食 24 小时后在 40 ℃（104 ℉）中保护 3、12 小时，有提高全茧量、茧层量的作用，其中又以处理 7 个小时区效果最好。宫岛（1968）在研究高温对家蚕细胞质多角体病的发病影响中发现，蚁蚕或四龄起蚕接触感染 CPV 的蚕，于五龄初期置于 35 ℃高温条件下饲育 2 日以上（从饷食算起），再放回到 25 ℃常温中饲育，可以明显地抑制病毒的增殖与发病。本试验所得结果，与有间、宫岛等的试验结果在倾向上基本上是吻合的，所不同的是处理温度，相比之下要低得多（87 ℉约等于 30.6 ℃）。当然，作为一种蚕体生态生理现象，本报告所列可比数据严格说来仅有一例，大有孤证之嫌。为此，引用笔者进行的另一试验的有关数据（未发表），加以补充。试验在 1981 年夏蚕期进行，供试品种为春用蚕品种，五龄第 1、2 日用 90 ℉（32 ℃）高温处理，其余期间放在常温中饲育，结果如表 7。

表 7　五龄初期高温冲击的实际效果

| 品种编号 | 处理 | 虫蛹率（%） | 全茧量（g） | 茧层率（%） | 五龄经过（日∶时） |
|---|---|---|---|---|---|
| 9 | 五龄初高温区 A | 95.22 | 2.125 | 0.444 5 | 6∶00 |
| | 全龄常温区 B | 94.23 | 1.985 | 0.417 5 | 6∶15 |
| | A/B×100% | 101.05 | 107.50 | 106.47 | 90.57 |
| 10 | 五龄初高温区 A | 96.59 | 20.2 | 0.485 5 | 6∶08 |
| | 全龄常温区 B | 94.98 | 1.997 | 0.489 | 7∶06 |
| | A/B×100% | 101.69 | 101.15 | 99.28 | 87.36 |

注：①五龄初高温区即五龄第 1、2 日高温处理期间实感温湿度为 89 ℉、85%，其余时间为 80 ℉、84%；②全龄常温区饲育温、湿度为 79 ℉、88%。

由上可见，五龄初期施以适度的高温冲击，可以促进蚕体生长发育，使龄期经过缩短、全茧量、茧层量增加、虫蛹率提高的现象（或者说倾向），是确实存在的。此外，本文所引三次试验的高温处理区高温接触期间的实感相对湿度,均比常温区为低。例如1980年中晚秋期的高温处理区平均湿度为73%,比常温区的84%降低11%;1981年中秋期高温处理区为77%,比常温区的87%降低10%;1981年夏蚕期的高温处理区之相对湿度也比常温区低一些。饲育湿度对蚕生长发育的影响,与温度相似之处甚多,它除直接影响蚕体的水分代谢之外,还通过桑叶萎凋、微生物繁殖等间接地影响蚕体生理。五龄期由于老熟吐丝的生理需要,蚕体含水率得由龄初的85%上下逐渐降低至龄末的75%左右。因此,在养蚕技术上与稚蚕宜湿相反,壮蚕宜干。故作为五龄期进行短期高温冲击、虫蛹率及茧质反而有所提高的成因,或许是由于短期冲击,高温的危害尚未发挥,而相应的干燥却带来某种有利点也未可知。综合二年三期的试验结果及已有的报道,笔者认为,蚕对饲育温度的反应还是相当敏感的,其中尚有一些问题,值得继续研究探讨。

# 桑品种区域性鉴定[①]

吴朝吉　施炳坤　夏明炯　赵志萍
(中国农业科学院蚕业研究所)

桑品种区域性鉴定是桑树新品种选育的必需程序,是加强桑品种管理、加快优良桑品种的培育与推广,实现良种布局区域化不可缺少的重要环节。

## 1 桑品种区域性鉴定的任务

桑品种区域性鉴定的任务是在全国或省区不同范围内根据不同自然气候条件,对桑树新品种客观评价其利用价值,并确定其适应范围和推广地区,为桑品种布局区域化提供依据。同时通过桑品种鉴定,把评选出适合当地自然条件和栽培技术的优良桑品种,建立母本桑园,加速繁育推广。

### 1.1 鉴定桑品种的生物学与经济学特性

新品种在参加区域性鉴定之前,要具有一年的品种比较试验资料和二年春、秋期重复饲料试验成绩,对生物学和经济性状作过鉴定。区域性鉴定是较大范围内进行多点鉴定,以全面了解其生物学与经济学特性,客观地评定其利用价值。

### 1.2 确定新品种的适宜推广区域

我国幅员辽宽,各大蚕区间的气候条件,地理环境都有较大的差异,加之栽培技术和饲育形式的不同,又因任何品种都在一定的环境条件下,经过人工培育而成,它对地理分布表现出一定的局限性,相应地都有一个自然分布区域,超出了这范围,就会因对环境条件或栽培技术的不适应,难以发挥优良品种的增产效果,而导致新品种的经济效益降低。桑品种区域性鉴定就是通过对新品种在各地的适应性鉴定,确定其最适宜的推广区域。

### 1.3 掌握新品种适宜的栽培技术

有了优良的桑品种,还必须配合优良的栽培技术,即所谓"良种良法"。在不同环境和栽培条件下,通过鉴定,根据品种性状表现,提出相应的栽培技术措施,使良种发挥更大的增产潜力。

### 1.4 建立新品种生产示范和繁殖推广基地

桑树是多年生植物,育成一个桑树新品种需较长的年限,而到实际应用,转化为生产力还需要更长的

① 原载《江苏蚕业》1989(1):21—23

时间。为了使育成的新品种尽快地在生产上发挥作用,鉴定点应是本地区的良种示范、繁殖和逐步实现良种区域化的基地。

## 2 桑品种鉴定点的布局

### 2.1 桑品种鉴定点的设置

桑品种鉴定点的设置必须以蚕区的气候、土壤条件、栽培习惯和饲育形式作为主要依据。全国分为华南珠江流域、长江流域、黄淮海河流域和北方干旱地区等几个大蚕区,各大蚕区都有自己特定的气候、土壤、栽培习惯和饲育形式。因此,桑品种鉴定的设置,要根据桑品种的生态特性,与各地区的特点,合理布局。

### 2.2 鉴定点的选择条件

鉴定点一般可附设在省区、地市县的蚕桑研究单位或国营蚕种场、国营桑树良种繁育场。鉴定点既是桑品种鉴定基地,又是所在蚕区优良桑品种生产繁育基地。因此,鉴定点的选择要根据地理环境条件和栽培特点等方面综合考虑。

(1) 具备一定的技术力量。在鉴定过程中,要进行田间设计,生物学和经济性状以及养蚕饲料鉴定等,并对试验结果进行统计分析和总结,同时,写出品种评价综合报告,因此,各鉴定点必须有专职的技术人员和富有经验的技术工人来担负这项工作,确保鉴定任务顺利完成。

(2) 自然条件和栽培技术、饲育形式具有代表性。鉴定点所在地除地理位置要适中,交通方便外,更主要的要与所在蚕区的气候、土壤和栽培技术、饲育形式基本相同或接近,能客观反映参鉴品种的特性。

(3) 具有符合桑品种鉴定试验的土地。桑品种鉴定时,每个品种约需 0.4 亩试验地,若每期供试品种以 6～10 个计算,即需 3～4 亩(1 亩≈667 米$^2$)试验地。同时还需备用参鉴品种的繁殖苗地和良种示范桑园的土地。

(4) 具有进行养蚕饲料试验的设备条件。参鉴桑品种在栽植后第三年开始进行叶质鉴定,每年春季和秋季各养蚕一次,连续进行两年,以全面鉴定其春、秋的叶质。因此必须要有一定设备的蚕室、蚕具和其他养蚕设备。

## 3 桑品种审定的内容及方法

桑品种审定是对参鉴桑品种进行全面系统的鉴定并探明其适应性。因此,审定内容应有针对性,突出重点。其内容主要依据产叶量高低、叶质优劣、抗逆性强弱三大指标。影响桑品种性状和特性表现的自然因素很多,这些因素有的又难于被人们全面地加以控制,同时又因栽培技术(树型养成、收获方法、管理水平)的不同,因而造成品种鉴定的复杂性。为了获得能反映参鉴桑品种性状表现的可靠资料,必须符合下列基本要求。

### 3.1 鉴定点基本情况的记载

记载内容包括鉴定点所在地的地理位置经纬度、海拔高度、气象情况(年、月平均气温,各月极端高温和低温,年、月降水量)、土壤类型(酸碱度、肥力、土层深度)、试验地布置(参鉴品种、对照品种、田间排列、重复次数、小区面积)、种植情况(深耕深度、栽植时间、规格、小区栽植株数、树型养成、基肥种类、数量)和当地的当家品种。上述各项在试验之初予以记载,以作日后查考、分析。

### 3.2 鉴定点田间试验要求

为了确保试验正确性,减少土壤差异,必须在同一条件下进行,要求土壤一致,前作相同,土地平坦,土层深厚,土壤结构良好,肥力均匀,具有能灌能排的条件。同时对试验地要进行深翻,施足基肥,各重复区之间施基肥数量、质量力求一致,以使其结果能客观反映参鉴桑品种特性。

### 3.3 试验田设计方案

试验地面积可随参鉴品种多少而定,一般以每品种 0.4 亩左右,供试品种以 6～8 个为宜,要求重复 4 次,品种可随机排列,并设对照种和保护行。

### 3.4 对照种

为了客观估价参鉴品种的水平,应以本区域栽培面积最广的优良品种作为统一对照种标准种,但考虑到鉴定点所代表的区域范围较大,在设统一对照种的同时,还应设代表鉴定区域内的地方对照种,一般选用当地良种。目前大多数地区常用的标准种为湖桑 32 号,而地方对照种有地区性,如四川一般用小冠桑,山东用梨叶大桑,陕西用滕桑,湖北用黄桑等。

### 3.5 供试品种来源和栽植规格、树型养成

为了保证参鉴品种苗木纯度,提高质量,避免造成试验误差,供试品种的接穗一律由选育单位提供,由鉴定点用袋接法繁殖。

栽植规格:按我国各大蚕区气候特点,在栽植规格上有一定的差异,鉴定点亩栽桑树密度一般为 600～800 株,株、行距为 0.67 米×1.67 米或 0.66×1.26 米。珠江流域亩栽 5 000 株,株、行距为 0.13 米×1 米。在栽植当年,各品种需栽植 10%左右的预备株,以便补缺之用。

树型养成:鉴定桑园采用低干养成,树干高度约 66 厘米,而珠江流域和东北地区的鉴定桑园按当地习惯养成。

### 3.6 生物学性状调查

调查品种发芽期、开叶期、成熟期以及观察记载止芯、硬化、落叶情况和发芽率、芽类比率、条数、条长以及生长调查,这些既是生物学特征,也是经济性状,不仅对桑叶的产量有影响,还可以调节养蚕布局,是选种的重要指标之一。发芽期和开叶期的观察,从栽植后的第三年开始,连续进行三年。桑芽发育可分为四个时期,膨芽期、脱苞期、燕口期、开叶期。每个发育时期的天数因气温高低和桑品种特性而异。其标准一般在枝条中上部桑芽如到了某一发育时期 50%以上时,即为记载该品种某一发育时期的标准,但调查开四、五叶时,应选择生长芽为准,观察要定时,以每天或隔天进行为宜。

发芽率、芽类比率,要求在栽植后第四年开始调查,连续进行二年。发芽率在春季壮蚕期对各重复区的各品种选有代表性的株,调查总芽数、发芽数、计算发芽率。芽类比率,即调查其生长芽和止芯芽的比率,春季在壮蚕期,结合产叶量调查,各重复区每品种抽样 2 株,调查其生长芽和止芯芽数,并求得这两种芽各占发芽数的百分率。

条数、条长和生长调查。条数、条长在栽植后第三年开始,连续调查二年,以重复区的各品种选一行或 10 株调查其发条数量及总条长(条长在 50 厘米以下者不计条数),求得总条数及株平均发条数,并算出平均条长(侧枝在 50 厘米以上时,计入总条长,但不计条数)。生长调查,是栽植第二年春伐和第三年夏伐后进行,其新梢生长约 30 厘米时开始调查。每品种各重复区选生长健壮有代表性的枝条 5 根,调查记载枝条长度和生长叶片数,每隔 10 天或 15 天调查一次,凡中途受病虫害及机械损伤或过早停止生长的枝条应除去,不行统计。

## 4 桑品种审定指标

桑品种鉴定的主要指标是产叶量高、叶质优、抗逆性强。产叶量高是指在单位面积内全年净叶量高,是桑树良种的重要经济指标,叶质优是指桑叶饲料价值优,要养蚕成绩好,能满足蚕儿不同饲育形式、不同季节和各发育阶段对桑叶质量的要求,使龄期经过缩短,生命率提高,从而获得高额而优质的茧丝,这

与经济效益密切相关;抗逆性是指抵抗或忍耐在某一地区内危害影响桑树生长、发育、桑叶产量、质量的各种不良因素。如桑树病、虫、旱、涝、冻等灾害,以及盐碱、大气污染等不良环境,这是影响桑树新品种适应范围和产量、质量稳定性的重要因素。因此,在桑品种鉴定过程中,应全面考虑这三项指标,在实践中,要根据各地的具体条件和要求,有所侧重。同时还要考虑到与经济性状有关的主要农艺性状。

### 4.1 产叶量

鉴定要求从栽植第三年开始,连续进行三年,主要指标是全年春、秋亩产片叶量。参考指标是亩产芽叶量和主要经济性状如发条数、条长、芽类比率、米条长产叶量等。

### 4.2 叶质

主要指标是万头蚕茧层量和每100千克叶产茧量(若种茧育是每百头蚕产良卵数)。参考指标是万头蚕收茧量以及桑叶中的化学成分,如粗蛋白质和可溶性糖的含量等。至于出丝率、解舒率,因受蚕品种、蔟具、蔟中环境和茧丝工艺等多环节的影响。因此,在桑品种叶质鉴定中可不作为主要指标。

### 4.3 抗逆性调查

各鉴定点在调查主要病虫害的基础上,对其他病虫危害调查应有所侧重。珠江流域的青枯病和长江流域的萎缩病与细菌病作为抗逆性的主要指标,其他病、虫害发生和对某些不良环境的抗性作为参考指标。但在东北地区的抗寒性和黄土高原北部及类似地区的抗旱性,是该地区的重要参考指标。


# 桑蚕茧不同干燥工艺对茧丝质量及品质评价的影响[①]

陈 涛[1,2],宋江超[1,2],张美蓉[1,2],姚晓慧[1,2],伍冬平[3]

(1. 中国农业科学院蚕业研究所,江苏镇江 212018;

2. 江苏科技大学生物技术学院,江苏镇江 212018;

3. 浙江丝绸科技有限公司,杭州 310011)

**摘要** · 为探究不同干燥工艺对蚕茧质量和品质的影响,制定蚕茧加工领域亟需的蚕茧干燥技术与蚕丝品质评价技术规程,对供试的桑蚕鲜茧采用不同干燥工艺处理,比较鲜茧、半干茧、干茧及过干茧4个试验组的蚕茧与茧丝质量指标,即解舒率、茧丝纤度、清洁、洁净、万米吊糙次数及生丝表面观察和红外分析,评价不同试验组的蚕茧与茧丝品质。研究结果表明:鲜茧缫丝可提高解舒率,减少万米吊糙次数,但鲜茧生丝的表面丝胶颗粒更加明显,恰当的烘茧工艺处理更有助于补正茧质,提高生丝品位。

2016年中国桑蚕鲜茧产量62.41万t,可生产生丝约8万t。虽然生丝总体质量平稳,但高等级产品尤其是6A级生丝的占比低。而高等级生丝对蚕茧原料质量要求度高,所以保证蚕茧原料的品质显得尤为重要。中国有优质桑蚕品种和地理环境适宜的蚕茧生产基地,除进一步加强桑蚕的饲养过程和收购管理外,蚕茧加工技术也是对生丝品质优劣起决定性影响的因素之一。但目前中国原料茧的规模化加工标准缺失,无法满足国际茧丝交易市场和缫丝工业对原料茧品质标准的需求。制定蚕茧加工领域亟需的蚕茧干燥技术与蚕丝品质评价技术标准——《桑蚕茧干燥技术规程》和《桑蚕鲜(干)茧茧丝品质评定技术规程》,有利于实现加工标准与纺织需求对接,提升蚕丝产业规模化加工质量与效益。蚕茧干燥(烘茧)是原料茧处理的关键环节,《桑蚕茧干燥技术规程》适用于桑蚕茧干燥,用标准化的技术促进蚕茧质量的提高

① 原载《丝绸》2019,56(2):66—71

和效益的增加,是进行茧质评价检测的标准操作规程。此外,鲜茧缫丝由于省去烘茧环节降低生产成本,以及副产品鲜蛹的高产值等优势,广西近90%的缫丝企业已经开展鲜茧缫丝。然而业界对鲜茧丝存在较大分歧,有认为用鲜茧缫制的生丝和用干茧缫制的生丝相比,白度、断裂强力及断裂伸长率等性能更优;也有认为鲜茧丝存在丝胶含量高,生丝抱合力不好等问题。笔者认为,行业标准的制定对专业和行业的发展要有预测性和先见性,对不同类型茧缫制的产品应予以说明。

针对蚕茧不同干燥程度对于茧质鉴定的影响,鲜茧丝和干茧丝不同品质评价标准等两方面内容,本研究以鲜茧和经不同干燥工艺处理的3种类型蚕茧为材料,参照GB/T 9111—2015《桑蚕干茧试验方法》和GB/T 1798—2008《生丝试验方法》标准检验,按照GB/T 9176—2016《桑蚕干茧》和GB/T 1797—2008《生丝》对茧丝质量和缫制生丝的品质进行检验。

# 1 试验

## 1.1 材料和仪器设备

### 1.1.1 材料

2018年5月购进当年新鲜春蚕茧供试,品种为菁松×皓月(江苏省海安县蚕种场)。

### 1.1.2 仪器设备

自控式烘茧灶(镇江维德锅炉有限公司),FD102型剥茧机(浙江省双林丝厂),RS-1000型茧质智能测试机(四川省丝绸科学研究院),YG777型全自动通风式快速恒温箱(南通三思机电科技有限公司),DMFY型单面复摇机、HBJ920型黑板机(内江市东兴区华检生丝检验设备经营部),TY8000-CRE型等速伸长试验仪(常州第二纺织仪器厂有限公司),Y731型杜泼浪式抱合机(南通三思机电科技有限公司),日立高新AeroSurf1500台式扫描电镜(日立高新公司),FTIR-650傅里叶变换红外光谱仪(天津港东科技股份有限公司)。

## 1.2 方法

### 1.2.1 蚕茧干燥工艺

供试蚕茧经不同干燥工艺处理,分为鲜茧、半干茧、干茧及过干茧4个试验组。烘茧处理:①鲜茧:不进行干燥处理;②半干茧:仅进行头冲干燥工艺;③干茧:进行头冲和二冲干燥工艺;④过干茧:完成头冲和二冲干燥工艺后,继续保持80℃烘干约2h至蛹体可捏碎成粉。蚕茧的干燥处理具体参数见表1。

表1 蚕茧干燥工艺参数

| 工艺 | 头冲 | 二冲 |
|---|---|---|
| 温度 | 110℃ | 100℃,后阶段90℃,出灶前30 min降至80℃以下 |
| 干燥时间 | 2.5～3.0 h | 3.0 h |
| 调车时间 | 进灶后1.5 h | 进灶后1.5 h |
| 排气 | 进灶后温度到达82℃时开,出灶时关 | 进灶后温度到达82℃时开,调车后开1/2,出灶前30 min关 |
| 给气 | 温度超标准3℃以上配合高温闸板使用,开1/2或全开,温度恢复正常关 | 温度超标准时配合高温闸板使用,开1/2或全开,并按逐步降温需要确定关启量,出灶前30 min降至80℃全关至出灶 |
| 风扇 | 头冲、二冲均在进灶后开风扇,头冲450 r/min,二冲300 r/min转速,每15 min调向一次,进出灶和调车时关 | |
| 出灶 | 蛹体6.5～7成干 | 蛹体断浆成片,重油而不腻 |

### 1.2.2 茧丝质量测试与调查

4个试验组样品剥茧、选茧和煮茧等工艺,以及洁净试验和万米吊糙次数调查均参照GB/T 9111—2015《桑蚕干茧试验方法》标准操作,并以相同的缫丝工艺进行茧丝质检验(图1),缫丝工艺如下:

(1)解舒检验:100粒作五绪八粒定缫;

（2）缫丝检验：缫丝绪数 10 绪；目的纤度 22.22/24.44 dtex（20/22 D）；

（3）缫丝汤温：（43±2）℃，索绪汤温（94±2）℃；

（4）车速：解舒线速 90～96 m/min，缫丝线速 90～96 m/min。

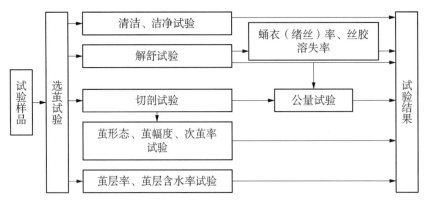

**图 1　试验流程示意**

### 1.2.3　生丝性能测试

采用扫描电子显微镜对蚕丝样品表面形貌进行检测。等速伸长试验仪（CRE）测试生丝强度，隔距长度 100 mm，动夹持器移动的恒定速度 150 mm/min。强力读取精度≤0.01 kg（0.1 N），伸长率读取精度≤0.1%。利用杜泼浪式抱合机调查生丝抱合性能。采用红外光谱仪对样品进行结构表征，扫描范围 400～4 000 cm$^{-1}$，分辨率 4 cm$^{-1}$，扫描次数 64 次。

### 1.3　测算方法

#### 1.3.1　茧丝质量检验

茧丝质量检验参数的计算公式及文中涉及的其余参数的计算公式参考标准 GB/T 9111—2015《桑蚕干茧试验方法》。

#### 1.3.2　生丝性能测试

生丝性能测试（生丝含胶率、断裂伸长率、断裂强度、抱合力等）检验参数的计算公式及文中涉及的其余参数的计算公式参考标准 GB/T 1798—2008《生丝试验方法》。

## 2　结果与分析

### 2.1　经不同干燥工艺处理蚕茧的解舒率

解舒率是衡量缫丝时茧丝离解难易程度的重要指标，解舒率高表示茧丝容易离解，利于缫丝，反之则表示茧质差。不同干燥程度蚕茧的解舒率如图 2 所示。鲜茧试验组解舒率最高，为 92.84%；过干茧试验组最低，为 80.90%。鲜茧、半干茧试验组与干茧试验组和过干茧试验组相比差异显著（$P \leqslant 0.05$），鲜茧试验组与半干茧试验组相比差异不显著（$P > 0.05$）。由于鲜茧未经高温、高湿的烘干过程，茧层丝胶未发生变性，其丝胶仍然保持原有的溶解性。煮茧时，在高温水的作用下，内外层丝胶均能快速膨润、溶解，蚕茧易达到适熟状态，从而有利于茧丝离解。因此，与其他试验组相比，鲜茧试验组解舒率最高。

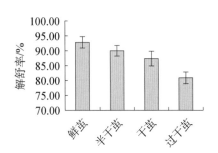

**图 2　不同干燥工艺处理蚕茧的解舒率**

### 2.2 经不同干燥工艺处理蚕茧的茧丝纤度

茧丝纤度表示茧丝的粗细程度,不同干燥程度蚕茧的茧丝纤度变化情况如图 3 所示。过干茧试验组茧丝纤度最高 2.951 dtex(2.656 D);鲜茧试验组最低 2.852 dtex(2.567 D)。鲜茧试验组的茧丝纤度与其他试验组蚕茧相比差异显著($P \leqslant 0.05$),而半干茧、干茧和过干茧试验组的茧丝纤度无显著差异($P > 0.05$)。鲜茧试验组蚕茧由于没有经过高温烘燥处理,丝胶变性程度比较低,故而在煮茧和缫丝过程中,丝胶更容易溶失,所以相对于其他试验组,鲜茧茧丝纤度较小。

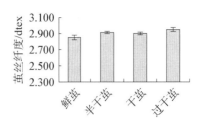

图 3 不同干燥工艺处理蚕茧的茧丝纤度

### 2.3 经不同干燥工艺处理蚕茧的茧丝洁净和清洁

清洁和洁净是桑蚕干茧主要的质量指标,也是决定生丝等级的主要项目。不同干燥程度蚕茧茧丝的洁净和清洁成绩如图 4、图 5 所示。干茧试验组洁净最高,为 96.00 分;其次是半干茧试验组,洁净为 95.00 分;鲜茧和过干茧试验组洁净最低,均为 94.50 分。干茧试验组清洁成绩最高,为 99.0 分;其次为半干茧试验组和过干茧试验组,分别为 98.5 分和 98.0 分;鲜茧试验组的清洁成绩最低,为 97.5 分。洁净和清洁成绩在 4 个试验组间呈现出相同的变化规律:干茧试验组最优,鲜茧试验组最低。

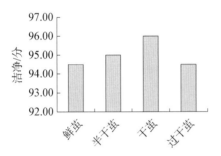

图 4 不同干燥工艺处理蚕茧的茧丝洁净成绩

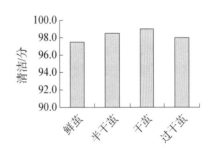

图 5 不同干燥工艺处理蚕茧的茧丝清洁成绩

相对于干茧而言,鲜茧在剥茧过程中更容易产生由于蚕蛹受伤引起的内部茧层污染,而在选茧过程中不易发现,所以误选率较高。在缫丝时上茧夹杂有次茧、甚至有下茧,这都会增加各个环节小糙和小颣产生的几率,从而影响茧丝的清洁和洁净。此外,鲜茧的茧层丝胶未经变性且溶解性好,导致原料茧抗煮能力差、胶着点处解舒抵抗较小,在缫丝时易产生环颣,也会导致洁净成绩下降。

综上所述,根据不同干燥程度蚕茧茧丝的清洁和洁净成绩判断,在现有的工艺条件下,相对于鲜茧来说,适干茧更适合高品位、高等级生丝的缫制。这是由于鲜茧缫丝的原料茧未经烘茧工序,而恰当的烘茧工艺不仅可以保全茧质,还能补正茧质,适烘有利于生丝洁净成绩的提高。

### 2.4 经不同干燥工艺处理蚕茧的万米吊糙

万米吊糙指根据所缫制生丝的规格,平均每缫制万米生丝所发生的吊糙次数。不同干燥程度蚕茧的万米吊糙比较如图 6 所示。鲜茧、半干茧、干茧、过干茧试验组的万米吊糙次数依次升高,但差异不显著。鲜茧试验组的万米吊糙成绩较干茧缫丝低,这是由于鲜茧内外层丝胶在真空渗透和高温索绪后膨润、软化均匀,丝胶均匀分布在丝素周围,茧丝能够从丝胶黏结点处顺次离解,不顺次离解的情况较少。

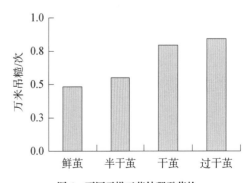

图 6 不同干燥工艺处理蚕茧的茧丝万米吊糙成绩

### 2.5 经不同干燥工艺处理蚕茧缫制的生丝表面形貌

采用扫描电子显微镜对不同干燥工艺处理蚕茧的生丝形态进行观察(图7),各试验组生丝表面纵向形态基本相同,一根生丝由多根茧丝并合而成。样品生丝表面均含有丝胶和细微的沟槽,且鲜茧生丝表面沟槽更多一些,这与许凤麟、盖国平等的研究结果相一致。

(a) 鲜茧试验组　　　(b) 半干茧试验组　　　(c) 干茧试验组　　　(d) 过干茧试验组

**图7　不同干燥工艺处理蚕茧缫制生丝的扫描电子显微镜SEM照**

经过烘茧过程的生丝表面丝胶均比鲜茧试验组生丝要少,干茧试验组生丝表面比较顺滑,鲜茧试验组生丝表面的丝胶颗粒更加明显。这是由于鲜茧试验组不经过烘茧处理,比干茧试验组丝胶溶失少,并且丝胶在丝素纤维表面分布杂乱、不匀称所致。

### 2.6 经不同干燥工艺处理蚕茧的生丝强度和抱合力

为探究不同干燥工艺处理蚕茧缫制的生丝是否存在性能差异,对不同试样组的断裂伸长率、断裂强度、抱合力进行测定,试验数据如表2所示。表2显示,鲜茧、半干茧、干茧和过干茧的生丝断裂强度和抱合性能没有显著差异。

**表2　不同干燥工艺处理蚕茧缫制生丝的性能比较**

| 试验组别 | 断裂强度/(cN·dtex$^{-1}$) | 断裂伸长率/% | 抱合次数/次 |
| --- | --- | --- | --- |
| 鲜茧 | 4.07 | 25.3 | 97 |
| 半干茧 | 4.13 | 24.6 | 101 |
| 干茧 | 4.12 | 25.6 | 102 |
| 过干茧 | 4.12 | 26.2 | 102 |

### 2.7 经不同干燥工艺处理蚕茧缫制的生丝红外光谱分析

为探究不同干燥工艺处理蚕茧缫制生丝的表面基团变化,本研究对样品进行了红外光谱检测(图8)。从图8可以看出,所有样品特征峰位置一致,均在3 279.5 cm$^{-1}$(酰胺Ⅰ)、1 621.9 cm$^{-1}$(酰胺Ⅰ)、1 518.9 cm$^{-1}$(酰胺Ⅱ)和1 232.4 cm$^{-1}$(酰胺Ⅲ)处,说明经过不同程度的烘燥处理样品的表面基团没有明显差异。在烘燥程度增加后特征峰变得更强,说明随着烘燥程度的增加,生丝样品的吸光率增强,但是总体上看蚕茧烘燥没有对生丝的表面基团造成明显的影响。

## 3　结论

通过分析,鲜茧试验组的解舒率最优,鲜茧茧丝纤度较小;干茧试验组的清洁和洁净成绩最好;万米吊糙次数随试验组样品的干燥程度依次升高:鲜茧<半干茧<干茧<过干茧,但差异不显著。生丝表面形貌观察对比发现,缫制生丝样品表面纵向形态一致,其中鲜茧试验组生丝的表面丝胶颗粒更加明显;生

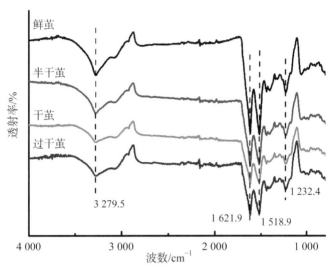

**图8 不同干燥工艺处理蚕茧缫制生丝的红外光谱**

丝的断裂强度、断裂伸长率和抱合力均没有明显区别;红外光谱分析显示生丝样品的表面基团没有明显变化。与经过烘茧处理的试验组相比,鲜茧试验组的解舒率明显升高,但清洁和洁净成绩降低,目前工艺条件下干茧更适合于缫制高等级生丝。而恰当的烘茧工艺处理,有利于补正茧质,提高蚕茧等级和生丝等级。在一定干燥程度范围内(半干茧和干茧)蚕茧的茧丝质成绩影响不大,但过干的解舒率明显降低,清洁和洁净成绩也显著下降。《桑蚕茧干燥技术规程》应对蚕茧干燥工艺中的处理温度和时间进行相应规范。

此外,针对鲜茧丝的各种争议和问题,《桑蚕鲜(干)茧蚕丝品质评定技术规程》需要明确生丝类型,对不同类型茧缫制的产品应予以说明。建立鲜茧丝和干茧丝的不同评价标准,并引导鲜茧丝后续产业发展方向,还需要探索新的加工工艺,推广鲜茧缫丝标准技术规程,以提高鲜茧缫丝的生丝品位和稳定性。

# 第三节
# 蚕品种国家鉴定审定结果分析

## 蚕品种国家审定鉴定情况浅析①

沈兴家　李奕仁

（中国农业科学院蚕业研究所，镇江　212018）

为了加强对蚕品种的管理,促进优良蚕品种的培育与推广,提高蚕茧的产量与质量,在总结新中国成立以来育种单位实验室鉴定的基础上,农业部于1980年颁发了《桑蚕品种国家审定条例》,并组织成立全国桑蚕品种审定委员会和全国蚕品种鉴定试验网点,从而使蚕品种国家鉴定和审定工作走上规范化的轨道。现将16年来蚕品种国家审定鉴定工作的情况和鉴定成绩进行粗略的分析,以说明我国现阶段实用蚕品种选育的基本情况。

### 1　参鉴蚕品种基本情况

1980～1995年的16年间,鉴定试验网点共完成了55对蚕品种的鉴定试验任务,其中春用品种24对,夏早秋用品种27对,中秋用品种4对;经审定合格的品种28对,其中春用品种9对,夏早秋用品种15对,中秋用品种4对(表1、表2)。

表1　1980—1995年参鉴春用蚕品种

| 品种名称 | 选育单位 | 鉴定年份 | 审定结果 |
| --- | --- | --- | --- |
| 菁松×皓月 | 中国农业科学院蚕业研究所 | 1980—1981 | 审定通过 |
| 春蕾×明珠 | 中国农业科学院蚕业研究所 | 1980—1981 | 审定通过 |
| 122×222 | 陕西省蚕桑研究所 | 1980 | |
| 浙蕾×春晓 | 浙江省农业科学院蚕桑研究所 | 1981—1982 | 审定通过 |
| 豫4×豫5 | 河南省云阳蚕业试验站 | 1982 | |
| 苏5×苏6 | 江苏省生产用品种 | 1982—1983 | |
| 杭7×杭8 | 浙江省生产用品种 | 1982—1983 | |
| 757×东春2 | 山东省蚕业研究所 | 1983—1984 | |

① 原载《中国蚕业》1996(3)：40—42

（续　表）

| 品种名称 | 选育单位 | 鉴定年份 | 审定结果 |
|---|---|---|---|
| 华新×晖玉 | 新疆维吾尔自治区和田蚕业科学研究所 | 1983—1984 | |
| 花茂×锦春 | 安徽农业大学蚕桑系 | 1985—1986 | |
| 蜀 3·1×川 6·2 | 四川省农业科学院蚕业研究所 | 1985—1986 | |
| 中新 1 号×日新 1 号 | 中国农业科学院蚕业研究所 | 1987—1988 | |
| 苏花×春晖 | 中国农业科学院蚕业研究所 | 1987—1988 | 审定通过 |
| 锦 5·6×绫 3·4 | 四川省生产用品种 | 1987—1988 | |
| 春·蕾×镇·珠 | 中国农业科学院蚕业研究所 | 1989—1990 | 审定通过 |
| 781×782·734 | 四川省生产用品种 | 1989—1990 | |
| 华·苏×肥·苏 | 安徽省生产用品种 | 1989—1990 | |
| 122·苏 5×226·苏 6 | 陕西省生产用品种 | 1989—1990 | |
| 5·4×24·46 | 江苏省蚕种公司、海安县蚕种场 | 1991—1992 | 审定通过 |
| C27×限 8 | 镇江蚕种场 | 1991—1992 | |
| 苏·镇×春·光 | 中国农业科学院蚕业研究所 | 1993—1994 | 审定通过 |
| 皖 5×皖 6 | 安徽农业大学、安徽省农科院蚕桑所 | 1993—1994 | 审定通过 |
| 春蕾×锡昉 | 西漳蚕种场 | 1993—1994 | 审定通过 |
| 学 613×春日 | 浙江省农业科学院蚕桑研究所 | 1993—1995 | 审定通过 |

**表 2　1980—1995 年参鉴夏秋用蚕品种**

| 品种名称 | 选育单位 | 鉴定年份 | 审定结果 |
|---|---|---|---|
| 秋芳×明晖 | 中国农业科学院蚕业研究所 | 1980—1981 | 审定通过 |
| 751×辐 36 | 四川省农业科学院蚕业研究所 | 1980 | |
| 新菁×朝霞 | 广东蚕业所、广西蚕业指导所 | 1980—1981 | 审定通过 |
| 群芳×朝霞 | 广西壮族自治区蚕业指导所 | 1980—1981 | 审定通过 |
| 东 43×朝霞 | 广东省石牌蚕种场 | 1981—1983 | |
| 薪杭×科明 | 浙江省农业科学院蚕桑研究所 | 1981—1983 | 审定通过 |
| 苏 3·秋 3×苏 4 | 江苏省生产用品种 | 1982—1983 | |
| 浙农 1 号×苏 12 | 浙江省生产用品种 | 1982—1983 | |
| 芙蓉×湘晖 | 湖南省蚕桑科学研究所 | 1984—1985 | 审定通过 |
| 苏 3·秋 3×532 | 中国农业科学院蚕业研究所 | 1984—1985 | |
| 研菁×日桂 | 广东省农业科学院蚕业研究所 | 1985—1986 | 审定通过 |
| 75 新×朝霞 | 无锡西漳蚕种场 | 1985—1986 | |
| 蓝天×白云 | 浙江省农业科学院蚕桑研究所 | 1985—1986 | 审定通过 |
| 黄鹤×朝霞 | 湖北省农业科学院蚕业研究所 | 1987—1988 | 审定通过 |
| 新安×晶辉 | 安徽省农业科学院蚕桑研究所 | 1987—1988 | |
| 957×朝霞 | 江苏浒关蚕种场 | 1987—1988 | |
| 秋丰×白玉 | 中国农业科学院蚕业研究所 | 1987—1988 | 审定通过 |
| 三新×5091 | 广西壮族自治区蚕业指导所 | 1987—1988 | |
| 浒花×秋星 | 苏州蚕桑专科学校 | 1989—1990 | 审定通过 |
| 781×朝霞 | 四川省生产用品种 | 1989—1990 | |
| 丰一×54A | 中国农业科学院蚕业研究所 | 1989—1990 | 缓审 |
| 芙·新×日·湘 | 广东蚕研所、广西蚕业所、湖南蚕科所 | 1991—1992 | 审定通过 |
| 东 43×7·湘 | 广东省蚕种繁殖所 | 1991—1992 | 审定通过 |
| 芳华×星宝 | 浙江省农业科学院蚕桑研究所 | 1991—1992 | 缓审 |
| 限₁×限₂ | 湖南省蚕桑科学研究所 | 1993—1994 | 审定通过 |
| 317×318 | 中国农业科学院蚕业研究所 | 1993—1994 | 审定通过 |
| C497×322 | 镇江蚕种场 | 1993—1994 | 审定通过 |
| 871×872 | 中国农业科学院蚕业研究所 | 1993—1994 | 审定通过 |
| 86A·86B×54A | 山东农业大学 | 1993—1994 | 审定通过 |
| 川蚕 11 号 | 四川省农业科学院蚕业研究所 | 1993—1994 | 审定通过 |
| 苏·菊×明·虎 | 江苏浒关蚕种场 | 1993—1994 | 审定通过 |

另外有 1 对特殊蚕品种(耐氟多丝量品种)华峰×雪松经联合鉴定后审定通过;有 122 · 苏 5×226 ·
苏 6、122 · 795×226 · 796、苏 5×苏 6、75 新×7532、9 · 芙×7 · 湘等 5 对生产用品种被认定。

上述经审定合格的蚕品种除了新近批准的尚未形成生产规模外,其他都已在生产上发挥作用,有的
已成为一个甚至几个省(区)的当家品种,产生了巨大的经济效益和社会效益。如浙蕾×春晓、菁松×皓月、
春 · 蕾×镇 · 珠、芙蓉×湘晖等;有的正在逐步推广应用,如华峰×雪松、东 43×7 · 湘、9 · 芙×7 · 湘等。

## 2 审定合格品种性状成绩及其分析

### 2.1 春用品种

1980—1995 年审定合格的春用品种的主要经济性状成绩列于表 3,综合分析这些品种的性状成绩可
以看出以下几点。

**表 3  1980—1995 年审定合格春用蚕品种性状成绩**

| 品种名 | 虫蛹率<br>(%) | 全茧<br>量(g) | 茧层率<br>(%) | 万收量<br>(kg) | 茧丝<br>长(m) | 解丝<br>长(m) | 解舒率<br>(%) | 出丝率<br>(%) | 净度<br>(分) |
|---|---|---|---|---|---|---|---|---|---|
| 春蕾×明珠 | 97.50 | 2.12 | 25.75 | 21.24 | 1424 | 1131 | 79.58 | 20.47 | 94.48 |
| 菁松×皓月 | 96.27 | 2.19 | 25.32 | 22.00 | 1427 | 1119 | 78.80 | 20.45 | 94.44 |
| 蕾×春晓 | 97.05 | 2.17 | 24.84 | 21.57 | 1402 | 1047 | 75.19 | 19.16 | 94.95 |
| 苏花×春晖 | 96.52 | 1.98 | 25.90 | 19.86 | 1425 | 1092 | 76.58 | 19.58 | 94.56 |
| 春 · 蕾×镇 · 珠 | 95.45 | 2.14 | 24.95 | 19.55 | 1377 | 1024 | 74.61 | 19.25 | 95.46 |
| 5.4×24.46 | 96.85 | 2.15 | 24.8 | 21.20 | 1378 | 992 | 71.04 | 18.14 | 94.32 |
| 苏 · 镇×春 · 光 | 96.60 | 2.11 | 25.24 | 21.04 | 1402 | 908 | 64.52 | 18.70 | 94.96 |
| 皖 5×皖 5 | 96.70 | 2.03 | 25.13 | 20.06 | 1337 | 912 | 67.92 | 19.27 | 95.94 |
| 春蕾×锡方 | 96.07 | 2.14 | 24.52 | 21.08 | 1380 | 928 | 57.03 | 18.60 | 95.24 |
| 平均 | 96.55 | 2.11 | 25.16 | 20.94 | 1395 | 1017 | 72.81 | 19.29 | 94.93 |
| 对照 1 | 97.28 | 2.26 | 23.62 | 21.97 | 1247 | 1022 | 91.61 | 19.32 | 94.92 |
| 对照 2 | 96.40 | 2.02 | 24.69 | 20.11 | 1364 | 974 | 70.98 | 18.36 | 95.44 |

注:对照 1 为 1980—1991 年华合×东肥,对照 2 为 1993—1994 年菁松×皓月。

(1) 春用蚕品种的成绩达到了较高的水平,茧层率和茧丝长比 1970 年代的华合×东肥(对照种)有很
大的提高,历年的最佳成绩为:全茧量 2.19 克、茧层率 25.90%、茧丝长 1427 米、解舒率 79.58%、出丝率
20.47%、净度 95.94 分。但是与日本目前的春用品种翔×萌相比,其全茧量为 2.44 克、茧层率 26.21%、
茧丝长 1537 米、解舒率 76%、出丝率 22.29%、净度 95.20 分,明显存在着差距。

(2) 解舒率明显比华合×东肥低,但是解舒丝长 9 对品种平均成绩与之相仿。

(3) 所有后来育成的品种主要经济性状成绩均未全面地超过 70 年代后期育成的菁松×皓月,特别是
解舒率成绩下降。这种下降的情况可能有几个方面原因:一是品种本身的性状欠佳;二是桑叶和蚕受氟
污染的影响;三是桑园的肥培管理和蚕的饲养管理水平不及 80 年代初期,品种的优良性状难以充分
发挥。

### 2.2 夏秋用品种

1980—1995 年审定合格的夏秋用品种性状成绩列于表 4。16 年来,育成的早秋用种数量比春用品种
多,合格率也较高。但是早秋用品种的成绩相对较低,与日本有较大的差距。究其原因可能,一是因为我
国的环境条件主要是气候条件与日本不同,二是在气温最高的早秋期鉴定,要求品种具备很强的抗逆和
抗病能力,这类品种一般都含有多化血统。另一方面中秋用品种则含有多丝量二化血统,同时又具有适
当的强健性,所以其成绩也较高,而且优于春用品种(菁松×皓月)秋养的成绩。

表 4  1980—1994 年审定合格夏秋用蚕品种性状成绩

| 品种名 | 虫蛹率<br>（%） | 全茧量<br>（g） | 茧层率<br>（%） | 万头收茧<br>量（kg） | 茧丝长<br>（m） | 解丝长<br>（m） | 解舒率<br>（%） | 出丝率<br>（%） | 净度<br>（分） |
|---|---|---|---|---|---|---|---|---|---|
| 秋芳×明辉 | 86.08 | 1.69 | 20.75 | 15.51 | 960 | 758 | 78.84 | 15.23 | 93.21 |
| 群芳×朝霞 | 86.41 | 1.57 | 21.57 | 14.40 | 1 053 | 757 | 71.50 | 15.73 | 93.99 |
| 新菁×朝霞 | 90.98 | 1.57 | 21.31 | 15.04 | 1 028 | 711 | 68.90 | 15.55 | 91.22 |
| 新杭×科明 | 84.26 | 1.62 | 20.74 | 14.46 | 1 004 | 706 | 70.82 | 15.64 | 94.94 |
| 芙蓉×湘晖 | 94.62 | 1.52 | 23.32 | 14.94 | 1 106 | 883 | 79.86 | 17.38 | 94.34 |
| 研菁×日桂 | 91.40 | 1.52 | 24.11 | 14.55 | 1 175 | 826 | 70.52 | 17.38 | 94.59 |
| 蓝天×白云 | 90.13 | 1.64 | 23.11 | 15.48 | 1 120 | 794 | 71.22 | 16.65 | 93.83 |
| 黄鹤×朝霞 | 94.34 | 1.66 | 22.20 | 16.14 | 1 082 | 790 | 72.92 | 15.89 | 94.38 |
| 秋丰×白玉 | 91.34 | 1.77 | 21.51 | 17.09 | 1 046 | 752 | 71.72 | 14.48 | 95.13 |
| 浒花×秋星 | 88.30 | 1.64 | 21.90 | 15.34 | 1 005 | 714 | 70.76 | 14.94 | 97.06 |
| 芙·新×日·湘 | 95.45 | 1.55 | 23.49 | 15.08 | 1 084 | 792 | 73.54 | 17.16 | 95.28 |
| 东43×7·湘 | 97.12 | 1.45 | 22.30 | 14.10 | 992 | 716 | 72.57 | 15.81 | 95.63 |
| 限1×限2 | 88.81 | 1.67 | 22.66 | 15.22 | 1 076 | 740 | 69.25 | 14.68 | 93.94 |
| 317×318 | 85.21 | 1.62 | 21.96 | 14.36 | 1 031 | 713 | 69.20 | 14.55 | 94.12 |
| C497×322 | 81.89 | 1.60 | 23.50 | 14.17 | 1 070 | 700 | 65.61 | 14.74 | 93.42 |
| 平均 | 90.41 | 1.61 | 22.30 | 15.07 | 1 055 | 759 | 71.82 | 15.72 | 94.27 |
| 871×872 | 92.37 | 1.87 | 23.63 | 17.75 | 1 259 | 920 | 72.88 | 16.63 | 94.81 |
| 86A·B×54h | 92.34 | 1.82 | 23.33 | 17.43 | 1 278 | 900 | 70.52 | 16.42 | 94.99 |
| 川蚕11号 | 91.10 | 1.77 | 23.57 | 16.46 | 1 087 | 786 | 71.90 | 16.78 | 94.46 |
| 苏·菊×明·虎 | 89.31 | 1.83 | 23.25 | 17.05 | 1 198 | 887 | 74.02 | 16.62 | 94.58 |
| 平均 | 91.28 | 1.82 | 23.15 | 17.17 | 1 206 | 893 | 72.33 | 16.61 | 94.71 |

## 3 审定合格品种的亲本来源分析

审定合格品种所使用的主要亲本列于表 5，从这些亲本材料可以看出以下几个问题。

（1）春用品种亲本相对较少，许多品种使用 3 相同的亲本，这也就是近年育成的春用品种性状雷同的原因；夏秋用品种的亲本相对较多，育成品种的数量也较多。

（2）中系亲本多，日系亲本少，7532（朝霞）等少数品种在很多杂交组合中应用，这一方面固然说明这些品种性状优良，另一方面也表明育种素材相对缺乏。因此加强基础品种的培育已迫在眉睫。

表 5  审定合格品种的亲本来源一览表

| 类别 | 中系亲本 | 日系亲本 |
|---|---|---|
| 春用种 | 华合、753、755、757、781、795、121、581、793、合成、825、827、江苏种1号、菁松、新九、R | 东肥、732、758、782、792、756、832、明珠、兰258、湘晖 |
| 秋用种 | 731、中华、247、757、781、793、研白、新九、755、37中、丰一、57A、57B、539、827、829、龙白、芙蓉、137、123、研新 | 九白海、武林1号、兰5、764、东肥、苏16、782、794、532、7532（朝霞）、950、54A |

（3）现行品种直接作为育种素材的速度加快，菁松、明珠、芙蓉、湘晖、朝霞等都很快地在后来育成的品种中被直接加以利用，而且效果很好。

（4）夏秋用品种中多丝量亲本的比例有增加的趋势，特别是在中秋用品种中占的比例更高。

# 全国蚕品种实验室鉴定菁松×皓月经济性状的稳定性分析①

陈　涛[1,2]　曾　波[3]　侯启瑞[1,2]　张美蓉[1,2]

(1.江苏科技大学蚕研所-生技院,江苏镇江　212003;

2.中国农业科学院蚕业研究所,江苏镇江　212018;

3.全国农技中心品种管理处,北京　100125)

**摘要** · 根据2014年颁布的国家《蚕品种审定标准》,除洁净按照蚕区设定了不同的指标值外,其他指标优于对照品种成绩即可通过审定。因此,对照品种的选择对全国蚕品种审定工作至关重要。菁松×皓月作为全国蚕品种鉴定区试的对照品种,种性的维持十分重要,其在区试过程中的表现直接影响着新品种的通过率。通过比较分析近年全国蚕品种实验室鉴定试验中菁松×皓月的成绩认为,虽然该品种在多年的推广和选育过程中有些性状发生了改变,但仍能保持较稳定的产量,其较强的生命力适应当前农村劳动力缺乏背景下简化、粗放式养殖的需求,适合作为区试鉴定试验的对照品种。

2014年8月28日国家农作物品种审定委员会以《关于印发主要农作物品种审定标准的通知》[国品审(2014)2号]的形式发布了《主要农作物品种审定标准》和《蚕品种审定标准》,对家蚕的实验室鉴定指标做了新的规定,即4龄起蚕虫蛹率、万头产茧量、洁净、茧层率、鲜毛茧出丝率、茧丝长和解舒率。判定标准除洁净按照华南蚕区、其他蚕区设定了不同的指标值外,其他指标优于对照品种成绩即可通过审定。因此,对照品种的选择对品种审定工作至关重要。

家蚕品种"菁松×皓月"是中国农业科学院蚕业研究所育成的春用多丝量蚕品种,于1982年经全国桑蚕品种审定委员会审定合格,适合于长江、黄河流域及其他各省区推广,在我国江苏、浙江、山东、安徽、陕西、四川、云南等20多个省(区)大面积应用多年,具有茧丝质优、产茧量高、适应性广等特点。从1993年开始,菁松×皓月成为全国蚕品种审定的对照品种,直至2000年品种审定工作中断。2010年国家再次恢复了全国蚕品种审定工作,并于下半年进行了区域性鉴定试验。新恢复的鉴定试验A组春季对照品种仍定为菁松×皓月。菁松×皓月在全国主要蚕区推广使用至今已有36年的历史。蚕品种在生产上大面积推广多年后,由于变异的积累和人们选择的要求不同,某些性状可能会改变。作为全国蚕品种鉴定区试的对照品种,菁松×皓月品种种性的维持十分重要,其表现直接影响着新品种的通过率。

通过比较分析近年全国蚕品种实验室鉴定区试中菁松×皓月的成绩,可检验该品种的种性维持情况和其作为全国蚕品种鉴定试验对照品种的合理性。

## 1 材料与方法

### 1.1 数据材料

2011—2017年间全国蚕品种区域试验对照品种菁松×皓月的实验室鉴定平均成绩,来自中国农业科学院蚕业研究所、江苏省海安县蚕种场、浙江省农业科学院蚕桑研究所、山东省蚕业研究所、安徽省农业科学院蚕桑研究所、四川省农业科学院蚕桑研究所和西北农林科技大学蚕桑丝绸研究所7个鉴定单位(分别以江苏镇江、江苏海安、浙江杭州、山东烟台、安徽合肥、四川南充和陕西周至鉴定点简称)每年的鉴定试验报告;1982年菁松×皓月审定成绩引自参考文献。

---

① 原载《中国蚕业》2018,39(4):46—50

### 1.2 分析方法

选取实验室鉴定主要指标：4龄起蚕虫蛹率、万头产茧量、洁净、茧层率、鲜毛茧出丝率、茧丝长和解舒率，用SPSS(PASW Statistics 18)软件进行单样本T检验分析，与1982年审定成绩比较差异性；分别以年份和鉴定点为假设影响因子，做单因素方差分析，剖析影响因素来源。

## 2 结果与分析

### 2.1 菁松×皓月经济性状的稳定性

国家蚕品种区试对照品种菁松×皓月2011—2017年成绩与1982年审定成绩比较结果见表1。与1982年审定值相比，菁松×皓月2011—2017年的洁净和解舒率保持较好，无明显变化($P>0.05$)；万头产茧量、茧层率、鲜毛茧出丝率和茧丝长显著低于1982年审定值($P<0.01$)，这四项指标在江苏镇江、浙江杭州、四川南充和陕西周至鉴定点退化得比较明显，在2011、2013、2015和2016年降低程度显著；4龄起蚕虫蛹率显著高于审定值($P<0.01$)，其中江苏镇江、浙江杭州和安徽合肥鉴定点的虫蛹率达到98%以上，在2014、2015和2017年升高程度显著。

表1 菁松×皓月2011—2017年主要鉴定指标成绩与1982年审定成绩比较

| 项目 | 4龄起蚕虫蛹率/% | 万头产茧量/kg | 洁净/分 | 茧层率/% | 鲜毛茧出丝率/% | 茧丝长/m | 解舒率/% |
|---|---|---|---|---|---|---|---|
| 1982年审定值 | 96.27 | 22.00 | 94.40 | 25.32 | 20.47 | 1 427 | 78.80 |
| 2011—2017年均值 | 97.54** | 20.97** | 94.42 | 24.15** | 19.04** | 1 324** | 79.30 |
| 江苏镇江 | 98.15** | 19.72** | 94.11 | 23.44** | 18.85** | 1 261** | 82.80** |
| 江苏海安 | 96.21 | 23.45* | 92.98* | 24.94 | 18.35** | 1 469 | 74.83 |
| 浙江杭州 | 98.68** | 20.45* | 95.21 | 23.51** | 19.63 | 1 280** | 77.25 |
| 山东烟台 | 96.88 | 21.76 | 93.99 | 24.22* | 20.20 | 1 368* | 78.43 |
| 安徽合肥 | 98.33** | 20.73* | 94.55 | 25.16 | 20.14 | 1 362* | 81.14* |
| 四川南充 | 97.04 | 20.83* | 95.82* | 23.59** | 17.68** | 1 275** | 82.00** |
| 陕西周至 | 97.50* | 19.83** | 94.26 | 24.19** | 18.42** | 1 257** | 78.64 |
| 2011年 | 97.11 | 20.16* | 94.62 | 24.55* | 19.76 | 1 322* | 83.20** |
| 2012年 | 96.89 | 20.46* | 95.20 | 24.49 | 19.60 | 1 337* | 77.96 |
| 2013年 | 97.22 | 20.89 | 93.25 | 24.14* | 19.06* | 1 301* | 74.28 |
| 2014年 | 97.79* | 21.09 | 93.07* | 24.04* | 18.58* | 1 319* | 78.74 |
| 2015年 | 98.18** | 21.83 | 95.61 | 23.80* | 18.29* | 1 302* | 81.32 |
| 2016年 | 97.48 | 20.84 | 94.80 | 23.92* | 18.58* | 1 321* | 82.22* |
| 2017年 | 98.11** | 21.50 | 94.37 | 24.08* | 19.39 | 1 367 | 77.37 |

* 表示差异显著 $P<0.05$，** 表示差异极显著 $P<0.01$。数据由各鉴定点年度总结报告整理而来。

### 2.2 影响菁松×皓月主要鉴定指标稳定性的因素分析

2011—2017年菁松×皓月主要鉴定指标成绩影响因素方差分析结果见表2至表5。表2单因素方差分析显示，不同试验年份间菁松×皓月4龄起蚕虫蛹率、万头产茧量、茧层率、鲜毛茧出丝率、茧丝长和解舒率无显著差异($P>0.05$)，年份间洁净成绩存在显著差异($P<0.05$)。对不同年份洁净成绩方差齐性检验，2012和2015年的洁净成绩较好(95分以上)，2013和2014年的洁净成绩较差，分别为93.25分和93.07分(表3)，造成年份间洁净成绩有波动。

2011—2017年不同实验室鉴定点间菁松×皓月的解舒率成绩无显著差异($P>0.05$)，虫蛹率、万头产茧量、洁净、茧层率、鲜毛茧出丝率和茧丝长存在显著或极显著差异($P<0.05$或$P<0.01$，表4)。对上述鉴定点间差异显著的鉴定指标进一步进行方差齐性分析显示，江苏镇江鉴定点的万头产茧量、茧层率、

表2　2011—2017年菁松×皓月主要鉴定指标单因素(年份)方差分析

| 项目 | 4龄起蚕虫蛹率/% | 万头产茧量/kg | 洁净/分 | 茧层率/% | 鲜毛茧出丝率/% | 茧丝长/m | 解舒率/% |
|---|---|---|---|---|---|---|---|
| SS | 10.631 | 13.929 | 37.677 | 3.267 | 13.551 | 21 611.273 | 412.121 |
| df | 6 | 6 | 6 | 6 | 6 | 6 | 6 |
| MS | 1.772 | 2.321 | 6.279 | 0.545 | 2.258 | 3 601.879 | 68.687 |
| F值 | 0.761 | 0.889 | 3.041 | 0.555 | 1.325 | 0.322 | 1.695 |
| Sig. | 0.605 | 0.511 | 0.015 | 0.763 | 0.267 | 0.922 | 0.146 |

表3　菁松×皓月2011—2017年洁净成绩差异性分析

| 年份 | 洁净/分 | 年份 | 洁净/分 |
|---|---|---|---|
| 2011 | 94.62$^{abc}$ | 2015 | 95.61$^{a}$ |
| 2012 | 95.20$^{a}$ | 2016 | 94.80$^{ab}$ |
| 2013 | 93.25$^{bc}$ | 2017 | 94.37$^{abc}$ |
| 2014 | 93.07$^{c}$ | | |

注：肩注不同小写字母表示差异显著($P<0.05$)。

鲜毛茧出丝率和茧丝长成绩较低；江苏海安鉴定点的万头产茧量和茧丝长成绩显著高于其他鉴定点的万头产茧量和茧丝长成绩($P<0.05$)，而4龄起蚕虫蛹率、洁净和鲜毛茧出丝率成绩在7个鉴定点中比较低；浙江杭州鉴定点的4龄起蚕虫蛹率最高，茧层率和茧丝长成绩较低；山东烟台鉴定点的鲜毛茧出丝率在7个鉴定点中最高，为20.20%，其他5个鉴定指标与其他鉴定点比处于中间位置；安徽合肥鉴定点的茧层率和鲜毛茧出丝率较高，其他4个鉴定指标成绩中等；四川南充鉴定点的洁净成绩最高，其他5个鉴定指标成绩不佳；陕西周至鉴定点的万头产茧量、鲜毛茧出丝率和茧丝长成绩较低(表5)。由于鉴定点自身养殖技术、条件和管理上的差异，菁松×皓月2011—2017年部分鉴定指标在各鉴定点的数据存在差异，造成鉴定点间成绩不平衡。

表4　2011—2017年菁松×皓月主要鉴定指标单因素(鉴定点)方差分析

| 项目 | 4龄起蚕虫蛹率/% | 万头产茧量/kg | 洁净/分 | 茧层率/% | 鲜毛茧出丝率/% | 茧丝长/m | 解舒率/% |
|---|---|---|---|---|---|---|---|
| SS | 33.193 | 69.908 | 34.884 | 20.130 | 39.580 | 260 752.515 | 338.322 |
| df | 6 | 6 | 6 | 6 | 6 | 6 | 6 |
| MS | 5.532 | 11.651 | 5.814 | 3.355 | 6.597 | 43 458.752 | 56.387 |
| F值 | 3.088 | 9.116 | 2.728 | 5.784 | 6.084 | 7.918 | 1.334 |
| Sig. | 0.014 | 0 | 0.025 | 0 | 0 | 0 | 0.264 |

表5　菁松×皓月不同鉴定点部分成绩差异性分析

| 鉴定点 | 4龄起蚕虫蛹率/% | 万头产茧量/kg | 洁净/分 | 茧层率/% | 鲜毛茧出丝率/% | 茧丝长/m |
|---|---|---|---|---|---|---|
| 江苏镇江 | 98.15$^{ab}$ | 19.72$^{c}$ | 94.11$^{abc}$ | 23.44$^{c}$ | 18.85$^{bc}$ | 1 260.67$^{c}$ |
| 江苏海安 | 96.21$^{c}$ | 23.45$^{a}$ | 92.98$^{c}$ | 24.94$^{ab}$ | 18.35$^{c}$ | 1 459.02$^{a}$ |
| 浙江杭州 | 98.68$^{a}$ | 20.45$^{bc}$ | 95.21$^{ab}$ | 23.51$^{c}$ | 19.63$^{ab}$ | 1 279.64$^{c}$ |
| 山东烟台 | 96.88$^{bc}$ | 21.76$^{b}$ | 93.99$^{bc}$ | 24.22$^{bc}$ | 20.20$^{a}$ | 1 367.99$^{b}$ |
| 安徽合肥 | 98.33$^{ab}$ | 20.73$^{bc}$ | 94.55$^{abc}$ | 25.16$^{a}$ | 20.14$^{a}$ | 1 361.60$^{b}$ |
| 四川南充 | 97.04$^{bc}$ | 20.83$^{bc}$ | 95.82$^{a}$ | 23.59$^{c}$ | 17.68$^{c}$ | 1 275.42$^{c}$ |
| 陕西周至 | 97.50$^{abc}$ | 19.83$^{c}$ | 94.26$^{abc}$ | 24.19$^{bc}$ | 18.42$^{c}$ | 1 256.67$^{c}$ |

注：同列肩注不同小写字母表示差异显著($P<0.05$)。

## 3 讨论

1982 年国家蚕品种鉴定试验有 8 个省的饲养鉴定和丝质鉴定单位参加,2010 年国家蚕品种试验恢复后,由于蚕桑主产区和规模的改变,区试有 6 个省的饲养鉴定单位和 2 个省的丝质鉴定单位参加。试验方案按照当时各地的生产技术和水平制定,饲养管理兼顾鉴定点的养殖习惯和设施条件的局限性。为保证实验室鉴定条件的一致性,区试方案对催青、收蚁、饲养管理、蔟中管理和丝质评定方法等进行了详细规定,在蚕种来源相同,操作方法一致的情况下,蚕品种在全国鉴定点连续两年的成绩能较好地代表试验品种的特性。

从表 1 可知,与 1982 年审定成绩相比,9 年后(2011 和 2012 年)对照品种菁松×皓月的产茧量显著降低,降低的原因主要来自茧层率、出丝率和茧丝长的减少。近十几年,农村劳动力老龄化,影响了农户的种植结构与生产要素的投入,家蚕养殖方式趋向简化、粗饲,再加上桑园管理基础设施和人员投入不足,会造成桑叶质量下降,影响蚕品种一些重要经济指标的成绩。为了稳定产茧量,必须提高不利环境条件下蚕的生命力。在家蚕品种选育、实验室鉴定以及原原种繁育过程中,4 龄起蚕虫蛹率是影响产茧量的主要因素,也是生命力指数之一,常被用来作为生命力选择的直接依据。经过三十年的推广和选育,菁松×皓月的生命力大幅度提升。2013 年以来,菁松×皓月的 4 龄起蚕虫蛹率均在 97% 以上,2015 和 2017 年的虫蛹率超过了 98%。生命力的提高弥补了茧丝量的降低,使产茧量回升,2013 年后该品种的万头产茧量接近 1982 年审定值。

从变异来源为年份的鉴定指标成绩方差分析结果来看,不同年份的洁净成绩存在差异($P<0.05$),其中 2012 和 2015 年的成绩最好(95 分),2013 和 2014 年的成绩最差(93 分)(表 2 和表 3)。洁净是评价生丝等级的重要指标,蚕种质量、养蚕措施、上蔟环境、收烘和缫丝技术等生产环节均能对洁净成绩造成影响。2013 和 2014 年我国极端天气事件频发,汛期灾害呈现南旱北涝的格局,多地夏季持续高温。受大环境干旱或连续阴雨的影响,桑树生长受到限制,桑叶质量不佳对蚕的生长发育,尤其是丝腺发育不利,进而影响茧质和丝质成绩。

从变异来源为鉴定点的鉴定指标成绩方差分析结果来看,鉴定点的环境条件和养殖技术不同程度影响了菁松×皓月的 4 龄起蚕虫蛹率、万头产茧量、洁净、茧层率、鲜毛茧出丝率和茧丝长指标成绩($P<0.05$,表 4 和表 5),涵盖了蚕的体质、茧质和丝质性状。国家蚕品种区试方案对养蚕和缫丝的技术方法做出了详细规定,而对桑叶质量无法做出要求。桑树品种和桑园的管理措施严重影响桑叶质量,各鉴定点养蚕所使用的桑叶为当地广泛种植的品种,管理措施也沿袭多年的模式而各不相同,因此桑叶的营养成分可能有较大差异,是影响蚕生长的最直接因素。蚕的体质差异会进一步影响茧质和丝质性状,因为蚕的体质、茧质和丝质之间存在相关性。

全国蚕品种鉴定的对照品种应为在我国大面积饲养、产量和品质较稳定的品种。菁松×皓月作为恢复后的全国蚕品种 A 组春季鉴定试验的对照品种,多年来一直是鉴定区域群众反映良好的高产、好养品种。本文经过对区试成绩的比较分析认为,虽然该品种在多年的推广和选育过程中有些性状发生了改变,但仍能保持较稳定的产量,其较强的生命力适应当前农村劳动力缺乏背景下简化、粗放式养殖的需求,适合作为区试鉴定试验的对照品种。

# 蚕品种国家审定 40 年的回顾与展望[①]

沈兴家[1,2]　张美蓉[1,2]　陈 涛[1,2]　曾 波[3]　唐顺明[1,2]　李桂芳[1,2]　姚晓慧[1,2]　侯启瑞[1,2]　李奕仁[1,2]

([1] 江苏科技大学生物技术学院,江苏镇江　212018;
[2] 中国农业科学院蚕业研究所,江苏镇江　212018;
[3] 全国农业技术推广服务中心,北京　100125)

**摘要** · 为了更好地开展国家蚕品种试验和审定工作,在介绍日本蚕品种指定制度、印度蚕品种管理制度和我国现代蚕业初创期蚕品种指定制度的基础上,回顾了 1980 年以来我国蚕品种国家审定制度的建立和发展、国家审定标准的演变、鉴定试验方法的改进和国家蚕品种审定取得的成就,展望了未来蚕丝业发展的趋势及其对蚕品种的要求,提出了加快特殊性蚕品种鉴定技术和审定标准研究的建议。

蚕品种是蚕丝业的基础,其水平的高低直接影响蚕茧产量的高低和生丝品质的优劣。而蚕品种鉴定试验则是品种选育的继续,是品种审定和推广的前提。蚕品种国家审定工作自 1980 年开展以来,历时 40 余年,其间由于各种原因暂停了将近 10 年,先后审定通过蚕品种 50 余对,为我国蚕品种的更新换代提供了支撑,极大地促进了我国蚕育种水平的提高和蚕丝业的持续发展。

## 1 国内外蚕品种管理制度

### 1.1 日本的蚕品种指定制度

日本 1931 年首次公布《原蚕种管理法》,以法律形式对全国生产用蚕品种进行管理。1936 年成立"蚕品种审查会",实行蚕品种"指定制度"。1956 年在农林省农业资材审议会设置蚕种部会,蚕种部会一方面审议和指定新的桑蚕品种,另一方面通过再调查,对优良的桑蚕品种进行继续指定,对落后的品种则取消指定,到 1987 年共指定推广品种原种 153 个(中系 79 个、日系 74 个),杂交种 69 个(春用 34 个、秋用 33 个、春秋兼用 2 个)。至 20 世纪 90 年代后期,日本蚕业几乎消失,但其蚕品种培育技术和蚕品种指定方法仍值得学习借鉴。

### 1.2 印度的蚕品种管理制度

印度蚕丝产业发展迅速,成为仅次于中国的世界第二大蚕丝生产国。印度生产上主要使用"多化×二化"形式的杂交种,少数为"二化×二化"形式的杂交种。2006 年设立中央蚕种委员会,下设杂交种认证委员会和蚕品种登记委员会,分别负责新品种认证和认证通过蚕品种的登记。

### 1.3 我国现代蚕业初创期的蚕品种指定制度

根据国际著名蚕学家吕鸿声先生对我国现代蚕业史的划分,1920—1949 年为初创期。1924 年在江苏、浙江 2 省开始推广一代杂交种;1929 年江苏省蚕业改进管理委员会指定一化性西巧、西浴、化桂、翰桂、新桂、诸桂,二化性华五、华六等 8 个原蚕品种,使原蚕品种逐渐统一;1930 年国民政府实业部设立蚕桑科,负责管理全国蚕丝业、颁布蚕种制造法规,同年颁布了蚕种制造取缔规则(普通种不准制造纯种,春用种以一化交一化及一化交二化为原则,夏秋用种以一化交二化及二化交二化为原则);1932 年江浙统制委员会指定诸桂、新桂、新昌长、华一、华三、华五等 6 个品种为标准原蚕品种;1933 年规定了标准原蚕品种的杂交方式,春用种为诸桂×新桂(正反交)、诸桂(或新桂)×华五、诸桂×华三,秋用种为华五×诸桂(或新桂)、华三×诸桂;1934 年又增加西浴、西巧、翰桂、化桂、华玉、华六等为标准原蚕品种;1935 年取消

① 原载《中国蚕业》2021,42(1):69—72

西巧、西洽、新桂,增加洽桂、西皓、华七、东庚、瀛真等原蚕品种;1946年又指定推广瀛翰、瀛文、华八、华九、华十等原蚕品种。1931—1945年日本发动的侵华战争,侵略者垄断蚕丝产业、掠夺品种资源,对我国蚕业造成毁灭性打击。

## 2 蚕品种国家审定40年取得的成就

### 2.1 国家蚕品种审定制度的建立和发展

中华人民共和国成立后,党和政府高度重视蚕桑生产的恢复和发展。1955年召开首次全国蚕桑选种与良种繁育会议,制定了全国家蚕选种工作方案和品种保育、选育和鉴定等工作细则,对指导蚕品种选育起到了很好的推动和促进作用。1956—1965年中国农业科学院蚕业研究所和各省蚕业科研机构,通过引进、选拔和培育,育成一批较优良的新品种,其中苏16×苏17、306×华十分别成为20世纪60年代的春用和夏秋用主推品种。但是直到20世纪70年代末,我国桑蚕鲜毛茧出丝率仍只有11%左右,而日本达到了17%。除了生产技术、设备条件和管理等因素外,主要原因是蚕品种的差异。

为了规范桑蚕品种培育目标,提高桑蚕品种选育水平,促进蚕业发展,20世纪70年代末,浙江、四川等省先后在总结经验的基础上,开展桑蚕品种的实验室鉴定、农村鉴定和品种审定工作。1980年农业部颁发了《桑蚕品种国家审定条例》,组织成立了全国桑蚕品种审定委员会,建立鉴定试验网点,由中国农业科学院蚕业研究所主持开展桑、蚕品种国家鉴定和审定工作。此后,其他各省区也相继开展桑蚕品种的审定鉴定。从此,我国的桑蚕品种鉴定审定走上了制度化、规范化的道路,形成了国家和省级两级审定制度,对我国桑蚕品种选育起到了指导和促进作用,影响极其深远。

但是随着国家体制改革的进行,1989年桑蚕品种审定委员会并入全国农作物品种审定委员会,设立桑蚕品种审定专业委员会。桑蚕品种鉴定试验由全国农技推广服务中心良繁处组织,中国农业科学院蚕业研究所主持试验。由于经费所限,1995年停止桑树品种鉴定,1999—2002年桑蚕品种试验由2年同期鉴定试验改为1年验证试验,2003年停止全国桑蚕品种鉴定和审定工作。

2010年12月经农业部批准,国家农作物品种审定委员会发文成立国家蚕品种审定专业委员会,恢复国家蚕品种试验和审定工作。全国农技推广服务中心品种试验处负责试验管理,中国农业科学院蚕业研究所主持品种试验。

2019年2月13日农业农村部办公厅发文《关于调整国家畜禽遗传资源委员会组成人员和增补蚕专业委员会的通知》,明确蚕品种审定纳入国家畜禽遗传资源委员会管理,设立蚕专业委员会。

### 2.2 蚕品种国家审定标准的演变

审定标准是品种审定的依据,应具有科学性、前瞻性和可操作性,兼顾蚕种生产企业、蚕农、茧丝绸企业和外贸等各方的要求,既要着眼于长远发展,又要考虑当前水平。1980年农业部以《桑蚕品种审定条例》形式,颁布首个审定标准,规定:解舒率春用和中秋用品种应不低于75%,早秋用品种应不低于70%;净度(洁净)春用品种不低于94分,夏秋用品种不低于93分;纤度为2.5~3.4 dtex(2.3~3.0 D),生丝纤度偏差不大于1.22 dtex(1.1 D)。审定原则:以与对照品种的成绩比较为主要依据,主要经济性状优于对照品种,其中解舒率、净度、茧丝纤度应符合规定标准。此后审定标准经过数次修改、补充,逐渐成为1994年版国家审定标准。

2010年恢复国家蚕品种试验后,再次对蚕品种审定标准进行了修订,2014年8月国家农作物品种审定委员会发布《关于印发主要农作物品种审定标准的通知》(国品审〔2014〕2号),2014版审定标准与以往有很大的不同,一是基于蚕品种生产鉴定需要,增加了生产鉴定指标;二是强调了生命力和产量,要求新品种实验室4龄起蚕虫蛹率、万蚕产茧量、鲜毛茧出丝率≥对照品种,生产鉴定盒种产茧量、健蛹率≥对照品种;三是取消了 5 龄 50 kg 桑产茧量、茧丝纤度、茧丝纤度综合均方差 3 个指标,春用品种茧丝长指标也由 1 350 m 调整为 1 300 m。

### 2.3 蚕品种试验方法的改进

2.3.1 鉴定网点布局    1980 年由中国农业科学院蚕业研究所牵头,组织全国 8 家饲养单位和 8 家丝质检验单位组成试验网点,并于 1989、1993 年进行了部分调整。1999—2002 年蚕品种鉴定改为验证试验,只在 3～4 个饲养鉴定单位和相应的丝质检验单位进行。这一时期国家鉴定不设生产鉴定试验。

2010 年起按照区域分布分成 A、B 组,A 组承担春季和秋季试验,B 组承担南方蚕区秋季试验。取消 5 龄 50 kg 桑收茧量、50 kg 桑产丝量调查。同时增设蚕品种生产鉴定,生产鉴定试验在农村进行,鉴定点的布局与实验室鉴定对应;每个鉴定点饲养正交、反交各 5 盒(张),不少于 5 户。

2.3.2 饲养鉴定    根据参试品种的适宜蚕区和季节,分别在 A 组、B 组进行连续 2 年同季试验,以生产上大面积使用的蚕品种为对照品种。目前,A 组对照品种:春季为菁松×皓月、秋季为秋丰×白玉;B 组在秋季试验,以两广二号为对照品种。

实验室鉴定按照《蚕品种国家审定鉴定工作细则》(1980—2002 年)或《国家桑蚕品种试验方案》(2010 年起)的要求进行试验,各参试品种和对照品种的试验条件和技术处理应一致。每对品种正、反交分别收蚁 1.5 g,3 龄止桑到 4 龄饲食 1 足天内,每对品种正交和反交各数 5 区,每区 400 头。茧质调查完毕后将同一品种的正交 5 区、反交 5 区的普通茧分别合并,每个品种正交 1 000 粒和反交 1 000 粒合并装入纱布袋中,称准鲜茧质量,采用二次烘干法烘至适干,及时送交指定的丝质鉴定单位进行丝质检验。理论烘率按经验公式计算:理论烘率=(0.687 5×茧层率+0.262 5)×100%。

农村生产鉴定按《国家桑蚕品种试验方案》进行,催青、收蚁、小蚕共育、大蚕饲养等按当地常规方法进行。主要调查项目:每盒蚕种收茧量、普通茧质量百分率、公斤茧颗数、健蛹率。其中,收蚁当天调查孵化率;幼虫期观察记载迟眠蚕、弱小蚕、病死蚕发生情况等;春季终熟后 7 d、秋季终熟后 6 d 采茧,按普通茧、同宫茧、次下茧分类统计粒数,正、反交分别调查普通茧质量和总收茧量(kg),计算普通茧质量百分率。每个鉴定点,每对品种从正交、反交普通茧中分别随机抽取鲜茧 1.0 kg,调查千克茧颗数,然后全部切剖,调查计算平均健蛹率。

2.3.3 丝质检验    由指定的丝质检验单位进行,样茧由实验室鉴定单位提交。1980—1998 年按品种正交、反交分别进行,1999 年后均采用正交 1 000 粒和反交 1 000 粒合并成 1 个样品。

每个品种按 400 粒计算平均粒茧质量,随机抽取 100 粒样茧,用游标卡尺测量每粒茧幅,计算平均茧幅、整齐度;逐粒切剖,调查干茧茧层率。

解舒调查,每个品种 3 区,每区 400 粒,总茧量不足时可改做 2 区。使用立缫单车,每区设置 10 绪,定粒 8 粒。计算茧丝长、解舒率、解舒丝长、茧丝量、茧丝纤度、解舒丝公量、鲜毛茧出丝率、干毛茧出丝率等。

缫丝调查,春茧 7 粒定粒,秋茧 8 粒定粒,每个品种 10 绪,缫至最后 1 绪不够定粒为止。落下的丝干摇黑板 20 片,按照 GB/T 9176—2016《桑蚕干茧》检验洁净、清洁成绩。

2.3.4 品种试验报告    试验结束后,各试验单位及时将实验室鉴定、丝质检验和农村生产鉴定数据填报给试验主持单位,主持单位汇总分析试验结果,提交蚕品种鉴定工作会议或试验年会讨论通过,形成年度《国家蚕品种试验总结报告》;完成 2 年试验的蚕品种,形成《国家蚕品种试验结果报告》,作为蚕品种国家审定的依据。

### 2.4 蚕品种国家审定取得的成就

从 1980—2002 年,桑蚕品种审定(专业)委员会和鉴定试验网点在桑、蚕新品种的鉴定和审(认)定方面做了大量的工作,组织完成了 13 批次 81 对桑蚕新品种、2 批次 32 个桑树新品种的鉴定任务,审定通过蚕新品种 46 对,认定蚕品种 5 对。其中,春用和春秋兼用品种 21 对:春蕾×明珠、菁松×皓月、浙蕾×春晓、苏花×春晖、春·蕾×镇·珠、黄·海×苏·春、苏·镇×春·光、皖 5×皖 6、春蕾×锡昉、华峰×雪松、871×872、川蚕 11 号、苏·菊×明·虎、86A·86B×54A、学 613×春日、花·蕾×锡·晨、华瑞×春明、钟秋×金铃、华峰GW×雪·A、群丰×富·春、荧光×春玉。夏秋用品种 25 对:秋芳×明晖、群芳×朝霞、新菁×朝霞、薪杭×科明、芙蓉×湘晖、研菁×日桂、蓝天×白云、黄鹤×朝霞、秋丰×白玉、浒花×秋星、芙·新×日·湘、东 43×7·湘、限 1×限 2、317×318、C497×322、绿·萍×晴·光、秋·西×夏 D、夏 7×夏 6、花·丰×8B·5A、洞·庭×碧·波、云·山×东·海、芙·桂×朝·凤、夏蕾×明秋、吴花×浒星、华秋×名昭。认定蚕品种:陕蚕 2 号、陕蚕 3 号、75 新×7532、苏 5×苏 6、两广二号。审(认)定通过桑树品种 30 个:育 2 号、育 151 号、育 237 号、7307、璜桑 14 号、选 792、伦教 40 号、试 11 号、塘 10×伦 109、吉湖 4 号、选秋 1 号、新一之濑、育 71-1、红星 5 号、湘 7920、薪一圆、北桑一号、实钴 11-6、嘉陵 16 号、川 7637、农桑 12 号、农桑 14 号、陕桑 305、蚕专 4 号、黄鲁选、7946、粤桑 2 号、沙二×伦 109、7707 和华明桑。

另外,2001 年柞蚕品种辽双 1 号通过国家审定;2002—2009 年农业部停止蚕品种国家审定,因此 2002 年参加鉴定的华源×东升、协 2 号、金丰×玉龙、1053×1054 未审定。2010—2019 年组织完成了 5 批次 30 对蚕新品种试验。其中,2015 年丝雨二号、桂蚕 2 号、粤蚕 6 号等 3 对蚕品种通过国家农作物品种审定委员会审定;2020 年华康 2 号、华康 3 号、粤蚕 8 号、苏秀春丰(苏秀×春丰)、苏玉 1 号(苏荣×锡玉)、鲁菁 1 号(鲁菁×华阳)、川蚕 27 号(芳·绣×白·春)、锦绣 1 号(锦·绣×潇·湘)、锦绣 2 号(韶·辉×旭·东)、锦苑 3 号(锦·苑×绫·州)、川优 1 号(川山×蜀水)等 11 对蚕品种通过国家畜禽遗传资源委员会审定。

国家审定通过的蚕品种很多已在生产上大面积推广应用,有的成为多个省区的主推品种,例如菁松×皓月、春·蕾×镇·珠、871×872、秋丰×白玉、9·芙×7·湘等,产生了极大的经济效益,为我国桑蚕品种更新和蚕业稳定发展做出了重要贡献,"全国桑蚕品种鉴定试验及其结果应用"获得 1988 年农业部科技进步三等奖。

## 3 展望

养蚕缫丝是我国的一项伟大发明,蚕丝业是我国经久不衰的特色产业,在我国经济、社会和文化发展中发挥了巨大的作用。"丝绸之路"向世界传播了养蚕缫丝技术和中华文化,促进了世界经济发展和文化交融;新时代"一带一路"倡议,极大地促进了多边合作,为世界经济和文化发展注入了新活力,体现了人类命运共同体理念。目前,我国蚕茧和生丝产量约占世界总量的 80% 以上,印度蚕茧产量占世界的 15%,非常重视发展蚕丝业,是我国蚕丝业的主要竞争对手。

随着科技和经济的快速发展,产业竞争日益加剧,蚕桑产业挑战与机遇并存,产业机械化、品种多元化已经成为当前最紧迫的任务;家蚕基因组测序的完成,显微注射转基因技术和 CRISPR/Cas9 基因组编辑技术在蚕业科研中的应用,全龄人工饲料养蚕技术的成功,抗 BmNPV 系列家蚕品种的育成与推广,蚕桑产品的多元化开发等等,为蚕丝业发展带来了新的动力和希望。

蚕丝业的发展离不开优质高产蚕品种的支撑。近年,我国在雄蚕品种、抗 BmNPV 蚕品种、细纤度蚕品种、粗纤度蚕品种、黄茧蚕品种和人工饲料蚕品种培育方面取得很大的进步,有的已经大面积推广应用。今后要在继续开展常规蚕品种鉴定审定的同时,加快特殊蚕品种鉴定技术和审定标准的研究,以适应产业发展的需要。

# 主要参考资料

［1］ 张国政,李木旺,鲁成.中国养蚕学,上海：上海科学技术出版社,2020.

［2］ 全国桑蚕品种审定委员会.1980—1985年蚕桑品种国家审定工作年报.1987.

［3］ 全国桑蚕品种审定委员会.1986—1990年蚕桑品种国家审定工作年报.1991.

［4］ 全国桑蚕品种审定委员会.1991—1996年蚕桑品种国家审定工作年报.1997.

［5］ 中华人民共和国农业部.全国农作物品种审定委员会审定通过品种.1990—2002.

［6］ 全国农业技术推广服务中心.国家桑蚕品种试验实施方案.2010—2020.

［7］ 全国农业技术推广服务中心.国家蚕品种试验总结报告.2010—2020.

［8］ 沈兴家,曾波,谷铁城.2014年新版《蚕品种审定标准》解读——桑蚕品种审定标准.中国蚕业,2015,36(1)：82-84.

［9］ 沈兴家,李奕仁,唐顺明,等.蚕品种国家审定标准及其合理性探讨.中国蚕业,2002,23(3)：4-6.

［10］ 沈兴家,周金钱,陶鸣,等.桑蚕品种生产鉴定方法标准的研究.中国蚕业,2009,30(3)：79-81.

［11］ 王欣,沈兴家.特殊蚕品种培育现状及审定指标探讨.中国蚕业,2017,38(3)：63-67.

［12］ 沈兴家,马小琴.蚕品种实验室鉴定方法探讨.江苏蚕业,1998(4)：26-28.

［13］ 沈兴家,邹奎,唐顺明,等.浅议改进蚕品种国家鉴定方法.中国蚕业,2006,27(4)：71-73.

［14］ 李奕仁,缪梅如,程荷棣.原种、杂交原种与各种类型杂交种的同期比较试验.蚕业科学,1986,12(3)：145-160.

［15］ 赵巧玲,沈兴家.蚕种安全检查孵化试验初报.中国蚕业,2002,23(4)：22-23.

［16］ 唐顺明,沈兴家,李奕仁.蚕品种耐氟性能试验.江苏蚕业,1998(1)：62-63.

［17］ 李奕仁,缪梅如,程荷棣.夏秋蚕品种抗高温鉴定的时期与效果.蚕业科学,1983,9(1)：23-28.

［18］ 陈涛,宋江超,张美蓉.桑蚕茧不同干燥工艺对茧丝质量及品质评价的影响.丝绸,2019,56(2)：66-71.

［19］ 沈兴家,李奕仁.蚕品种国家审定鉴定情况浅析.中国蚕业,1996(3)：40-42.

［20］ 陈涛,曾波,侯启瑞,等.全国蚕品种实验室鉴定对照品种菁松×皓月经济性状的稳定性分析.中国蚕业,2018,39(4)：46-50.

［21］ 沈兴家,张美蓉,陈涛,等.蚕品种国家审定40年的回顾与展望.中国蚕业,2021,42(1)：69-72.